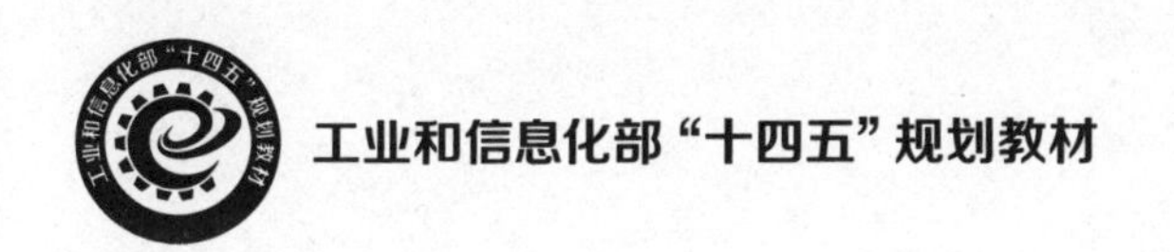

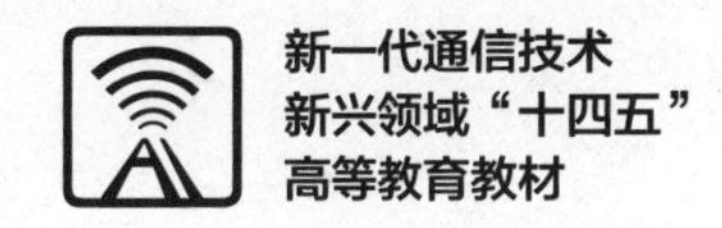

信号处理理论与技术

陶然　石岩
辛怡　赵娟　史军　编著

Signal Processing Theory and Technologies

北京理工大学出版社
BEIJING INSTITUTE OF TECHNOLOGY PRESS

内容简介

本书系统全面地阐述了信号处理理论、技术及应用。全书共12章，主要内容包括连续时间信号与系统的分析、信号采样与重建、离散时间信号与系统的分析、傅里叶变换离散化算法、滤波器设计、多抽样率信号处理、随机信号分析、信号时频分析等。本书以系统观点构建信号处理核心知识体系，突出知识点之间的关联与贯通。同时，引入通信、雷达、语音、图像、光学等领域的应用，每章配有编程仿真案例和配套数字资源。本书可作为高等学校电子信息类专业本科生教材，尤其适合作为本硕博贯通课程教材，同时也可作为理工科专业研究生、高校教师和科研人员的参考用书。

图书在版编目（CIP）数据

信号处理理论与技术 / 陶然等编著. -- 北京 : 北京理工大学出版社, 2024.3

ISBN 978-7-5763-3780-8

Ⅰ. ①信… Ⅱ. ①陶… Ⅲ. ①信号处理 Ⅳ. ①TN911.7

中国国家版本馆CIP数据核字(2024)第070994号

责任编辑：王玲玲　　**文案编辑**：王玲玲
责任校对：刘亚男　　**责任印制**：李志强

出版发行 / 北京理工大学出版社有限责任公司
社　　址 / 北京市丰台区四合庄路6号
邮　　编 / 100070
电　　话 / (010) 68944439 (学术售后服务热线)
网　　址 / http://www.bitpress.com.cn

版 印 次 / 2024年3月第1版第1次印刷
印　　刷 / 保定市中画美凯印刷有限公司
开　　本 / 787 mm×1092 mm　1/16
印　　张 / 35.5
字　　数 / 792千字
定　　价 / 68.00元

图书出现印装质量问题，请拨打售后服务热线，负责调换

前　　言

移动互联网、大数据、人工智能、云计算、高端芯片等信息技术的飞速发展，正以前所未有的速度重塑着世界科技竞争格局。信号处理，作为信息技术的核心与灵魂，从模拟到数字的迈进、从一维至高维的拓展、从确定到随机的延伸，再从频域到时频域的联合，以及跨学科融合的广泛实践，共同构筑了信息技术的坚实基石，不断推动着科技创新与社会变革。在工业、农业、教育、医疗、国防等领域，信号处理不仅是连接物理现实与数字世界的桥梁，更是人类认知和改造世界的重要工具。展望未来，为实现高水平的科技自立自强，需要坚定不移地深耕基础研究，筑牢科技创新根基与底座。正如党的二十大报告所强调的，“科技是第一生产力、人才是第一资源、创新是第一动力”。尤其是当聚焦“卡脖子”技术难题，加强源头创新和底层技术研发，力求在关键领域取得更多原创性、颠覆性突破时，不仅要关注技术的落地应用，更要深入探究其背后的科学原理，通过全面加强基础研究，加快构建自主可控、具有全球竞争力的科技创新体系，为国家长远发展和民族伟大复兴奠定更加坚实的基础。

电子信息类专业作为培养“新工科”人才的重要阵地，肩负着培养未来信息科技领军人才、助力建设科技强国的重要历史使命。课程设置呈现出由基础到高阶的上升关系及由理论到应用的递进关系，其中，“信号与系统”和“数字信号处理”作为两门核心基础课程，被广大高校普遍纳入必修范畴。部分高校在本科高年级或研究生阶段还会开设“随机信号分析”“多抽样率信号处理”及“非平稳信号时频分析”等高阶课程，以及“通信原理”“雷达信号处理”“语音信号处理”“数字图像处理”等面向不同应用领域的专业课程。

在国家“双一流”建设的大背景下和探索基础学科本硕博贯通培养模式的过程中，本教材聚焦电子信息类专业涉及的信号处理知识体系，关注学科最新发展动态和前沿技术成果，融入本团队多年的科研教学经验和积累，旨在构建一个既系统全面又紧跟前沿的信号处理理论与技术体系。本书在编写过程中，着力凸显三大特色：一是强化知识体系的连贯性与通融性，有机融合“信号与系统”和“数字信号处理”核心基础课程的理论精髓，打破课程间的界限，并引入“随机信号分析”“多抽样率信号处理”和“时频分析”等高阶课程内容，从而厘清信号处理理论与技术的整个知识脉络，帮助学生深刻理解知识点间的内在逻辑与联系；二是注重物理概念与数学内涵的深度阐释，洞悉其背后的物理本质与意义；三是坚持理论联系实际，通过丰富的编程案例与数字资源，将信号处理理论与通信、雷达、语音、图像及光学等应用领域结合，激发学生的科研兴趣与创新思维，促进其知识内化与技能提升。

全书共12章，根据教学团队授课经验，建议分三个学期完成授课，每学期安排48～64学时（含上机实验）。第9～12章可根据实际情况作为选学内容，以满足不同学生的学习需求。章节之间的层次关系如图1所示，各章之间重要的逻辑关联用箭头表示。

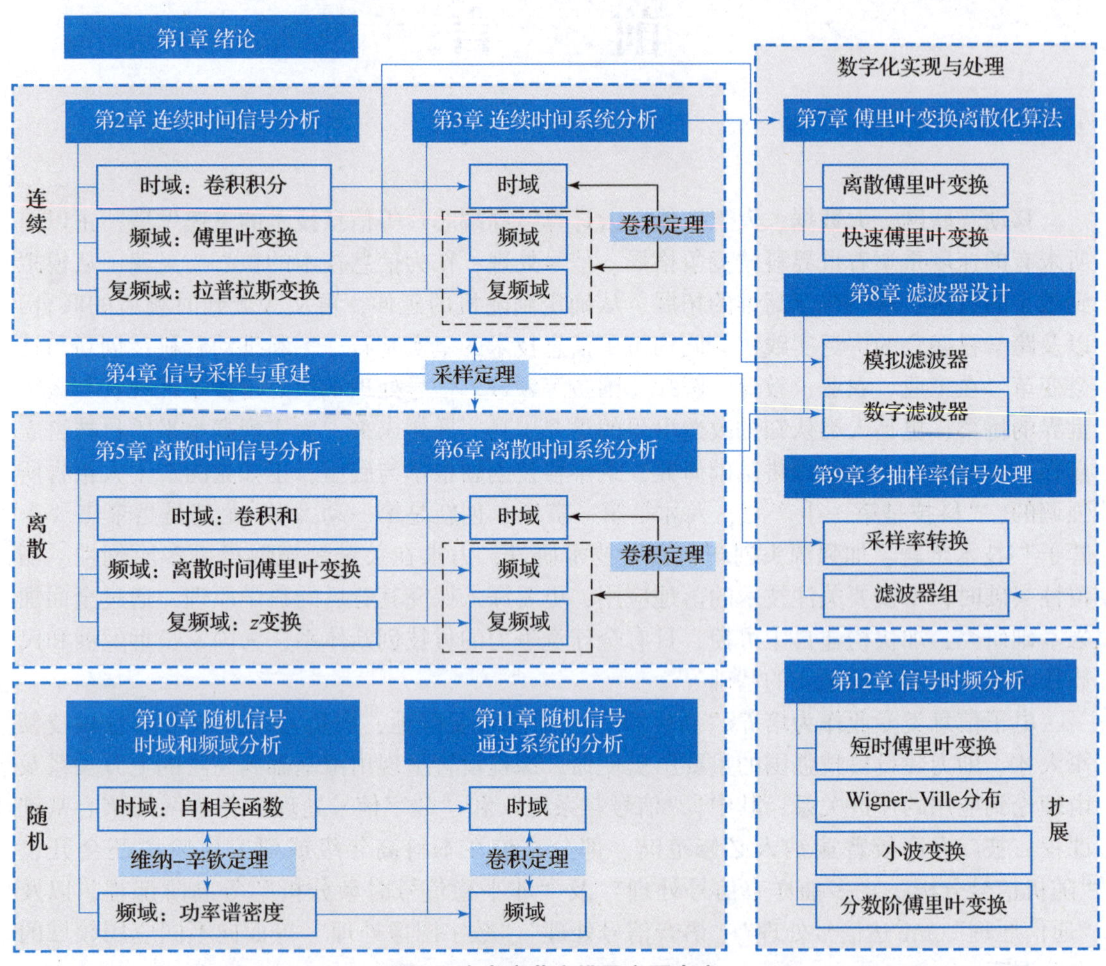

图1　本书章节安排及主要内容

第1章为绪论，主要介绍信号与系统的基本概念和信号处理的主要研究内容。

第2章和第3章分别介绍连续时间信号和系统的分析方法，包括时域、频域、复频域三个方面。其中涉及连续时间信号的卷积、傅里叶变换、拉普拉斯变换等核心内容。

第4章介绍信号采样与重建。采样是连接连续时间信号和离散时间信号的桥梁，采样定理为两者的转换提供了理论依据。因此，本章起到承上启下的作用。

第5章和第6章分别介绍离散时间信号和系统的分析方法。这部分内容结构与连续时间信号和系统分析相似，同样包括时域、频域、复频域三个方面。主要内容包括离散时间信号的卷积、离散时间傅里叶变换、z变换等。

第7～9章主要涉及信号处理的数字化实现。第7章重点介绍傅里叶变换的离散化算法。特别是快速傅里叶变换为数字信号处理奠定了基础，极大地促进了傅里叶变换在工程实际中的应用。

第 8 章介绍滤波器的设计方法，主要包括模拟滤波器和数字滤波器两类。滤波器是实现信号处理的基本手段，在通信、雷达、语音等领域有着广泛的应用。

第 9 章介绍多抽样率信号处理，主要包括采样率转换和滤波器组两部分。前者主要讨论数字信号的采样率转换以及多抽样率系统的结构与实现，后者主要介绍滤波器组的结构与设计。

第 10 章和第 11 章分别介绍随机信号的时域、频域以及通过系统的分析方法。有别于确定性信号，随机信号的描述和分析是建立在统计意义上的。维纳－辛钦定理刻画了随机信号自相关函数与功率谱密度之间的关系，为随机信号的频域分析提供了重要依据。

第 12 章介绍信号时频分析。本章为扩展内容，是对傅里叶变换理论的继承与发展，主要包括短时傅里叶变换、Wigner－Ville 分布、小波变换、分数阶傅里叶变换等。这些变换能够刻画信号的时频局部特征，广泛应用于雷达、语音等非平稳信号的分析与处理。

附录第一部分提供了常用的变换对关系，供读者查阅使用。第二部分为各章知识脉络的思维导图，便于读者了解每章的核心内容、整体结构以及各知识点之间的关联。

本书为国家级一流本科课程“信号处理理论与技术Ⅰ、Ⅱ、Ⅲ”配套教材，编写团队会聚了一批在信号处理领域有着丰富教学和科研经验的专家学者，包括首批全国高校黄大年式教师团队（信息安全与对抗教学团队）、国家自然科学基金创新研究群体（分数域信号与信息处理应用）、北京高校优秀本科育人团队（信号与信息处理教学团队）、北京市重点实验室（分数域信号与系统）。在大家的共同努力下，本书有幸入选工信部“十四五”规划教材、教育部战略性新兴领域“十四五”高等教育教材，这一殊荣不仅是对我们团队辛勤付出的肯定，更是对未来信号处理人才培养的一份责任与担当。本书在编写过程中得到了多位在信号处理领域享有盛誉的专家学者和广大师生的鼎力支持与帮助，尤其是中国工程院院士、北京邮电大学张平教授领衔的“新一代信息技术（新一代通信技术）”教材建设团队的宝贵指导。此外，特别感谢北京理工大学刘泉华教授、丁泽刚教授、白霞副教授以及首都师范大学马金铭博士、北京邮电大学苗红霞特聘副研究员，他们对书稿部分章节进行了细致入微的审阅，并提出了极具价值的改进建议，极大地提升了本书的专业性和可读性。此外，一群充满活力的实验室研究生同学，如杨义校、杨文卓、张志怡、李欢欢、刘雅琨、李雨竹、王钰涵、安艺萌、刘浩彬、曹维肖、秦兆阳、荆睿、程佳、闫俊桦、杨宇轩、张柏灵、师淳暄、徐子铭等，他们不仅参与了书稿的校对工作，还整理了丰富的习题资源，为本书的完善贡献了不可或缺的力量。在此，我们再次向所有为本书付出辛勤努力的同人、专家学者、师生表示诚挚的敬意与感谢！本书编撰虽尽心，但自知尚有局限，恐有未尽之处，诚邀读者指正，共促信号处理领域发展！

作者

目　录

第 1 章　绪论

扫码见实验代码

本章阅读提示

- 什么是信号？如何表示一个信号？信号可以分为哪些类型？
- 什么是系统？系统包括哪些类型？具有哪些基本性质？
- 信号处理主要研究哪些内容？有哪些典型的应用？

1.1　信号的概念与类型

信号（signal）是信息的载体，也是信号处理的核心研究对象之一。人类对客观世界的认知与改造，都是通过获取和处理不同的信息来实现的。

例如，烽火台是中国古代重要的军事侦察设施。若有敌情，则白天施烟，夜晚点火。这里“烟”与“火”即起到了传递信息的功能。又如，声音是由振动产生的一种信号，人耳所能感知的声音频率大致在 20～20 000 赫兹（Hz）。在日常生活中，人们通过对声音的感知和辨识，能够进行正常的交流并获取不同的信息。此外，电磁波（electromagnetic wave）在自然界中广泛存在，它是由电场与磁场的互相作用产生的，如图 1.1（a）所示。人眼所能感知的电磁波称为可见光（visible light），它的波长范围大致在 400～800 纳米（nm），如图 1.1（b）所示。可见光携带了自然场景中的辐射信息，经过视网膜细胞感知、神经元传输和大脑皮层处理，从而形成图像。而在可见光范围之外的电磁波虽然看不到，但是它们依然具有重要作用，例如，在无线通信、雷达探测、医学成像等领域，都需要通过电磁波来传递信息。

从物理意义来讲，信号可视为随时间或空间变化的任意物理量，包括声、光、电、磁等不同形式；而从数学形式来讲，信号可表示为以时间或空间为自变量的**函数**（function）。根据不同的依据，可以将信号分为不同的类型。下面介绍几种常见的信号分类方法。

（1）一维信号与多维信号

由于信号可以用函数来表示，因此可以根据自变量的维度对信号进行分类。如果函数为一元函数，则称信号为**一维信号**（one－dimensional signal）；如果函数为多元函数，即自变量多于一个，则称信号为**多维信号**（multi－dimensional signal）。

例如，语音信号可以表示为声强随时间变化的一元函数 $v(t)$，如图 1.2（a）所示。图像则是一类典型的多维信号。对于单色图像（monochromic image，也称为灰度图像），可以表示为光强随空间位置变化的二元函数$f(x, y)$，如图1.2（b）所示。此外，有些信号同时依赖时间和空间等多个变量。例如，早期黑白电视机所播放的视频信号是由一组随时间变化的图像序列组成的，因此可表示为三元函数$g(x, y, t)$。又如某地的实时气温，它取决于监测站点所在的空间位置和监测时间，因此可表示为四元函数$h(x, y, z, t)$。

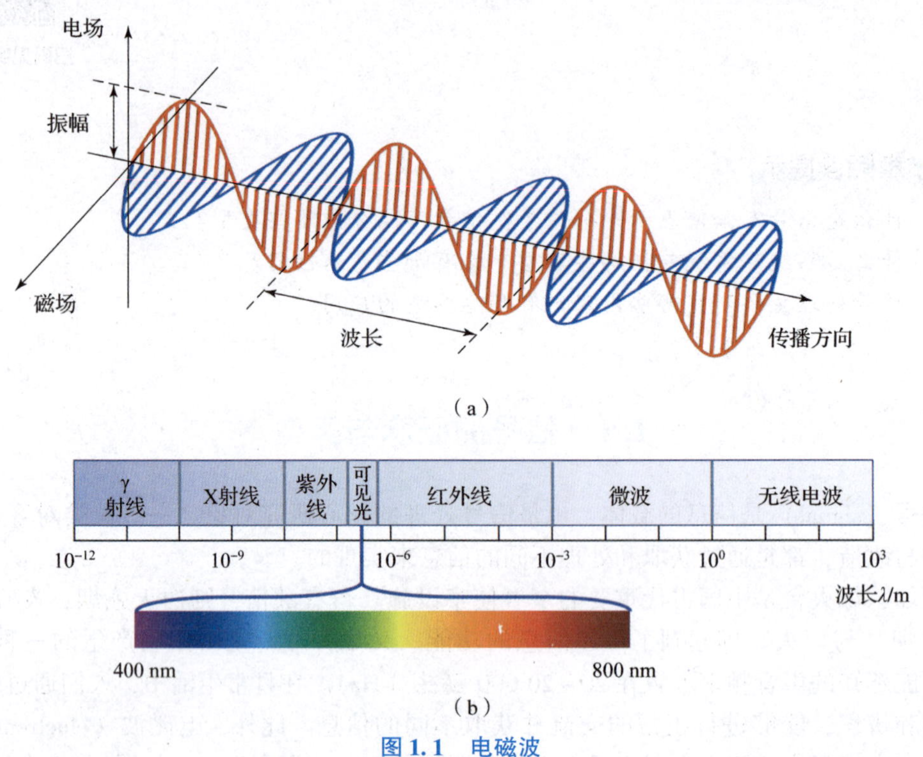

图1.1 电磁波

（a）电磁波物理模型；（b）电磁波谱

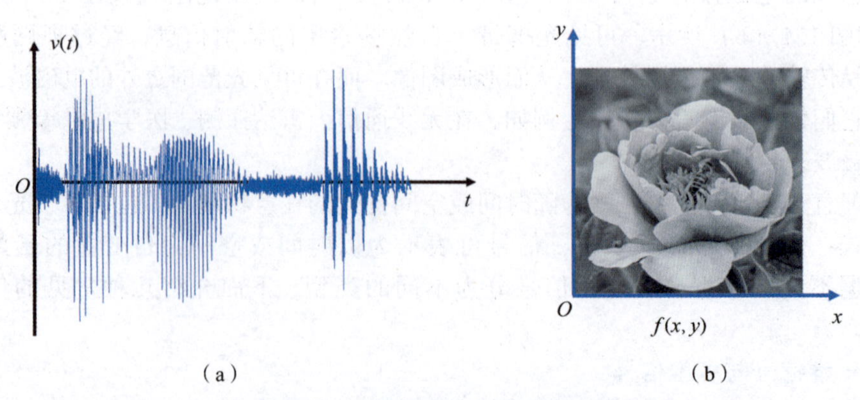

图1.2 一维信号与多维信号示例

（a）语音信号（一维信号）；（b）灰度图像（二维信号）

（2）单通道信号与多通道信号

在一些实际应用中，信号可能来自多个传感器，或者信号的取值具有多个维度，这类信号称为**多通道信号**（multi - channel signal）；与之对应，只有一个通道的信号则称为单

通道信号（single - channel signal）。

例如，在音频系统中，为了产生更加逼真的声音效果，音频通常由两个通道组成，称为立体声（stereo），可表示为向量函数的形式

$$\boldsymbol{s}(t)=\begin{bmatrix}s_1(t)\\ s_2(t)\end{bmatrix}$$

式中，$s_1(t)$，$s_2(t)$ 为一维信号。

又如，彩色图像是由红（R）、绿（G）、蓝（B）三个通道构成的，如图 1.3 所示，每个通道都是一个单色图像，因此可表示为

$$\boldsymbol{I}(x,y)=\begin{bmatrix}R(x,y)\\ G(x,y)\\ B(x,y)\end{bmatrix}$$

式中，$R(x, y)$，$G(x, y)$，$B(x, y)$ 分别表示各自通道上的单色图像，三个通道组合方能正确显示色彩信息。

图 1.3　RGB 彩色图像示例

本书主要关注一维单通道信号，即关于“时间”的一元函数。关于多维或多通道信号的分析，多数情况下可以类比于一维单通道信号进行推广。

(3) 实值信号与复值信号

信号可以按照取值是实数还是复数分为**实值信号**（real - value signal，简称为实信号）和**复值信号**（complex - value signal，简称为复信号）。例如，复指数信号 $e^{j\omega t}$ 是信号处理中最常见的复信号之一。根据欧拉公式（Euler's formula），它可以表示为

$$e^{j\omega t}=\cos(\omega t)+j\sin(\omega t) \tag{1.1}$$

式中，$j=\sqrt{-1}$。

对于一般的复信号，可以表示为直角坐标（笛卡尔坐标）的形式

$$x(t)=x_R(t)+jx_I(t) \tag{1.2}$$

式中，$x_R(t)$，$x_I(t)$ 分别为复信号的实部和虚部，两者都是实信号。

另外，复信号也可以表示为极坐标的形式：

$$x(t)=|x(t)|\mathrm{e}^{\mathrm{j}\angle x(t)} \tag{1.3}$$

式中，$|x(t)|$，$\angle x(t)$ 分别为复信号的幅度（magnitude，也称为模）和相位（phase，也称为相角），两者可以通过实部和虚部来计算

$$|x(t)|=\sqrt{x_{\mathrm{R}}^2(t)+x_{\mathrm{I}}^2(t)} \tag{1.4}$$

$$\angle x(t)=\arctan\left(\frac{x_{\mathrm{I}}(t)}{x_{\mathrm{R}}(t)}\right) \tag{1.5}$$

(4) 确定性信号与随机信号

如果对于任意给定时间，信号的取值是确定的，则称其为**确定性信号**（deterministic signal）。确定性信号一般可以通过函数表达式来描述。例如，正弦信号可表示为 $x(t)=A\sin(\omega t+\theta)$，其中，振幅 A、角频率 ω 以及相位 θ 均为常数。图 1.4（a）所示为当 $A=1$，$\omega=\pi$，$\theta=0.3\pi$ 时正弦信号的波形。

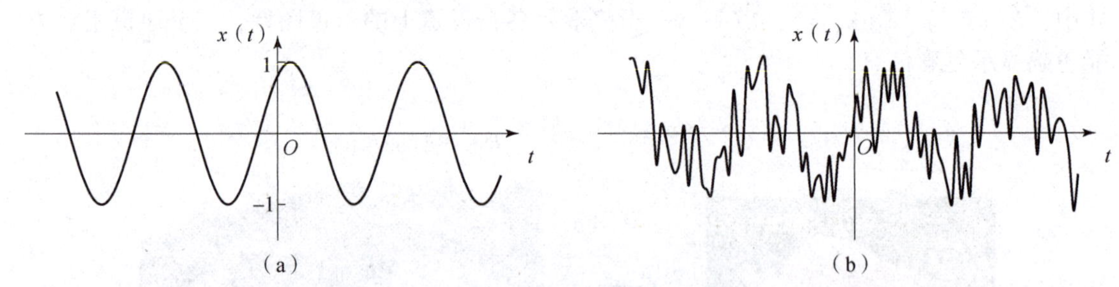

图 1.4　确定性信号与随机信号示例

（a）确定性正弦信号；（b）随机信号（样本函数）

如果对于任意给定时间，信号的取值是随机的或不确定的，则称其为**随机信号**（random signal）。随机现象在现实世界中广泛存在，例如微观粒子的运动、气温的变化、台风的运行轨迹、股票的价格波动等。又如，信号在采集、传输、处理等过程中，不可避免地受到噪声的干扰，噪声即是一种典型的随机信号，如图 1.4（b）所示①。随机性或源于客观事物自身的物理属性，抑或源于人类对客观事物认识的局限性。虽然随机信号具有随机性，但是并非完全没有规律。为了刻画随机信号的特性，可以将随机信号建模为**随机过程**（random/stochastic process），并从统计意义上进行分析。

本书将先后介绍确定性信号与随机信号的分析和处理方法。但在大多数情况下，如无特别说明，默认信号为确定性信号。

(5) 连续时间信号与离散时间信号

上文提到，信号是以时间为自变量的函数。这里的“时间”是一种广义上的时间，即任何一维自变量的统称，它既可以是连续的，也可以是离散的。前者称为**连续时间信号**（continuous - time signal），后者称为**离散时间信号**（discrete - time signal）。

自然界中的信号大都是连续时间信号，例如声音、光照、气温、电流等。它们以连续时间为自变量，同时取值也在一个连续的范围内变化，这类信号又称为**模拟信号**（analog signal）。

而离散时间信号的自变量是离散的。一方面，“离散”可能源于自变量的自然属性。

① 图中所示为随机信号的一次观测结果，称为**样本函数**（sample function）。

例如，月份、星期、人口数量、重复实验的次数等，这些变量本身就是离散的；另外，有些离散时间信号可视为对连续时间信号进行**采样**（sampling）的结果，即从连续时间信号中“抽取”一些点，从而形成一组离散的点列。例如，气温是随时间连续变化的信号，如图1.5（a）所示。现每隔一段时间对气温进行一次测量，便得到了以离散时间为自变量的气温值，如图1.5（b）所示，记为①

$$x[n]=x(t)\big|_{t=nT_s}=x(nT_s) \tag{1.6}$$

式中，$x(t)$为连续时间气温信号；T_s为采样间隔。

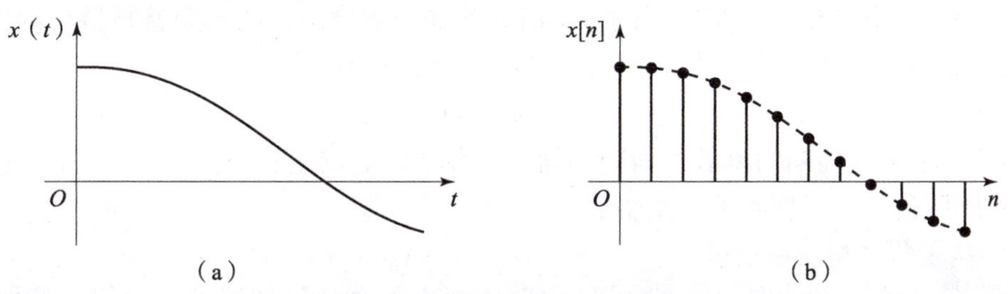

图1.5 连续时间信号与离散时间信号的关系

（a）连续气温变化值；（b）离散气温观测值

随着计算机和数字电路的发展，当前许多电气电子设备都采用了数字化系统。信号在这些设备上是以二进制字符串作为存储和传输的形式。与模拟信号相对，这种时间与取值均离散的信号称为**数字信号**（digital signal）。例如，数码相机拍摄的图像是一种典型的数字信号，如图1.6所示，其中，自变量为离散空间坐标，它表示图像的像素点（pixel）位置；而取值表示每个像素点接收的光强，经过数字芯片处理后转化为二进制的字符串。

图1.6 数字图像示意图

将模拟信号转化为数字信号的过程称为模－数转换（analog－to－digital conversion，ADC）。具体包括采样（sampling）、量化（quantization）、编码（coding）等过程。反之，将数字信号转换为模拟信号的过程称为数－模转换（digital－to－analog conversion，DAC）。上述两个过程分别通过模－数转换器（analog－to－digital converter）和数－模转换器（analog－to－digital converter）来实现。

本书将分别介绍连续时间信号和离散时间信号的分析与处理方法。由于两者的关系紧密，且具有相似或相仿的性质，因此多数情况下以连续时间信号为主进行介绍。

① 类似于式（1.6）中的记法，本书将分别采用圆括号“( )”和方括号“[ ]”来表示信号的自变量具有连续属性或离散属性。

(6) 周期信号与非周期信号

对于连续时间信号 $x(t)$，如果存在常数 $T>0$，使

$$x(t)=x(t+T),\quad -\infty<t<\infty \tag{1.7}$$

则称 $x(t)$ 是以 T 为周期的**周期信号**（periodic signal）；否则，称为**非周期信号**（non-periodic signal）。

容易验证，如果 $T=T_0$ 是周期信号 $x(t)$ 的周期，则 T_0 的整数倍，如 $2T_0$，$3T_0$，…，nT_0，都是 $x(t)$ 的周期。满足式（1.7）的最小的 T 称为 $x(t)$ 的基础周期（fundamental period），它描述了周期信号重复出现的最小时间间隔。通常所说的周期就是指基础周期。

类似地，对于离散时间信号 $x[n]$，若存在整数 $N>0$，使

$$x[n]=x[n+N],n\in\mathbb{Z} \tag{1.8}$$

则称 $x[n]$ 是以 N 为周期的离散时间周期信号。需要注意的是，不同于连续时间周期信号，离散时间周期信号的周期必须是正整数。

(7) 能量信号与功率信号

能量（energy）和功率（power）是信号的两个重要的物理属性。对于连续时间信号 $x(t)$，能量定义为

$$E=\int_{-\infty}^{\infty}|x(t)|^2\mathrm{d}t \tag{1.9}$$

而平均功率（average power），即单位时间的能量，定义为

$$P=\lim_{T\to\infty}\frac{1}{2T}\int_{-T}^{T}|x(t)|^2\mathrm{d}t \tag{1.10}$$

式中，T 为任意正数。

特别地，对于周期信号，通常选取一个周期来计算平均功率，即

$$P=\frac{1}{T}\int_{-T/2}^{T/2}|x(t)|^2\mathrm{d}t \tag{1.11}$$

式中，T 为信号的周期。

类似地，对于离散时间信号 $x[n]$，能量和平均功率分别定义为

$$E=\sum_{n=-\infty}^{\infty}|x[n]|^2 \tag{1.12}$$

$$P=\lim_{N\to\infty}\frac{1}{2N+1}\sum_{n=-N}^{N}|x[n]|^2 \tag{1.13}$$

特别地，对于周期为 N 的序列，平均功率为

$$P=\frac{1}{N}\sum_{n=0}^{N-1}|x[n]|^2 \tag{1.14}$$

如果信号的能量有限且非零，即 $0<E<\infty$，则称为**能量信号**（energy signal）。如果信号的平均功率有限且非零，即 $0<P<\infty$，则称为**功率信号**（power signal）。

持续时间有限长的信号一般是能量信号，而持续时间无限长的信号能量可能无穷大，但可以是功率信号，例如图 1.7 所示的矩形脉冲信号和周期矩形脉冲信号。显然，前者的能量是有限的，因而是能量信号；而后者的能量无穷大，但是在任意周期上的平均功率是有限的，因此是功率信号。同时，能量信号的平均功率为零，而功率信号的能量无穷大。

根据定义，一个信号不能既是能量信号又是功率信号。当然，信号可以既非能量信号，也非功率信号。例如，指数信号 $x(t)=e^t$，$-\infty<t<\infty$。

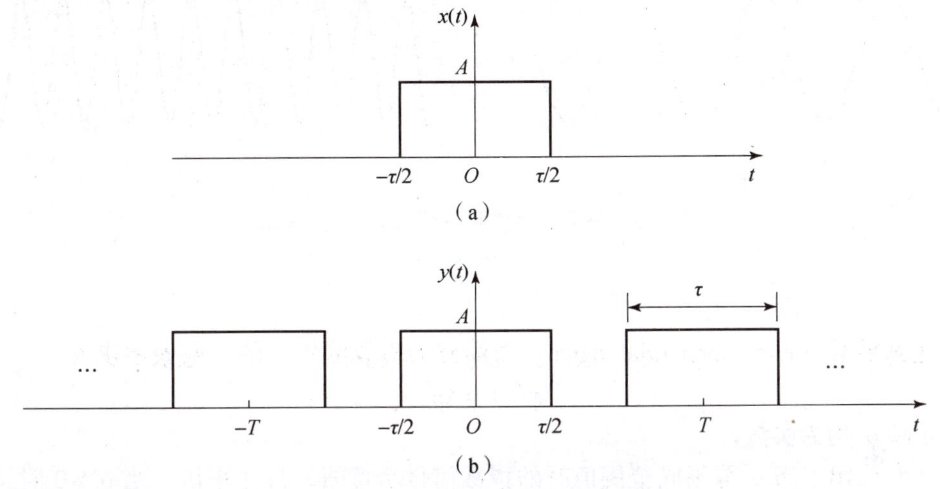

图1.7　能量信号与功率信号示例

（a）矩形脉冲信号；（b）周期矩形脉冲信号

1.2　常见的信号模型

本节介绍信号处理中常见的信号模型，这些信号贯穿本书的始终。掌握这些信号的特性，有助于开展复杂信号的分析和处理。

1.2.1　常见的连续时间信号

（1）正弦信号

正弦信号（sinusoidal signal）是信号处理中使用最广泛的一种信号模型，可用于表示具有周期属性的信号，例如电力系统中的交流电（alternative current，AC）、具有固定频率的声波，以及自然界广泛存在的电磁波等。正弦信号的一般表达式[①]为

$$x(t)=A\cos(\omega t+\theta)=A\cos(2\pi ft+\theta) \tag{1.15}$$

式中，A 为振幅；f 为频率（单位：Hz）；$\omega=2\pi f$ 为角频率[②]（单位：rad/s）；θ 为初始相位（单位：rad）。

正弦信号是以 $T=2\pi/\omega=1/f$ 为周期的周期信号。图1.8绘制了两个不同频率的正弦信号波形。由于频率与周期具有反比关系，故频率越大，周期越小，波形振荡速度越快。需要说明的是，当 $\omega=0$ 时，正弦信号取值恒为常数，此时信号具有无限大的周期（也可理解为任意周期）。在信号处理和工程领域中，取值恒定的信号通常称为直流信号（direct current，DC）。

① 式（1.15）采用余弦函数来表示正弦信号，当然，也可以采用正弦函数。由于正弦函数与余弦函数物理属性相同，两者仅仅在相位上相差 $\pi/2$，因此本书将正弦函数与余弦函数表示的信号统称为正弦信号。

② 在多数情况下，本书使用角频率来描述信号的频率。如无特别说明，后文也将角频率简称为频率。

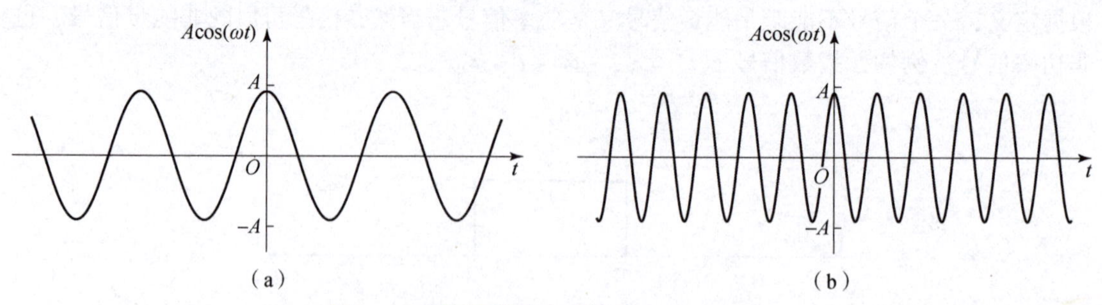

图 1.8 不同频率的正弦信号波形（$\theta=0$）

（a）$\omega=\pi$；（b）$\omega=3\pi$

（2）实指数信号

实指数信号（real exponential signal，或简称为指数信号）的一般表达式为

$$x(t)=A\mathrm{e}^{\sigma t} \tag{1.16}$$

式中，A 和 σ 均为实数。

图 1.9 给出了当 σ 取不同范围值时的指数信号示意图。具体来讲，当 $\sigma>0$ 时，指数信号呈增长趋势，称为指数增长信号（growing/increasing exponential signal）；当 $\sigma<0$ 时，指数信号呈衰减趋势，称为指数衰减信号（decaying/decreasing exponential signal）。$|\sigma|$越大，信号增长或衰减的速率越快。而当 $\sigma=0$ 时，指数信号退化为直流信号，即 $x(t)=A$。

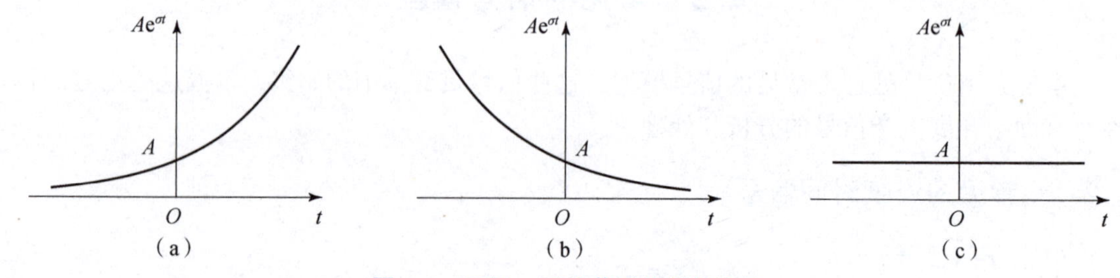

图 1.9 不同 σ 取值范围的指数信号

（a）$\sigma>0$；（b）$\sigma<0$；（c）$\sigma=0$

（3）复指数信号

复指数信号（complex exponential signal）的一般表达式为

$$x(t)=C\mathrm{e}^{st} \tag{1.17}$$

式中，C，s 均为复数。

为了便于分析复指数信号的特性，将 C 与 s 分别用极坐标和直角坐标表示，记为

$$C=A\mathrm{e}^{\mathrm{j}\theta} \tag{1.18}$$

$$s=\sigma+\mathrm{j}\omega \tag{1.19}$$

于是式（1.17）可改写为

$$x(t)=A\mathrm{e}^{\mathrm{j}\theta}\mathrm{e}^{(\sigma+\mathrm{j}\omega)t}=A\mathrm{e}^{\sigma t}\mathrm{e}^{\mathrm{j}(\omega t+\theta)} \tag{1.20}$$

根据欧拉公式，式（1.20）又可写作

$$x(t)=A\mathrm{e}^{\sigma t}\cos(\omega t+\theta)+\mathrm{j}A\mathrm{e}^{\sigma t}\sin(\omega t+\theta) \tag{1.21}$$

可见，复指数信号的实部和虚部皆为指数信号和正弦信号的乘积。

以实部为例，并假设 $\theta=0$，图 1.10 所示为当 σ 取不同范围值时的波形示意图。具体来讲，当 $\sigma>0$ 时，波形呈振荡增长的趋势；当 $\sigma<0$ 时，波形呈振荡衰减的趋势[①]。振荡的速率由正弦信号的频率 ω 决定，而增长或衰减的速率由指数因子 σ 决定。由于 $|A\mathrm{e}^{\sigma t}\cos(\omega t)|\leqslant A\mathrm{e}^{\sigma t}$，因此波形介于 $\pm A\mathrm{e}^{\sigma t}$ 之间，如图 1.10（a）和图 1.10（b）中虚线所示，该曲线称为包络（envelope）。而当 $\sigma=0$ 时，波形转化为正弦信号，如图 1.10（c）所示。事实上，此时复指数信号的实部和虚部均为正弦信号。易知

$$x(t)=C\mathrm{e}^{\mathrm{j}\omega t}=C\mathrm{e}^{\mathrm{j}\omega(t+2\pi/\omega)}=x(t+T) \tag{1.22}$$

因此，$x(t)=C\mathrm{e}^{\mathrm{j}\omega t}$ 是以 $T=2\pi/\omega$ 为周期的周期信号。

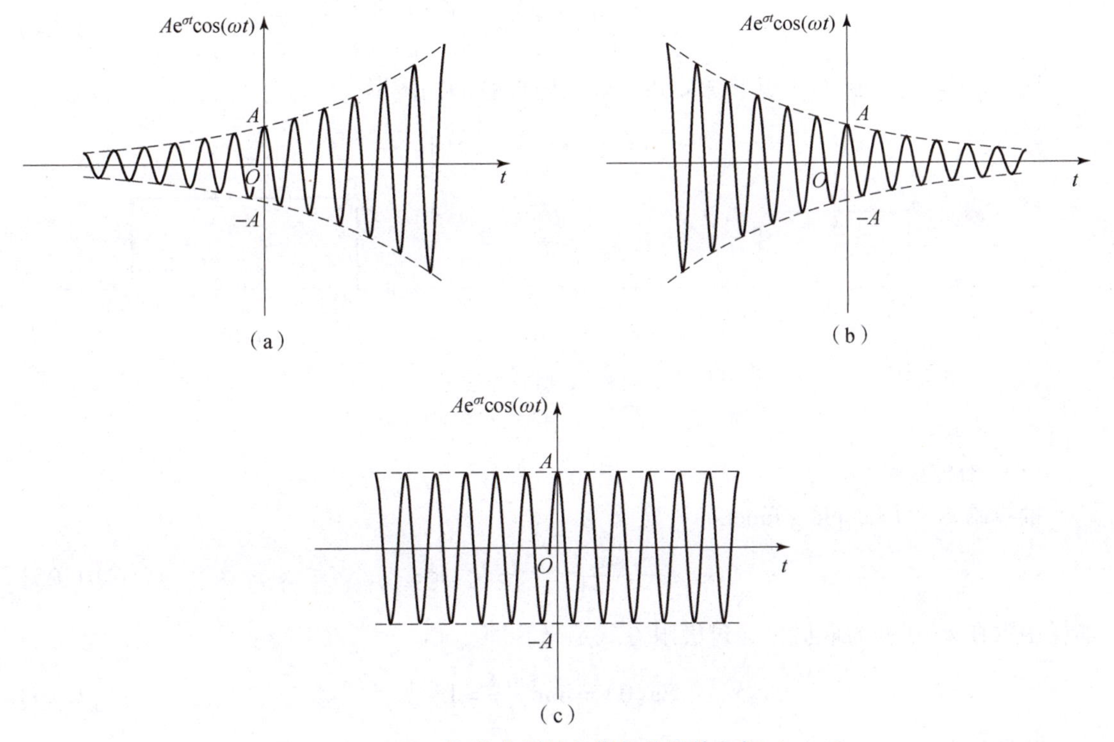

图 1.10　不同 σ 取值范围的复指数信号的实部（$\theta=0$）

（a）$\sigma>0$；（b）$\sigma<0$；（c）$\sigma=0$

另外，当 $\omega=0$ 时（同时假设 $\theta=0$），复指数信号变为实指数信号 $x(t)=A\mathrm{e}^{\sigma t}$。进一步，若 $\sigma=0$，复指数信号退化为直流信号 $x(t)=A$。由此可见，正弦信号、指数信号以及直流信号均可以统一表示成复指数信号的形式，这三者是复指数信号的特例。

复指数信号在信号处理中具有重要作用。在第 2 章将会看到，连续时间周期信号可以表示一系列形如 $\mathrm{e}^{\mathrm{j}n\omega_0 t}$ 的复指数信号的叠加形式，这就是“傅里叶级数”的基本思想。而“傅里叶变换”是以复指数信号 $\mathrm{e}^{\mathrm{j}\omega t}$ 为核函数的一种积分变换。此外，“拉普拉斯变换”是

① 这类信号也称为阻尼正弦信号（damped sinusoidal signal），通常用于描述幅度或能量随时间增长而呈指数振荡衰减，例如弹簧的振动、单摆的摆动等。

以复指数信号 e^{st} 为核函数的一种积分变换①。

(4) 矩形脉冲信号

矩形脉冲信号（rectangular pulse signal）是信号处理中经常使用的一种信号模型。定义标准化矩形脉冲信号（normalized rectangular pulse），即中心位于原点、幅度和脉宽均为1的矩形脉冲信号：

$$\mathrm{rect}(t)=\begin{cases}1, & |t|<1/2\\0, & |t|>1/2\end{cases} \tag{1.23}$$

更一般地，中心位于 $t=u$、幅度为 A、脉宽为 T 的矩形脉冲信号可表示为

$$y(t)=A\mathrm{rect}\left(\frac{t-u}{T}\right)=\begin{cases}A, & |t-u|<T/2\\0, & |t-u|>T/2\end{cases} \tag{1.24}$$

图1.11 给出了标准化矩形脉冲和一般的矩形脉冲的图形。

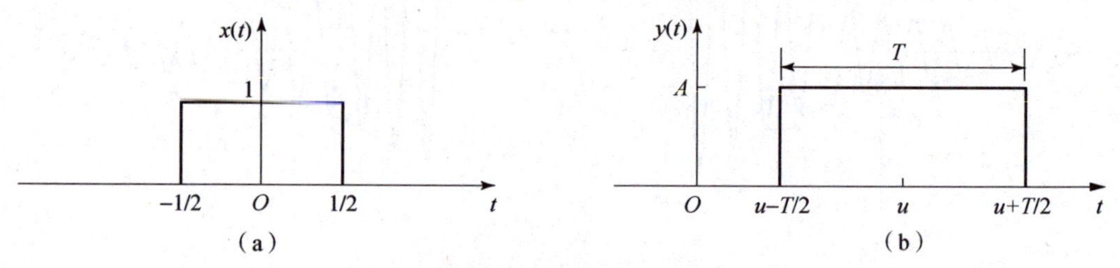

图1.11 矩形脉冲信号

(a) 标准化矩形脉冲信号；(b) 一般的矩形脉冲信号

(5) 抽样函数

抽样函数②（sampling function）定义为

$$\mathrm{Sa}(t)=\frac{\sin t}{t},\quad -\infty<t<\infty \tag{1.25}$$

抽样函数在 $t=0$ 处的取值可通过极限方式定义，即

$$\mathrm{Sa}(0)=\lim_{t\to 0}\frac{\sin t}{t}=1 \tag{1.26}$$

此外，可以定义标准化抽样函数（normalized sampling function）：

$$\mathrm{sinc}(t)=\frac{\sin \pi t}{\pi t},\quad -\infty<t<\infty \tag{1.27}$$

上述形式通常也称为 **sinc 函数**（sinc function）。

两种抽样函数如图1.12所示。易知，抽样函数是偶函数，且在 $t=0$ 处取得最大值1。

---

① 积分变换是数学和工程中广泛使用的一种分析工具，其一般形式为：

$$F(\alpha)=\frac{1}{2\pi}\int_{-\infty}^{\infty}f(t)K(t,\alpha)\mathrm{d}t$$

式中，$K(t,\alpha)$ 称为核函数（kernel function）。若 $K(t,\omega)=e^{-j\omega t}$，则为傅里叶变换；若 $K(t,s)=e^{-st}$，则为拉普拉斯变换。

② 本书约定，“抽样函数”特指式（1.25）或式（1.27）所定义的信号，而“采样信号”（sampled signal）是指连续时间信号的采样结果，两者名称相近，注意区分。

随着$|t|$增大，波形呈振荡衰减的形式。不过，Sa(t)与sinc(t)的过零点①有所不同，前者为π的整数倍，即$t=\pm\pi,\pm2\pi,\cdots,\pm n\pi$；而后者为非零整数点，即$t=\pm1,\pm2,\cdots,\pm n$。

抽样函数在采样、滤波等理论分析中具有重要作用，将在后续章节详细介绍。

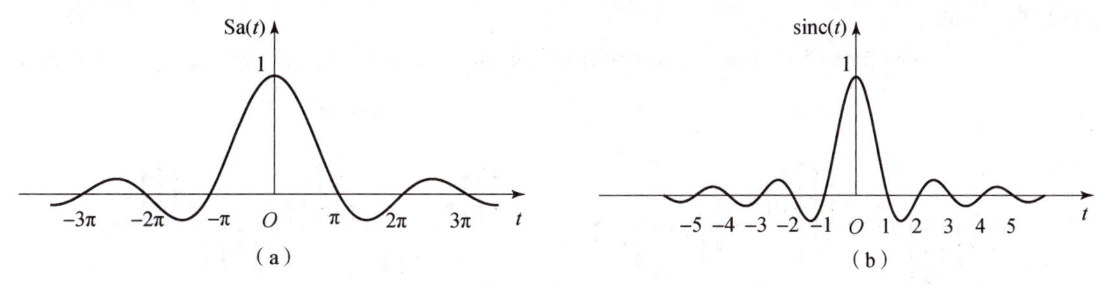

图1.12 抽样函数

(a) 抽样函数；(b) 标准化抽样函数（sinc函数）

1.2.2 常见的离散时间信号

下面介绍常见的离散时间信号。在大多数情况下，离散时间信号可视为相应的连续时间信号的采样结果。为了便于描述，下面将离散时间信号简称**序列**（sequence），而将对应的连续时间信号简称为信号。

(1) 正弦序列

离散时间正弦信号（简称**正弦序列**）的一般表达式为

$$x[n]=A\cos(\Omega n+\theta) \tag{1.28}$$

式中，A为振幅；Ω为数字角频率（单位：rad）；θ为初始相位（单位：rad）。

与式（1.15）所示的连续时间正弦信号（简称为正弦信号）表达式相比较，式（1.28）中将连续时间变量t替换为离散时间变量n。同时，频率符号也有所区别。事实上，正弦序列可视为正弦信号的均匀采样结果，即

$$x[n]=x(t)\big|_{t=nT_s}=A\cos(\omega nT_s+\theta)=A\cos(\Omega n+\theta) \tag{1.29}$$

式中，T_s为采样间隔。因而两个频率变量的关系为

$$\Omega=\omega T_s \tag{1.30}$$

或等价表示为

$$\Omega=\frac{\omega}{f_s}=\frac{2\pi f}{f_s} \tag{1.31}$$

式中，$f_s=1/T_s$为采样率；f为正弦信号的实际频率（也称为模拟频率）。

记$F=f/f_s$，称F为归一化频率（normalized frequency）或数字频率（相对于模拟频率f），它是量纲为1的物理量。相应地，称$\Omega=2\pi F$为归一化角频率（normalized angular frequency）或数字角频率（相对于模拟角频率ω），单位为rad。为了区分两个频率的不同含义，本书约定用ω表示模拟角频率，Ω表示数字角频率。此外，在不引起歧义的情况下，也简称为“频率”。

---

① “过零点”（zero-crossing）是指信号（函数）在该点取值为零，且左、右邻域的取值符号相反。

图 1.13 展示了几种不同频率的正弦序列，其中，$A=1$，$\theta=0$。需要注意的是，与连续时间正弦信号不同，随着频率 Ω 的增大，正弦序列的振荡速率并不一定加快。例如，当 $\Omega=\pi/3$ 与 $\Omega=5\pi/3$ 时，两个波形是完全相同的。这是因为 $\cos(t)$ 为偶函数，且以 2π 为周期，因此

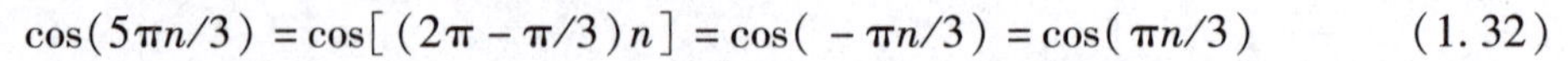

$$\cos(5\pi n/3)=\cos[(2\pi-\pi/3)n]=\cos(-\pi n/3)=\cos(\pi n/3) \tag{1.32}$$

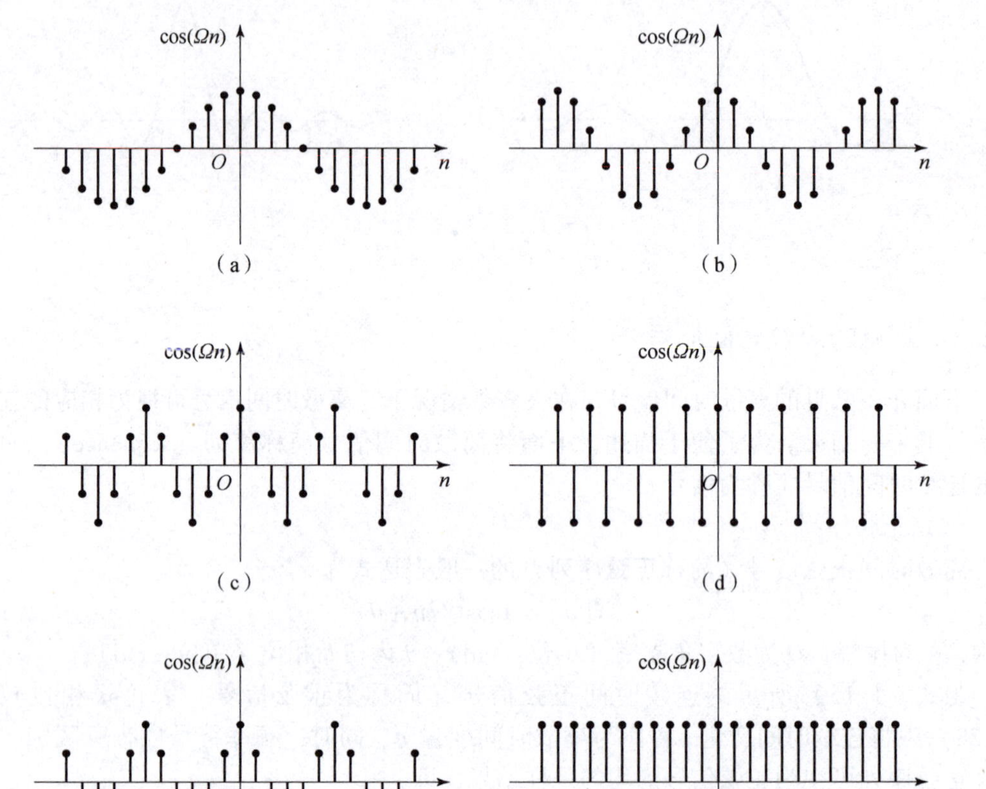

图 1.13　不同频率的正弦序列（$A=1$，$\theta=0$）

(a) $\Omega=\pi/8$；(b) $\Omega=\pi/5$；(c) $\Omega=\pi/3$；(d) $\Omega=\pi$；(e) $\Omega=5\pi/3$；(f) $\Omega=2\pi$

事实上，对于任意整数 k，有

$$A\cos[(\Omega+2k\pi)n+\theta]=A\cos(\Omega n+2k\pi n+\theta)=A\cos(\Omega n+\theta) \tag{1.33}$$

这意味着任何频率相隔为 2π 的整数倍的正弦序列是完全相同的，即正弦序列的频率 Ω 具有周期性，周期为 2π。在实际分析中，通常只需要考虑一个完整周期即可，例如 $-\pi\leqslant\Omega\leqslant\pi$ 或 $0\leqslant\Omega\leqslant2\pi$。

进一步观察，当 $0<\Omega<\pi$ 时，随着 Ω 的增大，正弦序列的周期缩短，振荡加快；相反，当 $\pi<\Omega<2\pi$ 时，随着 Ω 的增大，正弦序列的周期变长，振荡减慢。两种极端情况是，当 $\Omega=\pi$ 时，序列取值在 ±1 间交替出现；而当 $\Omega=2\pi$ 时，序列则变为常数序列。因此，对于正弦序列，Ω 越接近 0 或 2π，振荡越缓慢；相反，Ω 越接近 π，振荡越剧烈。

此外，正弦序列只有在满足一定条件下才是周期序列。不妨简单分析一下。假设 N 为正弦序列的周期，即

$$A\cos[\Omega(n+N)+\theta]=A\cos(\Omega n+\theta) \tag{1.34}$$

根据三角函数的周期性，上式成立须要求存在某个非零的整数 k，使

$$\Omega N=2k\pi \tag{1.35}$$

或等价表示为

$$F=\frac{\Omega}{2\pi}=\frac{k}{N} \tag{1.36}$$

式（1.36）说明，只有当 Ω 与 2π 的比值，即数字频率 F 为有理数时，正弦序列才是周期序列。例如，图1.13所示的所有正弦序列，Ω 与 2π 的比值均为有理数，因此都是周期序列；而图1.14所示的正弦序列，$\Omega=2/3$，它与 2π 的比值不是有理数，因此不是周期序列。

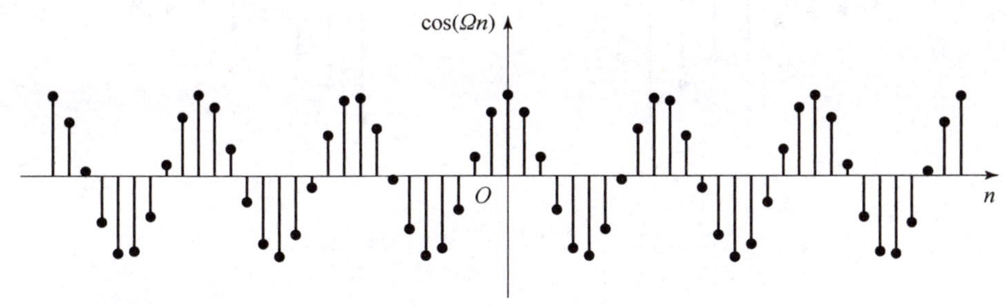

图1.14　非周期正弦序列（$\Omega=2/3$）

（2）实指数序列

离散时间实指数信号（简称为实指数序列或**指数序列**）的一般表达式为

$$x[n]=Ar^n \tag{1.37}$$

式中，A 与 r 均为实数。

指数序列可视为连续时间指数信号（简称指数信号）的采样结果。设 $x(t)=Ae^{\sigma t}$，并对其以间隔 T_s 进行均匀采样，则

$$x(t)\big|_{t=nT_s}=Ae^{\sigma nT_s}=A(e^{\sigma T_s})^n \tag{1.38}$$

令 $r=e^{\sigma T_s}$，便得到指数序列的形式。由于 $r=e^{\sigma T_s}>0$，因而指数序列取值非负。此时，指数序列与指数信号具有相同的指数增长或指数衰减的趋势，如图1.15（a）和图1.15（b）所示。

在某些实际问题中，r 也可取负值。此时，序列取值正负交替出现，如图1.15（c）和图1.15（d）所示。事实上，当 $r<0$ 时，可以将指数序列表示为

$$x[n]=A(-|r|)^n=A(-1)^n|r|^n=Ae^{j\pi n}|r|^n \tag{1.39}$$

稍后会看到，式（1.39）可视为复指数序列的一种特殊情况。

（3）复指数序列

离散时间复指数信号（简称为**复指数序列**）的一般表达式为

$$x[n]=Cr^n \tag{1.40}$$

式中，C 与 r 均为复数。

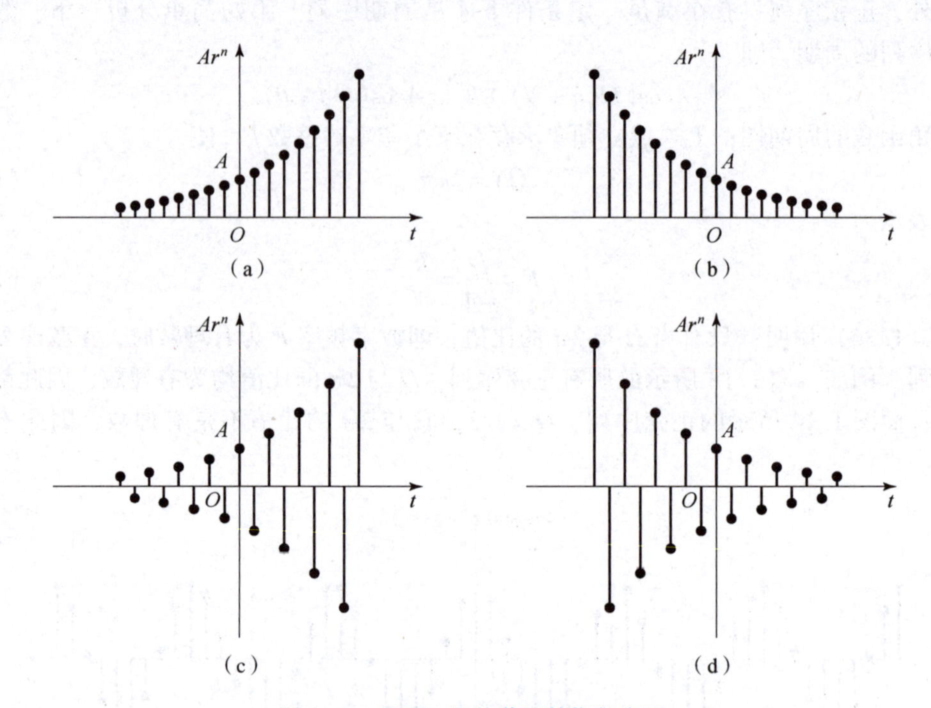

图 1.15　不同 r 取值范围的指数序列

(a) $r>1$；(b) $0<r<1$；(c) $r<-1$；(d) $-1<r<0$

记 $C=|A|\mathrm{e}^{\mathrm{j}\theta}$，$r=|r|\mathrm{e}^{\mathrm{j}\Omega}$，则复指数序列还可以表示为

$$x[n]=A|r|^n\mathrm{e}^{\mathrm{j}(\Omega n+\theta)} \tag{1.41}$$

根据欧拉公式，有

$$x[n]=A|r|^n\cos(\Omega n+\theta)+\mathrm{j}A|r|^n\sin(\Omega n+\theta) \tag{1.42}$$

由此可见，复指数序列的实部和虚部皆为指数序列和正弦序列的乘积。

为了便于分析，假设 $\theta=0$，图 1.16 给出了 r 在不同取值范围下的复指数序列的实部。具体来讲，当 $|r|>1$ 时，序列呈振荡增长的趋势，如图 1.16（a）所示；当 $|r|<1$ 时，序列呈振荡衰减的趋势，如图 1.16（b）所示。振荡频率由正弦序列的频率 Ω 决定，而增长或衰减的速率由 $|r|$ 决定。此外，当 $\Omega=0$ 或 $\Omega=\pi$ 时，复指数序列退化为实指数序列：

$$x[n]=A|r|^n \tag{1.43}$$

$$x[n]=A|r|^n\mathrm{e}^{\mathrm{j}\pi n}=A(-|r|)^n \tag{1.44}$$

另外，当 $|r|=1$ 时，复指数序列变为

$$x[n]=A\mathrm{e}^{\mathrm{j}(\Omega n+\theta)}=A\cos(\Omega n+\theta)+\mathrm{j}A\sin(\Omega n+\theta) \tag{1.45}$$

此时，实部和虚部均为正弦序列，如图 1.16（c）所示。关于正弦序列的特性在上文中已经进行过分析。需要注意的是，当且仅当 $\Omega/2\pi=k/N$ 时，形如式（1.45）的复指数序列才是周期序列。

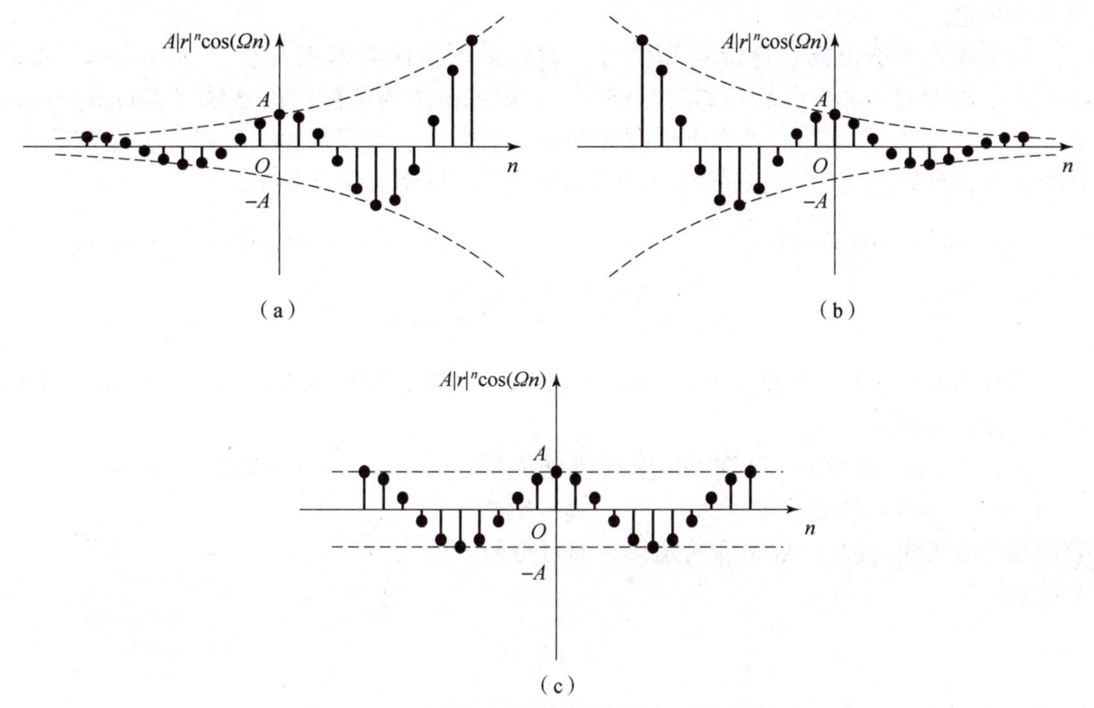

图 1.16 不同 r 取值范围的复指数序列的实部（$\theta=0$）

(a) $|r|>1$；(b) $0<|r|<1$；(c) $|r|=1$

1.3 系统的概念与类型

系统（system）的概念广泛存在于现实世界中。广义来讲，系统是由若干部件组成的具有特定功能的总体。例如，太阳系是一个庞大的系统，它由太阳、八大行星及其卫星、小行星、彗星以及星际物质等构成。又如，人体是一个复杂而精妙的系统，它由大脑、脏腑、血管、骨骼、肌肉等组织器官组成；按照功能，又可以细分为神经系统、呼吸系统、消化系统、运动系统等。再如，电路一般由电源、电阻、电容、导线等电子元器件组成。自20世纪70年代以来，伴随着半导体材料和制造装备技术的快速发展，诞生了大规模集成电路（large scale integrated circuit，LSI）及超大规模集成电路（very large scale integrated circuits，VLSI）等数字电路，可以将上百万个晶体管集成在一块微小的芯片上，极大地推动了电子计算机等数字设备的普及和发展。

本书所关注的是具有信号采集、传输、处理等功能的系统。这类系统通常包含输入端（input）和输出端（output）。因此，若不考虑系统的具体结构形式，可将系统抽象地定义为输入信号和输出信号之间的映射关系，记为

$$\mathcal{S}: x(\cdot) \to y(\cdot) \tag{1.46}$$

或

$$y(\cdot) = \mathcal{S}[x(\cdot)] \tag{1.47}$$

式中，$\mathcal{S}$ 表示系统算子；$x(\cdot)$，$y(\cdot)$ 分别表示输入信号和输出信号；$(\cdot)$ 由具体的信

号类型决定。

如果输入和输出都是连续时间信号，则称系统为**连续时间系统**（continuous - time system）；如果输入和输出都是离散时间信号，则称系统为**离散时间系统**（discrete - time system）。图 1.17 以框图形式给出了两类系统。不满足上述关系的系统则称为混合系统。例如，采样是将连续时间信号转换为离散时间信号，故属于混合系统。

$x(t)$ → 连续时间系统 → $y(t)$　　　　$x[n]$ → 离散时间系统 → $y[n]$

图 1.17　系统的类型

（a）连续时间系统；（b）离散时间系统

系统通常可用微分方程（differential equation）或差分方程（difference equation）来描述。下面试举两例。

例 1.1（RC 电路）　已知 RC 串联电路如图 1.18 所示，设输入端电源电压为 $v_s(t)$，输出端电容两端的电压为 $v_c(t)$。根据欧姆定律，通过电阻 R 的电流为

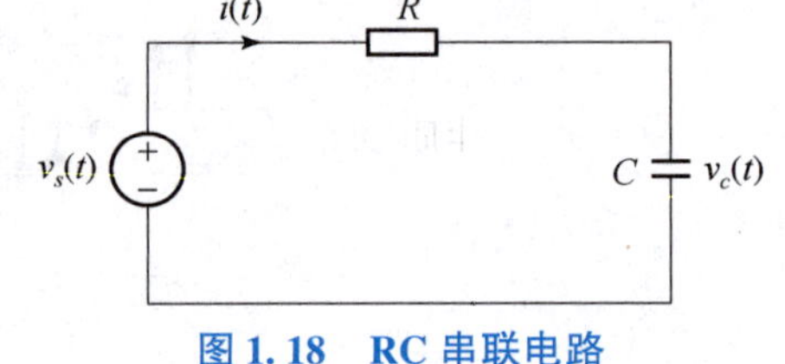

图 1.18　RC 串联电路

$$i(t) = \frac{v_s(t) - v_c(t)}{R} \tag{1.48}$$

同时，电流也可以表示为电容乘以电压的变化率，即

$$i(t) = C\frac{\mathrm{d}v_c(t)}{\mathrm{d}t} \tag{1.49}$$

结合式（1.48）与式（1.49），可以建立如下微分方程

$$\frac{\mathrm{d}v_c(t)}{\mathrm{d}t} + \frac{1}{RC}v_c(t) = \frac{1}{RC}v_s(t) \tag{1.50}$$

上述微分方程描述了输入信号 $v_s(t)$ 与输出信号 $v_c(t)$ 之间的关系。由于输入、输出均为连续时间信号，因此该电路是一个连续时间系统。

例 1.2（储蓄模型）　假设一个储户每月都将一部分工资存入银行，设银行的月利率为 a，储户第 n 月存入银行的工资为 $x[n]$，则第 n 月的累计存款为

$$y[n] = (1 + a)y[n - 1] + x[n] \tag{1.51}$$

或等价表示为

$$y[n] - (1 + a)y[n - 1] = x[n] \tag{1.52}$$

上述差分方程描述了储户每月工资 $x[n]$ 与累计存款 $y[n]$ 的关系。由于输入、输出都是离散时间信号，故该系统是一个离散时间系统。

1.4　系统的基本性质

无论是连续时间系统还是离散时间系统，都具备一些基本性质。掌握这些性质，有助于开展复杂系统的分析和设计。由于连续时间系统和离散时间系统的基本性质相似，下面以连续时间系统为主进行介绍，在必要时对离散时间系统作补充说明。

1.4.1　线性

定义 1.1（线性）　称连续时间具有**线性**（linearity）性质，如果满足如下两个条件：

（1）可加性（additivity）

若

$$x_1(t) \to y_1(t), \ x_2(t) \to y_2(t) \tag{1.53}$$

则

$$x_1(t) + x_2(t) \to y_1(t) + y_2(t) \tag{1.54}$$

（2）齐次性（homogeneity）

若 $x(t) \to y(t)$，则

$$ax(t) \to ay(t) \tag{1.55}$$

式中，a 为任意常数。

具有线性性质的系统称为线性系统（linear system），否则，称为非线性系统（non - linear system）。

可加性与齐次性也可通过多个信号来描述，两者可以统一表述为：若 $x_k(t) \to y_k(t)$，$k=1,2,\cdots,N$，则

$$\sum_{k=1}^{N} a_k x_k(t) \to \sum_{k=1}^{N} a_k y_k(t) \tag{1.56}$$

式中，a_k 为任意常数。

类似地，对于离散时间系统，如果满足可加性与齐次性，即若 $x_k(t) \to y_k(t)$，$k=1$，2，…，N，则

$$\sum_{k=1}^{N} a_k x_k[n] \to \sum_{k=1}^{N} a_k y_k[n] \tag{1.57}$$

式中，a_k 为任意常数，那么称该系统具有线性性质。

例 1.3　已知某连续时间系统的输入、输出关系为

$$y(t) = tx(t)$$

判断该系统是否为线性系统。

解： 设 $x_1(t)$，$x_2(t)$ 为任意两个输入信号，相应的输出为

$$x_1(t) \to y_1(t) = tx_1(t)$$

$$x_2(t) \to y_2(t) = tx_2(t)$$

现令 $x(t) = ax_1(t) + bx_2(t)$，其中，a，b 为任意常数，则相应的输出为

$$\begin{aligned} y(t) = tx(t) &= t[ax_1(t) + bx_2(t)] \\ &= atx_1(t) + btx_2(t) \\ &= ay_1(t) + by_2(t) \end{aligned}$$

可见该系统满足线性性质，故为线性系统。

根据齐次性，若 $x(t) \to y(t)$，并令 $a=0$，则

$$0 \cdot x(t) \to 0 \cdot y(t) = 0$$

这意味着对于线性系统，若输入信号为零，则输出信号必然为零。这个结论通常可以作为判断系统是否具有线性性质的依据。

例 1.4 已知某连续时间系统的输入、输出关系为

$$y(t)=ax(t)+b$$

式中，a，b 为非零常数。判断该系统是否为线性系统。

解： 若令 $x(t)=0$，则 $y(t)=a\cdot 0+b=b\neq 0$，这与线性系统的性质矛盾。因此，该系统不具有线性性质。

需要说明的是，虽然本例题中的系统不具备线性性质，但是其子部分 $y_1(t)=ax(t)$ 具有线性性质，即系统的增量具有线性性质，这类系统称为增量线性系统（incrementally linear system）。因此，可以将上述系统分解为线性系统和常数项（非线性系统）的叠加，如图 1.19 所示。对于线性系统部分，可以利用线性系统的相关方法来分析。这种分解方法在线性系统分析中经常使用。

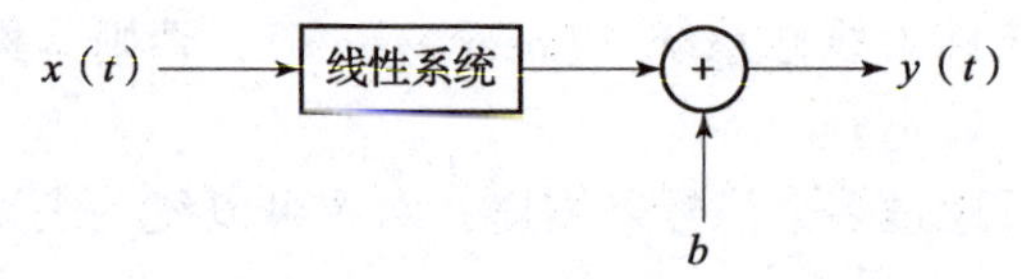

图 1.19 增量线性系统的结构

1.4.2 时不变性

在图 1.18 所示的 RC 电路中，电阻 R 和电容 C 都是恒定数值。故对于任意时刻，输入端电压 $v_s(t)$ 和输出端电压为 $v_c(t)$ 总满足常系数微分方程（1.50）。这意味着系统的特性不会随时间而改变。如果输入端电压 $v_s(t)$ 发生了某个时移，则输出端电压 $v_c(t)$ 必然会产生相同的时移。这种性质称为**时不变性**（time - invariance）。

定义 1.2（时不变性） 称连续时间系统具有时不变性，若输入信号发生某个时移，则输出信号会产生同样的时移，即①

$$x(t)\rightarrow y(t)\Rightarrow x(t-t_0)\rightarrow y(t-t_0) \tag{1.58}$$

式中，t_0 为任意实数。

类似地，称离散时间系统具有时不变性，如果

$$x[n]\rightarrow y[n]\Rightarrow x[n-n_0]\rightarrow y[n-n_0] \tag{1.59}$$

式中，n_0 为任意整数。

例 1.5 已知某连续时间系统的输入、输出关系为

$$y(t)=\sin[x(t)] \tag{1.60}$$

试判断该系统是否具有时不变性。

解： 根据式（1.60），该系统的作用是对输入信号做正弦变换。因此，若对输入信号做时移 t_0，即 $x(t-t_0)$，则相应的输出为

$$y_1(t)=\sin[x(t-t_0)] \tag{1.61}$$

① 式“$A\Rightarrow B$”表示由 A 可以推出 B，即 B 是 A 的必要条件。

另外，对输出信号 $y(t)$ 做时移 t_0，即 $y(t-t_0)$，相当于直接将式（1.60）中的变量 t 替换为 $t-t_0$，故结果为

$$y(t-t_0)=\sin[x(t-t_0)] \tag{1.62}$$

对比式（1.61）与式（1.62）可知，$y_1(t)=y(t-t_0)$，这说明输入信号经过时移 t_0，相应的输出信号也经过时移 t_0。因此该系统具有时不变性。

如果系统同时具有线性和时不变性，则称该系统为**线性时不变**（linear time - invariant，LTI）系统。这类系统是本书所要研究的主要对象。

例 1.6　已知某线性时不变系统的输入、输出关系如图 1.20 所示，试分别画出 $x(t-t_0)$ 与 $x(t)+x(t-\tau/2)$ 所对应的输出波形。

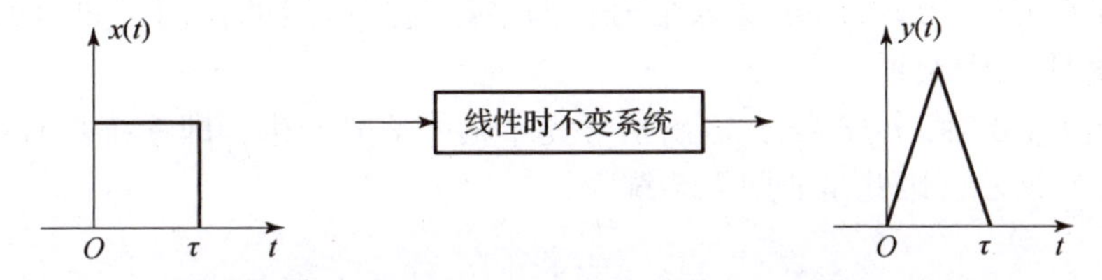

图 1.20　例 1.6 中系统的输入、输出波形

解：由于系统具有时不变性，因此，$x(t-t_0)$ 所对应的输出应为 $y(t-t_0)$，如图 1.21（a）所示。另外，根据线性性质，$x(t)+x(t-\tau/2)$ 所对应的输出应为 $x(t)$ 与 $x(t-\tau/2)$ 各自所对应的输出的叠加，即 $y(t)+y(t-\tau/2)$，波形如图 1.21（b）所示。

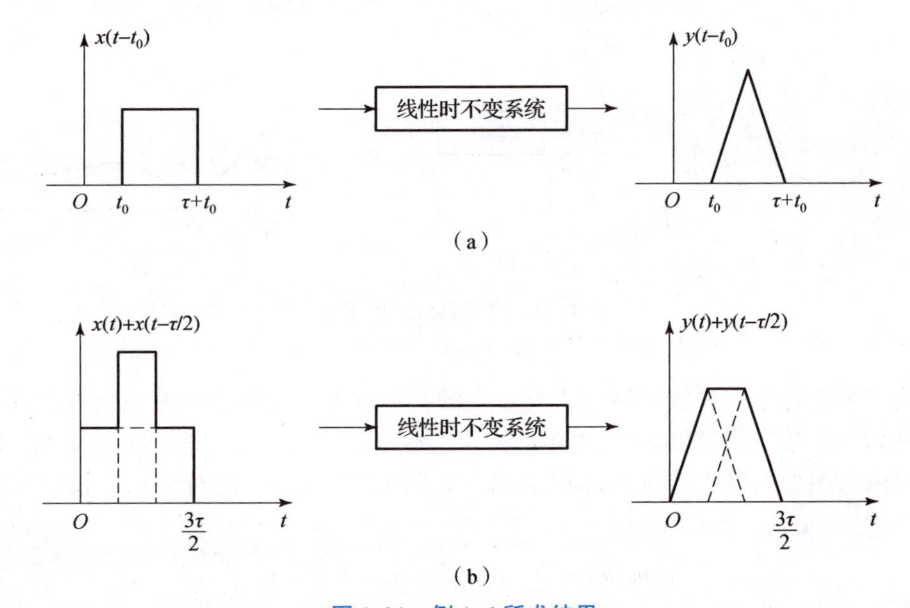

图 1.21　例 1.6 所求结果

（a）$x(t-t_0)$ 所对应的输出波形；（b）$x(t)+x(t-\tau/2)$ 所对应的输出波形

1.4.3　因果性

在现实世界中，物理现象大都遵循先因后果的关系。对于系统而言，同样需要考虑输

入与输出之间的先后关系。例如，在图 1.18 所示的 RC 电路中，假设电容的初始储能为零，则电容电压出现在施加电源电压之后。又如，在通信系统中，接收信号一般出现在发送信号之后。这些体现了系统的**因果性**（causality）。

定义 1.3（因果性） 如果系统在当前时刻的输出只取决于当前及过去时刻的输入，而与未来时刻的输入无关，那么称该系统具有因果性。

例 1.7 已知某系统的输入、输出具有如下关系

$$y(t)=x(t-t_0) \tag{1.63}$$

式中，t_0 为任意实数。判断该系统的因果性。

解： 根据题目条件，时刻 t 的输出等于时刻 $t-t_0$ 的输入。当 $t_0 \geqslant 0$ 时，$t \geqslant t-t_0$，也就是说，输出信号等于或滞后于输入信号，即系统起到延迟的作用，如图 1.22（a）所示，因此系统具有因果性。

相反，当 $t_0<0$ 时，$t<t-t_0$，输出信号先于输入信号产生，即系统具有提前的作用，如图 1.22（b）所示，因此是非因果系统。

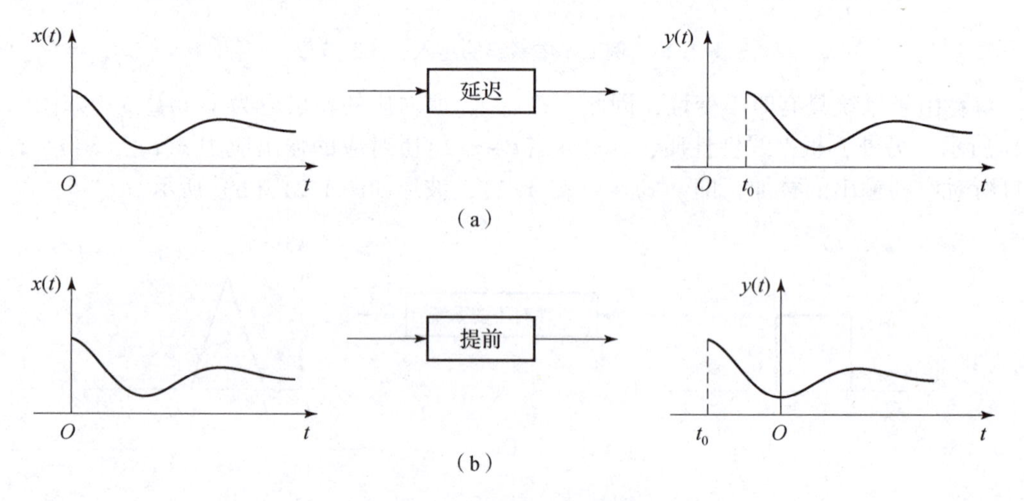

图 1.22　时移系统的因果性

（a）因果系统（$t_0 \geqslant 0$）；（b）非因果系统（$t_0<0$）

虽然因果性对于大多数系统而言是重要的，但这并不意味着所有系统都必须具备因果性。例如，在数字图像处理中，经常采用“卷积”① 的方式对图像进行处理，即在一个局部窗内对图像的像素值进行加权求和，如图 1.23 所示。此时输入、输出关系可表示为

$$y[m,n]=\sum_{i,j\in\mathcal{N}} a[i,j]x[m-i,n-j] \tag{1.64}$$

式中，$a[i,j]$ 为加权系数；$\mathcal{N}$ 表示局部窗；$[m,n]$ 表示当前的像素坐标。

由于图像的坐标位置通常是已知的，因此，上述计算方式是可实现的。但是，该系统是一个非因果系统。

① 卷积（convolution）的概念将在第 2 章介绍。

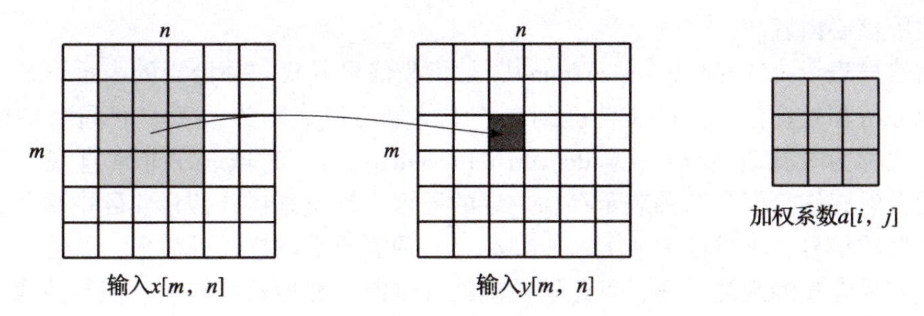

图1.23　数字图像卷积计算示意图

1.4.4　稳定性

定义1.4（稳定性）　如果对于任意有界的输入，所对应的输出也有界，即

$$|x(t)| \leqslant M_x \Rightarrow |y(t)| \leqslant M_y \tag{1.65}$$

则称连续时间系统具有**稳定性**（stability）。式中，M_x，M_y 为非负常数。

类似地，如果

$$|x[n]| \leqslant M_x \Rightarrow |y[n]| \leqslant M_y \tag{1.66}$$

则称离散时间系统具有稳定性。式中，M_x，M_y 为非负常数。

直观来讲，对于一个系统，若输入发生微小的变化，不会引起输出产生较大的变化，则该系统是稳定的；否则是不稳定的。

例1.8　判断下列系统是否稳定：

①连续时间系统：$y(t) = e^{-|t|}x(t)$；

②离散时间系统：$y[n] = \sum_{k=0}^{n} x[k]$ 。

解：①假设存在一个有限的正数 M，使 $|x(t)| \leqslant M$，那么

$$|y(t)| = |e^{-|t|}x(t)| \leqslant |x(t)| \leqslant M$$

这意味着有界的输入产生有界的输出，因此该系统是稳定的。

②令 $x[n] \equiv 1$，$n = 0,1,2,\cdots$，则

$$y[n] = \sum_{k=0}^{n} x[k] = n + 1$$

显然，输入始终是有界的，但是随着 n 的增大，输出是发散的，因此该系统不稳定。

1.5　信号处理概述

1.5.1　信号处理的主要内容

系统刻画了输入信号和输出信号之间的关系。这意味着可以根据系统的特性对信号做出相应的改变。因此，系统的实现就可视为信号处理过程，这类系统称为信号处理器

(signal processor)。概括来讲，信号处理主要包括信号表示、采样与重建、系统分析与设计、滤波等核心内容。

所谓**信号表示**（signal representation），是指为信号寻找一种恰当的表示形式，以便于更有效地分析和处理信号。前文曾提到，一维信号可以表示为关于“时间”的函数，这种表示形式称为时域表示（time - domain representation）。时域表示非常直观，符合人们对信号的自然感知，但是这种表示存在一定的局限。举例来讲，假设实际中观测到一个具有正弦特性的信号，不妨设为 $x(t)=\cos(\omega_0 t)$，现需要准确描述其波形。若通过时域来判断，要求有足够长的观测时间，且足够准确的观测值，显然难度较大。但是注意到正弦信号主要由频率 ω_0 决定，试想如果能够正确判定信号的频率，则可以直接得到信号的时域表示。那么如何确定信号的频率呢？答案是利用**“傅里叶变换”**（Fourier transform）。该变换由法国数学家傅里叶（J. Fourier）于1822年提出。在第2章即将看到，对正弦信号作傅里叶变换后，就得到了一对离散的谱线，如图1.24所示。谱线的位置即为信号的频率。事实上，在一定条件下，可以利用傅里叶变换将信号从时域转换到频域（frequency domain）上，从而得到信号的频域表示（frequency - domain representation），即信号的频谱（frequency spectrum），这样就能够准确、快速地分析信号的频率特性。

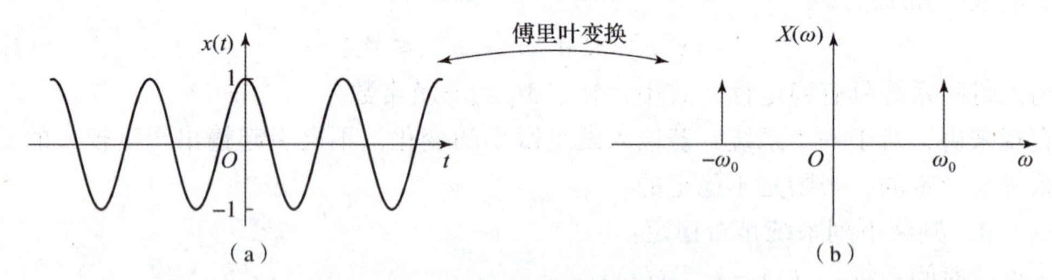

图1.24 正弦信号的时域和频域表示

(a) 时域；(b) 频域

傅里叶变换是信号处理的核心工具之一，它建立了信号时域和频域的桥梁。傅里叶变换诞生于19世纪初，经过200余年的发展，逐渐形成一套系统完备的时频分析理论与方法。根据信号的类型，傅里叶变换具体可分为连续时间周期信号的傅里叶级数、连续时间信号的傅里叶变换、离散时间周期信号（即周期序列）的傅里叶级数、离散时间信号的傅里叶变换四类。这些变换的核心思想是将信号从时域转化到频域上，从而更有效地分析信号的特性。然而，傅里叶变换并非是完美的分析工具。一些信号由于不存在傅里叶变换，因此无法进行频域分析。针对此问题，可以通过修正变换的定义，进而引出拉普拉斯变换和 z 变换。这些变换可视为傅里叶变换在复频域上的推广。本书将分别在第2章和第5章详细介绍上述变换。此外，在傅里叶变换基础上，后续衍生出一系列联合时域和频域的变换工具，譬如短时傅里叶变换、小波变换、Wigner - Ville 分布、分数阶傅里叶变换等。这些变换具备时频联合分析能力，突破了傅里叶变换的局限。本书将在第12章详细介绍这些变换。

采样(sampling)是将连续时间信号转化为离散时间信号的过程。在信号处理中，经常涉及模拟信号和数字信号之间的转换问题。直观上来看，采样过程会“丢失”原始连续时间信号的信息。但是，理论分析表明，在一定条件下，采样信号可以重建原始连续时间信号。这就是著名的奈奎斯特－香农采样定理（Nyquist－Shannon sampling theorem）。该定理为模拟信号和数字信号之间的转换奠定了理论基础。自20世纪60年代起，随着计算机和数字芯片的发展，数字信号处理逐渐展现出模拟信号处理不具备的优势。特别是，研究人员设计出能够在计算机上实现的快速傅里叶变换（fast Fourier transform，FFT）算法，有效降低了傅里叶变换的计算量，极大推动了数字信号处理技术的发展。本书将在第4章介绍采样的内容，在第7章介绍FFT的相关原理和方法。

系统研究主要涉及两个方面：一是**系统分析**（system analysis），即分析输入信号与输出信号之间的关系，从而确定系统的特性；二是**系统设计**（system design），即根据已知条件和目标，来设计具备特定功能的系统。系统的分析与设计是信号处理的关键所在。本书将围绕上述两个方面，分别对连续时间系统和离散时间系统进行详细介绍，具体见第3章和第6章。**滤波**（filtering）是信号处理中最为常见的方法之一，它的目的是对信号的频率成分进行筛选或过滤。具有滤波功能的系统称为**滤波器**（filter）。关于滤波器的设计方法，将在第8章详细介绍。

1.5.2 信号处理的典型应用

信号处理技术广泛用于日常生活的方方面面。例如：当在公共场所享受无线网络带来的便捷时，信号处理技术确保了网络的稳定性和安全性；当与远方亲友进行视频通话时，信号处理技术保证了声音和画面同步传输；当驾驶配备导航系统的汽车时，信号处理技术实现了精准定位和路线规划；当在家中享受高清电视带来的视觉盛宴时，信号处理技术确保了画面的清晰度和流畅性。上述看似平凡的日常活动，都是信号处理技术的生动展现。下面结合通信、语音、雷达、图像、光学等领域进行详细介绍。

（1）通信

通信（communication）是指传递信息的过程，它与日常生活息息相关。例如，看电视、听广播、打电话、上网等活动都离不开通信技术。通信研究的主要问题是如何利用有限的资源来高效、可靠地传输信号，关键技术包括编码、调制、复用等，这些都与信号处理紧密相关。

按照信号的类型，通信可分为模拟通信和数字通信。在数字通信中，信号是以二进制进行传输的，因而在发送端需要将模拟信号转化为0/1字符串，这个过程称为信源编码（source encoding）。编码的目的是减少数据冗余，提高传输效率，因此有些文献也将编码过程称为数据压缩（data compression）。在接收端，将0/1字符串还原为信号的过程称为信源解码（source decoding）。

调制（modulation）是通信中的关键步骤，它的作用是将信号频谱搬移到信道频带上，从而实现信号（或信息）的传输。调制的方式有多种，例如，按照载波的类型，可分为连续波调制和脉冲调制。广播系统中常用的幅度调制（amplitude modulation，AM）、频率调制（frequency modulation，FM）即属于连续波调制，其载波具有正弦波的形式。而脉冲幅度调制（pulse amplitude modulation，PAM）则采用周期化的矩形脉冲串。如果在脉冲调制过程中同时对信号幅值进行编码量化，则称为脉冲编码调制（pulse code mudulation，PCM），它是一种典型的数字脉冲调制技术。将传输信号还原成原始信号的过程称为解调

(demodulation)。调制与解调的基本原理和实现方法涉及傅里叶变换和滤波。相关内容将在3章详细介绍。

在传输过程中，为了提高信道的利用率，经常需要同时传输多个信号，这可以通过复用(multiplexing)来实现。常用的复用技术包括时分复用（time division multiplexing，TDM）、频分复用（frequency division multiplexing，FDM）、码分复用（code division multiplexing，CDM）等。时分复用是利用脉冲调制的间隔，将多路信号按不同的时延放置在同一信道内，从而实现同步传输，如图1.25（a）所示。频分复用是将多路信号分配给不同的频带，使各路信号的频谱互不重叠，从而实现信道资源共享，如图1.25（b）所示。码分复用则是用一组互相正交的字符来传输多路信号。早期的第二代数字移动通信（2G）即基于码分复用技术发展出来的。关于通信原理及相关技术方法的详细介绍，读者可参阅文献[1，2]。

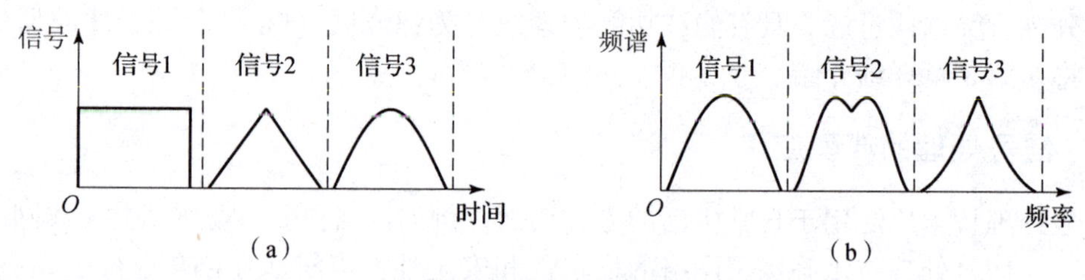

图1.25 时分复用与频分复用示意图

(a) 时分复用；(b) 频分复用

(2) 语音

语音信号（speech signal）是指人类在大脑支配下，由发音器官（如口、舌、喉、声带等）产生的声音。它是人们日常交流的主要方式之一。语音信号处理是信号处理的一个重要分支，除了采样、编码、压缩等基本处理之外，还包括去噪（denoising）、增强(enhancement)、识别（recognition）等。

语音信号在采集和传输过程中常常包含噪声，严重影响信号质量。由于噪声主要表现为高频成分，因此可以采用低通滤波的方式来滤除噪声，保留信号的主要信息，如图1.26所示。可以看出，滤波后的信号相较于原信号更加平滑，噪声被有效地滤除。不过，这种去噪方法略显粗糙，可能会将重要的语音信息滤除。随着信号处理技术的发展，后续又产生了基于小波变换的去噪方法、基于优化理论的维纳滤波、自适应滤波方法等。语音增强则是在去噪基础之上，进一步提升语音质量。主动降噪（active noise cancellation，ANC）是当下比较流行的语音增强技术，已经广泛应用于手机通话、网络会议、多媒体视听、汽车驾驶等应用场景。

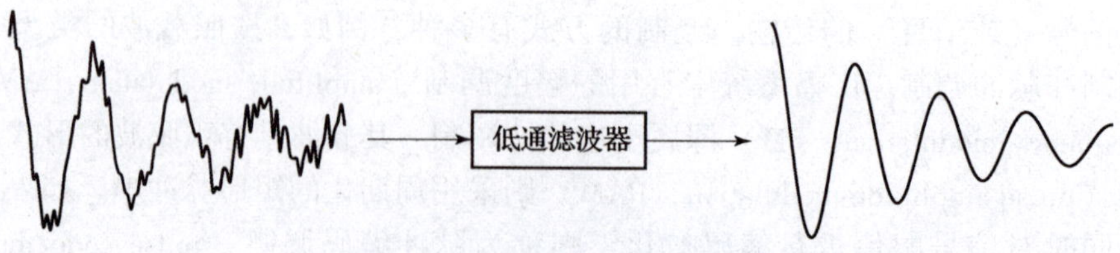

图1.26 语音信号去噪示意图

语音识别是利用信号处理、模式识别和人工智能等技术方法，通过机器自动辨识语音信息。特征提取是语音识别中的关键步骤。语音信号通常蕴含丰富多样的频率特征，因此可以利用傅里叶变换、短时傅里叶变换、小波变换等变换工具进行提取，进而再对特征信息进行分析、建模和识别。关于语音信号处理的更多详细介绍，读者可参阅文献［3］等专业教程。

(3) 雷达

雷达是英文“radar”的音译，直译即为“无线电探测和测距”（radio detection and ranging）。它通过发射和接收电磁波来进行目标检测和参数估计，工作原理如图 1.27 所示。

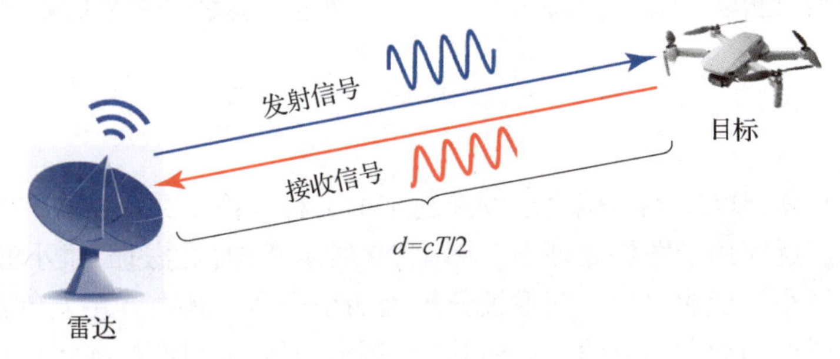

图 1.27　雷达工作原理示意图

雷达目标参数主要包括方位、距离和径向速度。以距离估计为例，根据图 1.27，设电磁波的传播速度为 c，接收信号与发射信号之间存在延时 T，则雷达和目标之间的距离为 $d=cT/2$。根据信号处理的知识可知，接收信号与发射信号的互相关函数在 $t=T$ 时刻取得最大值，因此可以通过互相关的极值点来估计延时 T，进而估计出目标距离。关于互相关函数的计算，可以利用傅里叶变换快速算法来实现，提高计算效率。

目标径向速度的估计利用了多普勒效应，即当目标靠近雷达运动时，目标回波的频率变高；当目标远离雷达运动时，目标回波的频率变低。多普勒频率（即接收信号与发射信号频率的差值）由目标径向速度确定。因此，可通过计算回波多普勒频率实现目标径向速度的估计。关于多普勒频率的计算，同样需要利用傅里叶变换。

在现代雷达中，为获得更高的距离分辨率和更远的探测距离，通常采用大时宽带宽积信号作为发射信号，并采用脉冲压缩进行接收处理。由于信号带宽较宽，脉冲压缩的时域相关运算量很大，通常将信号变换到频域，并利用傅里叶变换的性质，采用频域乘积运算代替时域相关运算，从而减少计算量，提高执行效率。关于雷达信号处理的更多详细介绍，读者可参阅文献［4］。

(4) 图像

图像是一种典型的二维（或高维）信号。图像处理可视为信号处理的延伸和扩展，因而信号处理的相关技术方法同样可应用于图像。例如，二维图像的傅里叶变换即对图像的水平维度和竖直维度分别作一维傅里叶变换，由此得到图像的二维频谱，如图 1.28 所示。频谱中心为零频所在的位置，越接近边缘，则频率越大。频谱幅度与亮度正相关。可以看出，频谱在中心附近较亮，这说明该图像包含的低频成分较多。关于二维图像的傅里叶变换，将在第 7 章进行介绍。

(a)

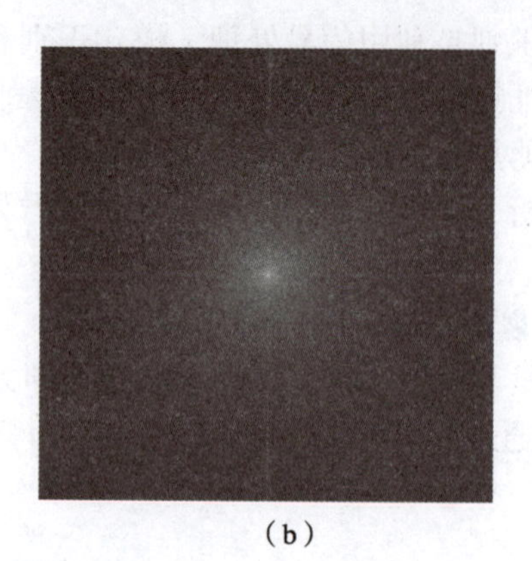
(b)

图 1.28 二维灰度图像及其频谱
(a) 图像；(b) 频谱

小波变换是在傅里叶变换基础之上发展起来的一种变换工具，它能够刻画信号的时频局部特征，因此广泛应用于图像处理中。图 1.29 展示了图像经过二维小波变换之后的系数。可以看出，经小波变换之后，图像被分解为四个子图。其中，左上角表示图像的低频近似，它包含了图像的绝大部分信息；而其他三个子图表示图像的高频信息，这些高频信息反映了图像的边缘、纹理等特征，并且三个子图具有明显的方向倾向。这说明，小波系数既可以反映图像的频率特征，同时能够刻画不同频率所在的空间位置，即具有时频局部化的表征能力。上述内容将在第 9 章和第 12 章进行详细介绍。

(a)

(b)

图 1.29 二维图像及其小波变换系数
(a) 图像；(b) 小波变换系数

与信号处理相类似，图像处理也包括压缩、去噪、增强等经典问题。不过这些内容已超出本书的研究范围，感兴趣的读者可参阅图像处理相关文献 [5]。

(5) 光学

傅里叶光学是现代光学的一个重要分支，旨在利用傅里叶分析理论与方法对光学现象作出新的诠释。一个代表性的例子是，光的衍射传播过程可以用傅里叶变换来解释，如图 1.30 所示。光波在通过狭缝后为矩形函数，而在远场（称为夫琅禾费衍射）为抽样函数（sinc 函数），两者之间具有傅里叶变换的关系；在近场（称为菲涅尔衍射）则为分数阶傅里叶变换。借助傅里叶分析理论和离散化快速算法，可以得到一系列新的成像模态，例如相干衍射成像、核磁共振成像、超透镜成像等。此外，傅里叶变换还可以应用于透镜系统，由此衍生出许多新型透镜成像系统，例如光场相机、叠层傅里叶显微成像等。

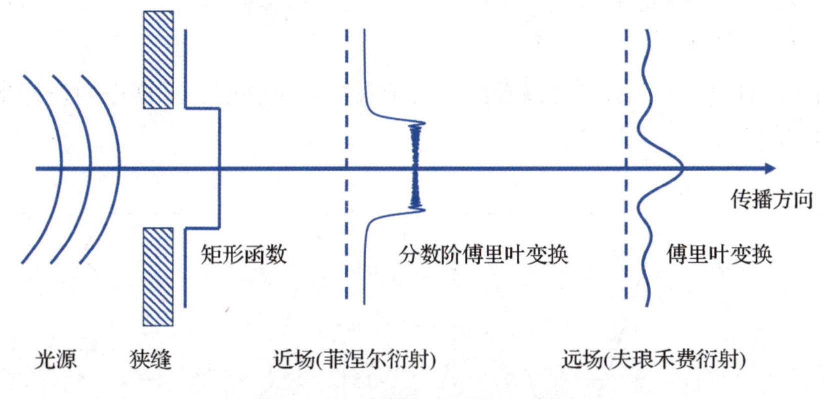

图 1.30　光的衍射过程示意图

近年来，随着计算机处理能力的不断提高，傅里叶光学结合人工智能算法形成一个新兴交叉研究方向——计算成像[6]。它的基本原理是运用傅里叶变换建立物理前向模型，再利用数据驱动或者优化算法实现逆问题的求解，最终反演出有价值的信号。这种方法颠覆了之前所见即所得的成像范式，通过充分利用硬件与算法的结合，有效拓宽了观测视野，目前已在显微成像、黑洞成像、医学成像、相机摄影等各个领域取得了突破性进展。

1.6　编程仿真实验

1.6.1　连续时间信号的生成

在计算机中，所有数据都是以二进制存储和表示的，故不存在严格意义上的连续（或模拟）变量。MATLAB① 提供了两种方法可以仿真生成连续时间信号：一种是数值方法，另一种是符号方法。

数值方法就是利用采样的思想，用连续时间信号的采样序列来近似表示其自身。显然，采样率越大（或采样间隔越小），采样序列就越接近原始的连续时间信号。例如，已知连续时间正弦信号 $x(t)=\cos(2\pi f_0 t)$，其中，$f_0=2$ Hz，$0\leqslant t\leqslant 1$，可以按如下方式生成：

① MATLAB 是由 MathWorks® 公司开发的一套用于科学研究和仿真的商业软件，它提供了友好的可视化、交互式编程界面，同时内置丰富的函数和工具箱，涵盖统计、优化、信号处理、图像处理、计算机视觉、控制系统、无线通信、雷达等各类领域。本书以 MATLAB 为主进行编程仿真介绍，但读者也可以使用开源软件 GNU Octave，语法规则与 MATLAB 基本一致，大部分代码可以在 Octave 上运行。

```
T=1; % 信号时长(秒)
dt=0.01; % 采样间隔(秒)
t=0:dt:T; % 采样时刻
f0=2; % 正弦频率(Hz)
x=cos(2*pi*f0*t); % 生成正弦信号
plot(t,x); % 绘图
```

结果如图 1.31（a）所示。可以看出，由于采样点足够密，采样序列较好地还原了原始的连续时间信号。

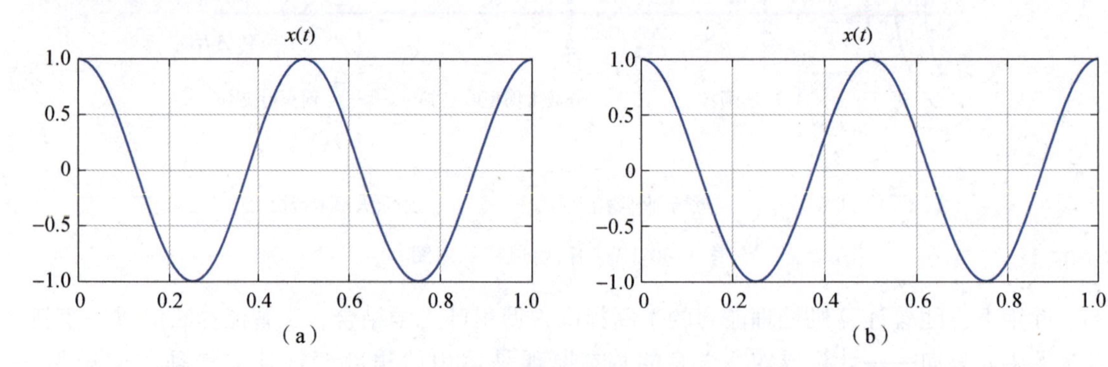

图 1.31　连续时间信号的仿真生成结果

（a）数值方法（由 plot 绘制）；（b）符号方法（由 fplot 绘制）

在上述代码中，使用了函数 plot 来绘制信号的波形。图形的样式可以通过可选参数调整，具体使用方法参见 MATLAB 帮助文档，或调用 help 函数查阅：

```
help plot % 查看 plot 基本用法
```

为节省篇幅，本书在一般情况下不再额外显示绘图的代码。

另一种方法是利用 MATLAB 符号数学工具箱（Symbolic Math Toolbox）提供的符号计算功能。这种方法类似于日常中的人工书写形式。例如，生成正弦信号的代码如下：

```
syms t; % 定义符号变量
f0=2; % 正弦频率(Hz)
x(t)=cos(2*pi*f0*t); % 定义符号函数
```

需要注意的是，按上述方式生成的 x(t) 是一个符号函数，数据类型为 symfun，其中，“(t)”不能省略，它表示 x 是关于自变量 t 的函数。可以按照传统数学运算方式求该函数在某点的取值，例如：

```
>> x(0.5)
ans =
1
```

相反，若在定义中将“(t)”省略，则生成的是符号表达式（symbolic expression），例如：

```
x = cos(2 * pi * f0 * t); % 定义符号表达式
```

此时 x 的数据类型为符号变量（sym），而非符号函数（symfun），两者有本质区别。例如，若在命令行输入 x(0.5)，则 MATLAB 会发出警告，结果返回 x 的符号表达式，而非函数在 t = 0.5 处的取值，即

```
>> x(0.5)
ans =
cos(4 * pi * t)
```

因此，在使用过程中需额外注意上述区别。

若需要绘制 x(t) 的图形，可以使用函数 fplot，基本用法如下：

```
fplot(x,[0,1]); % 绘制符号函数的图形
```

其中，输入 x 为符号函数，参数［0，1］为自变量的取值范围。图 1.31（b）给出了由 fplot 绘制的正弦波形。从视觉上来看，与数值方法生成的图形无明显差别。

上述介绍的两类信号生成方法各具特点，可根据实际情况灵活选取。数值方法采用离散化的方式来近似表示连续时间信号，这种方式也反映了数值计算的基本思想。而符号方法在表示和处理上符合数学书写习惯，且 MATLAB 提供了强大的符号计算功能，具体用法将在第 2 章详细介绍。

1.6.2　离散时间信号的生成

在计算机中，离散时间信号（简称为序列）可以通过有限长的数组形式表示和存储。MATLAB 数组的索引默认从 1 开始，并且必须是正整数，如与序列的实际索引①不一致，则需要单独定义实际索引。例如，若要生成一个指数序列 $x[n] = e^{-n/5}$，$-10 \leqslant n \leqslant 10$，代码如下：

```
n = -10:10; % 序列的实际索引
x = exp( -n/5); % 生成指数序列
```

可以使用函数 stem 绘制序列的图形，基本用法如下：

```
stem(n,x); % 序列绘图
```

其中，n 为序列的实际索引；x 为序列的幅值。图 1.32（a）给出了上述指数序列的图形。

另一种常用的方法是通过采样的方式来定义离散时间信号，结合上文所述，这种方法也可近似表示连续时间信号。仍以正弦信号为例，设 $x(t) = \cos(2\pi f_0 t)$，其中，$f_0 = 2$ Hz，$0 \leqslant t \leqslant 1$。现以采样率 $f_s = 50$ Hz 对该正弦信号进行采样，从而得到正弦序列 $x[n] = \cos(2\pi f_0 n/f_s)$，代码如下：

① 这里及后文提到的“实际索引”是指序列自变量的实际范围，而非 MATLAB 数组的索引。

```
fs =50; % 采样频率(Hz)
f0 =2; % 正弦频率(Hz)
T =1; % 信号时长(秒)
t =0:1/fs:T; % 采样点
x =cos(2 *pi *f0 *t); % 正弦序列
n =0:length(x) -1; % 序列的实际索引
```

生成结果如图 1.32（b）所示。

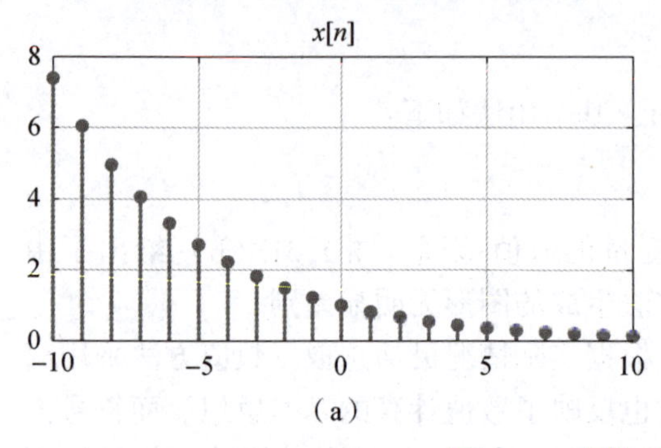

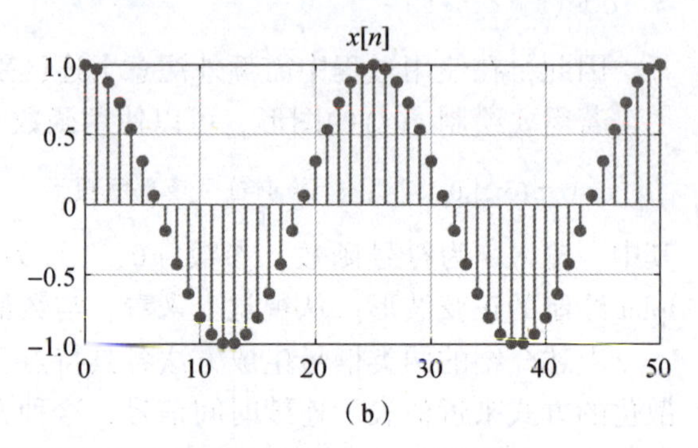

图 1.32 离散时间信号的仿真生成结果

（a）指数序列；（b）正弦序列

本章小结

本章对信号、系统以及信号处理的内容进行了概述。信号是信息的载体，具有不同的物理形式。在信号处理中，信号通常表示为数学函数。本书主要关注以时间为自变量的一维信号。根据取值确定与否，可分为确定性信号和随机信号。根据时间连续与否，可分为连续时间信号和离散时间信号。这几类信号是本书主要研究的对象，在后续章节将分别展开论述。

系统是由若干部件组成的具有特定功能的总体。从抽象意义上来讲，系统描述了输入信号和输出信号之间的关系。系统的基本性质包括线性、时不变性、因果性和稳定性等。线性时不变系统是本书的主要研究对象，后续章节将分别介绍连续时间系统和离散时间系统的分析方法。

信号的采集、传输、处理等过程都通过系统来实现。信号处理的核心内容包括信号的表示、变换、采样与重建、滤波、调制、系统的分析与设计等，通信、雷达、语音、图像、光学等实际工程应用往往都是信号处理这些核心内容的延伸和演绎。本书后续章节将围绕这些核心内容展开介绍。

习 题

1.1 判断下列信号是否为周期信号。若是周期信号，求信号的周期。

(1) $x(t)=e^{j3t}$;

(2) $x(t)=\sin^2\left(\frac{2\pi}{5}t-\frac{\pi}{3}\right)$;

(3) $x[n]=\sin\left(\frac{\pi}{7}n+\frac{\pi}{10}\right)$;

(4) $x[n]=\cos\left(3n-\frac{\pi}{3}\right)$。

1.2 离散时间信号的“抽取”和“内插”分别定义为

$$y_D[n]=x[2n]$$

$$y_I[n]=\begin{cases}x[n/2], & n\text{为偶数}\\0, & n\text{为奇数}\end{cases}$$

判断下列说法是否正确。

(1) 若$x[n]$是周期的，则$y_D[n]$也是周期的；

(2) 若$x[n]$是周期的，则$y_I[n]$也是周期的；

(3) 若$y_D[n]$是周期的，则$x[n]$也是周期的；

(4) 若$y_I[n]$是周期的，则$x[n]$也是周期的。

1.3 判断下列信号是能量信号还是功率信号，并说明理由。

(1) $x(t)=\begin{cases}2\cos(10\pi t), & -2\leqslant t\leqslant 2\\0, & \text{其他}\end{cases}$;

(2) $x(t)=\begin{cases}3e^{-4t}, & t\geqslant 0\\0, & t<0\end{cases}$;

(3) $x(t)=3e^{-2|t|}\cos(\pi t), -\infty<t<\infty$;

(4) $x[n]=a^n, n\geqslant 0$, 其中, $|a|<1$;

(5) $x[n]=3\cos(\pi n/8), -\infty<n<\infty$;

(6) $x[n]=e^{jn\pi/5}, -\infty<n<\infty$。

1.4 判断下列说法是否正确，并说明理由。

(1) 两个周期信号之和一定是周期信号；

(2) 非周期信号一定是能量信号；

(3) 能量信号一定是非周期信号；

(4) 两个功率信号之和一定是功率信号；

(5) 两个功率信号之积一定是功率信号；

(6) 能量信号与功率信号之积一定是能量信号。

1.5 判断下列连续时间系统是否具有线性和时不变性。

(1) $y(t)=x(t-t_0)$，其中，t_0为常数；

(2) $y(t)=x(t)\cos(\omega_0 t)$，其中，$\omega_0$为常数；

(3) $y(t)=2x^2(t)+x(t)$;

(4) $y(t)=2x(t)+1$;

(5) $y(t)=\sin[x(t)]$;

(6) $y(t)=tx(t)$;

(7) $y(t)=x(2t)$;

(8) $y(t)=\frac{dx(t)}{dt}$;

(9) $\dfrac{dy(t)}{dt}+y(t)=x(t)+1$；

(10) $\dfrac{d^2y(t)}{dt^2}-y(t)\dfrac{dy(t)}{dt}=5x(t)$。

1.6 判断下列连续时间系统是否具有因果性和稳定性。

(1) $y(t)=x(t+1)$；

(2) $y(t)=(t-2)x(t)$；

(3) $y(t)=x(2-t)$；

(4) $y(t)=x(t/2)$；

(5) $y(t)=\dfrac{dx(t)}{dt}$；

(6) $y(t)=\dfrac{d}{dt}\{e^{t}x(t)\}$。

1.7 已知由两个子系统级联构成的系统如图 1.33 所示，其中，各级子系统的输入和输出关系如下：

$$y(t)=x(t/2)+1,\quad z(t)=y(2t)-1$$

判断该系统是否具有线性和时不变性。

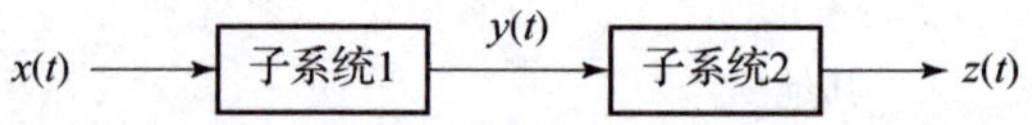

图 1.33 习题 1.7 的系统框图

1.8 判断下列离散时间系统是否具有线性和时不变性。

(1) $y[n]=x[n]+2x[n-1]$；

(2) $y[n]=x[n]\sin(2\pi n/3)$；

(3) $y[n]=x[-n]$；

(4) $y[n]=e^{x[n]}$。

1.9 判断下列离散时间系统是否具有因果性和稳定性。

(1) $y[n]=h[n]x[n]$，其中，$h[n]$为已知序列；

(2) $y[n]=x[n+1]+ax[n]$，其中，a 为常数；

(3) $y[n]=\sum\limits_{m=0}^{n}x[m]$；

(4) $y[n]=x[2n]$。

1.10 仿真生成如下连续时间信号并绘制图形：

(1) $x(t)=e^{at}$，其中，a 为实数；

(2) $x(t)=e^{st}$，其中，$s=\sigma+j\omega$；

提示： 可利用 MATLAB 函数 real 和 imag 分别计算复信号的实部和虚部；利用 abs 和 angle 分别计算复信号的幅度和相位。

(3) $x(t)=A\text{rect}[(t-u)/T]$；

提示： 可利用 MATLAB 符号数学工具箱 Symbolic Math Toolbox 中的函数 rectangularPulse 或信号处理工具箱（Signal Processing Toolbox）中的函数 rectpuls 生成矩形脉冲信号。

(4) $x(t)=\text{Sa}(t)$；

提示： 可利用 MATLAB 函数 sinc 生成标准化抽样函数。

（5）$x(t)=\mathrm{e}^{-t}\sin(2\pi t)$。

1.11 仿真生成正弦序列 $x[n]=\cos(\Omega n)$，并验证只有当 $\Omega N=2k\pi$ 时，正弦序列才是周期序列。

1.12 仿真生成如下离散时间信号并绘制图形：

（1）$x[n]=Cr^{n}$，其中，C，r 均为实数；

（2）$x[n]=Cr^{n}$，其中，C，r 均为复数。

第 2 章　连续时间信号分析

扫码见实验代码

本章阅读提示

- 阶跃函数和冲激函数有何特点和作用？
- 为何要对信号作分解？连续时间信号的时域分解具有怎样的形式？
- 什么是连续时间信号的卷积积分？卷积积分有哪些性质？
- 为何要对周期信号作傅里叶级数展开？傅里叶级数有哪些性质？
- 为何要对信号作傅里叶变换？它和傅里叶级数有何关系？傅里叶变换有哪些性质？
- 为何要引入拉普拉斯变换？它和傅里叶变换有何关系？拉普拉斯变换有哪些性质？
- 时域表示、频域表示以及复频域表示各自有何特点？三者的区别和联系是什么？

2.1　连续时间信号的时域分析

2.1.1　连续时间信号的时域基本运算

本节介绍连续时间信号的时域基本运算。这些运算大致可分为两类：一类是对信号的自变量进行变换，例如：时移、时间反褶、时间尺度变换等；另一类是对信号整体进行变换，例如：信号的相加、相乘、微分和积分等。

(1) 时移

时移（time shift），顾名思义，是指信号在时间轴上整体移动。设连续时间信号为 $x(t)$，如图 2.1（a）所示，则时移信号表示为 $x(t-t_0)$，其中，t_0 可以是任意实数。具体来讲，当 $t_0>0$ 时，信号右移 $|t_0|$ 个时间单位，如图 2.1（b）所示。此时时移信号滞后于原信号，因此又称为时间延迟（time delay，简称为时延或延时）。相反，当 $t_0<0$ 时，信号左移 $|t_0|$ 个时间单位，如图 2.1（c）所示。此时时移信号先于原信号发生，因此又称为时间提前（time advance）。

在通信系统中，信号传输过程通常需要一定的时间，因此接收端接收的信号一般滞后于发送端发送的信号，即两者之间存在一定的时延。在雷达、声呐等领域，可以利用接收信号与发送信号之间的时延来实现目标测距。例如，设发送信号为 $x(t)$，目标回波信号为

$$y(t)=ax(t-t_0)+n(t) \tag{2.1}$$

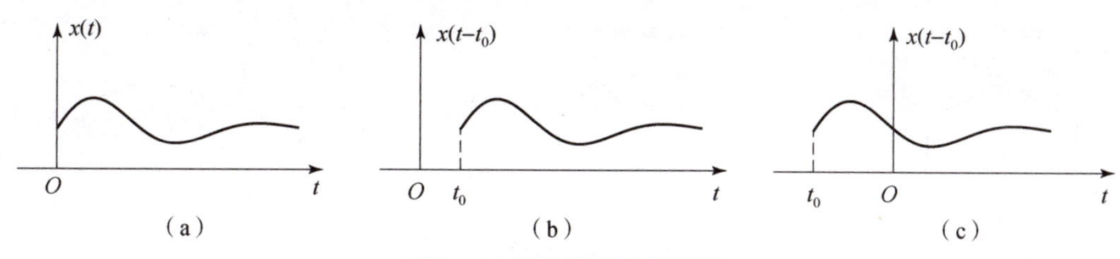

图 2.1　信号的时移示意图

(a) 原信号；(b) 右移 ($t_0>0$)；(c) 左移 ($t_0<0$)

式中，a 为幅度衰减因子；$n(t)$ 为噪声。如果能够估计出时延 t_0，再乘以电磁波的速度（即光速）c，便可得到目标到雷达的距离，即 $d=ct_0/2$。

(2) 时间反褶

时间反褶（time reversal，简称为反褶）是指信号以 $t=0$ 为中心轴进行翻转，因而反褶信号与原信号关于 $t=0$ 轴对称。设连续时间信号 $x(t)$，则反褶信号表示为 $x(-t)$。图 2.2给出了信号反褶示意图。

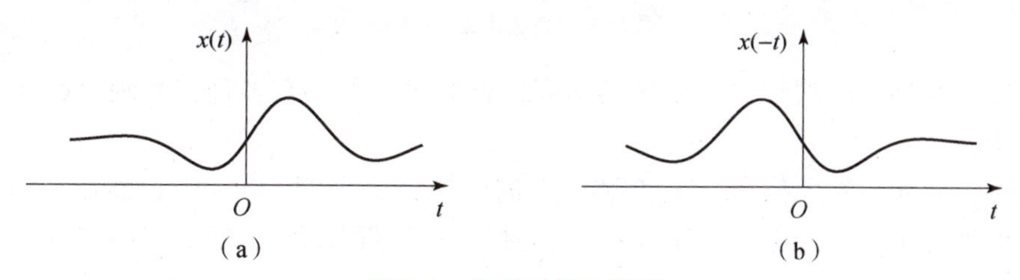

图 2.2　信号反褶示意图

(a) 原信号；(b) 反褶信号

(3) 时间尺度变换

时间尺度变换（time scaling）是指信号在时间轴上发生了“压缩”（compression）或“展宽”（expansion）。设连续时间信号 $x(t)$，如图 2.3（a）所示，则尺度变换后的信号表示为 $x(at)$，其中，a 为非零实数。具体来讲，当 $a>1$ 时，信号波形沿时间轴压缩，如图 2.3（b）所示；当 $0<a<1$ 时，信号波形沿时间轴展宽，如图 2.3（c）所示。此外，当 $a<0$ 时，尺度变换可视为压缩或展宽与反褶的复合变换。特别地，若 $a=-1$，尺度变换即为反褶。

举例来讲，考虑视频信号，假设正常播放的速率为 f_0（帧/秒[①]）。若以高于 f_0 的速率播放，则视频画面会加快，时长相应缩短；相反，若以低于 f_0 的速率播放，则视频画面会变慢，时长相应延长。此外，若将视频画面按照相反的顺序播放，即时间轴翻转，则将呈现倒放的效果。由此可见，快放、慢放和倒放分别对应于尺度变换中的压缩、展宽和反褶。

在实际问题分析中，经常遇到形如 $y(t)=x(at+b)$ 的变换，这类变换可视为时移、尺度变换、反褶的复合运算。三种运算可以按照任意顺序进行，相应的参数会有所不同。下面通过一道例题进行说明。

---

① 视频信号是由一系列静态画面（图像）构成的图像序列，其中每个静态画面称为“帧”（frame）。视频信号通常以“帧/秒”（frame per second，fps）来衡量播放速率，也称为帧率。

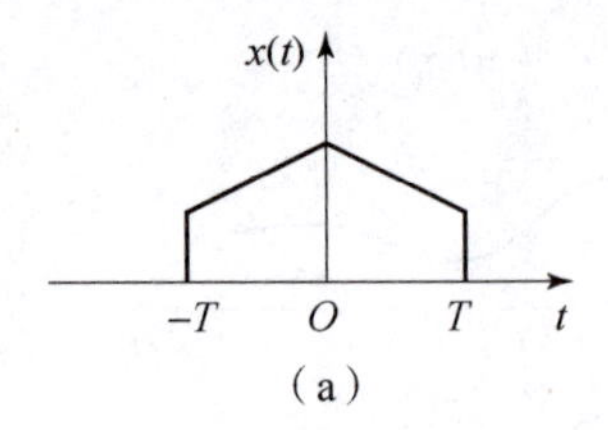

（a）

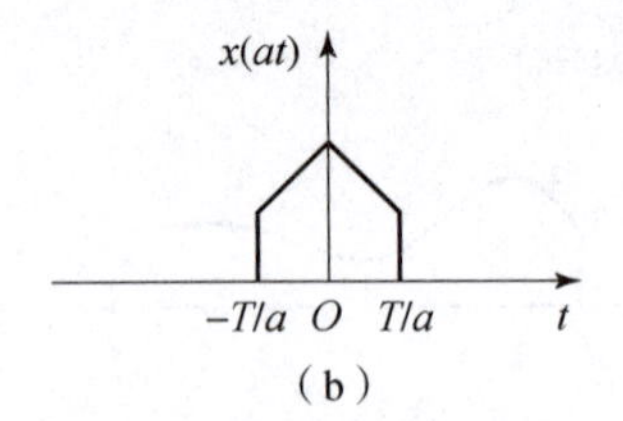

（b）

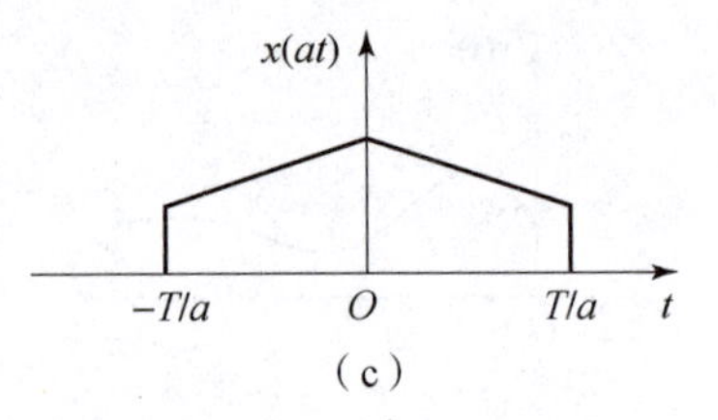

（c）

图 2.3　信号的时间尺度变换示意图

（a）原信号；（b）压缩（$a>1$）；（c）展宽（$0<a<1$）

例 2.1　已知原信号 $x(t)$ 的波形如图 2.4 所示，试画出信号 $y(t)=x(1-2t)$ 的波形。

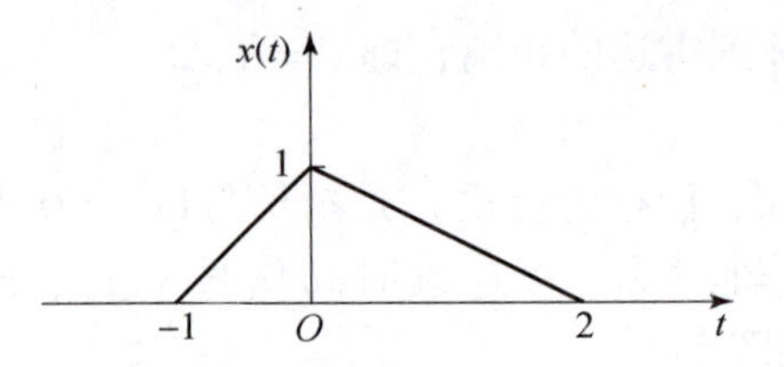

图 2.4　例 2.1 信号波形

解： 按照时移、反褶和尺度变换的不同组合顺序，可以有多种方法画出最终结果，下面举例说明。

方法一：首先，对原信号 $x(t)$ 左移 1 个时间单位，得到 $x(t+1)$；然后，对 $x(t+1)$ 进行反褶得到 $x(1-t)$；最后，对 $x(1-t)$ 进行 2 倍尺度压缩，得到 $x(1-2t)$。上述过程可简记为

$$x(t)\xrightarrow{\text{左移 1 个时间单位}}x(t+1)\xrightarrow{\text{反褶}}x(1-t)\xrightarrow{\text{2 倍尺度压缩}}x(1-2t)$$

图 2.5 展示了上述过程每一步的波形变化。注意到，上述三种运算都是作用于信号的自变量 t。

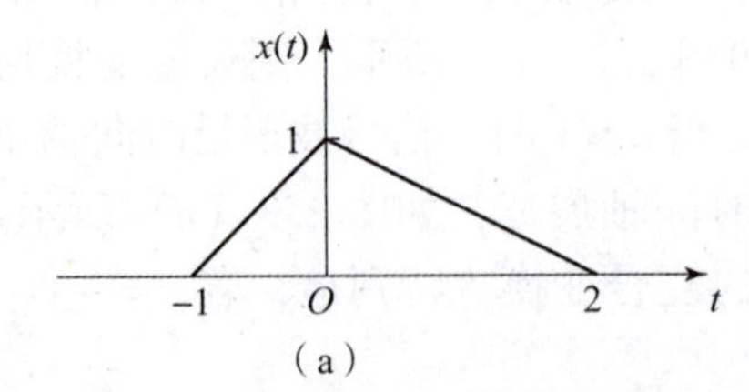

（a）

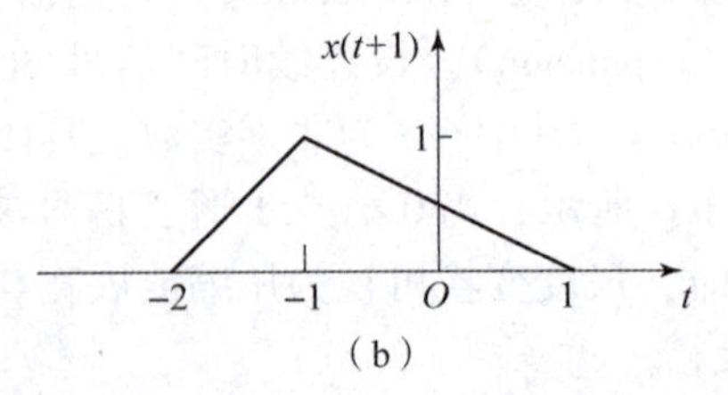

（b）

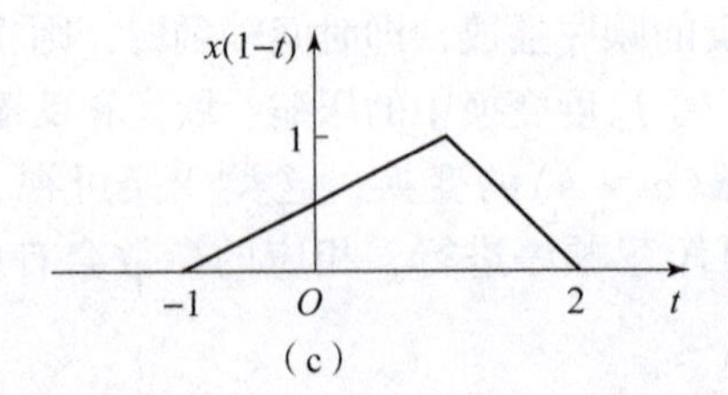

（c）

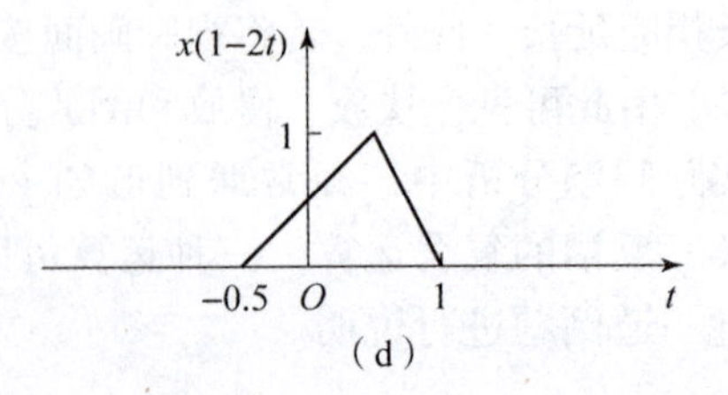

（d）

图 2.5　例 2.1 采用方法一对信号进行复合变换

（a）原信号；（b）左移 1 个时间单位；（c）反褶；（d）2 倍尺度压缩

方法二：首先，对原信号 $x(t)$ 进行反褶，得到 $x(-t)$；然后，对 $x(-t)$ 进行 2 倍尺度压缩，得到 $x(-2t)$；最后，对 $x(-2t)$ 右移 1/2 个时间单位，即用 $t-1/2$ 替换原变量 t，得到 $x(-2(t-1/2)) = x(1-2t)$。上述过程可简记为

$$x(t)\xrightarrow{\text{反褶}}x(-t)\xrightarrow{\text{2 倍尺度压缩}}x(-2t)\xrightarrow{\text{右移 1/2 个时间单位}}x(1-2t)$$

图 2.6 展示了上述过程每一步的波形变化。

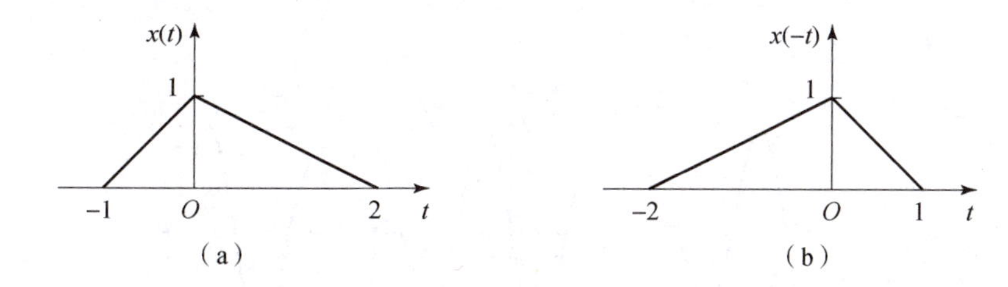

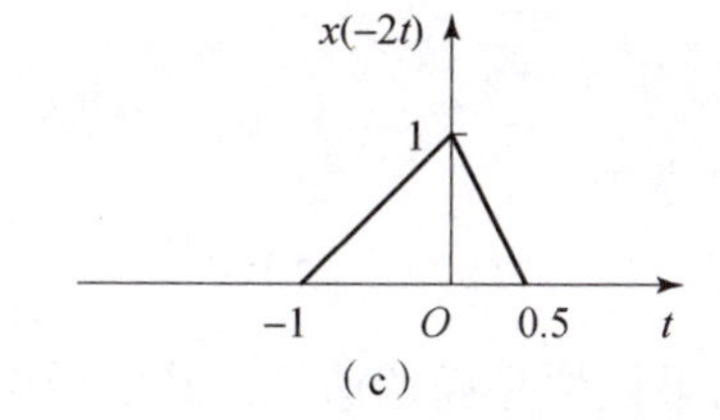

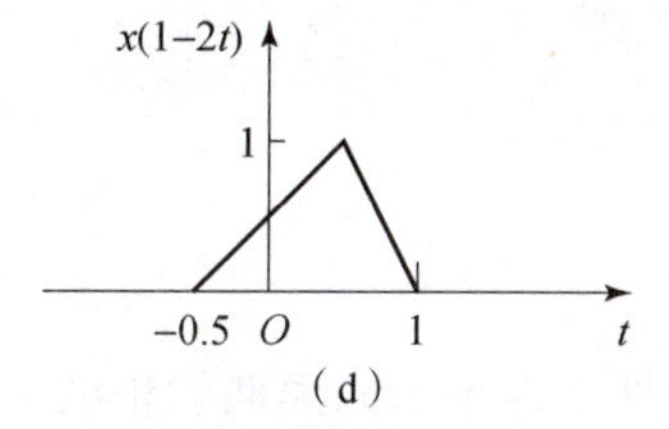

图 2.6　例 2.1 采用方法二对信号进行复合变换

（a）原信号；（b）反褶；（c）2 倍尺度压缩；（d）右移 0.5 个时间单位

不妨取一些特殊时刻的信号值来验证所画图形是否正确。例如，当 $t=0$ 时，$y(0) = x(1-2t)\big|_{t=0} = x(1) = 0.5$；当 $t=1$ 时，$y(1) = x(1-2t)\big|_{t=1} = x(-1) = 0$；当 $t=-0.5$ 时，$y(-0.5) = x(1-2t)\big|_{t=-0.5} = x(2) = 0$。由此可见，结果与所画图形一致。

除了上述所列举的两种方法，还存在其他不同的变换过程，读者可自行推导。理论上来讲，时移、反褶和尺度变换三种运算可以组成 $3!=6$ 种不同的变换过程，最终都可以得到同样的结果。

（4）信号的相加

在实际问题分析中，经常遇到信号的加法运算。以两个信号为例，设信号为 $x_1(t)$，$x_2(t)$，则两者相加表示为

$$y(t) = x_1(t) + x_2(t) \tag{2.2}$$

例如，在有噪环境中传输信号，接收信号 $y(t)$ 可表示为发送信号 $x(t)$ 和噪声 $n(t)$ 的相加，即

$$y(t) = x(t) + n(t) \tag{2.3}$$

例 2.2　已知两个正弦信号 $x_1(t) = \sin(2\pi t)$，$x_2(t) = \sin(3\pi t)$，其中周期分别为 $T_1 = 1$，$T_2 = 2/3$，波形分别如图 2.7（a）和图 2.7（b）所示。两者相加的结果如图 2.7（c）所示。可以看出，相加后的结果依然是周期信号，周期为 $T=2$，即 T_1 与 T_2 的最小公倍数。

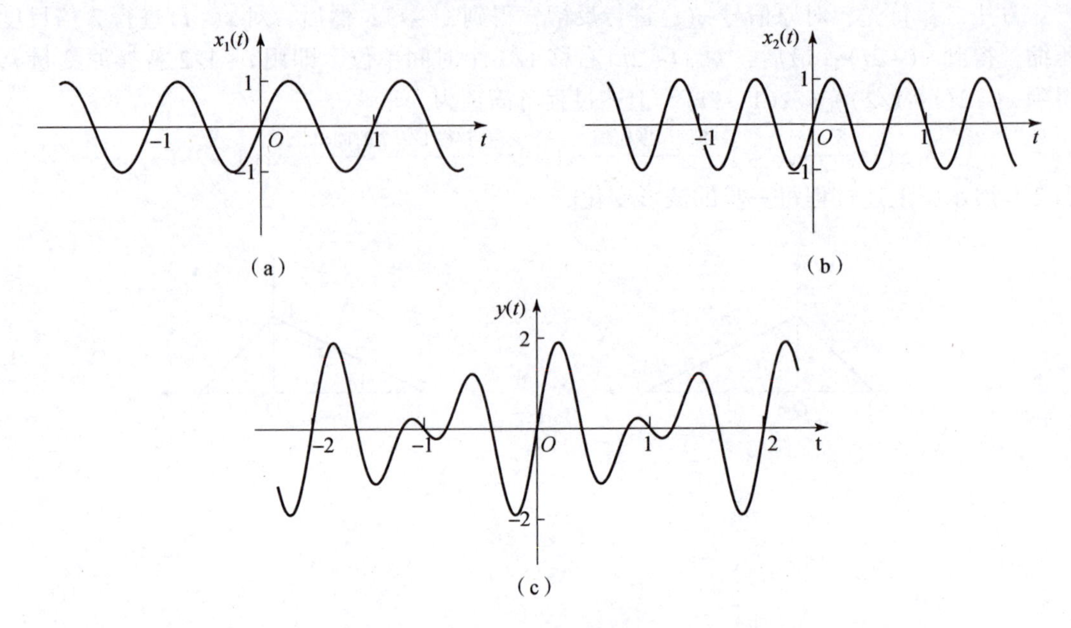

图 2.7 正弦信号的相加

(a) $x_1(t)=\sin(2\pi t)$；(b) $x_2(t)=\sin(3\pi t)$；(c) $y(t)=x_1(t)+x_2(t)$

更一般地，多个不同周期的正弦信号的叠加结果依然是周期信号，其中周期为所有正弦信号周期的最小公倍数。这种叠加方式蕴含了“傅里叶级数”的思想，即对于任意周期信号，可以表示为一系列不同周期的正弦信号的加权和，具体见 2.2 节。

(5) 信号的相乘

已知两个信号 $x_1(t)$，$x_2(t)$，则两者相乘表示为

$$y(t)=x_1(t)x_2(t) \tag{2.4}$$

特别地，如果其中一个信号为常数，例如 $x_1(t)=c$，$x_2(t)=x(t)$，则

$$y(t)=cx(t) \tag{2.5}$$

式 (2.5) 表示对信号 $x(t)$ 的幅度进行尺度变换。当 $c>1$ 时，幅度放大；当 $0<c<1$ 时，幅度缩小。

加窗（windowing）是信号处理中经常使用的一种运算，其过程可以用信号相乘来表示。设原信号为 $x(t)$，窗信号（或称为窗函数）为 $w(t)$，则加窗信号可以表示为

$$y(t)=x(t)w(t) \tag{2.6}$$

以矩形窗为例，图 2.8 展示了某信号加窗前后的波形变化。注意到由于矩形窗是有限长的且幅值为 1，因此，加窗相当于对原信号作“截断”（truncation）。

幅度调制（amplitude modification，AM）是通信领域广泛使用的调制技术之一，其基本原理是将携带信息的信号 $x(t)$ 与特定频率的正弦波 $c(t)=\cos\omega_0 t$ 相乘①，即

$$y(t)=x(t)c(t)=x(t)\cos\omega_0 t \tag{2.7}$$

① 这种调制也称为连续波调制。

式中，$x(t)$称为调制信号（modulating signal）；$c(t)$称为载波（carrier）；$y(t)$称为已调信号（modulated signal）。图 2.9 给出了幅度调制的示意图。在 2.3 节将会看到，幅度调制具有频谱搬移的功能，这样就能将信号转换到与传输信道频率相匹配的频带，从而进行传输。

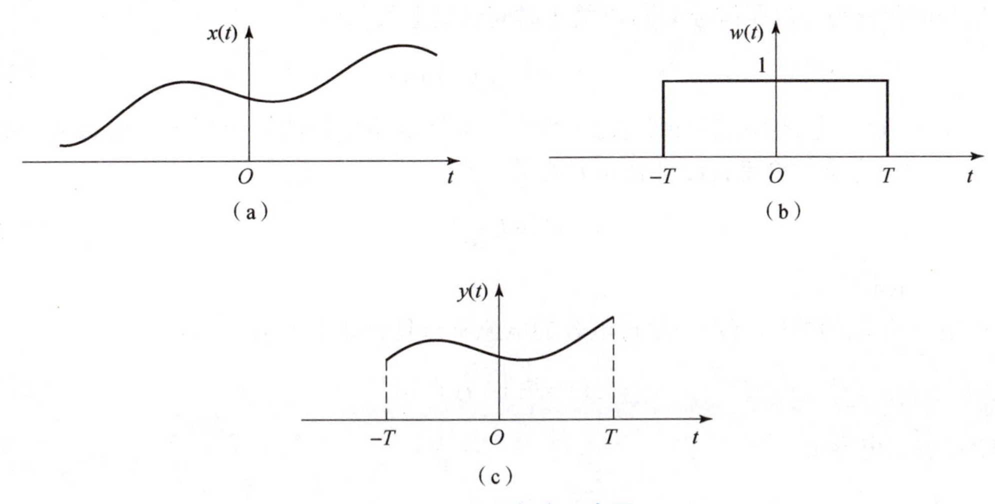

图 2.8　信号加窗示意图

(a) 原信号；(b) 矩形窗函数；(c) 加窗信号

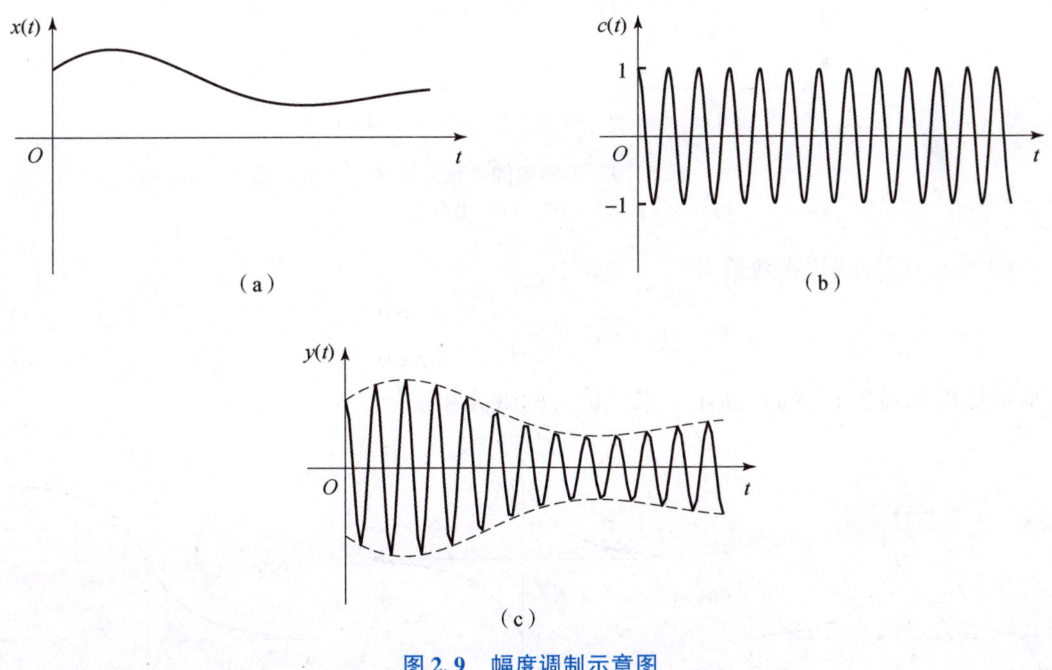

图 2.9　幅度调制示意图

(a) 调制信号；(b) 载波；(c) 已调信号

(6) 信号的微分和积分

信号的微积分运算是信号处理中常见的运算。信号的 n 阶微分即是对原信号 $x(t)$ 求

关于时间的 n 阶导数

$$x^{(n)}(t)=\frac{\mathrm{d}^n}{\mathrm{d}t^n}x(t) \tag{2.8}$$

特别地，一阶微分（简称微分或导数）通常也记作 $x'(t)$。

信号的积分则是对原信号 $x(t)$ 求关于时间的变上限积分

$$y(t)=\int_{-\infty}^{t}x(\tau)\mathrm{d}\tau \tag{2.9}$$

例 2.3 已知电感和电容如图 2.10 所示。根据电路分析的知识可知，电感两端的电压$v_L(t)$与通过电感的电流 $i(t)$具有如下关系

$$v_L(t)=L\frac{\mathrm{d}}{\mathrm{d}t}i(t) \tag{2.10}$$

式中，L 表示电感量。

而电容两端的电压 $v_C(t)$与通过电容的电流 $i(t)$具有如下关系

$$v_C(t)=\frac{1}{C}\int_{-\infty}^{t}i(\tau)\mathrm{d}\tau \tag{2.11}$$

式中，C 表示电容量。

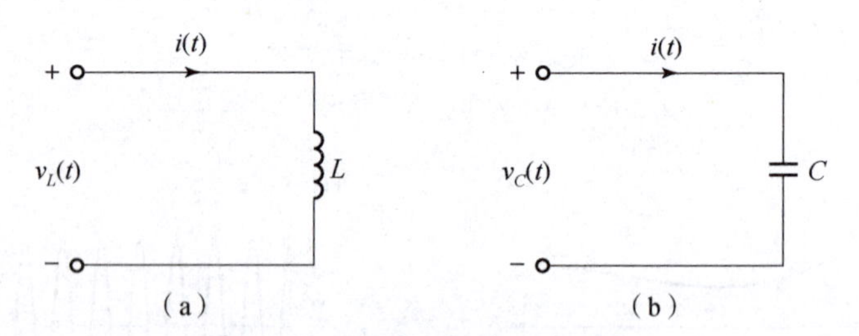

图 2.10 电路中的微积分运算

（a）电感；（b）电容

例 2.4 已知双边指数信号

$$x(t)=\mathrm{e}^{-|t|}=\begin{cases}\mathrm{e}^{-t}, & t\geqslant 0\\ \mathrm{e}^{t}, & t<0\end{cases}$$

相应的波形如图 2.11（a）所示，求该信号的微分和积分。

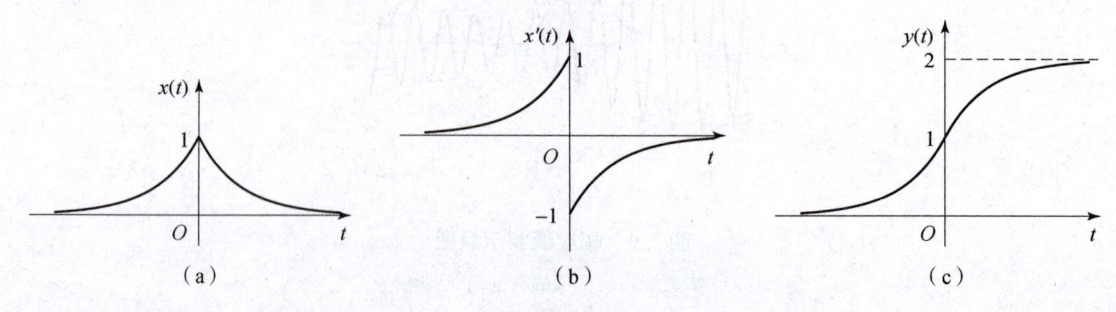

图 2.11 双边指数信号的微分和积分

（a）双边指数信号；（b）双边指数信号的微分；（c）双边指数信号的积分

解： 根据双边指数信号的表达式，可推出

$$x'(t)=\frac{\mathrm{d}x(t)}{\mathrm{d}t}=\begin{cases}-\mathrm{e}^{-t}, & t>0\\ \mathrm{e}^{t}, & t<0\end{cases}$$

$$y(t)=\int_{-\infty}^{t}x(\tau)\mathrm{d}\tau=\begin{cases}2-\mathrm{e}^{-t}, & t\geqslant 0\\ \mathrm{e}^{t}, & t<0\end{cases}$$

微分和积分后的波形分别如图2.11（b）和图2.11（c）所示。由于双边指数信号在$t=0$处连续但不可导，经过微分后，信号在$t=0$处变为跳变点；而经过积分后，信号在$t=0$处变得连续而光滑[①]。由此可见，微分可以突出信号中变化的部分，例如信号的边缘、轮廓，而积分起到了平滑的作用，可用来抑制信号中微小的变化，如毛刺、噪声。

2.1.2 阶跃函数与冲激函数

本节介绍两种特殊的信号模型，即**阶跃函数**（step function）和**冲激函数**（impulse function）。这两类信号模型在信号分析与系统分析中发挥着重要作用。

（1）阶跃函数

单位阶跃函数（unit step function）定义为

$$u(t)=\begin{cases}1, & t>0\\ 0, & t<0\end{cases} \tag{2.12}$$

图2.12给出了单位阶跃函数的图形。

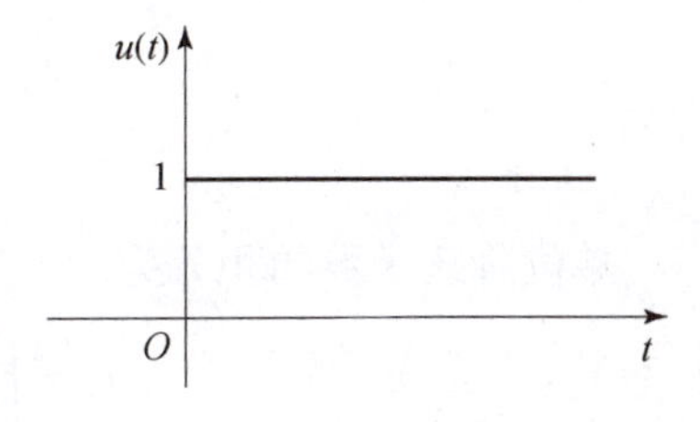

图2.12 单位阶跃函数

注意到单位阶跃函数在$t=0$处从0跳变到1，且在$t=0$处没有定义[②]，因而它不是严格意义上的连续函数。

阶跃函数可用于描述在极短时间内发生突变的信号。以图2.13（a）所示的理想开关电路为例。当$t<t_0$时，开关接通S_0，此时AB端的电压为0。当$t=t_0$时，开关接通S_1，此时AB端的电压由零跳变为V，随后保持恒定。因此，端口的电压可用阶跃函数来表示，即

$$v(t)=Vu(t-t_0)=\begin{cases}V, & t>t_0\\ 0, & t<t_0\end{cases} \tag{2.13}$$

波形如图2.13（b）所示。

阶跃函数还可用于描述**因果信号**（causal signal，也称为有始信号），即信号在起始时刻$t=t_0$之前取值恒为零。例如，式（2.13）所示的电压$v(t)$就是一个因果信号。

为了便于分析，通常可假设起始时刻为$t_0=0$。如果$x(t)$是一个非因果信号，则其因果部分（即$t>0$）可以表示为

$$y(t)=x(t)u(t) \tag{2.14}$$

① 在数学上，“光滑”是指具有连续的导函数。

② 为了保证定义域的完整性，也可将单位阶跃函数在$t=0$处的取值定义为1/2，即左右极限的均值。事实上，无论$t=0$是否有定义，都不会影响阶跃函数的性质。

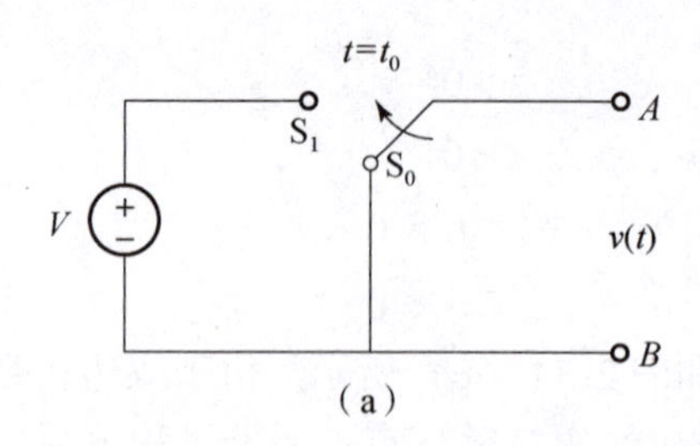

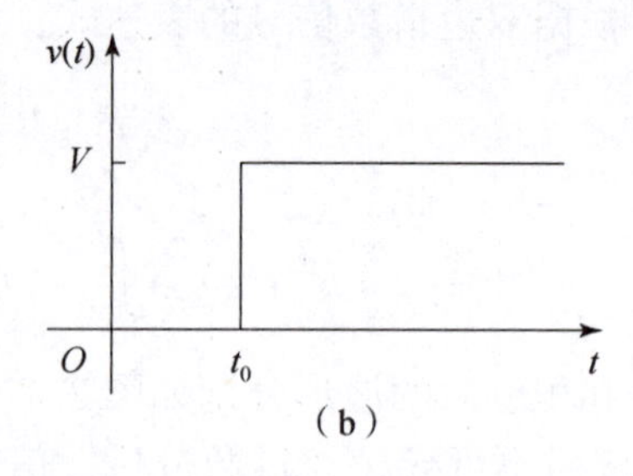

图 2.13 阶跃信号模型

(a) 理想开关电路；(b) AB 端的电压波形

图 2.14 给出了指数衰减信号及其因果部分的示意图。

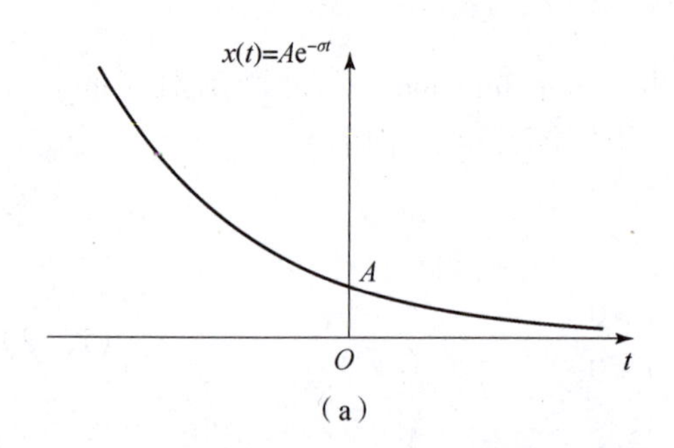

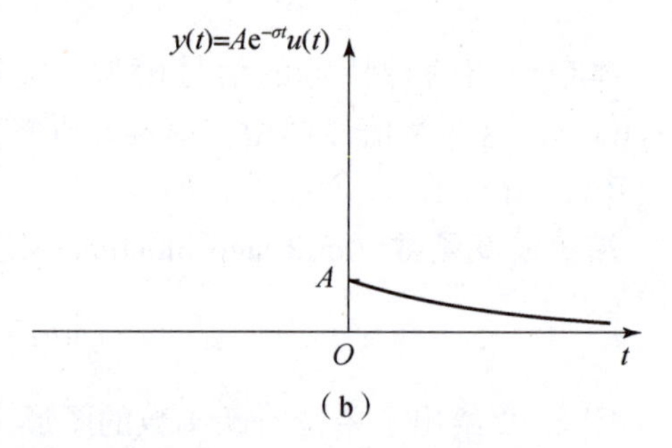

图 2.14 指数衰减信号及其因果部分

(a) 指数衰减信号 ($\sigma>0$)；(b) 因果部分 ($t>0$)

单位阶跃函数的积分为

$$r(t)=\int_{-\infty}^{t}u(\tau)\mathrm{d}\tau=tu(t)=\begin{cases}t, & t\geqslant 0\\ 0, & t<0\end{cases} \tag{2.15}$$

该信号称为**斜坡函数**（ramp function），它是一个分段线性函数，如图 2.15 所示。当 $t<0$ 时，取值恒为零；当 $t\geqslant 0$ 时，是一条斜率为 1 的直线。

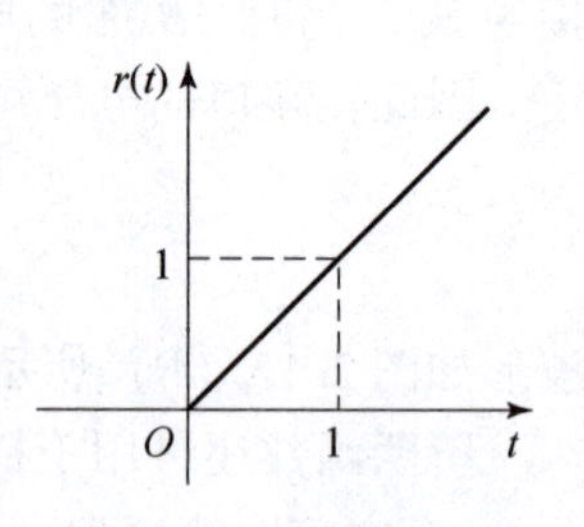

图 2.15 斜坡函数

(2) 冲激函数

冲激函数可用于描述一些瞬时产生极大强度的物理现象，例如，炸弹在爆炸瞬间的爆发力、球拍在击球瞬间的打击力等。**单位冲激函数**（unit impulse function，也称为狄拉克 δ - 函数）定义为

$$\delta(t)=\begin{cases}\infty, & t=0\\ 0, & t\neq 0\end{cases} \quad 且 \quad \int_{-\infty}^{\infty}\delta(t)\mathrm{d}t=1 \tag{2.16}$$

式中，冲激函数的积分值称为冲激强度（intensity）。更一般地，对于位于 $t=t_0$，强度为 A 的冲激函数，可记为 $A\delta(t-t_0)$。

由于冲激函数的非零值无穷大，通常用箭头来表示，如图 2.16 所示，箭头旁的数字

(或字母)[①] 表示冲激强度。

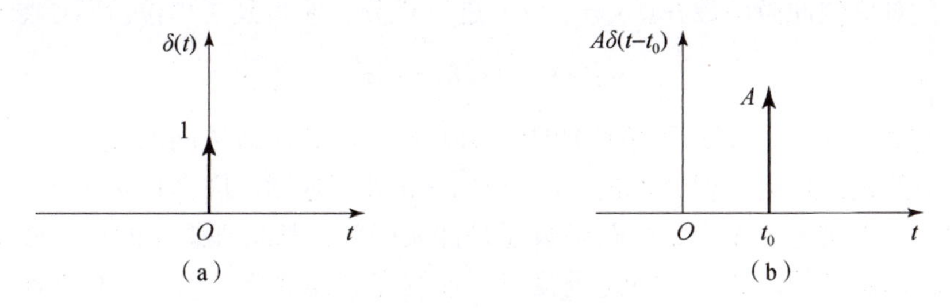

图 2.16　冲激函数

(a) 单位冲激函数；(b) 一般的冲激函数

冲激函数并非传统意义上的函数，因其非零值无穷大，而在实轴上的积分恒为常数。为了便于理解冲激函数的物理意义，考虑图 2.17 (a) 所示的分段线性函数 $u_\Delta(t)$，并对其求导，得到

$$p_\Delta(t)=\frac{\mathrm{d}}{\mathrm{d}t}u_\Delta(t)=\begin{cases}1/\Delta, & |t|<\Delta/2\\ 0, & |t|>\Delta/2\end{cases} \tag{2.17}$$

由此可见，$p_\Delta(t)$是一个具有单位面积的矩形脉冲信号，其中脉宽为 Δ，幅度为 1/Δ，如图 2.17 (b) 所示。

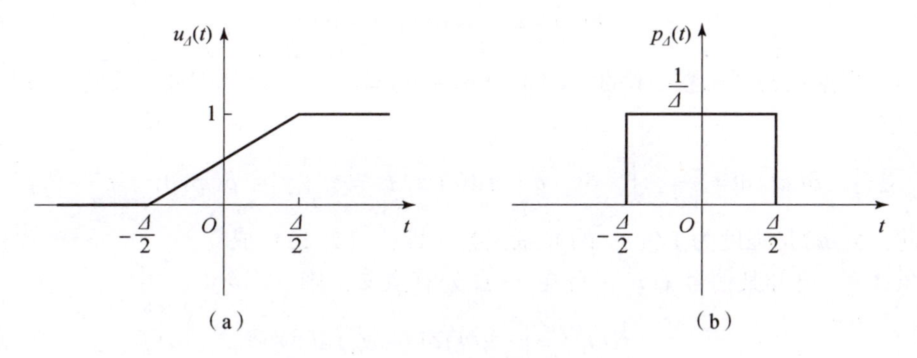

图 2.17　单位冲激函数的物理意义

(a) 分段线性函数；(b) 矩形脉冲信号

当 Δ→0 时，分段线性函数 $u_\Delta(t)$接近于理想的单位阶跃函数 $u(t)$。而其导数，即矩形脉冲信号 $p_\Delta(t)$的脉宽趋于零，幅度趋于无穷大。但是无论 Δ 多么小，矩形脉冲的面积始终为 1。因此，可以将单位冲激函数视为 $p_\Delta(t)$的极限情况，即

$$\delta(t)=\lim_{\Delta\to 0}p_\Delta(t)=\lim_{\Delta\to 0}\frac{\mathrm{d}}{\mathrm{d}t}u_\Delta(t) \tag{2.18}$$

进一步，利用微分与极限可交换顺序的性质，上式还可以写作

$$\delta(t)=\lim_{\Delta\to 0}\frac{\mathrm{d}}{\mathrm{d}t}u_\Delta(t)=\frac{\mathrm{d}}{\mathrm{d}t}\lim_{\Delta\to 0}u_\Delta(t)=\frac{\mathrm{d}}{\mathrm{d}t}u(t) \tag{2.19}$$

---

① 有些教材也用带有圆括号的数字（或字母）表示强度，例如“(1)”“(A)”。

由此可见，单位冲激函数即为单位阶跃函数的一阶导数。

反过来，对单位冲激函数在$(-\infty, t]$上进行积分，便得到了单位阶跃函数：

$$u(t)=\int_{-\infty}^{t}\delta(\tau)\mathrm{d}\tau \tag{2.20}$$

式（2.19）与式（2.20）刻画了单位冲激函数与单位阶跃函数之间的关系。

值得说明的是，根据微积分理论，$u(t)$在$t=0$处不连续，因而也不可导。式（2.19）似乎没有意义。事实上，无论是阶跃函数还是冲激函数，都是理想化的信号模型，是为了便于分析问题而定义的。数学上将这类具有不连续点或其微分、积分具有不连续点的函数统称为**奇异函数**①（singularity function）。式（2.19）的分析过程采用的是极限的方式，即将单位阶跃函数和单位冲激函数分别视为分段线性函数和矩形脉冲信号的极限情况，这样微积分运算性质依然适用。运用极限的思想分析问题是信号处理中经常使用的一种方式。

单位冲激函数具有如下性质。

性质 2.1 $\delta(t)$为偶函数，即

$$\delta(-t)=\delta(t) \tag{2.21}$$

该性质可以通过单位冲激函数的定义及图形来证明。

性质 2.2 设a为非零常数，则$\delta(at)$是强度为$1/|a|$的冲激函数，即

$$\delta(at)=\frac{1}{|a|}\delta(t), a\neq 0 \tag{2.22}$$

证明： 根据$\delta(t)$偶函数的特性，$\delta(at)=\delta(-at)=\delta(|a|t)$。因此，无论是$a>0$还是$a<0$,都有

$$\int_{-\infty}^{\infty}\delta(at)\mathrm{d}t=\frac{1}{|a|}\int_{-\infty}^{\infty}\delta(|a|t)\mathrm{d}(|a|t)=\frac{1}{|a|}\int_{-\infty}^{\infty}\delta(\tau)\mathrm{d}\tau=\frac{1}{|a|} \tag{2.23}$$

因此，$\delta(at)$是强度为$1/|a|$的冲激函数，即式（2.22）成立。

性质 2.3 已知某信号$x(t)$，且在$t=t_0$处有意义，则

$$x(t_0)=\int_{-\infty}^{\infty}x(t)\delta(t-t_0)\mathrm{d}t \tag{2.24}$$

证明： 由于$\delta(t-t_0)$只有在$t=t_0$处取值非零，因此

$$x(t)\delta(t-t_0)=x(t_0)\delta(t-t_0) \tag{2.25}$$

对上式积分，可得

$$\int_{-\infty}^{\infty}x(t)\delta(t-t_0)\mathrm{d}t=\int_{-\infty}^{\infty}x(t_0)\delta(t-t_0)\mathrm{d}t=x(t_0)\int_{-\infty}^{\infty}\delta(t-t_0)\mathrm{d}t=x(t_0) \tag{2.26}$$

最后一个等式利用了$\delta(t-t_0)$的积分值（即强度）为1。

式（2.26）说明，冲激函数可将信号在$t=t_0$处的取值“筛选”或“抽取”出来。该性质称为**筛选性质**（sifting property）或**抽样性质**（sampling property）。

① 单位冲激函数$\delta(t)$是一种广义函数（generalized function），需要通过分布理论（distribution theory）来定义。这部分内容超出了本书的研究范围，感兴趣的读者可参阅文献［7］。

2.1.3　连续时间信号的时域分解

上一节介绍了两类特殊的信号模型，即冲激函数和阶跃函数。此外，1.2 节还介绍了一些常见的信号模型，如正弦信号、实指数信号、复指数信号等。而实际中的信号形式可能比较复杂，这无疑增加了信号分析和处理的难度。试想，如果能够将一个复杂信号分解为一组简单信号的叠加，那么就可以简化信号的形式来降低分析和处理的难度。这就是**信号分解**（signal decomposition）的初衷。

信号分解也称为**信号表示**（signal representation），其基本思想是通过一组恰当的**基函数**（basis function）来表示信号。一般而言，基函数应具备充分表示任意信号的能力。本节介绍连续时间信号的**时域分解**（time - domain decomposition），即采用一组不同时移的冲激函数来表示信号。下面进行详细介绍。

已知连续时间信号 $x(t)$，为了便于分析，假设信号是因果的，且持续时长为 T，因此定义域为 $t\in[0, T]$。对 $[0, T]$ 作等间隔划分，间隔为 Δ。定义 $[0, \Delta]$ 上幅度为$1/\Delta$的矩形脉冲信号

$$p_\Delta(t)=\begin{cases}1/\Delta, & 0<t<\Delta \\ 0, & \text{其他}\end{cases} \tag{2.27}$$

相应地，$p_\Delta(t-k\Delta)$表示在$[k\Delta,(k+1)\Delta]$上幅度为 $1/\Delta$ 的矩形脉冲信号，如图 2.18（a）所示。

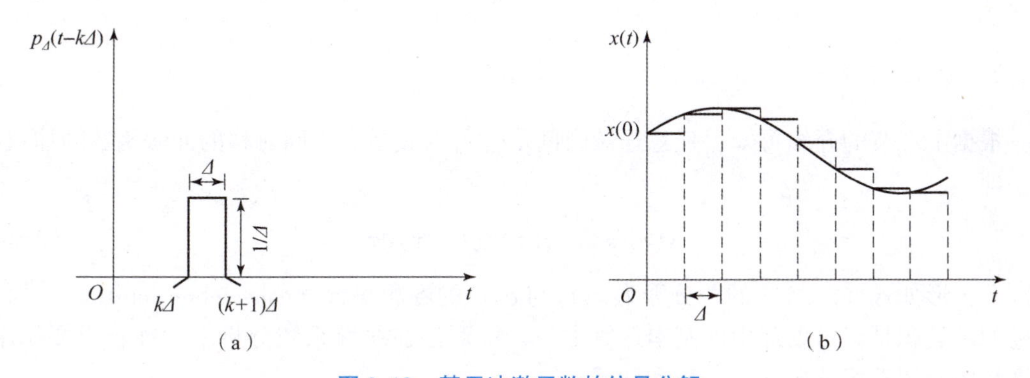

图 2.18　基于冲激函数的信号分解

（a）第 k 个矩形脉冲；（b）矩形脉冲拟合 $x(t)$

于是，信号 $x(t)$可以用一组矩形脉冲信号$\{p_\Delta(t-k\Delta)\}_{k=0}^{K-1}$来拟合，如图2.18（b）所示。拟合信号可表示为

$$\hat{x}_K(t)=\sum_{k=0}^{K-1}x(k\Delta)p_\Delta(t-k\Delta)\Delta \tag{2.28}$$

式中，K 表示矩形脉冲的个数，易知 $K=T/\Delta$。

显然，Δ 越小，拟合的误差越小，$\hat{x}_K(t)$越接近于 $x(t)$。当 $\Delta\to 0$ 时，两者相等，即

$$x(t)=\lim_{\Delta\to 0}\hat{x}_K(t)=\lim_{\Delta\to 0}\sum_{k=0}^{K-1}x(k\Delta)p_\Delta(t-k\Delta)\Delta \tag{2.29}$$

结合微积分知识可知，式（2.29）右侧的表达式实际上就是 $x(\tau)p_\Delta(t-\tau)$ 在 [0,

T] 上的定积分，这里 τ 为积分变量。同时注意到，当 $\Delta\to0$ 时，矩形脉冲 $p_\Delta(t)$ 变为单位冲激函数 $\delta(t)$。因此，式（2.29）等价于 $x(\tau)\delta(t-\tau)$ 在 [0, T] 上的定积分，即

$$x(t) = \lim_{\Delta\to0}\hat{x}_K(t) = \int_0^T x(\tau)\delta(t-\tau)\,\mathrm{d}\tau \tag{2.30}$$

上述分析过程假设信号 $x(t)$ 是因果有限长的，但结论也可以推广至更一般的情况，即对于任意连续时间信号，可以表示为不同时移的冲激函数的加权积分

$$x(t) = \int_{-\infty}^{\infty} x(\tau)\delta(t-\tau)\,\mathrm{d}\tau \tag{2.31}$$

式（2.31）即为连续时间信号的时域分解形式。

事实上，式（2.31）也可以利用单位冲激函数的筛选性质来解释。具体来讲，对于任意的 $t=t_0$，有

$$\int_{-\infty}^{\infty} x(\tau)\delta(t_0-\tau)\,\mathrm{d}\tau = \int_{-\infty}^{\infty} x(t_0)\delta(t_0-\tau)\,\mathrm{d}\tau = x(t_0)\int_{-\infty}^{\infty}\delta(t_0-\tau)\,\mathrm{d}\tau = x(t_0) \tag{2.32}$$

当 t_0 遍历定义域上的所有时刻时，就得到了 $x(t)$。这就是式（2.31）的物理意义。

以上介绍了基于冲激函数的信号分解形式。除此之外，还可以采用其他基函数对信号作时域分解。例如，假设 $x(t)$ 为因果信号，则 $x(t)$ 可以表示为如下形式

$$x(t) = x(0)u(t) + \int_{-\infty}^{t} x'(\tau)u(t-\tau)\,\mathrm{d}\tau \tag{2.33}$$

式中，$x'(t)$ 为 $x(t)$ 的导数；$u(t)$ 为单位阶跃函数。上述结论的证明留给读者，见习题 2.2。

2.1.4 卷积积分

根据上一节的介绍可知，任意连续时间信号可以表示为不同时移的冲激函数的加权积分，即

$$x(t) = \int_{-\infty}^{\infty} x(\tau)\delta(t-\tau)\,\mathrm{d}\tau \tag{2.34}$$

实际上，形如式（2.34）的积分即为 $x(t)$ 与 $\delta(t)$ 的**卷积积分**（convolution integral），简称为卷积。卷积是信号处理中的基本运算之一，特别是在线性系统分析中发挥着重要作用。下面具体介绍卷积的概念、运算和性质。

定义 2.1 已知连续时间信号 $x_1(t)$ 和 $x_2(t)$，两者的卷积定义为

$$y(t) = x_1(t) * x_2(t) = \int_{-\infty}^{\infty} x_1(\tau)x_2(t-\tau)\,\mathrm{d}\tau \tag{2.35}$$

式中，$*$ 表示卷积算符。

根据卷积的定义，式（2.34）可记作

$$x(t) = \int_{-\infty}^{\infty} x(\tau)\delta(t-\tau)\,\mathrm{d}\tau = x(t) * \delta(t) \tag{2.36}$$

即任意连续时间信号 $x(t)$ 可以表示为其自身与单位冲激函数 $\delta(t)$ 的卷积。

根据式（2.35），卷积可视为 $x_1(\tau)$ 与 $x_2(t-\tau)$ 的乘积在 $(-\infty,\infty)$ 上的积分，其中，τ 为积分运算的变量，而 t 相对于积分运算为定值。具体来讲，卷积可分解为如下计算步骤：

①对 $x_2(\tau)$ 进行反褶，得到 $x_2(-\tau)$；

②任取 t，对 $x_2(-\tau)$ 进行左移($t<0$)或右移($t>0$)，得到 $x_2(t-\tau)$；

③将 $x_1(\tau)$ 与 $x_2(t-\tau)$ 相乘，结果记为 $w_t(\tau)$，同时确定 $w_t(\tau)$ 的支撑集[①]；

④对 $w_t(\tau)$ 在 $(-\infty,\infty)$ 上进行积分，积分的有效区间由 $w_t(\tau)$ 的支撑集决定。

注意到被积函数 $w_t(\tau)$ 的表达式及支撑集与 t 有关。采用图形法能够快速、直观地确定 $w_t(\tau)$ 及支撑集。下面通过一道例题进行详细说明。

例 2.5　已知信号 $x_1(t)=e^{-t}u(t)$，$x_2(t)=u(t+2)$，计算 $y(t)=x_1(t)*x_2(t)$。

解： 根据卷积的定义，有

$$y(t)=x_1(t)*x_2(t)=\int_{-\infty}^{\infty}x_1(\tau)x_2(t-\tau)\mathrm{d}\tau \tag{2.37}$$

下面结合图形法进行分析。首先画出 $x_1(\tau)$ 和 $x_2(\tau)$ 的图形，如图 2.19（a）和图 2.19（b）所示。随后对 $x_2(\tau)$ 进行反褶，得到 $x_2(-\tau)$，如图 2.19（c）所示。

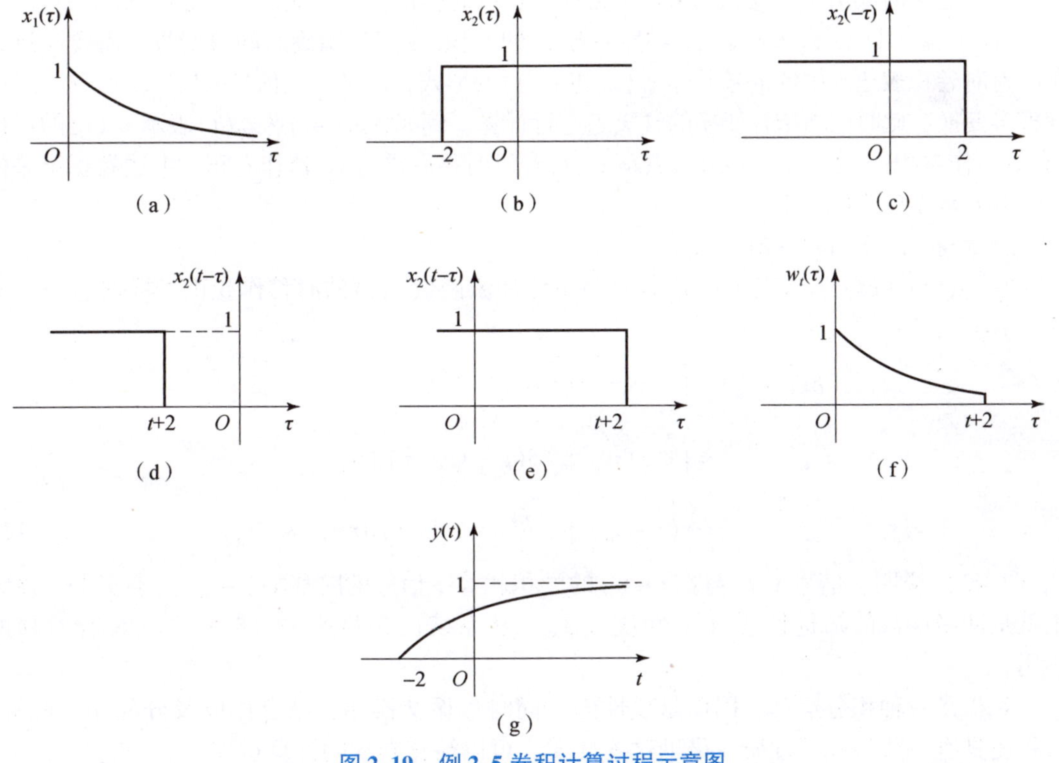

图 2.19　例 2.5 卷积计算过程示意图

（a）$x_1(\tau)$；（b）$x_2(\tau)$；（c）$x_2(\tau)$ 的反褶；（d）$x_2(-\tau)$ 时移($t<-2$)；（e）$x_2(t-\tau)$ 时移($t>-2$)；（f）$x_2(t-\tau)$ 与 $x_1(\tau)$ 相乘($t>-2$)；（g）卷积结果

接下来对 $x_2(-\tau)$ 进行时移，得到 $x_2(t-\tau)$。具体来讲，当 $t<-2$ 时，$x_2(t-\tau)$ 的支撑集为 $\tau<t+2<0$，如图 2.19（d）所示；而 $x_1(\tau)$ 的支撑集为 $\tau>0$，两者的交集为空集。因此，$w_t(\tau)=x_1(\tau)x_2(t-\tau)=0$，积分也自然为零，即

$$y(t)=0,t<-2 \tag{2.38}$$

① 函数 $f(t)$ 的支撑集（support）定义为 $\{t\in\mathbb{R}\mid f(t)\neq 0\}$，即函数非零值所对应的自变量范围。

当 $t>-2$ 时，$x_2(t-\tau)$ 的支撑集为 $\tau<t+2$，如图 2.19（e）所示，$x_1(\tau)$ 支撑集为 $\tau>0$，两者的交集为 $0<\tau<t+2$，此时

$$w_t(\tau)=x_1(\tau)x_2(t-\tau)=\begin{cases}e^{-\tau}, & 0<\tau<t+2\\ 0, & \text{其他}\end{cases} \tag{2.39}$$

如图 2.19（f）所示。

求 $w_t(\tau)$ 在 $(0,t+2)$ 上的积分，可得

$$y(t)=\int_0^{t+2}e^{-\tau}d\tau=1-e^{-(t+2)},t>-2 \tag{2.40}$$

综合式（2.38）与式（2.40），卷积结果可记作：

$$y(t)=[1-e^{-(t+2)}]u(t+2) \tag{2.41}$$

如图 2.19（g）所示。

两个连续时间信号的卷积结果依然是一个连续时间信号，因此也可将卷积表示为 $y(t)=(x_1*x_2)(t)$，其中，x_1*x_2 表示信号 x_1 与 x_2 的卷积，t 用于明确时间自变量。需要注意的是，有时卷积表达式中的信号并非 $x_1(t)$ 和 $x_2(t)$ 的形式，而是涉及信号的反褶、时移、尺度变换等变换，此时应当结合变换的含义来进行计算。例如，$x_1(-t)*x_2(t)$ 表示 $x_1(t)$ 的反褶与 $x_2(t)$ 作卷积；$x_1(t-t_0)*x_2(t)$ 表示 $x_1(t)$ 经过时移后再与 $x_2(t)$ 作卷积。上述卷积结果依然是以 t 为自变量的信号。

例 2.6 计算 $x(t)*\delta(t-t_0)$。

解： $x(t)*\delta(t-t_0)$ 表示信号 $x(t)$ 与单位冲激函数 $\delta(t)$ 的时移作卷积。根据卷积定义式，有

$$\begin{aligned}x(t)*\delta(t-t_0)&=\int_{-\infty}^{\infty}x(\tau)\delta(t-t_0-\tau)d\tau\\&=\int_{-\infty}^{\infty}x(t-t_0)\delta(t-t_0-\tau)d\tau\\&=x(t-t_0)\int_{-\infty}^{\infty}\delta(t-t_0-\tau)d\tau=x(t-t_0)\end{aligned} \tag{2.42}$$

式（2.42）说明，信号 $x(t)$ 与 $\delta(t-t_0)$ 的卷积就等于信号的时移 $x(t-t_0)$。事实上，该结论就是冲激函数的筛选性质（见性质 2.3）。从系统的角度来看，$\delta(t-t_0)$ 具有时移的作用。

卷积是一种积分运算，因而是线性的，同时遵循交换律、结合律以及分配律。此外，卷积还具有一些特殊的性质。借助这些性质，可以简化卷积的计算过程。

性质 2.4（交换律） 已知连续时间信号 $x_1(t)$，$x_2(t)$，则

$$x_1(t)*x_2(t)=x_2(t)*x_1(t) \tag{2.43}$$

证明： 根据卷积定义式，有

$$x_1(t)*x_2(t)=\int_{-\infty}^{\infty}x_1(\tau)x_2(t-\tau)d\tau \tag{2.44}$$

令 $\tau'=t-\tau$，则 $\tau=t-\tau'$，且 $d\tau=-d\tau'$，故上式可转化为

$$x_1(t)*x_2(t)=-\int_{\infty}^{-\infty}x_1(t-\tau')x_2(\tau')d\tau'=\int_{-\infty}^{\infty}x_2(\tau')x_1(t-\tau')d\tau'=x_2(t)*x_1(t) \tag{2.45}$$

即式（2.43）成立。

交换律说明，$x_1(t)$与$x_2(t)$交换位置不影响卷积的结果。因此，在卷积计算中，对$x_1(t)$或$x_2(t)$作反褶均可得到最终结果。

性质 2.5（结合律）　已知连续时间信号$x_1(t),x_2(t),x_3(t)$，则

$$[x_1(t)*x_2(t)]*x_3(t)=x_1(t)*[x_2(t)*x_3(t)] \tag{2.46}$$

证明：记

$$y(t)=x_1(t)*x_2(t)=\int_{-\infty}^{\infty}x_1(\tau)x_2(t-\tau)\mathrm{d}\tau \tag{2.47}$$

则

$$\begin{aligned}z(t)=[x_1(t)*x_2(t)]*x_3(t)=y(t)*x_3(t)\\&=\int_{-\infty}^{\infty}y(u)x_2(t-u)\mathrm{d}u\\&=\int_{-\infty}^{\infty}\left[\int_{-\infty}^{\infty}x_1(\tau)x_2(u-\tau)\mathrm{d}\tau\right]x_3(t-u)\mathrm{d}u\\&=\int_{-\infty}^{\infty}x_1(\tau)\left[\int_{-\infty}^{\infty}x_2(u-\tau)x_3(t-u)\mathrm{d}u\right]\mathrm{d}\tau\end{aligned} \tag{2.48}$$

上式最后的等式是将τ，u交换了积分顺序。

令$u-\tau=v$，则上式方括号内的积分式同样可以表示为卷积的形式，即

$$\int_{-\infty}^{\infty}x_2(u-\tau)x_3(t-u)\mathrm{d}u=\int_{-\infty}^{\infty}x_2(v)x_3(t-\tau-v)\mathrm{d}v=w(t-\tau) \tag{2.49}$$

式中，$w(t)$为$x_2(t)$与$x_3(t)$的卷积，即$w(t)=x_2(t)*x_3(t)$。因此，有

$$z(t)=\int_{-\infty}^{\infty}x_1(\tau)w(t-\tau)\mathrm{d}\tau=x_1(t)*w(t)=x_1(t)*[x_2(t)*x_3(t)] \tag{2.50}$$

结合律可以推广至多个信号的卷积，即

$$x_1(t)*x_2(t)*\cdots*x_n(t)=[x_1(t)*x_2(t)]*\cdots*x_n(t)=x_1(t)*\cdots*[x_{n-1}(t)*x_n(t)] \tag{2.51}$$

该性质说明，多个信号的卷积可以按照任意顺序先后进行计算。同时，根据交换律，各个信号的位置对结果没有影响。例如

$$x_1(t)*x_2(t)*x_3(t)=x_3(t)*x_2(t)*x_1(t)=x_1(t)*x_3(t)*x_2(t) \tag{2.52}$$

性质 2.6（分配律）　已知连续时间信号$x_1(t)$，$x_2(t)$，$x_3(t)$，则

$$x_1(t)*[x_2(t)+x_3(t)]=x_1(t)*x_2(t)+x_1(t)*x_3(t) \tag{2.53}$$

证明：根据卷积的定义式，并利用积分运算的线性性质，有

$$\begin{aligned}x_1(t)*[x_2(t)+x_3(t)]&=\int_{-\infty}^{\infty}x_1(\tau)[x_2(t-\tau)+x_3(t-\tau)]\mathrm{d}\tau\\&=\int_{-\infty}^{\infty}x_1(\tau)x_2(t-\tau)\mathrm{d}\tau+\int_{-\infty}^{\infty}x_1(\tau)x_3(t-\tau)\mathrm{d}\tau\\&=x_1(t)*x_2(t)+x_1(t)*x_3(t)\end{aligned} \tag{2.54}$$

分配律说明，$x_1(t)$与$x_2(t)$，$x_3(t)$之和的卷积等于$x_1(t)$与$x_2(t)$，$x_3(t)$各自卷积之和。

性质 2.7（微分）　已知连续时间信号$x_1(t)$，$x_2(t)$，则

$$\frac{\mathrm{d}}{\mathrm{d}t}[x_1(t)*x_2(t)]=\frac{\mathrm{d}x_1(t)}{\mathrm{d}t}*x_2(t)=x_1(t)*\frac{\mathrm{d}x_2(t)}{\mathrm{d}t} \tag{2.55}$$

证明： 利用微分与积分交换顺序，可得

$$\frac{\mathrm{d}}{\mathrm{d}t}[x_1(t)*x_2(t)]=\frac{\mathrm{d}}{\mathrm{d}t}\int_{-\infty}^{\infty}x_1(t-\tau)x_2(\tau)\mathrm{d}\tau=\int_{-\infty}^{\infty}\frac{\mathrm{d}x_1(t-\tau)}{\mathrm{d}t}x_2(\tau)\mathrm{d}\tau=\frac{\mathrm{d}x_1(t)}{\mathrm{d}t}*x_2(t) \tag{2.56}$$

同理，有

$$\frac{\mathrm{d}}{\mathrm{d}t}[x_1(t)*x_2(t)]=\frac{\mathrm{d}}{\mathrm{d}t}\int_{-\infty}^{\infty}x_1(\tau)x_2(t-\tau)\mathrm{d}\tau=\int_{-\infty}^{\infty}x_1(\tau)\frac{\mathrm{d}x_2(t-\tau)}{\mathrm{d}t}\mathrm{d}\tau=x_1(t)*\frac{\mathrm{d}x_2(t)}{\mathrm{d}t} \tag{2.57}$$

上述性质说明，两个信号卷积的微分（导数）等于其中一个信号的微分（导数）与另外一个信号作卷积。该性质还可以推广到 n 阶微分的情况，即

$$\frac{\mathrm{d}^n}{\mathrm{d}t^n}[x_1(t)*x_2(t)]=\frac{\mathrm{d}^n x_1(t)}{\mathrm{d}t^n}*x_2(t)=x_1(t)*\frac{\mathrm{d}^n x_2(t)}{\mathrm{d}t^n} \tag{2.58}$$

例 2.7 利用卷积的微分性质计算 $x(t)*\delta'(t)$，其中，$\delta'(t)$表示 $\delta(t)$的导数。

解： 首先需要解释一下 $\delta'(t)$的含义。根据前文介绍，冲激函数是一个奇异函数，按照微积分理论，其本身不存在导数。但是，冲激函数的导数可以通过极限方式来定义。定义三角脉冲信号：

$$s_\Delta(t)=\begin{cases}(\Delta-|t|)/\Delta^2 & |t|\leqslant\Delta\\ 0, & |t|>\Delta\end{cases} \tag{2.59}$$

如图 2.20（a）所示。显然，当 $\Delta\to 0$ 时，三角脉冲趋于单位冲激函数 $\delta(t)$。

对 $s_\Delta(t)$求导，可得

$$\frac{\mathrm{d}}{\mathrm{d}t}s_\Delta(t)=\begin{cases}1/\Delta^2, & -\Delta<t<0\\ -1/\Delta^2, & 0<t<\Delta\\ 0, & 其他\end{cases} \tag{2.60}$$

如图 2.20（b）所示。

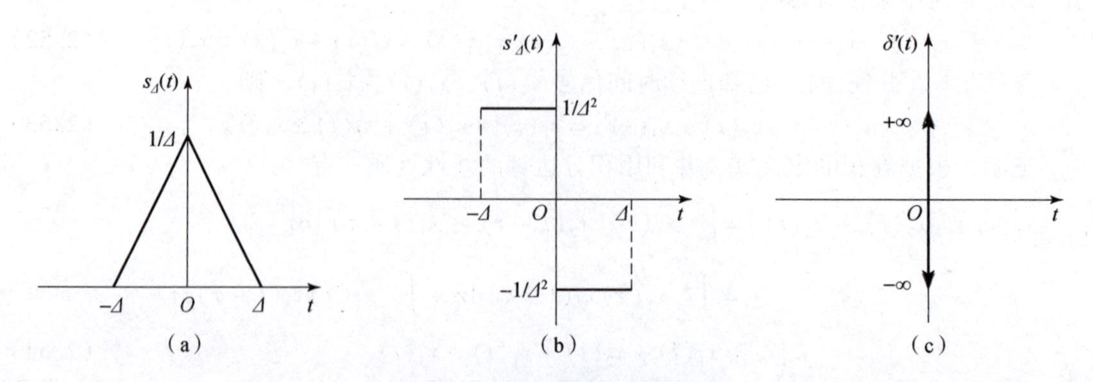

图 2.20 冲激偶函数的物理意义

（a）三角脉冲信号；（b）三角脉冲信号的导数；（c）单位冲激偶函数

当 $\Delta \to 0$ 时，$s_\Delta(t) \to \delta(t)$。因此，式（2.60）的极限可视为 $\delta(t)$ 的导数，即

$$\frac{\mathrm{d}}{\mathrm{d}t}\delta(t) = \lim_{\Delta \to 0}\frac{\mathrm{d}}{\mathrm{d}t}s_\Delta(t) = \begin{cases} +\infty, & t = 0^- \\ -\infty, & t = 0^+ \\ 0, & t \neq 0 \end{cases} \tag{2.61}$$

式中，$t = 0^-$，$t = 0^+$ 分别表示 $t = 0$ 的左、右极限。

由此可见，$\delta(t)$ 的导数是由一对位于 $t = 0$，强度分别为 $\pm\infty$ 的冲激函数构成的，称为**单位冲激偶函数**（unit impulse doublet），如图 2.20（c）所示。它同样是一个奇异函数。

下面计算 $x(t) * \delta'(t)$。利用卷积的微分性质，有

$$x(t) * \delta'(t) = x'(t) * \delta(t) = x'(t) \tag{2.62}$$

式（2.62）说明，任意信号与 $\delta'(t)$ 的卷积等于该信号自身的导数①。

更一般地，利用 n 阶微分性质（即式（2.58）），可得

$$x(t) * \delta^{(n)}(t) = x^{(n)}(t) * \delta(t) = x^{(n)}(t) \tag{2.63}$$

式中，$\delta^{(n)}(t)$ 表示 $\delta(t)$ 的 n 阶导数。

式（2.63）意味着，信号的 n 阶导数可以表示为该信号与 $\delta^{(n)}(t)$ 的卷积。这种表示方式在系统分析中经常使用。

性质 2.8（积分） 已知连续时间信号 $x_1(t)$，$x_2(t)$，则

$$\int_{-\infty}^{t} [x_1(\tau) * x_2(\tau)]\mathrm{d}\tau = \left[\int_{-\infty}^{t} x_1(\tau)\mathrm{d}\tau\right] * x_2(t) = x_1(t) * \left[\int_{-\infty}^{t} x_2(\tau)\mathrm{d}\tau\right] \tag{2.64}$$

证明：

$$\begin{aligned}\int_{-\infty}^{t} [x_1(\tau) * x_2(\tau)]\mathrm{d}\tau &= \int_{-\infty}^{t}\left[\int_{-\infty}^{\infty} x_1(\tau - \gamma)x_2(\gamma)\mathrm{d}\gamma\right]\mathrm{d}\tau \\ &= \int_{-\infty}^{\infty}\left[\int_{-\infty}^{t} x_1(\tau - \gamma)\mathrm{d}\tau\right]x_2(\gamma)\mathrm{d}\gamma \end{aligned} \tag{2.65}$$

记

$$y_1(t) = \int_{-\infty}^{t} x_1(\tau)\mathrm{d}\tau \tag{2.66}$$

则

$$\begin{aligned}\int_{-\infty}^{t} [x_1(\tau) * x_2(\tau)]\mathrm{d}\tau &= \int_{-\infty}^{\infty} y_1(t - \gamma)x_2(\gamma)\mathrm{d}\gamma \\ &= y_1(t) * x_2(t) = \left[\int_{-\infty}^{t} x_1(\tau)\mathrm{d}\tau\right] * x_2(t) \end{aligned} \tag{2.67}$$

同理可证

$$\int_{-\infty}^{t} [x_1(\tau) * x_2(\tau)]\mathrm{d}\tau = x_1(t) * \left[\int_{-\infty}^{t} x_2(\tau)\mathrm{d}\tau\right] \tag{2.68}$$

例 2.8　利用卷积的积分性质计算 $x(t) * u(t)$。

解： 单位阶跃函数可以表示为单位冲激函数的积分，即

$$u(t) = \int_{-\infty}^{t} \delta(\tau)\mathrm{d}\tau \tag{2.69}$$

---

① 在分布理论中，单位冲激偶函数即通过式（2.62）来定义。

利用卷积的积分性质，有

$$x(t)*u(t)=x(t)*\left[\int_{-\infty}^{t}\delta(\tau)\mathrm{d}\tau\right]=\left[\int_{-\infty}^{t}x(\tau)\mathrm{d}\tau\right]*\delta(t)=\int_{-\infty}^{t}x(\tau)\mathrm{d}\tau \tag{2.70}$$

上式说明，任意信号与单位阶跃函数的卷积等于该信号自身的积分。换言之，任意信号的积分可以表示信号与单位阶跃函数的卷积。

结合卷积的微分性质和积分性质，可以得到如下推论。

性质 2.9 已知连续时间信号 $x_1(t)$，$x_2(t)$，则

$$\frac{\mathrm{d}}{\mathrm{d}t}x_1(t)*\left[\int_{-\infty}^{t}x_2(\tau)\mathrm{d}\tau\right]=\left[\int_{-\infty}^{t}x_1(\tau)\mathrm{d}\tau\right]*\frac{\mathrm{d}}{\mathrm{d}t}x_2(t)=x_1(t)*x_2(t) \tag{2.71}$$

例 2.9 已知信号 $x_1(t)=\mathrm{e}^{-t}u(t)$，$x_2(t)=u(t+2)$，利用卷积的微积分性质计算 $y(t)=x_1(t)*x_2(t)$。

解： 本题与例 2.5 一致，下面利用卷积的微积分性质来计算。根据式（2.71），可得

$$\begin{aligned}x_1(t)*x_2(t)&=\left[\int_{-\infty}^{t}x_1(\tau)\mathrm{d}\tau\right]*\frac{\mathrm{d}}{\mathrm{d}t}x_2(t)\\&=\left[\int_{-\infty}^{t}\mathrm{e}^{-\tau}u(\tau)\mathrm{d}\tau\right]*\frac{\mathrm{d}}{\mathrm{d}t}u(t+2)\\&=(1-\mathrm{e}^{-t})u(t)*\delta(t+2)=\left[1-\mathrm{e}^{-(t+2)}\right]u(t+2)\end{aligned} \tag{2.72}$$

上式最后的等式利用了冲激函数的筛选性质。

对比例 2.50 可知，两种方法的计算结果是一样的。

性质 2.10（时移） 已知连续时间信号 $x_1(t)$，$x_2(t)$，两者的卷积记为 $y(t)=x_1(t)*x_2(t)$，则

$$y(t-t_0)=x_1(t-t_0)*x_2(t)=x_1(t)*x_2(t-t_0) \tag{2.73}$$

式中，t_0 为任意实数。

证明： 注意到

$$y(t-t_0)=y(t)*\delta(t-t_0)=x_1(t)*x_2(t)*\delta(t-t_0) \tag{2.74}$$

再利用卷积的结合律与交换律，可得

$$y(t-t_0)=x_1(t)*x_2(t)*\delta(t-t_0)=x_1(t)*x_2(t-t_0) \tag{2.75}$$

同理可得

$$y(t-t_0)=x_1(t)*\delta(t-t_0)*x_2(t)=x_1(t-t_0)*x_2(t) \tag{2.76}$$

综合运用卷积的各种性质，通常可以简化卷积的计算过程。下面试举一例。

例 2.10 已知两个矩形脉冲信号 $x_1(t)=u(t)-u(t-t_1)$，$x_2(t)=u(t)-u(t-t_2)$，并假设 $t_2\geqslant t_1$。计算 $y(t)=x_1(t)*x_2(t)$。

解： 本题可以采用图解法进行计算，但利用卷积的性质更加方便。对 $x_1(t)$ 求导，可得

$$x_1'(t)=\delta(t)-\delta(t-t_1)$$

于是

$$\begin{aligned}x_1'(t)*x_2(t)&=\left[\delta(t)-\delta(t-t_1)\right]*\left[u(t)-u(t-t_2)\right]\\&=u(t)-u(t-t_2)-u(t-t_1)+u(t-t_1-t_2)\end{aligned}$$

再利用卷积的积分性质，可得

$$y(t)=x_1(t)*x_2(t)=\left[\int_{-\infty}^{t}x_1'(\tau)\mathrm{d}\tau\right]*x_2(t)=\int_{-\infty}^{t}[x_1'(\tau)*x_2(\tau)]\mathrm{d}\tau$$
$$=\int_{-\infty}^{t}[u(\tau)-u(\tau-t_2)-u(\tau-t_1)+u(\tau-t_1-t_2)]\mathrm{d}\tau$$
$$=r(t)-r(t-t_2)-r(t-t_1)+r(t-t_1-t_2)$$

式中，$r(t)$为斜坡函数：$r(t)=tu(t)$。

由此可见，两个矩形脉冲信号的卷积结果为四个不同时移的斜坡函数的叠加，如图 2.21 所示。最终叠加结果是一个等腰梯形，如图 2.21（b）所示。具体表达式为

$$y(t)=x_1(t)*x_2(t)=\begin{cases}t, & 0\leqslant t<t_1\\ t_1, & t_1\leqslant t<t_2\\ t_1+t_2-t, & t_2\leqslant t<t_1+t_2\\ 0, & t<0 \text{ 或 } t\geqslant t_1+t_2\end{cases}$$

特别地，若 $t_1=t_2$，即两个矩形脉冲的脉宽相等，则卷积结果转化为一个三角脉冲信号，如图 2.21（b）所示。

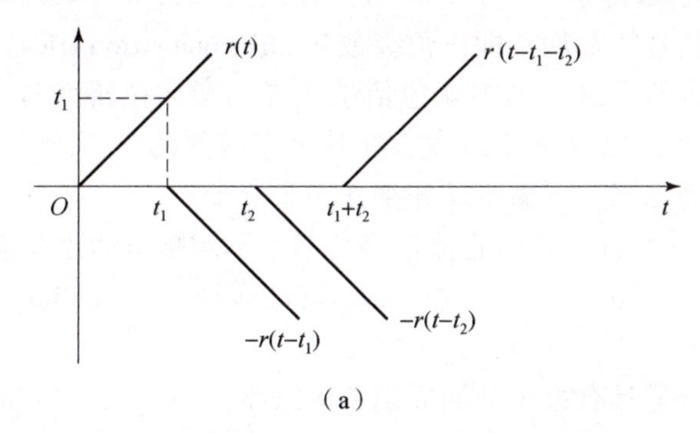

（a）

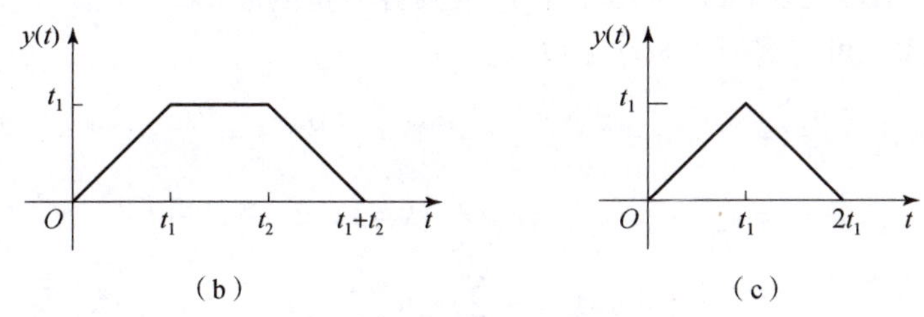

（b）　（c）

图 2.21　例 2.10 卷积结果

（a）不同时移的斜坡函数；（b）卷积结果($t_2>t_1$)；（c）卷积结果($t_2=t_1$)

基于本节所介绍的内容，信号的时移、微分和积分均可以用卷积的形式来表示，即

$$x(t-t_0)=x(t)*\delta(t-t_0) \tag{2.77}$$

$$\frac{\mathrm{d}}{\mathrm{d}t}x(t)=x(t)*\delta'(t) \tag{2.78}$$

$$\int_{-\infty}^{t}x(\tau)\mathrm{d}\tau=x(t)*u(t) \tag{2.79}$$

事实上，在第 3 章将会看到，时移、微分、积分等运算均可以视为线性时不变系统，而系统的输入输出关系可以用卷积来描述。因此，卷积在信号处理和系统分析中发挥着重要作用。

2.2 周期信号的频域分析

2.1.3 节介绍了连续时间信号的时域分解方法，即将信号分解为不同时移的冲激函数的加权积分。除此之外，也可以将信号分解为具有不同频率的正弦信号或复指数信号的加权和或加权积分。这种方法称为**频域分解**（frequency - domain decomposition）或**频域表示**（frequency - domain representation），它为信号的频域分析奠定了重要基础。通过频域分解，不仅可以观察到信号所包含的频率成分，同时也为信号处理提供了一种有效途径。本节介绍周期信号的频域分析，即**傅里叶级数**（Fourier series）。2.3 节将拓展到非周期信号的频域分析，即**傅里叶变换**（Fourier transform）。

2.2.1 傅里叶级数的定义

1807 年，法国数学家傅里叶（J. Fourier）在研究热传导方程中指出，任意周期信号可以表示为一组正弦信号的叠加，即三角级数①（trigonometric series）。但在当时，傅里叶的观点遭到了一些学者的质疑，其中就包括学术界的泰斗拉格朗日（J. L. Lagrange），以至于傅里叶的工作直到 1822 年才正式发表在其著作《热的分析理论》中。为了让读者更好地理解傅里叶级数的思想，下面不妨先来看一个例子。

例 2.11 已知某信号 $x(t)$ 是由直流信号与三个不同频率的正弦信号叠加而成，即

$$x(t)=a_0+a_1\cos(\omega_0 t)+a_2\cos(2\omega_0 t)+a_3\cos(3\omega_0 t) \tag{2.80}$$

式中，$\omega_0=2\pi/3$；$a_0=1$；$a_1=1/3$；$a_2=2/3$；$a_3=1/2$。

注意到三个正弦分量具有最小共同周期 $T=2\pi/\omega_0=3$，因此易知 $x(t)$ 也是以 $T=3$ 为周期的周期函数。图 2.22（a）画出了 $x(t)$ 及其各分量的波形。

利用欧拉公式，可将式（2.80）改写为

$$x(t)=a_0+\frac{a_1}{2}(\mathrm{e}^{\mathrm{j}\omega_0 t}+\mathrm{e}^{-\mathrm{j}\omega_0 t})+\frac{a_2}{2}(\mathrm{e}^{\mathrm{j}2\omega_0 t}+\mathrm{e}^{-\mathrm{j}2\omega_0 t})+\frac{a_3}{2}(\mathrm{e}^{\mathrm{j}3\omega_0 t}+\mathrm{e}^{-\mathrm{j}3\omega_0 t}) \tag{2.81}$$

为了便于表示，令 $c_0=a_0$，$c_k=c_{-k}=a_k/2$，$k=1,2,3$，可得

$$x(t)=\sum_{k=-3}^{3}c_k\mathrm{e}^{\mathrm{j}k\omega_0 t} \tag{2.82}$$

上式说明，信号 $x(t)$ 也可以表示为多个不同频率的复指数信号的叠加形式。

注意到组合系数 a_k（或 c_k）决定了各正弦分量（或复指数分量）在信号 $x(t)$ 中所占的比重，这意味着可以通过 a_k（或 c_k）来描述信号 $x(t)$。图 2.22（b）给出了 a_k 和 c_k 的图形化表示。通过这种表示，不仅可以直观地判断周期信号所包含的频率成分，还可以定量地描述频率成分的多少。这种表示即体现了频域表示的思想，它具有时域表示所不具备的优势。

① 严格来讲，傅里叶级数是一种特殊的三角级数。在傅里叶之前，法国数学家达朗贝尔（J. d'Alembert）、瑞士数学家欧拉（L. Euler）等人也曾研究过三角级数。

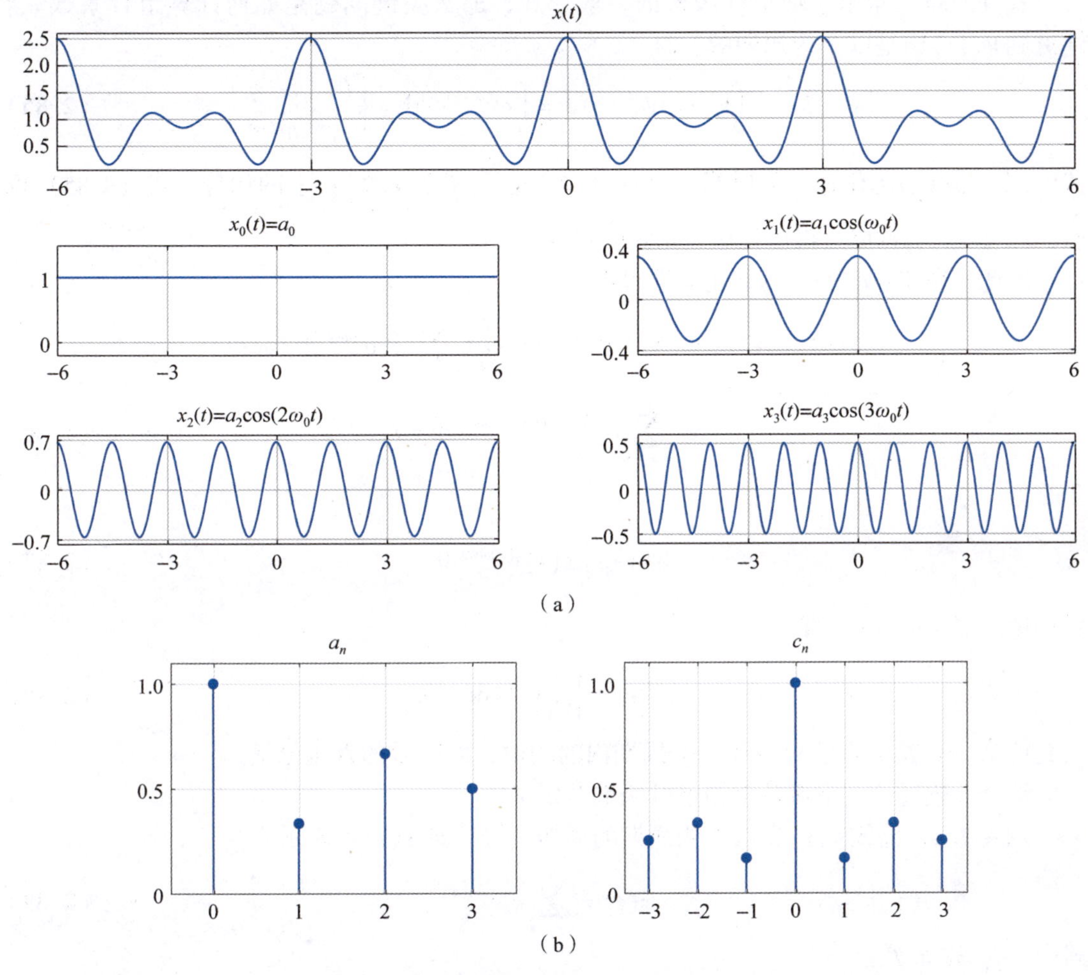

图 2.22　周期信号表示为正弦信号的线性组合

(a) 信号及各分量的时域波形；(b) 组合系数

下面将例 2.11 推广至一般情况。考虑一组具有特定频率的复指数信号

$$\psi_n(t)=\mathrm{e}^{\mathrm{j}n\omega_0 t}=\mathrm{e}^{\mathrm{j}n(2\pi/T)t},n=0,\pm1,\pm2,\cdots \tag{2.83}$$

式中，$\omega_0=2\pi/T$ 称为基础频率（fundamental frequency，简称为基频）。由于 $\psi_n(t)$ 的频率为 ω_0 的整数倍，不难判断，所有 $\psi_n(t)$ 所具有的最小周期为 $T=2\pi/\omega_0$。

假设某信号是由 $\psi_n(t)$ 的线性组合①构成的，即

$$x(t)=\sum_{n=-\infty}^{\infty}c_n\psi_n(t)=\sum_{n=-\infty}^{\infty}c_n\mathrm{e}^{\mathrm{j}n\omega_0 t} \tag{2.84}$$

式中，c_n 为组合系数。易知 $x(t)$ 也是以 T 为周期的。这意味着可以用一组特定频率的复指数信号来表示周期信号，这就是傅里叶级数（Fourier series，FS）的基本思想。

① 严格来讲，数学中的线性组合（linear combination）是指有限项的加权和，其集合称为张成空间（span）；而对于无限项的加权和，一般称为级数（series）。但本书不做严格区分，因此“线性组合”有时也指无限项加权和。

式（2.84）给出了傅里叶级数的一般形式，那么关键问题是如何计算组合系数 c_n？注意到 $\psi_n(t)$ 均是以 T 为周期的，且

$$\langle\psi_m,\psi_n\rangle=\int_T\psi_m(t)\psi_n^*(t)\mathrm{d}t=\int_T \mathrm{e}^{\mathrm{j}(m-n)\omega_0 t}\mathrm{d}t=\begin{cases}T, & m=n\\0, & m\neq n\end{cases}\tag{2.85}$$

式中，$\int_T(\cdot)\mathrm{d}t$ 表示任意一个周期（例如$[0,T]$或$[-T/2,T/2]$）上的积分。式（2.85）说明，$\{\psi_n(t)\}_{n\in\mathbf{Z}}$构成一组正交基（orthogonal basis）。

因此，利用$\{\psi_n(t)\}_{n\in\mathbf{Z}}$的正交性可得

$$\begin{aligned}\langle x(t),\psi_n(t)\rangle&=\int_T x(t)\mathrm{e}^{-\mathrm{j}n\omega_0 t}\mathrm{d}t=\int_T\left(\sum_{m=-\infty}^{\infty}c_m\mathrm{e}^{\mathrm{j}m\omega_0 t}\right)\mathrm{e}^{-\mathrm{j}n\omega_0 t}\mathrm{d}t\\&=\sum_{m=-\infty}^{\infty}c_m\int_T\mathrm{e}^{\mathrm{j}m\omega_0 t}\mathrm{e}^{-\mathrm{j}n\omega_0 t}\mathrm{d}t=Tc_n\end{aligned}\tag{2.86}$$

于是

$$c_n=\frac{1}{T}\int_T x(t)\mathrm{e}^{-\mathrm{j}n\omega_0 t}\mathrm{d}t\tag{2.87}$$

特别地，当 $n=0$ 时，有

$$c_0=\frac{1}{T}\int_T x(t)\mathrm{d}t\tag{2.88}$$

由此可见，c_0 表示信号 $x(t)$在一个周期内的均值，即信号的直流分量。

综合上述讨论，下面给出傅里叶级数的定义。

定义 2.2 已知 $x(t)$是以 T 为周期的周期信号，则 $x(t)$可表示为

$$x(t)=\sum_{n=-\infty}^{\infty}c_n\mathrm{e}^{\mathrm{j}n\omega_0 t}\tag{2.89}$$

式中，$\omega_0=2\pi/T$，

$$c_n=\frac{1}{T}\int_T x(t)\mathrm{e}^{-\mathrm{j}n\omega_0 t}\mathrm{d}t\tag{2.90}$$

称式（2.89）为信号 $x(t)$的傅里叶级数，c_n 为傅里叶系数。

根据傅里叶级数的定义式（2.89），周期信号可以表示为一组具有不同频率的复指数信号的加权和，其中，常数项 c_0 即为信号的直流分量或零频分量；$n=\pm1$ 对应的项称为 1 次谐波分量（first harmonic component）或基波分量（fundamental component）；$n=\pm N$ 对应的项称为 N 次谐波分量（Nth harmonic component）。傅里叶系数 c_n 决定了各分量的幅度和相位（c_n 通常是复的）。这意味着一旦 c_n 确定，信号的时域表达式也可确定。因此，傅里叶级数为周期信号提供了一种新的表示方法，即频域表示。从变换角度来看，傅里叶级数将时域的周期信号 $x(t)$映射到频域的离散序列 c_n，因此，c_n 称为信号的离散频谱（discrete frequency spectrum）或线谱（line spectrum）。两者的关系可简记为

$$x(t)\xleftrightarrow{\mathrm{FS}}c_n\tag{2.91}$$

为了更加直观地理解傅里叶级数的物理意义，将 c_n 记作

$$c_n=A_n\mathrm{e}^{\mathrm{j}\phi_n}\tag{2.92}$$

式中，$A_n=|c_n|$，$\phi_n=\angle c_n$，于是式（2.89）还可以写作

$$x(t)=\sum_{n=-\infty}^{\infty}A_n\mathrm{e}^{\mathrm{j}(n\omega_0 t+\phi_n)} \tag{2.93}$$

可见 A_n 决定了周期信号中各谐波分量的幅度，称为幅度谱（magnitude spectrum）；ϕ_n 决定了各谐波分量的相位，称为相位谱（phase spectrum）。

例 2.12 已知周期矩形脉冲 $x(t)$ 如图 2.23 所示，求 $x(t)$ 的傅里叶级数。

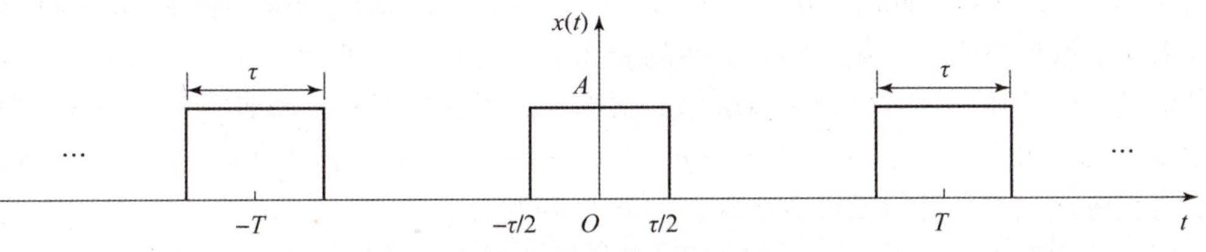

图 2.23 周期矩形脉冲

解： 根据图 2.23，周期矩形脉冲的脉宽为 τ，周期为 T，故在一个周期$[-T/2,T/2]$内可表示为

$$x(t)=\begin{cases}A, & |t|<\tau/2\\ 0, & \text{其他}\end{cases} \tag{2.94}$$

下面计算傅里叶系数。当 $n=0$ 时，有

$$c_n=\frac{1}{T}\int_{-\tau/2}^{\tau/2}A\mathrm{d}t=\frac{A\tau}{T} \tag{2.95}$$

当 $n\neq 0$ 时，有

$$\begin{aligned}c_n&=\frac{1}{T}\int_{-\tau/2}^{\tau/2}A\mathrm{e}^{-\mathrm{j}n\omega_0 t}\mathrm{d}t=\frac{A}{\mathrm{j}n\omega_0 T}(\mathrm{e}^{\mathrm{j}n\omega_0\tau/2}-\mathrm{e}^{-\mathrm{j}n\omega_0\tau/2})\\&=\frac{2A}{n\omega_0 T}\sin\left(\frac{n\omega_0\tau}{2}\right)=\frac{A\tau}{T}\mathrm{Sa}\left(\frac{n\omega_0\tau}{2}\right)=\frac{A\tau}{T}\mathrm{Sa}\left(\frac{n\pi\tau}{T}\right)\end{aligned} \tag{2.96}$$

根据抽样函数的极限性质，当 $n=0$ 时，$\mathrm{Sa}(0)=1$，因此 c_n 可统一表示为

$$c_n=\frac{A\tau}{T}\mathrm{Sa}\left(\frac{n\pi\tau}{T}\right),n=0,\pm1,\pm2,\cdots \tag{2.97}$$

相应地，$x(t)$ 的傅里叶级数表示为

$$x(t)=\sum_{n=-\infty}^{\infty}c_n\mathrm{e}^{\mathrm{j}n\omega_0 t}=\frac{A\tau}{T}\sum_{n=-\infty}^{\infty}\mathrm{Sa}\left(\frac{n\pi\tau}{T}\right)\mathrm{e}^{\mathrm{j}n\omega_0 t} \tag{2.98}$$

进一步分析，c_n 可视为对抽样函数 $\mathrm{Sa}\left(\frac{\omega\tau}{2}\right)$以 $\omega_0=\frac{2\pi}{T}$为间隔进行采样后的离散序列，并且在幅度上乘系数$\frac{A\tau}{T}$，即

$$c_n=\frac{A\tau}{T}\mathrm{Sa}\left(\frac{\omega\tau}{2}\right)\bigg|_{\omega=n\omega_0}=\frac{A\tau}{T}\mathrm{Sa}\left(\frac{n\omega_0\tau}{2}\right) \tag{2.99}$$

这意味着不同的脉宽 τ 与不同的周期 T 会产生不同的频谱。

举例来讲，假设τ固定，不妨设为$\tau=1$，分别令$T_1=4\tau=4$和$T_2=8\tau=8$，图2.24（a）与图2.24（b）给出了两种情况下的离散频谱，其中，虚线表示频谱的包络，即$\frac{A\tau}{T}\mathrm{Sa}\left(\frac{\omega\tau}{2}\right)$。由于周期$T$不同，因此谱线间隔也不同。$T$越大，$\omega_0$越小，则谱线更密集。试想当$T$充分大时，频谱将趋于一条连续的曲线。

如果τ发生变化，则同样会改变频谱的形式。例如，令$\tau'=1/2$，$T_3=8\tau'=4$，频谱如图2.24（c）所示。此时，由于周期$T_3=T_1=4$，因此谱线间隔与图2.24（a）相同，但是由于τ取值发生了变化，因此谱线的分布并不相同。事实上，由于$\tau'=\tau/2$，因而包络发生了尺度拉伸。这可以通过包络的形状以及过零点来判断，例如图2.24（a）中第一个过零点的位置为$n=4$，而图2.24（c）中第一个过零点的位置为$n=8$。同时，频谱的幅度也相应地减小，这与频谱表达式（2.99）相吻合。

细心的读者可能发现，图2.24（c）与图2.24（b）的谱线幅度是完全相同的，只不过间隔不同。这也可以结合频谱表达式（2.97）来解释。由于$\tau/T_2=\tau'/T_3=1/8$，代入式（2.97）发现，两种情况下的傅里叶系数c_n的确相等。这意味着从离散序列的角度来看（即忽略采样间隔），无论τ与T取值如何，只要τ/T的比值相同，则频谱就是相同的。

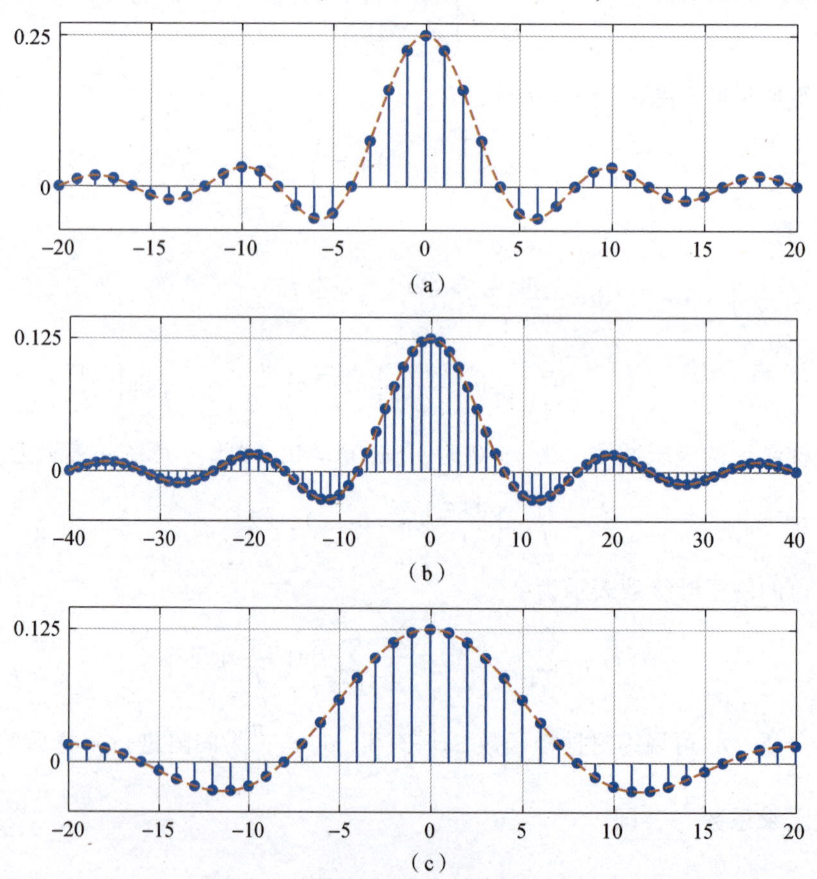

图2.24 周期矩形脉冲的频谱（$A=1$）

（a）$T_1=4\tau$，$\tau=1$；（b）$T_2=8\tau$，$\tau=1$；（c）$T_3=8\tau'$，$\tau'=1/2$

以上主要讨论的是复指数形式的傅里叶级数。此外，傅里叶级数还可以表示为三角函数的形式，简称为三角傅里叶级数。事实上，傅里叶最初的工作即采用了这种形式。在例 2.11 中，已经看到两种表示形式的关系，下面针对一般情况进行介绍。

假设 $x(t)$ 是实的周期信号，根据式（2.89），有

$$x(t)=x^*(t)=\sum_{n=-\infty}^{\infty}c_n^*\mathrm{e}^{-\mathrm{j}n\omega_0 t}=\sum_{n=-\infty}^{\infty}c_{-n}^*\mathrm{e}^{\mathrm{j}n\omega_0 t} \tag{2.100}$$

上式最后一个等式是将求和序号 n 替换为 $-n$。

对比式（2.89）可知，$c_n=c_{-n}^*$，或 $c_n^*=c_{-n}$。利用该关系，可将式（2.89）改写为

$$\begin{aligned}x(t)&=c_0+\sum_{n=1}^{\infty}(c_n\mathrm{e}^{\mathrm{j}n\omega_0 t}+c_{-n}\mathrm{e}^{-\mathrm{j}n\omega_0 t})\\&=c_0+\sum_{n=1}^{\infty}(c_n\mathrm{e}^{\mathrm{j}n\omega_0 t}+c_n^*\mathrm{e}^{-\mathrm{j}n\omega_0 t})=c_0+2\sum_{n=1}^{\infty}\mathrm{Re}(c_n\mathrm{e}^{\mathrm{j}n\omega_0 t})\end{aligned} \tag{2.101}$$

如果将 c_n 表示为极坐标的形式

$$c_n=A_n\mathrm{e}^{\mathrm{j}\phi_n} \tag{2.102}$$

式中，$A_n=|c_n|$，$\phi_n=\angle c_n$，则式（2.101）可写作

$$x(t)=c_0+2\sum_{n=1}^{\infty}\mathrm{Re}[A_n\mathrm{e}^{\mathrm{j}(n\omega_0 t+\phi_n)}]=c_0+2\sum_{n=1}^{\infty}A_n\cos(n\omega_0 t+\phi_n) \tag{2.103}$$

于是得到一种三角傅里叶级数的形式。事实上，通过对式（2.93）取实部，也可以得到相同的结果。

另外，如果将 c_n 表示为直角坐标的形式

$$c_n=\alpha_n+\mathrm{j}\beta_n \tag{2.104}$$

同样代入式（2.101）中，则得到另外一种三角傅里叶级数的形式

$$x(t)=c_0+2\sum_{n=1}^{\infty}\alpha_n\cos(n\omega_0 t)-2\sum_{n=1}^{\infty}\beta_n\sin(n\omega_0 t) \tag{2.105}$$

或改写为

$$x(t)=\frac{a_0}{2}+\sum_{n=1}^{\infty}a_n\cos(n\omega_0 t)+\sum_{n=1}^{\infty}b_n\sin(n\omega_0 t) \tag{2.106}$$

式中，$a_0=2c_0$，$a_n=2\alpha_n$，$b_n=-2\beta_n$。

由于 α_n，β_n 分别是 c_n 的实部和虚部，根据 c_n 的定义式（2.90），不难得出

$$a_n=2\mathrm{Re}(c_n)=\frac{2}{T}\int_T x(t)\cos(n\omega_0 t)\mathrm{d}t,n\geqslant 0 \tag{2.107}$$

$$b_n=-2\mathrm{Im}(c_n)=\frac{2}{T}\int_T x(t)\sin(n\omega_0 t)\mathrm{d}t,n\geqslant 1 \tag{2.108}$$

综合上述分析，当 $x(t)$ 为实信号时，既可以表示为复指数形式的傅里叶级数，也可以表示为如式（2.103）或式（2.106）所列的三角傅里叶级数，两者是完全等价的。两种表示各具特点，但本质上都是将周期信号表示为不同谐波分量的线性组合，实际中可根据具体情况选取合适的表示形式。

2.2.2 傅里叶级数的性质

本节介绍傅里叶级数的性质。如无特别说明，均默认傅里叶级数为复指数形式。为了便于描述，以下采用双向箭头的形式表示信号与傅里叶系数的对应关系，例如

$$x(t) \xleftrightarrow{\text{FS}} c_n \tag{2.109}$$

性质 2.11（线性） 如果

$$x(t) \xleftrightarrow{\text{FS}} c_n,\ y(t) \xleftrightarrow{\text{FS}} d_n \tag{2.110}$$

则

$$\alpha x(t) + \beta y(t) \xleftrightarrow{\text{FS}} \alpha c_n + \beta d_n \tag{2.111}$$

式中，α，β 为任意常数。

线性性质可以直接通过傅里叶级数的定义式证明。该性质说明，两个信号的线性组合的傅里叶系数恰好是各自傅里叶系数的线性组合。此外，线性性质也可推广至多个信号，即如果

$$x_k(t) \xleftrightarrow{\text{FS}} c_{k,n} \tag{2.112}$$

则

$$\sum_{k=1}^{N} \alpha_k x_k(t) \xleftrightarrow{\text{FS}} \sum_{k=1}^{N} \alpha_k c_{k,n} \tag{2.113}$$

性质 2.12（时移） 如果

$$x(t) \xleftrightarrow{\text{FS}} c_n \tag{2.114}$$

则

$$x(t-t_0) \xleftrightarrow{\text{FS}} \mathrm{e}^{-\mathrm{j}n\omega_0 t_0} c_n \tag{2.115}$$

证明： 设 $x(t)$ 的傅里叶级数为

$$x(t) = \sum_{n=-\infty}^{\infty} c_n \mathrm{e}^{\mathrm{j}n\omega_0 t} \tag{2.116}$$

将式中的变量 t 替换为 $t-t_0$，可得

$$x(t-t_0) = \sum_{n=-\infty}^{\infty} c_n \mathrm{e}^{\mathrm{j}n\omega_0(t-t_0)} = \sum_{n=-\infty}^{\infty} (\mathrm{e}^{-\mathrm{j}n\omega_0 t_0} c_n) \mathrm{e}^{\mathrm{j}n\omega_0 t} \tag{2.117}$$

上式说明，$x(t-t_0)$ 的傅里叶系数为 $\mathrm{e}^{-\mathrm{j}n\omega_0 t_0} c_n$。

性质 2.13（时域反褶） 如果

$$x(t) \xleftrightarrow{\text{FS}} c_n \tag{2.118}$$

则

$$x(-t) \xleftrightarrow{\text{FS}} c_{-n} \tag{2.119}$$

证明： 设 $x(t)$ 的傅里叶级数

$$x(t) = \sum_{n=-\infty}^{\infty} c_n \mathrm{e}^{\mathrm{j}n\omega_0 t} \tag{2.120}$$

将式（2.120）中的变量 t 替换为 $-t$，于是得到 $x(-t)$ 的傅里叶级数

$$x(-t)=\sum_{n=-\infty}^{\infty}c_n\mathrm{e}^{-\mathrm{j}n\omega_0 t} \tag{2.121}$$

再将式（2.121）中求和序号 n 替换为 $-n$，可得

$$x(-t)=\sum_{n=-\infty}^{\infty}c_{-n}\mathrm{e}^{\mathrm{j}n\omega_0 t} \tag{2.122}$$

时域反褶性质说明，信号的时域反褶对应于傅里叶系数的反褶。根据该性质，还可以得到如下奇偶性质，即傅里叶系数的奇偶性与信号的奇偶性保持一致。

性质 2.14（奇偶性）　如果 $x(t)$ 是偶函数，即 $x(t)=x(-t)$，则

$$c_n=c_{-n} \tag{2.123}$$

如果 $x(t)$ 为奇函数，即 $x(t)=-x(-t)$，则

$$c_n=-c_{-n} \tag{2.124}$$

性质 2.15（共轭）　如果

$$x(t)\xleftrightarrow{\mathrm{FS}}c_n \tag{2.125}$$

则

$$x^*(t)\xleftrightarrow{\mathrm{FS}}c_{-n}^* \tag{2.126}$$

证明： 设 $x(t)$ 的傅里叶级数

$$x(t)=\sum_{n=-\infty}^{\infty}c_n\mathrm{e}^{\mathrm{j}n\omega_0 t} \tag{2.127}$$

将上式等式两端取共轭，可得

$$x^*(t)=\sum_{n=-\infty}^{\infty}c_n^*\mathrm{e}^{-\mathrm{j}n\omega_0 t} \tag{2.128}$$

再将求和式中的 n 替换为 $-n$，可得

$$x^*(t)=\sum_{n=-\infty}^{\infty}c_{-n}^*\mathrm{e}^{\mathrm{j}n\omega_0 t} \tag{2.129}$$

特别地，如果 $x(t)$ 是实信号，即 $x(t)=x^*(t)$，利用共轭性质可推得

$$c_n^*=c_{-n} \tag{2.130}$$

式（2.130）说明，实信号的傅里叶系数 c_n 具有共轭对称性。进一步可得，c_n 的实部与幅度均为偶序列，虚部和相位均为奇序列，即

$$\mathrm{Re}(c_n)=\mathrm{Re}(c_{-n}) \tag{2.131}$$

$$\mathrm{Im}(c_n)=-\mathrm{Im}(c_{-n}) \tag{2.132}$$

$$|c_n|=|c_{-n}| \tag{2.133}$$

$$\angle c_n=-\angle c_{-n} \tag{2.134}$$

综合共轭对称性与奇偶性，如果 $x(t)$ 是实的偶函数，则 $c_n^*=c_{-n}=c_n$，即 c_n 也是实的偶序列；如果 $x(t)$ 是实的奇函数，则 $c_n^*=c_{-n}=-c_n$，即 c_n 是纯虚的奇序列。根据上述结论，不难得出三角傅里叶级数的奇偶性质。

性质 2.16（三角傅里叶级数的奇偶性）　如果 $x(t)$ 是实偶函数，则 c_n 也是实偶序列，且

$$a_n = 2\mathrm{Re}(c_n) = \frac{2}{T}\int_T x(t)\cos(n\omega_0 t)\,\mathrm{d}t, n \geqslant 0 \tag{2.135}$$

$$b_n = -2\mathrm{Im}(c_n) = 0, n \geqslant 1 \tag{2.136}$$

如果 $x(t)$ 是实奇函数，则 c_n 是纯虚的奇序列，且

$$a_n = 2\mathrm{Re}(c_n) = 0,\ n \geqslant 0 \tag{2.137}$$

$$b_n = -2\mathrm{Im}(c_n) = \frac{2}{T}\int_T x(t)\sin(n\omega_0 t)\,\mathrm{d}t, n \geqslant 1 \tag{2.138}$$

奇偶性质说明，如果 $x(t)$ 是实偶函数，则三角傅里叶级数不包含任何正弦形式的基波和谐波分量；如果 $x(t)$ 是实奇函数，则三角傅里叶级数不包含常数项 a_0 及任何余弦形式的基波和谐波分量。利用该性质，通常可以简化傅里叶级数的计算。

例 2.13 已知周期锯齿形脉冲 $x(t)$ 如图 2.25 所示，求 $x(t)$ 的傅里叶级数。

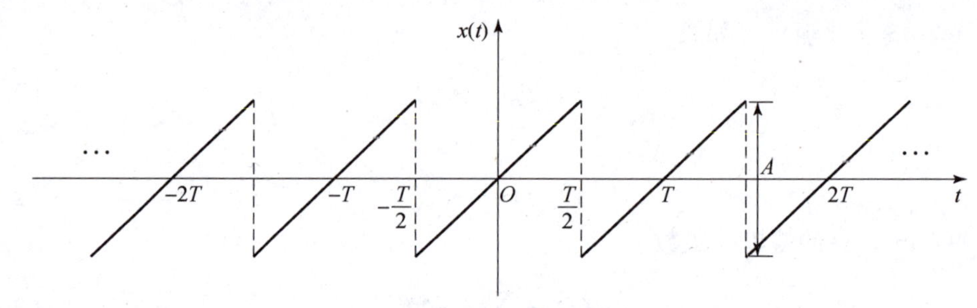

图 2.25 例 2.13 周期锯齿形脉冲

解： 根据图形观察易知，$x(t)$ 在一个周期内的表达式为

$$x(t) = \frac{A}{T}t,\ -T/2 \leqslant t \leqslant T/2 \tag{2.139}$$

由于 $x(t)$ 是奇函数，因此，傅里叶级数只包含正弦形式的谐波分量，相应的傅里叶系数为

$$b_n = \frac{2}{T}\int_{-T/2}^{T/2}\frac{A}{T}t\sin(n\omega_0 t)\,\mathrm{d}t = \frac{4A}{T^2}\int_0^{T/2}t\sin(n\omega_0 t)\,\mathrm{d}t = \frac{A}{\pi n}(-1)^{n+1} \tag{2.140}$$

因此，傅里叶级数为

$$x(t) = \sum_{n=1}^{\infty} b_n \sin(n\omega_0 t) = \frac{A}{\pi}\sum_{n=1}^{\infty}\frac{(-1)^{n+1}}{n}\sin(n\omega_0 t) \tag{2.141}$$

实际中的信号不一定是偶函数或奇函数，但是对于任意实信号，总可以分解为偶函数和奇函数的和，即

$$x(t) = x_{\mathrm{e}}(t) + x_{\mathrm{o}}(t) \tag{2.142}$$

式中，

$$x_{\mathrm{e}}(t) = \frac{x(t) + x(-t)}{2} \tag{2.143}$$

$$x_{\mathrm{o}}(t) = \frac{x(t) - x(-t)}{2} \tag{2.144}$$

显然，$x_{\mathrm{e}}(t)$ 是偶函数，而 $x_{\mathrm{o}}(t)$ 是奇函数。基于上述关系，可以先将信号分解为奇偶分量，再利用奇偶性简化傅里叶级数的计算。

例2.14　已知周期锯齿形脉冲$x(t)$如图2.26（a）所示，求$x(t)$的傅里叶级数。

解：注意到$x(t)$既非奇函数，也非偶函数，但是可以按照式（2.142）分解为奇、偶函数之和。下面以$[0, T]$上的表达式进行分析。根据图形可知

$$x(t)=\frac{t}{T},0\leqslant t\leqslant T \tag{2.145}$$

而$x(-t)$的表达式为

$$x(-t)=1-\frac{t}{T},0\leqslant t\leqslant T \tag{2.146}$$

于是偶、奇分量的表达式分别为

$$x_{\mathrm{e}}(t)=\frac{x(t)+x(-t)}{2}=\frac{1}{2},0\leqslant t\leqslant T \tag{2.147}$$

$$x_{\mathrm{o}}(t)=\frac{x(t)-x(-t)}{2}=\frac{t}{T}-\frac{1}{2},0\leqslant t\leqslant T \tag{2.148}$$

相应波形如图2.26（c）和图2.26（d）所示。

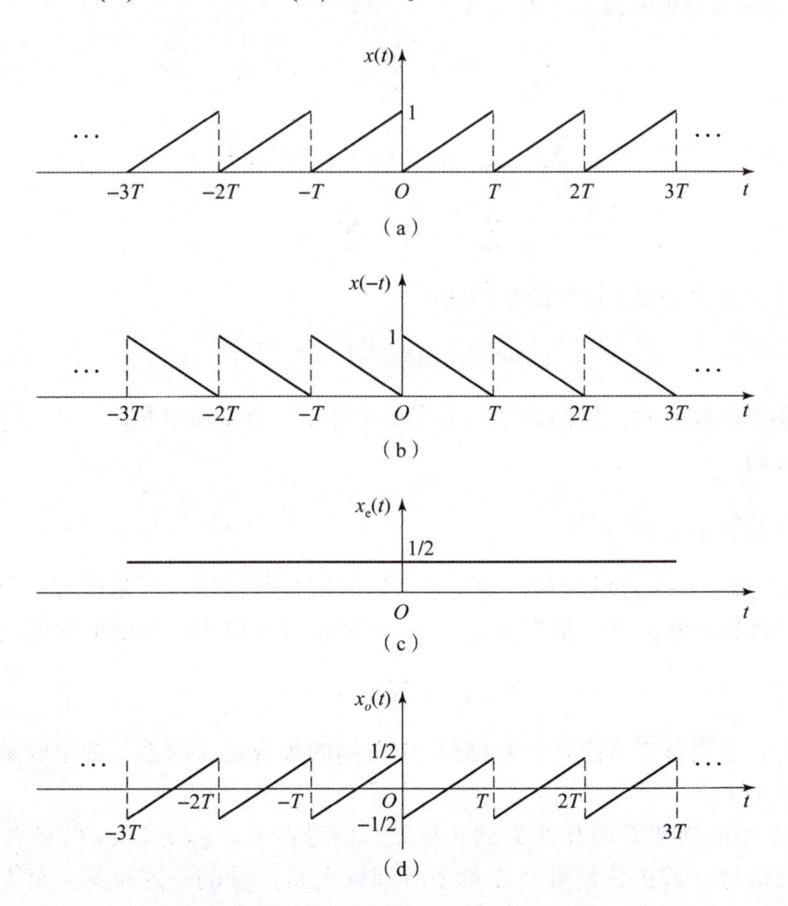

图2.26　例2.14周期锯齿形脉冲及其奇偶分解

由于$x_{\mathrm{e}}(t)=1/2$，因此傅里叶级数即常数1/2。而$x_{\mathrm{o}}(t)$与例2.13中的锯齿状脉冲相似，记为$y(t)=t/T$，则$x_{\mathrm{o}}(t)$恰好是$y(t)$经过半个周期延迟得到的，因此利用例2.13中

$y(t)$的傅里叶级数展开式

$$x_o(t)=y\left(t-\frac{T}{2}\right)=\frac{1}{\pi}\sum_{n=1}^{\infty}\frac{(-1)^{n+1}}{n}\sin\left[n\omega_0\left(t-\frac{T}{2}\right)\right]=\frac{-1}{\pi}\sum_{n=1}^{\infty}\frac{\sin(n\omega_0 t)}{n} \tag{2.149}$$

最终得到

$$x(t)=x_o(t)+x_e(t)=\frac{1}{2}-\frac{1}{\pi}\sum_{n=1}^{\infty}\frac{\sin(n\omega_0 t)}{n} \tag{2.150}$$

性质 2.17（帕塞瓦尔定理） 已知$x(t)$为周期信号且平均功率有限，则

$$\frac{1}{T}\int_T|x(t)|^2\mathrm{d}t=\sum_{n=-\infty}^{\infty}|c_n|^2 \tag{2.151}$$

证明： $x(t)$的平均功率（即单位周期内的能量）表示为

$$P=\frac{1}{T}\int_T|x(t)|^2\mathrm{d}t=\frac{1}{T}\int_T x(t)x^*(t)\mathrm{d}t \tag{2.152}$$

将$x(t)$表示为傅里叶级数，并代入上式，得

$$\begin{aligned}P&=\frac{1}{T}\int_T\sum_{n=-\infty}^{\infty}c_n\mathrm{e}^{\mathrm{j}n\omega_0 t}\left(\sum_{m=-\infty}^{\infty}c_m\mathrm{e}^{\mathrm{j}m\omega_0 t}\right)^*\mathrm{d}t\\&=\frac{1}{T}\sum_{n=-\infty}^{\infty}\sum_{m=-\infty}^{\infty}c_nc_m^*\left(\int_T\mathrm{e}^{\mathrm{j}n\omega_0 t}\mathrm{e}^{-\mathrm{j}m\omega_0 t}\mathrm{d}t\right)\\&\xlongequal{m=n}\frac{1}{T}\sum_{n=-\infty}^{\infty}c_nc_n^*T=\sum_{n=-\infty}^{\infty}|c_n|^2\end{aligned} \tag{2.153}$$

注意到n次谐波分量$c_n\mathrm{e}^{\mathrm{j}n\omega_0 t}$的平均功率为

$$P_n=\frac{1}{T}\int_T|c_n\mathrm{e}^{\mathrm{j}n\omega_0 t}|^2\mathrm{d}t=\frac{1}{T}\int_T|c_n|^2\mathrm{d}t=|c_n|^2 \tag{2.154}$$

因此，帕塞瓦尔定理表明，周期信号的平均功率等于所有谐波分量的平均功率之和，这是符合物理意义的。

2.2.3 傅里叶级数的收敛性

2.2.1 节与 2.2.2 节详细介绍了傅里叶级数的定义及性质，但是还有一个问题尚未提及，即傅里叶级数的收敛性。根据定义 2.2，周期信号可以表示为傅里叶级数的形式，即

$$x(t)=\sum_{n=-\infty}^{\infty}c_n\mathrm{e}^{\mathrm{j}n\omega_0 t} \tag{2.155}$$

但是严格来讲，应当首先考虑式（2.155）中右侧的级数是否收敛。如果收敛，其结果是否等于左侧的$x(t)$？

以例 2.12 中的周期矩形脉冲为例。显然，信号在$t=\pm(\tau/2\pm nT)$处存在跳跃间断点，而复指数信号（或正弦信号）在整个时间轴上是连续的。这说明，至少在这些跳跃间断点上，信号与级数的取值不同，式（2.155）中的等号不成立[①]。

---

① 尽管如此，本书依旧用“=”表示傅里叶级数，其含义可解释为“信号的傅里叶级数为”。

为了判断级数的收敛性，定义部分和

$$x_N(t)=\sum_{n=-N}^{N}c_n\mathrm{e}^{\mathrm{j}n\omega_0 t} \tag{2.156}$$

当 $N\to\infty$ 时，$x_N(t)$ 即为傅里叶级数。因此，级数的收敛性可通过 $x_N(t)$ 的收敛性来判断。

那么，在什么条件下 $x_N(t)$ 收敛呢？关于这个问题，法国数学家狄利克雷（P. L. Dirichlet）进行了深入的研究，给出了一种判定条件，称为狄利克雷条件（Dirichilet condition）。

命题 2.1（狄利克雷条件）　已知周期信号 $x(t)$，如果满足如下三个条件：

①$x(t)$ 在任意一个周期内绝对可积（absolutely integrable），即

$$\int_T |x(t)|\,\mathrm{d}t<\infty \tag{2.157}$$

②$x(t)$ 在任意有限区间内存在有限个极值点；

③$x(t)$ 在任意有限区间内存在有限个第一类间断点，即左、右极限存在的间断点。

则对于任意点 $t=t_0$，$x(t)$ 的傅里叶级数收敛于 $x(t)$ 在该点的左极限与右极限的均值，即

$$\lim_{N\to\infty}x_N(t)\big|_{t=t_0}=\frac{1}{2}[x(t_0^-)+x(t_0^+)] \tag{2.158}$$

特别地，如果 $x(t)$ 在 $t=t_0$ 处连续，则傅里叶级数收敛于 $x(t_0)$。

狄利克雷条件是判断傅里叶级数收敛的充分条件。关于该命题的证明，已超出本书的范围，感兴趣的读者可参阅文献［7，8］。

傅里叶级数的收敛性还可以通过误差的能量来衡量。令 $\mathrm{e}_N(t)=x(t)-x_N(t)$，考虑 $\mathrm{e}_N(t)$ 在一个周期内的能量：

$$E_N=\int_T|\mathrm{e}_N(t)|^2\mathrm{d}t \tag{2.159}$$

如果当 $N\to\infty$ 时，$E_N\to 0$，则称 $x_N(t)$ 均方收敛①于 $x(t)$。这意味着从能量角度而言，$x_N(t)$ 与 $x(t)$ 没有差别。下列命题给出了均方收敛的充分条件。

命题 2.2　已知周期信号 $x(t)$，如果其在任意一个周期内能量有限②，即

$$\int_T|x(t)|^2\mathrm{d}t<\infty \tag{2.161}$$

则其傅里叶级数均方收敛于 $x(t)$，即误差能量为零

$$\lim_{N\to\infty}E_N=\lim_{N\to\infty}\int_T|\mathrm{e}_N(t)|^2\mathrm{d}t=0 \tag{2.162}$$

注意，$x_N(t)$ 均方收敛于 $x(t)$ 并不意味着 $x_N(t)$ 逐点收敛于 $x(t)$，而是两者的误差

---

① 已知周期函数列 $f_N(t)$，均方收敛（mean - square convergence）是指存在同周期的函数 $f(t)$ 满足：

$$\lim_{N\to\infty}\frac{1}{T}\int_T|f_N(t)-f(t)|^2\mathrm{d}t=0 \tag{2.160}$$

式中，T 为周期。由于系数 $1/T$ 对于收敛性没有影响，因此可以将其省略。

② 满足式（2.161）的函数称为平方可积（square integrable）函数。

能量为零。

在实际应用中，大多数信号或者满足狄利克雷条件（例如连续函数且绝对可积），或者满足周期内能量有限（即平方可积），因此，通常可以直接计算傅里叶级数而省略收敛性的讨论。

本节最后介绍傅里叶级数收敛的一个重要特性。仍以周期矩形脉冲为例，图 2.27 给出了一个周期内，用不同项数的部分和 $x_N(t)$ 逼近矩形脉冲的结果。可以发现，随着项数 N 的增长，$x_N(t)$ 越来越接近矩形脉冲的波形。特别是在连续点上，振荡起伏的误差越来越小。然而，在间断点上，无论 N 取多大，$x_N(t)$ 在该点附近总存在一个较大幅度的振荡，称为过冲（overshot）。尽管 N 增大后，过冲的时间缩短，但幅度并没有减小。理论分析表明，当 N 充分大时，过冲的峰值趋于一个常数，约为信号跳变值的 9%，这种现象称为吉布斯现象（Gibbs phenomenon）。该现象由美国物理学家迈克尔逊（A. Michelson）于 1898 年发现，随后数学物理学家吉布斯（J. Gibbs）给出了理论证明。

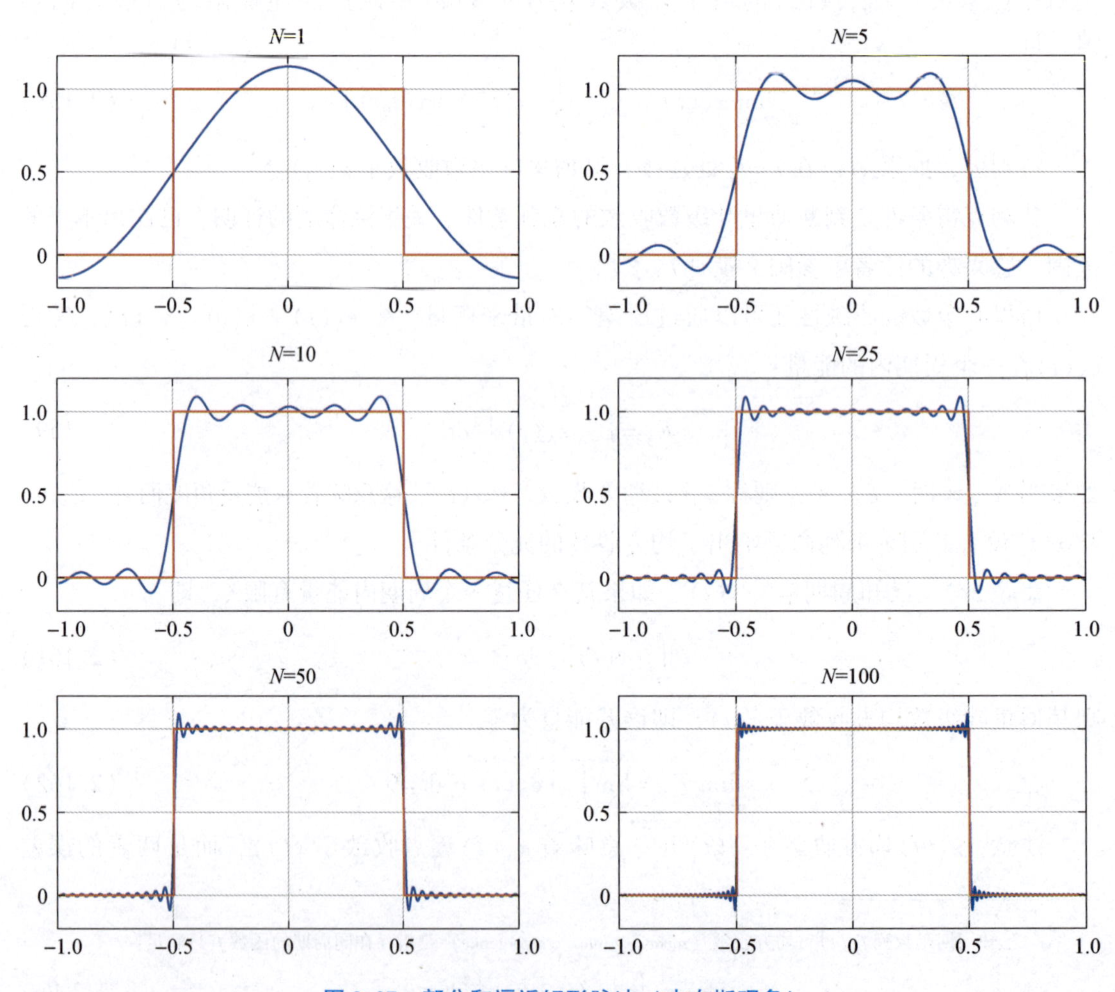

图 2.27 部分和逼近矩形脉冲（吉布斯现象）

2.3　非周期信号的频域分析

2.3.1　傅里叶变换的定义

通过 2.2 节的介绍可知，周期信号可以表示为傅里叶级数的形式，即由各谐波分量构成的加权和，其中，傅里叶系数 c_n 刻画了各谐波分量的幅度与相位，称为信号的离散频谱。一个自然的问题是，对于一般的非周期信号，是否有相应的频域表示？答案是肯定的，这就是本节所要介绍的傅里叶变换（Fourier transform，FT）。傅里叶变换由法国数学家傅里叶于 19 世纪初提出，最初用于求解热传导方程。经过 200 余年的研究和发展，逐渐形成完备的理论体系，成为信号处理乃至整个工程领域最重要的方法之一。

傅里叶变换的定义既可以通过数学形式直接给出，也可以结合其物理意义来推导，本书采取后者。基本思想是将非周期信号视为周期无限大的周期信号，然后通过周期信号的频谱的极限形式推导出非周期信号的频谱。事实上，在例 2.12 周期矩形脉冲的频谱分析中，已经初步阐述了这种思想。下面针对一般情况进行分析。

设 $x(t)$ 是一个有限长的非周期信号，即 $x(t)=0$，$|t|>T_1$，如图 2.28（a）所示。现对该信号进行周期延拓，延拓周期 $T>2T_1$，于是得到周期信号 $\tilde{x}(t)$，如图 2.28（b）所示。两者的关系为

$$\tilde{x}(t)=x(t),\quad |t|<T/2 \tag{2.163}$$

不难发现，当 T_1 充分大时，T 也充分大，故在很长一段时间内，$\tilde{x}(t)=x(t)$。因此，非周期信号可视为具有“无限大”周期的周期信号。

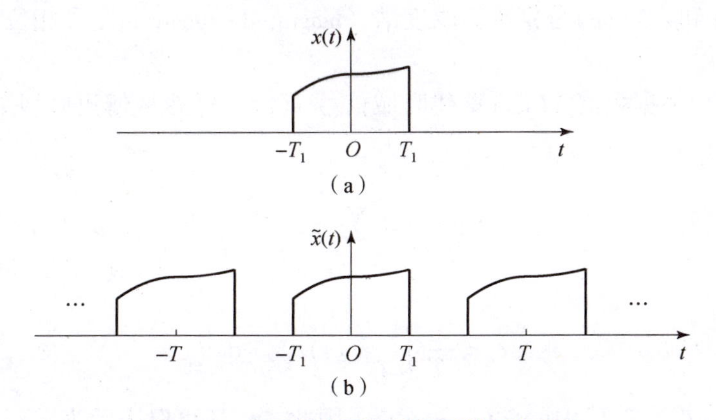

图 2.28　有限长非周期信号及其周期延拓

（a）有限长非周期信号；（b）周期延拓

根据傅里叶级数，$\tilde{x}(t)$ 的频谱由一组离散谱线组成，即

$$c_n=\frac{1}{T}\int_{-T/2}^{T/2}\tilde{x}(t)\mathrm{e}^{-\mathrm{j}n\omega_0 t}\mathrm{d}t \tag{2.164}$$

相邻谱线的间隔为 $\omega_0 = 2\pi/T$。试想当 $T\to\infty$ 时，$\omega_0\to 0$，此时谱线无限密集，因而频谱趋于一条连续曲线。但是注意到，当 $T\to\infty$ 时，$1/T\to 0$，这会导致 $|c_n|\to 0$。为了避免这种情况，将式（2.164）改写为

$$Tc_n = \int_{-T/2}^{T/2} \tilde{x}(t)\mathrm{e}^{-\mathrm{j}n\omega_0 t}\mathrm{d}t \tag{2.165}$$

再令 $T\to\infty$，记为

$$\lim_{T\to\infty} Tc_n = \lim_{T\to\infty}\int_{-T/2}^{T/2} \tilde{x}(t)\mathrm{e}^{-\mathrm{j}n\omega_0 t}\mathrm{d}t \tag{2.166}$$

此时频率间隔 $\omega_0\to 0$，因此积分式中的离散频率 $n\omega_0$ 变为连续频率 ω，积分上下限 $\pm T/2$ 变为 $\pm\infty$，同时，由于 $\tilde{x}(t)$ 的周期无限大，故变为非周期信号 $x(t)$。将该积分的极限形式记为

$$X(\mathrm{j}\omega) = \int_{-\infty}^{\infty} x(t)\mathrm{e}^{-\mathrm{j}\omega t}\mathrm{d}t \tag{2.167}$$

式（2.167）即为信号 $x(t)$ 的傅里叶变换。

结合物理意义来看，有

$$X(\mathrm{j}\omega) = \lim_{T\to\infty} Tc_n = \lim_{\omega_0\to 0} 2\pi\frac{c_n}{\omega_0} \tag{2.168}$$

可见，$X(\mathrm{j}\omega)$ 是离散频谱 c_n 与离散频率 ω_0 比值的极限形式。当 ω_0 无限小时，c_n 趋于连续，因此 $X(\mathrm{j}\omega)$ 描述了单位频率上的频谱，称为频谱密度函数（frequency spectrum density），或简称为频谱（frequency spectrum）。由此，得到了非周期信号的一种新的表示方法，即频域表示。

类似于离散频谱 c_n，$X(\mathrm{j}\omega)$ 通常也是复的，记

$$X(\mathrm{j}\omega) = |X(\mathrm{j}\omega)|\mathrm{e}^{\mathrm{j}\angle X(\mathrm{j}\omega)} \tag{2.169}$$

式中，$|X(\mathrm{j}\omega)|$ 和 $\angle X(\mathrm{j}\omega)$ 分别称为幅度谱（magnitude spectrum）和相位谱（phase spectrum）。

下面讨论如何根据频谱 $X(\mathrm{j}\omega)$ 重建时域信号 $x(t)$。仍然从傅里叶级数入手，将周期信号 $\tilde{x}(t)$ 表示为

$$\tilde{x}(t) = \sum_{n=-\infty}^{\infty} c_n\mathrm{e}^{\mathrm{j}n\omega_0 t} \tag{2.170}$$

式中，

$$c_n = \frac{1}{T}\int_{-\frac{T}{2}}^{\frac{T}{2}} \tilde{x}(t)\mathrm{e}^{-\mathrm{j}n\omega_0 t}\mathrm{d}t \tag{2.171}$$

注意到在区间 $[-T/2, T/2]$ 内，$\tilde{x}(t) = x(t)$，因此，c_n 还可以表示为

$$c_n = \frac{1}{T}\int_{-\frac{T}{2}}^{\frac{T}{2}} x(t)\mathrm{e}^{-\mathrm{j}n\omega_0 t}\mathrm{d}t = \frac{1}{T}\int_{-\infty}^{\infty} x(t)\mathrm{e}^{-\mathrm{j}n\omega_0 t}\mathrm{d}t = \frac{1}{T}X(\mathrm{j}n\omega_0) \tag{2.172}$$

将式（2.172）代入式（2.170），可得

$$\tilde{x}(t) = \sum_{n=-\infty}^{\infty} \frac{1}{T}X(\mathrm{j}n\omega_0)\mathrm{e}^{\mathrm{j}n\omega_0 t} = \frac{1}{2\pi}\sum_{n=-\infty}^{\infty} X(\mathrm{j}n\omega_0)\mathrm{e}^{\mathrm{j}n\omega_0 t}\omega_0 \tag{2.173}$$

当 $T\to\infty$ 时，$\omega_0\to 0$，因此式（2.173）中的求和式变为关于 $X(\mathrm{j}\omega)$ 的积分式，即

$$x(t)=\lim_{\omega_0\to 0}\frac{1}{2\pi}\sum_{n=-\infty}^{\infty}X(\mathrm{j}n\omega_0)\mathrm{e}^{\mathrm{j}n\omega_0 t}\omega_0=\frac{1}{2\pi}\int_{-\infty}^{\infty}X(\mathrm{j}\omega)\mathrm{e}^{\mathrm{j}\omega t}\mathrm{d}\omega \tag{2.174}$$

式（2.174）即为傅里叶逆（反）变换（inverse Fourier transform）的表达式。

综合上述分析，下面给出傅里叶变换的定义。

定义 2.3　已知连续时间信号 $x(t)$，定义 $x(t)$ 的傅里叶正变换与逆变换分别为

$$X(\mathrm{j}\omega)=\mathcal{F}[x(t)]=\int_{-\infty}^{\infty}x(t)\mathrm{e}^{-\mathrm{j}\omega t}\mathrm{d}t \tag{2.175}$$

$$x(t)=\mathcal{F}^{-1}[X(\mathrm{j}\omega)]=\frac{1}{2\pi}\int_{-\infty}^{\infty}X(\mathrm{j}\omega)\mathrm{e}^{\mathrm{j}\omega t}\mathrm{d}\omega \tag{2.176}$$

式中，$\mathcal{F}$ 表示傅里叶变换算子。

注意，定义 2.3 是以角频率 ω（单位：rad/s）作为频率变量。考虑角频率与频率 f（单位：Hz）的关系

$$\omega=2\pi f \tag{2.177}$$

可将式（2.175）和式（2.176）改写为关于频率的表达式，即

$$X(\mathrm{j}f)=\int_{-\infty}^{\infty}x(t)\mathrm{e}^{-\mathrm{j}2\pi ft}\mathrm{d}t \tag{2.178}$$

$$x(t)=\int_{-\infty}^{\infty}X(\mathrm{j}f)\mathrm{e}^{\mathrm{j}2\pi ft}\mathrm{d}f \tag{2.179}$$

由于角频率的形式分析较为方便，如无特别说明，本书默认采取角频率的定义式。

傅里叶变换建立了信号时域与频域之间的关系。如果信号 $x(t)$ 的傅里叶变换为 $X(\mathrm{j}\omega)$，则两者可以简记为变换对的形式

$$x(t)\stackrel{\mathcal{F}}{\longleftrightarrow}X(\mathrm{j}\omega) \tag{2.180}$$

从信号分解的角度来看，式（2.176）是将时域信号表示为复指数信号 $\mathrm{e}^{\mathrm{j}\omega t}$ 的加权积分，其中，$X(\mathrm{j}\omega)/2\pi$ 刻画了各频率分量的权重。这一点类似于傅里叶级数中的傅里叶系数 c_n。事实上，若考虑周期信号 $\tilde{x}(t)$ 在一个周期内的傅里叶变换，根据式（2.172）可知

$$c_n=\frac{1}{T}X(\mathrm{j}\omega)\bigg|_{\omega=n\omega_0} \tag{2.181}$$

上式说明，周期信号 $\tilde{x}(t)$ 的频谱即为非周期信号 $x(t)$ 的频谱的采样结果，并在幅度上乘系数 $1/T$。掌握这一关系对于理解傅里叶变换的物理意义非常重要。换言之，若在频域上对非周期信号的频谱进行采样，则在时域上信号的波形会发生周期延拓。关于这一结论，将在第 7 章进行详细介绍。

本节最后，简要说明傅里叶变换的存在性与收敛性。严格来讲，在应用傅里叶变换之前，需要考虑正变换式（2.175）和逆变换式（2.176）是否有意义（即积分是否存在）。此外，如果逆变换式存在，是否等于原信号。类似于傅里叶级数的判定条件，可以通过狄利克雷条件或能量有限条件来判断傅里叶变换的存在性。

命题 2.3（狄利克雷条件）　已知连续时间信号 $x(t)$，如果满足如下三个条件：

①$x(t)$绝对可积，即

$$\int_{-\infty}^{\infty} |x(t)| \mathrm{d}t < \infty \tag{2.182}$$

②$x(t)$在任意有限区间内存在有限个极值点；

③$x(t)$在任意有限区间内存在有限个第一类间断点，即左、右极限存在的间断点。则$x(t)$的傅里叶变换存在，且对于任意点$t=t_0$，由逆变换得到的重建信号$\hat{x}(t)$收敛于$x(t)$在该点的左极限与右极限的均值，即

$$\hat{x}(t)\big|_{t=t_0} = \frac{1}{2\pi}\int_{-\infty}^{\infty} X(\mathrm{j}\omega)\mathrm{e}^{\mathrm{j}\omega t_0}\mathrm{d}\omega = \frac{1}{2}[x(t_0^-)+x(t_0^+)] \tag{2.183}$$

特别地，如果$x(t)$为连续函数，则$\hat{x}(t)=x(t)$。

命题 2.4（能量有限条件） 如果连续时间信号$x(t)$为能量信号，即

$$\int_{-\infty}^{\infty} |x(t)|^2 \mathrm{d}t < \infty \tag{2.184}$$

则其傅里叶变换存在，且重建信号与原信号的误差能量为零，即

$$\int_{-\infty}^{\infty} |\mathrm{e}(t)|^2 \mathrm{d}t = \int_{-\infty}^{\infty} |x(t)-\hat{x}(t)|^2 \mathrm{d}t = 0 \tag{2.185}$$

关于上述两个命题的证明，已超出本书的研究范围，感兴趣的读者可参阅文献[7，8]。值得说明的是，无论是狄利克雷条件还是能量有限条件，都是判断傅里叶变换存在的充分条件。如果信号不满足上述条件，不能肯定地说傅里叶变换不存在。事实上，有些信号虽然不满足上述条件，但依然可以定义傅里叶变换。具体内容将在下一节介绍。

2.3.2 常见信号的傅里叶变换

本节介绍一些常见信号的傅里叶变换。

(1) 矩形脉冲信号

矩形脉冲信号是信号处理中常见的脉冲信号之一。设中心位于原点、幅度为A、脉宽为τ的矩形脉冲信号

$$x_\tau(t) = A\mathrm{rect}\left(\frac{t}{\tau}\right) = \begin{cases} A, & |t| < \tau/2 \\ 0, & |t| > \tau/2 \end{cases} \tag{2.186}$$

对该信号作傅里叶变换，有

$$X(\mathrm{j}\omega) = \int_{-\infty}^{\infty} x_\tau(t)\mathrm{e}^{-\mathrm{j}\omega t}\mathrm{d}t = \int_{-\tau/2}^{\tau/2} A\mathrm{e}^{-\mathrm{j}\omega t}\mathrm{d}t = -\frac{A}{\mathrm{j}\omega}\mathrm{e}^{-\mathrm{j}\omega t}\Big|_{-\tau/2}^{\tau/2} \tag{2.187}$$

$$= \frac{2A}{\omega}\sin\left(\frac{\omega\tau}{2}\right) = A\tau\mathrm{Sa}\left(\frac{\omega\tau}{2}\right) \tag{2.188}$$

可以看出，矩形脉冲的频谱具有抽样函数（或 sinc 函数）的形式，如图 2.29（b）所示。相应地，幅度谱与相位谱分别如图 2.29（c）和图 2.29（d）所示。注意到，幅度谱为偶函数，而相位谱为奇函数①。事实上，稍后会看到，实信号的频谱都具有这种性质。

① 由于矩形脉冲信号的频谱是实的，因此，相位谱完全由频谱的符号来决定。当$X(\mathrm{j}\omega)\geqslant 0$时，$\angle X(\mathrm{j}\omega)=0$；当$X(\mathrm{j}\omega)<0$时，$\angle X(\mathrm{j}\omega)=\pm\pi$，取值可以在$\pm\pi$中任意选取。此外，由于相位以$2\pi$为周期，这意味着$\angle X(\mathrm{j}\omega)$与$\angle X(\mathrm{j}\omega)\pm 2k\pi$具有相同的频谱，其中，$k$为任意整数。但为了便于描述，这里相位谱取图 2.29（d）所示的形式。

同时，注意到，频谱的过零点为 $\omega=2k\pi/\tau$，$k=\pm1,\pm2,\cdots$，且频谱的能量主要集中在原点左、右两侧的第一个过零点之间。一般将这段区间的频谱称为主瓣（mainlobe），其他过零点之间的频谱称为副瓣或旁瓣（sidelobe）。信号的双边带宽①（bandwidth）可由主瓣宽度来衡量：

$$\Delta\omega=\frac{4\pi}{\tau} \tag{2.189}$$

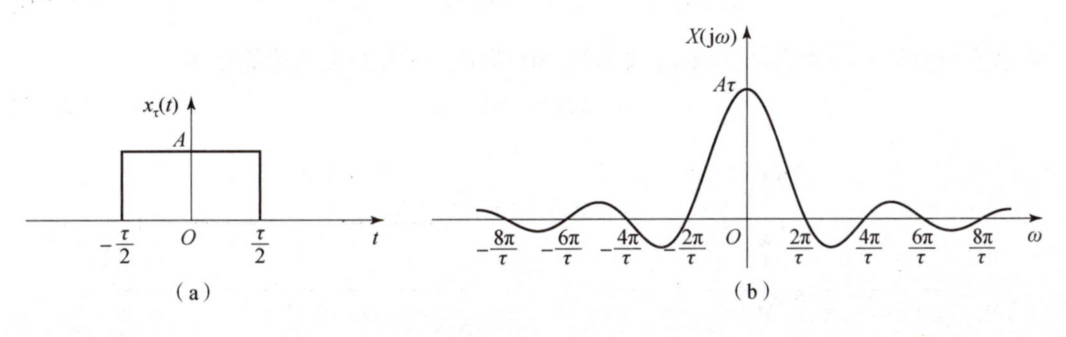

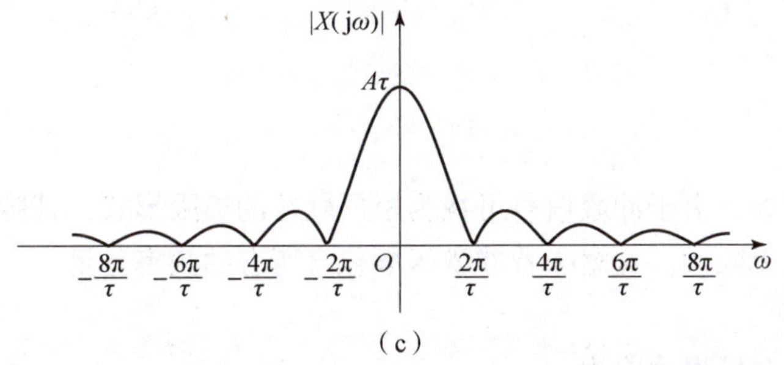

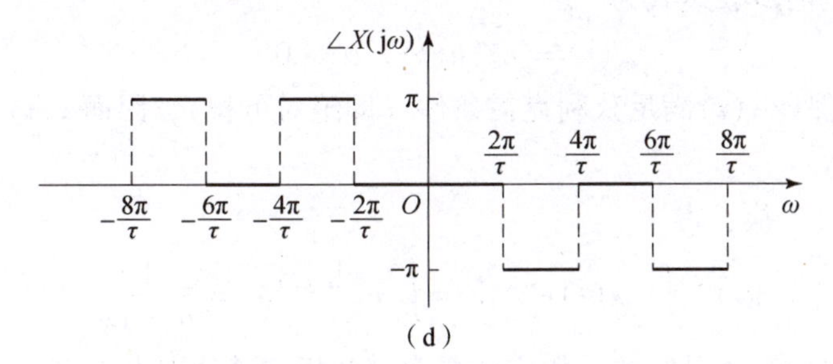

图 2.29　矩形脉冲信号及其频谱

（a）矩形脉冲信号；（b）频谱；（c）幅度谱；（d）相位谱

注意到矩形脉冲信号的带宽（或频宽）与脉宽（或时宽）成反比。当脉宽增大时，带宽减小；脉宽减小时，带宽增大。试想当时宽极小时，这时矩形脉冲变为冲激信号 $A\delta(t)$，而频宽无限宽，以至于接近一条直线。因此，冲激信号的傅里叶变换为常数。

此外，联系例 2.12 会发现，周期矩形脉冲信号的频谱恰好是矩形脉冲信号的频谱的采样结果，且两者在幅度上相差一个系数 $1/T$，即

① 信号的带宽有多种定义方式，这里仅为其中一种。

$$c_n = \frac{1}{T}X(\mathrm{j}\omega)\bigg|_{\omega=n\omega_0} = \frac{A\tau}{T}\mathrm{Sa}\left(\frac{n\omega_0\tau}{2}\right) \tag{2.190}$$

上述关系在推导傅里叶变换的过程中也曾提到过。

（2）单位冲激信号

对单位冲激信号$\delta(t)$作傅里叶变换，并利用冲激函数的筛选性质，可得

$$X(\mathrm{j}\omega) = \int_{-\infty}^{\infty}\delta(t)\mathrm{e}^{-\mathrm{j}\omega t}\mathrm{d}t = \mathrm{e}^{-\mathrm{j}\omega 0} = 1 \tag{2.191}$$

因此单位冲激信号的频谱是常数1，如图2.30所示。两者的关系可简记为

$$\delta(t)\xleftrightarrow{\mathcal{F}}1 \tag{2.192}$$

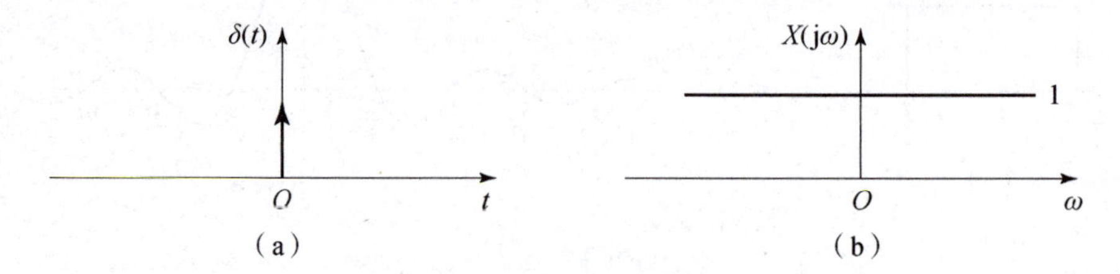

图2.30 单位冲激函数及其频谱

（a）单位冲激函数；（b）频谱

结合物理意义来看，由于冲激信号可视为矩形脉冲的极限形式，其脉宽极小，变化极快，因而其频谱带宽无限大，这意味着冲激函数包含所有的频率分量。

（3）单边指数信号

单边指数信号的时域表达式为

$$x(t) = \mathrm{e}^{-\alpha t}u(t),\ \alpha > 0 \tag{2.193}$$

式中，$\alpha>0$是为了保证$x(t)$满足狄利克雷条件（即绝对可积），因而$x(t)$是单调递减的，如图2.31（a）所示。

对$x(t)$作傅里叶变换，得

$$X(\mathrm{j}\omega) = \int_{-\infty}^{\infty}x(t)\mathrm{e}^{-\mathrm{j}\omega t}\mathrm{d}t = \int_{0}^{\infty}\mathrm{e}^{-(\alpha+\mathrm{j}\omega)t}\mathrm{d}t = \frac{1}{\alpha+\mathrm{j}\omega} \tag{2.194}$$

可见，单边指数信号的频谱是复的。相应的幅度谱和相位谱分别为

$$|X(\mathrm{j}\omega)| = \frac{1}{\sqrt{\alpha^2+\omega^2}} \tag{2.195}$$

$$\angle X(\mathrm{j}\omega) = -\arctan\left(\frac{\omega}{\alpha}\right) \tag{2.196}$$

如图2.31（b）和图2.31（c）所示。

同样，注意到，单边指数信号的幅度谱是关于ω的偶函数，而相位谱是关于ω的奇函数。

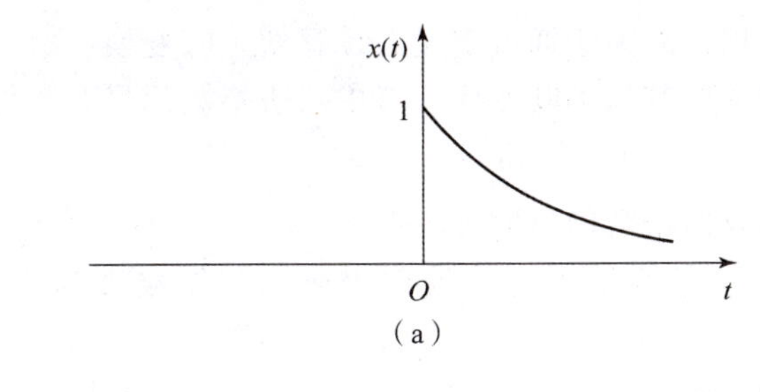

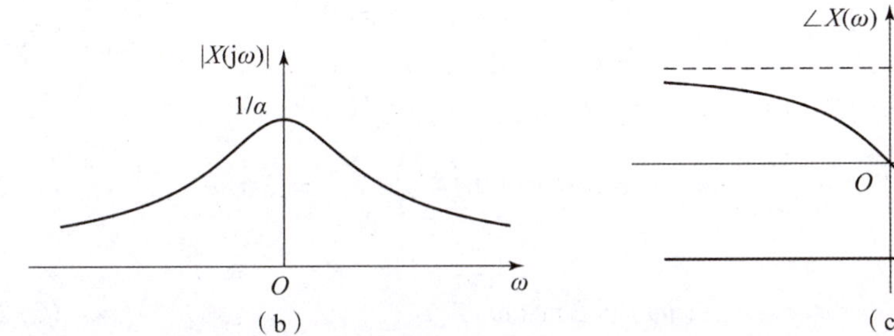

图 2.31　单边指数信号及其频谱

（a）单边指数信号；（b）幅度谱；（c）相位谱

（4）双边指数信号

双边指数信号的时域表达式为

$$x(t) = e^{-\alpha|t|}, \quad \alpha > 0 \tag{2.197}$$

式中，$\alpha>0$ 是为了保证 $x(t)$ 满足狄利克雷条件（即绝对可积）。

对 $x(t)$ 作傅里叶变换，有

$$\begin{aligned} X(j\omega) &= \int_{-\infty}^{\infty} e^{-\alpha|t|} e^{-j\omega t} dt = \int_{0}^{\infty} e^{-\alpha t} e^{-j\omega t} dt + \int_{-\infty}^{0} e^{\alpha t} e^{-j\omega t} dt \\ &= \frac{1}{\alpha + j\omega} + \frac{1}{\alpha - j\omega} = \frac{2\alpha}{\alpha^2 + \omega^2} \end{aligned} \tag{2.198}$$

可见，双边指数信号的频谱为实的偶函数，故相位谱为零，幅度谱如图 2.32（b）所示。

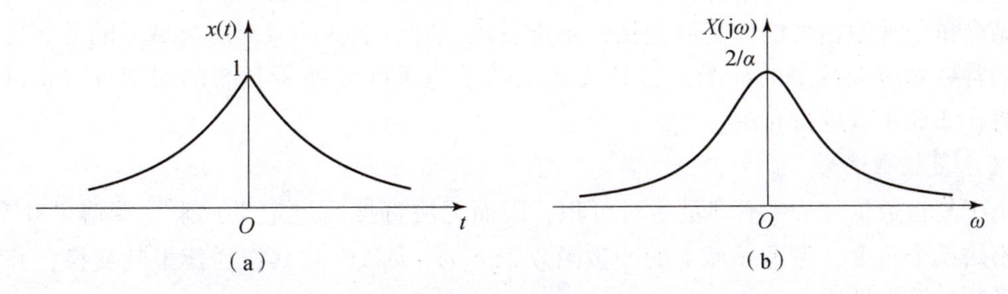

图 2.32　双边指数信号及其频谱

（a）双边指数信号；（b）频谱（幅度谱）

（5）单位直流信号

单位直流信号的时域表达式为

$$x(t)=1,\ -\infty<t<\infty \tag{2.199}$$

显然该信号不满足绝对可积，故无法通过定义式计算傅里叶变换。

下面采用极限的方式推导其傅里叶变换。考虑双边指数信号 $e^{-\alpha|t|}$, $\alpha>0$，注意到

$$\lim_{\alpha\to 0} e^{-\alpha|t|}=1 \tag{2.200}$$

因此，可将直流信号视为双边指数信号的极限形式。

相应地，对双边指数信号的傅里叶变换取极限，其结果即为直流信号的傅里叶变换，有

$$X(j\omega)=\lim_{\alpha\to 0}\frac{2\alpha}{\alpha^2+\omega^2}=\begin{cases}\infty, & \omega=0\\ 0, & \omega\neq 0\end{cases} \tag{2.201}$$

上式说明，直流信号的傅里叶变换为冲激函数，其强度为

$$\lim_{\alpha\to 0}\int_{-\infty}^{\infty}\frac{2\alpha}{\alpha^2+\omega^2}d\omega=2\lim_{\alpha\to 0}\arctan\left(\frac{\omega}{\alpha}\right)\Bigg|_{-\infty}^{\infty}=2\pi \tag{2.202}$$

因此

$$X(j\omega)=2\pi\delta(\omega) \tag{2.203}$$

或简记为

$$1\xleftrightarrow{\mathcal{F}}2\pi\delta(\omega) \tag{2.204}$$

如图 2.33 所示。

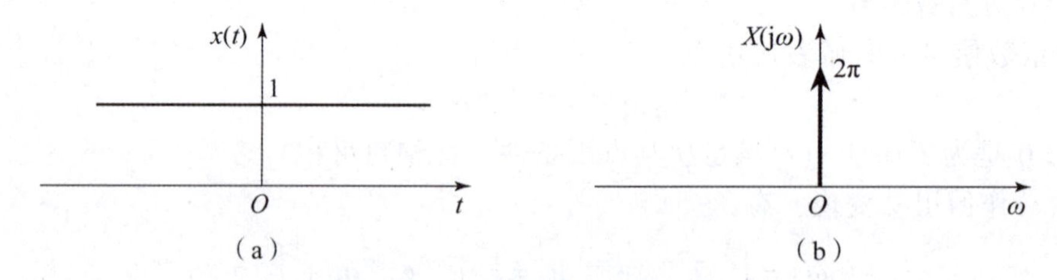

图 2.33　单位直流信号及其频谱

(a) 单位直流信号；(b) 频谱

基于上述关系，实际中可以通过信号的直流分量来判断频谱是否含有冲激项，即如果信号的直流分量为 A，则频谱比如含有冲激项 $A\delta(\omega)$；反之亦然。

结合单位冲激信号的傅里叶变换，不难发现，时域上的冲激对应频域上的常数，而时域上的常数对应频域上的冲激。这种关系反映了傅里叶变换所具有的对偶性（duality），具体将在 2.3.4 节进行介绍。

(6) 复指数信号

由于复指数信号 $e^{j\omega_0 t}$ 不满足绝对可积，因而无法直接通过定义式来计算傅里叶变换。下面不妨换个角度，考虑频域上的冲激函数 $2\pi\delta(\omega-\omega_0)$，对其作逆傅里叶变换，并利用冲激函数的筛选性质，可得

$$x(t)=\frac{1}{2\pi}\int_{-\infty}^{\infty}2\pi\delta(\omega-\omega_0)e^{j\omega t}d\omega=e^{j\omega_0 t} \tag{2.205}$$

可见，时域上的复指数信号 $e^{j\omega_0 t}$ 对应于频域上的冲激函数 $2\pi\delta(\omega-\omega_0)$，两者的关系可简记为

$$e^{j\omega_0 t} \overset{\mathcal{F}}{\longleftrightarrow} 2\pi\delta(\omega-\omega_0) \tag{2.206}$$

特别地，若令 $\omega_0=0$，则复指数信号变为单位直流信号，此时

$$1 \overset{\mathcal{F}}{\longleftrightarrow} 2\pi\delta(\omega) \tag{2.207}$$

这是在上文已经得到的结论。

此外，注意到复指数信号是周期信号，这意味着对于周期信号，同样可以采用傅里叶变换进行分析。对于单频复指数信号，其频谱即为在 $\omega=\omega_0$ 处的冲激函数，强度为 2π。而对于一般的周期信号，根据傅里叶级数，总可以将其表示为一组谐波分量的叠加，因此频谱即为一组冲激函数的叠加。关于周期信号的傅里叶变换，将在 2.3.3 节进行详细介绍。

(7) 正弦信号

注意到正弦信号不满足绝对可积，但是根据欧拉公式，有

$$\cos\omega_0 t = \frac{e^{j\omega_0 t}+e^{-j\omega_0 t}}{2} \tag{2.208}$$

$$\sin\omega_0 t = \frac{e^{j\omega_0 t}-e^{-j\omega_0 t}}{2j} \tag{2.209}$$

因此，可以利用复指数信号的傅里叶变换得到正弦信号的傅里叶变换。

对式（2.208）作傅里叶变换，为便于书写，这里采用算子表示，有

$$\begin{aligned}\mathcal{F}[\cos\omega_0 t] &= \mathcal{F}\left[\frac{e^{j\omega_0 t}+e^{-j\omega_0 t}}{2}\right] = \frac{1}{2}(\mathcal{F}[e^{j\omega_0 t}]+\mathcal{F}[e^{-j\omega_0 t}]) \\ &= \pi[\delta(\omega+\omega_0)+\delta(\omega-\omega_0)]\end{aligned} \tag{2.210}$$

上式利用了傅里叶变换的线性性质。

同理可得

$$\begin{aligned}\mathcal{F}[\sin\omega_0 t] &= \mathcal{F}\left[\frac{e^{j\omega_0 t}-e^{-j\omega_0 t}}{2j}\right] = -\frac{j}{2}(\mathcal{F}[e^{j\omega_0 t}]-\mathcal{F}[e^{-j\omega_0 t}]) \\ &= j\pi[\delta(\omega+\omega_0)-\delta(\omega-\omega_0)]\end{aligned} \tag{2.211}$$

可将上述结果简记为

$$\cos\omega_0 t \overset{\mathcal{F}}{\longleftrightarrow} \pi[\delta(\omega+\omega_0)+\delta(\omega-\omega_0)] \tag{2.212}$$

$$\sin\omega_0 t \overset{\mathcal{F}}{\longleftrightarrow} j\pi[\delta(\omega+\omega_0)-\delta(\omega-\omega_0)] \tag{2.213}$$

由此可见，正弦信号的频谱由一对位于 $\pm\omega_0$ 的冲激组成，强度为 π。其中，$\cos\omega_0 t$ 的频谱是实的，$\sin\omega_0 t$ 的频谱是纯虚的，两者的相位相差 $\pi/2$。图 2.34 给出了相应的频谱示意图。

2.3.3　周期信号的傅里叶变换

从上一节的介绍可以看出，通过引入冲激函数，诸如直流信号、复指数信号以及正弦信号之类的周期信号也可以进行傅里叶变换。本节介绍一般的周期信号的傅里叶变换。

设 $x(t)$ 是以 T 为周期的周期信号，用傅里叶级数表示为

$$x(t) = \sum_{n=-\infty}^{\infty} c_n e^{jn\omega_0 t} \tag{2.214}$$

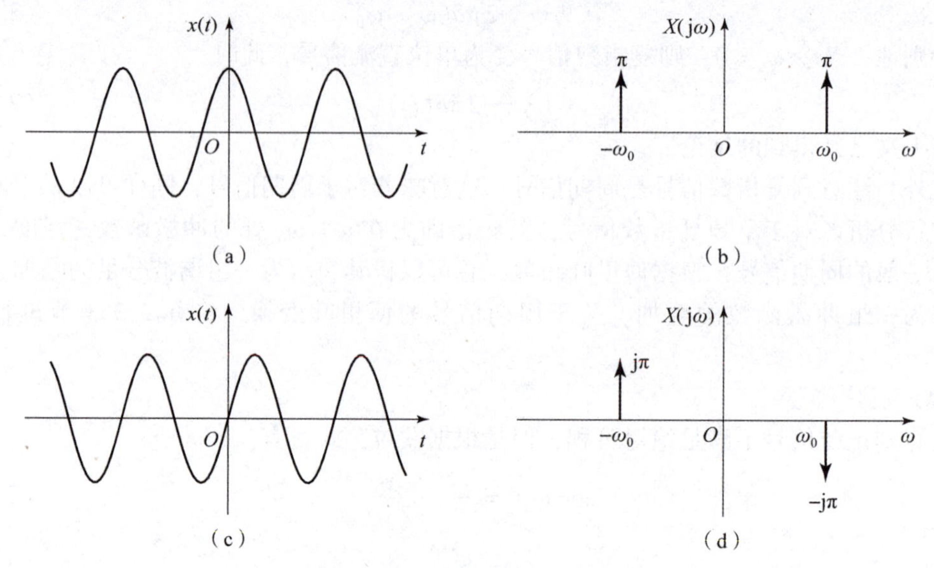

图 2.34 正弦信号及其频谱

(a) $x(t)=\cos\omega_0 t$；(b) $\cos\omega_0 t$ 的频谱；(c) $x(t)=\sin\omega_0 t$；(d) $\sin\omega_0 t$ 的频谱

式中，

$$c_n = \frac{1}{T}\int_{-\frac{T}{2}}^{\frac{T}{2}} x(t)\mathrm{e}^{-\mathrm{j}n\omega_0 t}\mathrm{d}t \tag{2.215}$$

对式（2.214）等号两边同时作傅里叶变换，并利用复指数信号的傅里叶变换，有

$$\mathrm{e}^{\mathrm{j}\omega_0 t} \xleftrightarrow{\mathcal{F}} 2\pi\delta(\omega-\omega_0) \tag{2.216}$$

可得

$$X(\mathrm{j}\omega)=\mathcal{F}[x(t)] = \mathcal{F}\left[\sum_{n=-\infty}^{\infty} c_n \mathrm{e}^{\mathrm{j}n\omega_0 t}\right] = \sum_{n=-\infty}^{\infty} c_n \mathcal{F}[\mathrm{e}^{\mathrm{j}n\omega_0 t}] = 2\pi\sum_{n=-\infty}^{\infty} c_n\delta(\omega-n\omega_0) \tag{2.217}$$

由此可见，周期信号的傅里叶变换是一系列位于谐波频率点的冲激函数，各冲激项的强度为傅里叶系数的 2π 倍。这意味着周期信号的频谱是离散的。这个结论在介绍傅里叶级数时也曾提到过。事实上，无论是用离散序列来表示还是用冲激函数来表示，两者本质上都反映出周期信号频谱的离散属性。

例 2.15 已知周期矩形脉冲 $x(t)$ 如图 2.35（a）所示，求 $x(t)$ 的傅里叶变换。

解： 根据例 2.12，周期矩形脉冲的傅里叶系数为

$$c_n = \frac{A\tau}{T}\mathrm{Sa}\left(\frac{n\pi\tau}{T}\right) = \frac{A\tau}{T}\mathrm{Sa}\left(\frac{n\omega_0\tau}{2}\right) \tag{2.218}$$

将其代入式（2.217），可得傅里叶变换为

$$X(\mathrm{j}\omega) = \frac{2\pi A\tau}{T}\sum_{n=-\infty}^{\infty}\mathrm{Sa}\left(\frac{n\omega_0\tau}{2}\right)\delta(\omega-n\omega_0) \tag{2.219}$$

图 2.35（b）给出了当 $T=4\tau$ 时的频谱示意图，而相应的离散频谱 c_n 如图 2.35（c）所示。通过图形对比可知，前者由冲激函数构成，而后者由离散序列构成，且各冲激项的

强度为傅里叶系数的 2π 倍。

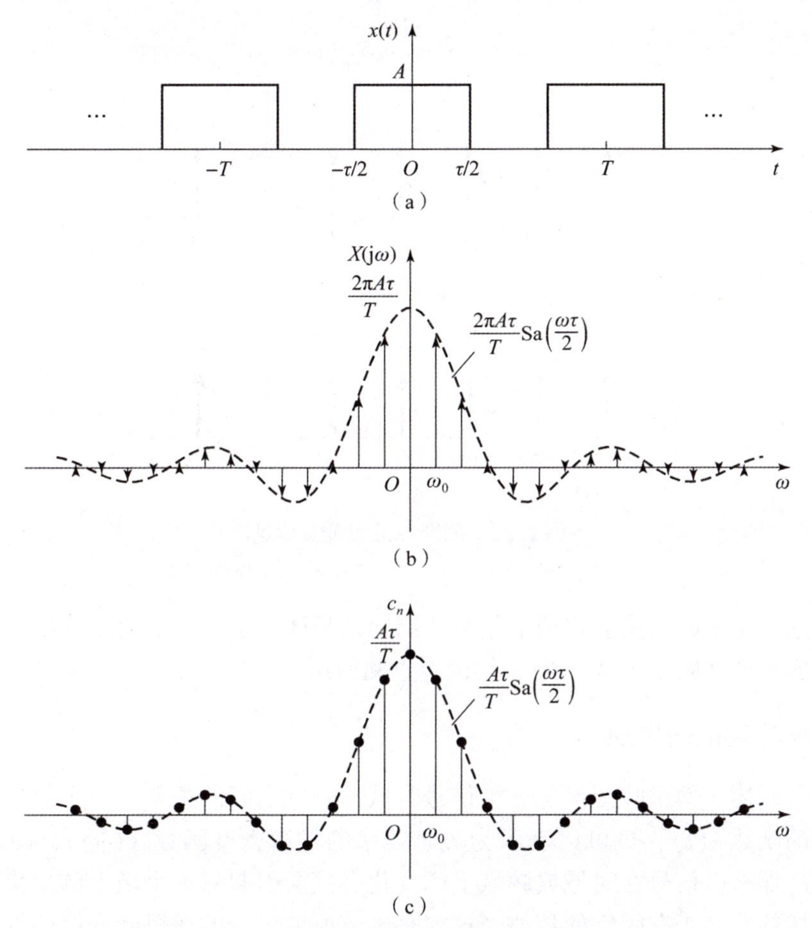

图 2.35　周期矩形脉冲信号及其频谱（$T=4\tau$）

（a）周期矩形脉冲信号；（b）频谱密度（傅里叶变换）；（c）离散频谱（傅里叶系数）

例 2.16　已知周期冲激串函数（periodic impulse train）

$$\delta_T(t) = \sum_{n=-\infty}^{\infty} \delta(t - nT) \tag{2.220}$$

求 $\delta_T(t)$ 的傅里叶变换。

解： 注意到 $\delta_T(t)$ 是以 T 为周期的周期信号，且 $\delta_T(t) = \delta(t)$，$-T/2 < t < T/2$，可求得其傅里叶系数为

$$c_n = \frac{1}{T}\int_{-\frac{T}{2}}^{\frac{T}{2}} \delta(t)\,\mathrm{e}^{-\mathrm{j}n\omega_0 t}\,\mathrm{d}t = \frac{1}{T}\mathrm{e}^{-\mathrm{j}0} = \frac{1}{T} \tag{2.221}$$

因此，$\delta_T(t)$ 的傅里叶变换为

$$\mathcal{F}[\delta_T(t)] = \frac{2\pi}{T}\sum_{n=-\infty}^{\infty} \delta(\omega - n\omega_0) \tag{2.222}$$

由此可见，时域上的周期冲激串在频域上依然是一个周期冲激串，其周期与强度同为

$\omega_0=\dfrac{2\pi}{T}$，如图 2.36 所示。上述时频关系可简记为

$$\delta_T(t)\xleftrightarrow{\mathcal{F}}\omega_0\delta_{\omega_0}(\omega) \tag{2.223}$$

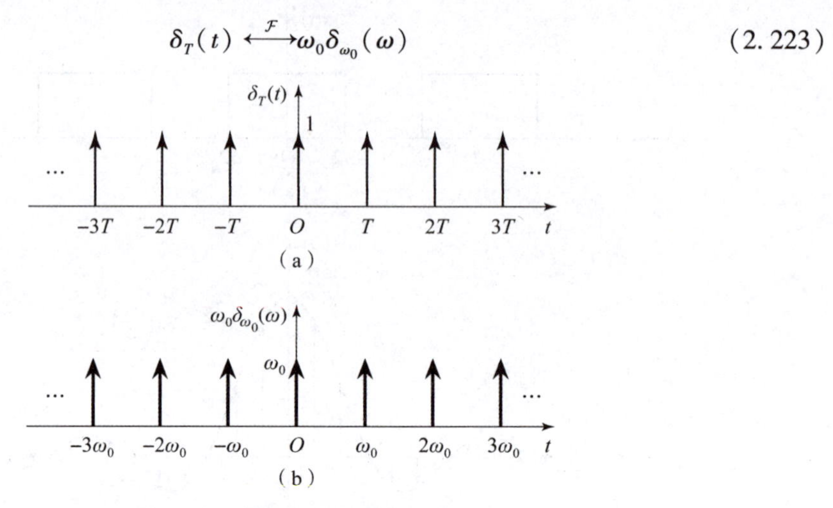

图 2.36 周期冲激串及其频谱

(a) 时域上的周期冲激串；(b) 频域上的周期冲激串

综上所述，傅里叶变换为周期信号与非周期信号建立了统一的表示框架。本书将常见的傅里叶变换对列在附录表 A.1 中，供读者查阅使用。

2.3.4 傅里叶变换的性质

根据前文所述，傅里叶变换建立了信号时域与频域之间的关系。一个信号既可以表示为关于时间的函数 $x(t)$，也可以表示为关于频率的频谱密度函数 $X(\mathrm{j}\omega)$，两者具有一一对应的关系。那么，信号在时域或频域上的变化必然会引起另一个域上的变化。具体的变化关系是怎样的？是否有固定的规律？这就是本节所要讨论的傅里叶变换的性质。为了便于描述，下文采用傅里叶变换对的记法，例如

$$x(t)\xleftrightarrow{\mathcal{F}}X(\mathrm{j}\omega) \tag{2.224}$$

性质 2.18（线性） 如果

$$x(t)\xleftrightarrow{\mathcal{F}}X(\mathrm{j}\omega),\ y(t)\xleftrightarrow{\mathcal{F}}Y(\mathrm{j}\omega) \tag{2.225}$$

则

$$\alpha x(t)+\beta y(t)\xleftrightarrow{\mathcal{F}}\alpha X(\mathrm{j}\omega)+\beta Y(\mathrm{j}\omega) \tag{2.226}$$

式中，α，β 为任意常数。

线性性质说明，两个信号的线性组合对应于各自频谱的线性组合。该性质可以利用积分的线性性质证明。

线性性质可以推广至多个信号。利用该性质，可以求得一些形式相对复杂的信号的频谱。具体来讲，可将信号分解为多个简单分量的叠加，分别求得每个分量的频谱，最后叠加起来就得到原信号的频谱。例如，在 2.3.3 节求周期信号的频谱时，就利用了线性性质。

性质 2.19（尺度变换） 如果

$$x(t)\xleftrightarrow{\mathcal{F}}X(\mathrm{j}\omega) \tag{2.227}$$

则

$$x(at) \stackrel{\mathcal{F}}{\longleftrightarrow} \frac{1}{|a|}X\left(\mathrm{j}\frac{\omega}{a}\right) \tag{2.228}$$

式中，a 为非零实数。特别地，当 $a=-1$ 时，有如下反褶性质

$$x(-t) \stackrel{\mathcal{F}}{\longleftrightarrow} X(-\mathrm{j}\omega) \tag{2.229}$$

证明：对 $x(at)$ 作傅里叶变换，得

$$\mathcal{F}[x(at)] = \int_{-\infty}^{\infty} x(at)\mathrm{e}^{-\mathrm{j}\omega t}\mathrm{d}t \xlongequal{\text{令 } at=\tau} \frac{1}{|a|}\int_{-\infty}^{\infty} x(\tau)\mathrm{e}^{-\mathrm{j}\omega\tau/a}\mathrm{d}\tau = \frac{1}{|a|}X\left(\mathrm{j}\frac{\omega}{a}\right) \tag{2.230}$$

因此式（2.228）成立。令 $a=-1$，则得到式（2.229）。

尺度变换性质说明，若信号在时域上进行 a 倍压缩（即此时 $a>1$），则频谱发生 a 倍展宽，同时幅度乘以比例系数 $1/a$。这是因为时域压缩使信号局部变化加快，因而高频成分增多，带宽增大；反之，若信号在时域上进行 $1/a$ 倍展宽（即此时 $0<a<1$），则频谱发生 $1/a$ 倍压缩，同时幅度乘以比例系数 $1/a$。这是因为时域展宽使信号局部变化减慢，因而高频成分减少，带宽减小。此外，如果 $a<0$，除尺度变换之外，还存在反褶变换。特别地，当 $a=-1$ 时，信号在时域进行反褶，相应的频谱也发生反褶。

以矩形脉冲为例，设幅度为 A，脉宽为 τ，根据 2.3.2 节的分析可知

$$x_\tau(t) = \begin{cases} A, & |t| < \tau/2 \\ 0, & |t| > \tau/2 \end{cases} \stackrel{\mathcal{F}}{\longleftrightarrow} A\tau\mathrm{Sa}\left(\frac{\omega\tau}{2}\right) \tag{2.231}$$

假设 $a>0$，根据尺度性质，可得

$$x_\tau(at) = \begin{cases} A, & |at| < \tau/2 \\ 0, & |at| > \tau/2 \end{cases} \stackrel{\mathcal{F}}{\longleftrightarrow} \frac{A\tau}{a}\mathrm{Sa}\left(\frac{\omega\tau}{2a}\right) \tag{2.232}$$

图 2.37 分别给出了当 $a=1/2$ 和 $a=2$ 时的矩形脉冲时域波形及其频谱。可见当脉宽增大时，带宽减小，频谱压缩；当脉宽减小时，带宽增大，频谱展宽。试想，当 a 充分小时，矩形脉冲接近于直流信号，而此时带宽无限小，抽样函数趋于冲激函数；反之，当 a 充分大时，矩形脉冲接近于冲激函数，而此时带宽无限大，频谱趋于一条直线。

在信号的时频分析中，为了精细刻画信号的时频特征，通常希望时宽与频宽尽可能小，但通过上述分析可知，这是不可能实现的。理论证明[9]，时宽与频宽的乘积存在一个常数下界，即

$$\Delta t\Delta\omega \geqslant C \tag{2.233}$$

上述结论称为不确定性原理（uncertainty principle）。特别地，当时域为高斯脉冲时，其频谱也为高斯函数，即

$$\frac{1}{\sqrt{2\pi}}\mathrm{e}^{-t^2/2} \stackrel{\mathcal{F}}{\longleftrightarrow} \mathrm{e}^{-\omega^2/2} \tag{2.234}$$

这时时宽与频宽的乘积可达到下界，即式（2.233）取等号。关于不确定性原理的详细介绍，读者可参阅文献 [9]。

性质 2.20（共轭）　如果

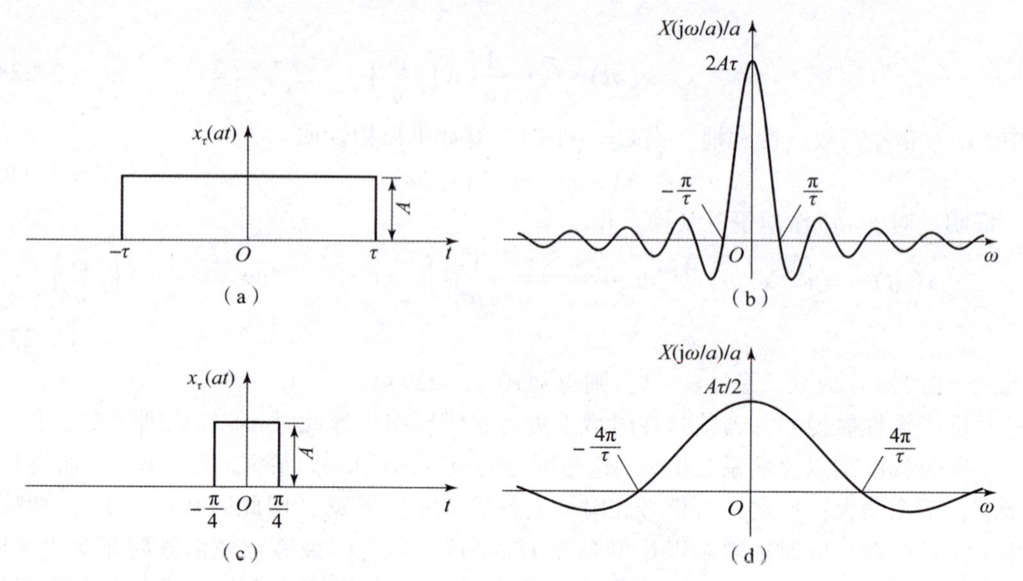

图 2.37 矩形脉冲时宽与频宽的关系

(a) 时域展宽($a=1/2$);(b) 频域压缩($a=1/2$);(c) 时域压缩($a=2$);(d) 频域展宽($a=2$)

$$x(t)\xleftrightarrow{\mathcal{F}}X(\mathrm{j}\omega) \tag{2.235}$$

则

$$x^*(t)\xleftrightarrow{\mathcal{F}}X^*(-\mathrm{j}\omega) \tag{2.236}$$

特别地，如果 $x(t)$ 是实信号，则 $X(\mathrm{j}\omega)$ 具有如下共轭对称性

$$X^*(\mathrm{j}\omega)=X(-\mathrm{j}\omega) \tag{2.237}$$

且

$$|X(\mathrm{j}\omega)|=|X(-\mathrm{j}\omega)| \tag{2.238}$$

$$\angle X(\mathrm{j}\omega)=-\angle X(-\mathrm{j}\omega) \tag{2.239}$$

$$\mathrm{Re}[X(\mathrm{j}\omega)]=\mathrm{Re}[X(-\mathrm{j}\omega)] \tag{2.240}$$

$$\mathrm{Im}[X(\mathrm{j}\omega)]=-\mathrm{Im}[X(-\mathrm{j}\omega)] \tag{2.241}$$

证明：对 $x^*(t)$ 作傅里叶变换，

$$\mathcal{F}[x^*(t)]=\int_{-\infty}^{\infty}x^*(t)\mathrm{e}^{-\mathrm{j}\omega t}\mathrm{d}t=\left[\int_{-\infty}^{\infty}x(t)\mathrm{e}^{\mathrm{j}\omega t}\mathrm{d}t\right]^*=X^*(-\mathrm{j}\omega) \tag{2.242}$$

因此式（2.236）成立。

当 $x(t)$ 为实信号时，$x(t)=x^*(t)$，根据傅里叶变换的唯一性，$X(\mathrm{j}\omega)=X^*(-\mathrm{j}\omega)$，因此式（2.237）成立。式（2.238）~式（2.241）是式（2.237）的自然推论。

共轭对称性说明，实信号的幅度谱与频谱的实部均为偶函数，相位谱与频谱的虚部均为奇函数。因此，频谱具有冗余性。通常，只需要确定一边（如 $\omega>0$）的频谱，另一边的频谱也就自然确定了。此外，如果实信号自身是偶函数或奇函数，还可以推得如下奇偶性质。

性质 2.21（奇偶性） 如果 $x(t)$ 是实偶函数，则 $X(\mathrm{j}\omega)$ 也是实偶函数；如果 $x(t)$ 是实奇函数，则 $X(\mathrm{j}\omega)$ 是纯虚的奇函数。

上述性质的证明留给读者，见习题 2.10。

性质 2.22（时移） 如果

$$x(t) \xleftrightarrow{\mathcal{F}} X(\mathrm{j}\omega) \tag{2.243}$$

则

$$x(t-t_0) \xleftrightarrow{\mathcal{F}} X(\mathrm{j}\omega)\mathrm{e}^{-\mathrm{j}\omega t_0} \tag{2.244}$$

式中，t_0 为任意实数。

证明：

$$\begin{aligned}\mathcal{F}[x(t-t_0)] &= \int_{-\infty}^{\infty} x(t-t_0)\mathrm{e}^{-\mathrm{j}\omega t}\mathrm{d}t \\ &\xlongequal{\text{令 } t-t_0=t'} \mathrm{e}^{-\mathrm{j}\omega t_0}\int_{-\infty}^{\infty} x(t')\mathrm{e}^{-\mathrm{j}\omega t'}\mathrm{d}t' = \mathrm{e}^{-\mathrm{j}\omega t_0}X(\mathrm{j}\omega)\end{aligned} \tag{2.245}$$

时移性质说明，若信号在时域延迟（或提前）t_0，则相应的幅度谱保持不变，相位谱增加一个分量 $-\omega t_0$，即

$$\mathcal{F}[x(t-t_0)] = |X(\mathrm{j}\omega)|\mathrm{e}^{\mathrm{j}(\angle X(\mathrm{j}\omega)-\omega t_0)} \tag{2.246}$$

简而言之，时域的时移对应于频域的相移。

具有形如 $\phi(\omega) = -\omega t_0$ 的相位称为线性相位（linear phase）。此时，信号中的各频率分量按频率大小分别延迟（或提前）t_0，这样就保证了信号的整体波形与原信号相同。在第 3 章系统分析中将会看到，线性相位是无失真系统的必要条件。

性质 2.23（频移） 如果

$$x(t) \xleftrightarrow{\mathcal{F}} X(\mathrm{j}\omega) \tag{2.247}$$

则

$$x(t)\mathrm{e}^{\mathrm{j}\omega_0 t} \xleftrightarrow{\mathcal{F}} X(\mathrm{j}(\omega-\omega_0)) \tag{2.248}$$

式中，ω_0 为任意实数。

证明：

$$\mathcal{F}[x(t)\mathrm{e}^{\mathrm{j}\omega_0 t}] = \int_{-\infty}^{\infty} x(t)\mathrm{e}^{\mathrm{j}\omega_0 t}\mathrm{e}^{-\mathrm{j}\omega t}\mathrm{d}t = \int_{-\infty}^{\infty} x(t)\mathrm{e}^{-\mathrm{j}(\omega-\omega_0)t}\mathrm{d}t = X(\mathrm{j}(\omega-\omega_0)) \tag{2.249}$$

频移性质说明，若信号 $x(t)$ 在时域上乘一个复指数信号 $\mathrm{e}^{\mathrm{j}\omega_0 t}$，则相应的频谱在频率轴上移动 ω_0，如图 2.38 所示。通信系统中广泛使用的调制（modulation）技术即基于频移性质而得的。稍后会对调制原理进行详细介绍。

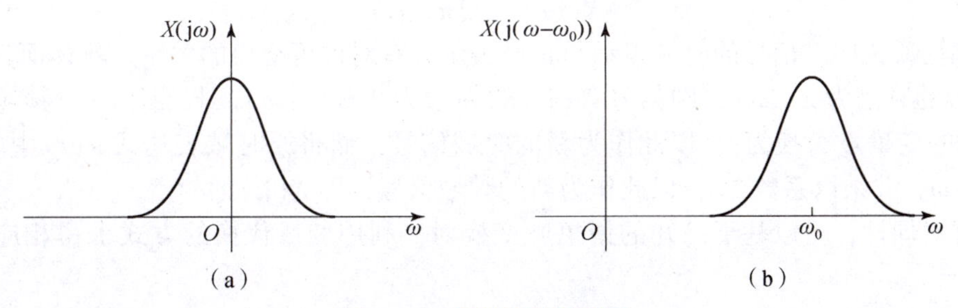

图 2.38　频移性质示意图

（a）$x(t)$ 的频谱；（b）$x(t)\mathrm{e}^{\mathrm{j}\omega_0 t}$ 的频谱

通过以上分析不难发现，时域与频域的变换关系在形式上具有对称性。例如，根据傅里叶变换对的关系，时域的冲激对应于频域的常数，而时域的常数对应于频域的冲激，即

$$\delta(t) \xleftrightarrow{\mathcal{F}} 1 \tag{2.250}$$

$$1 \xleftrightarrow{\mathcal{F}} 2\pi\delta(\omega) \tag{2.251}$$

又如，时移性质与频移性质在形式上也具有对称性，即

$$x(t-t_0) \xleftrightarrow{\mathcal{F}} X(\mathrm{j}\omega)\mathrm{e}^{-\mathrm{j}\omega t_0} \tag{2.252}$$

$$x(t)\mathrm{e}^{\mathrm{j}\omega_0 t} \xleftrightarrow{\mathcal{F}} X(\mathrm{j}(\omega-\omega_0)) \tag{2.253}$$

事实上，上述对称性反映出时频之间的耦合关系，这种关系称为对偶性（duality）。

性质 2.24（对偶） 如果

$$x(t) \xleftrightarrow{\mathcal{F}} X(\mathrm{j}\omega) \tag{2.254}$$

则

$$X(\mathrm{j}t) \xleftrightarrow{\mathcal{F}} 2\pi x(-\omega) \tag{2.255}$$

特别地，若 $x(t)$ 为实偶函数，则

$$X(t) \xleftrightarrow{\mathcal{F}} 2\pi x(\omega) \tag{2.256}$$

证明： 考虑如下积分形式

$$x(u) = \frac{1}{2\pi}\int_{-\infty}^{\infty} X(\mathrm{j}v)\mathrm{e}^{\mathrm{j}vu}\mathrm{d}v \tag{2.257}$$

不难发现，当 $u=t$，$v=\omega$ 时，式（2.257）即为逆傅里叶变换式，即

$$x(t) = \frac{1}{2\pi}\int_{-\infty}^{\infty} X(\mathrm{j}\omega)\mathrm{e}^{\mathrm{j}\omega t}\mathrm{d}\omega \tag{2.258}$$

而如果令 $u=-\omega$，$v=t$，则

$$x(-\omega) = \frac{1}{2\pi}\int_{-\infty}^{\infty} X(\mathrm{j}t)\mathrm{e}^{-\mathrm{j}\omega t}\mathrm{d}t \tag{2.259}$$

或等价表示为

$$2\pi x(-\omega) = \int_{-\infty}^{\infty} X(\mathrm{j}t)\mathrm{e}^{-\mathrm{j}\omega t}\mathrm{d}t \tag{2.260}$$

上式说明，若把 $X(\mathrm{j}t)$ 视为时域上的信号，则其傅里叶变换为 $2\pi x(-\omega)$，因此可简记为

$$X(\mathrm{j}t) \xleftrightarrow{\mathcal{F}} 2\pi x(-\omega) \tag{2.261}$$

如果 $x(t)$ 是实偶函数，则其频谱 $X(\mathrm{j}\omega)$ 也是实偶函数，此时变量中的 j 可省略，记作 $X(\omega)$。因此式（2.261）可改写为

$$X(t) \xleftrightarrow{\mathcal{F}} 2\pi x(\omega) \tag{2.262}$$

对偶性质说明，信号的时域表示与频域表示具有对称可交换的关系。具体而言，如果信号 $x(t)$ 的频谱为 $X(\mathrm{j}\omega)$，则信号 $X(\mathrm{j}t)$ 的频谱为 $2\pi x(-\omega)$。相当于将原频域表达式 $X(\mathrm{j}\omega)$ 中的变量 ω 替换为 t，以此作为新的时域信号，而将原时域表达式 $x(t)$ 中的变量 t 替换为 $-\omega$，并乘以系数 2π，以此作为新的频域信号，即 $X(\mathrm{j}t)$ 的频谱。

根据对偶性，可以基于已知的傅里叶变换对，利用变量代换的方式求得相应的对偶形式。

例 2.17 已知某信号 $x(t)$ 的傅里叶变换为

$$X(\mathrm{j}\omega) = \begin{cases} 1, & |\omega| < W \\ 0, & |\omega| > W \end{cases} \tag{2.263}$$

求 $x(t)$。

解： 注意到 $X(\mathrm{j}\omega)$ 是频域上的矩形函数，根据傅里叶变换的对偶性，不难推测 $x(t)$ 具有抽样函数的形式。

不妨先将矩形脉冲信号及其傅里叶变换的关系写出

$$x(t)=\begin{cases}1, & |t|<W \\ 0, & |t|>W\end{cases} \xleftrightarrow{\mathcal{F}} 2W\mathrm{Sa}(W\omega) \tag{2.264}$$

注意到时域、频域表达式都是实的偶函数。利用对偶性，将式（2.264）中的 t 替换为 ω，ω 替换为 t，并将新得到的 $x(\omega)$ 乘以 2π，最后交换时频表达式的位置，可得

$$2W\mathrm{Sa}(Wt) \xleftrightarrow{\mathcal{F}} 2\pi x(\omega)=\begin{cases}2\pi, & |\omega|<W \\ 0, & |\omega|>W\end{cases} \tag{2.265}$$

将上式改写为

$$x(t)=\frac{W}{\pi}\mathrm{Sa}(Wt) \xleftrightarrow{\mathcal{F}} X(\mathrm{j}\omega)=\begin{cases}1, & |\omega|<W \\ 0, & |\omega|>W\end{cases} \tag{2.266}$$

由此可见，频域上的矩形函数对应于时域上的抽样函数。

可以采用定义式计算验证上述关系，有

$$x(t)=\frac{1}{2\pi}\int_{-\infty}^{\infty}X(\mathrm{j}\omega)\mathrm{e}^{\mathrm{j}\omega t}\mathrm{d}\omega=\frac{1}{2\pi}\int_{-W}^{W}\mathrm{e}^{\mathrm{j}\omega t}\mathrm{d}\omega=\frac{\sin Wt}{\pi t}=\frac{W}{\pi}\mathrm{Sa}(Wt) \tag{2.267}$$

可见结果是正确的。

图 2.39 给出了矩形函数与抽样函数在时频域上的对应关系。

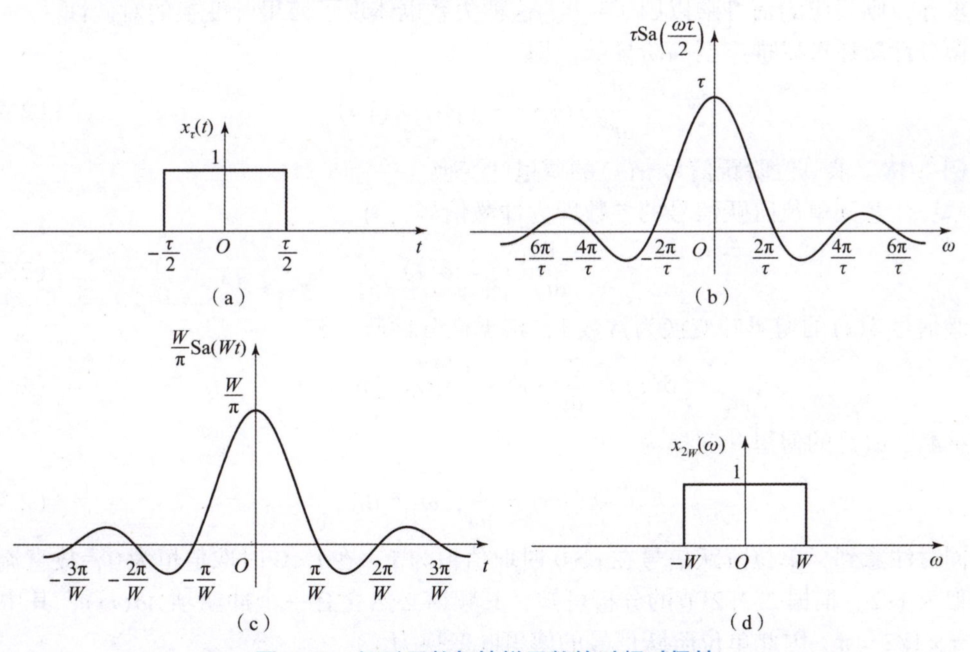

图 2.39　矩形函数与抽样函数的时频对偶性

（a）时域矩形函数；（b）频域抽样函数；（c）时域抽样函数；（d）频域矩形函数

性质 2.25（微分） 如果

$$x(t) \xleftrightarrow{\mathcal{F}} X(\mathrm{j}\omega) \tag{2.268}$$

则

$$\frac{\mathrm{d}}{\mathrm{d}t}x(t) \overset{\mathcal{F}}{\longleftrightarrow} \mathrm{j}\omega X(\mathrm{j}\omega) \quad \text{（时域微分）} \tag{2.269}$$

$$-\mathrm{j}tx(t) \overset{\mathcal{F}}{\longleftrightarrow} \frac{\mathrm{d}}{\mathrm{d}\omega}X(\mathrm{j}\omega) \quad \text{（频域微分）} \tag{2.270}$$

证明：根据逆傅里叶变换表达式，有

$$x(t) = \frac{1}{2\pi}\int_{-\infty}^{\infty} X(\mathrm{j}\omega)\mathrm{e}^{\mathrm{j}\omega t}\mathrm{d}\omega \tag{2.271}$$

对 $x(t)$ 求导，得

$$\begin{aligned}\frac{\mathrm{d}}{\mathrm{d}t}x(t) &= \frac{1}{2\pi}\frac{\mathrm{d}}{\mathrm{d}t}\left[\int_{-\infty}^{\infty} X(\mathrm{j}\omega)\mathrm{e}^{\mathrm{j}\omega t}\mathrm{d}\omega\right]\\ &= \frac{1}{2\pi}\int_{-\infty}^{\infty}\frac{\mathrm{d}}{\mathrm{d}t}[X(\mathrm{j}\omega)\mathrm{e}^{\mathrm{j}\omega t}]\mathrm{d}\omega\\ &= \frac{1}{2\pi}\int_{-\infty}^{\infty}[\mathrm{j}\omega X(\mathrm{j}\omega)]\mathrm{e}^{\mathrm{j}\omega t}\mathrm{d}\omega\end{aligned} \tag{2.272}$$

因此

$$\frac{\mathrm{d}}{\mathrm{d}t}x(t) \overset{\mathcal{F}}{\longleftrightarrow} \mathrm{j}\omega X(\mathrm{j}\omega) \tag{2.273}$$

频域微分性质可以参照上述方式证明，见习题 2.12。

微分性质说明，若对信号进行时域求导，则相应的频谱乘以因子 $\mathrm{j}\omega$；而若对信号的频谱求导，则相应的信号乘以因子 $-\mathrm{j}t$。这种关系也体现了傅里叶变换的对偶性。

微分性质还可以推广至高阶导数，即

$$\frac{\mathrm{d}^n}{\mathrm{d}t^n}x(t) \overset{\mathcal{F}}{\longleftrightarrow} (\mathrm{j}\omega)^n X(\mathrm{j}\omega) \tag{2.274}$$

例 2.18 求单位阶跃信号 $u(t)$ 的傅里叶变换。

解：注意到单位阶跃信号的导数即为冲激信号，有

$$\frac{\mathrm{d}}{\mathrm{d}t}u(t) = \delta(t) \tag{2.275}$$

而冲激信号 $\delta(t)$ 的傅里叶变换为常数 1，根据微分性质，有

$$\delta(t) = \frac{\mathrm{d}}{\mathrm{d}t}u(t) \overset{\mathcal{F}}{\longleftrightarrow} \mathrm{j}\omega X(\mathrm{j}\omega) = 1 \tag{2.276}$$

不难推断，$u(t)$ 的傅里叶变换为

$$X(\mathrm{j}\omega) = \frac{1}{\mathrm{j}\omega},\ \omega \neq 0 \tag{2.277}$$

同时注意到，单位阶跃信号在 $t>0$ 时取值恒为 1，在 $t<0$ 时取值恒为 0，故直流分量可近似为 1/2。根据 2.3.2 节的分析可知，其频谱必然含有一个冲激项 $A\delta(\omega)$，其中强度 $A=2\pi\times1/2=\pi$。因此单位阶跃信号的傅里叶变换为

$$X(\mathrm{j}\omega) = \frac{1}{\mathrm{j}\omega} + \pi\delta(\omega) \tag{2.278}$$

容易验证

$$\mathrm{j}\omega X(\mathrm{j}\omega) = \mathrm{j}\omega\left[\frac{1}{\mathrm{j}\omega} + \pi\delta(\omega)\right] = 1 \tag{2.279}$$

因此微分性质依然成立。

图 2.40 给出了单位阶跃信号的幅度谱与相位谱。

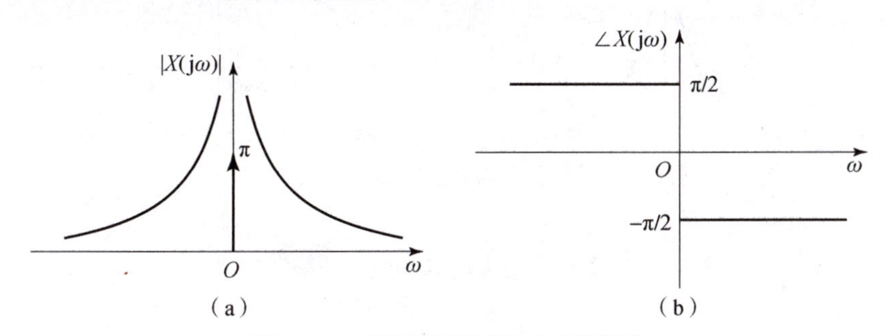

图 2.40　单位阶跃信号 $u(t)$ 的频谱

(a) 幅度谱；(b) 相位谱

例 2.19　已知符号函数

$$\operatorname{sgn}(t)=\begin{cases}1, & t>0\\ -1, & t<0\end{cases}\tag{2.280}$$

求其傅里叶变换。

解： 注意到符号函数为单位阶跃信号与其时域反褶的差，即

$$\operatorname{sgn}(t)=u(t)-u(-t)\tag{2.281}$$

而

$$u(t)\xleftrightarrow{\mathcal{F}}\frac{1}{\mathrm{j}\omega}+\pi\delta(\omega)\tag{2.282}$$

$$u(-t)\xleftrightarrow{\mathcal{F}}-\frac{1}{\mathrm{j}\omega}+\pi\delta(\omega)\tag{2.283}$$

利用傅里叶变换的线性性质，符号函数的频谱为

$$X(\mathrm{j}\omega)=\mathcal{F}[u(t)]-\mathcal{F}[u(-t)]=\left[\frac{1}{\mathrm{j}\omega}+\pi\delta(\omega)\right]-\left[-\frac{1}{\mathrm{j}\omega}+\pi\delta(\omega)\right]=\frac{2}{\mathrm{j}\omega}\tag{2.284}$$

或简记为

$$\operatorname{sgn}(t)\xleftrightarrow{\mathcal{F}}\frac{2}{\mathrm{j}\omega}\tag{2.285}$$

符号函数的频谱也可通过微分性质推导。注意到

$$\frac{\mathrm{d}}{\mathrm{d}t}\operatorname{sgn}(t)=2\delta(t)\tag{2.286}$$

相应地，频域关系为

$$\mathrm{j}\omega X(\mathrm{j}\omega)=2\tag{2.287}$$

因此

$$X(\mathrm{j}\omega)=\frac{2}{\mathrm{j}\omega}\tag{2.288}$$

注意，与单位阶跃信号不同，由于符号函数的直流分量为 0，故其频谱中没有冲激项。

图 2.41 给出了符号函数的幅度谱与相位谱。

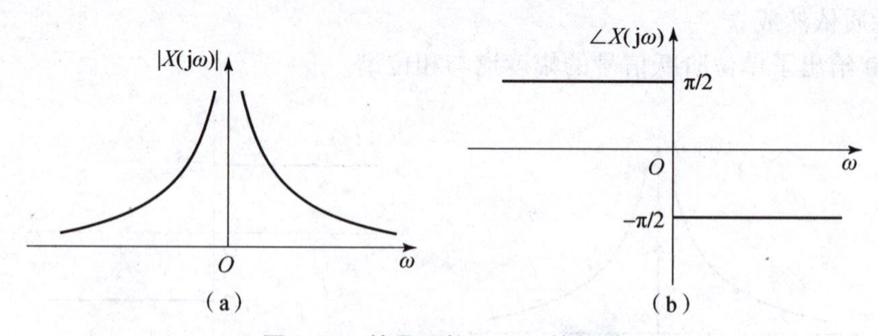

图 2.41 符号函数 sgn(t) 的频谱

(a) 幅度谱；(b) 相位谱

性质 2.26（积分） 如果

$$x(t) \overset{\mathcal{F}}{\longleftrightarrow} X(\mathrm{j}\omega) \tag{2.289}$$

则

$$\int_{-\infty}^{t} x(\tau)\mathrm{d}\tau \overset{\mathcal{F}}{\longleftrightarrow} \frac{1}{\mathrm{j}\omega}X(\mathrm{j}\omega) + \pi X(0)\delta(\omega) \quad (\text{时域积分}) \tag{2.290}$$

$$-\frac{1}{\mathrm{j}t}x(t) + \pi x(0)\delta(t) \overset{\mathcal{F}}{\longleftrightarrow} \int_{-\infty}^{\omega} X(\mathrm{j}u)\mathrm{d}u \quad (\text{频域积分}) \tag{2.291}$$

证明：对 $\int_{-\infty}^{t} x(\tau)\mathrm{d}\tau$ 作傅里叶变换，有

$$\begin{aligned}\mathcal{F}\left[\int_{-\infty}^{t} x(\tau)\mathrm{d}\tau\right] &= \int_{-\infty}^{\infty}\left[\int_{-\infty}^{t} x(\tau)\mathrm{d}\tau\right]\mathrm{e}^{-\mathrm{j}\omega t}\mathrm{d}t \\ &= \int_{-\infty}^{\infty}\left[\int_{-\infty}^{\infty} x(\tau)u(t-\tau)\mathrm{d}\tau\right]\mathrm{e}^{-\mathrm{j}\omega t}\mathrm{d}t \\ &= \int_{-\infty}^{\infty} x(\tau)\left[\int_{-\infty}^{\infty} u(t-\tau)\mathrm{e}^{-\mathrm{j}\omega t}\mathrm{d}t\right]\mathrm{d}\tau\end{aligned} \tag{2.292}$$

式中，方括号内的积分式为 $u(t-\tau)$ 的傅里叶变换。

根据单位阶跃信号的傅里叶变换，有

$$u(t) \overset{\mathcal{F}}{\longleftrightarrow} \pi\delta(\omega) + \frac{1}{\mathrm{j}\omega} \tag{2.293}$$

以及时移性质，有

$$\begin{aligned}\mathcal{F}\left[\int_{-\infty}^{t} x(\tau)\mathrm{d}\tau\right] &= \int_{-\infty}^{\infty} x(\tau)\left[\pi\delta(\omega) + \frac{1}{\mathrm{j}\omega}\right]\mathrm{e}^{-\mathrm{j}\omega\tau}\mathrm{d}\tau \\ &= \left[\pi\delta(\omega) + \frac{1}{\mathrm{j}\omega}\right]\int_{-\infty}^{\infty} x(\tau)\mathrm{e}^{-\mathrm{j}\omega\tau}\mathrm{d}\tau = \pi X(0)\delta(\omega) + \frac{1}{\mathrm{j}\omega}X(\mathrm{j}\omega)\end{aligned} \tag{2.294}$$

频域积分性质可以参照上述方式证明，见习题 2.12。

积分性质说明，对信号进行时域积分相当于频谱除以因子 jω，同时加上一个冲激项 $\pi X(0)\delta(\omega)$。特别地，如果信号的直流分量为零，即 $X(0)=0$，则上述关系可化简为

$$\int_{-\infty}^{t} x(\tau)\mathrm{d}\tau \overset{\mathcal{F}}{\longleftrightarrow} \frac{1}{\mathrm{j}\omega}X(\mathrm{j}\omega) \tag{2.295}$$

联系时域微分性质，不难发现，微分与积分所对应的频域运算具有相反的关系，这种关系本质上反映了微分与积分的互逆性。例如，若对式（2.295）中左侧时域信号求导，则右侧频谱将乘以 jω，有

$$\frac{\mathrm{d}}{\mathrm{d}t}\int_{-\infty}^{t}x(\tau)\mathrm{d}\tau \stackrel{\mathcal{F}}{\longleftrightarrow} \mathrm{j}\omega\cdot\frac{1}{\mathrm{j}\omega}X(\mathrm{j}\omega) \tag{2.296}$$

上式化简即为

$$x(t)\stackrel{\mathcal{F}}{\longleftrightarrow}X(\mathrm{j}\omega) \tag{2.297}$$

例 2.20　已知梯形脉冲信号 $x(t)$ 如图 2.42（a）所示，求 $x(t)$ 的傅里叶变换。

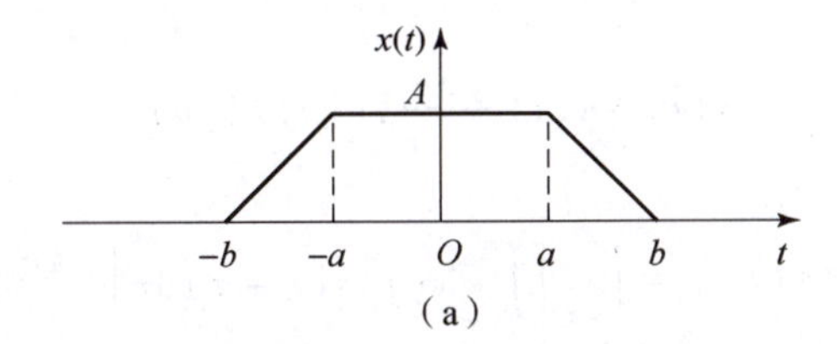

（a）

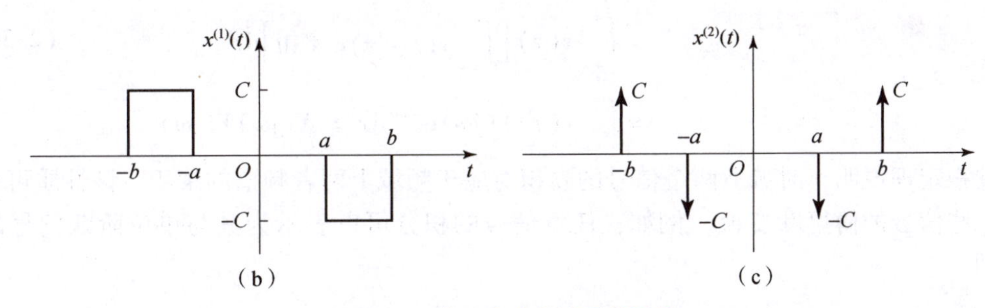

（b）　　（c）

图 2.42　梯形脉冲信号及其导数

（a）梯形脉冲信号；（b）梯形脉冲的一阶导数；（c）梯形脉冲的二阶导数

解：注意到梯形脉冲的导数为两个矩形脉冲的叠加，如图 2.42（b）所示，因此可以先计算该矩形脉冲的傅里叶变换，再利用积分性质求得梯形脉冲的傅里叶变换。进一步观察发现，若对矩形脉冲再次求导，则转化为一组冲激函数，如图 2.42（c）所示。相当于对梯形脉冲求二阶导，即

$$\frac{\mathrm{d}^2}{\mathrm{d}t^2}x(t)=C[\delta(t+b)+\delta(t-b)-\delta(t+a)-\delta(t-a)] \tag{2.298}$$

式中，$C=A/(b-a)$。

因此可得

$$X_2(\mathrm{j}\omega)=\mathcal{F}\left[\frac{\mathrm{d}^2}{\mathrm{d}t^2}x(t)\right]=C(\mathrm{e}^{\mathrm{j}b\omega}+\mathrm{e}^{-\mathrm{j}b\omega}-\mathrm{e}^{\mathrm{j}a\omega}-\mathrm{e}^{-\mathrm{j}a\omega})=2C(\cos b\omega-\cos a\omega) \tag{2.299}$$

利用积分性质，有

$$X_1(\mathrm{j}\omega)=\mathcal{F}\left[\frac{\mathrm{d}}{\mathrm{d}t}x(t)\right]=\frac{1}{\mathrm{j}\omega}X_2(\mathrm{j}\omega)+\pi X_2(0)\delta(\omega)=\frac{2C(\cos b\omega-\cos a\omega)}{\mathrm{j}\omega} \tag{2.300}$$

再次利用积分性质，有

$$X(j\omega)=\mathcal{F}[x(t)]=\frac{1}{j\omega}X_1(j\omega)+\pi X_1(0)\delta(\omega)=\frac{2C(\cos a\omega-\cos b\omega)}{\omega^2} \quad (2.301)$$

例2.20中的计算方法可以推广至一般的分段线性函数。由于分段线性函数的二阶导为一系列冲激，形式比较简单，故可以先求得二阶导数的频谱，再利用积分性质求得原信号的频谱。此外，由于任意信号可以用分段线性函数逼近，因此上述方法提供了一种求解任意信号频谱的近似方法。

性质2.27（卷积定理） 如果

$$x(t)\xleftrightarrow{\mathcal{F}}X(j\omega),\ y(t)\xleftrightarrow{\mathcal{F}}Y(j\omega) \quad (2.302)$$

则

$$x(t)*y(t)\xleftrightarrow{\mathcal{F}}X(j\omega)Y(j\omega) \quad (2.303)$$

证明：

$$\begin{aligned}\mathcal{F}[x(t)*y(t)]&=\int_{-\infty}^{\infty}\left[\int_{-\infty}^{\infty}x(\tau)y(t-\tau)d\tau\right]e^{-j\omega t}dt\\&=\int_{-\infty}^{\infty}x(\tau)\left[\int_{-\infty}^{\infty}y(t-\tau)e^{-j\omega t}dt\right]d\tau\\&=\int_{-\infty}^{\infty}x(\tau)Y(j\omega)e^{-j\omega\tau}d\tau=X(j\omega)Y(j\omega)\end{aligned} \quad (2.304)$$

卷积定理说明，时域上两个信号的卷积对应于频域上两者频谱的乘积。该性质可用于计算一些信号的傅里叶变换。例如，任意信号的积分可以表示为其与单位阶跃信号的卷积，即

$$y(t)=\int_{-\infty}^{t}x(\tau)d\tau=x(t)*u(t) \quad (2.305)$$

而单位阶跃信号的傅里叶变换为

$$u(t)\xleftrightarrow{\mathcal{F}}\pi\delta(\omega)+\frac{1}{j\omega} \quad (2.306)$$

因此，$y(t)$的频谱即为$x(t)$的频谱与阶跃信号的频谱的乘积，有

$$Y(j\omega)=X(j\omega)\left[\pi\delta(\omega)+\frac{1}{j\omega}\right]=\pi X(0)\delta(\omega)+\frac{1}{j\omega}X(j\omega) \quad (2.307)$$

这就是上文所介绍的时域积分性质。

例2.21 已知三角脉冲信号$x(t)$如图2.43（a）所示，求$x(t)$的傅里叶变换。

解： 根据图2.43（a），三角脉冲信号的时域表达式为

$$x(t)=\begin{cases}1-|t|/\tau, & |t|\leqslant\tau\\0, & |t|>\tau\end{cases} \quad (2.308)$$

注意到三角脉冲可以由两个矩形脉冲的卷积得到，即

$$x(t)=\frac{1}{\tau}[y_\tau(t)*y_\tau(t)] \quad (2.309)$$

式中

$$y_\tau(t)=\begin{cases}1, & |t|<\tau/2\\0, & |t|>\tau/2\end{cases} \quad (2.310)$$

而矩形脉冲的傅里叶变换为

$$Y(\mathrm{j}\omega) = \tau \mathrm{Sa}\left(\frac{\omega\tau}{2}\right) \tag{2.311}$$

根据卷积定理，三角脉冲的傅里叶变换应为两个矩形脉冲的傅里叶变换的乘积，即

$$X(\mathrm{j}\omega) = \frac{1}{\tau}Y(\mathrm{j}\omega)Y(\mathrm{j}\omega) = \tau \mathrm{Sa}^2\left(\frac{\omega\tau}{2}\right) \tag{2.312}$$

由此可见，三角脉冲的频谱是非负的偶函数，相位谱为 0，幅度谱如图 2.43（b）所示。

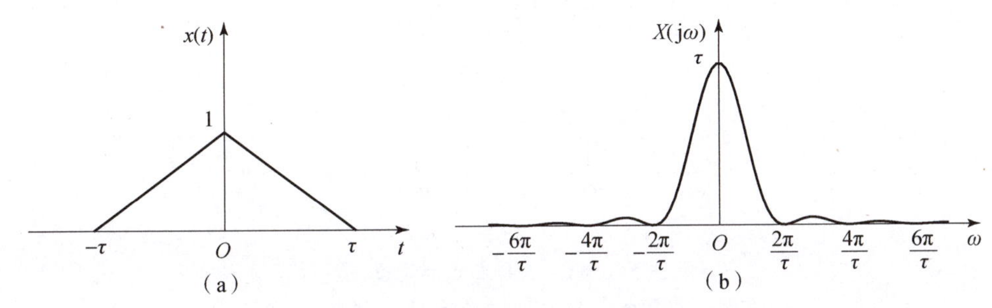

图 2.43　三角脉冲信号及其频谱

（a）三角脉冲信号；（b）频谱

根据卷积定理，如果要计算两个信号的卷积，可以先对两个信号作傅里叶变换，然后将两者相乘，再作逆傅里叶变换，这样就得到了卷积结果。由于乘积运算要比卷积运算容易得多，因此利用该性质可以简化计算。特别是随着计算机的普及以及快速傅里叶变换（fast Fourier transform，FFT）算法的提出，采用这种方式能够有效降低计算量，广泛应用于数字信号处理中。关于傅里叶变换的离散算法，将在第 7 章详细介绍。

卷积定理也是系统分析的重要依据。在第 3 章将会看到，线性时不变系统的零状态响应 $y(t)$ 即为激励信号 $x(t)$ 与系统**冲激响应**[①]（impluse response）$h(t)$ 的卷积

$$y(t) = x(t) * h(t) \tag{2.313}$$

根据卷积定理，三者在频域上的关系为

$$Y(\mathrm{j}\omega) = X(\mathrm{j}\omega)H(\mathrm{j}\omega) \tag{2.314}$$

式中，$X(\mathrm{j}\omega)$，$Y(\mathrm{j}\omega)$ 分别为 $x(t)$，$y(t)$ 的频谱；$H(\mathrm{j}\omega)$ 为 $h(t)$ 的傅里叶变换，称为系统的**频率响应**（frequency response）。由此可见，若要计算系统的零状态响应，可以采用频域相乘的方式，这就是系统频域分析法的基本原理。

此外，式（2.314）为滤波提供了指导依据，即通过系统的频率响应 $H(\mathrm{j}\omega)$ 对信号的频谱进行修改，以获得所希望的频谱。举例来讲，考虑含有噪声的信号，一般而言，噪声主要表现为高频成分，因此可以选择频域上的矩形函数作为低通滤波器，将其作用于信号的频谱，这样就可将高频成分滤除，这就是去噪（denoising）的基本原理，如图 2.44 所示。关于滤波器的类型及特性，将在第 3 章详细阐述。

---

① 冲激响应是指单位冲激函数 $\delta(t)$ 激励下系统的零状态响应，具体定义见第 3 章。

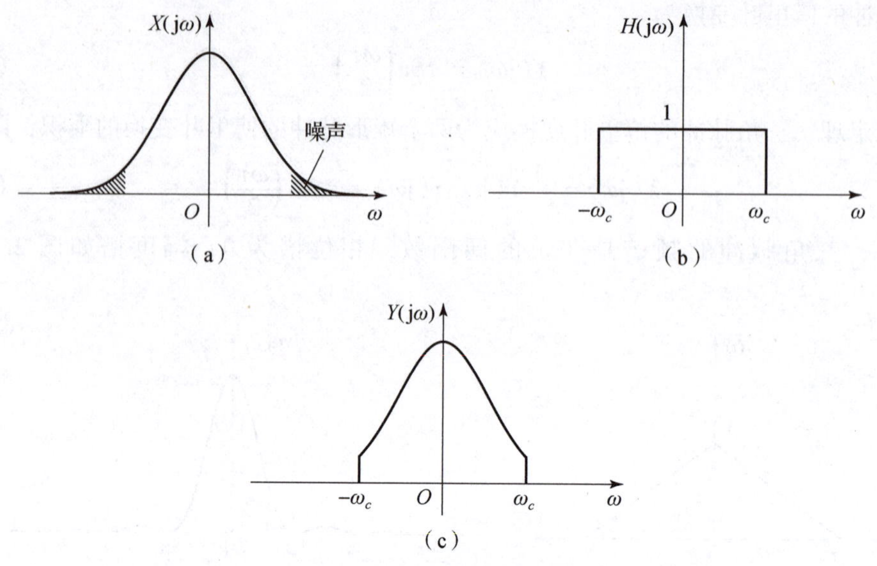

图 2.44 去噪原理示意图

(a) 含噪信号的频谱；(b) 低通滤波器；(c) 去噪后的信号频谱

综上所述，卷积定理将时域卷积关系与频域相乘关系联系起来，为信号处理和系统分析提供了一种新的途径，是傅里叶变换最重要的性质之一。

根据卷积定理及傅里叶变换的对偶性，不难推测，频域上的卷积对应时域上的乘积，由此得到乘积定理。

性质 2.28（乘积定理） 如果

$$x(t) \overset{\mathcal{F}}{\longleftrightarrow} X(\mathrm{j}\omega),\ y(t) \overset{\mathcal{F}}{\longleftrightarrow} Y(\mathrm{j}\omega) \tag{2.315}$$

则

$$x(t)y(t) \overset{\mathcal{F}}{\longleftrightarrow} \frac{1}{2\pi}X(\mathrm{j}\omega) * Y(\mathrm{j}\omega) \tag{2.316}$$

具体证明留给读者，见习题 2.13。

在通信系统中，通常将含有信息的信号与高频正弦波相乘，以便于信号的发送和传输，这个过程称为**幅度调制**（amplitude modulation，AM），其数学模型可以表示为

$$y(t) = x(t)\cos(\omega_c t) \tag{2.317}$$

式中，$x(t)$称为调制信号（modulating signal）或消息信号（message signal），其包含了所要传输的信息；$\cos(\omega_c t)$称为载波（carrier wave）；$y(t)$称为已调信号（modulated signal）。幅度调制的结构如图 2.45（a）所示。

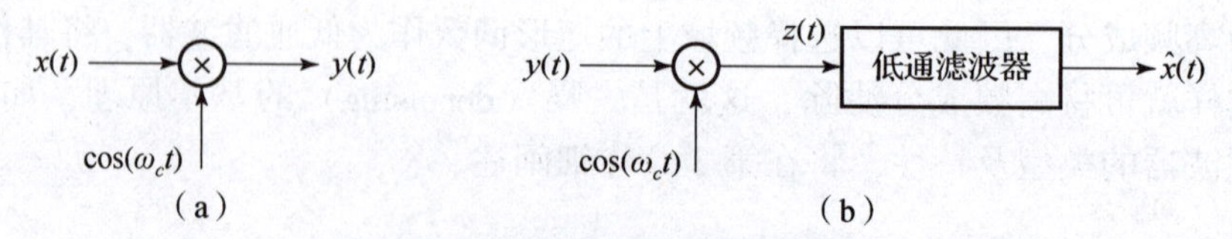

图 2.45 幅度调制过程结构图

(a) 调制；(b) 解调

设信号 $x(t)$ 为低通带限信号①，其与载波 $\cos(\omega_c t)$ 的频谱分别如图 2.46（a）和图 2.46（b）所示，并假设载波频率 ω_c 远大于信号的带宽。根据傅里叶变换的乘积定理，已调信号 $y(t)$ 的频谱为

$$Y(\mathrm{j}\omega)=\frac{1}{2\pi}X(\mathrm{j}\omega)*\pi[\delta(\omega+\omega_c)+\delta(\omega-\omega_c)]=\frac{1}{2}[X(\mathrm{j}(\omega+\omega_c))+X(\mathrm{j}(\omega-\omega_c))] \tag{2.318}$$

由此可见，经过幅度调制之后，基带信号的频谱被搬移到中心频率位于 $\pm\omega_c$ 的位置上，并且在幅度上减半，如图 2.46（c）所示。注意，已调信号的频谱依然保留了基带信号的频谱结构，这意味着信息并没有丢失。

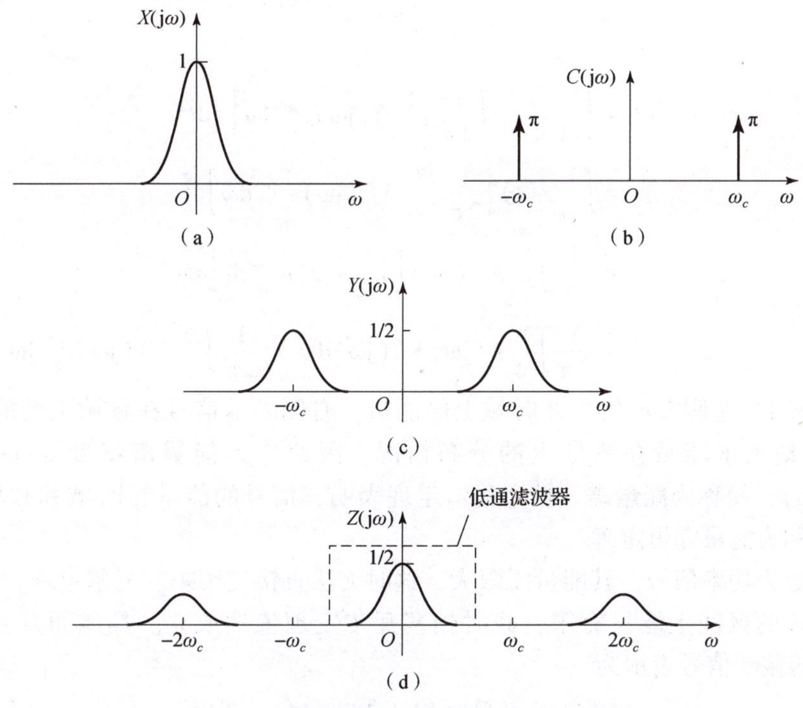

图 2.46　幅度调制过程的频谱变化示意图

（a）基带信号的频谱；（b）载波的频谱；（c）已调信号的频谱；（d）解调信号的频谱

在接收端，为了从 $Y(\mathrm{j}\omega)$ 恢复出基带信号的频谱 $X(\mathrm{j}\omega)$，可以对接收信号 $y(t)$ 乘以 $\cos(\omega_c t)$，这时频谱再次发生搬移，即

$$\begin{aligned}Z(\mathrm{j}\omega)&=\frac{1}{2\pi}Y(\mathrm{j}\omega)*\pi[\delta(\omega+\omega_c)+\delta(\omega-\omega_c)]\\&=\frac{1}{2}[Y(\mathrm{j}(\omega+\omega_c))+Y(\mathrm{j}(\omega-\omega_c))]\\&=\frac{1}{4}[X(\mathrm{j}(\omega+2\omega_c))+X(\mathrm{j}(\omega-2\omega_c))]+\frac{1}{2}X(\mathrm{j}\omega)\end{aligned} \tag{2.319}$$

① 低通带限信号是指频谱的中心频率位于零频，且信号带宽有限。这类信号也称为基带信号（baseband signal）。

此时，频谱分布于 $\omega=0$ 及 $\omega=\pm 2\omega_c$ 附近，如图 2.46（d）所示。注意到在 $\omega=0$ 附近的频谱恰好为基带信号的频谱形式，只不过幅度减小 1/2。因此，可以选择一个低通滤波器（如图 2.46 中虚线所示）将这部分频谱提取出来，这样就可以恢复基带信号的频谱。上述过程称为**解调**（demodulation），结构如图 2.45（b）所示。由于调制与解调过程使用的载波严格同步，上述解调方式也称为相干解调（coherent demodulation）。

2.2 节曾介绍过周期信号的帕塞瓦尔定理，即周期信号的平均功率等于各谐波分量的平均功率之和。类似地，对于非周期信号，如果其能量有限，则同样有相应的帕塞瓦尔定理。

性质 2.29（帕塞瓦尔定理） 已知 $x(t)$ 为能量信号，则

$$\int_{-\infty}^{\infty} |x(t)|^2 \mathrm{d}t = \frac{1}{2\pi}\int_{-\infty}^{\infty} |X(\mathrm{j}\omega)|^2 \mathrm{d}\omega \tag{2.320}$$

证明：

$$\begin{aligned}
\int_{-\infty}^{\infty} |x(t)|^2 \mathrm{d}t &= \int_{-\infty}^{\infty} x(t)\left[\frac{1}{2\pi}\int_{-\infty}^{\infty} X(\mathrm{j}\omega)\mathrm{e}^{\mathrm{j}\omega t}\mathrm{d}\omega\right]^* \mathrm{d}t \\
&= \int_{-\infty}^{\infty} x(t)\left[\frac{1}{2\pi}\int_{-\infty}^{\infty} X^*(\mathrm{j}\omega)\mathrm{e}^{-\mathrm{j}\omega t}\mathrm{d}\omega\right]\mathrm{d}t \\
&= \frac{1}{2\pi}\int_{-\infty}^{\infty} X^*(\mathrm{j}\omega)\left[\int_{-\infty}^{\infty} x(t)\mathrm{e}^{-\mathrm{j}\omega t}\mathrm{d}t\right]\mathrm{d}\omega \\
&= \frac{1}{2\pi}\int_{-\infty}^{\infty} X(\mathrm{j}\omega)X^*(\mathrm{j}\omega)\mathrm{d}\omega = \frac{1}{2\pi}\int_{-\infty}^{\infty} |X(\mathrm{j}\omega)|^2 \mathrm{d}\omega
\end{aligned}$$

式（2.320）左侧表示信号在时域上的能量，右侧表示信号在频域上的能量，其中，$|X(\mathrm{j}\omega)|^2$ 刻画了能量在频域上的分布情况，因此称为**能量谱密度**（energy spectral density，ESD），简称为**能量谱**。帕塞瓦尔定理表明，信号的能量在时域和频域上是相等的，因此又称为能量守恒定理。

如果信号为功率信号，其能量无限大，这时无法直接应用帕塞瓦尔定理。但若考虑其在一段有限长的区间上能量有限，此时帕塞瓦尔定理依然成立。具体而言，设 $x(t)$ 在 $[-T,T]$ 上的截断信号表示为

$$x_T(t) = x(t)[u(t+T) - u(t-T)] \tag{2.321}$$

由于 $x_T(t)$ 是有限长的，故其能量有限，根据帕塞瓦尔定理，有

$$\int_{-\infty}^{\infty} |x_T(t)|^2 \mathrm{d}t = \frac{1}{2\pi}\int_{-\infty}^{\infty} |X_T(\mathrm{j}\omega)|^2 \mathrm{d}\omega \tag{2.322}$$

式中，$X_T(\mathrm{j}\omega)$ 为 $x_T(t)$ 的傅里叶变换。

于是 $x(t)$ 的平均功率可表示为

$$\begin{aligned}
P &= \lim_{T\to\infty}\frac{1}{2T}\int_{-T}^{T} |x(t)|^2 \mathrm{d}t = \lim_{T\to\infty}\frac{1}{2T}\int_{-\infty}^{\infty} |x_T(t)|^2 \mathrm{d}t \\
&= \lim_{T\to\infty}\frac{1}{2T}\frac{1}{2\pi}\int_{-\infty}^{\infty} |X_T(\mathrm{j}\omega)|^2 \mathrm{d}\omega \qquad (2.323) \\
&= \frac{1}{2\pi}\int_{-\infty}^{\infty} \lim_{T\to\infty}\frac{1}{2T} |X_T(\mathrm{j}\omega)|^2 \mathrm{d}\omega
\end{aligned}$$

最后一个等式利用了极限与积分交换顺序。

由此得到平均功率在频域上的表示，将积分式中的表达式记为

$$S(\omega) = \lim_{T\to\infty} \frac{1}{2T} |X_T(\mathrm{j}\omega)|^2 \tag{2.324}$$

$S(\omega)$描述了平均功率在频域上的分布情况，称为信号的**功率谱密度**（power spectral density，PSD），简称为**功率谱**。

本节详细介绍了傅里叶变换的性质，这些性质揭示了信号时频特性之间的内在联系。掌握这些性质，有助于深刻理解傅里叶变换的本质，并为信号处理和系统分析提供相应的指导依据。

2.4　连续时间信号的复频域分析

2.4.1　拉普拉斯变换的定义

傅里叶变换建立了信号的时频关系，为信号分析与处理提供了一种强有力的工具。对于一些不满足绝对可积（即狄利克雷条件）的信号，例如直流信号、正弦信号、阶跃信号等，可以通过奇异函数定义这些信号的傅里叶变换。尽管如此，仍有一些信号不存在傅里叶变换，例如单边指数增长信号 $\mathrm{e}^{at}u(t)$，$a>0$。这说明并非所有信号都可以利用傅里叶变换进行分析。

本节所要介绍的拉普拉斯变换（Laplace transform）可以克服傅里叶变换的局限性，扩展了所需分析的信号范围。为了说明拉普拉斯变换的物理意义，仍以单边指数增长信号为例，设

$$x(t) = \mathrm{e}^{at}u(t),\ a > 0 \tag{2.325}$$

由于 $x(t)$ 随着 t 增长而趋向于无穷大，故不满足绝对可积。现考虑将 $x(t)$ 与一个指数衰减信号 $\mathrm{e}^{-\sigma t}$ 相乘，其中，$\sigma > a$，记为

$$y(t) = \mathrm{e}^{-\sigma t}x(t) = \mathrm{e}^{-(\sigma-\alpha)t}u(t) \tag{2.326}$$

由于 $\sigma > a$，故 $y(t)$ 是单边指数衰减信号，满足绝对可积条件，因此傅里叶变换存在

$$Y(\mathrm{j}\omega) = \mathcal{F}[y(t)] = \int_{-\infty}^{\infty} \mathrm{e}^{-\sigma t}x(t)\mathrm{e}^{-\mathrm{j}\omega t}\mathrm{d}t = \int_{-\infty}^{\infty} x(t)\mathrm{e}^{-(\sigma+\mathrm{j}\omega)t}\mathrm{d}t \tag{2.327}$$

由此可见，通过乘以一个指数衰减信号 $\mathrm{e}^{-\sigma t}$，一些原本不存在傅里叶变换的信号就可以转化到频域上进行分析，这就是拉普拉斯变换的意义。下面给出拉普拉斯变换的定义。

定义 2.4　信号 $x(t)$ 的拉普拉斯变换定义为

$$X(s) = \mathcal{L}[x(t)] = \int_{-\infty}^{\infty} x(t)\mathrm{e}^{-st}\mathrm{d}t,\ s \in \mathcal{R} \tag{2.328}$$

式中，$s=\sigma+\mathrm{j}\omega$；$\mathcal{L}$ 表示拉普拉斯变换算子；$\mathcal{R}$ 为收敛域（region of convergence，ROC）。

相应地，拉普拉斯逆变换（inverse Laplace transform）定义为

$$x(t) = \mathcal{L}^{-1}[X(s)] = \frac{1}{2\pi\mathrm{j}}\int_{\sigma-\mathrm{j}\infty}^{\sigma+\mathrm{j}\infty} X(s)\mathrm{e}^{st}\mathrm{d}s \tag{2.329}$$

式中，σ 为收敛域内的任意实数。

$x(t)$ 与 $X(s)$ 的关系可简记为

$$x(t) \overset{\mathcal{L}}{\longleftrightarrow} X(s), \quad s \in \mathcal{R} \tag{2.330}$$

拉普拉斯变换将时域上的信号 $x(t)$ 映射为复平面上的信号 $X(s)$。特别地，若 $\sigma=0$，则 $X(s)=X(\mathrm{j}\omega)$，因此拉普拉斯变换可视为傅里叶变换在复平面上的推广。从信号分解的角度来讲，拉普拉斯变换是将信号表示为一组形如 e^{st} 的复指数分量的加权积分，见式(2.329)，其中 s 称为复频率（complex frequency），s 所在的复平面称为 s 平面（s-plane）或复频域（complex frequency domain）。

事实上，许多常见的信号都可以用复指数信号 e^{st} 来表示。例如，当 $\sigma=0$ 时，$\mathrm{e}^{st}=\mathrm{e}^{\mathrm{j}\omega t}$ 即为复正弦信号；当 $\omega=0$ 时，$\mathrm{e}^{st}=\mathrm{e}^{\sigma t}$ 即为实指数信号。如果 σ 与 ω 均非零，则 e^{st} 为复正弦振荡信号。而对于实信号，可由 e^{st} 与其共轭叠加得到，例如

$$\mathrm{e}^{\sigma t}\cos(\omega t)=\frac{1}{2}(\mathrm{e}^{st}+\mathrm{e}^{s^*t})=\frac{1}{2}\mathrm{e}^{\sigma t}(\mathrm{e}^{\mathrm{j}\omega t}+\mathrm{e}^{-\mathrm{j}\omega t}) \tag{2.331}$$

由此可见，σ 与 ω 共同刻画了信号的特征。图 2.47 给出了上述几种类型的信号在 s 平面上所对应的位置。

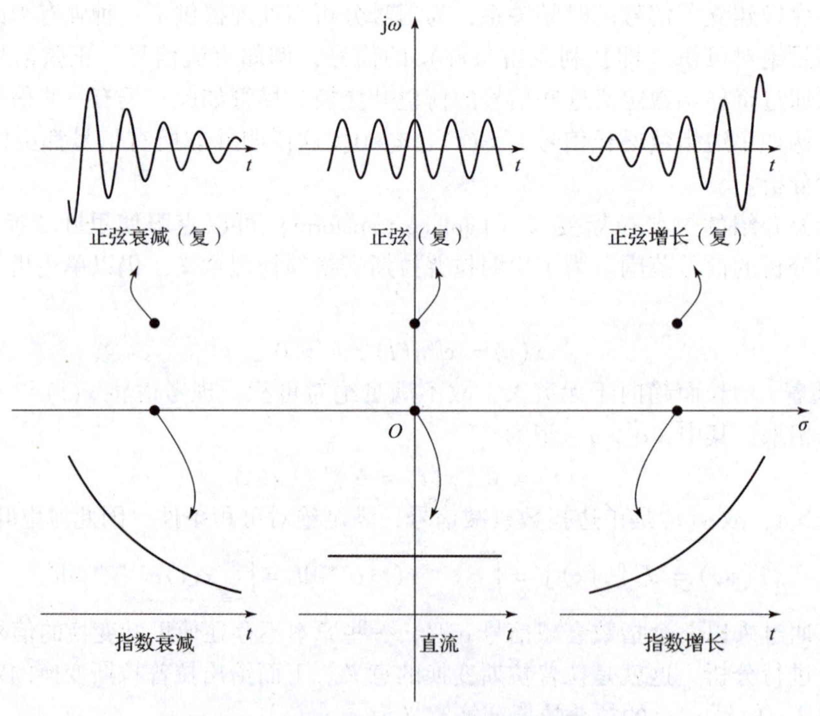

图 2.47 常见信号与 s 平面坐标的对应关系

定义 2.4 中，积分限是从 $-\infty$ 到 $+\infty$，故称为双边拉普拉斯变换（bilateral Laplace transform）。而在实际应用中，信号通常是因果信号，即 $x(t)=0$，$t<0$。为了便于分析，可以定义单边拉普拉斯变换（unilateral Laplace transform）①，即

① 为了与双边拉普拉斯变换（即式（2.328））进行区分，可将式（2.332）定义的单边拉普拉斯变换记作 $X_+(s)$。在大多数情况下，拉普拉斯变换是双边还是单边可依据实际情况而定，一般不会引起混淆。故本书用 $X(s)$ 表示两者，具体含义可依据实际情况而定。

$$X(s) = \mathcal{L}_u[x(t)] = \int_{0^-}^{\infty} x(t)\mathrm{e}^{-st}\mathrm{d}t \tag{2.332}$$

式中，$\mathcal{L}_u$ 表示单边拉普拉斯变换算子。注意到，单边拉普拉斯变换的积分下限从 0^- 开始，这意味着积分包含在 $t=0$ 时的冲激或其他奇异函数。

不难看出，$x(t)$ 的单边拉普拉斯变换即为 $x(t)u(t)$ 的双边拉普拉斯变换。特别地，若 $x(t)$ 为因果信号，则两者相同。单边拉普拉斯逆变换也可以按照式（2.329）来计算。但需要注意，所得结果应为因果信号①。

单边拉普拉斯变换在系统分析中发挥着重要作用，因其能够刻画信号在起始时刻 $t=0$ 的信息（通常称为初值或初始条件），这部分内容将在第 3 章进行介绍。而由于双边拉普拉斯变换更具有一般性，因此下文如无特别说明，默认拉普拉斯变换是双边的。

2.4.2　拉普拉斯变换的收敛域

收敛域决定了拉普拉斯变换存在的条件，同时刻画了信号的时频特性。在应用拉普拉斯变换时，需要特别注意收敛域，下面来看一个例子。

例 2.22　求下列信号的拉普拉斯变换：

①$x_1(t) = \mathrm{e}^{at}u(t)$；

②$x_2(t) = -\mathrm{e}^{at}u(-t)$，其中，$a$ 为任意实数。

解：①

$$X_1(s) = \int_{-\infty}^{\infty} \mathrm{e}^{at}u(t)\mathrm{e}^{-st}\mathrm{d}t = \int_{0}^{\infty} \mathrm{e}^{-(s-a)t}\mathrm{d}t = \frac{-1}{s-a}\mathrm{e}^{-(s-a)t}\bigg|_0^{\infty}$$

注意到 $\mathrm{e}^{-(s-a)t} = \mathrm{e}^{-(\sigma-a)t}\mathrm{e}^{-\mathrm{j}\omega t}$，为保证当 $t\to\infty$ 时收敛，须要求 $\sigma > a$，即 $\mathrm{Re}(s) > a$，此时

$$X_1(s) = \frac{-1}{s-a}\mathrm{e}^{-(s-a)t}\bigg|_0^{\infty} = \frac{1}{s-a}$$

②

$$X_2(s) = \int_{-\infty}^{\infty} -\mathrm{e}^{at}u(-t)\mathrm{e}^{-st}\mathrm{d}t = \int_{-\infty}^{0} -\mathrm{e}^{-(s-a)t}\mathrm{d}t = \frac{1}{s-a}\mathrm{e}^{-(s-a)t}\bigg|_{-\infty}^{0}$$

类似地，为保证当 $t\to-\infty$ 时，$\mathrm{e}^{-(s-a)t}$ 收敛，须要求 $\sigma < a$，即 $\mathrm{Re}(s) < a$，此时

$$X_2(s) = \frac{1}{s-a}\mathrm{e}^{-(s-a)t}\bigg|_{-\infty}^{0} = \frac{1}{s-a}$$

由此可见，$X_1(s)$ 与 $X_2(s)$ 具有相同的表达式，区别在于收敛域。图 2.48 给出了当 $a<0$ 时，上述两个信号的时域波形及相应的收敛域范围（阴影区域所示）。

例 2.22 说明，时域上不同的信号可能具有相同的拉普拉斯变换表达式，因此需要用收敛域加以区分，否则将会导致混淆。

下面对收敛域进行进一步分析。注意到

$$|X(s)| = \left|\int_{-\infty}^{\infty} x(t)\mathrm{e}^{-st}\mathrm{d}t\right| \leqslant \int_{-\infty}^{\infty} |x(t)\mathrm{e}^{-\sigma t}|\,\mathrm{d}t \tag{2.333}$$

① 事实上，由于单边拉普拉斯变换是为方便分析因果信号而引出的，因此，在应用单边拉普拉斯变换时，一般默认信号是因果的。

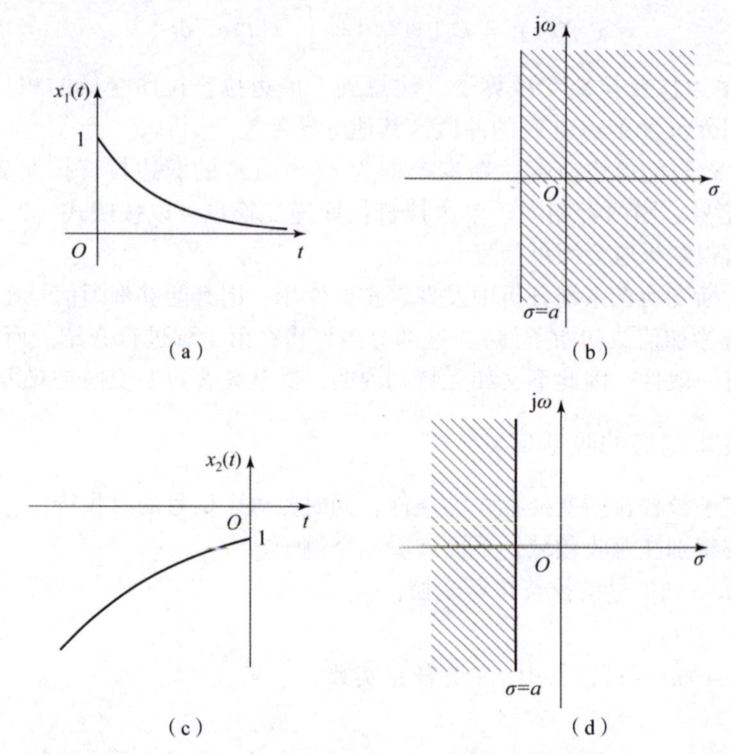

图 2.48 例 2.22 中信号的时域波形及相应的收敛域($a<0$)

(a) $x_1(t)$时域波形；(b) 收敛域 $\mathrm{Re}(s)>a$；(c) $x_2(t)$ 时域波形；(d) 收敛域 $\mathrm{Re}(s)<a$

如果存在 $\sigma=\sigma_0$，使

$$\int_{-\infty}^{\infty}|x(t)\mathrm{e}^{-\sigma_0 t}|\,\mathrm{d}t<\infty \tag{2.334}$$

则 $X(s)$收敛。换言之，若 $x(t)\mathrm{e}^{-\sigma_0 t}$绝对可积，则 $X(s)$收敛。因此拉普拉斯变换的收敛域仅由 σ 的取值范围决定。从 s 平面上来看，收敛域的边界（若存在）为垂直于 σ 轴（等价于平行于 jω 轴）的直线。

如果 $x(t)$是右边信号（即 $x(t)=0,t<T$），如图 2.49（a）所示，且存在 $\sigma=\sigma_0$，使 $X(s)$收敛，有

$$\int_{-\infty}^{\infty}|x(t)\mathrm{e}^{-\sigma_0 t}|\,\mathrm{d}t=\int_{T}^{\infty}|x(t)\mathrm{e}^{-\sigma_0 t}|\,\mathrm{d}t<\infty \tag{2.335}$$

则对于任意 $\sigma>\sigma_0$，有

$$\int_{-\infty}^{\infty}|x(t)\mathrm{e}^{-\sigma t}|\,\mathrm{d}t=\int_{T}^{\infty}|x(t)\mathrm{e}^{-\sigma t}|\,\mathrm{d}t<\int_{T}^{\infty}|x(t)\mathrm{e}^{-\sigma_0 t}|\,\mathrm{d}t<\infty \tag{2.336}$$

因此 $X(s)$ 也收敛。从 s 平面上来看，收敛域包含以 $\sigma=\sigma_0$ 为边界的右侧平面，如图 2.49（b）所示。结合物理意义来分析，当 $\sigma>\sigma_0$ 时，$\mathrm{e}^{-\sigma t}$比 $\mathrm{e}^{-\sigma_0 t}$衰减得更快($t\to\infty$)，因此，如果 $x(t)\mathrm{e}^{-\sigma_0 t}$满足绝对可积，则 $x(t)\mathrm{e}^{-\sigma t}$也满足绝对可积。

对于左边信号（即 $x(t)=0$，$t>T$），如图 2.49（c）所示，可作类似分析。此时如果存在 $\sigma=\sigma_0$，使 $X(s)$收敛，则当 $\sigma<\sigma_0$ 时，$X(s)$也收敛。从 s 平面上来看，收敛域包含

以 $\sigma=\sigma_0$ 为边界的左侧平面，如图 2.49（d）所示。

如果信号是有限长的且满足绝对可积，则无论 σ 取值如何，式（2.334）总是成立的，因此，$X(s)$的收敛域为整个 s 平面，如图 2.49（f）所示。

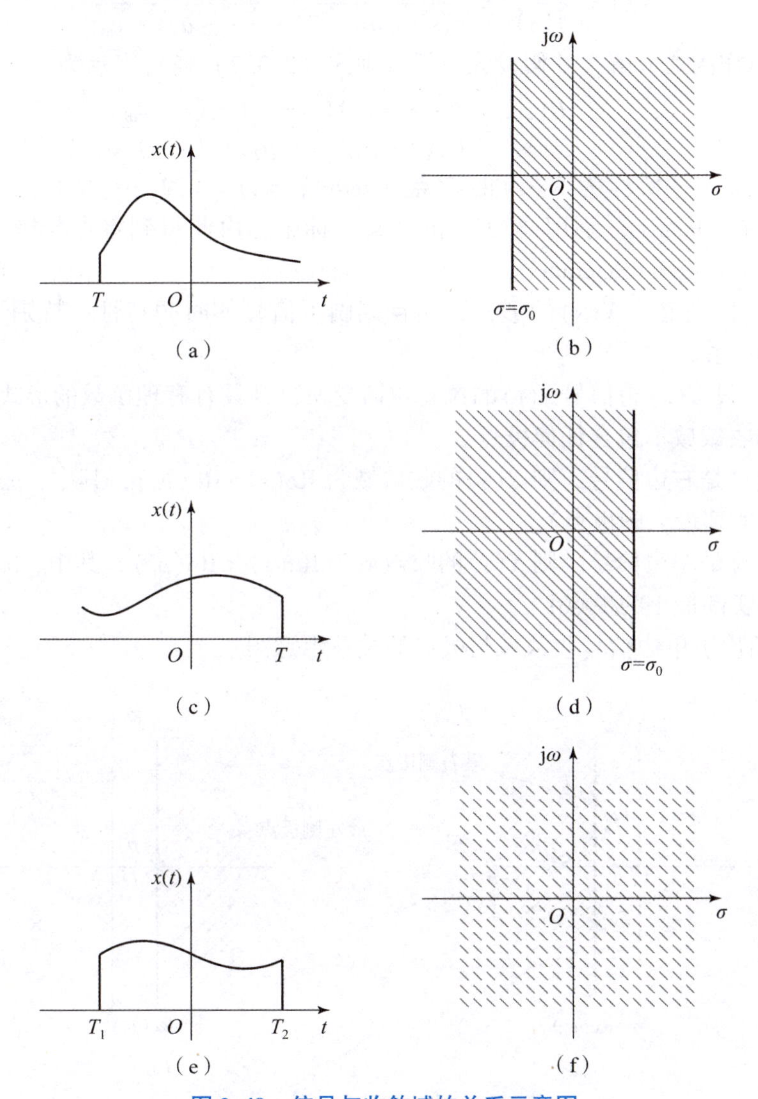

图 2.49　信号与收敛域的关系示意图

（a）右边信号；（b）收敛域包含 $\sigma\geqslant\sigma_0$；（c）左边信号；（d）收敛域包含 $\sigma\leqslant\sigma_0$；（e）有限长信号；（f）收敛域为 s 平面

综合上述分析，下面给出关于收敛域的一般性结论。

命题 2.5　设 $X(s)$ 为信号 $x(t)$ 的拉普拉斯变换，则

①$X(s)$的收敛域由垂直于 σ 轴的直线确定。特别地，如果收敛域包含 jω 轴，则 $x(t)$ 的傅里叶变换存在。

②如果 $x(t)$ 是右边信号，且 $\sigma=\sigma_0$ 属于收敛域，则 $\sigma>\sigma_0$ 也属于收敛域。

③如果 $x(t)$ 是左边信号，且 $\sigma=\sigma_0$ 属于收敛域，则 $\sigma<\sigma_0$ 也属于收敛域。

④如果 $x(t)$ 是有限长的信号且绝对可积，则 $X(s)$ 的收敛域为整个 s 平面。

在实际应用中，经常遇到 $X(s)$ 为有理函数的形式，即

$$X(s)=\frac{B(s)}{A(s)}=\frac{b_M s^M+b_{M-1}s^{M-1}+\cdots+b_1 s+b_0}{a_N s^N+a_{N-1}s^{N-1}+\cdots+a_1 s+a_0} \tag{2.337}$$

对 $B(s)$，$A(s)$ 作因式分解，并假设无重根，则式（2.337）还可表示为

$$X(s)=\frac{B(s)}{A(s)}=\frac{b_M(s-z_1)(s-z_2)\cdots(s-z_M)}{a_N(s-p_1)(s-p_2)\cdots(s-p_N)} \tag{2.338}$$

式中，$z_i,i=1,2,\cdots,M$ 称为 $X(s)$ 的**零点**（zero）；$p_j,j=1,2,\cdots,N$ 称为 $X(s)$ 的**极点**（pole）。两者在 s 平面上分别用“○”和“×”标记，由此得到零点与极点分布图，简称为零极图（zero－pole diagram）。

零极点[①]不仅决定了 $X(s)$ 的形式，而且刻画了信号的时频特性。特别地，收敛域与极点具有密切关系。

命题 2.6 设 $X(s)$ 为信号 $x(t)$ 的拉普拉斯变换，且具有有理函数的形式，则

①$X(s)$ 的收敛域不包含任何极点。

②如果 $x(t)$ 是右边信号，则 $X(s)$ 的收敛域为 $\mathrm{Re}(s)>\mathrm{Re}(p_0)$，其中，$p_0$ 为 $X(s)$ 的最右侧极点（即实部最大的极点）。

③如果 $x(t)$ 是左边信号，则 $X(s)$ 的收敛域为 $\mathrm{Re}(s)<\mathrm{Re}(p_0)$，其中，$p_0$ 为 $X(s)$ 的最左侧极点（即实部最小的极点）。

图 2.50 给出了单边信号收敛域与极点的关系示意图[②]。

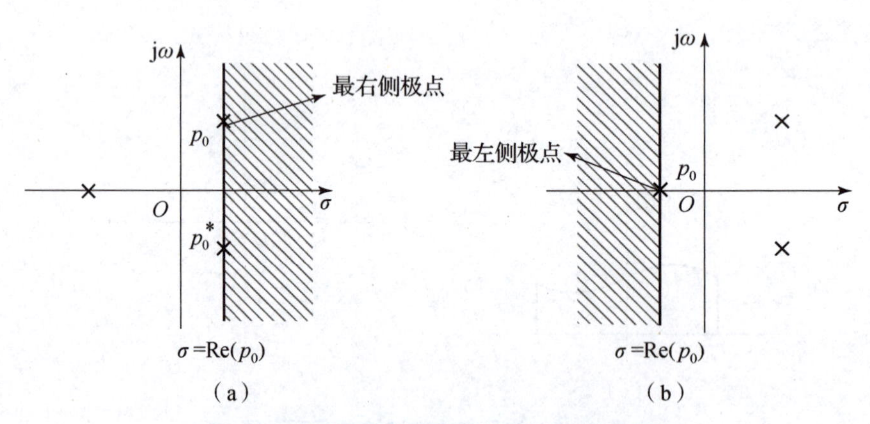

图 2.50 单边信号收敛域与极点的关系示意图

（a）右边信号的收敛域；（b）左边信号的收敛域

2.4.3 拉普拉斯变换的性质

与傅里叶变换类似，拉普拉斯变换也具有线性、时移、频移、尺度变换等性质，这些

① 即零点和极点的简称。

② 注意，图 2.50 中的复极点是共轭出现的。事实上，如果 $X(s)$ 具有有理函数的形式，且系数均为实数，则 $X(s)$ 的复极点或复零点一定是共轭出现。

性质可以类比于傅里叶变换而得到。由于拉普拉斯变换有双边和单边之分，大多数性质是相同的，部分性质存在差异。本节主要介绍双边拉普拉斯变换的性质，对于单边拉普拉斯所具有的不同性质，则作单独说明。

需要说明的是，在对信号进行各种运算的过程中，拉普拉斯变换的收敛域可能会发生改变。例如，如果 $X_1(s)$，$X_2(s)$ 的收敛域分别为 $\mathcal{R}_1$，$\mathcal{R}_2$，则两者相加或相乘之后的收敛域至少为 $\mathcal{R}_1 \cap \mathcal{R}_2$，不排除交集为空集。关于收敛域的判定，可根据具体情况具体分析。以下重点关注拉普拉斯变换的形式，省略收敛域的讨论。

性质 2.30　已知

$$x(t) \stackrel{\mathcal{L}}{\longleftrightarrow} X(s)$$
$$x_1(t) \stackrel{\mathcal{L}}{\longleftrightarrow} X_1(s)$$
$$x_2(t) \stackrel{\mathcal{L}}{\longleftrightarrow} X_2(s)$$

双边拉普拉斯变换具有如下性质：

①线性：$ax_1(t) + bx_2(t) \stackrel{\mathcal{L}}{\longleftrightarrow} aX_1(s) + bX_2(s)$，其中，$a, b$ 为任意常数　(2.339)

②时移：$x(t - t_0) \stackrel{\mathcal{L}}{\longleftrightarrow} \mathrm{e}^{-st_0}X(s)$　(2.340)

③频移：$\mathrm{e}^{s_0 t}x(t) \stackrel{\mathcal{L}}{\longleftrightarrow} X(s - s_0)$　(2.341)

④尺度变换：$x(at) \stackrel{\mathcal{L}}{\longleftrightarrow} \dfrac{1}{|a|}X\left(\dfrac{s}{a}\right)$　(2.342)

⑤共轭：$x^*(t) \stackrel{\mathcal{L}}{\longleftrightarrow} X^*(s^*)$　(2.343)

⑥时域微分：$\dfrac{\mathrm{d}}{\mathrm{d}t}x(t) \stackrel{\mathcal{L}}{\longleftrightarrow} sX(s)$　(2.344)

⑦时域积分：$\displaystyle\int_{-\infty}^{t} x(\tau)\mathrm{d}\tau \stackrel{\mathcal{L}}{\longleftrightarrow} \frac{X(s)}{s}$　(2.345)

⑧s 域微分：$-tx(t) \stackrel{\mathcal{L}}{\longleftrightarrow} \dfrac{\mathrm{d}}{\mathrm{d}s}X(s)$　(2.346)

⑨时域卷积：$x_1(t) * x_2(t) \stackrel{\mathcal{L}}{\longleftrightarrow} X_1(s)X_2(s)$　(2.347)

上述性质可以结合拉普拉斯变换的定义来证明，具体证明过程留给读者。

运用以上性质，可以方便计算一些常见信号的拉普拉斯变换。下面来看几个例子。

例 2.23　求双边指数信号 $x(t) = \mathrm{e}^{-a|t|}$ 的拉普拉斯变换，其中，a 为任意实数。

解： $x(t)$ 可以表示为两个单边指数信号的叠加

$$x(t) = \mathrm{e}^{-at}u(t) + \mathrm{e}^{at}u(-t)$$

根据例 2.22，有

$$\mathrm{e}^{-at}u(t) \stackrel{\mathcal{L}}{\longleftrightarrow} \frac{1}{s+a},\ \mathrm{Re}(s) > -a$$

$$\mathrm{e}^{at}u(-t) \stackrel{\mathcal{L}}{\longleftrightarrow} \frac{-1}{s-a},\ \mathrm{Re}(s) < a$$

利用拉普拉斯变换的线性性质，可得

$$X(s) = \frac{1}{s+a} + \frac{-1}{s-a} = \frac{2a}{a^2 - s^2}$$

式中，$X(s)$ 的收敛域应为 $\mathrm{Re}(s) > -a$ 与 $\mathrm{Re}(s) < a$ 的交集。

当$a \leqslant 0$时，信号呈双边指数增长，如图2.51（a）所示。此时$\mathrm{Re}(s) > -a$与$\mathrm{Re}(s) < a$的交集为空集，如图2.51（b）所示，这意味着不存在共同的收敛域，因此$X(s)$不存在。

值得一提的是，当$a=0$时，双边指数信号取值恒为1，即转化为直流信号。根据上述结论可知，直流信号的双边拉普拉斯变换不存在。

当$a>0$时，信号呈双边指数衰减，如图2.51（c）所示。此时$\mathrm{Re}(s) > -a$与$\mathrm{Re}(s) < a$的交集非空，因此$X(s)$的收敛域为$-a < \mathrm{Re}(s) < a$，如图2.51（d）所示。

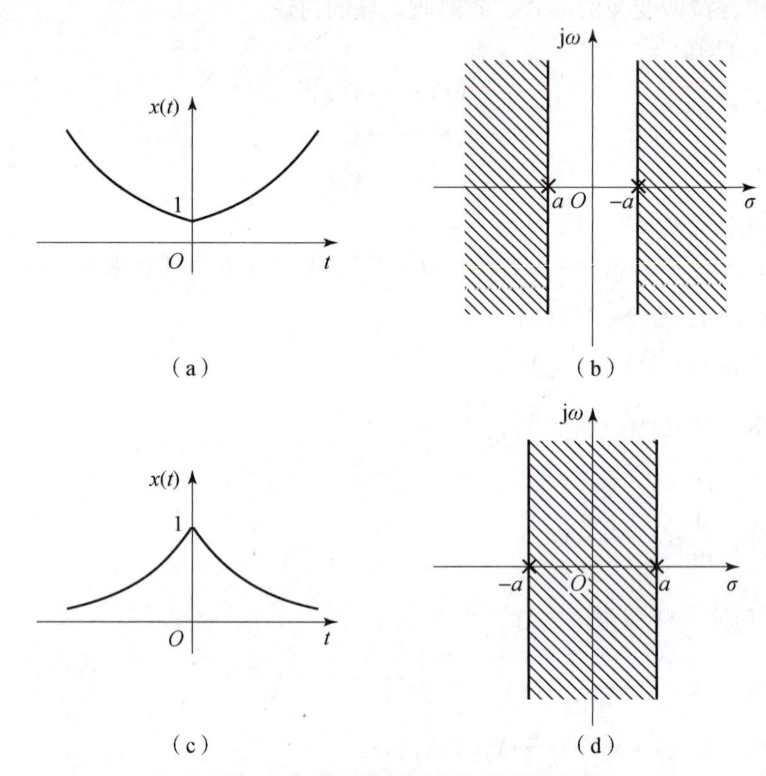

图2.51 双边指数信号及其收敛域

（a）时域波形($a \leqslant 0$)；（b）收敛域($a \leqslant 0$)；（c）时域波形($a>0$)；（d）收敛域($a>0$)

例2.24 求单位阶跃函数的拉普拉斯变换。

解： 由于

$$u(t) = \int_{-\infty}^{t} \delta(\tau)\,\mathrm{d}\tau$$

可以先求$\delta(t)$的拉普拉斯变换，再利用时域积分性质得到$u(t)$的拉普拉斯变换。

根据冲激函数的筛选性质，有

$$\mathcal{L}[\delta(t)] = \int_{-\infty}^{\infty} \delta(t)\mathrm{e}^{-st}\mathrm{d}t = \mathrm{e}^{0} = 1$$

收敛域为整个s平面。

再根据时域积分性质，可得

$$u(t) \xleftrightarrow{\mathcal{L}} \frac{1}{s}$$

注意到 $s=0$ 为极点，而 $u(t)$ 为因果信号，因此，收敛域为 $\mathrm{Re}(s)>0$。

上述结果也可以通过单边指数信号得到。根据例 2.22，有

$$\mathrm{e}^{at}u(t) \stackrel{\mathcal{L}}{\longleftrightarrow} \frac{1}{s-a},\ \mathrm{Re}(s) > a$$

令 $a=0$，即可得到同样的结果。

值得一提的是，阶跃函数的双边拉普拉斯变换等价于直流信号的单边拉普拉斯变换。在例 2.23 中曾提到，直流信号的双边拉普拉斯变换不存在。但结合本例可知，直流信号的单边拉普拉斯变换是存在的，即

$$1 \stackrel{\mathcal{L}_u}{\longleftrightarrow} \frac{1}{s}$$

例 2.25　已知信号 $x(t)=t^n\mathrm{e}^{at}u(t)$，其中，$a$ 为实数，n 为非负整数，求 $x(t)$ 的拉普拉斯变换。

解： 首先注意到

$$\mathrm{e}^{at}u(t) \stackrel{\mathcal{L}}{\longleftrightarrow} \frac{1}{s-a},\ \mathrm{Re}(s) > a$$

根据拉普拉斯变换的 s 域微分性质（见性质 2.30），有

$$-tx(t) \stackrel{\mathcal{L}}{\longleftrightarrow} \frac{\mathrm{d}}{\mathrm{d}s}X(s)$$

故

$$t\mathrm{e}^{at}u(t) \stackrel{\mathcal{L}}{\longleftrightarrow} \frac{1}{(s-a)^2},\ \mathrm{Re}(s) > a$$

继续利用 s 域微分性质，可得一般形式为

$$t^n\mathrm{e}^{at}u(t) \stackrel{\mathcal{L}}{\longleftrightarrow} \frac{n!4}{(s-a)^{n+1}},\ \mathrm{Re}(s) > a$$

特别地，令 $a=0$，则

$$t^n u(t) \stackrel{\mathcal{L}}{\longleftrightarrow} \frac{n!}{s^{n+1}},\ \mathrm{Re}(s) > 0$$

本书将常见信号的拉普拉斯变换总结在附录表 A.2 中，供读者查阅使用。

对于单边拉普拉斯变换，时域微分与积分性质有所不同，此时需要考虑信号的初值。

性质 2.31　如果

$$x(t) \stackrel{\mathcal{L}_u}{\longleftrightarrow} X(s) \tag{2.348}$$

则

$$\frac{\mathrm{d}}{\mathrm{d}t}x(t) \stackrel{\mathcal{L}_u}{\longleftrightarrow} sX(s) - x(0^-) \tag{2.349}$$

$$\int_{0-}^{t} x(\tau)\mathrm{d}\tau \stackrel{\mathcal{L}_u}{\longleftrightarrow} \frac{X(s)}{s} \tag{2.350}$$

证明： 时域微分性质

$$
\begin{aligned}
\mathcal{L}_u\left[\frac{\mathrm{d}}{\mathrm{d}t}x(t)\right] &= \int_{0^-}^{\infty}\left(\frac{\mathrm{d}}{\mathrm{d}t}x(t)\right)\mathrm{e}^{-st}\mathrm{d}t \\
&= x(t)\mathrm{e}^{-st}\Big|_{0^-}^{\infty} + s\int_{0^-}^{\infty}x(t)\mathrm{e}^{-st}\mathrm{d}t = sX(s) - x(0^-)
\end{aligned}
\tag{2.351}
$$

时域积分性质

$$
\begin{aligned}
\mathcal{L}_u\left[\int_{0-}^{t}x(\tau)\mathrm{d}\tau\right] &= \int_{0-}^{\infty}\left(\int_{0-}^{t}x(\tau)\mathrm{d}\tau\right)\mathrm{e}^{-st}\mathrm{d}t \\
&= \frac{\mathrm{e}^{-st}}{-s}\int_{0-}^{t}x(\tau)\mathrm{d}\tau\Big|_{0-}^{\infty} + \frac{1}{s}\int_{0_-}^{\infty}x(t)\mathrm{e}^{-st}\mathrm{d}t = \frac{X(s)}{s}
\end{aligned}
\tag{2.352}
$$

时域微分性质可以推广至高阶，即

$$
\frac{\mathrm{d}^n}{\mathrm{d}t^n}x(t) \xleftrightarrow{\mathcal{L}_u} s^nX(s) - x^{(n-1)}(0^-) - sx^{(n-2)}(0^-) - \cdots - s^{n-1}x(0^-) \tag{2.353}
$$

式中，$x^{(k)}(0^-) = \frac{\mathrm{d}^k}{\mathrm{d}t^k}x(t)\Big|_{t=0^-}$，$k=1,2,\cdots,n-1$，$n\geqslant 2$。

此外，若将式（2.350）中的积分下限变为 $-\infty$，则得到更一般的积分性质

$$
\int_{-\infty}^{t}x(\tau)\mathrm{d}\tau \xleftrightarrow{\mathcal{L}_u} \frac{x^{(-1)}(0^-)}{s} + \frac{X(s)}{s} \tag{2.354}
$$

式中，$x^{(-1)}(0^-) = \int_{-\infty}^{0-}x(\tau)\mathrm{d}\tau$。

上述两个推广性质的证明留给读者，见习题 2.22 和习题 2.23。

上述微积分性质在微分方程的复频域求解过程中发挥着重要作用，具体将在第 3 章进行介绍。此外，利用微积分性质还可以得到如下结论。

性质 2.32　设 $x(t)$ 与其一阶导数存在单边拉普拉斯变换，则

$$
x(0^+) = \lim_{t\to 0^+}x(t) = \lim_{s\to\infty}sX(s) \quad (\text{初值定理}) \tag{2.355}
$$

$$
x(\infty) = \lim_{t\to\infty}x(t) = \lim_{s\to 0^+}sX(s) \quad (\text{终值定理}) \tag{2.356}
$$

上述性质表明，如果 $X(s)$ 已知，则 $x(t)$ 在 $t\to 0^+$ 和 $t\to\infty$ 的极限值可以分别通过 $sX(s)$ 在 $s\to\infty$ 和 $s\to 0^+$ 的极限值求得，而不必求逆变换。该定理的证明过程较为复杂，感兴趣的读者可参阅文献［10］。

2.4.4　拉普拉斯逆变换

本节介绍拉普拉斯逆变换的计算方法。根据式（2.329），拉普拉斯逆变换是一个复积分。对于这类积分，可以利用复变函数中的围线积分法和留数定理（residue theorem）① 进行计算，也可以利用常见的拉普拉斯变换对的关系进行推导。特别地，如果 $X(s)$ 是有理函数的形式，可以将其分解为一些简单分式的代数和，其中每个分式的逆变换容易求得，再利用线性性质求得整体的逆变换。这种方法称为**部分分式展开法**（partial fraction expansion）。下面对上述两种方法展开介绍。

---

① 留数定理是复分析中的重要结论之一，详细内容可参阅文献［10］。

(1) 围线积分法（留数法）

拉普拉斯逆变换定义式为

$$x(t)=\frac{1}{2\pi \mathrm{j}}\int_{\sigma_0-\mathrm{j}\infty}^{\sigma_0+\mathrm{j}\infty}X(s)\mathrm{e}^{st}\mathrm{d}s \tag{2.357}$$

式中，σ_0 是收敛域内的任意实数。故上述积分是沿着平行于 jω 轴的直线 $\sigma=\sigma_0$ 的路径积分。

现在考虑直线 $\sigma=\sigma_0$ 上一条有限长的线段 AB，并以 A，B 为端点作一个圆弧 C，由此构成一个封闭曲线 Γ，且规定逆时针方向为正方向，如图 2.52 所示。根据留数定理，有

$$\oint_{\Gamma}F(s)\mathrm{d}s=2\pi \mathrm{j}\sum_{p_i\in\Gamma}\mathrm{Res}[F(s),p_i] \tag{2.358}$$

式中，$F(s)=X(s)\mathrm{e}^{st}$；p_i 为封闭曲线 Γ 内部的极点；$\mathrm{Res}[F(s),p_i]$ 为 $F(s)$ 在 $s=p_i$ 处的留数（residue）。

根据若当引理（Jordan's lemma）[11]，可以证明当圆弧 C 的半径无限大时，沿圆弧的路径积分趋向于零，即

$$\int_{C\to\infty}F(s)\mathrm{d}s=0 \tag{2.359}$$

而沿线段 AB 的积分趋于沿直线 $\sigma=\sigma_0$ 的无穷积分，于是有

$$\frac{1}{2\pi \mathrm{j}}\oint_{\Gamma\to\infty}F(s)\mathrm{d}s=\frac{1}{2\pi \mathrm{j}}\int_{\sigma_0-\mathrm{j}\infty}^{\sigma_0+\mathrm{j}\infty}F(s)\mathrm{d}s=\sum_{p_i\in\Gamma}\mathrm{Res}[F(s),p_i] \tag{2.360}$$

因此，只要计算出所有留数 $\mathrm{Res}[F(s),p_i]$，便可得到积分式（2.357）的结果。

如果 $s=p_i$ 是 $F(s)$ 的一阶极点，则留数为

$$\mathrm{Res}[F(s),p_i]=(s-p_i)F(s)\big|_{s=p_i} \tag{2.361}$$

如果 $s=p_i$ 是 $F(s)$ 的 k 阶极点，则留数为

$$\mathrm{Res}[F(s),p_i]=\frac{1}{(k-1)!}\frac{\mathrm{d}^{k-1}}{\mathrm{d}s^{k-1}}(s-p_i)^kX(s)\Bigg|_{s=p_i} \tag{2.362}$$

注意，上述极点均是指曲线 Γ 内部包含的极点。当 Γ 趋于无穷大时，应包含所有收敛域之外的极点（收敛域内不包含任何极点）。

例 2.26　已知某因果信号 $x(t)$ 的拉普拉斯变换为

$$X(s)=\frac{s+2}{(s+1)^2(s+3)}$$

求 $x(t)$。

解： 根据题目条件，$X(s)$ 有三个极点，其中，$s=-3$ 是一阶极点，$s=-1$ 是二阶极点。由于 $x(t)$ 是因果信号，故收敛域为 $\sigma>-1$。不妨以 jω 轴为半径，画一条左半平面的半圆，并包含所有极点，如图 2.53 所示。根据留数定理，有

$$x(t)=\frac{1}{2\pi \mathrm{j}}\int_{-\mathrm{j}\infty}^{\mathrm{j}\infty}F(s)\mathrm{d}s=\sum_{p_i\in\Gamma}\mathrm{Res}[F(s),p_i]$$

式中，$F(s)=X(s)\mathrm{e}^{st}$。

下面计算 $F(s)$ 的留数，为

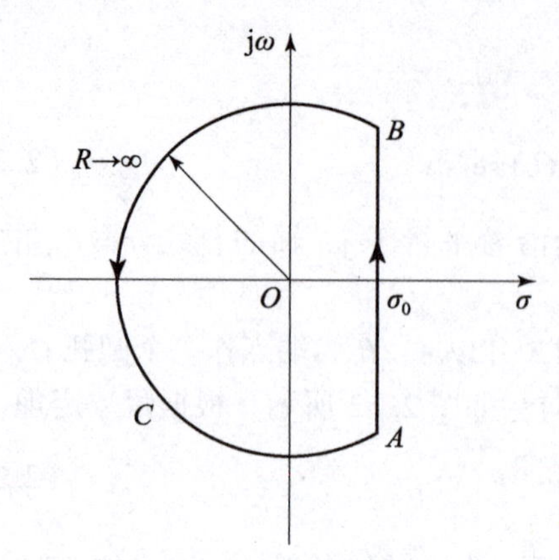

图 2.52 积分路径示意图

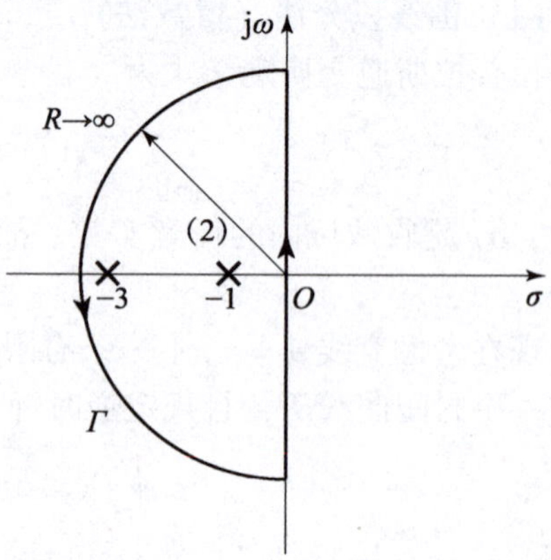

图 2.53 例 2.26 积分路径示意图

$$\text{Res}[F(s), -3] = (s+3)X(s)e^{st}\Big|_{s=-3} = -\frac{1}{4}e^{-3t}$$

$$\text{Res}[F(s), -1] = \frac{d}{ds}(s+1)^2X(s)e^{st}\Big|_{s=-1} = \frac{1}{4}e^{-t} + \frac{1}{2}te^{-t}$$

因此，信号的时域表达式为

$$x(t) = \left(\frac{1}{4}e^{-t} + \frac{1}{2}te^{-t} - \frac{1}{4}e^{-3t}\right)u(t)$$

（2）部分分式展开法

设 $X(s)$ 具有有理函数的形式，即

$$X(s) = \frac{B(s)}{A(s)} = \frac{b_Ms^M + b_{M-1}s^{M-1} + \cdots + b_1s + b_0}{a_Ns^N + a_{N-1}s^{N-1} + \cdots + a_1s + a_0} \tag{2.363}$$

式中，$a_i, i=0,1,\cdots,N$，$b_j, j=0,1,\cdots,M$，均为常数；M，N 为正整数。为不失一般性，以下的讨论中令 $a_N=1$。

假设式（2.363）中 $M<N$，且 $A(s)$ 无重根，则 $X(s)$ 可以分解为如下形式

$$X(s) = \frac{A_1}{s-p_1} + \frac{A_2}{s-p_2} + \cdots + \frac{A_N}{s-p_N} \tag{2.364}$$

式中，p_i 为 $A(s)$ 的单根；A_i 为待定系数，可以通过留数法计算

$$A_i = (s-p_i)X(s)\big|_{s=p_i} \tag{2.365}$$

注意到分解之后，每个分式都具有 $\dfrac{A_i}{s-p_i}$ 的形式，根据拉普拉斯变换对的关系（见附录表 A.2）

$$A_ie^{p_it}u(t) \overset{\mathcal{L}}{\longleftrightarrow} \frac{A_i}{s-p_i},\ \text{Re}(s) > \text{Re}(p_i) \tag{2.366}$$

$$-A_ie^{p_it}u(-t) \overset{\mathcal{L}}{\longleftrightarrow} \frac{A_i}{s-p_i},\ \text{Re}(s) < \text{Re}(p_i) \tag{2.367}$$

因此，可根据收敛域求得信号的时域表达式。例如，如果信号是因果的，则

$$x(t) = \mathcal{L}^{-1}[X(s)] = \sum_{i=1}^{n} A_ie^{p_it}u(t) \tag{2.368}$$

如果 $A(s)$ 存在重根，例如设 $s=p_k$ 为 $A(s)$ 的 m 阶重根，而其余 $s=p_i$，$i\neq k$ 均为单

根，则分解的一般形式为

$$X(s)=\frac{A_{k1}}{s-p_k}+\frac{A_{k2}}{(s-p_k)^2}+\cdots+\frac{A_{km}}{(s-p_k)^m}+\sum_{i\neq k}\frac{A_i}{s-p_i} \tag{2.369}$$

对于待定系数 A_{kr}，可以通过下式求解

$$A_{kr}=\frac{1}{(m-r)!}\frac{\mathrm{d}^{m-r}}{\mathrm{d}s^{m-r}}(s-p_k)^m X(s)\bigg|_{s=p_k},\quad r=1,2,\cdots,m \tag{2.370}$$

一旦确定了系数 A_{kr}，则 $X(s)$ 的部分分式展开式即确定，进而再根据拉普拉斯变换对的关系以及收敛域，即可求得信号的时域表达式。

在以上讨论过程中，假设 $M<N$，即式（2.363）为真分式。如果 $M\geqslant N$，则式（2.363）可以转化为多项式与真分式的和。对于多项式部分，注意到

$$\delta(t)\overset{\mathcal{L}}{\longleftrightarrow}1 \tag{2.371}$$

利用拉普拉斯变换的微分性质，可得

$$\delta^{(n)}(t)\overset{\mathcal{L}}{\longleftrightarrow}s^n,\quad n\geqslant 0 \tag{2.372}$$

因此，时域上信号是由冲激函数及其各阶导数的线性组合而成的。

例 2.27　采用部分分式展开法重做例 2.26。

解： 根据题目条件，有

$$X(s)=\frac{s+2}{(s+1)^2(s+3)}$$

式中，$s=-3$ 是一阶极点，$s=-1$ 是二阶极点。设部分分式展开式为

$$X(s)=\frac{A_{11}}{s+1}+\frac{A_{12}}{(s+1)^2}+\frac{A_2}{s+3}$$

利用留数法求得待定系数为

$$A_{11}=\frac{\mathrm{d}}{\mathrm{d}s}(s+1)^2X(s)\bigg|_{s=-1}=\frac{1}{4}$$

$$A_{12}=(s+1)^2X(s)\big|_{s=-1}=\frac{1}{2}$$

$$A_2=(s+3)X(s)\big|_{s=-3}=-\frac{1}{4}$$

由于 $x(t)$ 是因果信号，根据拉普拉斯变换对的关系（见附录表 A.2），可得

$$\frac{1}{4}\mathrm{e}^{-t}u(t)\overset{\mathcal{L}}{\longleftrightarrow}\frac{1}{4}\frac{1}{s+1},\quad \mathrm{Re}(s)>-1$$

$$\frac{1}{2}t\mathrm{e}^{-t}u(t)\overset{\mathcal{L}}{\longleftrightarrow}\frac{1}{2}\frac{1}{(s+1)^2},\quad \mathrm{Re}(s)>-1$$

$$\frac{1}{4}\mathrm{e}^{-3t}u(t)\overset{\mathcal{L}}{\longleftrightarrow}\frac{1}{4}\frac{1}{s+3},\quad \mathrm{Re}(s)>-3$$

因此信号的时域表示为

$$x(t)=\left(\frac{1}{4}\mathrm{e}^{-t}+\frac{1}{2}t\mathrm{e}^{-t}-\frac{1}{4}\mathrm{e}^{-3t}\right)u(t)$$

可见与留数法计算结果一致。

2.5 编程仿真实验

2.5.1 连续时间信号的时域运算

根据1.6节所介绍的内容，在编程仿真中，可以通过两种方式生成连续时间信号，即数值方法和符号方法，两种方法各具特点。本节将结合具体情况，分别介绍基于符号计算和基于数值计算的连续时间信号分析与处理方法。

对于一些常见的用初等函数表示的信号，如正弦信号、指数信号等，可直接调用相应的MATLAB函数。此外，MATLAB符号数学工具箱（Symbolic Math Toolbox，SM工具箱）提供了更加丰富的符号函数①，用于生成一些特殊的连续时间信号，如单位冲激函数、单位阶跃函数等，详见表2.1。同时，该工具箱具有强大的符号计算功能，可以实现信号的各类基本运算。下面通过例题进行说明。

表2.1 常见的连续时间信号与MATLAB函数

函数名称	MATLAB函数*	函数名称	MATLAB函数
自然指数函数	exp	对数函数	log(自然对数)/log10/log2
三角函数	sin/cos/tan/cot/sec/csc	反三角函数	asin/acos/atan/acot/asec/acsc
单位冲激函数	dirac	单位阶跃函数	heaviside
标准化矩形脉冲函数	rectangularPulse	标准化三角脉冲函数	triangularPulse
标准化抽样函数	sinc	符号函数	sign
*部分函数需安装符号数学工具箱（Symbolic Math Toolbox）。			

实验2.1 已知连续时间信号 $x(t)$ 如图2.54所示，利用MATLAB符号计算功能画出该信号的反褶、移位和尺度变换。

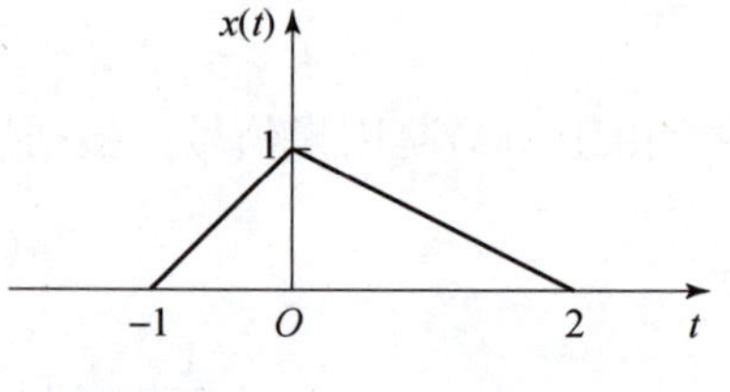

图2.54 实验2.1信号波形

解： MATLAB符号计算与数学书写习惯一致，因此可以通过对自变量作变换来实现信号的变换。具体代码如下。

```
syms t % 定义符号变量
x1(t) = (t+1)*(heaviside(t+1)-heaviside(t));
x2(t) = (-t/2+1)*(heaviside(t)-heaviside(t-2));
```

① 这里“符号函数”（symbolic function）是指MATLAB中的一种数据结构，类型为symfun，注意与前文所介绍的符号函数“sgn(t)”进行区分。

```
x(t) = x1(t) + x2(t); % 定义符号函数
a = 1/2; % 尺度因子
b = 1; % 时移因子
y0(t) = x(-t); % 反褶
y1(t) = x(t-b); % 时移
y2(t) = x(a*t); % 尺度变换
```

可以使用函数 fplot 绘制变换后的图形（具体用法可参考 1.6 节介绍及 MATLAB 帮助文档，代码略），结果如图 2.55 所示。

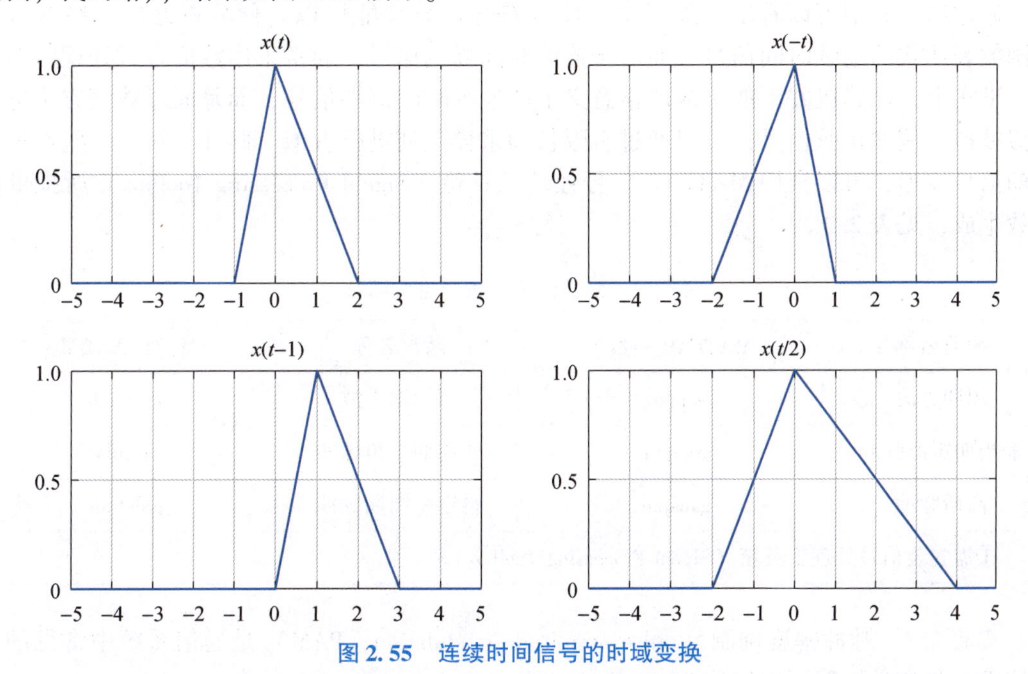

图 2.55　连续时间信号的时域变换

对于连续时间信号的微分和积分运算，可以分别通过 MATLAB 符号数学工具箱中的 diff 和 int 来实现。此外，int 还可以计算两个信号的卷积积分①。

实验 2.2　已知连续时间信号 $x_1(t)=e^{-t}u(t)$，$x_2(t)=u(t+2)$，利用 MATLAB 符号计算功能计算两者的卷积。

解： 本例即为例 2.5 中的信号，下面采用符号计算进行验证，代码如下。

```
syms t tau % 定义符号变量
x1(t) = exp(-t)*heaviside(t); % 信号 1
x2(t) = heaviside(t+2); % 信号 2
y(t) = int(x1(tau)*x2(t-tau),tau,-Inf,Inf); % 卷积积分
```

结果如图 2.56 所示，可见与例 2.5 的理论计算结果是相同的。

---

① MATLAB 没有提供直接用于计算连续时间信号卷积积分的函数，一种方法是利用积分函数 int 进行符号计算；另一种方法是利用 conv 函数进行数值计算，不过这种方法会存在误差。事实上，该函数计算的是两个有限长序列的卷积和，详见第 5 章。

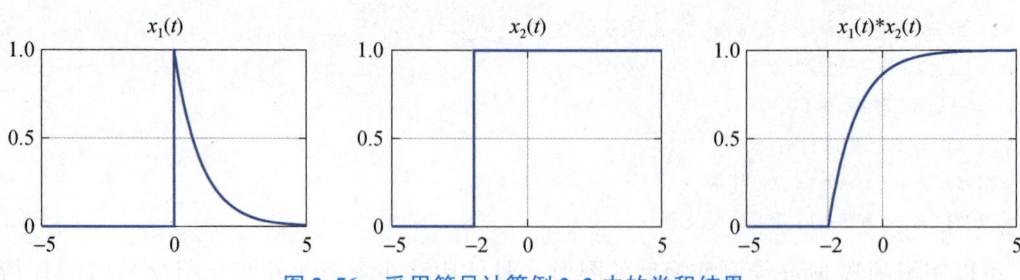

图 2.56 采用符号计算例 2.2 中的卷积结果

通过以上介绍可以看出，采用 MATLAB 符号计算功能可以方便分析处理一些具有简单函数表达式的连续时间信号。而对于连续时间周期信号，通常采用数值方式处理更加方便。事实上，计算机并不能生成严格意义上的连续时间周期信号，而是通过数值方法进行近似模拟。例如正弦信号，可以通过有限长的采样点列进行近似。此外，对于一些常见的周期信号波形，可以利用 MATLAB 信号处理工具箱（Signal Processing Toolbox）所提供的函数生成，见表 2.2。

表 2.2 常见的信号波形生成函数

函数名称	MATLAB 函数①	函数名称	MATLAB 函数
周期方波	square	周期锯齿波	sawtooth
非周期矩形脉冲	rectpuls	非周期三角脉冲	tripuls
高斯脉冲	gauspuls	自定义周期脉冲	pulstran
①需安装信号处理工具箱（Signal Processing Toolbox）。			

实验 2.3 脉冲幅度调制（pulse amplitude modulation，PAM）是通信系统中常见的调制技术，其数学模型可以表示为

$$y(t) = x(t)p(t)$$

式中，$p(t)$为周期为 T，脉宽为 τ 的周期矩形脉冲信号

$$p(t) = \sum_{n=-\infty}^{\infty} \mathrm{rect}\left(\frac{t - nT}{\tau}\right)$$

设调制信号为 $x(t) = \cos(2\pi f_0 t)$，其中，$f_0 = 0.5$ Hz，周期矩形脉宽为 $\tau = 0.2$，周期为 $T = 0.25$，仿真生成已调信号 $y(t)$并绘制其波形。

解： 首先利用函数 rectpuls 生成一个周期内的矩形脉冲，再利用函数 pulstran 生成周期矩形脉冲，具体代码如下。

```
L = 10; % 信号时长
T = 0.25; % 脉冲周期
tau = 0.2; % 脉宽
f0 = 0.5; % 正弦频率(Hz)
fs = 100; % 采样率(Hz)
```

```
t = 0:1/fs:L; % 采样点
d = 0:T:L; % 周期位置
x = cos(2*pi*f0*t); % 正弦信号
r = rectpuls(t,tau); % 生成矩形脉冲
p = pulstran(t,d,r,fs); % 生成周期矩形脉冲
y = x.*p; % 生成 PAM 信号
```

结果如图 2.57 所示，其中虚线所示为信号的包络，即正弦信号。

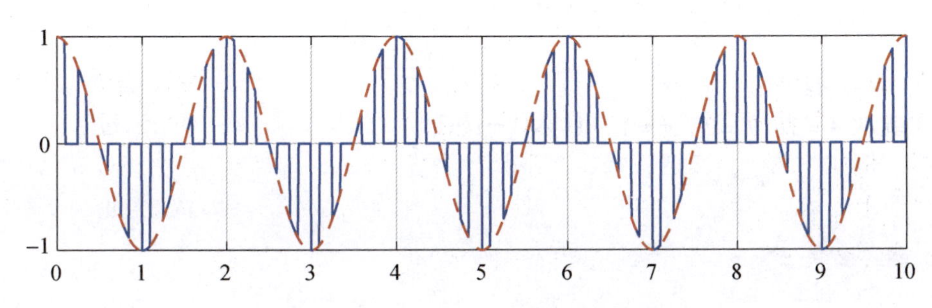

图 2.57　PAM 信号的仿真生成结果

2.5.2　傅里叶级数的计算

MATLAB 并没有提供用于计算傅里叶级数的函数，一种解决方法是通过数值计算来近似。以复指数形式的傅里叶级数为例，根据定义式

$$x(t)=\sum_{k=-\infty}^{\infty}c_k\mathrm{e}^{\mathrm{j}\omega_k t}\tag{2.373}$$

式中，$\omega_k=2\pi k/T$，

$$c_k=\frac{1}{T}\int_T x(t)\mathrm{e}^{-\mathrm{j}\omega_k t}\mathrm{d}t\tag{2.374}$$

因此，关键在于傅里叶系数 c_k 的计算。

由于傅里叶系数是一个积分式，根据定积分的定义，其结果可以用有限项求和来近似。设积分区间为$[t_0,t_0+T]$，其中，t_0 为任意起始时刻，则

$$c_k\approx\frac{\Delta t}{T}\sum_{n=0}^{N-1}x(t_n)\mathrm{e}^{-\mathrm{j}\omega_k t_n}\tag{2.375}$$

式中，$t_n=t_0+n\Delta t$，$n=0,1,\cdots,N-1$ 为积分区间上的采样点；Δt 为采样间隔。当$\Delta t\to0$时，右端求和式趋于 c_k。

注意到式（2.375）中 k 的取值范围是整数集，而在编程中，k 的取值范围应为有限个，不妨设为$0\leqslant k\leqslant K-1$。为提高计算效率，可以采用矩阵运算形式，即

$$\begin{bmatrix}c_0\\c_1\\\vdots\\c_{K-1}\end{bmatrix}\approx\frac{\Delta t}{T}\begin{bmatrix}\mathrm{e}^{-\mathrm{j}\omega_0t_0}&\mathrm{e}^{-\mathrm{j}\omega_0t_1}&\cdots&\mathrm{e}^{-\mathrm{j}\omega_0t_{N-1}}\\\mathrm{e}^{-\mathrm{j}\omega_1t_0}&\mathrm{e}^{-\mathrm{j}\omega_1t_1}&\cdots&\mathrm{e}^{-\mathrm{j}\omega_1t_{N-1}}\\\vdots&\vdots&\ddots&\vdots\\\mathrm{e}^{-\mathrm{j}\omega_{K-1}t_0}&\mathrm{e}^{-\mathrm{j}\omega_{K-1}t_1}&\cdots&\mathrm{e}^{-\mathrm{j}\omega_{K-1}t_{N-1}}\end{bmatrix}\begin{bmatrix}x(t_0)\\x(t_1)\\\vdots\\x(t_{N-1})\end{bmatrix}\tag{2.376}$$

按式（2.376）得到的是 K 个非负谐波频率上的傅里叶系数。类似地，若设 $-(K-1)\leqslant k\leqslant K-1$，则可以得到关于 $k=0$ 对称分布的傅里叶系数。

实验 2.4 已知周期矩形脉冲信号在 $[-T/2,T/2]$ 内的表达式为

$$x(t)=\begin{cases}A, & |t|<\tau/2\\0, & 其他\end{cases}$$

式中，τ 为脉宽；T 为周期。采用数值计算方法计算该信号的傅里叶系数。

解：根据理论分析可知，周期矩形脉冲信号的傅里叶系数具有离散抽样序列的形式，即

$$c_k=\frac{A\tau}{T}\mathrm{Sa}\left(\frac{k\pi\tau}{T}\right)$$

本实验取 $A=1$，$T=2$，$\tau=1$，具体代码如下。

```
dt = 1/100; % 采样间隔
T = 4; % 矩形脉冲周期
tau = 1; % 矩形脉宽
K = 20; % 傅里叶系数个数
k = -(K-1):K-1; % 傅里叶系数索引
wk = 2*pi/T*k; % 谐波频率
t = -T/2:dt:T/2-dt; % 采样点
x = rectpuls(t,tau); % 生成矩形脉冲
ck = dt/T*x*exp(-1i*t'*wk); % 计算傅里叶系数
```

结果如图 2.58 所示。不妨与理论值进行对比，计算两者的误差能量，代码如下。

```
ak = tau/T*sinc(k*tau/T); % 理论值
err = sum(abs(ak-ck).^2,'all'); % 误差能量
```

结果显示为

```
>> err
err =
    1.2511e-04
```

可见误差能量的数量级为 10^{-4}。

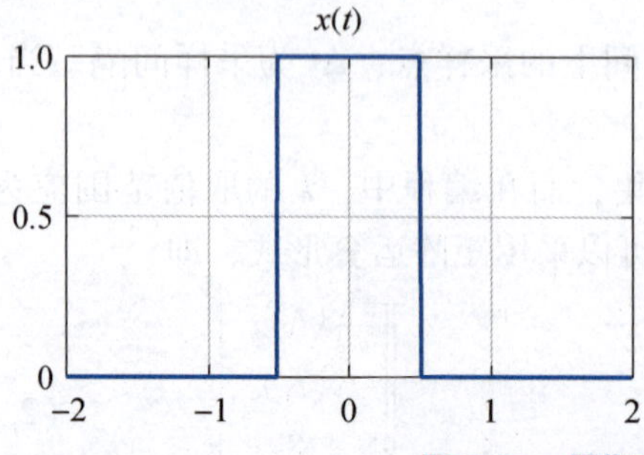

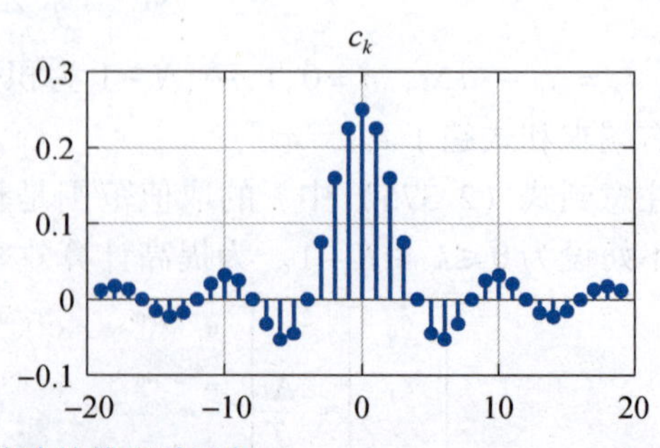

图 2.58 周期矩形脉冲的傅里叶系数

除了上述介绍的数值计算方法之外，还可以利用 MATLAB 符号计算功能计算傅里叶系数，读者可自行编写程序验证，见习题 2.31。

2.5.3　傅里叶变换的计算

由于傅里叶变换主要涉及积分运算，因而可以采用数值方法进行近似。假设 $x(t)$ 为 $[-T,T]$ 上的有限长信号，根据傅里叶变换的定义，有

$$X(\mathrm{j}\omega)=\int_{-\infty}^{\infty}x(t)\mathrm{e}^{-\mathrm{j}\omega t}\mathrm{d}t=\int_{-T}^{T}x(t)\mathrm{e}^{-\mathrm{j}\omega t}\mathrm{d}t \tag{2.377}$$

类似于傅里叶系数的近似方式，上述积分式可近似为

$$X(\mathrm{j}\omega_k)\approx\Delta t\sum_{n=-N}^{N}x(t_n)\mathrm{e}^{-\mathrm{j}\omega_k t_n} \tag{2.378}$$

式中，$t_n=n\Delta t$，$n=-N,-N+1,\cdots,N$ 为 $[-T,T]$ 上的采样点；Δt 为采样间隔；$\omega_k=\pi k/(K\Delta t)$，$k=-K,-K+1,\cdots,K$ 为频域上的采样点。

由此得到傅里叶变换在采样频点 ω_k 上的近似。注意，ω_k 与 Δt 成反比。事实上，上述计算方式是对 $[-\pi/\Delta t,\pi/\Delta t]$ 内的频谱进行了离散化。在第 4 章将会看到，采样信号的频谱是以 $\omega_s=2\pi/\Delta t$ 为周期的，其中，ω_s 为信号的采样率。

实验 2.5　已知三角脉冲信号

$$x(t)=\begin{cases}1-|t|/\tau, & |t|\leqslant\tau\\ 0, & |t|>\tau\end{cases}$$

采用数值计算方法计算该信号的傅里叶变换，并与理论值进行对比。

解：根据理论分析可知，三角脉冲信号的傅里叶变换为

$$X(\mathrm{j}\omega)=\tau\mathrm{Sa}^2\left(\frac{\omega\tau}{2}\right)$$

下面采用 MATLAB 数值计算进行验证。实验中设 $\tau=1.5$，时域采样间隔为 $\Delta t=0.1$，频域采样点数（单边）为 $K=200$，具体代码如下。

```
tau = 1.5; % 三角脉冲单边宽度
T = 3; % 信号单边时长
dt = 1/10; % 时域采样间隔
t = -T:dt:T; % 时域采样点
K = 200; % 频域采样点数
k = -K:K; % 频域采样序号
w = pi*k/dt/K; % 频域采样点
x = tripuls(t,2*tau); % 生成三角脉冲
Fx = dt*x*exp(-1i*t'*w); % 计算傅里叶变换
```

图 2.59 给出了数值计算结果以及理论值。不难发现，两者非常接近。可以计算两者的误差能量：

```
F = tau*sinc(w*tau/2/pi).^2; % 傅里叶变换理论值
err = sum(abs(F-Fx).^2,'all')% 误差能量
```

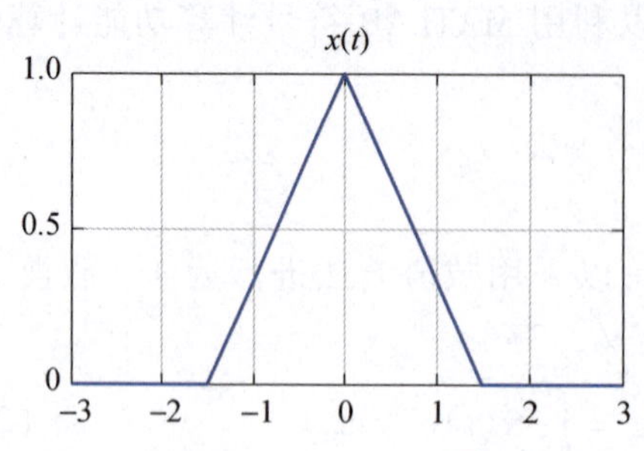

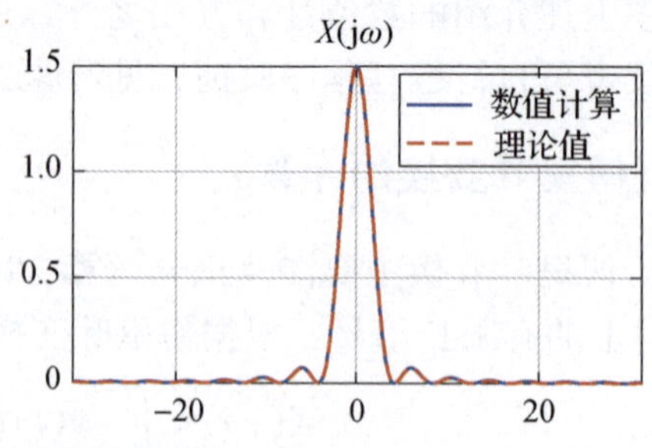

图 2.59 三角脉冲信号的频谱

结果为

```
>> err
err =
    0.0011
```

傅里叶逆变换的数值计算与正变换相似，读者可自行编写代码验证，不再赘述。

下面介绍另外一种计算傅里叶变换的方式，即符号计算。MATLAB 符号数学工具箱提供函数 fourier 可用于计算一些常见信号的傅里叶变换，基本用法如下：

```
F = fourier(f); % f 的傅里叶变换
```

式中，f、F 均为符号函数。在默认情况下，程序自动检测信号的时域自变量，并将 w 作为频域自变量。若需要单独指定，可以采用如下命令：

```
f = fourier(x,fvar); % 指定 fvar 为频域自变量
f = fourier(x,tvar,fvar); % 分别指定 tvar、fvar 为时域、频域自变量
```

逆傅里叶变换可以使用函数 ifourier 来实现，基本用法为：

```
f = ifourier(F); % F 的逆傅里叶变换
```

在默认情况下，程序将 w 作为频域自变量，并将 x 作为时域自变量。当然，也可以自行指定，用法类似于 fourier，不再赘述。

实验 2.6 求单位冲激函数和单位阶跃函数的傅里叶变换。

解：

```
syms t % 符号变量
x1(t) = dirac(t); % 单位冲激函数
x2(t) = heaviside(t); % 单位阶跃函数
X1 = fourier(x1); % x1 的傅里叶变换
X2 = fourier(x2); % x2 的傅里叶变换
```

计算结果为

```
>> X1
X1 =
1
>> X2
```

```
X2 =
pi * dirac(w) - 1i/w
```

可见，与理论计算结果完全相同。注意到阶跃函数的频谱是复的，可以利用 MATLAB 函数 abs 和 angle 分别求得幅度谱和相位谱，如图 2.60 所示。需要说明的是，由于冲激函数的取值无穷大，因此绘图函数 fplot 无法画出冲激项。这一点在使用中需额外注意。

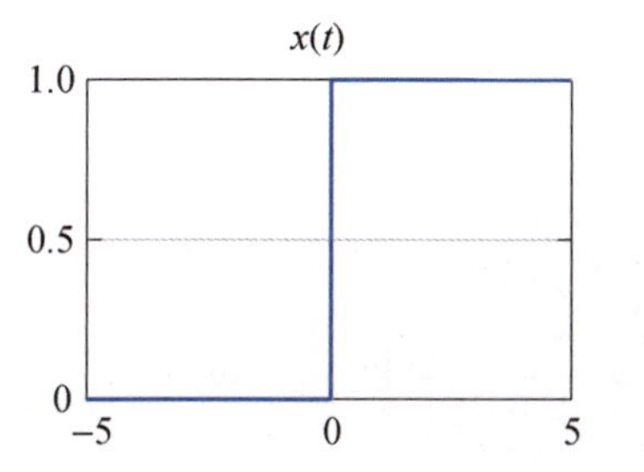

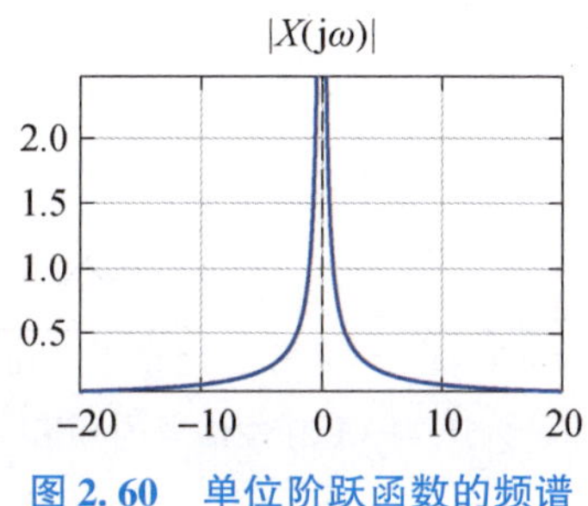

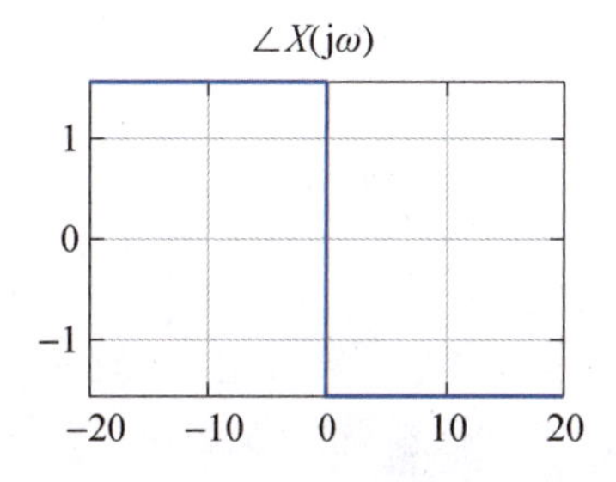

图 2.60　单位阶跃函数的频谱

实验 2.7　已知矩形脉冲信号 $x(t)=\mathrm{rect}(t/T)$，其中，T 为矩形脉宽，利用 MATLAB 计算该信号的傅里叶变换，并验证尺度变换性质。

解： MATLAB 符号数学工具箱内置函数 rectangularPulse 可用于生成标准化矩形脉冲信号。在本例中，可令脉宽 $T=2$，尺度因子 $a=1/2$，具体代码如下。

```
syms t % 符号变量
T = 2; % 矩形脉宽
a = 1/2; % 尺度因子
x(t) = rectangularPulse(t/T); % 生成矩形脉冲信号
y(t) = x(a*t); % 尺度变换
X = fourier(x); % x 的傅里叶变换
Y = fourier(y); % y 的傅里叶变换
```

可以利用函数 simplify 得到计算结果的化简形式：

```
>> simplify(X)
ans =
(2*sin(w))/w
>> simplify(Y)
ans =
(2*sin(2*w))/w
```

可见结果正确。图 2.61 给出了矩形脉冲尺度变换前后的时域波形和频谱，不难看出，脉宽与频宽具有反比的关系，这与 2.3 节的理论分析是一致的。

以上介绍的符号计算方法适用于具有简单函数表达式的连续时间信号。如果信号的表达式未知，则只能采用数值计算方法。在第 7 章将会看到，傅里叶变换存在离散化快速算法，这为信号的频谱分析提供了极大的便利。

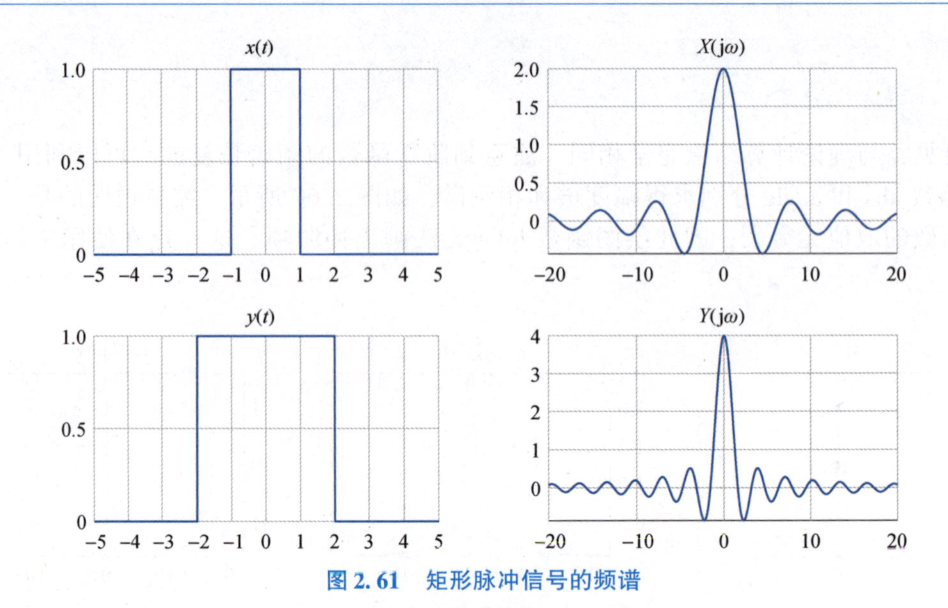

图 2.61 矩形脉冲信号的频谱

2.5.4 利用 MATLAB 计算拉普拉斯变换

类似于傅里叶变换，MATLAB 符号数学工具箱内置函数 laplace 可用于计算单边拉普拉斯变换，基本用法如下：

```
F = laplace(f); f 的(单边)拉普拉斯变换
F = laplace(f,svar); 指定 svar 为变换域自变量
F = laplace(f,tvar,svar); 指定 tvar、svar 为时域和变换域自变量
```

相应地，函数 ilaplace 可用于实现拉普拉斯逆变换，基本用法为

```
f = ilaplace(F); F 的拉普拉斯逆变换
```

若需要自行指定自变量，可参照 laplace 的方式，不再赘述。

实验 2.8 已知信号 $x(t) = t^n e^{at}u(t)$，$n \geqslant 0$，求该信号的拉普拉斯变换。

解： 由例 2.25 可知

$$t^n e^{at}u(t) \overset{\mathcal{L}}{\longleftrightarrow} \frac{n!}{(s-a)^{n+1}},\ \mathrm{Re}(s) > a$$

下面进行验证，具体代码如下。

```
syms t a % 定义符号变量
syms n positive integer % 定义非负正数符号变量
x(t) = t^n*exp(a*t);
X = laplace(x); % 求拉普拉斯变换
```

计算结果为

```
>> X
X =
gamma(n + 1)/(s - a)^(n + 1)
```

其中，gamma($n+1$)即为 n!。上述结果与理论计算结果一致。

如果拉普拉斯变换具有有理函数的形式，即

$$X(s)=\frac{B(s)}{A(s)}=\frac{b_M s^M+b_{M-1}s^{M-1}+\cdots+b_1 s+b_0}{a_N s^N+a_{N-1}s^{N-1}+\cdots+a_1 s+a_0} \tag{2.379}$$

则可采用部分分式展开法进行逆变换的求解。这里不妨回顾 2.4.4 节所介绍的结论。若 $B(s)$无重根，则部分分式展开的一般形式为

$$X(s)=\frac{B(s)}{A(s)}=\frac{r_1}{s-p_1}+\frac{r_2}{s-p_2}+\cdots+\frac{r_N}{s-p_N}+K(s) \tag{2.380}$$

其中，$K(s)$为多项式。当 $N>M$ 时，$K(s)=0$。

若 $B(s)$含有重根，不妨设 $s=p_k$ 为 m 阶重根，则重根对应的分式展开项为

$$\frac{A_{k1}}{s-p_k}+\frac{A_{k2}}{(s-p_k)^2}+\cdots+\frac{A_{km}}{(s-p_k)^m} \tag{2.381}$$

可以使用 MATLAB 函数 residue 来实现部分分式展开，基本用法如下：

```
[r,p,k] = residue(b,a); % 对有理函数进行部分分式展开
[b,a] = residue(r,p,k); % 将部分分式展开还原为有理函数
```

其中，b，a 对应于式（2.379）中的分子多项式系数和分母多项式系数；r 为部分分式展开中真分式的系数（即留数）；p 为极点；k 为展开后多项式系数。所有变量均以数组形式表示。

实验 2.9　已知

$$X(s)=\frac{s+2}{(s+1)^2(s+3)}$$

求 $X(s)$的部分分式展开以及拉普拉斯逆变换。

解：注意到本例中有理函数的分子和分母没有写成多项式展开的形式。为减少人工计算，可先定义符号函数 $B(s)$，$A(s)$，然后利用函数 sym2poly2 提取各自的系数，进而再求 $X(s)$的部分分式展开。具体代码如下。

```
syms s % 定义符号变量
B(s) = s+2; % 有理函数的分子
A(s) = (s+1)^2*(s+3); % 有理函数的分母
b = sym2poly(B(s)); % 提取分子多项式系数
a = sym2poly(A(s)); % 提取分母多项式系数
[r,p,k] = residue(b,a); % 求部分分式展开
```

结果为

```
>> r'
ans =
    -0.2500  0.2500  0.5000
>> p'
ans =
    -3.0000  -1.0000  -1.0000
```

```
>> k'
ans =
   []
```

注意到 $s=-3$ 为一阶极点，相应的分式系数为 $-1/4$；而 $s=-1$ 为二阶极点，MATLAB 按照分母升幂的顺序排列，即 $1/(s+1)$ 所对应的系数为 1/4，$1/(s+1)^2$ 所对应的系数为 1/2。因此部分分式展开式为

$$X(s)=\frac{-1/4}{s+3}+\frac{1/4}{s+1}+\frac{1/2}{(s+1)^2}$$

对于 $X(s)$ 的拉普拉斯逆变换，可以直接利用函数 ilaplace 求解，代码如下。

```
X(s) = B(s)/A(s);
x = ilaplace(X);
```

结果为

```
>> x
x =
exp(-t)/4 - exp(-3*t)/4 + (t*exp(-t))/2
```

注意，由于程序执行的是单边拉普拉斯变换，因此默认信号是因果的。上述结果与理论计算结果相同。

本章小结

本章详细论述了连续时间信号的时域、频域和复频域分析方法。在时域上，任意连续时间信号可以表示成自身与冲激函数的加权积分，即信号的时域分解形式。由此引出卷积积分的概念，简称为卷积。卷积是信号处理中的基本运算之一。在下一章即将看到，连续时间线性时不变系统的输入输出关系可以用卷积来描述。

连续时间信号的频域分析包括周期信号的傅里叶级数和非周期信号的傅里叶变换。傅里叶级数说明，周期信号可以表示为一组特定频率的正弦波（即谐波）的叠加，这就是频域分解的基本思想。将该思想推广至非周期信号，便得到了傅里叶变换，即在一定条件下，信号可以表示为复指数信号 $e^{j\omega t}$ 的加权积分，其中，权重 $X(j\omega)$ 即为信号的频谱，它刻画了信号在频域上的特性。傅里叶变换建立了信号时域和频域之间的桥梁，为信号表示提供了一种崭新的视角。傅里叶变换的诸多性质反映了信号时频之间的内在联系，为信号的分析和处理（例如滤波、调制等）提供了指导依据。

拉普拉斯变换可视为傅里叶变换在复频域上的推广，它将信号表示为复指数信号 e^{st} 的加权积分。对于一些不存在傅里叶变换的信号，可以通过拉普拉斯变换得到复频域上的表示，因而扩展了频域分析的范围。拉普拉斯变换也是连续时间系统分析的重要工具，具体将在第 3 章介绍。

此外，在傅里叶变换基础上还衍生出一系列新型信号处理工具，譬如短时傅里叶变换、小波变换、Wigner-Ville 分布、分数阶傅里叶变换等，进一步扩展了信号处理的内

涵与外延[12]。这部分内容将在第 12 章介绍。因此，傅里叶变换在信号处理中发挥着基础性核心作用，它奠定了整个信号处理体系的基础。

习　题

2.1　利用单位冲激函数的性质求下列各式的取值或表达式：

(1) $\int_{-\infty}^{\infty}\delta(t-2)\sin(t)\mathrm{d}t$；

(2) $\int_{-\infty}^{\infty}\delta(t+3)\mathrm{e}^{-t}\mathrm{d}t$；

(3) $\int_{0}^{\infty}x(\tau)[\delta(\tau+1)+\delta(\tau-1)]\mathrm{d}\tau$；

(4) $y(t)=\frac{\mathrm{d}}{\mathrm{d}t}\{\mathrm{e}^{-t}\delta(t)\}$。

2.2　已知 $x(t)$ 为因果信号，证明 $x(t)$ 可以分解为单位阶跃函数的加权积分：

$$x(t)=x(0)u(t)+\int_{-\infty}^{t}x'(\tau)u(t-\tau)\mathrm{d}\tau$$

式中，$x'(\tau)$ 为 $x(\tau)$ 的导数。

2.3　已知信号 $x(t)$ 的波形如图 2.62 所示，令 $y(t)=x(t)*x(t)$，求 $y(0)$，$y(1)$，$y(-1)$ 的取值。

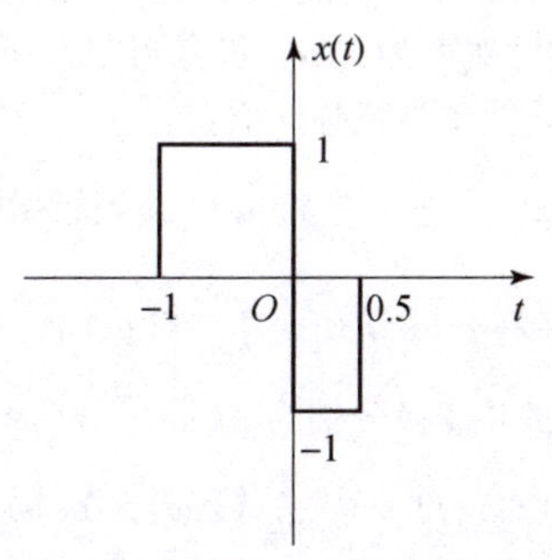

图 2.62　习题 2.3 的信号波形

2.4　用图解法求图 2.63 中两个信号的卷积 $y(t)=x_1(t)*x_2(t)$，并绘出其波形。

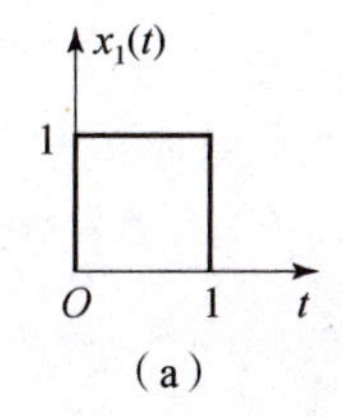

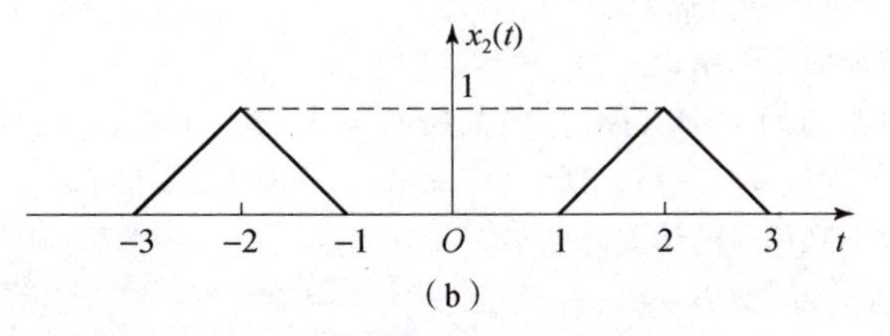

图 2.63　习题 2.4 的信号波形

2.5　利用卷积的微分和积分性质，求下列信号的卷积 $y(t)=x_1(t)*x_2(t)$。

(1) $x_1(t)=\sin(2\pi t)[u(t)-u(t-1)]$，$x_2(t)=u(t)$；

(2) $x_1(t)=\mathrm{e}^{-t}u(t)$，$x_2(t)=u(t-1)$；

(3) $x_1(t)=u(t)-u(t-1)$，$x_2(t)=2u(t)+1$。

2.6　求下列周期信号的基波频率 $\omega_0=2\pi/T$。

(1) $x(t)=\cos(\pi/3(t-2))$；(2) $x(t)=\cos(\pi/2t)+\sin(\pi/4t)$；(3) $x(t)=\mathrm{e}^{\mathrm{j}2t}$。

2.7　根据傅里叶级数的定义，确定下列信号的傅里叶级数系数 c_n。

(1) $x(t)=1+2\mathrm{j}\mathrm{e}^{\mathrm{j}t}$；(2) $x(t)=\mathrm{j}\mathrm{e}^{\mathrm{j}3t/2}+\mathrm{e}^{\mathrm{j}t/7}$。

2.8　已知周期三角脉冲信号的波形如图 2.64 所示。

(1) 求该信号的傅里叶级数；

(2) 求该信号的平均功率，并验证帕塞瓦尔定理。

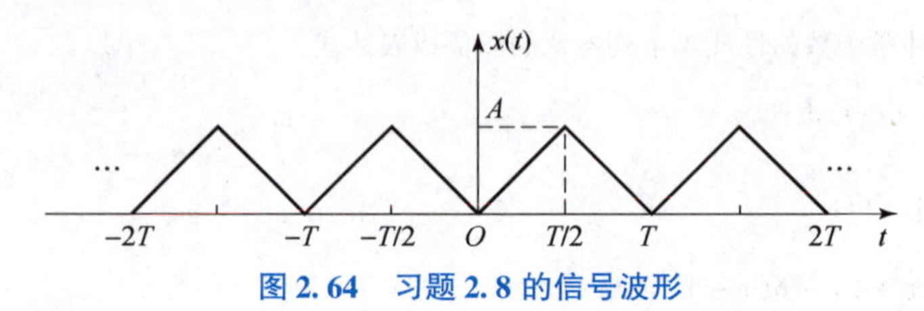

图 2.64　习题 2.8 的信号波形

2.9　已知两个同周期的周期信号 $x(t)$ 和 $y(t)$，二者的傅里叶级数系数分别为 a_n 和 b_n，令 $z(t)=x(t)y(t)$，其傅里叶级数系数为 c_n，证明：$c_n=\sum\limits_{m=-\infty}^{\infty}a_{n-m}b_m$。

2.10　证明：如果 $x(t)$ 是实偶函数，则 $X(\mathrm{j}\omega)$ 也是实偶函数；如果 $x(t)$ 是奇函数，则 $X(\mathrm{j}\omega)$ 是纯虚的奇函数。

2.11　已知线性调频（linear modulation frequency，LFM）脉冲信号 $x(t)=\mathrm{e}^{\mathrm{j}\pi kt^2}\mathrm{rect}(t/T)$，其中，$k$ 为调频率且 $k\neq0$，其脉宽为 T，带宽可近似为 $|k|T$。现对 $x(t)$ 作尺度变换得到 $x(at)$，$a>0$，利用傅里叶变换的尺度变换性质证明：$x(at)$ 的脉宽变为 T/a，带宽则变为 $a|k|T$，而两者的乘积恒为 $|k|T^2$。

2.12　证明傅里叶变换的频域微分性质与积分性质：

$$-\mathrm{j}tx(t)\xleftrightarrow{\mathcal{F}}\frac{\mathrm{d}}{\mathrm{d}\omega}X(\mathrm{j}\omega)\quad（频域微分）$$

$$-\frac{1}{\mathrm{j}t}x(t)+\pi x(0)\delta(t)\xleftrightarrow{\mathcal{F}}\int_{-\infty}^{\omega}X(\mathrm{j}u)\,\mathrm{d}u\quad（频域积分）$$

2.13　已知信号 $x(t)$，$y(t)$ 的傅里叶变换分别为 $X(\mathrm{j}\omega)$，$Y(\mathrm{j}\omega)$，证明如下关系成立：

$$x(t)y(t)\xleftrightarrow{\mathcal{F}}\frac{1}{2\pi}X(\mathrm{j}\omega)*Y(\mathrm{j}\omega)$$

2.14　利用傅里叶变换的对偶性质证明：

(1) $\mathcal{F}^4[x(t)]=4\pi^2x(t)$，其中，$\mathcal{F}^n[\cdot]$ 表示进行 n 次傅里叶变换；

(2) $X(-\mathrm{j}\omega)\xleftrightarrow{\mathcal{F}}2\pi x(t)$。

2.15　试证明下列结论。

(1) 若 $\omega X_1(\mathrm{j}\omega)=\omega X_2(\mathrm{j}\omega)$，则 $X_1(\mathrm{j}\omega)=X_2(\mathrm{j}\omega)+k\delta(\omega)$，其中，$k$ 为任意常数；

(2) 若 $t^2x_1(t)=t^2x_2(t)$，则 $x_1(t)=x_2(t)+a\delta(t)+b\delta'(t)$，其中，$a$，$b$ 为任意常数。

2.16　求下列信号的傅里叶变换。

(1) $x(t)=2\mathrm{e}^{\mathrm{j}2t}\delta(2t-1)$；

(2) $x(t)=\mathrm{sgn}(t^2-2)$；

(3) $x(t)=\cos(\pi t/\tau)[u(t+\tau/2)-u(t-\tau/2)]$；

(4) $x(t)=[u(t+3)-u(t+1)]+[u(t-1)-u(t-3)]$；

(5) $x(t)=\mathrm{e}^{-(1+\mathrm{j}2)t}u(t)$；

(6) $x(t)=\mathrm{e}^{-2(t-1)}\delta'(t-1)$；

(7) $x(t)=1+\cos(2t)+3\sin(t)$；

(8) $x(t)=\dfrac{\sin(2\pi(t-2))}{\pi(t-2)}$；

(9) $x(t)=\dfrac{2\alpha}{\alpha^2+t^2}$；

(10) $x(t)=\left(\dfrac{\sin(2\pi t)}{2\pi}\right)^2$。

2.17　已知信号 $x(t)$ 的傅里叶变换为 $X(\mathrm{j}\omega)$，求下列信号的傅里叶变换。

(1) $y(t)=tx(2t)$；

(2) $y(t)=t\dfrac{\mathrm{d}x(t)}{\mathrm{d}t}$；

(3) $y(t)=(2-3t)x(2-3t)$；

(4) $y(t)=\mathrm{e}^{\mathrm{j}2t}\int_{-\infty}^{t}x\left(1-\dfrac{3}{2}\tau\right)\mathrm{d}\tau$。

2.18　利用冲激函数的频谱求图 2.65 所示信号的频谱。

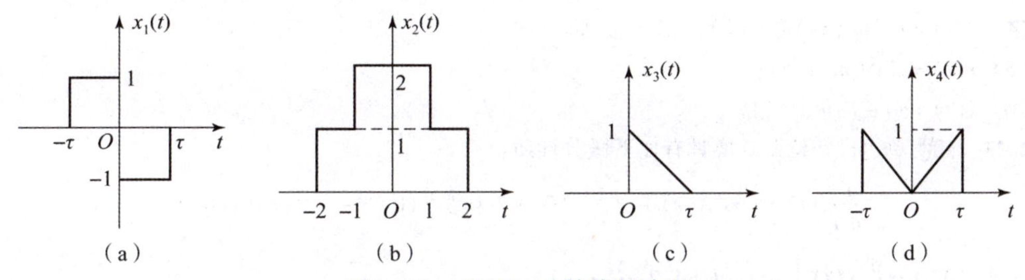

图 2.65　习题 2.18 的信号波形

2.19　利用卷积性质求图 2.66 中各信号的傅里叶变换。

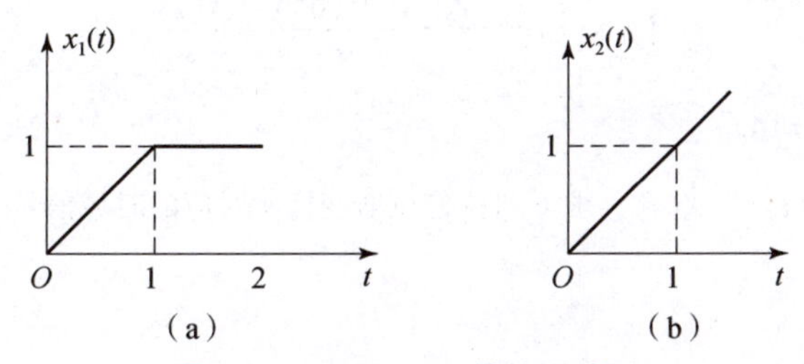

图 2.66　习题 2.19 的信号波形

2.20　已知信号 $x(t)$ 的波形如图 2.67 所示，试回答下列问题：

(1) 求该信号的频谱 $X(\mathrm{j}\omega)$；

(2) 求 $X(0)$ 的值；

(3) 求 $\int_{-\infty}^{\infty}X(\mathrm{j}\omega)\mathrm{d}\omega$ 和 $\int_{-\infty}^{\infty}X(\mathrm{j}\omega)\mathrm{e}^{\mathrm{j}\omega}\mathrm{d}\omega$ 的值；

(4) 求 $\mathrm{Re}[X(\mathrm{j}\omega)]$ 的逆变换的表达式，并画出其波形。

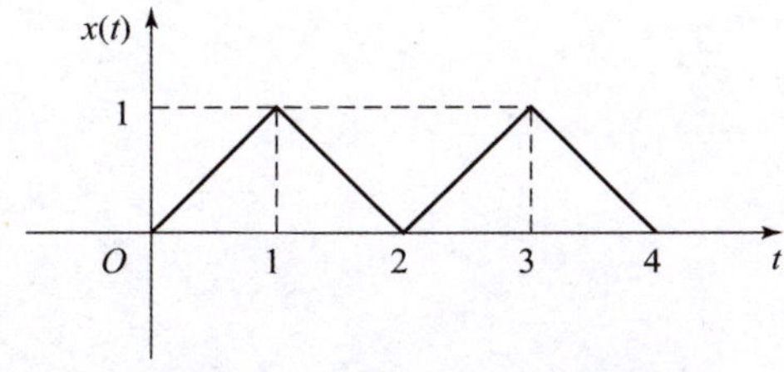

图 2.67　习题 2.20 的信号波形

2.21 求下列信号的逆傅里叶变换。

(1) $X(\mathrm{j}\omega)=\omega[u(\omega+1)-u(\omega-1)]$;

(2) $X(\mathrm{j}\omega)=\delta(2\omega-1)$;

(3) $X(\mathrm{j}\omega)=\mathrm{e}^{\mathrm{j}\frac{\pi}{2}\mathrm{sgn}(\omega)}$;

(4) $X(\mathrm{j}\omega)=\tau\mathrm{Sa}(\omega\tau/2)$;

(5) $X(\mathrm{j}\omega)=-1/(\alpha+\mathrm{j}\omega)^2$;

(6) $X(\mathrm{j}\omega)=2/\omega^2$。

2.22 求下列信号的双边拉普拉斯变换和收敛域。

(1) $x(t)=t\mathrm{e}^{-t}u(t-1)$;

(2) $x(t)=\delta(t)-u(-2t+3)$;

(3) $x(t)=\mathrm{e}^{-(t+2)}\delta(2t-1)$;

(4) $x(t)=\mathrm{e}^{-t}\sin(\pi t)u(t+2)$;

(5) $x(t)=\sin^2(\pi t)u(t)$;

(6) $x(t)=(t+1)u(t+1)$。

2.23 证明单边拉普拉斯变换具有如下微分性质:

$$\frac{\mathrm{d}^n}{\mathrm{d}^n t}x(t)\xleftrightarrow{\mathcal{L}_u}s^nX(s)-x^{(n-1)}(0^-)-sx^{(n-2)}(0^-)-\cdots-s^{n-1}x(0^-)$$

式中, $x^{(k)}(0^-)=\left.\frac{\mathrm{d}^k}{\mathrm{d}t^k}x(t)\right|_{t=0^-}$, $k=1,2,\cdots,n-1$。

2.24 证明单边拉普拉斯变换具有如下积分性质:

$$\int_{-\infty}^{t}x(\tau)\mathrm{d}\tau\xleftrightarrow{\mathcal{L}_u}\frac{x^{(-1)}(0^-)}{s}+\frac{X(s)}{s}$$

式中, $x^{(-1)}(0^-)=\int_{-\infty}^{0^-}x(\tau)\mathrm{d}\tau$。

2.25 给定 $\cos(2t)u(t)\xleftrightarrow{\mathcal{L}}X(s)$, 求下列拉普拉斯变换所对应的时域信号 $x(t)$。

(1) $(s+1)X(s)$;

(2) $X(2s+1)$;

(3) $s^{-2}X(s)$;

(4) $\frac{\mathrm{d}}{\mathrm{d}s}\{\mathrm{e}^{-2s}X(s)\}$。

2.26 假定信号 $x(t)$是因果的, 求下列各式的拉普拉斯逆变换。

(1) $X(s)=\frac{1}{s(s^2+4)}$;

(2) $X(s)=\frac{s+2}{(s+1)(s+3)^2}$;

(3) $X(s)=\frac{s\mathrm{e}^{-s-1}}{(s+1)(s^2+2s+5)}$;

(4) $X(s)=\frac{s^3+6s^2+6s}{s^2+6s+8}$;

(5) $X(s)=\frac{1}{1+\mathrm{e}^{-s}}$;

(6) $X(s)=\frac{1}{s(1-\mathrm{e}^{-s})}$。

2.27　已知 $X(s)=\dfrac{3s^2+6s-1}{(s+1)(s+3)(s-1)}$，求下列不同收敛域上所对应的信号 $x(t)$。

(1) $\sigma<-3$；(2) $-3<\sigma<-1$；(3) $-1<\sigma<1$；(4) $\sigma>1$。

2.28　给定如下单边拉普拉斯变换，确定初值 $x(0^+)$ 和终值 $x(\infty)$。

(1) $X(s)=\dfrac{1}{s^2+5s-2}$；(2) $X(s)=\dfrac{s+2}{s^2+2s-3}$；(3) $X(s)=\mathrm{e}^{-2s}\dfrac{2s^2+1}{s(s+2)^2}$。

2.29　已知周期三角脉冲信号在一个周期内的波形如图 2.68 所示，利用 MATLAB 仿真生成该周期信号。

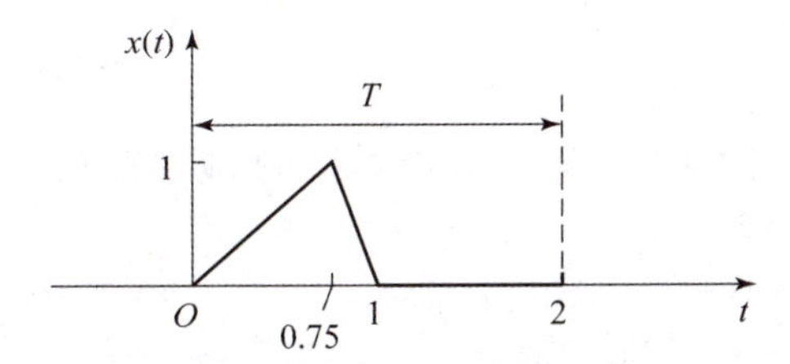

图 2.68　三角脉冲信号波形

2.30　利用 MATLAB 仿真画出下列连续时间信号的波形。

(1) $x_1(t)=u(-2t)-u(-2t-1)$；

(2) $x_2(t)=\int_0^{t/2}[u(\tau)-u(\tau-1)]\mathrm{d}\tau$；

(3) $x_3(t)=u(\cos(\pi t))$；

(4) $x_4(t)=\sum\limits_{n=0}^{3}\sin(\pi(t-n))u(t-n)$。

2.31　已知连续时间周期信号在 $[0,T]$ 内的表达式为 $x(t)=t/T$，其中，T 为周期，分别采用 MATLAB 数值计算和符号计算方法计算该信号的傅里叶系数，对比两种方法的结果。

提示： 符号计算可利用 MATLAB SM 工具箱中的 int 函数。

2.32　已知周期矩形脉冲信号在 $[-T/2,T/2]$ 内的表达式为

$$x(t)=\begin{cases}A, & |t|<\tau/2\\ 0, & \text{其他}\end{cases}$$

式中，τ 为脉宽；T 为周期。

(1) 利用 MATLAB 符号计算功能计算该信号的傅里叶级数，并绘制频谱；

(2) 仿真验证吉布斯现象。

2.33　利用 MATLAB 符号计算功能计算下列信号的傅里叶变换：

(1) $x(t)=\mathrm{e}^{-2t}u(t-2)$；

(2) $x(t)=\mathrm{e}^{-3|t|}$；

(3) $x(t)=t[u(t+1)-u(t-1)]$；

(4) $x(t)=\mathrm{sgn}(t)$。

2.34　编写傅里叶逆变换的数值计算程序，并分析计算误差。

2.35　利用 MATLAB 数值计算功能计算下列信号的傅里叶变换：

(1) $x(t)=\begin{cases}1-|t|/T, & |t|\leqslant T\\ 0, & \text{其他}\end{cases}$，其中，$T$ 为脉冲宽度，可自行选取；

(2) $x(t)=\begin{cases}(x+b)/(b-a), & -b<t<-a \\ 1, & |t|\leqslant a \\ (x-b)/(a-b), & a<t<b \\ 0, & \text{其他}\end{cases}$，其中，$a$，$b$ 可自行选取。

2.36 利用 MATLAB 符号计算功能计算下列信号的拉普拉斯变换：

(1) $x(t)=\dfrac{\mathrm{d}}{\mathrm{d}t}\{t\mathrm{e}^{-t}u(t)\}$；

(2) $x(t)=tu(t)*\cos(2\pi t)u(t)$；

(3) $x(t)=t^3u(t)$；

(4) $x(t)=u(t-1)*\mathrm{e}^{-2t}u(t-1)$。

2.37 利用 MATLAB 符号计算功能计算下列函数的拉普拉斯逆变换：

(1) $X(s)=1/[(s+2)(s+3)]$；

(2) $X(s)=(3s+2)/(s^2+4s+5)$；

(3) $X(s)=(4s^2+6)/(s^3+s^2-2)$；

(4) $X(s)=1/[(2s+1)^2+4]$。

第3章　连续时间系统分析

扫码见实验代码

本章阅读提示

- 连续时间系统的响应包括哪些类型？有哪些求解方法？
- 如何刻画连续时间系统的特性？冲激响应、频率响应和系统函数三者之间具有怎样的关系？
- 无失真系统具有怎样的频率特性？
- 什么是滤波器？它的作用是什么？理想滤波器有哪些类型？
- 希尔伯特变换的物理意义是什么？
- 系统的零极点分布与系统性质之间具有怎样的关系？
- 通信调制技术有哪些类型？幅度调制的基本原理是什么？单边带调制和双边带调制有何区别？

3.1　连续时间系统的时域分析

3.1.1　系统响应的时域求解

对于连续时间线性时不变性（linear time - invariant，LTI）系统①，通常可以采用线性常系数微分方程来描述，即

$$\left(\frac{\mathrm{d}^N}{\mathrm{d}t^N}+a_{N-1}\frac{\mathrm{d}^{N-1}}{\mathrm{d}t^{N-1}}+\cdots+a_1\frac{\mathrm{d}}{\mathrm{d}t}+a_0\right)y(t)=$$
$$\left(b_M\frac{\mathrm{d}^M}{\mathrm{d}t^M}+b_{M-1}\frac{\mathrm{d}^{M-1}}{\mathrm{d}t^{M-1}}+\cdots+b_1\frac{\mathrm{d}}{\mathrm{d}t}+b_0\right)x(t) \tag{3.1}$$

式中，$x(t)$，$y(t)$ 分别为系统的输入和输出，也称为**激励**（excitation）和**响应**（response）；a_i，b_j，$i=0,\ 1,\ \cdots,\ N-1$，$j=0,\ 1,\ \cdots,\ M$，均为常数；N 为方程的阶数。

经系统分析，首先要解决的问题是在已知系统激励的情况下，求解系统的响应。这个问题归结为求解微分方程（3.1）的解。根据高等数学知识，线性常系数微分方程的**通解**（general solution）具有如下形式

$$y(t)=y_{\mathrm{h}}(t)+y_{\mathrm{p}}(t) \tag{3.2}$$

---

① 本书如无特别说明，均假设系统具有线性时不变性，简称为LTI系统。

式中，$y_{\mathrm{h}}(t)$满足**齐次方程**（homogeneous equation）

$$\left(\frac{\mathrm{d}^N}{\mathrm{d}t^N}+a_{N-1}\frac{\mathrm{d}^{N-1}}{\mathrm{d}t^{N-1}}+\cdots+a_1\frac{\mathrm{d}}{\mathrm{d}t}+a_0\right)y(t)=0 \tag{3.3}$$

故称$y_{\mathrm{h}}(t)$为**齐次解**（homogeneous solution）；而$y_{\mathrm{p}}(t)$为方程（3.1）的**特解**（particular solution）。

注意到齐次方程（3.3）的等式右端为零，这意味着齐次解与激励信号无关，只与系统自身及初始条件（initial condition，也称为初始状态）有关。在工程上，通常将齐次解称为系统的**自然响应**（natural response）。而方程（3.1）的特解取决于激励信号，因此将特解称为系统的**受迫响应**（forced response）。两部分叠加，共同构成系统的**全响应**（total response）。

下面简要回顾微分方程的求解过程。对于齐次方程的解，可建立特征方程

$$\lambda^N+a_{N-1}\lambda^{N-1}+\cdots+a_1\lambda+a_0=0 \tag{3.4}$$

求解得到N个特征根λ_1，λ_2，…，λ_N。这些特征根与微分方程系数有关，反映了系统自身的特性，故称为系统的自然频率（natural frequency）。

如果特征根均为单根（实根或复根），即$\lambda_1\neq\lambda_2\neq\cdots\neq\lambda_N$，则齐次解的形式为

$$y_{\mathrm{h}}(t)=A_1\mathrm{e}^{\lambda_1 t}+A_2\mathrm{e}^{\lambda_2 t}+\cdots+A_N\mathrm{e}^{\lambda_N t} \tag{3.5}$$

式中，A_i，$i=1$，2，…，N为待定系数，一般根据初始条件来确定。

如果存在k重根（实根或复根），不妨设为$\lambda=\lambda_i$，则齐次解的形式为

$$y_{\mathrm{h}}(t)=\sum_{j\neq i}A_j\mathrm{e}^{\lambda_j t}+(A_{0,i}+A_{1,i}t+\cdots+A_{k-1,i}t^{k-1})\mathrm{e}^{\lambda_i t} \tag{3.6}$$

即重根$\lambda=\lambda_i$所对应的解是在指数函数的基础上乘以一个$k-1$阶多项式，而其余单根所对应的解依然为指数函数的形式。

对于非齐次方程的特解，通常需要根据激励信号的形式来确定。下面结合一道例题来说明。

例 3.1 已知某系统可以用二阶微分方程来描述

$$\frac{\mathrm{d}^2}{\mathrm{d}t^2}y(t)+3\frac{\mathrm{d}}{\mathrm{d}t}y(t)+2y(t)=x(t) \tag{3.7}$$

式中，初始条件为$y(0)=0$，$y'(0)=1$，设激励信号为$x(t)=\mathrm{e}^{-3t}u(t)$，求该系统的全响应。

解：①求系统的自然响应（即齐次解）。令方程（3.7）右端为零，得到齐次方程

$$\frac{\mathrm{d}^2}{\mathrm{d}t^2}y(t)+3\frac{\mathrm{d}}{\mathrm{d}t}y(t)+2y(t)=0 \tag{3.8}$$

相应地，特征方程为

$$\lambda^2+3\lambda+2=0 \tag{3.9}$$

求得特征根为

$$\lambda_1=-1,\ \lambda_2=-2 \tag{3.10}$$

因此，自然响应为

$$y_{\mathrm{h}}(t)=A_1\mathrm{e}^{\lambda_1 t}+A_2\mathrm{e}^{\lambda_2 t}=A_1\mathrm{e}^{-t}+A_2\mathrm{e}^{-2t} \tag{3.11}$$

式中，A_1，A_2为待定系数。

②求系统的受迫响应（即特解）。注意到激励信号 $x(t)=e^{-3t}u(t)$ 为单边指数函数，且 $\lambda=-3$ 不是特征方程（3.9）的根，故设特解同样具有指数函数的形式，即 $y_p(t)=Ce^{-3t}$，代入方程（3.7），可得

$$9Ce^{-3t}-9Ce^{-3t}+2Ce^{-3t}=e^{-3t} \tag{3.12}$$

求得 $C=\frac{1}{2}$。因此，受迫响应为

$$y_p(t)=\frac{1}{2}e^{-3t},\ t\geqslant 0 \tag{3.13}$$

注意，上式中 $t\geqslant 0$ 表示受迫响应出现在系统施加激励信号之后。

③求系统的全响应。将式（3.11）与式（3.13）叠加，得到

$$y(t)=y_h(t)+y_p(t)=A_1e^{-t}+A_2e^{-2t}+\frac{1}{2}e^{-3t},\ t\geqslant 0 \tag{3.14}$$

根据初始条件，有

$$\begin{cases} y(0)=A_1+A_2+\frac{1}{2}=0 \\ y'(0)=-A_1-2A_2-\frac{3}{2}=1 \end{cases} \tag{3.15}$$

解得 $A_1=\frac{3}{2}$，$A_2=-2$。因此系统的全响应为

$$y(t)=\frac{3}{2}e^{-t}-2e^{-2t}+\frac{1}{2}e^{-3t},\ t\geqslant 0 \tag{3.16}$$

上述所介绍的微分方程求解方法称为经典法，其中关键在于根据激励信号确定特解的形式。表 3.1 列出了一些常见激励信号所对应的特解形式。对于直流信号、指数信号、正弦信号等形式的激励信号，经典法不失为一种简单有效的求解方法。但是如果激励信号较为复杂，求解过程就会变得十分困难，甚至不可行。在 3.1.3 节将会看到，系统响应还可以通过卷积积分法来求解。该方法克服了经典法的局限，适用于任意激励信号的情形。

表 3.1　常见激励信号所对应的特解

激励信号	特解形式
E（常数）	C（常数）
t^k	$C_0+C_1t+\cdots+C_kt^k$
$e^{\gamma t}$（γ 不是特征方程的根）	$Ce^{\gamma t}$
$e^{\gamma t}$（γ 是特征方程的 p 重根）	$Ct^pe^{\gamma t}$
$\cos(\omega t+\phi)$（ϕ 为任意相位）	$C_1\cos(\omega t)+C_2\sin(\omega t)$

3.1.2 零输入响应

系统的全响应不仅可以划分为自然响应和受迫响应，还可以划分为**零输入响应**（zero - input response）和**零状态响应**（zero - state response），即

$$y(t)=y_{zi}(t)+y_{zs}(t) \tag{3.17}$$

零输入响应，顾名思义，是系统在无激励情况下，仅由初始状态决定的响应；而零状态响应是系统在初始状态为零的情况下，由外加激励和系统自身共同决定的响应。从概念上来看，“零输入响应”与“自然响应”都与激励信号无关，而“零状态响应”与“受迫响应”都与激励信号有关。它们之间既有相似之处，又有所区别，稍后会通过例题来解释。本节主要介绍零输入响应，零状态响应将在3.1.3节介绍。

在施加激励之前，若系统的储能元件存有一定的能量，则这部分能量会随着时间推移逐渐释放出来。零输入响应就是由系统初始能量产生的响应，它与激励信号无关。从数学角度来看，零输入响应满足齐次微分方程，因而求解过程与自然响应类似。考虑 N 阶微分方程，设 λ_i，$i=1,2,\cdots,N$ 为特征方程的单根，则零输入响应的一般形式为

$$y_{zi}(t)=c_1\mathrm{e}^{\lambda_1 t}+c_2\mathrm{e}^{\lambda_2 t}+\cdots+c_N\mathrm{e}^{\lambda_N t} \tag{3.18}$$

式中，c_i，$i=1,2,\cdots,N$ 由初始条件来确定。

一般而言，可将 $y_{zi}(t)$ 及其各阶导数 $y_{zi}^{(k)}(t)$，$k=1,2,\cdots,N-1$ 在初始时刻（例如 $t=0$）的取值作为初始条件①，得到如下线性方程组

$$\begin{cases}c_1+c_2+\cdots+c_N=y_{zi}(0)\\ \lambda_1c_1+\lambda_2c_2+\cdots+\lambda_Nc_N=y'_{zi}(0)\\ \vdots\\ \lambda_1^{N-1}c_1+\lambda_2^{N-1}c_2+\cdots+\lambda_N^{N-1}c_N=y_{zi}^{(N-1)}(0)\end{cases} \tag{3.19}$$

或写成矩阵形式

$$\begin{bmatrix}1 & 1 & \cdots & 1\\ \lambda_1 & \lambda_2 & \cdots & \lambda_N\\ \vdots & \vdots & \ddots & \vdots\\ \lambda_1^{N-1} & \lambda_2^{N-1} & \cdots & \lambda_N^{N-1}\end{bmatrix}\begin{bmatrix}c_1\\ c_2\\ \vdots\\ c_N\end{bmatrix}=\begin{bmatrix}y_{zi}(0)\\ y'_{zi}(0)\\ \vdots\\ y_{zi}^{(N-1)}(0)\end{bmatrix} \tag{3.20}$$

式中，系数矩阵是由 λ_i，$i=1,2,\cdots,N$ 组成的范德蒙德矩阵（Vandermonde matrix）。由于 λ_i，$i=1,2,\cdots,N$ 互不相等，因此该矩阵可逆，于是可以通过求解该方程组得到系数 c_i，$i=1,2,\cdots,N$。

例3.2 已知RLC串联电路如图3.1所示，其中，$R=2\ \Omega$，$C=1\ \mathrm{F}$，$L=1\ \mathrm{H}$，设电路的电压源为 $v(t)$，电流为 $i(t)$，且初始条件（在施加电源电压之前）为 $i(0)=0\ \mathrm{A}$，$i'(0)=1\ \mathrm{A/s}$。求该电路的零输入响应电流。

---

① 为了便于分析，通常以“$t=0$”作为初始时刻（initial time，也称为起始时刻），当然，也可以是其他时刻。此外，在某些情况下，初始条件不一定是以 $y_{zi}(t)$ 及其各阶导数的形式给出，这时需要利用其他关系将已知条件转化为所需的初始条件。通常这种转换并不困难，故本书不作详细讨论。

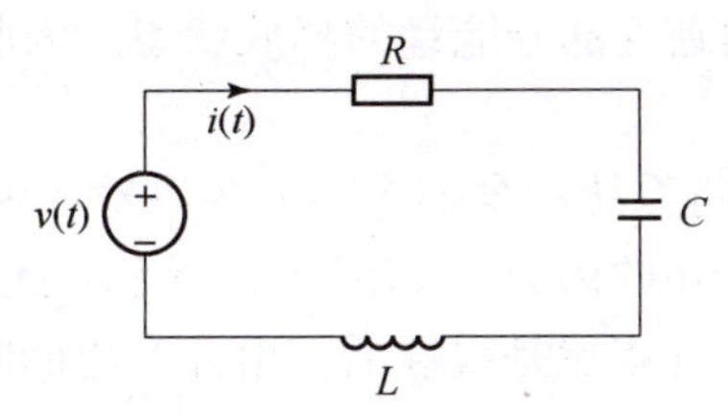

图 3.1　RLC 串联电路

解： 已知电路的电压源为 $v(t)$，根据基尔霍夫电压定律，有

$$L\frac{\mathrm{d}}{\mathrm{d}t}i(t)+Ri(t)+\frac{1}{C}\int_{-\infty}^{t}i(\tau)\mathrm{d}\tau=v(t) \tag{3.21}$$

对上式两端求导，得到微分方程

$$L\frac{\mathrm{d}^2}{\mathrm{d}t^2}i(t)+R\frac{\mathrm{d}}{\mathrm{d}t}i(t)+\frac{1}{C}i(t)=\frac{\mathrm{d}}{\mathrm{d}t}v(t) \tag{3.22}$$

在施加电源电压之前，$v(t)=0$，将元件参数代入式（3.22），得到齐次方程

$$\frac{\mathrm{d}^2}{\mathrm{d}t^2}i(t)+2\frac{\mathrm{d}}{\mathrm{d}t}i(t)+i(t)=0 \tag{3.23}$$

相应地，特征方程为

$$\lambda^2+2\lambda+1=0 \tag{3.24}$$

故特征根为 $\lambda=-1$，且为二重根，因此微分方程的齐次解为

$$i(t)=c_0\mathrm{e}^{-t}+c_1t\mathrm{e}^{-t} \tag{3.25}$$

根据初始条件

$$\begin{cases}i(0)=c_0=0\\ i'(0)=-c_0+c_1=1\end{cases} \tag{3.26}$$

求得 $c_0=0$，$c_1=1$。因此零输入响应电流为

$$i(t)=t\mathrm{e}^{-t},\ t\geqslant 0 \tag{3.27}$$

响应电流曲线如图 3.2 所示。结合电路分析的知识可知，当方程（3.23）存在重根时，这时电路工作在临界阻尼（critical damping）的状态。

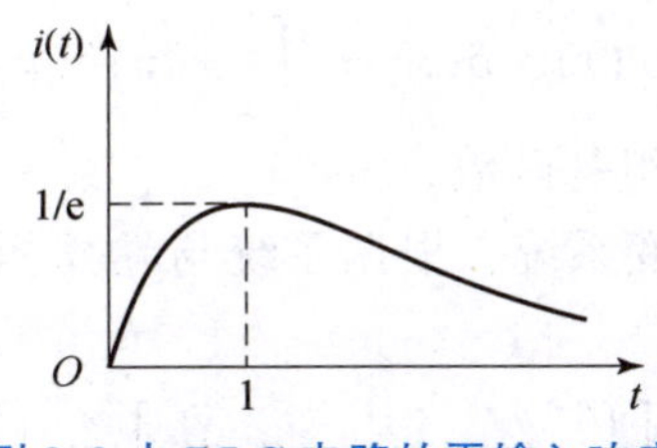

图 3.2　例 3.2 中 RLC 电路的零输入响应电流曲线

细心的读者可能注意到，根据线性系统的齐次性，如果输入为零，则输出必然为零。而实际上零输入响应并非为零，这看似有些矛盾。对于这个问题，可以从物理意义上来解释。在实际的系统分析中，通常假设是以某个时刻（即初始时刻，一般设为 $t=0$）开始对系统施加激励，因此激励与响应都是因果信号。而在施加激励之前，系统内部往往还存在一定的能量，这部分能量随时间推移逐渐释放出来，必然会对初始时刻以后的响应产生

影响。零输入响应就是用于刻画这部分能量的释放状态。因此，即使输入为零，系统的响应也不一定为零。

为解决上述“矛盾”，可将系统的全响应划分为零输入响应与零状态响应，即将零输入响应看作独立于激励信号之外的因素，如图 3.3 所示。此时由非齐次微分方程（即在施加激励情况下）所刻画的系统依然是线性的，由此产生的响应即为零状态响应。

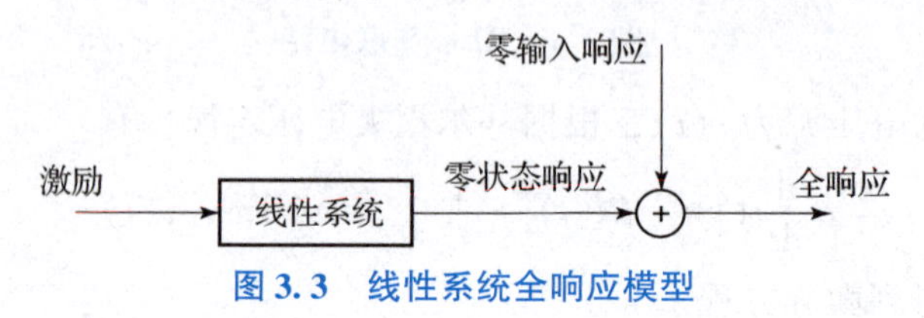

图 3.3 线性系统全响应模型

3.1.3 零状态响应与冲激响应

系统的零状态响应，是指施加激励信号且初始状态为零时系统的响应，其对应于非齐次方程的通解。当激励信号的形式较为简单时，可以采用 3.1.1 节介绍的经典法进行求解。然而，当激励信号形式较为复杂时，采用经典法求解将变得十分困难，甚至不可行。针对此问题，一种解决方法是采用叠加法。其基本思想是，如果激励信号能够表示为一些简单信号（即基函数）的加权和

$$x(t) = \sum_k a_k f_k(t) \tag{3.28}$$

式中，$f_k(t)$的零状态响应为 $y_k(t)$，那么根据系统的线性性质，系统的零状态响应即为所有 $y_k(t)$的加权和

$$y_{zs}(t) = \sum_k a_k y_k(t) \tag{3.29}$$

在应用叠加法时，基函数的选取至关重要。一般来讲，应保证两个原则：一是基函数应具备表示任意信号的能力，这样方法才具有普适性；二是基函数的零状态响应应容易求得，这样才能达到简化计算的目的。回顾第 2 章的内容可知，任意连续时间信号可以表示为一组不同时移的冲激函数的加权积分形式，即卷积积分：

$$x(t) = x(t) * \delta(t) = \int_{-\infty}^{\infty} x(\tau)\delta(t-\tau)\mathrm{d}\tau \tag{3.30}$$

式中，$\{\delta(t-\tau), \tau \in \mathbb{R}\}$即为一组基函数。

现用算子 $\mathcal{H}$ 表示线性时不变系统，根据系统与卷积积分的线性性质，设激励信号为 $x(t)$，则系统的零状态响应为

$$y(t) = \mathcal{H}[x(t)] = \mathcal{H}\left[\int_{-\infty}^{\infty} x(\tau)\delta(t-\tau)\mathrm{d}\tau\right] = \int_{-\infty}^{\infty} x(\tau)\mathcal{H}[\delta(t-\tau)]\mathrm{d}\tau \tag{3.31}$$

式中，$\mathcal{H}[\delta(t-\tau)]$为$\delta(t-\tau)$激励下的零状态响应。

记 $h(t) = \mathcal{H}[\delta(t)]$，根据系统的时不变性，易知 $h(t-\tau) = \mathcal{H}[\delta(t-\tau)]$。将该式代入式（3.31），可得

$$y(t) = \mathcal{H}[x(t)] = \int_{-\infty}^{\infty} x(\tau)h(t-\tau)\mathrm{d}\tau = x(t) * h(t) \tag{3.32}$$

由此可见，系统的零状态响应即为 $x(t)$与 $h(t)$的卷积积分，其中，$h(t)$是系统在单位冲

激函数 $\delta(t)$ 激励下的零状态响应，称为系统的**冲激响应**（impulse response）。

根据上述分析，求解系统的零状态响应可转化为先求解系统的冲激响应 $h(t)$。一旦 $h(t)$ 确定，则对于任意激励信号 $x(t)$，相应的零状态响应可以根据式（3.32）得到。这种方法称为卷积积分法，相比于经典法，该方法的适用范围更广。

那么如何求解系统的冲激响应呢？首先注意到，冲激函数是一个奇异函数，它在 $t=0$ 处取值无穷大，而在其他点取值均为零。类似地，阶跃函数也是一个奇异函数，它在 $t=0$ 处存在跳变，因此，可用于表示因果的或存在跳变的激励信号。这里对起始时刻“$t=0$”作一些补充解释。前面提到，一般将 $t=0$ 作为施加激励的参考点。如果激励信号不存在跳变，则系统在 $t=0$ 前后的状态是相同的。而如果激励信号存在跳变，会导致系统的储能会发生突变，这时在 $t=0$ 前后的状态就不同了。为了区分两个不同的初始状态，通常将 $t=0$ 前的一瞬间记为 $t=0^-$，而将 $t=0$ 后的一瞬间记为 $t=0^+$。相应地，$y(0^-)$ 表示施加激励前一瞬间系统的初始状态；$y(0^+)$ 表示施加激励后一瞬间系统的初始状态，包括施加激励前的储能以及激励所产生的能量。本书如无特别说明，“初始状态”（或“初始条件”）均指“$t=0^-$”时的状态（或条件）。

接下来回到冲激响应的求解问题上。由于冲激函数是奇异函数，因此不能利用经典法求解。但是前人总结了一些特殊的方法，包括时域法和变换域法两大类。本节介绍时域法，变换域法将在 3.2 节和 3.3 节介绍。在时域法中，又可分为算子法、系数平衡法、初始条件法等。本书主要介绍算子法，该方法由英国工程师赫维赛（O. Heaviside）于 19 世纪 80 年代提出，其基本思想是利用算子符号将微分方程分解为一些简单分式的“代数和”形式。下面以一阶微分方程为例进行说明，进而推广至 N 阶微分方程。

已知一阶微分方程

$$\frac{\mathrm{d}}{\mathrm{d}t}h(t)-\lambda h(t)=k\delta(t) \tag{3.33}$$

式中，λ，k 为常系数，初始条件为 $h(0^-)=0$。

令 $p=\frac{\mathrm{d}}{\mathrm{d}t}$ 表示微分算子，则式（3.33）可以化简为

$$ph(t)-\lambda h(t)=k\delta(t) \tag{3.34}$$

于是 $h(t)$ 可以表示为

$$h(t)=\frac{k}{p-\lambda}\delta(t) \tag{3.35}$$

注意，在上述推导过程中，将 p 视为一个代数符号，因此得到了形如式（3.35）所示的代数式。但应当牢记，p 表示微分算子。

下面求微分方程（3.33）的解，即冲激响应 $h(t)$。对方程两端乘以指数函数 $\mathrm{e}^{-\lambda t}$，有

$$\mathrm{e}^{-\lambda t}\frac{\mathrm{d}}{\mathrm{d}t}h(t)-\lambda \mathrm{e}^{-\lambda t}h(t)=k\mathrm{e}^{-\lambda t}\delta(t) \tag{3.36}$$

注意到方程（3.36）左端恰为 $\mathrm{e}^{-\lambda t}h(t)$ 的导数，因此

$$\frac{\mathrm{d}}{\mathrm{d}t}\left[\mathrm{e}^{-\lambda t}h(t)\right]=k\mathrm{e}^{-\lambda t}\delta(t) \tag{3.37}$$

对上式两端取 0^- 到 t 的积分，可得

$$e^{-\lambda t}h(t) - h(0^-) = k\int_{0^-}^{t} e^{-\lambda\tau}\delta(\tau)\,d\tau \tag{3.38}$$

利用初始条件 $h(0^-)=0$，求得

$$h(t) = k\int_{0^-}^{t} e^{\lambda(t-\tau)}\delta(\tau)\,d\tau = ke^{\lambda t}u(t) \tag{3.39}$$

由此可见，一阶微分方程所对应的冲激响应具有单边指数函数的形式。

将上述思路一般化，考虑 N 阶微分方程

$$\left(\frac{d^N}{dt^N} + a_{N-1}\frac{d^{N-1}}{dt^{N-1}} + \cdots + a_1\frac{d}{dt} + a_0\right)h(t) = \left(b_M\frac{d^M}{dt^M} + b_{M-1}\frac{d^{M-1}}{dt^{M-1}} + \cdots + b_1\frac{d}{dt} + b_0\right)\delta(t) \tag{3.40}$$

定义 n 阶微分算子：$p^n = \frac{d^n}{dt^n}$，则微分方程（3.40）可写为

$$(p^N + a_{N-1}p^{N-1} + \cdots + a_1p + a_0)h(t) = (b_Mp^M + b_{M-1}p^{M-1} + \cdots + b_1p + b_0)\delta(t) \tag{3.41}$$

若将式（3.41）视为关于 p 的代数式，则可得

$$h(t) = \frac{b_Mp^M + b_{M-1}p^{M-1} + \cdots + b_1p + b_0}{p^N + a_{N-1}p^{N-1} + \cdots + a_1p + a_0}\delta(t) = H(p)\delta(t) \tag{3.42}$$

式中，$H(p) = \frac{N(p)}{D(p)}$ 为关于 p 的有理式，称为系统的传递算子（transfer operator）。注意到 $D(p)=0$ 即为特征方程。

假设 $N>M$，且特征方程的根 $\lambda=\lambda_i$，$i=1, 2, \cdots, N$ 均为单根，则 $H(p)$ 可以表示为部分分式展开式，即

$$h(t) = \left[\frac{k_1}{p-\lambda_1} + \frac{k_2}{p-\lambda_2} + \cdots + \frac{k_N}{p-\lambda_N}\right]\delta(t) \tag{3.43}$$

式中，k_i，$i=1, 2, \cdots, N$ 为部分分式展开的系数。

由此可见，求解 N 阶微分方程的冲激响应可转化为求解 N 个一阶微分方程的冲激响应。结合式（3.39）与式（3.43），不难得到

$$h(t) = \sum_{i=1}^{N} k_i e^{\lambda_i t}u(t) \tag{3.44}$$

读者可能注意到，式（3.44）与系统的零输入响应（见式（3.18））具有相似的形式，差异仅在于线性组合系数。零输入响应的系数 c_i 是由 $t=0^-$ 时刻的初始条件确定的，而冲激响应的系数 k_i 是由传递算子 $H(p)$ 的部分分式展开确定的。两者看似没有关系，但这种相似并非偶然。事实上，由于冲激响应是单位冲激函数激励下的零状态响应，因此，在施加激励的一瞬间，系统突然增加了若干能量，相当于在 $t=0^+$ 时刻已具有某种初始状态。而当 $t>0$ 时，冲激函数取值为零，激励不再存在，因此，系统的响应仅由 $t=0^+$ 时刻的初始状态确定。换言之，$h(t)$ 可以视为一种特殊的"零输入响应"，它的组合系数由 $t=0^+$ 时刻的初始状态决定。

在上述分析过程中，假设 $N>M$ 且特征方程无重根。对于其他情况，可根据部分分式

展开的形式推导相应的冲激响应。表 3.2 列出了常见的代数形式及其所对应的冲激响应，供读者查阅使用。

表 3.2　常见的代数形式及其所对应的冲激响应

代数形式	$h(t)$
b（常数）	$b\delta(t)$
bp^{l}	$b\delta^{(l)}(t)$
$\dfrac{k}{p-\lambda}$	$k\mathrm{e}^{\lambda t}u(t)$
$\dfrac{k}{(p-\lambda)^{\alpha}}$	$\dfrac{kt^{\alpha-1}}{(\alpha-1)!}\mathrm{e}^{\lambda t}u(t)$

例 3.3　已知 RC 串联电路如图 3.4 所示，设电压源为单位冲激函数 $v(t)=\delta(t)$，求该电路的零状态响应电流 $i(t)$ 和电容两端的零状态响应电压 $v_c(t)$。

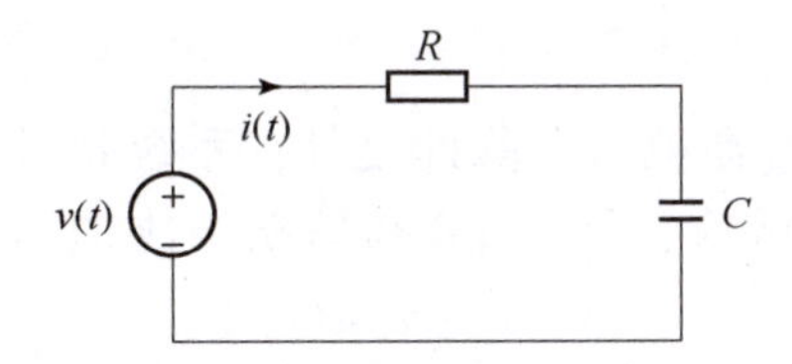

图 3.4　RC 串联电路

解： ①求零状态响应电流 $i(t)$。根据基尔霍夫电压定律，建立微分方程

$$Ri(t)+\frac{1}{C}\int_{-\infty}^{t}i(\tau)\mathrm{d}\tau=v(t) \tag{3.45}$$

式中，$v(t)=\delta(t)$。对上式两端求导，得

$$\frac{\mathrm{d}}{\mathrm{d}t}i(t)+\frac{1}{RC}i(t)=\frac{1}{R}\frac{\mathrm{d}}{\mathrm{d}t}\delta(t) \tag{3.46}$$

用算子表示为

$$pi(t)+\frac{1}{RC}i(t)=\frac{1}{R}p\delta(t) \tag{3.47}$$

求得传递算子为

$$H(p)=\frac{p/R}{p+1/(RC)}=\frac{1}{R}-\frac{1/(R^2C)}{p+1/(RC)} \tag{3.48}$$

因此电路的零状态响应电流为

$$i(t)=H(p)\delta(t)=\frac{1}{R}\delta(t)-\frac{1}{R^2C}\mathrm{e}^{-t/(RC)}u(t) \tag{3.49}$$

②求电容两端的零状态响应电压 $v_c(t)$。根据基尔霍夫电压定律，建立微分方程

$$RC\frac{\mathrm{d}}{\mathrm{d}t}v_c(t)+v_c(t)=\delta(t) \tag{3.50}$$

利用算子法求得

$$v_c(t)=\frac{1/(RC)}{p+1/(RC)}\delta(t)=\frac{1}{RC}\mathrm{e}^{-t/(RC)}u(t) \tag{3.51}$$

注：$v_c(t)$也可通过电流与电压的关系直接求得

$$v_c(t) = \frac{1}{C}\int_{-\infty}^{t} i(\tau)\,\mathrm{d}\tau \tag{3.52}$$

读者可自行验证其结果。

响应电流和响应电压曲线如图 3.5 所示。

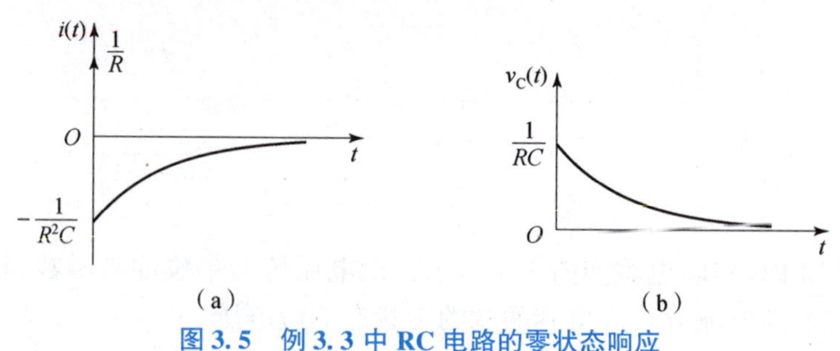

图 3.5　例 3.3 中 RC 电路的零状态响应

(a) 响应电流；(b) 电容上的响应电压

以上主要讨论了系统的冲激响应。除此之外，系统特性也可以通过**阶跃响应**（step response）来描述。所谓阶跃响应，是指在单位阶跃函数 $u(t)$激励下的零状态响应

$$s(t)=\mathcal{H}[u(t)] \tag{3.53}$$

根据冲激函数与阶跃函数的关系

$$u(t) = \int_{-\infty}^{t}\delta(\tau)\,\mathrm{d}\tau \tag{3.54}$$

同时利用系统的线性性质，可得

$$s(t) = \mathcal{H}[u(t)] = \mathcal{H}\left[\int_{-\infty}^{t}\delta(\tau)\,\mathrm{d}\tau\right] = \int_{-\infty}^{t}\mathcal{H}[\delta(\tau)]\,\mathrm{d}\tau = \int_{-\infty}^{t}h(\tau)\,\mathrm{d}\tau \tag{3.55}$$

由此可见，阶跃响应即是冲激响应的积分。如果冲激响应确定，则阶跃响应可以通过式(3.55) 获得；反之，如果阶跃响应确定，则对其求导即得到冲激响应

$$h(t)=\frac{\mathrm{d}}{\mathrm{d}t}s(t) \tag{3.56}$$

两者具有一一对应的关系，可以根据实际情况灵活地选取。本书主要以冲激响应进行介绍。

本节最后，通过一道例题给出求解系统全响应的完整过程，并说明各类响应的区别和联系。

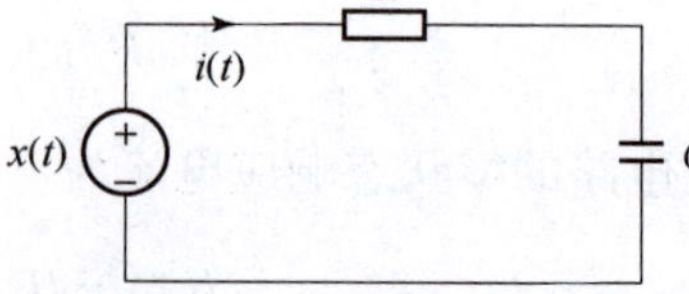

例 3.4　已知 RC 串联电路如图 3.6 所示，设 $R=1\ \Omega$，$C=1$ F，电压源 $x(t)=(1+\mathrm{e}^{-3t})u(t)$；电容两端的初始电压为 $y(0^-)=1$ V。求电容两端电压的全响应 $y(t)$。

图 3.6　RC 串联电路

解：①求零输入响应。根据题目条件，建立微分方程

$$RC\frac{\mathrm{d}}{\mathrm{d}t}y(t)+y(t)=x(t) \tag{3.57}$$

式中，$RC=1$。

特征方程为

$$\lambda+1=0 \tag{3.58}$$

得到特征根 $\lambda=-1$，因此，系统的零输入响应具有以下形式

$$y_{zi}(t)=c_1\mathrm{e}^{-t}u(t) \tag{3.59}$$

根据初始条件 $y(0^-)=1$，同时，注意到零状态响应 $y_{zs}(0^-)=0$，故零输入响应的初始条件为 $y_{zi}(0^-)=1$，代入式（3.59），解得 $c_1=1$①。因此，系统的零输入响应为

$$y_{zi}(t)=\mathrm{e}^{-t}u(t) \tag{3.60}$$

②求零状态响应。根据例3.3，RC电路的冲激响应为

$$h(t)=\frac{1}{p+1}\delta(t)=\mathrm{e}^{-t}u(t) \tag{3.61}$$

因此零状态响应为

$$y_{zs}(t)=x(t)*h(t)=\int_0^t(1+\mathrm{e}^{-3\tau})\mathrm{e}^{-(t-\tau)}\mathrm{d}\tau=\left(1-\frac{1}{2}\mathrm{e}^{-t}-\frac{1}{2}\mathrm{e}^{-3t}\right)u(t) \tag{3.62}$$

注意到由于 $x(t)$ 与 $h(t)$ 都是因果信号，因此，卷积积分是从0到 t。

③求全响应。综合①②的结果，电容两端的电压全响应为

$$y(t)=y_{zi}(t)+y_{zs}(t)=\underbrace{\mathrm{e}^{-t}u(t)}_{\text{零输入响应}}+\underbrace{\left(1-\frac{1}{2}\mathrm{e}^{-t}-\frac{1}{2}\mathrm{e}^{-3t}\right)u(t)}_{\text{零状态响应}} \tag{3.63}$$

将式（3.63）整理为

$$y(t)=\underbrace{\frac{1}{2}\mathrm{e}^{-t}u(t)}_{\text{自然响应}}+\underbrace{\left(1-\frac{1}{2}\mathrm{e}^{-3t}\right)u(t)}_{\text{受迫响应}} \tag{3.64}$$

式中，第一项满足齐次方程，且指数 $\lambda=-1$ 满足特征方程（即系统的自然频率），故该项为自然响应；其余项是由外加激励引起的，故为受迫响应。

从本例可以看出，系统的自然响应、受迫响应与零输入响应、零状态响应之间存在差异。零输入响应是自然响应的一部分；而零状态响应既包含一部分自然响应（齐次解），又包含受迫响应（特解），这是因为零状态响应要求初始状态为零，因此必然由激励信号和系统自身共同决定。换言之，零状态响应可视为当初始状态为零时的“全响应”②。

此外，全响应还可以划分为

$$y(t)=\underbrace{\left(\frac{1}{2}\mathrm{e}^{-t}-\frac{1}{2}\mathrm{e}^{-3t}\right)u(t)}_{\text{瞬态响应}}+\underbrace{u(t)}_{\text{稳态响应}} \tag{3.65}$$

---

① 注意到式（3.59）中含有 $u(t)$，若将 $t=0^-$ 直接代入，会得到 $y_{zi}(0^-)=0$，显然这个结果与初始条件矛盾。实际上，式（3.59）中的“$u(t)$”只是一种记法，用于表明零输入响应的范围是 $t\geqslant0$（即施加激励之后），并非意味着当 $t<0$ 时零输入响应恒为零。另外，由于零输入响应是由系统初始储能决定的，不存在跳变，因此 $t=0^-$ 和 $t=0^+$ 的状态是一样的，即 $y_{zi}(0^-)=y_{zi}(0^+)=y_{zi}(0)$。也可利用该关系来计算零输入响应的待定系数。

② 如果系统不包含任何初始储能，即初始状态为零，那么零输入响应为零，系统的全响应必然只有零状态响应。

式中，前两个指数项随着时间增长而衰减至零，这部分响应称为**瞬态响应**（transient response）；余下的$u(t)$不随时间改变，这部分响应称为**稳态响应**（steady - state response）。

3.2 连续时间系统的频域分析

3.2.1 连续时间系统的频率响应

已知线性时不变系统的输入信号为$x(t)$，输出信号为$y(t)$。为了便于讨论，以下均假设系统的初始条件为零，故输出仅包含零状态响应。根据3.1.3节的介绍可知，输入与输出在时域上的关系为

$$y(t) = \int_{-\infty}^{\infty} x(\tau)h(t-\tau)\mathrm{d}\tau = x(t) * h(t) \tag{3.66}$$

式中，$h(t)$为系统的冲激响应。

根据傅里叶变换的卷积定理，时域上的卷积对应于频域上的乘积，故式（3.66）可以转化为

$$Y(\mathrm{j}\omega) = H(\mathrm{j}\omega)X(\mathrm{j}\omega) \tag{3.67}$$

式中，$X(\mathrm{j}\omega)$，$Y(\mathrm{j}\omega)$分别为$x(t)$，$y(t)$的傅里叶变换；$H(\mathrm{j}\omega)$为冲激响应$h(t)$的傅里叶变换，称为系统的**频率响应**（frequency response）。

频率响应描述了系统输入与输出在频域上的关系。注意到频率响应通常是复的，即

$$H(\mathrm{j}\omega) = |H(\mathrm{j}\omega)|\mathrm{e}^{\mathrm{j}\angle H(\mathrm{j}\omega)} \tag{3.68}$$

式中，$|H(\mathrm{j}\omega)|$刻画了幅度随频率变化的关系，称为**幅频响应**（magnitude - frequency response）；$\angle H(\mathrm{j}\omega)$刻画了相位随频率变化的关系，称为**相频响应**（phase - frequency response）。特别地，如果冲激响应是实的，根据傅里叶变换的性质可知，幅频响应为偶函数，相频响应为奇函数。

相应地，输入与输出之间的幅度谱和相位谱的关系分别为

$$|Y(\mathrm{j}\omega)| = |H(\mathrm{j}\omega)||X(\mathrm{j}\omega)| \tag{3.69}$$

$$\angle Y(\mathrm{j}\omega) = \angle H(\mathrm{j}\omega) + \angle X(\mathrm{j}\omega) \tag{3.70}$$

由此可见，信号经过系统之后，幅度谱乘以$|H(\mathrm{j}\omega)|$，相位谱增加$\angle H(\mathrm{j}\omega)$。故$|H(\mathrm{j}\omega)|$称为系统的增益（gain），$\angle H(\mathrm{j}\omega)$称为系统的相移（phase shift）。

在实际应用中，经常使用对数来描述增益（即幅频响应）

$$G(\mathrm{j}\omega) = 20\log_{10}|H(\mathrm{j}\omega)| \tag{3.71}$$

单位为分贝（decibel，dB）。

相应地，式（3.69）改用对数可表示为

$$20\log_{10}|Y(\mathrm{j}\omega)| = 20\log_{10}|H(\mathrm{j}\omega)| + 20\log_{10}|X(\mathrm{j}\omega)| \quad (\mathrm{dB}) \tag{3.72}$$

可见，利用对数运算可将乘积关系转化为加法关系。在某些情况下，可以简化问题分析。

根据上述分析，如果已知系统的频率响应及输入信号的频谱，则可以根据式（3.67）确定输出信号的频谱，进而再利用傅里叶逆变换，求得输出信号在时域上的表达式。这就是频域分析法的基本思路。

那么如何求系统的频率响应呢？根据定义，如果知道系统的冲激响应，对其作傅里叶变换，自然就得到了系统的频率响应。这样问题又归结为求解系统的冲激响应，3.1.3 节已经介绍过冲激响应的时域求解方法。

此外，还有另外一种方式。如果系统可以用微分方程来描述

$$\left(\frac{\mathrm{d}^N}{\mathrm{d}t^N}+a_{N-1}\frac{\mathrm{d}^{N-1}}{\mathrm{d}t^{N-1}}+\cdots+a_1\frac{\mathrm{d}}{\mathrm{d}t}+a_0\right)y(t)=\left(b_M\frac{\mathrm{d}^M}{\mathrm{d}t^M}+b_{M-1}\frac{\mathrm{d}^{M-1}}{\mathrm{d}t^{M-1}}+\cdots+b_1\frac{\mathrm{d}}{\mathrm{d}t}+b_0\right)x(t) \tag{3.73}$$

对方程（3.73）两端作傅里叶变换，并利用傅里叶变换的微分性质，即

$$\frac{\mathrm{d}^n}{\mathrm{d}t^n}x(t)\overset{\mathcal{F}}{\longleftrightarrow}(\mathrm{j}\omega)^nX(\mathrm{j}\omega) \tag{3.74}$$

可得

$$[(\mathrm{j}\omega)^N+a_{N-1}(\mathrm{j}\omega)^{N-1}+\cdots+a_0]Y(\mathrm{j}\omega)=[b_M(\mathrm{j}\omega)^M+b_{M-1}(\mathrm{j}\omega)^{M-1}+\cdots+b_0]X(\mathrm{j}\omega) \tag{3.75}$$

因此

$$H(\mathrm{j}\omega)=\frac{Y(\mathrm{j}\omega)}{X(\mathrm{j}\omega)}=\frac{\sum_{i=0}^{M}b_i(\mathrm{j}\omega)^i}{\sum_{i=0}^{N}a_i(\mathrm{j}\omega)^i} \tag{3.76}$$

式中，$a_N=1$。

由此可见，如果系统可以用微分方程来描述，则对方程直接作傅里叶变换即可得到频率响应。这时频率响应具有有理函数的形式，且分子与分母中的多项式均由方程系数决定。进一步，在求得频率响应之后，对其作傅里叶逆变换，便得到系统的冲激响应：

$$h(t)=\mathcal{F}^{-1}[H(\mathrm{j}\omega)] \tag{3.77}$$

综上所述，系统的冲激响应与频率响应具有一一对应的关系，两者分别从时域和频域刻画了系统的特性。由于输入与输出之间的频域关系可以通过式（3.67）来描述，相对于微分方程更为简洁，因此，在许多实际问题中，采用频域分析法更为方便。

3.2.2　零状态响应的频域求解

根据 3.2.1 节的分析，若已知输入信号（激励）的频谱及系统的频率响应，则容易求得输出信号（零状态响应）的频谱，进而可以求得时域上的表达式。这种方法也适用于求解系统的冲激响应（即单位冲激函数激励下的零状态响应）。

例 3.5　已知 RC 串联电路如图 3.7 所示，设 $R=1\ \Omega$，$C=1\ \mathrm{F}$，电压源 $x(t)=(1+\mathrm{e}^{-3t})u(t)$，采用频域法求系统的冲激响应 $h(t)$ 及电容两端的零状态响应 $y_{\mathrm{zs}}(t)$。

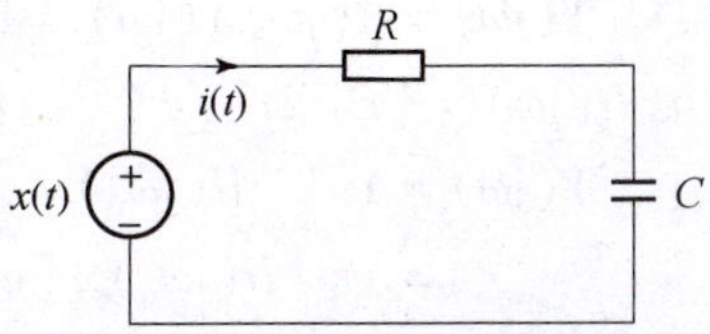

解： ①求系统的冲激响应。根据例 3.3，系统的冲激响应 $h(t)$ 满足微分方程：

图 3.7　RC 串联电路

$$RC\frac{\mathrm{d}}{\mathrm{d}t}h(t)+h(t)=\delta(t) \tag{3.78}$$

对上式两端作傅里叶变换，得

$$RC\mathrm{j}\omega H(\mathrm{j}\omega)+H(\mathrm{j}\omega)=1 \tag{3.79}$$

因此频率响应为

$$H(\mathrm{j}\omega)=\frac{1}{1+\mathrm{j}\omega RC} \tag{3.80}$$

根据傅里叶变换对：$\mathrm{e}^{-at}u(t)\xleftrightarrow{\mathcal{F}}\dfrac{1}{a+\mathrm{j}\omega}$，易知

$$h(t)=\frac{1}{RC}\mathrm{e}^{-t/(RC)}u(t) \tag{3.81}$$

式中，$RC=1$。对比例 3.3 采用时域算子法的结果可知，两者是一样的。

②求电容两端的零状态响应。激励信号的频谱为

$$X(\mathrm{j}\omega)=\mathcal{F}[x(t)]=\mathcal{F}[u(t)]+\mathcal{F}[\mathrm{e}^{-3t}u(t)]=\pi\delta(\omega)+\frac{1}{\mathrm{j}\omega}+\frac{1}{3+\mathrm{j}\omega} \tag{3.82}$$

因此零状态响应电压的频谱为

$$\begin{aligned}Y(\mathrm{j}\omega)=H(\mathrm{j}\omega)X(\mathrm{j}\omega)&=\frac{1}{1+\mathrm{j}\omega}\cdot\left[\pi\delta(\omega)+\frac{1}{\mathrm{j}\omega}+\frac{1}{3+\mathrm{j}\omega}\right]\\&=\pi\delta(\omega)+\frac{1}{\mathrm{j}\omega(1+\mathrm{j}\omega)}+\frac{1}{(1+\mathrm{j}\omega)(3+\mathrm{j}\omega)}\\&=\pi\delta(\omega)+\left[\frac{1}{\mathrm{j}\omega}-\frac{1}{1+\mathrm{j}\omega}\right]+\frac{1}{2}\left[\frac{1}{1+\mathrm{j}\omega}-\frac{1}{3+\mathrm{j}\omega}\right]\\&=\pi\delta(\omega)+\frac{1}{\mathrm{j}\omega}-\frac{1}{2}\frac{1}{1+\mathrm{j}\omega}-\frac{1}{2}\frac{1}{3+\mathrm{j}\omega}\end{aligned} \tag{3.83}$$

对上式作傅里叶逆变换，得

$$y_{\mathrm{zs}}(t)=\mathcal{F}^{-1}[Y(\mathrm{j}\omega)]=\left(1-\frac{1}{2}\mathrm{e}^{-t}-\frac{1}{2}\mathrm{e}^{-3t}\right)u(t) \tag{3.84}$$

对比例 3.4 中的时域计算结果可知，两者是一样的。

当激励信号为正弦信号时，采用频域分析法能够快速确定系统的零状态响应。设激励信号为

$$x(t)=A\cos(\omega_0 t+\phi)=\frac{A}{2}[\mathrm{e}^{\mathrm{j}(\omega_0 t+\phi)}+\mathrm{e}^{-\mathrm{j}(\omega_0 t+\phi)}] \tag{3.85}$$

其傅里叶变换为

$$X(\mathrm{j}\omega)=A\pi[\mathrm{e}^{\mathrm{j}\phi}\delta(\omega-\omega_0)+\mathrm{e}^{-\mathrm{j}\phi}\delta(\omega+\omega_0)] \tag{3.86}$$

设系统的频率响应为 $H(\mathrm{j}\omega)$，则正弦信号激励下的零状态响应为

$$Y(\mathrm{j}\omega)=H(\mathrm{j}\omega)X(\mathrm{j}\omega)=A\pi[H(\mathrm{j}\omega_0)\mathrm{e}^{\mathrm{j}\phi}\delta(\omega-\omega_0)+H(-\mathrm{j}\omega_0)\mathrm{e}^{-\mathrm{j}\phi}\delta(\omega+\omega_0)] \tag{3.87}$$

记 $H(\mathrm{j}\omega)=|H(\mathrm{j}\omega)|\mathrm{e}^{\mathrm{j}\varphi(\omega)}$，同时注意到 $|H(\mathrm{j}\omega)|$ 为偶函数，$\varphi(\mathrm{j}\omega)$ 为奇函数，因此

$$\begin{aligned}Y(\mathrm{j}\omega)&=A\pi[\,|H(\mathrm{j}\omega_0)|\,\mathrm{e}^{\mathrm{j}\varphi(\omega_0)}\mathrm{e}^{\mathrm{j}\phi}\delta(\omega-\omega_0)+|H(-\mathrm{j}\omega_0)|\,\mathrm{e}^{\mathrm{j}\varphi(-\omega_0)}\mathrm{e}^{-\mathrm{j}\phi}\delta(\omega+\omega_0)]\\&=A\pi\,|H(\mathrm{j}\omega_0)|\,[\mathrm{e}^{\mathrm{j}(\varphi(\omega_0)+\phi)}\delta(\omega-\omega_0)+\mathrm{e}^{-\mathrm{j}(\varphi(\omega_0)+\phi)}\delta(\omega+\omega_0)]\end{aligned} \tag{3.88}$$

再利用傅里叶逆变换，可得

$$y(t)=A\,|H(\mathrm{j}\omega_0)|\cos(\omega_0 t+\varphi(\omega_0)+\phi) \tag{3.89}$$

由此可见，在正弦信号激励下，系统的零状态响应依然是同频率的正弦信号，其幅度乘以

系数 $|H(\mathrm{j}\omega_0)|$，相位增加 $\varphi(\omega_0)$。熟悉电路知识的读者应当对上述结论并不陌生，实际上，利用电路分析中的正弦稳态分析方法[13]可以得到相同的结论。

上述结论可推广至多个正弦信号的叠加，设

$$x(t) = \sum_{k=1}^{N} A_k \cos(\omega_k t + \phi_k) \tag{3.90}$$

则相应的零状态响应为

$$y(t) = \sum_{k=1}^{N} A_k |H(\mathrm{j}\omega_k)| \cos(\omega_k t + \varphi(\omega_k) + \phi_k) \tag{3.91}$$

对于更一般的周期信号，可以将其展成傅里叶级数，按照上述方式计算，不再赘述。

需要说明的是，在利用傅里叶变换将微分方程转化为代数方程的过程中，不涉及系统的初始条件，或者说默认系统的初始条件为零，因此频域分析法仅限于求解系统的零状态响应。这是频域分析法的局限。在 3.3 节会看到，采用复频域分析法，即拉普拉斯变换，可以突破频域法的局限，得到系统的全响应。

3.2.3　无失真系统的频率特性

通常，信号通过系统后波形会发生变化。根据输入与输出之间的频域关系

$$Y(\mathrm{j}\omega) = H(\mathrm{j}\omega) X(\mathrm{j}\omega) \tag{3.92}$$

因此可以利用系统的频率响应 $H(\mathrm{j}\omega)$ 有针对性地改变信号的频谱，从而达到某种目的。而如果这种变化并非是所希望的，则称为**失真**（distortion）。失真的来源主要包括两方面：一是**幅度失真**（magnitude distortion），即系统对信号各频率分量的幅度产生不同程度的变化；二是**相位失真**（phase distortion），即系统改变了信号各频率分量在时间轴上的相对位置。两者均会造成信号波形的变化。

在某些应用场景中（例如通信领域），希望信号经过传输后无失真，即输出信号 $y(t)$ 的波形与输入信号 $x(t)$ 的波形相同，至多在幅度上相差一个比例系数 K，且在时间上存在一个固定时延（delay）t_0，如图 3.8 所示。两者的时域关系可表示为

$$y(t) = Kx(t - t_0) \tag{3.93}$$

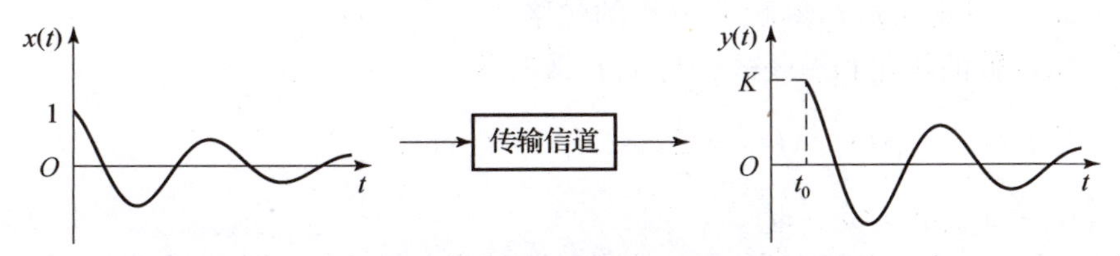

图 3.8　信号无失真示意图

相应地，频域关系可表示为

$$Y(\mathrm{j}\omega) = K\mathrm{e}^{-\mathrm{j}\omega t_0} X(\mathrm{j}\omega) \tag{3.94}$$

因此，系统的频率响应为

$$H(\mathrm{j}\omega) = \frac{Y(\mathrm{j}\omega)}{X(\mathrm{j}\omega)} = K\mathrm{e}^{-\mathrm{j}\omega t_0} \tag{3.95}$$

称满足式（3.95）的系统为**无失真系统**（distortion - less system）。此时，系统的幅频响应

为常数，相频响应为关于 ω 的线性函数，即

$$|H(\mathrm{j}\omega)| = K \tag{3.96}$$

$$\angle H(\mathrm{j}\omega) = \varphi(\omega) = -\omega t_0 \tag{3.97}$$

图 3.9 画出了无失真系统的频率特性。

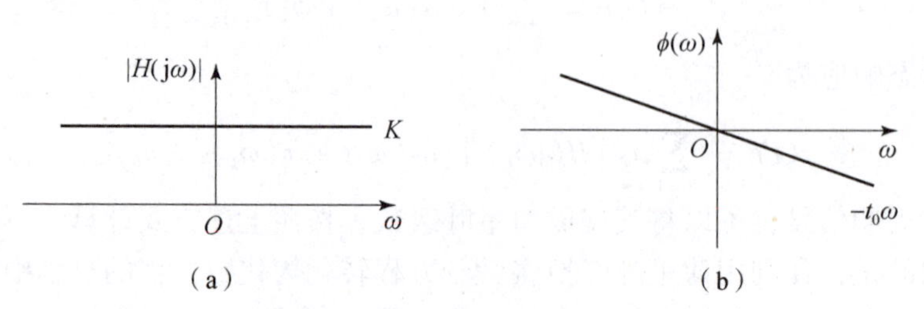

图 3.9 无失真系统的频率特性

(a) 幅频响应；(b) 相频响应

结合物理意义来分析，当幅频响应（即增益）为常数 K 时，输入信号所有频率分量的幅度均乘以比例系数 K，因此输出信号各频率分量的相对幅度不变。当相频响应为过原点的线性函数时，各频率分量所对应的相移与频率成正比，故各频率分量在时间轴上具有相同的时延

$$t_0 = -\frac{\varphi(\omega)}{\omega} \tag{3.98}$$

式（3.98）通常称为**相位时延**（phase delay）。

式（3.95）所定义的无失真系统是一个理想化模型。在实际应用中，系统的带宽通常是有限的，这时只要在通带（passband）范围之内满足条件（3.95），就可以近似为无失真系统。特别是对于高频窄带系统，即系统的通带在以 $\omega=\omega_c$ 为中心的很窄范围内，相频特性还可以放宽要求。下面结合通信中的抑制载波幅度调制（suppressed - carrier amplitude modulation）过程进行说明。设传输信号（即已调信号）为

$$x(t) = m(t)\cos(\omega_c t) = A\cos(\omega_0 t)\cos(\omega_c t) \tag{3.99}$$

式中，$m(t)=A\cos(\omega_0 t)$ 为调制信号；$\cos(\omega_c t)$ 为载波；ω_0，ω_c 分别为调制频率和载波频率，且 $\omega_0 \ll \omega_c$。因此，$m(t)$ 刻画了 $x(t)$ 的包络。

利用三角函数的积化和差公式，将 $x(t)$ 改写为

$$x(t) = \frac{A}{2}\cos(\omega_1 t) + \frac{A}{2}\cos(\omega_2 t) \tag{3.100}$$

式中，$\omega_1=\omega_c+\omega_0$；$\omega_2=\omega_c-\omega_0$。

现考虑 $x(t)$ 经过中心频率为 $\omega=\omega_c$ 的窄带系统进行传输，假设系统的幅频响应为常数 1，相频响应为 $\varphi(\omega)$，则输出信号为

$$\begin{aligned} y(t) &= \frac{A}{2}\cos(\omega_1 t+\varphi(\omega_1)) + \frac{A}{2}\cos(\omega_2 t+\varphi(\omega_2)) \\ &= A\cos\left(\omega_c t+\frac{\varphi(\omega_1)+\varphi(\omega_2)}{2}\right)\cos\left(\omega_0 t+\frac{\varphi(\omega_1)-\varphi(\omega_2)}{2}\right) \end{aligned} \tag{3.101}$$

由此可见，载波与包络具有不同的相移，因而也具有不同的时延。具体来讲，载波的时延为

$$\tau_c = -\frac{\varphi(\omega_1)+\varphi(\omega_2)}{2\omega_c} = -\frac{\varphi(\omega_1)+\varphi(\omega_2)}{\omega_1+\omega_2} \tag{3.102}$$

而包络的时延为

$$\tau_0 = -\frac{\varphi(\omega_1)-\varphi(\omega_2)}{2\omega_0} = -\frac{\varphi(\omega_1)-\varphi(\omega_2)}{\omega_1-\omega_2} \tag{3.103}$$

事实上，由于系统的带宽远小于中心频率 ω_c，因此，相频响应可以用 $\omega=\omega_c$ 附近一阶泰勒多项式近似

$$\varphi(\omega) \approx \varphi(\omega_c) + \varphi'(\omega_c)(\omega-\omega_c) \tag{3.104}$$

于是式（3.102）与式（3.103）可化简为

$$\tau_c = -\frac{\varphi(\omega_c)}{\omega_c} = -\frac{\varphi(\omega)}{\omega}\bigg|_{\omega=\omega_c} \tag{3.105}$$

$$\tau_0 = -\varphi'(\omega_c) = -\frac{\mathrm{d}\varphi(\omega)}{\mathrm{d}\omega}\bigg|_{\omega=\omega_c} \tag{3.106}$$

上面两个公式说明，信号经过窄带系统后，载波的时延恰好为 $\omega=\omega_c$ 处的相位时延，而包络的时延为相频响应在 $\omega=\omega_c$ 处的一阶导数取相反数。这种时延称为**群时延**（group delay）。一般地，设系统的相频响应为 $\varphi(\omega)$，则群时延定义为

$$\tau(\omega) = -\frac{\mathrm{d}\varphi(\omega)}{\mathrm{d}\omega} \tag{3.107}$$

上述结论可以推广至更一般的情况。设传输信号 $x(t)=m(t)\cos(\omega_c t)$，其中，$m(t)$ 为任意带限信号，其带宽远小于载频 ω_c，则经过窄带系统传输后，输出信号具有如下形式

$$y(t) = m(t-\tau_0)\cos(\omega_c(t-\tau_c)) \tag{3.108}$$

式中，τ_c，τ_0 分别为 $\omega=\omega_c$ 处的相位时延和群时延，如式（3.105）和式（3.106）所定义。该结论的证明留给读者，见习题 3.12。

根据上述分析，若窄带系统的相频响应在通带范围内为线性函数，如图 3.10 所示，则群时延为常数，此时传输信号的包络不会失真，故可认为系统无相位失真。

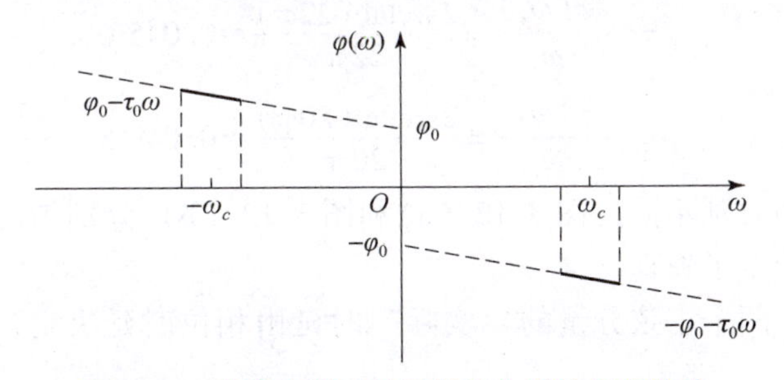

图 3.10 高频窄带系统无相位失真的相频特性

例 3.6 已知某系统的频率响应为

$$H(\mathrm{j}\omega) = \frac{1-\mathrm{j}\omega}{1+\mathrm{j}\omega} \tag{3.109}$$

①求该系统的幅频响应、相频响应以及群时延；

②设输入信号为 $x(t)=\sin(\omega_1 t)+\sin(\omega_2 t)$，其中，$\omega_1=22\pi$，$\omega_2=20\pi$，判断该信号通过系统后波形是否失真。

解：①系统频率响应具有有理函数的形式，且分子、分母互为共轭，易知幅频响应为

$$|H(\mathrm{j}\omega)| = H(\mathrm{j}\omega)H^*(\mathrm{j}\omega) = 1 \tag{3.110}$$

相频响应为

$$\varphi(\omega) = -\arctan\left(\frac{2\omega}{1-\omega^2}\right) = -2\arctan(\omega) \tag{3.111}$$

由此可见，系统的相位是非线性的。

对相频响应求关于 ω 的一阶导数，并取相反数，可得系统的群时延为

$$\tau(\omega) = -\frac{\mathrm{d}}{\mathrm{d}\omega}\varphi(\omega) = \frac{2}{1+\omega^2} \tag{3.112}$$

图 3.11 画出了系统的特性曲线。

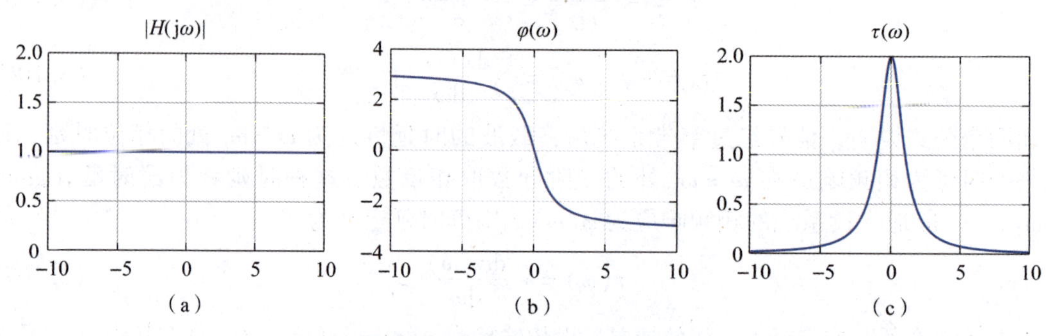

图 3.11　例 3.6 系统的响应曲线

(a) 幅频响应；(b) 相频响应；(c) 群时延

②由于 $x(t)$ 由两个单频正弦波叠加构成，易知输出信号为

$$y(t) = \sin(\omega_1 t + \varphi(\omega_1)) + \sin(\omega_2 t + \varphi(\omega_2)) = \sin(\omega_1(t-t_1)) + \sin(\omega_2(t-t_2)) \tag{3.113}$$

式中

$$t_1 = -\frac{\varphi(\omega_1)}{\omega_1} = \frac{2\arctan(22\pi)}{22\pi} \approx 0.0450 \tag{3.114}$$

$$t_2 = -\frac{\varphi(\omega_2)}{\omega_2} = \frac{2\arctan(20\pi)}{20\pi} \approx 0.0495 \tag{3.115}$$

可见两个正弦分量的时延不同。图 3.12 (a)和图 3.12 (b) 分别画出了输入与输出的波形，可见输出波形产生了失真。

需要注意的是，两个正弦分量的“实际”时延由相位时延决定，而并不等于各自频率点上的群时延。

进一步观察，注意到输入与输出波形的包络非常相似，如图 3.12 (a)和图 3.12 (b) 中虚线所示。若将 $y(t)$ 写作

$$\begin{aligned} y(t) &= 2\sin\left(\frac{\omega_1+\omega_2}{2}t + \frac{\varphi(\omega_1)+\varphi(\omega_2)}{2}\right)\cos\left(\frac{\omega_1-\omega_2}{2}t + \frac{\varphi(\omega_1)-\varphi(\omega_2)}{2}\right) \\ &= 2\sin(\omega_c(t-\tau_c))\cos(\omega_0(t-\tau_0)) \end{aligned} \tag{3.116}$$

式中，$\omega_c = (\omega_1+\omega_2)/2 = 21\pi$，$\omega_0 = (\omega_1-\omega_2)/2 = \pi$，

$$\tau_c = -\frac{\varphi(\omega_1)+\varphi(\omega_2)}{\omega_1+\omega_2} = \frac{2(\arctan(22\pi)+\arctan(20\pi))}{22\pi+20\pi} \approx 0.0472 \tag{3.117}$$

$$\tau_0 = -\frac{\varphi(\omega_1)-\varphi(\omega_2)}{\omega_1-\omega_2} = \frac{2(\arctan(22\pi)-\arctan(20\pi))}{22\pi-20\pi} \approx 4.6\times 10^{-4} \tag{3.118}$$

容易验证，$\tau_c \approx -\varphi(\omega_c)/\omega_c$，$\tau_0 \approx \tau(\omega_c)$。因此，载波的时延 t_c 近似等于 $\omega=\omega_c$ 处的相位时延，而包络的时延 τ_0 近似为 $\omega=\omega_c$ 处的群时延。图 3.12（c）将输入与输出波形的包络画在同一坐标系下，注意到由于 τ_0 的数量级为 10^{-6} s，因此两个包络非常接近。

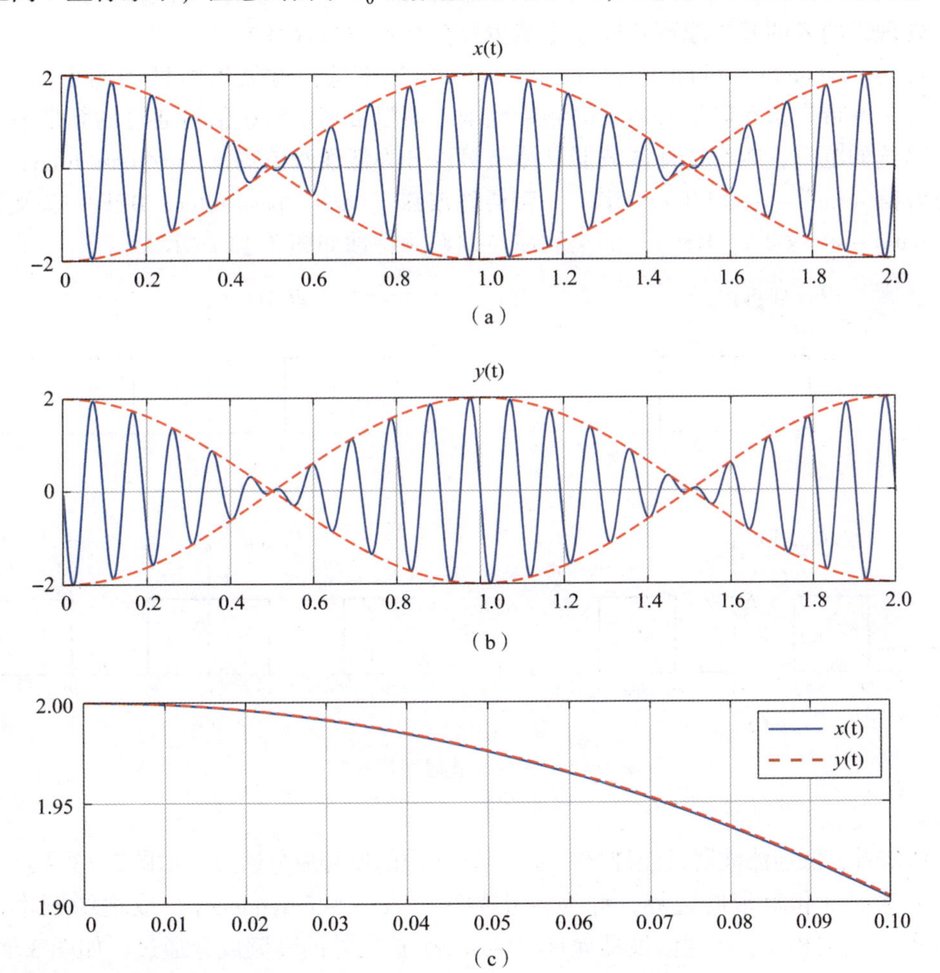

图 3.12　例 3.6 输入与输出的波形图

（a）输入波形；（b）输出波形；（c）输入与输出的包络（局部）

3.2.4　理想滤波器的频率特性

在许多实际应用中，我们希望利用系统的频率特性改变信号的频谱，该过程称为**滤波**（filtering），具有滤波功能的系统称为**滤波器**（filter）。例如，在音频系统中，通过合理地调整滤波器的增益，可以改变音频信号的频率成分①，从而增强声音的听感。这类能够改变信号频谱形状的滤波器称为**频率整形滤波器**（frequency - shaping filter）。另外，滤波器还可以实现频率筛选的功能，这类滤波器称为**频率选择滤波器**（frequency - selective filter）。例如，在广播系统中，不同电台具有特定的频段，通过收音机内置的滤波器，使指定频段的信号进入接收器，从而实现选台的功能。又如，实际中的信号通常伴有噪声，信号与噪声往往具有不同的频率特性，利用滤波器滤除频谱中的噪声成分，保留信号成分，从而实现去噪的目的。无论是频率整形滤波器，还是频率选择滤波器，都是对信号频谱进行处理，两者的基本原理相同。本节主要介绍频率选择滤波器。

通带（passband）与阻带（stopband）是决定频率选择滤波器特性的两个重要参数。顾名思义，通带是指允许信号通过的频带范围，而阻带是指阻止信号通过的频带范围。依据频率筛选的范围，频率选择滤波器具体又可以分为**低通滤波器**（low - pass filter，LPF）、**高通滤波器**（high - pass filter，HPF）、**带通滤波器**（band - pass filter，BPF）以及**带阻滤波器**（band - stop filter，BSF）。四类滤波器的幅频特性如图 3.13 所示。

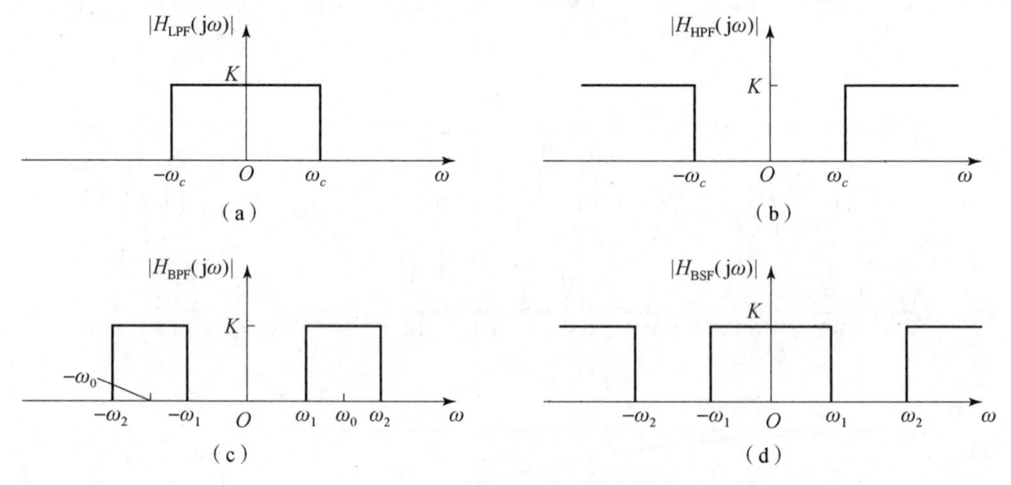

图 3.13　理想滤波器的幅频特性

(a) 低通滤波器；(b) 高通滤波器；(c) 带通滤波器；(d) 带阻滤波器

具体来看，低通滤波器只允许 $(-\omega_c,\omega_c)$ 之内的低频成分通过，如图 3.13 (a) 所示，其中，ω_c 为通带和阻带的边界，称为截止频率（cut - off frequency）或边缘频率（edge frequency）。与之相反，高通滤波器允许 $(-\omega_c,\omega_c)$ 之外的高频成分通过，如图 3.13 (b) 所示。

带通滤波器允许 (ω_1,ω_2) 和 $(-\omega_2,-\omega_1)$ 之内的频率成分通过，如图 3.13 (c) 所示，其中，ω_1，ω_2 分别为通带下限和上限截止频率，$\omega_0=(\omega_1+\omega_2)/2$ 为中心频率。与之相反，带阻滤波器将 (ω_1,ω_2) 和 $(-\omega_2,-\omega_1)$ 之内的频率成分滤除，如图 3.13 (d) 所示。

注意，在上述介绍中，假定滤波器是实的，因而幅频响应是偶函数。同时，为了便于

① 声音的频率通常称为音调（pitch），如低音对应于低频成分，高音对应于高频成分。

描述，假定通带的幅频响应为常数，阻带的幅频响应为零，且通带与阻带具有共同的边缘频率。这种形式的滤波器称为理想滤波器（ideal filter）。

下面针对理想低通滤波器进行详细分析。理想低通滤波器的频率响应可表示为

$$H_{\mathrm{LPF}}(\mathrm{j}\omega)=\begin{cases}K\mathrm{e}^{-\mathrm{j}\omega t_0}, & |\omega|\leqslant\omega_c\\ 0, & \text{其他}\end{cases} \tag{3.119}$$

式中，K 为滤波器的增益，t_0 为时移因子，两者均为常数。图 3.14 给出了理想低通滤波器的频率特性。

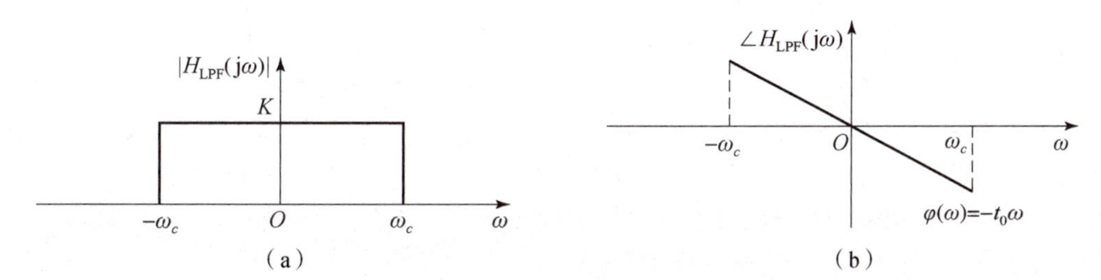

图 3.14　理想低通滤波器

（a）幅频响应；（b）相频响应

为了便于分析，不妨假设 $K=1$，$t_0=0$。对频率响应作傅里叶逆变换，于是得到理想低通滤波器的冲激响应

$$h(t)=\mathcal{F}^{-1}[H_{\mathrm{LPF}}(\mathrm{j}\omega)]=\frac{1}{2\pi}\int_{-\infty}^{\infty}\mathrm{e}^{\mathrm{j}\omega t}\mathrm{d}\omega=\frac{1}{2\pi}\int_{-\omega_c}^{\omega_c}\mathrm{e}^{\mathrm{j}\omega t}\mathrm{d}\omega=\frac{\omega_c}{\pi}\mathrm{Sa}(\omega_c t) \tag{3.120}$$

由此可见，冲激响应具有抽样函数的形式，如图 3.15（a）所示。同时可以得出如下结论：

①冲激响应不再是冲激函数，这说明输出波形发生了变化，因此理想低通滤波器并不是无失真系统。失真主要源于通带范围之外的频率成分被滤除。结合幅频响应来看，显然 ω_c 越大，理想低通滤波器越接近无失真系统。

②冲激响应的主瓣宽度为 $2\pi/\omega_c$，与截止频率 ω_c 成反比，ω_c 越大，主瓣宽度越窄。当 ω_c 趋向于无穷大时，冲激响应趋向于单位冲激函数 $\delta(t)$，这时滤波器接近于无失真系统。这与结论①是一致的。

③冲激响应无限长，不具备因果性，因此不是**物理可实现**[①]（physically realizable）的。尽管如此，由于理想滤波器的频率特性简单直观，在理论分析中依然具有重要的作用。

根据冲激响应，还可以求得理想低通滤波器的阶跃响应为

$$s(t)=\int_{-\infty}^{t}h(\tau)\mathrm{d}\tau=\frac{1}{2}+\frac{1}{\pi}\mathrm{Si}(\omega_c t) \tag{3.121}$$

式中，$\mathrm{Si}(t)$ 为正弦积分函数

---

① 在实际中，“物理可实现”系统应遵循输入（激励）在先，输出（响应）在后，即具有因果性。关于物理可实现滤波器的设计，将在第 8 章进行详细介绍。

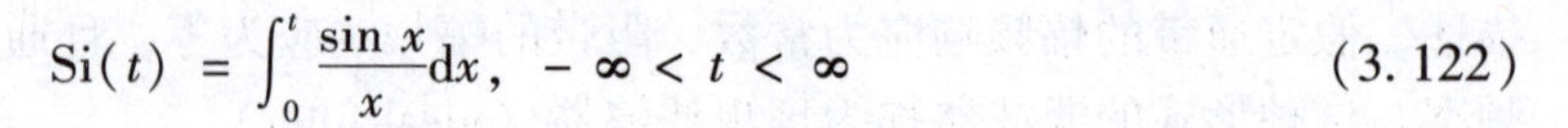

$$\mathrm{Si}(t) = \int_0^t \frac{\sin x}{x}\mathrm{d}x, \quad -\infty < t < \infty \tag{3.122}$$

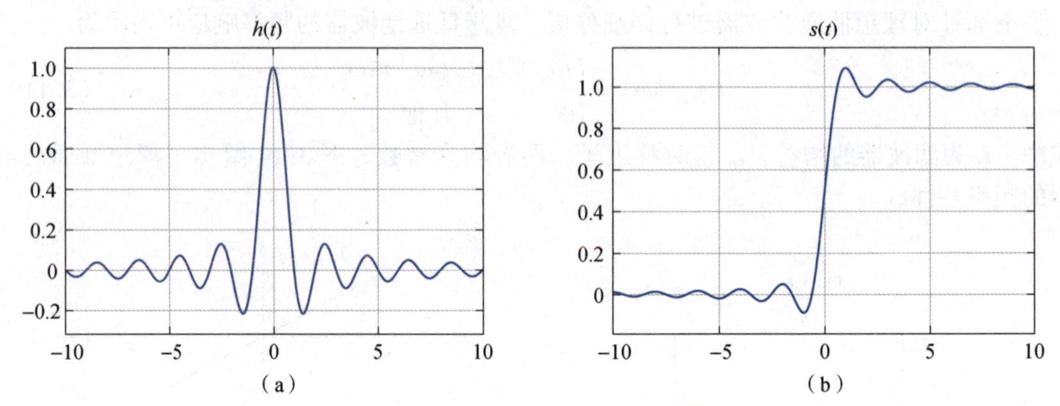

图 3.15　理想低通滤波器的冲激响应与阶跃响应（$\omega_c = \pi$）

（a）冲激响应；（b）阶跃响应

$\mathrm{Si}(t)$具有如下性质：

①$\mathrm{Si}(t)$为奇函数；

②$\mathrm{Si}(t)$在 π 的整数倍处取极值，且在 $t=\pi$ 处取最大值 $\mathrm{Si}(t)\approx 1.8519$，在 $t=-\pi$ 处取最小值 $\mathrm{Si}(-\pi) = -1.8519$；

③$\mathrm{Si}(+\infty) = \pi/2$，$\mathrm{Si}(-\infty) = -\pi/2$。

图 3.16 给出了 $\mathrm{Sa}(t)$函数与 $\mathrm{Si}(t)$函数之间的关系。

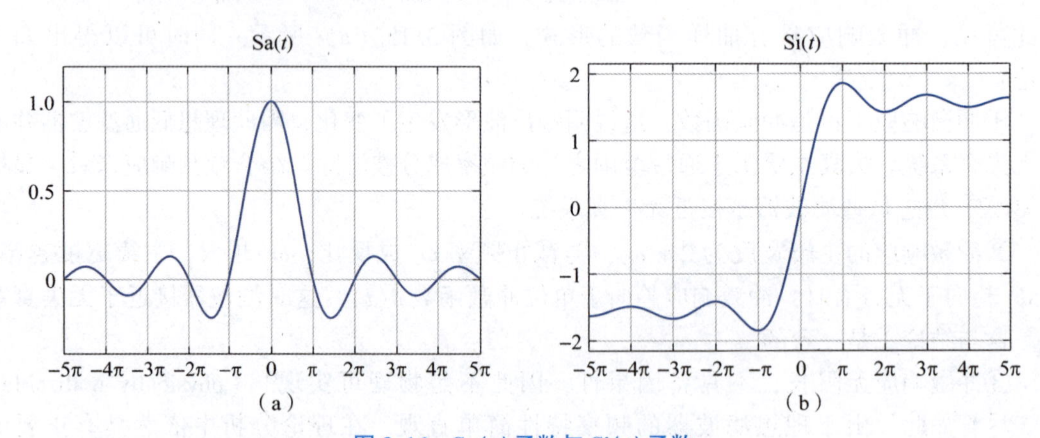

图 3.16　$\mathrm{Sa}(t)$函数与 $\mathrm{Si}(t)$函数

（a）$\mathrm{Sa}(t)$；（b）$\mathrm{Si}(t)$

阶跃响应曲线如图 3.15（b）所示，可以看出，响应曲线在 $t=0$ 附近有一个上升沿（rising edge），但不同于阶跃函数，其上升过程是连续的。这也说明理想低通滤波器并非是无失真系统。根据正弦积分函数的性质，阶跃响应的最小值出现在 $t_{\min} = -\pi/\omega_c$，最大值出现在 $t_{\max} = \pi/\omega_c$。两者的差值称为上升时间（rising time），即

$$t_r = \frac{2\pi}{\omega_c} \tag{3.123}$$

注意到 t_r 恰好等于冲激响应的主瓣宽度，且与 ω_c 成反比。上升时间反映了系统的响应时间，ω_c 越大，上升时间越小，系统的响应时间就越短。

阶跃响应曲线的特性可用于解释吉布斯现象。在第 2 章中曾介绍过，当用傅里叶级数的部分和逼近具有跳变的周期信号（如周期矩形脉冲）时，在信号跳变点附近会出现振荡，振荡的最大值（即过冲）约为总跳变值的9%，且不随项数增加而减小。现在通过阶跃响应来解释。根据上文分析，阶跃响应在 $t_{\max} = \pi/\omega_c$ 处取最大值，有

$$s(t_{\max}) = \frac{1}{\pi}\mathrm{Si}(\pi) + \frac{1}{2} \approx 1.09 \tag{3.124}$$

而单位阶跃函数的跳变值为1，可见过冲的幅度约为跳变值的9%，且与 ω_c 无关。图3.17给出了 ω_c 取不同值时的阶跃响应曲线。显然，随着 ω_c 的增大，即对应于部分和项数的增长，响应曲线逐渐向单位阶跃函数逼近，但是过冲的幅度没有变化。

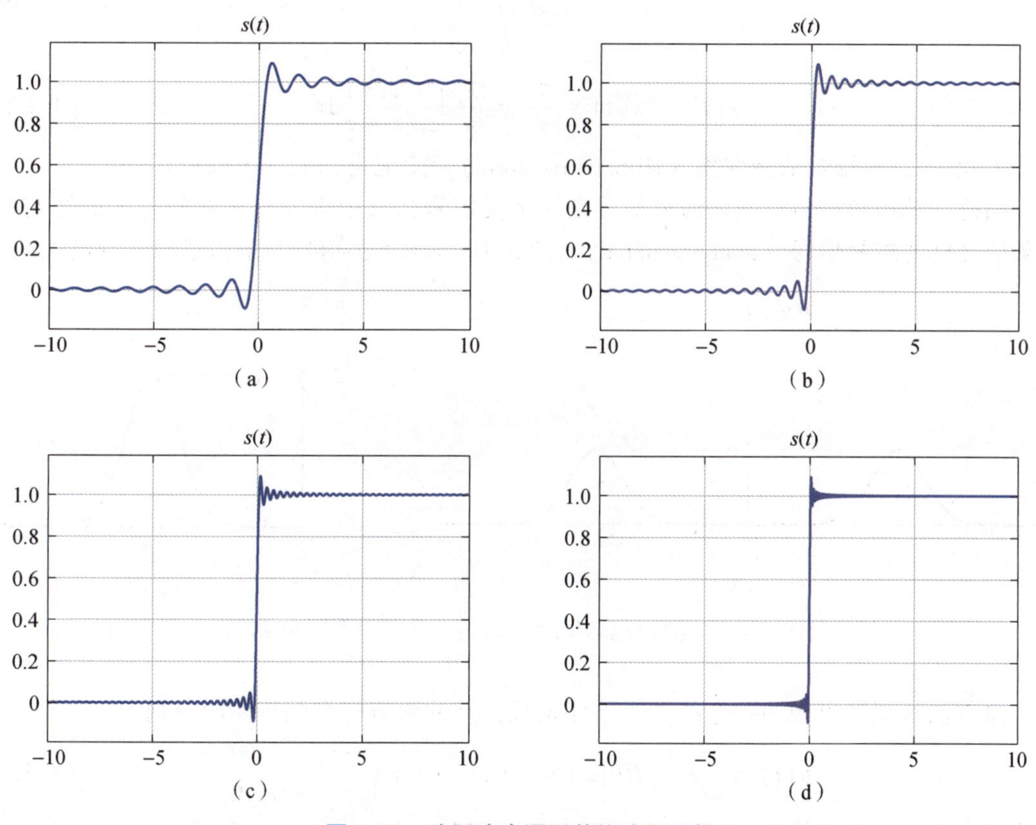

图 3.17　阶跃响应逼近单位阶跃函数

(a) $\omega_c=5$；(b) $\omega_c=10$；(c) $\omega_c=20$；(d) $\omega_c=50$

3.2.5　希尔伯特变换

根据第 2 章的介绍，实信号的频谱具有共轭对称性，即 $X^*(\mathrm{j}\omega) = X(-\mathrm{j}\omega)$，进而可知幅度谱为偶函数，相位谱为奇函数。这意味着只需知道正、负频率其中一边的频谱，另一边的频谱就自然确定了。在实际应用中，为了便于分析，通常考虑正频率范围的频谱，

由此可定义单边频谱

$$X_a(\mathrm{j}\omega)=X(\mathrm{j}\omega)[1+\mathrm{sgn}(\omega)] \tag{3.125}$$

式中

$$\mathrm{sgn}(\omega)=\begin{cases}1, & \omega>0\\ -1, & \omega<0\end{cases} \tag{3.126}$$

注意到 $\mathrm{sgn}(\omega)$ 为频域上的符号函数，根据傅里叶变换对的关系，可知

$$\mathrm{j}\frac{1}{\pi t}\overset{\mathcal{F}}{\longleftrightarrow}\mathrm{sgn}(\omega) \tag{3.127}$$

对式（3.125）作逆傅里叶变换，并利用傅里叶变换的卷积定理，可得

$$x_a(t)=\mathcal{F}^{-1}[X_a(\mathrm{j}\omega)]=x(t)*\left[\delta(t)+\mathrm{j}\frac{1}{\pi t}\right]=x(t)+\mathrm{j}x(t)*\frac{1}{\pi t}=x(t)+\mathrm{j}\hat{x}(t) \tag{3.128}$$

式中

$$\hat{x}(t)=x(t)*\frac{1}{\pi t}=\frac{1}{\pi}\int_{-\infty}^{\infty}\frac{x(\tau)}{t-\tau}\mathrm{d}\tau \tag{3.129}$$

称 $\hat{x}(t)$ 为 $x(t)$ 的**希尔伯特变换**（Hilbert transform），简记为 $\hat{x}(t)=\mathcal{H}[x(t)]$。

因此，单边频谱所对应的时域信号是一个复信号，其中虚部是实部的希尔伯特变换。这类信号称为**解析信号**（analytic signal）。图 3.18 展示了实信号与解析信号的频谱关系。

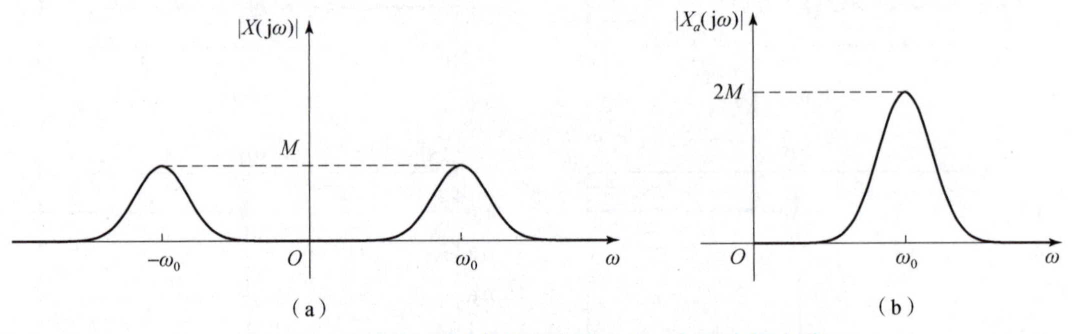

图 3.18 实信号与解析信号的频谱关系（仅画出幅度谱）

（a）实信号的幅度谱；（b）解析信号的幅度谱

希尔伯特变换可视为一个线性时不变系统，其冲激响应与频率响应分别为

$$h(t)=\frac{1}{\pi t}\overset{\mathcal{F}}{\longleftrightarrow}H(\mathrm{j}\omega)=-\mathrm{j}\,\mathrm{sgn}(\omega)=\begin{cases}-\mathrm{j}, & \omega>0\\ \mathrm{j}, & \omega<0\end{cases} \tag{3.130}$$

相应地，希尔伯特变换的幅频响应与相频响应分别为

$$|H(\mathrm{j}\omega)|=1,\ \angle H(\mathrm{j}\omega)=\begin{cases}-\pi/2, & \omega>0\\ \pi/2, & \omega<0\end{cases} \tag{3.131}$$

由此可见，希尔伯特变换仅改变信号的相位，即正、负频率分别作相移 $\mp\pi/2$。因此，希尔伯特变换也称作 $\pi/2$ 相移滤波器，这便是希尔伯特变换的物理意义。

基于上述特性，希尔伯特变换在频域上表示为

$$\hat{X}(\mathrm{j}\omega)=H(\mathrm{j}\omega)X(\mathrm{j}\omega)=\begin{cases}-\mathrm{j}X(\mathrm{j}\omega), & \omega>0\\ \mathrm{j}X(\mathrm{j}\omega), & \omega<0\end{cases} \tag{3.132}$$

进一步，对 $\hat{X}(\mathrm{j}\omega)$ 继续作希尔伯特变换，可得

$$\check{X}(\mathrm{j}\omega)=H(\mathrm{j}\omega)\hat{X}(\mathrm{j}\omega)=\begin{cases}-\mathrm{j}(-\mathrm{j}X(\mathrm{j}\omega)), & \omega>0\\ \mathrm{j}(\mathrm{j}X(\mathrm{j}\omega)), & \omega<0\end{cases}=-X(\mathrm{j}\omega) \tag{3.133}$$

由此可见，连续作两次希尔伯特变换仅仅改变原信号的符号。

结合物理意义来分析，连续作两次希尔伯特变换，正、负频率的相移分别为 $\mp\pi$，因而 $\mathrm{e}^{\mp\mathrm{j}\pi}=-1$。据此，可以定义希尔伯特的逆变换为

$$\hat{x}(t)=-x(t)*\frac{1}{\pi t}=\frac{1}{\pi}\int_{-\infty}^{\infty}\frac{x(\tau)}{\tau-t}\mathrm{d}\tau \tag{3.134}$$

或用算子符号简记为 $\mathcal{H}^{-1}=-\mathcal{H}$。

例 3.7　已知信号 $x(t)=a(t)\cos\omega_0 t$，频谱如图 3.19 所示，其中，信号带宽远小于载频 ω_0。求该信号的希尔伯特变换。

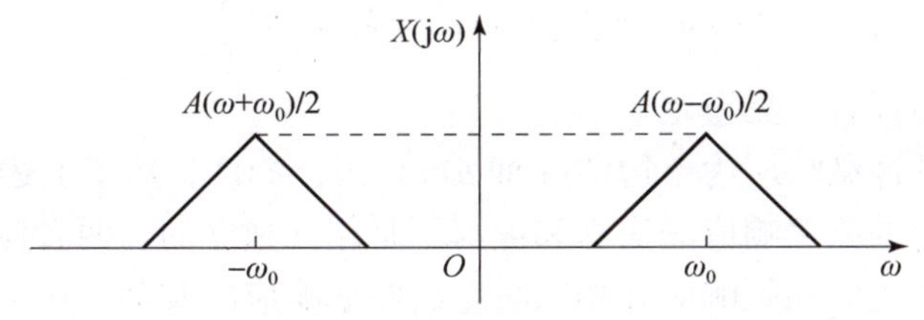

图 3.19　例 3.7 信号的频谱

解： $x(t)$ 的频谱可写作

$$X(\mathrm{j}\omega)=\frac{1}{2}[A(\omega+\omega_0)+A(\omega-\omega_0)]=\begin{cases}A(\omega-\omega_0)/2, & \omega>0\\ A(\omega+\omega_0)/2, & \omega<0\end{cases} \tag{3.135}$$

式中，$A(\omega)$ 是包络 $a(t)$ 的频谱。由于 ω_0 远大于信号（包络）带宽，因此 $A(\omega-\omega_0)/2$ 与 $A(\omega+\omega_0)/2$ 均为单边频谱，即如图 3.19 所示。

$x(t)$ 的希尔伯特变换在频域表示为

$$\hat{X}(\mathrm{j}\omega)=-\mathrm{j}\operatorname{sgn}(\omega)X(\mathrm{j}\omega)=\begin{cases}-\mathrm{j}A(\omega-\omega_0)/2, & \omega>0\\ \mathrm{j}A(\omega+\omega_0)/2, & \omega<0\end{cases}=\frac{\mathrm{j}}{2}[A(\omega+\omega_0)-A(\omega-\omega_0)] \tag{3.136}$$

即分别对 $A(\omega-\omega_0)$ 与 $A(\omega+\omega_0)$ 作相移，结果如图 3.20 所示。易知该频谱对应的时域信号是

$$\hat{x}(t)=a(t)\sin\omega_0 t \tag{3.137}$$

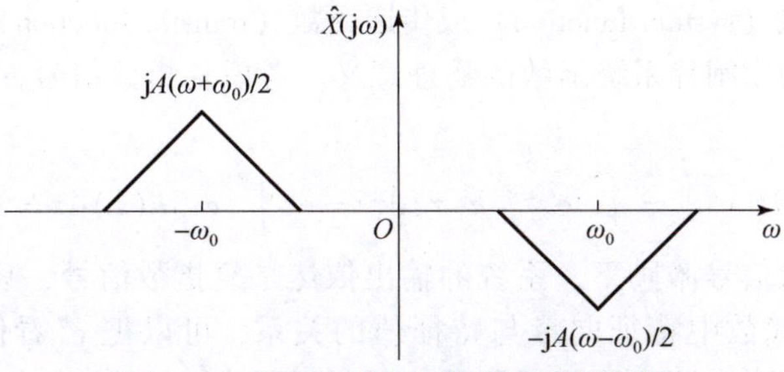

图 3.20　信号作希尔伯特变换后的频谱

根据本例可以得到一条重要结论，即对高频调幅信号作希尔伯特变换只改变载波的相位，而包络不变。特别地，若令 $a(t)=1$，则有

$$\mathcal{H}[\cos\omega_0 t]=\sin\omega_0 t \tag{3.138}$$

$$\mathcal{H}[\sin\omega_0 t]=-\cos\omega_0 t \tag{3.139}$$

若把解析信号视为频域上的“因果信号”，不难推测，时域上的因果信号对应于频域上的“解析信号”，即频谱具有如下形式

$$X(\mathrm{j}\omega)=R(\omega)+\mathrm{j}I(\omega) \tag{3.140}$$

式中，$R(\omega)$，$I(\omega)$均为实谱，两者的关系为

$$I(\omega)=\mathcal{H}^{-1}[R(\omega)]=-R(\omega)*\frac{1}{\pi\omega} \tag{3.141}$$

或等价为

$$R(\omega)=\mathcal{H}[I(\omega)]=I(\omega)*\frac{1}{\pi\omega} \tag{3.142}$$

上述关系的证明留给读者，见习题3.14。

由于因果系统的冲激响应为单边的（即 $h(t)=0, t<0$）。基于上述关系，若要求系统具备因果性，则系统的频率响应的实部和虚部不是相互独立的，两者应构成希尔伯特变换对。进一步，由于系统的幅频响应和相频响应由频率响应的实部和虚部共同决定，这意味着幅频响应和相频响应也不是任意的。一旦幅频响应确定了（取决于频率响应的实部或虚部），相频响应也就确定了；反之亦然。在实际系统设计中，应注意上述约束条件。

3.3 连续时间系统的复频域分析

3.3.1 连续时间系统的系统函数

已知线性时不变系统 $\mathcal{H}$，假设初始状态为零，则输入信号（激励）$x(t)$与输出信号（零状态响应）$y(t)$的之间关系为

$$y(t)=\int_{-\infty}^{\infty}x(t-\tau)h(\tau)\mathrm{d}\tau=x(t)*h(t) \tag{3.143}$$

根据拉普拉斯变换的卷积定理，可将式（3.143）转化为复频域上的表示

$$Y(s)=H(s)X(s) \tag{3.144}$$

式中，$X(s)$，$Y(s)$分别为$x(t)$，$y(t)$的拉普拉斯变换；$H(s)$为冲激响应$h(t)$的拉普拉斯变换，称为**系统函数**（system function）或**传递函数**（transfer function）。

下面从系统的角度阐释系统函数的物理意义。考虑复指数信号 e^{st} 激励系统 $\mathcal{H}$，则输出为

$$y(t)=\mathcal{H}[\mathrm{e}^{st}]=\int_{-\infty}^{\infty}\mathrm{e}^{s(t-\tau)}h(\tau)\mathrm{d}\tau=\mathrm{e}^{st}\int_{-\infty}^{\infty}\mathrm{e}^{-s\tau}h(\tau)\mathrm{d}\tau=H(s)\mathrm{e}^{st} \tag{3.145}$$

由此可见，在复指数信号激励下，系统的输出依然是复指数信号，只不过多了一个乘子$H(s)$。类似于线性代数中特征向量与特征值的关系，可以把 e^{st} 看作系统的特征向量，$H(s)$为所对应的特征值，它刻画了系统对 e^{st}的作用形式。

对于一般的激励信号 $x(t)$，可将其分解为形如 e^{st} 的复指数分量的加权积分（即拉普拉斯逆变换）

$$x(t) = \frac{1}{2\pi j}\int_{\sigma-j\infty}^{\sigma+j\infty} X(s)e^{st}ds \tag{3.146}$$

利用系统的线性性质，相应的输出为

$$y(t) = \mathcal{H}[x(t)] = \frac{1}{2\pi j}\int_{\sigma-j\infty}^{\sigma+j\infty} X(s)\mathcal{H}[e^{st}]ds = \frac{1}{2\pi j}\int_{\sigma-j\infty}^{\sigma+j\infty} X(s)H(s)e^{st}ds \tag{3.147}$$

另外，$y(t)$可用拉普拉斯逆变换表示为

$$y(t) = \frac{1}{2\pi j}\int_{\sigma-j\infty}^{\sigma+j\infty} Y(s)e^{st}ds \tag{3.148}$$

根据拉普拉斯变换的唯一性，可得 $Y(s) = H(s)X(s)$。以上从系统的角度证明了式(3.144)，其中，$H(s)$决定了 $X(s)$经过系统后的变化形式。

系统函数 $H(s)$与冲激响应 $h(t)$具有一一对应的关系，都可用于刻画系统的特性。此外，注意到当 $s = j\omega$ 时，$H(s)$即转化为系统的频率响应 $H(j\omega)$。三者的关系如图 3.21 所示。

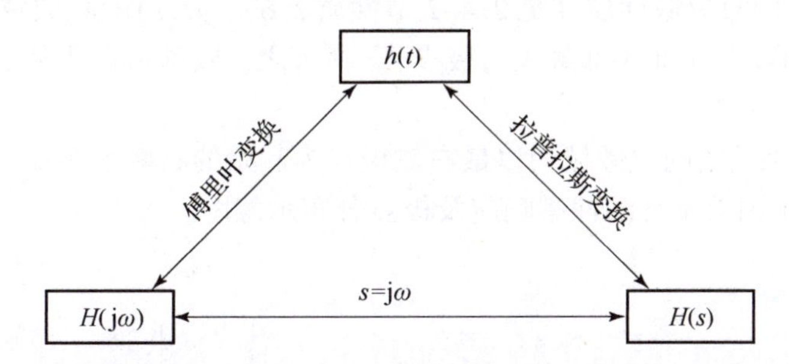

图 3.21　连续时间系统的冲激响应、频率响应和系统函数之间的关系

3.3.2　系统的零极点分布与系统特性

类似于频率响应的分析过程。如果系统可以用常系数微分方程来描述，即

$$\left(\frac{d^N}{dt^N} + a_{N-1}\frac{d^{N-1}}{dt^{N-1}} + \cdots + a_0\right)y(t) = \left(b_M\frac{d^M}{dt^M} + b_{M-1}\frac{d^{M-1}}{dt^{M-1}} + \cdots + b_0\right)x(t) \tag{3.149}$$

对方程两端作拉普拉斯变换，并利用拉普拉斯变换的微分性质，即

$$\frac{d^n}{dt^n}x(t) \overset{\mathcal{L}}{\longleftrightarrow} s^nX(s) \tag{3.150}$$

可得

$$[s^N + a_{N-1}s^{N-1} + \cdots + a_0]Y(s) = [b_Ms^M + b_{M-1}s^{M-1} + \cdots + b_0]X(s) \tag{3.151}$$

因此，系统函数具有有理函数的形式

$$H(s) = \frac{Y(s)}{X(s)} = \frac{\sum_{k=1}^{M} b_ks^k}{\sum_{k=1}^{N} a_ks^k}，其中，a_N = 1 \tag{3.152}$$

在实际应用中，只要系统可用常系数微分方程来建模，那么系统函数就可以表示为有理函数的形式。即使有些情况下不满足条件，也可以通过有理函数来近似。以下讨论均假设系统函数为有理函数。

对式（3.152）的分子、分母进行因式分解，可得

$$H(s)=H_0\frac{(s-z_1)(s-z_2)\cdots(s-z_M)}{(s-p_1)(s-p_2)\cdots(s-p_N)} \tag{3.153}$$

式中，$H_0=b_M/a_N$，z_1，z_2，…，z_M 和 p_1，p_2，…，p_N 分别为系统函数（或系统）的零点和极点。

为了便于分析，可将零点和极点分别用“○”和“×”标记在 s 平面上，由此构成系统的零极图（zero - pole diagram）。零极图是刻画系统特性的重要依据。下面介绍几种重要的系统特性以及相应的零极点分布规律。

（1）因果系统

因果系统（causal system）的冲激响应为因果函数，即

$$h(t)=0,\ t<0 \tag{3.154}$$

根据拉普拉斯变换的收敛域性质（见2.4.2节性质2.6），$H(s)$的收敛域应为 $\sigma>\mathrm{Re}(p_0)$，其中，p_0 为最右侧极点（即实部最大的极点）。换言之，收敛域即为从 $\sigma=\mathrm{Re}(p_0)$起的右侧平面。

命题 3.1 因果系统的收敛域为以最右侧极点为起始的右侧平面。

图3.22给出了因果系统的冲激响应及极点分布示意图。

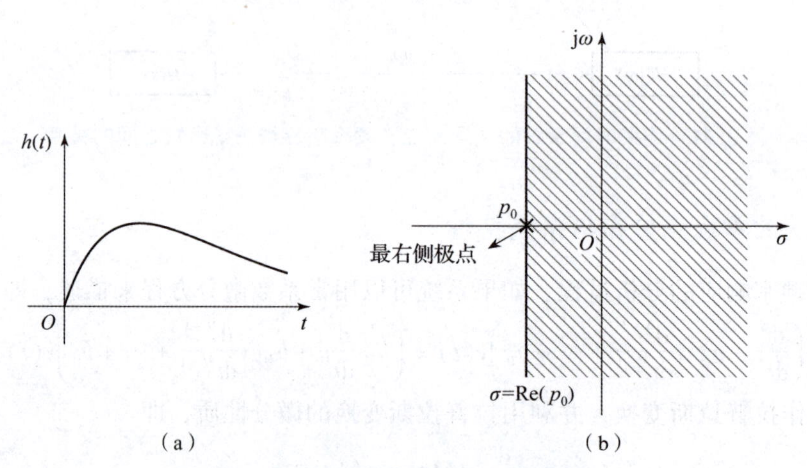

图3.22 因果系统的极点分布示意图

（a）冲激响应；（b）极点分布和收敛域

（2）稳定系统

稳定系统（stable system）是指当输入有界时，输出亦有界，简称为有界输入 - 有界输出（bounded - input bounded - output，BIBO）。根据输入与输出的时域关系

$$y(t)=\int_{-\infty}^{\infty}x(t-\tau)h(\tau)\mathrm{d}\tau \tag{3.155}$$

若存在 $M>0$，使 $|x(t)|\leqslant M$，则

$$|y(t)| \leqslant \int_{-\infty}^{\infty} |x(t-\tau)h(\tau)| \mathrm{d}\tau \leqslant M\int_{-\infty}^{\infty} |h(\tau)| \mathrm{d}\tau \tag{3.156}$$

为保证输出有界，冲激响应 $h(t)$ 应满足绝对可积，即

$$\int_{-\infty}^{\infty} |h(\tau)| \mathrm{d}\tau < \infty \tag{3.157}$$

因此，系统稳定等价于冲激响应绝对可积。

$h(t)$ 绝对可积意味着 $H(s)$ 的收敛域须包含虚轴。事实上，如果收敛域不包含虚轴，则 $h(t)$ 的傅里叶变换不存在，但是根据狄利克雷条件（见 2.3.1 节命题 2.3），若 $h(t)$ 绝对可积，则傅里叶变换一定存在。这就产生了矛盾。因此，收敛域必然包含虚轴。综合上述分析，得到判定系统稳定性的充要条件。

命题 3.2　系统稳定的充要条件是 $h(t)$ 绝对可积；或等价于 $H(s)$ 的收敛域包含虚轴。

若要求系统同时满足因果性和稳定性，则收敛域应为从最右侧极点起的右侧平面；同时，收敛域须包含虚轴。这意味着 $H(s)$ 的所有极点应位于虚轴的左侧，即左半平面。事实上，如果极点出现在右半平面，则 $h(t)$ 中会包含随时间增长的分量，不满足绝对可积。以单边指数形式的冲激响应为例，设 $h(t)=\mathrm{e}^{at}u(t)$，图 3.23 给出了几种不同情况的冲激响应及极点分布。结合图形来看，当 $a<0$ 时，$h(t)$ 具有指数衰减形式，此时极点位于左半平面，系统稳定；当 $a>0$ 时，$h(t)$ 具有指数增长形式，此时极点位于右半平面，系统不稳定；当 $a=0$ 时，极点位于原点，此时系统的冲激响应为单位阶跃函数，因而输入与输出具有如下关系

$$y(t) = x(t) * u(t) = \int_{-\infty}^{t} x(\tau)\mathrm{d}\tau \tag{3.158}$$

若 $x(t)$ 是有界的，例如，可令 $x(t)\equiv 1$，则 $y(t)$ 取值无限大，故系统不稳定。

下面讨论极点位于虚轴上系统的稳定性。首先需要说明的是，若 $H(s)$ 为有理函数且系数均为实数，则所有复极点（即不在实轴上的极点）一定是共轭出现的，即如果 $p=p_0$ 是 $H(s)$ 的极点，则 $p=p_0^*$ 也是 $H(s)$ 的极点。如果虚轴上出现一阶非零极点①，即 $H(s)$ 的分母包含形如 $(s^2+\omega^2)$ 的因式，则冲激响应包含等幅振荡分量。例如，设

$$H(s) = \frac{\omega_0}{s^2+\omega_0^2} \tag{3.159}$$

根据拉普拉斯变换对的关系（见附录表 A.2）可知

$$h(t) = \sin(\omega_0 t)u(t) \tag{3.160}$$

可见 $h(t)$ 是一个单边正弦函数，如图 3.24（b）所示。此时，$h(t)$ 不满足绝对可积，因此系统不稳定②。

如果虚轴上出现二阶及以上的非零极点，即 $H(s)$ 的分母包含形如 $(s^2+\omega^2)^n$，$n\geqslant 2$ 的因式，则冲激响应包含振荡增长分量。例如，设

$$H(s) = \frac{s}{(s^2+\omega_0^2)^2} \tag{3.161}$$

---

① 即极点非零，注意与简称“零极点”区分。

② 这种情况又称为临界稳定。

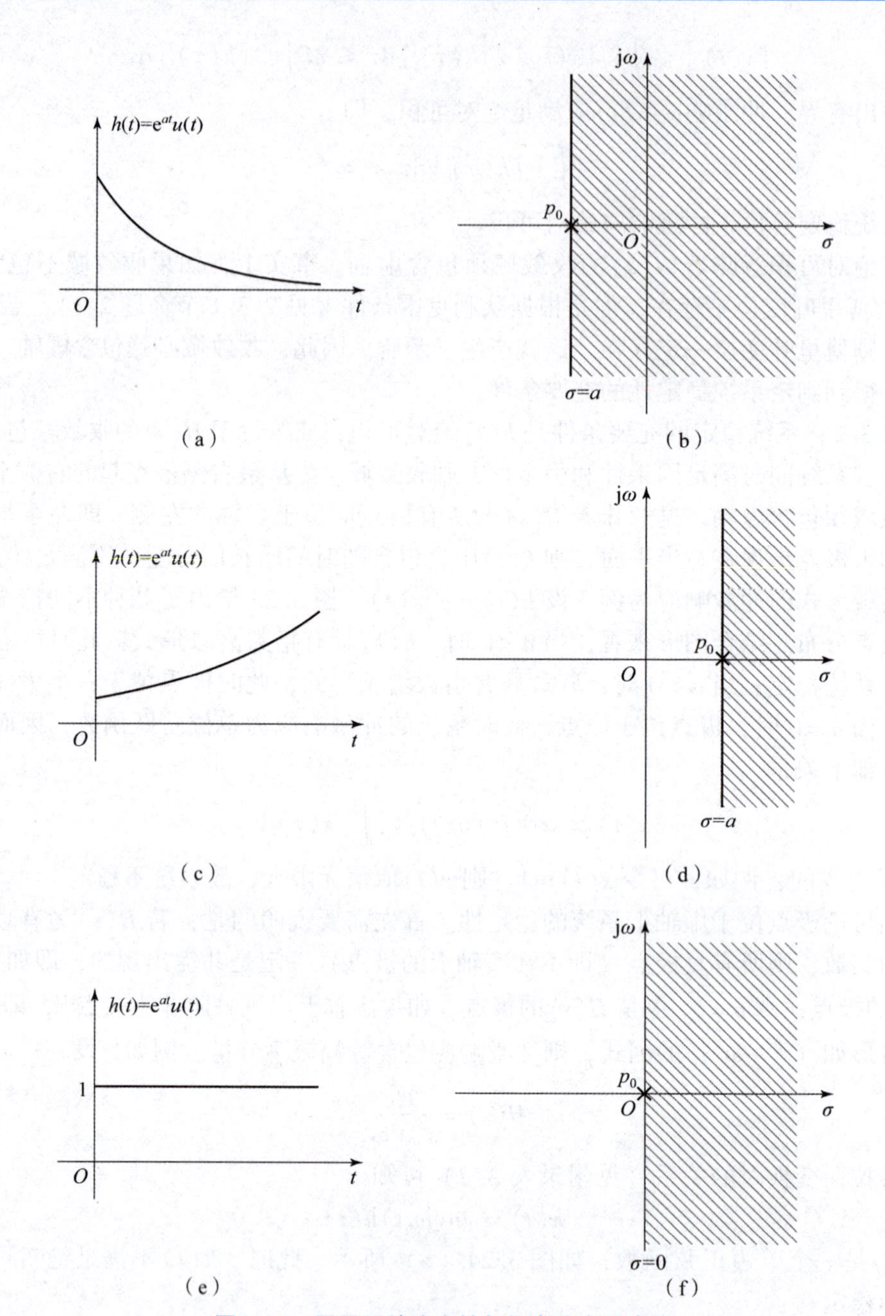

图 3.23 因果系统稳定性与极点分布示意图

（a）冲激响应（$a<0$）；（b）极点和收敛域；（c）冲激响应（$a>0$）；（d）极点和收敛域；（e）冲激响应（$a=0$）；（f）极点和收敛域

对上式作拉普拉斯逆变换，可得冲激响应为

$$h(t)=\frac{1}{2\omega_0}t\sin(\omega_0 t)u(t) \tag{3.162}$$

可见 $h(t)$是一个单边振荡增长函数，如图 3.24（d）所示，此时系统同样不稳定。

对于其他情况，可按照上述类似的方式来分析，结论是一样的。因此，极点位于虚轴上的情况均属于不稳定系统。

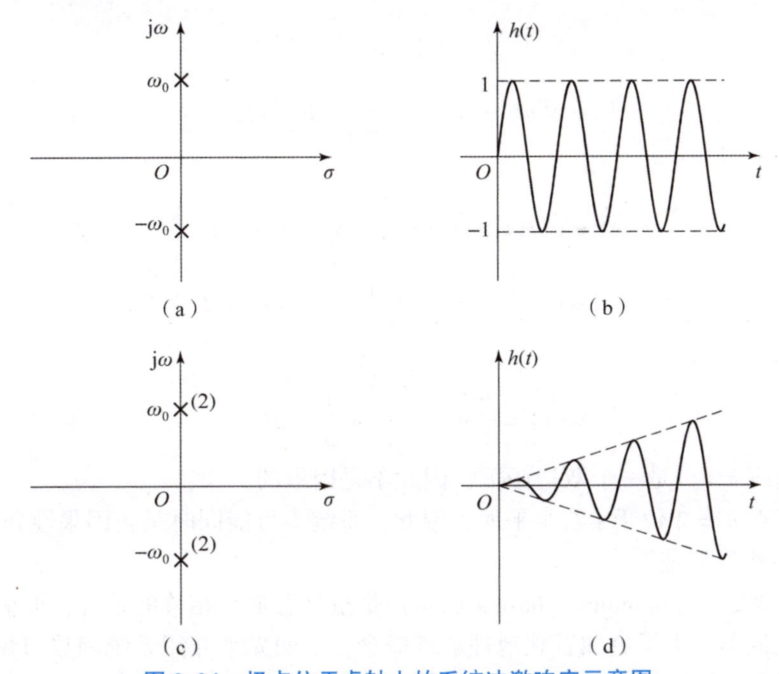

图 3.24　极点位于虚轴上的系统冲激响应示意图

(a) 一阶非零极点；(b) 冲激响应；(c) 二阶非零极点；(d) 冲激响应

命题 3.3　如果系统是因果稳定的，则 $H(s)$ 的所有极点应位于虚轴的左侧。

例 3.8　已知某系统的系统函数为

$$H(s)=\frac{s+1}{(s+3)(s-2)}$$

①如果系统具有因果性，求系统的冲激响应；

②如果系统具有稳定性，求系统的冲激响应；

③判断该系统是否同时具有因果性和稳定性。

解： 将 $H(s)$ 改写为

$$H(s)=\frac{2}{5}\frac{1}{s+3}+\frac{3}{5}\frac{1}{s-2}$$

易知极点为 $p_1=-3$，$p_2=2$。

①如果系统具有因果性，则 $H(s)$ 的收敛域为 $\mathrm{Re}(s)>2$。

根据拉普拉斯变换对

$$\mathrm{e}^{at}u(t)\overset{\mathcal{L}}{\longleftrightarrow}\frac{1}{s-a},\ \mathrm{Re}(s)>a$$

可得

$$h_1(t)=\frac{2}{5}\mathrm{e}^{-3t}u(t)+\frac{3}{5}\mathrm{e}^{2t}u(t)$$

注意到冲激响应 $h_1(t)$ 含有指数增长项，因此不是稳定的。

②如果系统具有稳定性，则 $H(s)$ 的收敛域须包含虚轴，同时不能包含任何极点。结合极点的分布，收敛域只能为 $-3<\mathrm{Re}(s)<2$。根据拉普拉斯变换对

$$\mathrm{e}^{at}u(t)\overset{\mathcal{L}}{\longleftrightarrow}\frac{1}{s-a},\ \mathrm{Re}(s)>a$$

$$-\mathrm{e}^{at}u(-t)\overset{\mathcal{L}}{\longleftrightarrow}\frac{1}{s-a},\ \mathrm{Re}(s)<a$$

结合收敛域，可得

$$\mathrm{e}^{-3t}u(t)\overset{\mathcal{L}}{\longleftrightarrow}\frac{1}{s+3},\ \mathrm{Re}(s)>-3$$

$$-\mathrm{e}^{2t}u(-t)\overset{\mathcal{L}}{\longleftrightarrow}\frac{1}{s-2},\ \mathrm{Re}(s)<2$$

因此，冲激响应为

$$h_2(t)=\frac{2}{5}\mathrm{e}^{-3t}u(t)-\frac{3}{5}\mathrm{e}^{2t}u(-t)$$

注意到冲激响应 $h_2(t)$ 是一个双边函数，因此不是因果的。

③由于极点 $p_2=2$ 位于 s 右半平面，因此，系统不可能同时具备因果性和稳定性。

(3) 最小相位系统

最小相位系统（minimum - phase system）是指具有最小相移的系统，即信号通过该系统后相位变化最小。为了更加直观地理解该概念，下面先来介绍系统函数与频率响应之间的关系。假设系统函数具有有理函数的形式，见式（3.153）。令 $s=\mathrm{j}\omega$，代入式（3.153）可得

$$H(\mathrm{j}\omega)=H(s)\big|_{s=\mathrm{j}\omega}=H_0\frac{(\mathrm{j}\omega-z_1)(\mathrm{j}\omega-z_2)\cdots(\mathrm{j}\omega-z_M)}{(\mathrm{j}\omega-p_1)(\mathrm{j}\omega-p_2)\cdots(\mathrm{j}\omega-p_N)}\tag{3.163}$$

由于 p_k（或 z_k）表示 s 平面上的某一点，$\mathrm{j}\omega$ 表示虚轴上某一点，因此，可将因式 $\mathrm{j}\omega-p_k$ 视为 s 平面上从 p_k 到 $\mathrm{j}\omega$ 的向量，如图 3.25 所示。记作

$$\mathrm{j}\omega-p_k=A_k\mathrm{e}^{\mathrm{j}\theta_k}\tag{3.164}$$

式中，A_k，θ_k 分别表示该向量的模和相位角。当 ω 变化时，A_k，θ_k 也随之变化。

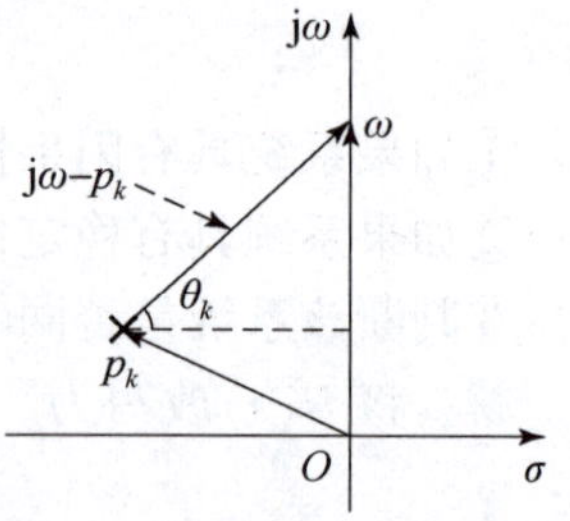

图 3.25 $\mathrm{j}\omega-p_k$ 的向量表示

类似地，分子各因式表示为

$$\mathrm{j}\omega-z_k=B_k\mathrm{e}^{\mathrm{j}\phi_k}\tag{3.165}$$

于是式（3.163）可以写作

$$H(\mathrm{j}\omega)=\frac{H_0B_1B_2\cdots B_M}{A_1A_2\cdots A_N}\mathrm{e}^{\mathrm{j}(\phi_1+\phi_2+\cdots+\phi_M-\theta_1-\theta_2-\cdots-\theta_N)}\tag{3.166}$$

因此，系统的幅频响应与相频响应可以表示为

$$|H(\mathrm{j}\omega)|=H_0\frac{\prod_{k=1}^{M}B_k}{\prod_{k=1}^{N}A_k}\tag{3.167}$$

$$\angle H(\mathrm{j}\omega) = \sum_{k=1}^{M}\phi_k - \sum_{k=1}^{N}\theta_k \tag{3.168}$$

下面分析零极点对系统相频响应的影响。不妨考虑一种简单的情况，设系统函数为

$$H(s)=\frac{s-z}{(s-p_1)(s-p_2)} \tag{3.169}$$

相应的相频响应为

$$\varphi(\omega)=\phi-\theta_1-\theta_2 \tag{3.170}$$

假设 p_1，p_2 均为实的且位于左半平面，因此系统是因果稳定的。

现考虑零点分别位于实轴的负半轴和正半轴上，如图 3.26 所示。当 ω 从原点逐渐趋向于∞时，图 3.26（a）中的各相角变化为

$$\phi：0°\to 90°$$
$$\theta_1：0°\to 90°$$
$$\theta_2：0°\to 90°$$

因此相频响应 $\varphi(\omega)$ 从 0°逐渐变化到 -90°。

而图 3.26（b）中的各相角变化为

$$\phi：180°\to 90°$$
$$\theta_1：0°\to 90°$$
$$\theta_2：0°\to 90°$$

因此，相频响应 $\varphi(\omega)$ 从 180°变化到 -90°。由此可见，两者的相频特性是不一样的。前者的相位变化更小，因此该系统是最小相位系统。

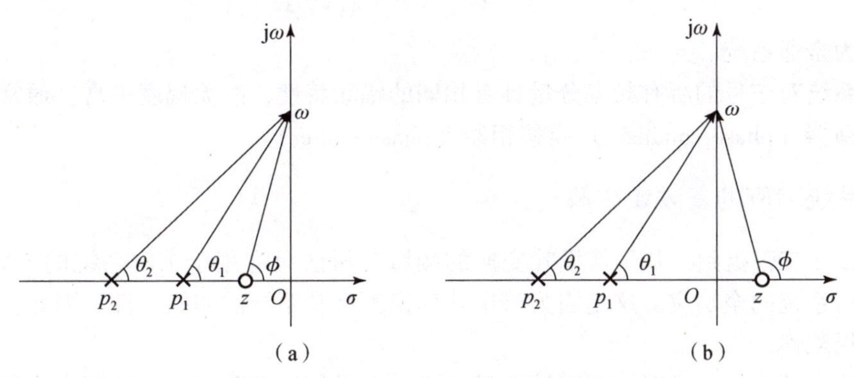

图 3.26　系统相位与零点分布的关系

（a）最小相位；（b）非最小相位

基于上述分析，下面给出一般性的结论。

命题 3.4　如果系统的所有零极点均位于左半平面（零点可位于虚轴上），则该系统为因果稳定的最小相位系统。

（4）全通系统

全通系统（all - pass system）是指系统的幅频响应恒为常数，而对相频响应无要求。举例来讲，假设系统的零极点分布如图 3.27 所示，其中，极点 p_1，p_2 互为共轭，零点 z_1，z_2 也互为共轭，同时，p_1 与 z_1、p_2 与 z_2 均关于虚轴镜像对称，不难得出

$$p_1 = p_2^* = -z_1^* = -z_2 \tag{3.171}$$

由于零点和极点到虚轴的距离相等，根据式（3.167），$A_k = B_k$，$k=1$，2，故系统的幅频响应为

$$|H(\mathrm{j}\omega)| = H_0 \tag{3.172}$$

因此该系统为全通系统。

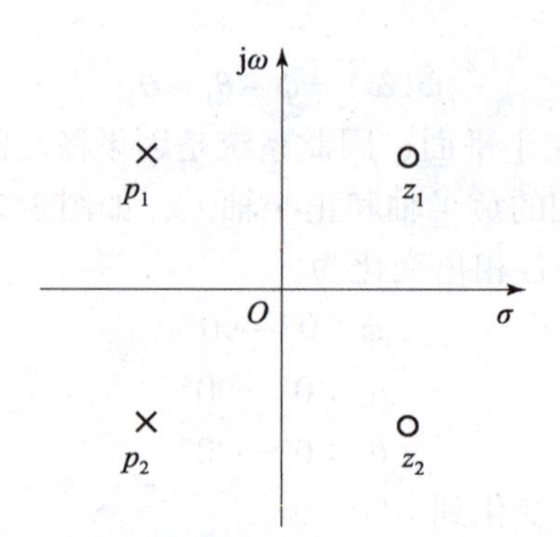

图 3.27 全通系统的零点、极点分布示意图

更一般地，若系统函数为

$$H(s) = \frac{B(s)}{A(s)} \tag{3.173}$$

式中，$A(s)$，$B(s)$互为共轭，即$A(s) = B^*(s)$，则

$$|H(s)|^2 = H(s)H^*(s) = \frac{B(s)}{A(s)}\frac{B^*(s)}{A^*(s)} = 1 \tag{3.174}$$

因此系统为全通系统。

全通系统对信号的所有频率分量具有相同的幅频特性，故无幅度失真，通常可用于设计相位均衡器（phase equalizer）或移相器（phase shifter）。

3.3.3 系统响应的复频域求解

在 3.2.2 节曾提到，基于傅里叶变换的频域分析法只适用于求解系统的零状态响应，并不能求得系统的全响应。这是因为傅里叶变换不涉及系统的初始条件。因此，频域法存在一定的局限性。

系统响应的求解也可以在复频域（即 s 域）上进行，即利用拉普拉斯变换将微分方程转化为代数方程，从而得到响应的拉普拉斯变换，再利用逆变换求得响应的时域表达式。需要指出的是，为了刻画系统的初始条件，这里需采用单边拉普拉斯变换，即

$$X(s) = \mathcal{L}_u[x(t)] = \int_{0-}^{\infty} x(t)\mathrm{e}^{-st}\mathrm{d}s \tag{3.175}$$

复频域法可以同时求出零输入响应和零状态响应，克服了频域法的局限。下面通过一道例题进行说明。

例 3.9 已知二阶微分系统

$$\frac{\mathrm{d}^2}{\mathrm{d}t^2}y(t) + 3\frac{\mathrm{d}}{\mathrm{d}t}y(t) + 2y(t) = x(t) \tag{3.176}$$

其中，初始条件为 $y(0^-)=0$，$y'(0^-)=1$，设激励信号 $x(t)=\mathrm{e}^{-3t}u(t)$。求该系统的零输入响应、零状态响应及全响应。

解： 本例中的系统与例 3.1 相同。下面采用复频域法进行求解。根据单边拉普拉斯变换的微分性质

$$\frac{\mathrm{d}^2}{\mathrm{d}t^2}x(t)\overset{\mathcal{L}_u}{\longleftrightarrow}s^2X(s)-sx(0^-)-x'(0^-) \tag{3.177}$$

$$\frac{\mathrm{d}}{\mathrm{d}t}x(t)\overset{\mathcal{L}_u}{\longleftrightarrow}sX(s)-x(0^-) \tag{3.178}$$

对方程（3.176）两端作单边拉普拉斯变换，可得

$$[s^2Y(s)-sy(0^-)-y'(0^-)]+3[sY(s)-y(0^-)]+2Y(s)=X(s) \tag{3.179}$$

整理化简得

$$Y(s)=\frac{(s+3)y(0^-)+y'(0^-)}{s^2+3s+2}+\frac{X(s)}{s^2+3s+2} \tag{3.180}$$

注意到上式第一项与激励信号无关，只由初始条件决定，故为系统的零输入响应；第二项与激励信号有关，初始条件为零，故为系统的零状态响应。

将初始条件代入式（3.180）中的第一项，并作单边拉普拉斯逆变换，可得零输入响应为

$$y_{\mathrm{zi}}(t)=\mathcal{L}_u^{-1}\left[\frac{1}{s^2+3s+2}\right]=\mathcal{L}_u^{-1}\left[\frac{1}{s+1}-\frac{1}{s+2}\right]=\mathrm{e}^{-t}u(t)-\mathrm{e}^{-2t}u(t) \tag{3.181}$$

对于式（3.180）中的第二项，将激励信号的拉普拉斯变换 $X(s)=1/(s+3)$ 代入，并作单边拉普拉斯逆变换，可得零状态响应为

$$y_{\mathrm{zs}}(t)=\mathcal{L}_u^{-1}\left[\frac{1}{(s+3)(s^2+3s+2)}\right]=\mathcal{L}_u^{-1}\left[\frac{1/2}{s+3}-\frac{1}{s+2}+\frac{1/2}{s+1}\right] \tag{3.182}$$

$$=\left(\frac{1}{2}\mathrm{e}^{-3t}-\mathrm{e}^{-2t}+\frac{1}{2}\mathrm{e}^{-t}\right)u(t) \tag{3.183}$$

因此系统的全响应为

$$y(t)=y_{\mathrm{zi}}(t)+y_{\mathrm{zs}}(t)=\left(\frac{1}{2}\mathrm{e}^{-3t}-2\mathrm{e}^{-2t}+\frac{3}{2}\mathrm{e}^{-t}\right)u(t) \tag{3.184}$$

对比例（3.1）中的计算结果可知，两者是一样的。

3.3.4　电路系统的复频域分析

在电路分析中，通常可以先建立电路的微分方程，然后利用拉普拉斯变换将微分方程转化为代数方程，进而在复频域上进行求解。而根据电路元件的电压与电流关系，也可以利用拉普拉斯变换得到各元件在复频域上的等效表示，从而构建电路的复频域模型，这样就省去了建立微分方程的步骤。这就是电路的复频域分析的基本思想。需要指出的是，为刻画电路的初始状态，在分析过程中同样应采用单边拉普拉斯变换，故下文不再特别说明。

电路中的基本元件包括电阻 R、电感 L 和电容 C，相应的电压与电流的关系为

$$v_R(t)=Ri_R(t) \tag{3.185}$$

$$v_L(t)=L\frac{\mathrm{d}}{\mathrm{d}t}i_L(t) \tag{3.186}$$

$$v_C(t)=\frac{1}{C}\int_{-\infty}^{t}i_C(\tau)\mathrm{d}\tau \tag{3.187}$$

分别对式（3.185）~式（3.187）作拉普拉斯变换，并利用拉普拉斯变换的微分和积分性质，可得

$$V_R(s)=RI_R(s) \tag{3.188}$$

$$V_L(s)=LsI_L(s)-Li_L(0^-) \tag{3.189}$$

$$V_C(s)=\frac{I_C(s)}{Cs}+\frac{v_C(0^-)}{s} \tag{3.190}$$

式中，$i_L(0^-)$为电感中的初始电流；$v_C(0^-)$为电容两端的初始电压。

式（3.188）~式（3.190）即为电阻、电感和电容在复频域上的等效表示。具体来讲，在复频域上，电阻两端的电压$V_R(s)$与通过电阻的电流$I_R(s)$依然具有正比关系，两者的比值称为阻抗（impedance），即

$$Z(s)=\frac{V_R(s)}{I_R(s)}=R \tag{3.191}$$

如图3.28（a）所示。类似地，电感L可视为由一个阻抗为Ls的“电阻”[①]与一个强度为$Li_L(0^-)$的等效电压源串联组成，如图3.28（c）所示；电容C可视为由一个阻抗为$1/(Cs)$的“电阻”与一个强度为$v_C(0^-)/s$的等效电压源串联组成，如图3.28（c）所示。上述等效关系通常用于电路的回路分析，此时基尔霍夫电压定律依然成立。

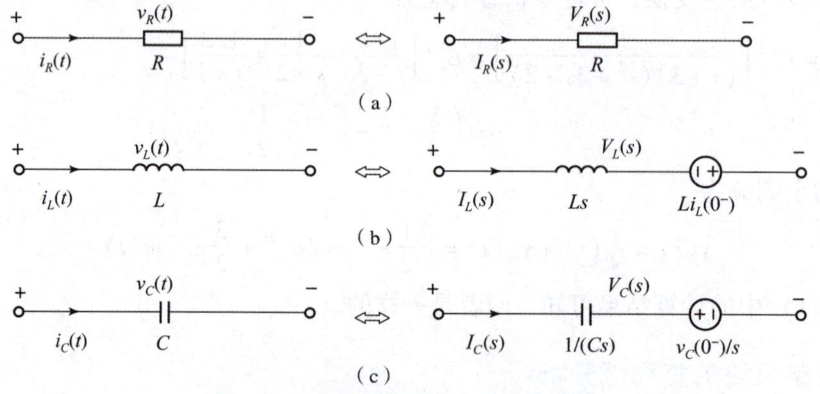

图3.28 电路元件的第一种等效模型

（a）电阻；（b）电感；（c）电容

若将式（3.188）~式(3.190）改写为

$$I_R(s)=\frac{V_R(s)}{R} \tag{3.192}$$

$$I_L(s)=\frac{V_L(s)}{Ls}+\frac{i_L(0^-)}{s} \tag{3.193}$$

---

① 这里表述加引号仅为了说明复频域上的等效关系，实际上，电感的物理特性没有改变；下文中电容的表述同理。

$$I_C(s) = CsV_C(s) - Cv_C(0^-) \tag{3.194}$$

于是得到另一种等效模型，如图3.29所示。这种等效关系通常用于电路的结点分析，此时基尔霍夫电流定律依然成立。

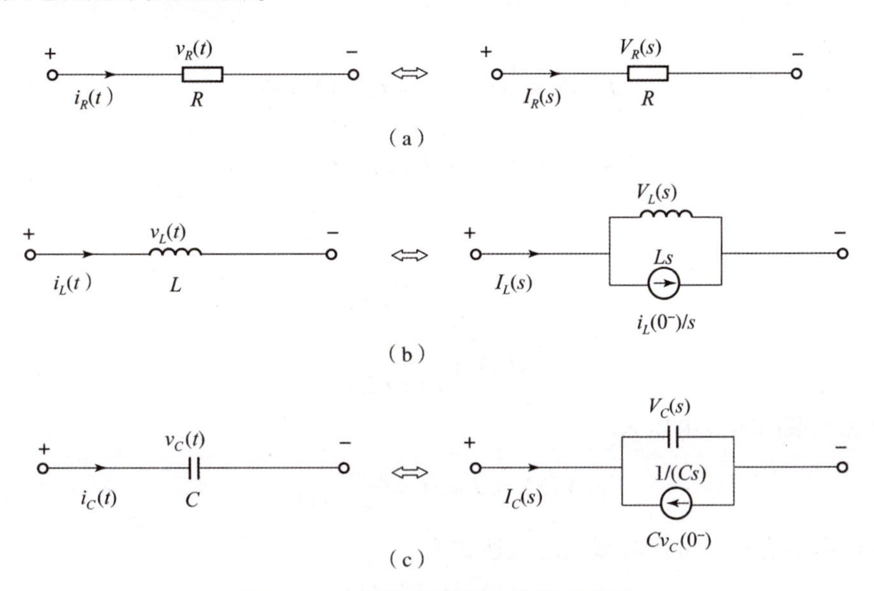

图3.29 电路元件的第二种等效模型

（a）电阻；（b）电感；（c）电容

把电路中的所有元件都用复频域上的等效模型来表示，这样就得到了复频域上的电路模型，此时可以利用基尔霍夫电压或电流定律来建立代数方程，而代数方程的求解相对于微分方程更加容易，这就是复频域分析法的优势。下面通过一道例题说明。

例3.10 已知电路如图3.30（a）所示，其中，$R_1=1\ \Omega$，$R_2=3\ \Omega$，$C=1$ F，$L=1$ H，设电路初始状态为零，电压源为单位阶跃函数 $u(t)$，求电感两端的响应电压 $v(t)$。

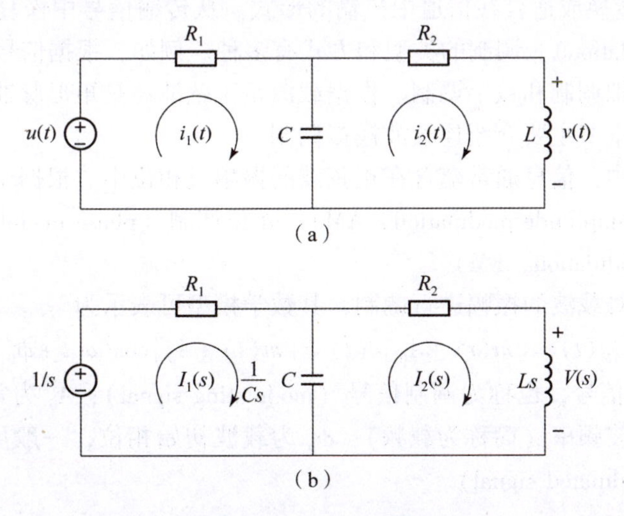

图3.30 例3.10电路

（a）时域模型；（b）复频域等效模型

解：将电路转换为复频域上的等效模型，如图 3.30（b）所示。注意到由于初始状态为零，因此各元件的等效电压源均为零。

采用回路分析法，分别记两个回路的电流为 $I_1(s)$，$I_2(s)$。根据基尔霍夫电压定律，有

$$I_1(s)+\frac{1}{s}(I_1(s)-I_2(s))=\frac{1}{s}$$

$$(3+s)I_2(s)-\frac{1}{s}(I_1(s)-I_2(s))=0$$

解得

$$I_1(s)=\frac{s^2+3s+1}{s(s+2)^2}$$

$$I_2(s)=\frac{1}{s(s+2)^2}$$

因此，电感两端的响应电压为

$$V(s)=sI_2(s)=\frac{1}{(s+2)^2}$$

利用拉普拉斯逆变换，可得时域上的表达式为

$$v(t)=t\mathrm{e}^{-2t}u(t)$$

3.4 通信调制技术

3.4.1 调制的类型

调制（modulation）是通信领域中的一项关键技术，它的目的是把含有信息的信号（称为消息信号）转换成适合在信道中传输的形式。从传输信号中恢复出消息信号的过程称为解调（demodulation）。调制的类型和方式有多种。例如，根据信号是模拟信号还是数字信号，可分为模拟调制和数字调制。根据载波是正弦波还是矩形脉冲串，可分为连续波调制和脉冲调制。本节主要介绍连续波模拟调制。

在连续波调制中，信息通常蕴含在正弦波的振幅或相位中。根据位置不同，具体又可以分为幅度调制（amplitude modulation，AM）、相位调制（phase modulation，PM）和频率调制（frequency modulation，FM）。

幅度调制就是对载波的振幅进行调制，其数学模型可表示为

$$s_{\mathrm{AM}}(t)=[m(t)+A_0]c(t)=[m(t)+A_0]\cos(\omega_c t+\phi_0) \tag{3.195}$$

式中，$m(t)$即消息信号，也称为调制信号（modulating signal）；A_0 为常数[①]；$c(t)$为载波（carrier）；ω_c 为载波频率（简称为载频）；ϕ_0 为载波初始相位，一般可设 $\phi_0=0$；$s_{\mathrm{AM}}(t)$称为已调信号（modulated signal）。

---

① 稍后会解释 A_0 的作用。

与幅度调制不同，相位调制和频率调制是利用载波的相位来承载信息，两者也统称为角度调制（angle modulation）。设载波具体有如下一般形式

$$s(t)=A_c\cos(\omega_c t+\phi(t)) \tag{3.196}$$

式中，A_c，ω_c 均为常数；$\phi(t)$是关于时间的函数，称为瞬时相位。

如果瞬时相位与消息信号成正比例关系，则称为相位调制，其数学模型可表示为

$$s_{\mathrm{PM}}(t)=A_c\cos(\omega_c t+\phi(t))=A_c\cos(\omega_c t+K_p m(t)) \tag{3.197}$$

式中，K_p 为常数。

如果瞬时相位的导数（即瞬时频偏）与消息信号成正比例关系，则称为频率调制，其数学模型可表示为

$$s_{\mathrm{FM}}(t)=A_c\cos(\omega_c t+\phi(t))=A_c\cos\left(\omega_c t+K_f\int_0^t m(\tau)\mathrm{d}\tau\right) \tag{3.198}$$

式中，K_f 为常数。不难验证

$$\frac{\mathrm{d}}{\mathrm{d}t}\phi(t)=K_f m(t) \tag{3.199}$$

上述三种调制方式在通信领域应用广泛，例如，无线电广播系统、模拟电话系统、卫星通信等。但限于篇幅，下面主要介绍幅度调制的基本原理。关于相位调制、频率调制等其他调制方法的详细介绍，读者可参阅文献［1，14，15］。

3.4.2 幅度调制的基本原理

根据上文介绍，幅度调制的一般模型可表示为

$$s_m(t)=[m(t)+A_0]c(t)=[m(t)+A_0]\cos(\omega_c t) \tag{3.200}$$

原理框图如图3.31所示。相应地，根据傅里叶变换的性质，已调信号的频谱为

$$S_m(\mathrm{j}\omega)=\frac{1}{2}[M(\mathrm{j}(\omega+\omega_c))+M(\mathrm{j}(\omega-\omega_c))]+\pi A_0[\delta(\omega+\omega_c)+\delta(\omega-\omega_c)] \tag{3.201}$$

式中，$M(\mathrm{j}\omega)$是消息信号 $m(t)$的频谱。

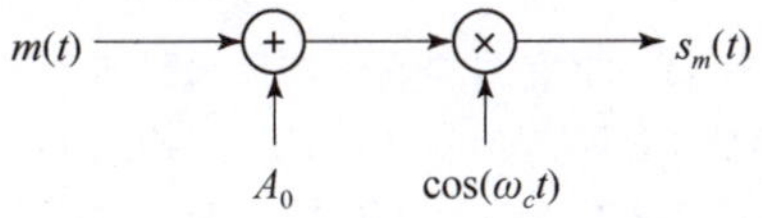

$m(t)$ + A_0 × $\cos(\omega_c t)$ $s_m(t)$

图3.31 幅度调制原理结构图

图3.32给出了幅度调制的时域和频域示意图，其中，消息信号是低通带限信号，并假设载频远大于信号带宽，且$|m(t)|\leqslant A_0$。从时域上来看，已调信号的包络（图3.32（e）中虚线所示）与消息信号的波形变化一致。这意味着可以通过提取包络来恢复出原信号。这个过程称为**包络检波**（envelope detection）①。包络检波器通常由二极管和RC低通电路构成，结构如图3.33（a）所示。为确保实现检波功能，RC 应满足如下关系[15,1]

$$\frac{\omega_M}{2\pi}\leqslant\frac{1}{RC}\leqslant\frac{\omega_c}{2\pi} \tag{3.202}$$

① 包络检波是一种典型的非相干解调（non-coherent demodulation）技术，即不需要载波信息。

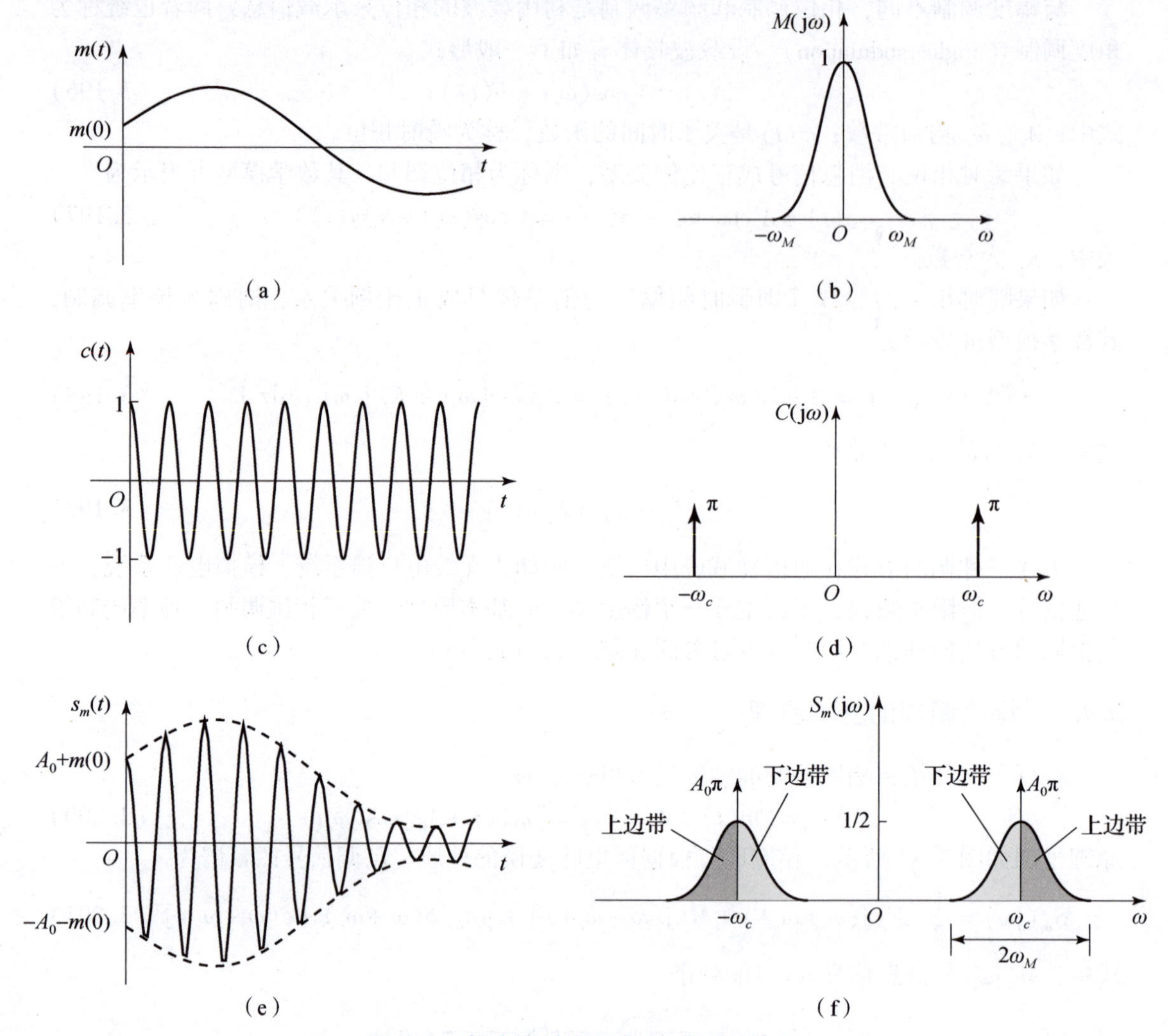

图 3.32　幅度调制信号波形和频谱示意图

(a) 消息信号（基带信号）；(b) 消息信号的频谱；(c) 载波；
(d) 载波的频谱；(e) 已调信号；(f) 已调信号的频谱

图 3.33 (b) 给出了包络检波器输出示意图。包络检波方法结构简单，易于实现，因此，在实际中被广泛采用。

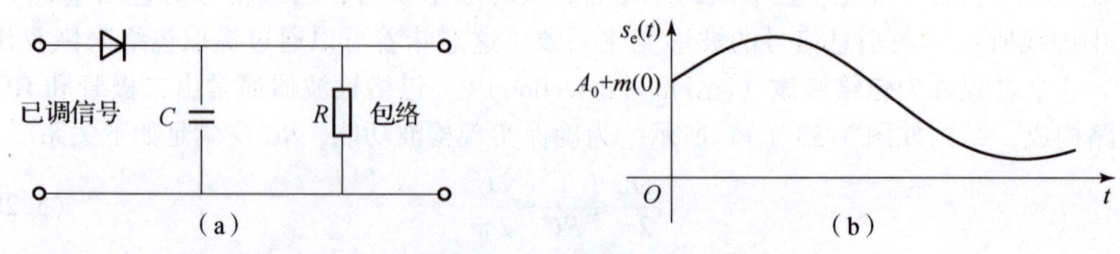

图 3.33　包络检波

(a) 包络检波器的电路结构；(b) 包络检波器的输出

从频域来看，已调信号的频谱是对消息信号（即基带信号）的频谱进行了搬移，载频位置上的冲激是载波的频谱。由此可见，幅度调制的基本原理即利用了傅里叶变换的频移性质，将基带信号的频谱搬移到信道的频带范围内，从而便于传输。由于频移是线性的，因此幅度调制也称为线性调制。但应注意，这里的“线性”并不意味着已调信号与调制信号之间具有线性变换关系。事实上，任何调制过程都是非线性变换过程。

由于基带信号的频谱关于 $\omega=0$ 对称，因此，已调信号的正频率和负频率频谱分别关于 $\omega=\pm\omega_c$ 对称。这种调制称为双边带（double - sideband，DSB）调制，其中，$|\omega|>\omega_c$ 的部分称为上边带（upper - sideband，USB），如图 3.32（f）中深色阴影部分所示；$|\omega|<\omega_c$ 的部分称为下边带（lower - sideband，LSB），如图 3.32（f）中浅色阴影部分所示。若基带信号的带宽为 ω_M，则已调信号的带宽为 $2\omega_M$。

由于载波不包含信息，因此可令 $A_0=0$，此时幅度调制模型简化为

$$s_m(t)=m(t)c(t)=m(t)\cos(\omega_c t) \tag{3.203}$$

相应地，已调信号的频谱不再包含冲激。这种调制方法称为抑制载波幅度调制（suppressed - carrier amplitude modulation，SC - AM）。图 3.34 给出了这种调制方法的时域波形和频谱。注意到，此时已调信号的包络不再具有基带信号的波形，因此不能采用包络检波方法来进行解调，而需要采用**相干解调**（coherent demodulation）方法。即利用一个与载波严格同步的载波（称为相干载波）来恢复出调制信号，其基本原理依然是基于傅里叶变换的频移性质，结构如图 3.35（a）所示。具体来讲，对已调信号 $s_m(t)$ 乘以载波 $c(t)=\cos(\omega_c t)$，可得

$$s_p(t)=s_m(t)\cos(\omega_c t)=\frac{1}{2}m(t)+\frac{1}{2}m(t)\cos(2\omega_c t) \tag{3.204}$$

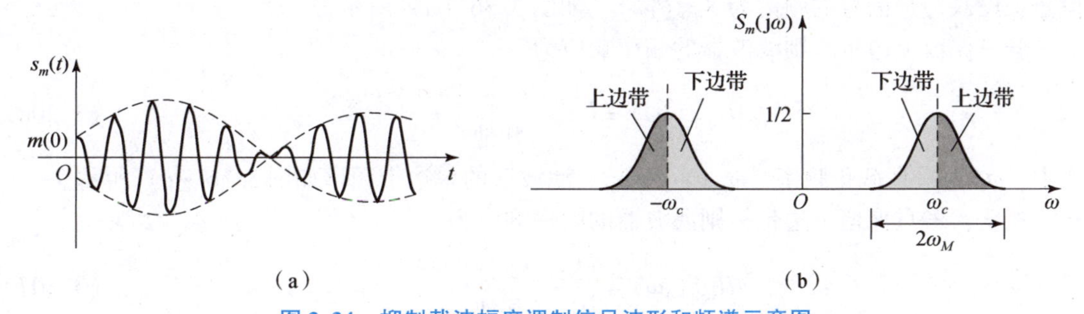

图 3.34　抑制载波幅度调制信号波形和频谱示意图

(a) 已调信号；(b) 已调信号的频谱

注意到式（3.204）中第二项为高频成分，因此，可以选择一个理想低通滤波器来提取基带信号，即

$$s_d(t)=\mathrm{LPF}[s_p(t)]=\frac{1}{2}m(t) \tag{3.205}$$

式中，LPF 为理想低通滤波器。图 3.35（b）给出了相干解调过程的频谱变化示意图。事实上，稍后会看到，相干解调方法适用于所有线性调制模型（即基于频移性质的调制模型）。

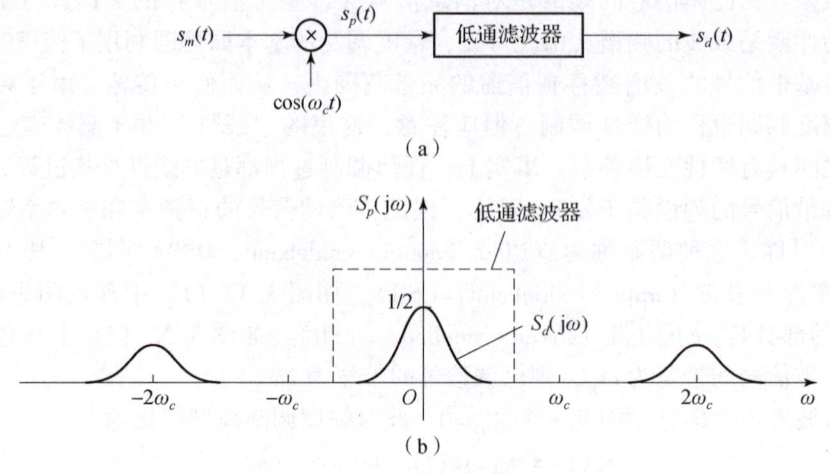

图 3.35　相干解调

（a）相干解调原理结构图；（b）相干解调信号频谱示意图

3.4.3　单边带幅度调制

以上介绍的是双边带调制方法。然而双边带信号频谱的上边带（USB）与下边带（LSB）关于载频对称，具有冗余性。在实际应用中，为了减少信道资源的占用，降低信号的发射功率，可以只保留上边带或下边带进行传输，这就是单边带（single - sideband, SSB）调制技术。按照技术实现方式，单边带调制可以分为滤波法和相移法。

滤波法的基本思想是对双边带信号进行带通滤波，滤除某一个边带，从而得到单边带信号。设双边带信号的频谱为 $S_{\mathrm{DSB}}(j\omega)$，如图 3.36（a）所示。

若只保留上边带，则滤波器的频率响应为

$$H_{\mathrm{USB}}(j\omega)=\begin{cases}1, & \omega_c\leqslant|\omega|\leqslant\omega_b\\ 0, & \text{其他}\end{cases}\tag{3.206}$$

式中，ω_b 为最高截止频率，$\omega_b\geqslant\omega_c+\omega_M$。滤波后的单边带频谱如图 3.36（c）所示。

相反，若只保留下边带，则滤波器的频率响应为

$$H_{\mathrm{LSB}}(j\omega)=\begin{cases}1, & \omega_a\leqslant|\omega|\leqslant\omega_c\\ 0, & \text{其他}\end{cases}\tag{3.207}$$

式中，ω_a 为最低截止频率，$\omega_a\leqslant\omega_c-\omega_M$。滤波后的单边带频谱如图 3.36（e）所示。

由此可见，滤波法即利用边带滤波器的频率选择特性来实现单边带调制。然而，理想的边带滤波器在实际中是不存在的。换言之，实际中的滤波器并非具有跳跃间断式的频率特性，通常在载频（即截止频率）附近会存在一定的过渡带。因此，利用滤波法产生的单边带信号可能混有其他边带的频谱。

相移法是利用希尔伯特变换来构造单边带信号，这种方法能够克服滤波法的局限。回顾 3.2.5 节的介绍，希尔伯特变换的频率响应为

$$H_{\mathrm{HT}}(j\omega)=-j\,\mathrm{sgn}(\omega)=\begin{cases}-j, & \omega>0\\ j, & \omega<0\end{cases}\tag{3.208}$$

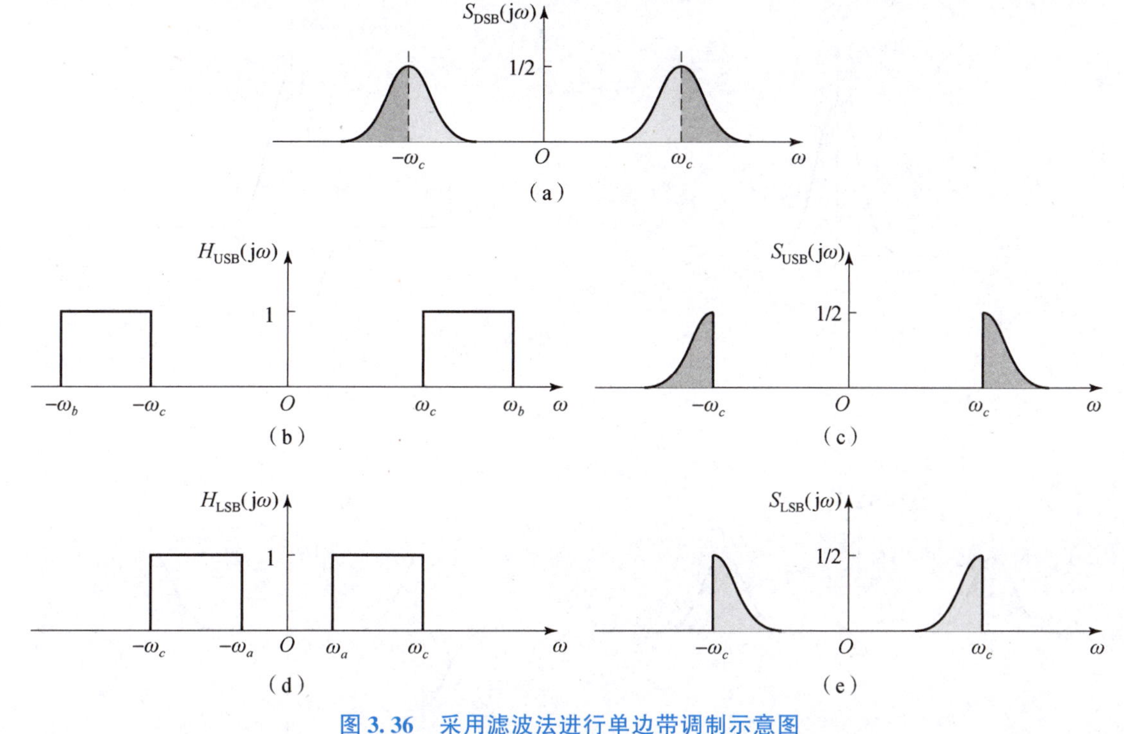

图3.36 采用滤波法进行单边带调制示意图

(a) 双边带信号的频谱;(b) 上边带滤波器;(c) 上边带信号的频谱;
(d) 下边带滤波器;(e) 下边带信号的频谱

其作用是对信号的正、负频率分别作相移$\mp\pi/2$。

设基带信号为$m(t)$,其频谱为$M(j\omega)$,为了便于分析,同时假设频谱是实的,如图3.37(a)所示。对$m(t)$作希尔伯特变换,记作$\hat{m}(t)$,则$\hat{m}(t)$的频谱为

$$\hat{M}(j\omega)=M(j\omega)(-j\mathrm{sgn}(\omega)) \tag{3.209}$$

图3.37(b)给出了$M(j\omega)\mathrm{sgn}(\omega)$(即不包含$-j$)的示意图。

令$m_c(t)=m(t)\cos(\omega_c t)$,$m_s(t)=\hat{m}(t)\sin(\omega_c t)$,根据傅里叶变换的乘积定理,可得

$$m(t)\cos(\omega_c t)\stackrel{\mathcal{F}}{\longleftrightarrow}\frac{1}{2}[M(j(\omega-\omega_c))+M(j(\omega+\omega_c))] \tag{3.210}$$

$$\hat{m}(t)\sin(\omega_c t)\stackrel{\mathcal{F}}{\longleftrightarrow}\frac{1}{2}[M(j(\omega+\omega_c))\mathrm{sgn}(\omega+\omega_c)-M(j(\omega-\omega_c))\mathrm{sgn}(\omega-\omega_c)] \tag{3.211}$$

图3.37(c)、图3.37(d)给出了上述已调信号的频谱示意图。注意到两个频谱分别关于载频呈偶对称和奇对称,若两者相减,则可以将下边带的频谱抵消,从而得到上边带信号,如图3.37(e)所示。类似地,若两者相加,则可以将上边带的频谱抵消,从而得到下边带信号,如图3.37(f)所示。根据上述分析,上、下边带信号的时域表示为

$$s_{USB}(t)=\frac{1}{2}[m(t)\cos(\omega_c t)-\hat{m}(t)\sin(\omega_c t)] \tag{3.212}$$

$$s_{LSB}(t)=\frac{1}{2}[m(t)\cos(\omega_c t)+\hat{m}(t)\sin(\omega_c t)] \tag{3.213}$$

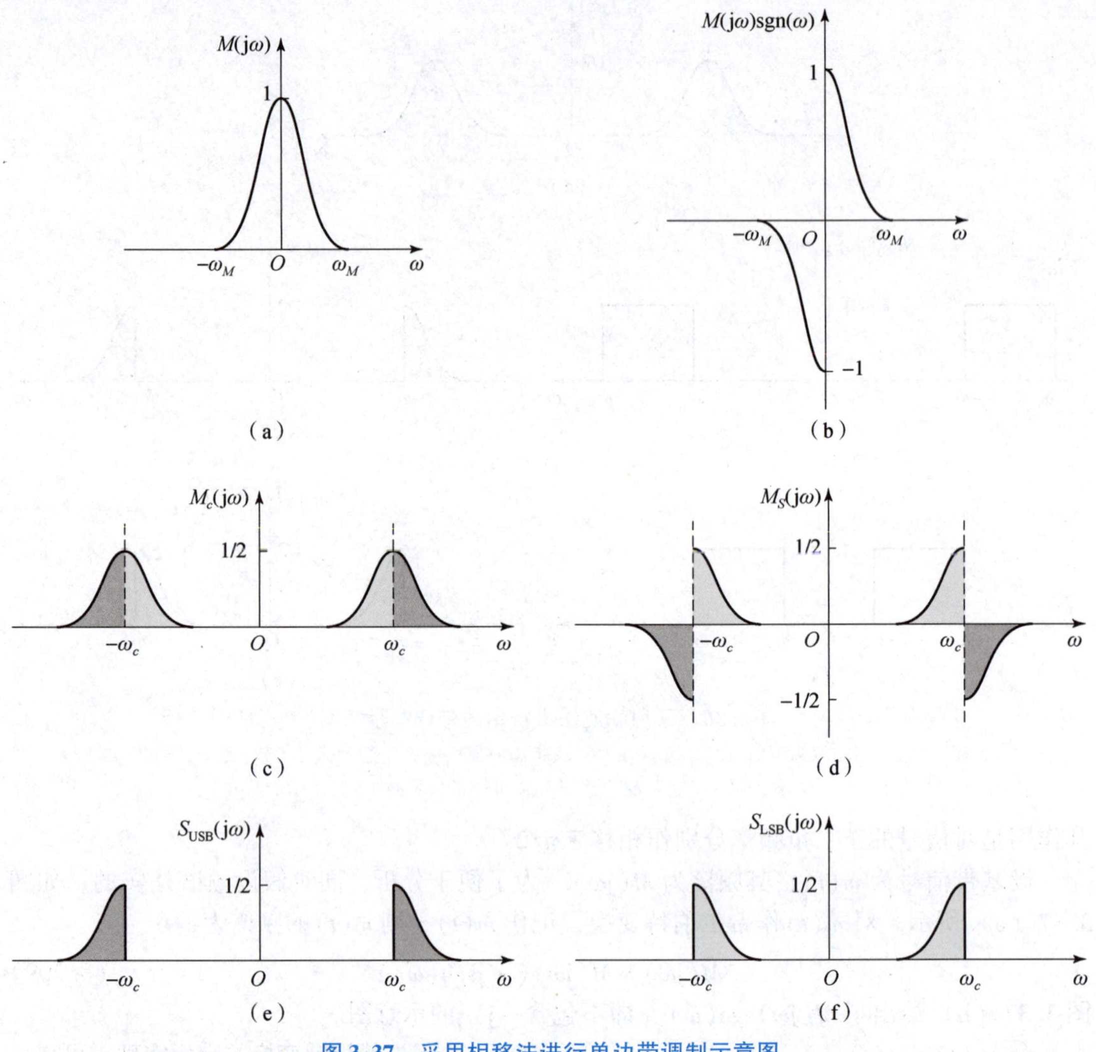

图 3.37　采用相移法进行单边带调制示意图

(a) 基带信号 $m(t)$ 的频谱；(b) $M(\mathrm{j}\omega)\,\mathrm{sgn}(\omega)$；(c) $m(t)\cos(\omega_c t)$ 的频谱；(d) $\hat{m}(t)\sin(\omega_c t)$ 的频谱；(e) $s_{\mathrm{USB}}(t)$ 的频谱；(f) $s_{\mathrm{LSB}}(t)$ 的频谱

式中，系数 1/2 是为了保证幅值与原双边带信号一致。图 3.38 给出了相移法的原理结构图。

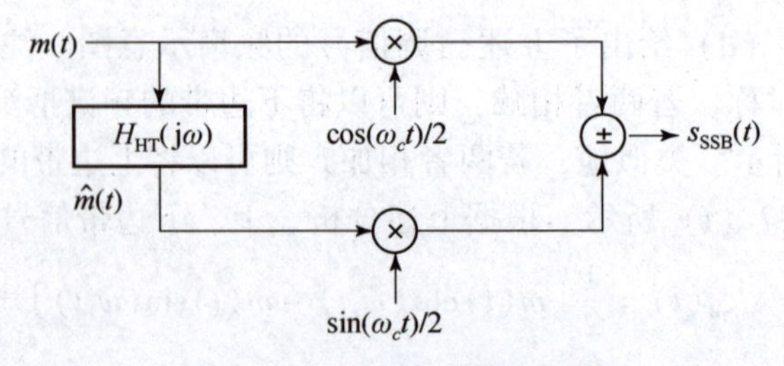

图 3.38　相移法原理结构图

下面讨论单边带调制的解调方法。由于单边带调制属于抑制载波调制，因此依然需要采用相干解调方法。事实上，相干解调适用于所有线性调制模型。设已调信号 $s_m(t)$ 的频谱具有如下一般形式

$$S_m(\mathrm{j}\omega)=\frac{1}{2}[M(\mathrm{j}(\omega+\omega_c))+M(\mathrm{j}(\omega-\omega_c))]H(\mathrm{j}\omega) \tag{3.214}$$

式中，$M(\mathrm{j}\omega)$ 是基带信号的频谱；$H(\mathrm{j}\omega)$ 是边带滤波器。

对已调信号 $s_m(t)$ 乘以载波 $c(t)=\cos(\omega_c t)$，则相应的频谱为

$$\begin{aligned}S_p(\mathrm{j}\omega)&=\frac{1}{2}[S_m(\mathrm{j}(\omega+\omega_c))+S_m(\mathrm{j}(\omega-\omega_c))]\\&=\frac{1}{4}[M(\mathrm{j}\omega)+M(\mathrm{j}(\omega+2\omega_c))]H(\mathrm{j}(\omega+\omega_c))+\\&\quad\frac{1}{4}[M(\mathrm{j}\omega)+M(\mathrm{j}(\omega-2\omega_c))]H(\mathrm{j}(\omega-\omega_c))\\&=\frac{1}{2}M(\mathrm{j}\omega)+\frac{1}{4}[M(\mathrm{j}(\omega+2\omega_c))H(\mathrm{j}(\omega+\omega_c))+\\&\quad M(\mathrm{j}(\omega-2\omega_c))H(\mathrm{j}(\omega-\omega_c))]\end{aligned} \tag{3.215}$$

注意到式（3.215）中第一项为基带信号的频谱，后两项为高频成分，因此可以选择一个低通滤波器将高频成分滤除，这样就恢复出基带信号。图 3.39 给出了上边带信号解调过程的频谱示意图，为了便于说明频谱搬移的方向，左、右两个边带分别用不同方向的阴影画线来表示。

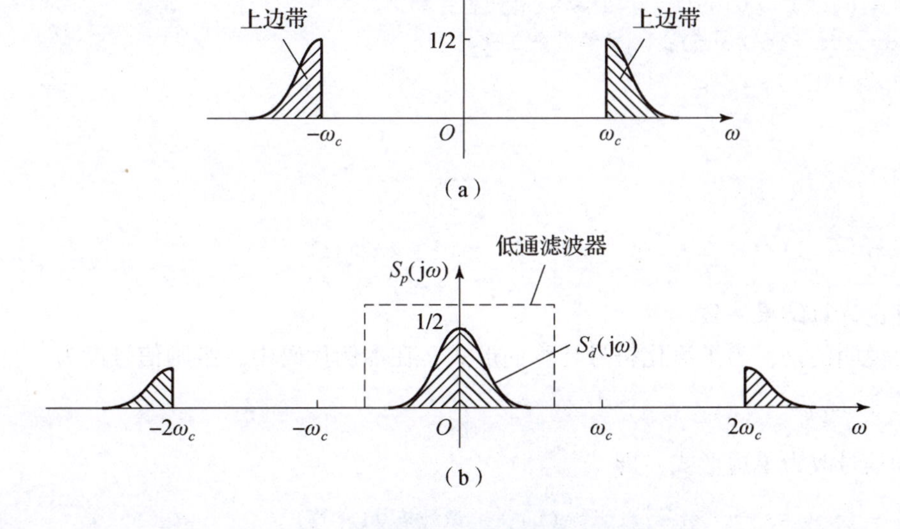

图 3.39　上边带信号解调过程的频谱示意图

（a）已调信号的频谱；（b）解调信号的频谱

3.5 编程仿真实验

3.5.1 连续时间系统响应的时域求解

对于由微分方程描述的连续时间系统，可以采用 MATLAB 符号计算或数值计算功能来求解系统的各类响应。根据 3.1 节的介绍，系统的全响应包含自然响应和受迫响应，两者分别对应于常系数微分方程的齐次解和特解。MATLAB SM 工具箱提供函数 dsolve 可用于求解常系数微分方程。下面结合例题进行说明。

实验 3.1 已知二阶微分系统

$$\frac{d^2}{dt^2}y(t)+3\frac{d}{dt}y(t)+2y(t)=x(t) \tag{3.216}$$

式中，初始条件为 $y(0^-)=0$，$y'(0^-)=1$，设激励信号为 $x(t)=e^{-3t}u(t)$。利用 MATLAB 符号计算功能求该系统的全响应。

解： 本例即为例 3.1，下面采用 MATLAB 符号计算进行求解，具体代码如下。

```
syms t y(t) % 定义符号变量与符号函数
x(t) = exp(-3*t); % 激励信号
a = [1 3 2]; % 微分方程系数
dy = diff(y,t); % 响应的一阶导数
Dy = [diff(y,t,2),dy,y]; % 响应及各阶导数
eqn = Dy*a' == x; % 建立微分方程
cond = [y(0)==0,dy(0)==1]; % 初始条件
s = dsolve(eqn,cond); % 求解微分方程
s = expand(s); % 展开
```

结果为

```
>> s
s =
(3*exp(-t))/2 - 2*exp(-2*t) + exp(-3*t)/2
```

可见与理论计算结果一致。

需要说明的是，为了简化符号计算的形式，在本例代码中，激励信号设为

```
x(t) = exp(-3*t);
```

若将激励信号改为单边形式，即

```
x(t) = exp(-3*t)*heaviside(t); % 激励信号(单边)
```

则计算结果会略显复杂。事实上，微分方程的通解对于任意时刻 t 都成立，之所以带有 $t\geqslant 0$，是因为系统响应应出现在系统激励之后。

dsolve 也可以分别求得系统的自然响应和受迫响应，或零输入响应和零状态响应。关于 dsolve 更详细的用法介绍，读者可参阅 MATLAB 帮助文档。

上述介绍的符号计算方法适用于激励信号具有简单明确的数学表达式。而在实际应用中，若激励信号较为复杂，或表达式未知，则可以采用数值计算方法进行求解。MATLAB 控制系统工具箱（Control System Toolbox，以下简称 CS 工具箱）中的函数 impulse 和 step 可分别用于数值求解系统的冲激响应和阶跃响应，基本用法为

```
sys = tf(b,a); % 系统函数
h = impulse(sys,t); % 冲激响应
s = step(sys,t); % 阶跃响应
```

其中，a，b 为微分方程的系数，即对应于系统函数中的分母多项式与分子多项式的系数；t 为时域采样点；sys 为系统函数，它通过函数 tf 建立。

若要求系统的零状态响应，可以利用 CS 工具箱中的函数 lsim，基本用法为

```
y = lsim(sys,x,t); % 零状态响应
```

其中，sys 为系统函数，通过 tf 建立；x 为激励信号；t 为时域采样点。

实验 3.2 已知二阶微分系统：

$$\frac{d^2}{dt^2}y(t)+3\frac{d}{dt}y(t)+2y(t)=x(t) \tag{3.217}$$

设激励信号为 $x(t)=e^{-3t}u(t)$。利用 MATLAB 数值计算功能求该系统的冲激响应、阶跃响应和零状响应。

解： 具体代码如下。

```
a = [1 3 2]; % 分母多项式系数
b = 1; % 分子多项式系数
sys = tf(b,a); % 建立系统函数
t = 0:0.01:10; % 采样点
x = exp( -3 * t); % 生成激励信号
h = impulse(sys,t); % 冲激响应
s = step(sys,t); % 阶跃响应
y = lsim(sys,x,t); % 零状态响应
```

图 3.40 给出了各类响应的数值计算结果。

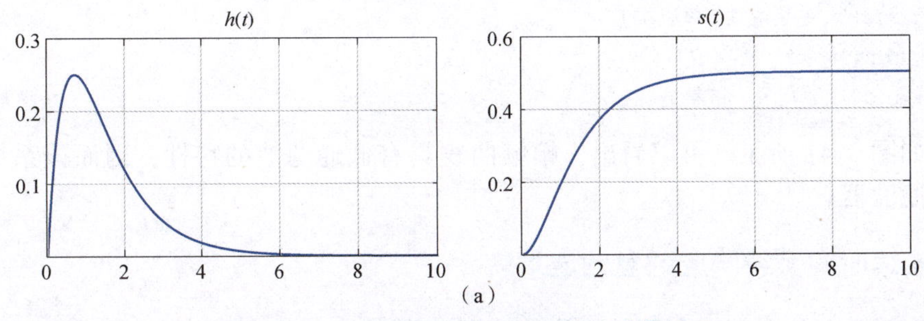

图 3.40 连续时间系统响应的数值计算结果

（a）冲激响应与阶跃响应

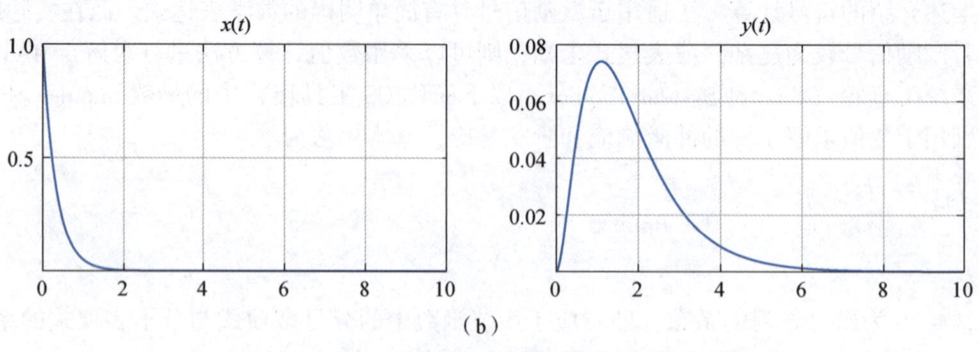

图 3.40　连续时间系统响应的数值计算结果（续）

(b) 激励信号与零状态响应

3.5.2　连续时间系统频率响应的计算

如果系统的冲激响应 $h(t)$ 已知，则可以利用 MATLAB 函数 fourier 求得系统的频率响应 $H(\mathrm{j}\omega)$。不过这种方法仅限于冲激响应具有相对简单的形式，具有一定的局限性。一种更为普遍的方式是使用 MATLAB 信号处理工具箱提供的函数 freqs 来计算频率响应，该函数的基本用法为

```
h = freqs(b,a,w); % 计算系统的频率响应
```

其中，a，b 为微分方程的系数；w 为采样频点，单位为 rad/s；输出 h 为系统的频率响应。进一步，若频率响应是复的，可以利用函数 abs 和 angle 分别求得幅频响应和相频响应。

实验 3.3　已知二阶微分系统：

$$\frac{\mathrm{d}^2}{\mathrm{d}t^2}y(t)+3\frac{\mathrm{d}}{\mathrm{d}t}y(t)+2y(t)=\frac{1}{2}\frac{\mathrm{d}}{\mathrm{d}t}x(t)+x(t) \tag{3.218}$$

编程绘制系统的频率响应曲线。

解： 具体代码如下。

```
a = [1 3 2]; % 分母多项式系数
b = [1/2 1]; % 分子多项式系数
w = -10:0.01:10; % 采样频点
h = freqs(b,a,w); % 频率响应
mag = abs(h); % 幅频响应
phs = angle(h); % 相频响应
```

结果如图 3.41 所示。可以看出，幅频曲线具有低通滤波的特性，因而该系统可视为一个低通滤波器。

3.5.3　连续时间系统响应的复频域求解

根据 3.3.3 节的介绍，利用单边拉普拉斯变换可以求得系统的零输入响应、零状态响应以及全响应。可以通过 MATLAB 函数 laplace 和 ilaplace 来实现拉普拉斯正反变换。相关用法在 2.5.4 节已经介绍过，本节不再赘述。下面试举一例。

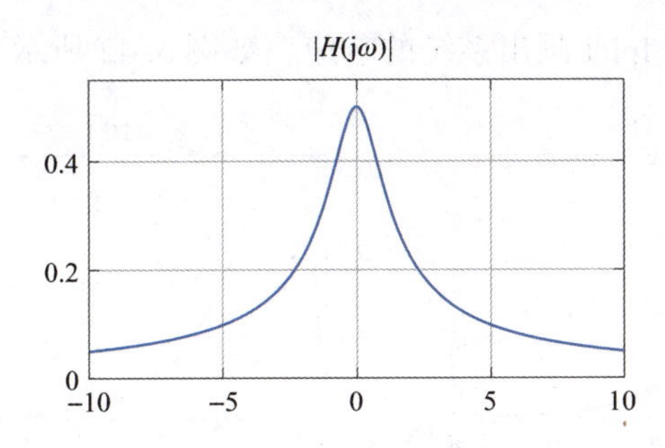

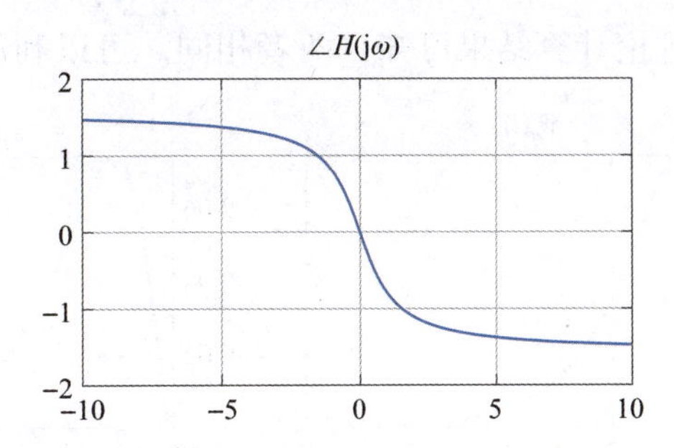

图 3.41 实验 3.3 系统的频率响应

实验 3.4 已知二阶微分系统

$$\frac{\mathrm{d}^2}{\mathrm{d}t^2}y(t)+3\frac{\mathrm{d}}{\mathrm{d}t}y(t)+2y(t)=x(t) \tag{3.219}$$

式中，初始条件为 $y(0^-)=0$，$y'(0^-)=1$，设激励信号 $x(t)=\mathrm{e}^{-3t}u(t)$。利用 MATLAB 符号计算功能求该系统的零输入响应、零状态响应及全响应。

解： 由例 3.9 的分析可知

$$Y(s)=\frac{(s+3)y(0^-)+y'(0^-)}{s^2+3s+2}+\frac{X(s)}{s^2+3s+2}=\frac{1}{s^2+3s+2}+\frac{X(s)}{s^2+3s+2} \tag{3.220}$$

式中，等式右端第一项和第二项分别对应于零输入响应和零状态响应，进而利用 MATLAB 符号计算功能求得时域上的响应，代码如下。

```
syms t s % 定义符号变量
x(t) = exp( -3 *t); % 激励信号
X(s) = laplace(x(t)); % 激励信号的拉普拉斯变换
Yzi(s) = 1/(s^2 +3 *s +2); % 零输入响应的拉普拉斯变换
Yzs(s) = X(s)/(s^2 +3 *s +2); % 零状态响应的拉普拉斯变换
yzi = ilaplace(Yzi(s)); % 零状态响应
yzs = ilaplace(Yzs(s)); % 零状态响应
y = yzi +yzs; % 全响应
```

注意，由于程序计算是单边拉普拉斯变换，因此，单位阶跃函数 $u(t)$ 可以在代码中省略。计算结果为

```
>> yzi
yzi =
exp( -t) - exp( -2 *t)
>> yzs
yzs =
exp( -t)/2 - exp( -2 *t) + exp( -3 *t)/2
>> y
y =
(3 *exp( -t))/2 - 2 *exp( -2 *t) + exp( -3 *t)/2
```

对比理论计算结果可知，两者相同。可以利用 fplot 画出系统的响应，如图 3.42 所示。

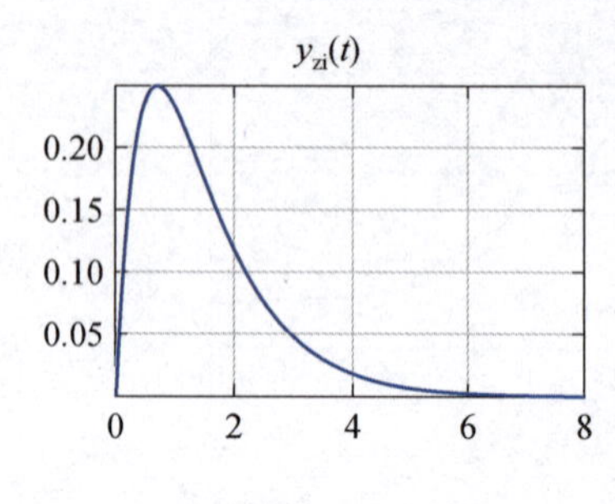

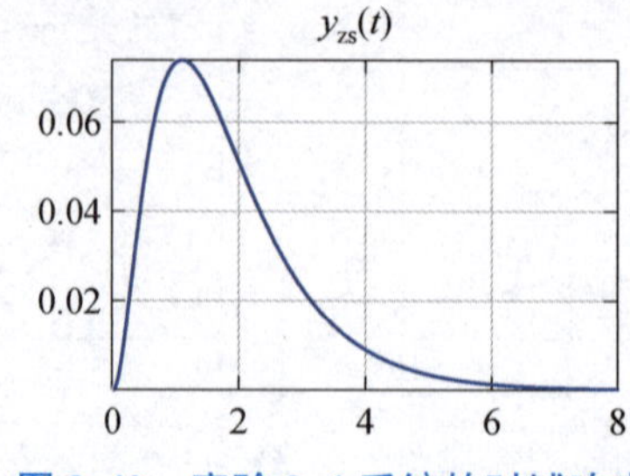

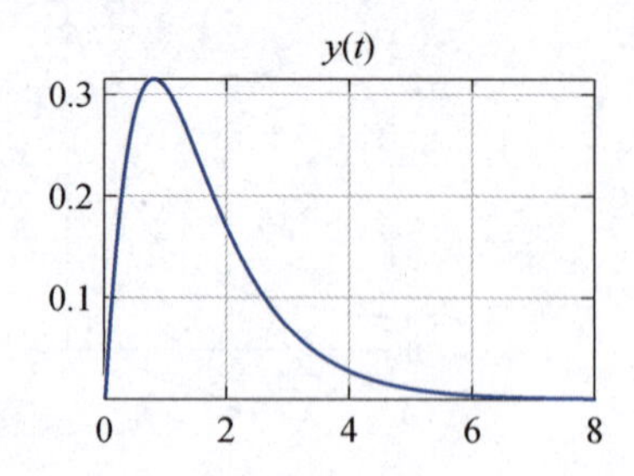

图 3.42 实验 3.4 系统的时域响应

零极点是分析和判断系统特性的重要依据之一。根据 3.3 节的介绍，若系统函数具有有理函数的形式，则

$$H(s)=\frac{\sum_{m=1}^{M}b_m s^m}{\sum_{n=1}^{N}a_n s^n}=k\frac{(s-z_1)(s-z_2)\cdots(s-z_M)}{(s-p_1)(s-p_2)\cdots(s-p_N)} \tag{3.221}$$

式中，z_1，z_2，…，z_M 和 p_1，p_2，…，p_N 分别为系统的零点和极点；$k=b_M/a_N$ 为幅度增益。

MATLAB SP 工具箱提供了函数 tf2zp 和 zp2tf 可用于实现系统函数与零极点之间的转换，基本用法如下。

```
[z,p,k] = tf2zp(b,a); % 通过系统函数求解零极点
[b,a] = zp2tf(z,p,k); % 通过零极点求解系统函数
```

其中，a，b 分别为系统函数中的分母多项式与分子多项式的系数；z 为零点；p 为极点；g 为增益。

若只需要求解系统的零极点，也可采用 MATLAB 内置函数 roots。实际上，该函数的功能是用于求解多项式的根。基本用法为

```
z = roots(b); % 零点
p = roots(a); % 极点
```

此外，CS 工具箱内置函数 zero 和 pole 也可用于求解系统的零点和极点，具体用法见例 3.15。

若要绘制零极图，可以直接使用绘图函数 plot。不过更简便的方法是使用 MATLAB 控制系统工具箱中的函数 pzmap 或 pzplot，具体用法可参阅 MATLAB 帮助文档。

实验 3.5 编程计算如下系统的零极点和冲激响应，并判断系统是否因果稳定。

①$\frac{1}{(s+2)^2}$；②$\frac{2}{s^2+4}$；③$\frac{s+1}{(s+1)^2+2}$。

解： 以①中的系统为例，具体代码如下。

```
a = [1 4 4]; % 分母多项式系数
b = 1; % 分子多项式系数
```

```
sys = tf(b,a); % 系统函数
t = 0:0.01:10; % 采样点
h = impulse(sys,t); % 冲激响应
p = pole(sys); % 极点
z = zero(sys); % 零点
pzmap(sys); % 绘制零极图
figure
plot(t,h); % 绘制冲激响应
```

零点和极点分别为

```
>> z
z =
     []
>> p
p =
    -2
    -2
```

系统零极图和冲激响应如图3.43（a）所示。需要注意的是，该系统含有二阶极点，但由pzmap绘制的零极图无法显示高阶极点（或零点）。结合零极图和冲激响应易知，该系统是因果稳定的。

对于②和③中系统，可分别修改代码中的参数a，b，相应的零极图和冲激响应如图3.43（b）和图3.43（c）所示。显然，系统2的极点位于虚轴上，且冲激响应为正弦函数的形式，因此系统不稳定；而系统3的零极点均位于左半平面，因此是因果稳定的，且具有最小相位。

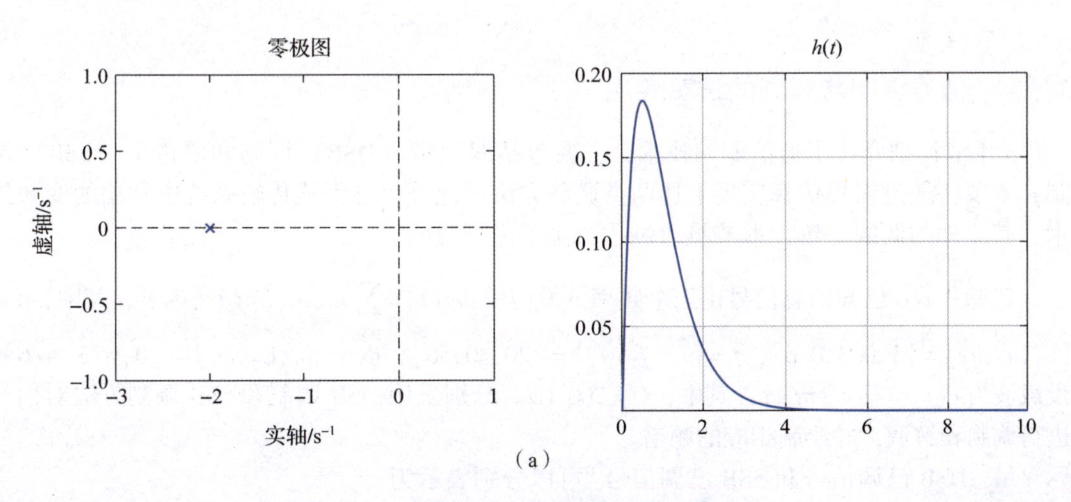

图3.43　连续时间系统的零极图和冲激响应

（a）系统①的零极图和冲激响应

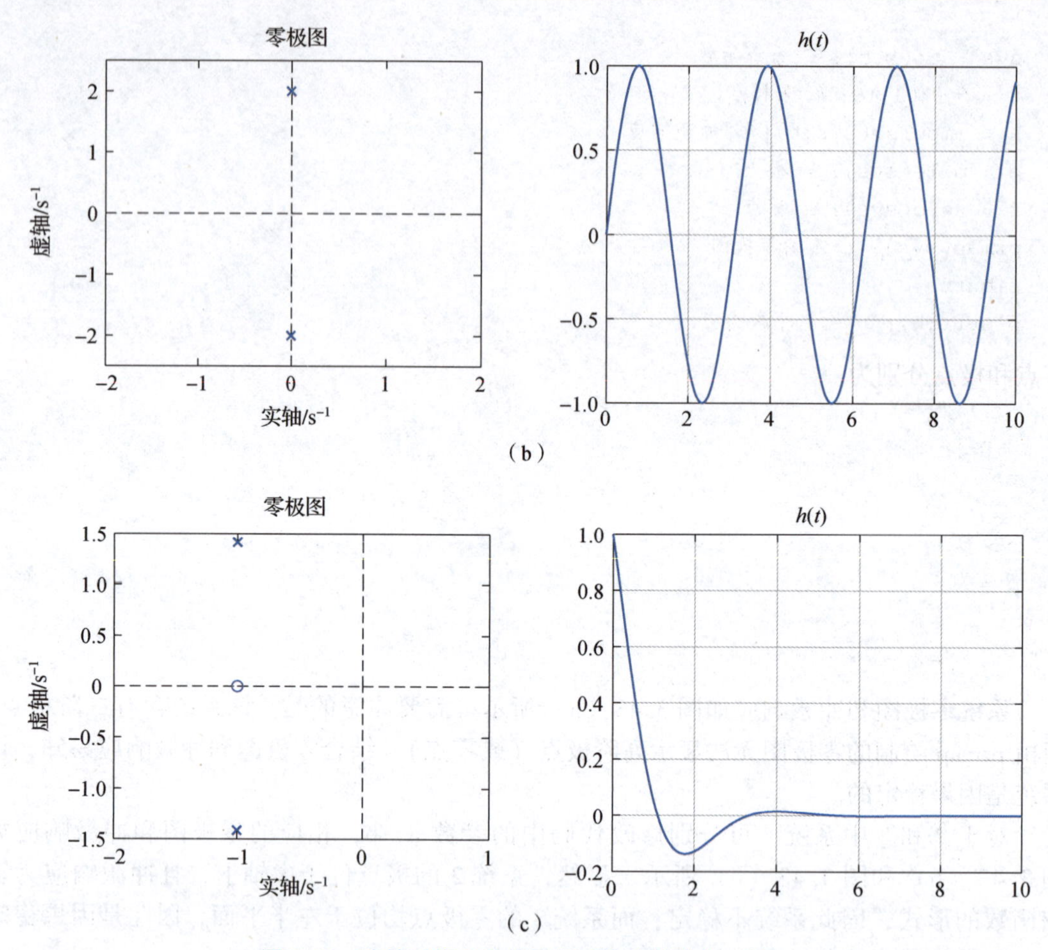

图 3.43 连续时间系统的零极图和冲激响应（续）

（b）系统②的零极图和冲激响应；（c）系统③的零极图和冲激响应

3.5.4 信号调制与解调的仿真实现

3.4 节详细介绍了通信调制技术，主要包括双边带（DSB）调制和单边带（SSB）调制，本节将通过编程仿真实现上述两类调制方法。此外，在无线传输系统中常用的变频技术，其原理与调制一致，本节将通过一个例子进行说明。

实验 3.6 已知消息信号由三个频率分量构成：$m(t)=\sum_{k=1}^{3}a_k\sin(2\pi f_k t+\phi_k)$，其中，$\boldsymbol{a}=[a_1,a_2,a_3]=[1,0.3,0.6]$，$\boldsymbol{f}=[f_1,f_2,f_3]=[20,30,50]$，$\boldsymbol{\phi}=[\phi_1,\phi_2,\phi_3]=[0,\pi/3,\pi/6]$。设载波为 $c(t)=\cos(2\pi f_c t)$，其中，$f_c=200$ Hz。分别采用 DSB 调制和 SSB 调制方法对信号进行调制和解调，并绘制相应的频谱。

解： DSB 已调信号和 SSB 已调信号①可以分别表示为

$$s_{\mathrm{DSB}}(t)=m(t)c(t)=m(t)\cos(2\pi f_c t) \tag{3.222}$$

① 为了简化分析，本实验仅考虑上边带调制。

$$s_{SSB}(t)=\frac{1}{2}[m(t)\cos(2\pi f_c t)-\hat{m}(t)\sin(2\pi f_c t)] \tag{3.223}$$

式中，$\hat{m}(t)$是$m(t)$的希尔伯特变换①。

上述两类调制过程的具体代码如下。

```
Fs = 1e3; % 采样率
t = 0:1/Fs:1-1/Fs; % 信号时长
f = [20 30 50]'; % 分量频率
fc = 200; % 载频
a = [1 0.3 0.6]; % 分量振幅
phi = [0 pi/3 pi/6]'; % 分量相位
m = a*sin(2*pi*f*t+phi); % 消息信号
c = cos(2*pi*fc*t); % 载波
s_DSB = m.*c; % DSB 已调信号
mh = hilbert(m); % 利用希尔伯特变换构建解析信号
s_SSB = (s_DSB - imag(mh).*sin(2*pi*fc*t))/2; % SSB 已调信号
```

相应地，可以计算已调信号的频谱②，具体代码如下。

```
L = length(m);
f = Fs/L*(-L/2:L/2-1);
Fm = fft(m,L); % 消息信号的傅里叶变换
Fx = fft(s_DSB,L); % DSB 已调信号的傅里叶变换
Fy = fft(s_SSB,L); % SSB 已调信号的傅里叶变换
Fm = fftshift(Fm); % 将零频设为中心
Mm = 20*log10(abs(Fm)); % 消息信号的幅度谱(dB)
Fx = fftshift(Fx); % 将零频设为中心
Mx = 20*log10(abs(Fx)); % DSB 已调信号的幅度谱(dB)
Fy = fftshift(Fy); % 将零频设为中心
My = 20*log10(abs(Fy)); % SSB 已调信号的幅度谱(dB)
```

图3.44（a）展示了DSB已调信号的时域波形，其中，虚线表示信号的包络，即消息信号。图3.44（b）~图3.44（d）分别展示了消息信号和两类已调信号的频谱。可以直观地看到，在正频率范围内，消息信号的频谱包含三条谱线，分别位于$f_1=20$ Hz、$f_2=30$ Hz、$f_3=50$ Hz；DSB已调信号在载频$f_c=200$ Hz的左右各出现了三条谱线；而SSB已调信号只在$f_c=200$ Hz的右侧（即上边带）出现三条谱线。

接下来考虑解调过程。无论是DSB调制还是SSB调制，都可以采用相干解调方法，即对已调信号乘以载波，然后采用一个低通滤波器来保留基带信号的频谱。以DSB为例，解调过程的具体代码如下。

---

① 可以利用MATLAB函数hilbert生成解析信号，然后对其取虚部，即得到信号的希尔伯特变换。

② 可以利用MATLAB函数fft来计算信号的傅里叶变换。FFT是快速傅里叶变换（Fast Fourier Transform）的英文首字母缩写。关于快速傅里叶变换算法的详细介绍，见第7章。

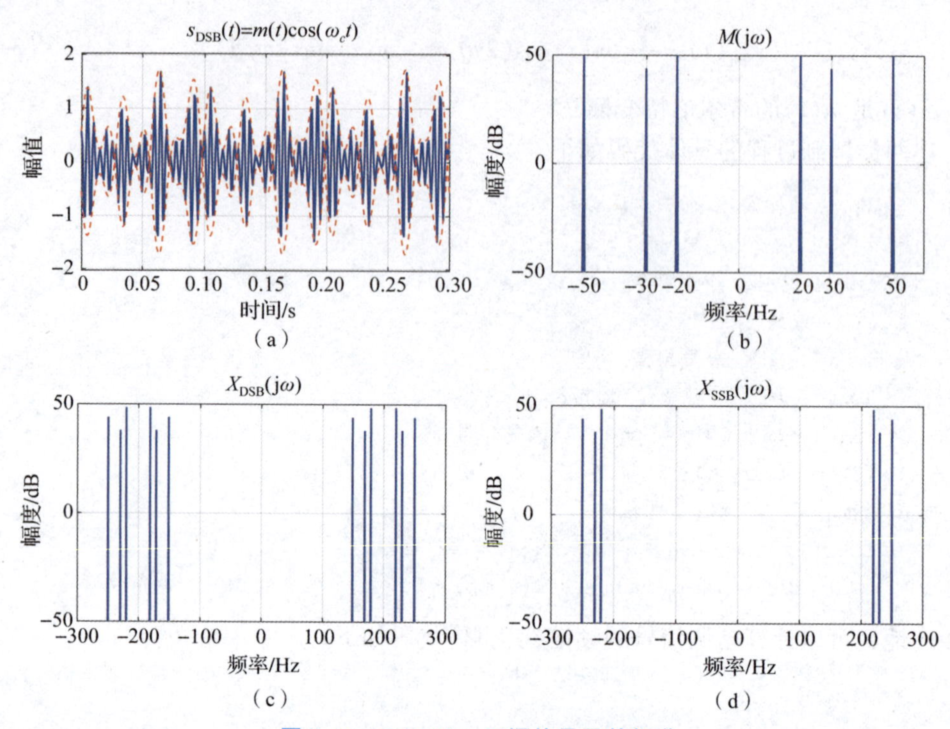

图 3.44 DSB/SSB 已调信号及其频谱

(a) DSB 已调信号的时域波形；(b) 消息信号的频谱；(c) DSB 已调信号的频谱；(d) SSB 已调信号的频谱

```
d_DSB = s_DSB.*c; % DSB 已调信号与载波相乘
LPF = zeros(1,L);
LPF(L/4:3*L/4-1) = 2; % 理想低通滤波器
Fxd = fft(d_DSB,L); % DSB 解调信号的傅里叶变换
Fxd = fftshift(Fxd); % 将零频设为中心
Fxr = Fxd.*LPF; % 低通滤波
Mxr = 20*log10(abs(Fxr)); % DSB 解调信号的幅度谱(dB)
r_DSB = real(ifft(ifftshift(Fxr))); % DSB 解调信号的时域波形
```

图 3.45 展示了 DSB 解调后的信号时域波形及其频谱。不难发现，其与原始的消息信号几乎没有区别，说明解调过程正确。对于 SSB 解调过程，可采用类似的方式实现，读者可自行验证，见习题 3.30。

在 3.2.5 节曾提到，解析信号是一种复信号，其具有单边谱的形式，因而能够消除实信号频谱所具有的冗余性，有利于减少信号传输带宽。此外，复信号（包括解析信号）具有明确的相位关系，这对于雷达测距、目标探测等应用而言尤为重要。在无线传输等系统中，为了便于传输复信号，通常采用**同相（in-phase）-正交（quadrature）调制技术**，简称为 **IQ 调制**。事实上，IQ 调制与 SSB 调制有形似之处，其通过两个互为正交的载波，分别对复信号的实部和虚部进行调制，然后组合构成已调信号。具体而言，设 $x(t)$ 为基带复信号，同相分量（实部）和正交分量（虚部）分别记为

$$x_I(t) = \mathrm{Re}[x(t)] \tag{3.224}$$

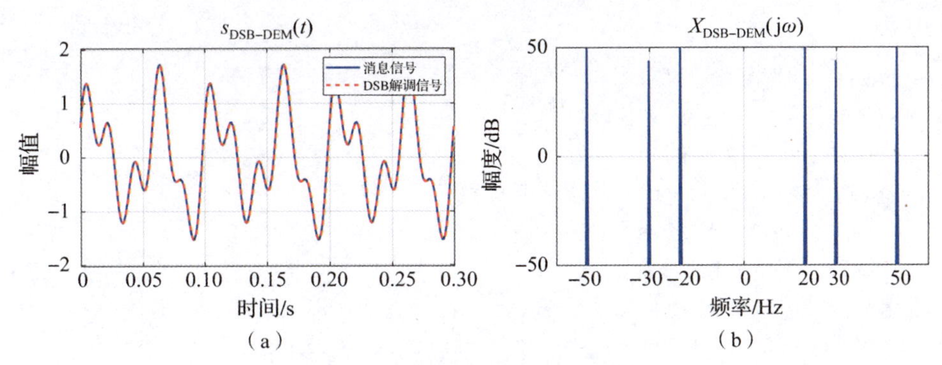

（a）　　　　（b）

图 3.45　DSB 解调信号及其频谱

（a）DSB 解调信号的时域波形；（b）DSB 解调信号的频谱

$$x_Q(t) = \mathrm{Im}[x(t)] \tag{3.225}$$

则已调信号表示为

$$s(t) = x_I(t)\cos(\omega_c t) - x_Q(t)\sin(\omega_c t) \tag{3.226}$$

式中，$\cos(\omega_c t)$，$\sin(\omega_c t)$分别为同相、正交载波。图 3.46（a）给出了 IQ 调制的原理示意图。由于调制过程将基带信号的频谱搬移到较高的射频（radio frequency，RF）频带，上述调制过程又称为直接上变频。

若对已调信号 $s(t)$分别乘以同相、正交载波，可得

$$\begin{aligned} s(t)\cos(\omega_c t) &= x_I(t)\cos^2(\omega_c t) - x_Q(t)\sin(\omega_c t)\cos(\omega_c t) \\ &= \frac{1}{2}x_I(t) + \frac{1}{2}x_I(t)\cos(2\omega_c t) - \frac{1}{2}x_Q(t)\sin(2\omega_c t) \end{aligned} \tag{3.227}$$

$$\begin{aligned} -s(t)\sin(\omega_c t) &= -x_I(t)\cos(\omega_c t)\sin(\omega_c t) + x_Q(t)\sin^2(\omega_c t) \\ &= \frac{1}{2}x_Q(t) - \frac{1}{2}x_I(t)\sin(2\omega_c t)\frac{1}{2}x_Q(t)\cos(2\omega_c t) \end{aligned} \tag{3.228}$$

不难发现，若对上面两式分别做低通滤波，便可以得到 $x_I(t)$和 $x_Q(t)$，进而可以恢复出基带信号 $x(t) = x_I(t) + jx_Q(t)$。上述过程即为 IQ 解调，又称为直接下变频，原理如图 3.46（b）所示。

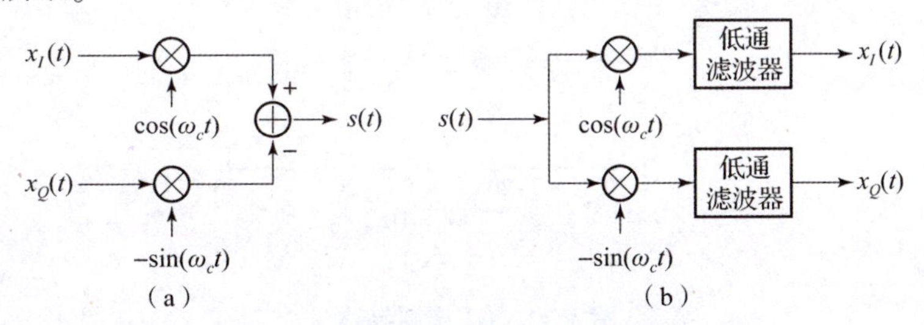

（a）　　　　（b）

图 3.46　IQ 调制与解调过程示意图

（a）IQ 调制；（b）IQ 解调

实验 3.7　已知复基带信号 $x(t) = e^{j\omega_0 t}$，其中，$\omega_0 = 20$ Hz。设载波频率为 $f_c = 5\,000$ Hz，采用 IQ 调制对信号进行调制和解调，并绘制相应的频谱。

解： IQ 调制过程的具体代码如下。

```
f0 = 20; % 基带信号频率
fs = 1e5; % 采样频率
t = 0:1/fs:1-1/fs; % 采样时刻
fc = 5*1e3; % 载波频率
x = exp(1j*2*pi*f0*t); % 基带复信号
x_I = real(x); % 同相分量
x_Q = imag(x); % 正交分量
% IQ 调制(直接上变频)
s = x_I.*cos(2*pi*fc*t) - x_Q.*sin(2*pi*fc*t);
N = length(s);
f = (-N/2:N/2-1)*(fs/N); % 频率采样点
Fx = fftshift(fft(x)/N); % 基带信号的频谱
Fs = fftshift(fft(s)/N); % 已调信号的频谱
```

图 3.47（a）和图 3.47（b）展示了复基带信号和 IQ 已调信号的频谱。

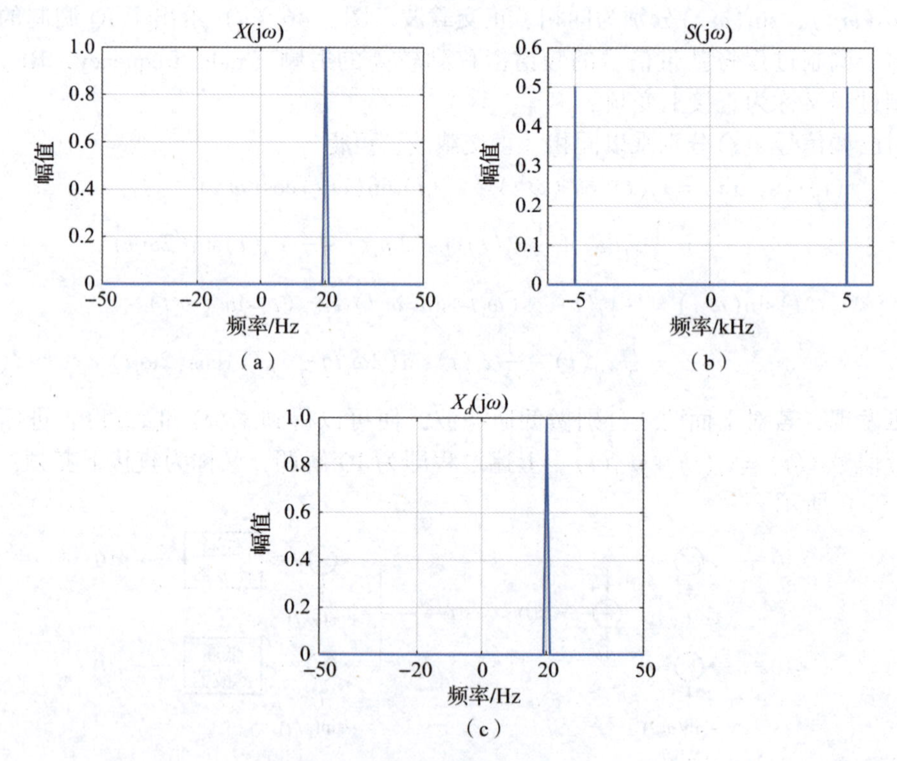

图 3.47 IQ 调制与解调

（a）复基带信号的频谱；（b）IQ 已调信号的频谱；（c）IQ 解调信号的频谱

解调过程涉及低通滤波，本实验选取 5 阶巴特沃斯滤波低通器①。相应地，IQ 解调的具体代码如下。

---

① 关于巴特沃斯滤波器的设计方法，详见 8.1.2 节，本节仅用于展示调制过程。

```
% IQ解调(直接下变频)
sd_I = s.*cos(2*pi*fc*t);
sd_Q = -s.*sin(2*pi*fc*t);
[b,a] = butter(5,0.5); % 5阶巴特沃斯低通滤波器设计
xd_I = filter(b,a,sd_I); % 解调后的正交分量
xd_Q = filter(b,a,sd_Q); % 解调后的同相分量
xd = xd_I + 1j*xd_Q; % 解调后的基带信号
xd = 2*xd; % 幅度与原基带信号一致
Fxd = fftshift(fft(xd)/N); % 解调信号的频谱
```

解调信号的频谱如图3.47（c）所示，可见与原有基带信号一致。

本章小结

本章详细介绍了连续时间系统的分析方法，包括时域分析、频域分析与复频域分析三个方面。

从时域来看，系统的全响应可以分为自然响应和受迫响应，分别对应于微分方程的齐次解和特解。另外，系统的全响应还可以分为零输入响应和零状态响应。零输入响应是系统不受外界激励，仅由内部初始储能决定的响应；而零状态响应是初始状态为零，由激励信号产生的响应。特别地，由单位冲激函数激励产生的零状态响应称为系统的冲激响应。在引入冲激响应之后，系统的零状态响应可以表示为激励信号与冲激响应的卷积。这就为零状态响应的求解提供了一种普适性的方法。同时，冲激响应刻画了系统的特性，是系统描述的重要方式之一。

系统的频率响应是冲激响应的傅里叶变换，它描述了系统输入输出的频域关系，反映了系统的频域特性，是系统分析的重要依据之一。基于频率响应，零状态响应可以转化到频域上进行求解，即利用傅里叶变换，将时域上的微分方程转化为频域上的代数方程。通常这种转换可以降低分析计算的难度。本章详细介绍了无失真系统、理想滤波器、希尔伯特变换（即相移滤波器）等典型系统的频率特性。此外，通信调制技术也是基于信号和系统的频率特性来设计和实现的。本章重点讨论了幅度调制的几种典型方法和实现过程。由此可见，频率响应在信号处理和系统分析中占据核心地位。

系统函数是冲激响应的拉普拉斯变换，它为系统分析提供了新的视角。系统函数刻画了系统对复指数信号e^{st}的作用，可视为频率响应在复平面上的推广。系统函数通常具有有理函数的形式，其零极点分布反映了系统的特性，因此可作为判定系统因果性、稳定性等性质的重要依据。类似于频域求解过程，系统的响应也可以在复频域进行求解，即利用单边拉普拉斯变换，将微分方程转化为复频域上的代数方程。这种方法可以同时求得系统的零输入响应和零状态响应，突破了频域求解方法的局限。

综上所述，冲激响应、频率响应、系统函数是系统分析中的核心概念，三者分别从时域、频域和复频域刻画了系统的特性。同时，这些概念可推广至离散时间系统，具体将在第6章介绍。进一步，这些概念还可以从线性时不变系统延伸到线性时变系统。复杂的物

理系统通常都是时变系统，其输出响应取决于输入信号的延迟或提前时间，往往需要从时间和频率的联合域去开展系统分析。关于时变系统的研究，读者可参阅文献［16，17］。

习　题

3.1 根据系统响应的基本概念，回答下列问题：

（1）若系统的激励信号为零，系统的全响应是否为零？

（2）若系统的初始状态为零，系统的自然响应是否为零？

（3）若系统的受迫响应为零，系统的零状态响应是否为零？

（4）若系统的初始状态为零，系统的零输入响应是否为零？

3.2 求下列系统的零输入响应。

（1）$\frac{d^2y(t)}{dt^2}+3\frac{dy(t)}{dt}+2y(t)=0$；

（2）$\frac{d^2y(t)}{dt^2}+2\frac{dy(t)}{dt}+2y(t)=0$；

（3）$\frac{d^2y(t)}{dt^2}+2\frac{dy(t)}{dt}+y(t)=0$。

式中，系统的初始状态均为 $y(0^-)=0$，$y'(0^-)=1$。

3.3 求下列系统的全响应。

（1）$\frac{d^2y(t)}{dt^2}+6\frac{dy(t)}{dt}+8y(t)=2x(t)$，其中，$y(0^-)=-1$，$y'(0^-)=1$，$x(t)=e^{-t}u(t)$；

（2）$\frac{d^2y(t)}{dt^2}+5\frac{dy(t)}{dt}+4y(t)=\frac{dx(t)}{dt}$，其中，$y(0^-)=0$，$y'(0^-)=1$，$x(t)=\sin(t)u(t)$；

（3）$\frac{d^2y(t)}{dt^2}+y(t)=3\frac{dx(t)}{dt}$，其中，$y(0^-)=0$，$y'(0^-)=0$，$x(t)=2te^{-t}u(t)$。

3.4 已知某系统的零状态响应为

$$y(t)=\int_{-\infty}^{t-2}e^{t-\tau}x(\tau-1)d\tau$$

求该系统的冲激响应 $h(t)$。

3.5 对于线性时不变系统，判断下列说法是否正确，并给出相应的理由。

（1）若冲激响应有界，则该系统为稳定系统；

（2）若冲激响应为周期信号，则该系统为不稳定系统；

（3）若输入为因果信号，其零状态响应也为因果信号，则该系统为因果系统。

3.6 当激励信号为 $x(t)=\sin(t)u(t)$ 时，线性时不变系统的零状态响应为 $y(t)=u(t)$，求该系统的冲激响应 $h(t)$。

3.7 已知线性时不变系统的冲激响应为 $h(t)=e^{t}u(t)$，激励信号为 $x(t)=e^{2t}u(-t)$，求系统的零状态响应。

3.8 求下列系统的冲激响应和频率响应。

（1）$2\frac{d}{dt}y(t)+8y(t)=x(t)$；

（2）$\frac{d^3}{dt^3}y(t)+\frac{d^2}{dt^2}y(t)+2\frac{d}{dt}y(t)+2y(t)=\frac{d}{dt}x(t)+2x(t)$；

（3）$\frac{d}{dt}y(t)+3y(t)=2\frac{d}{dt}x(t)$；

（4）$\frac{d^2}{dt^2}y(t)+3\frac{d}{dt}y(t)+2y(t)=\frac{d^3}{dt^3}x(t)+4\frac{d^2}{dt^2}x(t)-5x(t)$。

3.9 已知线性系统由图 3.48 所示的子系统组合而成，其中，子系统的冲激响应分别为 $h_1(t)=\delta(t-1)$，$h_2(t)=\delta(t)-\delta(t-3)$，求该组合系统的冲激响应和频率响应。

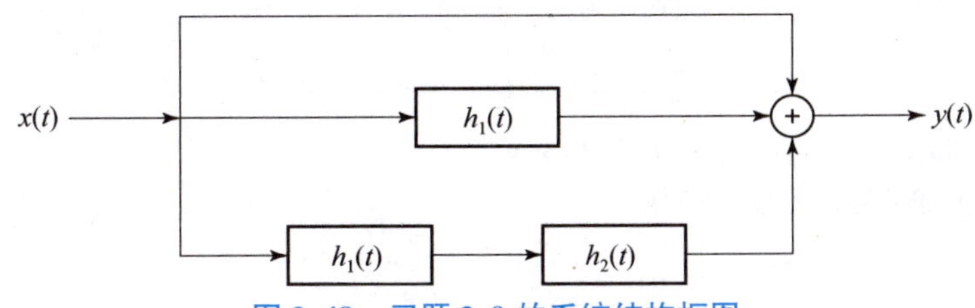

图 3.48　习题 3.9 的系统结构框图

3.10 已知线性时不变系统如图 3.49 所示，其中，$h_1(t)=\delta'(t)$，$h_2(t)=u(t)$，延时 $T=1$，

（1）求系统的频率响应 $H(j\omega)$；

（2）若系统的激励信号为 $x(t)=\mathrm{Sa}(2t)$，求系统的零状态响应 $y(t)$。

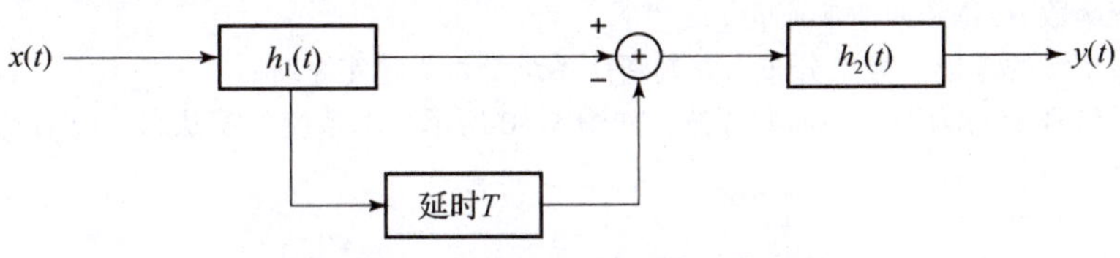

图 3.49　习题 3.10 的系统结构框图

3.11 对于线性系统$\frac{dy(t)}{dt}+2y(t)=\frac{dx(t)}{dt}+x(t)$，给定如下激励信号，应用频域分析法求该系统的零状态响应。

（1）$x(t)=\delta(t)$；（2）$x(t)=u(t)$；（3）$x(t)=e^{-2t}u(t)$；（4）$x(t)=5\cos(t)u(t)$。

3.12 证明：已知传输信号 $x(t)=m(t)\cos(\omega_c t)$，其中，$m(t)$为任意带限信号，其带宽远小于载频 ω_c，则经过中心频率为 ω_c 的窄带系统传输后，输出信号具有如下形式

$$y(t)=m(t-t_0)\cos(\omega_c(t-t_c))$$

式中，

$$t_c=-\frac{\varphi(\omega_c)}{\omega_c}=-\frac{\varphi(\omega)}{\omega}\bigg|_{\omega=\omega_c}$$

$$t_0=-\varphi'(\omega_c)=-\frac{d\varphi(\omega)}{d\omega}\bigg|_{\omega=\omega_c}$$

3.13 判断下列系统是否为无失真传输系统，并说明理由。

（1）系统输入为 $x(t)=\sin(2t)$，输出为 $y(t)=\cos(2t)$；

（2）系统的冲激响应为 $h(t)=2+\delta(t)$；

（3）系统的频率响应为 $H(j\omega)=e^{-j(\omega-1)}$；

（4）系统的频率响应为 $H(j\omega)=\mathrm{sgn}(\omega)$。

3.14 证明：因果系统的频率响应满足

$$H(j\omega)=R(\omega)+jI(\omega)$$

式中，$R(\omega)$，$I(\omega)$均为实谱，且

$$I(\omega)=\mathcal{H}^{-1}[R(\omega)]=-R(\omega)*\frac{1}{\pi\omega}$$

$$R(\omega)=\mathcal{H}[I(\omega)]=I(\omega)*\frac{1}{\pi\omega}$$

提示：冲激响应可表示为 $h(t)=h_e(t)[1+\mathrm{sgn}(t)]$，其中，$h_e(t)=[h(t)+h(-t)]/2$ 是偶函数。

3.15 已知因果系统的冲激响应为 $h(t)$，频率响应为 $H(\mathrm{j}\omega)$。

（1）证明：$h(t)$ 可由 $H(\mathrm{j}\omega)$ 的实部唯一确定，即

$$h(t)=\frac{2}{\pi}\int_0^{\infty}\mathrm{Re}[H(\mathrm{j}\omega)]\cos(\omega t)\mathrm{d}\omega,\ t>0$$

（2）若 $\mathrm{Re}[H(\mathrm{j}\omega)]=\mathrm{Sa}(\omega)$，求 $h(t)$ 和 $H(\mathrm{j}\omega)$。

3.16 理想高通滤波器的频率响应为

$$H(\mathrm{j}\omega)=\begin{cases}K\mathrm{e}^{-\mathrm{j}\omega t_0}, & |\omega|\geqslant\omega_c\\ 0, & \text{其他}\end{cases}$$

求该系统的冲激响应。

3.17 已知由微分方程描述的系统

$$\frac{\mathrm{d}^2y(t)}{\mathrm{d}t^2}-\frac{\mathrm{d}y(t)}{\mathrm{d}t}-2y(t)=-4x(t)+5\frac{\mathrm{d}x(t)}{\mathrm{d}t}$$

（1）求系统函数 $H(s)$ 和冲激响应 $h(t)$；

（2）画出该系统的零极、极点分布，并判断该系统是否为稳定系统；

（3）若激励信号 $x(t)$ 为因果的周期方波，如图 3.50 所示，求系统的零状态响应 $y(t)$。

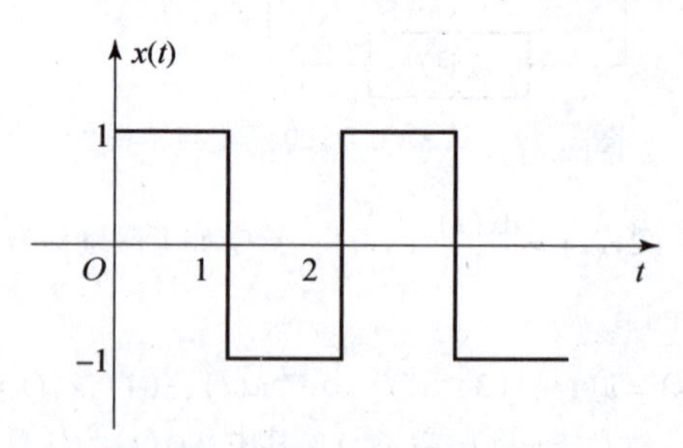

图 3.50 习题 3.17 的激励信号

3.18 判断下列系统的稳定性和因果性。

（1）$H(s)=\dfrac{(s+1)(s+2)}{(s+1)(s^2+2s+10)}$；

（2）$H(s)=\dfrac{(s^2-3s+2)}{(s+2)(s^2-2s+8)}$；

（3）$H(s)=\dfrac{(s^2+2s)}{(s^2+3s-2)(s^2+s+2)}$。

3.19 已知因果稳定系统的 $|H(\mathrm{j}\omega)|^2=\dfrac{\omega^2+9}{\omega^4+5\omega^2+4}$，分别求下列两种情况下的系统函数 $H(s)$：

（1）系统具有最小相位特性；

（2）系统在 $s=1$ 处有一个零点。

3.20 已知某线性系统的系统函数 $H(s)$ 的极点为 $p_1=0$，$p_2=-1$，零点为 $z_1=1$，若该系统冲激响应的终值为 $h(\infty)=-10$，求系统函数 $H(s)$。

3.21 若线性系统的系统函数 $H(s)$ 的零极点分布如图 3.51 所示，且幅频特性的最大值为 1，求系统函数 $H(s)$。

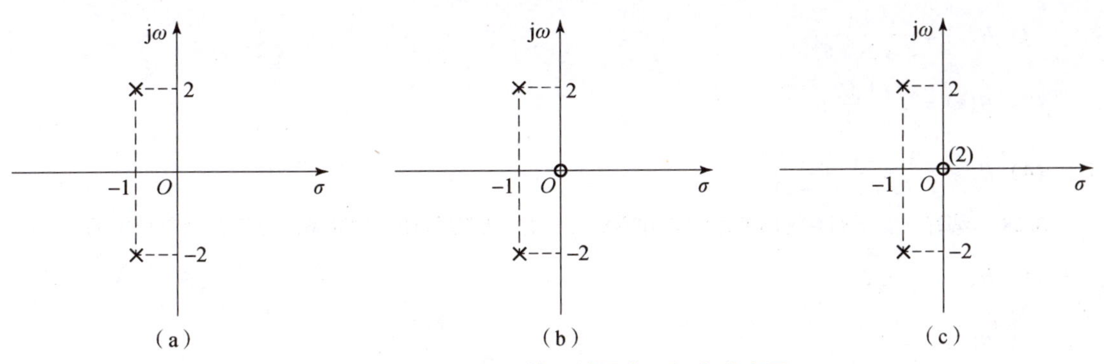

图 3.51　习题 3.21 的系统零点、极点分布图

3.22　已知下列系统函数 $H(s)$ 与激励信号 $x(t)$，求系统的零状态响应。

（1）$H(s)=\dfrac{2s+3}{s^2+2s+5}$，其中，$x(t)=u(t)$；

（2）$H(s)=\dfrac{s+4}{s(s^2+3s+2)}$，其中，$x(t)=\mathrm{e}^{-t}u(t)$；

（3）$H(s)=\dfrac{s^2+8s+10}{s^2+5s+4}$，其中，$x(t)=\delta(t)$。

3.23　利用复频域分析法求下列系统的零状态响应、零输入响应和全响应。

（1）$\dfrac{\mathrm{d}^2}{\mathrm{d}t^2}y(t)+3\dfrac{\mathrm{d}}{\mathrm{d}t}y(t)+2y(t)=0$，其中，$y(0^-)=1$，$y'(0^-)=2$；

（2）$\dfrac{\mathrm{d}}{\mathrm{d}t}y(t)+2r(t)+x(t)=0$，其中，$y(0^-)=2$，$x(t)=\mathrm{e}^{-t}u(t)$。

编程练习

3.24　采用符号计算功能求下列系统的自然响应、受迫响应、零输入响应、零状态响应以及全响应。

（1）$\dfrac{\mathrm{d}}{\mathrm{d}t}y(t)+4y(t)=x(t)$，其中，$x(t)=u(t)$，$y(0^-)=1$；

（2）$\dfrac{\mathrm{d}^2}{\mathrm{d}t^2}y(t)+5\dfrac{\mathrm{d}}{\mathrm{d}t}y(t)+6y(t)=2x(t)$，其中，$x(t)=\mathrm{e}^{-t}u(t)$，$y(0^-)=1$，$y'(0^-)=1$；

（3）$\dfrac{\mathrm{d}^2}{\mathrm{d}t^2}y(t)+2\dfrac{\mathrm{d}}{\mathrm{d}t}y(t)+y(t)=x(t)$，其中，$x(t)=\mathrm{e}^{-2t}\cos(t)u(t)$，$y(0^-)=0$，$y'(0^-)=1$。

3.25　采用数值计算功能求下列系统的冲激响应和零状态响应。

（1）$\dfrac{\mathrm{d}^2}{\mathrm{d}t^2}y(t)+5\dfrac{\mathrm{d}}{\mathrm{d}t}y(t)+4y(t)=u(t)$；

（2）$\dfrac{\mathrm{d}^2}{\mathrm{d}t^2}y(t)+2\dfrac{\mathrm{d}}{\mathrm{d}t}y(t)+4y(t)=\dfrac{\mathrm{d}}{\mathrm{d}t}x(t)+x(t)$，其中，$x(t)=\mathrm{e}^{-2t}u(t)$；

（3）$\dfrac{\mathrm{d}^2}{\mathrm{d}t^2}y(t)+5\dfrac{\mathrm{d}}{\mathrm{d}t}y(t)+6y(t)=\sin(2\pi t)u(t)$。

3.26　使用数值计算功能求习题 3.25 中系统的频率响应、幅频响应和相频响应，并绘制响应曲线。

3.27　设系统函数如下所示，绘制系统的幅频响应曲线和相频响应曲线。

（1）$H(s)=\dfrac{1}{s}$；

(2) $H(s)=\dfrac{s^2+1}{s^2+2s+5}$;

(3) $H(s)=\dfrac{s^2+1.02}{s^2+1.21}$;

(4) $H(s)=\dfrac{3(s-1)(s-2)}{(s+1)(s+2)}$。

3.28 编程计算下列系统的冲激响应和零极点，并绘制零极图，判断系统是否是因果稳定的。

(1) $H(s)=\dfrac{1}{s+3}$;

(2) $H(s)=\dfrac{2}{(s-1)^2}$;

(3) $H(s)=\dfrac{2s}{s^2+2}$;

(4) $H(s)=\dfrac{1}{(s-1)^2+5}$;

(5) $H(s)=\dfrac{s+1}{(s+1)^2+5}$。

3.29 编程分析如下连续时间系统的极点（假设系统不含有零点）与因果性、稳定性之间的关系，并绘制冲激响应曲线。

(1) 系统含有一阶极点 $p_0=a$，其中，a 为任意实数；

(2) 系统含有两个一阶极点 $p_1=a$，$p_2=b$，其中，a，b 为任意实数；

(3) 系统含有一对共轭极点 $p_{1,2}=\sigma_0\pm j\omega_0$，其中，$\sigma_0$ 为任意实数，$\omega_0\neq 0$。

3.30 编程实现例 3.6 中的 SSB 调制和解调。

第4章　信号采样与重建

扫码见实验代码

本章阅读提示

- 相比于模拟信号处理，数字信号处理有哪些优势？
- 模数转换包含哪些基本步骤？
- 什么是采样？采样信号的频谱有何特点？它与连续时间信号的频谱有何关系？
- 混叠现象是如何产生的？怎样避免混叠？
- 能否通过采样信号重建原始的连续时间信号？应满足什么条件？
- 低通信号和带通信号的采样与重建有什么区别？
- 实际中的采样和重建与理论模型有什么区别？
- 量化和编码的作用分别是什么？

4.1　模数转换的基本步骤

数字信号处理(digital signal processing,DSP)是自20世纪60年代起伴随着计算机、数字芯片等发展起来的一类技术。时至今日，数字信号处理已广泛应用于日常生活和各类领域。概括来讲，数字信号处理是利用数字设备实现信号的采集、传输、存储和处理等功能。相比于模拟信号处理，数字信号处理具有精确度高、稳定性强、灵活度大、集成度高等优点，同时，设备成本低廉，易于实现大规模批量生产，因而极大地促进了数字设备的普及和发展。

自然界大多数信号都是模拟信号。因此，若要实现数字信号处理，需要先将模拟信号转换为数字信号，这一过程称为模数转换（analog－to－digital conversion，ADC）。具体包括采样（sampling）、量化（quantization）、编码（coding）等过程，如图4.1所示。采样是从连续时间信号中抽取一系列样本，从而形成离散时间信号；量化是将样本值转化为有限个离散的数值；编码则是将量化后的数值表示为0/1的二进制字符串，以便电子计算机进行处理。在处理任务完成之后，通常还需要将数字信号还原为模拟信号，这一过程称为

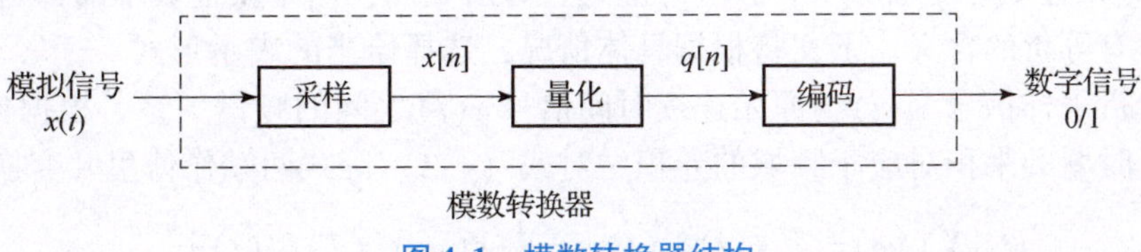

图4.1　模数转换器结构

数模转换（digital - to - analog conversion，DAC）。一套完整的数字信号处理系统结构如图 4.2 所示。

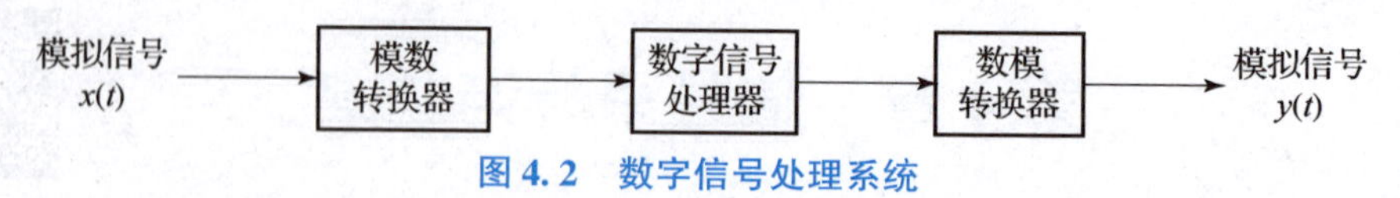

图 4.2 数字信号处理系统

本章主要围绕连续时间信号的采样与重建展开介绍。由于采样是将连续时间信号转化为离散时间信号，直观来看，这个过程似乎会造成信息的损失。然而理论分析表明，在一定条件下，采样信号可以重建原始的连续时间信号，这就是著名的**奈奎斯特 - 香农采样定理**（Shannon - Nyquist sampling theorem）。该定理为模数转换和数模转换提供了理论依据，奠定了数字信号处理的基础。

4.2 低通信号的采样与重建

4.2.1 理想采样模型

采样，顾名思义，是指从连续时间信号 $x(t)$ 中抽取一些样本，从而构成离散时间信号（即采样信号或采样序列）$x[n]$。采样的方式有多种，本书主要介绍**均匀采样**（uniform sampling），也称为**周期采样**（periodic sampling），即按照等间隔的方式抽取样本。$x[n]$ 与 $x(t)$ 的关系可表示为

$$x[n]=x(t)\big|_{t=nT}=x(nT) \tag{4.1}$$

式中，T 为采样间隔（或采样周期）；$t=nT$ 为采样时刻。

另外，根据单位冲激函数的筛选性质，对于任意时间 t_0，$x(t)\delta(t-t_0)=x(t_0)\delta(t-t_0)$。因此，采样信号也可以表示为冲激串的形式

$$x_s(t)=x(t)\delta_T(t)=\sum_{n=-\infty}^{\infty}x(nT)\delta(t-nT) \tag{4.2}$$

式中，$\delta_T(t)$ 为单位冲激串

$$\delta_T(t)=\sum_{n=-\infty}^{\infty}\delta(t-nT) \tag{4.3}$$

需要说明的是，式(4.1)中的 $x[n]$ 表示的是一个序列，而式(4.2)中的 $x_s(t)$ 可视为一种特殊的连续时间信号，其取值通过冲激函数的强度来刻画。然而，实际中并不存在冲激函数这样的理想信号，因此，式(4.2)是一种理想化的数学模型，称为理想采样（ideal sampling）或冲激采样（impulse sampling）。图 4.3 给出了理想采样过程的示意图，以及 $x_s(t)$ 与 $x[n]$ 的差别。尽管 $x[n]$ 与 $x_s(t)$ 形式上有所不同，但本质上表示的都是采样信号，因此两者具有等价的含义。下文将根据具体情况，选择恰当的表示形式。

下面分析采样信号 $x_s(t)$ 与原始连续时间信号 $x(t)$ 之间的频谱关系。根据傅里叶变换乘积定理，时域的乘积对应于频域的卷积。对式（4.2）等式两端作傅里叶变换，可得

$$X_s(\mathrm{j}\omega)=\mathcal{F}[x(t)\delta_T(t)]=\frac{1}{2\pi}X(\mathrm{j}\omega)*\mathcal{F}[\delta_T(t)] \tag{4.4}$$

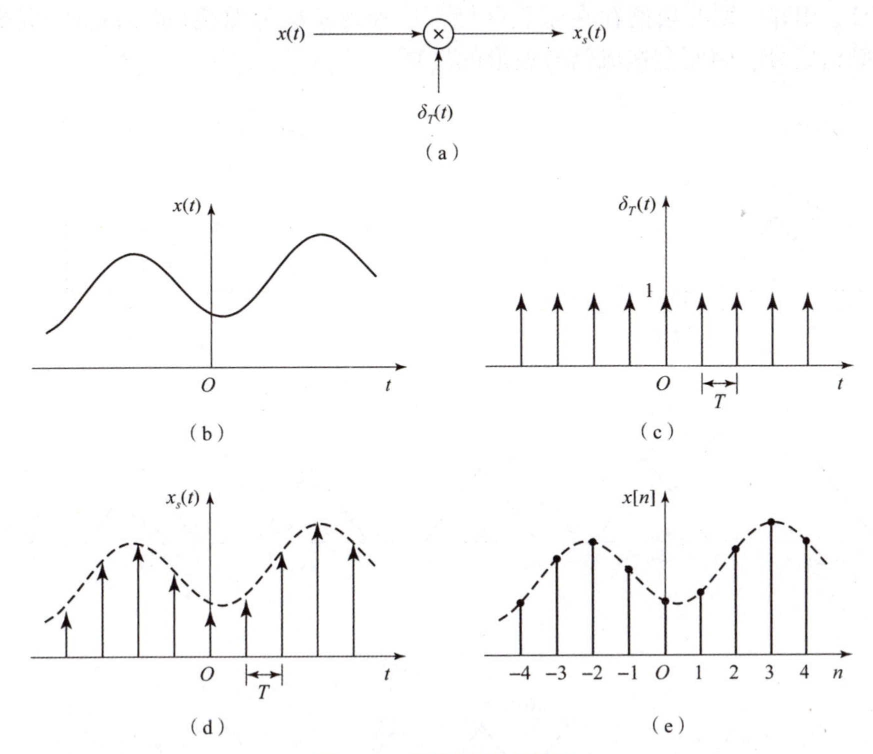

图 4.3　理想采样示意图

(a) 理想采样模型结构；(b) 连续时间信号；(c) 单位冲激串；(d) 理想采样信号；(e) 采样序列

式中，$X(\mathrm{j}\omega)$为$x(t)$的傅里叶变换，而$\delta_T(t)$的傅里叶变换依然为周期化的冲激串函数，即

$$\mathcal{F}[\delta_T(t)]=\frac{2\pi}{T}\sum_{k=-\infty}^{\infty}\delta\left(\omega-\frac{2\pi k}{T}\right) \tag{4.5}$$

将式（4.5）代入式（4.4），可得

$$X_s(\mathrm{j}\omega)=\frac{1}{2\pi}X(\mathrm{j}\omega)*\frac{2\pi}{T}\sum_{k=-\infty}^{\infty}\delta\left(\omega-\frac{2\pi k}{T}\right)=\frac{1}{T}\sum_{k=-\infty}^{\infty}X\left[\mathrm{j}\left(\omega-\frac{2\pi k}{T}\right)\right] \tag{4.6}$$

由此可见，采样信号的频谱$X_s(\mathrm{j}\omega)$是一个周期化的频谱。具体来讲，它是以$\omega_s=2\pi/T$为周期，对原信号的频谱$X(\mathrm{j}\omega)$进行了周期延拓，并且在幅度上乘以$1/T$。ω_s称为采样角频率(sampling angular frequency)，简称为**采样率**①。图4.4给出了$X(\mathrm{j}\omega)$与$X_s(\mathrm{j}\omega)$的关系示意图。为了便于说明采样前后的频谱变化关系，图中假设信号$x(t)$是低通带限信号，即信号的频谱在$[-\omega_M,\omega_M]$之外恒为零，其中，ω_M为信号的最高频率。注意到，当$\omega_s>2\omega_M$时，采样信号在$[-\omega_s/2,\omega_s/2]$内保留了原信号的频谱成分，而且相邻周期的频谱没有重叠。这意味着可以通过低通滤波的方式恢复出原信号的频谱。相反，当

---

① 通常来讲，采样率(sampling frequency/rate)是指单位时间的样本数，它等于采样周期的倒数，即$f_s=1/T$，单位为Hz或样本数/s。由于在傅里叶分析中，角频率使用更为频繁，故本书在大多数情况下也将ω_s简称为采样率，单位为rad/s，两者的关系为$\omega_s=2\pi f_s$。

$\omega_s < 2\omega_M$ 时，相邻周期的频谱存在重叠区域，这种现象称为**混叠**(aliasing)。混叠破坏了原信号的频谱成分，因而会造成信号波形的失真。

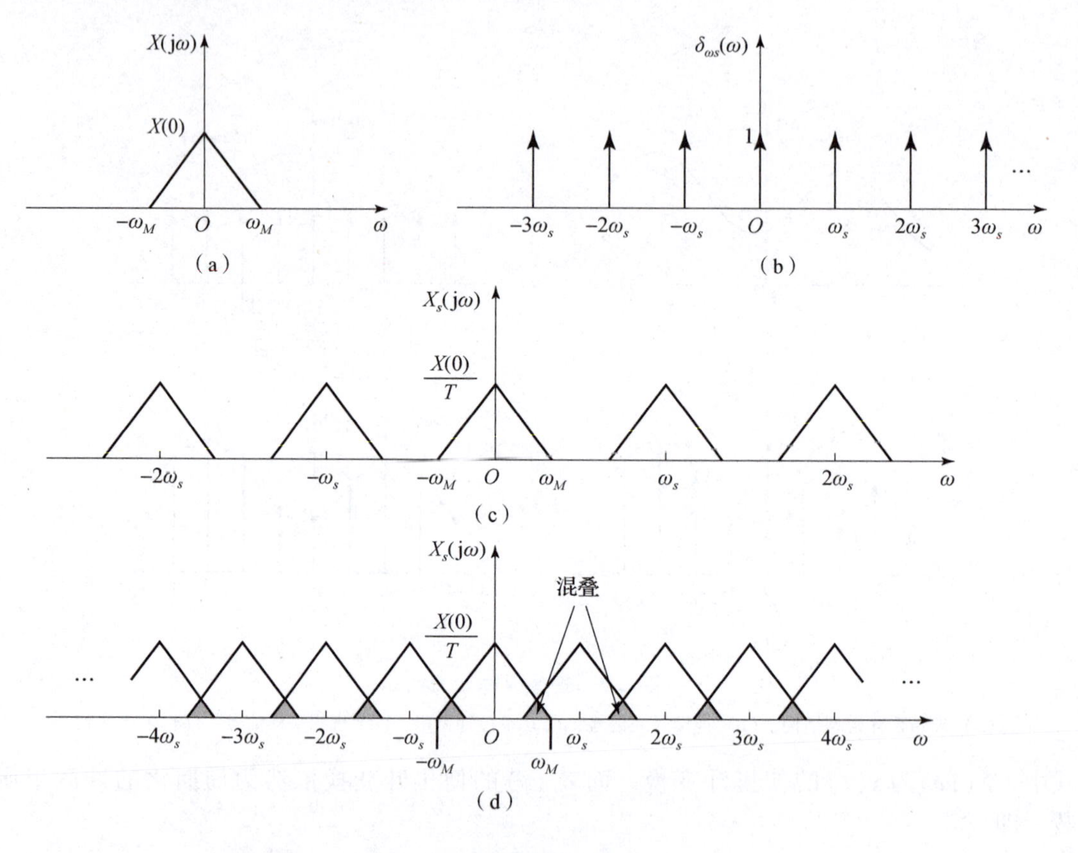

图 4.4 理想采样信号的频谱

(a) 连续时间信号的频谱；(b) 单位冲激串的频谱；

(c) 理想采样信号的频谱 ($\omega_s > 2\omega_M$)；(d) 理想采样信号的频谱 ($\omega_s < 2\omega_M$)

为了更加直观地理解混叠现象，下面以正弦信号为例进行说明。设正弦信号 $x(t) = \cos(\omega_0 t)$，其频谱为一对冲激，即

$$X(\mathrm{j}\omega) = \pi[\delta(\omega - \omega_0) + \delta(\omega + \omega_0)] \tag{4.7}$$

现对该信号进行采样。根据上文分析，采样信号具有周期化的频谱。这里分为两种情况。当 $\omega_s > 2\omega_0$ 时，在 $[-\omega_s/2, \omega_s/2]$ 内存在两条谱线，谱线的位置位于 $\pm\omega_0$，与原信号一致，如图 4.5(b)所示。而当 $\omega_s < 2\omega_0$ 时，在 $[-\omega_s/2, \omega_s/2]$ 内同样存在两条谱线，谱线的位置位于 $\pm\omega_1 = \pm(\omega_s - \omega_0)$，如图 4.5(c)所示。注意到此时的频谱也可视为 $\cos(\omega_1 t)$ 的频谱经周期延拓后的结果。换言之，若以 $\omega_s < 2\omega_0$ 分别对 $\cos(\omega_0 t)$ 和 $\cos(\omega_1 t)$ 进行采样，结果是一样的。

举例来讲，设原始正弦信号的频率为 $\omega_0 = 2\pi/3$，采样率为 $\omega_s = 1.5\omega_0 = \pi$，于是 $\omega_1 = \omega_s - \omega_0 = \pi/3$。分别对 $x_0(t) = \cos(\omega_0 t)$ 与 $x_1(t) = \cos(\omega_1 t)$ 进行采样，其中采样间隔为 $T = 2\pi/\omega_s = 2$，故采样结果为

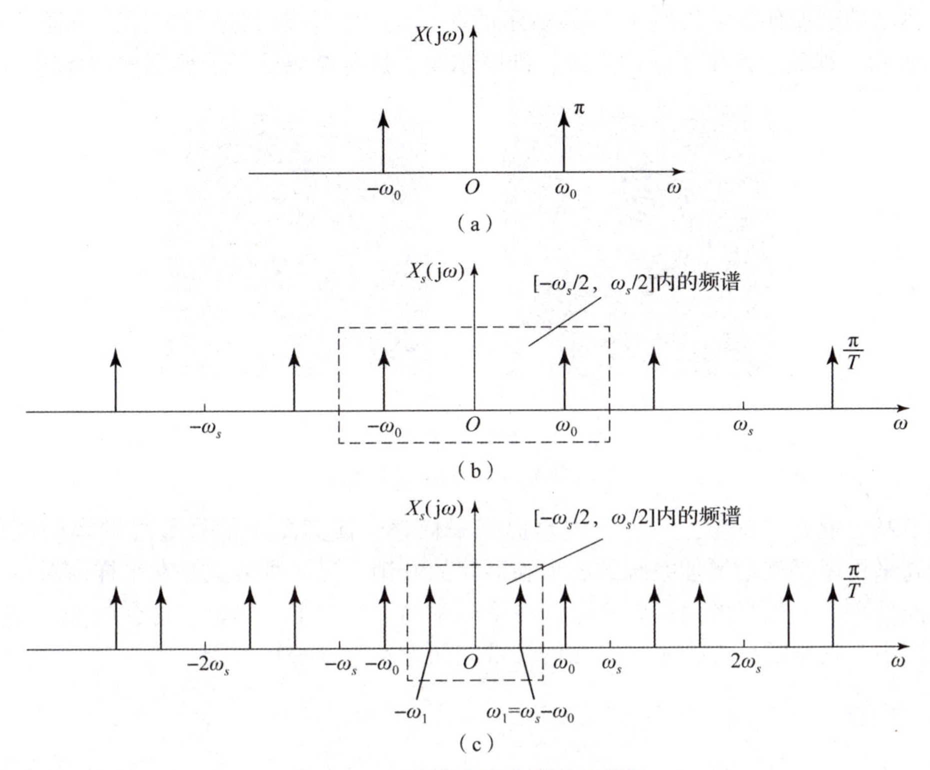

图 4.5　正弦信号采样前后的频谱

(a) 正弦信号的频谱；(b) 采样信号的频谱（$\omega_s>2\omega_0$）；(c) 采样信号的频谱（$\omega_s<2\omega_0$）

$$x_0[n]=x_0(t)\big|_{t=nT}=\cos\left(\frac{4\pi n}{3}\right) \tag{4.8}$$

$$x_1[n]=x_1(t)\big|_{t=nT}=\cos\left(\frac{2\pi n}{3}\right)=\cos\left(\frac{4\pi n}{3}\right) \tag{4.9}$$

可见两个正弦信号的采样结果是相同的，如图 4.6 所示。此时采样点恰好位于两个正弦信号的交点。由此可见，若频谱发生混叠，则无法通过采样信号确定原始正弦信号的频率。

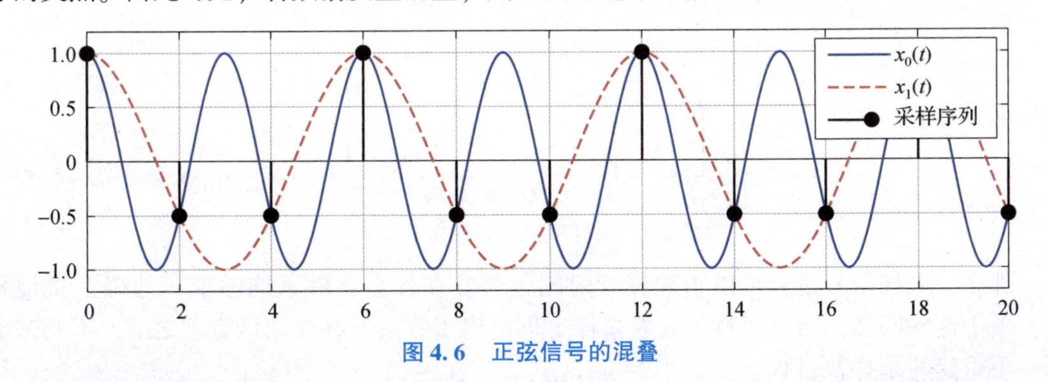

图 4.6　正弦信号的混叠

混叠现象在日常生活中也经常出现。例如，在观看视频时，当画面出现一辆飞驰的汽车时，有时车轮的旋转方向看起来与汽车的行驶方向是相反的。这种现象就是混叠，它是由于视频的采样率与车轮的周期运动频率不匹配造成的。类似地，摩尔纹(Moiré pattern)

是一种典型的图像伪影。以图4.7(a)所示的条纹为例，若对其进行采样，采样结果如图4.7(a)所示。视觉上产生了新的条纹，即摩尔纹，这种结果就是混叠现象的体现。

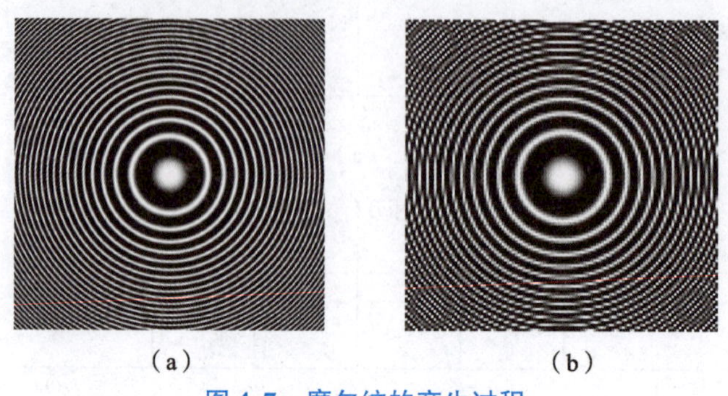

图4.7 摩尔纹的产生过程

(a) 原始条纹；(b) 采样条纹

为了避免混叠的发生，一种方式是提高采样率，使其高于信号最高频率的两倍。然而，提高采样率必然会增加系统的成本和运算的开销；另一种方式是在采样前对信号进行低通滤波处理，使信号的最高频率限制在采样率的一半之下。当然，这会损失一部分的信息。实际中，通常需要综合采样率和信号带宽两方面因素进行考量。

4.2.2 低通信号的重建

本节讨论如何从采样信号恢复出原始的连续时间信号，即连续时间信号的重建问题。这个问题也称为**插值**(interpolation)，即通过已知的采样序列估计出其他时刻未知的取值。直观来看，对于一个离散点列，可以有无数多种方式将其“连接”起来，形成连续时间信号。以图4.8为例，其中圆点竖线表示采样序列 $x[n]$，而三条虚线表示三个不同的重建波形 $x_1(t), x_2(t), x_3(t)$。注意到在采样时刻 $t=nT$，$x_i(t), i=1, 2, 3$ 与 $x[n]$ 取值相同，这意味着由采样序列无法唯一地确定原始的连续时间信号。上述问题在上一节的正弦信号采样中也曾提到过。

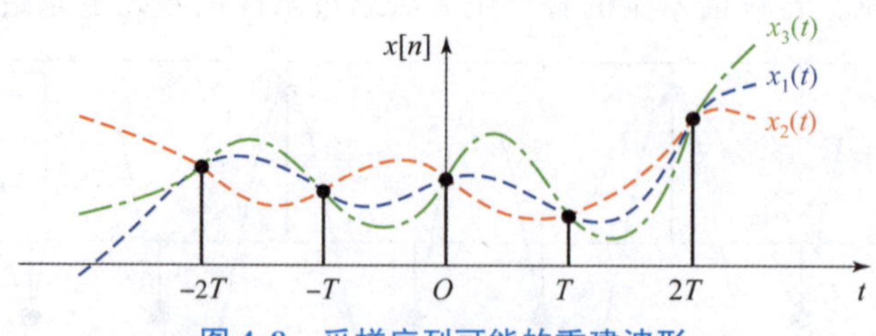

图4.8 采样序列可能的重建波形

那么，采样信号是否可以重建连续时间信号？在什么条件下能够唯一地确定重建信号？关于这些问题，奈奎斯特-香农采样定理给出了答案。在介绍该定理之前，不妨来分析一下重建的条件及过程。

为了便于分析，依然以图4.4(a)所示的低通带限信号为例。根据上一节的分析，若以采样率 $\omega_s > 2\omega_M$ 对该信号进行采样，则采样信号的频谱不会发生混叠。现选择一个理想低通滤波器对采样信号进行滤波，如图4.9(a)和图4.9(b)所示。其中，滤波器的频率

响应为

$$H(\mathrm{j}\omega)=\begin{cases}T, & |\omega|<\omega_c\\ 0, & 其他\end{cases} \tag{4.10}$$

且截止频率 ω_c 满足 $\omega_M \leqslant \omega_c \leqslant \omega_s-\omega_M$。

滤波后的信号频谱如图 4.9（c）所示。可见，重建信号的频谱恰好等于原连续时间信号的频谱，即

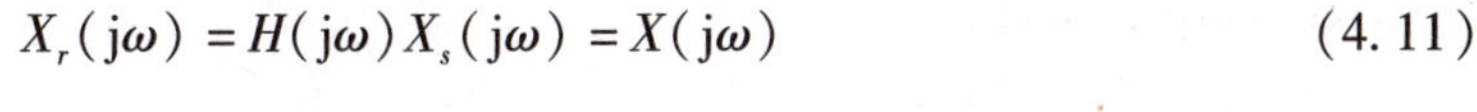

$$X_r(\mathrm{j}\omega)=H(\mathrm{j}\omega)X_s(\mathrm{j}\omega)=X(\mathrm{j}\omega) \tag{4.11}$$

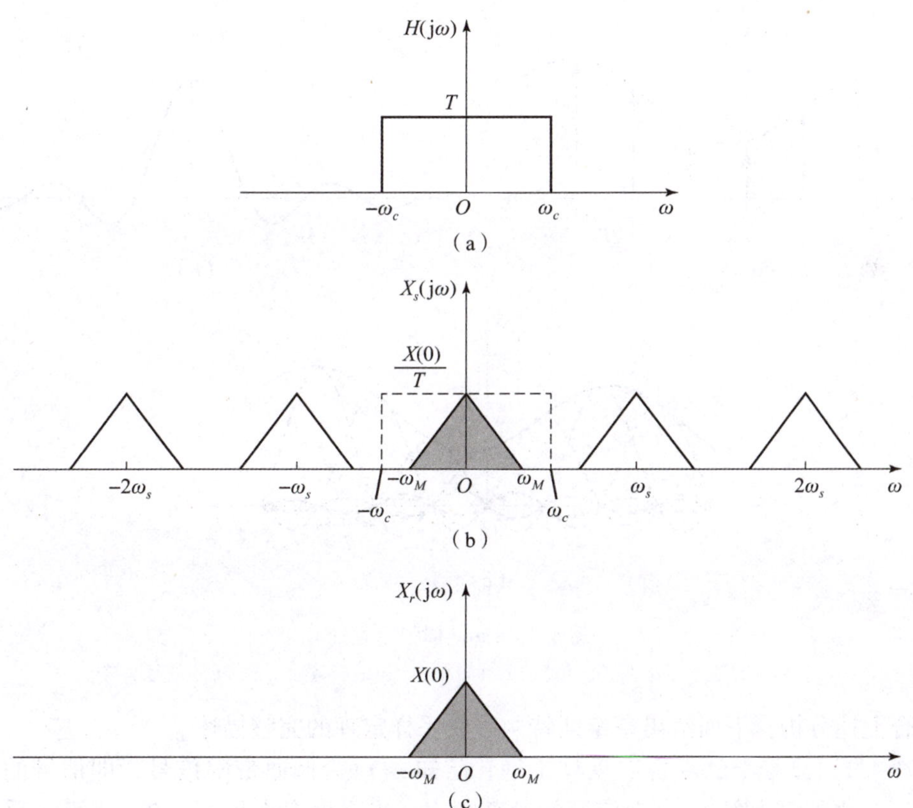

图 4.9　理想采样信号的重建

（a）理想低通滤波器；（b）对采样信号作低通滤波；（c）重建信号的频谱

上述分析说明，对于低通带限信号，当采样率高于信号最高频率的两倍时，可以通过采样信号精确重建原信号。

注意到理想低通滤波器的冲激响应为

$$h(t)=\frac{T\sin\omega_c t}{\pi t} \tag{4.12}$$

因此，不难得到重建信号在时域上的表达式为

$$x_r(t)=x_s(t)*h(t)=\sum_{n=-\infty}^{\infty}x(nT)\frac{T\sin[\omega_c(t-nT)]}{\pi(t-nT)} \tag{4.13}$$

特别地，若滤波器的截止频率为 $\omega_c=\omega_s/2=\pi/T$，则式（4.13）可化简为

$$x_r(t)=\sum_{n=-\infty}^{\infty}x(nT)\frac{\sin[\pi(t-nT)/T]}{\pi(t-nT)/T}=\sum_{n=-\infty}^{\infty}x(nT)\mathrm{sinc}\left(\frac{t-nT}{T}\right)=x_s(t)*\mathrm{sinc}(t/T) \tag{4.14}$$

式（4.14）说明，重建信号 $x_r(t)$ 可视为采样信号 $x_s(t)$ 与 $h(t)=\mathrm{sinc}(t/T)$ 的卷积。换言之，重建信号是由无穷多个 sinc 函数（即标准化抽样函数）的加权和构成的，其中，权重由采样信号 $x(nT)$ 决定，如图 4.10 所示。式(4.14)称为理想带限插值，也称为 sinc 插值(sinc interpolation)。

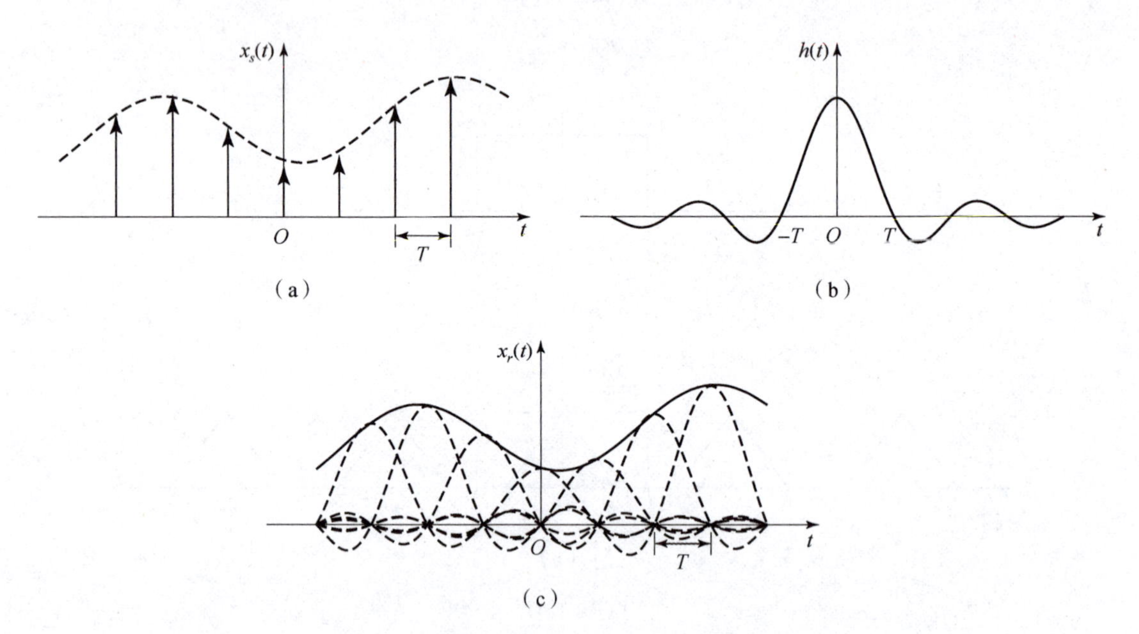

图 4.10 sinc 插值示意图

(a) 采样信号；(b) 理想低通滤波的冲激响应（sinc 函数）；(c) 重建信号的波形

综合上述分析，下面给出奈奎斯特－香农采样定理的完整描述。

定理 4.1（奈奎斯特－香农采样定理） 已知 $x(t)$ 为低通带限信号，即信号的频谱在 $[-\omega_M,\omega_M]$ 之外恒为零，ω_M 为信号的最高频率。当采样率满足 $\omega_s\geqslant 2\omega_M$ 时①，采样信号 $x[n]=x(nT)$ 可以精确重建原信号 $x(t)$，重建公式为

$$x_r(t)=\sum_{n=-\infty}^{\infty}x(nT)\mathrm{sinc}\left(\frac{t-nT}{T}\right) \tag{4.15}$$

采样率的下界 $2\omega_M$ 称为**奈奎斯特采样率**(Nyquist sampling rate)，或简称为奈奎斯特率②

① 如果信号的频谱在 $\omega=\omega_M$ 处存在冲激项，则条件应改为 $\omega_s>2\omega_M$。

② 在有些文献中，"奈奎斯特采样率"（或"奈奎斯特率"）也称为"奈奎斯特频率"（Nyquist frequency），参见文献［10，18］。但在其他一些文献中，"奈奎斯特率"与"奈奎斯特频率"具有不同的含义。例如，文献［14，19，20］将奈奎斯特频率定义为奈奎斯特率的一半，即 ω_M；而文献［21，22］将奈奎斯特频率定义为实际采样率的一半，即 $\omega_s/2$。此外，有些文献直接将采样率 f_s 定义为奈奎斯特频率，如文献［23，15］。为了避免名称上的混淆，本书明确"奈奎斯特采样率""奈奎斯特率"与"奈奎斯特频率"具有等同的含义，即信号最高频率的两倍，而采样率的一半则称为折叠频率（folding frequency）。

(Nyquist rate)。

奈奎斯特-香农采样定理给出了低通带限信号精确重建的条件和方式，为实际应用提供了重要的理论指导意义。例如，人耳所能感知的声音频率范围一般在 20 kHz 以内。因此，在数字音频系统中，采样率通常选择 44.1 kHz 或 48 kHz，从而保证了较高的音频质量。此外，如果信号不是带限的，通常可在采样前对信号进行低通滤波处理，使之变为带限信号，以避免混叠现象的发生。这种滤波器称为抗混叠滤波器（anti-aliasing filter)。

4.3　带通信号的采样与重建

4.3.1　带通信号的采样

在通信系统中，通常采用调制方式将基带信号的频谱搬移到传输信道的频带内。这时，信号的频谱在通带范围之外恒为零，即

$$X(j\omega)=\begin{cases}X(j\omega),\omega_L\leqslant|\omega|\leqslant\omega_H\\0,\text{其他}\end{cases}\tag{4.16}$$

式中，ω_H，ω_L 分别为信号的最高频率和最低频率，信号带宽为 $B=\omega_H-\omega_L$。具有上述形式的信号称为带通信号(bandpass signal)。图 4.11(a)给出了带通信号的频谱示意图。

对于带通信号，采样之后信号的频谱同样具有周期化的特点。若按照奈奎斯特-香农采样定理的要求，为了避免混叠现象并实现精确重建，采样率应高于奈奎斯特采样率，如图 4.11（b）所示。但是这样的采样方式存在一些不足。一方面，过高的采样率会增加系统成本和计算负担，在实际中可能无法实现；另一方面，由于带通信号的频谱存在空隙，这样的方式没有充分利用频段资源，造成了资源浪费。那么对于带通信号，有没有更高效、更经济的采样方式呢？实际采样率是否可以低于奈奎斯特采样率？答案是肯定的，这就是本节所要介绍的带通采样。

事实上，对于带通信号，只须保证采样信号的频谱在通带范围内不发生混叠，就可以实现信号的精确重建，同时也降低了采样率。仍以图 4.11（a）所示的带通信号为例，由于频谱是双边的，具有对称性，因此，只需要分析其中一边即可。以正半轴为例，注意到，各周期副本的中心位置为采样率 ω_s 的整数倍。当某个周期副本与原带通信号的频谱重叠时，出现混叠，如图 4.11（c）所示；否则不会出现混叠。图 4.11（d）即给出了无混叠时的情形。此时，某相邻两个周期副本（负频率部分）都不与原带通信号的频谱（正频率部分）重叠，因而采样率满足如下不等式关系：

$$\begin{cases}-\omega_L+(m-1)\omega_s\leqslant\omega_L\\-\omega_H+m\omega_s\geqslant\omega_H\end{cases}\tag{4.17}$$

式中，m 为某个正整数。上述不等式组可化简为

$$\frac{2\omega_H}{m}\leqslant\omega_s\leqslant\frac{2\omega_L}{m-1}\tag{4.18}$$

为保证不等式（4.18）有意义，应要求

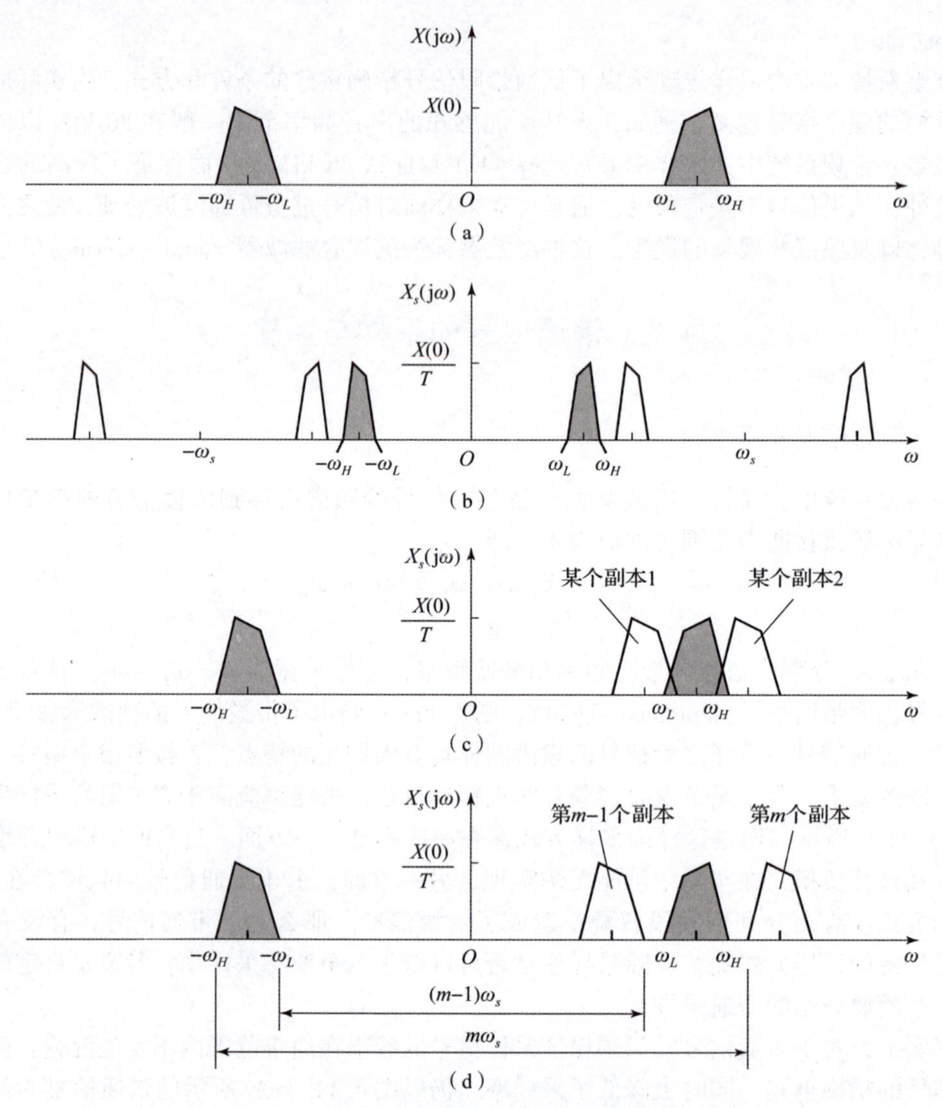

图 4.11 带通信号采样的频谱

(a) 原带通信号频谱；(b) $\omega_s>2\omega_H$ 时采样信号的频谱（为便于显示，水平轴做了压缩）；(c) 采样信号的频谱发生混叠；(d) 采样信号的频谱无混叠

$$0\leqslant\frac{2\omega_H}{m}\leqslant\frac{2\omega_L}{m-1}\tag{4.19}$$

或改写为

$$0\leqslant\frac{m-1}{m}\leqslant\frac{\omega_L}{\omega_H}\tag{4.20}$$

进一步化简为

$$1\leqslant m\leqslant\frac{\omega_H}{\omega_H-\omega_L}\tag{4.21}$$

由于 m 为正整数，为满足上述不等式关系，可取

$$1 \leqslant m \leqslant \left\lfloor \frac{\omega_H}{B} \right\rfloor \tag{4.22}$$

式中，$B=\omega_H-\omega_L$；$\lfloor \cdot \rfloor$ 表示下取整。

综合上述分析，可以得到带通信号采样无混叠的条件，即

$$\frac{2\omega_H}{m} \leqslant \omega_s \leqslant \frac{2\omega_L}{m-1} \text{且} 1 \leqslant m \leqslant \left\lfloor \frac{\omega_H}{B} \right\rfloor \tag{4.23}$$

由于 m 可取式（4.22）中的任意整数，因此采样率 ω_s 通常远低于奈奎斯特采样率。特别地，若信号最高频率为带宽的整数倍，即 $\omega_H=kB$，其中 k 为整数，则此时采样率最低为 $\omega_s=2B$（见习题4.4）。

4.3.2　带通信号的重建

带通信号的重建过程与低通信号相类似，在保证采样信号不发生混叠的条件下，可以利用一个理想带通滤波器将原信号的频谱提取出来。为了便于分析，不妨设带通滤波器的上、下截止频率分别等于原信号的最高频率 ω_H 和最低频率 ω_L，即

$$G(\mathrm{j}\omega)=\begin{cases} T, \omega_L \leqslant |\omega| \leqslant \omega_H \\ 0, \text{其他} \end{cases} \tag{4.24}$$

以图4.11(a)所示的带通信号为例，图4.12给出了滤波前后信号的频谱示意图。

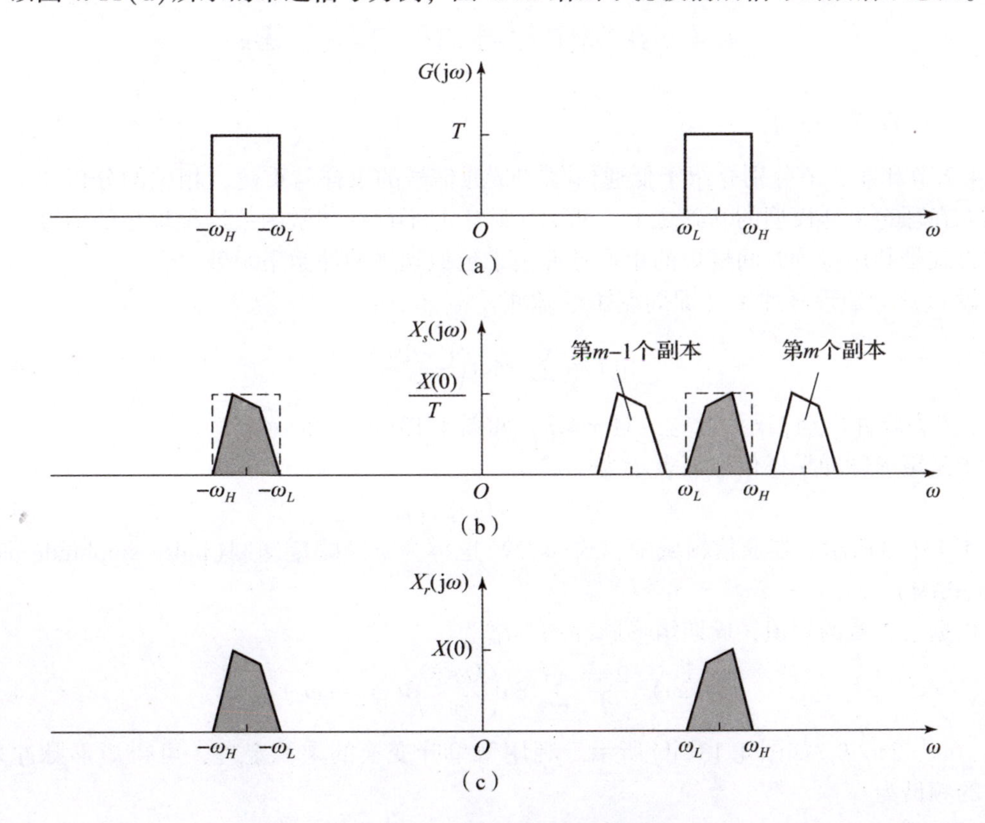

图4.12　带通采样信号的重建

(a) 理想带通滤波器；(b) 对采样信号作带通滤波；(c) 重建信号的频谱

相应地，理想带通滤波器的冲激响应为

$$g(t)=2T\cos(\omega_0 t)\frac{\sin(Bt/2)}{\pi t} \tag{4.25}$$

式中，$\omega_0=(\omega_H+\omega_L)/2$。

因此，重建信号的时域表达式为

$$\begin{aligned}x_r(t)&=x_s(t)*g(t)\\&=\left[\sum_{n=-\infty}^{\infty}x(nT)\delta(t-nT)\right]*\left[2T\cos(\omega_0 t)\frac{\sin(Bt/2)}{\pi t}\right]\\&=2T\sum_{n=-\infty}^{\infty}x(nT)\cos[\omega_0(t-nT)]\frac{\sin[B(t-nT)/2]}{\pi(t-nT)}\end{aligned} \tag{4.26}$$

式（4.26）即为带通采样的重建公式。

注意到当 $\omega_L=0$ 时，带通信号转化为低通信号。由于 $\omega_0=\omega_H/2=B/2$，故式(4.26)可化简为

$$x_r(t)=T\sum_{n=-\infty}^{\infty}x(nT)\frac{\sin[B(t-nT)]}{\pi(t-nT)} \tag{4.27}$$

式中，$B=\omega_H$ 为信号的最高频率，同时也是理想滤波器的截止频率。此时式（4.27）即转化为低通带限信号的重建公式。

4.4 实际中信号的采样与重建

4.4.1 矩形脉冲采样

4.2 节和 4.3 节分别介绍了低通信号和带通信号的采样与重建，相关的分析和结论都是建立在理想采样模型的基础之上。然而实际中并不存在冲激函数这种理想的信号。一种替代方式是利用持续时间极短的矩形脉冲串来近似理想的冲激串函数。

设 $p(t)$ 为矩形脉冲串（即周期矩形脉冲）

$$p(t)=\sum_{n=-\infty}^{\infty}\mathrm{rect}\left(\frac{t-nT}{\tau}\right) \tag{4.28}$$

式中，T 为脉冲周期，τ 为脉宽，且 $\tau\ll T$，如图 4.13(c)所示。

于是矩形脉冲采样信号可表示为

$$x_p(t)=x(t)p(t) \tag{4.29}$$

如图 4.13(e)所示。在通信领域中，式(4.29)也称为**脉冲幅度调制**(pulse amplitude modulation, PAM)。

根据第 2 章的知识，周期矩形脉冲的频谱为

$$P(\mathrm{j}\omega)=\frac{2\pi\tau}{T}\sum_{k=-\infty}^{\infty}\mathrm{Sa}\left(\frac{k\omega_s\tau}{2}\right)\delta(\omega-k\omega_s) \tag{4.30}$$

式中，$\omega_s=2\pi/T$，如图 4.13(d)所示。利用傅里叶变换的乘积定理，可得矩形脉冲采样信号的频谱为

$$X_p(\mathrm{j}\omega)=\frac{1}{2\pi}X(\mathrm{j}\omega)*P(\mathrm{j}\omega)=\frac{\tau}{T}\sum_{k=-\infty}^{\infty}\mathrm{Sa}\left(\frac{k\omega_s\tau}{2}\right)X(\mathrm{j}(\omega-k\omega_s)) \tag{4.31}$$

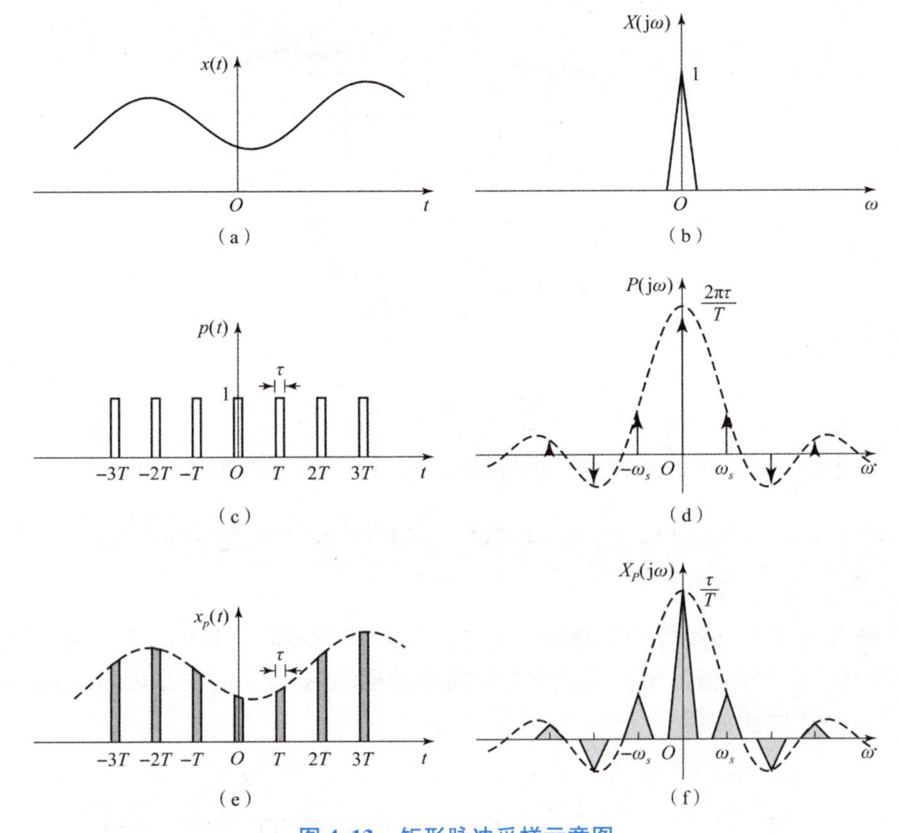

图 4.13　矩形脉冲采样示意图

(a) 原信号；(b) 原信号的频谱；(c) 矩形脉冲串；(d) 矩形脉冲串的频谱；
(e) 脉冲采样信号；(f) 脉冲采样信号的频谱

由此可以看出，脉冲采样信号的频谱是将原信号的频谱以 ω_s 为周期进行周期延拓，且第 k 个周期的频谱幅度乘以 $\frac{\tau}{T}\mathrm{Sa}\left(\frac{k\omega_s\tau}{2}\right)$，如图 4.13(f) 所示。这意味着脉冲采样后的频谱不再是一个周期化的频谱。

尽管脉冲采样能够近似冲激采样，但是要产生脉宽极短的周期脉冲，这对系统的性能要求很高。一种更易于实现的方式是采用零阶保持采样(zero - order hold sampling)，即每采一个样本值后维持一段时间不变，直到下一个采样时刻再进行新的采样，如图 4.14 所示。这种方式可以看作脉宽 τ 等于周期 T 的矩形脉冲采样。可以看出，此时的采样信号是一个阶梯状的连续时间信号。由于在每一个采样周期内信号取值恒定，因此量化和编码可以在时间 T 内完成，从而降低了对系统性能的要求。实际中，零阶保持采样可以通过采样保持电路(sample - hold circuit, S/H circuit)来实现。

4.4.2　零阶保持插值

理想采样模型采用 sinc 函数进行重建，但是 sinc 插值滤波器并不是物理可实现的。实际中，可以利用线性函数实现近似的信号重建。例如，若插值滤波器的冲激响应具有矩形函数的形式：

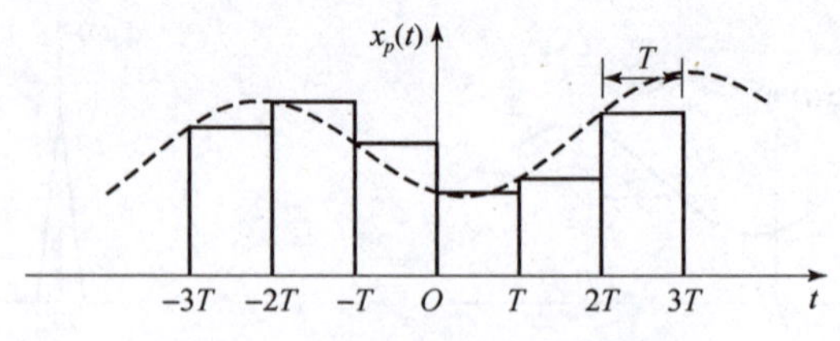

图 4.14 零阶保持采样示意图

$$h_0(t)=\begin{cases}1, & 0\leqslant t\leqslant T\\ 0, & \text{其他}\end{cases} \tag{4.32}$$

则重建信号可表示为

$$x_r(t)=\sum_{n=-\infty}^{\infty}x(nT)h_0(t-nT) \tag{4.33}$$

事实上，式(4.33)可以看作理想采样信号 $x_s(t)$ 与 $h_0(t)$ 卷积的结果，即

$$x_r(t)=x_s(t)*h_0(t)=\left[\sum_{n=-\infty}^{\infty}x(nT)\delta(t-nT)\right]*h_0(t)=\sum_{n=-\infty}^{\infty}x(nT)h_0(t-nT) \tag{4.34}$$

图 4.15 给出了上述过程的示意图。这种插值方式与零阶采样的原理一致，即在每个采样周期之内，信号取值恒定，因此称为**零阶保持插值**(zero - order hold interpolation)，$h_0(t)$则称为零阶插值滤波器。

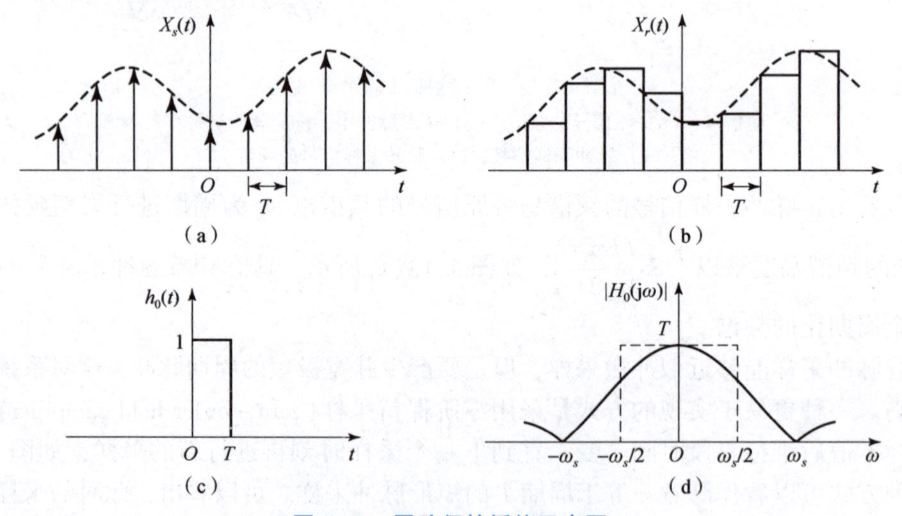

图 4.15 零阶保持插值示意图

(a) 理想采样信号；(b) 零阶保持插值信号；

(c) 零阶插值滤波器的冲激响应；(d) 零阶插值滤波器的幅频响应 $\left(\omega_s=\frac{2\pi}{T}\right)$

零阶插值滤波器的频率响应为

$$H_0(j\omega)=T\mathrm{Sa}\left(\frac{\omega T}{2}\right)e^{-j\omega T/2} \tag{4.35}$$

幅频响应如图 4.15(d)中实线所示，图中的虚线为理想低通滤波器的幅频响应。可以看出，相比于理想低通滤波器，零阶插值滤波器没有平坦的通带，且过渡带衰减较为缓慢。

这意味着重建信号会产生较大的失真。从图4.15(b)中的时域波形也可以看出，零阶保持插值是原信号的一种粗略的近似，其在每个采样点上不连续。

为了使重建信号更加光滑①，可以使用更高阶的多项式函数进行插值，例如，线性插值、三次立方插值、B样条插值等。限于篇幅，本书不再展开介绍。感兴趣的读者可查阅文献［24］。

4.5 量化与编码

除采样之外，量化和编码也是ADC中的必要环节。如本章开头所述，量化是将采样信号的幅值转化为有限个离散的数值。实现量化功能的器件（系统）称为**量化器**(quantizer)。量化过程是不可逆的，因而会产生量化误差(quantization error)。编码则是将量化后的数值表示为0/1的二进制字符串，以便在数字化设备中存储、传输和处理。实现编码功能的器件（系统）称为**编码器**(coder)。

设采样信号（序列）为$x[n]$，量化后的信号可表示为

$$\hat{x}[n]=Q[x[n]] \tag{4.36}$$

式中，Q表示量化算子。量化误差记为

$$e[n]=x[n]-\hat{x}[n] \tag{4.37}$$

量化可以通过截断(truncation)或舍入(rounding)来实现。截断就是按精度要求保留信号幅值的部分位数，舍弃余下的位数。舍入就是取与信号幅值最近的满足精度要求的数值。举例来讲，设采样信号为单边指数序列$x[n]=0.8^n u[n]$，现要求用小数点后1位的精度来表示该序列。图4.16给出了两种量化方式的结果及相应的量化误差。注意到除了$x[0]$,$x[1]$，其余点均会产生量化误差。

对于一般情况，假设信号的幅值范围为$[x_{\min},x_{\max}]$，现将该范围划分为有限个区间

$$I_k=(x_k,x_{k+1}),k=1,2,\cdots,L \tag{4.38}$$

式中，$x_1=x_{\min}$；$x_{L+1}=x_{\max}$；I_k称为决策区间；x_k称为决策边界；L称为量化级数。

设$\hat{x}_k\in I_k$为决策区间上一组预设的点，称为量化电平(quantization level)，相邻电平的间隔称为量化步长(quantization step size)。量化就是将信号的幅值映射到其所属决策区间所对应的量化电平，即

$$\hat{x}[n]=Q[x[n]]=\hat{x}_k,x[n]\in I_k \tag{4.39}$$

若量化电平是等间隔的，即量化步长为常数

$$\hat{x}_{k+1}-\hat{x}_k=\Delta \tag{4.40}$$

这种量化称为均匀量化(uniform quantization)。

图4.17给出了两种常见的均匀量化器的输入输出关系，其中，假设信号的幅值可正可负②。注意到，量化曲线都具有阶梯状的形式。但两者的差别在于，图4.17(a)中的原点（即$x=0$）位于阶梯的水平面（tread，即图中实线）的中点，故称为

① 光滑性是指函数（或信号）具有连续的导函数。

② 在通信领域，这类信号称为双极信号(bipolar signal)，其中，正、负电平可以表示两种编码状态。

中平型量化器（mid - tread quantizer）；而图 4.17(b)中的原点位于阶梯的上升面（rise，即图中虚线）的中点，故称为中升型量化器(mid - rise quantizer)。此外，注意到，中平型量化器的量化级数为奇数①，而中升型量化器的量化级数为偶数。

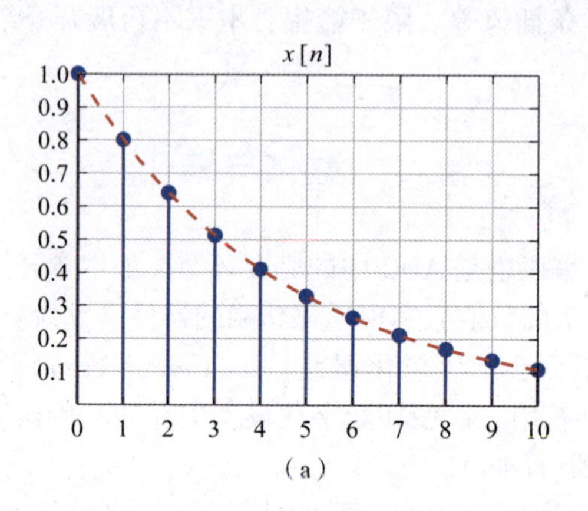

(a)

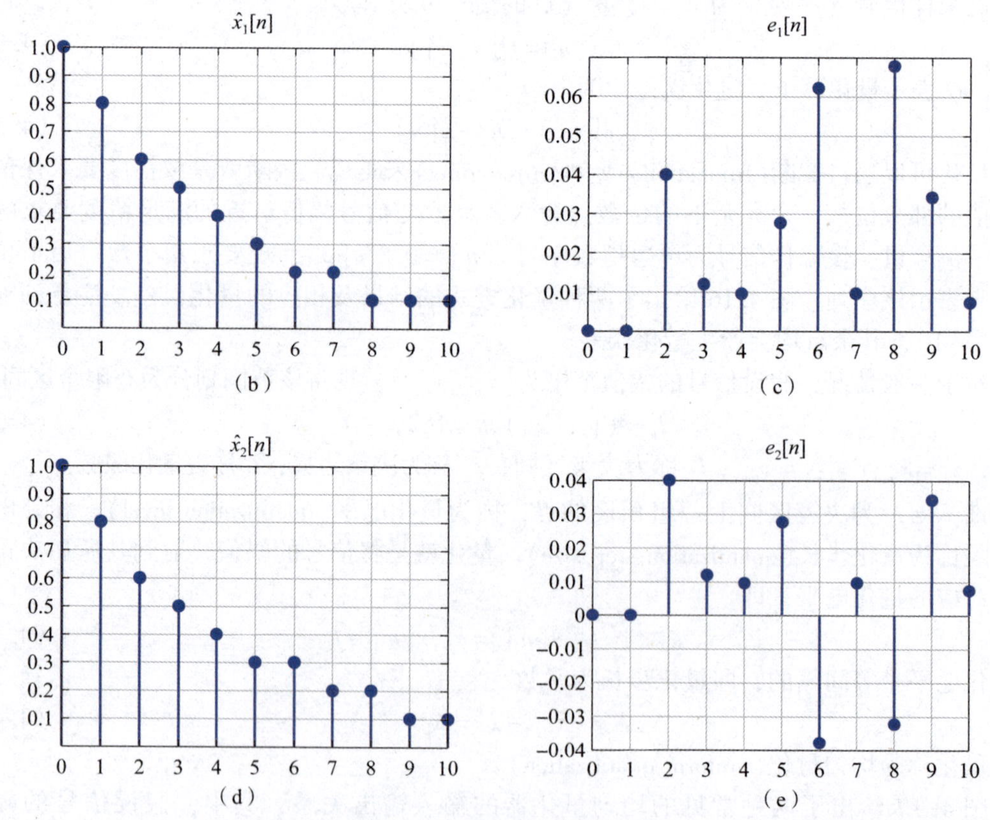

图 4.16 信号量化示例

(a) 采样信号；(b) 截断量化信号；(c) 截断量化误差；(d) 舍入量化信号；(e) 舍入量化误差

① 中平型量化器的量化级数也可以是偶数，只不过这时量化电平不是关于原点对称分布的。

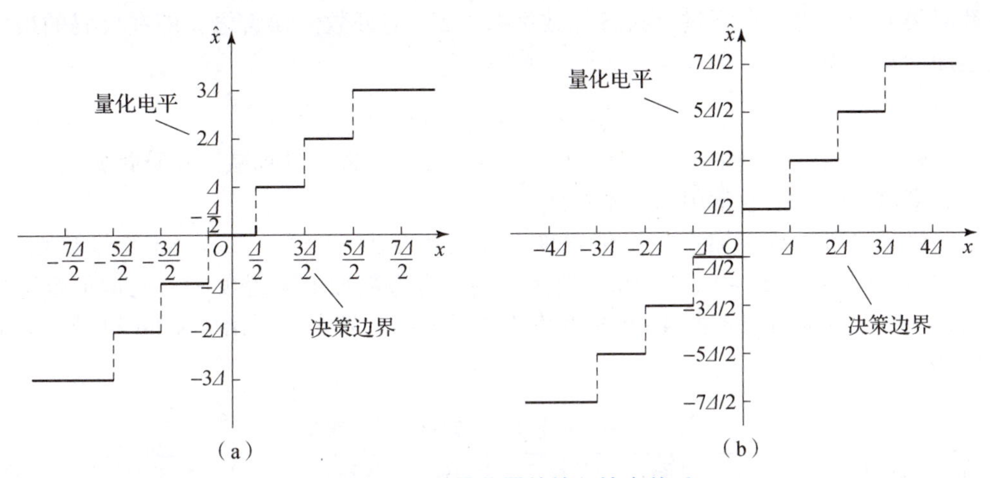

图4.17 两种量化器的输入输出关系

(a) 中平型量化器；(b) 中升型量化器

编码是将量化电平表示为0/1的二进制字符串。二进制表示一般可分为定点型和浮点型。以下简要介绍定点型表示，其一般形式为

$$(b_K b_{K-1} \cdots b_0 . a_1 a_2 \cdots a_N)_2 = \sum_{k=0}^{K} b_k 2^k + \sum_{n=1}^{N} a_n 2^{-n} \tag{4.41}$$

式中，b_k，$0 \leqslant k \leqslant K$ 为整数位数字，a_n，$1 \leqslant n \leqslant N$ 为小数位数字，它们都是0/1的字符，又称为比特①（bit）；b_K 为最高有效位（most significant bit，MSB）；a_N 为最低有效位（least significant bit，LSB）。b_0 与 a_1 之间的“.”表示二进制点，它的作用类似于十进制中的小数点，用于区分整数位和小数位②。一个二进制表示所包含的比特数称为字长（word length）。

在实际应用中，信号的幅值可能会出现负数。关于符号数的二进制表示有多种模式，包括原码（sign - magnitude）、反码（one's complement）、补码（two's complement）、偏移码(offset)等。原码是用最高有效位表示数字的符号。例如，设 x 为正整数，它的二进制表示为

$$x = 0 b_{K-1} \cdots b_0 \tag{4.42}$$

式中，最高有效位0表示数字符号为正。相应地，$-x$ 表示为

$$-x = 1 b_{K-1} \cdots b_0 \tag{4.43}$$

式中，最高有效位1表示数字符号为负。原码的表示非常直观，但是存在一些问题，例如，“+0”和“-0”的表示不一致，且加法和减法拥有两套不同的运算规则，实际中会导致一些运算问题。

反码是将各位数字取1的补数，即若 x 为正整数，见式（4.42），则 $-x$ 表示为

$$-x = 1 \bar{b}_{K-1} \cdots \bar{b}_0 \tag{4.44}$$

式中，$\bar{b}_k = 1 - b_k$。反码同样存在“+0”和“-0”表示不一致的问题。

---

① “比特”（bit）即二进制数，源自英文“binary digit”的缩写。

② 在计算机中，“.”是不存在的，通常需要预先约定其位置，故这种表示称为定点型。

补码类似于反码，只不过是将各位数字取“2”的补数。换言之，即在反码的最低有效位上加“1”，即

$$-x = 1\,\bar{b}_{K-1}\cdots\bar{b}_0 + 00\cdots01 \tag{4.45}$$

相对于原码和反码，补码中的“+0”和“-0”表示一致，且加减法运算规则较为简单，因而是数字信号处理中最常用的表示格式。

偏移码是将所有数字加上一个偏置项，使负数变为非负数。以 4 bit 符号整数为例，取值范围为 $x \in [-2^3, 2^3-1]$。若将该范围内的所有整数加上偏置项 2^3，则取值范围变为 $x \in [0, 2^4-1]$，因而可以按照 4 bit 非负整数进行编码。表 4.1 列出了 4 bit 符号整数的不同编码格式。

表 4.1　4 bit 符号整数的不同编码格式

十进制	原码	反码	补码	偏移	十进制	原码	反码	补码	偏移
+7	0111	0111	0111	1111	-7	1111	1000	1001	0001
+6	0110	0110	0110	1110	-6	1110	1001	1010	0010
+5	0101	0101	0101	1101	-5	1101	1010	1011	0011
+4	0100	0100	0100	1100	-4	1100	1011	1100	0100
+3	0011	0011	0011	1011	-3	1011	1100	1101	0101
+2	0010	0010	0010	1010	-2	1010	1101	1110	0110
+1	0001	0001	0001	1001	-1	1001	1110	1111	0111
+0	0000	0000	0000	1000	-0	1000	1111	0000	1000

关于二进制编码的更多详细内容，本书不再展开介绍，感兴趣的读者可参阅文献[25,26]。

量化误差是产生失真的主要来源，下面分析量化误差的特性。客观来讲，量化误差是由输入信号、量化器自身特性等多方面因素叠加造成的，因而无法定量地描述。一般而言，可将量化误差视为随机变量（故又称为量化噪声）；从统计意义上进行分析，假设均匀量化器的动态范围（即量化电平的最大值与最小值之差）为 R，编码器的字长为 K（即可以表示 2^K 个不同的二进制数），于是量化电平的步长为

$$\Delta = \frac{R}{2^K} \tag{4.46}$$

以图 4.17 所示的量化器为例，注意到量化误差的范围始终保持在$[-\Delta/2, \Delta/2]$之间。因此，可以将量化误差建模为$[-\Delta/2, \Delta/2]$上均匀分布的随机变量，记为 $E \sim U(-\Delta/2, \Delta/2)$，其概率密度函数为

$$f_E(e)=\begin{cases}1/\Delta, & e \in [-\Delta/2, \Delta/2] \\ 0, & \text{其他}\end{cases} \tag{4.47}$$

易知量化误差的均值为零，方差为

$$\sigma_E^2=\int_{-\Delta/2}^{\Delta/2} e^2 f_E(e)\,\mathrm{d}e=\frac{\Delta^2}{12} \tag{4.48}$$

定义量化信噪比（signal - to - quantization - noise，SQNR）为

$$\mathrm{SQNR} = 10\log_{10}\left(\frac{P_x}{P_e}\right) \tag{4.49}$$

式中，P_x，P_e 分别为信号和量化误差的平均功率。

对于随机信号，平均功率可以通过方差或标准差来衡量，故

$$\mathrm{SQNR}=10\log_{10}\left(\frac{\sigma_X^2}{\sigma_E^2}\right)=20\log_{10}\left(\frac{\sigma_X}{\sigma_E}\right) \tag{4.50}$$

式中，σ_X，σ_E 分别为信号和量化误差的标准差。

将式（4.48）和式（4.46）代入式（4.50），可得

$$\mathrm{SQNR}=20\log_{10}\left(\frac{\sigma_X}{\sigma_E}\right)=20\log_{10}\left(\frac{12^{1/2}\cdot 2^K\cdot\sigma_X}{R}\right)$$

$$\approx 6.02K+10.79+20\log_{10}\frac{\sigma_X}{R}(\mathrm{dB}) \tag{4.51}$$

式（4.50）说明，量化信噪比与量化器的动态范围及编码的字长有关。在其他条件不变的情况下，字长每增加 1 bit，量化信噪比可提升约 6 dB。结合物理意义来分析，当字长增加时，量化步长减小，量化精度增加，因而信噪比提升。上述结论可作为量化器性能分析和设计的重要依据之一。

例 4.1　已知正弦信号 $x(t)=A\cos(\omega_0 t)$，现以采样率 $f_s=1/T$ 对其进行采样，并假设采样率大于奈奎斯特采样率，得到采样信号 $x[n]=x(nT)$。对 $x[n]$ 进行舍入量化，设量化步长为

$$\Delta=\frac{2A}{2^K} \tag{4.52}$$

式中，K 为编码字长。求量化信噪比。

解： 对于正弦信号，其平均功率为

$$P_x=\frac{1}{T_0}\int_0^{T_0}A^2\cos^2(\omega_0 t)\,\mathrm{d}t=\frac{A^2}{2} \tag{4.53}$$

式中，$T_0=2\pi/\omega_0$。

根据上文分析，舍入量化误差服从 $[-\Delta/2,\Delta/2]$ 上的均匀分布，故量化误差的平均功率为

$$P_E=\frac{\Delta^2}{12}=\frac{A^2}{3\cdot 2^{2K}} \tag{4.54}$$

因此，量化信噪比为

$$\mathrm{SQNR}=10\log_{10}\left(\frac{P_x}{P_E}\right)=10\log_{10}\left(\frac{3}{2}\cdot 2^{2K}\right)\approx 6.02K+1.76 \tag{4.55}$$

由此可见，字长每增加 1 bit，量化信噪比提高约 6 dB，这与上文分析的结论是一致的。例如，在音频系统中，量化字长通常选择 16 bit，这时量化信噪比可达 98 dB。

4.6　编程仿真实验

4.6.1　信号的均匀采样与重建

本节利用编程仿真实现信号的采样和重建。首先需要说明的是，由于连续时间信号在计算机中是以数值方式近似表示的，因而本质上也是一种“采样信号”。只不过当采样间隔足

够小时，可近似认为是连续时间信号。为了与实际的采样信号区分，本节采用 $x(n\Delta t)$ 表示连续时间信号的数值近似，$x(nT_s)$ 表示采样信号，其中，Δt 为数值近似的采样间隔，T_s 为实际的采样间隔，且 $\Delta t \ll T_s$。同时，为了便于分析，假设信号均是有限长的。

2.5.3 节曾介绍过连续时间信号的傅里叶变换数值计算方法，即通过一组离散点列的求和式来近似积分式

$$X(\mathrm{j}\omega)=\int_{-\infty}^{\infty} x(t)\mathrm{e}^{-\mathrm{j}\omega t}\mathrm{d}t \approx \Delta t \sum_{n=-N}^{N} x(n\Delta t)\mathrm{e}^{-\mathrm{j}\omega n\Delta t} \tag{4.56}$$

对于采样信号，由于其本质上是离散时间信号，因而其傅里叶变换的数值计算方法与式（4.56）稍有区别。具体来讲，设采样信号

$$x_s(t)=x(t)\delta_T(t)=\sum_{n=-\infty}^{\infty} x(nT_s)\delta(t-nT_s) \tag{4.57}$$

对 $x_s(t)$ 作傅里叶变换，并交换求和式与积分式的运算顺序，可得

$$\begin{aligned} X_s(\mathrm{j}\omega) &= \int_{-\infty}^{\infty} \sum_{n=-\infty}^{\infty} x(nT_s)\delta(t-nT_s)\mathrm{e}^{-\mathrm{j}\omega t}\mathrm{d}t \\ &= \sum_{n=-\infty}^{\infty} \int_{-\infty}^{\infty} x(nT_s)\delta(t-nT_s)\mathrm{e}^{-\mathrm{j}\omega t}\mathrm{d}t \\ &= \sum_{n=-\infty}^{\infty} x(nT_s)\int_{-\infty}^{\infty} \delta(t-nT_s)\mathrm{e}^{-\mathrm{j}\omega t}\mathrm{d}t = \sum_{n=-\infty}^{\infty} x(nT_s)\mathrm{e}^{-\mathrm{j}\omega nT_s} \end{aligned} \tag{4.58}$$

由此得到采样信号傅里叶变换的另外一种形式。在第 5 章将会看到，式（4.58）即为离散时间信号的傅里叶变换，简称为离散时间傅里叶变换。

据此，采样信号的傅里叶变换可按照如下方式进行数值近似

$$X_s(\mathrm{j}\omega) \approx \sum_{n=-M}^{M} x(nT_s)\mathrm{e}^{-\mathrm{j}\omega nT_s} \tag{4.59}$$

对比式（4.56）与式（4.59），除了采样间隔和序列长度等差异，最显著的区别在于式（4.59）不需要乘以采样间隔 T_s。事实上，如果乘以采样间隔 T_s，此时相当于把采样信号 $x(nT_s)$ 视为连续时间信号的数值近似（类比于 $x(n\Delta t)$），因此得到的依然是连续时间傅里叶变换的数值近似。

此外，频率变量 ω 在数值计算中也需要离散化。若将 $x(n\Delta t)$ 视为“采样信号”，根据采样定理，频谱的延拓周期（即采样率）为 $\omega_s=2\pi/\Delta t$。考虑到频谱通常具有双边的形式，故可设 $\omega_k=\pi k/K\Delta t, k=-K,-K+1,\cdots,K$，即在 $[-\omega_s/2,\omega_s/2]$ 上有 $2K+1$ 个采样频点。为了便于说明采样前后的频谱变化关系，可令 $x(nT_s)$ 的采样频点与 $x(n\Delta t)$ 相同。

下面考虑重建过程。根据理论分析，重建信号可以表示为采样信号与 sinc 函数的卷积

$$x_r(t)=x_s(t) * \mathrm{sinc}(t/T_s)=\sum_{n=-\infty}^{\infty} x(nT_s)\mathrm{sinc}\left(\frac{t-nT_s}{T_s}\right) \tag{4.60}$$

在计算机中，$x_r(t)$ 同样是以数值方式来近似表示的，即与 $x(t)$ 具有相同的采样率（或采样间隔）。此外，由于采样信号 $x(nT_s)$ 是有限长的，因而上式可改写为

$$x_r(m\Delta t)=\sum_{n=-M}^{M} x(nT_s)\mathrm{sinc}\left(\frac{m\Delta t-nT_s}{T_s}\right) \tag{4.61}$$

注意到 $x(nT_s)$ 与插值函数 $\mathrm{sinc}(m\Delta t)$ 具有不同的采样率。为了在同一采样率下实现，可先

将 $x(nT_s)$ 上采样

$$\tilde{x}(m\Delta t)=\begin{cases}x(nT_s), & m=nT_s/\Delta t\\ 0, & \text{其他}\end{cases} \tag{4.62}$$

随后与 sinc 函数作卷积

$$x_r(m\Delta t)=\sum_{l=-N}^{N}\tilde{x}(m\Delta t)\operatorname{sinc}\left(\frac{m\Delta t-l\Delta t}{T_s}\right) \tag{4.63}$$

数值卷积可以利用 MATLAB 函数 conv 来实现，下面结合一道例题进行说明。

实验 4.1　已知三角脉冲信号

$$x(t)=\begin{cases}1-|t|/\tau, & |t|\leqslant\tau\\ 0, & |t|>\tau\end{cases} \tag{4.64}$$

式中，τ 为单边脉宽。

①对该信号进行采样，并观察不同采样率下的频谱变化形式；

②对采样信号进行 sinc 插值重建，并分析重建误差。

解： 根据理论分析可知，三角脉冲信号的傅里叶变换为

$$X(\mathrm{j}\omega)=\tau\mathrm{Sa}^2\left(\frac{\omega\tau}{2}\right) \tag{4.65}$$

注意到该信号并非是带限的，但由于能量大部分集中在主瓣上。因此，可以通过主瓣宽度来刻画信号的带宽，即 $\Delta\omega=4\pi/\tau$。

本实验中，设三角脉冲的单边持续时长为 $T=3$ s，单边脉宽为 $\tau=1$ s，数值仿真的时间间隔为 $\Delta t=1/50$ s。根据采样定理，为避免采样信号发生混叠，采样率应大于 $\Delta\omega/(2\pi)=2/\tau=2$ Hz。不妨设采样率为 $f_s=10$ Hz，则采样间隔为 $T_s=1/f_s=0.1$ s，频域采样点数（单边）为 $K=200$，具体代码如下。

```
tau =1;% 单边脉宽
T = 3; % 单边时长
dt = 1/50;% 时域间隔
t = -T:dt:T;% 时域点列
x = tripuls(t,2 * tau);% 生成三角脉冲
Ts = 0.1; % 采样间隔
ts = -T:Ts:T; % 采样点
y = tripuls(ts,2 * tau); % 生成采样信号
K = 200; % 频域采样点数
k = -K:K; % 频域采样序号
w=pi * k/dt /K; % 频域采样点
Fx = dt * x * exp( -1i * t' * w); % 三角脉冲的傅里叶变换
Fy = y * exp( -1i * ts' * w); % 采样信号的傅里叶变换
```

原始三角脉冲和采样信号的频谱分别如图 4.18(a)和图 4.18(b)所示。注意到，采样信号的频谱发生了周期延拓，延拓周期（即采样率）为 $\omega_s=2\pi/T_s=20\pi$，同时，幅度上放大为原先的 $1/T_s=10$ 倍。由于采样率高于奈奎斯特采样率，因此，频谱没有发生混叠（即主瓣没有混叠）。若将采样率降至 $f_s'=5/3$ Hz，则采样间隔为 $T_s'=0.6$ s。相应地，频谱如图 4.18（c）所示。显然，此时频谱发生了混叠。

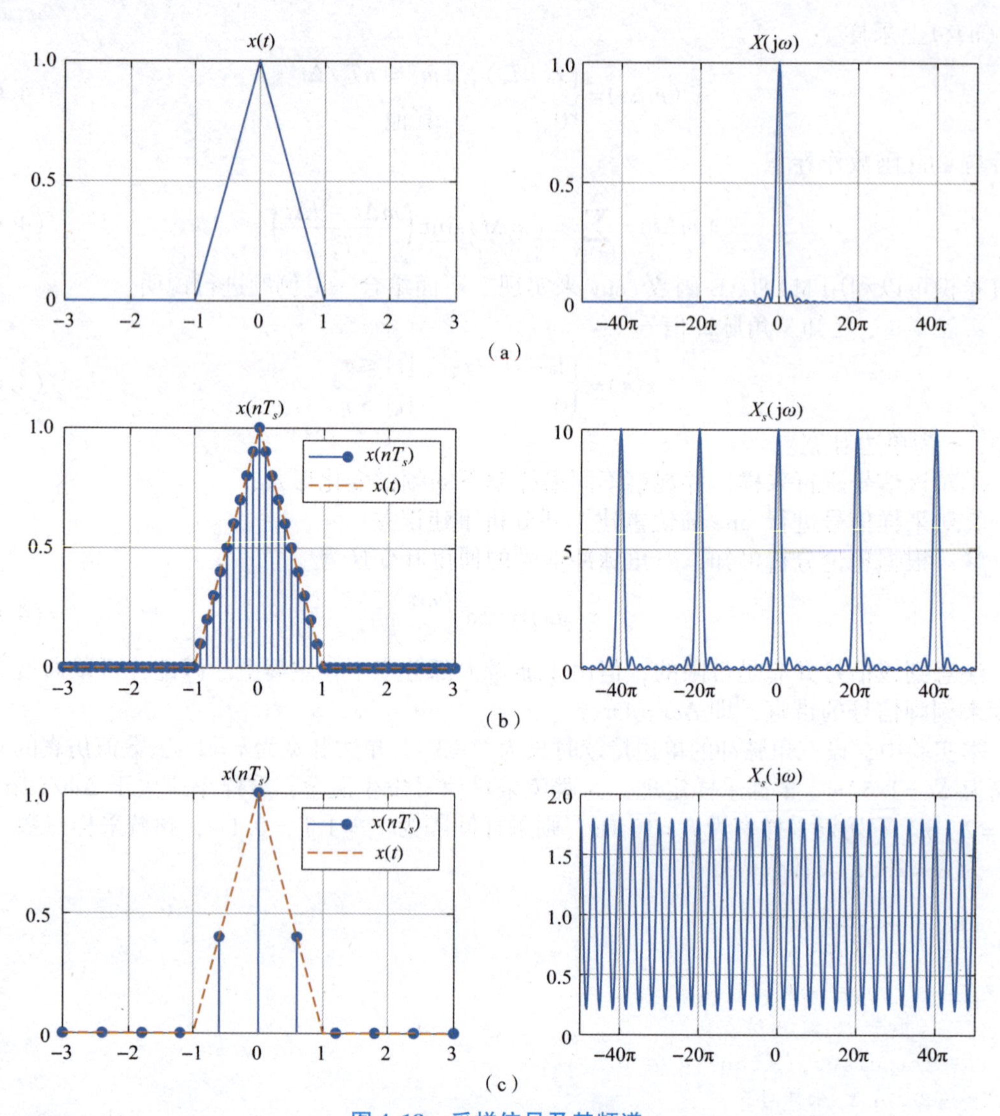

图 4.18 采样信号及其频谱

(a) 三角脉冲信号及其频谱；(b) 采样信号及其频谱（T_s = 0.1 s）；(c) 采样信号及其频谱（T_s = 0.6 s）

重建过程的具体代码如下。

```
h = sinc(t/Ts); % 插值函数
L = Ts/dt; % 上采样因子
yu = upsample(y,L); % 对采样信号上采样,以便计算卷积
yu = yu(1:length(x)); % 对yu进行截取,使长度与x一致
xr = conv(yu,h,'same'); % 卷积(插值重建)
d = x - xr; % 重建信号与原信号的差值
err = sum(abs(d).^2,'all'); % 误差能量
```

误差能量为

```
>> err
err =
0.0046
```

图 4.19 给出了重建信号的波形及误差。

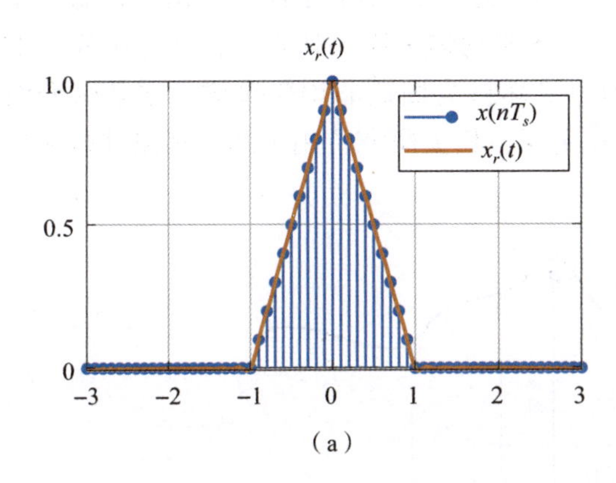

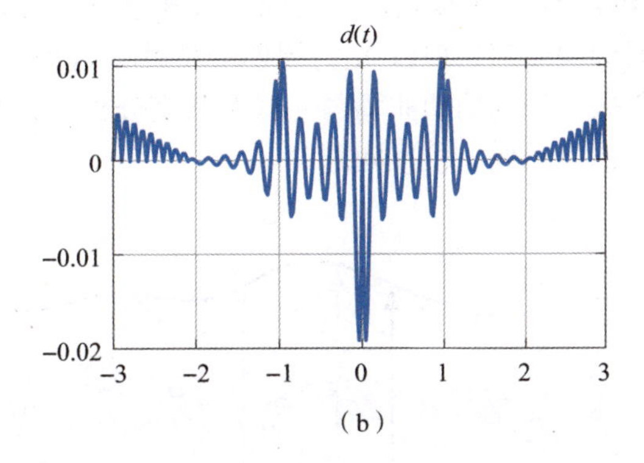

图 4.19　采样信号的重建过程

(a) 重建信号波形；(b) 重建信号与原信号的误差

4.6.2　信号的周期非均匀采样与重建

在雷达、通信、语音等诸多应用中，常常需要对宽带信号进行采样。由奈奎斯特 - 香农采样定理可知，当采样率高于奈奎斯特采样率时，可以由采样信号无失真重建原始连续时间信号，这意味着要以极高的采样率对宽带信号进行采样。当单个模数转换器无法达到如此高的采样率时，可采用多路并行的方式对信号进行采样。具体而言，多路并行采样包含 M 个通道，每个通道都以采样间隔 MT 进行均匀采样，其中，T 为标准采样间隔。第 m 个通道（$m=0,1,\cdots,M-1$）的起始采样时刻为 mT，所得均匀采样序列为 $x(mT+nMT)$，$n\in\mathbb{Z}$。通过对 M 个通道的均匀采样序列按时间顺序进行重排，可以得到以 T 为采样间隔的均匀采样序列 $x(nT)$，$n\in\mathbb{Z}$，如图 4.20 所示，其中，同颜色箭头代表同一通道。因此，相比于单路采样，多路并行采样可将采样率提高至 M 倍，降低了对硬件的需求，在宽带信号采样中应用广泛。

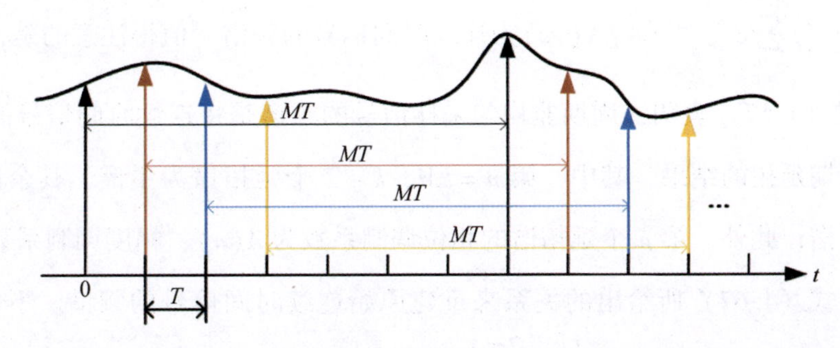

图 4.20　理想 M 路并行采样

然而，多路并行采样由全局时钟控制，当发生时钟抖动时，各通道实际起始采样时刻将偏离理想起始采样时刻 mT。假设第 m 个通道的实际起始采样时刻为 $(m+rm)T$，其中，rm 是以 T 为标准测定的时间偏差，则第 m 个通道所得的实际均匀采样序列为 $x[(m+rm)T+nMT]$，$n\in\mathbb{Z}$。此时，将 M 个通道的均匀采样序列以时间顺序进行重排，得到的是非均匀采样序列 $x[(m+rm)T+nMT],m=0,1,\cdots,M-1$，$n\in\mathbb{Z}$，如图 4.21 所示。由于任意两个相隔 MT 的采样点都来自同一采样通道，故对于上述非均匀采样序列来说，任意采样点的时间偏差都呈现以 M 为周期的特性，这种非均匀采样称为**周期非均匀采样**。本节将介绍带限信号的周期非均匀采样及其谱分析的原理和实现，相关研究可用于解决多路并行采样中的时间偏差校准问题。

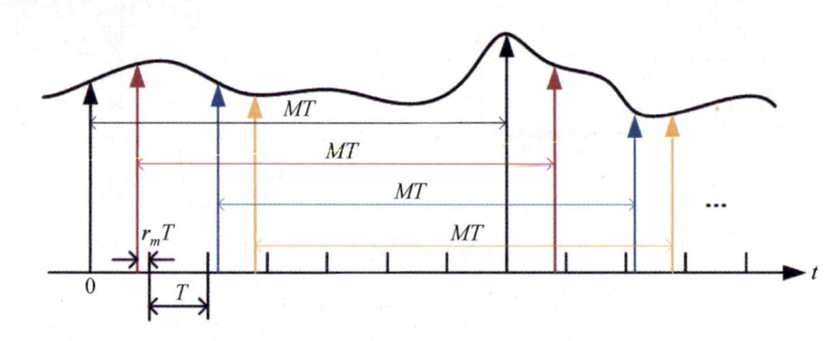

图 4.21 周期非均匀采样

假设连续时间信号 $x(t)$ 是带限信号，其频谱 $X(j\omega)$ 满足 $X(j\omega)=0$，$\omega\notin\left[-\frac{\pi}{T},\frac{\pi}{T}\right]$。现对信号进行周期非均匀采样，相应的非均匀采样点为

$$x[(m+r_m)T+nMT],m=0,1,\cdots,M-1,n\in\mathbb{Z} \tag{4.66}$$

考虑到实际中时间偏差 r_m 通常远小于标准时间间隔 T，因此可假定 $-0.5<r_m<0.5$，以避免 M 个通道采样点重排时发生混乱。易见，在理想采样情况下，$r_m=0$，$m=0,1,\cdots,M-1$，此时周期非均匀采样退化为间隔为 T 的均匀采样。

对于周期非均匀采样信号 $x[(m+r_m)T+nMT],m=0,1,\cdots,M-1,n\in\mathbb{Z}$，经过理论分析[27,28]，可知其频谱为

$$X_{\text{non}}(j\omega)=\frac{1}{T}\sum_{n=-\infty}^{\infty}A(n)X\left[j\left(\omega-n\frac{2\pi}{MT}\right)\right] \tag{4.67}$$

式中，$A(n)=\dfrac{1}{M}\sum\limits_{m=0}^{M-1}e^{-jn(m+r_m)\frac{2\pi}{M}}$；$X(j\omega)$ 为连续时间信号的频谱。值得注意的是，$A(n)$ 与频率 ω 无关。式（4.67）表明，周期非均匀采样信号的频谱是将连续时间信号的频谱以 $\dfrac{2\pi}{MT}$ 为周期进行周期延拓的结果，其中，第 $n=kM$，$k\in\mathbb{Z}$ 个延拓谱为主谱，其余谱为时间偏差带来的寄生谱；此外，第 n 个延拓谱的相位调制系数为 $A(n)$，幅度调制系数为 $\dfrac{1}{T}$。

下面利用式（4.67）所给出的关系来重建原始连续时间信号的频谱。不妨设通道数 M 为偶数，首先针对主值区间 $\left[0,\dfrac{2\pi}{MT}\right]$ 上的任意频点 ω_0，考察 $X_{\text{non}}(j\omega_0)$，根据式

(4.67)，得

$$X_{\text{non}}(\mathrm{j}\omega_0)=\frac{1}{T}\sum_{n=-\infty}^{\infty}A(n)X\left[\mathrm{j}\left(\omega_0-n\frac{2\pi}{MT}\right)\right]$$
$$=\frac{1}{T}\sum_{n=-M/2+1}^{M/2}A(n)X\left[\mathrm{j}\left(\omega_0-n\frac{2\pi}{MT}\right)\right] \tag{4.68}$$

上式利用了原始连续时间信号频谱 $X(\mathrm{j}\omega)$ 在 $\left[-\frac{\pi}{T},\ \frac{\pi}{T}\right]$ 上带限，故可将式（4.67）中的无限项求和化为有限项求和。

接下来，针对任意 $m=0,1,\cdots,M-1$，考察 $X_{\text{non}}\left[\mathrm{j}\left(\omega_0+m\frac{2\pi}{MT}\right)\right]$，可得

$$X_{\text{non}}\left[\mathrm{j}\left(\omega_0+m\frac{2\pi}{MT}\right)\right]=\frac{1}{T}\sum_{n=-\infty}^{\infty}A(n)X\left[\mathrm{j}\left(\omega_0+m\frac{2\pi}{MT}-n\frac{2\pi}{MT}\right)\right]$$
$$=\frac{1}{T}\sum_{n=-M/2+1+m}^{M/2+m}A(n)X\left[\mathrm{j}\left(\omega_0-(n-m)\frac{2\pi}{MT}\right)\right]$$
$$=\frac{1}{T}\sum_{n=-M/2+1}^{M/2}A(n+m)X\left[\mathrm{j}\left(\omega_0-n\frac{2\pi}{MT}\right)\right] \tag{4.69}$$

将式（4.69）写成矩阵形式，即

$$\boldsymbol{x}_{\text{non}}(\mathrm{j}\omega_0)=\frac{1}{T}\boldsymbol{A}\boldsymbol{x}(\mathrm{j}\omega_0) \tag{4.70}$$

式中，$\boldsymbol{x}_{\text{non}}(\mathrm{j}\omega_0)$ 和 $\boldsymbol{x}(\mathrm{j}\omega_0)$ 是 $M\times1$ 维向量，$\boldsymbol{A}$ 是 $M\times M$ 维矩阵，分别定义为

$$x_{\text{non}}(\mathrm{j}\omega_0)=\left\{X_{\text{non}}(\mathrm{j}\omega_0),X_{\text{non}}\left[\mathrm{j}\left(\omega_0+\frac{2\pi}{MT}\right)\right],\cdots,X_{\text{non}}\left[\mathrm{j}\left(\omega_0+(M-1)\frac{2\pi}{MT}\right)\right]\right\}^{\mathrm{T}} \tag{4.71}$$

$$x(\mathrm{j}\omega_0)=\left\{X\left[\mathrm{j}\left(\omega_0-\frac{\pi}{T}\right)\right],X\left[\mathrm{j}\left(\omega_0-\frac{\pi}{T}+\frac{2\pi}{MT}\right)\right],\cdots,X\left[\mathrm{j}\left(\omega_0-\frac{\pi}{T}+(M-1)\frac{2\pi}{MT}\right)\right]\right\}^{\mathrm{T}} \tag{4.72}$$

$$A=\begin{bmatrix}A(M/2) & A(M/2-1) & \cdots & A(-M/2+1)\\ A(M/2+1) & A(M/2) & \cdots & A(-M/2+2)\\ \vdots & \vdots & \ddots & \vdots\\ A(M/2+M-1) & A(M/2+M-2) & \cdots & A(M/2)\end{bmatrix} \tag{4.73}$$

进而，可通过如下矩阵运算实现 $X(\mathrm{j}\omega_0)$ 的重建，即

$$\boldsymbol{x}(\mathrm{j}\omega_0)=T\boldsymbol{A}^{-1}\boldsymbol{x}_{\text{non}}(\mathrm{j}\omega_0) \tag{4.74}$$

令 ω_0 遍历主值区间 $\left[0,\ \frac{2\pi}{MT}\right]$ 内的全部频点，可重建 $X(\mathrm{j}\omega)$，$\omega\in\left[-\frac{\pi}{T},\frac{\pi}{T}\right]$。考虑到在实际中无法实现 ω_0 在主值区间中的遍历，可等间隔选取 $\left[0,\ \frac{2\pi}{MT}\right]$ 上的 N 个频点，从而重建 $X(\mathrm{j}\omega)$ 在 $\left[-\frac{\pi}{T},\ \frac{\pi}{T}\right]$ 上的 $L=MN$ 个频点。需要注意的是，每选定一个新的 ω_0，都需要重新计算 $\boldsymbol{x}_{\text{non}}(\mathrm{j}\omega_0)$；但由于矩阵 $\boldsymbol{A}$ 并非 ω 的函数，因此 $\boldsymbol{A}^{-1}$ 无须重新计算。

实验 4.2　已知复指数信号 $x(t)=\mathrm{e}^{\mathrm{j}2\pi ft}$，其中，$f=5$ Hz，理论频谱为 $X(\mathrm{j}\omega)=2\pi\delta(\omega-2\pi f)$。仿真生成相应的周期非均匀采样信号，计算该信号的频谱，并重建原始连续时间

信号 $x(t)$ 的频谱。

解： 根据题目条件，首先生成周期非均匀采样信号并计算该信号频谱，具体代码如下。

```
f = 5; % 信号频率(Hz)
T = 0.05; % 标准采样间隔(s)
M = 8; % 通道数
rm = [0,rand(1,M-1)-0.5]; % 时间偏差
K = 512; % 时域采样点数
k = 1:K;
mod_k = mod(k-1,M) + 1;
t = (k-1)*T + rm(mod_k)*T; % 周期非均匀采样时刻
x_non = exp(1i*2*pi*f*t); % 周期非均匀采样信号
L = 512; % 频域采样点数
p = 0:L-1;
w = (p/L)*(2*pi/T)-pi/T; % 频域采样点
Fx_non = T*x_non*exp(-1i*t'*w); % 周期非均匀采样信号频谱
```

频谱结果如图 4.22（a）所示，可见在频带 $\left[-\frac{\pi}{T}, \frac{\pi}{T}\right]$ 内均匀分布着 $M=8$ 条谱线，原始连续时间信号频谱所在的位置是 $\omega_0=10\pi$，由时间偏差引起的寄生谱所在的位置是 $\omega_0+m\frac{2\pi}{MT}$。

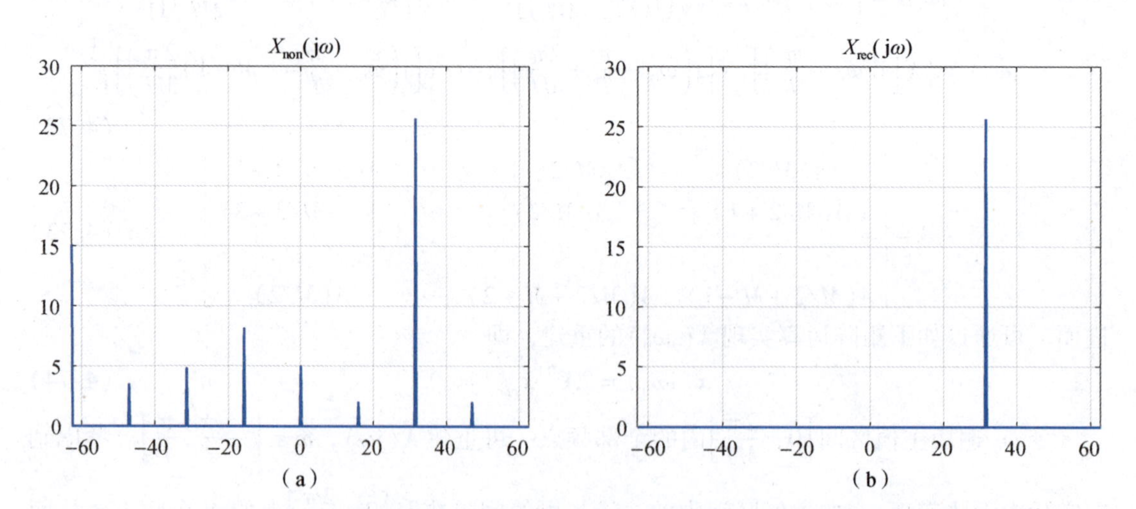

图 4.22 周期非均匀采样信号的频谱与原始连续时间信号的重建频谱

（a）周期非均匀采样信号的频谱；（b）原始连续时间信号的重建频谱

下面重建原始连续时间信号频谱，具体代码如下。

```
p = 0:L/M-1;
X_non_mat = zeros(M,L/M);
```

```
for m = 1:M
w0 = (p/(L/M))*(2*pi/(M*T))+(m-1)*2*pi/(M*T);
X_non_mat(m,:) = x_non*exp(-1i*t'*w0);
% 周期非均匀采样信号频谱的矩阵形式
end
A = zeros(M,M);
for m1 = 1:M
    for m2 = 1:M
        p = M/2+(m1-1)-(m2-1);
        A_p = 0;
        for m3 = 0:M-1
            A_p = A_p+exp(-1i*p*(rm(m3+1)+m3)*2*pi/M);
        end
        A(m1,m2) = A_p/M; % 矩阵A
    end
end
for p = 1:L/M
    Fx_rec_mat(:,p) = T*A\X_non_mat(:,p);
    % 重建频谱的矩阵形式
end
Fx_rec = reshape(Fx_rec_mat',1,L); % 重建频谱的向量形式
```

结果如图4.22（b）所示，可见寄生谱已被有效去除，得到了原始连续时间信号的重建频谱。

本章小结

本章主要介绍了连续时间信号的采样和重建。采样是将连续时间信号转换为离散时间信号的过程，同时也是模数转换的必要环节。奈奎斯特-香农采样定理表明，在一定条件下，可以通过采样信号重建连续时间信号。该定理为数字信号处理的发展奠定了理论基础。

对于理想均匀采样模型，采样信号的频谱具有周期化的特点，其中，延拓周期即为采样率。当信号非带限或采样率较低时，会出现混叠现象，导致频谱失真。对于低通带限信号，为了避免混叠，采样率须高于奈奎斯特采样率（即信号最高频率的两倍）。此时，可以通过低通滤波器恢复出原始信号的频谱，这意味着可以通过采样信号重建原始信号，即奈奎斯特-香农采样定理的核心思想。对于带通带限信号，为了避免混叠，采样频率的取值是不连续的分段区间，在满足一定条件下，最小采样率等于信号带宽的两倍。

由于实际中不存在类似于冲激函数的理想信号，因此通常采用持续时间极短的矩形脉冲串或零阶保持采样来实现信号的采样。在重建方面，由于sinc插值滤波器是物理不可实现的，因此可采用零阶保持插值或者高阶多项式插值实现信号的重建。通过这部分内容

的介绍，读者可体会理论分析和工程实践的差异，善于运用理论联系实际的思想解决实际问题。

此外，本章还简要介绍了量化和编码。常用的量化方式有截断和舍入，会产生量化误差，因而量化过程是非线性且不可逆的。在计算机中，通常采用二进制编码，常用的编码方式包括原码、反码、补码和偏移码等。关于量化与编码的更多介绍，感兴趣的读者可参阅文献［19，26］。

随着理论研究的不断深入和应用范围的不断扩展，在奈奎斯特－香农采样定理的基础上，又衍生出一系列新型采样理论与技术，譬如平移不变空间采样、函数空间采样、随机采样、稀疏采样、压缩感知等[29]，极大丰富了经典奈奎斯特－香农采样的内涵。

习　题

4.1　某实信号的频谱包含有直流、1 kHz、2 kHz、3 kHz 四个频率分量，幅度分别为 1、2、1.5、0.5，相位谱为零，现以 10 kHz 的采样率对该信号进行采样，画出采样信号在 0～25 kHz 频率范围内的频谱。

4.2　分别以采样间隔为 $T=1/(2B_s)$ 和 $T=1/B_s$ 对信号 $x(t)=\mathrm{sinc}^2(B_s t)$ 进行均匀采样，画出原信号及采样信号的频谱。

4.3　若对一个时长为 3 min 的连续时间信号进行采样，假设该信号最高频率为 200 Hz，求最小的理想采样点数。

4.4　已知带通信号 $x(t)$，通带范围为 $[\omega_L,\omega_H]$，带宽为 $B=\omega_H-\omega_L$。证明：当 ω_H 为带宽 B 的整数倍时，为保证采样后不混叠，采样率最低应为 $\omega_s=2B$。

提示：利用不等式（4.23）。

4.5　已知低通带限信号 $x(t)$ 的最高频率为 ω_0，其频谱如图 4.23 所示。试针对下列信号，确定满足采样定理的最低采样率。

（1）$x_1(t)=x(t-t_0)$；

（2）$x_2(t)=x^2(t)$；

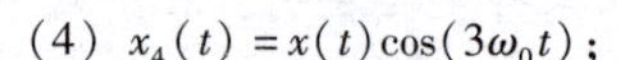

（3）$x_3(t)=\dfrac{\mathrm{d}x(t)}{\mathrm{d}t}$；

（4）$x_4(t)=x(t)\cos(3\omega_0 t)$；

（5）$x_5(t)=x(t)\mathrm{e}^{\mathrm{j}\omega_0 t}$。

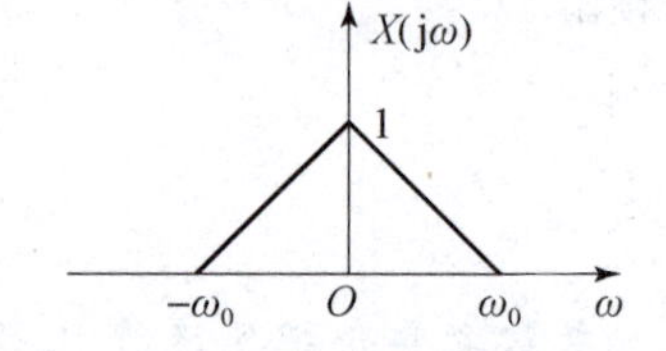

图 4.23　习题 4.5 的信号频谱

4.6　假设某个带通信号的通带范围为 76 Hz≤f≤98 Hz，要使两个频谱副本之间具有 2 Hz 最小保护频带，求最小的采样率，并画出采样信号在 0≤f≤100 Hz 上的频谱。

4.7　已知连续时间信号 $x_c(t)=5\mathrm{e}^{\mathrm{j}40t}+3\mathrm{e}^{-\mathrm{j}70t}$，现以采样间隔 T 对其进行采样，得到采样信号 $x(nT)$。判断 $x_c(t)$ 能否由 $x(nT)$ 重建。

（1）$T=0.01$ s；（2）$T=0.04$ s；（3）$T=0.1$ s。

4.8　已知系统如图 4.24（a）所示，其中，$p(t)$ 为脉冲信号，$p(t)=\sum_{n=-\infty}^{\infty}(-1)^n\delta\left(t-\dfrac{n}{2}\right)$，激励信号 $x(t)$ 的频谱 $X(\mathrm{j}\omega)$ 以及理想带通滤波器的频率响应 $H(\mathrm{j}\omega)$ 分别如图 4.24(b) 和图 4.24(c) 所示。

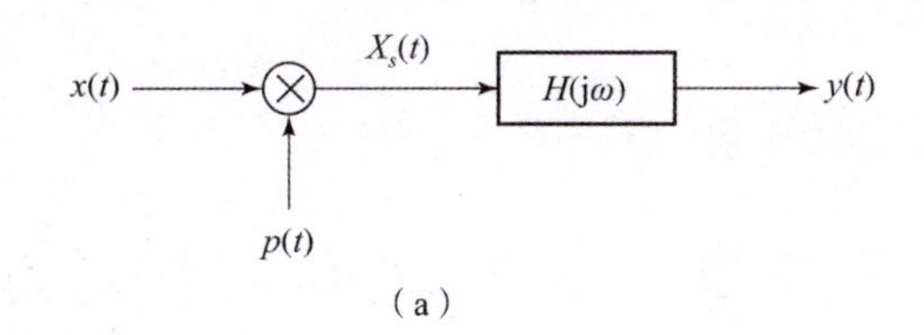

（a）

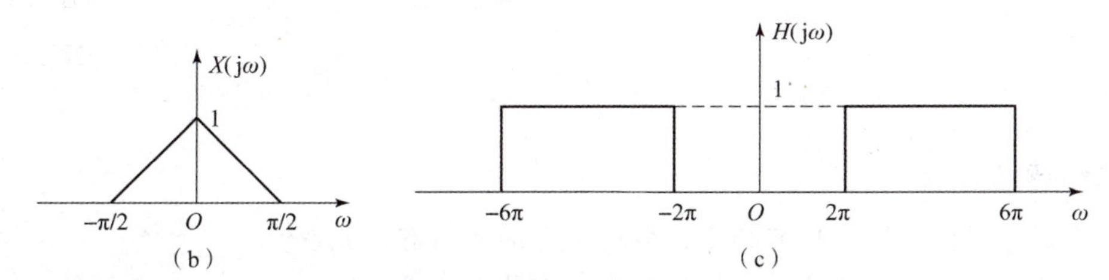

（b）　（c）

图4.24　习题4.8图

（a）习题4.8的系统框图；（b）信号频谱；（c）滤波器的频率响应

（1）求采样脉冲 $p(t)$ 的频谱 $P(j\omega)$；

（2）求系统输出 $y(t)$ 的频谱 $Y(j\omega)$；

（3）试确定一个能从 $y(t)$ 重建原信号 $x(t)$ 的系统。

4.9（MATLAB 练习）　利用 MATLAB 对下列信号进行采样和重建，观察频谱变化，并分析重建误差：

（1）$x(t)=\exp(-at)$，其中，$a>0$，实验中可自行设置；

（2）$x(t)=\text{sinc}^2(t/\tau)$，其中，$\tau$ 为主瓣宽度（单边），实验中可自行设置；

（3）$x(t)=[1+\cos(\pi t/\tau)]/2, |t|\leqslant\tau$，其中，$\tau$ 为脉冲宽度（单边），实验中可自行设置。

4.10（MATLAB 练习）　已知离散时间信号 $x[n]=\sin(2\pi f_0 n)$，其中，$f_0=1/50$，信号长度为 $N=200$。设 $x_q[n]$ 是 $x[n]$ 经量化之后的信号，信号和量化误差的平均功率分别定义为

$$P_x=\frac{1}{N}\sum_{n=0}^{N-1}x^2[n] \tag{4.75}$$

$$P_q=\frac{1}{N}\sum_{n=0}^{N-1}e^2[n]=\frac{1}{N}\sum_{n=0}^{N-1}(x_q[n]-x[n])^2 \tag{4.76}$$

量化信号的质量可由信号和量化噪声比（SQNR）衡量，即 $\text{SQNR}=10\log_{10}(P_x/P_q)$，利用 MATLAB 完成下列任务：

（1）采用截断法对 $x[n]$ 进行量化，量化级数分别取64，128，256，画出 $x[n]$，$x_q[n]$，$e[n]$ 的图形，并计算相应的SQNR；

（2）采用四舍五入法代替截断法重做（1）；

（3）分析两种量化方法的精度误差。

第 5 章　离散时间信号分析

扫码见实验代码

本章阅读提示

- 离散时间信号的卷积有哪几种类型？它们之间有何关系？
- 相关的物理意义是什么？相关和卷积有什么关系？
- 如何定义离散时间信号的傅里叶变换？它和连续时间信号的傅里叶变换有何关系？有哪些性质？
- 离散时间信号的频谱有什么特点？
- 什么是 z 变换？它和离散时间傅里叶变换有何关系？有哪些性质？

5.1　离散时间信号的时域运算

5.1.1　时域基本运算

首先说明一下离散时间信号的表示形式。离散时间信号是以“离散时间”为自变量的函数，或简称为序列，通常记作 $x[n]$，其中，方括号表示自变量具有离散属性。但在有些情况下，也可采用点列（或向量）的形式表示，例如

$$x[n]=[\cdots,x[-2],x[-1],\underset{\uparrow}{x[0]},x[1],x[2],\cdots] \tag{5.1}$$

式中，↑表示 $n=0$ 所对应的位置，若未指定，则默认序列的第一个元素为 $x[0]$。这种表示方法简洁方便，特别适用于函数表达式未知或有限长序列的表示。

与连续时间信号类似，离散时间信号的时域基本运算包括两类：一类是对序列的自变量进行变换，例如，时移、反褶等；另一类是对序列自身进行运算，例如，相加、相乘、差分、累加和等。

时移（也称为移位）是指将序列 $x[n]$ 移动 n_0 个单位，记作 $x[n-n_0]$，其中，n_0 为整数。当 $n_0>0$ 时，序列右移；当 $n_0<0$ 时，序列左移。图 5.1 给出了序列时移的示意图。

反褶是指以 $n=0$ 为中心轴，将序列 $x[n]$ 整体进行翻转，记作 $x[-n]$。图 5.2 给出了序列反褶的示意图。

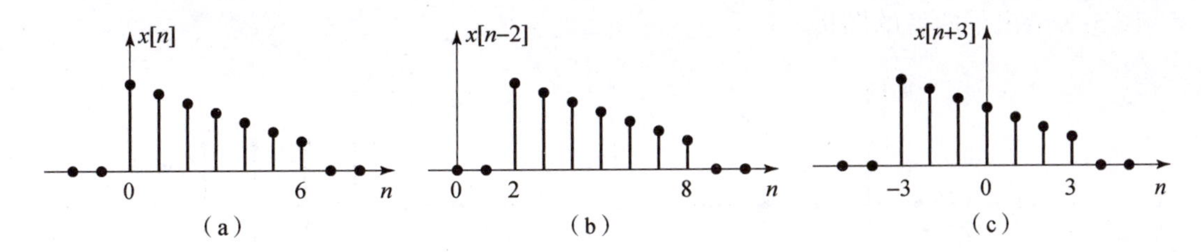

图5.1　序列的时移

(a) 原序列；(b) 右移2个单位；(c) 左移3个单位

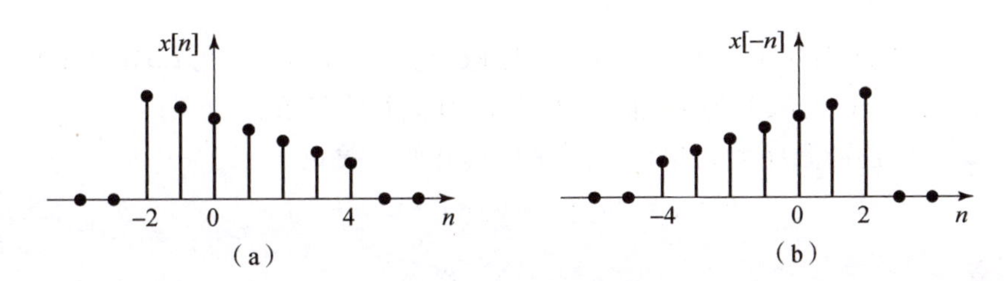

图5.2　序列的反褶

(a) 原序列；(b) 反褶后序列、

设序列$x_1[n]$，$x_2[n]$，并假设两者长度相同，相加和相乘分别定义为

相加：
$$y[n]=x_1[n]+x_2[n] \tag{5.2}$$
相乘：
$$y[n]=x_1[n]x_2[n] \tag{5.3}$$

类比于连续时间信号的微分和积分，可以定义序列$x[n]$的**差分**（difference）和**累加和**（cumulative sum）。序列的一阶差分①定义为
$$\nabla x[n]=x[n]-x[n-1] \tag{5.4}$$
高阶差分可以通过迭代关系定义
$$\nabla^k x[n]=\nabla^{k-1}x[n]-\nabla^{k-1}x[n-1],k\geqslant 1 \tag{5.5}$$
差分刻画的是序列的局部变化信息。

累加和是指将序列$x[n]$从$-\infty$到n进行累加求和，即
$$y[n]=\sum_{m=-\infty}^{n}x[m] \tag{5.6}$$
累加和反映的是序列的整体信息。

例5.1　类比于连续时间的单位冲激函数和单位阶跃函数，定义离散时间的**单位冲激序列**（unit impulse sequence）和**单位阶跃序列**（unit step sequence）为
$$\delta[n]=\begin{cases}1, & n=0\\ 0, & \text{其他}\end{cases} \tag{5.7}$$
$$u[n]=\begin{cases}1, & n\geqslant 0\\ 0, & n<0\end{cases} \tag{5.8}$$

---

① 一些文献将式（5.4）称为后向差分（backward difference），与之对应的是前向差分（forward difference）：$\Delta x[n]=x[n+1]-x[n]$。由于前向差分可以通过后向差分的左移来实现，如无特别说明，本书默认差分为后向差分。

图 5.3 给出了两者的图形。

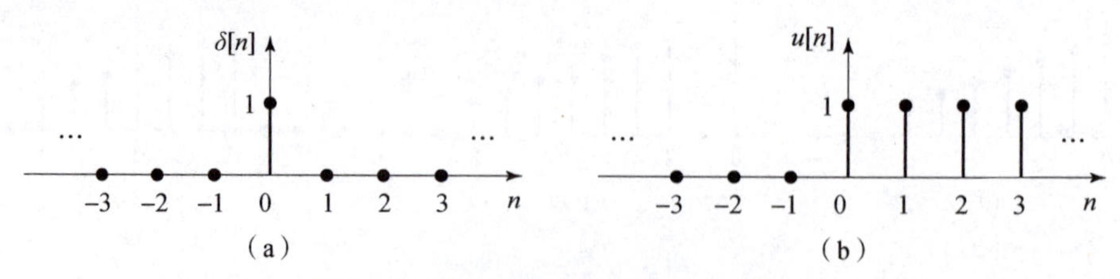

图 5.3 单位冲激序列与单位阶跃序列

(a) 单位冲激序列;(b) 单位阶跃序列

$\delta[n]$与$\delta(t)$的区别在于,$\delta[n]$在$n=0$处取值为 1,而$\delta(t)$在$t=0$处取值无穷大①。类似地,$u[n]$在$n=0$处取值为 1,而$u(t)$在$t=0$处没有定义。

不难发现,单位冲激序列与单位阶跃序列具有如下关系

$$\delta[n]=\nabla u[n]=u[n]-u[n-1] \tag{5.9}$$

$$u[n]=\sum_{m=-\infty}^{n}\delta[m] \tag{5.10}$$

即单位冲激序列是单位阶跃序列的一阶差分,而单位阶跃序列是单位冲激序列的累加和。

由于单位冲激序列的移位$\delta[n-m]$只在$n=m$处取值为 1,因此,任意序列$x[n]$与$\delta[n-m]$相乘应等于$x[n]$在$n=m$处的取值,即

$$x[n]\delta[n-m]=x[m]\delta[n-m] \tag{5.11}$$

如图 5.4 所示。式 (5.11) 说明单位冲激序列具有抽样性质。由此不难推得,任意序列可以用移位冲激序列的加权和来表示,即

$$x[n]=\sum_{m=-\infty}^{\infty}x[m]\delta[n-m] \tag{5.12}$$

稍后会看到,形如式 (5.12) 的加权求和式即为$x[n]$与$\delta[n]$的线性卷积。

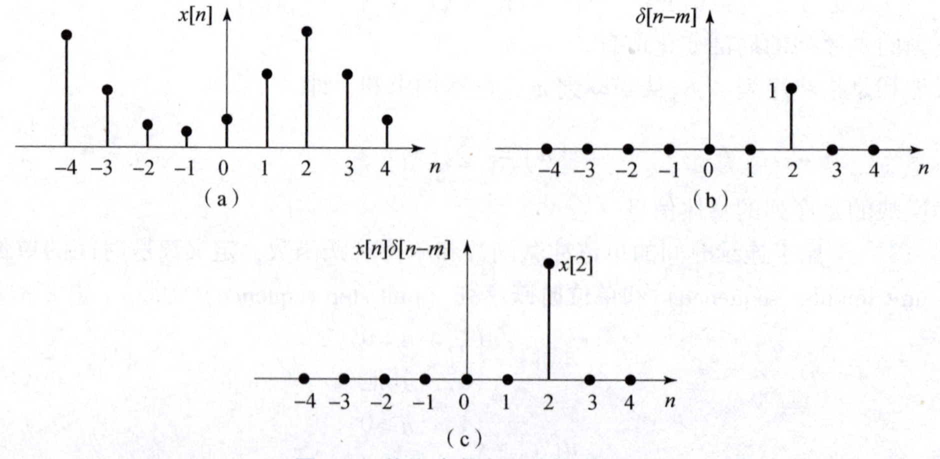

图 5.4 单位冲激序列的抽样性质

(a) 原序列;(b) 单位冲激序列的移位 ($m=2$);(c) 原序列与移位冲激序列相乘

---

① 数学上,通常将$\delta[n]$称为克罗内克 (Kronecker) δ 函数,而将$\delta(t)$称为狄拉克 (Dirac) δ 函数。

5.1.2　线性卷积

本节介绍离散时间信号（序列）的线性卷积运算，它在数字信号处理和离散时间系统分析中发挥着重要作用。

定义 5.1　已知离散时间信号 $x_1[n]$ 和 $x_2[n]$，两者的**线性卷积和**（linear convolution sum，简称为线性卷积或卷积）定义为

$$x_1[n] * x_2[n] = \sum_{m=-\infty}^{\infty} x_1[m]x_2[n-m] \tag{5.13}$$

式中，$*$ 表示线性卷积算符。

显然，两个序列的卷积结果依然是一个序列，因此有时也记为 $(x_1 * x_2)[n]$，其中，n 表示卷积的自变量。此外，有时也会遇到两个序列的自变量不一致的卷积形式，这时依然要结合序列的含义来理解。例如，$x_1[n] * x_2[-n]$ 表示 $x_1[n]$ 与"$x_2[n]$ 的反褶"作卷积，$x_1[n] * x_2[n-n_0]$ 表示 $x_1[n]$ 与"$x_2[n]$ 的时移"作卷积。

结合线性卷积的定义与式（5.12）可知，任意序列可以表示为其自身与单位冲激序列的线性卷积，即

$$x[n] = x[n] * \delta[n] \tag{5.14}$$

与连续时间信号的线性卷积类似，离散时间信号的线性卷积的计算也包括反褶、时移、相乘、累加求和等过程。通常可以采用图解法或阵列法进行求解。下面结合一道例题进行说明。

例 5.2　已知有限长序列 $x_1[n]$，$x_2[n]$ 如图 5.5 所示，求两者的线性卷积 $y[n] = x_1[n] * x_2[n]$。

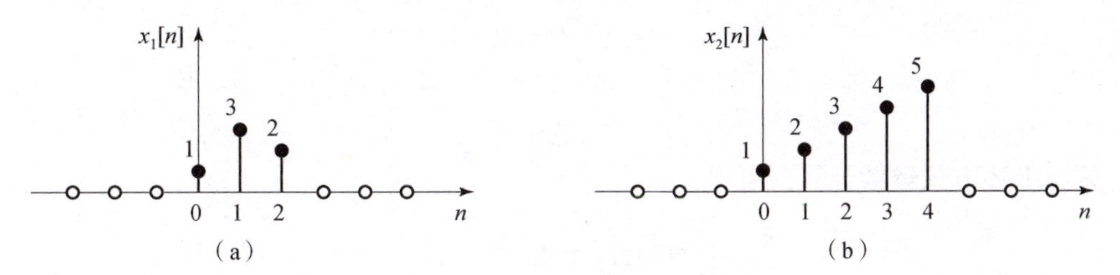

图 5.5　例 5.2 中的序列

（a）序列 1；（b）序列 2

解：方法一：图解法

固定 $x_1[m]$，将 $x_2[m]$ 反褶，如图 5.6（a）所示。将 $x_1[m]$ 与 $x_2[-m]$ 相乘，注意到两者只有在 $m=0$ 处有重叠，如图 5.6（b）所示。因此，有

$$y[0] = \sum_{m=0}^{0} x_1[m]x_2[-m] = 1 \times 1 = 1$$

接下来，将 $x_2[-m]$ 右移 1 位，得到 $x_2[1-m]$，如图 5.6（c）所示。然后将 $x_1[m]$ 与 $x_2[1-m]$ 相乘，结果为两点序列，如图 5.6（d）所示。因此，有

$$y[1] = \sum_{m=0}^{1} x_1[m]x_2[1-m] = 1 \times 2 + 3 \times 1 = 5$$

类似地，将 $x_2[-m]$ 右移2位，得到 $x_2[2-m]$，如图5.6（e）所示。然后将 $x_1[m]$ 与 $x_2[2-m]$ 相乘，结果如图5.6（f）所示。因此，有

$$y[2]=\sum_{m=0}^{2}x_1[m]x_2[2-m]=1\times3+3\times2+2\times1=11$$

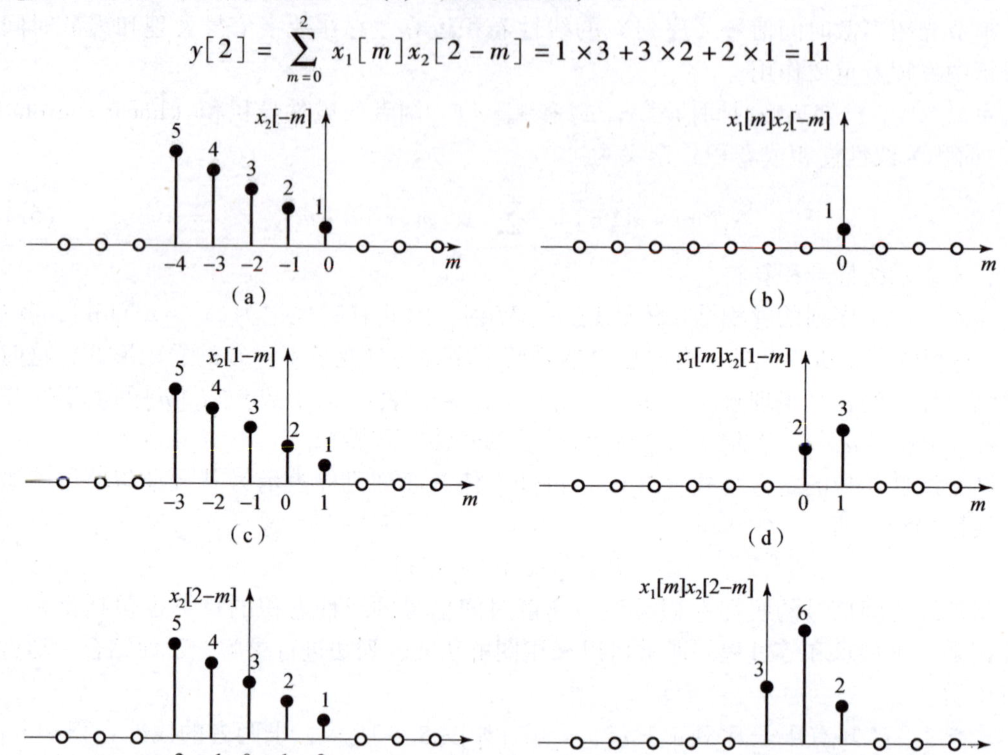

图5.6 例5.2线性卷积图解法计算

（a）$x_2[m]$ 的反褶；（b）$x_1[m]$ 与 $x_2[-m]$ 相乘；（c）$x_2[m]$ 反褶后右移1位；（d）$x_1[m]$ 与 $x_2[1-m]$ 相乘；（e）$x_2[m]$ 反褶后右移2位；（f）$x_1[m]$ 与 $x_2[2-m]$ 相乘

按照上述方式继续计算，可得

$$y[3]=\sum_{m=0}^{2}x_1[m]x_2[3-m]=1\times4+3\times3+2\times2=17$$

$$y[4]=\sum_{m=0}^{2}x_1[m]x_2[4-m]=1\times5+3\times4+2\times3=23$$

$$y[5]=\sum_{m=1}^{2}x_1[m]x_2[5-m]=3\times5+2\times4=23$$

$$y[6]=\sum_{m=2}^{2}x_1[m]x_2[6-m]=2\times5=10$$

当 $n<0$ 或 $n>6$ 时，由于 $x_1[m]$ 与 $x_2[n-m]$ 没有重叠，故 $y[n]=0$。

因此，最终的卷积结果为

$$y[n]=[\underset{\uparrow}{1},5,11,17,23,23,10]$$

式中，↑表示 $n=0$ 所对应的位置。

方法二： 阵列法

将序列 $x_1[n]$，$x_2[n]$表示成列向量的形式

$$\boldsymbol{x}_1=[1,3,2]^{\mathrm{T}},\ \boldsymbol{x}_2=[1,2,3,4,5]^{\mathrm{T}}$$

然后将 $\boldsymbol{x}_1$ 与 $\boldsymbol{x}_2^{\mathrm{T}}$ 相乘得到矩阵

$$\boldsymbol{M}=\boldsymbol{x}_1\boldsymbol{x}_2^{\mathrm{T}}=\begin{bmatrix}1\\3\\2\end{bmatrix}\begin{bmatrix}1 & 2 & 3 & 4 & 5\end{bmatrix}=\begin{bmatrix}1 & 2 & 3 & 4 & 5\\3 & 6 & 9 & 12 & 15\\2 & 4 & 6 & 8 & 10\end{bmatrix}$$

不难发现，上述矩阵中的第（i，j）元素恰好为 $x_1[i]x_2[j]$，其中，$0\leqslant i\leqslant 2$，$0\leqslant j\leqslant 4$。

注意到在线性卷积定义式中，两个元素相乘为 $x_1[k]x_2[n-k]$，也就是说，两个元素的序号之和应为 n。因此，可将矩阵 $\boldsymbol{M}$ 中的元素按照反对角线的方式求和，如图 5.7 所示，从而得到线性卷积

$$y[0]=x_1[0]x_2[0]=1$$

$$y[1]=x_1[0]x_2[1]+x_1[1]x_2[0]=2+3=5$$

$$y[2]=x_1[0]x_2[2]+x_1[1]x_2[1]+x_1[2]x_2[0]=3+6+2=11$$

$$y[3]=x_1[0]x_2[3]+x_1[1]x_2[2]+x_1[2]x_2[1]=4+9+4=17$$

$$y[4]=x_1[0]x_2[4]+x_1[1]x_2[3]+x_1[4]x_2[0]=5+12+6=23$$

$$y[5]=x_1[1]x_2[4]+x_1[2]x_2[3]=15+8=23$$

$$y[6]=x_1[2]x_2[4]=10$$

由此可见，阵列法与图解法的计算结果一致。

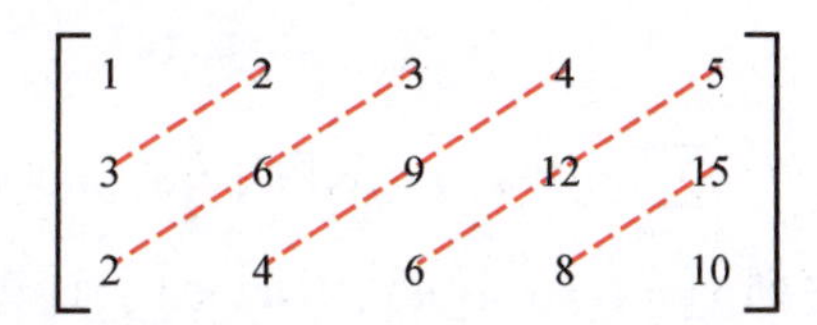

图 5.7　阵列法计算线性卷积示意图

通过上述例题可以发现，若两个序列的长度分别为 N_1，N_2，则线性卷积的长度为 $L=N_1+N_2-1$。一般来说，设 $x_1[m]$，$n_1\leqslant m\leqslant n_2$，$x_2[m]$，$n_3\leqslant m\leqslant n_4$，则 $x_2[n-m]$ 的自变量范围为 $n-n_4\leqslant n-m\leqslant n-n_3$。结合图 5.8 来看，线性卷积的第一个非零值出现在 $n-n_3=n_1$ 时，即 $n=n_1+n_3$，而最后一个非零值出现在 $n-n_4=n_2$ 时，即 $n=n_2+n_4$。因此，线性卷积的自变量范围为 $n_1+n_3\leqslant n\leqslant n_2+n_4$，长度为 $L=n_2+n_4-n_1-n_3+1=N_1+N_2-1$。特别地，若 $x_1[n]$，$x_2[n]$为因果序列，则线性卷积结果也是因果序列。

序列的线性卷积具有如下性质。这些性质可以通过定义式来证明，在此从略。

性质 5.1　①交换律：

$$x_1[n]*x_2[n]=x_2[n]*x_1[n]\tag{5.15}$$

②结合律：

$$(x_1[n]*x_2[n])*x_3[n]=x_1[n]*(x_2[n]*x_3[n])\tag{5.16}$$

③分配律：

$$x_1[n]*(x_2[n]+x_3[n])=x_1[n]*x_2[n]+x_1[n]*x_3[n]\tag{5.17}$$

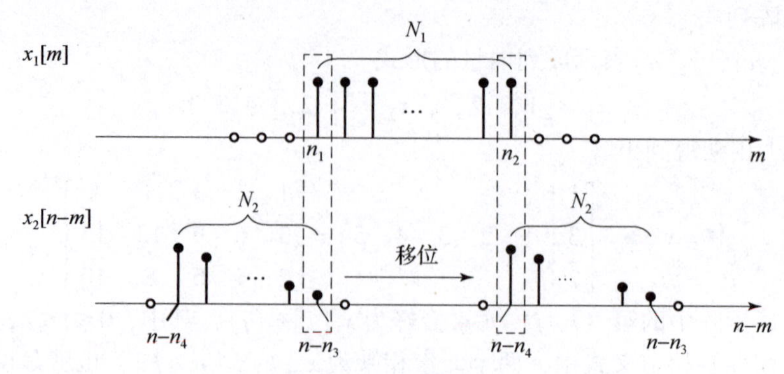

图 5.8 有限长序列线性卷积的定义域范围

④与单位冲激序列的卷积：

$$x[n]*\delta[n-n_0]=x[n-n_0] \tag{5.18}$$

⑤与单位阶跃序列的卷积：

$$x[n]*u[n]=\sum_{m=-\infty}^{n}x[m] \tag{5.19}$$

⑥移位特性：

若 $y[n]=x_1[n]*x_2[n]$，则

$$y[n-n_0]=x_1[n-n_0]*x_2[n]=x_1[n]*x_2[n-n_0] \tag{5.20}$$

⑦差分特性：

$$\nabla(x_1[n]*x_2[n])=(\nabla x_1[n])*x_2[n]=x_1[n]*(\nabla x_2[n]) \tag{5.21}$$

⑧累积和特性：

$$\sum_{m=-\infty}^{n}x_1[m]*x_2[m]=(\sum_{m=-\infty}^{n}x_1[m])*x_2[n]=x_1[n]*(\sum_{m=-\infty}^{n}x_2[m]) \tag{5.22}$$

例 5.3 已知单边指数序列 $x[n]=a^nu[n]$，$|a|<1$，计算 $y[n]=x[n]*u[n+2]$。

解： 根据线性卷积的移位性质，有

$$y[n]=x[n]*u[n+2]=x[n+2]*u[n]=\sum_{k=-\infty}^{n}x[k+2] \tag{5.23}$$

同时，由于 $x[n]$ 为单边指数序列，因此，有

$$y[n]=\sum_{k=-\infty}^{n}x[k+2]=\sum_{k=-2}^{n}a^{k+2}=\sum_{m=0}^{n+2}a^m=\frac{1-a^{n+3}}{1-a},n\geqslant -2 \tag{5.24}$$

当 $n<-2$ 时，$y[n]=0$。

本题也可以直接通过卷积的定义式来计算，有

$$y[n]=x[n]*u[n+2]=\sum_{k=-\infty}^{\infty}a^ku[k]u[n+2-k]=\sum_{k=0}^{n+2}a^k=\frac{1-a^{n+3}}{1-a},n\geqslant -2 \tag{5.25}$$

可见结果是一样的。

5.1.3 周期卷积和循环卷积

本节介绍两种特殊的卷积计算，分别是周期序列的**周期卷积**（periodic convolution）

和有限长序列的**循环卷积**（circular convolution）。这两种运算在离散傅里叶变换（见第 7 章）中具有重要作用。

已知周期为 N 的周期序列 $\tilde{x}[n]$，即

$$\tilde{x}[n]=\tilde{x}[n+mN],m\in\mathbb{Z} \tag{5.26}$$

定义 $0\leqslant n\leqslant N-1$ 上的有限长序列

$$x[n]=\tilde{x}[n]R_N[n] \tag{5.27}$$

式中

$$R_N[n]=\begin{cases}1, & 0\leqslant n\leqslant N-1\\ 0, & \text{其他}\end{cases} \tag{5.28}$$

称 $x[n]$ 为 $\tilde{x}[n]$ 的主值序列，$0\leqslant n\leqslant N-1$ 为主值区间。

反过来，周期序列可以看作主值序列的周期延拓，即

$$\tilde{x}[n]=\sum_{r=-\infty}^{\infty}x[n-rN] \tag{5.29}$$

或表示成更简洁的形式[①]

$$\tilde{x}[n]=x[\langle n\rangle_N] \tag{5.30}$$

式中，$\langle n\rangle_N$ 表示取模运算，即 $\langle n\rangle_N=n \bmod N$。

由于周期序列具有周期性且无限长，按照线性卷积的定义，累加和将会无穷大。但是在一个周期内的累加和通常是有限的。下面引出周期卷积的定义。

定义 5.2　已知周期序列 $\tilde{x}_1[n]$ 和 $\tilde{x}_2[n]$ 的周期均为 N，二者的周期卷积定义为

$$\tilde{x}_1[n]\circledast\tilde{x}_2[n]=\sum_{m=0}^{N-1}\tilde{x}_1[m]\tilde{x}_2[n-m] \tag{5.31}$$

式中，$\circledast$ 表示周期卷积算符。

根据上述定义，周期卷积也包含反褶、移位、相乘和累加求和等运算。但与线性卷积不同的是，周期卷积中的求和式范围是 $0\leqslant m\leqslant N-1$。同时，由于 $\tilde{x}_2[n-m]$ 具有周期性，因此可等价转化为其在主值区间上的取值，即对于任意 n，$m\in\mathbb{Z}$，有

$$\tilde{x}_2[n-m]=x_2[\langle n-m\rangle_N] \tag{5.32}$$

这意味着周期卷积所涉及的所有运算可以在主值区间上完成。此外，不难验证，周期卷积的结果仍然是一个周期序列。

例 5.4　已知周期序列 $\tilde{x}_1[n]$ 和 $\tilde{x}_2[n]$ 如图 5.9 所示，求两者的周期卷积。

解： 将 $\tilde{x}_1[n]$ 与 $\tilde{x}_2[n]$ 的周期卷积结果记为

$$y[n]=\tilde{x}_1[n]\circledast\tilde{x}_2[n]=\sum_{m=0}^{N-1}\tilde{x}_1[m]\tilde{x}_2[n-m]$$

---

① 式（5.30）可理解为对周期序列 $\tilde{x}[n]$ 赋值，即对于任意 $n\in\mathbb{Z}$，$\tilde{x}[n]$ 的取值等于 $x[\langle n\rangle_N]$，注意，这里 $x[\cdot]$ 依然表示 $0\leqslant n\leqslant N-1$ 上的有限长序列。

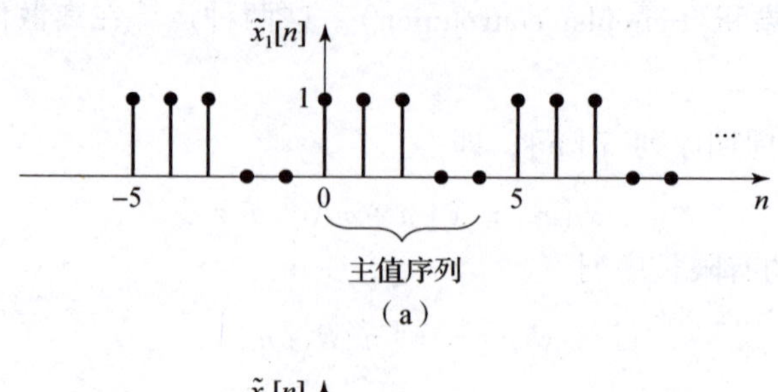

（a）

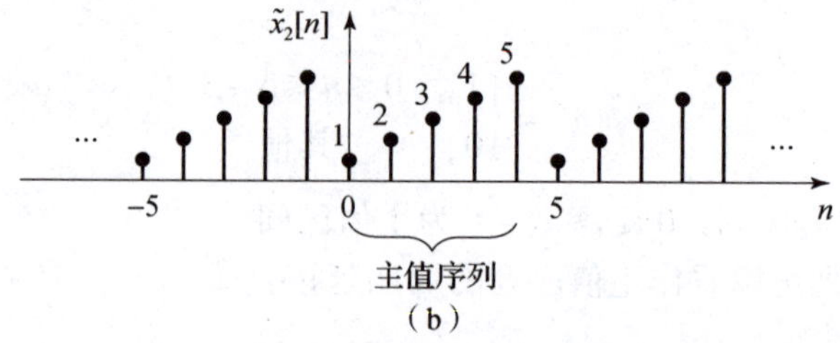

（b）

图 5.9　例 5.4 的周期序列

（a）周期序列 1；（b）周期序列 2

下面结合图形来计算周期卷积。首先易知两个周期序列所对应的主值序列为

$$x_1[n] = \tilde{x}_1[n]R_5[n] = [1,1,1,0,0]$$

$$x_2[n] = \tilde{x}_2[n]R_5[n] = [1,2,3,4,5]$$

对 $\tilde{x}_2[n]$ 作反褶，如图 5.10（a）所示，反褶后的主值序列①为

$$x_2[\langle -n\rangle_5] = \tilde{x}_2[-n]R_5[n] = [1,5,4,3,2]$$

因此，有

$$y[0] = \sum_{m=0}^{4} \tilde{x}_1[m]\tilde{x}_2[-m] = 1\times1+1\times5+1\times4+0\times3+0\times2=10$$

接下来 $\tilde{x}_2[-n]$ 右移 1 位，得到 $\tilde{x}_2[1-n]$，如图 5.10（b）所示。相应地，主值序列为

$$\tilde{x}_2[\langle 1-n\rangle_5] = \tilde{x}_2[1-n]R_5[n] = [2,1,5,4,3]$$

因此

$$y[1] = \sum_{m=0}^{4} \tilde{x}_1[m]\tilde{x}_2[1-m] = 1\times2+1\times1+1\times5+0\times4+0\times3=8$$

类似地，可以依次计算

$$y[2] = \sum_{m=0}^{4} \tilde{x}_1[m]\tilde{x}_2[2-m] = 1\times3+1\times2+1\times1+0\times5+0\times4=6$$

$$y[3] = \sum_{m=0}^{4} \tilde{x}_1[m]\tilde{x}_2[3-m] = 1\times4+1\times3+1\times2+0\times1+0\times5=9$$

① 这里采用符号 $x[\langle -n\rangle_N]$ 表示周期序列反褶后的主值序列。稍后会看到，该符号即表示有限长序列的循环反褶。

$$y[4]=\sum_{m=0}^{4}\tilde{x}_1[m]\,\tilde{x}_2[4-m]=1\times5+1\times4+1\times3+0\times2+0\times1=12$$

由于 $\tilde{x}_2[n-m]=\tilde{x}_2[\langle n-m\rangle_5]$，因此，$0\leqslant n\leqslant4$ 之外的卷积结果可以根据周期性推得。最终的周期卷积结果如图 5.10（c）所示。

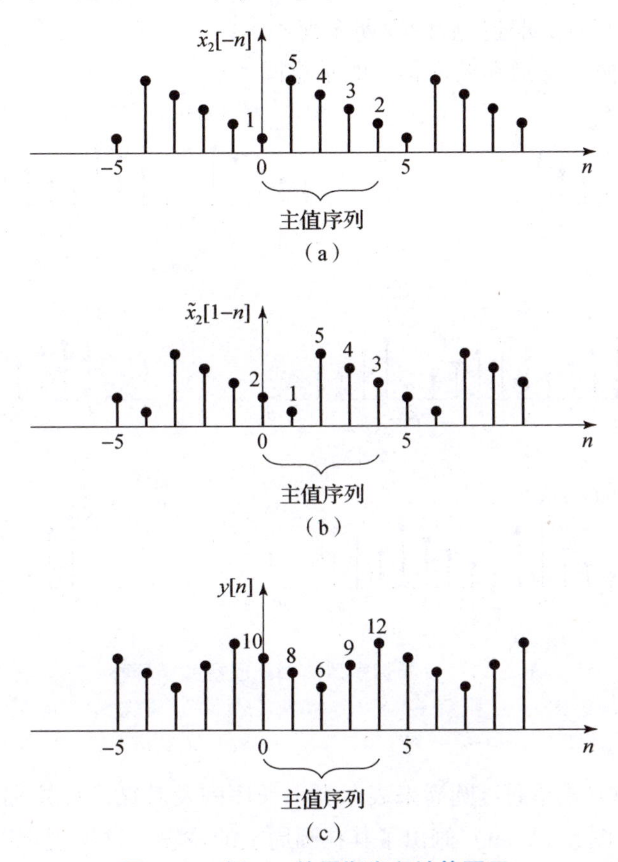

图 5.10　例 5.4 的周期卷积计算图示

(a) $\tilde{x}_2[-n]$反褶；(b) $\tilde{x}_2[-n]$反褶后右移 1 位；(c) 周期卷积结果

实际中的序列通常是有限长的。为了便于分析和处理，可以通过周期卷积的方式定义有限长序列的循环卷积。具体来讲，设 $x_1[n]$，$x_2[n]$为 $0\leqslant n\leqslant N-1$ 上的有限长序列，首先对两个序列进行周期延拓，得到周期序列 $\tilde{x}_1[n]$，$\tilde{x}_2[n]$；然后计算 $\tilde{x}_1[n]$和 $\tilde{x}_2[n]$的周期卷积；最后取周期卷积的主值序列，即

$$(\tilde{x}_1[n]\circledast\tilde{x}_2[n])R_N[n] \tag{5.33}$$

上述结果即为 $x_1[n]$和 $x_2[n]$的循环卷积，它依然是 $0\leqslant n\leqslant N-1$ 上的有限长序列。

事实上，在上文中曾提到，周期卷积所涉及的运算可以在主值区间上完成。对于 $0\leqslant n\leqslant N-1$ 上的有限长序列，为了保证其经过反褶和移位后依然在 $0\leqslant n\leqslant N-1$ 范围内，可以通过周期化的方式定义**循环反褶**（circular reflection）和**循环移位**（circular shift）。

定义 5.3　已知 $x[n]$为 $0\leqslant n\leqslant N-1$ 上的有限长序列，$x[n]$的循环反褶和循环移位分别定义为

$$x[\langle -n\rangle_N]=\tilde{x}[-n]R_N[n]=\begin{cases}x[0], & n=0\\ x[N-n], & 1\leqslant n\leqslant N-1\end{cases} \tag{5.34}$$

$$x[\langle n-m\rangle_N]=\tilde{x}[n-m]R_N[n]=\begin{cases}x[N-m+n], & 0\leqslant n\leqslant m\\ x[n-m], & m\leqslant n\leqslant N-1\end{cases} \tag{5.35}$$

式中，$\tilde{x}[n]$为$x[n]$经周期延拓后的周期序列。

图 5.11 给出了循环反褶和循环移位的示意图。

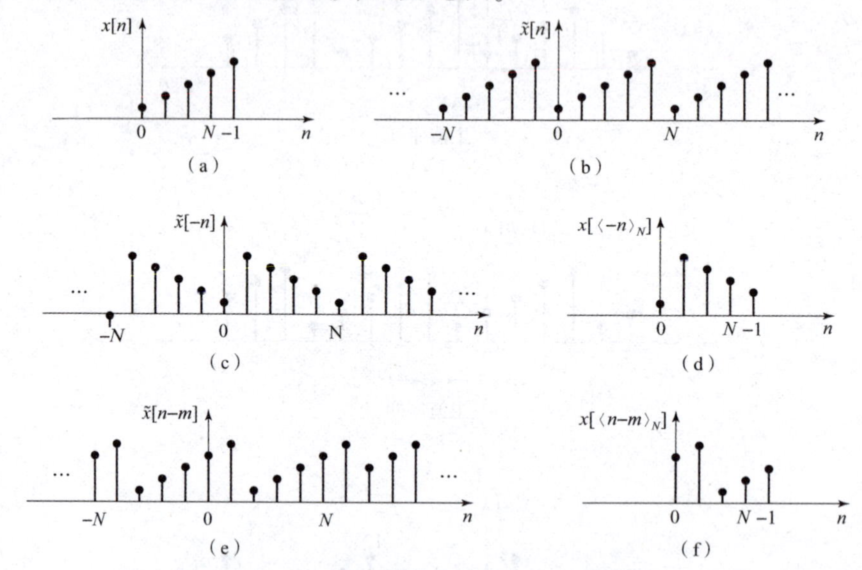

图 5.11 有限长序列的循环反褶和循环移位

（a）有限长序列（$N=5$）；（b）周期延拓；（c）周期序列的反褶；
（d）有限长序列的循环反褶；（e）周期序列的移位（$m=2$）；（f）有限长序列的循环移位（$m=2$）

另一种更直接的方式是通过圆周来表示有限长序列及其循环反褶和循环移位。以 $N=5$ 的有限长序列为例，图 5.12（a）画出了其在圆周上的位置，这里规定以逆时针方向为正方向，且零度角对应于起始时刻。循环反褶就是将序列各点按反方向（即顺时针方向）重新排列，如图 5.12（b）所示。此时，从正方向来看，序列各点依次为$x[0]$，$x[4]$，$x[3]$，$x[2]$，$x[1]$。循环移位是将序列各点按正方向移动 m 位。以 $m=2$ 为例，如图 5.12（c）所示，移位后的序列各点依次为$x[3]$，$x[4]$，$x[0]$，$x[1]$，$x[2]$。由此可见，循环反褶和循环移位可按照圆周方式实现，故也称作圆周反褶和圆周移位[①]。

基于循环反褶和循环移位的概念，下面给出循环卷积的定义。

定义 5.4 已知$x_1[n]$和$x_2[n]$均为$0\leqslant n\leqslant N-1$上的有限长序列，二者的 N 点循环卷积定义为

$$x_1[n]Ⓝx_2[n]=\sum_{m=0}^{N-1}\tilde{x}_1[m]\tilde{x}_2[\langle n-m\rangle_N] \tag{5.36}$$

式中，Ⓝ表示 N 点循环卷积算符。

① 实际上，英文 circular 本义即为“圆周”。

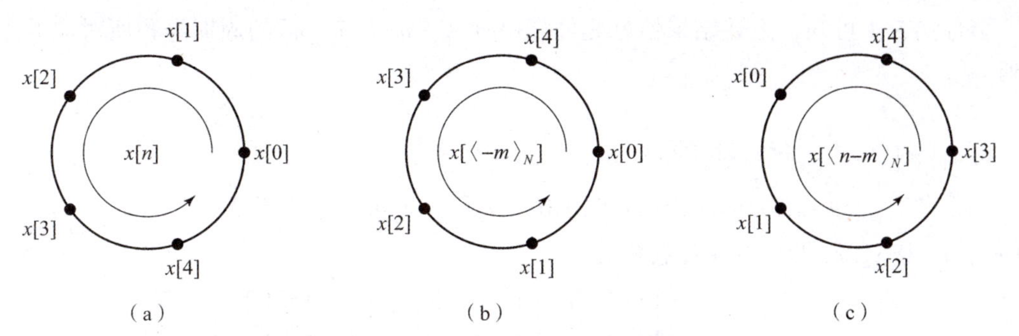

图 5.12　循环反褶和循环移位的圆周表示

(a) 有限长序列 ($N=5$)；(b) 循环反褶；(c) 循环移位 ($m=2$)

循环卷积也可以用矩阵形式表达。记 $y[n]=x_1[n]ⓝ x_2[n]$，将式（5.36）写成矩阵的形式

$$\begin{bmatrix} y[0] \\ y[1] \\ y[2] \\ \vdots \\ y[N-1] \end{bmatrix} = \begin{bmatrix} x_2[0] & x_2[N-1] & x_2[N-2] & \cdots & x_2[1] \\ x_2[1] & x_2[0] & x_2[N-1] & \cdots & x_2[2] \\ x_2[2] & x_2[1] & x_2[0] & \cdots & x_2[3] \\ \vdots & \vdots & \vdots & \ddots & \vdots \\ x_2[N-1] & x_2[N-2] & x_2[N-3] & \cdots & x_2[0] \end{bmatrix} \begin{bmatrix} x_1[0] \\ x_1[1] \\ x_1[2] \\ \vdots \\ x_1[N-1] \end{bmatrix} \tag{5.37}$$

式中，矩阵的第一行是 $x_2[n]$ 的循环反褶，而其余各行均是由上一行的循环右移 1 位而构成[①]。注意到矩阵的斜对角元素相等，这种矩阵称为**托普利茨阵**（Teoplitz matrix）。

需要说明的是，以上介绍均假设有限长序列的长度为 N。在实际应用中，如果序列长度分别为 N_1，N_2，若要 N 点循环计算，至少应保证 $N \geqslant \max\{N_1, N_2\}$。这时，可通过在序列尾端补零，使其长度同为 N。此外，N 点循环卷积与 N 的取值有密切关系。N 既决定了循环卷积的长度，也会影响到循环卷积的数值结果。下面通过一道例题进行说明。

例 5.5　已知有限长序列 $x_1[n]=[1,1,1]$，$x_2[n]=[1,2,3,4,5]$，两个序列的起始位置均为 $n=0$。计算二者的 N 点循环卷积，其中，N 分别取 5，6，7。

解： 注意到 $x_1[n]$ 的长度为 3，$x_2[n]$ 的长度为 5，为计算两者的 N 点循环卷积，首先需要将两者尾端补零至 N 点长度。

(1) $N=5$

将 $x_1[n]$ 尾端补零得到 5 点长的序列 $x_1[n]=[1,1,1,0,0]$，然后采用矩阵形式计算 5 点循环卷积

$$x_1[n]⑤x_2[n] = \begin{bmatrix} y[0] \\ y[1] \\ y[2] \\ y[3] \\ y[4] \end{bmatrix} = \begin{bmatrix} 1 & 5 & 4 & 3 & 2 \\ 2 & 1 & 5 & 4 & 3 \\ 3 & 2 & 1 & 5 & 4 \\ 4 & 3 & 2 & 1 & 5 \\ 5 & 4 & 3 & 2 & 1 \end{bmatrix} \begin{bmatrix} 1 \\ 1 \\ 1 \\ 0 \\ 0 \end{bmatrix} = \begin{bmatrix} 10 \\ 8 \\ 6 \\ 9 \\ 12 \end{bmatrix}$$

---

① 也可以理解为矩阵的第一列为 $x_2[n]$，而其余各列由 $x_2[n]$ 的循环移位构成。

结合例5.4可知，上述结果恰好是周期序列 $\tilde{x}_1[n]$，$\tilde{x}_2[n]$的周期卷积所对应的主值序列。

(2) $N=6$

将$x_1[n]$，$x_2[n]$尾端补零得到6点长的序列

$$x_1[n]=[1,1,1,0,0,0],\ x_2[n]=[1,2,3,4,5,0]$$

因而$x_1[n]$和$x_2[n]$的6点循环卷积为

$$x_1[n]⑥x_2[n]=\begin{bmatrix}y[0]\\y[1]\\y[2]\\y[3]\\y[4]\\y[5]\end{bmatrix}=\begin{bmatrix}1&0&5&4&3&2\\2&1&0&5&4&3\\3&2&1&0&5&4\\4&3&2&1&0&5\\5&4&3&2&1&0\\0&5&4&3&2&1\end{bmatrix}\begin{bmatrix}1\\1\\1\\0\\0\\0\end{bmatrix}=\begin{bmatrix}6\\3\\6\\9\\12\\9\end{bmatrix}$$

(3) $N=7$

按照类似的方式，将$x_1[n]$，$x_2[n]$尾端补零得到7点长的序列

$$x_1[n]=[1,1,1,0,0,0,0],\ x_2[n]=[1,2,3,4,5,0,0]$$

因而$x_1[n]$和$x_2[n]$的7点循环卷积为

$$x_1[n]⑦x_2[n]=\begin{bmatrix}y[0]\\y[1]\\y[2]\\y[3]\\y[4]\\y[5]\\y[6]\end{bmatrix}=\begin{bmatrix}1&0&0&5&4&3&2\\2&1&0&0&5&4&3\\3&2&1&0&0&5&4\\4&3&2&1&0&0&5\\5&4&3&2&1&0&0\\0&5&4&3&2&1&0\\0&0&5&4&3&2&1\end{bmatrix}\begin{bmatrix}1\\1\\1\\0\\0\\0\\0\end{bmatrix}=\begin{bmatrix}1\\3\\6\\9\\12\\9\\5\end{bmatrix}$$

根据上述例题可知，不同点数的循环卷积，除了长度不同，取值也有差别。值得一提的是，7点循环卷积的结果和线性卷积完全相同。事实上，可以证明，如果序列$x_1[n]$，$x_2[n]$的长度分别为N_1，N_2，则两者的$N=N_1+N_2-1$点循环卷积恰好等于线性卷积。下面进行简要分析。

已知$x_1[n]$，$0\leqslant n\leqslant N_1-1$和$x_2[n]$，$0\leqslant n\leqslant N_2-1$为两个有限长序列，两者的线性卷积为$0\leqslant n\leqslant L-1$上的有限长序列

$$y[n]=x_1[n]*x_2[n]=\sum_{m=-\infty}^{\infty}x_1[m]x_2[n-m]=\sum_{m=0}^{N_1-1}x_1[m]x_2[n-m] \tag{5.38}$$

式中，$L=N_1+N_2-1$。

另外，令$N\geqslant\max\{N_1,N_2\}$，将$x_1[n]$，$x_2[n]$以周期$N$进行周期延拓，得到周期序列$\tilde{x}_1[n]$，$\tilde{x}_2[n]$，两者的周期卷积为

$$\tilde{y}[n]=\tilde{x}_1[n]⊛\tilde{x}_2[n]=\sum_{m=0}^{N-1}\tilde{x}_1[m]\tilde{x}_2[n-m] \tag{5.39}$$

将 $\tilde{x}_2[n-m]$展开成累加求和式，式（5.39）可继续写作

$$\begin{aligned}\tilde{y}[n] &= \sum_{m=0}^{N-1} x_1[m] \sum_{r=-\infty}^{\infty} x_2[n-m-rN] \\ &= \sum_{r=-\infty}^{\infty} \sum_{m=0}^{N-1} x_1[m] x_2[n-m-rN]\end{aligned} \tag{5.40}$$

注意到式（5.40）中关于 m 的求和式即为 $x_1[n]$与 $x_2[n-rN]$的线性卷积，因此该式可化简为

$$\tilde{y}[n] = \sum_{r=-\infty}^{\infty} y[n-rN] \tag{5.41}$$

由此可见，$\tilde{x}_1[n]$与 $\tilde{x}_2[n]$的周期卷积恰好为 $x_1[n]$与 $x_2[n]$的线性卷积的周期延拓，其中延拓周期为 N。

进一步，可得 $x_1[n]$与 $x_2[n]$的 N 点循环卷积为

$$z[n] = x_1[n] \textcircled{N} x_2[n] = (\tilde{x}_1[n] \circledast \tilde{x}_2[n]) R_N[n] = \tilde{y}[n] R_N[n] \tag{5.42}$$

式（5.42）说明，$x_1[n]$与 $x_2[n]$的 N 点循环卷积，就是两者的线性卷积经周期延拓后所对应的主值序列。基于此关系，可以得到如下结论：

①当 $N \geqslant L$ 时，$y[n]$经周期延拓后相邻周期的样本点没有混叠[①]。因此，有

$$z[n] = \begin{cases} y[n], & 0 \leqslant n \leqslant L-1 \\ 0, & L \leqslant n \leqslant N-1 \end{cases} \tag{5.43}$$

特别地，当 $N=L$ 时，$z[n]=y[n]$。

②当 $N<L$ 时，$y[n]$在周期延拓后发生混叠。此时，有

$$z[n] = \begin{cases} y[n]+y[n+N], & 0 \leqslant n \leqslant L-N-1 \\ y[n], & L-N \leqslant n \leqslant N-1 \end{cases} \tag{5.44}$$

即循环卷积的前 $L-N$ 个点有混叠，其余点与线性卷积结果相同。

不妨结合例 5.5 进行验证，两个序列的线性卷积结果如图 5.13（c）所示。当 $N \geqslant L$ 时，周期延拓之后不会有混叠，如图 5.13（d）所示。此时 $\tilde{y}[n]$的主值序列即为 N 点循环卷积结果。

而当 $N<L$ 时，在周期延拓之后发生混叠。以 $N=5$ 为例，此时在主值区间上，前两个点为混叠点，其余与线性卷积结果相同

$$\begin{aligned} z[0] &= y[0]+y[5] = 1+9 = 10 \\ z[1] &= y[1]+y[6] = 3+5 = 8 \\ z[2] &= y[2] = 6 \\ z[3] &= y[3] = 9 \\ z[4] &= y[4] = 12 \end{aligned}$$

① 类比于频域混叠的概念，也称为时域混叠。

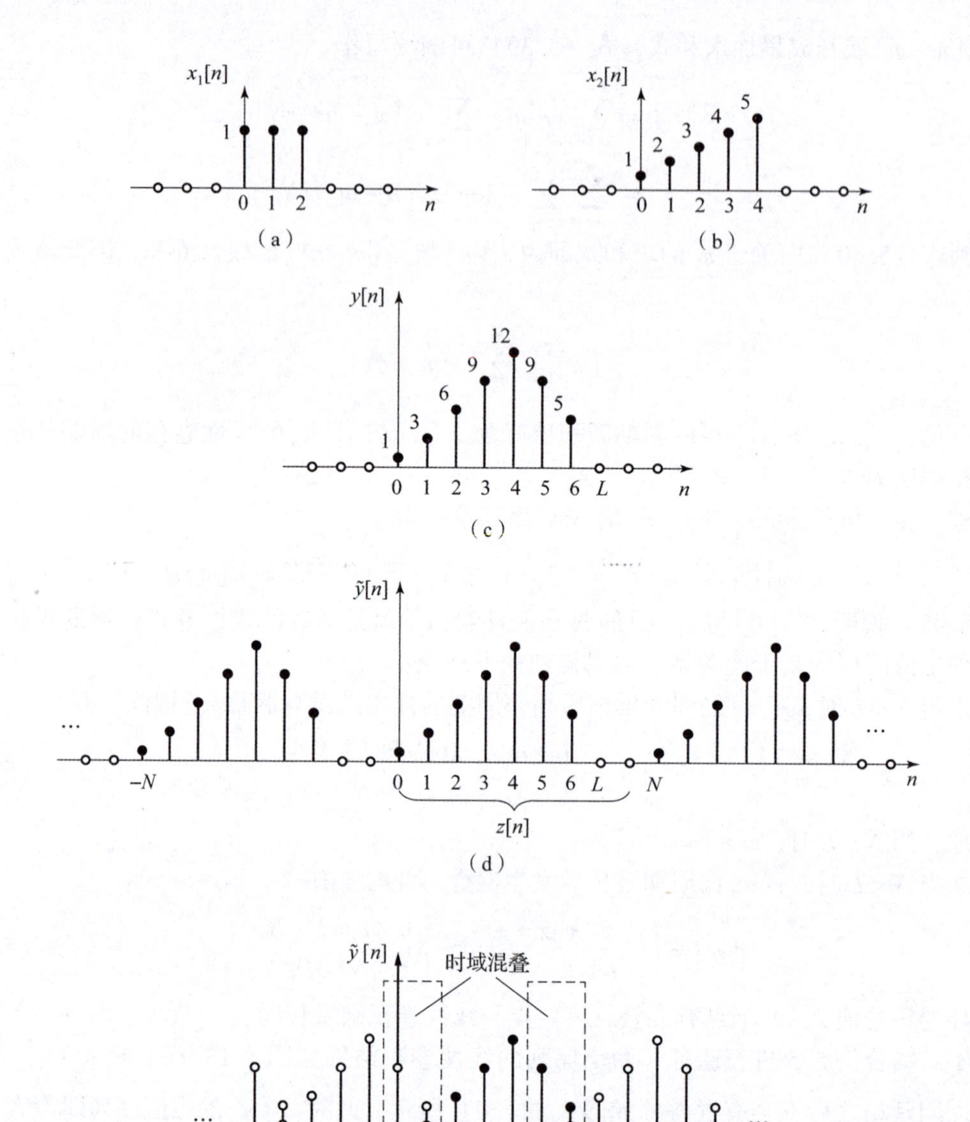

图 5.13　线性卷积与循环卷积的关系

（a）有限长序列 $x_1[n]$（$N_1=3$）；（b）有限长序列 $x_2[n]$（$N_2=5$）；（c）线性卷积结果（$L=7$）；（d）线性卷积周期延拓（$N \geq L$）；（e）线性卷积周期延拓（$N<L$）

以上分析了线性卷积、周期卷积以及循环卷积的关系。三种卷积运算既有区别，又有联系。基于三者之间的关系，实际中可以通过选取恰当的点数，利用循环卷积来计算线性卷积。特别是在第 7 章将会看到，快速傅里叶变换算法可用于提高线性卷积的计算效率。

5.1.4　信号的相关

相关（correlation）是信号处理中的重要运算之一，在雷达、通信、语音、图像等领域有着广泛应用。直观来讲，相关能够刻画两个信号（或序列）之间的相似性，因而可用于实现信号检测、时延估计等。例如，在雷达领域，设发射信号为 $x(t)$，接收信号为 $y(t)$。若接收信号含有目标回波，则 $y(t)$ 可视为 $x(t)$ 的时延，同时会伴有一定的噪声，因此可以表示为

$$y(t)=ax(t-D)+w(t) \tag{5.45}$$

式中，D 为时延因子；a 为幅度衰减因子；$w(t)$ 为噪声。

为了比较 $x(t)$ 与 $y(t)$ 的相似性，可以按以下方式计算

$$r_{xy}(\tau)=\int_{-\infty}^{\infty}x(t)y^{*}(t-\tau)\mathrm{d}t \tag{5.46}$$

式中，τ 表示 $x(t)$ 与 $y(t)$ 的时间差，也称为时滞（time lag）。$r_{xy}(\tau)$ 称为 $x(t)$ 与 $y(t)$ 的**互相关函数**（cross - correlation function），它是关于 τ 的一元函数。若 $r_{xy}(\tau)=0$，则称 $x(t)$ 与 $y(t)$ 不相关。

类似地，可以定义信号 $x(t)$ 的**自相关函数**（auto - correlation function）

$$r_{x}(\tau)=\int_{-\infty}^{\infty}x(t)x^{*}(t-\tau)\mathrm{d}t \tag{5.47}$$

可以证明（见习题 5.7），若 $x(t)$ 为实信号，则自相关函数是关于 τ 的偶函数，且在 $\tau=0$ 处取得极大值。这意味着对于任意信号，在同一时刻的相关性是最大的。这是符合物理意义的。

现将式（5.45）代入式（5.46），并假设信号 $x(t)$ 与噪声 $w(t)$ 不相关（即 $r_{xw}(\tau)=0$），可得

$$\begin{aligned} r_{xy}(\tau) &= \int_{-\infty}^{\infty}x(t)[ax(t-\tau-D)+w(t-\tau)]^{*}\mathrm{d}t \\ &= a\int_{-\infty}^{\infty}x(t)x^{*}(t-\tau-D)\mathrm{d}t = ar_{x}(\tau+D) \end{aligned} \tag{5.48}$$

由此可见，发射信号与回波信号之间的互相关可以转化为发射信号的自相关。利用自相关函数的极值性，当 $\tau=-D$ 时，$r_{xy}(\tau)$ 取得极大值。因此，若测得互相关函数的极大值点，就可以估计出时延 D。这就是时延估计的基本原理。

类比于连续时间信号的相关函数，可以定义离散时间信号的相关序列。

定义 5.5　已知离散时间信号（序列）$x[n]$ 和 $y[n]$，则 $x[n]$ 与 $y[n]$ 的互相关序列（cross - correlation sequence，互相关）定义为

$$r_{xy}[m]=\sum_{n=-\infty}^{\infty}x[n]y^{*}[n-m] \tag{5.49}$$

互相关是以时间差 m 为自变量的序列，它反映了两个序列在不同时间差的关联度或相似度。特别地，若 $x[n]=y[n]$，则互相关序列转化为 $x[n]$ 的自相关序列（auto - correlation sequence，自相关）

$$r_{x}[m]=\sum_{n=-\infty}^{\infty}x[n]x^{*}[n-m] \tag{5.50}$$

若 $x[n]$ 与 $y[n]$ 均为实序列，则式（5.49）中的共轭运算可省略，即

$$r_{xy}[m]=\sum_{n=-\infty}^{\infty}x[n]y[n-m] \tag{5.51}$$

另外，$y[n]$ 与 $x[n]$ 的互相关为

$$r_{yx}[m]=\sum_{n=-\infty}^{\infty}y[n]x[n-m]=\sum_{n=-\infty}^{\infty}x[n-m]y[n]=r_{xy}[-m] \tag{5.52}$$

可见，$r_{xy}[m]$ 和 $r_{yx}[m]$ 关于 $m=0$ 呈镜像对称，因此通常只需计算其中一个即可。类似可得，$r_x[m]=r_x[-m]$，即自相关是偶序列。

注意到式（5.49）与线性卷积的形式十分相似。事实上，记 $\overline{y}[n]=y^*[-n]$，则式（5.49）可以表示为

$$r_{xy}[m]=\sum_{n=-\infty}^{\infty}x[n]\overline{y}[m-n]=(x*\overline{y})[m] \tag{5.53}$$

上式说明，$x[n]$ 与 $y[n]$ 的互相关等价于 $x[n]$ 与 $\overline{y}[n]$ 的线性卷积。特别地，若 $y[n]$ 为实序列，则 $\overline{y}[n]$ 即为 $y[n]$ 的反褶。基于上述关系，可以采用卷积来计算相关。关于相关的快速计算方法将在第 7 章介绍。

例 5.6 已知有限长序列 $x[n]=[\underset{\uparrow}{1},2,1]$，$y[n]=[\underset{\uparrow}{1},2,3,4,5]$，其中，↑表示 $n=0$ 所对应的位置。求两个序列的互相关以及各自的自相关。

解： 类似于线性卷积，可以采用图形法来计算相关。但由于相关不涉及序列的反褶，因此也可直接通过数列形式进行计算。

结合定义式（5.49），当 $m=0$ 时，两个序列在起始位置 $n=0$ 对齐，因此

$$r_{xy}[0]=\sum_{n=0}^{2}x[n]y[n]=1\times1+2\times2+1\times3=8$$

当 $m=1$ 时，$y[n]$ 右移 1 位，有

$$x[n]=[\underset{\uparrow}{1},2,1]$$

$$y[n-1]=[\underset{\uparrow}{0},1,2,3,4,5]$$

因此

$$r_{xy}[1]=\sum_{n=0}^{2}x[n]y[n-1]=1\times0+2\times1+1\times2=4$$

当 $m=2$ 时，$y[n]$ 右移 2 位，有

$$x[n]=[\underset{\uparrow}{1},2,1]$$

$$y[n-2]=[\underset{\uparrow}{0},0,1,2,3,4,5]$$

因此

$$r_{xy}[2]=\sum_{n=0}^{2}x[n]y[n-2]=1\times0+2\times0+1\times1=1$$

当 $m\geqslant 3$ 时，由于 $y[n]$ 移位后与 $x[n]$ 没有重叠，因此 $r_{xy}[m]=0$。

类似地，可以按上述方式计算 $m<0$ 的情况。最终结果为

$$r_{xy}[m]=[5,14,16,12,\underset{\uparrow}{8},4,1]$$

根据对称性，可得 $y[n]$ 和 $x[n]$ 的互相关为

$$r_{yx}[m]=[1,4,\underset{\uparrow}{8},12,16,14,5]$$

按照同样方式，可得 $x[n]$，$y[n]$ 的自相关分别为

$$r_{x}[m]=[1,4,\underset{\uparrow}{6},4,1]$$

$$r_{y}[m]=[5,14,26,40,\underset{\uparrow}{55},40,26,14,5]$$

注意到自相关序列是关于 $m=0$ 对称的，并且在 $m=0$ 处取得最大值，这说明任何序列和其自身的相似程度是最大的。

结合例 5.6，对于一般的有限长序列，不妨设 $x[n]$，$0\leqslant n\leqslant N_1-1$，$y[n]$，$0\leqslant n\leqslant N_2-1$。为了保证 $y[n]$ 移位后（即 $y[n-m]$）与 $x[n]$ 有重叠点，$y[n]$ 至多左移 N_2-1 个点或右移 N_1-1 个点。因此，$r_{xy}[m]$ 的自变量范围为 $-(N_2-1)\leqslant m\leqslant N_1-1$，序列长度为 $N=N_1+N_2-1$。

5.2　离散时间信号的频域分析

本节介绍离散时间信号的频域分析。与连续时间信号类似，离散时间信号也可以定义傅里叶变换，即**离散时间傅里叶变换**（discrete - time Fourier transform，DTFT）。该变换可以通过数学定义直接给出，也可通过采样的角度引入。本书采取后者，这种方式能够更清晰地反映两种信号傅里叶变换的关联。

5.2.1　离散时间傅里叶变换的定义

已知连续时间信号 $x(t)$，对其进行采样，并设采样间隔为 T，得到采样信号为

$$x_s(t)=x(t)\big|_{t=nT}=\sum_{n=-\infty}^{\infty}x(nT)\delta(t-nT) \tag{5.54}$$

对 $x_s(t)$ 作傅里叶变换，有

$$X_s(\mathrm{j}\omega)=\int_{-\infty}^{\infty}x_s(t)\mathrm{e}^{-\mathrm{j}\omega t}\mathrm{d}t=\int_{-\infty}^{\infty}\sum_{n=-\infty}^{\infty}x(nT)\delta(t-nT)\mathrm{e}^{-\mathrm{j}\omega t}\mathrm{d}t \tag{5.55}$$

式中，ω 表示模拟角频率，以区别于稍后定义的数字角频率。

将式（5.55）中的积分与求和运算交换顺序，并利用冲激函数的筛选性质，可得

$$X_s(\mathrm{j}\omega)=\sum_{n=-\infty}^{\infty}\int_{-\infty}^{\infty}x(nT)\delta(t-nT)\mathrm{e}^{-\mathrm{j}\omega t}\mathrm{d}t=\sum_{n=-\infty}^{\infty}x(nT)\mathrm{e}^{-\mathrm{j}n\omega T} \tag{5.56}$$

由此可见，采样信号 $x_s(t)$ 的傅里叶变换具有级数的形式。

注意到 $\mathrm{e}^{\mathrm{j}n\omega T}=\mathrm{e}^{\mathrm{j}n(\omega+2\pi/T)T}$，因此，$X_s(\mathrm{j}\omega)$ 是以 $\omega_s=2\pi/T$ 为周期的周期频谱。事实上，

该结论也可通过采样定理得到。根据第 4 章的分析，采样信号的频谱是由连续时间信号的频谱经周期延拓得到的，即

$$X_s(\mathrm{j}\omega)=\frac{1}{T}\sum_{k=-\infty}^{\infty}X(\mathrm{j}(\omega-k\omega_s)) \tag{5.57}$$

式中，$\omega_s=2\pi/T$。因此，式（5.56）与式（5.57）具有等价的关系。

由于离散时间信号可视为连续时间信号采样的结果，因此式（5.56）即为离散时间信号 $x(nT)$ 的傅里叶变换，记作

$$X(\mathrm{e}^{\mathrm{j}\omega T})=\sum_{n=-\infty}^{\infty}x(nT)\mathrm{e}^{-\mathrm{j}n\omega T} \tag{5.58}$$

此外，若忽略采样间隔 T，将离散时间信号表示为序列的形式，即 $x[n]$，则可将式（5.58）改写为

$$X(\mathrm{e}^{\mathrm{j}\Omega})=\sum_{n=-\infty}^{\infty}x[n]\mathrm{e}^{-\mathrm{j}\Omega n} \tag{5.59}$$

式中，$\Omega=\omega T=2\pi f/f_s$，$f$ 为模拟频率，f_s 为采样率。称 Ω 为归一化角频率或数字角频率，单位为弧度（rad）。因此，$X(\mathrm{e}^{\mathrm{j}\Omega})$ 与 $X(\mathrm{e}^{\mathrm{j}\omega T})$ 之间具有尺度变换的关系，即

$$X(\mathrm{e}^{\mathrm{j}\Omega})\big|_{\Omega=\omega T}=X(\mathrm{e}^{\mathrm{j}\omega T}) \tag{5.60}$$

两种表示本质上是等价的。由于 $X(\mathrm{e}^{\mathrm{j}\omega T})$ 是以 $2\pi/T$ 为周期的，故 $X(\mathrm{e}^{\mathrm{j}\Omega})$ 是以 2π 为周期的。

下面讨论如何通过 $X(\mathrm{e}^{\mathrm{j}\Omega})$ 恢复出 $x[n]$。注意到 $X(\mathrm{e}^{\mathrm{j}\Omega})$ 是以 2π 为周期的，类比于周期信号的傅里叶级数，不妨将式（5.59）视为“频域信号 $X(\mathrm{e}^{\mathrm{j}\Omega})$”的“傅里叶级数”，其中，$x[n]$ 为“傅里叶系数”。仿照傅里叶系数的计算式，可得

$$x[n]=\frac{1}{2\pi}\int_{-\pi}^{\pi}X(\mathrm{e}^{\mathrm{j}\Omega})\mathrm{e}^{\mathrm{j}\Omega n}\mathrm{d}\Omega \tag{5.61}$$

式（5.61）即为离散时间傅里叶逆变换的表达式。

综合上述分析，下面给出离散时间傅里叶变换的正式定义。

定义 5.6 已知离散时间信号（序列）$x[n]$，离散时间傅里叶变换（DTFT）的正变换和逆变换分别定义为

$$X(\mathrm{e}^{\mathrm{j}\Omega})=\mathrm{DTFT}[x[n]]=\sum_{n=-\infty}^{\infty}x[n]\mathrm{e}^{-\mathrm{j}\Omega n} \tag{5.62}$$

$$x[n]=\mathrm{DTFT}^{-1}[X(\mathrm{e}^{\mathrm{j}\Omega})]=\frac{1}{2\pi}\int_{-\pi}^{\pi}X(\mathrm{e}^{\mathrm{j}\Omega})\mathrm{e}^{\mathrm{j}\Omega n}\mathrm{d}\Omega \tag{5.63}$$

式中，DTFT 和 DTFT^{-1} 分别表示正变换算子和逆变换算子。

从式（5.63）可以看出，离散时间信号 $x[n]$ 可以表示为一组离散时间复指数信号 $\mathrm{e}^{\mathrm{j}\Omega n}$ 的加权积分，其中，$X(\mathrm{e}^{\mathrm{j}\Omega})$（或归一化 $X(\mathrm{e}^{\mathrm{j}\Omega})/(2\pi)$）描述了各频率分量所占的比重，称为频谱密度函数，简称为频谱，这就是 DTFT 的物理意义。$x[n]$ 与 $X(\mathrm{e}^{\mathrm{j}\Omega})$ 的关系可简记为

$$x[n]\xleftrightarrow{\mathrm{DTFT}}X(\mathrm{e}^{\mathrm{j}\Omega}) \tag{5.64}$$

本节最后简要说明 DTFT 的存在性。由于 DTFT 定义式（5.62）具有级数的形式，因

此，严格来讲，在应用DTFT之前，需要考虑级数的收敛性。类似于傅里叶变换中的狄利克雷条件，可以证明级数收敛的充分条件为 $x[n]$ 是绝对可加的（absolutely summable，绝对可和），即

$$\sum_{n=-\infty}^{\infty} |x[n]| < \infty \tag{5.65}$$

此外，如果 $x[n]$ 是能量信号，即满足平方可加（square summable，平方可和）：

$$\sum_{n=-\infty}^{\infty} |x[n]|^2 < \infty \tag{5.66}$$

则可以证明，通过逆变换得到的重建信号 $\hat{x}[n]$ 与原信号 $x[n]$ 的误差能量为零。

由于实际中的信号一般是有限长的，必然满足绝对可加或平方可加条件，因此，从应用角度而言，不必过多关注DTFT的存在性。此外，需要说明的是，对于一些不满足绝对可加或平方可加条件的序列，例如周期序列，可以通过冲激函数定义DTFT，5.2.2节即将介绍。

5.2.2 常见信号的离散时间傅里叶变换

(1) 单位冲激序列

对单位冲激序列 $\delta[n]$ 作DTFT，并利用冲激序列的抽样性质，可得

$$X(e^{j\Omega}) = \sum_{n=-\infty}^{\infty} \delta[n] e^{-j\Omega n} = \delta[0] e^{-j0} = 1 \tag{5.67}$$

上述关系可简记为

$$\delta[n] \xleftrightarrow{\text{DTFT}} 1 \tag{5.68}$$

由此可见，时域上的单位冲激序列对应于频域上的常数1，这与单位冲激函数 $\delta(t)$ 及其频谱的关系是类似的。区别在于，离散时间信号的频谱是以 2π 为周期的，故通常只须考虑主值区间（例如 $[-\pi, \pi]$）即可。图5.14给出了单位冲激序列及其频谱的示意图。

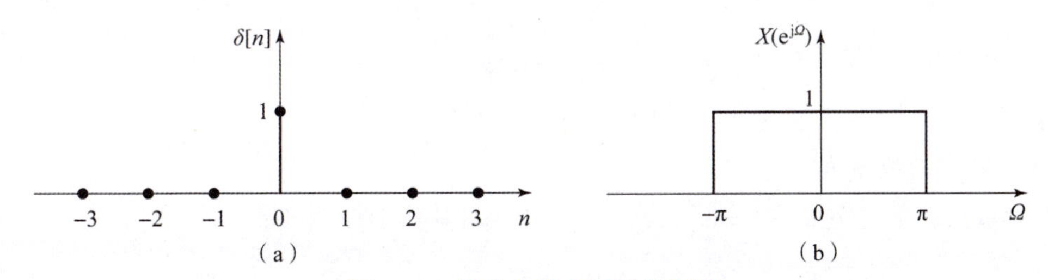

图5.14　单位冲激序列及其频谱

(a) 单位冲激序列；(b) 单位冲激序列的频谱

(2) 单边指数序列

已知单边指数序列 $x[n] = a^n u[n]$，$|a| < 1$，对其作DTFT，有

$$X(e^{j\Omega}) = \sum_{n=-\infty}^{\infty} a^n u[n] e^{-j\Omega n} = \sum_{n=0}^{\infty} a^n e^{-j\Omega n} = \sum_{n=0}^{\infty} (ae^{-j\Omega})^n \tag{5.69}$$

当 $|ae^{-j\Omega}| = |a| < 1$ 时，上述级数收敛，通过计算可得

$$X(e^{j\Omega})=\frac{1}{1-ae^{-j\Omega}},\ |a|<1 \tag{5.70}$$

上述关系可简记为

$$a^n u[n] \xleftrightarrow{\text{DTFT}} \frac{1}{1-ae^{-j\Omega}},\ |a|<1 \tag{5.71}$$

注意到 $X(e^{j\Omega})$ 是复的，进一步可得幅度谱与相位谱分别为

$$|X(e^{j\Omega})|=\frac{1}{(1-2a\cos\Omega+a^2)^{1/2}} \tag{5.72}$$

$$\angle X(e^{j\Omega})\ |\ =-\arctan\left(\frac{a\sin\Omega}{1-a\cos\Omega}\right) \tag{5.73}$$

图 5.15 给出了当 $a=0.7$ 和 $a=-0.7$ 时的单边指数序列及其幅度谱和相位谱。

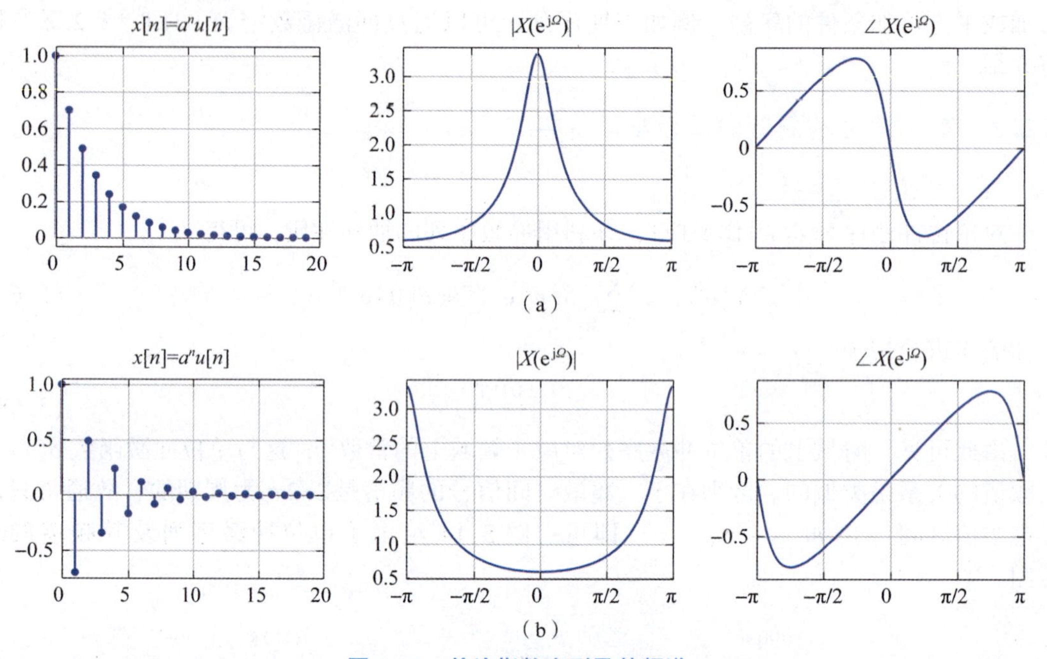

图 5.15 单边指数序列及其频谱

(a) $a=0.7$；(b) $a=-0.7$

(3) 双边指数序列

已知双边指数序列 $x[n]=a^{|n|}$，$|a|<1$，对其作 DTFT，有

$$X(e^{j\Omega})=\sum_{n=-\infty}^{\infty}a^{|n|}e^{-j\Omega n}=\sum_{n=0}^{\infty}a^{n}e^{-j\Omega n}+\sum_{n=-\infty}^{-1}a^{-n}e^{-j\Omega n} \tag{5.74}$$

$$=\sum_{n=0}^{\infty}(ae^{-j\Omega})^n+\sum_{n=1}^{\infty}(ae^{j\Omega})^n \tag{5.75}$$

当 $|a|<1$ 时，上述两项级数收敛，通过计算可得

$$X(e^{j\Omega})=\frac{1}{1-ae^{-j\Omega}}+\frac{ae^{j\Omega}}{1-ae^{j\Omega}}=\frac{1-a^2}{1-2a\cos\Omega+a^2},\ |a|<1 \tag{5.76}$$

注意到该频谱是实的。上述关系可简记为

$$a^{|n|}\overset{\text{DTFT}}{\longleftrightarrow}\frac{1-a^2}{1-2a\cos\Omega+a^2},\ |a|<1 \tag{5.77}$$

图5.16给出了当 $a=0.7$ 和 $a=-0.7$ 时的双边指数序列及其频谱。

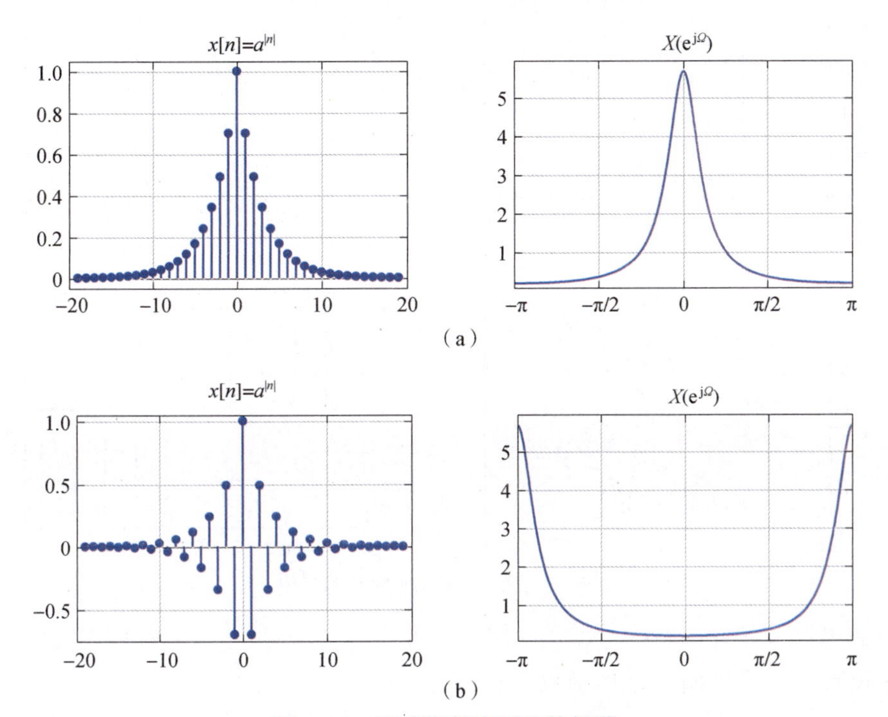

图5.16　双边指数序列及其频谱

(a) $a=0.7$；(b) $a=-0.7$

(4) 矩形脉冲序列

已知 $[-N, N]$ 上的矩形脉冲序列

$$w_N[n]=\begin{cases}1, & -N\leqslant n\leqslant N\\ 0, & \text{其他}\end{cases} \tag{5.78}$$

对其作DTFT，得

$$W_N(\mathrm{e}^{\mathrm{j}\Omega})=\sum_{n=-\infty}^{\infty}w_N[n]\mathrm{e}^{-\mathrm{j}\Omega n}=\sum_{n=-N}^{N}\mathrm{e}^{-\mathrm{j}\Omega n}=\frac{\mathrm{e}^{-\mathrm{j}\Omega N}-\mathrm{e}^{-\mathrm{j}\Omega(N+1)}}{1-\mathrm{e}^{-\mathrm{j}\Omega}}=\frac{\sin[\Omega(N+1/2)]}{\sin(\Omega/2)} \tag{5.79}$$

注意到该频谱可视为两个抽样函数之比①，即

$$W_N(\mathrm{e}^{\mathrm{j}\Omega})=M\frac{\mathrm{Sa}(\Omega M/2)}{\mathrm{Sa}(\Omega/2)} \tag{5.80}$$

式中，$M=2N+1$。频谱的主瓣宽度为 $\Delta\Omega=4\pi/M$，即与序列长度成反比，且在 $\Omega=0$ 处取得极大值 M。图5.17给出了当 $N=5$ 时的矩形脉冲序列及其频谱。

---

① 具有抽样函数（或正弦函数）之比形式的函数称为狄利克雷函数或周期sinc函数，完整定义式为

$$D_M(x)=\begin{cases}\mathrm{Sa}(Mx/2)/\mathrm{Sa}(x/2), & x\neq 2\pi k\\ (-1)^{k(M-1)}, & x=2\pi k\end{cases}$$

容易验证，$|D_M(x)|\leqslant 1$。当 M 为奇数时，函数周期为 2π；当 M 为偶数时，函数周期为 4π。

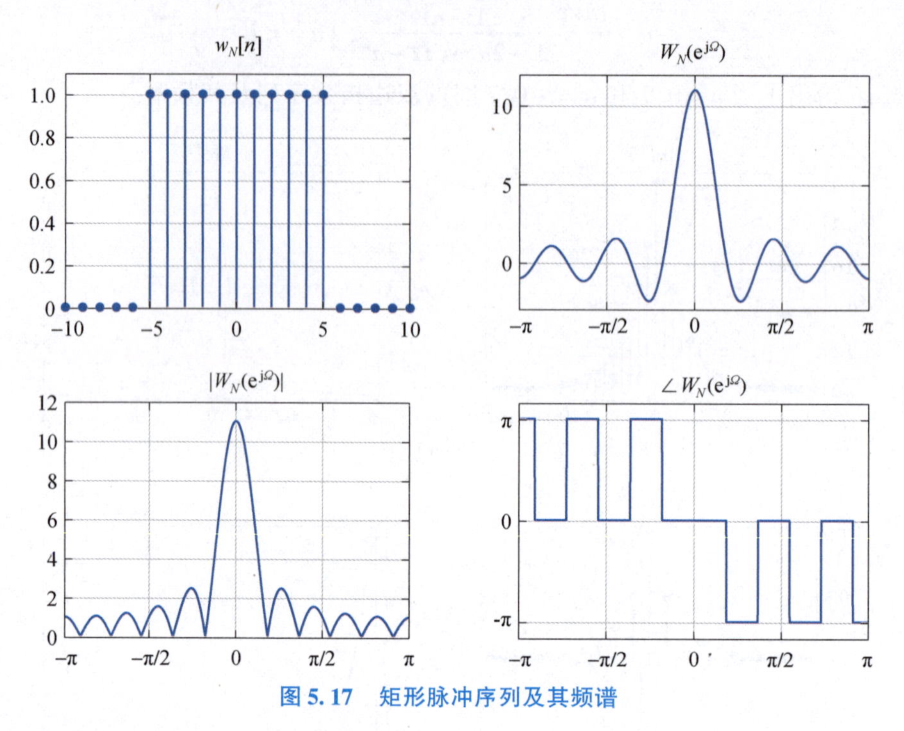

图 5.17 矩形脉冲序列及其频谱

(5) 离散时间抽样函数

考虑频域上的（周期）矩形函数

$$X(e^{j\Omega})=\begin{cases}1, & |\Omega|\leqslant W\\ 0, & W<|\Omega|\leqslant\pi\end{cases} \tag{5.81}$$

对其作逆 DTFT，得

$$x[n]=\frac{1}{2\pi}\int_{-\pi}^{\pi}X(e^{j\Omega})e^{j\Omega n}d\Omega=\frac{1}{2\pi}\int_{-W}^{W}e^{j\Omega n}d\Omega=\frac{\sin Wn}{\pi n} \tag{5.82}$$

由此可见，频域上的矩形函数对应于时域上的离散时间抽样函数。

一个有意思的结论是，当 $W\to\pi$ 时，$x[n]$趋向于单位冲激序列 $\delta[n]$。事实上，当 $W=\pi$ 时，有

$$x[n]=\frac{\sin\pi n}{\pi n}=\begin{cases}1, & n=0\\ 0, & n\neq 0\end{cases}=\delta[n] \tag{5.83}$$

结合物理意义来分析，当 $W=\pi$ 时，频谱恒为 1，根据 DTFT 的时频关系，时域信号即为单位冲激序列。图 5.18 给出了当 W 取不同值时的离散时间抽样函数及其频谱。

(6) 复指数序列

已知复指数序列 $e^{j\Omega_0 n}$，在第 1 章曾介绍过，当 $F_0=\Omega_0/(2\pi)$ 为有理数时，它是一个周期序列。此时不满足绝对可加，故无法直接按照定义式计算 DTFT。

现在不妨换个角度，将复指数序列视为复指数信号 $e^{j\omega_0 t}$ 的采样结果，即

$$e^{j\Omega_0 n}=e^{j\omega_0 t}\big|_{t=nT}=e^{jn\omega_0 T} \tag{5.84}$$

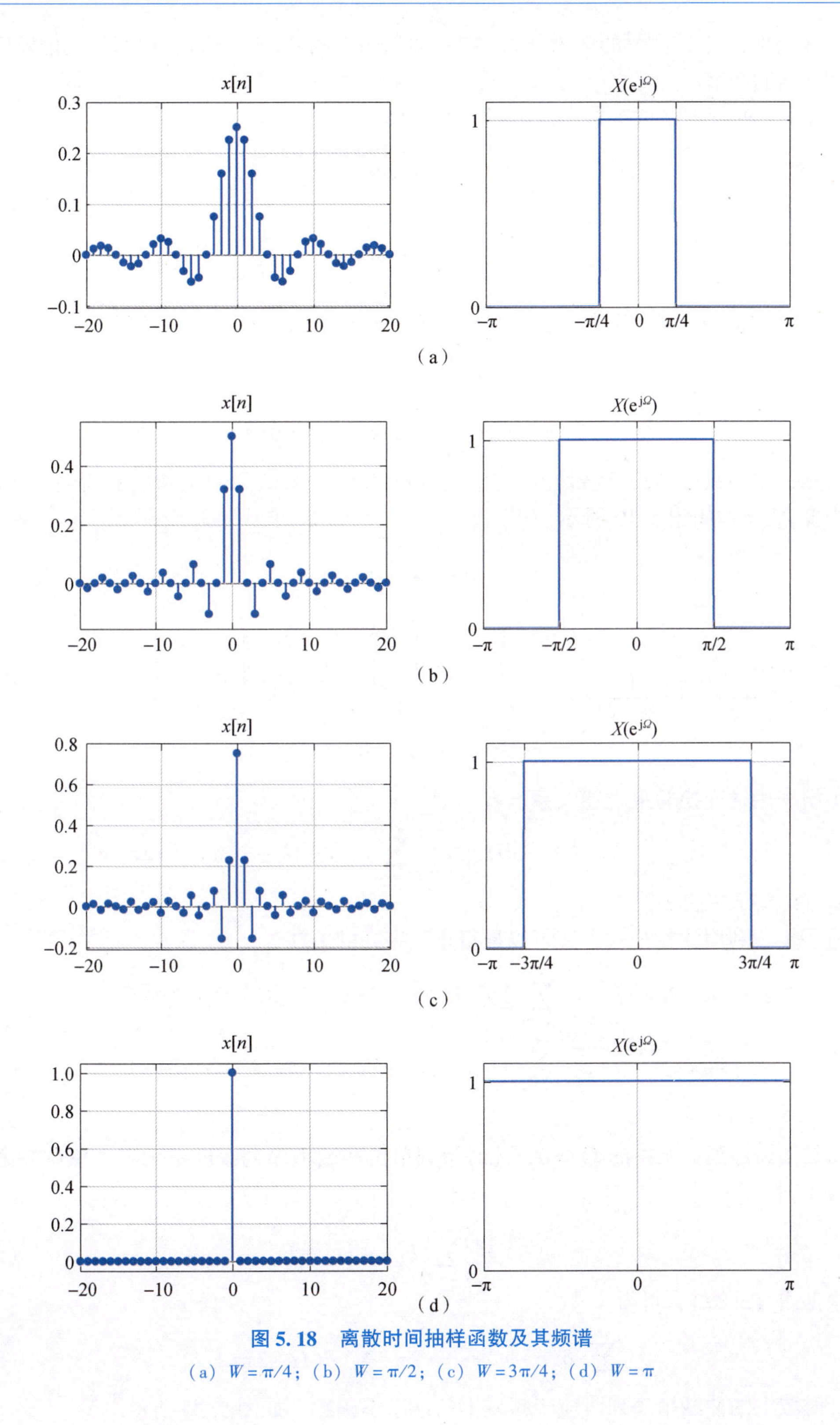

图 5.18　离散时间抽样函数及其频谱

(a) $W=\pi/4$；(b) $W=\pi/2$；(c) $W=3\pi/4$；(d) $W=\pi$

根据采样定理，易知 $e^{jn\omega_0 T}$ 的频谱应为 $e^{j\omega_0 t}$ 的频谱的周期延拓。再进行频率归一化处理，不难得到 $e^{j\Omega_0 n}$ 的频谱。

由于 $e^{j\omega_0 t}$ 的频谱是位于 $\omega=\omega_0$ 处的冲激，即

$$e^{j\omega_0 t}\xleftrightarrow{\mathcal{F}}2\pi\delta(\omega-\omega_0) \tag{5.85}$$

故

$$e^{jn\omega_0 T}\xleftrightarrow{\mathcal{F}}\frac{2\pi}{T}\sum_{k=-\infty}^{\infty}\delta\left(\omega-\omega_0-k\frac{2\pi}{T}\right) \tag{5.86}$$

令 $\omega=\Omega/T$，$\omega_0=\Omega_0/T$，代入上式，并利用冲激函数的尺度性质：$\frac{1}{T}\delta\left(\frac{\Omega}{T}\right)=\delta(\Omega)$，于是得到

$$e^{j\Omega_0 n}\xleftrightarrow{\text{DTFT}}2\pi\sum_{k=-\infty}^{\infty}\delta(\Omega-\Omega_0-2\pi k) \tag{5.87}$$

由此可见，复指数序列的频谱是由一组位于 $\Omega=\Omega_0\pm 2\pi k$ 处的冲激构成的周期冲激函数，冲激强度为 2π，如图 5.19 所示。

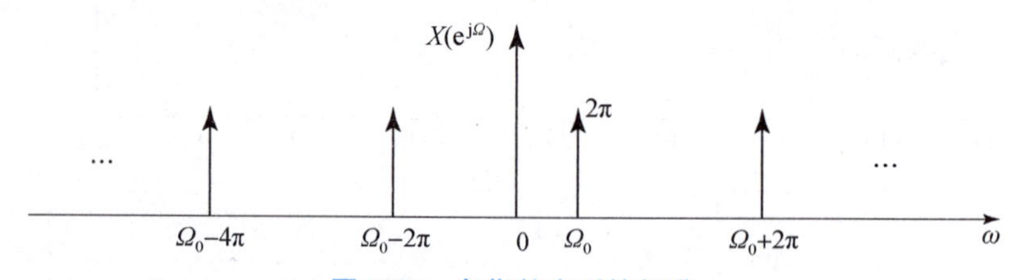

图 5.19 复指数序列的频谱

不妨利用逆变换验证上述关系，有

$$x[n]=\frac{1}{2\pi}\int_{-\pi}^{\pi}X(e^{j\Omega})e^{j\Omega n}d\Omega=\int_{-\pi}^{\pi}\sum_{k=-\infty}^{\infty}\delta(\Omega-\Omega_0-2k\pi)e^{j\Omega n}d\Omega=e^{j\Omega_0 n} \tag{5.88}$$

因此式（5.87）关系成立。

进一步，利用欧拉公式，还可以推得正弦序列的 DTFT

$$\cos\Omega_0 n\xleftrightarrow{\text{DTFT}}\pi\sum_{k=-\infty}^{\infty}[\delta(\Omega-\Omega_0-2\pi k)+\delta(\Omega+\Omega_0-2\pi k)] \tag{5.89}$$

$$\sin\Omega_0 n\xleftrightarrow{\text{DTFT}}\frac{\pi}{j}\sum_{k=-\infty}^{\infty}[\delta(\Omega-\Omega_0-2\pi k)-\delta(\Omega+\Omega_0-2\pi k)] \tag{5.90}$$

（7）单位冲激串序列

令复指数序列 $e^{j\Omega_0 n}$ 中的 $\Omega_0=0$，此时得到单位冲激串序列，即由无限个单位冲激构成的常数序列

$$p[n]=\sum_{m=-\infty}^{\infty}\delta[n-m]\equiv 1 \tag{5.91}$$

根据式（5.87），可得

$$\sum_{m=-\infty}^{\infty}\delta[n-m]\xleftrightarrow{\text{DTFT}}2\pi\sum_{k=-\infty}^{\infty}\delta(\Omega-2\pi k) \tag{5.92}$$

可见，时域上的冲激串序列对应于频域上的冲激串函数，如图 5.20 所示。

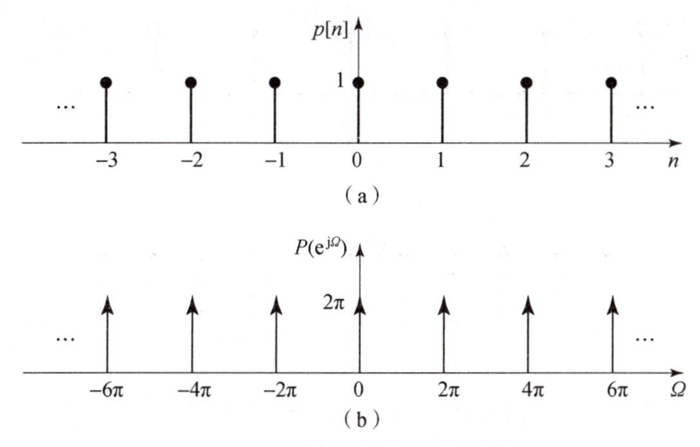

图 5.20　冲激串序列及其频谱

(a) 时域上的单位冲激串序列；(b) 频域上的冲激串函数

此外，由于 $p[n]$ 取值恒为 1，将其代入 DTFT 的定义式，还可以得到如下关系

$$\sum_{n=-\infty}^{\infty} \mathrm{e}^{\mathrm{j}\Omega n} = 2\pi \sum_{k=-\infty}^{\infty} \delta(\Omega - 2\pi k) \tag{5.93}$$

式（5.93）即为著名的泊松和公式（Poisson summation formula）。该公式表明，$\mathrm{e}^{\mathrm{j}\Omega n}$ 的无限项累加求和可以等价表示为一个周期为 2π 的冲激串函数。

(8) 周期冲激序列

已知以 N 为周期的单位冲激序列

$$p_N[n] = \sum_{m=-\infty}^{\infty} \delta[n - mN] \tag{5.94}$$

特别地，当 $N=1$ 时，$p_N[n]$ 即为单位冲激串序列。

显然 $p_N[n]$ 不是绝对可加的，但是可以利用泊松和公式及冲激函数的尺度性质计算其 DTFT。将 $p_N[n]$ 代入 DTFT 计算式，可得

$$\mathrm{DTFT}\left[\sum_{m=-\infty}^{\infty} \delta[n - mN]\right] = \sum_{n=-\infty}^{\infty}\left[\sum_{m=-\infty}^{\infty} \delta[n - mN]\right]\mathrm{e}^{-\mathrm{j}\Omega n} = \sum_{m=-\infty}^{\infty} \mathrm{e}^{-\mathrm{j}\Omega mN} \tag{5.95}$$

利用泊松和公式，上式可继续写作

$$\sum_{m=-\infty}^{\infty} \mathrm{e}^{-\mathrm{j}\Omega mN} = 2\pi \sum_{k=-\infty}^{\infty} \delta(\Omega N - 2k\pi) = \frac{2\pi}{N} \sum_{k=-\infty}^{\infty} \delta\left(\Omega - \frac{2\pi}{N}k\right) \tag{5.96}$$

由此可见，周期冲激序列的频谱是以 $2\pi/N$ 为周期的冲激串函数，即

$$\sum_{m=-\infty}^{\infty} \delta[n - mN] \xleftrightarrow{\mathrm{DTFT}} \frac{2\pi}{N} \sum_{k=-\infty}^{\infty} \delta\left(\Omega - \frac{2\pi}{N}k\right) \tag{5.97}$$

当 $N=1$ 时，式（5.97）即转化为式（5.92）。图 5.21 给出了周期冲激序列及其频谱的示意图。

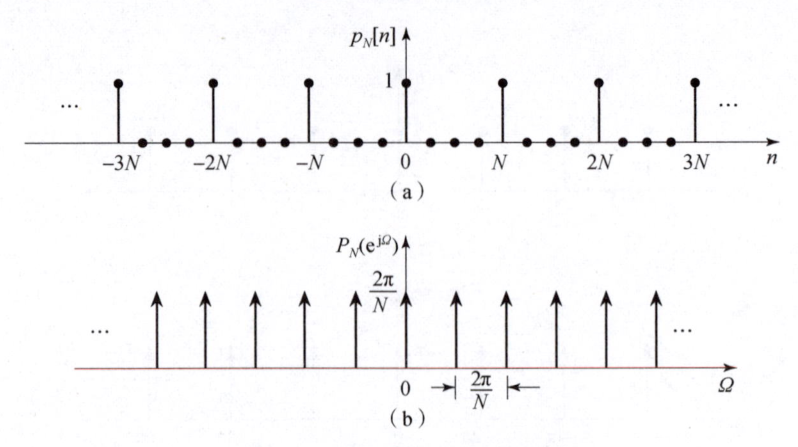

图 5.21 周期冲激序列及其频谱

(a) 时域上的周期冲激序列；(b) 频域上的冲激串函数

5.2.3 离散时间傅里叶变换的性质

由于离散时间信号可视为连续时间信号的采样结果，因此，其傅里叶变换（即 DTFT）与连续时间信号的傅里叶变换具有相同或相似的性质。大多数性质的证明可类比傅里叶变换得到，故不再赘述。需要注意的是，由于 DTFT 是以 2π 为周期的周期函数，故部分运算与傅里叶变换稍有差异。

性质 5.2（线性） 如果

$$x_1[n] \xleftrightarrow{\text{DTFT}} X_1(e^{j\Omega}) \tag{5.98}$$

$$x_2[n] \xleftrightarrow{\text{DTFT}} X_2(e^{j\Omega}) \tag{5.99}$$

则对任意常数 a，b，有

$$ax_1[n]+bx_2[n] \xleftrightarrow{\text{DTFT}} aX_1(e^{j\Omega})+bX_2(e^{j\Omega}) \tag{5.100}$$

性质 5.3（共轭） 如果

$$x[n] \xleftrightarrow{\text{DTFT}} X(e^{j\Omega}) \tag{5.101}$$

则

$$x^*[n] \xleftrightarrow{\text{DTFT}} X^*(e^{-j\Omega}) \tag{5.102}$$

特别地，如果 $x[n]$ 为实序列，则 $X(e^{j\Omega})$ 具有如下共轭对称性

$$X^*(e^{j\Omega})=X(e^{-j\Omega}) \tag{5.103}$$

且

$$|X(e^{j\Omega})|=|X(e^{-j\Omega})| \tag{5.104}$$

$$\angle X(e^{j\Omega})=-\angle X(e^{-j\Omega}) \tag{5.105}$$

$$\mathrm{Re}[X(e^{j\Omega})]=\mathrm{Re}[X(e^{-j\Omega})] \tag{5.106}$$

$$\mathrm{Im}[X(e^{j\Omega})]=-\mathrm{Im}[X(e^{-j\Omega})] \tag{5.107}$$

共轭对称性说明，实序列的幅度谱及频谱的实部是关于 Ω 的偶函数，相位谱及频谱的虚部是关于 Ω 的奇函数。进一步，如果 $x[n]$ 是实偶序列，则 $X(e^{j\Omega})$ 也是实偶函数；如果 $x[n]$ 是实

奇序列，则 $X(\mathrm{e}^{\mathrm{j}\Omega})$ 是虚奇函数。上述性质与连续时间信号的傅里叶变换是一致的。

性质 5.4（反褶） 如果

$$x[n] \xleftrightarrow{\text{DTFT}} X(\mathrm{e}^{\mathrm{j}\Omega}) \tag{5.108}$$

则

$$x[-n] \xleftrightarrow{\text{DTFT}} X(\mathrm{e}^{-\mathrm{j}\Omega}) \tag{5.109}$$

简而言之，时域反褶对应于频域反褶。

性质 5.5（时移） 如果

$$x[n] \xleftrightarrow{\text{DTFT}} X(\mathrm{e}^{\mathrm{j}\Omega}) \tag{5.110}$$

则

$$x[n-n_0] \xleftrightarrow{\text{DTFT}} \mathrm{e}^{-\mathrm{j}\Omega n_0} X(\mathrm{e}^{\mathrm{j}\Omega}) \tag{5.111}$$

式中，n_0 为任意整数。

时移性质说明，信号在时域上移动 n_0 个单位对应于频域上频谱乘以 $\mathrm{e}^{-\mathrm{j}\Omega n_0}$。故移位之后的幅度谱不变，相位谱滞后 Ωn_0。

例 5.7 求 $\delta[n-n_0]$ 的 DTFT。

解： 由于 $\delta[n] \xleftrightarrow{\text{DTFT}} 1$，利用时移性质，易得

$$\delta[n-n_0] \xleftrightarrow{\text{DTFT}} \mathrm{e}^{-\mathrm{j}\Omega n_0} \tag{5.112}$$

上述关系也可通过单位冲激序列的抽样性质得到。

注意到时移产生相位差是关于 Ω 的线性函数，而由于任意相差 2π 的整数倍的相角可视为同一相位，为了便于分析，可以通过取模的方法将实际相位映射到 $[-\pi, \pi]$ 范围内。这种相位称为折叠相位（wrapped phase），未取模的相位则称为非折叠相位（unwrapped phase）。两者的区别如图 5.22 所示。

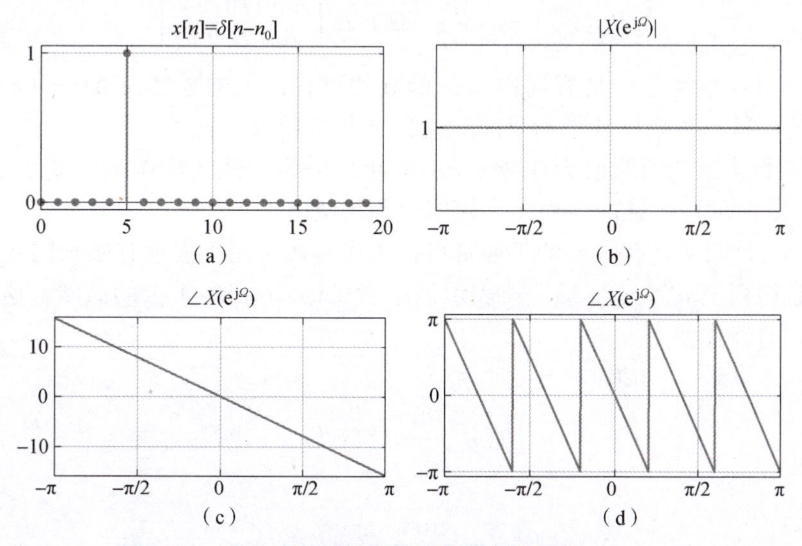

图 5.22　移位冲激序列及其幅度谱与相位谱（$n_0=5$）

（a）移位冲激序列；（b）幅度谱；（c）非折叠相位谱；（d）折叠相位谱

例 5.8　已知因果矩形脉冲序列

$$r_M[n]=\begin{cases}1, & 0\leqslant n\leqslant M-1\\ 0, & \text{其他}\end{cases} \tag{5.113}$$

求该序列的 DTFT。

解： 对 $r_M[n]$ 作 DTFT，有

$$R_M(\mathrm{e}^{\mathrm{j}\Omega})=\sum_{n=-\infty}^{\infty}r_M[n]\mathrm{e}^{-\mathrm{j}\Omega n} \tag{5.114}$$

$$=\sum_{n=0}^{M-1}\mathrm{e}^{-\mathrm{j}\Omega n}=\frac{1-\mathrm{e}^{-\mathrm{j}\Omega M}}{1-\mathrm{e}^{-\mathrm{j}\Omega}} \tag{5.115}$$

$$=\frac{\sin(\Omega M/2)}{\sin(\Omega/2)}\mathrm{e}^{-\mathrm{j}\Omega\frac{M-1}{2}} \tag{5.116}$$

对比上一节给出的关于原点对称的矩形脉冲序列 $w_N[n]$，不难发现，在相同长度下，即 $M=2N+1$，两者的相位相差 $(M-1)\Omega/2=N\Omega$。事实上，$r_M[n]$ 恰是通过 $w_N[n]$ 右移 N 个单位得到的，两者的关系如图 5.23 所示。

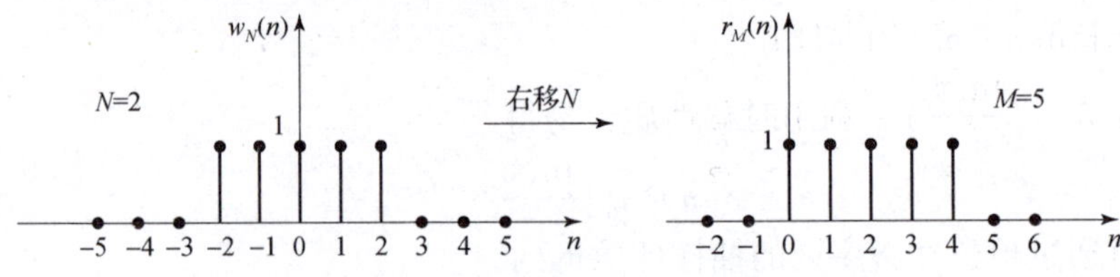

图 5.23　两个矩形脉冲序列的关系

相应地，$r_M[n]$ 的幅度谱和相位谱分别为

$$|R_M(\mathrm{e}^{\mathrm{j}\Omega})|=\left|\frac{\sin(\Omega M/2)}{\sin(\Omega/2)}\right| \tag{5.117}$$

$$\angle R_M(\mathrm{e}^{\mathrm{j}\Omega})=-\frac{M-1}{2}\Omega+\angle\left[\frac{\sin(\Omega M/2)}{\sin(\Omega/2)}\right] \tag{5.118}$$

注意到频谱（以及幅度谱）具有周期 sinc 函数的形式，主瓣宽度为 $\Delta\Omega=4\pi/M$，即与矩形脉宽成反比。这一关系反映了信号时频之间的尺度特性。此外，式（5.118）中第一项为 Ω 的线性函数，第二项取值为 0 或 $\pm\pi$，故相位谱为分段线性函数。图 5.24 给出了当 $M=5$ 和 $M=10$ 时的矩形脉冲序列及其幅度谱和相位谱。

由于 $r_M[n]$ 是因果且有限长的，通常可作为窗函数，用于表示有限长的因果序列。例如：对于任意序列 $x[n]$，$x[n]r_M[n]$ 表示该序列在 $0\leqslant n\leqslant M-1$ 上的截断。这种表示在分析有限长序列时经常使用。

性质 5.6（频移）　如果

$$x[n]\xleftrightarrow{\text{DTFT}}X(\mathrm{e}^{\mathrm{j}\Omega}) \tag{5.119}$$

则

$$\mathrm{e}^{\mathrm{j}\Omega_0 n}x[n]\xleftrightarrow{\text{DTFT}}X(\mathrm{e}^{\mathrm{j}(\Omega-\Omega_0)}) \tag{5.120}$$

式中，$-\pi\leqslant\Omega_0\leqslant\pi$。

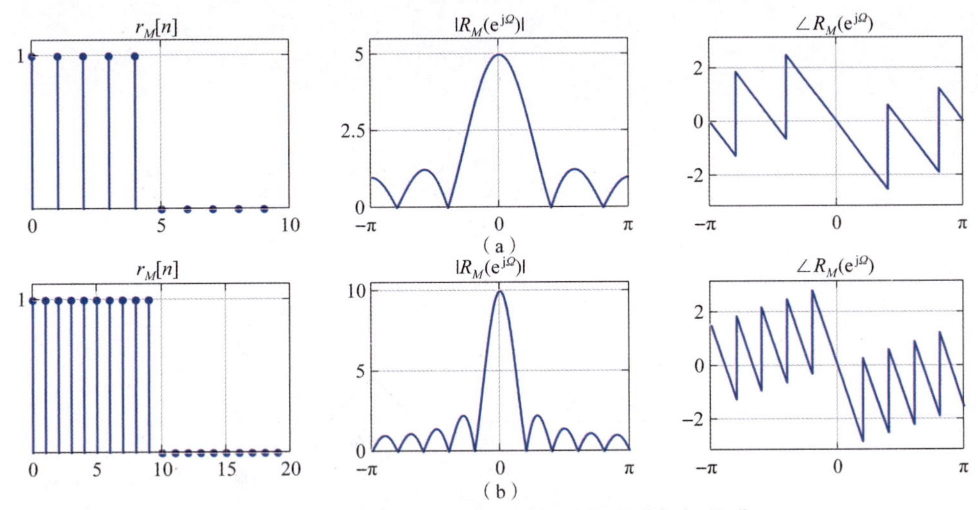

图5.24 因果矩形脉冲序列及其幅度谱与相位谱

(a) $M=5$；(b) $M=10$

频移性质说明，信号乘以复指数序列 $e^{j\Omega_0 n}$ 对应于其频谱搬移 Ω_0。与连续时间信号类似，频移性质可用于信号调制。设离散时间信号 $x[n]$，其频谱为 $X(e^{j\Omega})$，则已调信号 $y[n]=x[n]\cos(\Omega_0 n)$ 的频谱为

$$\begin{aligned}Y(e^{j\Omega}) &= \text{DTFT}[x[n]\cos\Omega_0 n] = \text{DTFT}\left[x[n]\frac{e^{j\Omega_0 n}+e^{-j\Omega_0 n}}{2}\right]\\ &= \frac{1}{2}\text{DTFT}[x[n]e^{j\Omega_0 n}]+\frac{1}{2}\text{DTFT}[x[n]e^{-j\Omega_0 n}]\\ &= \frac{1}{2}[X(e^{j(\Omega-\Omega_0)})+X(e^{j(\Omega+\Omega_0)})]\end{aligned} \tag{5.121}$$

即将信号 $x[n]$ 的频谱搬移到中心频率位于 $\Omega=\pm\Omega_0$ 处，并在幅度上乘以系数1/2。注意，已调信号的频谱依然是以 2π 为周期的。如果 Ω_0 接近于 π，或信号带宽较大，则相邻周期的频谱可能会混叠。一种极端情况是 $\Omega_0=\pi$，此时相邻周期的频谱叠加在一起，低通信号变为高通信号。图5.25分别给出了 $\Omega_0=\pi/2$ 和 $\Omega_0=\pi$ 时的频谱示意图。注意，当 $\Omega_0=\pi$ 时，已调信号的幅度为1，这是因为相邻周期的频谱叠加在一起，发生了混叠。

对于离散时间信号，时域微分转化为差分运算，即

$$y[n]=x[n]-x[n-1] \tag{5.122}$$

利用DTFT的线性和时移性质，不难得到如下差分性质。

性质5.7（时域差分） 如果

$$x[n]\xleftrightarrow{\text{DTFT}}X(e^{j\Omega}) \tag{5.123}$$

则

$$x[n]-x[n-1]\xleftrightarrow{\text{DTFT}}(1-e^{-j\Omega})X(e^{j\Omega}) \tag{5.124}$$

性质5.8（卷积定理） 如果

$$x_1[n]\xleftrightarrow{\text{DTFT}}X_1(e^{j\Omega}) \tag{5.125}$$

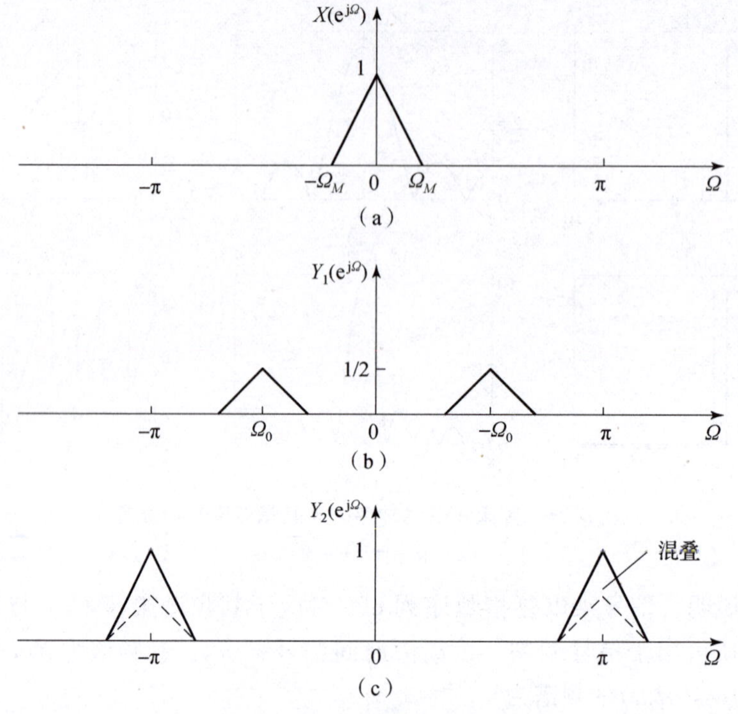

图 5.25 调制过程频谱变化示意图

(a) 原信号的频谱；(b) 已调信号的频谱 ($\Omega_0=\pi/2$)；(c) 已调信号的频谱 ($\Omega_0=\pi$)

$$x_2[n]\overset{\text{DTFT}}{\longleftrightarrow}X_2(e^{j\Omega}) \tag{5.126}$$

则

$$x_1[n]*x_2[n]\overset{\text{DTFT}}{\longleftrightarrow}X_1(e^{j\Omega})X_2(e^{j\Omega}) \tag{5.127}$$

例 5.9 已知三角脉冲序列如图 5.26 所示，求该序列的 DTFT。

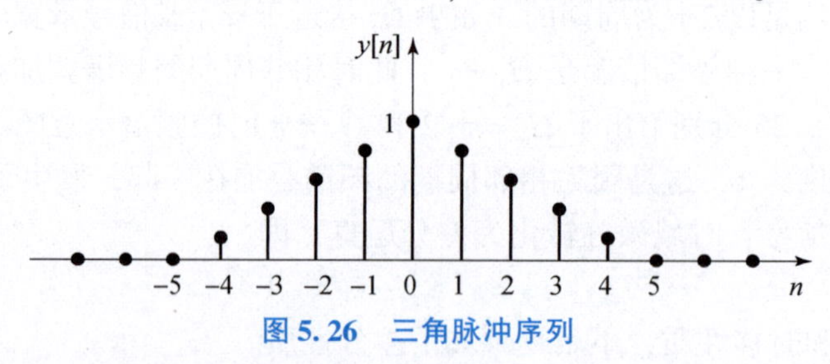

图 5.26 三角脉冲序列

解：根据图 5.26，三角脉冲序列的表达式为

$$y[n]=\begin{cases}1-\dfrac{|n|}{N}, & |n|\leqslant N\\ 0, & \text{其他}\end{cases} \tag{5.128}$$

式中，$N=5$。

该序列可以通过两个关于原点对称的矩形脉冲序列的卷积得到，即

$$y[n]=\frac{1}{N}x_L[n]*x_L[n] \tag{5.129}$$

式中

$$x_L[n]=\begin{cases}1, & |n|\leqslant L\\ 0, & \text{其他}\end{cases} \tag{5.130}$$

$L=(N-1)/2=2$。两者的关系如图5.27所示。

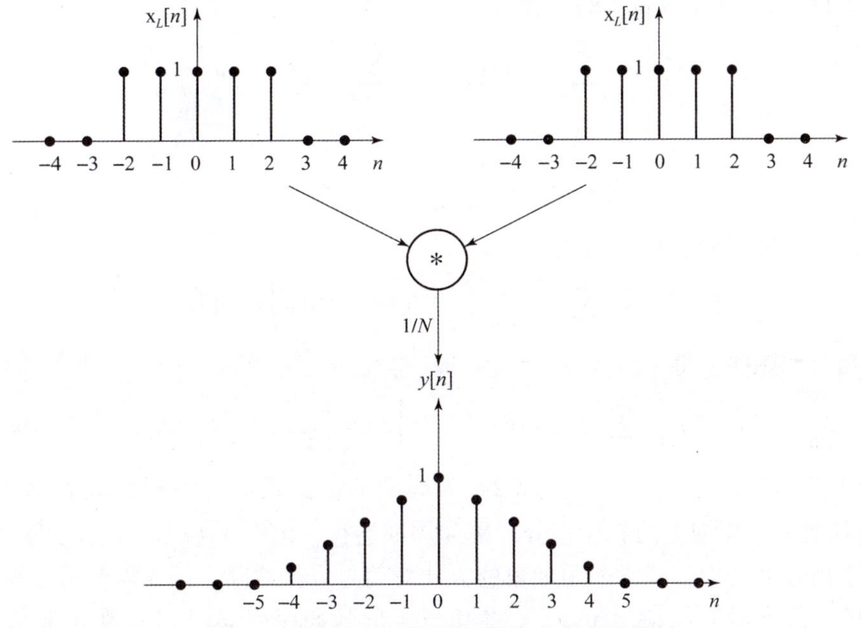

图5.27 三角脉冲序列与矩形脉冲序列的关系

根据卷积定理，三角脉冲的频谱应为两个矩形脉冲频谱的乘积，即

$$Y(\mathrm{e}^{\mathrm{j}\Omega})=\frac{1}{N}X_L(\mathrm{e}^{\mathrm{j}\Omega})X_L(\mathrm{e}^{\mathrm{j}\Omega})=\frac{\sin^2(\Omega N/2)}{N\sin^2(\Omega/2)} \tag{5.131}$$

如图5.28所示。

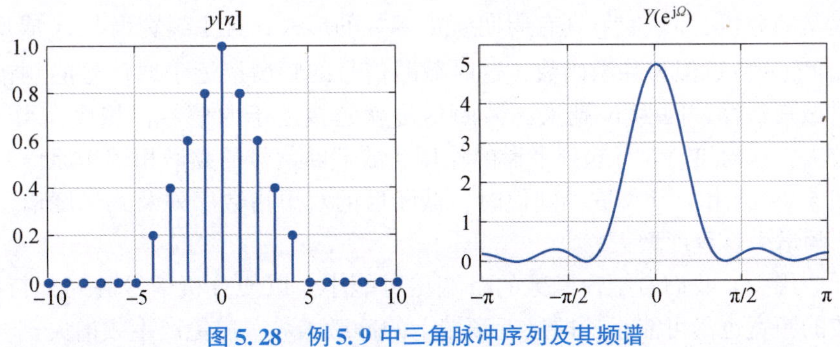

图5.28 例5.9中三角脉冲序列及其频谱

卷积定理在信号处理和系统分析中发挥着重要作用，将在第6章详细介绍。

性质5.9（乘积定理） 如果

$$x_1[n]\xleftrightarrow{\text{DTFT}}X_1(\mathrm{e}^{\mathrm{j}\Omega}) \tag{5.132}$$

$$x_2[n]\xleftrightarrow{\text{DTFT}}X_2(\mathrm{e}^{\mathrm{j}\Omega}) \tag{5.133}$$

则

$$x_1[n]x_2[n] \xleftrightarrow{\text{DTFT}} \frac{1}{2\pi}[X_1(e^{j\Omega}) \circledast X_2(e^{j\Omega})] = \frac{1}{2\pi}\int_{2\pi} X_1(e^{ju})X_2(e^{j(\Omega-u)})du \quad (5.134)$$

式中，⊛表示两个周期函数的周期卷积（periodic convolution）。

证明： 设 $y[n]=x_1[n]x_2[n]$，则

$$Y(e^{j\Omega}) = \sum_{n=-\infty}^{\infty} y[n]e^{-j\Omega n} = \sum_{n=-\infty}^{\infty} x_1[n]x_2[n]e^{-j\Omega n} \quad (5.135)$$

因为

$$x_1[n] = \frac{1}{2\pi}\int_{2\pi} X_1(e^{ju})e^{jun}du \quad (5.136)$$

将上式代入式（5.135），得

$$Y(e^{j\Omega}) = \sum_{n=-\infty}^{\infty}\left[\frac{1}{2\pi}\int_{2\pi} X_1(e^{ju})e^{jun}du\right]x_2[n]e^{-j\Omega n} \quad (5.137)$$

交换积分与求和顺序，得

$$Y(e^{j\Omega}) = \frac{1}{2\pi}\int_{2\pi} X_1(e^{ju})\left[\sum_{n=-\infty}^{\infty} x_2[n]e^{-j(\Omega-u)n}\right]du = \frac{1}{2\pi}\int_{2\pi} X_1(e^{ju})X_2(e^{j(\Omega-u)})du \quad (5.138)$$

注意到 $X_1(e^{j\Omega})$ 与 $X_2(e^{j\Omega})$ 都是以 2π 为周期的，上式最后的积分式表示 $X_1(e^{j\Omega})$ 与 $X_2(e^{j\Omega})$ 在任意一个周期上的卷积积分，称为周期卷积，记作 $X_1(e^{j\Omega}) \circledast X_2(e^{j\Omega})$。

在数字信号处理中，经常采用加窗的方式对信号进行截断，因而需要考虑加窗对信号频谱的影响。设离散时间信号 $x[n]$，将其与矩形脉冲序列 $w_N[n]$ 相乘，于是得到截断信号

$$x_N[n] = x[n]w_N[n] \quad (5.139)$$

根据乘积定理，截断信号与原信号的频谱关系为

$$X_N(e^{j\Omega}) = \frac{1}{2\pi}X(e^{j\Omega}) \circledast W_N(e^{j\Omega}) \quad (5.140)$$

根据上文的分析，$W_N(e^{j\Omega})$ 具有周期 sinc 函数的形式，且主瓣宽度与 N 成反比。当 N 充分大时，$W_N(e^{j\Omega})$ 近似为冲激函数，这时截断信号的频谱接近于原信号的频谱。这一结论也可从时域来解释，因为 N 越大，截断信号就越接近于原信号；相反，当 N 较小时，主瓣宽度较大，这时 $W_N(e^{j\Omega})$ 起到平滑的作用，故截断信号的频谱相较于原信号的频谱更加模糊。图 5.29 给出了当 N 取不同值时，截断后的双边指数序列及其幅度谱。可见随着 N 的减小，频谱失真程度增大。

在实际应用中，我们希望窗函数的时宽尽可能小，以便分析信号的局部特征；同时，希望窗函数的频宽也尽可能小，即接近频域上的冲激函数，避免产生频谱失真。但根据第 2 章傅里叶变换的分析，时宽与频宽具有相互制约的关系，两者不可能同时小，因此需要根据实际情况进行折中处理。

加窗产生的另一个问题是**频谱泄漏**（spectral leakage）。以正弦序列 $x[n]=\cos\Omega_0 n$ 为例，其频谱是位于 $\Omega=\pm\Omega_0$ 的一对冲激（这里仅考虑一个周期）。若对正弦序列加矩形窗，则频谱变为

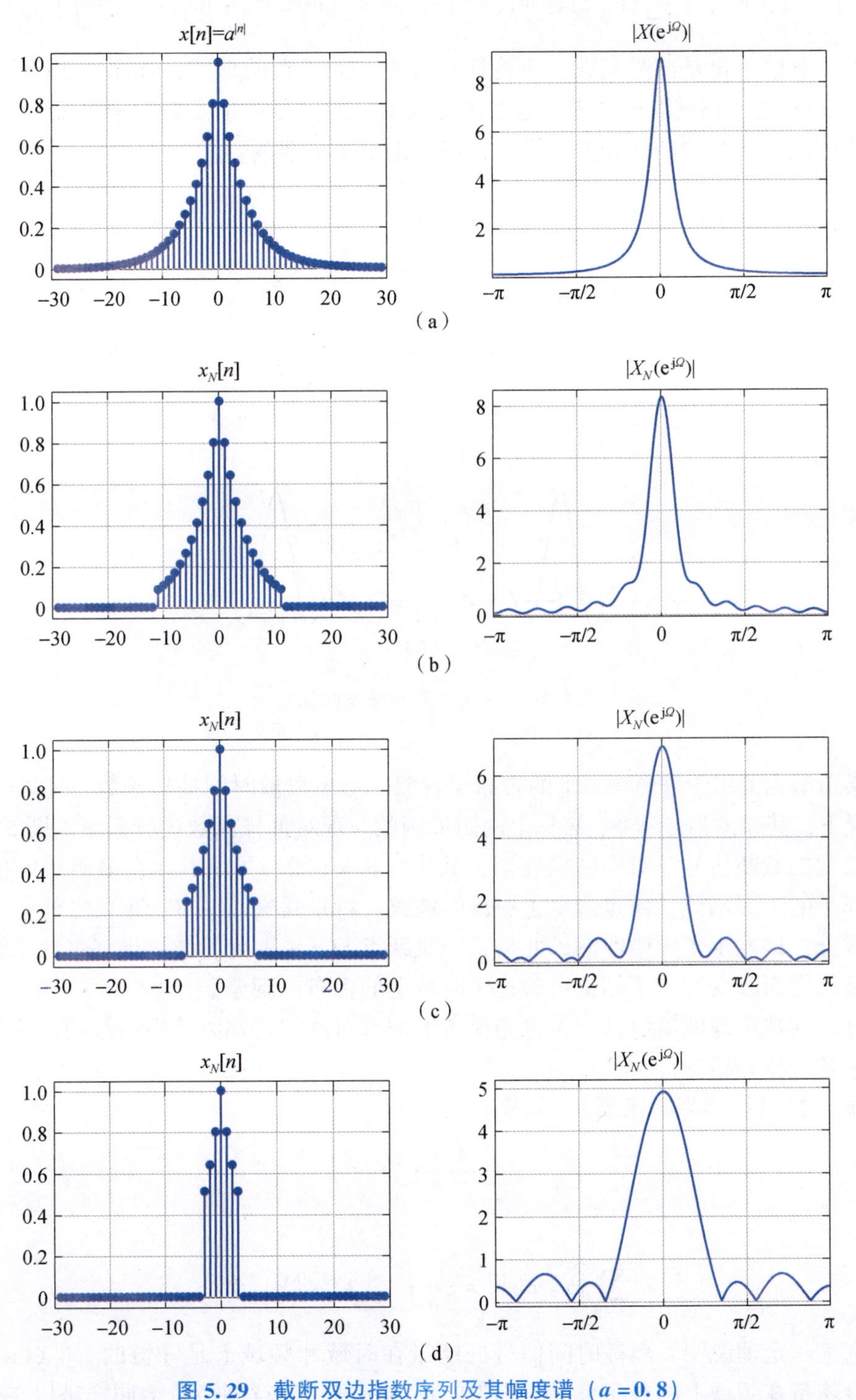

图 5.29　截断双边指数序列及其幅度谱（$a=0.8$）

（a）原序列；（b）$N=11$；（c）$N=6$；（d）$N=3$

$$X_N(\mathrm{e}^{\mathrm{j}\Omega})=\frac{1}{2\pi}X(\mathrm{e}^{\mathrm{j}\Omega})\circledast W_N(\mathrm{e}^{\mathrm{j}\Omega})=\frac{1}{2}[W_N(\mathrm{e}^{\mathrm{j}(\Omega-\Omega_0)})+W_N(\mathrm{e}^{\mathrm{j}(\Omega+\Omega_0)})] \tag{5.141}$$

可见，频谱不再是冲激函数，而是具有周期 sinc 函数的形式，如图 5.30 所示。注意到在 $\Omega=\pm\Omega_0$ 之外频谱取值非零，这意味着加窗后的信号产生了新的频率成分。或者说，原频谱中的能量转移到新的频率分量上，即频谱发生了泄漏。

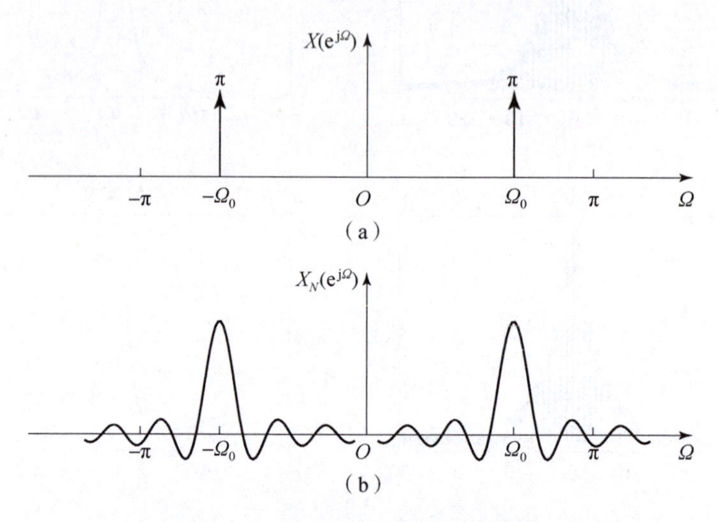

图 5.30　正弦序列频谱泄漏示意图

(a) 正弦序列的频谱；(b) 截断正弦序列的频谱

频谱泄漏也可用于解释频域上的吉布斯现象。考虑离散时间抽样函数 $\sin(Wn)/(\pi n)$，理想情况下，其频谱为 $[-W, W]$ 上的矩形函数。现对抽样函数进行截断，图 5.31 给出了不同长度的截断信号及对应的幅度谱，其中，$W=\pi/2$。可以看出，截断后的信号频谱不再是理想的矩形函数，而是产生了振荡的波纹。特别是在 $[-W, W]$ 之外，产生了新的频率成分，即发生了频谱泄漏。此外，在跳跃点 $\Omega=\pm W$ 处，波纹出现过冲，它的幅值不随截断长度而改变。这个结论可类比于时域上的吉布斯现象。

此外，在数字滤波器设计中，也需要考虑加窗对滤波器幅频特性的影响，这部分内容将在第 8 章进行介绍。

性质 5.10（帕塞瓦尔定理） 如果

$$x[n]\xleftrightarrow{\text{DTFT}}X(\mathrm{e}^{\mathrm{j}\Omega}) \tag{5.142}$$

则

$$\sum_{n=-\infty}^{\infty}|x[n]|^2=\frac{1}{2\pi}\int_{-\pi}^{\pi}|X(\mathrm{e}^{\mathrm{j}\Omega})|^2\mathrm{d}\Omega \tag{5.143}$$

帕塞瓦尔定理说明，离散时间信号的能量在时域和频域上是守恒的。$|X(\mathrm{e}^{\mathrm{j}\Omega})|^2$ 反映了信号能量在频域上的分布情况，称为能量谱密度。注意到能量谱同样是以 2π 为周期的，故积分只需取一个周期。

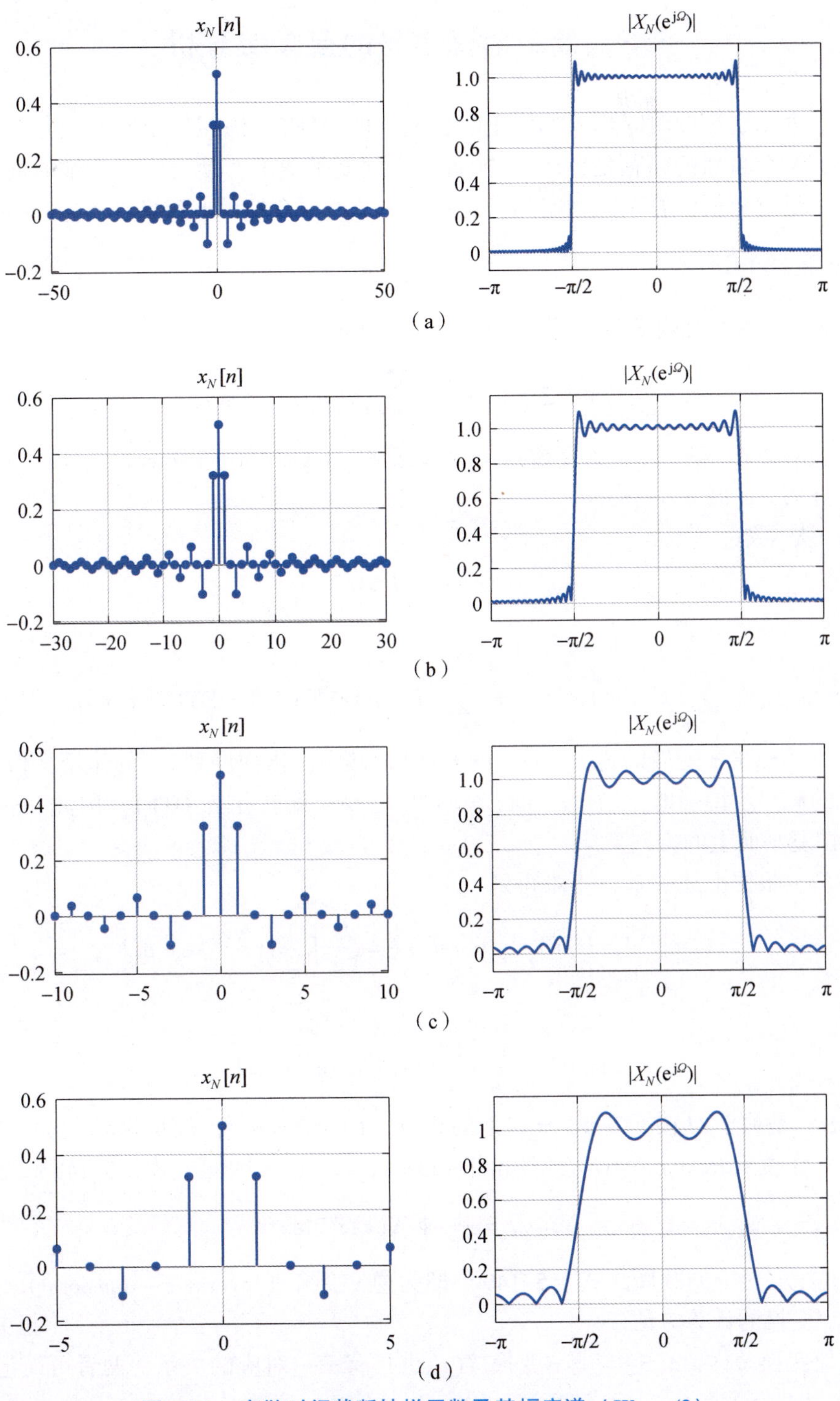

图 5.31　离散时间截断抽样函数及其幅度谱（$W=\pi/2$）

(a) $N=50$；(b) $N=30$；(c) $N=10$；(d) $N=5$

5.3 离散时间信号的复频域分析

上一节介绍了离散时间信号的傅里叶变换，即 DTFT。仿照傅里叶变换与拉普拉斯变换的关系，一个自然的问题是，DTFT 能否推广到复平面上？换言之，离散时间信号能否在复平面上进行分析？答案是肯定的，这就是本节所要介绍的 **z 变换**（z - transform）。

5.3.1 z 变换的定义

定义 5.7 离散时间信号（序列）$x[n]$ 的 z 变换定义为

$$X(z)=\mathcal{Z}[x[n]]=\sum_{n=-\infty}^{\infty}x[n]z^{-n},z\in\mathcal{R} \tag{5.144}$$

式中，$\mathcal{Z}$ 表示 z 变换算子，z 为复数；$\mathcal{R}$ 为收敛域（region of convergence，ROC），其所属的复平面称为 z 平面（z - plane）。

由于 z 是复数，令

$$z=r\mathrm{e}^{\mathrm{j}\Omega},r>0 \tag{5.145}$$

代入式（5.144），可得

$$X(z)\big|_{z=r\mathrm{e}^{\mathrm{j}\Omega}}=\sum_{n=-\infty}^{\infty}x[n](r\mathrm{e}^{\mathrm{j}\Omega})^{-n}=\sum_{n=-\infty}^{\infty}(x[n]r^{-n})\mathrm{e}^{-\mathrm{j}\Omega n}=\mathrm{DTFT}[x[n]r^{-n}] \tag{5.146}$$

由此可见，$x[n]$ 的 z 变换即为 $x[n]r^{-n}$ 的 DTFT，其中，指数序列 r^{-n} 的作用类似于拉普拉斯变换中的 $\mathrm{e}^{-\sigma t}$。特别地，当 $r=1$ 时，$z=\mathrm{e}^{\mathrm{j}\Omega}$，$z$ 变换即转化为 DTFT。因此，z 变换可视为 DTFT 在复平面上的推广。

进一步，根据上述关系，不难得到

$$x[n]r^{-n}=\mathrm{DTFT}^{-1}[X(r\mathrm{e}^{\mathrm{j}\Omega})]=\frac{1}{2\pi}\int_{-\pi}^{\pi}X(r\mathrm{e}^{\mathrm{j}\Omega})\mathrm{e}^{\mathrm{j}\Omega n}\mathrm{d}\Omega \tag{5.147}$$

或表示为

$$x[n]=\frac{1}{2\pi}\int_{-\pi}^{\pi}X(r\mathrm{e}^{\mathrm{j}\Omega})(r\mathrm{e}^{\mathrm{j}\Omega})^{n}\mathrm{d}\Omega \tag{5.148}$$

式（5.148）是关于 Ω 在 $[-\pi,\pi]$ 上的积分，由于 $z=r\mathrm{e}^{\mathrm{j}\Omega}$，故可以转化为 z 平面上的曲线积分。注意到 $\mathrm{d}z=\mathrm{j}r\mathrm{e}^{\mathrm{j}\Omega}\mathrm{d}\Omega$，或等价于 $\mathrm{d}\Omega=(\mathrm{j}z)^{-1}\mathrm{d}z$，因此，式（5.148）可改写为

$$x[n]=\frac{1}{2\pi\mathrm{j}}\oint_{C}X(z)z^{n-1}\mathrm{d}z \tag{5.149}$$

式中，C 是半径为 r 的圆周。式（5.149）即为逆 z 变换（inverse z - transform）。5.3.4 节将介绍逆 z 变换的计算方法。

同其他变换一样，$x[n]$ 与其 z 变换 $X(z)$ 也具有一一对应的关系，两者可简记为

$$x[n]\overset{\mathcal{Z}}{\longleftrightarrow}X(z) \tag{5.150}$$

由于 z 变换是关于 z^{-1} 的幂级数，因此通常需要考虑级数收敛的范围，即收敛域 $\mathcal{R}$。下面来看一道例题。

例 5.10 已知单边指数序列

$$x_1[n]=a^n u[n] \tag{5.151}$$

$$x_2[n]=-a^n u[-n-1] \tag{5.152}$$

分别求 $x_1[n]$，$x_2[n]$的 z 变换。

解： 注意到 $x_1[n]$是因果序列（即 $n<0$，序列取值为零），$x_2[n]$是反因果序列（即 $n\geqslant 0$，序列取值为零）。先求 $x_1[n]$的 z 变换。根据定义，有

$$X_1(z)=\sum_{n=-\infty}^{\infty}x[n]z^{-n}=\sum_{n=0}^{\infty}a^n z^{-n}=\sum_{n=0}^{\infty}(az^{-1})^n \tag{5.153}$$

式（5.153）中的求和式为关于 az^{-1}的几何级数，易知当 $|az^{-1}|<1$ 时，级数收敛，因此

$$X_1(z)=\sum_{n=0}^{\infty}(az^{-1})^n=\frac{1}{1-az^{-1}},\ |z|>|a| \tag{5.154}$$

特别地，若 $a=1$，则得到单位阶跃序列 $u[n]$的 z 变换

$$u[n]\overset{\mathcal{Z}}{\longleftrightarrow}\frac{1}{1-z^{-1}},\ |z|>1 \tag{5.155}$$

类似地，$x_2[n]$的 z 变换为

$$X_2(z)=\sum_{n=-\infty}^{\infty}x_2[n]z^{-n}=\sum_{n=-\infty}^{-1}-a^n z^{-n}\overset{n=-k}{=\!=\!=}-\sum_{k=1}^{\infty}(a^{-1}z)^k \tag{5.156}$$

当 $|a^{-1}z|<1$ 时，式（5.156）收敛，因此

$$X_2(z)=-\sum_{k=1}^{\infty}(a^{-1}z)^k=-\frac{a^{-1}z}{1-a^{-1}z}=\frac{1}{1-az^{-1}},\ |z|<|a| \tag{5.157}$$

由此可见，$x_1[n]$与 $x_2[n]$的 z 变换具有相同的表达式，差别在于收敛域。$X_1(z)$的收敛域为 $|z|>|a|$，即 z 平面上以 $r=|a|$为半径的圆的外部，如图 5.32（a）阴影部分所示；而 $X_2(z)$的收敛域为 $|z|<|a|$，即 z 平面上以 $r=|a|$为半径的圆的内部，如图 5.32（b）阴影部分所示。

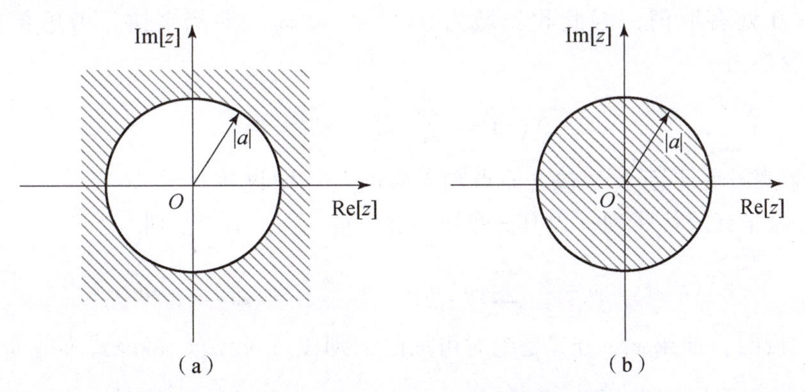

图 5.32 例 5.10 中 $X_1(z)$，$X_2(z)$的收敛域（阴影部分）

（a）$X_1(z)$的收敛域；（b）$X_2(z)$的收敛域

本例说明，在应用 z 变换时，需要明确收敛域，否则可能无法判定序列的时域形式。

定义 5.7 中的求和式是从 $-\infty$ 到 $+\infty$，即考虑了序列在 $n=0$ 两侧的取值，因此也称为双边 z 变换（bilateral z-transform）。实际中的序列通常是因果的，即 $x[n]=0$，$n<0$。

为了便于分析，也可以定义单边 z 变换（unilateral z - transform）

$$X_{+}(z)=\mathcal{Z}_{u}[x[n]]=\sum_{n=0}^{\infty}x[n]z^{-n} \tag{5.158}$$

式中，$\mathcal{Z}_{u}$ 表示单边 z 变换算子。

$x[n]$ 与 $X_{+}(z)$ 的关系可简记为

$$x[n]\overset{\mathcal{Z}_{u}}{\longleftrightarrow}X_{+}(z) \tag{5.159}$$

显然，当 $x[n]$ 是因果序列时，双边与单边的 z 变换是相同的。单边 z 变换可用于求解离散系统的全响应，具体内容见第 6 章。由于双边 z 变换的适用范围更广，本书如无特别声明，z 变换默认为双边 z 变换。

5.3.2 z 变换的收敛域

正如例 5.10 所示，在应用 z 变换时，需要明确收敛域。下面简要介绍关于收敛域的一些重要结论。

假设 $x[n]$ 为有限长序列

$$x[n]=\begin{cases}x[n], & n_1\leqslant n\leqslant n_2\\0, & 其他\end{cases} \tag{5.160}$$

该序列的 z 变换为有限项求和，有

$$X(z)=\sum_{n=n_1}^{n_2}x[n]z^{-n} \tag{5.161}$$

显然，$X(z)$ 在 $0<|z|<\infty$ 范围内都是收敛的。这里需要注意几种特殊情况。如果 $n_1\geqslant 0$，则 $X(z)$ 中所有项均为 z^{-1} 的幂（或 z 的负幂），因此，当 z 趋向于无穷远时，$X(z)$ 也收敛。换言之，收敛域包含 $z=\infty$。类似地，如果 $n_2\leqslant 0$，则 $X(z)$ 中所有项均为 z 的幂，因此 $z=0$ 也在收敛域内。此外，如果要求 $n_1\geqslant 0$ 且 $n_2\leqslant 0$，同时 $n_1\leqslant n_2$，故只能是 $n_1=n_2=0$，此时序列只在 $n=0$ 处有取值，因此收敛域为 $0\leqslant|z|\leqslant\infty$。举例来讲，考虑单位冲激函数 $\delta[n]$，其 z 变换为

$$X(z)=\sum_{n=-\infty}^{\infty}\delta[n]z^{-n}=1 \tag{5.162}$$

显然，$X(z)$ 在整个 z 平面上（包含原点和无穷远点）均收敛。

若 $x[n]$ 为非有限长序列，设其 z 变换为 $X(z)$，令 $z=r\mathrm{e}^{\mathrm{j}\Omega}$，则

$$|X(z)|_{z=r\mathrm{e}^{\mathrm{j}\Omega}}=\left|\sum_{n=-\infty}^{\infty}x[n]r^{-n}\mathrm{e}^{-\mathrm{j}\Omega n}\right|\leqslant\sum_{n=-\infty}^{\infty}|x[n]r^{-n}| \tag{5.163}$$

式（5.163）说明，如果 $x[n]r^{-n}$ 是绝对可加的，则 $X(z)$ 收敛。将该式不等号右端拆分成两项

$$|X(z)|\leqslant\sum_{n=-\infty}^{-1}|x[n]r^{-n}|+\sum_{n=0}^{\infty}|x[n]r^{-n}| \tag{5.164}$$

进一步，将上式改写为

$$|X(z)|\leqslant\sum_{n=1}^{\infty}|x[-n]r^{n}|+\sum_{n=0}^{\infty}|x[n]r^{-n}| \tag{5.165}$$

如果式（5.165）右端两项均收敛，则 $X(z)$ 收敛。下面不妨分情况讨论。

如果 $x[n]=0$，$n<0$，则式（5.165）中第一项为零，即

$$|X(z)| \leqslant \sum_{n=0}^{\infty} |x[n]r^{-n}| \tag{5.166}$$

根据级数收敛的性质，如果存在 $r=r_1$，使式（5.166）右端级数收敛，则 $|r|>r_1$ 也收敛，如图 5.33（a）所示。

如果 $x[n]=0$，$n\geqslant 0$，则式（5.165）中第二项为零，即

$$|X(z)| \leqslant \sum_{n=1}^{\infty} |x[-n]r^{n}| \tag{5.167}$$

类似地，如果存在 $r=r_2$，使式（5.167）右端级数收敛，则 $|r|<r_2$ 也收敛，如图 5.33（b）所示。

如果 $x[n]$ 是双边序列，则需要同时满足 $|r|>r_1$ 和 $|r|<r_2$。当 $r_2>r_1$ 时，$X(z)$ 的收敛域为 $r_1<|r|<r_2$，如图 5.33（c）所示；否则，$X(z)$ 的收敛域为空集。

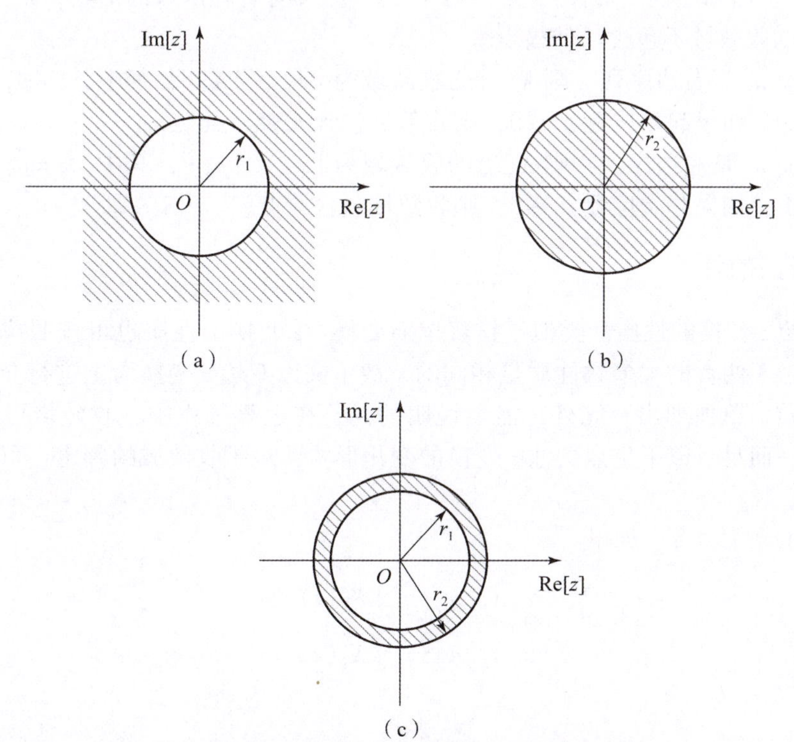

图 5.33　$X(z)$ 的收敛域（阴影部分）

（a）$|z|>r_1$；（b）$|z|<r_2$；（c）$r_1<|z|<r_2$

注意，在上述分析过程中，是以 $n=0$ 作为分界线。当然，也可以根据实际情况进行判定，这时 $X(z)$ 中可能既含有 z^{-1} 的幂，也含有 z 的幂，因而需要注意收敛域是否包含原点和无穷远点。

综合上述分析，下面给出关于收敛域的一般性结论。

命题 5.1　已知序列 $x[n]$ 的 z 变换为 $X(z)$，则

①$X(z)$的收敛域是由z平面上以原点为中心的圆或圆环所确定。

②如果$x[n]$是有限长序列，即$x[n]=0$，$n<n_1$且$n>n_2$，则$X(z)$的收敛域至少是$0<|z|<\infty$。进一步，如果$n_2\leqslant 0$，则收敛域包含原点；如果$n_1\geqslant 0$，则收敛域包含无穷远点。

③如果$x[n]$是右边序列，即$x[n]=0$，$n<n_1$，且$|z|=r_1$属于收敛域，则$r_1<|z|<\infty$也属于收敛域。进一步，如果$n_1\geqslant 0$，则收敛域包含无穷远点。

④如果$x[n]$是左边序列，即$x[n]=0$，$n>n_2$，且$|z|=r_2$属于收敛域，则$0<|z|<r_2$也属于收敛域。进一步，如果$n_2\leqslant 0$，则收敛域包含原点。

⑤如果$x[n]$是双边序列，则收敛域为$|r|>r_1$和$|r|<r_2$的交集，其中，r_1，r_2分别为右边序列和左边序列的收敛域边界。

类似于拉普拉斯变换，如果$X(z)$具有有理函数的形式，则可以通过极点的分布确定收敛域。下面直接给出相关结论。

命题 5.2 已知序列$x[n]$的z变换为$X(z)$，且具有有理函数的形式，则

①$X(z)$的收敛域不包含任何极点。

②如果$x[n]$是右边序列，则$X(z)$的收敛域为$|z|>|p_0|$，其中，$z=p_0$为模最大的极点。进一步，如果起始位置$n_1\leqslant 0$，则收敛域包含无穷远点。

③如果$x[n]$是左边序列，则$X(z)$的收敛域为$|z|<|p_0|$，其中，$z=p_0$为模最小的极点。进一步，如果起始位置$n_2\leqslant 0$，则收敛域包含原点。

5.3.3 z变换的性质

本节介绍z变换的性质。类似于拉普拉斯变换，z变换的性质也可按照单边与双边分别来描述，由于两者的大多数性质是相同的，故下文以双边z变换为主进行介绍。对于两者不同的性质，单独列出。此外，需要说明的是，在运算过程中，收敛域可能会发生改变，情况不一而足。以下重点关注z变换的变化形式，对于收敛域的判定，可根据具体情况具体分析。

性质 5.11（线性） 如果

$$x_1[n]\overset{\mathcal{Z}}{\longleftrightarrow}X_1(z) \tag{5.168}$$

$$x_2[n]\overset{\mathcal{Z}}{\longleftrightarrow}X_2(z) \tag{5.169}$$

则对任意常数a，b，有

$$ax_1[n]+bx_2[n]\overset{\mathcal{Z}}{\longleftrightarrow}aX_1(z)+bX_2(z) \tag{5.170}$$

利用线性性质可以求得一些序列的z变换，下面来看一个例子。

例 5.11 已知双边指数序列

$$x[n]=a^{|n|},a>0 \tag{5.171}$$

求$x[n]$的z变换。

解： $x[n]$可以表示为两个单边指数序列的和，即

$$x[n]=a^n u[n]+a^{-n}u[-n-1] \tag{5.172}$$

根据例 5.10，有

$$a^n u[n] \stackrel{\mathcal{Z}}{\longleftrightarrow} \frac{1}{1-az^{-1}},\ |z|>a \tag{5.173}$$

$$a^{-n} u[-n-1] \stackrel{\mathcal{Z}}{\longleftrightarrow} \frac{-1}{1-a^{-1}z^{-1}},\ |z|<1/a \tag{5.174}$$

再利用线性性质，$x[n]$的 z 变换为

$$X(z)=\frac{1}{1-az^{-1}}-\frac{1}{1-a^{-1}z^{-1}}=\frac{1-a^2}{(1-az)(1-az^{-1})} \tag{5.175}$$

注意到 $X(z)$的收敛域应为$|z|>a$ 与$|z|<1/a$ 的交集。当 $0<a<1$ 时，$X(z)$的收敛域为 $a<|z|<1/a$；而当 $a\geqslant 1$ 时，交集为空，这意味着 $X(z)$不存在。

此外，注意到 $X(z)$有两个极点，其中，$z=a$ 决定了收敛域的下边界，$z=1/a$ 决定了收敛域的上边界。由于 $a<|z|<1/a$，故收敛域包含单位圆。若令 $z=\mathrm{e}^{\mathrm{j}\Omega}$，则得到 $x[n]$的 DTFT

$$X(\mathrm{e}^{\mathrm{j}\Omega})=X(z)\big|_{z=\mathrm{e}^{\mathrm{j}\Omega}}=\frac{1-a^2}{(1-a\mathrm{e}^{\mathrm{j}\Omega})(1-a\mathrm{e}^{-\mathrm{j}\Omega})}=\frac{1-a^2}{1+a^2-2a\cos\Omega} \tag{5.176}$$

值得说明的是，如果两个序列的 z 变换收敛域分别为 $\mathcal{R}_1$ 和 $\mathcal{R}_2$，则线性组合之后的 z 变换收敛域至少为 $\mathcal{R}_1\cap\mathcal{R}_2$，但不排除收敛域会扩大。例如：

$$u[n] \stackrel{\mathcal{Z}}{\longleftrightarrow} \frac{1}{1-z^{-1}},\ |z|>1 \tag{5.177}$$

$$u[n-1] \stackrel{\mathcal{Z}}{\longleftrightarrow} \frac{z^{-1}}{1-z^{-1}},\ |z|>1 \tag{5.178}$$

而 $u[n]-u[n-1]=\delta[n] \stackrel{\mathcal{Z}}{\longleftrightarrow} 1$，收敛域为整个 z 平面。

性质 5.12（移位） 如果

$$x[n] \stackrel{\mathcal{Z}}{\longleftrightarrow} X(z) \tag{5.179}$$

则

$$x[n-k] \stackrel{\mathcal{Z}}{\longleftrightarrow} z^{-k}X(z) \tag{5.180}$$

式中，k 为任意整数。

移位性质说明，序列在时域上移动 k 个单位对应于其 z 变换乘以 z^{-k}。特别地，若令 $x[n]=\delta[n]$，则

$$\delta[n-k] \stackrel{\mathcal{Z}}{\longleftrightarrow} z^{-k} \tag{5.181}$$

结合物理意义来看，z^{-k}具有移位或移相的作用。具体来讲，当 $k>0$ 时，z^{-k}是将序列右移（即延迟）k 个单位；当 $k<0$ 时，z^{-k}是将序列左移（即提前）k 个单位。此外，注意到，当 $k>0$ 时，z^{-k}的极点为原点；当 $k<0$ 时，z^{-k}的极点为无穷远点。因此，移位之后的收敛域可能在这两点上发生改变。

对于单边 z 变换，移位性质有所不同，这时必须考虑序列的因果性及初始值。

性质 5.13（单边 z 变换的移位） 如果

$$x[n] \stackrel{\mathcal{Z}_u}{\longleftrightarrow} X_+(z) \tag{5.182}$$

则

$$x[n-k]\overset{\mathcal{Z}_u}{\longleftrightarrow}z^{-k}\left[X_+(z)+\sum_{n=1}^{k}x[-n]z^{n}\right] \tag{5.183}$$

$$x[n+k]\overset{\mathcal{Z}_u}{\longleftrightarrow}z^{k}\left[X_+(z)-\sum_{n=0}^{k-1}x[n]z^{-n}\right] \tag{5.184}$$

式中，$k>0$。

不妨结合图形来分析上述性质。已知某序列$x[n]$如图5.34（a）所示，$x[n-k]$，$k>0$为右移序列，如图5.34（b）所示。此时因果部分（即$n\geqslant0$）新增了一些点，即原序列中的$x[-1]$，$x[-2]$，…，$x[-k]$。因此，在对$x[n-k]$作单边z变换时，需要加上这些新增的点，即反映在式（5.183）中方括号内的第二项。特别地，如果原序列是因果序列，即$x[n]=0$，$n<0$，则新增部分为零，故式（5.183）可化简为

$$x[n-k]\overset{\mathcal{Z}_u}{\longleftrightarrow}z^{-k}X_+(z) \tag{5.185}$$

相反，$x[n+k]$，$k>0$为左移序列，如图5.34（c）所示。此时原序列中的$x[0]$，$x[1]$，…，$x[k-1]$位于非因果部分（$n<0$），故在对$x[n+k]$作单边z变换时，需要将这些点舍弃，即反映在式（5.184）中方括号内的第二项。

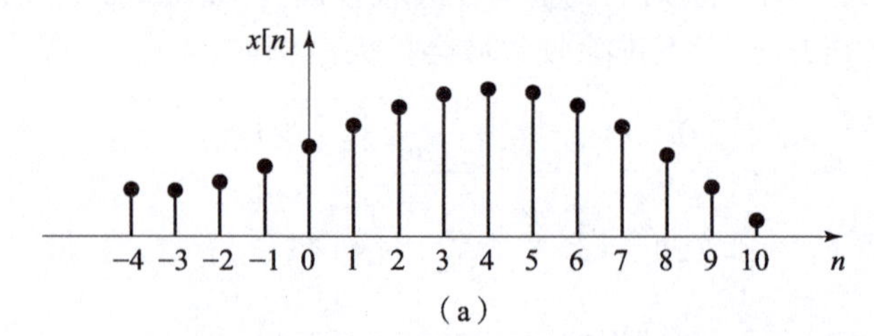

（a）

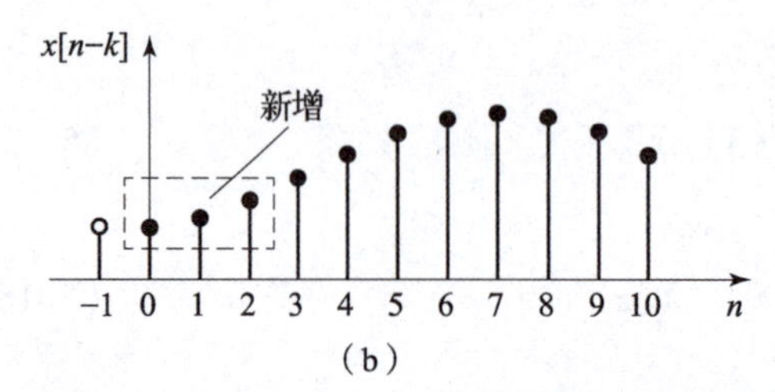

（b）

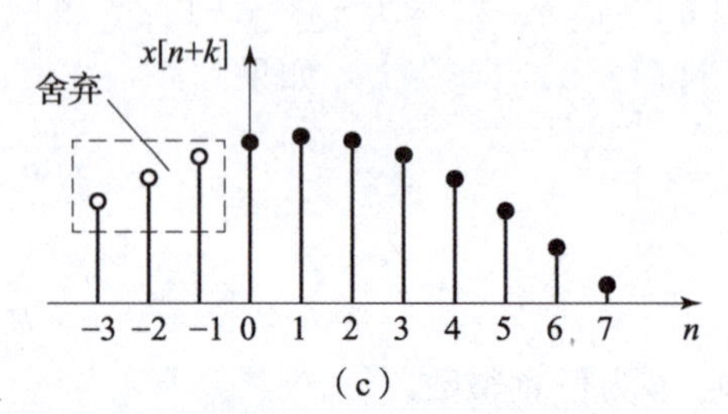

（c）

图5.34 单边z变换的移位性质示意图

（a）原序列；（b）右移序列（$k=3$）；（c）左移序列（$k=3$）

在第6章将会看到，利用单边z变换的移位性质可以求解离散系统的全响应。

性质5.14（z域尺度变换） 如果

$$x[n]\overset{\mathcal{Z}}{\longleftrightarrow}X(z) \tag{5.186}$$

则

$$a^{n}x[n]\overset{\mathcal{Z}}{\longleftrightarrow}X(a^{-1}z) \tag{5.187}$$

式中，a为任意实数。

性质5.15（反褶） 如果

$$x[n]\overset{\mathcal{Z}}{\longleftrightarrow}X(z) \tag{5.188}$$

则

$$x[-n] \stackrel{\mathcal{Z}}{\longleftrightarrow} X(z^{-1}) \tag{5.189}$$

性质 5.16（共轭） 如果

$$x[n] \stackrel{\mathcal{Z}}{\longleftrightarrow} X(z) \tag{5.190}$$

则

$$x^*[n] \stackrel{\mathcal{Z}}{\longleftrightarrow} X^*(z^*) \tag{5.191}$$

性质 5.17（z 域微分） 如果

$$x[n] \stackrel{\mathcal{Z}}{\longleftrightarrow} X(z) \tag{5.192}$$

则

$$nx[n] \stackrel{\mathcal{Z}}{\longleftrightarrow} -z\frac{\mathrm{d}}{\mathrm{d}z}X(z) \tag{5.193}$$

例 5.12 求 $x[n]=na^n u[n]$ 的 z 变换。

解： 由于

$$a^n u[n] \stackrel{\mathcal{Z}}{\longleftrightarrow} \frac{1}{1-az^{-1}},\ |z|>|a| \tag{5.194}$$

利用 z 域微分性质，$na^n u[n]$ 的 z 变换为

$$X(z)=\mathcal{Z}[na^n u[n]]=-z\frac{\mathrm{d}}{\mathrm{d}z}\frac{1}{1-az^{-1}}=\frac{az^{-1}}{(1-az^{-1})^2},\ |z|>|a| \tag{5.195}$$

性质 5.18（卷积定理） 如果

$$x_1[n] \stackrel{\mathcal{Z}}{\longleftrightarrow} X_1(z) \tag{5.196}$$

$$x_2[n] \stackrel{\mathcal{Z}}{\longleftrightarrow} X_2(z) \tag{5.197}$$

则

$$x_1[n]*x_2[n] \stackrel{\mathcal{Z}}{\longleftrightarrow} X_1(z)X_2(z) \tag{5.198}$$

例 5.13 求斜变序列 $x[n]=nu[n]$ 的 z 变换。

解： 斜变序列可以表示为

$$nu[n]=u[n]*u[n-1] \tag{5.199}$$

而

$$u[n] \stackrel{\mathcal{Z}}{\longleftrightarrow} \frac{1}{1-z^{-1}},\ |z|>1 \tag{5.200}$$

$$u[n-1] \stackrel{\mathcal{Z}}{\longleftrightarrow} \frac{z^{-1}}{1-z^{-1}},\ |z|>1 \tag{5.201}$$

因此，根据卷积定理，$nu[n]$ 的 z 变换为

$$X(z)=\mathcal{Z}[nu[n]]=\frac{1}{1-z^{-1}}\frac{z^{-1}}{1-z^{-1}}=\frac{z^{-1}}{(1-z^{-1})^2},\ |z|>1 \tag{5.202}$$

本例也可采用 z 域微分性质计算。根据例 5.12，令 $a=1$，可得到同样的结果。

本节最后介绍两个关于单边 z 变换的性质，即初值定理与终值定理。

性质 5.19（初值定理） 设 $x[n]$ 的单边 z 变换为 $X_+(z)$，则

$$x[0]=\lim_{z\to\infty}X_+(z) \tag{5.203}$$

证明： 由于

$$X_+(z)=x[0]+x[1]z^{-1}+x[2]z^{-2}+\cdots+x[n]z^{-n} \tag{5.204}$$

因此，当 $z\to\infty$ 时，$X_+(z)\to x[0]$。

性质 5.20（终值定理） 设 $x[n]$ 的单边 z 变换为 $X_+(z)$，则

$$x(\infty)=\lim_{z\to 1}(z-1)X_+(z) \tag{5.205}$$

证明： 令 $y[n]=x[n+1]-x[n]$，则

$$Y_+(z)=\sum_{n=0}^{\infty}y[n]z^{-n}=\sum_{n=0}^{\infty}[x[n+1]-x[n]]z^{-n} \tag{5.206}$$

令 $z\to 1$，可得

$$\lim_{z\to 1}Y_+(z)=\lim_{z\to 1}\sum_{n=0}^{\infty}[x[n+1]-x[n]]z^{-n}=\sum_{n=0}^{\infty}[x[n+1]-x[n]]=x(\infty)-x[0] \tag{5.207}$$

另外，根据单边 z 变换的线性性质和移位性质，有

$$Y_+(z)=zX_+(z)-X_+(z)-zx[0]=(z-1)X_+(z)-zx[0] \tag{5.208}$$

因此

$$\lim_{z\to 1}Y_+(z)=\lim_{z\to 1}[(z-1)X_+(z)-zx[0]]=\lim_{z\to 1}(z-1)X_+(z)-x[0] \tag{5.209}$$

对比式（5.207）与式（5.209），可知

$$x(\infty)=\lim_{z\to 1}(z-1)X_+(z) \tag{5.210}$$

利用初值定理与终值定理，可以在 z 变换表达式已知的情况下求得序列在 $n=0$ 处的取值和 $n\to\infty$ 处的极限值，而并不需要知道时域上的表达式。此外，注意到，如果 $x[n]$ 是因果序列，则单边与双边的 z 变换相同。因此，初值定理和终值定理也可以用于因果序列的双边 z 变换。

5.3.4 逆 z 变换

类似于拉普拉斯逆变换，逆 z 变换也可以采用围线积分法或部分分式展开法进行计算，下面进行详细介绍。

（1）围线积分法（留数法）

回顾逆 z 变换的定义

$$x[n]=\frac{1}{2\pi \mathrm{j}}\oint_C X(z)z^{n-1}\mathrm{d}z \tag{5.211}$$

式中，C 为收敛域内半径为 r 的圆周。事实上，C 可以是收敛域内任意包含原点的封闭曲线。

由于逆 z 变换是 z 平面上的围线积分，故可以采用留数定理来进行计算，即

$$x[n]=\frac{1}{2\pi \mathrm{j}}\oint_C X(z)z^{n-1}\mathrm{d}z=\sum_{p_i\in C}\mathrm{Res}[X(z)z^{n-1},p_i] \tag{5.212}$$

式中，p_i 为 C 内所有的极点；$\mathrm{Res}[X(z)z^{n-1},p_i]$ 为 $X(z)z^{n-1}$ 在 $z=p_i$ 处的留数。具体可按下式计算

$$\operatorname{Res}[X(z)z^{n-1},p_i]=\frac{1}{(k-1)!}\frac{\mathrm{d}^{k-1}}{\mathrm{d}z^{k-1}}(z-p_i)^k X(z)z^{n-1}\Big|_{z=p_i},p_i\text{ 为 }k\text{ 阶极点} \tag{5.213}$$

如果 $X(z)z^{n-1}$ 在 C 内没有极点，则围线积分为零，即 $x[n]=0$。

例 5.14　已知某序列 $x[n]$ 的 z 变换为

$$X(z)=\frac{1}{1-az^{-1}},\ |z|>|a| \tag{5.214}$$

利用留数法求 $x[n]$。

解： 根据逆 z 变换定义式，有

$$x[n]=\frac{1}{2\pi\mathrm{j}}\oint_C \frac{z^{n-1}}{1-az^{-1}}\mathrm{d}z=\frac{1}{2\pi\mathrm{j}}\oint_C \frac{z^n}{z-a}\mathrm{d}z \tag{5.215}$$

式中，C 为 $|z|>|a|$ 内的圆周。

当 $n\geqslant 0$ 时，$X(z)z^{n-1}$ 在 C 内包含一阶极点 $z=a$，根据留数定理，有

$$x[n]=\frac{1}{2\pi\mathrm{j}}\oint_C \frac{z^n}{z-a}\mathrm{d}z=\operatorname{Res}\left[\frac{z^n}{z-a},a\right]=a^n,n\geqslant 0 \tag{5.216}$$

当 $n<0$ 时，$X(z)z^{n-1}$ 在 C 内的极点除了 $z=a$ 外，还包括 $z=0$，且阶数为 n。例如，当 $n=-1$ 时，有

$$x[-1]=\frac{1}{2\pi\mathrm{j}}\oint_C \frac{1}{z(z-a)}\mathrm{d}z=\frac{1}{z}\Big|_{z=a}+\frac{1}{z-a}\Big|_{z=0}=0 \tag{5.217}$$

当 $n=-2$ 时，有

$$x[-2]=\frac{1}{2\pi\mathrm{j}}\oint_C \frac{1}{z^2(z-a)}\mathrm{d}z=\frac{1}{z^2}\Big|_{z=a}+\frac{\mathrm{d}}{\mathrm{d}z}\frac{1}{z-a}\Big|_{z=0}=0 \tag{5.218}$$

依此类推，通过计算可知，当 $n<0$ 时，$x[n]=0$。因此

$$x[n]=a^n u[n] \tag{5.219}$$

根据 z 变换对的关系，容易验证上述结果是正确的。事实上，由于收敛域为 $|z|>|a|$ 且包含无穷远点，根据收敛域的性质（见性质 5.2），$x[n]$ 必然为右边序列，且 $x[n]=0$，$n<0$。

(2) 部分分式展开法

如果 $X(z)$ 具有有理函数的形式，则可以采用部分分式展开法进行计算，即将有理函数分解为一些简单分式的代数和，进而利用常见的 z 变换对求得时域上的表达式。这种思路与拉普拉斯逆变换中的部分分式展开法是相同的，只不过形式上有所区别。下面进行介绍。

设 $X(z)$ 具有有理函数的形式

$$X(z)=\frac{B(z)}{A(z)}=\frac{\sum_{k=0}^{M}b_k z^{-k}}{\sum_{k=0}^{N}a_k z^{-k}} \tag{5.220}$$

同时，假设 $M<N$ 且 $a_0=1$，即式（5.220）为真分式。事实上，如果 $M\geqslant N$，则可以将式（5.220）转化为

$$X(z)=\sum_{k=0}^{M-N}c_k z^{-k}+\frac{B_1(z)}{A(z)} \tag{5.221}$$

式中，第一项为多项式，第二项为真分式。对于多项式部分，可以通过 $\delta[n-k] \overset{z}{\longleftrightarrow} z^{-k}$ 来计算，因此主要计算仍然在真分式部分。

为了便于化简，将式（5.220）中的分子、分母同乘以 z^N，使所有项的指数非负

$$X(z)=\frac{b_0z^N+b_1z^{N-1}+\cdots+b_Mz^{N-M}}{z^N+a_1z^{N-1}+\cdots+a_N} \tag{5.222}$$

对 $X(z)$ 除以 z，得

$$\frac{X(z)}{z}=\frac{b_0z^{N-1}+b_1z^{N-2}+\cdots+b_Mz^{N-M-1}}{z^N+a_1z^{N-1}+\cdots+a_N} \tag{5.223}$$

由于 $N-M\geqslant 1$，因此上式依然是真分式。

如果 $X(z)/z$ 存在 N 个不同的极点，记为 $z=p_i, i=1,2,\cdots,N$，则式（5.223）可以分解为如下形式

$$\frac{X(z)}{z}=\frac{A_1}{z-p_1}+\frac{A_2}{z-p_2}+\cdots+\frac{A_N}{z-p_N} \tag{5.224}$$

式中，A_i 为待定系数，可以通过留数法计算：

$$A_i=\left.\frac{(z-p_i)X(z)}{z}\right|_{z=p_i}, i=1,2,\cdots,N \tag{5.225}$$

因此，可得

$$X(z)=\sum_{i=1}^{N}\frac{A_iz}{z-p_i}=\sum_{i=1}^{N}\frac{A_i}{1-p_iz^{-1}} \tag{5.226}$$

根据 z 变换对

$$p_i^n u[n] \overset{z}{\longleftrightarrow} \frac{1}{1-p_iz^{-1}}, |z|>|p_i| \tag{5.227}$$

$$-p_i^n u[-n-1] \overset{z}{\longleftrightarrow} \frac{1}{1-p_iz^{-1}}, |z|<|p_i| \tag{5.228}$$

因此，可结合收敛域和实际情况判定时域上的表达式。例如，假设序列是因果的，则收敛域应为 $|z|>\max\limits_{1\leqslant i\leqslant N}\{|p_i|\}$，此时时域上的表达式为

$$x[n]=\sum_{i=1}^{N}A_ip_i^n u[n] \tag{5.229}$$

如果 $X(z)/z$ 存在高阶极点，例如，设 $z=p_k$ 为 m 阶极点（$m>1$），其余 $z=p_i$，$i\neq k$ 均为一阶极点，则相应的分解形式为

$$\frac{X(z)}{z}=\frac{A_{k1}}{z-p_k}+\frac{A_{k2}}{(z-p_k)^2}+\cdots+\frac{A_{km}}{(z-p_k)^m}+\sum_{i\neq k}\frac{A_i}{z-p_i} \tag{5.230}$$

式中，A_{kr} 可按留数法计算

$$A_{kr}=\left.\frac{1}{(m-r)!}\frac{\mathrm{d}^{m-r}}{\mathrm{d}z^{m-r}}\frac{(z-p_k)^mX(z)}{z}\right|_{z=p_k}, r=1,2,\cdots,m \tag{5.231}$$

其余 A_i 依然按照式（5.225）计算。

根据 z 变换对关系（见习题 5.18）

$$\binom{n+m-1}{m+1}p_i^n u[n] \overset{z}{\longleftrightarrow} \frac{1}{(1-p_i z^{-1})^m},\ |z|>|p_i| \tag{5.232}$$

$$-\binom{n+m-1}{m+1}p_i^n u[-n-1] \overset{z}{\longleftrightarrow} \frac{1}{(1-p_i z^{-1})^m},\ |z|<|p_i| \tag{5.233}$$

式中，$\binom{n+m-1}{m+1}=\frac{(n+m-1)!}{n!(m-1)!}$。相应地，可以推得时域上的表达式。

例 5.15　已知某因果序列 $x[n]$ 的 z 变换为

$$X(z)=\frac{1}{(2+z^{-1})(1-z^{-1})^2} \tag{5.234}$$

利用部分分式展开法求 $x[n]$。

解：

$$\frac{X(z)}{z}=\frac{1}{z(2+z^{-1})(1-z^{-1})^2}=\frac{z^2}{2(z+0.5)(z-1)^2} \tag{5.235}$$

易知 $z=-0.5$ 为一阶极点，$z=1$ 为二阶极点。

对 $X(z)/z$ 作部分分式展开，有

$$\frac{X(z)}{z}=\frac{1}{2}\left[\frac{A_1}{z+0.5}+\frac{A_{21}}{z-1}+\frac{A_{22}}{(z-1)^2}\right] \tag{5.236}$$

式中

$$A_1=\left.\frac{2(z+0.5)X(z)}{z}\right|_{z=-0.5}=\frac{1}{9} \tag{5.237}$$

$$A_{21}=\left.\frac{\mathrm{d}}{\mathrm{d}z}\frac{2(z-1)^2X(z)}{z}\right|_{z=1}=\frac{8}{9} \tag{5.238}$$

$$A_{22}=\left.\frac{2(z-1)^2X(z)}{z}\right|_{z=1}=\frac{2}{3} \tag{5.239}$$

因此

$$X(z)=\frac{1}{18}\frac{1}{1+0.5z^{-1}}+\frac{4}{9}\frac{1}{1-z^{-1}}+\frac{1}{3}\frac{z^{-1}}{(1-z^{-1})^2} \tag{5.240}$$

根据题目条件，$x[n]$ 是因果的，因此

$$x[n]=\left[\frac{1}{18}\left(-\frac{1}{2}\right)^n+\frac{4}{9}+\frac{1}{3}n\right]u[n] \tag{5.241}$$

除了上述介绍的两种逆 z 变换的计算方法，还有一种计算方法，称为幂级数展开法。该方法的基本思想是，如果 $X(z)$ 能够展开成幂级数的形式，即

$$X(z)=\sum_{n=-\infty}^{\infty}c_n z^{-n} \tag{5.242}$$

且上述级数在 $X(z)$ 的收敛域内存在，则根据 z 变换的唯一性，$x[n]=c_n$。

举例来讲，设某因果序列的 z 变换为

$$X(z)=\frac{2-z^{-1}}{1+z^{-1}} \tag{5.243}$$

利用长除法，可将 $X(z)$ 展开为

$$X(z)=2-3z^{-1}+3z^{-2}-3z^{-3}+3z^{-4}+\cdots \tag{5.244}$$

相应地，可得时域表示为

$$x[n]=[\underset{\uparrow}{2},-3,3,-3,3,\cdots] \tag{5.245}$$

显然，通过上述方式展开是相当繁冗的，而且除非能够观察找到 $x[n]$ 具有某种规律，否则一般无法得到 $x[n]$ 的闭式表达式。因此，对于有理函数形式的 $X(z)$，不推荐采用这种方法求解。

幂级数展开法可用于求解一些非有理函数的 $X(z)$ 的逆变换。限于篇幅，本书不再展开介绍，感兴趣的读者可参阅文献[9，12，13，22]。

5.4 编程仿真实验

在计算机中，离散时间信号以数组的形式表示和存储。关于离散时间信号的生成方法，在 1.6 节已经介绍过，这里不再赘述。本节主要介绍如何利用编程实现离散时间信号（序列）的分析和处理。

5.4.1 离散时间信号的时域运算

表 5.1 列出了离散时间信号的基本运算及相应的 MATLAB 函数，具体用法可参考下文示例。

表 5.1 离散时间信号的基本运算及相应的 MATLAB 函数

运算	MATLAB 函数	运算	MATLAB 函数
相加①	+	相乘	*
反褶②	flip/fliplr/flipud	差分	diff
累加和	cumsum	循环移位	circshift
线性卷积	conv	循环卷积③	cconv
相关	xcorr		

①应确保数组长度一致。
②fliplr 是对数组进行左右翻转，适用于行向量形式的数组；
flipud 是对数组进行上下翻转，适用于列向量形式的数组；
flip 则适用于一般情况。
③需安装信号处理工具箱。

由于数组的索引默认是从 1 开始，因此，在运算和处理过程中，需要注意索引的变化，必要时可单独对索引进行定义。例如，已知 $x[n]=[\underset{\uparrow}{1},2,3,4,5]$，其中，↑表示 $n=$

0 的位置，在 MATLAB 中表示为

```
x = 1:5; 序列幅值
n = 0:4; % 序列的实际索引
```

若对 $x[n]$ 作反褶，则需要同时对索引进行反褶并取负号：

```
xr = flip(x); 序列反褶
nr = -flip(n); % 反褶序列的实际索引
```

又如，对于移位运算，设 $y[n]=x[n-k]$，实际上，移位后序列（数组）的幅值不变，仅需改变索引：

```
y = x; 序列移位
k = 2; 移位因子
m = n+k; % 移位序列的实际索引
```

图 5.35 给出了上述运算的图形结果。

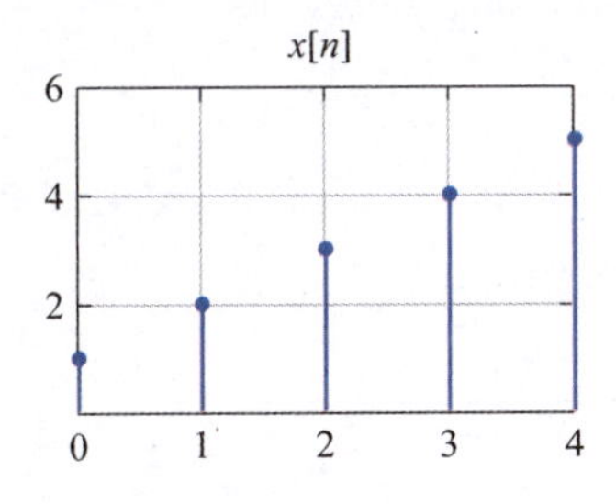

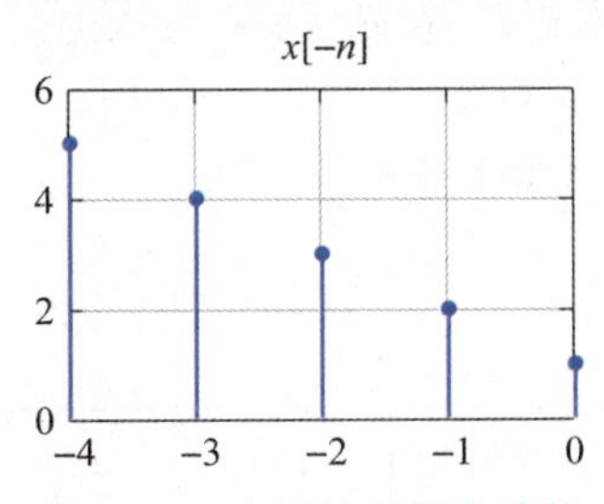

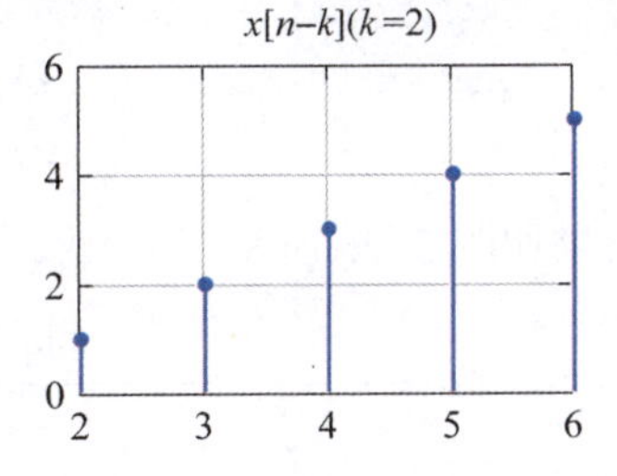

图 5.35　序列的反褶和移位

实验 5.1　已知有限长序列 $x_1[n]=[\underset{\uparrow}{1},1,1]$，$x_2[n]=[\underset{\uparrow}{1},2,3,4,5]$，编程验证两者的线性卷积与循环卷积的关系。

本例与例 5.5 中的信号相同。根据 5.1.3 节的分析，当循环卷积点数 $N=N_1+N_2-1$ 时，其结果恰好等于线性卷积。下面进行编程验证，具体代码如下。

```
x1 = ones(1,3);
x2 = 1:5;
N = length(x1)+length(x2)-1;
y = conv(x1,x2); % 线性卷积
z = cconv(x1,x2,N); % N 点循环卷积
```

计算结果为

```
>> y
y =
1   3   6   9   12   9   5
>> z
z =
1.0000   3.0000   6.0000   9.0000   12.0000   9.0000   5.0000
```

由此可见，除了有效数字上的差异，线性卷积与 N 点循环卷积的结果相等。

实验 5.2 已知有限长序列 $x[n]=[\underset{\uparrow}{1},2,1]$，$y[n]=[\underset{\uparrow}{1},2,3,4,5]$，编程计算两者的互相关和各自的自相关，并验证相关与卷积的关系。

MATLAB 函数 xcorr 可用于计算两个序列的互相关，具体用法如下：

```
[rxy,lag] = xcorr(x,y,scaleopt); % x,y 的互相关
```

其中，x，y 为输入序列，若两者长度不等，程序将自动将较短的序列补零，使两者长度相等；当 $x=y$ 时，则计算序列的自相关；参数 scaleopt 为归一化选项，默认为'none'，即不作任何尺度伸缩；输出 rxy 为互相关序列，lag 为时滞，即互相关序列的索引。

具体代码如下：

```
x =[1 2 1];
y = 1:5;
[rxy,lagxy] = xcorr(x,y); % x,y 的互相关
[ryx,lagyx] = xcorr(y,x); % y,x 的互相关
[rx,lagx] = xcorr(x,x); % x 的自相关
[ry,lagy] = xcorr(y,y); % y 的自相关
```

结果如图 5.36 所示。

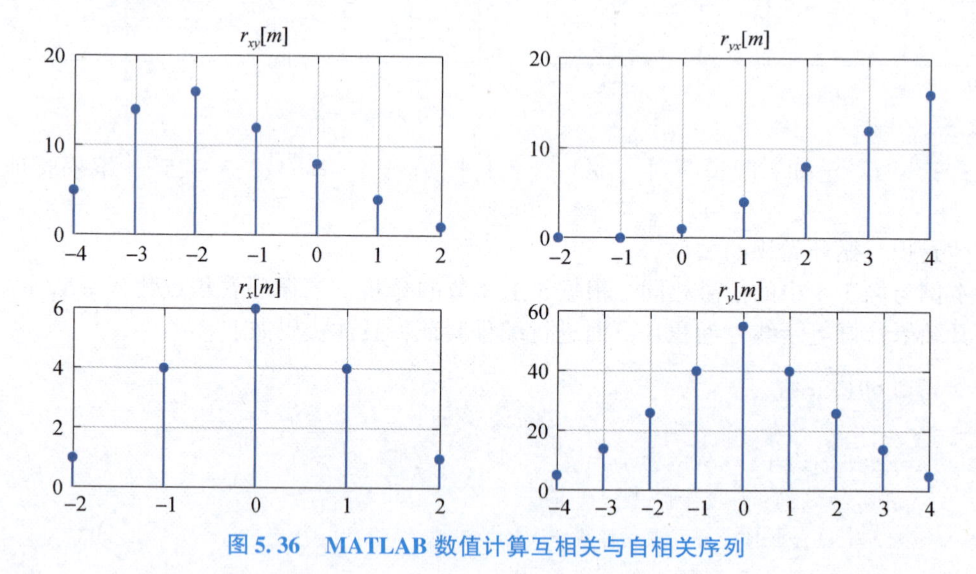

图 5.36 MATLAB 数值计算互相关与自相关序列

根据 5.1.4 节的介绍，$x[n]$与 $y[n]$的相关等价于 $x[n]$与 $y[-n]$的线性卷积，下面通过编程进行验证，代码如下：

```
yr = flip(y) % 对 y 作反褶
z = conv(x,yr); % x,yr 的线性卷积
L = length(x) + length(y) -1; % 互相关的有效长度(非零值)
rxy = rxy(1:L); % 取 rxy 的非零值
```

结果为

```
>> z
z =
5  14  16  12  8  4  1
>> rxy
rxy =
5.0000  14.0000  16.0000  12.0000  8.0000  4.0000  1.0000
```

可见，除了有效数字上的差异，两种计算方法的结果相等。

5.4.2　DTFT 的计算

可以通过数值方法来计算连续时间信号的 DTFT。假设序列 $x[n]$ 是有限长的，不妨设 $x[n]$，$0 \leqslant n \leqslant M-1$，根据 DTFT 的定义式，对一个周期内（如 $[0, 2\pi]$）的频谱进行采样，记采样频点为

$$\Omega_k = \frac{2\pi}{N}k, k = 0, 1, \cdots, N-1 \tag{5.246}$$

则在这些采样频点上的频谱值为

$$X(\mathrm{e}^{\mathrm{j}\Omega_k}) = \sum_{n=0}^{M-1} x[n]\mathrm{e}^{-\mathrm{j}\Omega_k n} \tag{5.247}$$

式（5.247）提供了一种数值计算方法。显然，采样频点越密集，频谱的近似效果越好。事实上，上述方法蕴含了离散傅里叶变换的思想，具体内容将在第 7 章介绍。

另一种更方便的方法是调用 MATLAB SP 工具箱提供的函数 freqz[①]，该函数采用快速傅里叶算法（详见第 7 章）实现。基本用法如下：

```
[h,w] = freqz(x); % 计算 x 在[0,pi]内的 DTFT
[h,w] = freqz(x,N); % 以采样频点 N 计算 x 的 DTFT
[h,w] = freqz(x,N,'whole'); % 计算 x 在[0,2*pi]内的 DTFT
```

其中，输入 x 为有限长序列；参数 N 为频域上的采样点数，默认为 512；输出 h 为 DTFT 的采样值；w 为采样频点。在默认情况下，输出结果是 $[0, \pi]$ 上的频谱采样值；若增加输入参数'whole'，则将得到一个完整周期（即 $[0, 2\pi]$）上的采样值。

需要注意的是，在上述计算过程中，默认序列的实际索引是从 $n=0$ 开始的。如果序列索引含有负数，根据 DTFT 的移位性质，需要将 DTFT 的数值结果乘以相移因子 $\mathrm{e}^{\mathrm{j}\Omega L}$，其中，$L=(M-1)/2$，这样才能得到正确的频谱。此外，freqz 默认输出是 $[0, \pi]$ 上的频谱，如果需要得到 $[-\pi, \pi]$ 上的频谱，可以根据频谱的共轭对称性（假设为实序列）来推得。

实验 5.3　编程计算双边指数序列 $x[n]=a^{|n|}$ 的 DTFT，其中，$|a|<1$。

根据理论分析可知，双边指数序列的 DTFT 为

---

① 根据 MATLAB 帮助文档的说明，freqz 用于求解离散时间系统（或数字滤波器）的频率响应，即系统冲激响应的 DTFT（详见第 6 章）。因而，从原理上来讲，也可以求离散时间信号的 DTFT。

$$a^{|n|} \xleftrightarrow{\text{DTFT}} \frac{1-a^2}{1-2a\cos\Omega+a^2}, \ |a|<1$$

注意到双边指数序列是无限长的，而计算机只能处理有限长的序列，相当于对原序列加矩形窗。根据5.2.3节的分析，加窗会造成频谱失真。下面通过编程观察数值计算结果及误差。实验中设 $a=0.8$，序列长度分别取41和21，具体代码如下：

```
L = 20; % 单边宽度
a = 0.8;
n = -L:L; % 序列的实际索引
x = a.^abs(n); % 生成双边指数序列
[h,w] = freqz(x); % 计算 x 的 DTFT
h = h.*exp(1j*w*L); % 修正频谱的相位
mag = abs(h); % 幅度谱
phs = angle(h); % 相位谱
mag =[flip(mag);mag]; % 扩展为[-pi,pi]幅度谱
phs =[-flip(phs);phs]; % 扩展为[-pi,pi]相位谱
w =[-flip(w);w]; % 采样频点
```

图5.37给出了数值计算结果，同时画出了DTFT的理论值。显然，当 $L=30$ 时，数值计算的幅度谱与理论值非常接近；而当 $L=10$ 时，由于序列长度减小，数值计算的幅度谱产生了明显的失真。此外，注意到相位谱的数值计算结果数量级在 10^{-14}，非常接近于零。实际上，根据理论分析可知，双边指数序列的频谱是实的且非负，因此相位谱为零。

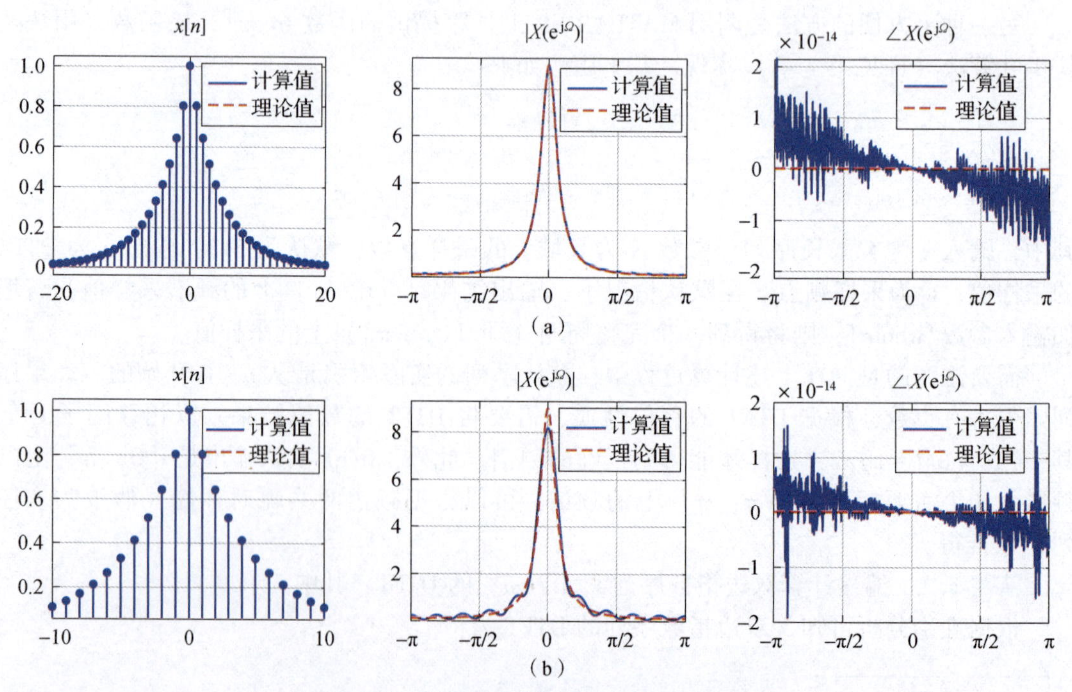

图5.37 数值计算双边指数序列的DTFT

(a) $L=20$；(b) $L=10$

5.4.3　z 变换的计算

类似于傅里叶变换和拉普拉斯变换的符号计算方式，MATLAB SM 工具箱提供函数 ztrans 可用于计算离散时间信号的 z 变换。由于程序默认序列是因果的，因此所得结果实际上是单边 z 变换。基本用法如下：

```
f = ztrans(x); % x 的(单边)z 变换
f = ztrans(x,zvar); % 指定 zvar 为变换域自变量
f = ztrans(x,tvar,zvar); % 指定 tvar,zvar 为时域和变换域自变量
```

其中，x，f 均为符号函数。在默认情况下，程序以 n，z 分别作为时域和变换域的自变量，也可通过 tvar，zvar 自行指定。

相应地，逆 z 变换的 MATLAB 函数为 iztrans，基本用法与 ztrans 相似，例如：

```
x = iztrans(f); % f 的逆 z 变换
```

实验 5.4　编程计算下列两个序列的 z 变换：

①$x_1[n]=a^n u[n]$；②$x_2[n]=na^n u[n]$。

根据理论分析可知

$$a^n u[n] \overset{\mathcal{Z}_u}{\longleftrightarrow} \frac{1}{1-az^{-1}},\ |z|>|a|$$

$$na^n u[n] \overset{\mathcal{Z}_u}{\longleftrightarrow} \frac{az^{-1}}{(1-az^{-1})^2},\ |z|>|a|$$

下面通过编程进行验证，具体代码如下：

```
syms a; % 定义符号变量
syms n integer positive % 定义非负整数符号变量
x1(n) = a^n; % 定义符号序列 x1
x2(n) = n*a^n; % 定义符号序列 x2
f1 = ztrans(x1); % x1 的 z 变换
f2 = ztrans(x2); % x2 的 z 变换
```

结果为

```
>> f1
f1 =
-z/(a-z)
>> f2
f2 =
(a*z)/(a-z)^2
```

可见与理论计算结果一致。

对于具有有理函数形式的 z 变换，可采用 MATLAB 函数 residuez 来实现部分分式展开[①]，基本用法如下：

```
[r,p,k] = residuez(b,a); % 对有理函数进行部分分式展开
[b,a] = residuez(r,p,k); % 将部分分式展开还原为有理函数
```

其中，b，a 分别为有理函数中的分子多项式和分母多项式的系数，并且按照关于 z 的降幂顺序排列；r 为部分分式展开中各真分式的系数（即留数）；p 为极点；k 为展开后的多项式系数，若原式为真分式，则 k 为零。

需要说明的是，residuez 直接对 $X(z)$ 进行部分分式展开，而非 5.3.4 节中所介绍的 $X(z)/z$。虽然两者计算过程稍有不同，但最终得到的展开式是一样的。下面结合一道例题进行说明。

实验 5.5 已知某因果序列 $x[n]$ 的 z 变换为

$$X(z)=\frac{1}{(2+z^{-1})(1-z^{-1})^2}$$

编程计算 $X(z)$ 的部分分式展开及逆 z 变换。

本例中的序列与例 5.15 相同，下面编程计算部分分式展开，具体代码如下：

```
syms z; % 定义符号变量
A(z) = (2 +1/z) * (1 -1/z)^2; % 有理函数的分母
a = sym2poly(A(z) * z^3); % 提取分母多项式系数
[r,p,k] = residuez(1,a); % 求部分分式展开
```

计算结果为

```
>> r'
ans =
0.1111   0.3333   0.0556
>> p'
ans =
1.0000   1.0000   -0.5000
>> k'
ans =
[]
```

注意到 $z=1$ 为 $X(z)$ 的二阶极点，MATLAB 按照分母升幂的顺序排列。因此，部分分式展开式为

$$X(z)=\frac{1/9}{1-z^{-1}}+\frac{1/3}{(1-z^{-1})^2}+\frac{1/18}{1+0.5z^{-1}}$$

对上式稍作变形，有

---

① 在 MATLAB 中，residue 和 residuez 分别用于求解拉普拉斯变换和 z 变换的部分分式展开，两个函数的用法相似，注意区分。

$$X(z)=\frac{1}{9}\frac{1}{1-z^{-1}}+\frac{1}{3}\frac{1-z^{-1}}{(1-z^{-1})^2}+\frac{1}{3}\frac{z^{-1}}{(1-z^{-1})^2}+\frac{1}{18}\frac{1}{1+0.5z^{-1}}$$
$$=\frac{4}{9}\frac{1}{1-z^{-1}}+\frac{1}{3}\frac{z^{-1}}{(1-z^{-1})^2}+\frac{1}{18}\frac{1}{1+0.5z^{-1}}$$

对比例 5.15 中的计算结果，可见两者是一致的。

逆 z 变换可以直接利用 iztrans 计算，代码如下：

```
x = iztrans(1/A(z)); % 求逆 z 变换
```

计算结果为

```
>> x
x =
n/3 + (-1/2)^n/18 +4/9
```

可见与理论计算结果一致。

本章小结

本章详细论述了离散时间信号（或简称为序列）的时域、频域和复频域分析方法。离散时间信号通常可视为连续时间信号的采样结果，因此部分运算可以仿照连续时间信号进行定义，例如，时移、反褶、相乘、相加等基本运算。不过，由于离散时间信号的自变量具有离散属性，因此也有一些运算不同于连续时间信号，例如，差分、累加和、卷积等。

离散时间信号的线性卷积具有求和的形式。特别地，任意序列可以表示为其自身与单位冲激序列的线性卷积，由此得到离散时间信号的时域分解形式。在下一章即将看到，离散时间线性时不变系统的输入输出关系可以用线性卷积来描述。此外，针对周期序列和有限长序列，还可以分别定义周期卷积和循环卷积。上述三种卷积虽然形式上有所区别，但彼此之间存在一定关系。例如，循环卷积可以通过周期卷积的主值序列来得到；而当循环卷积的点数等于线性卷积的长度时，循环卷积也等于线性卷积。换言之，可以通过循环卷积来计算线性卷积。在第 7 章将会看到，上述关系提供了一种线性卷积的快速计算方法。

相关反映了两个信号的线性关联程度。从形式上来看，相关与卷积十分类似。事实上，$x[n]$ 与 $y[n]$ 的相关就等于 $x[n]$ 与 $y[-n]$ 的线性卷积。因此，两种运算可以相互实现。

离散时间信号的傅里叶变换（即离散时间傅里叶变换，DTFT）可以借助采样过程来推导，由此可知离散时间信号的频谱具有周期化的特点。将 DTFT 与第 2 章介绍的傅里叶级数联系起来，可以发现，时域离散化对应于频域周期化，而时域周期化对应于频域离散化。这反映出信号在时域和频域上所具有的对偶性质。据此不难推测，周期序列的频谱同时具有离散化和周期化的属性。上述关系为傅里叶变换的离散化算法奠定了重要基础，具体内容将在第 7 章进行介绍。

z 变换可视为 DTFT 在复频域上的推广，两者的关系类似于连续时间信号的傅里叶变换和拉普拉斯变换。z 变换也是离散时间系统分析的重要工具，具体内容将在下一章进行介绍。

习　题

5.1 画出下列离散时间信号的波形。

(1) $x[n]=(n^2+2n-1)\{\delta[n+1]+2\delta[n]+\delta[n-1]\}$；

(2) $x[n]=\sum_{m=-\infty}^{-n}(u[m+2]-u[m-2])$；

(3) $x[n]=u[n]+\sin(n\pi/4)u[n]$；

(4) $x[n]=2^n(u[-n]-u[3-n])$；

(5) $x[n]=(u[-n-1]-u[-n-4])-(u[n-1]-u[n-4])$。

5.2 计算下列离散时间信号的线性卷积 $y[n]=x_1[n]*x_2[n]$。

(1) $x_1[n]=(1/2)^n u[n]$，$x_2[n]=(1/4)^n u[n]$；

(2) $x_1[n]=u[n+1]$，$x_2[n]=u[n-4]$；

(3) $x_1[n]=n(u[n]-u[n-4])$，$x_2[n]=u[n+4]-u[n+1]$。

5.3 判断下列说法是否正确，并说明理由。

(1) 若 $y[n]=x[n]*h[n]$，则 $y[-n]=x[-n]*h[-n]$；

(2) 若 $y[n]=x[n]*h[n]$，则 $y[n-1]=x[n-1]*h[n-1]$；

(3) 若当 $n>N_1$ 时，$x[n]=0$，当 $n>N_2$ 时，$h[n]=0$，则当 $n>N_1+N_2$ 时，有 $x[n]*h[n]=0$。

5.4 已知两个周期序列 $\tilde{x}[n]$ 和 $\tilde{h}[n]$，相应的主值序列为

$$x[n]=[2,1,0,2,1,3]$$
$$h[n]=[1,2,1,-2,-1,2]$$

求 $\tilde{x}[n]$ 与 $\tilde{h}[n]$ 的周期卷积 $\tilde{x}[n]\circledast\tilde{h}[n]$。

5.5 已知序列 $x[n]=[1,0,2,3]$ 和 $h[n]=[2,-1,1]$，计算下列卷积：

(1) $x[n]*h[n]$；(2) $x[n]④h[n]$；(3) $x[n]⑦h[n]$。

5.6 已知 $x[n]=[1,1,3,2]$，求下列各序列的值。

(1) $x[\langle n\rangle_3]$；(2) $x[\langle n\rangle_4]$；(3) $x[\langle n-3\rangle_5]$；(4) $x[\langle -n\rangle_6]$；(5) $x[\langle 2-n\rangle_7]$。

5.7 证明：若 $x(t)$ 为实信号，则自相关函数 $r_x(\tau)$ 是关于 τ 的偶函数，且在 $\tau=0$ 处取得极大值。

上述结论对实序列同样成立，即若 $x[n]$ 为实序列，则自相关函数 $r_x[m]$ 是偶函数，且在 $m=0$ 处取得极大值。

5.8 已知两个序列 $x[n]=[1,\underset{\uparrow}{1},0,2,1,3]$ 和 $h[n]=[1,1,\underset{\uparrow}{1},1]$，计算各自的自相关和二者的互相关。

5.9 已知

$$x[n]\xleftrightarrow{\text{DTFT}}X(\mathrm{e}^{\mathrm{j}\Omega})$$

证明 DTFT 具有如下频域微分性质：

$$nx[n]\xleftrightarrow{\text{DTFT}}\mathrm{j}\frac{\mathrm{d}}{\mathrm{d}\Omega}X(\mathrm{e}^{\mathrm{j}\Omega})\tag{5.248}$$

5.10 已知

$$x[n]\xleftrightarrow{\text{DTFT}}X(\mathrm{e}^{\mathrm{j}\Omega})$$

（1）证明 DTFT 具有如下累加和性质：

$$\sum_{m=-\infty}^{n} x[m] \overset{\text{DTFT}}{\longleftrightarrow} \frac{X(e^{j\Omega})}{1-e^{-j\Omega}} + \pi X(e^{j0}) \sum_{k=-\infty}^{\infty} \delta(\Omega - 2\pi k)$$

（2）应用上述性质计算单位阶跃序列 $u[n]$ 的 DTFT。

5.11　已知

$$x[n] \overset{\text{DTFT}}{\longleftrightarrow} X(e^{j\Omega}), y[n] \overset{\text{DTFT}}{\longleftrightarrow} Y(e^{j\Omega})$$

且 $x[n]$，$y[n]$ 均为实序列，证明如下关系成立：

$$r_{xy}[m] = x[m] * y[-m] \overset{\text{DTFT}}{\longleftrightarrow} X(e^{j\Omega})Y^*(e^{j\Omega})$$

上述关系称为 DTFT 的相关定理。

5.12　已知

$$a^n u[n] \overset{\text{DTFT}}{\longleftrightarrow} \frac{1}{1-ae^{-j\Omega}}$$

（1）应用 DTFT 的卷积定理，证明：

$$(n+1)a^n u[n] \overset{\text{DTFT}}{\longleftrightarrow} \frac{1}{(1-ae^{-j\Omega})^2}$$

（2）进一步，证明如下一般关系式成立：

$$\frac{(n+m-1)!}{n!(m-1)!} a^n u[n] \overset{\text{DTFT}}{\longleftrightarrow} \frac{1}{(1-ae^{-j\Omega})^m}, m \geq 1 \tag{5.249}$$

5.13　计算下列离散时间信号的 DTFT。

（1）$x[n] = 2^n u[-n]$；

（2）$x[n] = (-0.5)^n \cos(\pi n/3) u[n]$；

（3）$x[n] = (-1)^n \dfrac{\sin(\pi n/3)}{\pi n}$；

（4）$x[n] = e^{-(\alpha + j\pi/4)n} u(n)$；

（5）$x[n] = \cos(\pi n/8) + \sin(\pi n/5)$；

（6）$x[n] = 1 + \sum_{m=-\infty}^{\infty} \cos(\pi m/4) \delta[n-m]$。

5.14　已知离散时间信号 $x[n]$ 的 DTFT 为 $X(e^{j\Omega})$，求下列信号的 DTFT。

（1）$x_1[n] = x^*[-n+1] + x[-n-1]$；

（2）$x_2[n] = (1-n)^2 x[n]$；

（3）$x_3[n] = j^n x[n+1] + j^{-n} x[n-1]$；

（4）$x_4[n] = e^{j0.5\pi(n-2)} x[n+2]$。

5.15　计算下列各式的逆 DTFT。

（1）$X(e^{j\Omega}) = \cos^2(2\Omega) + \sin^2(\Omega)$；

（2）$X(e^{j\Omega}) = e^{-j\Omega/3}$；

（3）$X(e^{j\Omega}) = \sum_{k=-\infty}^{\infty} \delta(\Omega - \pi/3 - k\pi)$；

（4）$X(e^{j\Omega}) = \dfrac{12e^{-j\Omega} - e^{-j2\Omega}}{6 - e^{-j\Omega} - e^{-j2\Omega}}$。

5.16　已知 $x[n] = [-1, 2, \underset{\uparrow}{-3}, 2, -1]$，其 DTFT 为 $X(e^{j\Omega})$，计算下列各式的值。

（1）$X(e^{j0})$ 和 $X(e^{j\pi})$；（2）$\int_{-\pi}^{\pi} X(e^{j\Omega}) d\Omega$ 和 $\int_{-\pi}^{\pi} |X(e^{j\Omega})|^2 d\Omega$。

5.17 求下列序列的 z 变换以及收敛域。

(1) $x[n]=nu[n]$；

(2) $x[n]=n^2u[n]$；

(3) $x[n]=(-1)^n u[n]+0.5^{-n}u[-n]$；

(4) $x[n]=(-1)^n(u[n+1]-u[n-2])$；

(5) $x[n]=0.5^n\cos(n\pi/3)u[n]$；

(6) $x[n]=|n-3|u[n]$。

5.18 证明如下 z 变换对成立：

$$\binom{n+m-1}{m+1}a^n u[n]\xleftrightarrow{\mathcal{Z}}\frac{1}{(1-az^{-1})^m},\ |z|>|a|$$

式中，$\binom{n+m-1}{m+1}=\dfrac{(n+m-1)!}{n!(m-1)!}$，$a$ 为任意非零常数，$m\geqslant1$。

提示：$a^n u[n]\xleftrightarrow{\mathcal{Z}}\dfrac{1}{1-az^{-1}}$，$|z|>|a|$，并应用卷积定理。

5.19 已知 $x[n]$ 的 z 变换 $X(z)$ 包含一对复共轭零点和一对复共轭极点，若将 $x[n]$ 乘以 $e^{j\Omega_0 n}$，零极点对将如何变化？

5.20 已知因果序列 $x[n]$ 的 z 变换为 $X(z)$，零点为 $z_1=0$，极点为 $p_1=-3/4$，$p_2=(1+j)/2$，$p_3=(1-j)/2$。求 $y[n]=x[-n+3]$ 的 z 变换（用 $X(z)$ 表示）、零极点分布以及收敛域。

5.21 应用卷积定理计算下列序列 $y[n]$ 的 z 变换以及收敛域。

(1) $y[n]=x_1[n]*x_2[n]$，其中，$x_1[n]=a^n u[n]$，$x_2[n]=u[n]$；

(2) $y[n]=x_1[n+3]*x_2[-n]$，其中，$x_1[n]=0.5^n u[n]$，$x_2[n]=0.3^n u[n]$。

5.22 已知某序列的 z 变换为

$$X(z)=\frac{1}{(1-az^{-1})^m},\ |z|>|a|$$

式中，a 为任意非零常数，$m\geqslant1$。求 $x[n]$。

提示：$a^n u[n]\xleftrightarrow{\mathcal{Z}}\dfrac{1}{1-az^{-1}}$，$|z|>|a|$，并应用卷积定理。

5.23 利用 z 变换的 z 域微分性质计算下列各式对应的 $x[n]$。

(1) $X(z)=\ln(1-2z)$，$|z|<0.5$；

(2) $X(z)=\ln(1-2z^{-1})$，$|z|>0.5$。

5.24 分别采用部分分式法和留数法计算下列各式的逆 z 变换：

(1) $X(z)=\dfrac{z+z^{-2}-z^{-3}}{z^2-2z-3}$，$1<|z|<3$；

(2) $X(z)=\dfrac{1-2z^{-1}}{1-0.25z^{-1}}$，$|z|<0.25$；

(3) $X(z)=\dfrac{z^{-1}-a}{1-az^{-1}}$，$|z|>a$。

5.25 假设 $x[n]$ 为因果序列，计算下列各式的逆 z 变换：

(1) $X(z)=\dfrac{z^k-1}{z^k-z^{k-1}}$，$k\geqslant1$；

(2) $X(z)=\dfrac{z^2-1}{z^2+2z+4}$；

(3) $X(z)=\dfrac{z^3+1}{z^3-z^2-z-2}$；

（4）$X(z)=\dfrac{6z^3+2z^2-z}{z^3-z^2-z+1}$；

（5）$X(z)=\dfrac{z^2+2z}{(z^2-1)(z+0.5)}$。

5.26　已知某因果信号 $x[n]$ 的 z 变换为 $X(z)=\dfrac{bz}{(z-a)(z-0.5)}$，且 $x[n]$ 的终值为 $x[\infty]=\lim\limits_{n\to\infty}x[n]=1$，试确定 $x[n]$ 的表达式。

5.27　已知单边指数序列 $x[n]=a^n u[n]$，$|a|<1$。

（1）利用 MATLAB 仿真生成 $x[n]$，并绘制图形；

（2）利用 MATLAB 函数 diff、cumsum 求 $x[n]$ 的差分和累加和，并绘制图形。

5.28　已知有限长序列：

$$x_1[n]=[3,8,-7,1,4,2]$$
$$x_2[n]=[2,3,0,2,-1,-3]$$

利用 MATLAB 计算两者的线性卷积和 N 点循环卷积，其中，N 分别取 8，9，10，11。

5.29　已知有限长序列：

$$x[n]=[-2,4,3,-6,5]$$
$$y[n]=[2,-5,3,8,-10]$$

（1）利用 MATLAB 函数 xcorr 计算两者的互相关；

（2）采用卷积方法计算互相关，并验证与 xcorr 的结果是否相同。

5.30　已知矩形脉冲序列 $x[n]=u[n]-u[n-5]$，单边指数序列 $y[n]=0.8^n u[n]$，利用 MATLAB 数值计算两者的线性卷积，并与理论值进行对比。

5.31　利用 MATLAB 函数 freqz 计算下列离散时间信号的 DTFT，并绘制频谱。

（1）$x[n]=a^n u[n]$，$|a|<1$；

（2）$x[n]=u[n+N]-u[n-N]$；

（3）$x[n]=\dfrac{\sin Wn}{\pi n}$。

5.32　利用 MATLAB 验证单边 z 变换的移位性质，即命题 5.18。

5.33　利用 MATLAB 验证习题 5.13 中的结论成立。

5.34　利用 MATLAB 计算下列函数的部分分式展开，并求逆 z 变换：

（1）$X(z)=\dfrac{z}{3z^2-4z+1}$；

（2）$X(z)=\dfrac{1}{(1-0.8z^{-1})^2(1+0.8z^{-1})}$。

第 6 章　离散时间系统分析

扫码见实验代码

本章阅读提示

- 离散时间系统有哪些类型？各自具有怎样的结构？
- 离散时间系统的响应包括哪些类型？如何在时域上求解系统的响应？
- 离散时间系统的冲激响应、频率响应和系统函数三者之间具有怎样的关系？
- 如何在变换域上求解系统的响应？相较于时域求解方法有何优势？
- 离散时间系统的零极点分布与系统性质之间具有怎样的关系？
- 离散时间系统的频率响应具有怎样的特点？常见的系统频率特性有哪些？

6.1　离散时间系统的类型与结构

如果系统的输入和输出都是离散时间信号，则该系统为离散时间系统。与连续时间系统类似，离散时间系统也有多种描述方法，包括差分方程法、冲激响应法、状态变量法①等。本节介绍基于差分方程的系统描述方法，以及系统的不同类型和结构。

N 阶常系数差分方程具有如下一般形式

$$\sum_{k=0}^{N} a_k y[n-k] = \sum_{k=0}^{M} b_k x[n-k] \tag{6.1}$$

式中，$x[n]$为系统的输入（或激励）；$y[n]$为系统的输出（或响应）；a_k, b_k 均为实系数；M,N 为非负整数。由于方程系数均为常数，因此系统具有时不变性。

将式（6.1）改写为

$$y[n] = \frac{1}{a_0}\left[-\sum_{k=1}^{N} a_k y[n-k] + \sum_{k=0}^{M} b_k x[n-k]\right] \tag{6.2}$$

为不失一般性，通常可假设 $a_0 = 1$。

式（6.2）说明，系统当前时刻的输出 $y[n]$ 由前 $M+1$ 个输入 $x[n], x[n-1], \cdots, x[n-M]$和前 N 个输出 $y[n-1], y[n-2], \cdots, y[n-N]$共同决定，因此系统是因果的。特别地，如果至少存在一个 $a_k \neq 0$，$1 \leqslant k \leqslant N$，则称系统具有**递归结构**（recursive structure）；否则，称系统具有**非递归结构**（non - recursive structure）。需要说明的是，递归与非递归并不是判定系统结构的唯一依据。在某些情况下，两种结构可以相互转换，稍后会具体解释。

---

① 关于状态变量法的介绍，可参阅文献［10，15］。

6.1.1　FIR 系统的结构

当 $a_k=0, k=1,2,\cdots,N$ 时，式（6.2）化简为

$$y[n]=\sum_{k=0}^{M}b_k x[n-k] \tag{6.3}$$

此时输出 $y[n]$ 只由有限个输入 $x[n-k]$，$0\leqslant k\leqslant M$ 决定。事实上，式（6.3）可以看作 $x[n]$ 与 $h[n]$ 的线性卷积，其中

$$h[n]=\begin{cases}b_n, & 0\leqslant n\leqslant M\\ 0, & \text{其他}\end{cases} \tag{6.4}$$

稍后会看到，$h[n]$ 即为系统的冲激响应。由于 $h[n]$ 含有有限个非零系数，故称系统为**有限冲激响应**（finite impulse response，FIR）**系统**。FIR 系统的直接型结构如图 6.1 所示，该结构中包含 M 个延时器、M 个加法器以及 $M+1$ 个乘法器，通常称为直接型（direct form）结构。

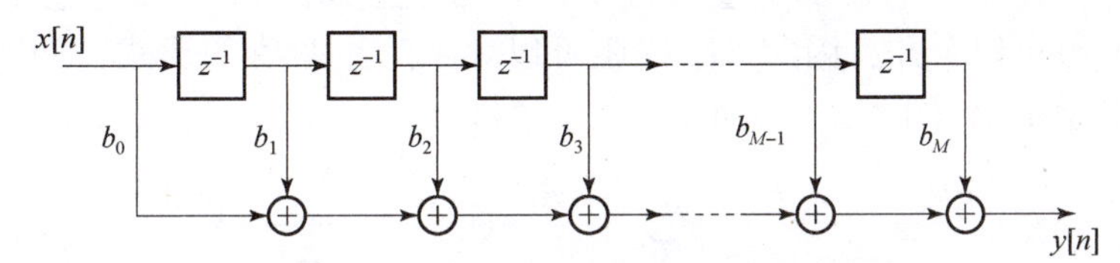

图 6.1　FIR 系统的直接型结构

显然，FIR 系统的直接型结构也是非递归结构。一般而言，FIR 系统可以通过非递归结构实现，但是有些情况下也可以通过递归结构实现。例如，考虑滑动平均（moving average，MA）模型

$$y[n]=\frac{1}{M+1}\sum_{k=0}^{M}x[n-k] \tag{6.5}$$

即系统的输出 $y[n]$ 等于 $M+1$ 个输入 $x[n-k]$，$0\leqslant k\leqslant M$ 的算术平均值。

不难验证，式（6.5）等价于

$$y[n]=y[n-1]+\frac{1}{M+1}(x[n]-x[n-M-1]) \tag{6.6}$$

由此可见，系统的输出 $y[n]$ 由输入 $x[n]$，$x[n-M-1]$ 及输出 $y[n-1]$ 共同决定。于是得到滑动平均模型的递归结构，如图 6.2 所示。注意到非递归结构需要 M 次加法运算和 1 次乘法运算，而递归结构只需要 2 次加法运算和 1 次乘法运算，有效减少了计算量。

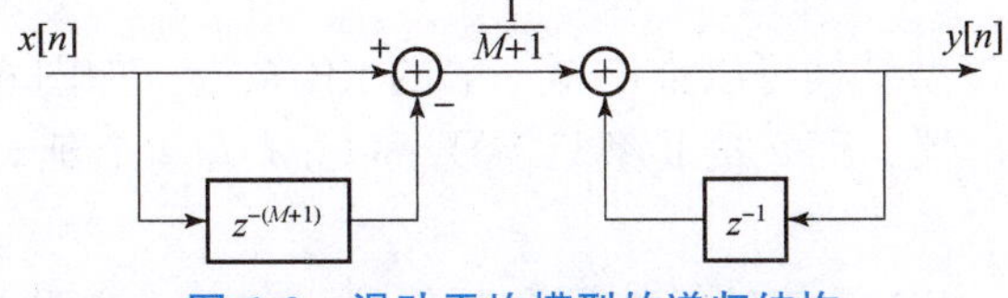

图 6.2　滑动平均模型的递归结构

除直接结构之外，FIR 系统还可以通过其他结构来描述，如级联型结构、频率采样型结构、格型结构等。这些结构也为离散时间系统提供了不同的实现方式。限于篇幅，本书不再展开介绍，感兴趣的读者可参阅文献[10，19，26]。

6.1.2 IIR 系统的结构

如果系统的冲激响应 $h[n]$ 是无限长的，即拥有无限个非零系数，则称系统为**无限冲激响应**（infinite impulse response，IIR）**系统**。IIR 系统具有递归结构。举例来讲，考虑一阶差分方程

$$y[n]+a_1y[n-1]=b_0x[n]+b_1x[n-1] \tag{6.7}$$

该系统结构如图 6.3（a）所示，称为直接Ⅰ型结构（direct formⅠ）。

注意到系统可视为两个子系统的级联，其中一个是 FIR 非递归系统

$$v[n]=b_0x[n]+b_1x[n-1] \tag{6.8}$$

另一个是 IIR 递归系统

$$y[n]=-a_1y[n-1]+v[n] \tag{6.9}$$

将两个子系统交换位置，不会改变系统特性，于是得到如图 6.3（b）所示的等价结构。注意到两个延时器可以合并，因此该结构还可以表示为更紧凑的形式，如图 6.3（c）所示，称为直接Ⅱ型结构（direct formⅡ）。

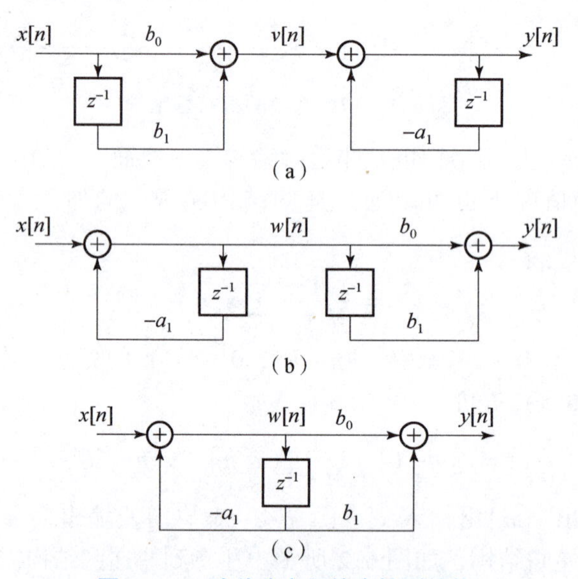

图 6.3 一阶差分方程的直接型结构

（a）直接Ⅰ型结构；（b）等价结构；（c）直接Ⅱ型结构

上述介绍的两种直接型结构可以推广至一般的 IIR 系统，如图 6.4 所示。注意到直接Ⅰ型共需要 $M+N$ 个延时器，而直接Ⅱ型只需要 $\max\{M,N\}$ 个延时器，因而能够降低系统成本。

除直接型结构之外，IIR 系统的结构还包括级联型结构、并联型结构、格型结构等，详细介绍读者可参阅文献［10，19，26］。

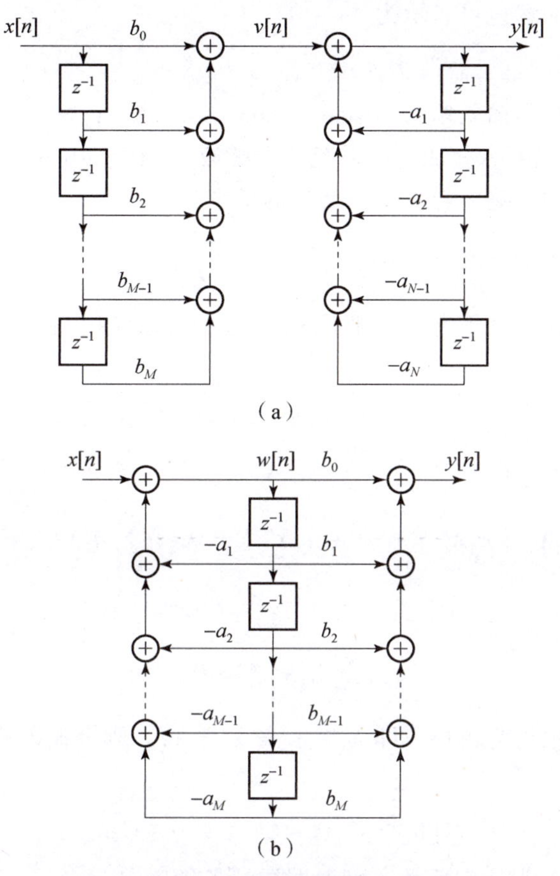

图 6.4　IIR 系统的直接型结构（$M=N$）
（a）直接Ⅰ型结构；（b）直接Ⅱ型结构

6.2　离散时间系统的时域分析

与连续时间系统类似，离散时间系统也可以通过时域或变换域方法进行分析。本节介绍时域分析法，变换域分析法将在 6.3 节介绍。

已知由差分方程描述的离散时间系统

$$\sum_{k=0}^{N} a_k y[n-k] = \sum_{k=0}^{M} b_k x[n-k] \tag{6.10}$$

离散时间系统分析即是在已知激励 $x[n]$ 的情况下，求解系统的响应 $y[n]$，因而问题归结为求解差分方程。与微分方程类似，差分方程的解的一般形式为

$$y[n] = y_{\mathrm{h}}[n] + y_{\mathrm{p}}[n] \tag{6.11}$$

式中，$y_{\mathrm{h}}[n]$是齐次方程的解，即满足

$$\sum_{k=0}^{N} a_k y[n-k] = 0 \tag{6.12}$$

$y_{\mathrm{p}}[n]$是方程（6.10）的特解。

另外，差分方程的解也可表示为

$$y[n]=y_{zi}[n]+y_{zs}[n] \tag{6.13}$$

式中，$y_{zi}[n]$为系统的**零输入响应**（zero - input response）；$y_{zs}[n]$为系统的**零状态响应**（zero - state response）。两者叠加构成系统的**全响应**（total response）。

以下主要介绍零输入响应与零状态响应的求解方法。

6.2.1 离散时间系统的零输入响应

零输入响应是指无激励情况下（激励信号为零）系统的自然响应，对应于齐次方程（6.12）的解。设

$$y[n]=\lambda^n \tag{6.14}$$

代入齐次方程（6.12），得

$$a_0\lambda^n+a_1\lambda^{n-1}+\cdots+a_N\lambda^{n-N}=\lambda^{n-N}\sum_{k=0}^{N}a_k\lambda^{N-k}=0 \tag{6.15}$$

定义特征方程

$$\sum_{k=0}^{N}a_k\lambda^{N-k}=0 \tag{6.16}$$

假设上述特征方程的根均为单根，即 $\lambda_1\neq\lambda_2\neq\cdots\neq\lambda_N$，则零输入响应（齐次解）具有如下一般形式

$$y_{zi}[n]=C_1\lambda_1^n+C_2\lambda_2^n+\cdots+C_N\lambda_N^n \tag{6.17}$$

式中，$C_i,i=1,2,\cdots,N$ 为待定系数，可根据初始条件确定。

如果特征方程存在重根，例如设 λ_k 为 m 阶重根，其他 λ_i，$i\neq k$ 皆为单根，则与该重根对应的解的一般形式为

$$(C_{k1}+C_{k2}n+\cdots+C_{km}n^{m-1})\lambda_k^n \tag{6.18}$$

相应地，零输入响应（齐次解）的一般形式为

$$y_{zi}[n]=(C_{k1}+C_{k2}n+\cdots+C_{km}n^{m-1})\lambda_k^n+\sum_{i\neq k}C_i\lambda_i^n \tag{6.19}$$

例 6.1 已知由二阶差分方程描述的系统

$$y[n]-3y[n-1]-4y[n-2]=0 \tag{6.20}$$

式中，初始条件①为 $y[-2]=0,y[-1]=1$，求系统的零输入响应。

解： 系统的特征方程为

$$\lambda^2-3\lambda-4=0 \tag{6.21}$$

求得特征根为 $\lambda_1=4$，$\lambda_2=-1$，因此零输入响应的一般形式为

$$y_{zi}[n]=C_14^n+C_2(-1)^n,n\geqslant 0 \tag{6.22}$$

① 通常来讲，系统响应的起始时刻默认为 $n=0$，故初始条件一般由 $n=0$ 之前的状态值来定义。

注意到响应是从 $n=0$ 开始的，故需要将初始条件 $y[-2]=0$，$y[-1]=1$ 转化为 $n\geqslant 0$ 的响应值[①]。由于差分方程具有递归结构，不难得到

$$y_{zi}[0]=3y[-1]+4y[-2]=3 \tag{6.23}$$

$$y_{zi}[1]=3y[1]+4y[-1]=13 \tag{6.24}$$

根据上述条件，可得

$$y_{zi}[0]=C_1+C_2=3 \tag{6.25}$$

$$y_{zi}[1]=4C_1-C_2=13 \tag{6.26}$$

解得 $C_1=\dfrac{16}{5}$，$C_2=-\dfrac{1}{5}$。因此零输入响应为

$$y_{zi}[n]=\frac{16}{5}4^n-\frac{1}{5}(-1)^n=\frac{1}{5}[4^{n+2}+(-1)^{n+1}],n\geqslant 0 \tag{6.27}$$

6.2.2　离散时间系统的零状态响应

零状态响应是当系统初始状态为零时，由激励信号产生的响应。与连续时间系统的分析类似，一种求解方法是经典法，即先求差分方程的通解（齐次解与特解之和），然后根据初始条件确定待定系数。一般而言，特解的形式须依据激励信号而定。对于一些简单的激励信号（如指数序列、多项式序列等），经典法不失为一种简单有效的方法。然而，如果激励信号的形式比较复杂，采用经典法求解将变得十分困难。另一种求解方法是**卷积和法**（convolution sum method），该方法与微分方程的卷积积分法类似，即利用信号分解的思想将系统响应表示成系统冲激响应和激励信号的卷积和（以下简称为卷积）。

考虑单位冲激序列

$$\delta[n]=\begin{cases}1, & n=0\\ 0, & n\neq 0\end{cases} \tag{6.28}$$

设激励信号为 $x[n]$，利用单位冲激序列的抽样性质，$x[n]$可以表示为

$$x[n]=x[n]*\delta[n]=\sum_{k=-\infty}^{\infty}x[k]\delta[n-k] \tag{6.29}$$

记系统算子为 $\mathcal{T}$，根据系统的线性时不变性，有

$$\begin{aligned}y[n]&=\mathcal{T}[x[n]]=\mathcal{T}\Big[\sum_{k=-\infty}^{\infty}x[k]\delta[n-k]\Big]\\&=\sum_{k=-\infty}^{\infty}x[k]\mathcal{T}[\delta[n-k]]=\sum_{k=-\infty}^{\infty}x[k]h[n-k]\end{aligned} \tag{6.30}$$

式中，$h[n]$为单位冲激序列激励下系统的零状态响应，称为系统的**冲激响应**（impulse response）。

根据上述分析，离散时间系统的零状态响应即为激励信号与冲激响应的卷积。因此，

---

① 事实上，对于任意 n，式（6.22）所定义的齐次解都满足差分方程（6.20），因此，也可以直接将初始条件代入式（6.22），求得系数 C_1，C_2，结果是一样的。由于响应是从 $n=0$ 开始的，正文中的计算过程虽然多了一步转换，但物理意义更加清楚。

关键问题转化为求解系统的冲激响应。关于冲激响应的求解，可以采用时域算子法，也可以采用变换域方法（如 DTFT 或 z 变换）。对于算子法，本书不作详细介绍，感兴趣的读者可参阅文献［9］。事实上，算子法与变换域法的基本思想都是将差分方程转换为代数方程。这一点类似于连续时间系统分析中的算子法和拉普拉斯变换法。

对于一些简单的情况，可以利用冲激序列的性质求得冲激响应。下面结合例题进行说明。

例 6.2 已知由二阶差分方程描述的系统

$$y[n]-3y[n-1]-4y[n-2]=x[n] \tag{6.31}$$

求系统的冲激响应。

解： 当 $x[n]=\delta[n]$时，系统的零状态响应即为冲激响应，即

$$h[n]-3h[n-1]-4h[n-2]=\delta[n] \tag{6.32}$$

注意到当 $n>0$ 时，$\delta[n]=0$，这意味着 $h[n]$具有齐次解的形式。根据例 6.1 可知，有

$$h[n]=C_1 4^n+C_2(-1)^n, n\geqslant 0 \tag{6.33}$$

式中，C_1，C_2 为待定系数。

由于激励是在 $n=0$ 时施加的，根据零状态响应的物理意义，在激励施加之前，系统的初始状态为零，即 $h[-1]=h[-2]=0$。但是该初始条件不能直接应用于式（6.33）①，因为式（6.33）是在 $n\geqslant 0$ 下成立。根据方程（6.32），结合初始条件可以推得

$$h[0]=\delta[0]+3h[-1]+4h[-2]=1 \tag{6.34}$$

$$h[1]=\delta[1]+3h[0]+4h[-1]=3 \tag{6.35}$$

将上述条件代入式（6.33），解得 $C_1=\frac{4}{5}$，$C_2=\frac{1}{5}$。因此冲激响应为

$$h[n]=\frac{1}{5}[4^{n+1}+(-1)^n]u[n] \tag{6.36}$$

在上述例题中，输入端只含有 $\delta[n]$，因此可利用冲激序列的性质直接判定 $x[n]=0$，$n>0$。如果输入端含有冲激序列的移位（即 $\delta[n-k]$）或其线性组合，则需要利用系统的线性时不变性质，先分别求得每个激励 $\delta[n-k]$对应的响应，再将各部分的响应叠加在一起得到系统的冲激响应。一旦确定了系统的冲激响应，就可以利用卷积求得任意激励信号的零状态响应，以及系统的全响应。

例 6.3 已知由二阶差分方程描述的系统

$$y[n]-3y[n-1]-4y[n-2]=x[n]+2x[n-1] \tag{6.37}$$

设激励信号为 $x[n]=4^n u[n]$，初始条件为 $y[-2]=0$，$y[-1]=1$。求系统的零输入响应、零状态响应和全响应。

解： 注意到题目中所给出的初始条件是系统全响应（即零输入响应与零状态响应之和）的初始条件，而零状态响应的初始条件一定为零，因此，$y[-2]=0$，$y[-1]=1$ 就是零输入响应的初始条件。根据例 6.1，可求得零输入响应为

---

① 若直接将初始条件代入式（6.33），会得到平凡解 $h[n]=0$，这是没有意义的。

$$y_{zi}[n]=\frac{1}{5}[4^{n+2}+(-1)^{n+1}]u[n] \tag{6.38}$$

下面求零状态响应。先求系统的冲激响应，即满足如下方程

$$h[n]-3h[n-1]-4h[n-2]=\delta[n]+2\delta[n-1] \tag{6.39}$$

由于输入端包含冲激序列及其移位，因此可以分别求 $\delta[n]$ 与 $\delta[n-1]$ 各自所对应的冲激响应，再叠加起来得到完整的冲激响应。事实上，根据系统的线性时不变性，若 $\delta[n]$ 所对应的冲激响应为 $h_0[n]$，则 $\delta[n-1]$ 所对应的冲激响应必然为 $h_0[n-1]$。假设 $h_0[n]$ 具有如下形式

$$h_0[n]=C_1 4^n+C_2(-1)^n, n\geqslant 0 \tag{6.40}$$

则

$$h_0[n-1]=C_1 4^{n-1}+C_2(-1)^{n-1}=\frac{C_1}{4}4^n-C_2(-1)^n, n\geqslant 1 \tag{6.41}$$

式中，C_1，C_2 为待定系数。由此可见，$h_0[n]$ 与 $h_0[n-1]$ 的线性组合依然具有类似 $h_0[n]$ 的形式，因此可以直接令

$$h[n]=A_1 4^n+A_2(-1)^n, n\geqslant 0 \tag{6.42}$$

式中，A_1，A_2 为待定系数。

考虑系统的初始状态为零，即 $h[-1]=h[-2]=0$，代入方程（6.39），可得

$$h[0]=\delta[0]+2\delta[-1]=1 \tag{6.43}$$

$$h[1]=3h[0]+\delta[1]+2\delta[0]=5 \tag{6.44}$$

结合式（6.42），求得 $A_1=\frac{6}{5}$，$A_2=-\frac{1}{5}$。因此，系统的冲激响应为

$$h[n]=\left[\frac{6}{5}4^n-\frac{1}{5}(-1)^n\right]u[n] \tag{6.45}$$

进一步，可以求得系统的零状态响应为

$$\begin{aligned}y_{zs}[n]&=x[n]*h[n]=4^n u[n]*\left[\frac{6}{5}4^n-\frac{1}{5}(-1)^n\right]u[n]\\&=\left[\frac{6}{5}(n+1)4^n+\frac{1}{25}[(-1)^{n+1}-4^{n+1}]\right]u[n]\\&=\left[\left(\frac{6}{5}n+\frac{26}{25}\right)4^n-\frac{1}{25}(-1)^n\right]u[n]\end{aligned} \tag{6.46}$$

因此，系统的全响应为

$$y[n]=y_{zi}[n]+y_{zs}[n]=\left[\left(\frac{6}{5}n+\frac{106}{25}\right)4^n-\frac{6}{25}(-1)^n\right]u[n] \tag{6.47}$$

尽管卷积和法可以求任意激励下系统的零状态响应，但是卷积计算还是比较烦琐的。早期在计算机没有普及的年代，人们将一些常见信号的卷积结果总结成表格形式以供查阅使用；而当前借助计算机来完成卷积计算更加方便。另一种替代方法是采用变换域分析，可将时域的卷积关系转化为变换域的乘积关系。同时，可以方便求得系统的冲激响应，6.3 节即将介绍。

6.3 离散时间系统的变换域分析

6.3.1 离散时间系统的系统函数

与连续时间系统的分析类似，离散时间系统也可以采用相关的变换进行分析，例如离散时间傅里叶变换（DTFT）或 z 变换。由于 z 变换可视为 DTFT 的推广，以下讨论主要考虑 z 变换。

根据上一节的介绍，系统的零状态响应为激励信号与系统冲激响应的卷积。利用 z 变换的卷积定理，可将时域上的卷积关系转化为复频域（即 z 变换域）上的乘积关系，即

$$y[n]=x[n]*h[n]\xleftrightarrow{\mathcal{Z}}Y(z)=H(z)X(z) \tag{6.48}$$

式中，$H(z)$ 为冲激响应 $h[n]$ 的 z 变换①

$$H(z)=\mathcal{Z}[h[n]]=\sum_{k=-\infty}^{\infty}h[n]z^{-n} \tag{6.49}$$

称 $H(z)$ 为离散时间系统的**系统函数**或**传递函数**。

另外，若离散时间系统可以用常系数差分方程来描述

$$\sum_{k=0}^{N}a_k y[n-k]=\sum_{k=0}^{M}b_k x[n-k] \tag{6.50}$$

对方程（6.50）两端作 z 变换，并利用 z 变换的移位性质 $x[n-k]\xleftrightarrow{\mathcal{Z}}z^{-k}X(z)$，可得

$$\sum_{k=0}^{N}a_k z^{-k}Y(z)=\sum_{k=0}^{M}b_k z^{-k}X(z) \tag{6.51}$$

于是

$$H(z)=\frac{Y(z)}{X(z)}=\frac{\sum_{k=0}^{M}b_k z^{-k}}{\sum_{k=0}^{N}a_k z^{-k}} \tag{6.52}$$

因此，对于差分方程所描述的系统，系统函数具有有理函数的形式。

系统函数 $H(z)$ 与冲激响应 $h[n]$ 具有一一对应的关系，两者均可刻画系统的特性。通常，对于用差分方程描述的系统，系统函数可以通过代数方程求得。再利用逆 z 变换，就可以求得系统的冲激响应。以一阶差分方程为例，设

$$y[n]-ay[n-1]=x[n] \tag{6.53}$$

对式（6.53）两端作 z 变换，有

$$Y(z)-az^{-1}Y(z)=X(z) \tag{6.54}$$

易知系统函数为

$$H(z)=\frac{Y(z)}{X(z)}=\frac{1}{1-az^{-1}} \tag{6.55}$$

① 本节如无特别说明，z 变换是指双边 z 变换。

假设系统是因果的，根据 z 变换对的关系

$$a^n u[n] \overset{z}{\longleftrightarrow} \frac{1}{1-az^{-1}}, \ |z| > |a| \tag{6.56}$$

因此，可得冲激响应为

$$h[n] = a^n u[n] \tag{6.57}$$

对于一般的离散时间系统，若系统函数具有有理函数的形式（即式（6.52）），则可以利用部分分式展开法求得时域上的冲激响应。为了便于分析，以下讨论均假设系统是因果系统。下面来看一个例子。

例 6.4　已知由二阶差分方程描述的系统

$$y[n] - 3y[n-1] - 4y[n-2] = x[n] \tag{6.58}$$

利用 z 变换求系统的冲激响应。

解： 本例与例 6.2 的系统相同。对方程（6.58）两端作 z 变换，有

$$Y(z) - 3z^{-1}Y(z) - 4z^{-2}Y(z) = X(z) \tag{6.59}$$

可得系统函数为

$$H(z) = \frac{Y(z)}{X(z)} = \frac{1}{1-3z^{-1}-4z^{-2}} \tag{6.60}$$

对 $H(z)$ 作部分分式展开

$$H(z) = \frac{1}{(1+z^{-1})(1-4z^{-1})} = \frac{1}{5}\left(\frac{1}{1+z^{-1}} + \frac{4}{1-4z^{-1}}\right) \tag{6.61}$$

利用 z 变换对的关系，并假设系统是因果的，可得

$$h[n] = \frac{1}{5}[(-1)^n + 4^{n+1}]u[n] \tag{6.62}$$

可见，与例 6.2 中的时域计算结果是一样的。

6.3.2　离散时间系统的复频域分析

由于 z 变换可视为 DTFT 的广义形式，本节将采用 z 变换对离散时间系统进行分析。根据上一节的介绍，采用 z 变换容易求得系统函数及冲激响应，进而可以求得系统的零状态响应。下面通过一道例题来说明。

例 6.5　已知由二阶差分方程描述的系统

$$y[n] - 3y[n-1] - 4y[n-2] = x[n] + 2x[n-1] \tag{6.63}$$

设激励信号为 $x[n] = 4^n u[n]$，采用 z 变换求系统的零状态响应。

解： 本例即与例 6.3 相同。对方程（6.63）两端作 z 变换，有

$$Y(z) - 3z^{-1}Y(z) - 4z^{-2}Y(z) = X(z) + 2z^{-1}X(z) \tag{6.64}$$

可得系统函数为

$$H(z) = \frac{Y(z)}{X(z)} = \frac{1+2z^{-1}}{1-3z^{-1}-4z^{-2}} = \frac{6/5}{1-4z^{-1}} - \frac{1/5}{1+z^{-1}} \tag{6.65}$$

而激励信号 $x[n]$ 的 z 变换为

$$X(z) = \frac{1}{1-4z^{-1}} \tag{6.66}$$

因此，零状态响应的 z 变换可以表示为

$$Y(z)=H(z)X(z)=\frac{6/5}{(1-4z^{-1})^2}-\frac{1/5}{(1+z^{-1})(1-4z^{-1})}$$
$$=\frac{6/5}{(1-4z^{-1})^2}-\frac{4/25}{1-4z^{-1}}-\frac{1/25}{1+z^{-1}} \tag{6.67}$$

利用 z 变换对的关系，同时考虑响应是因果的，于是可得

$$y_{zs}[n]=\left[\frac{6}{5}(n+1)4^n-\frac{4}{25}4^n-\frac{1}{25}(-1)^n\right]u[n]$$
$$=\left[\left(\frac{6}{5}n+\frac{26}{25}\right)4^n-\frac{1}{25}(-1)^n\right]u[n] \tag{6.68}$$

对比例 6.3 中的卷积计算结果，两者是一样的。

需要说明的是，以上分析和求解过程均采用双边 z 变换，此时默认系统的初始状态为零，因而所求的响应为零状态响应。若要求解系统的零输入响应及全响应，则须采用单边 z 变换。根据单边 z 变换的移位性质（见第 5 章性质 5.13）

$$x[n-k]\overset{\mathcal{Z}_u}{\longleftrightarrow}z^{-k}\left[X_+(z)+\sum_{n=1}^{k}x[-n]z^n\right] \tag{6.69}$$

式中

$$X_+(z)=\sum_{n=0}^{\infty}x[n]z^{-n} \tag{6.70}$$

利用该性质将差分方程转换成代数方程，在转换过程中会自动引入初始条件。下面通过一道例题说明。

例 6.6 已知由一阶差分方程描述的系统

$$y[n]-ay[n-1]=x[n],|a|<1 \tag{6.71}$$

设激励信号为 $x[n]=u[n]$，初始条件为 $y[-1]=1$，求系统的零输入响应、零状态响应及全响应。

解： 对方程（6.71）两端作单边 z 变换，有

$$Y_+(z)-a[y[-1]+z^{-1}Y_+(z)]=X_+(z) \tag{6.72}$$

结合初始条件 $y[-1]=1$，以及 $X_+(z)=\mathcal{Z}_u[u[n]]=1/(1-z^{-1})$，化简可得

$$Y_+(z)=\frac{ay[-1]}{1-az^{-1}}+\frac{X_+(z)}{1-az^{-1}}=\frac{a}{1-az^{-1}}+\frac{1}{(1-az^{-1})(1-z^{-1})} \tag{6.73}$$

注意到式（6.73）中的第一项与激励信号 $x[n]$ 无关，只由初始条件决定，因此是系统的零输入响应；第二项实际上是系统函数 $H(z)=1/(1-az^{-1})$ 与 $X_+(z)$ 的乘积，因此是系统的零状态响应。对两项分别作逆 z 变换，可得

$$y_{zi}[n]=a^{n+1}u[n] \tag{6.74}$$

$$y_{zs}[n]=\frac{1-a^{n+1}}{1-a}u[n] \tag{6.75}$$

因此系统的全响应为

$$y[n]=y_{zi}[n]+y_{zs}[n]=\frac{1}{1-a}(1-a^{n+2})u[n] \tag{6.76}$$

6.3.3　离散时间系统的因果性与稳定性

系统函数能够刻画系统的特性，本节主要讨论因果性与稳定性。

如果离散时间系统的冲激响应是因果序列，即

$$h[n]=0,\ n<0 \tag{6.77}$$

则该系统是因果的。相应地，对于系统函数 $H(z)$ 而言，收敛域应为 z 平面上某个半径为 r 的圆以外的区域，即 $|z|>r$，且收敛域内不含有任何极点，如图 6.5（a）所示。

如果离散时间系统的冲激响应满足

$$\sum_{n=-\infty}^{\infty}|h[n]|<\infty \tag{6.78}$$

则该系统是稳定的。注意到

$$|H(z)|\leqslant\sum_{n=-\infty}^{\infty}|h[n]z^{-n}|\xrightarrow{\text{令}|z|=1}\sum_{n=-\infty}^{\infty}|h[n]| \tag{6.79}$$

上述关系说明，如果系统是稳定的，则 $H(z)$ 在单位圆上必然收敛；换言之，收敛域必然包含单位圆，如图 6.5（b）所示。

结合因果性可知，当收敛域满足 $|z|>r$，且 $r<1$ 时，系统是因果稳定的。这意味着系统的所有极点必须在单位圆内，如图 6.5（c）所示。因此，可以通过极点的分布判定系统的因果稳定性。

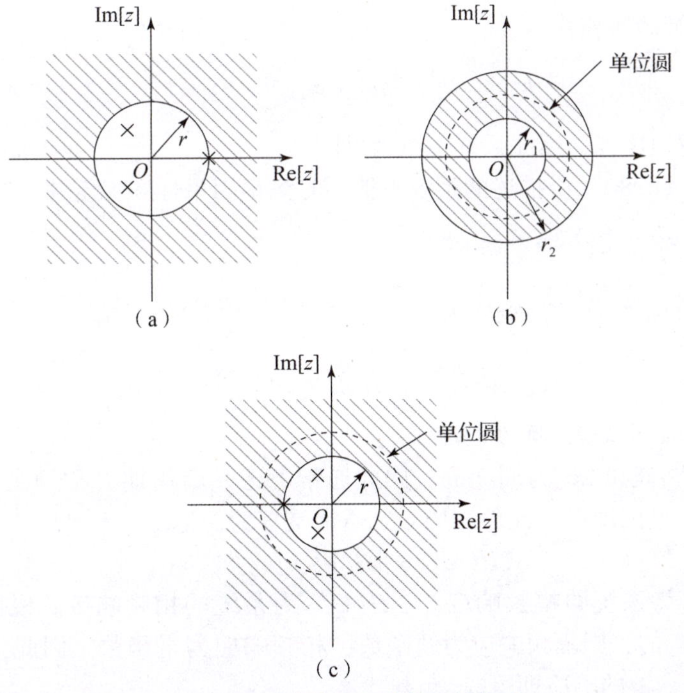

图 6.5　系统性质与收敛域的关系

（a）因果系统；（b）稳定系统（允许 $r_1=0$ 或 $r_2=\infty$）；（c）因果稳定系统

例 6.7 已知某离散时间系统的系统函数为

$$H(z)=\frac{3(1-z^{-1})}{(1-z^{-1}/2)(1-2z^{-1})} \tag{6.80}$$

求系统的冲激响应，使该系统具有：(1) 因果性；(2) 稳定性。

解： 根据题目条件，有

$$H(z)=\frac{3(1-z^{-1})}{(1-z^{-1}/2)(1-2z^{-1})}=\frac{3z(z-1)}{(z-1/2)(z-2)} \tag{6.81}$$

易知 $H(z)$ 的极点为 $z_1=1/2$，$z_2=2$。由于极点并非都在单位圆内，可以判定，系统不能同时满足因果性和稳定性。下面进行具体分析。

①如果要求系统是因果的，则 $H(z)$ 的收敛域为 $|z|>r$，且不能包含任何极点，因此应取 $r=2$。相应地，可以求得系统的冲激响应为

$$h[n]=\left(\frac{1}{2^n}+2^{n+1}\right)u[n] \tag{6.82}$$

但注意到当 $n\to\infty$ 时，$h[n]\to\infty$，因此系统不稳定。

②如果要求系统是稳定的，则其收敛域必然包含单位圆，同时不能包含任何极点，因此应取 $1/2<|z|<2$。根据 z 变换对的关系，有

$$a^n u[n]\overset{\mathcal{Z}}{\longleftrightarrow}\frac{1}{1-az^{-1}},\ |z|>|a| \tag{6.83}$$

$$-a^n u[-n-1]\overset{\mathcal{Z}}{\longleftrightarrow}\frac{1}{1-az^{-1}},\ |z|<|a| \tag{6.84}$$

相应地，系统的冲激响应为

$$h[n]=\frac{1}{2^n}u[n]-2^{n+1}u[-n-1] \tag{6.85}$$

注意到 $h[n]$ 为双边序列，因此系统不是因果的。

综上，由式 (6.80) 所描述的系统不能同时满足因果性和稳定性。

6.3.4 离散时间系统的频率响应

已知离散时间系统的冲激响应为 $h[n]$，对 $h[n]$ 作 DTFT，有

$$H(\mathrm{e}^{\mathrm{j}\Omega})=\sum_{n=-\infty}^{\infty}h[n]\mathrm{e}^{-\mathrm{j}\Omega n} \tag{6.86}$$

称 $H(\mathrm{e}^{\mathrm{j}\Omega})$ 为离散时间系统的**频率响应**。

注意到 $H(\mathrm{e}^{\mathrm{j}\Omega})$ 是以 2π 为周期的，因此通常考虑一个周期（称为主值区间）$[-\pi,\pi]$ 或 $[0,2\pi]$ 范围即可。此外，$H(\mathrm{e}^{\mathrm{j}\Omega})$ 通常是复的，记

$$H(\mathrm{e}^{\mathrm{j}\Omega})=|H(\mathrm{e}^{\mathrm{j}\Omega})|\mathrm{e}^{\mathrm{j}\angle H(\mathrm{e}^{\mathrm{j}\Omega})} \tag{6.87}$$

式中，$|H(\mathrm{e}^{\mathrm{j}\Omega})|$ 为系统的**幅频响应**；$\angle H(\mathrm{e}^{\mathrm{j}\Omega})$ 为系统的**相频响应**。根据 DTFT 的性质，如果冲激响应是实的，则幅频响应为偶函数，相频响应为奇函数。因此，在实际分析中，只需考虑 $[0,\pi]$ 上的响应即可。

设离散时间系统的输入与输出（只考虑零状态响应）分别为 $x[n]$，$y[n]$，根据 6.2 节的内容可知

$$y[n]=x[n]*h[n] \tag{6.88}$$

利用 DTFT 的卷积定理，可将式（6.88）转化为

$$Y(\mathrm{e}^{\mathrm{j}\Omega})=H(\mathrm{e}^{\mathrm{j}\Omega})X(\mathrm{e}^{\mathrm{j}\Omega}) \tag{6.89}$$

由此可见，$H(\mathrm{e}^{\mathrm{j}\Omega})$刻画了输入与输出在频域上的关系。进一步，可得幅频关系和相频关系分别为

$$|Y(\mathrm{e}^{\mathrm{j}\Omega})|=|H(\mathrm{e}^{\mathrm{j}\Omega})||X(\mathrm{e}^{\mathrm{j}\Omega})| \tag{6.90}$$

$$\angle Y(\mathrm{e}^{\mathrm{j}\Omega})=\angle H(\mathrm{e}^{\mathrm{j}\Omega})+\angle X(\mathrm{e}^{\mathrm{j}\Omega}) \tag{6.91}$$

如果系统是由差分方程来描述

$$\sum_{k=0}^{N}a_k y[n-k]=\sum_{k=0}^{M}b_k x[n-k] \tag{6.92}$$

对方程（6.92）两端作 DTFT，并利用 DTFT 的时移性质，$x[n-k]\stackrel{\mathcal{Z}}{\longleftrightarrow}\mathrm{e}^{-\mathrm{j}\Omega k}X(\mathrm{e}^{\mathrm{j}\Omega})$，可得

$$\sum_{k=0}^{N}a_k\mathrm{e}^{-\mathrm{j}\Omega k}Y(\mathrm{e}^{\mathrm{j}\Omega})=\sum_{k=0}^{M}b_k\mathrm{e}^{-\mathrm{j}\Omega k}X(\mathrm{e}^{\mathrm{j}\Omega}) \tag{6.93}$$

于是

$$H(\mathrm{e}^{\mathrm{j}\Omega})=\frac{Y(\mathrm{e}^{\mathrm{j}\Omega})}{X(\mathrm{e}^{\mathrm{j}\Omega})}=\frac{\sum\limits_{k=0}^{M}b_k\mathrm{e}^{-\mathrm{j}\Omega k}}{\sum\limits_{k=0}^{N}a_k\mathrm{e}^{-\mathrm{j}\Omega k}} \tag{6.94}$$

由此可见，$H(\mathrm{e}^{\mathrm{j}\Omega})$具有有理函数的形式。注意到上述推导过程与系统函数非常类似。事实上，如果系统函数$H(z)$已知，且系统是稳定的（即收敛域包含单位圆），令$z=\mathrm{e}^{\mathrm{j}\Omega}$，便可得到系统的频率响应

$$H(\mathrm{e}^{\mathrm{j}\Omega})=H(z)\big|_{z=\mathrm{e}^{\mathrm{j}\Omega}} \tag{6.95}$$

离散时间系统的冲激响应、频率响应与系统函数的关系如图 6.6 所示。

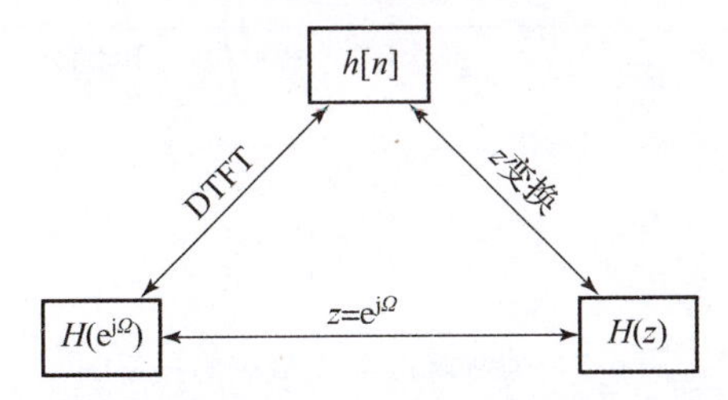

图 6.6　离散时间系统的冲激响应、频率响应和系统函数之间的关系

假设系统函数具有有理函数的形式

$$H(z)=\frac{\sum\limits_{k=0}^{M}b_k z^{-k}}{\sum\limits_{k=0}^{N}a_k z^{-k}}=c_0 z^{N-M}\frac{\prod\limits_{i=1}^{M}(z-z_i)}{\prod\limits_{i=1}^{N}(z-p_i)} \tag{6.96}$$

式中，z_1，z_2，…，z_M 和 p_1，p_2，…，p_N 分别为系统函数（或系统）的零点和极点；$c_0=b_0/a_0$。

同时，假设系统是稳定的，将 $z=\mathrm{e}^{\mathrm{j}\Omega}$代入式（6.96），可得

$$H(\mathrm{e}^{\mathrm{j}\Omega}) = c_0 \mathrm{e}^{\mathrm{j}(N-M)\Omega} \frac{\prod_{i=1}^{M}(\mathrm{e}^{\mathrm{j}\Omega} - z_i)}{\prod_{i=1}^{N}(\mathrm{e}^{\mathrm{j}\Omega} - p_i)} \tag{6.97}$$

注意到分式中的每一项都可视为 z 平面上的向量，记

$$\mathrm{e}^{\mathrm{j}\Omega} - p_i = A_i \mathrm{e}^{\mathrm{j}\theta_i},\ l \leqslant i \leqslant M \tag{6.98}$$

$$\mathrm{e}^{\mathrm{j}\Omega} - z_i = B_i \mathrm{e}^{\mathrm{j}\varphi_i},\ l \leqslant i \leqslant N \tag{6.99}$$

于是可得

$$|H(\mathrm{e}^{\mathrm{j}\Omega})| = c_0 \frac{\prod_{i=1}^{M} B_i}{\prod_{i=1}^{N} A_i} \tag{6.100}$$

$$\angle H(\mathrm{e}^{\mathrm{j}\Omega}) = (N-M)\Omega + \sum_{i=1}^{M}\phi_i - \sum_{i=1}^{N}\theta_i \tag{6.101}$$

由此可见，系统的幅频响应及相频响应与系统的零极点有关。举例来讲，假设系统含有一个零点和一个极点，如图 6.7 所示。随着 Ω 在单位圆上滑动，相应的幅度 A，B 和相角 θ，ϕ 随之发生变化，因此，可以根据系统的零极点分布确定系统的频率响应。在早期计算机没有普及的时候，这种方式是计算频率响应的一种主要方法；当前计算机已经非常普及，可以直接通过数值计算的方法绘制频率响应曲线。

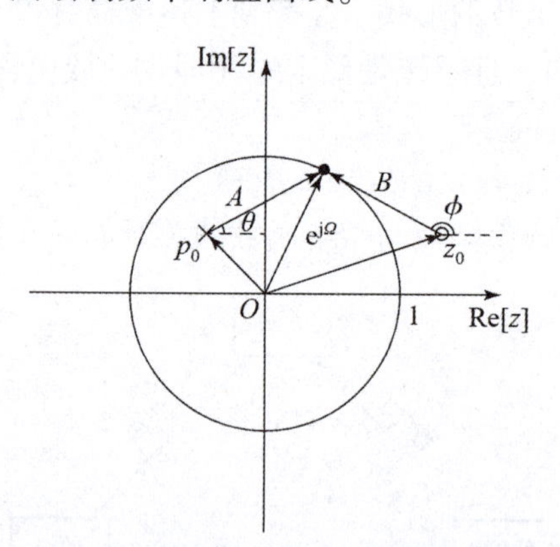

图 6.7 幅频响应与零极点的关系图

例 6.8 已知二阶滑动平均模型

$$y[n] = \frac{1}{3}(x[n] + x[n-1] + x[n-2]) \tag{6.102}$$

求系统的幅频响应与相频响应。

解： 对式（6.102）两端作 DTFT，得

$$Y(\mathrm{e}^{\mathrm{j}\Omega}) = \frac{1}{3}(1 + \mathrm{e}^{-\mathrm{j}\Omega} + \mathrm{e}^{-2\mathrm{j}\Omega})X(\mathrm{e}^{\mathrm{j}\Omega}) \tag{6.103}$$

因此可得系统的频率响应为

$$H(e^{j\Omega})=\frac{Y(e^{j\Omega})}{X(e^{j\Omega})}=\frac{1}{3}(1+e^{-j\Omega}+e^{-2j\Omega})=\frac{1}{3}e^{-j\Omega}(1+2\cos\Omega) \tag{6.104}$$

相应地，幅频响应与相频响应分别为

$$|H(e^{j\Omega})|=\frac{1}{3}|1+2\cos\Omega| \tag{6.105}$$

$$\angle H(e^{j\Omega})=\begin{cases}-\Omega-\pi, & -\pi\leqslant\Omega\leqslant-2\pi/3\\ -\Omega, & -2\pi/3\leqslant\Omega\leqslant2\pi/3\\ -\Omega+\pi, & 2\pi/3\leqslant\Omega\leqslant\pi\end{cases} \tag{6.106}$$

图 6.8 画出了系统的响应曲线。可以看出，系统在低频部分具有较大增益（即幅频响应），而随着频率增长，增益逐渐衰减，故具有类似于低通滤波的作用。这也可以通过时域的“算术平均”运算体现出来。同时，注意到，当 $\Omega=\pm2\pi/3$ 时，增益为零，这意味着系统将这个频点的频率成分完全滤除。稍后会看到，具有这种特点的滤波器称为**陷波滤波器**（notch filter）。此外，系统具有线性相位，故不会产生相位失真。

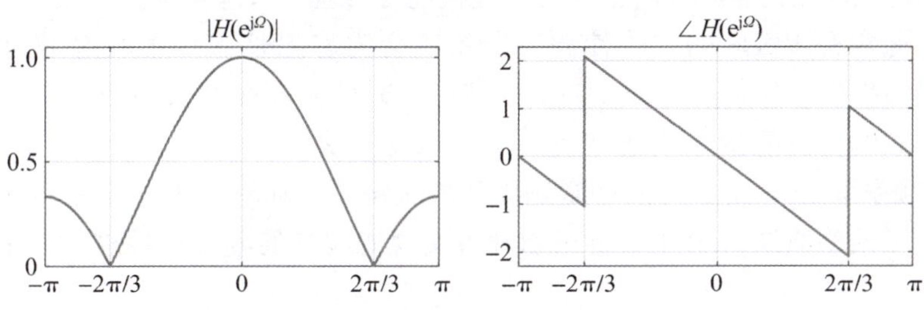

图 6.8　二阶滑动平均模型的幅频响应与相频响应曲线

6.3.5　常见的离散时间系统的频率特性

本节介绍一些常见的离散时间系统的频率特性，这些系统具有滤波的功能，故又称为**数字滤波器**（digital filter）。

（1）理想滤波器

类似于模拟频域上的理想滤波器，如果数字滤波器的幅频响应具有严格的通带和阻带，且在通带范围内为常数，在阻带范围内为零，则称为**理想数字滤波器**（ideal digital filter，或简称为理想滤波器）。具体可分为低通滤波器、高通滤波器、带通滤波器、带阻滤波器等，图 6.9 给出四类滤波器的幅频响应示意图。与模拟滤波器的区别在于，数字滤波器的频率响应是以 2π 为周期的，故通常考虑主值区间 $[-\pi,\pi]$ 或 $[0,2\pi]$ 即可。

以理想低通滤波器为例，设频率响应为

$$H_{\mathrm{LPF}}(e^{j\Omega})=\begin{cases}e^{-j\Omega n_0}, & |\Omega|\leqslant\Omega_c\\ 0, & \Omega_c<|\Omega|\leqslant\pi\end{cases} \tag{6.107}$$

式中，n_0 为任意实数；Ω_c 为通带截止频率。易知滤波器系数（即系统的冲激响应）为

$$h_{\mathrm{LPF}}[n]=\frac{\sin\Omega_c(n-n_0)}{\pi(n-n_0)},n=0,\pm1,\pm2,\cdots \tag{6.108}$$

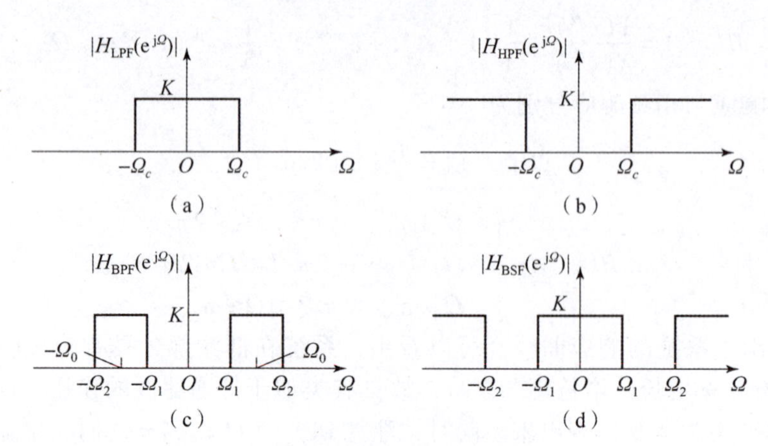

图 6.9 理想数字滤波器的幅频特性

（a）低通滤波器；（b）高通滤波器；（c）带通滤波器；（d）带阻滤波器

注意到滤波器是无限长且非因果的，因而不是物理可实现的，这与模拟频域上的结论一致。

实际中，通常采用截断的方式使滤波器系数变为有限长，并选取恰当的时移因子 n_0 使滤波器满足因果性。然而，根据 DTFT 的特性，时域截断必然会造成频域上的吉布斯现象。此时，幅频响应只能接近于理想滤波器。例如，图 6.10（a）给出了滤波器长度取 $N=41$，截止频率取 $\Omega_c=\pi/3$ 时的冲激响应和幅频响应。显然，无论是通带还是阻带，幅频响应都产生了振荡波纹。第 8 章将对物理可实现滤波器的频率特性进行详细分析。

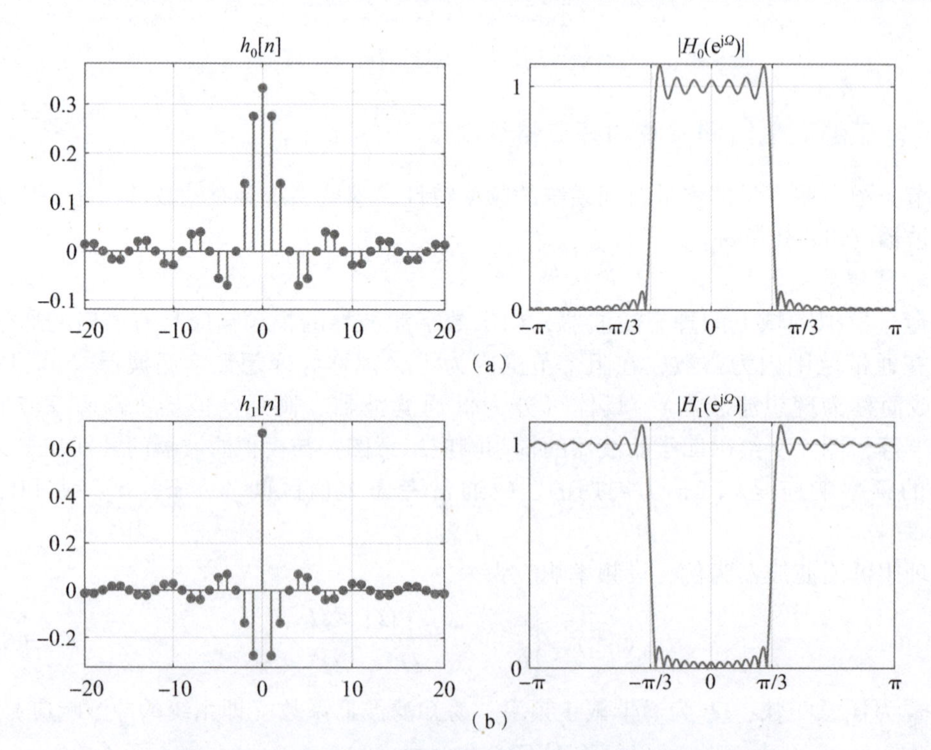

图 6.10 实际中近似理想滤波器的冲激响应与幅频响应

（a）近似理想低通滤波器；（b）近似理想高通滤波器

尽管理想滤波器在实际中不可实现，但由于其频率特性非常理想，因此经常用于理论分析，同时可为滤波器设计提供指导依据。特别地，利用一些特定变换，可将理想低通滤波器转换为其他类型的理想滤波器。例如，设 $h_0[n]$ 为理想低通滤波器的冲激响应，如式（6.108）定义，并假设 $n_0=0$，令

$$h_1[n]=\delta[n]-h_0[n] \tag{6.109}$$

则 $h_1[n]$ 与 $h_0[n]$ 的频率特性恰好互补，即

$$H_1(\mathrm{e}^{\mathrm{j}\Omega})=1-H_0(\mathrm{e}^{\mathrm{j}\Omega}) \tag{6.110}$$

因而得到理想高通滤波器。图 6.10（b）给出了实际中对 $h_1[n]$ 进行截断后所得到的冲激响应与幅频响应。

（2）全通滤波器

全通滤波器的幅频响应恒为常数，即

$$|H(\mathrm{e}^{\mathrm{j}\Omega})|=C \tag{6.111}$$

为不失一般性，通常可假设 $C=1$。

纯延时滤波器是一种简单的全通滤波器，即 $H(z)=z^{-k}$，其中，k 为任意整数。更一般地，设滤波器具有如下形式

$$H(z)=z^{-N}\frac{A(z^{-1})}{A(z)} \tag{6.112}$$

式中，$A(z)=1+\sum_{k=1}^{N}a_kz^{-k}$，$a_k,k=1,2,\cdots,N$ 均为实数。

容易验证

$$|H(\mathrm{e}^{\mathrm{j}\Omega})|^2=H(z)H(z^{-1})\big|_{z=\mathrm{e}^{\mathrm{j}\Omega}}=1 \tag{6.113}$$

因此，$H(z)$ 是全通滤波器。

注意到如果 $z=z_0$ 是 $H(z)$ 的极点（或零点），则 $z=1/z_0$ 是 $H(z)$ 的零点（或极点），这意味着全通滤波器的零点和极点总是成对出现。因此，也可将全通滤波器表示为

$$H(z)=\prod_{k=1}^{N_1}\frac{z^{-1}-\alpha_k}{1-\alpha_kz^{-1}}\prod_{k=1}^{N_2}\frac{(z^{-1}-\beta_k)(z^{-1}-\beta_k^*)}{(1-\beta_kz^{-1})(1-\beta_k^*z^{-1})} \tag{6.114}$$

式中，α_k 为实数，β_k 为复数，即意味着 $z=\alpha_k$ 为实极点，$z=\beta_k$ 和 $z=\beta_k^*$ 为复极点①。为保证系统是因果稳定的，所有极点应在单位圆内。

根据式（6.114），设一阶和二阶全通滤波器具有如下形式

$$H_1(z)=\frac{z^{-1}-\alpha}{1-\alpha z^{-1}} \tag{6.115}$$

$$H_2(z)=\frac{(z^{-1}-\beta)(z^{-1}-\beta^*)}{(1-\beta z^{-1})(1-\beta^*z^{-1})} \tag{6.116}$$

图 6.11 分别给出了当 $\alpha=0.9$ 和 $\beta=0.9\mathrm{e}^{\mathrm{j}\pi/3}$ 时两个全通滤波器的频率特性曲线。

---

① 由于式（6.112）中的分子、分母都是实系数，因而 $H(z)$ 的复极点总是共轭出现。若假设系数为复数，则全通滤波器的一般形式（见习题 6.18）为

$$H(z)=\prod_{k=1}^{N}\frac{z^{-1}-\alpha_k^*}{1-\alpha_kz^{-1}}$$

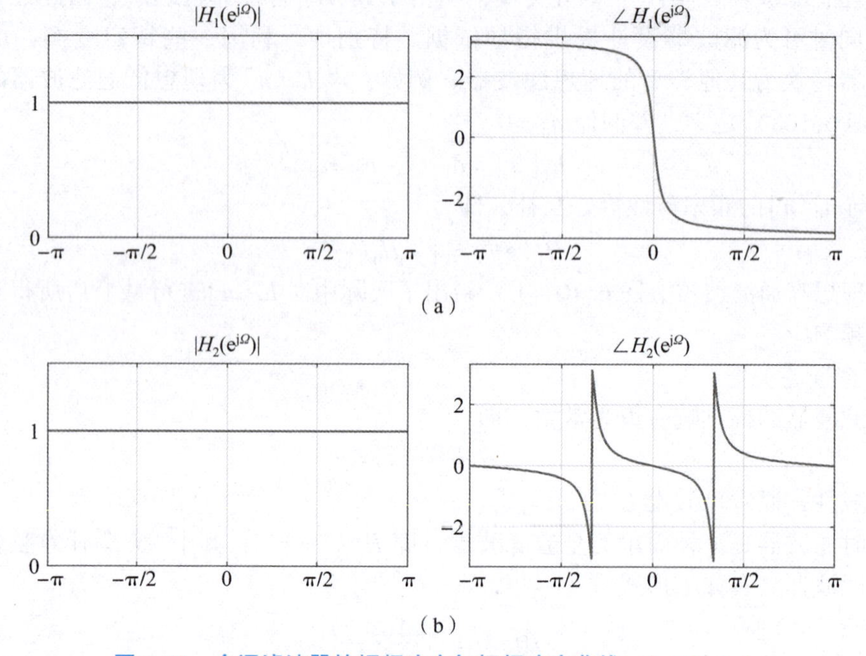

图 6.11　全通滤波器的幅频响应与相频响应曲线（$0\leqslant\Omega\leqslant\pi$）

（a）一阶全通滤波器（$\alpha=0.9$）；（b）二阶全通滤波器（$\beta=0.9e^{j\pi/3}$）

全通滤波器可用于相位补偿或相位均衡，以消除由非线性相位引入的相位失真。

（3）一阶差分系统

已知一阶差分方程

$$y[n]-ay[n-1]=x[n],\ |a|<1 \tag{6.117}$$

对式（6.117）两端作 DTFT，易知系统的频率响应为

$$H(e^{j\Omega})=\frac{Y(e^{j\Omega})}{X(e^{j\Omega})}=\frac{1}{1-ae^{-j\Omega}} \tag{6.118}$$

相应地，幅频响应和相频响应分别为

$$|H(e^{j\Omega})|=\frac{1}{\sqrt{1+a^2-2a\cos\Omega}} \tag{6.119}$$

$$\angle H(e^{j\Omega})=-\arctan\left(\frac{a\sin\Omega}{1-a\cos\Omega}\right) \tag{6.120}$$

此外，冲激响应为

$$h[n]=a^n u[n] \tag{6.121}$$

图 6.12 分别画出了当 $a=0.5$ 和 $a=-0.5$ 时的频率响应曲线。可以看出，当 $a=0.5$ 时，增益在 $\Omega=0$ 取得最大值；而随着 Ω 趋向于 $\pm\pi$，增益逐渐衰减。因此，系统具有低通滤波的作用。相反，当 $a=-0.5$ 时，系统具有高通滤波的作用。同时注意到，两种情况下相频响应都是非线性的，因此系统会产生相位失真。

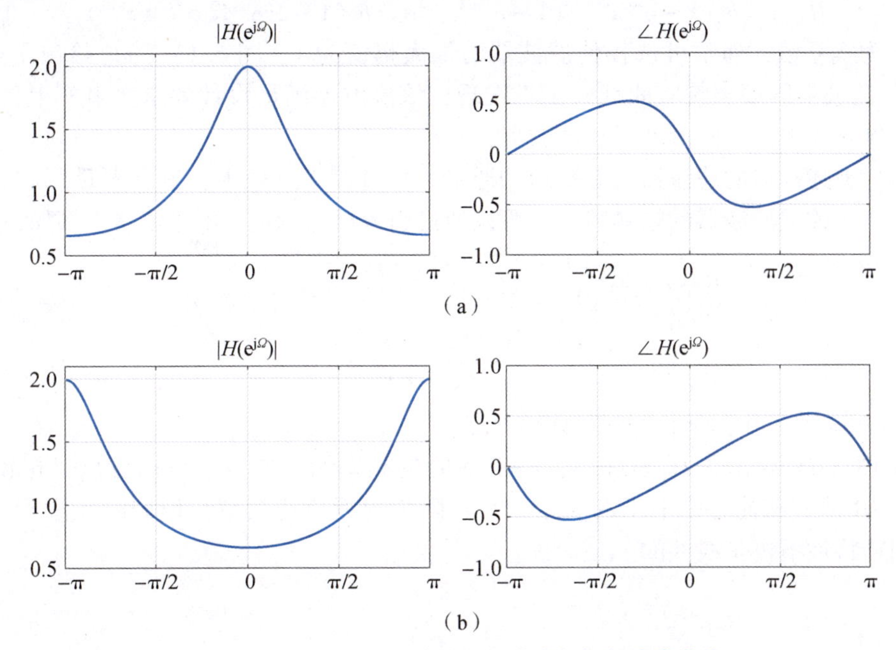

图 6.12　一阶差分系统的幅频响应与相频响应曲线

(a) $a=0.5$；(b) $a=-0.5$

事实上，当 $a=a_0>0$ 时，系统的冲激响应为

$$h_0[n]=a_0^n u[n] \tag{6.122}$$

则当 $a=-a_0<0$ 时，系统的冲激响应为

$$h_1[n]=(-a_0)^n u[n]=(-1)^n h_0[n] \tag{6.123}$$

易知两种情况下的频率响应关系为

$$H_1(\mathrm{e}^{\mathrm{j}\Omega})=H_0(\mathrm{e}^{\mathrm{j}(\Omega-\pi)}) \tag{6.124}$$

上述关系说明，$H_1(\mathrm{e}^{\mathrm{j}\Omega})$ 是将 $H_0(\mathrm{e}^{\mathrm{j}\Omega})$ 频移 π 之后得到的。因此，若 $H_0(\mathrm{e}^{\mathrm{j}\Omega})$ 是低通滤波器，则 $H_1(\mathrm{e}^{\mathrm{j}\Omega})$ 必然是高通滤波器。

一般地，如果低通滤波器的冲激响应为 $h_0[n]$，可按照类似式（6.123）的方式得到高通滤波器的冲激响应

$$h_1[n]=(-1)^n h_0[n] \tag{6.125}$$

式（6.125）为低通滤波器与高通滤波器之间的转换提供了一种可行方法，在滤波器设计中经常使用。

(4) 陷波滤波器

陷波滤波器（notch filter）是指滤波器的频率响应在某些频点快速衰减至零，形似"缺口"①。陷波滤波器属于带阻滤波器，通常用于消除特定的频率。

举例来讲，若要消除 $\Omega=\Omega_0$ 处的频率成分，考虑一对共轭零点：$z_{1,2}=\mathrm{e}^{\pm\mathrm{j}\Omega_0}$，构造 FIR 滤波器

---

① 英文 notch 的含义即为"V"形缺口。

$$H(z)=b_0(1-e^{j\Omega_0}z^{-1})(1-e^{-j\Omega_0}z^{-1})=b_0(1-2\cos\Omega_0 z^{-1}+z^{-2}) \tag{6.126}$$

式中，b_0 为实系数，通常可选择使滤波器的最大幅值为 1。图 6.13（a）给出了当 $\Omega_0=2\pi/3$ 时，滤波器的频率响应曲线。不难发现，该滤波器满足设计要求。事实上，此时滤波器即为例 6.8 中的二阶滑动平均滤波器。

然而，上述构造的滤波器没有平坦的通带，且过渡带宽较大，这会严重影响 Ω_0 之外的频谱。为了改进滤波器的幅频特性，可以通过引入极点构造 IIR 滤波器。例如，设

$$H(z)=b_0\frac{(1-e^{j\Omega_0}z^{-1})(1-e^{-j\Omega_0}z^{-1})}{(1-re^{j\Omega_0}z^{-1})(1-re^{-j\Omega_0}z^{-1})} \tag{6.127}$$

$$=b_0\frac{1-2\cos\Omega_0 z^{-1}+z^{-2}}{1-2r\cos\Omega_0 z^{-1}+r^2z^{-2}} \tag{6.128}$$

式中，$p_{1,2}=re^{\pm j\Omega_0}$，$0<r<1$ 为一对共轭极点。

图 6.13（b）给出了 $\Omega_0=2\pi/3$，$r=0.9$ 时的频率响应曲线。可以看出，相较于 FIR 滤波器，IIR 滤波器拥有更平坦的通带，且在阻带附近快速衰减。但同时注意到，IIR 滤波器的相频特性不再是线性的。

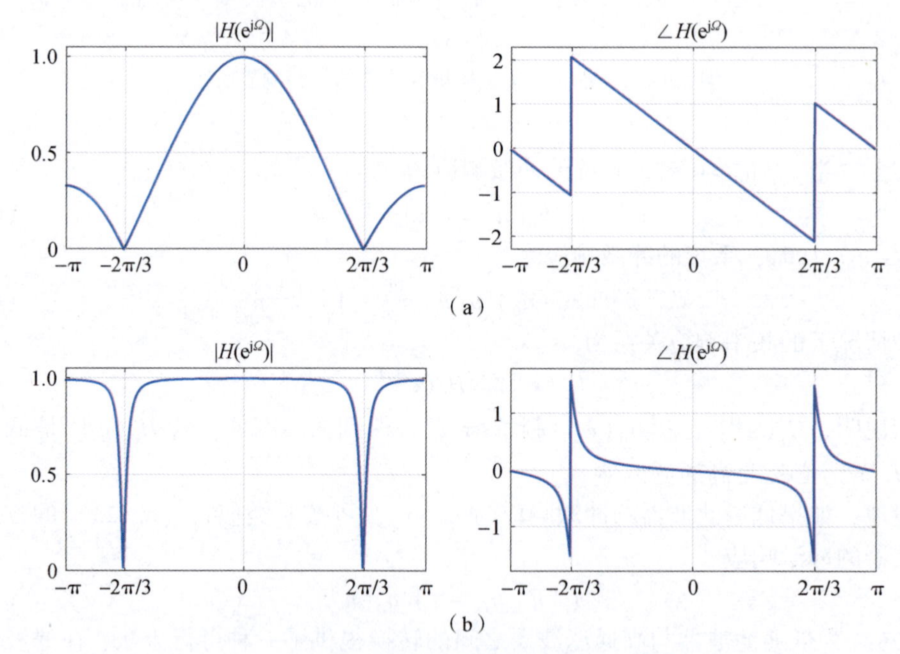

图 6.13　陷波滤波器的幅频响应与相频响应曲线

（a）FIR 结构；（b）IIR 结构

（5）梳状滤波器

梳状滤波器（comb filter）可视为一类特殊的陷波滤波器，其频率响应为零的点周期性地出现，故响应曲线形如“梳子”。例如，设 M 阶滑动平均模型

$$y[n]=\frac{1}{M+1}\sum_{k=0}^{M}x[n-k] \tag{6.129}$$

易知系统函数为

$$H(z) = \frac{1}{M+1}\sum_{k=0}^{M} z^{-k} = \frac{1}{M+1}\frac{1-z^{-(M+1)}}{1-z^{-1}} = \frac{1}{M+1}\frac{z^{M+1}-1}{z^{M}(z-1)} \tag{6.130}$$

系统的零点为 $z_k = \mathrm{e}^{\mathrm{j}2\pi k/(M+1)}$，$k=0, 1, \cdots, M$，极点为 $p_0=1$，$p_1=0$ 且 p_1 为 M 阶极点。由于 $z=1$ 同为 $H(z)$的零点和极点，故两者抵消。图 6.14 给出了当 $M=10$ 时的零极图。

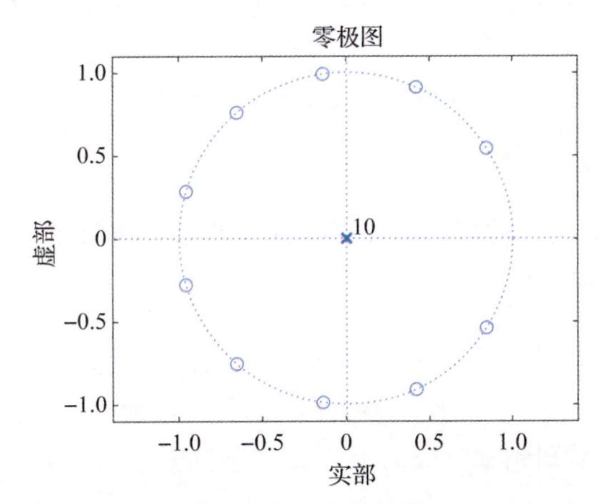

图 6.14　M 阶滑动平均滤波器的零极图（$M=10$）

相应地，可得滤波器的频率响应为

$$H(\mathrm{e}^{\mathrm{j}\Omega}) = \frac{1}{M+1}\frac{\sin \Omega(M+1)/2}{\sin \Omega/2}\mathrm{e}^{-\mathrm{j}\Omega M/2} \tag{6.131}$$

注意到当 $\Omega_k = 2\pi k/(M+1)$，$k=1, 2, \cdots, M$ 时，频率响应为零，在这些频点上的频率成分将被滤除。图 6.15 给出了当 $M=10$ 时，滑动平均滤波器的频率响应曲线。

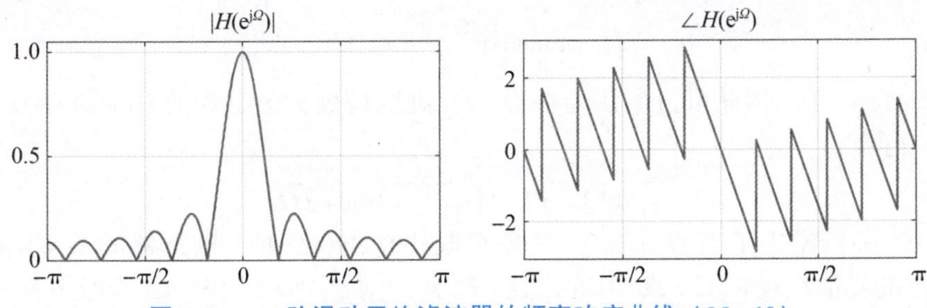

图 6.15　M 阶滑动平均滤波器的频率响应曲线（$M=10$）

梳状滤波器不限于滑动平均滤波器。对于一般情况，梳状滤波器可按如下方式构造。设某 FIR 滤波器的系数为 $h_0[n]$，对该滤波器进行 L 倍零值内插，即

$$h_1[n] = \begin{cases} h_0[n/L], & n = mL \\ 0, & n \neq mL \end{cases} \tag{6.132}$$

易知内插前后的频率响应关系为

$$H_1(\mathrm{e}^{\mathrm{j}\Omega}) = H_0(\mathrm{e}^{\mathrm{j}\Omega L}) \tag{6.133}$$

即内插之后的频率响应发生了 L 倍的压缩。图 6.16 给出了一个满带滤波器经过插值之后的幅频响应，由此得到一个梳状滤波器。

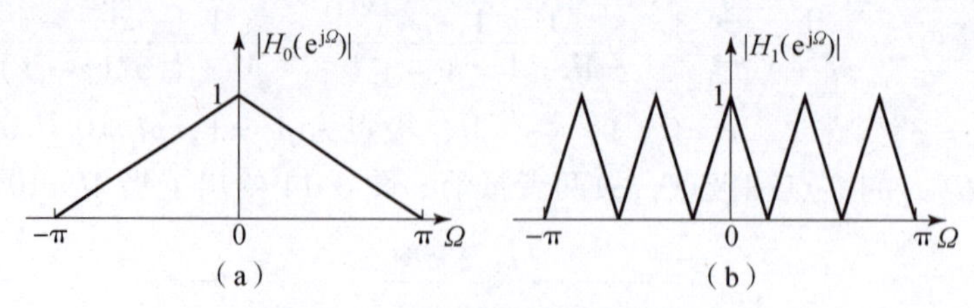

图 6.16 梳状滤波器的构造过程

(a) 原始滤波器；(b) 内插之后的滤波器 ($L=5$)

(6) 谐振器

谐振器 (resonator) 是一种带通滤波器，其有两个共轭极点，因而在极点附近拥有较大增益。设谐振器具有如下形式

$$H(z)=\frac{b_0}{(1-re^{j\Omega_0}z^{-1})(1-re^{-j\Omega_0}z^{-1})} \tag{6.134}$$

式中，$p_{1,2}=re^{\pm j\Omega_0}$，$0<r<1$ 为一对共轭极点；b_0 为实系数。

根据式 (6.134)，易知频率响应为

$$H(e^{j\Omega})=\frac{b_0}{[1-re^{-j(\Omega-\Omega_0)}][1-re^{-j(\Omega+\Omega_0)}]} \tag{6.135}$$

幅频响应为

$$|H(e^{j\Omega})|=\frac{b_0}{\sqrt{1+r^2-2r\cos(\Omega-\Omega_0)}\sqrt{1+r^2-2r\cos(\Omega+\Omega_0)}} \tag{6.136}$$

由于幅频响应为偶函数，为了便于分析，以下只考虑正频率部分。通过计算可知，$|H(e^{j\Omega})|$的极大值点（即谐振频率点）为

$$\Omega_r=\arccos\left(\frac{1+r^2}{2r}\cos\Omega_0\right) \tag{6.137}$$

当 $r\approx1$ 时，$\Omega_r\approx\Omega_0$，因此可近似认为在 $\Omega=\Omega_0$ 处取得极大值。为使 $H(e^{j\Omega})$ 在 $\Omega=\Omega_0$ 处的增益为 1，可令

$$b_0=(1-r)\sqrt{1+r^2-2r\cos2\Omega_0} \tag{6.138}$$

图 6.17 (a) 给出了当 $\Omega_0=\pi/3$，r 分别取 0.8 和 0.9 时，谐振器的频率响应。可以看出，增益的峰值出现在 $\Omega=\Omega_0$ 附近，且 r 越大，增益衰减越快。通常可用 3 dB 带宽来刻画衰减程度。特别地，当 $r\approx1$ 时，3 dB 带宽可近似估计为

$$\Delta\Omega_{3\text{ dB}}\approx2(1-r) \tag{6.139}$$

此外，相频响应在谐振频率点斜率最大，这意味着在该点具有最大的群时延。

式 (6.134) 所定义的谐振器没有零点，下面考虑含有零点的谐振器

$$H(z)=\frac{c_0(1-z^{-1})(1+z^{-1})}{(1-re^{j\Omega_0}z^{-1})(1-re^{-j\Omega_0}z^{-1})} \tag{6.140}$$

式中，$p_{1,2}=re^{\pm j\Omega_0}$，$0<r<1$ 为一对共轭极点；$z_{1,2}=\pm1$ 为一对共轭零点；c_0 为实系数。

相应地，幅频响应为

$$|H(e^{j\Omega})|=\frac{c_0\sqrt{2(1-\cos2\Omega)}}{\sqrt{1+r^2-2r\cos(\Omega-\Omega_0)}\sqrt{1+r^2-2r\cos(\Omega+\Omega_0)}} \tag{6.141}$$

图 6.17（b）给出了相同参数下，第二类谐振器的频率响应。注意到幅频响应的尖峰依然在 $\Omega=\Omega_0$ 附近，但相较于第一类谐振器，3 dB 带宽更窄。

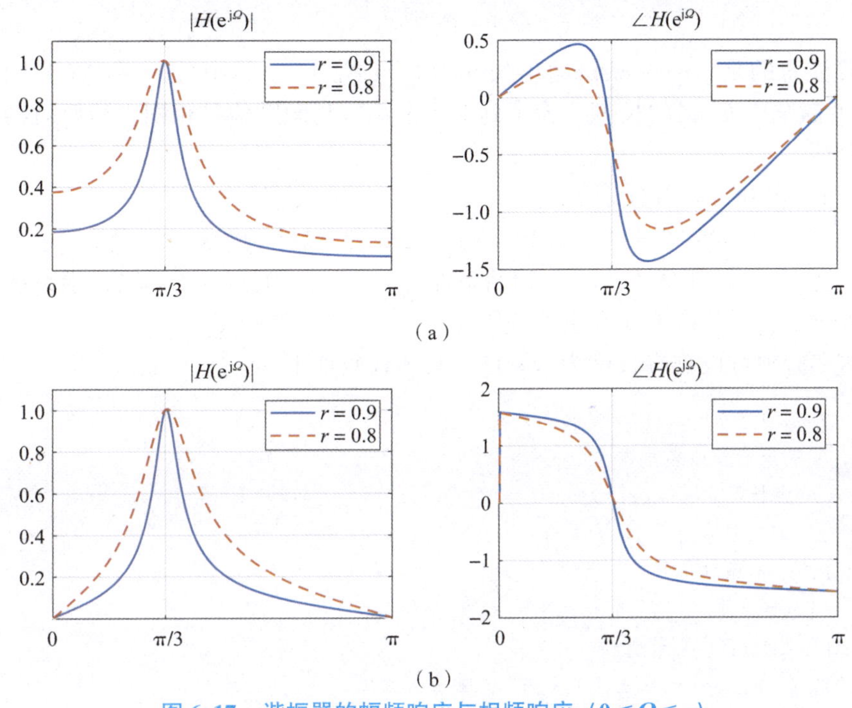

图 6.17　谐振器的幅频响应与相频响应（$0\leqslant\Omega\leqslant\pi$）

（a）第一类谐振器（无零点）；（b）第二类谐振器（有零点）

6.4　编程仿真实验

6.4.1　离散时间系统响应的时域求解

对于由差分方程描述的离散时间系统，可以利用编程函数 filter 来求解系统的各类响应，基本用法为

```
y = filter(b,a,x); % 求系统的零状态响应
y = filter(b,a,x,ic); % 求系统的全响应
```

其中，a，b 为差分方程的系数，即对应于系统函数的分母多项式与分子多项式的系数；x 为激励信号；ic 为系统的初始条件。

特别地，若 x 为零，则利用上述第二行代码可以求得系统的零输入响应；若 x 为单位冲激序列，则利用上述第一行代码可以求得系统的冲激响应。不过，另一种更简便的方法是直接利用 SP 工具箱中的函数 impz，基本用法为

```
h = impz(b,a,N); % 求系统的冲激响应
```

其中，a，b 为差分方程的系数；N 为冲激响应的长度。事实上，系统的响应可是无限长

的（如IIR系统），但是在编程中序列总是有限长的，因而需要指定响应的长度。

在确定系统的冲激响应之后，也可利用卷积函数conv来求得系统的零状态响应，即

```
y = conv(x,h); % 利用 conv 求系统的零状态响应
```

不过，需要注意的是，conv默认输出长度为 N_x+N_h-1，其中，N_x 和 N_h 分别为激励信号 $x[n]$ 和冲激响应 $h[n]$ 的长度。为了确保系统响应与激励信号相同，需要对结果进行截断，略显麻烦。

实验6.1 已知二阶差分系统

$$y[n]-7y[n-1]/12+y[n-2]/12=2x[n]+x[n-1] \tag{6.142}$$

设激励信号为 $x[n]=(1/2)^n u[n]$，初始条件为 $y[-2]=0, y[-1]=1$，求系统的冲激响应、零输入响应、零状态响应和全响应。

解： 本实验中可设响应长度为 $N=15$，具体代码如下。

```
a = [1 -7/12 1/12]; % 分母多项式系数
b = [2 1]; % 分子多项式系数
N = 15; % 响应长度
n = 0:N-1; % 响应索引
x = (1/2).^n; % 激励信号
ic = filtic(b,a,[1 0]); % 初始条件
h = impz(b,a,N); % 冲激响应
yzi = filter(b,a,zeros(1,N),ic); % 零输入响应
yzs = filter(b,a,x); % 零状态响应
y = filter(b,a,x,ic); % 全响应
```

图6.18给出了各类响应的图形化结果。注意到系统的冲激响应为因果的，且随着 n 的增长快速衰减，因此不难判断，该系统具有因果稳定性。

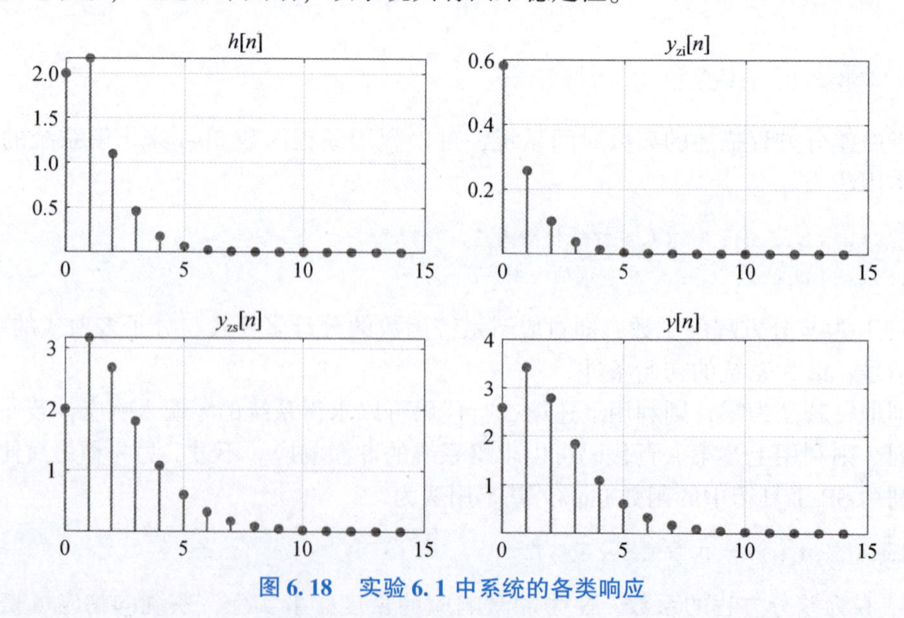

图6.18 实验6.1中系统的各类响应

下面不妨采用conv来计算零状态响应，并与filter的计算结果进行对比，代码如下：

```
yzs2 = conv(x,h); % 采用 conv 计算零状态响应
yzs2 = yzs2(1:N).'; % 截断并转换成列行向量
err = sum(abs(yzs - yzs2).^2,'all'); % 误差能量
```

误差能量为

```
>> err
err =
   1.5846e-35
```

可见排除数值精度误差，两种方法计算的结果是一样的。

6.4.2　离散时间系统频率响应的计算

在已知系统冲激响应或差分方程系数的前提下，可以利用MATLAB SP工具箱中的函数freqz求解系统的频率响应，基本用法为

```
[H,w] = freqz(h); % 已知冲激响应求系统的频率响应
[H,w] = freqz(b,a); % 已知差分方程系数求系统的频率响应
```

其中，h为系统的冲激响应；a，b为差分方程的系数；在默认情况下，输出H为［0，π］上的频率响应；w为频域采样点，点数为512，单位为rad/s。若需要更改采样点数或频率范围，可以补充如下参数：

```
[H,w] = freqz( --,N,'whole');
```

其中，“--”可以是上述参数h或a，b；N为频域采样点数；'whole'表示输出［0，2π］上的频率响应。

实验6.2　计算并绘制例6.9中二阶差分系统的频率响应。

解：由于频率响应通常是复的，可以利用abs和angle分别求得幅频响应和相频响应。此外，由于freqz默认输出是［0，π］上的频率响应，为了展示［-π，π］上的幅频响应和相频响应，可以利用DTFT的对称性来推导。具体代码如下。

```
a = [1 -7/12 1/12]; % 分母多项式系数
b = [2 1]; % 分子多项式系数
[H,w] = freqz(b,a); % 频率响应
mag = abs(H); % 幅频响应
phs = angle(H); % 相频响应
mag = [flip(mag);mag]; % 扩展为[-pi,pi]幅频响应
phs = [-flip(phs);phs]; % 扩展为[-pi,pi]相频响应
w = [-flip(w);w]; % 扩展为[-pi,pi]采样频点
```

结果如图6.19所示，注意到该系统的幅频响应具有低通滤波的作用。

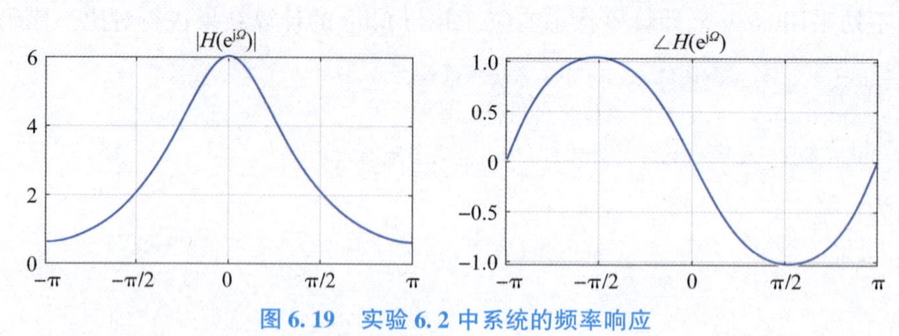

图 6.19 实验 6.2 中系统的频率响应

6.4.3 离散时间系统响应的复频域求解

对于由差分方程描述的离散时间系统，可以利用 SM 工具箱中的函数 ztrans 和 iztrans 来进行 z 变换和逆 z 变换，进而实现系统的变换域求解。下面试举一例。

实验 6.3 已知一阶差分系统

$$y[n]-ay[n-1]=x[n],\ |a|<1 \tag{6.143}$$

设激励信号为 $x[n]=u[n]$，初始条件为 $y[-1]=1$，求系统的零输入响应、零状态响应及全响应。

解： 根据例 6.6 可知，输入与输出在 z 变换域上的关系为

$$Y_+(z)=\frac{ay[-1]}{1-az^{-1}}+\frac{X_+(z)}{1-az^{-1}}=\frac{a}{1-az^{-1}}+\frac{1}{(1-az^{-1})(1-z^{-1})} \tag{6.144}$$

式中，等式右端第一项和第二项分别对应于零输入响应和零状态响应。进而利用 iztrans 求得时域上的响应，代码如下。

```
syms z % 定义符号变量
syms a positive % 定义非负符号变量
H(z) = 1/(1 - a/z); % 系统函数
X(z) = 1/(1 - 1/z); % 激励信号的 z 变换
Yzi(z) = H(z) * a; % 零输入响应的 z 变换
Yzs(z) = H(z) * X(z); % 零状态响应的在变换
yzi = iztrans(Yzi); % 零输入响应
yzs = iztrans(Yzs); % 零状态响应
y = yzi + yzs; % 全响应
yzi = simplify(yzi); % 化简
yzs = simplify(yzs); % 化简
y = simplify(y); % 化简
```

计算结果为

```
>> yzi
yzi =
a^(n+1)
>> yzs
```

```
yzs =
(a^(n+1) - 1)/(a - 1)
>> y
(a^(n+2) - 1)/(a - 1)
```

上述结果与理论计算结果一致。图 6.20 给出了当 $a=0.8$ 时上述三类响应的图形。

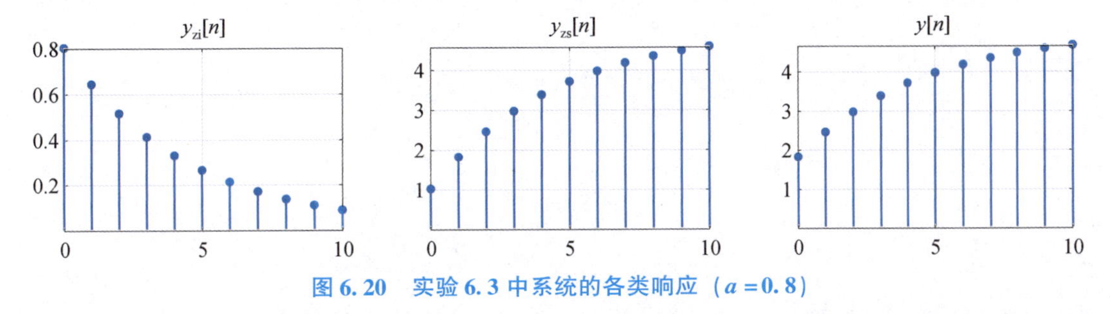

图 6.20　实验 6.3 中系统的各类响应（$a=0.8$）

零极点是分析和判断离散时间系统特性的重要依据之一。假设系统函数具有有理函数的形式

$$H(z)=\frac{\sum_{m=0}^{M}b_m z^{-m}}{\sum_{n=0}^{N}a_n z^{-n}}=kz^{N-M}\frac{\prod_{m-1}^{M}(z-z_i)}{\prod_{n-1}^{N}(z-p_i)} \tag{6.145}$$

式中，z_1，z_2，…，z_M 和 p_1，p_2，…，p_N 分别为系统函数的零点和极点；$k=b_0/a_0$。

MATLAB 信号处理工具箱提供了函数 tf2zpk 可用于求解系统的零极点，基本用法如下。

```
[z,p,k] = tf2zpk(b,a); % 通过系统函数求解零极点
```

其中，a，b 分别为系统函数中的分母多项式与分子多项式的系数；z 为零点；p 为极点；k 为增益。

需要注意的是，上述函数仅适用于离散时间系统，即系统函数具有式（6.145）的形式。对于连续时间系统，应使用函数 tf2zp，具体用法已在第 3.5.3 节说明。此外，若要绘制零极图，可以使用 SP 工具箱中的函数 zplane。

实验 6.4　利用 MATLAB 求如下系统的零极点和冲激响应，并判断系统是否因果稳定。

（1）$\dfrac{1+0.5z^{-1}}{1-0.8z^{-1}}$；　　（2）$\dfrac{1-z^{-1}}{1-1.6z^{-1}+z^{-2}}$；　　（3）$\dfrac{1}{(1+0.5z^{-1})^2}$。

解： 以（1）中的系统为例，具体代码如下。

```
a = [1 -0.8]; % 分母多项式系数
b = [1 0.5]; % 分子多项式系数
[z,p,k] = tf2zpk(b,a); % 系统的零极点
N = 20; % 冲激响应长度
n = 0:N-1; % 冲激响应长度
h = impz(b,a,N); % 冲激响应
```

```
zplane(b,a); % 绘制零极图
figure
stem(n,h); % 绘制冲激响应
```

计算结果为

```
>> z
z =
     -0.5000
>> p
p =
    0.8000
>> k
k =
    1
```

系统零极图和冲激响应如图6.21（a）所示。由于极点位于单位圆内，因此该系统是因果稳定的。

对于（2）和（3）中的系统，可分别修改代码中的参数a，b，相应的零极图和冲激响应如图6.21（b）和图6.21（c）所示。显然，系统2的极点位于单位圆上，因此系统不稳定；而系统3的零极点均位于单位圆内，因此是因果稳定的，且具有最小相位。

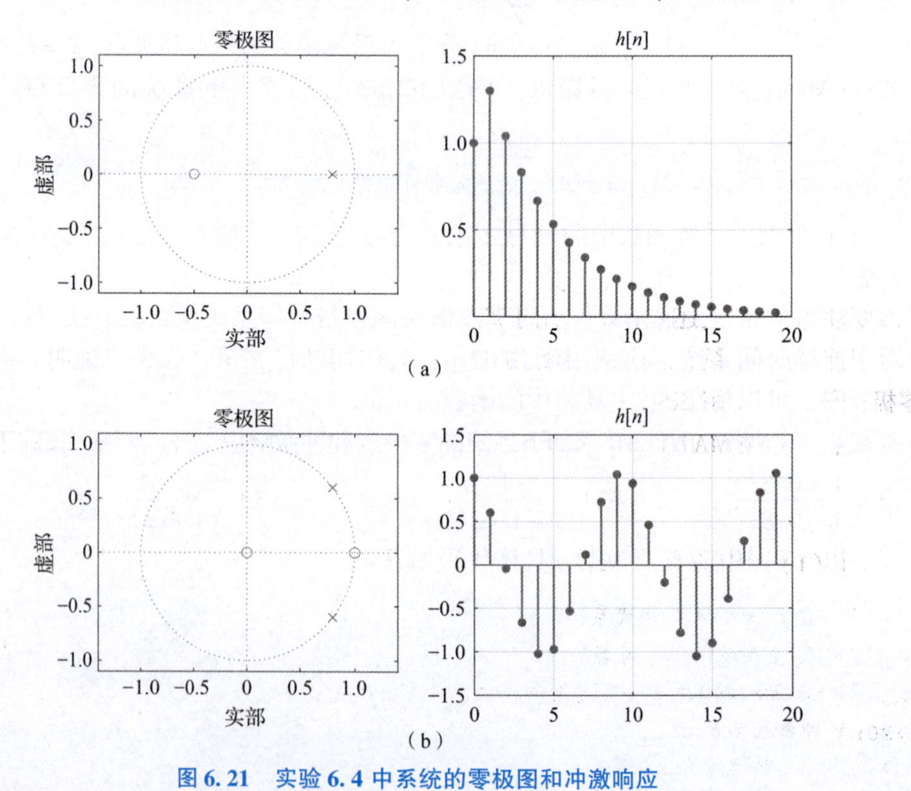

图6.21 实验6.4中系统的零极图和冲激响应

（a）系统①的零极图和冲激响应；（b）系统②的零极图和冲激响应

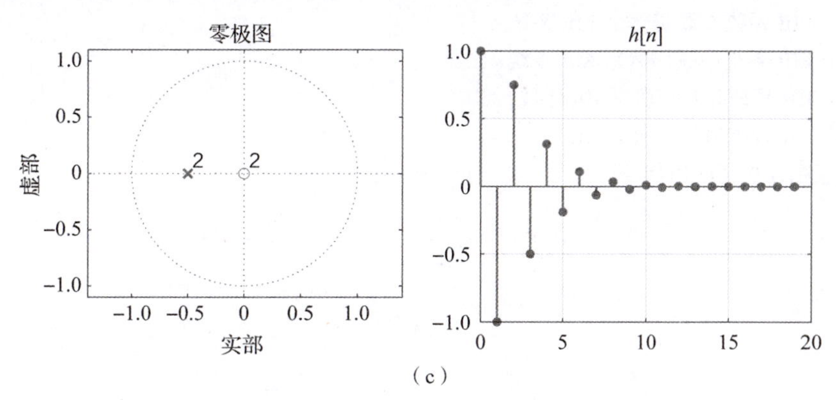

（c）

图 6.21　实验 6.4 中系统的零极图和冲激响应（续）

（c）系统③的零极图和冲激响应

本章小结

本章详细介绍了离散时间系统的分析方法。离散时间系统通常采用差分方程或冲激响应来描述。依据冲激响应的长度，具体可分为有限冲激响应（FIR）系统和无限冲激响应（IIR）系统，其中，FIR 系统一般具有非递归结构，而 IIR 系统具有递归结构。这些结构为离散时间系统的设计和实现提供了指导依据。此外，离散时间系统还有其他一些结构，限于篇幅，本章没有展开介绍，更多详细内容读者可参阅文献［19，26］。

与连续时间系统类似，离散时间系统的全响应也可以分为零输入响应和零状态响应。其中，零输入响应具有齐次解的形式，可以通过特征方程求解；而零状态响应可以通过卷积法求解。这与连续时间系统的卷积法原理相同，两者都利用了信号的时域分解思想和系统的线性时不变特性。另外，利用 z 变换，可以将差分方程转化为代数方程，从而得到系统的变换域求解方法。这种方法通常可以降低计算的难度，但要求读者对 z 变换的性质及常见的 z 变换对十分熟悉。

离散时间系统的系统函数是冲激响应的 z 变换，它描述了系统输入输出在复频域上的关系，是系统分析的重要依据之一。特别是通过零极点的分布可以判定系统的性质，如因果性、稳定性等。另外，系统的频率响应是冲激响应的 DTFT。事实上，根据 z 变换与 DTFT 的关系，频率响应即为单位圆上的系统函数。由此可见，冲激响应、频率响应和系统函数分别从时域、频域和复频域刻画了系统的特性。

此外，本章还介绍了一些常见的离散时间系统的频率特性，这些频率特性为数字滤波器的设计提供了指导依据。关于滤波器的设计方法，将在第 8 章进行介绍。

习　　题

6.1　判断下面说法是否正确，并说明理由。

（1）FIR 系统一定具有非递归结构；

（2）IIR 系统一定具有递归结构；

（3）两个 FIR 系统并联仍然是 FIR 系统；

（4）两个 FIR 系统串联仍然是 FIR 系统；

（5）两个 IIR 系统并联仍然是 IIR 系统；

（6）两个 IIR 系统串联仍然是 IIR 系统。

6.2 根据图 6.22 所示的系统，写出相应的差分方程。

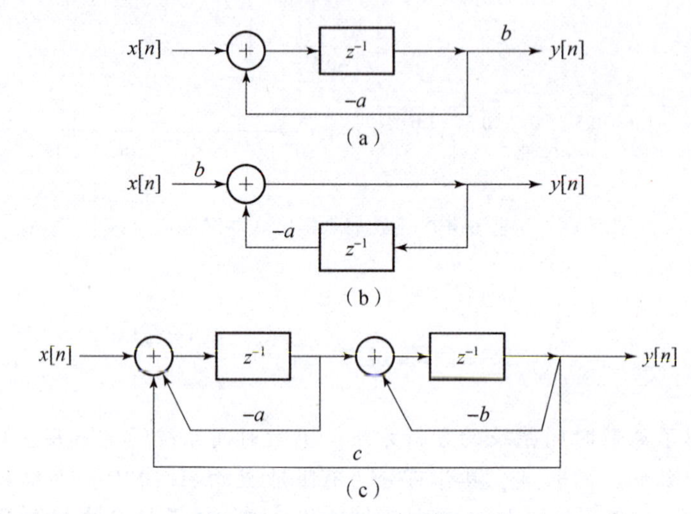

图 6.22 习题 6.2 的系统框图

6.3 根据下列差分方程画出相应的系统结构框图。

（1）$y[n+1]+3y[n]+2y[n-3]=x[n]$；

（2）$y[n]=5x[n]+7x[n-2]$；

（3）$y[n]+3y[n-1]+2y[n-2]=x[n]+3x[n-1]$；

（4）$y[n+2]+2y[n+1]+2y[n]=2x[n+1]+4x[n]$。

6.4 令输入为 $x[n]=\delta[n-5]$，$0\leqslant n\leqslant 20$，计算下列离散时间系统的全响应。

（1）$y[n]=\dfrac{n}{n+1}y[n-1]+x[n]$，$y[-1]=0$；

（2）$y[n]=0.9y[n-1]+x[n]$，$y[-1]=0$。

6.5 采用时域分析法求下列离散时间系统的零输入响应。

（1）$y[n+1]+2y[n]=0$，$y[0]=1$；

（2）$y[n+2]+3y[n+1]+2y[n]=0$，$y[0]=2$，$y[1]=1$；

（3）$y[n+2]+9y[n]=0$，$y[0]=4$，$y[1]=0$；

（4）$y[n+2]+2y[n+1]+2y[n]=0$，$y[0]=0$，$y[1]=1$。

6.6 采用时域分析法求下列离散时间系统的零状态响应。

（1）$y[n]-2y[n-1]+y[n-2]=x[n]$，$x[n]=\delta[n]$；

（2）$y[n+1]+2y[n]=x[n+1]$，$x[n]=2^n u[n]$；

（3）$y[n+2]+3y[n+1]+2y[n]=x[n]$，$x[n]=2^n u[n]$；

（4）$y[n+2]+2y[n+1]+2y[n]=x[n+1]+2x[n]$，$x[n]=\delta[n-1]$。

6.7 采用时域分析法求下列离散时间系统的冲激响应。

（1）$y[n]=x[n+1]-2x[n]+x[n-1]$；

（2）$y[n]-2y[n-1]+y[n-2]=x[n]$；

(3) $y[n+2]-y[n]=x[n]$;

(4) $y[n+2]+2y[n+1]+2y[n]=x[n+1]+2x[n]$。

6.8 已知离散时间系统的结构如图6.23所示。

(1) 写出系统的差分方程;

(2) 求系统的冲激响应 $h[n]$;

(3) 判断系统是否稳定;

(4) 若激励信号为 $x[n]=e^{j\Omega_0 n}$，求系统的零状态响应 $y[n]$。

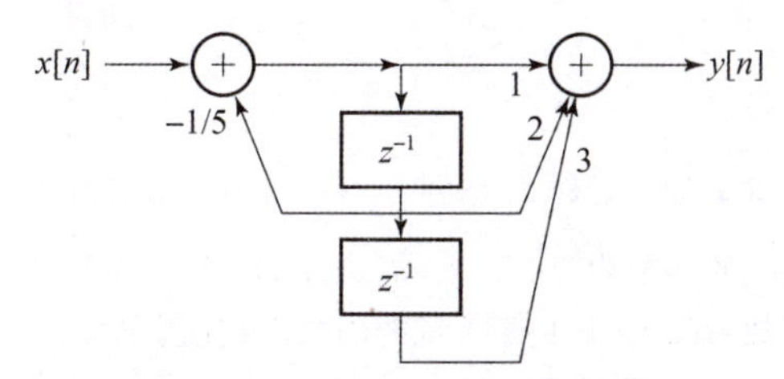

图6.23　习题6.8的系统框图

6.9 若系统在信号 $x[n]=0.5^n u[n]$ 激励下，零状态响应为 $y[n]=0.5^n(u[n-2]-u[n-6])$。

(1) 求该系统的冲激响应 $h[n]$;

(2) 写出系统的差分方程。

6.10 已知激励信号为 $x[n]=u[n]$ 时，系统的零状态响应为 $2(1-0.5^n)u[n]$。当激励信号为 $x[n]=0.5^n u[n]$ 时，求系统的零状态响应。

6.11 若离散时间系统为

$$y[n]-0.5y[n-1]=0.5x[n-1]$$

利用频域分析法求该系统的冲激响应 $h[n]$ 和频率响应 $H(e^{j\Omega})$。

6.12 已知离散时间系统的频率响应为

$$H(e^{j\Omega})=\frac{1}{1-0.5e^{-j\Omega}}$$

求该系统在下列信号激励下的零状态响应 $y[n]$:

(1) $x[n]=(-1)^n$;　　(2) $x[n]=(-1)^n u[n]$。

6.13 判断下列离散时间系统是FIR还是IIR。

(1) $H(z)=\dfrac{1+z+z^2}{z^2}$;

(2) $H(z)=\dfrac{1+z+z^2}{z^2+0.1}$;

(3) $H(z)=\dfrac{1}{z^2+0.3z+0.02}$;

(4) $H(z)=\dfrac{z^2}{z^2+0.3z+0.02}$。

6.14 判断下述说法是否正确，并说明理由。

(1) 稳定系统的所有极点都位于单位圆内;

(2) 因果系统的收敛域为单位圆之外;

(3) 因果系统的收敛域不包含无穷远点。

6.15 已知某离散时间系统的零点、极点分布如图6.24所示，系统的冲激响应为右边序列，即 $h[n]=0, n<N$，其中，N 为整数，试判断该系统的因果性和稳定性，并说明理由。

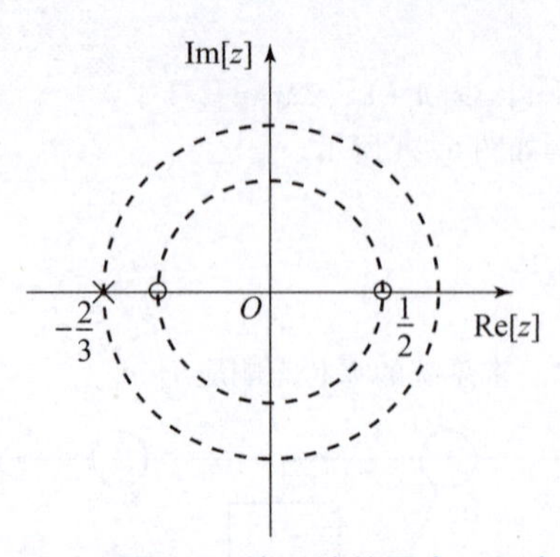

图 6.24　习题 6.15 的系统的零点、极点分布

6.16　已知某离散时间系统的冲激响应 $h[n]$ 为右边序列，即 $h[n]=0, n<N$，其中，N 为整数，且满足如下条件。试确定系统函数 $H(z)$，并判断系统的因果性和稳定性。

（1）$h[0]=1$，$H(-1)=2$；

（2）$H(z)$ 在原点 $z=0$ 处有一个二阶零点；

（3）$H(z)$ 有两个复共轭极点，且位于圆周 $|z|=1/2$ 上。

6.17　已知两个离散时间因果系统的零极点分布如图 6.25 所示，且 $H_1(\infty)=H_2(\infty)=1$。

（1）假设两个系统的冲激响应 $h_1[n]$ 和 $h_2[n]$ 均为实序列，试确定一个因果序列 $g[n]=r^n u[n]$，其中，r 为复数，使其满足 $h_2[n]=g[n]h_1[n]$；

（2）比较 $H_1(z)$ 和 $H_2(z)$ 的滤波特性有何不同，并说明序列 $g[n]$ 的主要作用是什么。

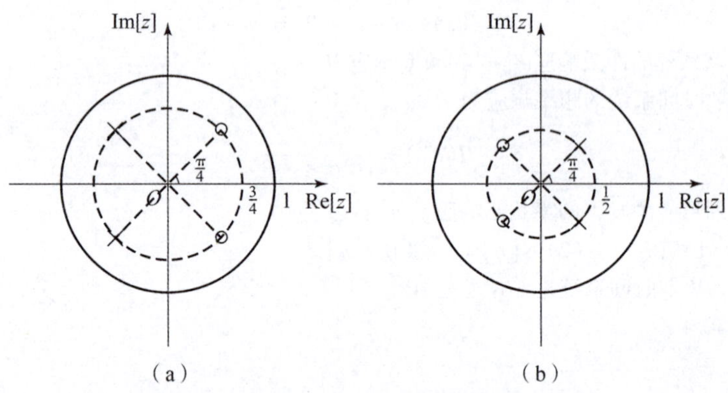

图 6.25　习题 6.17 的系统的零极点分布

(a) $H_1(z)$；(b) $H_2(z)$

6.18　证明全通滤波器具有如下一般形式

$$H(z)=\prod_{k=1}^{N}\frac{z^{-1}-\alpha_k^*}{1-\alpha_k z^{-1}}$$

式中，a_k 为任意常数。

提示：验证 $|H(e^{j\Omega})|^2=H(z)H^*(1/z^*)|_{z=e^{j\Omega}}=1$。

6.19　利用 z 变换域分析法求下列系统的零输入响应、零状态响应和全响应。

（1）$2y[n+2]+3y[n+1]+y[n]=(0.5)^n u[n]$，其中，$y[0]=0$，$y[1]=-1$；

（2）$y[n]+2y[n-1]=[n-2]u[n]$，其中，$y[0]=1$；

（3）$y[n]+3y[n-1]+2y[n-2]=u[n]$，其中，$y[-1]=0$，$y[-2]=1/2$；

(4) $y[n+2]+y[n+1]+y[n]=u[n]$，其中，$y[0]=1$，$y[1]=2$。

6.20 已知二阶差分系统

$$y[n]-3y[n-1]-4y[n-2]=x[n]+2x[n-1]$$

设激励信号为 $x[n]=4^n u[n]$，初始条件为 $y[-2]=0$，$y[-1]=1$。采用数值计算方法求该系统的冲激响应、零输入响应、零状态响应和全响应。

6.21 已知一阶差分系统

$$y[n]-ay[n-1]=x[n]$$

式中，$|a|<1$。

绘制系统的频率响应（幅频响应和相频响应），并观察不同 a 取值时，幅频响应和相频响应的变化。

6.22 已知 M 阶滑动平均模型

$$y[n]=\frac{1}{M+1}\sum_{k=0}^{M}x[n-k]$$

式中，$|a|<1$。

(1) 绘制系统的频率响应，并观察不同 M 取值时，幅频响应和相频响应的变化。

(2) 设 $h[n]$ 为是上述滑动平均模型的冲激响应，令

$$h_1[n]=\begin{cases}h[n/L], & n=mL\\ 0, & n\neq mL\end{cases}$$

式中，L 为正整数。绘制 $h_1[n]$ 的频率响应。

6.23 绘制如下系统的频率响应和零极点，并判断系统的因果性和稳定性：

(1) $H(z)=\dfrac{1}{(1-r\mathrm{e}^{\mathrm{j}\Omega_0}z^{-1})(1-r\mathrm{e}^{-\mathrm{j}\Omega_0}z^{-1})}$；

(2) $H(z)=\dfrac{(1-z^{-1})(1+z^{-1})}{(1-r\mathrm{e}^{\mathrm{j}\Omega_0}z^{-1})(1-r\mathrm{e}^{-\mathrm{j}\Omega_0}z^{-1})}$；

(3) $H(z)=\dfrac{(1-\mathrm{e}^{-\mathrm{j}\Omega_0}z^{-1})(1+\mathrm{e}^{-\mathrm{j}\Omega_0}z^{-1})}{(1-r\mathrm{e}^{\mathrm{j}\Omega_0}z^{-1})(1-r\mathrm{e}^{-\mathrm{j}\Omega_0}z^{-1})}$；

(4) $H(z)=\dfrac{(1+z^{-1})^2}{(1+r\mathrm{e}^{-\mathrm{j}\Omega_0}z^{-2})}$。

式中，$0<r<1$，$0<\Omega_0<\pi$，实验中可自行设定。

6.24 编程分析如下离散时间系统的极点（假设系统不含有零点）与因果性、稳定性之间的关系，并绘制冲激响应曲线。

(1) 系统含有一阶极点 $p_0=a$，其中，a 为任意实数；

(2) 系统含有两个一阶极点 $p_1=a$，$p_2=b$，其中，a，b 为任意实数；

(3) 系统含有一对共轭极点 $p_{1,2}=r\mathrm{e}^{\pm\mathrm{j}\Omega_0}$，其中，$r$ 为任意实数，$0<\Omega_0<\pi$。

第 7 章　傅里叶变换离散化算法

扫码见实验代码

本章阅读提示

- 什么是离散傅里叶级数（DFS）？它和傅里叶级数有什么区别？
- 周期序列的频谱有何特点？它和非周期序列的频谱具有怎样的关系？
- 什么是离散傅里叶变换（DFT）？它和傅里叶变换、离散时间傅里叶变换（DTFT）、离散傅里叶级数有什么关系？
- 在利用离散傅里叶变换分析信号频谱时，需要注意哪些问题？这些问题产生的原因是什么？
- 如何利用离散傅里叶变换计算线性卷积和线性相关？这样的计算方式有何优势？
- 什么是快速傅里叶变换（FFT）？它的基本原理是什么？
- 如何定义二维信号的离散傅里叶变换？它和一维傅里叶变换有何关系？

7.1　周期序列的离散傅里叶级数

第 2 章和第 5 章分别介绍了连续时间周期信号的傅里叶级数（FS）以及离散时间信号的傅里叶变换，即离散时间傅里叶变换（DTFT）。可以发现，连续时间周期信号的频谱是离散的，而离散时间信号的频谱是周期的。这说明信号具有一种特殊的时频对偶关系，即时域周期化对应于频域离散化，而时域离散化对应于频域周期化。据此不难推测，离散时间周期信号（简称为周期序列）的频谱同时具有周期化和离散化的特点。这就是本节所要介绍的**离散傅里叶级数**（discrete Fourier series，DFS）[①]。

7.1.1　离散傅里叶级数的定义

已知周期为 N 的周期序列 $\tilde{x}[n]$，将其在主值区间 $0 \leqslant n \leqslant N-1$ 上的序列（简称为主值序列）记为

$$x[n] = \tilde{x}[n]R_N[n] \tag{7.1}$$

式中

$$R_N[n] = \begin{cases} 1, & 0 \leqslant n \leqslant N-1 \\ 0, & \text{其他} \end{cases} \tag{7.2}$$

---

① 也称为离散时间傅里叶级数（discrete - time Fourier series，DTFS）。相应地，连续时间周期信号的傅里叶级数称为连续时间傅里叶级数（continuous - time Fourier series，CTFS）。

反过来，$\tilde{x}[n]$可视为有限长序列 $x[n]$，$0\leqslant n\leqslant N-1$ 经周期延拓后的结果，即

$$\tilde{x}[n]=\sum_{m=-\infty}^{\infty}x[n-mN]=x[n]*\sum_{m=-\infty}^{\infty}\delta[n-mN] \tag{7.3}$$

联系第 5 章所介绍的内容，时域上的周期冲激序列在频域上依然是周期冲激序列，即

$$\sum_{m=-\infty}^{\infty}\delta[n-mN]\overset{\text{DTFT}}{\longleftrightarrow}\frac{2\pi}{N}\sum_{k=-\infty}^{\infty}\delta\left(\Omega-\frac{2\pi}{N}k\right) \tag{7.4}$$

对式（7.3）作 DTFT，并利用卷积定理，可得周期序列 $\tilde{x}[n]$的频谱为

$$\tilde{X}(\mathrm{e}^{\mathrm{j}\Omega})=X(\mathrm{e}^{\mathrm{j}\Omega})\cdot\frac{2\pi}{N}\sum_{k=-\infty}^{\infty}\delta\left(\Omega-\frac{2\pi}{N}k\right)=\frac{2\pi}{N}\sum_{k=-\infty}^{\infty}X(\mathrm{e}^{\mathrm{j}\frac{2\pi}{N}k})\delta\left(\Omega-\frac{2\pi}{N}k\right) \tag{7.5}$$

式中，$X(\mathrm{e}^{\mathrm{j}\Omega})$为 $x[n]$的频谱，而 $X(\mathrm{e}^{\mathrm{j}\frac{2\pi}{N}k})$可视为 $X(\mathrm{e}^{\mathrm{j}\Omega})$在 $\Omega=2\pi k/N$ 处的采样值，即

$$X(\mathrm{e}^{\mathrm{j}\frac{2\pi}{N}k})=X(\mathrm{e}^{\mathrm{j}\Omega})\Big|_{\Omega=\frac{2\pi}{N}k}=\sum_{n=0}^{N-1}x[n]\mathrm{e}^{-\mathrm{j}\Omega n}\Big|_{\Omega=\frac{2\pi}{N}k}=\sum_{n=0}^{N-1}x[n]\mathrm{e}^{-\mathrm{j}\frac{2\pi}{N}kn} \tag{7.6}$$

由此可以看出，周期序列 $\tilde{x}[n]$的频谱相当于对主值序列 $x[n]$的频谱进行了离散化，并且在幅度上乘以系数 $2\pi/N$。由于 $X(\mathrm{e}^{\mathrm{j}\Omega})$是以 2π 为周期的，因此 $\tilde{X}(\mathrm{e}^{\mathrm{j}\Omega})$也是以 2π 为周期的，每个周期内有 N 条谱线。图 7.1 给出了两者的关系示意图。

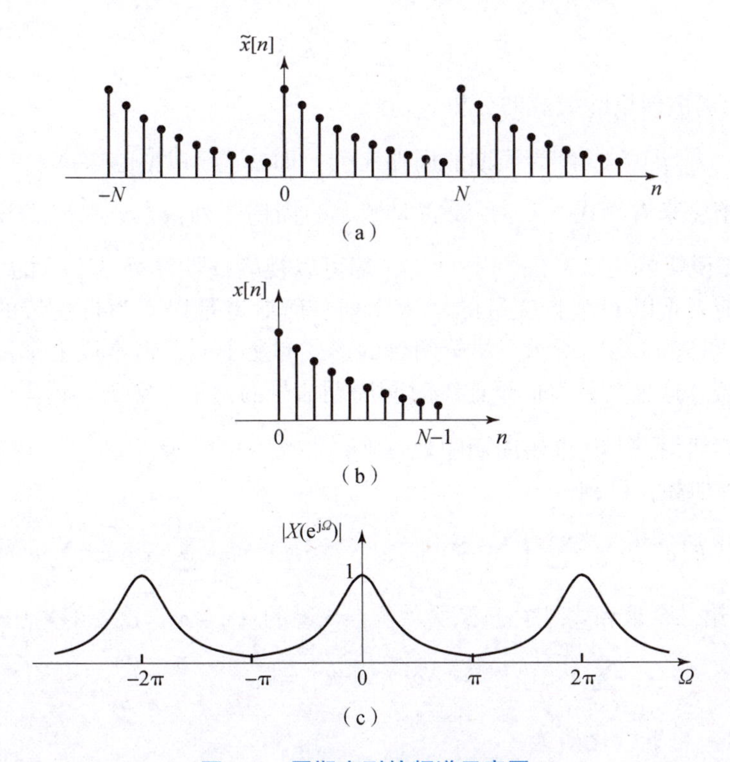

图 7.1　周期序列的频谱示意图

（a）周期序列（$N=10$）；（b）主值序列；（c）主值序列的幅度谱（DTFT）

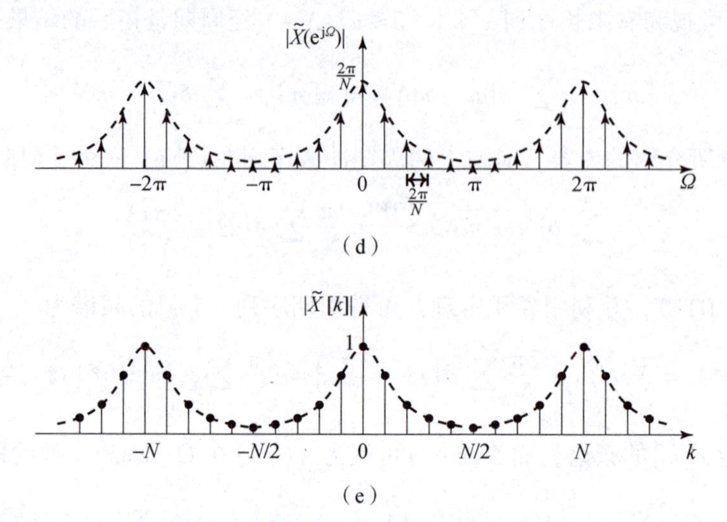

图 7.1 周期序列的频谱示意图（续）

（d）周期序列的幅度谱（DTFT）；（e）周期序列的幅度谱（DFS）

根据式（7.5），$\widetilde{X}(e^{j\Omega})$可由$X(e^{j\frac{2\pi}{N}k})$唯一确定，为了便于分析，通常只需考虑$X(e^{j\frac{2\pi}{N}k})$，它是以$k$为自变量的序列。同时，根据主值序列与周期序列之间关系，式（7.6）中的$x[n]$可替换为$\tilde{x}[n]$，记作

$$\widetilde{X}[k]=\sum_{n=0}^{N-1}\tilde{x}[n]e^{-j\frac{2\pi}{N}kn} \tag{7.7}$$

称式（7.7）为离散傅里叶级数的分析表达式。

不难验证，$\widetilde{X}[k]$是以N为周期的周期序列，即$\widetilde{X}[k]=\widetilde{X}[k+rN]$，其中，$r$为任意整数。从变换角度来看，式（7.7）是将时域上的周期序列$\tilde{x}[n]$映射为频域上的周期序列$\widetilde{X}[k]$。需要说明的是，$\widetilde{X}(e^{j\Omega})$与$\widetilde{X}[k]$都可以视为周期序列$\tilde{x}[n]$的“频谱”。两者的区别在于，前者是以$\Omega$为自变量的冲激序列，而后者是以$k$为自变量的离散序列，如图7.1（d）和图7.1（e）所示。尽管两者的形式有所不同，但本质上都反映出周期序列具有离散化频谱。这种关系类似于连续时间周期信号的傅里叶级数和傅里叶变换。

下面分析如何由$\widetilde{X}[k]$重建周期序列$\tilde{x}[n]$。将$\widetilde{X}[k]$乘以$e^{j\frac{2\pi}{N}kn}$，并求关于k在$0\leqslant k\leqslant N-1$上的累加和，得到

$$\sum_{k=0}^{N-1}\widetilde{X}[k]e^{j\frac{2\pi}{N}kn}=\sum_{k=0}^{N-1}\left(\sum_{m=0}^{N-1}\tilde{x}[m]e^{-j\frac{2\pi}{N}km}\right)e^{j\frac{2\pi}{N}kn}=\sum_{m=0}^{N-1}\tilde{x}[m]\sum_{k=0}^{N-1}e^{j\frac{2\pi}{N}k(n-m)} \tag{7.8}$$

式（7.8）中，第二个求和式是关于N次单位根$e^{j\frac{2\pi}{N}k}$的（$n-m$）次幂的累加和。容易验证

$$\sum_{k=0}^{N-1}e^{j\frac{2\pi}{N}k(n-m)}=N\delta[n-m]=\begin{cases}N, & n=m\\0, & n\neq m\end{cases} \tag{7.9}$$

因此，式（7.8）可继续化简为

$$\sum_{k=0}^{N-1}\widetilde{X}[k]e^{j\frac{2\pi}{N}kn}=N\sum_{m=0}^{N-1}\tilde{x}[m]\delta[n-m]=N\tilde{x}[n] \tag{7.10}$$

由此可以得到

$$\tilde{x}[n]=\frac{1}{N}\sum_{k=0}^{N-1}\tilde{X}[k]\mathrm{e}^{\mathrm{j}\frac{2\pi}{N}kn} \tag{7.11}$$

称式（7.11）为离散傅里叶级数的综合表达式。

与连续时间周期信号的傅里叶级数类似，式（7.11）可以看作周期序列的傅里叶级数展开。式中，$\psi_0[n]=1$ 为直流分量或零频分量；$\psi_1[n]=\mathrm{e}^{\mathrm{j}\frac{2\pi}{N}n}$ 为1次谐波分量或基波分量；$\psi_k[n]=\mathrm{e}^{\mathrm{j}\frac{2\pi}{N}kn}$，$2\leqslant k\leqslant N-1$ 为 k 次谐波分量；$\tilde{X}[k]$ 为各分量的傅里叶系数。值得注意的是，连续时间周期信号的傅里叶级数通常包含无穷多个谐波分量，而周期序列的傅里叶级数仅由 N 个独立的谐波分量决定。这是因为 $\psi_k[n]$ 的频率具有周期性，即对于任意整数 r，有

$$\psi_{k+rN}[n]=\mathrm{e}^{\mathrm{j}\frac{2\pi}{N}(k+rN)n}=\mathrm{e}^{\mathrm{j}\frac{2\pi}{N}kn}=\psi_k[n] \tag{7.12}$$

此外，由于离散傅里叶级数是有限项求和，因而不涉及收敛性的问题。

离散傅里叶级数的分析表达式（7.7）和综合表达式（7.11）建立了周期序列的时频关系，简记为

$$\tilde{x}[n]\xleftrightarrow{\text{DFS}}\tilde{X}[k] \tag{7.13}$$

类似于傅里叶变换，也可从变换的角度将分析表达式称为离散傅里叶级数正变换，简记为DFS①，而将综合表达式称为离散傅里叶级数逆变换，简记为IDFS。综合上述分析，下面给出离散傅里叶级数的定义。

定义7.1　已知 $\tilde{x}[n]$ 是以 N 为周期的周期序列，离散傅里叶级数的正变换（DFS）和逆变换（IDFS）分别定义为

$$\tilde{X}[k]=\text{DFS}[\tilde{x}[n]]=\sum_{n=0}^{N-1}\tilde{x}[n]W_N^{kn},\quad k=0,\pm1,\pm2,\cdots \tag{7.14}$$

$$\tilde{x}[n]=\text{IDFS}[\tilde{X}[k]]=\frac{1}{N}\sum_{k=0}^{N-1}\tilde{X}[k]W_N^{-kn},\quad n=0,\pm1,\pm2,\cdots \tag{7.15}$$

式中，$W_N=\mathrm{e}^{-\mathrm{j}\frac{2\pi}{N}}$。

例7.1　已知周期矩形脉冲序列 $\tilde{x}[n]$ 如图7.2所示，其中，$M\leqslant N$。求 $\tilde{x}[n]$ 的DFS。

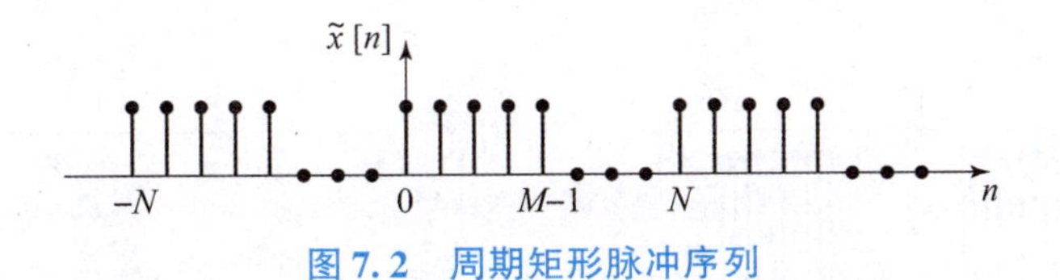

图7.2　周期矩形脉冲序列

解： $\tilde{x}[n]$ 在主值区间上为有限长的矩形脉冲序列，可表示为

$$x[n]=\tilde{x}[n]R_N[n]=\begin{cases}1, & 0\leqslant n\leqslant M-1\\0, & M\leqslant n\leqslant N-1\end{cases} \tag{7.16}$$

① 在一般性描述中，DFS也泛指离散傅里叶级数，而非限定于正变换。

根据 DFS 的定义式，可得

$$\tilde{X}[k]=\sum_{n=0}^{N-1}\tilde{x}[n]W_N^{kn}=\sum_{n=0}^{M-1}\mathrm{e}^{-\mathrm{j}\frac{2\pi}{N}kn}=\frac{1-\mathrm{e}^{-\mathrm{j}\frac{2\pi}{N}kM}}{1-\mathrm{e}^{-\mathrm{j}\frac{2\pi}{N}k}}=\frac{\sin(\pi kM/N)}{\sin(\pi k/N)}\mathrm{e}^{-\mathrm{j}\pi k(M-1)/N} \tag{7.17}$$

由于 $x[n]$ 是一个长度为 M 的矩形脉冲序列，联系第 5 章的知识，该序列的 DTFT 为

$$X(\mathrm{e}^{\mathrm{j}\Omega})=\frac{\sin(\Omega M/2)}{\sin(\Omega/2)}\mathrm{e}^{-\mathrm{j}\Omega(M-1)/2} \tag{7.18}$$

不难发现，$\tilde{X}[k]$ 恰好是 $X(\mathrm{e}^{\mathrm{j}\Omega})$ 以 $2\pi/N$ 为间隔得到的采样序列，即

$$\tilde{X}[k]=X(\mathrm{e}^{\mathrm{j}\Omega})\big|_{\Omega=\frac{2\pi}{N}k} \tag{7.19}$$

图 7.3 给出了当 M，N 取不同值时的矩形脉冲序列及其幅度谱，其中，虚线为主值序列 $x[n]$ 的幅度谱（DTFT）。注意到，在序列长度 M 固定的情况下，周期 N 越大，采样间隔越小，谱线越密集。但是，N 的增大并不会改变谱线包络的形状和尺度。另外，当周期 N 固定时，谱线的间隔虽然没有变化，但是谱线包络会随着 M 的大小发生变化。M 越大，主瓣与旁瓣的宽度越窄。这也反映了时宽与频宽成反比的关系。

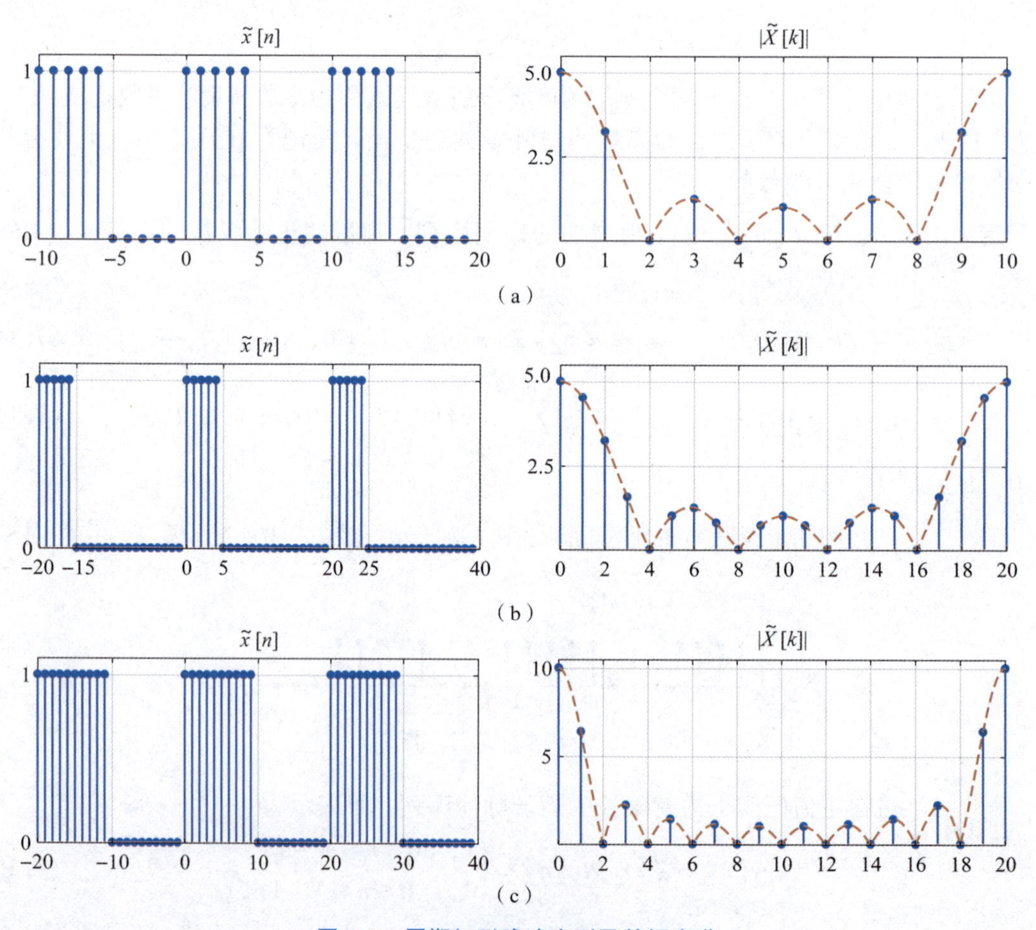

图 7.3 周期矩形脉冲序列及其幅度谱

（a）$M=5$，$N=10$；（b）$M=5$，$N=20$；（c）$M=10$，$N=20$

7.1.2　频域采样与时域混叠

根据上一节的分析可知，周期序列的频谱可视为主值序列的频谱经过采样后的结果。这体现了时域周期化与频域离散化的对应关系。现在不妨进一步思考，对于任意一个非周期序列，若对其频谱进行采样，是否会产生一个周期序列？如果是，那么这个周期序列与原序列有何关系？本节就来回答这些问题。

已知非周期序列 $x[n]$，其频谱（DTFT）为

$$X(\mathrm{e}^{\mathrm{j}\Omega}) = \sum_{n=-\infty}^{\infty} x[n]\mathrm{e}^{-\mathrm{j}\Omega n} \tag{7.20}$$

现对该序列的频谱进行采样，设采样间隔为 $2\pi/N$，由此得到

$$X[k] = X(\mathrm{e}^{\mathrm{j}\Omega})\big|_{\Omega=\frac{2\pi}{N}k} = \sum_{n=-\infty}^{\infty} x[n]\mathrm{e}^{-\mathrm{j}\frac{2\pi}{N}kn} \tag{7.21}$$

将式（7.21）按照每 N 个点分组求和，即

$$X[k] = \sum_{m=-\infty}^{\infty}\sum_{n=mN}^{mN+N-1} x[n]\mathrm{e}^{-\mathrm{j}\frac{2\pi}{N}kn} \tag{7.22}$$

并交换 m，n 的求和顺序，可得

$$X[k] = \sum_{n=0}^{N-1}\left(\sum_{m=-\infty}^{\infty} x[n-mN]\right)\mathrm{e}^{-\mathrm{j}\frac{2\pi}{N}kn} = \sum_{n=0}^{N-1} x_p[n]\mathrm{e}^{-\mathrm{j}\frac{2\pi}{N}kn} \tag{7.23}$$

由此可见，$X[k]$可以视为 $x_p[n]$的 DFS，而 $x_p[n]$恰好是 $x[n]$的周期延拓结果。

注意到时域的延拓周期等于频域采样点数 N。据此不难判断，如果原序列 $x[n]$是有限长的，不妨设 $0\leqslant n\leqslant L-1$，则当 $N\geqslant L$ 时，周期延拓序列 $x_p[n]$在主值区间上即为 $x[n]$，即

$$\hat{x}[n] = x_p[n]R_N[n] = \begin{cases} x[n], & 0\leqslant n\leqslant L-1 \\ 0, & \text{其他} \end{cases} \tag{7.24}$$

如图 7.4（b）所示。也就是说，$x_p[n]$完整复制了 $x[n]$的信息。

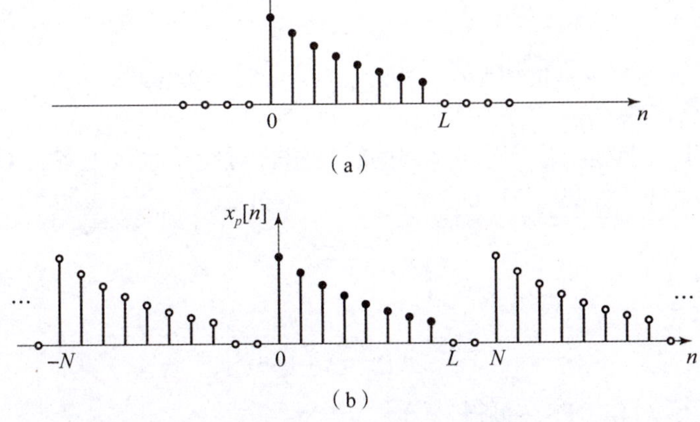

图 7.4　时域周期延拓示意图

（a）原序列（$L=8$）；（b）周期延拓无混叠（$N\geqslant L$）

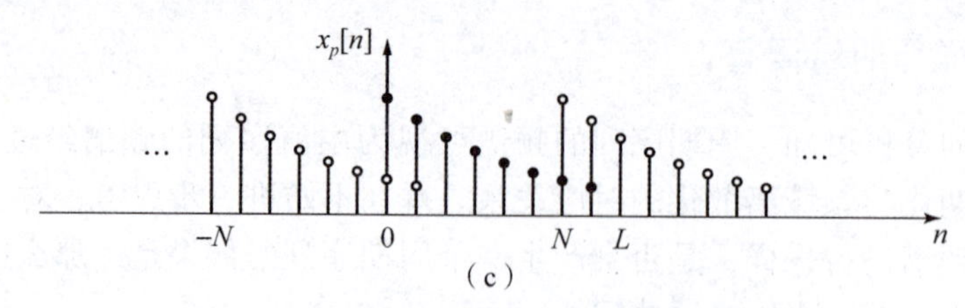

图 7.4 时域周期延拓示意图（续）

（c）周期延拓发生混叠（$N<L$）

反之，当 $N<L$ 时，在延拓过程中，相邻周期的点会发生重叠，类似于频域混叠的概念，这种结果称为**时域混叠**（time aliasing），如图 7.4（c）所示。此时，有

$$\hat{x}[n]=x_p[n]R_N[n]=\begin{cases}x[n]+x[n+N], & 0\leqslant n\leqslant L-N-1\\ x[n], & L-N\leqslant n\leqslant N-1\end{cases} \tag{7.25}$$

式（7.25）说明，$\hat{x}[n]$ 的前 $L-N$ 个点发生混叠，其余点（$L-N\leqslant n\leqslant N-1$）与 $x[n]$ 相同。

基于上述分析，可以得到一个明确的结论，即对于任意非周期序列 $x[n]$，对其频谱进行采样会造成时域上的周期延拓，所得到周期序列为

$$x_p[n]=\sum_{m=-\infty}^{\infty}x[n-mN] \tag{7.26}$$

如果序列 $x[n]$ 是有限长的，则当频域采样点数 N 大于或等于序列长度 L 时，不会发生时域混叠。此时，可以从 $x_p[n]$ 精确重建原序列 $x[n]$。

7.1.3 离散傅里叶级数的性质

DFS 建立了周期序列的时域和频域之间的关系，因此大多数性质可以类比于其他傅里叶表示而得到。以下讨论均假设周期序列的周期为 N。

性质 7.1（线性） 如果

$$\tilde{x}_1[n]\xleftrightarrow{\text{DFS}}\tilde{X}_1[k],\quad \tilde{x}_2[n]\xleftrightarrow{\text{DFS}}\tilde{X}_2[k] \tag{7.27}$$

则

$$a\tilde{x}_1[n]+b\tilde{x}_2[n]\xleftrightarrow{\text{DFS}}a\tilde{X}_1[k]+b\tilde{X}_2[k] \tag{7.28}$$

式中，a，b 为任意常数。

线性性质说明，时域上两个周期序列的线性组合对应于频域上各自 DFS 的线性组合。

性质 7.2（反褶） 如果

$$\tilde{x}[n]\xleftrightarrow{\text{DFS}}\tilde{X}[k] \tag{7.29}$$

则

$$\tilde{x}[-n]\xleftrightarrow{\text{DFS}}\tilde{X}[-k] \tag{7.30}$$

证明： 对 $\tilde{x}[-n]$ 作 DFS，可得

$$\text{DFS}[\tilde{x}[-n]]=\sum_{n=0}^{N-1}\tilde{x}[-n]W_N^{kn} \tag{7.31}$$

令 $m=-n$，代入式（7.31），可得

$$\mathrm{DFS}[\tilde{x}[-n]] = \sum_{m=-N+1}^{0} \tilde{x}[m] W_N^{-km} \tag{7.32}$$

注意到求和式中 m 的范围是从 $-N+1$ 到 0。由于 $\tilde{x}[m]$ 和 W_N^{-km} 都是以 N 为周期的周期序列，因此可将 m 的范围改为从 0 到 $N-1$。事实上，只要 m 遍历任意一个完整周期，求和结果都是相等的。于是可得

$$\mathrm{DFS}[\tilde{x}[-n]] = \sum_{m=0}^{N-1} \tilde{x}[m] W_N^{-km} = \tilde{X}[-k] \tag{7.33}$$

由此可见，$\tilde{x}[-n]$的 DFS 是 $\tilde{X}[-k]$。

反褶性质说明，若对周期序列作反褶，则相应的 DFS 也发生反褶。

性质 7.3（共轭） 如果

$$\tilde{x}[n] \xleftrightarrow{\mathrm{DFS}} \tilde{X}[k] \tag{7.34}$$

则

$$\tilde{x}^*[n] \xleftrightarrow{\mathrm{DFS}} \tilde{X}^*[-k] \tag{7.35}$$

证明：根据 DFS 的定义式，有

$$\tilde{X}[k] = \sum_{n=0}^{N-1} \tilde{x}[n] W_N^{kn} \tag{7.36}$$

对等式两端取共轭，有

$$\tilde{X}^*[k] = \sum_{n=0}^{N-1} \tilde{x}^*[n] W_N^{-kn} \tag{7.37}$$

或等价表示为

$$\tilde{X}^*[-k] = \sum_{n=0}^{N-1} \tilde{x}^*[n] W_N^{kn} \tag{7.38}$$

由此可见，$\tilde{x}^*[n]$的 DFS 是 $\tilde{X}^*[-k]$。

如果 $\tilde{x}[n]$是实序列，即 $x[n]=x^*[n]$，根据共轭性质，易知

$$\tilde{X}[k] = \tilde{X}^*[-k] \tag{7.39}$$

式（7.39）说明，$\tilde{X}[k]$具有共轭对称性。进一步，可以推得 $\tilde{X}[k]$的实部和幅度关于 $k=0$ 偶对称，虚部和相位关于 $k=0$ 奇对称，即

$$\mathrm{Re}[\tilde{X}[k]] = \mathrm{Re}[\tilde{X}[-k]] \tag{7.40}$$

$$\mathrm{Im}[\tilde{X}[k]] = -\mathrm{Im}[\tilde{X}[-k]] \tag{7.41}$$

$$|\tilde{X}[k]| = |\tilde{X}[-k]| \tag{7.42}$$

$$\angle \tilde{X}[k] = -\angle \tilde{X}[-k] \tag{7.43}$$

性质 7.4（时移） 如果

$$\tilde{x}[n] \xleftrightarrow{\mathrm{DFS}} \tilde{X}[k] \tag{7.44}$$

则

$$\tilde{x}[n-m] \overset{\text{DFS}}{\longleftrightarrow} W_N^{km}\tilde{X}[k] \tag{7.45}$$

式中，m 为任意整数。

证明：对 $\tilde{x}[n-m]$ 作 DFS，有

$$\text{DFS}[\tilde{x}[n-m]] = \sum_{n=0}^{N-1}\tilde{x}[n-m]W_N^{kn} \tag{7.46}$$

令 $i=n-m$，代入式（7.46），可得

$$\text{DFS}[\tilde{x}[n-m]] = \sum_{n=0}^{N-1}\tilde{x}[n-m]W_N^{kn} = \sum_{i=-m}^{N-1-m}\tilde{x}[i]W_N^{ki}W_N^{km} \tag{7.47}$$

由于 $\tilde{x}[i]$ 和 W_N^{ki} 都是周期为 N 的序列，因此式（7.47）可进一步化简为

$$\text{DFS}[\tilde{x}[n-m]] = W_N^{km}\sum_{i=-m}^{N-1-m}\tilde{x}[i]W_N^{ki} = W_N^{km}\sum_{i=0}^{N-1}\tilde{x}[i]W_N^{ki} = W_N^{km}\tilde{X}[k] \tag{7.48}$$

时域移位性质说明，如果周期序列移动 m 位，则相应的 DFS 乘以相移因子 W_N^{km}，即相位减少$\frac{2\pi}{N}km$。类似地，可以得到频域移位性质。

性质 7.5（频移） 如果

$$\tilde{x}[n] \overset{\text{DFS}}{\longleftrightarrow} \tilde{X}[k] \tag{7.49}$$

则

$$W_N^{-mn}\tilde{x}[n] \overset{\text{DFS}}{\longleftrightarrow} \tilde{X}[k-m] \tag{7.50}$$

式中，m 为任意整数。

结合 DFS 与 IDFS 的定义式，注意到两者具有相似的形式，差异在于正变换式（7.14）是对时域序列 $\tilde{x}[n]$加权求和，权重系数为 W_N^{kn}；而逆变换式（7.15）是对频域序列 $\tilde{X}[k]$加权求和，权重系数为 W_N^{-kn}，同时，在幅度上乘以系数 $1/N$。因此，若将 $\tilde{X}[k]$视为时域上的周期序列，不难推测其 DFS 应为 $N\tilde{x}[-n]$。上述关系反映出 DFS 的对偶性质。

性质 7.6（对偶） 如果

$$\tilde{x}[n] \overset{\text{DFS}}{\longleftrightarrow} \tilde{X}[k] \tag{7.51}$$

则

$$\tilde{X}[n] \overset{\text{DFS}}{\longleftrightarrow} N\tilde{x}[-k] \tag{7.52}$$

与其他傅里叶表示类似，DFS 也存在相应的卷积定理。不过需要说明的是，由于序列具有周期性，因此，两个周期序列的卷积应为周期卷积，即

$$\tilde{x}_1[n] \circledast \tilde{x}_2[n] = \sum_{m=0}^{N-1}\tilde{x}_1[m]\tilde{x}_2[n-m] \tag{7.53}$$

性质 7.7（周期卷积定理） 如果

$$\tilde{x}_1[n] \overset{\text{DFS}}{\longleftrightarrow} \tilde{X}_1[k],\quad \tilde{x}_2[n] \overset{\text{DFS}}{\longleftrightarrow} \tilde{X}_2[k] \tag{7.54}$$

则

$$\tilde{x}_1[n] \circledast \tilde{x}_2[n] \xleftrightarrow{\text{DFS}} \tilde{X}_1[k]\tilde{X}_2[k] \tag{7.55}$$

证明： 对 $\tilde{x}_1[n] \circledast \tilde{x}_2[n]$ 作 DFS，有

$$\begin{aligned}
\text{DFS}[\tilde{x}_1[n] \circledast \tilde{x}_2[n]] &= \sum_{n=0}^{N-1}\left(\sum_{m=0}^{N-1}\tilde{x}_1[m]\tilde{x}_2[n-m]\right)W_N^{kn} \\
&= \sum_{m=0}^{N-1}\tilde{x}_1[m]\left(\sum_{n=0}^{N-1}\tilde{x}_2[n-m]W_N^{kn}\right) \\
&= \sum_{m=0}^{N-1}\tilde{x}_1[m]W_N^{km}\tilde{X}_2[k] = \tilde{X}_1[k]\tilde{X}_2[k]
\end{aligned} \tag{7.56}$$

与卷积定理相仿，乘积定理说明，时域上两个周期序列的乘积对应于频域上各自频谱的周期卷积，并乘以系数 $1/N$。

性质 7.8（乘积定理） 如果

$$\tilde{x}_1[n] \xleftrightarrow{\text{DFS}} \tilde{X}_1[k],\quad \tilde{x}_2[n] \xleftrightarrow{\text{DFS}} \tilde{X}_2[k] \tag{7.57}$$

则

$$\tilde{x}_1[n]\tilde{x}_2[n] \xleftrightarrow{\text{DFS}} \frac{1}{N}\tilde{X}_1[k] \circledast \tilde{X}_2[k] \tag{7.58}$$

性质 7.9（帕塞瓦尔定理） 如果

$$\tilde{x}[n] \xleftrightarrow{\text{DFS}} \tilde{X}[k] \tag{7.59}$$

则

$$\sum_{n=0}^{N-1}|\tilde{x}[n]|^2 = \frac{1}{N}\sum_{k=0}^{N-1}|\tilde{X}[k]|^2 \tag{7.60}$$

证明： 由于

$$\tilde{x}[n] \xleftrightarrow{\text{DFS}} \tilde{X}[k],\quad \tilde{x}^*[n] \xleftrightarrow{\text{DFS}} \tilde{X}^*[-k] \tag{7.61}$$

根据乘积定理，可得

$$\tilde{x}[n]\tilde{x}^*[n] \xleftrightarrow{\text{DFS}} \frac{1}{N}\tilde{X}[k] \circledast \tilde{X}^*[-k] \tag{7.62}$$

令 $\tilde{y}[n] = \tilde{x}[n]\tilde{x}^*[n] = |\tilde{x}[n]|^2$，$\tilde{Y}[k] = \frac{1}{N}\tilde{X}[k] \circledast \tilde{X}^*[-k]$。注意到，当 $k=0$ 时，有

$$\tilde{Y}[0] = \frac{1}{N}\tilde{X}[k] \circledast \tilde{X}^*[-k]\bigg|_{k=0} = \frac{1}{N}\sum_{m=0}^{N-1}|\tilde{X}[m]|^2 \tag{7.63}$$

另外，根据 DFS 的定义式，有

$$\tilde{Y}[0] = \sum_{n=0}^{N-1}\tilde{y}[n] = \sum_{n=0}^{N-1}|\tilde{x}[n]|^2 \tag{7.64}$$

因此，有

$$\sum_{n=0}^{N-1}|\tilde{x}[n]|^2 = \frac{1}{N}\sum_{m=0}^{N-1}|\tilde{X}[m]|^2 \tag{7.65}$$

帕塞瓦尔定理表明，时域周期序列在一个周期上的能量，等于其 DFS 在一个周期内的能量除以周期 N，即能量在时域和频域是守恒的。

7.2 有限长序列的离散傅里叶变换

7.1 节介绍了周期序列的傅里叶表示，即离散傅里叶级数（DFS）。由此可知，时域上的周期序列变换到频域上依然是周期序列。然而，计算机只能处理有限长的离散数据。因此，有必要研究有限长序列的傅里叶表示，这就是本节所要介绍的**离散傅里叶变换**(discrete Fourier transform，DFT)。DFT 的基本思想是将时域上有限长的序列视为周期序列在主值区间上的结果；相应地，在频域上可以将 DFT 视为 DFS 在主值区间上的结果。

7.2.1 离散傅里叶变换的定义

已知一个长度为 N 的序列 $x[n]$，$0\leqslant n\leqslant N-1$，现以 N 为周期对其进行周期延拓，得到周期序列

$$\tilde{x}[n]=\sum_{m=-\infty}^{\infty}x[n-mN] \tag{7.66}$$

于是，$x[n]$可视为 $\tilde{x}[n]$在主值区间（即$0\leqslant n\leqslant N-1$）上的取值

$$x[n]=\tilde{x}[n]R_N[n] \tag{7.67}$$

式中，$R_N[n]$为$0\leqslant n\leqslant N-1$ 上的单位矩形序列。

另外，$\tilde{x}[n]$的 DFS 同样为周期 N 的周期序列，取 $\tilde{X}[k]$的主值序列

$$X[k]=\tilde{X}[k]R_N[k] \tag{7.68}$$

由于 $\tilde{x}[n]$与 $\tilde{X}[k]$具有一一对应的关系，因而$x[n]$与$X[k]$可以彼此唯一地确定。由此，得到有限长序列的离散傅里叶变换。

定义 7.2 已知有限长序列 $x[n]$，$0\leqslant n\leqslant N-1$，其 N 点离散傅里叶变换和逆变换定义为

$$X[k]=\mathrm{DFT}[x[n]]=\sum_{n=0}^{N-1}x[n]W_N^{kn},\ 0\leqslant k\leqslant N-1 \tag{7.69}$$

$$x[n]=\mathrm{IDFT}[X[k]]=\frac{1}{N}\sum_{k=0}^{N-1}X[k]W_N^{-kn},\ 0\leqslant n\leqslant N-1 \tag{7.70}$$

式中，$W_N=\mathrm{e}^{-\mathrm{j}\frac{2\pi}{N}}$。

在上述定义中，假设序列的长度与 DFT 的点数均为 N。但在实际应用中，两者可能不等。为了保证序列的信息不丢失，通常应要求 DFT 的点数 N 不低于序列的长度 M，即 $N\geqslant M$。特别地，若 $N>M$，可以通过补零的方式（即在序列后补 $N-M$ 个零值）使序列的长度等于 N。

DFT 刻画了有限长序列的时域和频域关系。而 DFT 与 DTFT 具有如下关系

$$X[k]=\sum_{n=0}^{N-1}x[n]\mathrm{e}^{-\mathrm{j}\frac{2\pi}{N}kn}=\sum_{n=0}^{N-1}x[n]\mathrm{e}^{-\mathrm{j}\Omega n}\Big|_{\Omega=\frac{2\pi}{N}k}=X(\mathrm{e}^{\mathrm{j}\Omega})\big|_{\Omega=\frac{2\pi}{N}k}=X(\mathrm{e}^{\mathrm{j}\frac{2\pi}{N}k}),\ 0\leqslant k\leqslant N-1 \tag{7.71}$$

即 DFT 是以间隔 $2\pi/N$ 对 $[0,2\pi]$ 内的频谱进行采样的结果。当 N 足够大时，DFT 逐渐趋于一条连续的频谱。上述关系为使用 DFT 进行频谱分析提供了理论依据。

DFT 也可以表示为矩阵的形式

$$\boldsymbol{X}=\boldsymbol{W}_N\boldsymbol{x} \tag{7.72}$$

式中，$\boldsymbol{x}=[x[0],x[1],\cdots,x[N-1]]^{\mathrm{T}}$，$\boldsymbol{X}=[X[0],X[1],\cdots,X[N-1]]^{\mathrm{T}}$ 分别为时域和频域上的有限长序列（这里记作列向量的形式）；$\boldsymbol{W}_N$ 为 N 点 DFT 矩阵，有

$$\boldsymbol{W}_N=\begin{bmatrix} W_N^0 & W_N^0 & \cdots & W_N^0 \\ W_N^0 & W_N^1 & \cdots & W_N^{N-1} \\ W_N^0 & W_N^2 & \cdots & W_N^{2(N-1)} \\ \vdots & \vdots & \ddots & \vdots \\ W_N^0 & W_N^{N-1} & \cdots & W_N^{(N-1)(N-1)} \end{bmatrix} \tag{7.73}$$

可以验证，$\boldsymbol{W}_N$ 具有如下性质

$$\boldsymbol{W}_N\boldsymbol{W}_N^*=N\cdot\boldsymbol{I}_N \tag{7.74}$$

式中，$\boldsymbol{I}_N$ 为 $N\times N$ 的单位矩阵。因此，IDFT 可以表示为

$$\boldsymbol{x}=\boldsymbol{W}_N^{-1}\boldsymbol{X}=\frac{1}{N}\boldsymbol{W}_N^*\boldsymbol{X} \tag{7.75}$$

例 7.2　求单位冲激序列 $x[n]=\delta[n]$ 的 N 点 DFT。

解： 根据 DFT 的定义，可得

$$X[k]=\sum_{n=0}^{N-1}\delta[n]W_N^{kn}=1,\ k=0,1,\cdots,N-1 \tag{7.76}$$

即时域上的冲激序列对应于频域上的常数序列。

反之，根据 IDFT 的定义，可得

$$\delta[n]=\frac{1}{N}\sum_{k=0}^{N-1}W_N^{-kn}=\frac{1}{N}\sum_{k=0}^{N-1}\mathrm{e}^{\mathrm{j}\frac{2\pi}{N}kn},\ n=0,1,\cdots,N-1 \tag{7.77}$$

式（7.77）说明，单位冲激序列可以表示为 N 个不同谐波频率的复指数序列的叠加。

例 7.3　已知有限长序列 $x[n]=[1,3,2,4]$，求该序列的 4 点 DFT。

解： 注意到 $W_4=\mathrm{e}^{-\pi/2}=-\mathrm{j}$，采用 DFT 的矩阵形式计算，可得

$$\begin{bmatrix} X[0] \\ X[1] \\ X[2] \\ X[3] \end{bmatrix}=W_4\begin{bmatrix} x[0] \\ x[1] \\ x[2] \\ x[3] \end{bmatrix}=\begin{bmatrix} 1 & 1 & 1 & 1 \\ 1 & -\mathrm{j} & -1 & \mathrm{j} \\ 1 & -1 & 1 & -1 \\ 1 & \mathrm{j} & -1 & -\mathrm{j} \end{bmatrix}\begin{bmatrix} 1 \\ 3 \\ 2 \\ 4 \end{bmatrix}=\begin{bmatrix} 10 \\ -1+\mathrm{j} \\ -4 \\ -1-\mathrm{j} \end{bmatrix} \tag{7.78}$$

7.2.2　离散傅里叶变换的性质

由于有限长序列的离散傅里叶变换可视为周期序列的离散傅里叶级数在时域和频域分别取主值序列，即

$$x[n]=\tilde{x}[n]R_N[n]\stackrel{\mathrm{DFT}}{\longleftrightarrow}X[k]=\tilde{X}[k]R_N[k] \tag{7.79}$$

因此，离散傅里叶变换的性质可以参照离散傅里叶级数的性质而得到。以下讨论均默认序

列为 $0\leqslant n\leqslant N-1$ 上的序列。需要说明的是，为了保证有限长序列经过运算后依然落在 $0\leqslant n\leqslant N-1$ 范围之内，诸如移位、反褶、卷积等运算均须按照循环的方式进行。相关定义已在第5章介绍。

性质 7.10（线性） 如果

$$x_1[n]\xleftrightarrow{\text{DFT}}X_1[k],\ x_2[n]\xleftrightarrow{\text{DFT}}X_2[k] \tag{7.80}$$

则

$$ax_1[n]+bx_2[n]\xleftrightarrow{\text{DFT}}aX_1[k]+bX_2[k] \tag{7.81}$$

式中，a，b 为任意常数。

性质 7.11（循环时移） 如果

$$x[n]\xleftrightarrow{\text{DFT}}X[k] \tag{7.82}$$

则

$$x[\langle n-m\rangle_N]\xleftrightarrow{\text{DFT}}W_N^{mk}X[k] \tag{7.83}$$

式中，m 为任意整数。

循环时移性质说明，若序列在时域上循环移动 m 位，相应的 DFT 系数乘以因子 W_N^{mk}。类似地，可以得到频域上的循环移位性质。

性质 7.12（循环频移） 如果

$$x[n]\xleftrightarrow{\text{DFT}}X[k] \tag{7.84}$$

则

$$x[n]W_N^{-mn}\xleftrightarrow{\text{DFT}}X[\langle k-m\rangle_N] \tag{7.85}$$

式中，m 为任意整数。

性质 7.13（循环反褶） 如果

$$x[n]\xleftrightarrow{\text{DFT}}X[k] \tag{7.86}$$

则

$$x[\langle -n\rangle_N]\xleftrightarrow{\text{DFT}}X[\langle -k\rangle_N] \tag{7.87}$$

循环反褶性质说明，若对序列进行循环反褶，则相应的 DFT 系数也发生循环反褶。由于序列循环反褶之后依然是在 $0\leqslant n\leqslant N-1$ 范围内，故式（7.87）也可改写为

$$x[N-k]\xleftrightarrow{\text{DFT}}X[N-k] \tag{7.88}$$

性质 7.14（共轭） 如果

$$x[n]\xleftrightarrow{\text{DFT}}X[k] \tag{7.89}$$

则

$$x^*[n]\xleftrightarrow{\text{DFT}}X^*[\langle -k\rangle_N] \tag{7.90}$$

特别地，若 $x[n]$ 为实序列，则 $X[k]$ 具有如下共轭对称性

$$X[k]=X^*[\langle -k\rangle_N] \tag{7.91}$$

且

$$\mathrm{Re}[X[k]]=\mathrm{Re}[X[\langle -k\rangle_N]] \tag{7.92}$$

$$\mathrm{Im}[X[k]]=-\mathrm{Im}[X[\langle -k\rangle_N]] \tag{7.93}$$

$$|X[k]|=|X[\langle -k\rangle_N]| \tag{7.94}$$

$$\angle X[k]=-\angle X[\langle -k\rangle_N] \tag{7.95}$$

共轭对称性说明，实序列的 DFT 系数关于 $N/2$ 共轭对称。同时，DFT 系数的实部和幅度关于 $N/2$ 偶对称，虚部和相角关于 $N/2$ 奇对称。利用上述性质，通常只需计算 $0\leqslant k\leqslant\lfloor N/2\rfloor$ 上的 DFT 系数，余下部分可以通过对称性得到，因而能够减少 DFT 的计算量。

性质 7.15（对偶） 如果

$$x[n]\stackrel{\mathrm{DFT}}{\longleftrightarrow}X[k] \tag{7.96}$$

则

$$X[n]\stackrel{\mathrm{DFT}}{\longleftrightarrow}Nx[\langle -k\rangle_N] \tag{7.97}$$

性质 7.16（循环卷积定理） 如果

$$x_1[n]\stackrel{\mathrm{DFT}}{\longleftrightarrow}X_1[k],\ x_2[n]\stackrel{\mathrm{DFT}}{\longleftrightarrow}X_2[k] \tag{7.98}$$

则

$$x_1[n]\ \textcircled{N}\ x_2[n]\stackrel{\mathrm{DFT}}{\longleftrightarrow}X_1[k]X_2[k] \tag{7.99}$$

循环卷积定理表明，有限长序列在时域上的循环卷积对应于频域上各自 DFT 系数的乘积。利用 DFT 的对偶性不难推测，有限长序列在时域上的乘积对应于频域上各自 DFT 系数的循环卷积，即乘积定理。

性质 7.17（乘积定理） 如果

$$x_1[n]\stackrel{\mathrm{DFT}}{\longleftrightarrow}X_1[k],\ x_2[n]\stackrel{\mathrm{DFT}}{\longleftrightarrow}X_2[k] \tag{7.100}$$

则

$$x_1[n]x_2[n]\stackrel{\mathrm{DFT}}{\longleftrightarrow}\frac{1}{N}X_1[k]\ \textcircled{N}\ X_2[k] \tag{7.101}$$

性质 7.18（帕塞瓦尔定理） 如果

$$x[n]\stackrel{\mathrm{DFT}}{\longleftrightarrow}X[k] \tag{7.102}$$

则

$$\sum_{n=0}^{N-1}|x[n]|^2=\frac{1}{N}\sum_{k=0}^{N-1}|X[k]|^2 \tag{7.103}$$

7.2.3 利用 DFT 进行频谱分析

根据上文的介绍，DFT 可视为 DTFT 在一个周期内的离散化结果，这为利用数值方法进行频谱分析提供了理论依据。然而，在应用 DFT 过程中仍有一些问题值得探讨。例如，由于 DFT 在时域和频域均进行了采样，那么采样间隔选择多大合适？又如，DFT 处理的是有限长序列，相当于对原始信号进行了截断，是否会造成频谱失真？本节将针对上述问题展开讨论。

首先，不妨来分析 DFT 与傅里叶变换的关系。设连续时间信号 $x(t)$，其频谱为

$$X(\mathrm{j}\omega) = \int_{-\infty}^{\infty} x(t)\mathrm{e}^{-\mathrm{j}\omega t}\mathrm{d}t \tag{7.104}$$

式中，ω 为模拟频率。

对 $x(t)$ 进行时域采样，记采样序列为 $x[n]=x(nT)$，其中，T 为时域采样间隔。根据前文的分析，采样序列的频谱（DTFT）是原信号频谱的周期延拓，即

$$X(\mathrm{e}^{\mathrm{j}\Omega}) = \frac{1}{T}\sum_{k=-\infty}^{\infty} X[\mathrm{j}(\omega - k\omega_s)]\bigg|_{\omega=\Omega/T} = \frac{1}{T}\sum_{k=-\infty}^{\infty} X\left[\mathrm{j}\left(\frac{\Omega - 2\pi k}{T}\right)\right] \tag{7.105}$$

式中，$\Omega=\omega T$ 为数字频率；$\omega_s=2\pi/T$ 为采样率。

实际中的信号通常是有限长的，现对采样序列进行截断，记作

$$x_N[n] = x[n]r_N[n] \tag{7.106}$$

式中，$r_N[n]$ 为 $0\leqslant n\leqslant N-1$ 上的矩形窗函数。根据 DTFT 的卷积定理，$x_N[n]$ 的频谱为

$$X_N(\mathrm{e}^{\mathrm{j}\Omega}) = \frac{1}{2\pi}X(\mathrm{e}^{\mathrm{j}\Omega}) \circledast R_N(\mathrm{e}^{\mathrm{j}\Omega}) \tag{7.107}$$

最后，对 $X_N(\mathrm{e}^{\mathrm{j}\Omega})$ 进行频域采样，设采样间隔为 $2\pi/N$，并取主值区间（即 $[0,2\pi]$）上的序列，由此得到 $x_N[n]$ 的 DFT 为

$$X[k] = X_N(\mathrm{e}^{\mathrm{j}\Omega})\big|_{\Omega=\frac{2\pi}{N}k},\ 0\leqslant k\leqslant N-1 \tag{7.108}$$

综合上述分析，在利用 DFT 计算信号频谱时，存在以下几点潜在的问题。首先，在时域采样过程中可能会出现混叠。为了避免混叠的发生，采样率须高于信号最高频率的 2 倍。如果信号非带限信号，则需要在采样前先进行抗混叠滤波处理。其次，由于 DFT 处理的是有限长序列，其可视为采样序列的截断（或加窗）结果。根据式（7.107），截断序列的频谱等于采样序列的频谱与窗函数的频谱进行周期卷积。这意味着截断序列的频谱存在失真，这种现象称为“**频谱泄漏**”（spectral leakage）。此外，在频域上采样意味着只能得到连续频谱在采样点上的信息，无法得到其他频率点的信息。这种方式类似于通过一个栅栏来观测频谱，因此形象地称为“**栅栏效应**”（picket fence effect）。混叠问题在第 4 章已经进行过详细讨论，下面主要针对频谱泄漏和栅栏效应进行分析。

（1）频谱泄漏

下面以余弦序列为例来分析截断处理对频谱的影响。设 $x[n]=\cos(\Omega_0 n)$，$-\infty<n<\infty$，其 DTFT 为

$$X(\mathrm{e}^{\mathrm{j}\Omega}) = \pi\sum_{k=-\infty}^{\infty}[\delta(\Omega-\Omega_0-2k\pi)+\delta(\Omega+\Omega_0-2k\pi)] \tag{7.109}$$

注意到序列的频谱是以 2π 为周期的。为便于分析，以下仅考虑 $-\pi\leqslant\Omega\leqslant\pi$ 上的频谱。设截断后的余弦序列为 $x_N[n]=\cos(\Omega_0 n)r_N[n]$，其中，$r_N[n]$ 为 $0\leqslant n\leqslant N-1$ 上的矩形窗函数。根据卷积定理，可得

$$X_N(\mathrm{e}^{\mathrm{j}\Omega}) = \frac{1}{2\pi}X(\mathrm{e}^{\mathrm{j}\Omega}) \circledast R_N(\mathrm{e}^{\mathrm{j}\Omega}) = \frac{1}{2}[R_N(\mathrm{e}^{\mathrm{j}(\Omega-\Omega_0)}) + R_N(\mathrm{e}^{\mathrm{j}(\Omega+\Omega_0)})] \tag{7.110}$$

式中

$$R_N(\mathrm{e}^{\mathrm{j}\Omega}) = \sum_{n=0}^{N-1}\mathrm{e}^{-\mathrm{j}\Omega n} = \frac{1-\mathrm{e}^{-\mathrm{j}\Omega N}}{1-\mathrm{e}^{-\mathrm{j}\Omega}} = \frac{\sin(\Omega N/2)}{\sin(\Omega/2)}\mathrm{e}^{-\mathrm{j}\Omega(N-1)/2} \tag{7.111}$$

由此可见，截断序列的频谱不再是位于 $\pm\Omega_0$ 的一对冲激函数，而是具有类似于抽样

函数的形式。这意味着在 $\pm\Omega_0$ 之外的位置上产生了新的频率成分，即发生了频谱泄漏。注意到 $R_N(\mathrm{e}^{\mathrm{j}\Omega})$ 的主瓣宽度为 $4\pi/N$，因此，可以通过增加长度 N 来减小主瓣宽度，使截断序列的频谱更接近冲激函数。图 7.5 给出了不同截断长度下的频谱示意图。从时域来分析，当序列长度增加时，所获得的观测点更多，截断序列更接近原始序列，因而两者的频谱也就更接近。但是无论 N 取多大，只要信号存在截断，频谱泄漏在所难免。

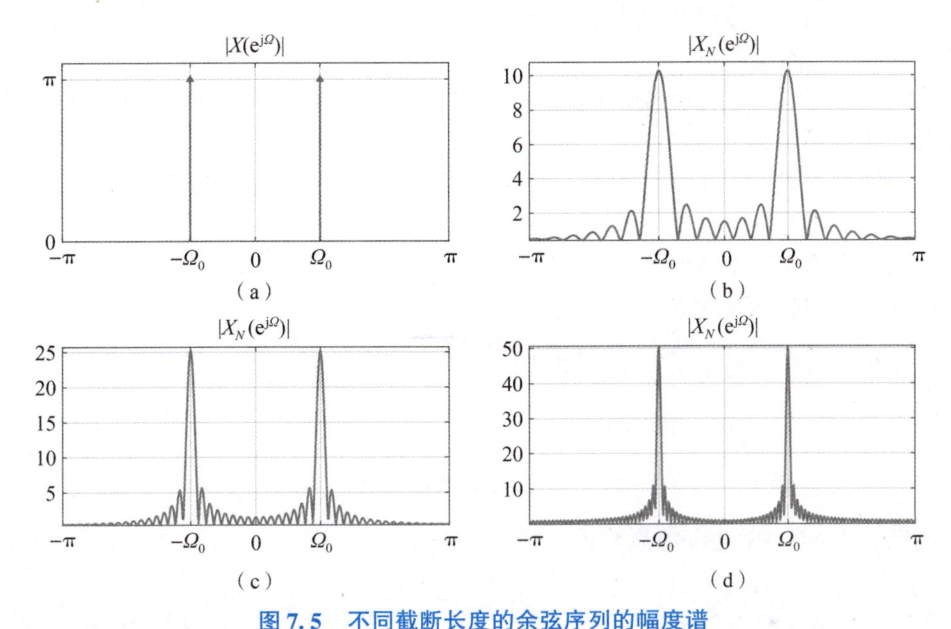

图 7.5　不同截断长度的余弦序列的幅度谱

(a) 余弦序列的频谱（理论值）；(b) $N=20$；(c) $N=50$；(d) $N=100$

频谱泄漏不仅会造成频谱能量的扩散，还会影响频谱的频率分辨率，即区分两个不同频率分量的最小频率间隔。由于 $R_N(\mathrm{e}^{\mathrm{j}\Omega})$ 的主瓣宽度为 $4\pi/N$，试想，当两个频率分量的间隔小于 $2\pi/N$ 时，将无法正确地区分，如图 7.6 所示。因此频率分辨率为

$$\Delta\Omega=\frac{2\pi}{N} \tag{7.112}$$

上述频率分辨率也恰好对应于 DFT 的频域采样间隔。

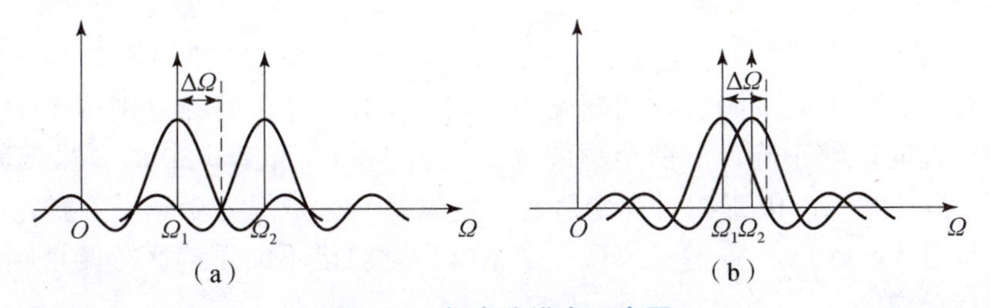

图 7.6　频率分辨率示意图

(a) $|\Omega_2-\Omega_1|>2\pi/N$；(b) $|\Omega_2-\Omega_1|<2\pi/N$

若采用模拟频率来表示，则为

$$\Delta f=\frac{\Delta\Omega}{2\pi T}=\frac{1}{NT}=\frac{1}{T_0}(\mathrm{Hz}) \tag{7.113}$$

式中，T_0 为连续时间信号的观测时长。上式说明，频率分辨率与信号的观测时长成反比。

根据上述关系，可以通过增加序列的长度（即窗函数的长度）N 或信号的观测时长 T_0 来提高频率分辨率。需要说明的是，这里的长度是指序列的有效长度，即序列应包含原始信号的信息。若仅对序列补零，并没有增加序列的有效长度，则也不能提高频率分辨率。除此之外，频率分辨率还与窗函数的副瓣衰减有关。如果副瓣峰值过大，则会在频谱中产生虚假的峰值，造成严重的频谱失真①。

例 7.4 已知连续时间信号 $x(t)=\cos(2\pi f_1 t)+0.7\cos(2\pi f_2 t)$，其中，$f_1=20$ Hz，$f_2=22$ Hz。现以采样率 $f_s=60$ Hz 对其进行采样，并用 DFT 来进行频谱分析，试确定分辨两个谱峰所需的最少样本数 N。

解： 本题信号含有两个频率分量。根据题目条件，最小频率分辨率应为

$$\Delta f=|f_1-f_2|=2(\text{Hz}) \tag{7.114}$$

即观测时长至少为 $T_0=1/\Delta f=0.5$ s。

相应地，频率分辨率用数字频率可表示为

$$\Delta\Omega=\frac{2\pi\Delta f}{f_s}=\frac{\pi}{15} \tag{7.115}$$

根据式（7.112），样本数 N 至少应为

$$N=\frac{2\pi}{\Delta\Omega}=30 \tag{7.116}$$

下面结合 MATLAB 进行仿真验证，相关代码如下①。

```
T = 2; % 信号观测时长
f1 = 20; % 频率1
f2 = 22; % 频率2
fs = 60; % 采样频率
t = 0:1/fs:T-1/fs; % 采样点
x = cos(2*pi*f1*t)+0.7*cos(2*pi*f2*t); % 生成采样信号
N = 30; % 截断长度
xt = x(0:N-1); % 截断序列
nfft = 512; % DFT点数
h = fft(x,nfft); % x的DFT
a = abs(h); % x的幅度谱
```

图 7.7 给出了当 N 取不同值时的幅度谱。当 $N=120$ 时，谱峰分别位于 $\Omega_1=2\pi/3$ 和 $\Omega_2=11\pi/15$，此时能够正确区分两个频率分量。当 $N=60$ 和 $N=30$ 时，虽然频谱依旧出现两个谱峰，但注意到，位置相对理论值有一定偏差，这是因为受到了主瓣宽度和副瓣衰减的影响。而当 $N=15$ 时，频谱只出现一个谱峰，此时已不能正确区分两个频率分量。

（2）栅栏效应

由于 DFT 是对 DTFT 进行均匀采样的结果，因而只能得到采样点上的频谱信息，而无法得到采样点之外的频谱信息，这种现象称为“栅栏效应”。为了减轻栅栏效应，可以增

① 可以利用 MATLAB 函数 fft 实现 DFT，具体说明见 7.4 节。

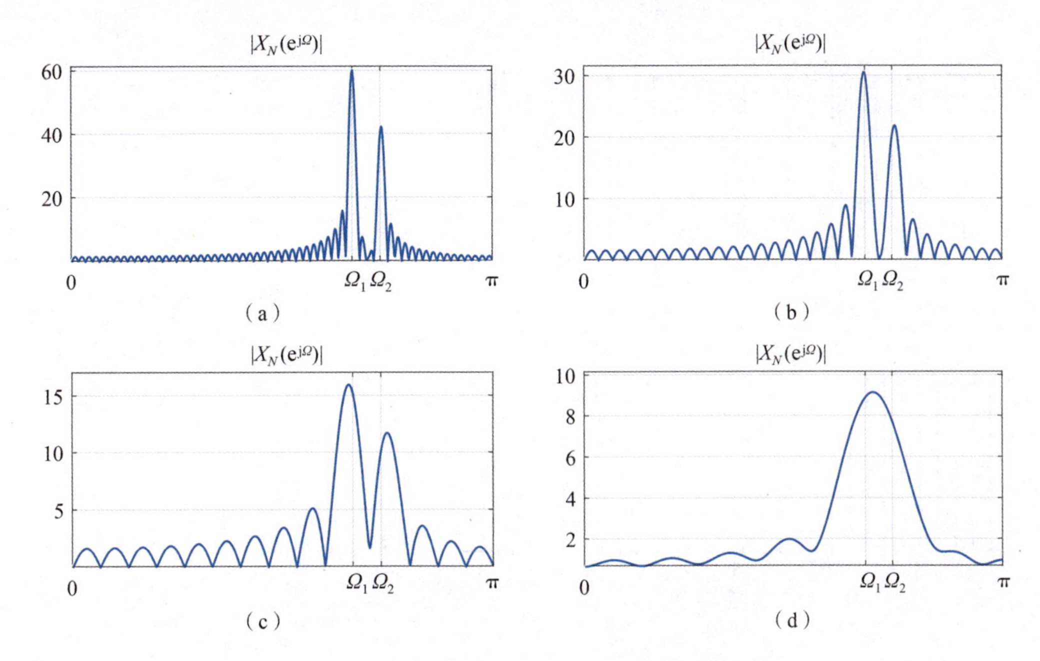

图 7.7　不同长度样本点对频谱分辨率的影响

(a) $N=120$；(b) $N=60$；(c) $N=30$；(d) $N=15$

加频域采样点。假设序列 $x[n]$的有效长度为 N，DFT 点数为 $L \geqslant N$，这意味着需要对序列 $x[n]$补 $L-N$ 个零后再作 DFT，即

$$X[k]=\sum_{n=0}^{L-1} x[n] e^{-j \frac{2\pi}{L} k n}=\sum_{n=0}^{N-1} x[n] e^{-j \frac{2\pi}{L} k n}=\left.\sum_{n=0}^{N-1} x[n] e^{-j \Omega n}\right|_{\Omega=\frac{2\pi}{L} k}=X(e^{j \frac{2\pi}{L} k}),\ 0 \leqslant k \leqslant L-1 \tag{7.117}$$

由此可见，补零后的采样间隔为 $2\pi/L$，因而采样间隔变小。

以矩形脉冲序列为例，设序列的原始长度为 $N=10$。图 7.8 展示了不同补零后的幅度谱。可以看出，随着补零数量的增加，采样点更加密集，栅栏效应有所减弱。但是注意到，频谱的包络（即 DTFT）形状并未改变，这意味着补零不能增加频率分辨率，而仅仅是增加采样频点的个数。

例 7.5　已知某连续时间信号 $x(t)$的最高频率为 $f_h=1$ kHz。现对其进行频谱分析，要求频谱分辨率不低于 $\Delta f=2$ Hz，且 DFT 的点数为 2 的整数次幂，试确定信号的采样率 f_s、采样间隔 T、有效长度 N 以及 DFT 点数 L。

解：根据采样定理，采样率应不低于信号最高频率的 2 倍，因此

$$f_s=2f_h=2(\text{kHz})$$

相应地，时域采样间隔为

$$T=\frac{1}{f_s}=0.5\times 10^{-3}(\text{s})$$

为保证频率分辨率，序列的有效长度至少为

$$N=\frac{f_s}{\Delta f}=1\ 000$$

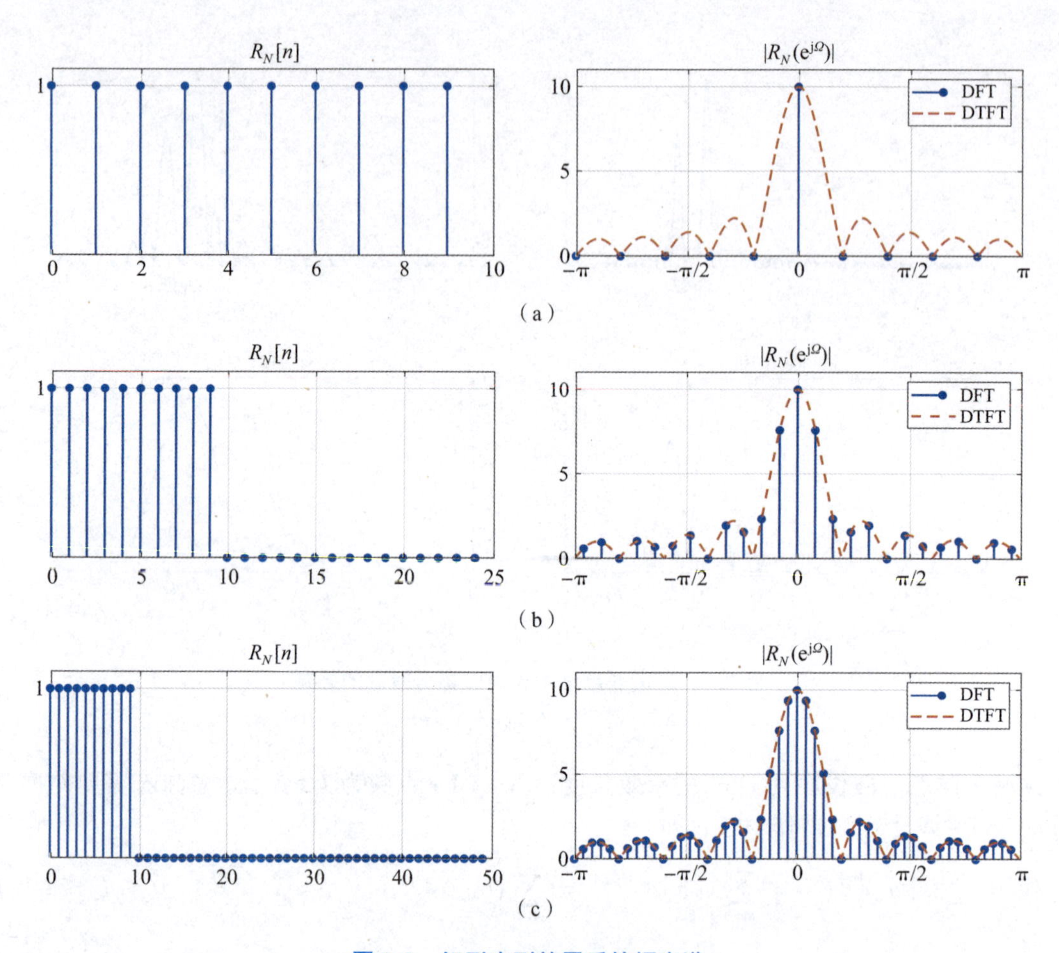

图 7.8 矩形序列补零后的幅度谱

(a) $L=10$（未补零）；(b) $L=25$；(c) $L=50$

为使 DFT 点数为 2 的整数次幂，可取 $L=1\,024$。

综合上述分析，当利用 DFT 分析信号频谱时，在时域采样率给定的情况下，可以通过增大序列的有效长度来提高频率分辨率，降低频谱泄漏所造成的影响；若对序列进行补零后再作 DFT，则可以使频谱采样点更加密集，看起来更加光滑，减小栅栏效应。

7.2.4 线性卷积的高效计算

在信号处理和系统分析中，经常涉及有限长序列的线性卷积计算。回顾第 5 章，曾介绍过循环卷积与线性卷积的关系。设 $x_1[n]$，$0\leqslant n\leqslant N_1-1$ 和 $x_2[n]$，$0\leqslant n\leqslant N_2-1$ 为两个有限长序列，则两者的 $N=N_1+N_2-1$ 点循环卷积恰好等于两者的线性卷积。关于这个结论，现在可以结合卷积定理来进行分析。

记 $x_1[n]$，$x_2[n]$ 的线性卷积和循环卷积分别为

$$y[n]=x_1[n]*x_2[n] \tag{7.118}$$

$$z[n]=x_1[n]\;\text{Ⓝ}\;x_2[n] \tag{7.119}$$

式中，$y[n]$的长度为 $L=N_1+N_2-1$；$z[n]$的长度为 N。

相应地，分别利用 DTFT 和 DFT 的卷积定理，可得频域表示为

$$Y(\mathrm{e}^{\mathrm{j}\Omega})=X_1(\mathrm{e}^{\mathrm{j}\Omega})X_2(\mathrm{e}^{\mathrm{j}\Omega}) \tag{7.120}$$

$$Z[k]=X_1[k]X_2[k] \tag{7.121}$$

式中

$$x_1[n]\xleftrightarrow{\text{DTFT}}X_1(\mathrm{e}^{\mathrm{j}\Omega}),\ x_2[n]\xleftrightarrow{\text{DTFT}}X_2(\mathrm{e}^{\mathrm{j}\Omega}) \tag{7.122}$$

$$x_1[n]\xleftrightarrow{\text{DFT}}X_1[k],\ x_2[n]\xleftrightarrow{\text{DFT}}X_2[k] \tag{7.123}$$

若对 $Y(\mathrm{e}^{\mathrm{j}\Omega})=X_1(\mathrm{e}^{\mathrm{j}\Omega})X_2(\mathrm{e}^{\mathrm{j}\Omega})$进行频域采样，联系 7.1.2 节的分析，这意味着在时域上对 $y[n]$进行周期延拓，且当频域采样点数 N 大于或等于 $y[n]$的长度 L 时，不会出现混叠。此时，周期延拓后的主值序列恰好等于 $y[n]$。另外，由于 $X_1[k]$，$X_2[k]$分别是 $X_1(\mathrm{e}^{\mathrm{j}\Omega})$，$X_2(\mathrm{e}^{\mathrm{j}\Omega})$在 $[0,2\pi]$ 上的采样序列，对 $Y(\mathrm{e}^{\mathrm{j}\Omega})$进行频域采样，在 $[0,2\pi]$ 上就是 $Z[k]=X_1[k]X_2[k]$。相应地，在时域上即为 $y[n]=z[n]$。因此，当 $N\geqslant L$ 时，两个序列的线性卷积与循环卷积相等。

基于上述关系，可以利用 DFT 计算线性卷积，过程如图 7.9 所示。该过程虽然增加了 DFT 与 IDFT 运算，看似更烦琐，但是由于乘积运算通常比卷积运算更简单，且 DFT 可以通过快速算法（即快速傅里叶变换，见 7.3 节）来实现，因此整体上可以提高线性卷积的计算效率。7.4.2 节将结合 MATLAB 验证上述计算方法的等价性。

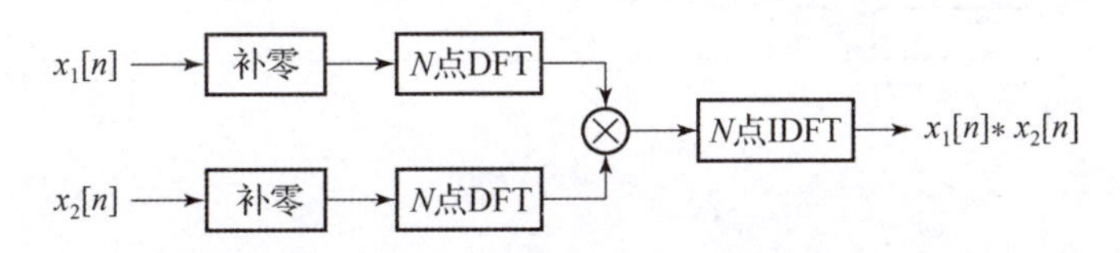

图 7.9　利用 DFT 计算线性卷积

实际中经常遇到长序列和短序列的线性卷积计算，例如线性系统输入信号 $x[n]$的长度远大于系统冲激响应 $h[n]$的长度。这时若直接计算两者的线性卷积，则长序列会给内存带来压力并导致较大的延迟，而短序列将填充大量的零值，影响计算效率。一种解决思路是采用“分段卷积”（block convolution），即将长序列分段，计算每个分段序列与短序列的卷积，然后将所有分段卷积结果恰当组合，最终得到完整序列的卷积结果。下面介绍两种分段处理方法。

（1）重叠相加法

设长序列 $x[n]$，$n=0,1,\cdots,N-1$，短序列 $h[n]$，$n=0,1,\cdots,L-1$，其中，$L\ll N$。现将 $x[n]$分成若干个长度为 M、相邻且互不重叠的子序列

$$x_i[n]=x[n+iM],\ n=0,1,\cdots,M-1 \tag{7.124}$$

图 7.10（a）给出了上述划分的示意图。易知

$$x[n]=\sum_{i=0}^{K-1}x_i[n-iM] \tag{7.125}$$

式中，$K=\lceil N/M\rceil$。因此，$x[n]$与 $h[n]$的线性卷积可表示为

$$y[n]=x[n]*h[n]=\left(\sum_{i=0}^{K-1}x_i[n-iM]\right)*h[n]=\sum_{i=0}^{K-1}(x_i[n-iM]*h[n])\tag{7.126}$$

记 $x_i[n]$ 与 $h[n]$ 的线性卷积为

$$y_i[n]=x_i[n]*h[n]\tag{7.127}$$

利用线性卷积的移位性质，式（7.126）可化简为

$$y[n]=x[n]*h[n]=\sum_{i=0}^{K-1}y_i[n-iM]\tag{7.128}$$

由此可见，$x[n]$ 与 $h[n]$ 的线性卷积等于 $y_i[n]$ 分别经过移位 iM 后再叠加，其中，$y_i[n]$ 为分段序列 $x_i[n]$ 与 $h[n]$ 的线性卷积。由于 $y_i[n]$ 的长度为 $M+L-1$，而移位为 iM，因此，相邻的 $y_i[n]$ 前后会重叠 $L-1$ 位，如图 7.10（c）所示。上述方法称为重叠相加法（overlap－add method）。

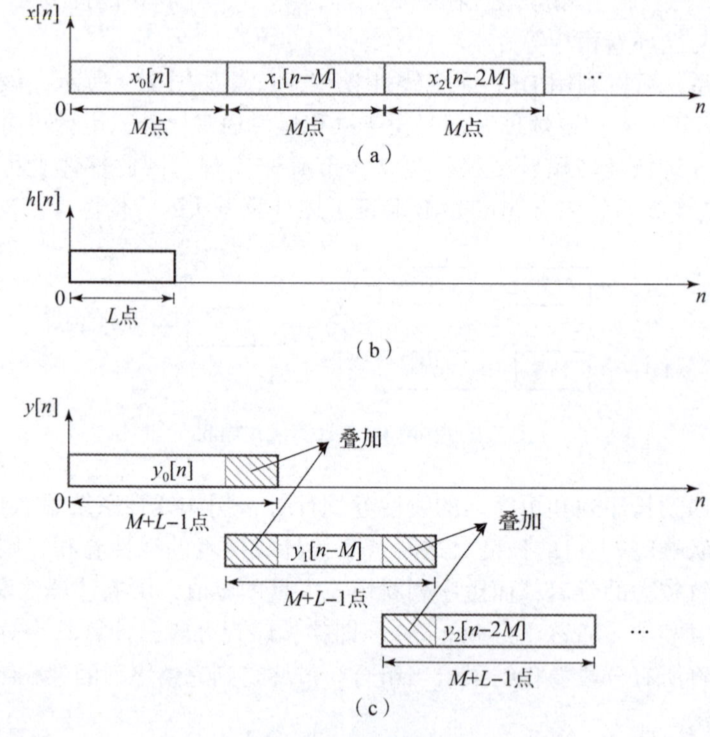

图 7.10　重叠相加法

（a）长序列分段；（b）短序列；（c）分段卷积

值得一提的是，分段序列的长度 M 可以是任意的，不会影响最终的卷积结果。通常可选取 M 与短序列长度 L 的数量级相当。

例 7.6　已知序列 $x[n]=[1,2,3,4,5,6,7,8]$，$h[n]=[1,1,1]$，采用重叠相加法计算二者的线性卷积。

解：$x[n]$ 的长度为 $N=8$，$h[n]$ 的长度为 $L=3$，两者的线性卷积结果为

$$y[n]=x[n]*h[n]=[1,3,6,9,12,15,18,21,15,8]\tag{7.129}$$

①若按长度 $M=3$ 对 $x[n]$ 进行分段，可得到如下三个子序列

$$x_0[n]=[1,2,3]$$
$$x_1[n]=[4,5,6]$$
$$x_2[n]=[7,8]$$

然后，计算 $x_i[n]$ 与 $h[n]$ 的 5 点循环卷积，即

$$y_0[n]=x_0[n]⑤h[n]=x_0[n]*h[n]=[1,3,6,5,3]$$
$$y_1[n]=x_1[n]⑤h[n]=x_1[n]*h[n]=[4,9,15,11,6]$$
$$y_2[n]=x_2[n]⑤h[n]=x_2[n]*h[n]=[7,15,15,8,0]$$

上述采用循环卷积的方式是为了说明循环卷积与线性卷积的等价关系。实际上，若序列长度较短，也可直接采用线性卷积计算。

将上述分段卷积结果的首尾按 $L-1=2$ 位进行叠加，可得

$$\bar{y}[n]=[1,3,6,9,12,15,18,21,15,8,0]$$

可见，除了最后一位零（可忽略），$\bar{y}[n]$ 与 $y[n]$ 是相同的。

②若按长度 $M=4$ 对 $x[n]$ 进行分段，可得到如下两个子序列

$$x_0[n]=[1,2,3,4]$$
$$x_1[n]=[5,6,7,8]$$

类似地，可按照循环卷积的方式计算线性卷积，结果为

$$y_0[n]=x_0[n]⑤h[n]=[1,3,6,9,7,4]$$
$$y_1[n]=x_1[n]⑤h[n]=[5,11,18,21,15,8]$$

将上述分段卷积结果的首尾按 $L-1=2$ 位进行叠加，得到

$$y[n]=[1,3,6,9,12,15,18,21,15,8]$$

由此可见，按照不同长度进行分段计算，所得的结果是相同的。

（2）重叠保留法

在重叠相加法中，若采用循环卷积来计算分段卷积，需要将分段序列与短序列补零，从而保证卷积结果正确。设分段序列 $x_i[n]$ 的长度为 M，短序列 $h[n]$ 的长度为 L，并假设 $M>L$，若直接计算两者的 M 点循环卷积，则根据 5.1.3 节的分析，此时循环卷积结果为线性卷积的混叠版本，即在前 $L-1$ 位发生混叠。为了避免混叠的影响，现考虑另外一种分段方式，即将 $x[n]$ 分成若干个长度为 $M+L-1$ 的子序列，且相邻子序列之间有 $L-1$ 点重叠，如图 7.11（a）所示。为了保证所有分段序列长度一致，可在 $x[n]$ 首端补 $L-1$ 个零，即

$$\bar{x}[n]=[\underbrace{0,\cdots,0}_{L-1},x[1],x[2],\cdots] \tag{7.130}$$

因此分段序列可表示为

$$x_i[n]=\bar{x}[n+iM],\ n=0,1,\cdots,M+L-1 \tag{7.131}$$

然后，计算子序列 $x_i[n]$ 与 $h[n]$ 的 $Q=M+L-1$ 点循环卷积，记为

$$y_i[n]=x_i[n]\,Ⓠ\,h[n] \tag{7.132}$$

此时，$y_i[n]$在$0\leqslant n\leqslant L-2$上发生混叠，而在$L-1\leqslant n\leqslant M+L-2$上与线性卷积结果一致。因此，将$y_i[n]$的前$L-1$点舍弃，只保留后面$M$个点，再将保留的分段卷积按顺序拼接起来，如图7.11（c）所示，就得到了最终的卷积结果。这种方法称为重叠保留法（overlap－save method）。

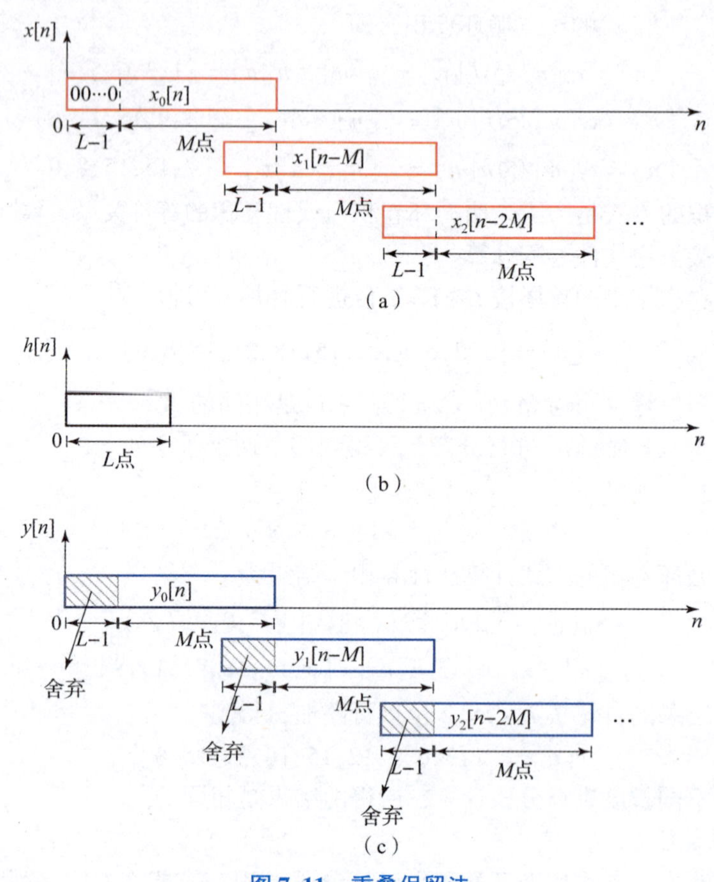

图7.11 重叠保留法

（a）长序列重叠分段；（b）短序列；（c）分段卷积

例7.7 采用重叠保留法重做例7.6。

解： 首先对长序列$x[n]$首端补$L-1=2$个零，然后按照相邻重叠2位进行分段，设每段长度为5，得到

$$x_0[n]=[0,0,1,2,3]$$
$$x_1[n]=[2,3,4,5,6]$$
$$x_2[n]=[5,6,7,8,0]$$
$$x_3[n]=[8,0,0,0,0]$$

计算分段序列$x_i[n]$与$h[n]$的5点循环卷积，结果为

$$y_0[n]=x_0[n]\,⑤\,h[n]=[5,3,1,3,6]$$
$$y_1[n]=x_1[n]\,⑤\,h[n]=[13,11,9,12,15]$$
$$y_2[n]=x_2[n]\,⑤\,h[n]=[13,11,18,21,15]$$

$$y_3[n]=x_3[n]⑤h[n]=[8,8,8,0,0]$$

将上述循环卷积的前 2 位舍弃，并将余下部分首尾拼接在一起，从而得到

$$y[n]=[1,3,6,9,12,15,18,21,15,8]$$

可见，重叠保留法和线性卷积的计算结果是一致的。

7.2.5　线性相关的高效计算

由于线性相关①与线性卷积在形式上具有相似性，因而可以将相关运算转化为卷积运算，进而利用 DFT 提高计算效率。下面介绍两种常用的方法。

(1) 通过线性卷积计算线性相关

假设 $x[n]$，$y[n]$都是实序列，根据 5.1.4 节的介绍，线性相关与线性卷积具有如下关系②

$$r_{xy}[n]=\sum_{m=-\infty}^{\infty}x[m]y[m-n]=\sum_{m=-\infty}^{\infty}x[m]\bar{y}[n-m]=x[n]*\bar{y}[n] \tag{7.133}$$

式中，$\bar{y}[n]=y[-n]$。式 (7.133) 说明，$x[n]$与 $y[n]$的线性相关等于 $x[n]$与 $\bar{y}[n]$的线性卷积，其中，$\bar{y}[n]$为 $y[n]$的反褶，因而可以通过线性卷积来计算线性相关。

对于有限长序列，不妨设 $x[n]$，$0\leqslant n\leqslant N_1-1$ 和 $y[n]$，$0\leqslant n\leqslant N_2-1$，根据 5.1.3 节所介绍的线性卷积与循环卷积的关系，当 $N=N_1+N_2-1$ 时，$x[n]$和 $\bar{y}[n]$的 N 点循环卷积等于两者的线性卷积。进而，可利用 DFT 实现高效计算。具体来讲，首先对 $y[n]$进行反褶，得到 $\bar{y}[n]$③；然后将 $x[n]$与 $\bar{y}[n]$尾端补零，并计算两者的 N 点 DFT；接着将 DFT 系数相乘；最后作 IDFT，就得到时域上的相关序列，过程如图 7.12 所示。

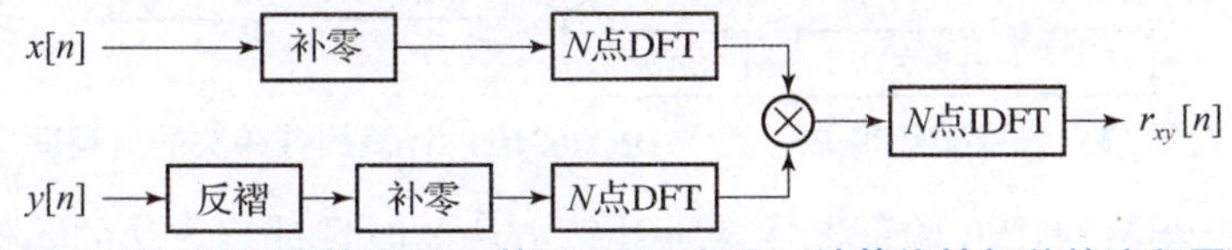

图 7.12　利用线性卷积（基于 DFT 实现）计算线性相关的流程图

(2) 通过循环相关计算线性相关

下面考虑另一种方式。设 $x[n]$，$0\leqslant n\leqslant N_1-1$ 和 $y[n]$，$0\leqslant n\leqslant N_2-1$ 为有限长的实序列，根据 DTFT 的卷积定理，可得

$$x[n]*\bar{y}[n]\xleftrightarrow{\text{DTFT}}X(e^{j\Omega})Y^*(e^{j\Omega}) \tag{7.134}$$

---

① 为了与后文介绍的“循环相关”相区分，本节将互相关称为“线性相关”。

② 一般情况下，互相关的自变量（即时滞）记为 m，用于区分序列的自变量 n。但为了便于描述相关与卷积的关系，这里统一改写为 n。

③ 由于 DFT 运算默认序列都是因果的，严格来讲，为保证反褶后的序列依然在 $0\leqslant n\leqslant N_2-1$ 范围内，需要对反褶序列再右移 N_2-1 位，即 $\bar{y}[n]=y[N_2-1-n]$。注意，该运算不同于循环反褶。事实上，这样计算出来的结果为 $x[n]$与 $y[N_2-1-n]$的卷积，自变量的范围为 $0\leqslant n\leqslant N_1+N_2-1$。然而，自变量的实际范围为 $-(N_2-1)\leqslant n\leqslant N_1-1$，根据卷积的移位性质，需要将计算结果再左移 N_2-1 位后，才能得到正确的互相关序列。在 MATLAB 中，由于数组索引始终为正整数，因此可以忽略移位运算，在必要时对索引赋值即可，详见例 7.3。

式中，$\bar{y}[n]=y[-n]$。

现对 $X(e^{j\Omega})Y^*(e^{j\Omega})$ 在一个周期上以 $N=N_1+N_2-1$ 点进行采样，根据 7.1 节与 7.2 节的分析可知，采样结果即为 $x[n]$ 与 $y[n]$ 的 DFT 系数的共轭相乘，即 $X[k]Y^*[k]$；而在时域上，应为 $x[n]*\bar{y}[n]$ 的周期延拓。类似于循环卷积的概念，将该周期序列的主值序列称为“循环相关”（circular correlation）。该运算等价于 $x[n]$ 与 $y[\langle -n\rangle_N]$ 的循环卷积。

定义 7.3 已知 $x[n]$ 和 $y[n]$ 均为 $0\leqslant n\leqslant N-1$ 上的序列，二者的 N 点循环相关定义为

$$c_{xy}[n]=x[n]\,Ⓝ\,y[\langle -n\rangle_N]=\sum_{m=0}^{N-1}x[m]y[\langle m-n\rangle_N] \tag{7.135}$$

类似于 DFT 的循环卷积定理，可得如下循环相关定理

$$x[n]\,Ⓝ\,y[\langle -n\rangle_N]\xleftrightarrow{\text{DFT}}X[k]Y^*[k] \tag{7.136}$$

注意到循环相关 $c_{xy}[n]$ 是 $0\leqslant n\leqslant N-1$ 上的序列，而线性相关 $r_{xy}[n]$ 是 $-(N_2-1)\leqslant n\leqslant N_1-1$ 上的序列。根据周期延拓的关系，可知两者的关系为（见习题 7.21）

$$r_{xy}[n]=\begin{cases}c_{xy}[n+N], & -(N_2-1)\leqslant n\leqslant -1\\ c_{xy}[n], & 0\leqslant n\leqslant N_1-1\end{cases} \tag{7.137}$$

因此，需要将 $c_{xy}[n]$ 循环左移 N_1-1 位或循环右移 N_2-1 位，才能得到正确的线性相关结果。综合上述分析，利用循环相关计算线性相关的过程如图 7.13 所示。

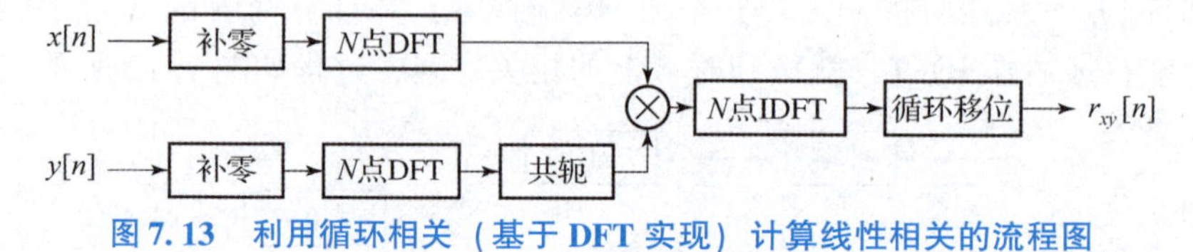

图 7.13 利用循环相关（基于 DFT 实现）计算线性相关的流程图

7.4.3 节将结合 MATLAB 验证上述两种计算方法与时域计算方法的等价性。

7.3 快速傅里叶变换

离散傅里叶变换（DFT）是时域和频域均离散化的傅里叶变换，为采用数值计算方法进行频谱分析提供了理论依据。尽管如此，DFT 的计算并非十分高效，尤其是当数据长度较大时。1965 年，美国计算机专家库利（James W. Cooley）和美国统计学家图基（John W. Tukey）提出了**快速傅里叶变换**（fast Fourier transform，FFT），该算法将长序列的 DFT 转化为短序列的 DFT，有效降低了 DFT 的计算量。FFT 的出现促进了 DFT 的广泛应用，使数字信号处理从理论走向实际应用，在雷达、通信、语音、图像等领域发挥出巨大的作用。

7.3.1 FFT 的基本原理

回顾 N 点 DFT 的定义：

$$X[k]=\sum_{n=0}^{N-1}x[n]W_N^{kn},\quad k=0,1,\cdots,N-1 \tag{7.138}$$

式中，$W_N=\mathrm{e}^{-\mathrm{j}\frac{2\pi}{N}}$。可以看出，DFT 的计算主要涉及复数的乘法和加法[①]。每计算一个 $X[k]$ 需要 N 次乘法和 $N-1$ 次加法。因此，N 点 DFT 总共需要 N^2 次乘法和 $N(N-1)$ 次加法，即计算量与 N^2 成正比，记为 $O(N^2)$。当 N 较大时，DFT 的计算量会非常大。

复数乘子（或称为旋转因子（twiddle factor））W_N^{kn} 在 DFT 中扮演重要角色，其具有以下特性：

①周期性

$$W_N^{kn}=W_N^{k(mN+n)}=W_N^{(mN+k)n} \tag{7.139}$$

②可约性

$$W_{mN}^{mkn}=W_N^{kn} \tag{7.140}$$

③特殊值

$$W_N^0=1,\ W_N^{N/4}=-\mathrm{j},\ W_N^{N/2}=-1,\ W_N^{3N/4}=\mathrm{j} \tag{7.141}$$

结合上述特性，下面通过矩阵表达形式来分析降低 DFT 计算量的有效途径。N 点 DFT 的矩阵表达形式为

$$\boldsymbol{X}=\boldsymbol{W}_N\boldsymbol{x} \tag{7.142}$$

式中，$\boldsymbol{x}=[x[0],x[1],\cdots,x[N-1]]^{\mathrm{T}}$ 和 $\boldsymbol{X}=[X[0],X[1],\cdots,X[N-1]]^{\mathrm{T}}$ 分别为时域和频域的序列（列向量）；$\boldsymbol{W}_N$ 为 N 点 DFT 矩阵

$$\boldsymbol{W}_N=[W_N^{kn}]_{\substack{0\leqslant k\leqslant N-1\\0\leqslant n\leqslant N-1}}=\begin{bmatrix}W_N^0 & W_N^0 & \cdots & W_N^0\\ W_N^0 & W_N^1 & \cdots & W_N^{N-1}\\ \vdots & \vdots & \ddots & \vdots\\ W_N^0 & W_N^{N-1} & \cdots & W_N^{(N-1)(N-1)}\end{bmatrix} \tag{7.143}$$

式中，k 和 n 分别表示 DFT 矩阵的行和列的索引，两者的范围均是从 0 到 $N-1$。

假设 N 为偶数，根据旋转因子 W_N^{kn} 的特性，DFT 矩阵中的元素具有以下特点：

当 $n=2r$ 时，有 $$W_N^{(k+N/2)(2r)}=W_N^{k(2r)}=W_{N/2}^{kr} \tag{7.144}$$

当 $n=2r+1$ 时，有 $$W_N^{(k+N/2)(2r+1)}=-W_N^{k(2r+1)}=-W_N^k\cdot W_{N/2}^{kr} \tag{7.145}$$

式中，$k,r=0,1,\cdots,N/2-1$。这意味着 N 点 DFT 矩阵可以通过 $N/2$ 点 DFT 矩阵来表示。

以 4 点 DFT 为例，有

$$\begin{bmatrix}X[0]\\X[1]\\X[2]\\X[3]\end{bmatrix}=\begin{bmatrix}1&1&1&1\\1&-\mathrm{j}&-1&\mathrm{j}\\1&-1&1&-1\\1&\mathrm{j}&-1&-\mathrm{j}\end{bmatrix}\begin{bmatrix}x[0]\\x[1]\\x[2]\\x[3]\end{bmatrix}=\boldsymbol{W}_4\boldsymbol{x} \tag{7.146}$$

$$n=0\quad 1\quad 2\quad 3$$

将 $\boldsymbol{W}_4$ 的第 1 列（即 $n=1$）和第 2 列（即 $n=2$）交换顺序，即将偶数列和奇数列分

① 本节中提到的“乘法”和“加法”默认指复数乘法和复数加法。

别放在一起，同时将 $\boldsymbol{x}$ 中的元素 $x[1]$ 与 $x[2]$ 交换顺序，于是可得

$$\begin{bmatrix} X[0] \\ X[1] \\ X[2] \\ X[3] \end{bmatrix} = \left[\begin{array}{cc:cc} 1 & 1 & 1 & 1 \\ 1 & -1 & -\mathrm{j} & \mathrm{j} \\ \hdashline 1 & 1 & -1 & -1 \\ 1 & -1 & \mathrm{j} & -\mathrm{j} \end{array}\right] \begin{bmatrix} x[0] \\ x[2] \\ x[1] \\ x[3] \end{bmatrix} \tag{7.147}$$

注意到上述变换矩阵中左上角与左下角的分块矩阵即为 2 点 DFT 矩阵，有

$$\boldsymbol{W}_2 = \begin{bmatrix} 1 & 1 \\ 1 & -1 \end{bmatrix} \tag{7.148}$$

而右上角与右下角的分块矩阵可以表示为

$$\begin{bmatrix} 1 & 1 \\ -\mathrm{j} & \mathrm{j} \end{bmatrix} = \begin{bmatrix} W_4^0 & 0 \\ 0 & W_4^1 \end{bmatrix} \begin{bmatrix} 1 & 1 \\ 1 & -1 \end{bmatrix} = \boldsymbol{D}_2 \boldsymbol{W}_2 \tag{7.149}$$

$$\begin{bmatrix} -1 & -1 \\ \mathrm{j} & -\mathrm{j} \end{bmatrix} = -\begin{bmatrix} 1 & 1 \\ -\mathrm{j} & \mathrm{j} \end{bmatrix} = -\boldsymbol{D}_2 \boldsymbol{W}_2 \tag{7.150}$$

于是，式（7.147）可以写成分块矩阵的形式

$$\begin{bmatrix} \boldsymbol{X}_1 \\ \boldsymbol{X}_2 \end{bmatrix} = \begin{bmatrix} \boldsymbol{W}_2 & \boldsymbol{D}_2 \boldsymbol{W}_2 \\ \boldsymbol{W}_2 & -\boldsymbol{D}_2 \boldsymbol{W}_2 \end{bmatrix} \begin{bmatrix} \boldsymbol{x}_e \\ \boldsymbol{x}_o \end{bmatrix} \tag{7.151}$$

式中

$$\boldsymbol{x}_e = \begin{bmatrix} x[0] \\ x[2] \end{bmatrix},\ \boldsymbol{x}_o = \begin{bmatrix} x[1] \\ x[3] \end{bmatrix},\ \boldsymbol{X}_1 = \begin{bmatrix} X[0] \\ X[1] \end{bmatrix},\ \boldsymbol{X}_2 = \begin{bmatrix} X[2] \\ X[3] \end{bmatrix} \tag{7.152}$$

因此

$$\boldsymbol{X}_1 = \boldsymbol{W}_2 \boldsymbol{x}_e + \boldsymbol{D}_2 \boldsymbol{W}_2 \boldsymbol{x}_o = \mathrm{DFT}[\boldsymbol{x}_e] + \boldsymbol{D}_2 \mathrm{DFT}[\boldsymbol{x}_o] \tag{7.153}$$

$$\boldsymbol{X}_2 = \boldsymbol{W}_2 \boldsymbol{x}_e - \boldsymbol{D}_2 \boldsymbol{W}_2 \boldsymbol{x}_o = \mathrm{DFT}[\boldsymbol{x}_e] - \boldsymbol{D}_2 \mathrm{DFT}[\boldsymbol{x}_o] \tag{7.154}$$

由此可见，原序列的 4 点 DFT 可以通过奇偶子序列的 2 点 DFT 的组合来实现。

更一般地，上述分解方式可推广至任意偶数点 DFT（见习题 7.25），即

$$\boldsymbol{X}_1 = \boldsymbol{W}_{N/2} \boldsymbol{x}_e + \boldsymbol{D}_{N/2} \boldsymbol{W}_{N/2} \boldsymbol{x}_o = \mathrm{DFT}[\boldsymbol{x}_e] + \boldsymbol{D}_{N/2} \mathrm{DFT}[\boldsymbol{x}_o] \tag{7.155}$$

$$\boldsymbol{X}_2 = \boldsymbol{W}_{N/2} \boldsymbol{x}_e - \boldsymbol{D}_{N/2} \boldsymbol{W}_{N/2} \boldsymbol{x}_o = \mathrm{DFT}[\boldsymbol{x}_e] - \boldsymbol{D}_{N/2} \mathrm{DFT}[\boldsymbol{x}_o] \tag{7.156}$$

式中

$$\boldsymbol{x}_e = [x[0], x[2], \cdots, x[N-2]]^{\mathrm{T}} \tag{7.157}$$

$$\boldsymbol{x}_o = [x[1], x[3], \cdots, x[N-1]]^{\mathrm{T}} \tag{7.158}$$

$$\boldsymbol{X}_1 = [X[0], X[1], \cdots, X[N/2-1]]^{\mathrm{T}} \tag{7.159}$$

$$\boldsymbol{X}_2 = [X[N/2], X[N/2+1], \cdots, X[N-1]]^{\mathrm{T}} \tag{7.160}$$

$$\boldsymbol{D}_{N/2} = \begin{bmatrix} W_N^0 & 0 & \cdots & 0 \\ 0 & W_N^1 & \cdots & 0 \\ \vdots & \vdots & \ddots & \vdots \\ 0 & 0 & \cdots & W_N^{N/2-1} \end{bmatrix} = \mathrm{diag}(W_N^0, W_N^1, \cdots, W_N^{N/2-1}) \tag{7.161}$$

表 7.1 给出了采用上述分解方式计算 DFT 的计算量，其中，乘法和加法均为 $O(N^2/2)$，而直接计算 DFT 的计算量为 $O(N^2)$。由此可见，计算量可减少一半。

表 7.1　采用子序列分解方式计算 DFT 的计算量

运算	乘法	加法
$\mathrm{DFT}[\boldsymbol{x}_e]$	$N^2/4$	$(N/2)(N/2-1)$
$\mathrm{DFT}[\boldsymbol{x}_o]$	$N^2/4$	$(N/2)(N/2-1)$
$\boldsymbol{D}_{N/2}\mathrm{DFT}[\boldsymbol{x}_o]$	$N/2$	0
$\mathrm{DFT}[\boldsymbol{x}_e]\pm\boldsymbol{D}_{N/2}\mathrm{DFT}[\boldsymbol{x}_o]$	0	N
总计	$N^2/2+N/2\sim O(N^2/2)$	$N^2/2$

综合上述分析，N 点 DFT 可以通过 $N/2$ 点 DFT 来合成。这意味着长序列的 DFT 可以通过短序列的 DFT 来实现，这就是 FFT 算法的“分治”（divide - and - conquer）思想。FFT 算法主要分为两种类型：时间抽取法和频率抽取法。下面具体介绍这两种快速算法的计算流程。

7.3.2　基 -2 时间抽取 FFT 算法

假设序列 $x[n]$的长度 N 为偶数，将其分成偶、奇两个子序列，即

$$x_e[n]=x[2n],\ x_o[n]=x[2n+1],\ n=0,1,\cdots,N/2-1 \tag{7.162}$$

于是，$x[n]$的 DFT 可以表示为

$$\begin{aligned} X[k] &= \sum_{n=0}^{N-1} x[n]W_N^{kn} = \sum_{n=0}^{N/2-1} x[2n]W_N^{k(2n)} + \sum_{n=0}^{N/2-1} x[2n+1]W_N^{k(2n+1)} \\ &= \sum_{n=0}^{N/2-1} x_e[n]W_{N/2}^{kn} + W_N^k \sum_{n=0}^{N/2-1} x_o[n]W_{N/2}^{kn} \end{aligned} \tag{7.163}$$

式（7.163）中第二个等式利用了旋转因子的可约性，即 $W_N^{2kn}=W_{N/2}^{kn}$。

令

$$X_1[k]=\mathrm{DFT}[x_e[n]],\ X_2[k]=\mathrm{DFT}[x_o[n]],\ k=0,1,\cdots,N/2-1 \tag{7.164}$$

于是，式（7.163）可简记为

$$X[k]=X_1[k]+W_N^kX_2[k],\ k=0,1,\cdots,N/2-1 \tag{7.165}$$

进一步，注意到 $X_1[k]$，$X_2[k]$均是以 $N/2$ 为周期的，且 $W_N^{N/2}=-1$，于是可得

$$\begin{aligned} X[k+N/2] &= X_1[k+N/2]+W_N^{k+N/2}X_2[k+N/2] \\ &= X_1[k]-W_N^kX_2[k],\ k=0,1,\cdots,N/2-1 \end{aligned} \tag{7.166}$$

由此可见，$x[n]$的 N 点 DFT 可以通过子序列 $x_e[n]$和 $x_o[n]$的 $N/2$ 点 DFT 的加权组合而得到。由于上述方式是将序列分成奇偶子列，相当于在时域上进行 2 倍抽取，因此称为基 -2 时间抽取（radix -2 decimation in time，DIT）算法。该算法由两位美国学者库利（J. W. Cooley）和图基（J. W. Tukey）于 1965 年首次提出，因此也称为 Cooley - Tukey 算法[30]。

将式（7.165）和式（7.166）写成如下矩阵形式

$$\begin{bmatrix} X[k] \\ X[k+N/2] \end{bmatrix} = \begin{bmatrix} 1 & 1 \\ 1 & -1 \end{bmatrix} \begin{bmatrix} 1 & 0 \\ 0 & W_N^k \end{bmatrix} \begin{bmatrix} X_1[k] \\ X_2[k] \end{bmatrix},\quad k=0,1,\cdots,N/2-1 \tag{7.167}$$

上述计算过程可以用图7.14（a）来表示。输入端的两个节点分别表示 $X_1[k]$ 和 $X_2[k]$，其中，$X_2[k]$ 先与 W_N^k 作乘法运算，然后两路分别作加减法运算，最终得到输出端的两个节点 $X_1[k]+W_N^k X_2[k]$ 与 $X_1[k]-W_N^k X_2[k]$。这种形似 $a \pm wb$ 的运算是 FFT 的核心运算，每次运算包括1次乘法和2次加法。该过程也可以表示为更简洁的方式，如图7.14（b）所示。由于结构类似于“X”或蝴蝶的形状，因此形象地称为蝶形运算单元（butterfly computation unit）。

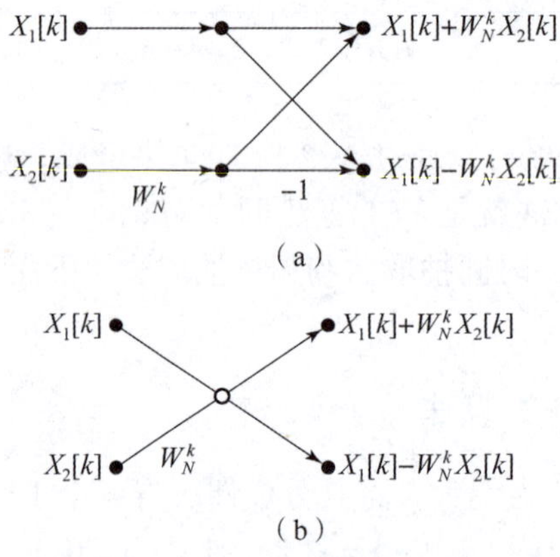

图7.14 时间抽取蝶形运算单元

（a）基本表示；（b）简洁表示

以8点DFT为例，按照上述方式，可以通过两个4点DFT来实现，如图7.15所示。

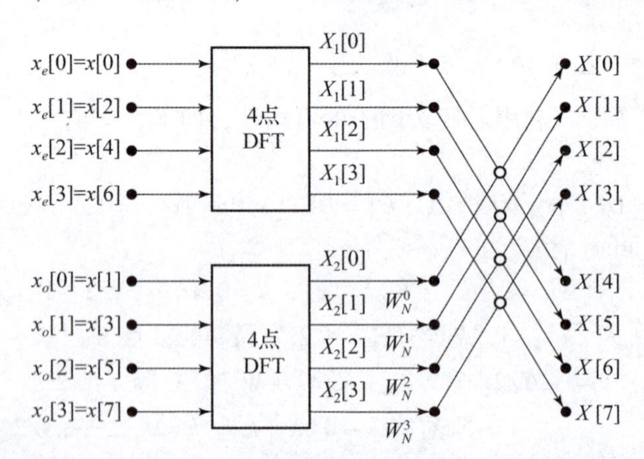

图7.15 8点DFT分解为4点DFT的基-2时间抽取运算框图

进一步，如果 $N/2$ 也是偶数，则可以将 $N/2$ 点DFT分为两个 $N/4$ 点DFT。依此类推，该分解过程可以持续进行，直到DFT的点数不是偶数为止。特别地，当 $N=2$ 时，蝶形运算就是2点DFT：

$$\begin{bmatrix} X[0] \\ X[1] \end{bmatrix} = \begin{bmatrix} 1 & 1 \\ 1 & -1 \end{bmatrix} \begin{bmatrix} x[0] \\ x[1] \end{bmatrix} \tag{7.168}$$

根据上述分析，如果 DFT 的点数为 2 的整数次幂，即 $N=2^s$，则可以分解为 s 级蝶形运算，每一级均包含 $N/2$ 个蝶形运算单元。仍以 $N=8$ 点 DFT 为例，其计算过程如图 7.16 所示。注意到对于第 i 级蝶形运算，序列长度为 $L=2^i$，旋转因子为 W_L^k，$0 \leqslant k \leqslant L/2-1$。但根据旋转因子的可约性，$W_L^k = W_N^{kN/L}$，$0 \leqslant k \leqslant L/2-1$，其中，$N/L$ 为整数。因此，每一级的旋转因子可以统一表示为 W_N 的整数次幂。这意味着整个 FFT 算法可以共用一套复数乘子。而如果序列的长度不等于 2 的整数次幂，可以在序列后面补零来满足长度要求。

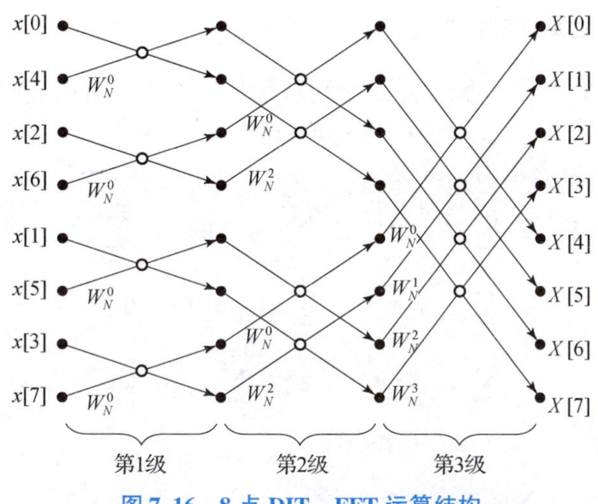

图 7.16　8 点 DIT－FFT 运算结构

下面分析 DIT－FFT 算法的计算量。可以看出，FFT 算法在 $N=2^s$ 时效率最高。此时，FFT 可以分解为 s 级蝶形运算。每一级包含 $N/2$ 个蝶形运算单元，每个蝶形运算单元涉及 1 次乘法和 2 次加法。因此，对于长度为 N 的序列，FFT 计算需要进行 $Ns/2=(N\log_2 N)/2$ 次乘法和 $N\log_2 N$ 次加法，即与 $N\log_2 N$ 成正比，记为 $O(N\log_2 N)$，而 DFT 直接计算的计算量为 $O(N^2)$。因此，FFT 算法能够有效减少计算量，特别是当 N 较大时，效果尤为明显。

在 DIT－FFT 算法中，输入端序列并非是按照自然数顺序排列的，而是取决于序列长度和分解级数。这种排列方式可以通过二进制“码位倒置”来实现。具体而言，先将序号表示为二进制数，然后将二进制数的首尾颠倒，最后转化为十进制数。表 7.2 给出了 $N=8$ 时输入端序列的排列规律。

表 7.2　$N=8$ 时输入端序列的排列规律

原序号（十进制）	原序号（二进制）	转换后序号（二进制）	转换后序号（十进制）
0	000	000	0
1	001	100	4
2	010	010	2

续表

原序号（十进制）	原序号（二进制）	转换后序号（二进制）	转换后序号（十进制）
3	011	110	6
4	100	001	1
5	101	101	5
6	110	011	3
7	111	111	7

7.3.3 基 −2 频率抽取 FFT 算法

不同于时间抽取的方式，序列 $x[n]$ 也可按照原来的顺序直接分成两个子序列，即

$$x_1[n]=x[n],\ x_2[n]=x[n+N/2],\ n=0,1,\cdots,N/2-1 \tag{7.169}$$

此时，$x[n]$ 的 DFT 可以表示为

$$\begin{aligned}X[k] &= \sum_{n=0}^{N-1}x[n]W_N^{kn} = \sum_{n=0}^{N/2-1}x[n]W_N^{kn} + \sum_{n=N/2}^{N-1}x[n]W_N^{kn} \\ &= \sum_{n=0}^{N/2-1}x[n]W_N^{kn} + \sum_{n=0}^{N/2-1}x[n+N/2]W_N^{k(n+N/2)} \\ &= \sum_{n=0}^{N/2-1}x_1[n]W_N^{kn} + W_N^{kN/2}\sum_{n=0}^{N/2-1}x_2[n]W_N^{kn}\end{aligned} \tag{7.170}$$

由于 $W_N^{N/2}=-1$，于是式（7.170）可继续化简为

$$\begin{aligned}X[k] &= \sum_{n=0}^{N/2-1}x_1[n]W_N^{kn} + (-1)k\sum_{n=0}^{N/2-1}x_2[n]W_N^{kn} \\ &= \sum_{n=0}^{N/2-1}(x_1[n]+(-1)^k x_2[n])W_N^{kn},\ k=0,1,\cdots,N-1\end{aligned} \tag{7.171}$$

下面将 k 分为奇数和偶数两种情况进行讨论。当 $k=2r$，$r=0,1,\cdots,N/2-1$ 时，有

$$\begin{aligned}X[2r] &= \sum_{n=0}^{N/2-1}(x_1[n]+x_2[n])W_N^{(2r)n} \\ &= \sum_{n=0}^{N/2-1}(x_1[n]+x_2[n])W_{N/2}^{rn} \\ &= \mathrm{DFT}[x_1[n]+x_2[n]] = \mathrm{DFT}[f[n]]\end{aligned} \tag{7.172}$$

当 $k=2r+1$，$r=0,1,\cdots,N/2-1$ 时，有

$$\begin{aligned}X[2r+1] &= \sum_{n=0}^{N/2-1}(x_1[n]-x_2[n])W_N^{(2r+1)n} \\ &= \sum_{n=0}^{N/2-1}[(x_1[n]-x_2[n])W_N^{n}]W_{N/2}^{rn} \\ &= \mathrm{DFT}[(x_1[n]-x_2[n])W_N^{n}] = \mathrm{DFT}[g[n]]\end{aligned} \tag{7.173}$$

式中，$f[n]$ 和 $g[n]$ 均为 $N/2$ 点的序列，即

$$\begin{bmatrix}f[n]\\ g[n]\end{bmatrix}=\begin{bmatrix}1 & 0\\ 0 & W_N^n\end{bmatrix}\begin{bmatrix}1 & 1\\ 1 & -1\end{bmatrix}\begin{bmatrix}x_1[n]\\ x_2[n]\end{bmatrix},\ n=0,1,\cdots,N/2-1 \tag{7.174}$$

由此可以看出，N 点 DFT 中的偶数点和奇数点可以分别通过两个 $N/2$ 点的 DFT 得到。上述方式是将频谱分为奇偶子序列来计算，即在频域上进行 2 倍抽取，因此称为基 -2 频率抽取（radix -2 decimation in frequency，DIF）算法。

频率抽取算法也可以采用蝶形运算单元来实现，如图 7.17 所示。以 $N=8$ 点 DFT 为例，首先利用蝶形运算单元合成两个 4 点的子序列，然后分别进行 4 点 DFT，从而求得原序列的 DFT，如图 7.18 所示。

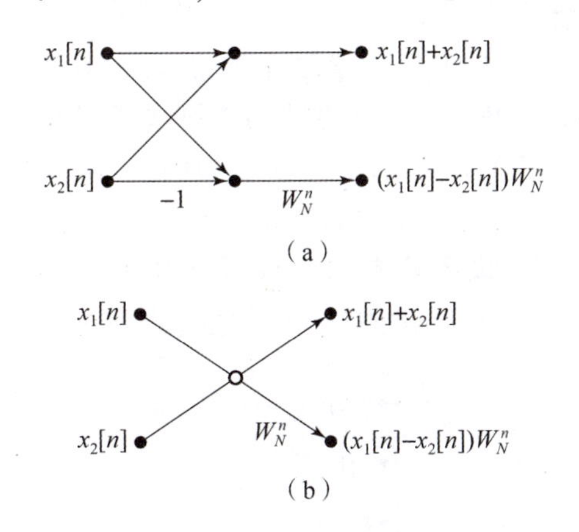

图 7.17　频率抽取蝶形运算单元

（a）基本表示；（b）简洁表示

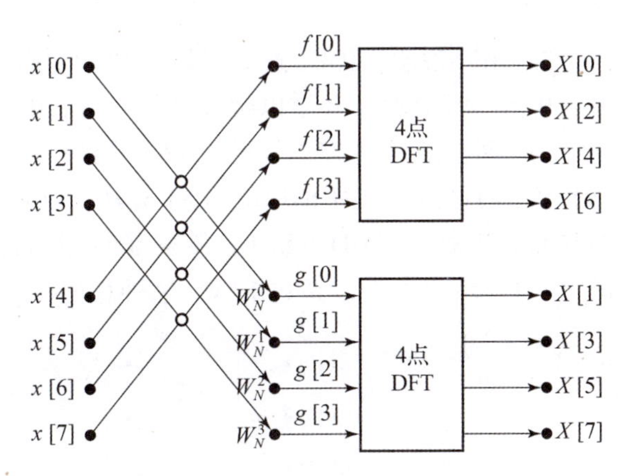

图 7.18　8 点 DFT 分解为 4 点 DFT 的基 -2 频率抽取运算框图

进一步，如果序列长度为 $N=2^s$，可以持续进行分解，这时一共需作 s 级蝶形运算。图 7.19 给出了 8 点 DFT 的三级蝶形运算，最后需将 $X[k]$ 重排为正常的顺序输出。同样，若序列的长度不等于 2 的整数次幂，可以在序列后面补零来满足长度要求。

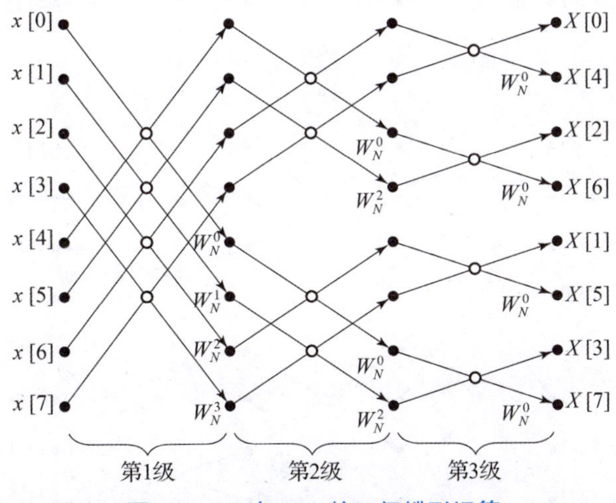

图 7.19　8 点 DIF 的三级蝶形运算

以上所介绍的 DIT - FFT 和 DIF - FFT 算法是将时域序列或频域序列分解为奇偶子序列，因此是以 2 为基。除此之外，研究人员陆续提出了基 -4、混合基、分裂基等不同的 FFT 算法等，感兴趣的读者可以参考文献[23，26，31]。

本节最后简要说明 IDFT 的 FFT 算法（简称为 IFFT 算法）。根据 IDFT 的定义，有

$$x[n] = \mathrm{IDFT}[X[k]] = \frac{1}{N}\sum_{k=0}^{N-1} X[k] W_N^{-kn} \tag{7.175}$$

从形式上来看，IDFT 与 DFT 具有相似性，两者的差异主要在于 W_N 的指数中相差一个负号，且 IDFT 在幅度上乘以系数 $1/N$。事实上，可将式（7.175）改写为

$$x[n] = \mathrm{IDFT}[X[k]] = \frac{1}{N}\left[\sum_{k=0}^{N-1} X^*[k] W_N^{kn}\right]^* \tag{7.176}$$

式（7.176）说明，IDFT 运算可以转化为 DFT 运算，即先对 $X[k]$ 取共轭，然后作 DFT，最后再取一次共轭，并乘以幅度系数 $1/N$。由此可见，IDFT 也可以通过 FFT 算法来实现。

另一种更直接的方式是类比 FFT 算法推导得到 IFFT 算法。以 8 点 DFT 为例，图 7.20（a）给出了基 2 – 频率抽取的 IFFT 算法（DIF – IFFT）结构。注意到该结构与基 2 – 时域抽取的 FFT 算法（DIT – FFT）结构非常相似，只不过每级运算中的旋转因子由 W_N^r 变为 W_N^{-r}，且在输出端乘以系数 $1/N$。这种相似性即反映了 DFT 和 IDFT 定义式之间的关系。

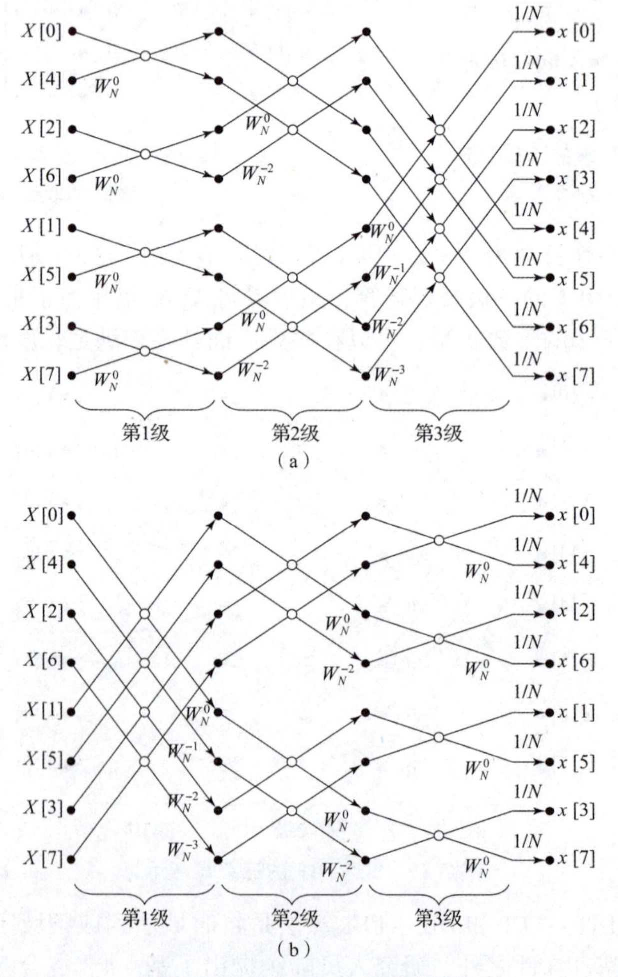

图 7.20 8 点 IFFT 运算结构

换个角度来看，DIF - IFFT 也可以理解为 DIF - FFT（图 7.19）的易位（transposition），即将信号流方向颠倒，同时将每一级的系数 W_N^r 改为 W_N^{-r}，最后在输出端乘以系数 $1/N$。这种关系反映出时频之间的对偶关系。类似地，基 2 - 时间抽取的 IFFT（DIT - IFFT）算法结构就是 DIT - FFT 的易位，如图 7.20（b）所示。

7.3.4　实序列的 FFT 高效计算

由于 FFT 算法涉及复数运算，而实际中的信号大多是实序列，直接计算实序列的 FFT 不能充分发挥 FFT 的计算效率。在一些特殊情况下，可以通过恰当的构造将实序列转化为复序列，然后计算复序列的 FFT，从而提高计算效率。下面介绍两种实序列的 FFT 高效计算方式。

（1）2 个 N 点实序列的 FFT

设两个 N 点的实序列 $x_1[n]$，$x_2[n]$，两者的 DFT 分别记作 $X_1[k]$，$X_2[k]$。若直接计算两者的 FFT，共需要 $N\log_2 N$ 次乘法和 $2N\log_2 N$ 次加法。

现将 $x_1[n]$，$x_2[n]$ 组合成为一个复序列

$$y[n]=x_1[n]+\mathrm{j}x_2[n]$$

然后，利用 FFT 计算 $y[n]$ 的 DFT，记作 $Y[k]$。根据 DFT 的共轭性质，可得

$$x_1[n]+\mathrm{j}x_2[n]\xleftrightarrow{\text{DFT}}Y[k]$$

$$x_1[n]-\mathrm{j}x_2[n]\xleftrightarrow{\text{DFT}}Y^*[N-k]$$

于是 $x_1[n]$ 和 $x_2[n]$ 的 DFT 分别为

$$X_1[k]=\frac{1}{2}(Y[k]+Y^*[N-k])$$

$$X_2[k]=\frac{1}{2\mathrm{j}}(Y[k]-Y^*[N-k])$$

表 7.3 给出了采用上述方式的计算量。当 N 较大时，$(N/2)\log_2 N\geqslant 3N$。相比于直接计算，采用复序列构造的方法可以进一步提高计算效率。

表 7.3　采用复序列构造方法的 FFT 计算量

运算	乘法	加法
$x_1[n]+\mathrm{j}x_2[n]$	N	N
N 点 FFT	$(N/2)\log_2 N$	$N\log_2 N$
$X_1[k]$，$X_2[k]$	$2N$	$2N$
总计	$(N/2)\log_2 N+3N$	$N\log_2 N+3N$

（2）$2N$ 点实序列的 FFT

设 $2N$ 点的实序列 $x[n]$，将其分解为奇、偶两个子序列

$$x_e[n]=x[2n],x_o[n]=x[2n+1],\quad n=0,1,\cdots,N-1 \tag{7.177}$$

然后将奇、偶子序列组合成一个复序列

$$y[n]=x_e[n]+\mathrm{j}x_o[n]$$

利用 FFT 计算 $y[n]$的 DFT，记作 $Y[k]$。进而，可以得到 $x_e[n]$，$x_o[n]$的 DFT 分别为

$$X_e[k]=\frac{1}{2}(Y[k]+Y^*[N-k])$$

$$X_o[k]=\frac{1}{2\mathrm{j}}(Y[k]-Y^*[N-k])$$

最后，根据 DIT - FFT 算法，可以得到 $x[n]$的 DFT 为

$$\begin{bmatrix}X[k]\\X[k+N]\end{bmatrix}=\begin{bmatrix}1&1\\1&-1\end{bmatrix}\begin{bmatrix}1&0\\0&W_{2N}^k\end{bmatrix}\begin{bmatrix}X_e[k]\\X_o[k]\end{bmatrix},\ k=0,1,\cdots,N-1 \tag{7.178}$$

由于 $x_e[n]$，$x_o[n]$为两个 N 点实序列，根据前面的分析，计算 $X_e[k]$和 $X_o[k]$需要$(N/2)\log_2N+3N$ 次乘法和 $N\log_2N+3N$ 次加法，再由式（7.178）合成 $X[k]$需要 N 次乘法和 $2N$ 次加法，因此总计需要$(N/2)\log_2N+4N$ 次乘法和 $N\log_2N+5N$ 次加法。而采用直接计算的方式需要 $N\log_2(2N)=N(\log_2N+1)$次乘法和 $2N\log_2(2N)=2N(\log_2N+1)$次加法。当 N 较大时，采用构造的方式计算效率更高。

7.4 编程仿真实验

7.4.1 DFT 和 FFT 的实现

MATLAB 内置函数 fft 可用于实现有限长序列的 DFT 计算，从函数名不难看出，该函数即采用了 FFT 算法，基本用法如下：

```
Fx = fft(x);   % 计算 x 的 DFT(FFT)
Fx = fft(x,N);   % 计算 x 的 N 点 DFT(FFT)
```

在默认情况下，输出 Fx 与序列 x 的长度相同；如果指定 DFT 点数 N，则程序会自动将 x 补零或截断，使其长度等于 N。

类似地，IDFT 可通过函数 ifft 来实现，基本用法如下：

```
x = ifft(Fx);   % 计算 Fx 的 IDFT(IFFT)
x = ifft(Fx,N);   % 计算 Fx 的 N 点 IDFT(IFFT)
```

fft 默认输出［0，2π］上的 DFT 系数，而有些时候需要得到［-π，π］上的 DFT 系数（即零频位于中心），为此，可以使用 MATLAB 函数 fftshift 来调整。相应地，ifftshift 则是将 DFT 系数恢复为原始输出的顺序。

实验 7.1 已知指数序列 $x[n]=a^{-n}$，$0\leqslant n\leqslant N-1$，其中，$a=0.8$，$N=8$，分别采用 DFT 定义式和 fft 计算该序列的 DFT，并验证两种方法的等价性。

解： 采用定义式计算 DFT 的关键在于确定 DFT 矩阵，即 $\boldsymbol{W}_N=[W_N^{kn}]_{\substack{0\leqslant k\leqslant N-1\\0\leqslant n\leqslant N-1}}$。具体代码如下：

```
a = 0.8;
N = 8;   % 序列长度
n = 0:N-1;   % 序列索引(即 DFT 矩阵列索引)
k = 0:N-1;   % DFT 矩阵行索引
x = a.^(-n);   % 指数序列
W = exp(-1j*2*pi/N*k'*n);   % DFT 矩阵
Fx1 = x*W.';   % 定义法计算 DFT,结果为行向量
Fx2 = fft(x,N);   % FFT 计算 DFT
err = sum(abs(Fx1-Fx2).^2,'all')/N   % 两种方法的均方误差
```

两种计算方法的均方误差为

```
>> err
=  6.7653e-29
```

可见结果是一致的。图7.21给出了DFT系数的幅值和相位。

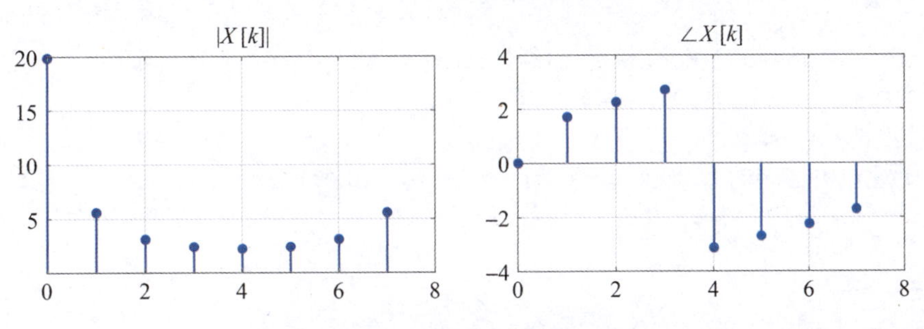

图7.21　实验7.1 指数序列的DFT

7.4.2　利用DFT和FFT分析PPG信号

本节利用DFT和FFT来分析PPG（photo plethysmography，光电容积脉搏波法）信号的频谱，并估计心率。所使用的PPG信号来自VIPL-HR数据集，由CONTEC CMS60C（图7.22）传感器采集。此传感器通过指尖同时记录心率（HR）、血氧饱和度（SpO_2）和PPG信号，其中，PPG信号采样率为50 Hz。

图7.22　CMS60C 脉搏血氧仪

具体代码如下：

```
data = readtable("ppgwave.csv"); % 读取数据
ppg_signal = data.Wave;
% 去均值处理,避免直流分量
ppg_signal = ppg_signal - mean(ppg_signal);
fs = 50; % PPG 信号采样率
N = length(ppg_signal);    % 信号长度
dft_time_start = tic;      % 开始计时
% 按 DFT 的公式计算
dft_signal = zeros(1,N);
for k = 1:N
    for n = 1:N
        dft_signal(k) = dft_signal(k)
          + ppg_signal(n) * exp( -1j*2*pi*(k-1)*(n-1)/N);
    end
end
dft_time_elapsed = toc(dft_time_start); % 记录 DFT 运行时间
f = (0:N-1)*(fs/N); % 频率轴
% 找到频率分量的峰值,估计心率
[~, dft_peak_idx] = max(abs(dft_signal(1:N/2)));
dft_estimated_hr = f(dft_peak_idx) * 60;

% 采用 FFT 计算
fft_time_start = tic;        % 开始计时
fft_signal = fft(ppg_signal); % 计算 FFT
fft_time_elapsed = toc(fft_time_start); % 记录 FFT 运行时间

% 找到频率分量的峰值,估计心率
[~, fft_peak_idx] = max(abs(fft_signal(1:N/2)));
fft_estimated_hr = f(fft_peak_idx) * 60;
```

实验结果如图 7.23 所示，两种方法的计算结果为

```
DFT 估计心率: 63.60 bpm, 运行时间: 1.1910 秒
FFT 估计心率: 63.60 bpm, 运行时间: 0.0001 秒
```

对比发现，两种方法的心率估计结果一致，而 FFT 的计算量相比于 DFT 有大幅降低。

7.4.3 利用 DFT 计算线性卷积和线性相关

7.2.4 节和 7.2.5 节分别介绍了基于 DFT 的线性卷积和线性相关计算方法。本节将结合 MATLAB 验证上述方法和时域计算方法的等价性。

实验 7.2 已知有限长序列 $x_1[n]=[1,3,2]$，$x_2[n]=[1,2,3,4,5]$，分别采用 MATLAB 函数 conv 和 DFT 法计算两者的线性卷积，并验证两种方法是否等价。

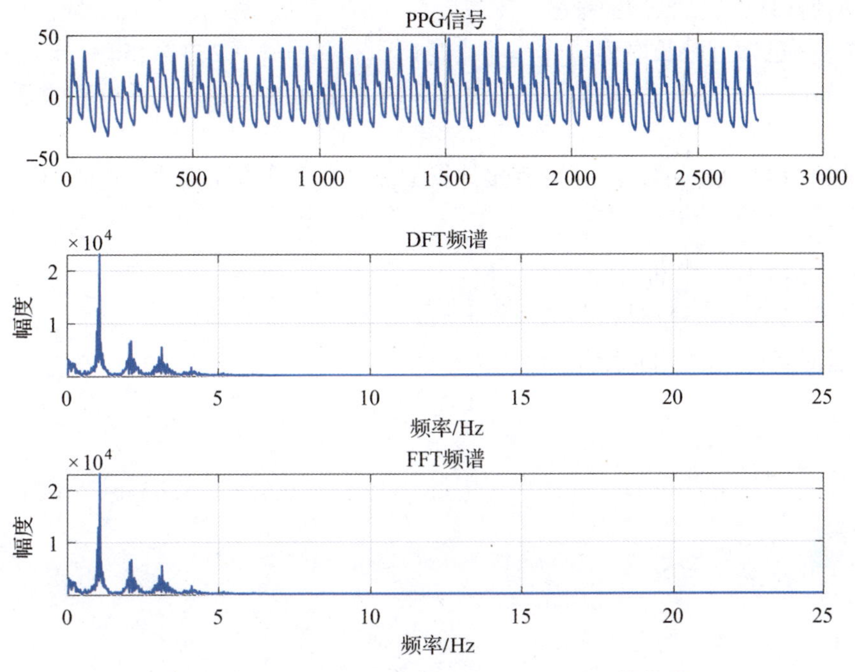

图 7.23　采用 DFT 和 FFT 分析 PPG 信号的频谱

解：采用 MATLAB 函数 conv 来计算卷积的代码如下：

```
x1 = [1 3 2];
x2 = [1 2 3 4 5];
y1 = conv(x1,x2);  % x1,x2 的线性卷积
```

计算结果为

```
>> y1
y1 =
    1  5  11  17  23  23  10
```

另外，采用 DFT 计算线性卷积的代码如下：

```
x1 = [1 3 2];
x2 = [1 2 3 4 5];
N = length(x1) + length(x2) - 1;  % DFT 点数
F1 = fft(x1,N);  % x1 的 N 点 DFT
F2 = fft(x2,N);  % x2 的 N 点 DFT
y2 = ifft(F1.*F2,N);  % x1,x2 的线性卷积
```

计算结果为

```
>> y2
y2 =
    1.0000  5.0000  11.0000  17.0000  23.0000  23.0000  10.0000
```

可见两种计算方法的结果一致。

实验 7.3 已知有限长序列 $x[n]=[1,2,1]$，$y[n]=[1,2,3,4,5]$。分别采用 MATLAB 函数 xcorr、线性卷积法和循环相关法计算两个序列的互相关 $r_{xy}[n]$，并验证上述方法的等价性。

解： 采用 MATLAB 函数 xcorr 可直接计算 $x[n]$与 $y[n]$的互相关，代码如下：

```
x = [1 2 1];
y = [1 2 3 4 5];
[rxy,lag] = xcorr(x,y);  % x,y 的互相关
```

其中，lag 返回互相关的实际索引，结果为

```
>> rxy
rxy =
    5.0000  14.0000  16.0000  12.0000  8.0000  4.0000  1.0000  0.0000
-0.0000
>> lag
lag =
     -4 -3 -2 -1 0 1 2 3 4
```

注意，xcorr 默认将短序列补零，使两个序列的长度相同，因此本实验中互相关序列的长度为 9。但是由于最后两位数值为零，因此实际长度仍为 7。图 7.24（a）画出了上述计算结果。

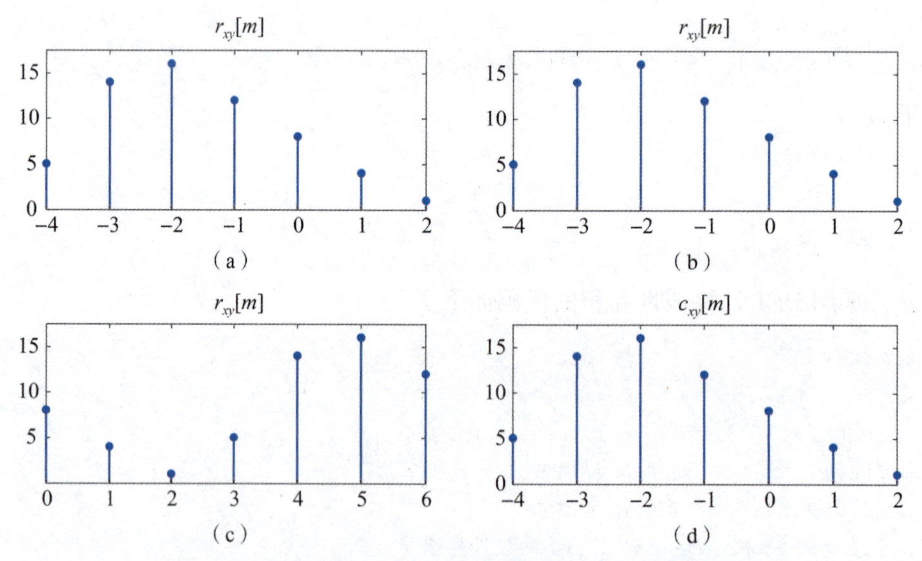

图 7.24 实验 7.3 采用不同方法计算互相关的结果对比

（a）采用 xcorr 的计算结果；（b）线性卷积法的计算结果；（c）循环相关法的计算结果；（d）循环相关序列

下面验证 7.2.5 节所介绍的两种计算互相关的方法。根据图 7.12，通过线性卷积计算线性相关的代码如下：

```
x = [1 2 1];
y = [1 2 3 4 5];
yr = fliplr(y);  % y 的反褶
Nx = length(x);  % 序列 x 的长度
Ny = length(y);  % 序列 y 的长度
N = Nx + Ny -1;  % 互相关序列的长度
Fx = fft(x,N);  % x 的 N 点 DFT
Fyr = fft(yr,N);  % yr 的 N 点 DFT
rxy1 = ifft(Fx.*Fyr);  % x,y 的互相关
```

需要说明的是，由于 MATLAB 数组的索引是从 1 开始的，因此 $y[n]$ 反褶后相当于默认做了移位，故最后只需要定义相关序列的索引即可：

```
n = 1 - Ny:Nx -1;
```

若通过循环相关计算线性相关，根据图 7.13，只需在上述代码基础上补充如下代码：

```
Fy = fft(y,N);  % y 的 N 点 DFT
cxy = ifft(Fx.*conj(Fy));  % x,y 的循环相关
rxy2 = circshift(cxy,Ny -1);  % 循环右移后得到 x,y 的互相关
```

图 7.24（b）和图 7.24（c）展示了两种方法的计算结果，可见与 xcorr 结果相同。此外，图 7.24（c）展示了 $x[n]$，$y[n]$ 的循环相关，显然该结果并不等于线性相关。而经过循环右移 $N_2-1=4$ 位后，才能得到正确的线性相关结果。

7.4.4　数字图像的频谱分析

在日常拨打电话时，每按下一个按键，就会发出“滴——”的声音，而且仔细听会发现不同按键具有不同的音调。事实上，这些声音是由 2 个不同的单频分量组成的，称为双音多频（dual - tone multi - frequency，DTMF）信号。其一般表达式为

$$f(t)=\cos(2\pi f_r t)+\cos(2\pi f_c t) \tag{7.179}$$

式中，f_r，f_c 表示两个正弦分量的频率。图 7.25 给出了不同按键所对应的双音频率。电话交换机即通过识别这些频率，从而判断所拨打的数字，实现信息的传递。

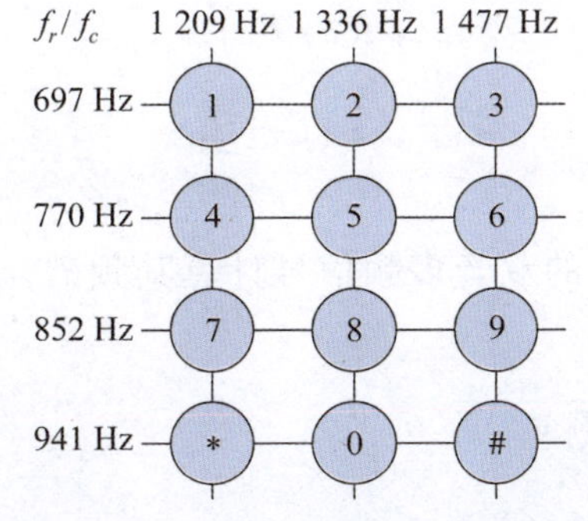

图 7.25　电话按键所对应的双音频率

根据理论分析可知，双音多频信号的频谱（正频率范围内）由两个冲激函数组成，冲激所在的位置即为信号的频率。结合本章所介绍的内容，可以对拨号音频作 DFT，进而通过幅度谱的极大值来判断双音频率。下面结合 MATLAB 进行仿真实验。

为了便于使用，首先编写函数 gen_DTMF 用于生成双音多频信号，代码如下：

```
function x = gen_DTMF(dnum,fs,T)
% 生成双音多频信号
% dnum 为按键数字或符号,fs 为采样率,T 为信号时长
fr = [697 770 852 941];  % 行频率
fc = [1209 1336 1477];  % 列频率
wr = 2*pi*fr;
wc = 2*pi*fc;
t = 0:1/fs:T-1/fs;
switch dnum
    case 1
        x = cos(wr(1)*t)+cos(wc(1)*t);
    case 2
        x = cos(wr(1)*t)+cos(wc(2)*t);
    case 3
        x = cos(wr(1)*t)+cos(wc(3)*t);
    case 4
        x = cos(wr(2)*t)+cos(wc(1)*t);
    case 5
        x = cos(wr(2)*t)+cos(wc(2)*t);
    case 6
        x = cos(wr(2)*t)+cos(wc(3)*t);
    case 7
        x = cos(wr(3)*t)+cos(wc(1)*t);
    case 8
        x = cos(wr(3)*t)+cos(wc(2)*t);
    case 9
        x = cos(wr(3)*t)+cos(wc(3)*t);
    case '*'
        x = cos(wr(4)*t)+cos(wc(1)*t);
    case 0
        x = cos(wr(4)*t)+cos(wc(2)*t);
    case '#'
        x = cos(wr(4)*t)+cos(wc(3)*t);
end
```

下面任取某个按键所对应的双音多频信号计算其频谱，例如取按键“6”，具体代码如下：

```
dnum = 6;  % 按键数字或符号
fs = 8000;  % 采样率
T = 0.5;  % 信号时长
```

```
nfft = 1024;   % DFT 点数
x = gen_DTMF(dnum,fs,T);   % 生成双音多频信号
Fx = fft(x,nfft);   % 计算 x 的 DFT
a = abs(Fx(1:nfft/2));   % 取[0,pi]的幅度谱
n = 0:2/nfft:1-2/nfft;
n = n*fs/2;   % 频率索引
```

图 7.26 给出了双音多频信号的幅度谱，可以看出，它存在两个谱峰。为了精确定位谱峰的频点，可以采用求极大值的方法：

```
[m1,ind1] = max(a);   % 求幅度谱第一个极大值,返回索引 ind1
f1 = n(ind1);   % ind1 对应的频点
a(ind1) = 0;   % 将极大值置零,以便求另一个极大值
[m2,ind2] = max(a);   % 求幅度谱第二个极大值,返回索引 ind2
f2 = n(ind2);   % ind2 对应的频点
```

结果为

```
>> f1
=   1.4766e+03
>> f2
=   773.4375
```

可以看出，检测值与理论值稍有偏差，但总体而言，采用 DFT 方法识别双音多频信号的频率成分是可行的。

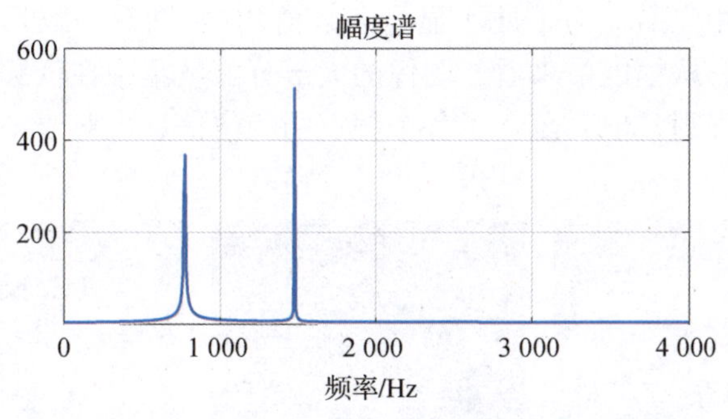

图 7.26　按键“6”对应的双音多频信号的幅度谱

7.4.5　数字图像的频谱分析

二维数字图像可以表示为关于空间坐标的二维数组（矩阵），故二维图像的 DFT 可以仿照一维信号的 DFT 来定义。已知图像 $x[m,n]$，$0\leqslant m\leqslant M-1$，$0\leqslant n\leqslant N-1$，其中，$m$，$n$ 分别表示水平坐标和竖直坐标，M，N 表示水平尺寸和竖直尺寸，定义 $x[m,n]$ 的二维 DFT 为

$$X[k,l] = \mathrm{DFT}[x[m,n]] = \sum_{n=0}^{N-1}\sum_{m=0}^{M-1} x[m,n]\,W_M^{km}W_N^{ln} \tag{7.180}$$

式中，$0\leqslant k\leqslant M-1$；$0\leqslant l\leqslant N-1$；$W_M = \mathrm{e}^{-\mathrm{j}\frac{2\pi}{M}}$；$W_N = \mathrm{e}^{-\mathrm{j}\frac{2\pi}{N}}$。

可见，二维 DFT 是将空间域上的二维图像映射到频域的二维平面，其中，k，l 分别

表示频域水平坐标和竖直坐标。事实上，二维 DFT 是对图像沿水平和竖直方向分别作一维 DFT，即

$$X[k,l] = \overbrace{\sum_{n=0}^{N-1} \underbrace{\left(\sum_{m=0}^{M-1} x[m,n] W_M^{km}\right)}_{\text{水平}} W_N^{ln}}^{\text{竖直}} \tag{7.181}$$

这种分别沿水平维度和竖直维度作变换的方式称为可分离的。

相应地，二维 IDFT 定义为

$$x[m,n] = \mathrm{IDFT}[X[k,l]] = \sum_{l=0}^{N-1} \sum_{k=0}^{M-1} X[k,l] W_M^{-km} W_N^{-ln} \tag{7.182}$$

类似于一维 DFT，二维 DFT 同样存在快速算法，即二维 FFT。在 MATLAB 中，可以通过函数 fft2 和 ifft2 来实现正变换和逆变换，基本用法如下：

```
X = fft2(x);   % 方阵的二维 DFT
x = ifft2(X);   % 方阵的二维 IDFT
X = fft2(x,M,N);   % M×N 矩阵的二维 DFT
x = ifft2(X,M,N);   % M×N 矩阵的二维 IDFT
```

图像经二维 DFT 之后，便得到了一幅与图像同尺寸的二维离散化频谱图，频率范围为$[0,2\pi]\times[0,2\pi]$。根据 DFT 的周期性，也可选择$[-\pi,\pi]\times[-\pi,\pi]$，即将零频移至频谱的中心。该过程可以通过 MATLAB 函数 fftshift 来实现。

频谱的取值通常是复数，即包含着幅度和相位信息。图 7.27 展示了某幅图像经二维 DFT 之后的幅度谱与相位谱。为了便于显示，数值均做了归一化处理（详见下文代码）。数值越大，亮度越高。从幅度谱来看，图像的大部分能量集中在低频范围内。而相位谱虽然直观上看起来没有规则，但其蕴含了各个频点的相位信息，对于图像重建而言十分重要（见习题 5.12）。

(a)

(b)

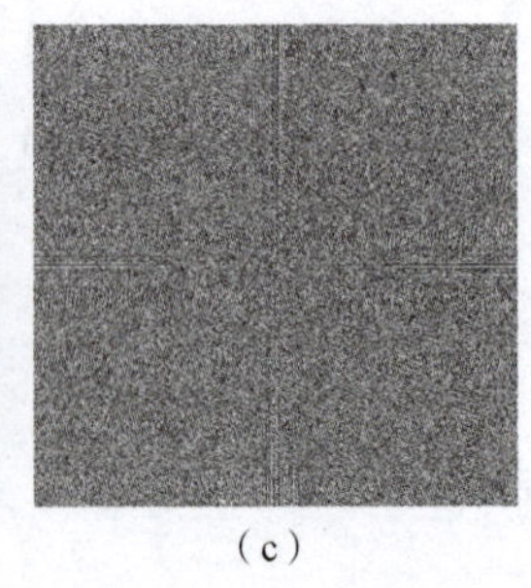
(c)

图 7.27　二维图像的频谱

(a) 原始图像；(b) 幅度谱；(c) 相位谱

上述二维 DFT 计算的具体代码如下：

```
x = imread('flw_gray.png');   % 读取灰度图像
x = im2double(x);   % 将图像转换为 double 浮点型
X = fft2(x);   % 二维 DFT
```

```
X = fftshift(X);   % 将零频移至中心
A = log10(abs(X));   % 对数幅度谱
A = mat2gray(A);   % 数值归一化,便于显示
P = angle(X);   % 相位谱
P = mat2gray(P);   % 数值归一化,便于显示
```

现选择一个理想低通滤波器对图像进行滤波，其中，水平方向和竖直方向的截止频率均为 $|\Omega| \leqslant \pi/2$，如图7.28（b）所示。图7.28（c）给出了滤波之后的重建图像。从视觉上来看，重建图像与原始图像非常相近。这是因为图像的能量主要集中在低频范围，低通滤波之后绝大部分信息依然保留。通过MATLAB计算，两者的峰值信噪比①约为37.8 dB。图7.28（d）给出了两幅图像之间的差值。由于差值较小，为了便于显示，做了归一化和对比度拉伸处理。可以看出，经过低通滤波之后，图像损失的高频信息主要反映在图像的边缘、纹理等区域。

图7.28　二维图像的低通滤波

（a）原始图像；（b）二维低通滤波器；（c）重建图像；（d）差值图像

上述滤波运算的具体代码如下：

---

① 峰值信噪比（peak signal-to-noise ratio，PSNR）是图像处理中常用的技术指标，它的定义为

$$\mathrm{PSNR}(x,y) = 20\log_{10}\frac{\mathrm{MAX}(x)}{\mathrm{MSE}(x,y)}\ (\mathrm{dB})$$

式中，$\mathrm{MAX}(x)$ 是观测图像 x 的最大值；$\mathrm{MSE}(x,y)$ 是观测图像 x 与参考图像 y 的均方误差

$$\mathrm{MSE}(x,y) = \frac{1}{MN}\sum_{m=0}^{M-1}\sum_{n=0}^{N-1}(x[m,n]-y[m,n])^2$$

峰值信噪比越大，图像质量越好。一般来说，峰值信噪比大于30 dB，视觉上来看，图像质量不会有明显降低。

```
[M,N] = size(x);
W = zeros(M,N);
s = 4;
W(M/s:M/s*(s-1),N/s:N/s*(s-1)) =1;   % 构造理想低通滤波器
Y = X.*W;   % 对原图像进行低通滤波
Y = ifftshift(Y);   % 将零频移至原点
r = real(ifft2(Y));   % 重建图像
d = x-r;   % 重建图像与原始图像的差值
d = mat2gray(d);   % 数值归一化
d = imadjust(d);   % 对比度拉伸,便于显示
psnrval = psnr(x,r);   % 重建图像与原始图像的峰值信噪比
```

峰值信噪比结果为

```
>> psnrval
=
37.8131
```

本章小结

本章从离散傅里叶级数（DFS）的角度引出了傅里叶变换的离散化算法，包括离散傅里叶变换（DFT）及快速傅里叶变换（FFT）。DFT是在时域和频域都具有离散属性的傅里叶变换，它为傅里叶变换的数值计算提供了一种实现方案，奠定了傅里叶变换在数字信号处理中的核心地位。

DFS是周期序列的频域表示形式，它具有离散化和周期化的属性，因而在频域上依然是一个周期序列。DFS的特点体现了时频之间一种特殊的对偶性质，即时域周期化对应于频域离散化，而时域离散化对应于频域周期化。上述关系在前文介绍的连续时间信号的傅里叶级数（FS）、离散时间信号的傅里叶变换（DTFT）中都有体现。

DFT可视为DFS的主值序列，因此DFT的诸多性质可由DFS推得。另外，DFT也可视为有限长序列的DTFT在一个周期内的采样序列。该关系为利用DFT进行频谱分析提供了理论依据。图7.29给出了各类信号的傅里叶表示及彼此之间的关系。

由于DFT依然是一个“有限长序列”，因而它只能获得频谱的近似描述。通过本章的分析可知，在应用DFT进行频谱分析时，会出现频谱泄漏、分辨率下降、栅栏效应等问题。其中，前两个问题是由时域截断（加窗）造成的，而栅栏效应则是频域离散化的必然结果。在实际应用中，可以通过增加序列长度、改进窗函数、补零等方式降低上述问题的影响。

FFT是DFT的快速算法，该算法的基本原理是利用DFT矩阵的性质将长序列的DFT分解为短序列的DFT。具体可分为时间抽取法（DIT）和频率抽取法（DIF）。两类方法本质上反映了DFT正反变换的对称性。蝶形运算是FFT的核心单元。通过理论分析可知，FFT算法能够将DFT的计算量从$O(N^2)$降至$O(N\log_2 N)$。当序列长度较大时，降低程度

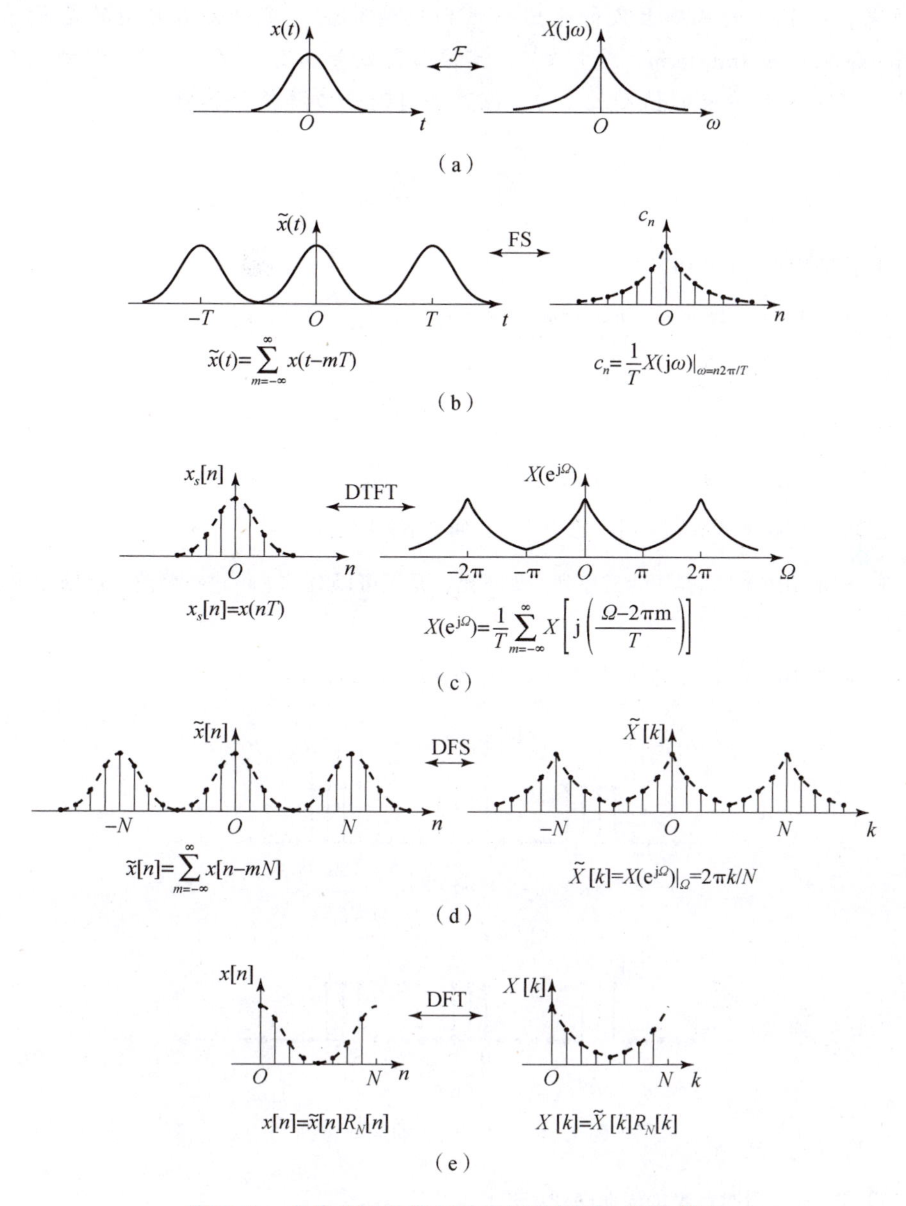

图 7.29　各类信号的傅里叶表示及相互之间的关系

（a）连续时间信号的傅里叶变换（FT）；（b）连续时间周期信号的傅里叶级数（FS）；
（c）离散时间信号的傅里叶变换（DTFT）；（d）周期序列的离散傅里叶级数（DFS）；
（e）有限长序列的离散傅里叶变换（DFT）

相当可观。FFT 的出现极大地促进了傅里叶变换在数字信号处理中的应用。本章介绍的基于 DFT 的线性卷积和线性相关计算方法是实际工程和数值计算软件（如 MATLAB）中普遍使用的方法。关于 FFT 的历史起源以及其他衍生算法，感兴趣的读者可参阅文献［19，26，32，33］。本章还以图像为例介绍了二维离散傅里叶变换，并展示了图像频谱及滤波应用。图像处理的内容十分丰富，读者可参阅文献［5］。

近年来，在FFT的基础上又衍生出一系列快速算法，其中最为典型的是稀疏傅里叶变换（sparse Fourier transform，SFT）[34]，其核心是信号具有“稀疏性”，即频域只有小部分大值点，其余大部分点的值趋近于0。该算法可进一步降低计算量。

习　题

7.1 求下列周期序列的DFS。

（1）$\tilde{x}[n]=1+\sin(2\pi n/N)+\cos(2\pi n/N)$；

（2）$\tilde{x}[n]=(-1)^n\sum_{m=-\infty}^{\infty}\delta[n-2m]$；

（3）$\tilde{x}[n]=\cos(\pi n/4)$；

（4）$\tilde{x}[n]=\cos(3\pi n/4)+2\sin(\pi n/4)$。

7.2 已知图7.30中所示的周期序列 $\tilde{x}[n]$，回答下列问题：

（1）$\tilde{x}[n]$的DFS $\tilde{X}[k]$是否为实序列？如不是，是否可以对 $\tilde{x}[n]$进行修改，使修改后的序列的DFS为实序列？

（2）$\tilde{x}[n]$的DFS $\tilde{X}[k]$是否满足 $\tilde{X}[k]=0$，$k=\pm2，\pm4，\pm6，\cdots$？

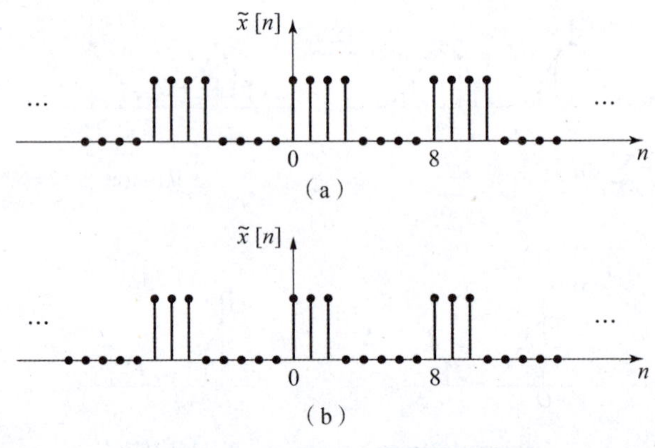

图7.30　习题7.2的周期序列

7.3 设 $\tilde{x}[n]$是周期为N的周期序列，若

$$\tilde{X}[k]=\sum_{n=0}^{N-1}\tilde{x}[n]W_N^{kn},\quad \tilde{X}_1[k]=\sum_{n=0}^{2N-1}\tilde{x}[n]W_{2N}^{kn}$$

试用 $\tilde{X}[k]$来表示 $\tilde{X}_1[k]$。

7.4 求下列定义在区间$0\leqslant n\leqslant N-1$上的有限长序列的$N$点DFT：

（1）$x[n]=a\cos(\Omega_0 n)$，其中，a，Ω_0 为常数；

（2）$x[n]=a^n$，其中，a为常数；

（3）$x[n]=\delta[n-n_0]+\delta[N-n-n_0]$，$0<n_0<N$；

（4）$x[n]=n$。

7.5 求下列序列的N点IDFT。

(1) $X[k]=[-2+\mathrm{j}2,-2-\mathrm{j}2]$，$N=2$；

(2) $X[k]=[18,-2+\mathrm{j}2,-2,-2-\mathrm{j}2]$，$N=4$。

7.6 对于下列定义在区间 $0\leqslant n\leqslant 7$ 上的序列，试判断哪些序列的8点DFT为实值，哪些为复值。

(1) $x[n]=[0,-3,1,-2,0,2,-1,3]$；

(2) $x[n]=[5,2,-9,4,7,4,-9,2]$；

(3) $x[n]=[8,-3,1,-2,6,2,-1,3]$；

(4) $x[n]=[0,1,3,-2,5,2,-3,1]$；

(5) $x[n]=[10,5,-7,-4,5,-4,-7,5]$。

7.7 已知序列 $x[n]=\delta[n]+3\delta[n-2]+2\delta[n-4]$，$0\leqslant n\leqslant 7$，其8点DFT为 $X[k]$。

(1) 若 $Y[k]=W_8^{3k}X[k]$，$0\leqslant k\leqslant 7$，求 $y[n]$；

(2) 若 $W[k]=\mathrm{Re}[X[k]]$，$0\leqslant k\leqslant 7$，求 $w[n]$；

(3) 若 $U[k]=X[2k]$，$0\leqslant k\leqslant 3$，求 $u[n]$。

7.8 已知长度为 N 的实序列 $x[n]$，其 N 点DFT为 $X[k]$，求下列序列的 N 点DFT。

(1) $y[n]=x[N-1-n]$；

(2) $u[n]=(-1)^n x[n]$。

7.9 已知长度为 $N=7$ 的实序列 $x[n]$，其DFT$X[k]$在偶数点的值为 $X[0]=4$，$X[2]=3+2\mathrm{j}$，$X[4]=2+4\mathrm{j}$，$X[6]=5+3\mathrm{j}$，求 $X[k]$在奇数点的数值。

7.10 已知序列 $x[n]=[1,2,4,3,0,1]$，其DFT为 $X[k]$，试确定下列表达式的数值。

(1) $X[0]$，$X[3]$；

(2) $\sum_{k=0}^{5}X[k]$，$\sum_{k=0}^{5}|X[k]|^2$。

7.11 已知长度为 $N=8$ 的实序列 $x[n]$，其DFT的前5个值为 $X[0]=1$，$X[1]=4+3\mathrm{j}$，$X[2]=-3-2\mathrm{j}$，$X[3]=2-\mathrm{j}$，$X[4]=4$，试确定以下表达式的数值。

(1) $x[0]$，$x[4]$；

(2) $X(5)$，$X[6]$，$X[7]$；

(3) $\sum_{k=0}^{7}x[n]$，$\sum_{k=0}^{7}|x[n]|^2$。

7.12 已知长度为 $N=9$ 的实序列 $x[n]$，其DFT的前5个值为 $X[0]=4$，$X[1]=2-3\mathrm{j}$，$X[2]=3+2\mathrm{j}$，$X[3]=-4+6\mathrm{j}$，$X[4]=8-7\mathrm{j}$，试利用DFT的性质求下列序列的DFT。

(1) $x_1[n]=x[\langle n+2\rangle_9]$；

(2) $x_2[n]=2x[\langle 2-n\rangle_9]$；

(3) $x_3[n]=x[n]\,⑨\,x[\langle -n\rangle_9]$；

(4) $x_4[n]=x^2[n]$；

(5) $x_5[n]=x[n]\mathrm{e}^{-\mathrm{j}4\pi n/9}$。

7.13 已知两个序列 $x_1[n]=[2,-1,0,1,3,0,4]$ 和 $x_2[n]=[1,3,0,4,2,-1,0]$，若二者的DFT关系为 $X_1[k]=X_2[k]\mathrm{e}^{-\mathrm{j}2kl\pi/7}$，试求最小的正整数 l。

7.14 已知长度为 N 的序列 $x[n]$，其DFT为 $X[k]$，现对 $x[n]$进行零值内插，即相邻两点之间补 $r-1$ 个零，得到长度为 rN 的序列：

$$y[n]=\begin{cases}x[n/r], & n=mr,\ 0\leqslant m\leqslant N-1\\ 0, & \text{其他}\end{cases}$$

求 $y[n]$的 rN 点DFT$Y[k]$。

7.15 已知 N 点序列 $x[n]$，其 N 点DFT为 $X[k]$，证明：

(1) 若$x[n]=-x[N-1-n]$，则$X[0]=0$；

(2) 当N为偶数时，如果$x[n]=x[N-1-n]$，则$X[N/2]=0$；

(3) 当N为偶数且对所有的n，有$x[n]=-x[\langle n+N/2\rangle_N]$，则$X[k]=0$，其中$k$为偶数。

7.16 已知N点实序列$x[n]$，其N点 DFT 为$X[k]$，证明：

(1) $X[0]$是实数；

(2) 若N为偶数，则$X[N/2]$是实数；

(3) $X[\langle N-K\rangle_N]=X^*[k]$。

7.17 已知序列$x[n]$，$0\leqslant n\leqslant 5$和$y[n]$，$0\leqslant n\leqslant 7$，对它们各作 8 点 DFT，然后将两个 DFT 相乘，再求乘积的 IDFT，得到的结果为$f[n]$，$f[n]$与$x[n]*y[n]$的关系是什么？

7.18 利用 DFT 的卷积性质求下列序列的线性卷积。

(1) $x_1[n]=[4,2,10,5]$，$x_2[n]=[3,7,9,11]$；

(2) $x_1[n]=[1,2,3,4]$，$x_2[n]=[0,1,0]$。

7.19 设$x[n]$的长度为$P=1\ 000$，$h[n]$的长度为$M=31$，试利用 128 点的 FFT 算法计算二者的线性卷积：

(1) 若采用重叠相加法，需要使用多少个 FFT？

(2) 若采用重叠保留法，需要如何补零？需要使用多少个 FFT？

7.20 对于两个长度为N的序列$x[n]$和$y[n]$，证明二者的循环相关$c_{xy}[n]$具有下列性质：

(1) $c_{xy}[n]$可表示为如下形式：

$$c_{xy}[n]=\left(\sum_{m=0}^{N-1}\tilde{x}[m]\tilde{y}[m-n]\right)R_N[n]$$

式中，$\tilde{x}[n]$和$\tilde{y}[n]$分别为$x[n]$和$y[n]$按周期N进行延拓后的周期序列；

(2) $c_{xy}[n]=c_{yx}[N-n]$；

(3) $c_{xy}[n]=x[n]\ \textcircled{N}\ y[N-n]$。

7.21 已知有限长序列$x[n]$，$0\leqslant n\leqslant N_1-1$和$y[n]$，$0\leqslant n\leqslant N_2-1$，证明：

(1) N点循环相关$c_{xy}[n]$是线性相关$r_{xy}[n]$按周期N延拓后的主值序列，即

$$c_{xy}[n]=\left(\sum_{r=-\infty}^{\infty}r_{xy}[n+rN]\right)R_N[n]$$

(2) 当$N=N_1+N_2-1$时，线性相关$r_{xy}[n]$与循环相关$c_{xy}[n]$具有如下关系：

$$r_{xy}[n]=\begin{cases}c_{xy}[n+N], & -(N_2-1)\leqslant n\leqslant -1\\ c_{xy}[n], & 0\leqslant n\leqslant N_1-1\end{cases}$$

7.22 设对连续时间信号$x(t)$进行采样，采样率为$f_s=720$ Hz，得到如下序列：

$$x[n]=\cos(n\pi/6)+5\cos(n\pi/3)+4\sin(n\pi/7)$$

若对其进行 72 点 DFT 运算，试问：

(1) 所选 72 点截断是否能保证得到周期序列？并说明理由；

(2) 是否会产生频谱泄漏？并说明理由。

7.23 假设对连续时间信号$x(t)$按采样率$f_s=8$ kHz 进行采样，并进行$N=512$点的 DFT，试确定$X[k]$所对应的频率间隔。

7.24 已知某连续时间信号$x(t)$的采样间隔为 0.1 ms，采样点数必须为 2 的整数次幂，现对其进行频谱分析，要求频谱分辨率$\Delta f\leqslant 10$ Hz，试确定时域的最小采样时间、所允许处理信号的最高频率以及最小的 DFT 点数。

7.25 已知N点 DFT 计算式：

$$\boldsymbol{X}=\boldsymbol{W}_N\boldsymbol{x}$$

式中，$\boldsymbol{X}=[X[0],X[1],\cdots,X[N-1]]^{\mathrm{T}}$；$\boldsymbol{x}=[x[0],x[1],\cdots,x[N-1]]^{\mathrm{T}}$；$\boldsymbol{W}_N$ 为 N 点 DFT 矩阵，并假设 N 为偶数。

（1）证明 N 点 DFT 计算式等价于

$$\begin{bmatrix}\boldsymbol{X}_1\\ \boldsymbol{X}_2\end{bmatrix}=\begin{bmatrix}\boldsymbol{W}_M & \boldsymbol{D}_M\boldsymbol{W}_M\\ \boldsymbol{W}_M & -\boldsymbol{D}_M\boldsymbol{W}_M\end{bmatrix}\begin{bmatrix}\boldsymbol{x}_e\\ \boldsymbol{x}_o\end{bmatrix} \tag{7.183}$$

式中，$M=N/2$，$\boldsymbol{D}_M=\mathrm{diag}(W_N^0,W_N^1,\cdots,W_N^{M-1})$，

$$\boldsymbol{x}_e=\begin{bmatrix}x[0]\\ x[2]\\ \vdots\\ x[N-2]\end{bmatrix},\quad \boldsymbol{x}_o=\begin{bmatrix}x[1]\\ x[3]\\ \vdots\\ x[N-1]\end{bmatrix},\quad \boldsymbol{X}_1=\begin{bmatrix}X[0]\\ X[1]\\ \vdots\\ X[M-1]\end{bmatrix},\quad \boldsymbol{X}_2=\begin{bmatrix}X[M]\\ X[M+1]\\ \vdots\\ X[N-1]\end{bmatrix}$$

（2）证明 N 点 DFT 计算式等价于

$$\begin{bmatrix}\boldsymbol{X}_e\\ \boldsymbol{X}_o\end{bmatrix}=\begin{bmatrix}\boldsymbol{W}_M & \boldsymbol{W}_M\\ \boldsymbol{W}_M\boldsymbol{D}_M & -\boldsymbol{W}_M\boldsymbol{D}_M\end{bmatrix}\begin{bmatrix}\boldsymbol{x}_1\\ \boldsymbol{x}_2\end{bmatrix} \tag{7.184}$$

式中，$M=N/2$，$\boldsymbol{D}_M=\mathrm{diag}(W_N^0,W_N^1,\cdots,W_N^{M-1})$，

$$\boldsymbol{x}_1=\begin{bmatrix}x[0]\\ x[1]\\ \vdots\\ x[M-1]\end{bmatrix},\quad \boldsymbol{x}_2=\begin{bmatrix}x[M]\\ x[M+1]\\ \vdots\\ x[N-1]\end{bmatrix},\quad \boldsymbol{X}_e=\begin{bmatrix}X[0]\\ X[2]\\ \vdots\\ X[N-2]\end{bmatrix},\quad \boldsymbol{X}_o=\begin{bmatrix}X[1]\\ X[3]\\ \vdots\\ X[N-1]\end{bmatrix}$$

（3）分别分析式（7.183）和式（7.184）的计算量。

7.26　分别采用基-2 时间抽取和基-2 频率抽取算法计算下列序列的 8 点 FFT，并画出基于蝶形图的运算框图。

（1）$x[n]=u[n]-u[n-8]$，$0\leqslant N\leqslant 7$；

（2）$x[n]=\dfrac{1}{2}[1+(-1)^n]u[n]$，$0\leqslant N\leqslant 7$；

（3）$x[n]=\cos(n\pi/2)u[n]$，$0\leqslant N\leqslant 7$。

7.27　利用 MATLAB 计算下列序列的 N 点 DFT。

（1）$x[n]=\delta[n]$，$0\leqslant n\leqslant 3$；

（2）$x[n]=n$，$0\leqslant n\leqslant 7$；

（3）$x[n]=\cos(2\pi n/5)$，$0\leqslant n\leqslant 14$。

7.28　已知有限长序列 $x[n]=(0.8)^{|n|}$，$0\leqslant n\leqslant N-1$，对其进行周期延拓，得到周期序列 $\tilde{x}[n]=\sum\limits_{r=-\infty}^{\infty}x[n-Mr]$，利用 MATLAB 完成下列任务：

（1）令 $N=10$，$M=8$，画出 $\tilde{x}[n]$ 在 $0\leqslant n\leqslant N-1$ 上的波形；

（2）分别画出 $x[n]$ 和 $\tilde{x}[n]R_N[n]$ 的 DTFT，并比较两者的区别；

（3）令 $N=10$，$M=5$，重做（1）和（2）。

7.29（编程练习）　利用 MATLAB 完成下列任务：

（1）计算下列序列的循环相关和循环卷积，并验证习题 7.20 中的性质（2）和性质（3）；

$$x_1[n]=[1,1,1,1,1,1,1,1],\quad x_2[n]=[1,1,1,1,-1,-1,-1,-1]$$

（2）计算下列序列的线性相关以及 10 点和 15 点循环相关，并验证习题 7.21 中的性质。

$$x_3[n]=[1,1,-1,-1,1,1,-1,-1],\quad x_4[n]=[1,-1,1,-1,1,-1,1,-1]$$

7.30 给定序列$x[n]=u[n]-u[n-L]$，$0\leqslant n\leqslant L-1$和$x[n]=\cos(0.2\pi n)$，$0\leqslant n\leqslant M-1$。当$L=2\,048$，$M=256$时，编程实现重叠相加法和重叠保留法，并比较两种方法计算线性卷积所需的时间。

7.31（编程练习） 给定序列$x[n]=\sin(0.6\pi n+\pi/3)$，$0\leqslant n\leqslant 99$，利用MATLAB完成以下任务：

（1）计算$x[n]$的DTFT，并画出$[-\pi,\ \pi]$区间上的频谱；

（2）计算$x[n]$的100点DFT，并把结果显示在（1）所画的DTFT图上；

（3）计算$x[n]$的200点DFT，并把结果显示在（1）所画的DTFT图上；

（4）根据仿真结果判断，是否可以由DFT计算DTFT?

7.32（编程练习） 已知信号$x(t)=0.5\sin(2\pi f_1 t)+\cos(2\pi f_2 t)-0.1\sin(2\pi f_3 t)$，$0\leqslant t\leqslant L$，其中，$f_1=5\text{ Hz}$，$f_2=6\text{ Hz}$，$f_3=10\text{ Hz}$。以采样率$f_s=60\text{ Hz}$对该信号进行采样，并利用DFT进行频谱分析。试分析不同观测长度L和不同DFT点数N时的频谱结果。

（1）$L=1$，$N=512$；　　（2）$L=2$，$N=512$；

（3）$L=2$，$N=256$；　　（4）$L=5$，$N=512$。

7.33（编程练习） 自行选取一幅灰度图像，利用MATLAB完成以下任务：

（1）计算图像的二维DFT，并展示对数幅度谱和相位谱，要求零频位于中心；

（2）将相位谱进行转置，再结合幅度谱进行重建，展示重建图像；

（3）将相位谱置为零，仅使用幅度谱进行重建，展示重建图像；

（4）将幅度谱置为1，再结合原始相位谱进行重建，展示重建图像；

（5）基于上述结果，判断是否可以仅通过幅度谱或相位谱重建图像，讨论幅度谱和相位谱在图像重建中的作用。

第 8 章　滤波器设计

扫码见实验代码

本章阅读提示

- 什么是物理可实现滤波器？为何理想滤波器不是物理可实现的？
- 滤波器设计需要哪些参数？
- 巴特沃斯滤波器和切比雪夫滤波器具有怎样的形式？各自有什么特点？
- IIR 数字滤波器的设计思路是什么？有哪些设计方法？
- FIR 数字滤波器的设计思路是什么？有哪些设计方法？
- FIR 与 IIR 数字滤波器各自有什么特点？
- 如何利用低通滤波器设计带通、高通或带阻滤波器？

8.1　模拟滤波器的设计

8.1.1　物理可实现滤波器

第 3 章介绍过理想滤波器的频率特性，并指出理想滤波器不具备因果性，因而不是**物理可实现**①的。理论分析证明，如果幅频响应 $|H(\mathrm{j}\omega)|$ 是平方可积的，即

$$\int_{-\infty}^{\infty} |H(\mathrm{j}\omega)|^2 \mathrm{d}\omega < \infty \tag{8.1}$$

则滤波器具备物理可实现的充要条件为

$$\int_{-\infty}^{\infty} \frac{\ln|H(\mathrm{j}\omega)|}{1+\omega^2} \mathrm{d}\omega < \infty \tag{8.2}$$

上述命题称为佩利 - 维纳准则（Paley - Wiener criterion）[10]。

根据佩利 - 维纳准则，如果滤波器的幅频响应在一段频带内为零，则式（8.2）中的积分无穷大，因而不是物理可实现的。此外，如果滤波器的幅频衰减速率高于指数函数，也不满足条件（8.2）。这意味着物理可实现滤波器的频率响应不能有等于零的频带（但可以在个别频点上等于零），也不能像理想滤波器一般有快速的跳变。

---

① 关于“物理可实现”的概念，通俗地讲，就是实际中存在的、可以实现的。对于以时间为自变量的信号和系统，通常要求系统具备因果性，即输出（响应）信号应发生在输入（激励）信号之后，因而违背因果性的系统就不是物理可实现的。从这个意义上来讲，物理可实现与因果性具有等价含义。但是需要说明的是，有些非因果系统也可以是“物理可实现”的。例如，在图像处理领域，信号和系统（滤波器）是以空间坐标为自变量，为了使滤波器具有零相位，通常要求滤波器系数关于原点对称，此时系统就不具有因果性。由于本章所讨论的滤波器都是以时间为自变量，因此物理可实现等同于因果性。

在实际设计中，可以放宽滤波器的参数要求，使其频率特性接近于理想滤波器。以低通滤波器为例，设**通带范围**①$0 \leqslant \omega \leqslant \omega_p$，阻带范围 $\omega_s \leqslant \omega < \infty$，其中，$\omega_p$，$\omega_s$ 分别为通带与阻带的**截止频率**（cut - off frequency）或**边缘频率**（edge frequency），且 $\omega_p < \omega_s$。这样在通带与阻带之间存在一段**过渡带**（transition band），带宽为 $\Delta\omega = \omega_s - \omega_p$。

在通带范围之内，不要求幅频响应严格等于1，而是允许一定的误差，即

$$1 - \delta_p \leqslant |H(\mathrm{j}\omega)| \leqslant 1 + \delta_p,\quad 0 \leqslant \omega \leqslant \omega_p \tag{8.3}$$

式中，δ_p 称为**通带波纹**（passband ripple）或**通带容限**（passband tolerance limit）。同时，在阻带部分也允许存在一定的误差，即

$$|H(\mathrm{j}\omega)| \leqslant \delta_s,\quad \omega_s \leqslant \omega < \infty \tag{8.4}$$

式中，δ_s 称为**阻带波纹**（stopband ripple）或**阻带容限**（stopband tolerance limit）。图 8.1 画出了物理可实现滤波器的幅频响应示意图。

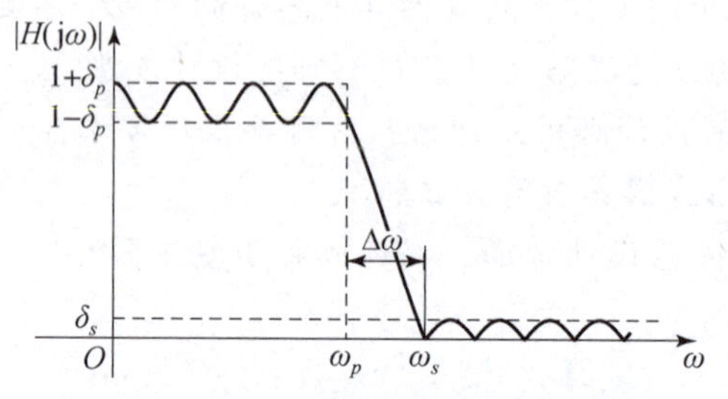

图 8.1 物理可实现滤波器的幅频特性

由于通带波纹和阻带波纹的数值通常很小，为了便于定量描述，也可用对数来衡量，即

$$A_p = -20\log_{10}\left(\frac{1 - \delta_p}{1 + \delta_p}\right)\ (\mathrm{dB}) \tag{8.5}$$

$$A_s = -20\log_{10}\left(\frac{\delta_s}{1 + \delta_p}\right)\ (\mathrm{dB}) \tag{8.6}$$

式中，$1 + \delta_p$ 是滤波器的最大幅值；A_p，A_s 分别称为**通带波纹**和**阻带衰减**（stopband attenuation）②。

若滤波器的最大幅值为1，则此时通带波纹和阻带衰减为

$$A_p = -20\log_{10}(1 - \delta_p)\,(\mathrm{dB}) \tag{8.7}$$

$$A_s = -20\log_{10}\delta_s\,(\mathrm{dB}) \tag{8.8}$$

综上，物理可实现滤波器的设计参数包括通带截止频率 ω_p、阻带截止频率 ω_s、通带波纹 δ_p（或 A_p）、阻带波纹 δ_s（或阻带衰减 A_s）。依据实际需求，可以选取一些特殊的函数来逼近理想的幅频特性，这就是模拟滤波器的设计思路。下面介绍两种常用的原型滤波器。

---

① 这里假设滤波器是实系数，因而幅频响应是双边的，具有对称性。故仅考虑正频率部分，即 $0 \leqslant \omega < \infty$。

② 由于 A_p，A_s 刻画了通带和阻带的极值，有些文献也将两者分别称为**最大通带衰减**（maximum passband attenuation）和**最小阻带衰减**（minimum stopband attenuation）。注意到 $1 - \delta_p < 1 + \delta_p$ 且 $\delta_s < 1 + \delta_p$，为保证 A_p 和 A_s 取值非负，因此，在式（8.5）和式（8.6）中的对数前加了负号。这仅是为了表述方便而做的约定。事实上，衰减可理解为“负增益”。因此，$-A_p$，$-A_s$ 也称为最小通带增益（minimum passband gain）和最大阻带增益（maximum stopband gain）[15]。

8.1.2　巴特沃斯滤波器

巴特沃斯滤波器（Butterworth filter）的平方幅频响应具有如下形式

$$|H(\mathrm{j}\omega)|^2=\frac{1}{1+(\omega/\omega_c)^{2N}},\ N\geqslant 1 \tag{8.9}$$

式中，ω_c 为滤波器的 3 dB 截止频率；N 为滤波器的阶数。

图 8.2 给出了不同阶数的巴特沃斯滤波器的幅频响应曲线。注意到响应曲线是单调递减的，最大幅值为 $|H(0)|=1$。当 $\omega=\omega_c$ 时，$|H(\mathrm{j}\omega_c)|=1/\sqrt{2}$，即 $-20\log_{10}|H(\mathrm{j}\omega_c)|\approx 3$ dB。显然，滤波器的阶数越高，幅频曲线在通带越平坦，在过渡带越陡峭①。事实上，根据 $|H(\mathrm{j}\omega)|$ 在 $\omega=0$ 处的泰勒展式

$$|H(\mathrm{j}\omega)|=1-\frac{1}{2}\left(\frac{\omega}{\omega_c}\right)^{2N}+\frac{3}{8}\left(\frac{\omega}{\omega_c}\right)^{4N}-\frac{5}{16}\left(\frac{\omega}{\omega_c}\right)^{6N}+\cdots \tag{8.10}$$

可知 $|H(\mathrm{j}\omega)|$ 在 $\omega=0$ 处的前 $2N-1$ 阶导数均为零，即

$$\frac{\mathrm{d}^k}{\mathrm{d}\omega^k}|H(\mathrm{j}\omega)|\bigg|_{\omega=0}=0,\ k=1,2,\cdots,2N-1 \tag{8.11}$$

因此巴特沃斯滤波器又称为**最大平坦滤波器**（maximally flat filter）。

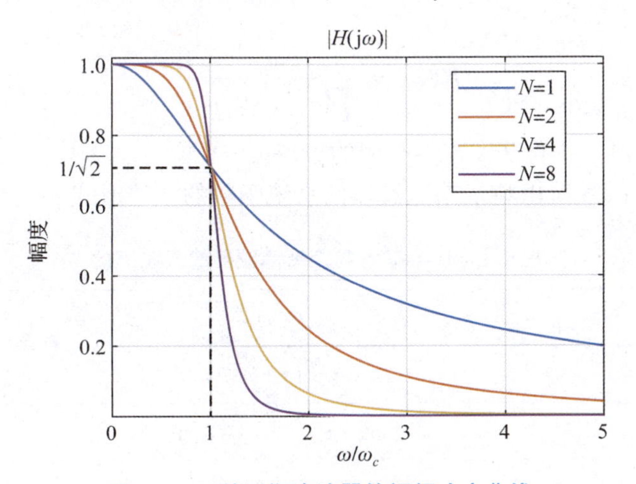

图 8.2　巴特沃斯滤波器的幅频响应曲线

下面分析巴特沃斯滤波器的系统函数 $H(s)$。注意到

$$H(\mathrm{j}\omega)=H(s)|_{s=\mathrm{j}\omega} \tag{8.12}$$

因此令 $\omega=s/\mathrm{j}$，代入式（8.9），可得

$$H(s)H(-s)=\frac{1}{1+[s/(\mathrm{j}\omega_c)]^{2N}} \tag{8.13}$$

求得 $H(s)H(-s)$ 的极点为

$$s_k=\mathrm{j}\omega_c\sqrt[2N]{-1}=\omega_c\mathrm{e}^{\mathrm{j}\pi/2}\mathrm{e}^{\mathrm{j}(2k+1)\pi/(2N)},\ k=0,1,\cdots,2N-1 \tag{8.14}$$

① 幅频曲线在过渡带的衰减程度通常用曲线的斜率来刻画，称为“滚降”（roll-off），单位为 dB/Hz。斜率越大，曲线越陡峭。

同时注意到，如果 $s=s_k$ 是 $H(s)H(-s)$ 的极点，则 $s=-s_k$ 也是 $H(s)H(-s)$ 的极点，因此，$H(s)H(-s)$ 的极点总是成对出现的，两个极点关于原点呈中心对称分布。图 8.3 给出了 $N=4$ 和 $N=5$ 时的极点分布图。

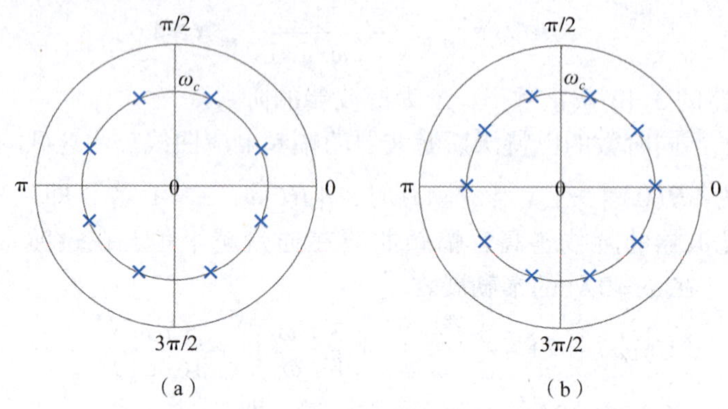

图 8.3　$H(s)H(-s)$ 的极点分布

(a) $N=4$；(b) $N=5$

为保证 $H(s)$ 是因果稳定的，应要求 $H(s)$ 的所有极点位于 s 左半平面，于是得到巴特沃斯滤波器的系统函数为

$$H(s)=\frac{\omega_c^N}{\prod_{k=0}^{N-1}(s-p_k)} \tag{8.15}$$

式中，p_k 为式（8.14）中位于 s 左半平面的极点。

表 8.1 给出了 1 ~ 6 阶巴特沃斯滤波器的系统函数的一般形式。

表 8.1　1 ~ 6 阶巴特沃斯滤波器的系统函数

N	$H(s)$
1	$\omega_c/(s+\omega_c)$
2	$\omega_c^2/(s^2+\sqrt{2}\omega_c s+\omega_c^2)$
3	$\omega_c^3/(s^3+2\omega_c s^2+2\omega_c^2 s+\omega_c^3)$
4	$\omega_c^4/(s^4+2.613\,1\omega_c s^3+3.414\,2\omega_c^2 s^2+2.613\,1\omega_c^3 s+\omega_c^4)$
5	$\omega_c^5/(s^5+3.236\,1\omega_c s^4+5.236\,1\omega_c^2 s^3+5.236\,1\omega_c^3 s^2+3.236\,1\omega_c^4 s+\omega_c^5)$
6	$\omega_c^6/(s^6+3.863\,7\omega_c s^5+7.464\,1\omega_c^2 s^4+9.141\,6\omega_c^3 s^3+7.464\,1\omega_c^4 s^2+3.863\,7\omega_c^5 s+\omega_c^6)$

在实际应用中，滤波器往往通过通带和阻带的截止频率及通带和阻带波纹等参数来刻画，而巴特沃斯滤波器的 3 dB 截止频率 ω_c 和阶数 N 并没有明确给出，这时需要利用已知条件进行推导。下面通过一道例题进行说明。

例 8.1　设计一个巴特沃斯滤波器 $H(j\omega)$，使其通带截止频率为 $f_p=50$ Hz，阻带截止频率为 $f_s=150$ Hz，通带和阻带波纹均不高于 0.1。

解： 根据题目条件，$\omega_p=2\pi f_p=100\pi$，$\omega_s=2\pi f_s=300\pi$，$\delta_p=\delta_s=0.1$，且幅频响应应满足

$$|H(\mathrm{j}\omega)|^2\big|_{\omega=\omega_p}=\frac{1}{1+(100\pi/\omega_c)^{2N}}\geqslant 0.9^2 \tag{8.16}$$

$$|H(\mathrm{j}\omega)|^2\big|_{\omega=\omega_s}=\frac{1}{1+(300\pi/\omega_c)^{2N}}\leqslant 0.1^2 \tag{8.17}$$

为便于确定滤波器阶数 N 和截止频率 ω_c，令上述不等式取等号，可得

$$\frac{1}{1+(100\pi/\omega_c)^{2N}}=0.9^2 \tag{8.18}$$

$$\frac{1}{1+(300\pi/\omega_c)^{2N}}=0.1^2 \tag{8.19}$$

将 ω_c 消去，解得

$$N\approx 2.7513 \tag{8.20}$$

由于阶数为正整数，为保证满足设计指标，因此须对式（8.20）向上取整，可得 $N=3$。代入不等式（8.16）和不等式（8.17），解得

$$127.34\pi\leqslant\omega_c\leqslant 139.48\pi \tag{8.21}$$

在此范围内的 ω_c 均满足题目条件。例如，可选 $\omega_c=130\pi$，此时滤波器的幅频响应为

$$|H(\mathrm{j}\omega)|=\frac{1}{\sqrt{1+[\omega/(130\pi)]^6}} \tag{8.22}$$

如图 8.4 所示。经计算验证，有

$$|H(\mathrm{j}\omega)|^2\big|_{\omega=100\pi}=\frac{1}{1+[100\pi/(130\pi)]^6}\approx 0.91 \tag{8.23}$$

$$|H(\mathrm{j}\omega)|^2\big|_{\omega=300\pi}=\frac{1}{1+[300\pi/(130\pi)]^6}\approx 0.08 \tag{8.24}$$

符合设计指标要求。

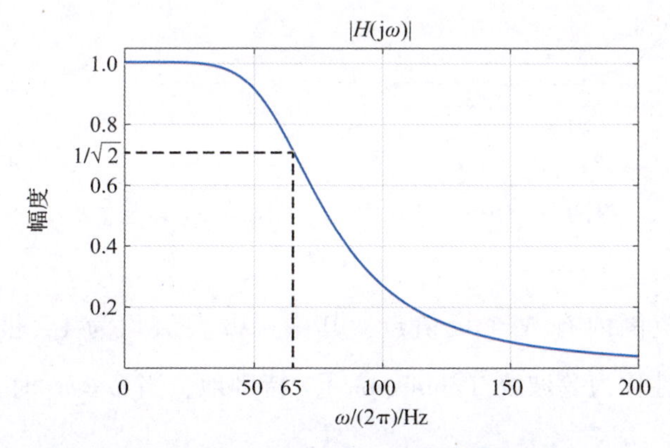

图 8.4　例 8.1 中巴特沃斯滤波器的幅频响应曲线

8.1.3　切比雪夫滤波器

第一型切比雪夫滤波器（type Ⅰ Chebyshev filter）的平方幅频响应具有以下形式

$$|H(\mathrm{j}\omega)|^2 = \frac{1}{1+\varepsilon^2 T_N^2(\omega/\omega_p)} \tag{8.25}$$

式中，ε 为控制通带波纹大小的参数；ω_p 为通带截止频率；$T_N(x)$为 N 阶第一型切比雪夫多项式（Chebyshev polynomial of the first kind），有

$$T_N(x) = \begin{cases} \cos(N\arccos x), & |x| \leqslant 1 \\ \cosh(N\operatorname{arccosh} x), & |x| > 1 \end{cases}, \quad N \geqslant 1 \tag{8.26}$$

或用递推关系表示

$$T_{N+1}(x) = 2xT_N(x) - T_{N-1}(x), \quad N \geqslant 1 \tag{8.27}$$

式中，$T_0(x)=1$；$T_1(x)=x$。

图 8.5 给出了 $N=4$ 和 $N=5$ 时第一型切比雪夫滤波器的幅频响应曲线，其中，$\varepsilon=0.5$。注意到$|H(0)|$的取值依阶数而有所不同。当 $N=4$ 时，$|H(0)|=1/\sqrt{1+\varepsilon^2}$，当 $N=5$ 时，$|H(0)|=1$。上述结论可推广至一般情况。易于验证第一型切比雪夫多项式满足

$$|T_N(0)| = \begin{cases} 1, & N\text{ 为偶数} \\ 0, & N\text{ 为奇数} \end{cases} \tag{8.28}$$

因此

$$|H(0)| = \frac{1}{1+\varepsilon^2 T_N^2(0)} = \begin{cases} 1/\sqrt{1+\varepsilon^2}, & N\text{ 为偶数} \\ 1, & N\text{ 为奇数} \end{cases} \tag{8.29}$$

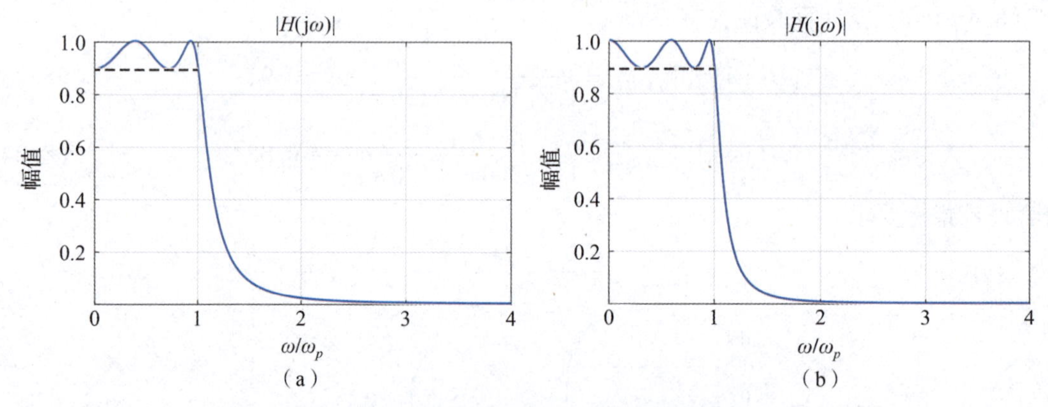

图 8.5 第一型切比雪夫滤波器的幅频响应曲线

(a) $N=4$；(b) $N=5$

同时，在通带范围内有 N 个极值点，其中，极大值均为 1，极小值均为 $1-\delta_p=1/\sqrt{1+\varepsilon^2}$，这种特性称为**等波纹**（equiripple）。特别地，当 $\omega=\omega_p$ 时，有

$$|H(\mathrm{j}\omega_p)| = \frac{1}{\sqrt{1+\varepsilon^2 T_N^2(1)}} = \frac{1}{\sqrt{1+\varepsilon^2}} \tag{8.30}$$

式（8.30）对于任意阶数 N 都成立。

此外，在通带范围之外，幅频响应曲线单调衰减，且阶数越大，衰减越快。与巴特沃斯滤波器相比，在相同阶数下，切比雪夫滤波器在过渡带拥有更陡峭的幅频特性。

上述介绍的第一型切比雪夫滤波器在通带具有等波纹，阻带单调递减。相反，如果在阻带具有等波纹，通带单调递减，则称为**第二型切比雪夫滤波器**（type Ⅱ Chebyshev filter），其平方幅频响应具有如下形式

$$|H(j\omega)|^2=\frac{1}{1+[\varepsilon^2T_N^2(\omega_p/\omega)]^{-1}} \tag{8.31}$$

式中，ε 为控制阻带波纹大小的参数；ω_p 为通带截止频率；$T_N(x)$ 定义见式（8.26）。图 8.6 给出了 $N=4$ 和 $N=5$ 时第二型切比雪夫滤波器的幅频响应曲线，其中，$\varepsilon=0.1$。

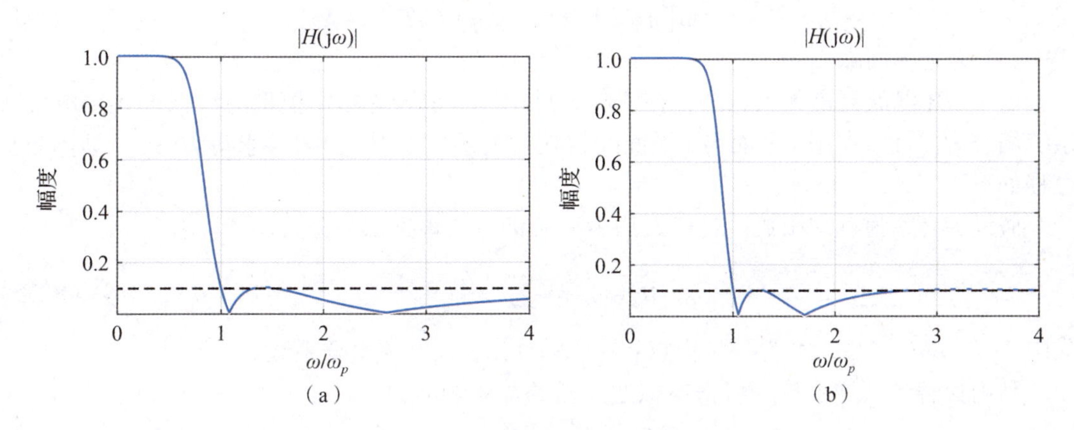

图 8.6　第二型切比雪夫滤波器的幅频响应曲线

（a）$N=4$；（b）$N=5$

除了上述介绍的巴特沃斯滤波器和切比雪夫滤波器，还可以采用其他函数构造滤波器，例如椭圆滤波器①（elliptic filter）、贝塞尔滤波器②（Bessel filter）等。限于篇幅，本书不再展开介绍，感兴趣的读者可参阅文献［19，21，26］。

8.2　IIR 数字滤波器的设计

本节介绍数字滤波器的设计方法。如果数字滤波器的冲激响应是无限长的，即拥有无限多个非零系数，则称为**无限冲激响应**（infinite impulse response，IIR）**滤波器**。IIR 数字

---

① 椭圆滤波器[19]的一般形式为

$$|H(j\omega)|^2=\frac{1}{1+\varepsilon^2K_N^2(\omega/\omega_p)} \tag{8.32}$$

式中，$K_N(x)$ 为雅可比椭圆函数（Jacobian elliptic function）[35]，它的形式较复杂，通常采用查表或数值计算方法确定。椭圆滤波器在通带与阻带均具有等波纹，相对于巴特沃斯滤波器和切比雪夫滤波器，其在相同阶数下拥有更窄的过渡带宽。

② 贝塞尔滤波器的一般形式为

$$|H(j\omega)|=\left|\frac{B_N(0)}{B_N(j\omega)}\right| \tag{8.33}$$

式中，$B_N(x)$ 为 N 阶贝塞尔多项式（Bessel polynomial）[26]。贝塞尔滤波器拥有最大平坦的群延时，即在通带范围内的相频响应为常数。

滤波器的设计思路是，根据某个已知的模拟滤波器 $H_a(s)$，利用特定的映射将其转化为数字滤波器 $H(z)$。主要方法包括**冲激响应不变法**（impulse invariance method）和**双线性变换法**（bilinear transformation method），下面进行具体介绍。

8.2.1 冲激响应不变法

冲激响应不变法的基本思路是，对模拟滤波器的冲激响应 $h(t)$ 进行均匀采样，将所得到的离散序列 $h[n]$ 视为数字滤波器的冲激响应，即两者的关系为

$$h[n]=h(t)\big|_{t=nT}=h(nT) \tag{8.34}$$

式中，T 为采样间隔。

由于 IIR 滤波器是无限长的，在实际设计中，一般预先指定模拟滤波器的频率响应或系统函数 $H_a(s)$，利用 s 平面与 z 平面间的映射关系，由 $H_a(s)$ 直接求得 $H(z)$。具体分析过程如下。

假设 $H_a(s)$ 为有理函数，且极点均为一阶极点，根据部分分式展开，有

$$H_a(s)=\sum_{k=1}^{N}\frac{c_k}{s-p_k} \tag{8.35}$$

式中，p_k，$k=1,2,\cdots,N$ 为一阶极点；c_k，$k=1,2,\cdots,N$ 为组合系数。

利用拉普拉斯逆变换，可得模拟滤波器的冲激响应为

$$h(t)=\sum_{k=1}^{N}c_k\mathrm{e}^{p_kt}u(t) \tag{8.36}$$

对 $h(t)$ 进行均匀采样，有

$$h[n]=h(t)\big|_{t=nT}=\sum_{k=1}^{N}c_k\mathrm{e}^{p_knT},\ n\geqslant 0 \tag{8.37}$$

然后对 $h[n]$ 作 z 变换，于是得到

$$H(z)=\sum_{n=0}^{\infty}h[n]z^{-n}=\sum_{n=0}^{\infty}\sum_{k=1}^{N}c_k\mathrm{e}^{p_knT}z^{-n}=\sum_{k=1}^{N}c_k\sum_{n=0}^{\infty}(\mathrm{e}^{p_kT}z^{-1})^n=\sum_{k=1}^{N}\frac{c_k}{1-\mathrm{e}^{p_kT}z^{-1}} \tag{8.38}$$

式中，$|\mathrm{e}^{p_kT}z^{-1}|<1$，$k=1,2,\cdots,N$，或等价地，$|z|>\max\limits_{1\leqslant k\leqslant N}|\mathrm{e}^{p_kT}|$。

注意到 $z_k=\mathrm{e}^{p_kT}$ 为 $H(z)$ 的极点，定义映射

$$z=\mathrm{e}^{sT} \tag{8.39}$$

则该映射将 s 平面上的极点映射为 z 平面上的极点（这里仅考虑一阶极点）。

由于 $s=\sigma+\mathrm{j}\omega$，易知上述映射满足 $|z|=\mathrm{e}^{\sigma T}$，且

$$\begin{cases}|z|<1, & \sigma<0\\ |z|=1, & \sigma=0\\ |z|>1, & \sigma>0\end{cases} \tag{8.40}$$

这意味着 $z=\mathrm{e}^{sT}$ 将 s 平面上的 $\mathrm{j}\omega$ 轴映射为 z 平面上的单位圆，并将 s 左半平面与右半平面分别映射为 z 平面上的单位圆内和单位圆外。但需要指出的是，这种映射并非是一一映射的。注意到

$$z=\mathrm{e}^{\sigma T}\mathrm{e}^{\mathrm{j}\omega T} \tag{8.41}$$

由于 $e^{j\omega T}$ 是以 $2\pi/T$ 为周期的，因此，s 平面上任意实部相等，虚部相差 $2\pi/T$ 的整数倍的点均映射到 z 平面上的同一点。图 8.7 描述了上述映射关系。

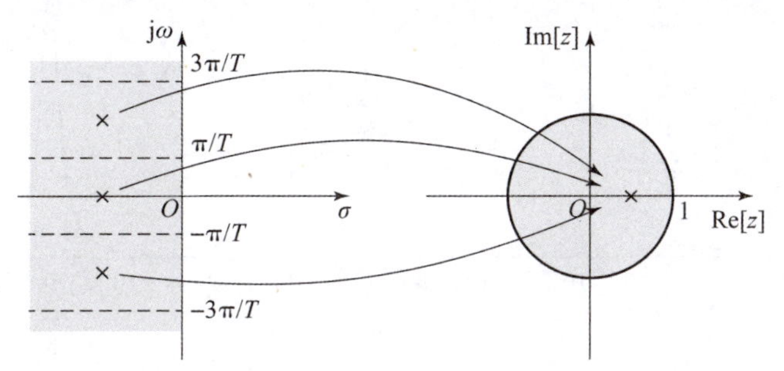

图 8.7　$z=e^{sT}$ 映射示意图

例 8.2　已知模拟滤波器的系统函数为

$$H_a(s)=\frac{1}{(s+1)(s+2)} \tag{8.42}$$

利用冲激响应不变法设计一个 IIR 数字滤波器 $H(z)$。

解： 根据部分分式展开，有

$$H_a(s)=\frac{1}{(s+1)(s+2)}=\frac{1}{s+1}-\frac{1}{s+2} \tag{8.43}$$

式中，$p_1=-1$，$p_2=-2$ 为一阶极点。

根据式（8.38），$H(z)$ 的表达式为

$$H(z)=\frac{1}{1-e^{-T}z^{-1}}-\frac{1}{1-e^{-2T}z^{-1}} \tag{8.44}$$

令 $z=e^{j\omega T}$，于是得到频率响应为

$$H(e^{j\omega T})=\frac{e^{j\omega T}}{e^{j\omega T}-e^{-T}}-\frac{e^{j\omega T}}{e^{j\omega T}-e^{-2T}}=\frac{(e^{-T}-e^{-2T})e^{j\omega T}}{e^{j2\omega T}-(e^{-T}+e^{-2T})e^{j\omega T}+e^{-3T}} \tag{8.45}$$

注意到频率响应与采样间隔 T 有关。图 8.8 画出了 T 取不同值时的数字滤波器的幅频响应，同时，为了对比，也画出模拟滤波器的幅频响应。从图中可以看出，当 $T=0.1$ 时，数字滤波器与模拟滤波器的幅频响应非常接近。但是注意，数字滤波器的频率响应是周期的，这里只显示了 $-30\leqslant\omega\leqslant30$ 之内的幅频响应。随着 T 增大，$H(e^{j\omega T})$ 的相邻周期副本逐渐靠近，导致出现了混叠。T 越大，混叠现象越明显。混叠会影响滤波器在高频部分频率响应，因此冲激响应不变法只适用于设计低通滤波器。

8.2.2　双线性变换法

双线性变换法的基本思路是将微分方程用差分方程近似，从而实现模拟滤波器到数字滤波器的转化。考虑一阶微分方程

$$\frac{d}{dt}y(t)+ay(t)=b(x) \tag{8.46}$$

相应地，模拟滤波器的系统函数为

$$H_a(s)=\frac{b}{s+a} \tag{8.47}$$

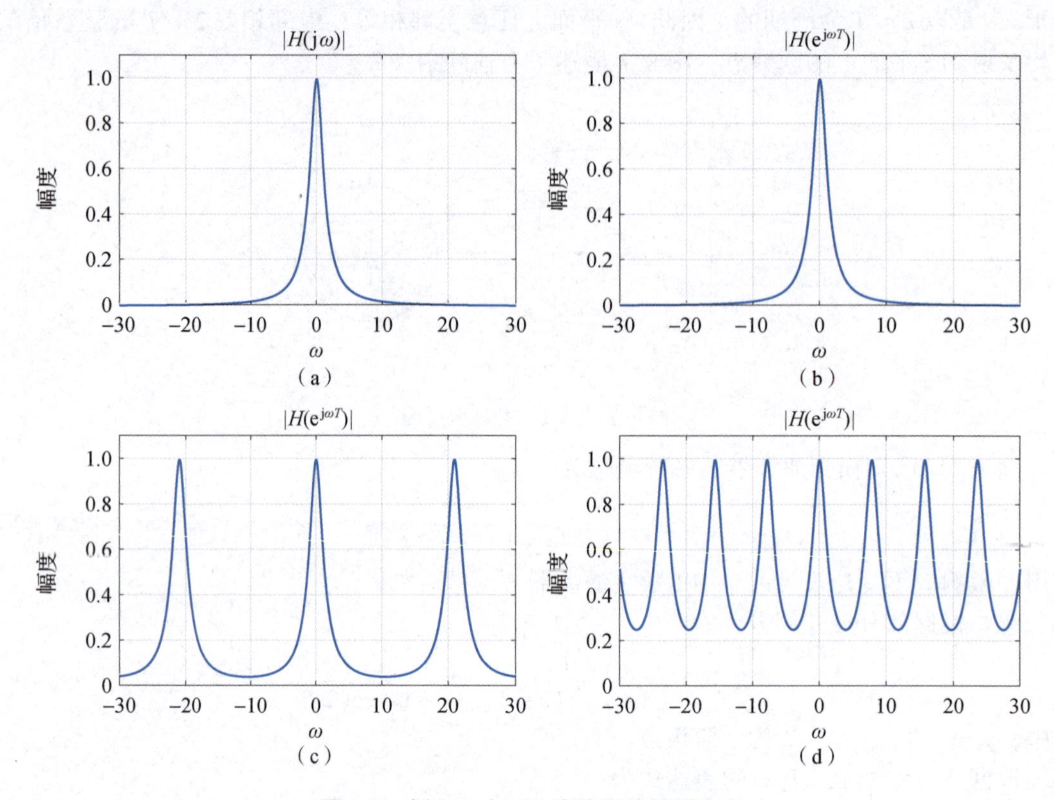

图 8.8 例 8.2 中 IIR 滤波器的幅频响应

(a) 模拟滤波器；(b) 数字滤波器 ($T=0.1$)；
(c) 数字滤波器 ($T=0.3$)；(d) 数字滤波器 ($T=0.8$)

现考虑将式 (8.46) 中的 $y(t)$ 表示成积分形式

$$y(t) = \int_{t_0}^{t} y'(\tau)\mathrm{d}\tau + y(t_0) \tag{8.48}$$

令 $t=nT$，$t_0=nT-T$，若 T 很小，则积分式 (8.48) 可以近似为

$$y(nT) = \frac{T}{2}[y'(nT) + y'(nT-T)] + y(nT-T) \tag{8.49}$$

另外，根据微分方程 (8.46)，$y(t)$ 在 $t=nT$ 和 $t_0=nT-T$ 时的导数可以表示为

$$y'(nT) = -ay(nT) + bx(nT) \tag{8.50}$$

$$y'(nT-T) = -ay(nT-T) + bx(nT-T) \tag{8.51}$$

将式 (8.50) 与式 (8.51) 代入式 (8.49)，化简可得

$$\left(1+\frac{aT}{2}\right)y(nT) - \left(1-\frac{aT}{2}\right)y(nT-T) = \frac{bT}{2}[x(nT) + x(nT-T)] \tag{8.52}$$

记 $x[n]=x(nT)$，$y[n]=y(nT)$，于是得到差分方程

$$\left(1+\frac{aT}{2}\right)y[n] - \left(1-\frac{aT}{2}\right)y[n-1] = \frac{bT}{2}(x[n] + x[n-1]) \tag{8.53}$$

相应地，可以求得数字滤波器的系统函数为

$$H(z)=\frac{Y(z)}{X(z)}=\frac{b}{\frac{2}{T}\left(\frac{z-1}{z+1}\right)+a} \tag{8.54}$$

注意到 $H(z)$ 与 $H_a(s)$ 具有相似的形式。事实上，只需作变量替换

$$s=\frac{2}{T}\left(\frac{z-1}{z+1}\right) \tag{8.55}$$

由式（8.47）便可得到式（8.54）。式（8.55）确定了从 s 平面到 z 平面的一种映射关系，故称为双线性变换。

以上是从一阶微分方程推导出了双线性变换，但该变换同样适用于高阶微分方程。

下面分析双线性变换的物理意义。令 $z=r\mathrm{e}^{\mathrm{j}\Omega}$，$s=\sigma+\mathrm{j}\omega$，其中，$\Omega$ 为数字（角）频率，ω 为模拟（角）频率，代入式（8.55），得

$$s=\frac{2}{T}\left(\frac{r\mathrm{e}^{\mathrm{j}\Omega}-1}{r\mathrm{e}^{\mathrm{j}\Omega}+1}\right)=\frac{2}{T}\frac{r^2-1+\mathrm{j}2r\sin\Omega}{r^2+1+2r\cos\Omega} \tag{8.56}$$

因此

$$\sigma=\frac{2}{T}\frac{r^2-1}{r^2+1+2r\cos\Omega} \tag{8.57}$$

$$\omega=\frac{2}{T}\frac{2r\sin\Omega}{r^2+1+2r\cos\Omega} \tag{8.58}$$

易知当 $\sigma<0$ 时，$r<1$；当 $\sigma>0$ 时，$r>1$；当 $\sigma=0$ 时，$r=1$。因此，双线性变换将 s 左半平面和右半平面分别映射到 z 平面的单位圆内和单位圆外，并将 $\mathrm{j}\omega$ 轴映射为单位圆。如果 $H_a(s)$ 是因果稳定的，即所有极点在 s 左半平面，则 $H(z)$ 的所有极点在单位圆内，因此也是因果稳定的。

当 $r=1$ 时，可以得到模拟频率与数字频率的关系为

$$\omega=\frac{2}{T}\tan\left(\frac{\Omega}{2}\right) \tag{8.59}$$

或等价表示为

$$\Omega=2\arctan\left(\frac{\omega T}{2}\right) \tag{8.60}$$

式（8.60）将模拟频率 ω 映射为 $[-\pi, \pi]$ 上的数字频率 Ω，如图 8.9 所示。这种映射是一对一的。当 $|\omega T|$ 较小时，$\Omega\approx\omega T$，映射近似为线性关系；而随着 $|\omega T|$ 的增大，曲线斜率逐渐减小，$|\Omega|$ 的变化逐渐减慢，使高频部分产生了压缩，故映射呈非线性关系。此外，由于 $|\Omega|\leqslant\pi$，因此双线性变换不会出现混叠现象。

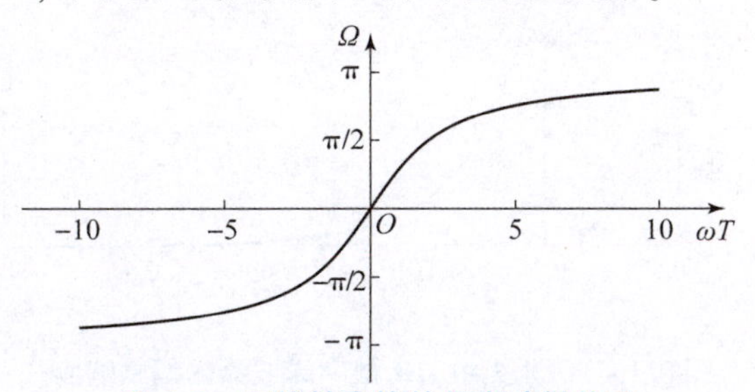

图 8.9　双线性变换的频率映射关系

通过以上分析可以看出，在设计 IIR 数字滤波器时，需要预先确定模拟滤波器$H_a(s)$。如果 $H_a(s)$没有明确给出，则需要根据任务要求和性能指标，先设计出 $H_a(s)$。关于模拟滤波器的设计，读者可参考 8.1 节的介绍，不再赘述。

例 8.3 以 3 阶巴特沃斯滤波器为原型，利用双线性变换法设计一个 IIR 数字滤波器，使其 3 dB 截止频率为 $\Omega_c=0.2\pi$。

解： 巴特沃斯原型滤波器为

$$|H_a(\mathrm{j}\omega)|=\frac{1}{\sqrt{1+(\omega/\omega_c)^{2N}}} \tag{8.61}$$

式中，$N=3$。

根据双线性变换，求得巴特沃斯模拟滤波器的 3 dB 截止频率为

$$\omega_c=\frac{2}{T}\tan(\Omega_c/2)\approx\frac{0.65}{T} \tag{8.62}$$

相应地，根据表 8.1，可得 3 阶巴特沃斯滤波器的系统函数为

$$H_a(s)=\frac{\omega_c^3}{s^3+2\omega_c s^2+2\omega_c^2 s+\omega_c^3} \tag{8.63}$$

令

$$s=\frac{2}{T}\left(\frac{z-1}{z+1}\right) \tag{8.64}$$

代入式（8.63），化简得

$$H(z)=\frac{0.0181(z+1)^3}{z^3-1.76z^2+1.1829z-0.2781} \tag{8.65}$$

注意到 T 在化简过程中被约去了。

图 8.10 给出了数字滤波器的幅频响应。通过计算可以验证，$-20\log_{10}|H(\mathrm{e}^{\mathrm{j}\Omega})||_{\Omega=0.2\pi}\approx$ 3.01 dB，故符合设计要求。

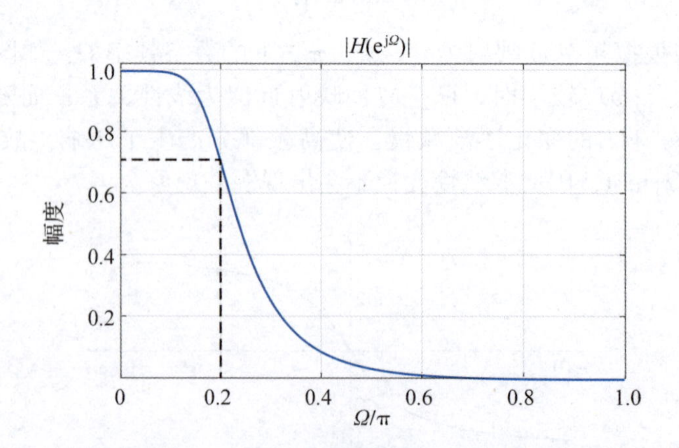

图 8.10 例 8.3 中 IIR 数字滤波器的幅频响应

8.3　FIR 数字滤波器的设计

如果数字滤波器的冲激响应是有限长的，则称为**有限冲激响应**（finite impulse response，FIR）**滤波器**。假设滤波器的长度[1]为 M，且是因果的，则系统函数可表示为

$$H(z) = \sum_{n=0}^{M-1} h[n]z^{-n} \tag{8.66}$$

注意到 FIR 滤波器不含有极点，因而可以保证稳定性。此外，FIR 滤波器可以实现线性相位。

命题 8.1　已知 $H(z)$ 为 FIR 滤波器，长度为 M，如果冲激响应（即滤波器系数）满足对称性或反对称性

$$h[n] = \pm h[M-1-n],\ 0 \leqslant n \leqslant M-1 \tag{8.67}$$

则 $H(z)$ 具有线性相位。

证明： 以下证明对称性的情况，反对称性的证明留给读者（见习题 8.6）。

假设 M 为偶数，由于 $h[n]=h[M-1-n]$，将式（8.66）重新整理为

$$\begin{aligned} H(z) &= h[0](1+z^{-(M-1)}) + h[1](z^{-1}+z^{-(M-2)}) + \cdots + h[M/2-1](z^{-(M/2-1)}+z^{-(M/2)}) \\ &= \sum_{k=0}^{M/2-1} h[k](z^{-k}+z^{-(M-1-k)}) \\ &= z^{-(M-1)/2}\sum_{k=0}^{M/2-1} h[k](z^{-k+(M-1)/2}+z^{k-(M-1)/2}) \end{aligned} \tag{8.68}$$

相应地，频率响应为

$$H(e^{j\Omega}) = e^{-j\Omega(M-1)/2}\sum_{k=0}^{M/2-1} 2h[k]\cos\left[\left(\frac{M-1}{2}-k\right)\Omega\right] = e^{-j\Omega(M-1)/2}H_r(e^{j\Omega}) \tag{8.69}$$

式中，$H_r(e^{j\Omega})$ 是实的，因此可得相频响应为

$$\angle H(e^{j\Omega}) = \begin{cases} -\Omega(M-1)/2, & H_r(e^{j\Omega}) \geqslant 0 \\ \pi-\Omega(M-1)/2, & H_r(e^{j\Omega}) < 0 \end{cases} \tag{8.70}$$

由此可见，相频响应是关于 Ω 的线性函数。

类似地，如果 M 是奇数，可得

$$\begin{aligned} H(e^{j\Omega}) &= e^{-j\Omega(M-1)/2}\left[h\left[\frac{M-1}{2}\right] + 2\sum_{k=0}^{(M-3)/2} h[k]\cos\left[\left(\frac{M-1}{2}-k\right)\Omega\right]\right] \\ &= e^{-j\Omega(M-1)/2}H_r(e^{j\Omega}) \end{aligned} \tag{8.71}$$

相频响应同式（8.70）。

综上所述，当 FIR 滤波器的系数满足对称性时，滤波器具有线性相位。

命题 8.1 为设计线性相位 FIR 滤波器提供了指导依据。以下讨论均假设滤波器是因果稳定的且具有线性相位。

---

[1] 有些文献将 M 定义为滤波器的阶数。严格来讲，滤波器的阶数是指式（8.66）中洛朗多项式的阶数，单项式（如纯延时 $H(z)=z^{-k}$）的阶数为零，长度为 M 的滤波器阶数为 $M-1$，故“长度”与“阶数”稍有区别。当 M 较大时，两者可近似相等。

8.3.1　窗函数法

本节介绍 FIR 滤波器的一种典型设计方法，即**窗函数法**（windowing method）。该方法的基本思想是对理想滤波器的冲激响应加窗。假设所要设计的目标滤波器的频率特性为 $H_d(\mathrm{e}^{\mathrm{j}\Omega})$，相应的冲激响应为 $h_d[n]$。根据离散时间傅里叶变换（DTFT）的关系

$$h_d[n] = \frac{1}{2\pi}\int_{-\pi}^{\pi} H_d(\mathrm{e}^{\mathrm{j}\Omega})\mathrm{e}^{\mathrm{j}\Omega n}\mathrm{d}\Omega \tag{8.72}$$

通常，由式（8.72）得到的 $h_d[n]$是无限长的。为了确保滤波器是因果有限长的，可以对 $h_d[n]$进行加窗（截断）处理，例如

$$h[n] = h_d[n]\, w_M[n] \tag{8.73}$$

式中

$$w_M[n] = \begin{cases} 1, & 0 \leqslant n \leqslant M-1 \\ 0, & 其他 \end{cases} \tag{8.74}$$

我们希望加窗后的滤波器的频率特性接近于目标滤波器的频率特性。下面就来讨论加窗的影响。从时域来看，显然窗函数的长度 M 越大，$h[n]$越接近 $h_d[n]$。而从频域来看，根据傅里叶变换的乘积定理，式（8.73）在频域表示为

$$H(\mathrm{e}^{\mathrm{j}\Omega}) = \frac{1}{2\pi}H_d(\mathrm{e}^{\mathrm{j}\Omega}) \circledast W_M(\mathrm{e}^{\mathrm{j}\Omega}) = \frac{1}{2\pi}\int_{-\pi}^{\pi} H_d(\mathrm{e}^{\mathrm{j}u})W_M(\mathrm{e}^{\mathrm{j}(\Omega-u)})\mathrm{d}u \tag{8.75}$$

式中，$\circledast$表示周期卷积；$W_M(\mathrm{e}^{\mathrm{j}\Omega})$为矩形窗的 DTFT，有

$$W_M(\mathrm{e}^{\mathrm{j}\Omega}) = \sum_{n=0}^{M-1} w_M[n]\mathrm{e}^{-\mathrm{j}\Omega n} = \frac{1-\mathrm{e}^{-\mathrm{j}\Omega M}}{1-\mathrm{e}^{-\mathrm{j}\Omega}} = \mathrm{e}^{-\mathrm{j}\Omega(M-1)/2}\frac{\sin(\Omega M/2)}{\sin(\Omega/2)} \tag{8.76}$$

由此可见，$H(\mathrm{e}^{\mathrm{j}\Omega})$相对于目标滤波器的频率特性 $H_d(\mathrm{e}^{\mathrm{j}\Omega})$产生了畸变。以理想低通滤波器为例，图 8.11 给出了 $H(\mathrm{e}^{\mathrm{j}\Omega})$的频率响应曲线。注意到在通带和阻带，响应曲线不再是平坦的，而是产生了波纹，这一点类似于信号的吉布斯现象。

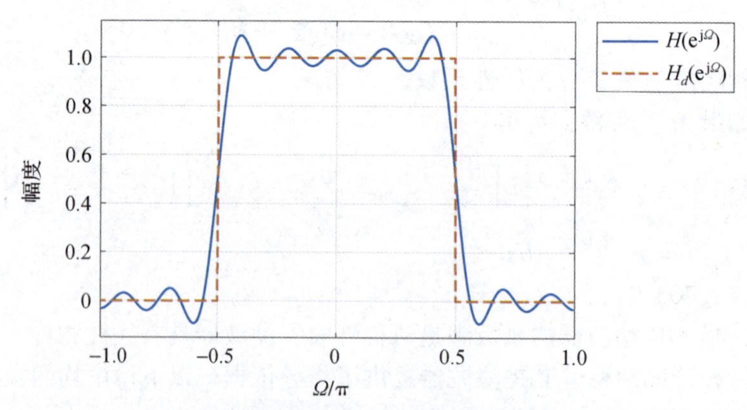

图 8.11　加窗后的低通滤波器的频率响应

注意到

$$|W_M(\mathrm{e}^{\mathrm{j}\Omega})| = \left|\frac{\sin(\Omega M/2)}{\Omega M/2}\ \frac{\Omega M/2}{\sin(\Omega/2)}\right| = M\left|\frac{\mathrm{Sa}(\Omega M/2)}{\mathrm{Sa}(\Omega/2)}\right| \tag{8.77}$$

因此，窗函数在 $\Omega=0$ 处取得最大值 M。图 8.12 给出了当 M 分别取不同值时的幅频曲线，其中，纵坐标为对数幅值

$$G(e^{j\Omega})=20\log_{10}\left|\frac{W_M(e^{j\Omega})}{W_M(e^{j0})}\right|(\mathrm{dB}) \tag{8.78}$$

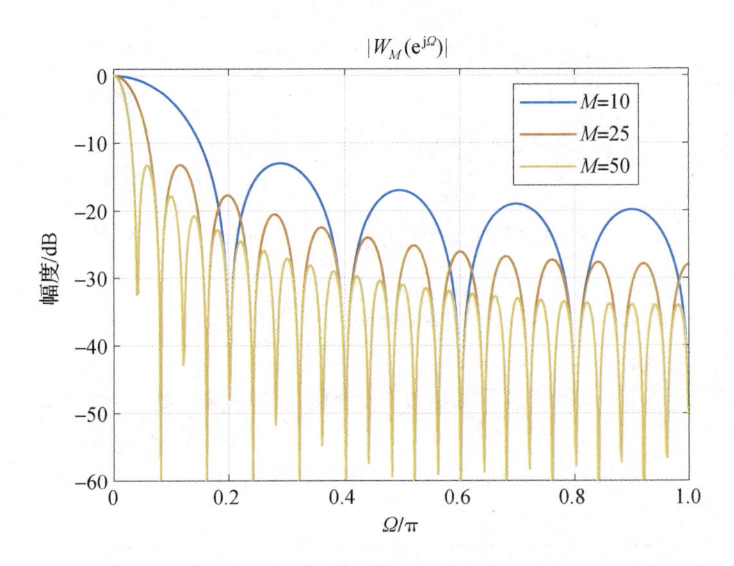

图 8.12　矩形窗的幅频特性

结合式（8.76）可知，$W_M(e^{j\Omega})$ 的主瓣宽度（双边）为 $4\pi/M$。M 越大，主瓣越窄。然而随着 M 的增长，第一旁瓣的峰值相对不变。事实上，注意到第一旁瓣的峰值大致位于（$2\pi/M$，$4\pi/M$）的中心，可近似为 $\Omega=3\pi/M$，将其代入式（8.78），可得

$$G(e^{j\Omega})\big|_{\Omega=3\pi/M}=-20\log_{10}\left|M\sin\left(\frac{3\pi}{2M}\right)\right|(\mathrm{dB}) \tag{8.79}$$

当 M 充分大时，上式可近似为

$$G(e^{j\Omega})\big|_{\Omega=3\pi/M}=-20\log_{10}\left(\frac{3\pi}{2}\right)\approx-13.5(\mathrm{dB}) \tag{8.80}$$

因此，第一旁瓣峰值①约为 −13.5 dB。旁瓣峰值过高会直接影响到滤波器的幅频特性，造成通带波纹较大，阻带衰减较慢。

为了降低旁瓣峰值，可以对矩形窗函数进行改进，表 8.2 给出了一些常用的窗函数及其性能指标，相应的时域形式和幅频特性如图 8.13 所示②。注意到在相同长度下，其他窗函数的旁瓣峰值均低于矩形窗，但与此同时，主瓣宽度也增加了。主瓣过宽会对滤波器的幅频特性产生平滑的作用，使滤波器的过渡带宽增大。为减小过渡带宽，可以适当增加滤波器的长度，但这又会带来计算量的增加。由此可见，滤波器长度、主瓣宽度与旁瓣峰值之间存在相互制约的关系，在实际设计中需要综合考量，选取折中方案。

---

① 也称为峰值旁瓣比（peak to side-lobe ratio，PSR），即第一旁瓣峰值与主瓣峰值之比，单位为 dB。

② 图形由 MATLAB 信号处理工具箱所提供的函数生成，具体用法见 8.5.2 节。

表 8.2　常用的窗函数及其性能指标

窗函数	表达式 $w_M[n]$，$0 \leqslant n \leqslant M-1$	主瓣宽度	旁瓣峰值/dB
矩形窗	1	$4\pi/M$	-13
Bartlett 窗①	$1-\frac{2}{M-1}\left\lvert n-\frac{M-1}{2}\right\rvert$	$8\pi/M$	-25
Hann 窗②	$0.5-0.5\cos\left(\frac{2\pi n}{M-1}\right)$	$8\pi/M$	-31
Hamming 窗	$0.54-0.46\cos\left(\frac{2\pi n}{M-1}\right)$	$8\pi/M$	-41
Blackman 窗	$0.42-0.5\cos\left(\frac{2\pi n}{M-1}\right)+0.08\cos\left(\frac{4\pi n}{M-1}\right)$	$12\pi/M$	-57

①Bartlett 窗形如三角形，故有些文献也称为“三角窗”。但需要注意，Bartlett 窗在 $n=0$ 和 $n=M-1$ 处取值始终为零。

②以奥地利气象学家 Julius von Hann 的姓氏命名。有些文献也称为 Hanning 窗[28] 或升余弦（raised - cosine）窗。

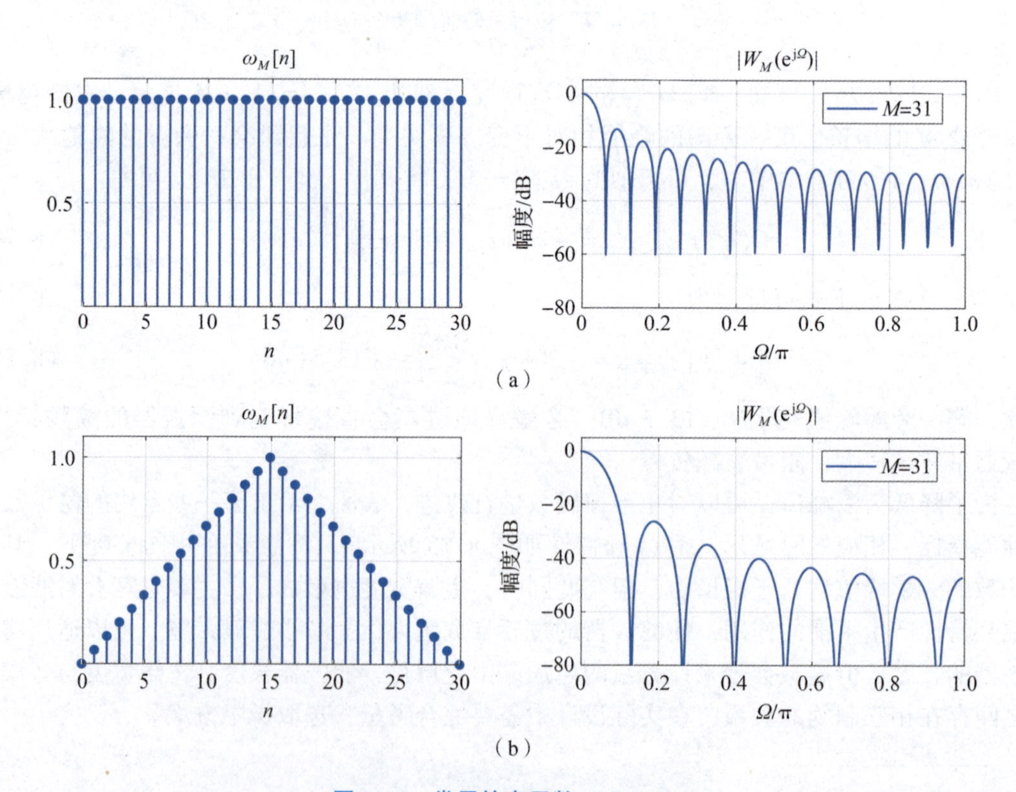

图 8.13　常用的窗函数（$M=31$）

（a）矩形窗；（b）Bartlett 窗

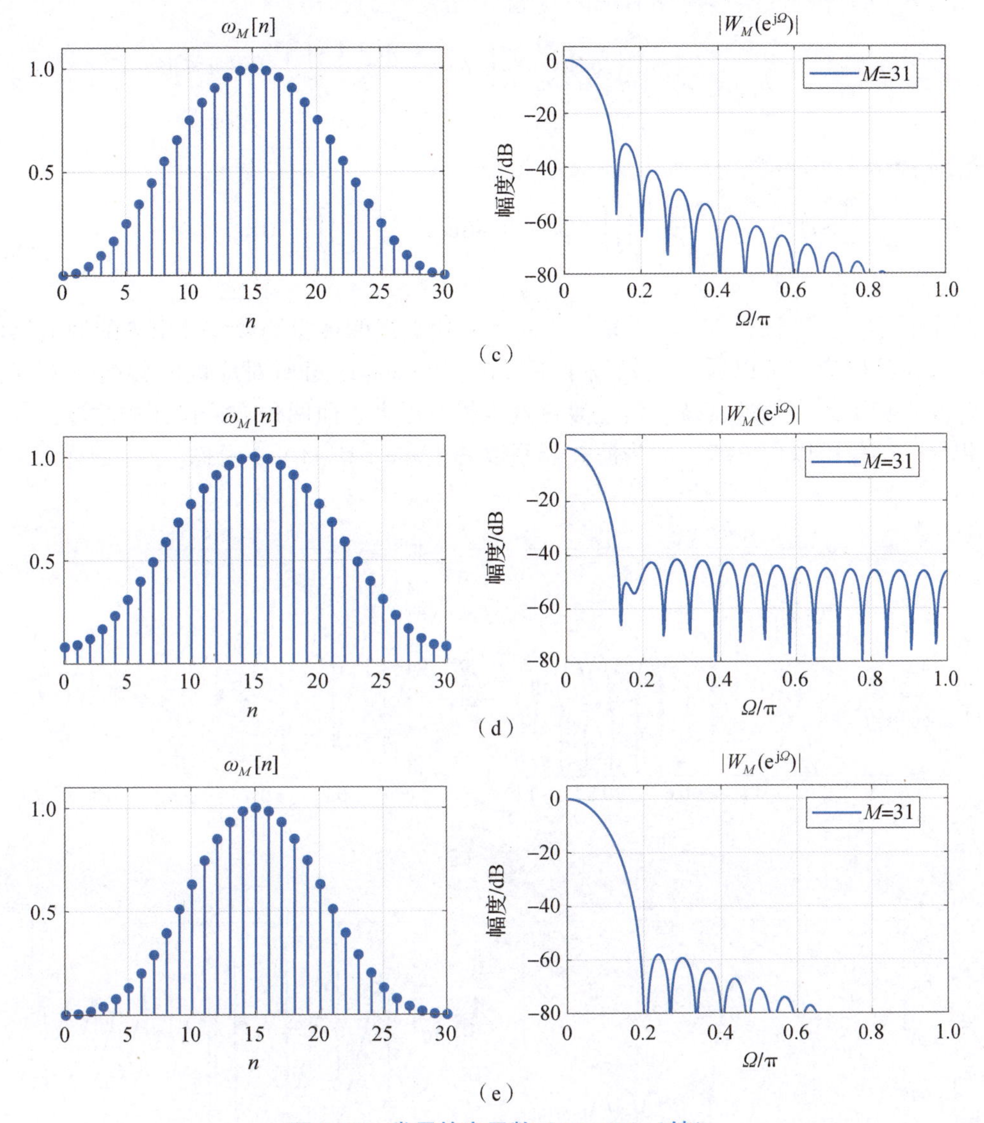

图 8.13 常用的窗函数（$M=31$）（续）

（c）Hann 窗；（d）Hamming 窗；（e）Blackman 窗

例 8.4 分别采用矩形窗和 Hamming 窗设计一个因果线性相位滤波器，使其幅频特性接近于理想低通滤波器：

$$H_d(e^{j\Omega})=\begin{cases}e^{-j\Omega(M-1)/2}, & 0\leqslant|\Omega|\leqslant\Omega_c\\ 0, & \text{其他}\end{cases}\tag{8.81}$$

式中，M 为滤波器的长度；Ω_c 为通带截止频率。

解： 首先求目标滤波器的系数，有

$$h_d[n]=\frac{1}{2\pi}\int_{-\Omega_c}^{\Omega_c}e^{-j\Omega(M-1)/2}d\Omega=\frac{\Omega_c}{\pi}\mathrm{Sa}\left[\Omega_c\left(n-\frac{M-1}{2}\right)\right],\ -\infty<n<\infty\tag{8.82}$$

显然，$h_d[n]$ 是无限长的，因而不是物理可实现的。

现对 $h_d[n]$ 分别加矩形窗和 Hamming 窗（见表 8.2），得

$$h_1[n]=h_d[n]w_M^{\text{Rect}}[n]=\begin{cases}\dfrac{\Omega_c}{\pi}\mathrm{Sa}\left[\Omega_c\left(n-\dfrac{M-1}{2}\right)\right], & 0\leqslant n\leqslant M-1\\ 0, & \text{其他}\end{cases}\tag{8.83}$$

$$\begin{aligned}h_2[n]&=h_d[n]w_M^{\text{Hamming}}[n]\\&=\begin{cases}\dfrac{\Omega_c}{\pi}\mathrm{Sa}\left[\Omega_c\left(n-\dfrac{M-1}{2}\right)\right]\left[0.54-0.46\cos\left(\dfrac{2\pi n}{M-1}\right)\right], & 0\leqslant n\leqslant M-1\\ 0, & \text{其他}\end{cases}\end{aligned}\tag{8.84}$$

图 8.14 给出了当 $\Omega_c=0.4\pi$，$M=31$ 时，采用上述两种窗函数设计出来的滤波器的幅频响应和相频响应。可以看出，相较于矩形窗，Hamming 窗所对应的幅频响应具有更小的通带波纹和更大的阻带衰减，但过渡带宽也相对更大。而两种方法设计的滤波器都具有线性相位。这是可以预见的，因为滤波器系数关于 $n=(M-1)/2$ 对称。

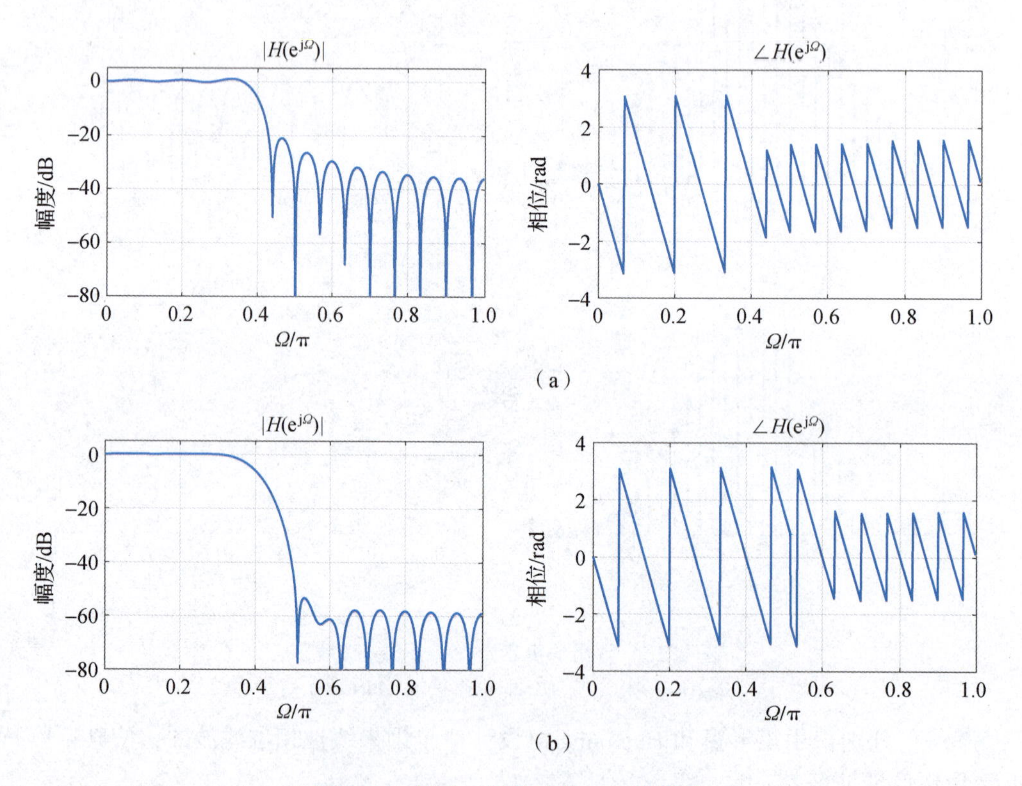

图 8.14 例 8.4 所设计的 FIR 滤波器

（a）采用矩形窗；（b）采用 Hamming 窗

除表 8.2 中列出的几种窗函数外，美国学者 J. Kaiser 提出一种基于优化方法的窗函数[29]，它具有如下形式

$$w_M[n]=\frac{I_0\left[\beta\sqrt{1-\left(\dfrac{n-\alpha}{\alpha}\right)^2}\right]}{I_0(\beta)},\quad 0\leqslant n\leqslant M-1\tag{8.85}$$

式中，$\alpha=(M-1)/2$；β 为可调参数；$I_0(x)$ 为第一类零阶修正贝塞尔函数（zero - order modified Bessel function of the first kind），有

$$I_0(x) = \sum_{k=0}^{\infty} \left[\frac{(x/2)^k}{k!}\right]^2 \tag{8.86}$$

Kaiser 窗由 α（或 M）和 β 两个参数决定。图 8.15 给出了当 $M=31$，$\beta=0,5,10$ 时，Kaiser 窗的时域形式及幅频曲线。注意到当 $\beta=0$ 时，Kaiser 窗即为矩形窗。随着 β 的增大，旁瓣衰减增大。为实现指定的阻带衰减，可以通过如下经验式确定 β 的取值

$$\beta=\begin{cases}0.1102(A_s-8.7), & A_s>50\\ 0.5842(A_s-21)^{0.4}+0.07886(A_s-21), & 21\leqslant A_s\leqslant 50\\ 0, & A_s<21\end{cases} \tag{8.87}$$

式中，A_s 为滤波器的阻带衰减。此外，Kaiser 研究发现，滤波器长度 M 与阻带衰减 A_s 及过渡带宽 $\Delta\Omega$ 具有如下近似关系

$$M\approx\frac{A_s-7.95}{2.285\Delta\Omega}+1 \tag{8.88}$$

式（8.88）给出了滤波器长度的一种估计方法。在实际应用中，误差一般在 ±2 之内。8.5.2 节将给出采用 Kaiser 窗的 MATLAB 设计示例。

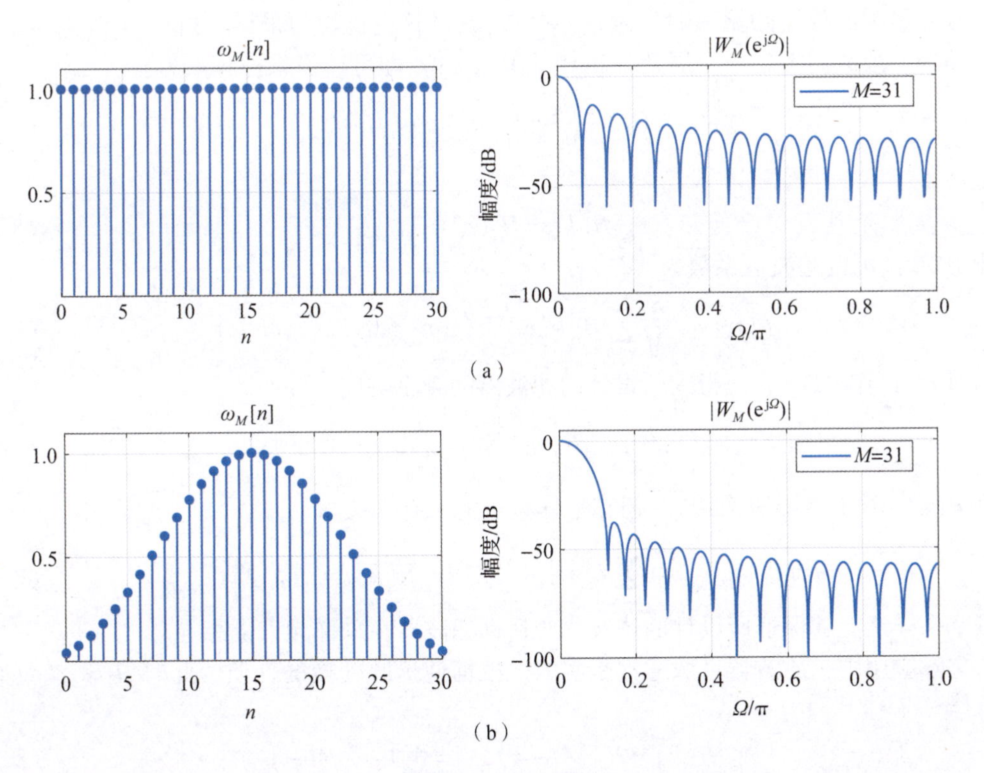

图 8.15　不同参数的 Kaiser 窗函数（$M=31$）

（a）$\beta=0$；（b）$\beta=5$

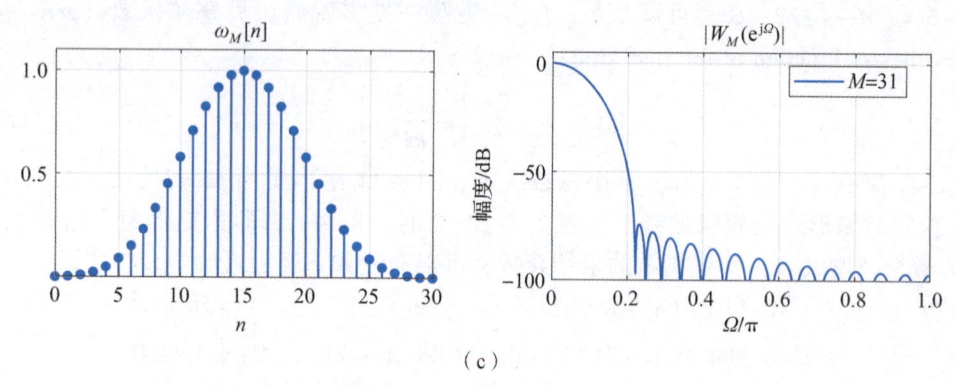

(c)

图 8.15 不同参数的 Kaiser 窗函数（$M=31$）（续）

(c) $\beta=10$

8.3.2 频率采样法

本节介绍另外一种 FIR 滤波器的设计方法，称为**频率采样法**（frequency - sampling method)，即通过对目标滤波器的频率响应进行采样，并利用离散傅里叶逆变换（IDFT）求得滤波器的冲激响应（即滤波器系数)。

假设目标滤波器的频率响应为 $H_d(e^{j\Omega})$，现对其进行均匀采样。由于 $H_d(e^{j\Omega})$是以 2π 为周期的，故只需考虑一个周期（例如 $[0, 2\pi]$）即可。设采样频点为

$$\Omega_k=\frac{2\pi k}{M},\ k=0,1,\cdots,M-1 \tag{8.89}$$

并记

$$H[k]=H_d(e^{j\Omega})\big|_{\Omega=\Omega_k} \tag{8.90}$$

利用 IDFT，可得滤波器系数为

$$h[n]=\frac{1}{M}\sum_{k=0}^{M-1}H[k]e^{j2\pi kn/M},\ n=0,1,\cdots,M-1 \tag{8.91}$$

进而对 $h[n]$作 DTFT，便得到所设计的滤波器的频率响应

$$H(e^{j\Omega})=\sum_{n=0}^{M-1}h[n]e^{-j\Omega n} \tag{8.92}$$

注意 $H(e^{j\Omega})$并不等于 $H_d(e^{j\Omega})$，但在采样频点上，有

$$H(e^{j\Omega})\big|_{\Omega=\Omega_k}=\sum_{n=0}^{M-1}h[n]e^{-j2\pi kn/M}=H[k]=H_d(e^{j\Omega})\big|_{\Omega=\Omega_k} \tag{8.93}$$

即频率采样法能够保证所设计的滤波器与目标滤波器在采样频点上相等。

实际应用中，滤波器系数通常是实的，根据傅里叶变换的性质，此时 $H[k]$满足共轭对称性

$$H[k]=H^*[M-k],\ k=0,1,\cdots,M-1 \tag{8.94}$$

另外，若要求所设计的滤波器具有线性相位，则滤波器系数须满足对称性或反对称性，有

$$h[n]=\pm h[M-1-n],\ n=0,1,\cdots,M-1 \tag{8.95}$$

利用 $H[k]$与 $h[n]$的对称性，可以简化 IDFT 的计算。例如，假设 $h[n]$具有对称性，

则滤波器的频率响应为

$$H(\mathrm{e}^{\mathrm{j}\Omega}) = H_r(\mathrm{e}^{\mathrm{j}\Omega})\mathrm{e}^{-\mathrm{j}\Omega(M-1)/2} \tag{8.96}$$

式中，$H_r(\mathrm{e}^{\mathrm{j}\Omega})$是实的，定义见式（8.69）或式（8.71）。

根据频率采样法的要求，$H(\mathrm{e}^{\mathrm{j}\Omega})$与$H_d(\mathrm{e}^{\mathrm{j}\Omega})$在采样频点上取值相等，故

$$H[k] = H(\mathrm{e}^{\mathrm{j}\Omega})\big|_{\Omega=\Omega_k} = H_r(\mathrm{e}^{\mathrm{j}\Omega_k})\mathrm{e}^{-\mathrm{j}\Omega_k(M-1)/2} \tag{8.97}$$

为便于书写，记$H_r[k] = H_r(\mathrm{e}^{\mathrm{j}\Omega_k})$。将式（8.97）代入式（8.91），可得

$$h[n] = \frac{1}{M}\sum_{k=0}^{M-1} H_r[k]\mathrm{e}^{-\mathrm{j}\Omega_k(M-1)/2}\mathrm{e}^{\mathrm{j}\Omega_k n} \tag{8.98}$$

利用$H[k]$的共轭对称性，即式（8.94），可以推得

$$H_r[k] = (-1)^{M-1}H_r[M-k] = \begin{cases} H_r[M-k], & M\text{ 为奇数} \\ -H_r[M-k], & M\text{ 为偶数} \end{cases} \tag{8.99}$$

式（8.99）说明，$H_r[k]$具有对称性或反对称性。特别地，当M为偶数时，$H_r[M/2]=0$。

依据上述关系，式（8.98）可化简为

$$h[n] = \frac{1}{M}\left\{H_r[0] + 2\sum_{k=1}^{L}(-1)^k H_r[k]\cos\left[\frac{2\pi k}{M}\left(n+\frac{1}{2}\right)\right]\right\} \tag{8.100}$$

式中

$$L = \begin{cases} (M-1)/2, & M\text{ 为奇数} \\ M/2-1, & M\text{ 为偶数} \end{cases} \tag{8.101}$$

由此可见，如果知道$H_r[k]$，$k=0,1,\cdots,L$，便可以通过式（8.100）直接计算滤波器系数，且能够保证滤波器系数具有对称性。

对于$h[n]$具有反对称性的情况，可作类似分析，不再赘述。

例 8.5　利用频率采样法设计一个长度为$M=15$且具有线性相位的 FIR 滤波器，使其幅频响应满足

$$|H[k]| = |H_d(\mathrm{e}^{\mathrm{j}\Omega})|\big|_{\Omega=2\pi k/M} = \begin{cases} 1, & k=0,1,2,3 \\ 0.5, & k=4 \\ 0, & k=5,6,7 \end{cases} \tag{8.102}$$

且$|H[k]| = |H[M-k]|$，$k=8,9,\cdots,M-1$。

解：依据题目条件，采样频点如图 8.16 所示，其中，$k=0,1,2,3$为通带内的采样频点，$k=4$为过渡带的采样频点，$k=5,6,7$为阻带内的采样频点，其余采样频点依据频谱对称性而得到。

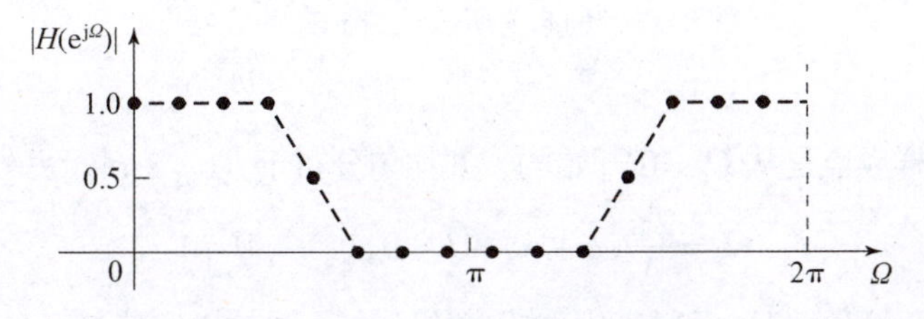

图 8.16　例 8.5 采样频点示意图

根据式（8.100），为计算滤波器系数，只需确定 $H_r[k]$，$k=0,1,\cdots,7$。注意到 $H_r[k]$为实的，理论来讲，$H_r[k]=\pm|H[k]|$。为保证滤波器具有较小的通带波纹，这里令 $H_r[k]=|H[k]|$，$k=0,1,\cdots,7$，代入式（8.100），计算得到滤波器的系数为

$$h[0]=h[14]=-0.0052$$
$$h[1]=h[13]=-0.0127$$
$$h[2]=h[12]=0.0333$$
$$h[3]=h[11]=0.0244$$
$$h[4]=h[10]=-0.0873$$
$$h[5]=h[9]=-0.0311$$
$$h[6]=h[8]=0.3119$$
$$h[7]=0.5333$$

可见，滤波器系数具有对称性。图 8.17 给出了滤波器的时域形式及频率特性。

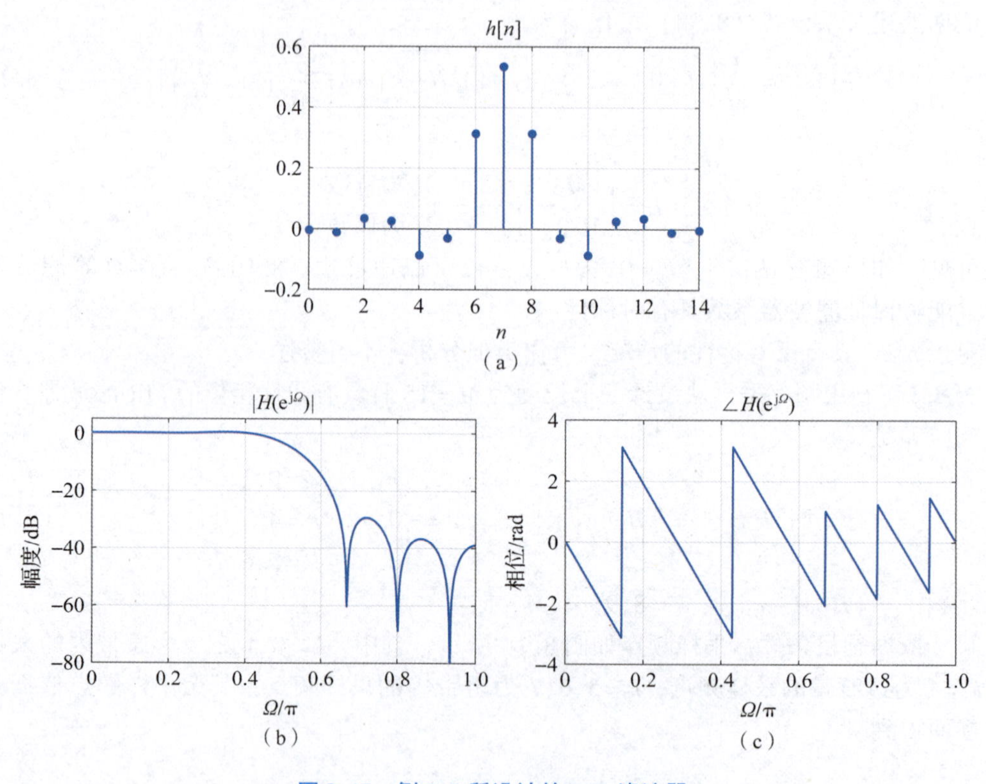

图 8.17　例 8.5 所设计的 FIR 滤波器

（a）滤波器系数；（b）幅频响应；（c）相频响应

上述介绍的采样频点是从 $\Omega_0=0$ 开始的，并均匀分布于［0，2π］。另外一种采样方式为

$$\Omega_k=\frac{2\pi}{N}(k+\alpha),\ k=0,1,\cdots,M-1 \tag{8.103}$$

式中，$\alpha=1/2$。对于这种情况，可参照上文作类似分析，具体内容读者可参阅文献［26］。

频率采样法通过有限个采样频点上的频率响应来确定滤波器的特性，而并不需要准确

知道滤波器完整的频率响应。当然，这种方式无法精确控制滤波器的频率特性，可能会产生较大误差。一种解决方法是增加频点个数，但这会增加滤波器的长度。同时，采样频点不一定是均匀的。例如，可以在频响变化幅度较大的地方多取几个频点，而在变化幅度较小的地方少取几个频点，从而更准确地逼近响应曲线。此外，为了改进滤波器的频率特性，可以对求得的滤波器系数再加窗。事实上，根据 DFT 的原理，对离散化的周期频谱作 IDFT，所得到的有限长序列是周期序列的主值序列，即对周期序列加矩形窗。而如果采用其他窗函数，则可以有效抑制旁瓣峰值，降低滤波器通带和阻带波纹。关于以上内容，限于篇幅，本书不再作详细介绍，感兴趣的读者可参阅文献［10，23，31，38］。

8.3.3　FIR 滤波器与 IIR 滤波器的比较

本节最后简要总结一下 FIR 滤波器与 IIR 滤波器之间的差异。

从功能特点来看，FIR 滤波器的冲激响应是有限长的，因而能够保证稳定性，同时可以实现线性相位。而 IIR 滤波器由于含有极点，在设计中应注意极点的选择，以确保滤波器稳定。此外，IIR 滤波器无法实现线性相位。因此，若要求系统无相位失真，只能选择 FIR 滤波器。

从结构来看，IIR 滤波器具有递归结构，而 FIR 滤波器具有非递归结构。在实现过程中，IIR 滤波器所需的存储单元更少，计算量更低，结构更加高效。为达到同样的性能指标，FIR 滤波器的阶数通常要比 IIR 滤波器高不少。在实现过程中计算量较大，同时会产生较大的时延。

从设计方法来看，IIR 滤波器依赖模拟原型滤波器，如巴特沃斯滤波器、切比雪夫滤波器等。滤波器具有明确的闭式表达式。由于滤波器同时含有零点和极点，因此可以通过调整零点、极点的位置来改变滤波器的频率特性，设计较为灵活。FIR 滤波器的设计既可以在时域上进行（如窗函数法），也可以在频域上进行（如频率采样法）。可以根据设计指标来确定相应的参数。但滤波器没有闭式表达式，一般需要通过数值计算和优化方法来得到所设计的滤波器。好在当前电子计算机和数值计算软件（如 MATLAB）普及率非常高，极大地降低了滤波器的设计难度。

综上，FIR 滤波器与 IIR 滤波器各具特点。在实际应用中，应结合具体的问题和需求选择合适的类型。

8.4　其他频率选择滤波器的设计

前面几节主要介绍的是低通滤波器的设计，而在实际应用中也经常使用高通、带通或带阻滤波器。关于这些滤波器的设计，可以通过频率变换的方式来实现，即利用变量代换将某种原型低通滤波器转换成所要设计的滤波器。下面分别针对模拟滤波器和数字滤波器进行介绍。

8.4.1　模拟滤波器的频率变换

在滤波器设计中，截止频率是重要参数之一，它决定了通带、阻带以及过渡带的范围。频率变换的基本思想是通过变量代换来改变滤波器的截止频率，从而实现不同幅频特性之间的转换。为了便于描述，以下采用 s 域进行分析，当 $s=\mathrm{j}\omega$ 时，即得到滤波器的频率响应。

首先考虑低通滤波器之间的转换。假设模拟滤波器 $H_0(s)$，通带截止频率为 ω_p，现希望得到另一个模拟滤波器 $H_1(s)$，通带截止频率为 ω'_p。为此，将 $H_0(s)$ 中的变量代换为

$$s \to \frac{\omega_p}{\omega'_p}s \tag{8.104}$$

式中，→左端为原变量，右端为新变量，于是得到

$$H_1(s)=H_0\left(\frac{\omega_p}{\omega'_p}s\right) \tag{8.105}$$

显然，有

$$H_1(s)\big|_{s=\mathrm{j}\omega'_p}=H_0(s)\big|_{s=\mathrm{j}\omega_p} \tag{8.106}$$

上述变换将 $H_0(s)$ 的通带 $[0,\ \omega_p]$ 转换为 $H_1(s)$ 的通带 $[0,\ \omega'_p]$，因此符合设计要求。

下面考虑将低通滤波器转换成高通滤波器。已知低通滤波器 $H_0(s)$，通带截止频率为 ω_p，现设计一个高通滤波器 $H_1(s)$，通带截止频率为 ω'_p。由于两个滤波器在通带和阻带的幅频特性相反，因此可作变量代换

$$s \to \frac{\omega_p\omega'_p}{s} \tag{8.107}$$

于是得到

$$H_1(s)=H_0\left(\frac{\omega_p\omega'_p}{s}\right) \tag{8.108}$$

经过变换之后，原 $H_0(s)$ 的通带 $[0,\ \omega_p]$ 映射为 $[\omega'_p,\ \infty)$，而阻带 $[\omega_p,\ \infty)$ 映射为 $[0,\ \omega'_p]$，因此 $H_1(s)$ 是高通滤波器。

类似地，利用频率变换还可以设计带通或带阻滤波器。以带通滤波器为例，设所希望的幅频特性满足：

① $|H(0)|\approx 0$ 且 $|H(\infty)|\approx 0$；

② $|H(\mathrm{j}\omega)|\approx 1$，$\omega_l<\omega<\omega_u$，其中，$\omega_u$，$\omega_l$ 为通带的上、下截止频率。

作变量代换

$$s \to \frac{s^2+\omega_0^2}{s\Delta\omega} \tag{8.109}$$

式中，$\omega_0^2=\omega_u\omega_l$；$\Delta\omega=\omega_u-\omega_l$。

上述变换将原坐标系中的原点 $s=0$ 映射为新坐标系中的点 $s=\pm\mathrm{j}\omega_0$；同时，将原坐标系中的无穷远点 $s=\infty$ 映射为新坐标系中的 $s=0$ 和 $s=\infty$。因此，若 $H_0(s)$ 为低通滤波器，ω_p 为通带截止频率，则带通滤波器的形式为

$$H_1(s)=H_0\left(\omega_p\frac{s^2+\omega_0^2}{s\Delta\omega}\right) \tag{8.110}$$

表 8.3 总结了各类模拟滤波器的频率变换形式。

表 8.3　模拟滤波器的频率变换形式

类型	频率变换	原截止频率	新截止频率
低通	$s\rightarrow\frac{\omega_p}{\omega'_p}s$	ω_p	ω'_p
高通	$s\rightarrow\frac{\omega_p\omega'_p}{s}$	ω_p	ω'_p
带通	$s\rightarrow\omega_p\frac{s^2+\omega_l\omega_u}{s(\omega_u-\omega_l)}$	ω_p	ω_l，ω_u
带阻	$s\rightarrow\omega_p\frac{s(\omega_u-\omega_l)}{s^2+\omega_l\omega_u}$	ω_p	ω_l，ω_u

例 8.6　以 3 阶巴特沃斯滤波器为原型，设计一个高通滤波器，使截止频率为$\omega_c=1$。

解： 3 阶巴特沃斯滤波器的系统函数为

$$H_0(s)=\frac{\omega_c^3}{s^3+2\omega_c s^2+2\omega_c^2 s+\omega_c^3} \tag{8.111}$$

根据题目条件，$\omega_c=1$，令 $s\rightarrow\frac{1}{s}$，代入式（8.111），得

$$H_1(s)=\frac{s^3}{s^3+2s^2+2s+1} \tag{8.112}$$

图 8.18 给出了转换前后的幅频响应曲线，可见 $H_1(s)$具有高通滤波器的幅频特性。

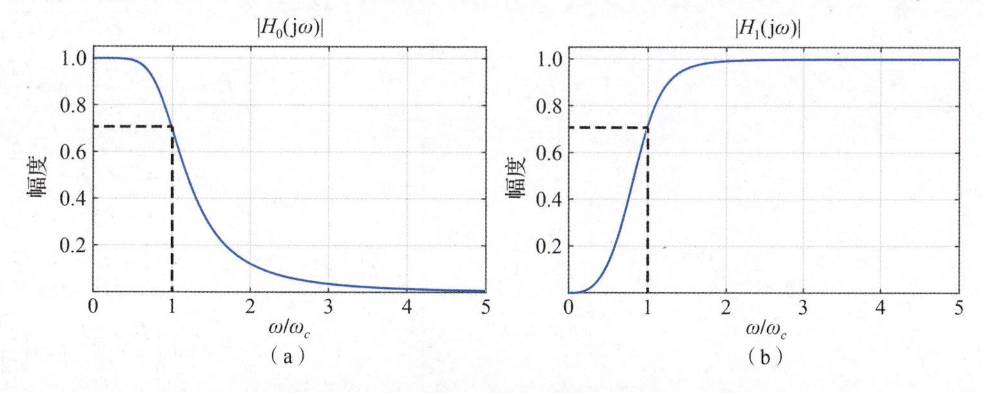

图 8.18　利用巴特沃斯滤波器设计高通滤波器

（a）低通滤波器；（b）高通滤波器

8.4.2　数字滤波器的频率变换

高通（或带通、带阻）数字滤波器的设计有两种思路。一种是先利用模拟域的频率变换将低通滤波器转换成高通（或带通、带阻）滤波器，再利用 8.1 节介绍的方法将模拟滤波器转换成数字滤波器。然而，无论是冲激响应不变法还是双线性变换法，映射在高

频部分都会引入失真，因此，两种方法并不适合高通滤波器的设计。另一种思路是先将模拟低通滤波器转换成数字低通滤波器，然后在数字域上进行频率变换。下面介绍数字域上的频率变换。

考虑 z 平面上的变换 $z^{-1}\to g(z^{-1})$，该变换应满足：

①将原坐标系中的单位圆映射为新坐标系中的单位圆；

②将原单位圆内的点映射到新单位圆内的点，即保证滤波器的稳定性。

条件①意味着变换 g 是全通的，即 $|g(z^{-1})|=1$，或写成如下形式

$$g(z^{-1}) = \pm\prod_{k=1}^{N}\frac{z^{-1}-a_k^*}{1-a_k z^{-1}} \tag{8.113}$$

式中，$|a_k|<1$ 保证了变换之后的滤波器是稳定的。

表 8.4 给出了各种类型的数字滤波器的频率变换。

表 8.4 数字滤波器的频率变换

类型	频率变换	原截止频率	新截止频率	参数
低通	$z^{-1}\to\frac{z^{-1}-a}{1-az^{-1}}$	Ω_p	Ω'_p	$a=\frac{\sin[(\Omega_p-\Omega'_p)/2]}{\sin[(\Omega_p+\Omega'_p)/2]}$
高通	$z^{-1}\to-\frac{z^{-1}-a}{1-az^{-1}}$	Ω_p	Ω'_p	$a=\frac{\cos[(\Omega_p+\Omega'_p)/2]}{\cos[(\Omega_p-\Omega'_p)/2]}$
带通	$z^{-1}\to-\frac{z^{-2}-a_1z^{-1}+a_2}{1-a_1z^{-1}+a_2z^{-2}}$	Ω_p	Ω_l，Ω_u	$a_1=2aK(K+1)$ $a_2=(K-1)/(K+1)$ $a=\frac{\cos[(\Omega_u+\Omega_l)/2]}{\cos[(\Omega_u-\Omega_l)/2]}$ $K=\cot\left(\frac{\Omega_u-\Omega_l}{2}\right)\tan\left(\frac{\Omega_p}{2}\right)$
带阻	$z^{-1}\to\frac{z^{-2}-a_1z^{-1}+a_2}{1-a_1z^{-1}+a_2z^{-2}}$	Ω_p	Ω_l，Ω_u	$a_1=2a/(K+1)$ $a_2=(1-K)/(K+1)$ $a=\frac{\cos[(\Omega_u+\Omega_l)/2]}{\cos[(\Omega_u-\Omega_l)/2]}$ $K=\tan\left(\frac{\Omega_u-\Omega_l}{2}\right)\tan\left(\frac{\Omega_p}{2}\right)$

注意到，对于高通滤波器，若 $\Omega_p+\Omega'_p=\pi$，则 $a=0$，此时变换可化简为

$$z^{-1}\to -z^{-1} \tag{8.114}$$

这意味着，如果 $H_0(z)$ 是低通滤波器，则 $H_1(z)=H_0(-z^{-1})$ 为高通滤波器。事实上，令 $z=\mathrm{e}^{\mathrm{j}\Omega}$，则

$$H_1(\mathrm{e}^{\mathrm{j}\Omega})=H_0(-z^{-1})\big|_{z=\mathrm{e}^{\mathrm{j}\Omega}}=H_0(\mathrm{e}^{\mathrm{j}\pi}\mathrm{e}^{-\mathrm{j}\Omega})=H_0(\mathrm{e}^{\mathrm{j}(\pi-\Omega)}) \tag{8.115}$$

如果 $H_0(\mathrm{e}^{\mathrm{j}\Omega})$ 是低通滤波器，中心频率位于原点（即 $\Omega=0$），则 $H_0(\mathrm{e}^{\mathrm{j}(\pi-\Omega)})$ 是将 $H_0(\mathrm{e}^{\mathrm{j}\Omega})$

沿频率轴移动了 π，此时中心频率变为 $\Omega=\pi$，因此是高通滤波器。图 8.19 给出了变换前后的幅频响应示意图。相应地，根据式（8.115），还可以得到变换前后滤波器系数的关系为

$$h_1[n]=(-1)^n h_0[n] \tag{8.116}$$

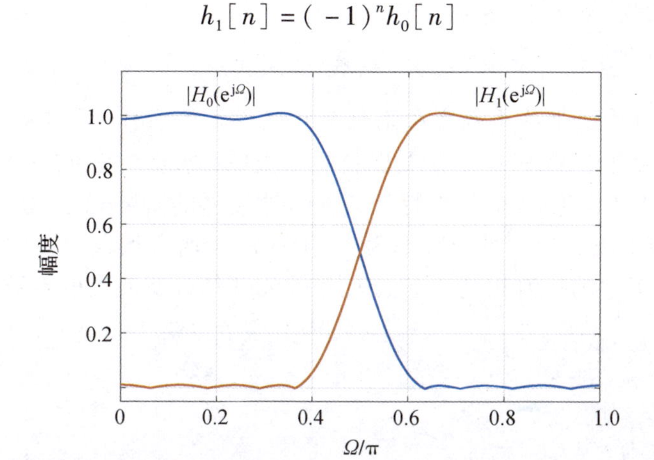

图 8.19 低通滤波器与高通滤波器的幅频转换关系

8.5 编程仿真实验

8.5.1 IIR 数字滤波器的设计

根据 8.2 节的介绍，IIR 数字滤波器的设计依赖于模拟滤波器，通常可采用巴特沃斯滤波器或切比雪夫滤波器作为原型。MATLAB 信号处理工具箱中提供函数 butter、cheby1、cheby2 分别用于设计巴特沃斯滤波器、第一型切比雪夫滤波器和第二型切比雪夫滤波器。具体用法如下。

```
[b,a] = butter(n,Wn,ftype);   % 设计巴特沃斯数字滤波器
[b,a] = cheby1(n,Rp,Wp,ftype);   % 设计第一型切比雪夫数字滤波器
[b,a] = cheby2(n,Rp,Wp,ftype);   % 设计第二型切比雪夫数字滤波器
```

其中，n 为巴特沃斯或切比雪夫滤波器的阶数；Wn 为巴特沃斯滤波器的 3 dB 截止频率；Rp，Wp 为切比雪夫滤波器的通带波纹（dB）和通带截止频率；ftype 为滤波器的类型，可以选择低通、高通、带通、带阻四类，如无指定，默认为低通滤波器。需要注意的是，所有频率参数的取值范围均为（0，1），其中，1 对应于归一化奈奎斯特频率（即采样率的一半）。

事实上，上述函数也可以用于实现模拟滤波器的设计，只需补充输入参数's'。例如，设计巴特沃斯模拟滤波器的用法为

```
[b,a] = butter(n,Wn,ftype,'s');   % 设计巴特沃斯模拟滤波器
```

对于模拟滤波器，频率参数可以是任意正数，单位为 rad/s。

MATLAB 采用双线性变换法[①]将模拟滤波器转化为数字滤波器。

在实际应用中，滤波器通常通过通带截止频率、阻带截止频率、通带波纹、阻带波纹等参数来刻画，MATALB 提供了相关函数用于估计滤波器的参数。例如，buttord 可以估计巴特沃斯滤波器的阶数和 3 dB 截止频率。

```
[n,Wn] = buttord(Wp,Ws,Rp,Rs);   % 估计巴特沃斯数字滤波器的参数
```

其中，Wp，Ws 分别为通带截止频率和阻带截止频率；Rp，Rs 分别为通带波纹和阻带衰减（dB）。若输入参数中带有's'，则为巴特沃斯模拟滤波器的参数估计。

实验 8.1 利用 MATLAB 估计巴特沃斯模拟滤波器的阶数和 3 dB 截止频率，要求通带截止频率为 $f_p=50$ Hz，阻带截止频率为 $f_s=150$ Hz，通带和阻带波纹均不高于 0.1。

本实验与例 8.1 中的参数相同，下面采用 buttord 估计滤波器的参数。具体代码如下：

```
fp = 50;   % 通带截止频率(Hz)
fs = 150;   % 阻带截止频率(Hz)
dp = 0.1;   % 通带波纹
ds = 0.1;   % 阻带波纹
Wp = fp*2*pi;   % 阻带截止频率(rad/s)
Ws = fs*2*pi;   % 阻带截止频率(rad/s)
Rp = -20*log10(1-dp);   % 通带波纹(dB)
Rs = -20*log10(ds);   % 阻带衰减(dB)
[n,Wn] = buttord(Wp,Ws,Rp,Rs,'s');   % 参数估计
```

估计结果为：

```
>> n
= 3
>> Wn
= 438.1928
```

可见，估计阶数与例 8.1 的理论分析一致，而 3 dB 截止频率为理论分析的上界，即不等式（8.21）的上界。

此外，cheb1ord，cheb2ord 可分别用于估计第一型切比雪夫滤波器和第二型切比雪夫滤波器的阶数，用法与 buttord 类似，不再赘述。

实验 8.2 分别以巴特沃斯滤波器和第一型切比雪夫滤波器为原型，设计一个 IIR 数字滤波器，要求通带截止频率为 $f_p=60$ Hz，阻带截止频率为 $f_s=100$ Hz，采样率为 300 Hz，通带波纹为 3 dB，阻带衰减为 40 dB。

具体代码如下：

```
fp = 60;   % 通带截止频率(Hz)
fs = 100;   % 通带截止频率(Hz)
F = 300;   % 采样率(Hz)
```

---

① 双线性变换法可以采用 MATLAB 函数 bilinear 来实现。

```
Wp = fp/F;   % 归一化通带截止频率
Ws = fs/F;   % 归一化阻带截止频率
Rp = 3;   % 通带波纹(dB)
Rs = 40;   % 阻带衰减(dB)
[n1,Wn] = buttord(Wp,Ws,Rp,Rs);   % 参数估计
[b1,a1] = butter(n1,Wn);   % 巴特沃斯滤波器
[n2,Wp] = cheb1ord(Wp,Ws,Rp,Rs);   % 参数估计
[b2,a2] = cheby1(n2,Rp,Wp);   % 第一型切比雪夫滤波器
```

两类滤波器的估计阶数分别为：

```
>> n1
= 9
>> n2
= 5
```

所设计的滤波器的幅频响应如图 8.20 所示。

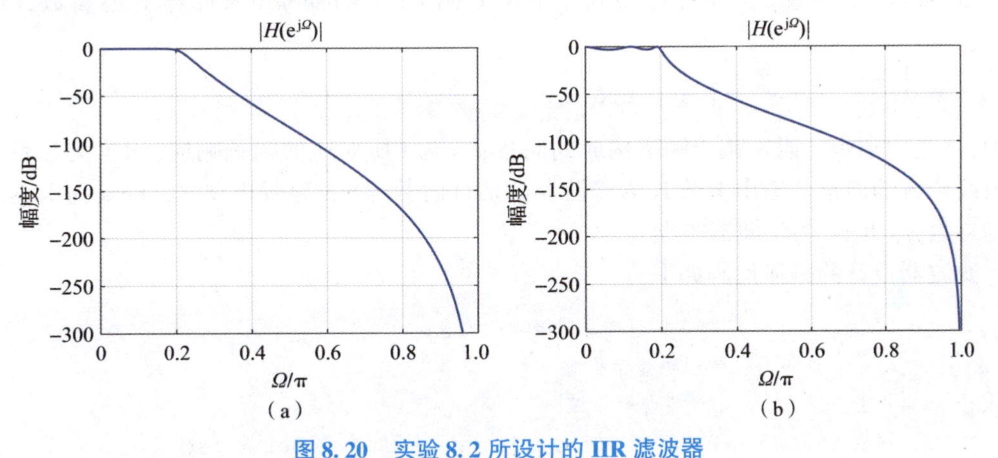

图 8.20　实验 8.2 所设计的 IIR 滤波器

(a) 巴特沃斯滤波器；(b) 第一型切比雪夫滤波器

8.5.2　FIR 数字滤波器的设计

MATLAB 信号处理工具箱中提供函数 fir1 和 fir2 分别用于设计基于窗函数法和频率采样法的 FIR 滤波器，下面进行具体介绍。

fir1 的具体用法为

```
h = fir1(n,Wn,ftype,window);   % 采用窗函数法设计 FIR 滤波器
```

其中，n 为滤波器的阶数；Wn 为滤波器的截止频率；ftype 为滤波器的类型；window 为指定窗函数，默认为 Hamming 窗。表 8.5 列出了常用的窗函数及所对应的 MATLAB 函数，调用方法为“函数名（滤波器长度）”，例如：

```
w = hamming(M);   % 生成长度 M 的 hamming 窗
```

表 8.5 常用的窗函数及 MATLAB 函数

窗函数	MATLAB 函数	窗函数	MATLAB 函数
矩形窗	rectwin	Blackman 窗	blackman
Bartlett 窗	bartlett	三角窗①	triang
Hann 窗	hann	Kaiser 窗	kaiser
Hamming 窗	hamming	高斯窗	gausswin
①三角窗与 Bartlett 窗都具有三角形的形式，但两者取值略有差异，具体解释见 MATLAB 帮助文档。			

实验 8.3 采用 Kaiser 窗函数设计一个低通滤波器，使滤波器的通带截止频率为$\Omega_p=0.45\pi$，阻带截止频率为$\Omega_s=0.55\pi$，通带波纹不大于 1 dB，阻带衰减不小于 40 dB。

根据题目条件，可以通过式（8.88）来计算滤波器的长度，然后通过式（8.87）确定 Kaiser 窗的参数β。或者直接调用 MATLAB 函数 kaiserord 来计算上述参数，用法如下：

```
[N,Wn,beta,ftype] = kaiserord(f,a,dev); % Kaiser 窗参数估计
```

其中，f 是由通带、阻带截止频率构成的向量；a 为 f 所对应的幅频响应；dev 为通带、阻带波纹构成的向量。输出参数 N 为滤波器的估计阶数；Wn 为截止频率；beta 为 Kaiser 窗中的参数β；ftype 为滤波器类型。

滤波器设计的具体代码如下：

```
f = [0.45,0.55];   % 归一化通带与阻带截止频率
a = [1,0]; % 通带与阻带理想幅频响应
dev = [0.1,0.01];   % 通带与阻带波纹
[N,Wn,beta,ftype] = kaiserord(f,a,dev);   % 估计 Kaiser 窗参数
wind = kaiser(N+1,beta);   % 生成 Kaiser 窗
h = fir1(N,Wn,wind,ftype);   % 采用 Kaiser 窗设计 FIR 滤波器
```

参数估计结果为

```
>> N
= 45
>> beta
= 3.3953
>> Wn
= 0.5
```

注意，输出“N”为滤波器的阶数，因而滤波器长度为$N+1$。

图 8.21 给出了滤波器的系数与幅频响应。注意到滤波器的阻带衰减高于 40 dB，因此符合设计要求。

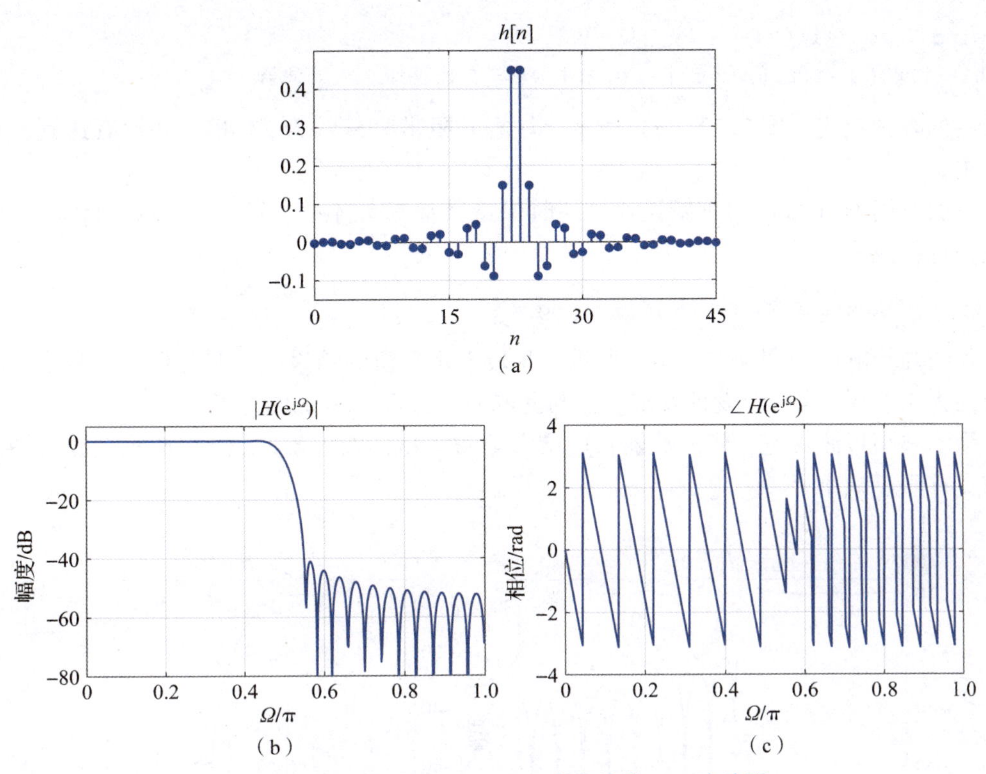

图 8.21　实验 8.3 采用 Kaiser 窗设计的 FIR 滤波器

(a) 滤波器系数；(b) 幅频响应；(c) 相频响应

fir2 的具体用法为

```
h = fir2(n,f,m);   % 采用频率采样法设计 FIR 滤波器
```

其中，n 为滤波器的阶数；f 为采样频点构成的向量，取值范围为 [0, 1]，且第一个元素必须为 0，最后一个元素必须为 1，1 表示归一化奈奎斯特频率；m 为对应的幅频响应向量，长度与 f 一致。

需要说明的是，与 8.3.2 节所介绍的基本方法略有不同。fir2 中的采样频点 f 并不要求是均匀的，而且允许有重复频点。这也意味着滤波器的长度不是由频点个数决定的。而在 8.3.2 节的分析中，假设一个周期内的频点个数与滤波器长度相等（即 DFT 运算的自然约定）。事实上，fir2 采用插值方法来提高幅频响应的采样密度，然后利用 IFFT 计算时域的冲激响应，最后采用加窗方法得到指定长度的滤波器系数，默认使用 Hamming 窗。

实验 8.4　采用 fir2 设计一个低通滤波器，使滤波器的截止频率为 $\Omega_c=0.4\pi$，阻带衰减不小于 40 dB。

由于频率采样法不能精确控制滤波器的参数，不妨先预设参数观察结果。例如，设滤波器长度为 $M=31$，并使用矩形窗函数，代码如下：

```
M = 15; % 滤波器长度
f = [0,0.4,0.4,1];   % 采样频点
m = [1 1 0 0];   % 采样幅值
```

```
wind = rectwin(M)    % 使用矩形窗
h = fir2(M-1,f,m,wind);   % 采用频率采样法设计 FIR 滤波器
```

滤波器的幅频响应如图 8.22（a）所示。注意到阻带衰减约为 23 dB，并没有达到所设计的要求。

下面改用 Hamming 窗重新设计，同时保持其他参数不变。故只需将上面代码中的窗函数一行替换为

```
wind = hamming(M)    % 使用 Hamming 窗
```

滤波器的幅频响应如图 8.22（b）所示。相较于矩形窗的结果，此时通带波纹减小，阻带衰减约为 56 dB，故符合设计要求。但与此同时，过渡带宽也增大了。

为了减小过渡带宽，将滤波器长度增大至 $M=45$，如图 8.22（c）所示。滤波器的过渡带宽有明显减小。

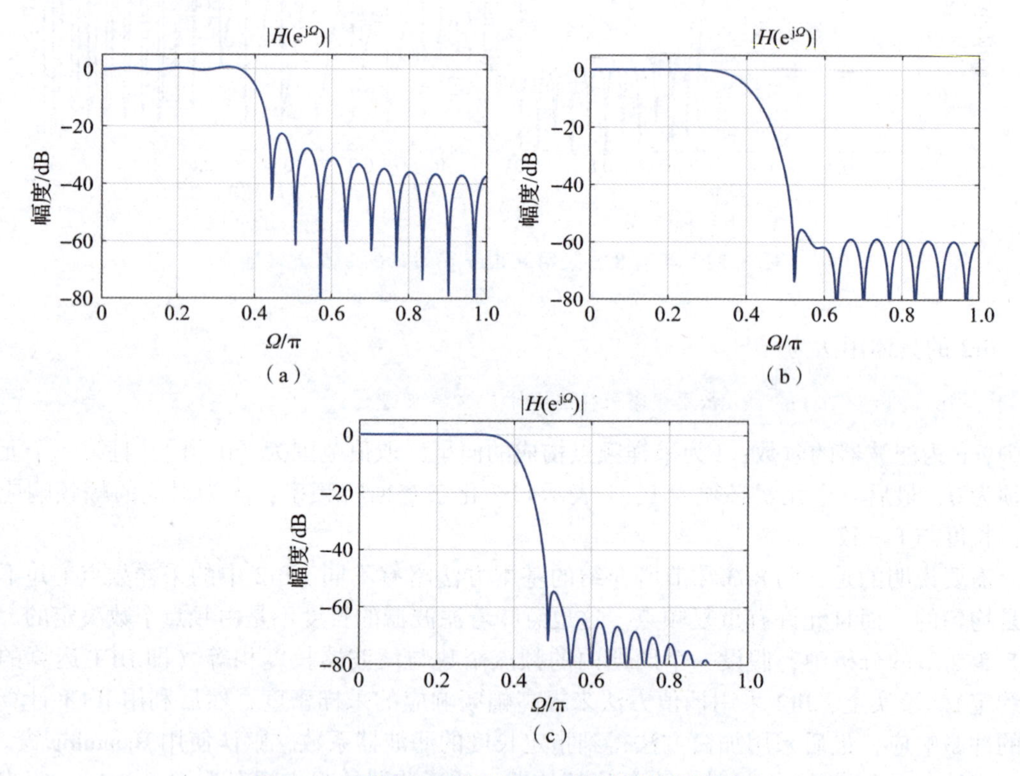

图 8.22 采用 fir2 设计的 FIR 滤波器的幅频响应

（a）使用矩形窗（$M=31$）；（b）使用 Hamming 窗（$M=31$）；（c）使用 Hamming 窗（$M=45$）

本章小结

本章围绕滤波器的设计方法展开介绍，分为模拟滤波器和数字滤波器两部分。由于理想滤波器并非是物理可实现的，因而在实际中，通常采用近似手段来逼近理想的频率特

性。设计参数主要包括通带截止频率、阻带截止频率、通带波纹、阻带波纹（或阻带衰减）等。

模拟滤波器设计的基本思路是利用特定函数来逼近所希望的频率特性曲线。常用的原型滤波器有巴特沃斯滤波器和切比雪夫滤波器。巴特沃斯滤波器具有平坦的通带，因而也称为最大平坦滤波器。切比雪夫滤波器包括Ⅰ型和Ⅱ型，前者在通带具有等波纹特性，而在通带之外单调递减；后者恰好反之。相比于巴特沃斯滤波器，在相同阶数下，切比雪夫滤波器拥有更快的过渡带衰减。

数字滤波器包括 IIR 和 FIR 两种类型。对于 IIR 滤波器，设计思路是将模拟滤波器转化为数字滤波器，常用的方法包括冲激响应不变法和双线性变换法。冲激响应不变法建立了从 s 平面（即模拟复频域）到 z 平面（即数字复频域）的映射关系，因而可直接通过模拟滤波器的系统函数得到数字滤波器的系统函数。该方法也体现了拉普拉斯变换与 z 变换之间的内在关联。双线性变换法的设计思路与冲激响应不变法相似，不过映射关系有所不同。从频域上来看，双线性变换法的映射为反正切函数，具有非线性、一一映射的特点，且不会出现混叠。

FIR 滤波器的冲激响应是有限长的，因而可以保证稳定。在满足对称或反对称的情况下，还可以实现线性相位。FIR 滤波器的设计包括窗函数法和频率采样法。窗函数法的基本思想是对理想滤波器的冲激响应加窗，因而窗函数的特性决定了所设计的滤波器的频率特性。如果说窗函数法是一种时域设计法，那么频率采样法则是从频域角度出发来设计滤波器。它通过预先指定有限个频率响应，然后利用 IDFT 求得冲激响应。频率采样法的局限在于无法精确控制频率响应、过渡带宽等，因此实际应用更多的还是窗函数法。

本章最后简要介绍了非低通滤波器的设计方法，核心思想是利用频率变换将低通滤波器转化为指定通带的滤波器。对于模拟滤波器和数字滤波器，具有不同的映射关系。在实际应用中可以查表使用。

滤波器设计是信号处理领域经久不衰的研究课题。随着研究不断深入，后续又出现了许多代表性方法。例如，在 FIR 滤波器设计方面，有学者提出了基于切比雪夫多项式逼近的最优等波纹法（又称为 Parks－McClellan 法）[39]，该方法通过优化理论进行设计，有效克服了窗函数法和频率采样法的不足，目前已广泛应用于工程实际。

需要指出的是，本章讨论的属于经典滤波器范畴，即频率选择滤波器。在实际应用中可能还要考虑更多方面的因素。在经典滤波器的基础上，现代滤波器的概念便应运而生。从含噪信号中检测或估计出有用信号的方法通常均可称为现代滤波器，譬如匹配滤波器、维纳滤波器、卡尔曼滤波器、最小二乘滤波器等。关于这方面的扩展内容，感兴趣的读者可以参阅文献［19，20，21，26，31，40］。

习　题

8.1　设低通滤波器的系统函数为

$$H(z)=\frac{(z-b_1)(z-b_2)}{(z-a_1)(z-a_2)}$$

现将它的零点、极点取反号，得到如下滤波器

$$H(z)=\frac{(z+b_1)(z+b_2)}{(z+a_1)(z+a_2)}$$

试问该滤波器是哪种类型的滤波器？

8.2 对于图8.23中所示的系统，求其系统函数，并判断是哪一种类型的滤波器。

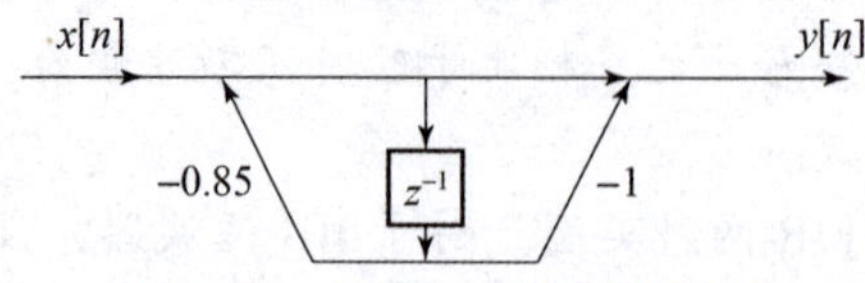

图8.23 习题8.2的系统框图

8.3 已知1阶巴特沃斯滤波器

$$H_0(s)=\frac{1}{1+s}$$

试设计一个带通滤波器 $H_1(s)$，使其上、下截止频率分别为 $\omega_u=2$，$\omega_l=1$。

8.4 设模拟滤波器的系统函数 $H_a(s)$ 如下所示，假设采样间隔为 T，试用冲激响应不变法将其转换成数字滤波器的系统函数 $H(z)$。

（1）$H_a(s)=\dfrac{1}{(s+a)^2}$；

（2）$H_a(s)=\dfrac{s+a}{(s+a)^2+b^2}$；

（3）$H_a(s)=\dfrac{1}{s^2+2s+17}$；

（4）$H_a(s)=\dfrac{1}{s^2+5s+4}$。

8.5 假设采样率为10 kHz，试以巴特沃斯滤波器为原型，分别用冲激响应不变法、双线性变换法设计一个3 dB截止频率为2 kHz的2阶数字巴特沃斯低通滤波器，给出其系统函数。

8.6 证明：如果FIR滤波器的系数满足反对称性

$$h[n]=-h[M-1-n],\ 0\leqslant n\leqslant M-1$$

则频率响应可表示为

$$H(e^{j\Omega})=e^{-j[\Omega(M-1)-\pi]/2}H_r(e^{j\Omega})$$

式中

$$H_r(e^{j\Omega})=\begin{cases}2\sum\limits_{k=0}^{M/2-1}h[k]\sin\left[\left(\dfrac{M-1}{2}-k\right)\Omega\right], & M\text{ 为偶数}\\ 2\sum\limits_{k=0}^{(M-3)/2}h[k]\sin\left[\left(\dfrac{M-1}{2}-k\right)\Omega\right], & M\text{ 为奇数}\end{cases}$$

$$\angle H(e^{j\Omega})=\begin{cases}\pi/2-\Omega(M-1)/2, & H_r(e^{j\Omega})\geqslant 0\\ 3\pi/2-\Omega(M-1)/2, & H_r(e^{j\Omega})<0\end{cases}$$

8.7 已知滤波器的冲激响应如下，试判断滤波器是否具有线性相位。

（1）$h[k]=[1,-1,1,-1,1,-1,1,-1,1]$；

（2）$h[k]=[1,2,3,4,5,1,2,3,4,5]$；

（3）$h[k]=[1,2,3,4,5,4,3,2]$；

（4）$h[k]=[1,2,3,4,5,-4,-3,-2,-1]$。

8.8　采用窗函数法设计一个线性相位 FIR 数字低通滤波器，具体指标为：通带截止频率 $\Omega_p=0.2\pi$，阻带截止频率 $\Omega_s=0.4\pi$，阻带衰减 $A_s=45$ dB。试说明采用哪种窗函数，并求出 $h[n]$的表达式。

8.9　已知理想数字低通滤波器

$$H_d(e^{j\Omega})=\begin{cases}e^{-j\Omega\alpha}, & 0\leqslant\Omega\leqslant0.5\pi\\ 0, & 0.5\pi<\Omega\leqslant\pi\end{cases}$$

采用窗函数法设计一个具有线性相位的数字低通滤波器，要求其最小阻带衰减为 45 dB，过渡带宽为 $8\pi/51$。试确定：采用哪种窗函数？长度为多少？并求出 $h[n]$的表达式。

8.10（编程练习）　利用 MATLAB 设计一个模拟巴特沃斯低通滤波器，满足如下指标：通带截止频率 $f_p=50$ Hz，通带容限 $R_p=0.5$ dB，阻带截止频率 $f_s=80$ Hz，阻带衰减 $A_s=45$ dB。

画出滤波器的冲激响应、幅度响应以及零极图。

8.11　设采样频率为 $f_s=10$ kHz，以巴特沃斯滤波为原型设计一个 IIR 数字低通滤波器，满足如下指标：通带截止频率 $f_p=1$ kHz，通带容限 $R_p=1$ dB，阻带截止频率 $f_s=1.5$ kHz，阻带衰减 $A_s=15$ dB。

分别采用脉冲响应不变法和双线性变换法进行设计，并分析两种方法的优缺点及适用范围。

8.12　利用 MATLAB 设计一个数字巴特沃斯高通滤波器，满足如下指标：

（1）当 $f\leqslant3$ kHz 时，阻带衰减 $A_s\geqslant30$ dB；

（2）当 $f\geqslant5$ kHz 时，通带容限 $R_p\leqslant3$ dB；

（3）采样率为 $f_s=20$ kHz。

8.13　利用 MATLAB 设计一个数字切比雪夫第一型带阻滤波器，满足如下指标：

（1）当 1 kHz$\leqslant f\leqslant$2 kHz 时，阻带衰减 $A_s\geqslant30$ dB；

（2）当 $f\leqslant500$ Hz 且 $f\geqslant3$ kHz 时，通带容限 $R_p\leqslant3$ dB；

（3）采样率为 $f_s=10$ kHz。

8.14　采用窗函数法设计一个 FIR 数字低通滤波器，具体指标如下：通带截止频率 $\Omega_p=0.2\pi$，通带容限 $R_p=0.25$ dB，阻带截止频率 $\Omega_s=0.3\pi$，阻带衰减 $A_s=50$ dB。

要求分别采用矩形窗、Hamming 窗、Hann 窗、Blackman 窗、Kaiser 窗设计滤波器，并讨论采用上述方法设计的数字滤波器是否都能满足给定指标要求。

8.15　采用频率采样法设计一个 FIR 数字低通滤波器，要求满足如下指标：通带截止频率 $\Omega_p=0.2\pi$，通带容限 $R_p=0.25$ dB，阻带截止频率为 $\Omega_s=0.3\pi$，阻带衰减 $A_s=50$ dB。

（1）取 $N=41$，过渡带有一个采样频点；

（2）取 $N=60$，过渡带有两个采样频点。

8.16（编程练习）　采用频率采样法设计一个 FIR 数字高通滤波器，要求满足如下指标：通带截止频率 $\Omega_p=0.8\pi$，通带容限 $R_p=1$ dB，阻带截止频率 $\Omega_s=0.6\pi$，阻带衰减 $A_s=50$ dB，滤波器长度 $N=32$，过渡带有两个采样频点。

8.17（编程练习）　已知模拟信号 $x_c(t)=5\cos(400\pi t)+10\sin(500\pi t)$，现以采样率 1 kHz 对其进行采样，得到采样序列 $x[n]$。采用窗函数法设计一个最小阶次的 FIR 滤波器，具体要求如下：

（1）采用矩形窗设计，使信号通过该滤波器后，其频谱在 200 Hz 时衰减小于 1 dB，在 250 Hz 时衰减至少为 50 dB，画出滤波器的冲激响应和幅度响应；

（2）采用 Kaiser 窗重做（1），并比较两种方法所得的滤波器阶数。

第 9 章　多抽样率信号处理

本章阅读提示

- 抽取和内插的各自作用是什么？
- 经过抽取或内插之后，信号的频谱如何变化？为何要在抽取之前或内插之后作滤波？
- 如何实现分数倍采样率转换？
- 如何衡量多抽样率系统的计算量？多抽样率系统有哪些等效结构？
- 多相分解的作用是什么？
- 滤波器组的功能是什么？有哪些应用？
- 两通道滤波器组有哪些类型？完全重构的条件是什么？
- 通信复用技术的基本原理是什么？有哪些类型？
- 如何利用滤波器组实现图像去噪？

9.1　采样率转换

在实际应用中，经常遇到采样率转换（sampling rate conversion，SRC）的问题，即将信号从某个采样率转换到另一个采样率。例如，在数字音频系统中，激光唱片（compact disc，CD）的采样率为 44.1 kHz，而数字视频光盘（digital video disk，DVD）的采样率为 48 kHz。因此，在不同系统中播放音乐，需要进行采样率转换。又如，在广播电视系统中，视频信号与音频信号往往具有不同的采样率，需要将两者转换为同一采样率下，才能够保证声音与画面的同步。

采样率转换是多抽样率信号处理（multirate signal processing）的基础。低采样率的优势是数据量小，能够节省存储、传输、计算的成本，但是当采样率过低时，会造成信号失真；高采样率的优势在于信号保真度高，系统结构和实现过程相对简单，但过高的采样率会增加存储、传输、计算的成本。因此，如何在高低采样率之间进行权衡，设计恰当的采样率转换方法，以满足实际应用需求，是多抽样率信号处理研究的关键问题之一。

采样率转换有两种实现方式。一种是模拟方法，即先将数字信号转换为模拟信号，再以新的采样率进行采样，该过程可以通过数模转换器（D/A convertor）和模数转换器（A/D convertor）来实现。另一种是数字方法，即直接在数字域上进行转换。相较于模拟方法，数字方法不需要 D/A 和 A/D 转换，避免了量化噪声和编码误差的影响，能够维持信号的高保真度，同时可降低系统复杂度。随着计算机、数字芯片的普及，数字方法逐渐成为采样率转换的主流方法。

抽取（decimation）和内插（interpolation）是实现采样率转换的两个基本单元，结构分别如图 9.1 所示。抽取的作用是降低采样率，与之相反，内插的作用是提高采样率。两者组合可实现任意分数倍采样率转换。下面进行详细介绍。

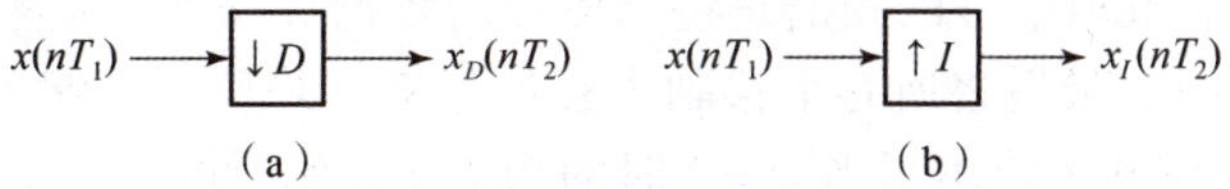

$x(nT_1) \longrightarrow \boxed{\downarrow D} \longrightarrow x_D(nT_2)$　　$x(nT_1) \longrightarrow \boxed{\uparrow I} \longrightarrow x_I(nT_2)$

（a）　　（b）

图 9.1　抽取与内插的结构

（a）抽取；（b）内插

9.1.1　整数倍抽取

当需要降低信号的采样率时，可以通过抽取来实现，即从原信号中均匀地抽出一些点，从而得到新的信号，这个过程又称为下采样（downsampling）。具体而言，设抽取前的信号为 $x(nT_1)$，现每隔 $D-1$ 个点抽取一个点，得到抽取信号 $x_D(nT_2)$。易知抽取前后的关系为

$$x_D(nT_2) = x(nDT_1) \tag{9.1}$$

式中，$T_2 = DT_1$，D 为整数，称为抽取因子。图 9.2 给出了 $D=3$ 时抽取过程的示意图。

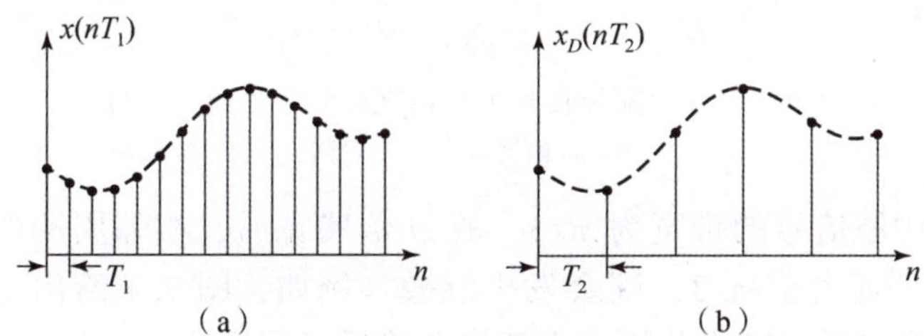

图 9.2　抽取过程示意图（$D=3$）

（a）抽取前信号；（b）抽取后信号

若忽略采样间隔，抽取关系也可以表示为

$$x_D[n] = x[Dn] \tag{9.2}$$

式（9.1）与式（9.2）是等价的。

下面分析抽取前后信号的频谱关系。首先构造如下序列

$$\hat{x}_D[n] = x[n]p_D[n] \tag{9.3}$$

式中

$$p_D[n] = \sum_{m=-\infty}^{\infty} \delta[n - mD] = \begin{cases} 1, & n = Dm \\ 0, & n \neq Dm \end{cases} \tag{9.4}$$

根据离散时间傅里叶变换的乘积定理，有

$$\hat{X}_D(\mathrm{e}^{\mathrm{j}\Omega}) = \frac{1}{2\pi} X(\mathrm{e}^{\mathrm{j}\Omega}) \circledast P_D(\mathrm{e}^{\mathrm{j}\Omega}) \tag{9.5}$$

$$= \frac{1}{2\pi} X(\mathrm{e}^{\mathrm{j}\Omega}) \circledast \frac{2\pi}{D} \sum_{k=-\infty}^{\infty} \delta\left(\Omega - \frac{2\pi k}{D}\right) \tag{9.6}$$

$$= \frac{1}{D}\sum_{k=0}^{D-1} X(\mathrm{e}^{\mathrm{j}(\Omega-2\pi k/D)}) \tag{9.7}$$

注意到 $x_D[n] = \hat{x}_D[Dn]$，因此，有

$$X_D(\mathrm{e}^{\mathrm{j}\Omega}) = \sum_{n=-\infty}^{\infty} x_D[n]\mathrm{e}^{-\mathrm{j}\Omega n} = \sum_{n=-\infty}^{\infty} \hat{x}_D[Dn]\mathrm{e}^{-\mathrm{j}\Omega n} = \hat{X}_D(\mathrm{e}^{\mathrm{j}\Omega/D}) = \frac{1}{D}\sum_{k=0}^{D-1} X(\mathrm{e}^{\mathrm{j}\frac{\Omega-2\pi k}{D}}) \tag{9.8}$$

式（9.8）说明，抽取信号的频谱是将原信号的频谱 $X(\mathrm{e}^{\mathrm{j}\Omega})$ 展宽 D 倍，再分别平移 $2\pi k$，$k=0,1,\cdots,D-1$，最后将所有平移副本叠加起来，并且在幅度上乘以系数 $1/D$。以低通带限信号为例，图 9.3 给出了当 $D=3$ 时的频谱变化示意图。

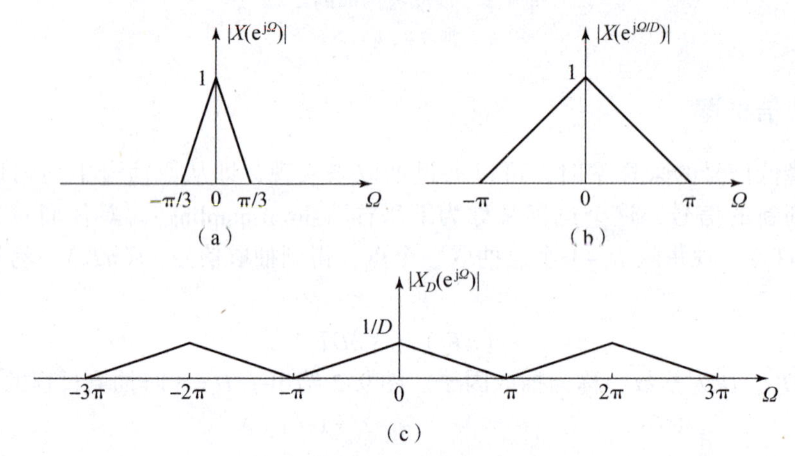

图 9.3 抽取前后信号的频谱变化示意图（$D=3$）

（a）原信号的频谱（一个周期）；（b）D 倍展宽（一个周期）；（c）抽取信号的频谱（无混叠）

注意到图 9.3 中原信号的带宽为 $\pi/3$，故 D 倍展宽后，相邻周期的频谱之间没有混叠。如果原信号的带宽大于 $\pi/3$，则会发生混叠。例如，图 9.4 给出了原信号的带宽为 $\pi/2$ 时的情况。结合采样定理来分析，由于抽取降低了采样率，因此，当采样率小于奈奎斯特频率时，必然会发生混叠。

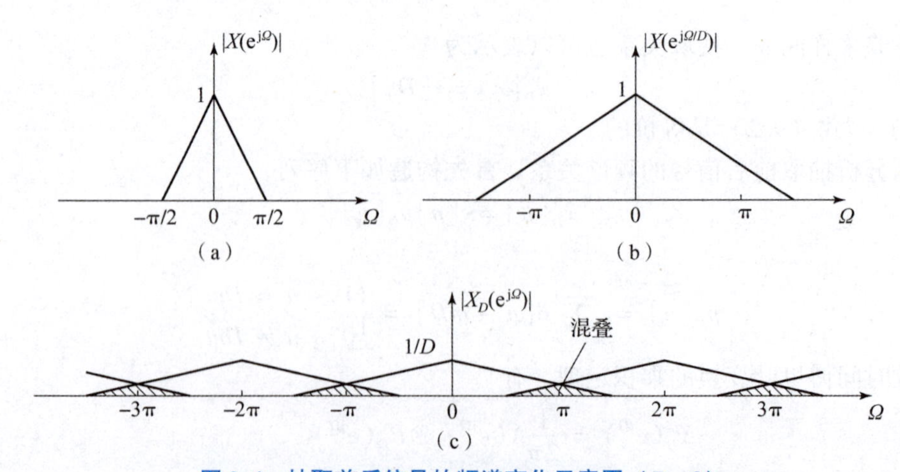

图 9.4 抽取前后信号的频谱变化示意图（$D=3$）

（a）原信号的频谱（一个周期）；（b）D 倍展宽（一个周期）；（c）抽取信号的频谱（有混叠）

为避免混叠，通常需要在抽取之前放置一个低通滤波器，其截止频率满足 $\Omega_c \leqslant \pi/D$，该滤波器称为抗混叠滤波器（anti - aliasing filter）。完整的抽取系统结构如图 9.5 所示，此时的输入输出关系为

时域：
$$y[n] = v[Dn] = \sum_{k=-\infty}^{\infty} x[k]h_D[nD-k] \tag{9.9}$$

频域：
$$Y(\mathrm{e}^{\mathrm{j}\Omega}) = \frac{1}{D}\sum_{k=0}^{D-1} V(\mathrm{e}^{\mathrm{j}\frac{\Omega-2\pi k}{D}}) = \frac{1}{D}\sum_{k=0}^{D-1} H_D(\mathrm{e}^{\mathrm{j}\frac{\Omega-2\pi k}{D}})X(\mathrm{e}^{\mathrm{j}\frac{\Omega-2\pi k}{D}}) \tag{9.10}$$

z 变换域：
$$Y(z) = \frac{1}{D}\sum_{k=0}^{D-1} V(z^{1/D}W_D^k) = \frac{1}{D}\sum_{k=0}^{D-1} H_D(z^{1/D}W_D^k)X(z^{1/D}W_D^k) \tag{9.11}$$

式中，$W_D = \mathrm{e}^{-\mathrm{j}2\pi/D}$。

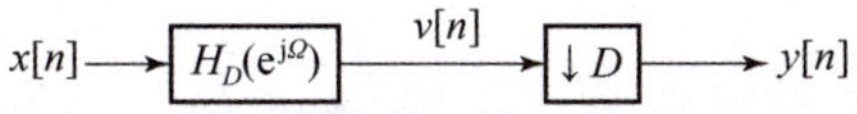

$x[n] \rightarrow \boxed{H_D(\mathrm{e}^{\mathrm{j}\Omega})} \xrightarrow{v[n]} \boxed{\downarrow D} \rightarrow y[n]$

图 9.5　含有抗混叠滤波器的 D 倍抽取系统

特别地，若抗混叠滤波器为理想低通滤波器，即

$$H_D(\mathrm{e}^{\mathrm{j}\Omega}) = \begin{cases} 1, & |\Omega| \leqslant \pi/D \\ 0, & \text{其他} \end{cases} \tag{9.12}$$

则

$$Y(\mathrm{e}^{\mathrm{j}\Omega}) = \frac{1}{D}X(\mathrm{e}^{\mathrm{j}\Omega/D}) \tag{9.13}$$

图 9.6 给出了加入抗混叠滤波器之后的频谱变化示意图。

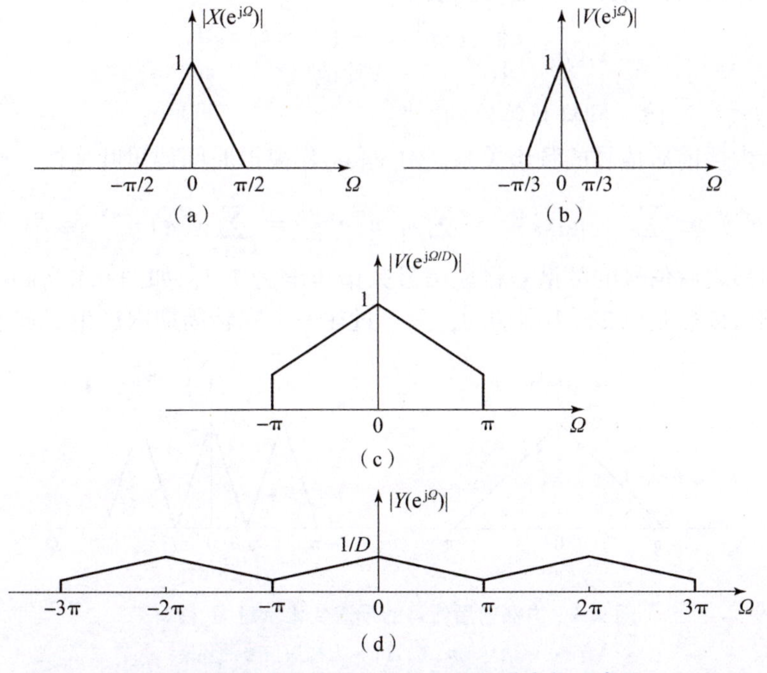

图 9.6　含有抗混叠滤波的抽取前后信号的频谱变化示意图（$D=3$）

（a）原信号的频谱（一个周期）；（b）抗混叠滤波之后的频谱（一个周期）

（c）D 倍展宽（一个周期）；（d）抽取信号的频谱

9.1.2 整数倍内插

与抽取相反，内插是在信号相邻采样点之间插入一些点，从而提高信号的采样率，这个过程又称为上采样（upsampling）。一般而言，新插入的点可以是任意取值，但为了便于分析，通常只考虑零值内插。具体而言，设内插前的信号为 $x(nT_1)$，在其相邻采样点之间均匀地插入 $I-1$ 个零值，得到内插信号为 $x_I(nT_2)$。易知内插前后的关系为

$$x_I(nT_2)=\begin{cases}x(nT_1/I), & n=0, \pm I, \pm 2I, \cdots \\ 0, & \text{其他}\end{cases} \tag{9.14}$$

式中，$T_2=T_1/I$，I 为整数，称为内插因子。仍以低通带限信号为例，图 9.7 给出了 $I=3$ 时内插过程的示意图。

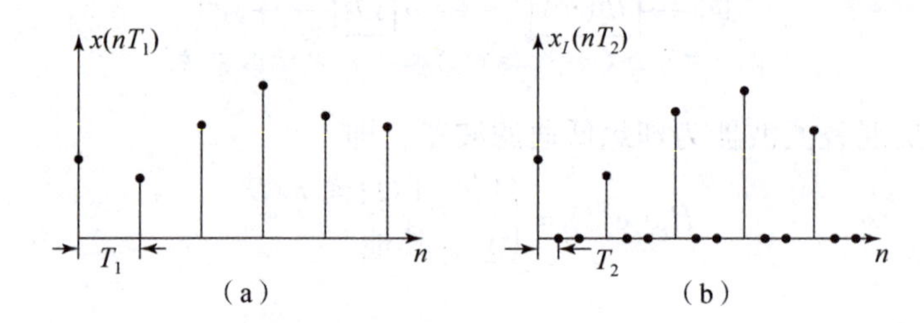

图 9.7 内插过程示意图（$I=3$）

（a）内插前信号；（b）内插后信号

若忽略采样间隔，内插关系也可以表示为

$$x_I[n]=\begin{cases}x[n/I], & n=0, \pm I, \pm 2I, \cdots \\ 0, & \text{其他}\end{cases} \tag{9.15}$$

式（9.14）与式（9.15）同样是等价的。

下面分析内插前后信号的频谱关系。对 $x_I[n]$ 作离散时间傅里叶变换，可得

$$X_I(\mathrm{e}^{\mathrm{j}\Omega})=\sum_{n=-\infty}^{\infty}x_I[n]\mathrm{e}^{-\mathrm{j}\Omega n}=\sum_{n=kI}x_I[n]\mathrm{e}^{-\mathrm{j}\Omega n}=\sum_{k=-\infty}^{\infty}x[k]\mathrm{e}^{-\mathrm{j}\Omega kI}=X(\mathrm{e}^{\mathrm{j}\Omega I}) \tag{9.16}$$

由此可见，内插之后信号的频谱是将原信号频谱压缩为 $1/I$，如图 9.8（a）所示。注意，内插信号的频谱依然是以 2π 为周期的，只不过在一个完整周期内产生了多个镜像频谱。

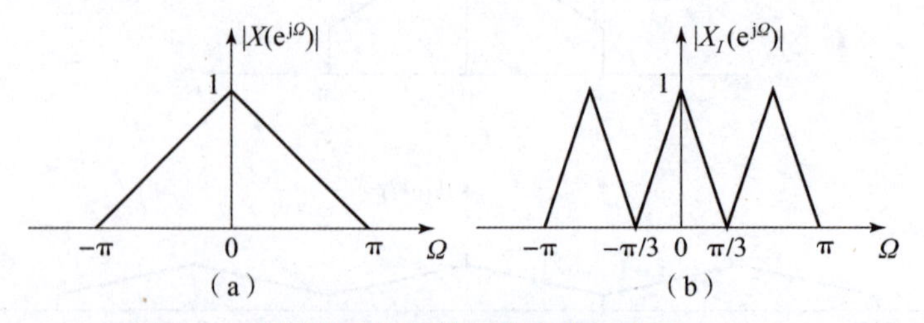

图 9.8 内插前后信号的频谱变化示意图（$I=3$）

（a）原信号的频谱；（b）内插后信号的频谱

显然，镜像频谱是冗余的。换言之，零值内插并没有增加任何新的信息。为了去除这些冗余信息，可引入一个低通滤波器，其截止频率满足 $\Omega_c \leqslant \Omega/I$，该滤波器称为除镜像滤

波器（image - removing filter），也称为插值滤波器。完整的内插系统如图9.9所示，相应的输入输出关系为

时域：
$$y[n]=\sum_{k=mI}v[k]h[n-k]=\sum_{m=-\infty}^{\infty}x[m]h_I[n-mI] \tag{9.17}$$

频域：
$$Y(e^{j\Omega})=H_I(e^{j\Omega})V(e^{j\Omega})=H_I(e^{j\Omega})X(e^{j\Omega I}) \tag{9.18}$$

z变换域：
$$Y(z)=H_I(z)V(z)=H_I(z)X(z^I) \tag{9.19}$$

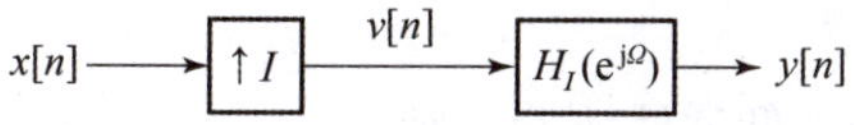

图9.9　含有除镜像滤波器的I倍内插系统

特别地，若除镜像滤波器为理想低通滤波器，即

$$H_I(e^{j\Omega})=\begin{cases}I, & |\Omega|\leqslant\pi/I\\0, & 其他\end{cases}$$

则

$$Y(e^{j\Omega})=\begin{cases}IX(e^{j\Omega I}), & |\Omega|\leqslant\pi/I\\0, & 其他\end{cases}$$

式中，增益I是为了保证内插前后信号的幅值相等（见习题9.3），即

$$y[n]=x[n/I],n=kI$$

值得说明的是，以上分析均假设信号是低通带限信号。而对于带通信号，抽取或内插前后的时域和频域关系依然成立，我们将具体分析过程留给读者，见习题9.4。

9.1.3　分数倍采样率转换

分数倍采样率转换可以通过抽取和内插的级联实现。具体而言，若要实现I/D倍的采样率变换，可以先对信号作I倍内插，再作D倍抽取；或是先作D倍抽取，再作I倍内插。考虑到抽取可能造成信息丢失，因此，第一种方案更为合理。同时，由于抽取和内插均涉及低通滤波，因此，先内插后抽取的方式可以将两个低通滤波器等效为一个低通滤波器，如图9.10所示。其中，等效截止频率为两者之中频率较低的一个，即

$$H(e^{j\Omega})=\begin{cases}I, & |\Omega|\leqslant\min\{\pi/D,\pi/I\}\\0, & 其他\end{cases} \tag{9.20}$$

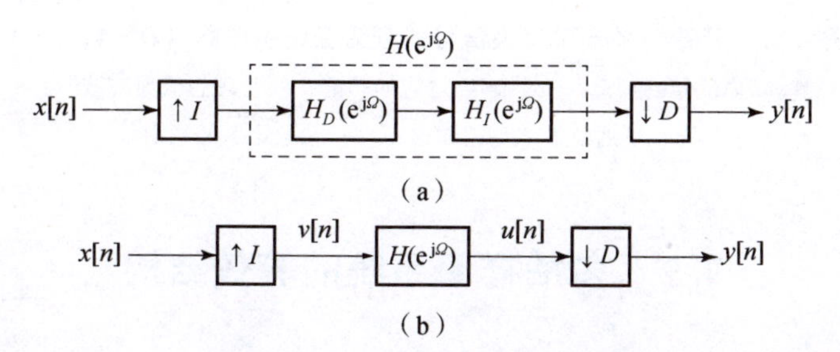

图9.10　分数倍采样率转换系统

（a）内插与抽取级联系统；（b）等效系统

综合利用抽取和内插的表达式，可得分数倍采样率转换的关系为

时域：
$$y[n] = \sum_{m=-\infty}^{\infty} x[m]h[nD - mI] \tag{9.21}$$

频域：
$$Y(e^{j\Omega}) = \frac{1}{D}\sum_{k=0}^{D-1} H(e^{j\Omega/D}W_D^k)X(e^{j\Omega I/D}W_D^{kI}) \tag{9.22}$$

z 变换域：
$$Y(z) = \frac{1}{D}\sum_{k=0}^{D-1} H(z^{1/D}W_D^k)X(z^{I/D}W_D^{kI}) \tag{9.23}$$

式中，$W_D = e^{-j2\pi/D}$。

特别地，若滤波器为理想低通滤波器，则

$$Y(e^{j\Omega}) = \frac{I}{D}X(e^{j\Omega I/D}) \tag{9.24}$$

图 9.11 展示了当 $D=4$，$I=3$ 时，分数倍采样率转换前后的信号频谱变化。

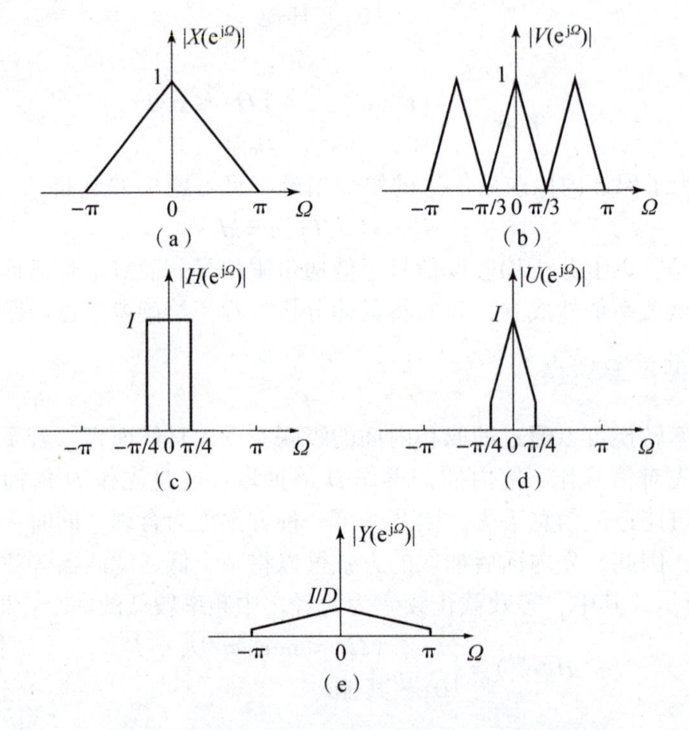

图 9.11 分数倍采样率转换信号的频谱变化示意图（$D=4$，$I=3$）

（a）原信号的频谱；（b）内插之后的频谱；（c）理想低通滤波器；（d）低通滤波之后的频谱；（e）抽取之后的频谱

9.2 多抽样率系统的等效结构

计算量是影响系统性能的重要因素之一。对于多抽样率系统，计算量一般用每秒乘法次数（multiplication per second，MPS）来衡量。我们希望多抽样率系统的计算量较低，这

意味着计算应尽可能在低采样率一侧进行。举例来讲，考虑信号先经过 c 倍尺度伸缩后再进行 D 倍抽取，如图 9.12（a）所示，此时计算在高采样率一侧进行，计算量为 $\text{MPS}_1 = F_1$。然而，由于抽取后一部分采样点被舍弃，对于这部分点的计算是徒劳的，造成了计算和存储资源的浪费。相反，若先对信号做 D 倍抽取再进行 c 倍尺度伸缩，如图 9.12（b）所示，此时结果与第一种方式完全相同，但计算在低采样率一侧进行，计算量为 $\text{MPS}_2 = F_2 = F_1/D = \text{MPS}_1/D$，可见计算量有明显降低。

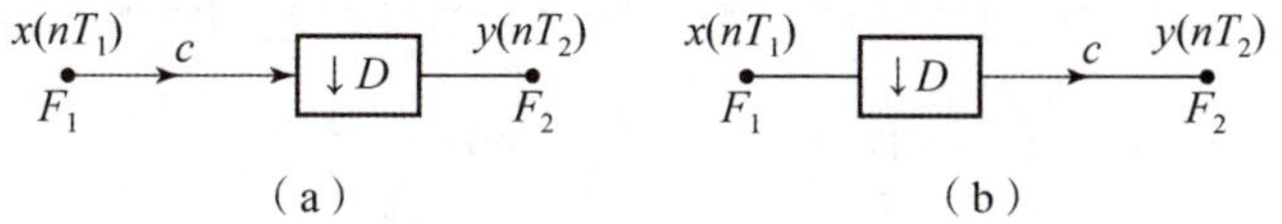

（a）　（b）

图 9.12　信号尺度伸缩与抽取的两种实现方案

（a）先尺度伸缩再抽取；（b）先抽取再尺度伸缩

类似于图 9.12（a）与图 9.12（b）这种输入输出关系完全相同，但结构有所差异的系统称为“等效”系统，其中，计算量较低的称为“高效”系统。本节将介绍几种典型的等效结构，这些关系可为设计高效的多抽样率系统提供指导依据。

（1）抽取、内插与尺度伸缩的等效结构

抽取、内插与尺度伸缩运算可以交换顺序。具体而言，信号先做 c 倍尺度伸缩再做 D 倍抽取，等效于先做 D 倍抽取再做 c 倍尺度伸缩，如图 9.13（a）所示。类似地，信号先做 I 倍内插再做 c 倍尺度伸缩，等效于先做 c 倍尺度伸缩再做 I 倍内插，如图 9.13（b）所示。图中右侧的系统均为高效系统。

（a）

（b）

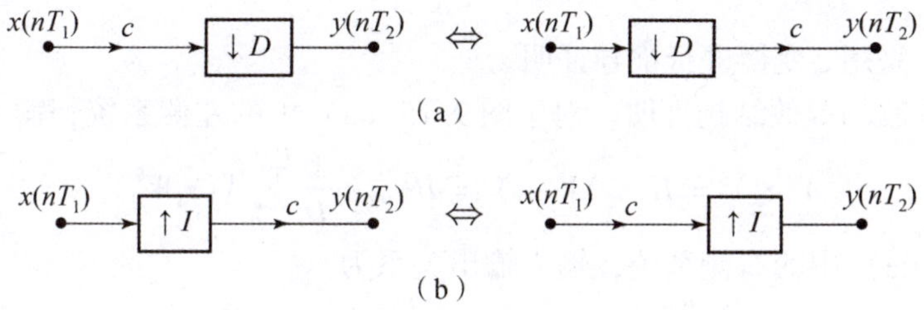

图 9.13　抽取、内插与尺度伸缩的等效结构

（a）抽取；（b）内插

（2）抽取、内插与信号相乘的等效结构

两个信号相乘（即调制过程）与抽取、内插也可交换顺序。具体而言，两个信号相乘后做 D 倍抽取，等效于两个信号先分别做 D 倍抽取再相乘，如图 9.14（a）所示。类似地，两个信号分别做 I 倍内插再相乘，等效于两个信号相乘后再做 I 倍内插，如图 9.14（b）所示。图中右侧的系统均为高效系统。

（3）抽取、内插与滤波的等效结构

对于抽取、内插与滤波级联组成的系统，存在两个重要的等效关系，称为 Noble 恒等式（Noble identity），如图 9.15 所示。

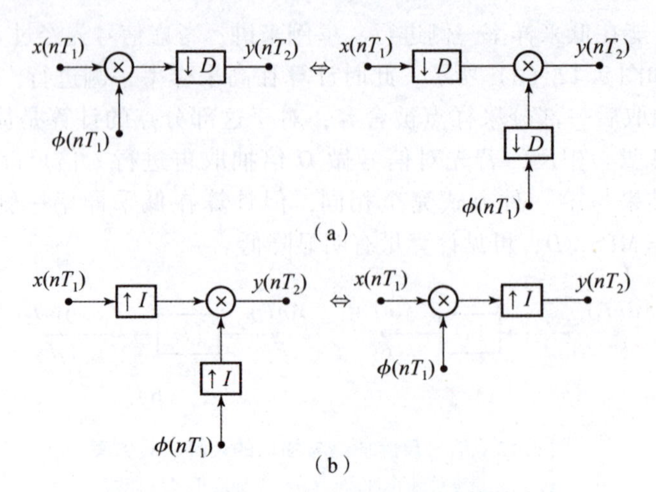

图 9.14　抽取、内插与信号相乘的等效结构

(a) 抽取；(b) 内插

$x(nT_1)$ → $\downarrow D$ → $v(nT_2)$ → $H(z_2)$ → $y(nT_2)$ $\Leftrightarrow$ $x(nT_1)$ → $H(z_1^D)$ → $u(nT_1)$ → $\downarrow D$ → $y(nT_2)$

(a)

$x(nT_1)$ → $H(z_1)$ → $v(nT_1)$ → $\uparrow I$ → $y(nT_2)$ $\Leftrightarrow$ $x(nT_1)$ → $\uparrow I$ → $u(nT_2)$ → $H(z_2^I)$ → $y(nT_2)$

(b)

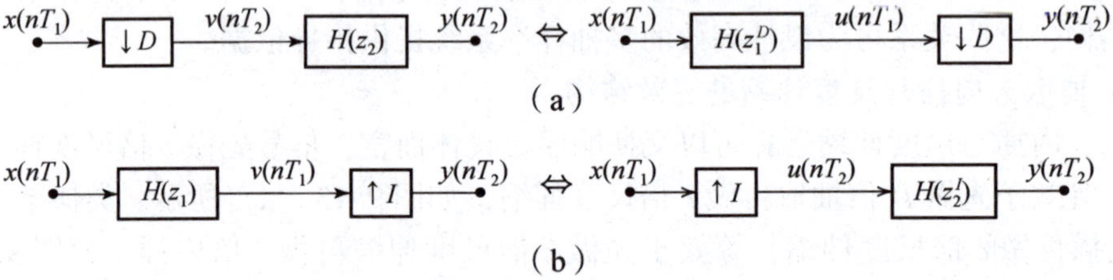

图 9.15　抽取、内插与滤波的等效结构

(a) 抽取；(b) 内插

证明： 以下采用 z 变换进行推导证明。

①抽取与滤波的等效结构证明。对于图 9.15 (a) 中的左侧系统，输入输出关系为

$$Y(z_2) = H(z_2)V(z_2) = H(z_2)\frac{1}{D}\sum_{k=0}^{D-1}X(z_1W_D^k) \tag{9.25}$$

而对于图 9.15 (a) 中的右侧系统，输入输出关系为

$$\begin{aligned}Y(z_2) &= \frac{1}{D}\sum_{k=0}^{D-1}U(z_1W_D^k) = \frac{1}{D}\sum_{k=0}^{D-1}X(z_1W_D^k)H((z_1W_D^k)^D) \\ &= \frac{1}{D}\sum_{k=0}^{D-1}X(z_1W_D^k)H(z_1^D) = H(z_2)\frac{1}{D}\sum_{k=0}^{D-1}X(z_1W_D^k)\end{aligned} \tag{9.26}$$

式 (9.26) 最后的等式利用了 $z_2 = z_1^D$。由此可见，两个系统等效。

②内插与滤波的等效结构证明。对于图 9.15 (b) 中的左侧系统，输入输出关系为

$$Y(z_2) = V(z_1) = H(z_1)X(z_1) \tag{9.27}$$

而对于图 9.15 (b) 中的右侧系统，输入输出关系为

$$Y(z_2) = H(z_2^I)U(z_2) = H(z_1)X(z_1) \tag{9.28}$$

式 (9.28) 最后的等式利用了 $z_1 = z_2^I$。因此，两个系统等效。

结合物理意义来分析，图 9.15 (a) 说明信号先做 D 倍抽取再与 $H(z_2)$ 进行滤波，等效于先与 $H(z_1^D)$ 进行滤波再做 D 倍抽取。其中，左侧系统中的滤波是在低采样率一侧进

行的，而右侧系统中的滤波是在高采样率一侧进行的。注意，图中用 $H(z_2)$，$H(z_1^D)$ 表示是为了说明滤波器所处的采样率。如果忽略具体的采样率，则等效关系也可表示为图 9.16（a）所示的形式。这说明若在低采样率一侧的滤波器为 $H(z)$，则在高采样率一侧的滤波器为 $H(z^D)$，$H(z^D)$ 恰为 $H(z)$ 经内插得到的。

类似地，图 9.15（b）说明信号先与 $H(z_1)$ 进行滤波再做 I 倍内插，等效于先做 I 倍内插再与 $H(z_2^I)$ 进行滤波。其中，左侧系统中滤波是在低采样率一侧进行的，而右侧系统中滤波是在高采样率一侧进行的。同样地，忽略具体的采样率，则等效关系也可表示为图 9.16（b）的形式。

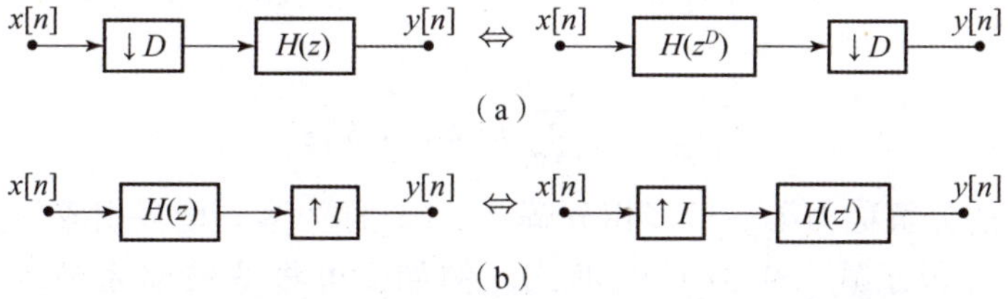

图 9.16　抽取、内插与滤波的等效结构（忽略具体采样率）

（a）抽取；（b）内插

（4）抽取与内插可交换

在一般情况下，抽取与内插不能随意交换。但是当抽取因子与内插因子互质时，两者可以交换，如图 9.17 所示。

图 9.17　内插与抽取可交换（I，D 互质）

证明： 对于图 9.17 中的左侧系统，有

$$Y(z_2) = V(z_3) = \frac{1}{D}\sum_{k=0}^{D-1} X(z_1 W_D^k) \tag{9.29}$$

对于图 9.17 中的右侧系统，有

$$Y(z_2) = \frac{1}{D}\sum_{k=0}^{D-1} U(z_4 W_D^k) = \frac{1}{D}\sum_{k=0}^{D-1} X(z_1 W_D^{kI}) \tag{9.30}$$

由于 I，D 互质，除 $k=0$ 之外，$X(z_1 W_D^k) \neq X(z_1 W_D^{kI})$。对任意的 k，有

$$W_D^{kI} = W_D^{kI \oplus D}$$

式中，$kI \oplus D$ 表示 kI 模 D。

由于 I，D 互质，当 k 取 $0,1,\cdots,D-1$ 时，$kI \oplus D$ 也遍历 $0 \sim D-1$ 内的所有整数。因此，式（9.29）与式（9.30）的结果是相等的。

9.3　多抽样率系统的多相结构与高效实现

9.3.1　多相分解的概念

多相分解（polyphase decomposition），又称为多相表示（polyphase representation），是

指将序列①分解为多个不同相位的子序列。例如，已知长度为 N 的 FIR 因果滤波器

$$H(z) = \sum_{n=0}^{N-1} h[n] z^{-n}$$

现将滤波器系数 $h[n]$ 分解为 M 个形如 $h[Mn+k]$ 的子序列，其中，$k=0,1,\cdots,M-1$，$M\geqslant 2$，并假设 N 为 M 的整数倍，于是可得

$$\begin{aligned} H(z) &= \sum_{k=0}^{M-1} \sum_{n=0}^{N/M-1} h[Mn+k] z^{-(Mn+k)} \\ &= \sum_{k=0}^{M-1} z^{-k} \sum_{n=0}^{N/M-1} h[Mn+k] (z^M)^{-n} = \sum_{k=0}^{M-1} z^{-k} E_k(z^M) \end{aligned} \tag{9.31}$$

式中

$$E_k(z) = \sum_{n=0}^{N/M-1} h[Mn+k] z^{-n} \tag{9.32}$$

形如式（9.31）的分解称为第一型多相分解，$E_k(z)$称为第一型多相成分。

多相分解并不限于式（9.31）的形式。例如，可将滤波器系数 $h[n]$ 分解为形如 $h[Mn+(M-1-k)]$的子序列。类似地，可得

$$H(z) = \sum_{k=0}^{M-1} z^{-(M-1-k)} R_k(z^M) \tag{9.33}$$

式中

$$R_k(z) = \sum_{n=0}^{N/M-1} h[Mn+(M-1-k)] z^{-n} \tag{9.34}$$

形如式（9.33）的分解称为第二型多相分解，$R_k(z)$称为第二型多相成分。

不难发现，$R_k(z)=E_{M-1-k}(z)$，$k=0,1,\cdots,M-1$。图 9.18 给出了两种分解的结构框图。事实上，第二型多相分解可视为第一型多相分解的易位（transposition）②。

多相分解可用于实现采样率转换的高效结构。以下将对抽取系统、内插系统和任意分数倍采样率转换系统进行介绍。

9.3.2 抽取系统的多相实现

已知抽取系统如图 9.19（a）所示，注意到滤波是在抽取之前（即高采样率一侧）进行的，这种实现方式称为直接实现。显然，直接实现并非是高效的实现方式。现对滤波器 $H(z)$进行第一型多相分解

$$H(z) = \sum_{k=0}^{D-1} z^{-k} E_k(z^D) \tag{9.35}$$

多相分解结构如图 9.19（b）所示。

注意到每个多相成分 $E_k(z^D)$依然可视为滤波器，而干路中的 D 倍抽取可放到每条支路中，如图 9.19（c）所示。进一步，利用 Noble 恒等式，可将抽取与滤波交换顺序，故

---

① 这里序列可以是任意离散点列，包括但不限于离散时间信号和数字滤波器的冲激响应。

② 对于单抽样率系统，易位是指将输入输出交换位置，同时将信号流方向颠倒，并保持系统各节点的传递函数不变。对于多抽样率系统，除了上述操作外，还须将抽取替换为内插，内插替换为抽取。

得到如图 9.19（d）所示的结构。此时，滤波在低采样率一侧进行，因此是一种高效结构。

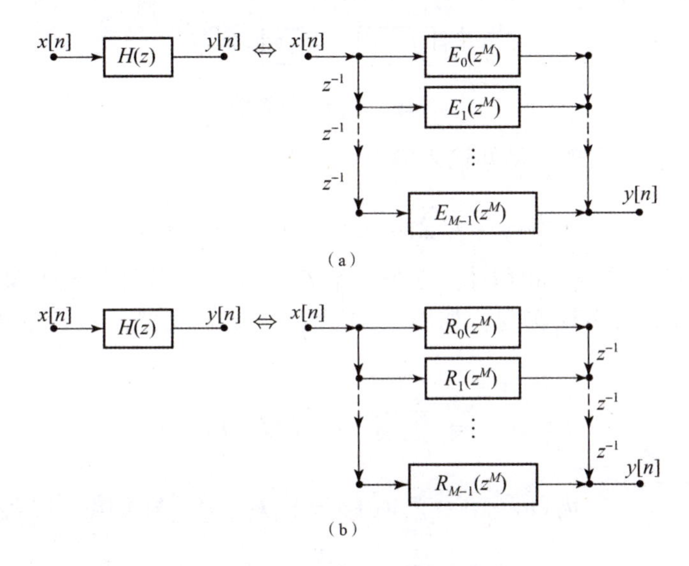

图 9.18　FIR 滤波器的多相分解

（a）第一型多相分解；（b）第二型多相分解

一般地，设滤波器长度为 N，直接实现（即图 9.19（a）所示结构）的计算量为 $\mathrm{MPS}_1=NF_1$。而如果采用多相结构，共有 D 个多相滤波器，每个滤波器的长度为 N/D（假设 N 为 D 的整数倍），采样率为 F_2，故计算量为

$$\mathrm{MPS}_2=D\times N/D\times F_2=NF_2=\mathrm{MPS}_1/D \tag{9.36}$$

可见多相实现的计算量为直接实现的 $1/D$。

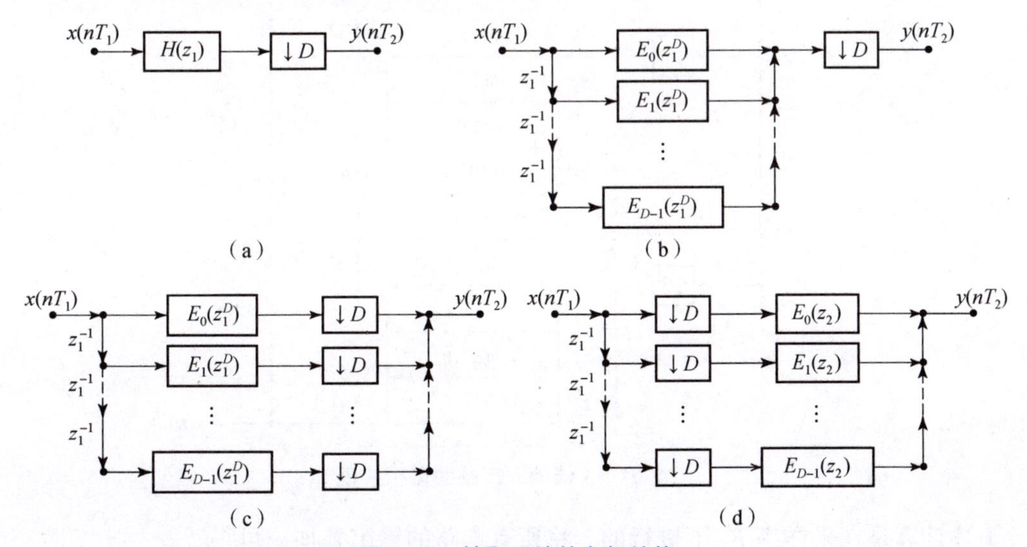

图 9.19　抽取系统的多相结构

（a）直接实现；（b）多相分解；（c）多相分解变形；（d）多相高效结构

例 9.1 已知 3 倍抽取系统如图 9.20 所示，其中，$H(z)$ 为 FIR 因果滤波器，长度为 $N=12$，试分析直接实现与多相实现的计算过程和计算量。

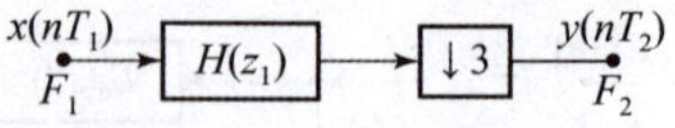

图 9.20 3 倍抽取系统

解： 首先考虑直接实现。易知输入输出关系为

$$y(nT_2) = \sum_{k=0}^{11} x[(3n-k)T_1]h(kT_1) \tag{9.37}$$

式中，$T_2=3T_1$。可以看出，卷积计算在采样率 F_1 下进行，故计算量为 $\mathrm{MPS}_1=12F_1$。

下面分析该系统的多相实现，如图 9.21 所示。记各支路滤波后的输出为 $u_i(nT_2)$，$i=0,1,2$，易知

$$u_0(nT_2) = \sum_{k=0}^{3} x[(n-k)T_2]h(3kT_1)$$

$$u_1(nT_2) = \sum_{k=0}^{3} x[(n-k)T_2 - T_1]h[(3k+1)T_1]$$

$$u_2(nT_2) = \sum_{k=0}^{3} x[(n-k)T_2 - 2T_1]h[(3k+2)T_1]$$

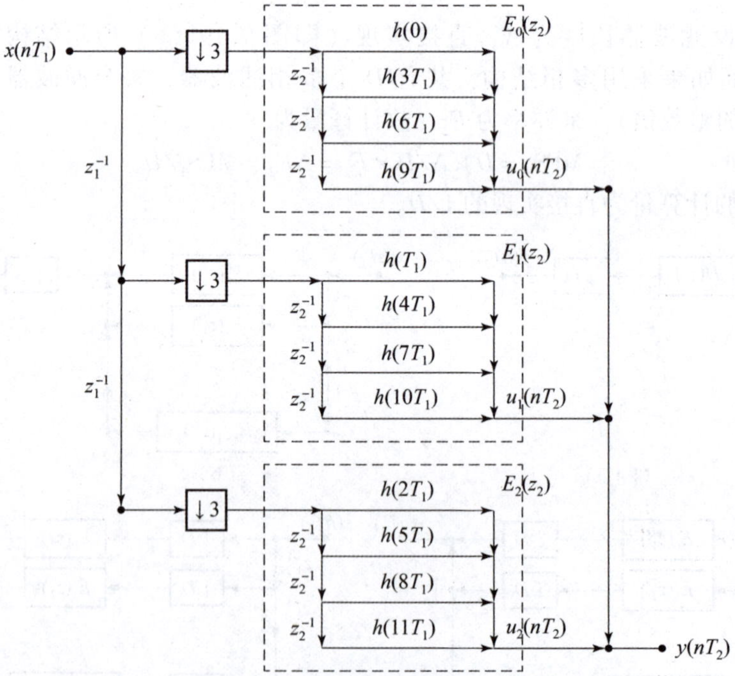

图 9.21 3 倍抽取系统的多相实现

上述计算是在采样率 F_2 下进行的。将所有支路的输出叠加，可得

$$y(nT_2) = u_0(nT_2) + u_1(nT_2) + u_2(nT_2) = \sum_{k=0}^{11} x[(3n-k)T_1]h(kT_1) \tag{9.38}$$

可见，多相实现与直接实现的结果一致。然而由于所有计算是在采样率 F_2 下进行的，因此，计算量为 $\mathrm{MPS}_2=12F_2=4F_1=\mathrm{MPS}_1/3$。

9.3.3　内插系统的多相实现

类似于抽取系统的分析，对于 I 倍内插系统，如图 9.22（a）所示，对滤波器 $H(z)$ 进行第二型多相分解

$$H(z)=\sum_{k=0}^{M-1} z^{-(M-1-k)}R_k(z^M) \tag{9.39}$$

于是滤波器被分解为 I 个多相成分，如图 9.22（b）所示。注意，此时延迟链靠近输出端一侧。将内插放入每条支路中，如图 9.22（c）所示。再利用 Noble 恒等式，将内插与滤波交换顺序，得到如图 9.22（d）所示的结构。此时滤波在低采样率一侧进行，故是一种高效结构。不难发现，内插系统的多相结构即为抽取系统的多相结构的易位。

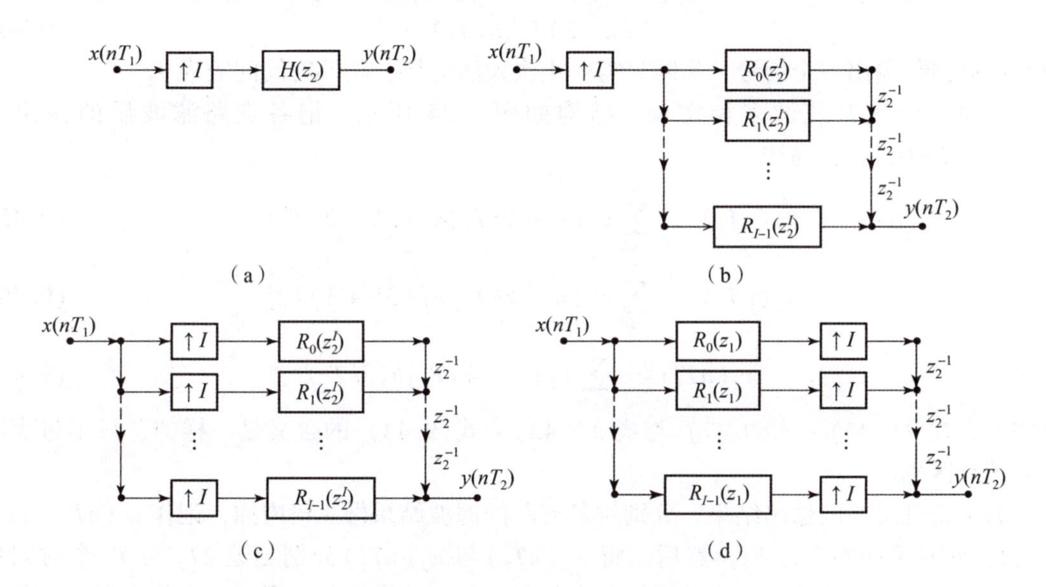

图 9.22　内插系统的多相结构

（a）直接实现；（b）多相分解；（c）多相分解变形；（d）多相高效结构

例 9.2　已知 3 倍内插系统如图 9.23 所示，其中，$H(z)$ 为 FIR 因果滤波器，长度为 $N=12$，试分析该系统的直接实现与多相实现的计算过程和计算量。

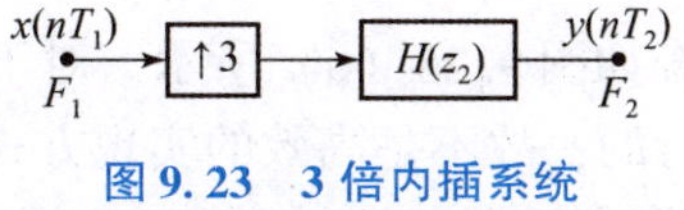

$x(nT_1)$　F_1　↑3　$H(z_2)$　$y(nT_2)$　F_2

图 9.23　3 倍内插系统

解： 首先考虑直接实现。记内插后的信号为 $v(nT_2)$，可知

$$v(nT_2)=\begin{cases} x(mT_1), & n=3m \\ 0, & \text{其他} \end{cases} \tag{9.40}$$

式中，$T_2=T_1/3$。于是输出信号可表示为

$$y(nT_2) = \sum_{k=0}^{11} v[(n-k)T_2]h(kT_2) \tag{9.41}$$

上述卷积计算是在采样率 F_2 下进行的，计算量为 $MPS_1 = 12F_2$。然而由于 $v(nT_2)$ 是 $x(nT_1)$ 的零值内插结果，卷积计算结果只取决于 $v(nT_2)$ 中的非零值。例如，当 n 为 3 的某个整数倍时，输出结果为

$$y(nT_2) = x(nT_1)h(0) + x[(n-1)T_1]h(3T_2) + x[(n-2)T_1]h(6T_2) + x[(n-3)T_1]h(9T_2) \tag{9.42}$$

依此类推，第 $n+1$ 个输出为

$$y[(n+1)T_2] = x(nT_1)h(T_2) + x[(n-1)T_1]h(4T_2) + x[(n-2)T_1]h(7T_2) + x[(n-3)T_1]h(10T_2) \tag{9.43}$$

第 $n+2$ 个的输出为

$$y[(n+2)T_2] = x(nT_1)h(2T_2) + x[(n-1)T_1]h(5T_2) + x[(n-2)T_1]h(8T_2) + x[(n-3)T_1]h(11T_2) \tag{9.44}$$

由此可见，每输出一个信号，实际只需要 4 次乘法运算，相邻时间间隔为 T_2。

下面讨论该系统的多相实现，结构如图 9.24 所示。记各支路滤波后的输出为 $v_i(nT_2)$，$i=0,1,2$，易知

$$v_0(nT_1) = \sum_{k=0}^{3} x[(n-k)T_1]h[(3k+2)T_2] \tag{9.45}$$

$$v_1(nT_1) = \sum_{k=0}^{3} x[(n-k)T_1]h[(3k+1)T_2] \tag{9.46}$$

$$v_2(nT_1) = \sum_{k=0}^{3} x[(n-k)T_1]h(3kT_2) \tag{9.47}$$

事实上，式（9.45）~式(9.47）与式（9.42）~式(9.44）的含义是一样的，只不过表示符号稍有区别。

为了得到最终的输出结果，分别对各支路的滤波结果做 3 倍内插，记作 $w_i(nT_2)$，$i=0,1,2$，此时采样率变为 F_2。然后，将 $w_0(nT_2)$ 与 $w_1(nT_2)$ 分别延迟 $2T_2$ 与 T_2 个时间单位，最后汇总为一路输出。由此可见，多相实现与直接实现的结果是一致的。但是多相实现的计算在低采样率一侧进行，因此是一种高效的实现方式。计算量为 $MPS_2 = 4F_2 = MPS_1/3$。

9.3.4 分数倍采样率转换系统的多相实现

已知分数倍采样率转换系统如图 9.25（a）所示。对于直接实现，卷积计算是在最高采样率 $F_3(=IF_1=DF_2)$ 下进行的，故不是高效的实现方式。

为了得到高效结构，可以将内插器与滤波器 $H(z)$ 视为一个整体，将其转换为多相高效结构，如图 9.25（b）所示。这样卷积计算在采样率 F_1 下进行，计算量是直接实现的 $1/I$。相反，也可以把滤波 $H(z)$ 与抽取器看作一个整体，将其转换为多相高效结构，如图 9.25（c）所示。此时卷积计算在采样率 F_2 下进行，计算量是直接实现的 $1/D$。

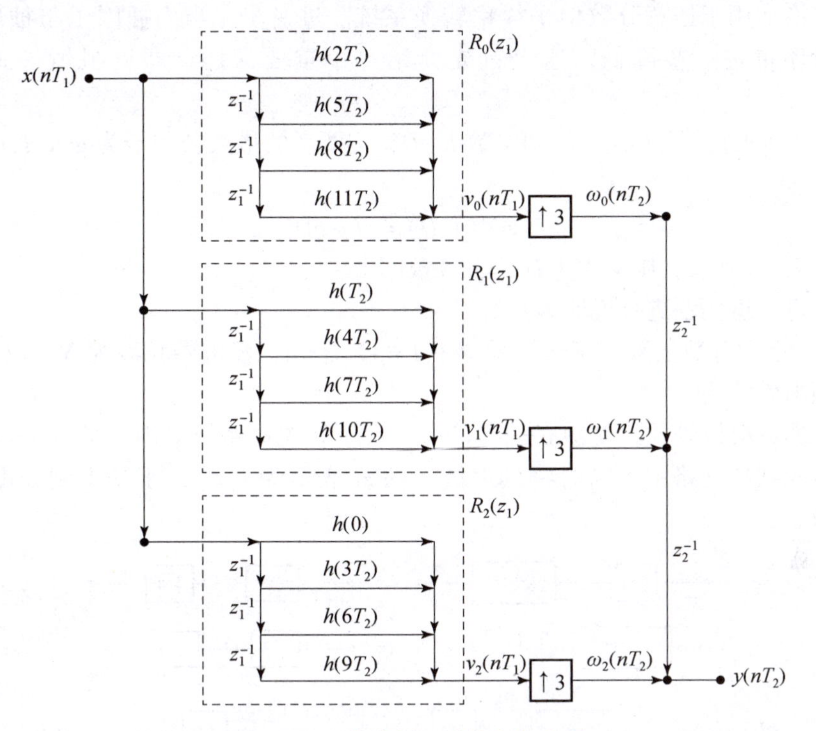

图 9.24　3 倍内插系统的多相实现

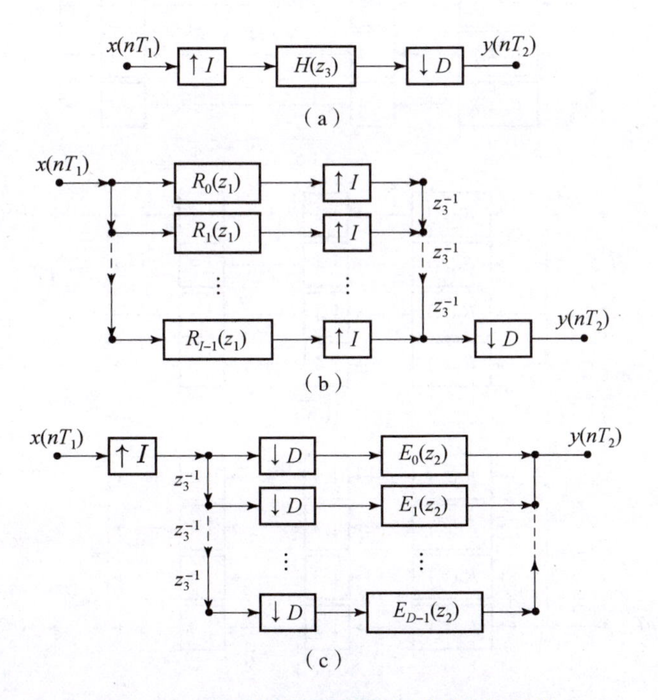

图 9.25　分数倍抽样率转换系统的多相结构

(a) 直接实现；(b) 对内插部分作多相分解；(c) 对抽取部分作多相分解

上述转换适用于任意分数倍采样率转换系统。进一步，当内插因子与抽取因子互质时，计算量还可进一步降低，这里首先介绍一个重要命题，即贝祖恒等式（Bézout's identity）。

命题 9.1（贝祖恒等式） 已知整数 I，D，记两者的最大公因子为 $\gcd(I,D)$，则存在整数 p，q，使

$$\gcd(I,D)=pI+qD \tag{9.48}$$

特别地，若 I，D 互质，则 $\gcd(I,D)=pI+qD=1$。

下面通过一道例题进行说明。

例 9.3 已知分数倍采样率转换系统中 $I=3$，$D=4$，滤波器长度为 $N=12$。试画出该系统的多相高效结构。

解： 根据贝祖恒等式，易知 $p=1$，$q=-1$。不妨先对系统的内插部分进行多相分解，并将抽取器放到各支路中，同时将延迟链中的 z_3 表示为 $z_3^4 z_3^{-3}$，于是得到如图 9.26（a）所示的结构。

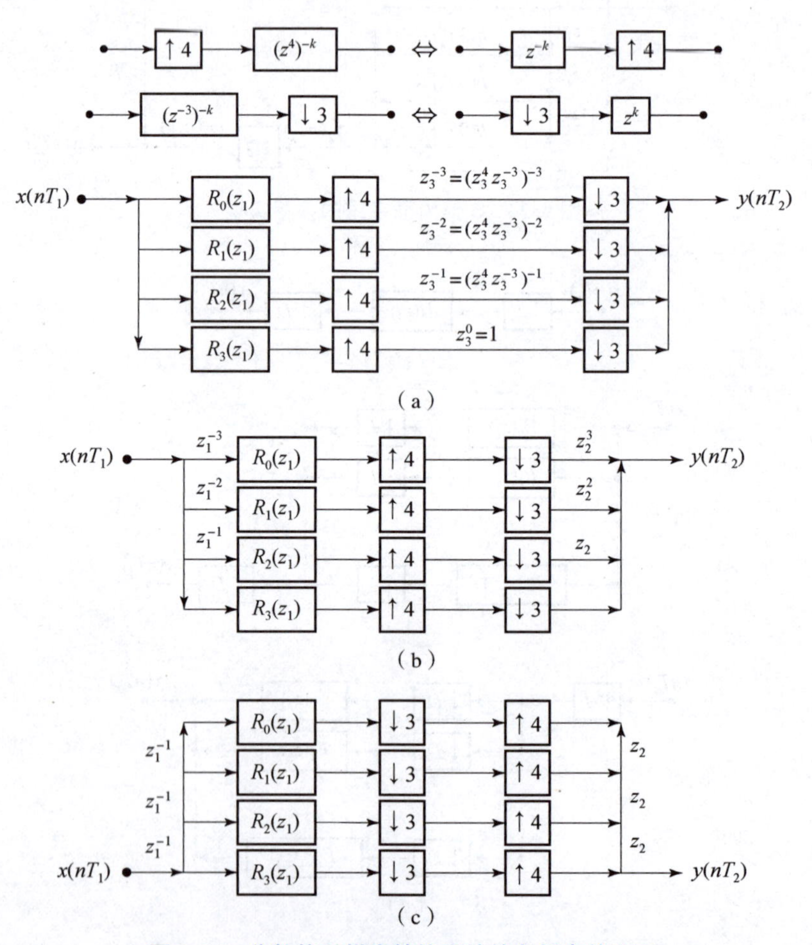

图 9.26 分数倍采样率转换系统的多相高效实现

（a）内插部分作第二型多相分解；（b）延迟器与抽取、内插交换顺序；（c）抽取与内插交换顺序

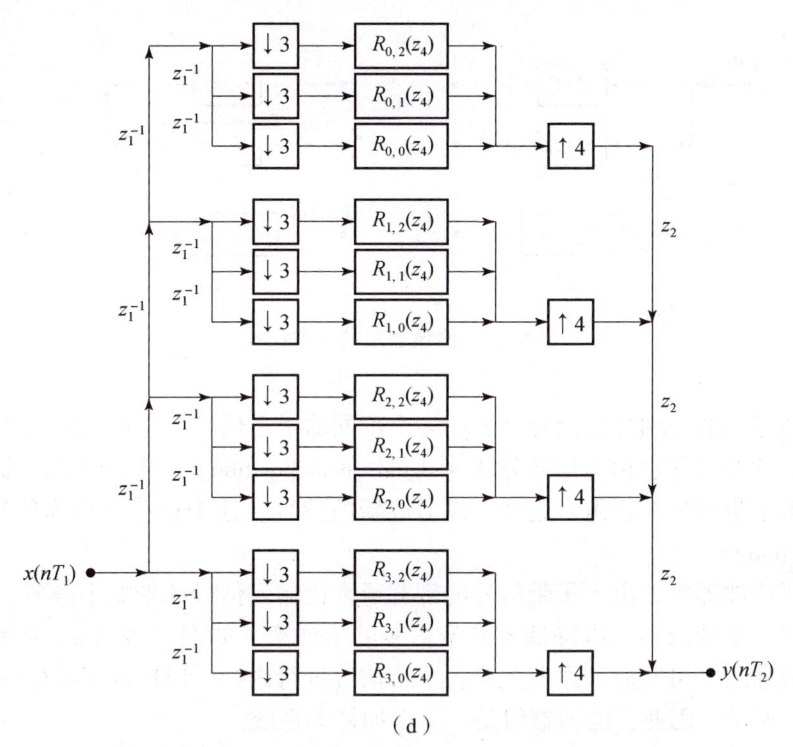

图 9.26　分数倍采样率转换系统的多相高效实现（续）

(d) 多相高效结构

将各支路中的延迟器 $(z_3^4 z_3^{-3})^{-k}$ 拆分成 $(z_3^4)^{-k}$ 与 $(z_3^{-3})^{-k}$，利用滤波与内插、抽取的等效网络，即将延迟滤波器与内插、抽取交换顺序，并分别置于输入端和输出端一侧，此时得到如图 9.26（b）所示的结构。

由于 I，D 互质，故内插与抽取可交换位置，如图 9.26（c）所示。随后，将每条支路的滤波器 $R_m(z_1)$ 与抽取器视为一个抽取系统，对 $R_m(z_1)$ 作第一型多相分解，最终得到图 9.26（d）所示结构。此时，所有卷积计算都在 $F_4 = F_1/D = F_2/I$ 下进行，是最高效的实现方式。

上述分析过程是先对系统的内插部分进行多相分解。反之，也可以先对抽取部分进行多相分解，最终结构略有差异。读者可自行分析，见习题 9.10。

9.4　滤波器组

9.4.1　滤波器组的概念

滤波器组（filter bank），顾名思义，是由多个滤波器组成的系统。按照功能，又可分为分析滤波器组（analysis filter bank）和综合滤波器组（synthesis filter bank），如图 9.27 所示。每个滤波器所对应的支路称为通道（channel）或子带（subband）。

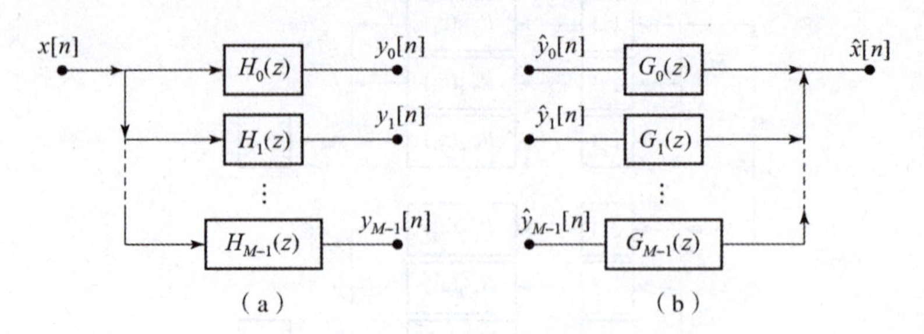

图 9.27 滤波器组的基本结构

(a) 分析滤波器组；(b) 综合滤波器组

分析滤波器组的作用是将信号分解为多个不同的子带信号，进而可以对各子带信号进行单独处理。这个过程也称为信号分解（signal decomposition）。与之相反，综合滤波器组的作用是将各子带信号重新组合起来，以形成新的信号。这个过程又称为信号重构（signal reconstruction）。

对于分析滤波器组，由于子带信号的带宽通常比输入信号的带宽小得多，因此可以在滤波之后放置一个抽取器，以降低各子带信号的采样率，如图 9.28（a）所示。相应地，对于综合滤波器组，可在滤波之前先对各子带信号进行内插，以恢复至原始的采样率，如图 9.28（b）所示。因此，滤波器组是一个多抽样率系统。

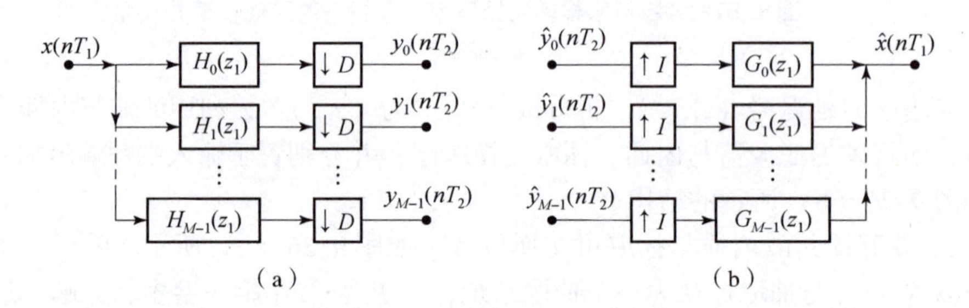

图 9.28 含有抽取和内插的滤波器组的基本结构

(a) 分析滤波器组；(b) 综合滤波器组

如果滤波器组有 M 个通道，且每个通道的带宽为 $2\pi/M$，则称为均匀滤波器组（uniform filter bank）。为了避免子带信号发生混叠，抽取因子应满足 $D \leqslant M$。特别地，当 $D=M$ 时，称为最大抽取（maximally decimated）或临界采样（critically sampled）滤波器组。当 $D<M$ 时，则称为过采样（over - sampled）或冗余（redundant）滤波器组。

9.4.2 两通道滤波器组

两通道滤波器组是最典型的滤波器组，结构如图 9.29 所示，其中，分析端的 $H_0(z)$，$H_1(z)$分别为低通滤波器和高通滤波器，两者将信号频带进行均匀划分。相应地，综合端的 $G_0(z)$，$G_1(z)$分别为低通滤波器和高通滤波器。稍后会看到，综合端的滤波器组与分析端的滤波器组具有密切联系。

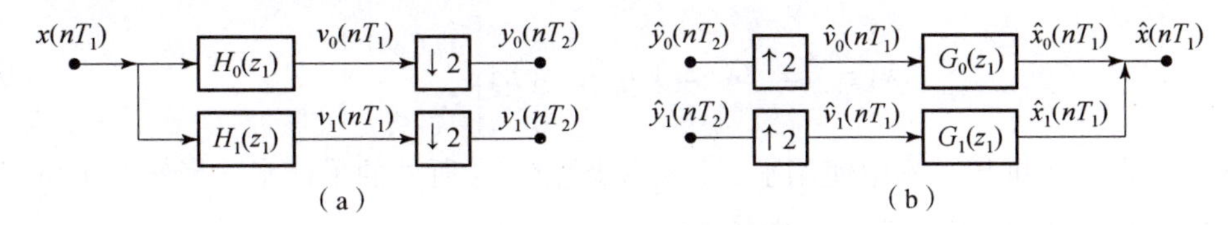

图 9.29　两通道滤波器组

(a) 分析端；(b) 综合端

在实际中，经常需要将信号分解为低频分量和高频分量，以便分别进行处理。以子带编码为例，假设信号 $x(nT_1)$ 的采样率为 F_1，若采用 16 bit 的字长进行编码，则码率为 $16F_1$(b/s①)。由于信号的能量通常集中在低频部分，因此可以利用两通道滤波器组对信号进行分解，得到低频分量 $y_0(nT_2)$ 和高频分量 $y_1(nT_2)$。依据两个子带的重要程度，可以选择不同的字长进行编码，例如，对 $y_0(nT_2)$，$y_1(nT_2)$ 分别采用 16 bit 与 8 bit 编码，则总码率为

$$F_1/2\times 16+F_1/2\times 8=12F_1(\mathrm{b/s})$$

式中，$F_1/2$ 表示子带信号的采样率。相较于直接编码，码率减少了 1/4，在保证信号主要信息不损失的情况下，实现了数据压缩。

(1) 两通道滤波器组的输入输出关系

本节分析两通道滤波器组的输入输出关系。为方便起见，以下采用 z 变换进行分析。对于分析端，记各通道滤波后的输出为 $v_k[n]$，$k=0,1$，如图 9.29（a）所示。根据采样率转换关系，易知

$$\begin{aligned}Y_k(z_2)&=\frac{1}{2}\sum_{l=0}^{1}V_k(z_1W^l)=\frac{1}{2}\sum_{l=0}^{1}X(z_1W^l)H_k(z_1W^l)\\&=\frac{1}{2}[X(z_1)H_k(z_1)+X(-z_1)H_k(-z_1)],k=0,1\end{aligned}\tag{9.49}$$

式中，$W=\mathrm{e}^{-\mathrm{j}\pi}=-1$；$z_2=z_1^2$。

式（9.49）也可写作矩阵形式

$$\begin{bmatrix}Y_0(z_2)\\Y_1(z_2)\end{bmatrix}=\frac{1}{2}\begin{bmatrix}H_0(z_1)&H_0(-z_1)\\H_1(z_1)&H_1(-z_1)\end{bmatrix}\begin{bmatrix}X(z_1)\\X(-z_1)\end{bmatrix}\tag{9.50}$$

对于综合端，记各通道内插后的输出为 $\hat{v}_k[n]$，$k=0,1$，滤波后的输出为 $\hat{x}_k[n]$，$k=0,1$，如图 9.29（a）所示。根据采样率转换关系，易知

$$\hat{X}_k(z_1)=\hat{V}_k(z_1)G_k(z_1)=\hat{Y}_k(z_2)G_k(z_1),k=0,1\tag{9.51}$$

式中，$z_2=z_1^2$。因此重构信号为

$$\hat{X}(z_1)=\sum_{k=0}^{1}\hat{X}_k(z_1)=\sum_{k=0}^{1}\hat{Y}_k(z_2)G_k(z_1)\tag{9.52}$$

或写成矩阵形式

① bit per second，即每秒比特数。

$$\hat{X}(z_1)=[G_0(z_1)\quad G_1(z_1)]\begin{bmatrix}\hat{Y}_0(z_2)\\ \hat{Y}_1(z_2)\end{bmatrix} \tag{9.53}$$

注意，在上述推导过程中使用了 z_1，z_2 来区分信号所处的采样率。当然，也可以利用 $z_2=z_1^2$ 的关系将表达式统一为同一变量。

（2）两通道滤波器组的完全重构条件

通常，信号在经过滤波器组后，会产生一定的失真，按照失真的来源，可分为混叠失真、幅度失真、相位失真以及子带量化误差等。其中，前三类失真源于滤波器组的内部结构，而子带量化误差发生在子带处理过程中，与滤波器组的自身特性无关。因此，在滤波器组设计过程中，重点需要解决前三类失真。如果能够消除这三类失真，则称该滤波器组是**完全重构**（perfect reconstruction，PR）的，此时重构信号可以表示为输入信号的一个延迟，且至多在幅度上相差一个倍数，即

$$\hat{x}[n]=cx[n-n_0] \tag{9.54}$$

式中，c 为非零常数；n_0 为整数。

混叠失真源自滤波器组中的采样率转换过程。在理想情况下，滤波器组将信号划分为互不交叠的子带，进而可以最大抽取因子进行抽取，理论上来讲是没有混叠的。而在实际应用中，滤波器的过渡带宽不可能为零。为了避免信息损失，应尽量保证滤波器的幅频响应在通带内没有严重的衰减，所以，在实际设计中，会把过渡带延伸到相邻通道的频带中，从而在过渡带内会产生混叠。图 9.30 给出了两通道分析滤波器组的幅频响应示意图（这里暂不考虑其他失真）。注意，数字滤波器的频率响应是以 2π 为周期的。

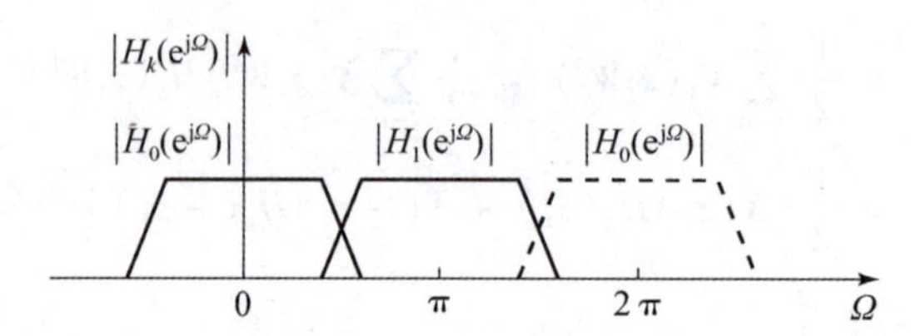

图 9.30　两通道分析滤波器组的幅频响应示意图

为了定量描述混叠失真，下面分析综合端的重构信号与分析端的输入信号之间的关系。在此不考虑任何子带处理，故 $\hat{Y}_k(z_2)=Y_k(z_2)$，$k=0,1$，结合式（9.50）与式（9.53），有

$$\begin{aligned}\hat{X}(z_1)&=\frac{1}{2}[G_0(z_1)\quad G_1(z_1)]\begin{bmatrix}H_0(z_1) & H_0(-z_1)\\ H_1(z_1) & H_1(-z_1)\end{bmatrix}\begin{bmatrix}X(z_1)\\ X(-z_1)\end{bmatrix}\\&=\frac{1}{2}X(z_1)[H_0(z_1)G_0(z_1)+H_1(z_1)G_1(z_1)]+\\&\quad\frac{1}{2}X(-z_1)[H_0(-z_1)G_0(z_1)+H_1(-z_1)G_1(z_1)]\end{aligned} \tag{9.55}$$

注意到上式变量均为 z_1，这是符合物理意义的，因为输入信号与重构信号具有相同的采样率。为了便于书写，可将下标省略，记

$$T(z)=\frac{1}{2}[H_0(z)G_0(z)+H_1(z)G_1(z)] \tag{9.56}$$

$$A(z)=\frac{1}{2}[H_0(-z)G_0(z)+H_1(-z)G_1(z)] \tag{9.57}$$

于是式（9.55）可写作

$$\hat{X}(z)=T(z)X(z)+A(z)X(-z) \tag{9.58}$$

式（9.58）说明，重构信号 $\hat{X}(z)$ 是由输入信号 $X(z)$ 与其混叠分量 $X(-z)$ 叠加而成的，其中，$T(z)$，$A(z)$ 分别为各分量的传递函数。

显然，若要求滤波器组无混叠失真，应令 $A(z)=0$，此时滤波器组的输入输出关系为

$$\hat{X}(z)=T(z)X(z) \tag{9.59}$$

式中，$T(z)$ 即为滤波器组的总体传递函数（或系统函数）。特别地，若 $T(z)$ 为纯延迟，即 $T(z)=cz^{-n_0}$，则

$$\hat{X}(z)=cz^{-n_0}X(z) \tag{9.60}$$

式（9.60）即为式（9.54）在 z 变换域上的表示形式，这说明此时滤波器组满足完全重构。

综合上述分析，我们得到两通道滤波器组无混叠和完全重构的条件。

命题 9.2　两通道滤波器组无混叠的充要条件为

$$\begin{bmatrix} H_0(z) & H_1(z) \\ H_0(-z) & H_1(-z) \end{bmatrix}\begin{bmatrix} G_0(z) \\ G_1(z) \end{bmatrix}=\begin{bmatrix} 2T(z) \\ 0 \end{bmatrix} \tag{9.61}$$

特别地，若 $T(z)=cz^{-n_0}$，则滤波器组满足完全重构。

若令

$$\begin{bmatrix} G_0(z) \\ G_1(z) \end{bmatrix}=\begin{bmatrix} H_1(-z) \\ -H_0(-z) \end{bmatrix} \tag{9.62}$$

易于验证，此时式（9.61）成立，且

$$T(z)=\frac{1}{2}[H_0(z)G_0(z)+H_1(z)G_1(z)]=\frac{1}{2}[H_0(z)H_1(-z)-H_1(z)H_0(-z)] \tag{9.63}$$

结合物理意义来看，若 $H_0(z)$，$H_1(z)$ 分别为低通滤波器和高通滤波器，则 $G_0(z)=H_1(-z)$ 为低通滤波器，$G_1(z)=-H_0(-z)$ 为高通滤波器。因此，我们得到了综合端滤波器组的设计准则。

9.4.3　正交镜像滤波器组

正交镜像滤波器组（quadrature mirror filter bank，QMFB）是一种典型的两通道滤波器组，分析端具有如下关系

$$H_1(z)=H_0(-z) \tag{9.64}$$

或在频域表示为

$$H_1(\mathrm{e}^{\mathrm{j}\Omega})=H_0(\mathrm{e}^{\mathrm{j}(\Omega-\pi)}) \tag{9.65}$$

即$H_1(e^{j\Omega})$是由$H_0(e^{j\Omega})$频移π而得的。如果$H_0(e^{j\Omega})$是低通滤波器，则$H_1(e^{j\Omega})$是高通滤波器，两者的幅频响应如图9.31所示。由于$|H_0(e^{j\Omega})|$关于$\Omega=0$对称，因此，$|H_0(e^{j\Omega})|$与$|H_1(e^{j\Omega})|$关于π/2镜像对称，这正是其名称中“正交镜像”① 的由来。

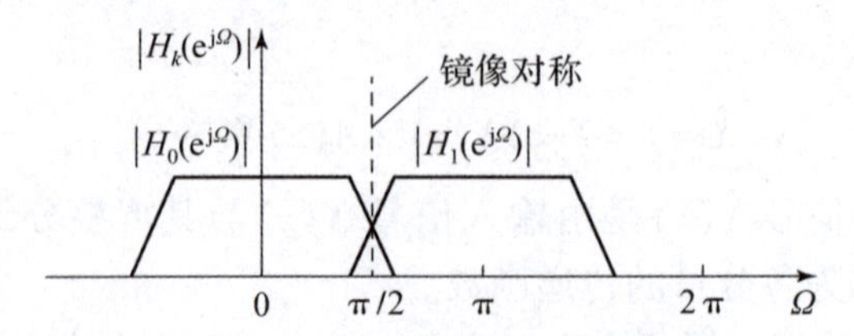

图9.31 两通道分析滤波器组的幅频响应示意图

若要求QMFB无混叠失真，可令综合端的滤波器组为

$$G_0(z)=H_1(-z)=H_0(z) \tag{9.66}$$

$$G_1(z)=-H_0(-z)=-H_1(z) \tag{9.67}$$

由此可见，无混叠QMFB仅由滤波器$H_0(z)$决定，且分析端和综合端的低通滤波器完全相同，高通滤波器相差一个负号，即两者的幅频响应相同，相频响应相差π/2。

在无混叠条件下，根据式（9.66）和式（9.67），输入输出关系为

$$\hat{X}(z)=T(z)X(z)=\frac{1}{2}[H_0^2(z)-H_1^2(z)]X(z) \tag{9.68}$$

因此，若希望QMFB满足完全重构，应要求

$$T(z)=\frac{1}{2}[H_0^2(z)-H_1^2(z)]=cz^{-\lambda} \tag{9.69}$$

式中，c为非零常数；λ为整数。

假设$H_0(z)$，$H_1(z)$均为FIR滤波器，且具有线性相位，则$T(z)$也是线性相位的，因此滤波器组不存在相位失真。对$H_0(z)$和$H_1(z)$进行第一型多相分解

$$H_0(z)=E_0(z^2)+z^{-1}E_1(z^2) \tag{9.70}$$

$$H_1(z)=H_0(-z)=E_0(z^2)-z^{-1}E_1(z^2) \tag{9.71}$$

于是可得

$$T(z)=\frac{1}{2}[H_0^2(z)-H_1^2(z)]=2z^{-1}E_0(z^2)E_1(z^2) \tag{9.72}$$

此时完全重构条件转化为

$$T(z)=2z^{-1}E_0(z^2)E_1(z^2)=cz^{-\lambda} \tag{9.73}$$

式（9.73）成立存在两种可能的情况：

第一种情况为

$$E_0(z^2)=\frac{1}{2}cz^{-(\lambda-1)}/E_1(z^2) \tag{9.74}$$

这意味着$E_0(z)$，$E_1(z)$其中至少一个为有理函数，即IIR滤波器。因而$H_0(z)$和$H_1(z)$也

---

① “正交”源于英文quadrature，含义是相位相差π/2，即圆周的1/4（2π/4），这与几何意义上的正交（orthogonality）并非同一含义。

是IIR滤波器，与假设不符。

第二种情况是$E_0(z)$，$E_1(z)$均为纯延迟，即

$$E_0(z)=c_0z^{-n_0},\ E_1(z)=c_1z^{-n_1} \tag{9.75}$$

式中，c_0，c_1为非零常数；n_0，n_1为整数。于是$T(z)=2c_0c_1z^{-2(n_0+n_1)-1}$，故滤波器组满足完全重构。然而注意到，此时有

$$H_0(z)=c_0z^{-2n_0}+c_1z^{-2n_1-1} \tag{9.76}$$

$$H_1(z)=c_0z^{-2n_0}-c_1z^{-2n_1-1} \tag{9.77}$$

上述形式的滤波器不具备良好的幅频特性。举例来讲，令$c_0=c_1=1/\sqrt{2}$，$n_0=n_1=0$，可得

$$H_0(z)=\frac{1}{\sqrt{2}}(1+z^{-1}) \tag{9.78}$$

$$H_1(z)=\frac{1}{\sqrt{2}}(1-z^{-1}) \tag{9.79}$$

具有上述形式的滤波器组称为哈尔（Haar）滤波器组①。相应地，频率响应为

$$H_0(\mathrm{e}^{\mathrm{j}\Omega})=\frac{1}{\sqrt{2}}(1+\mathrm{e}^{-\mathrm{j}\Omega})=\sqrt{2}\cos\frac{\Omega}{2}\mathrm{e}^{-\mathrm{j}\Omega/2} \tag{9.80}$$

$$H_1(\mathrm{e}^{\mathrm{j}\Omega})=\frac{1}{\sqrt{2}}(1-\mathrm{e}^{-\mathrm{j}\Omega})=\sqrt{2}\sin\frac{\Omega}{2}\mathrm{e}^{-\mathrm{j}(\Omega-\pi)/2} \tag{9.81}$$

即幅频响应具有三角函数的形式，如图9.32所示。显然，滤波器既没有平坦的通带，也没有快速衰减的阻带，因此不具备良好的幅频特性。

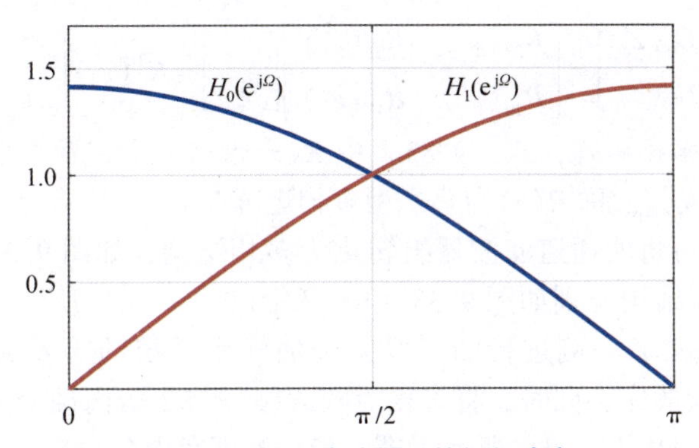

图9.32　哈尔滤波器组的幅频响应

① 哈尔滤波器组在小波分析（wavelet analysis）中具有重要地位。注意到滤波器组的冲激响应为

$$h_0[n]=\frac{1}{\sqrt{2}}(\delta[n]+\delta[n-1])$$

$$h_1[n]=\frac{1}{\sqrt{2}}(\delta[n]-\delta[n-1])$$

因此$H_0(z)$是对信号相邻两点求平均，类似于低通滤波的作用；$H_1(z)$则是对相邻两点作差，作用类似于高通滤波。经过分析滤波器组，信号被分解为局部均值（低频信息）和局部差值（高频信息），这种计算方式即为哈尔小波变换（Haar wavelet transform）。

综合上述分析，在 $H_0(z)$，$H_1(z)$ 都是 FIR 且具有线性相位的假设条件下，QMFB 既要满足完全重构，又要求滤波器具有良好的幅频特性，这种情况是不可行的。在实际应用中，可以考虑一些折中方案。例如，令 $H_0(z)$，$H_1(z)$ 为线性相位的 FIR 滤波器，保证无混叠失真和无相位失真。在此基础上尽可能减小幅度失真，从而近似实现完全重构。这种情况称为 FIR QMFB。又如，令 $H_0(z)$，$H_1(z)$ 为 IIR 滤波器，保证无混叠失真和无幅度失真，而相位失真可由额外的相位均衡器解决，从而近似实现完全重构。这种情况称为 IIR QMFB。此外，可以通过修正 $H_0(z)$ 与 $H_1(z)$ 的关系实现完全重构，将在 9.4.4 节进行介绍。

9.4.4 仿酉滤波器组

根据 9.4.3 节的介绍，满足完全重构的 QMFB 的幅频特性不理想，归根结底在于“正交镜像”约束，即 $H_1(z)=H_0(-z)$。而事实上，这个条件并非是完全重构的必要条件。本节将讨论满足完全重构的滤波器组的一般形式。

由于滤波器组是一个多抽样率系统，因而可以利用多相分解的思想，得到滤波器组的多相结构。它是一种高效的实现结构，同时也为设计完全重构滤波器组提供了一种有效途径。现考虑对分析端滤波器组 $H_0(z)$，$H_1(z)$ 作第一型多相分解

$$\begin{bmatrix} H_0(z) \\ H_1(z) \end{bmatrix}=\begin{bmatrix} E_{00}(z^2) & E_{01}(z^2) \\ E_{10}(z^2) & E_{11}(z^2) \end{bmatrix}\begin{bmatrix} 1 \\ z^{-1} \end{bmatrix}=\boldsymbol{E}(z^2)\begin{bmatrix} 1 \\ z^{-1} \end{bmatrix} \tag{9.82}$$

式中，$\boldsymbol{E}(z)$ 的第 k 行元素为 $H_k(z)$ 的多相成分，称 $\boldsymbol{E}(z)$ 为第一型多相矩阵。

类似地，对综合端滤波器组 $G_0(z)$，$G_1(z)$ 作第二型多相分解

$$\begin{bmatrix} G_0(z) \\ G_1(z) \end{bmatrix}=\begin{bmatrix} R_{00}(z^2) & R_{01}(z^2) \\ R_{10}(z^2) & R_{11}(z^2) \end{bmatrix}\begin{bmatrix} z^{-1} \\ 1 \end{bmatrix}=\boldsymbol{R}^{\mathrm{T}}(z^2)\begin{bmatrix} z^{-1} \\ 1 \end{bmatrix} \tag{9.83}$$

注意，不同于第一型多相矩阵，式（9.83）中 $\boldsymbol{R}(z)$ 带有一个转置符号，故 $\boldsymbol{R}(z)$ 的第 k 列元素为 $G_k(z)$ 的多相成分，称 $\boldsymbol{R}(z)$ 为第二型多相矩阵。

根据上述关系，可将两通道滤波器组转化为多相结构，如图 9.33（a）所示，其中，$\boldsymbol{E}(z^2)$ 和 $\boldsymbol{R}(z^2)$ 的内部结构分别如图 9.33（b）和图 9.33（c）所示。注意到，在该结构中，计算均是在高采样率一侧进行的。根据多抽样率系统的等效关系，可将多相矩阵 $\boldsymbol{E}(z^2)$ 与 2 倍抽取交换顺序，同时，将多相矩阵 $\boldsymbol{R}(z^2)$ 与 2 倍内插交换顺序，这样就得到了多相高效结构，如图 9.33（d）所示。进一步，若不考虑分析端与综合端之间的处理过程，可将多相矩阵 $\boldsymbol{E}(z)$ 与 $\boldsymbol{R}(z)$ 等效为一个矩阵，记作

$$\boldsymbol{P}(z)=\boldsymbol{R}(z)\boldsymbol{E}(z) \tag{9.84}$$

称 $\boldsymbol{P}(z)$ 为滤波器组的转移矩阵，该矩阵决定了滤波器组的传输特性。图 9.33（e）给出了简化后的多相结构。

容易验证，若

$$\boldsymbol{P}(z)=cz^{-\lambda}\boldsymbol{I} \tag{9.85}$$

式中，c 为非零常数；λ 为整数；$\boldsymbol{I}$ 为单位矩阵。此时输入输出关系为

$$\hat{X}(z)=cz^{-(2\lambda+1)}X(z) \tag{9.86}$$

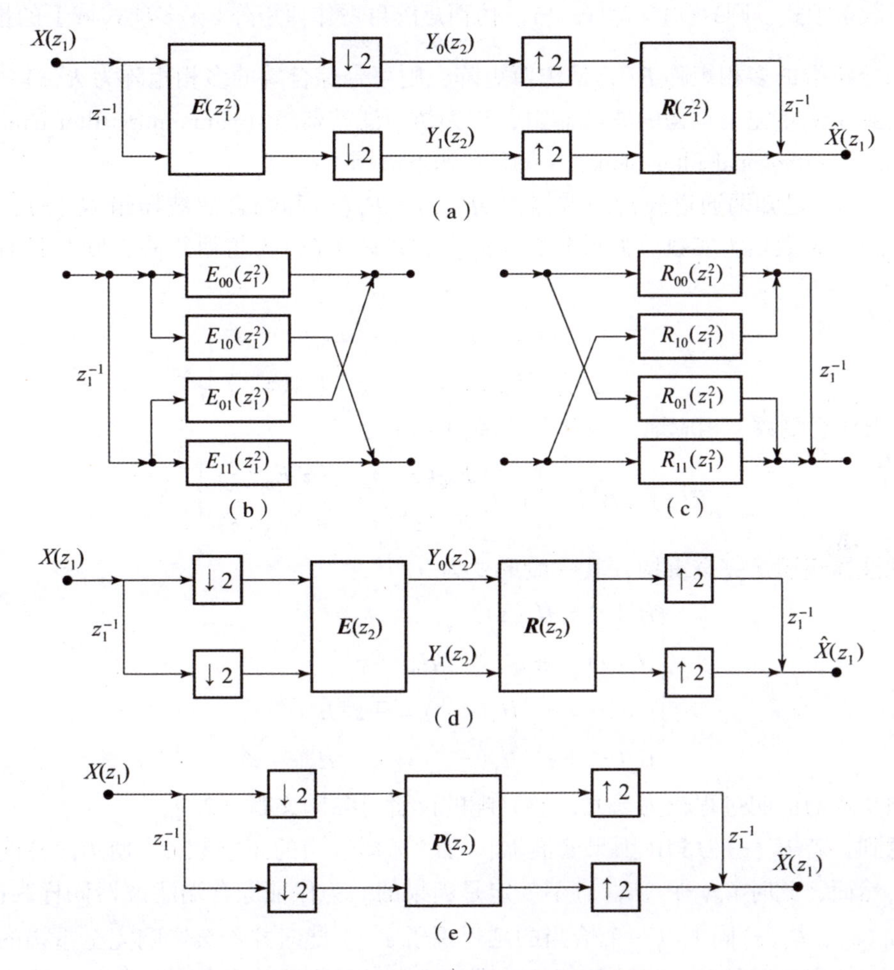

图 9.33　两通道滤波器组的多相结构

(a) 两通道滤波器组的多相结构；(b) $E(z_1^2)$的内部结构；(c) $R(z_1^2)$的内部结构；(d) 两通道滤波器组的多相高效结构；(e) 两通道滤波器组的简化多相结构

因此滤波器组满足完全重构。于是，得到了两通道滤波器组完全重构的充分条件。

命题 9.3　两通道滤波器组完全重构的充分条件为

$$P(z) = R(z)E(z) = cz^{-\lambda}I \tag{9.87}$$

式中，c 为非零常数；λ 为整数；I 为单位矩阵。

基于上述分析，完全重构滤波器组的设计问题归结为寻找矩阵 $E(z)$ 和 $R(z)$，使式 (9.87) 成立。这可以借助仿西矩阵（paraunitary matrix）来完成。如果满足

$$\tilde{M}(z)M(z) = I \tag{9.88}$$

则称矩阵 $M(z)$ 为仿西矩阵。式中，$\tilde{M}(z)$ 为 $M(z)$ 的共轭转置。特别地，若 $M(z)$ 中的元素

均为实系数多项式，则$\tilde{\boldsymbol{M}}(z)=\boldsymbol{M}^{\mathrm{T}}(z^{-1})$。仿酉矩阵可看作酉矩阵①在多项式域上的推广。

如果分析端的多相矩阵$\boldsymbol{E}(z)$是仿酉矩阵，则可令综合端的多相矩阵为$\boldsymbol{R}(z)=\tilde{\boldsymbol{E}}(z)$，这样就得到了满足完全重构的滤波器组，称为仿酉滤波器组（paraunitary filter bank）或正交滤波器组（orthogonal filter bank）。我们有如下命题。

命题 9.4 已知两通道分析滤波器组$H_0(z)$，$H_1(z)$和综合滤波器组$G_0(z)$，$G_1(z)$，并假设滤波器系数均为实数。如果分析端的多相矩阵$\boldsymbol{E}(z)$为仿酉矩阵，则其具有如下一般形式

$$\boldsymbol{E}(z)=\begin{bmatrix} E_{00}(z) & E_{01}(z) \\ \mp z^{-n}E_{01}(z^{-1}) & \pm z^{-n}E_{00}(z^{-1}) \end{bmatrix} \tag{9.90}$$

式中，n为任意整数。相应地，综合端的多相矩阵为

$$\boldsymbol{R}(z)=\boldsymbol{E}^{\mathrm{T}}(z^{-1})=\begin{bmatrix} E_{00}(z^{-1}) & \mp z^{n}E_{01}(z) \\ E_{01}(z^{-1}) & \pm z^{n}E_{00}(z) \end{bmatrix} \tag{9.91}$$

此时，滤波器组满足完全重构，其一般形式为

$$\begin{cases} H_0(z)=H_0(z) \\ H_1(z)=\pm z^{-(2n+1)}H_0(-z^{-1}) \\ G_0(z)=z^{-1}H_0(z^{-1})=\mp z^{2n}H_1(-z) \\ G_1(z)=z^{-1}H_1(z^{-1})=\pm z^{2n}H_0(-z) \end{cases} \tag{9.92}$$

命题 9.4 的证明过程较为繁冗，感兴趣的读者可参阅文献［22］。

注意到，若$H_0(z)$为 FIR 因果滤波器，可以选择恰当的正整数n，使$H_1(z)$同为因果滤波器。然而，此时$G_0(z)$，$G_1(z)$不一定是因果的。为保证综合端滤波器同样为因果的，可以将$G_0(z)$，$G_1(z)$同乘以一个恰当的延迟因子z^{-L}，此时并不会影响完全重构的性质。

此外，值得说明的是，虽然仿酉滤波器组中的滤波器均由分析端的$H_0(z)$决定，但这并不意味着$H_0(z)$可以任意选取。事实上，由于$\boldsymbol{P}(z)=\boldsymbol{R}(z)\boldsymbol{E}(z)=\boldsymbol{I}$，根据式（9.86）可知，此时输入输出满足如下关系

$$\hat{X}(z)=z^{-1}X(z) \tag{9.93}$$

另外，根据滤波器组传递函数的表达式，有

$$\begin{aligned} T(z) &= \frac{1}{2}[H_0(z)G_0(z)+H_1(z)G_1(z)] \\ &= \frac{1}{2}z^{-1}[H_0(z)H_0(z^{-1})+H_0(-z)H_0(-z^{-1})]=z^{-1} \end{aligned} \tag{9.94}$$

这意味着

① 如果满足

$$\boldsymbol{M}^{\mathrm{H}}\boldsymbol{M}=\boldsymbol{I} \tag{9.89}$$

则称复数方阵$\boldsymbol{M}$为酉矩阵（unitary matrix）。式中，$\boldsymbol{M}^{\mathrm{H}}$是$\boldsymbol{M}$的厄米特转置（Hermitian transpose，即共轭转置）。特别地，实数域上的酉矩阵也称为正交矩阵（orthogonal matrix）。

$$H_0(z)H_0(z^{-1})+H_0(-z)H_0(-z^{-1})=2 \tag{9.95}$$

满足式（9.95）（其中，等式右端可以是任意正数）的滤波器称为功率对称滤波器（power symmetric filter）。由此可见，$H_0(z)$并非任意选取。

仿西滤波器组为完全重构滤波器组提供了一般形式。实际中，可以通过选取特殊的仿西矩阵来构造具有完全重构的滤波器组。关于此方面的工作，本书不再展开介绍，感兴趣的读者可参阅文献［22］。

9.5　通信复用技术

复用（multiplexing）是通信领域中的一项重要技术，它的目的是利用一条信道来传输多路信号，从而提高信道的利用率。本节简要介绍两种常见的复用技术，即时分复用（time－division multiplexing，TDM）和频分复用（frequency－division multiplexing，FDM）。它们的基本原理和实现过程都与滤波器组有关。

9.5.1　时分复用

时分复用是指利用信道中的时间间隙来传输多路信号。假设有 N 个采样率为 F_1 的独立信号 $x_k(nT_1),k=0,1,\cdots,N-1$，为了将这些信号在信道上依次排列，可先对信号进行零值内插，使采样率提高为 $F_2=NF_1$，记为 $y_k(nT_2),k=0,1,\cdots,N-1$，其中，$T_2=T_1/N$。随后对每个 $y_k(nT_2),k=0,1,\cdots,N-1$ 分别作 kT_2 单位的时延。最后将所有信号叠加，由此得到发送端信号

$$y(nT_2)=\sum_{k=0}^{N-1}y_k(nT_2-kT_2) \tag{9.96}$$

图 9.34 给出了上述过程的示意图，可见 N 个信号在信道上依次排列，实现了信道共享。发送端的原理如图 9.35（a）所示。

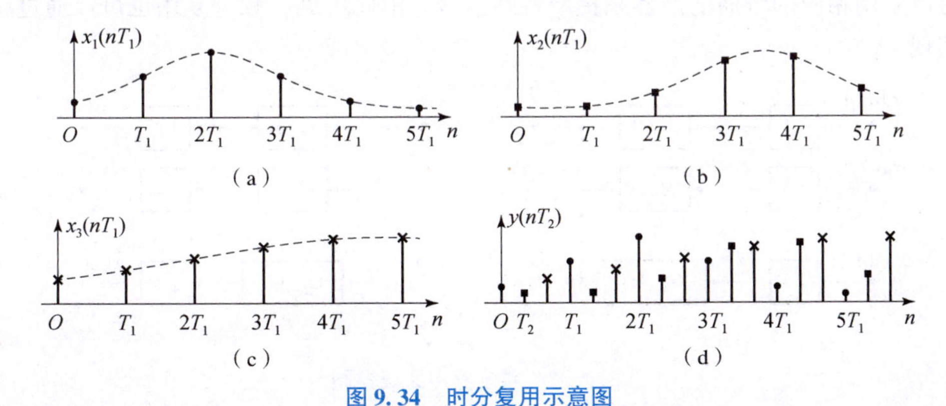

图 9.34　时分复用示意图

（a）信号 1；（b）信号 2；（c）信号 3；（d）发送端信号

在接收端，可通过延时和抽取来提取各路独立信号，如图 9.35（b）所示。由此可见，时分复用的发送端和接收端可分别视为综合滤波器组和分析滤波器组。时分复用技术通常用于数字通信，它的优点是结构简单、易于实现、成本较低。

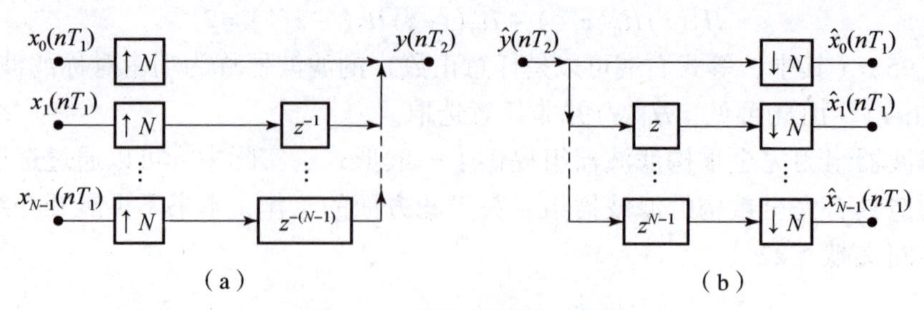

图 9.35 时分复用原理框图

(a) 发送端；(b) 接收端

9.5.2 频分复用

频分复用是一种按频率来划分信道的复用方式，即信道被分成多个相互不重叠的频带，每路信号占据其中一个频带，如图 9.36 所示。

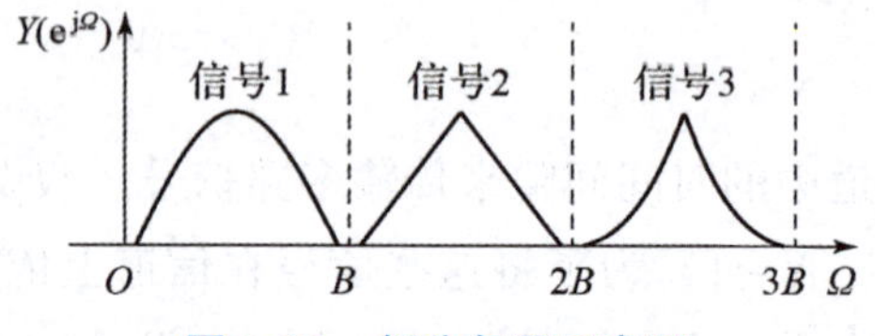

图 9.36 频分复用示意图

图 9.37 给出了频分复用的原理框图。在发送端，首先对各路信号进行内插，此时频谱会产生镜像成分。然后利用不同通带范围的带通滤波器提取信号的频谱。这个过程相当于对信号频谱进行了搬移。最后将各通带的频谱叠加起来，由此构成发送端信号。需要说明的是，为了防止相邻频带间的信号产生干扰，实际中带通滤波器之间会留有一定空隙，即保护带。此外，也可以采用调制与低通滤波相结合的方式来替代带通滤波器。在接收端，可以采用相应的带通滤波器来提取各路信号。由此可见，频分复用也可以通过滤波器组来实现。

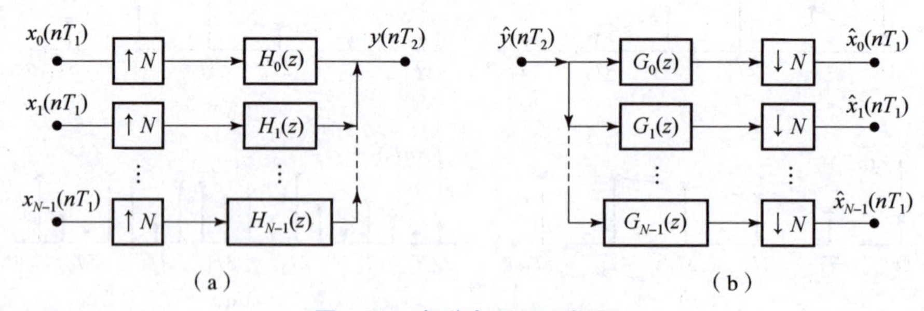

图 9.37 频分复用原理框图

(a) 发送端；(b) 接收端

频分复用技术主要应用于早期的模拟电话系统。其优点是信道利用率高，技术成熟；缺点是结构较复杂，模拟滤波器难以实现，并且在调制、解调等过程中会不同程度地引入非线性失真，造成各路信号间串扰。

除了上述介绍的两类典型的复用技术，还存在其他一些复用技术，例如码分复用（code division multiplexing，CDM）、正交频分复用（orthogonal frequency division multiplexing，OFDM）等。这些内容已经超出本书的范围，感兴趣的读者可参阅文献［1］。

9.6　编程仿真实验

9.6.1　采样率转换的仿真实现

MATLAB 信号处理工具箱（signal processing toolbox）提供了多个函数用于实现不同的采样率转换，具体介绍见表 9.1。值得说明的是，函数 downsample 和 decimate 均可用于实现整数倍抽取，但两者的差别在于前者只是下采样，而后者包含抗混叠滤波。类似地，函数 upsample 和 interp 可用于实现整数倍内插，前者为零值内插，后者则包含除镜像滤波。此外，函数 resample 和 upfirdn 可用于实现分数倍采样率转换，前者使用默认滤波器，后者则可使用自定义的 FIR 滤波器。下面结合具体例子来说明。

表 9.1　以采样率转换的 MATLAB 函数

函数名	功能简介
downsample	整数倍下采样（不含滤波过程）
upsample	整数倍上采样（不含滤波过程）
decimate	整数倍抽取（包含抗混叠滤波）
interp	整数倍内插（包含除镜像滤波）
resample	分数倍采样率转换（使用默认滤波器，并调用 upfirdn 函数）
upfirdn	分数倍采样率转换（使用自定义 FIR 滤波器）

实验 9.1（整数倍抽取）　设正弦序列 $x[n]=\cos(\pi n/8)$，如图 9.38（a）所示，分别使用函数 downsample 和 decimate 进行 D 倍抽取，其中，$D_1=2$ 和 $D_2=8$，并观察结果差别。

解： 具体代码如下。

```
N = 512;  % 信号长度
n = 0:N-1;
f = 1/16;  % 正弦序列归一化频率
x = cos(2*pi*f*n); 生成正弦序列
D1 = 2;  % 抽取因子1
D2 = 8;  % 抽取因子2

x1 = downsample(x,D1);  % 2 倍下采样
x2 = downsample(x,D2);  % 8 倍下采样
y1 = decimate(x,D1);  % 含有滤波的 2 倍抽取
y2 = decimate(x,D2);  % 含有滤波的 8 倍抽取
```

图9.38（b）~图9.38（e）展示了两种方法的抽取结果。可以看出，由于downsample只是进行下采样，因此所抽取的点的取值没有改变；而decimate包含抗混叠滤波，因此取值出现了变化。特别是当$D=8$时，两者的差异非常大。downsample的结果在±1间来回波动，这可以通过数学表达式来验证，即$x_D[n]=\cos(\pi n)=(-1)^n$；而decimate的结果几乎为零，这是因为抗混叠滤波器的截止频率为$\pi/8$，恰好将信号的频率成分去除了，因此，滤波后的信号不包含任何频率分量。

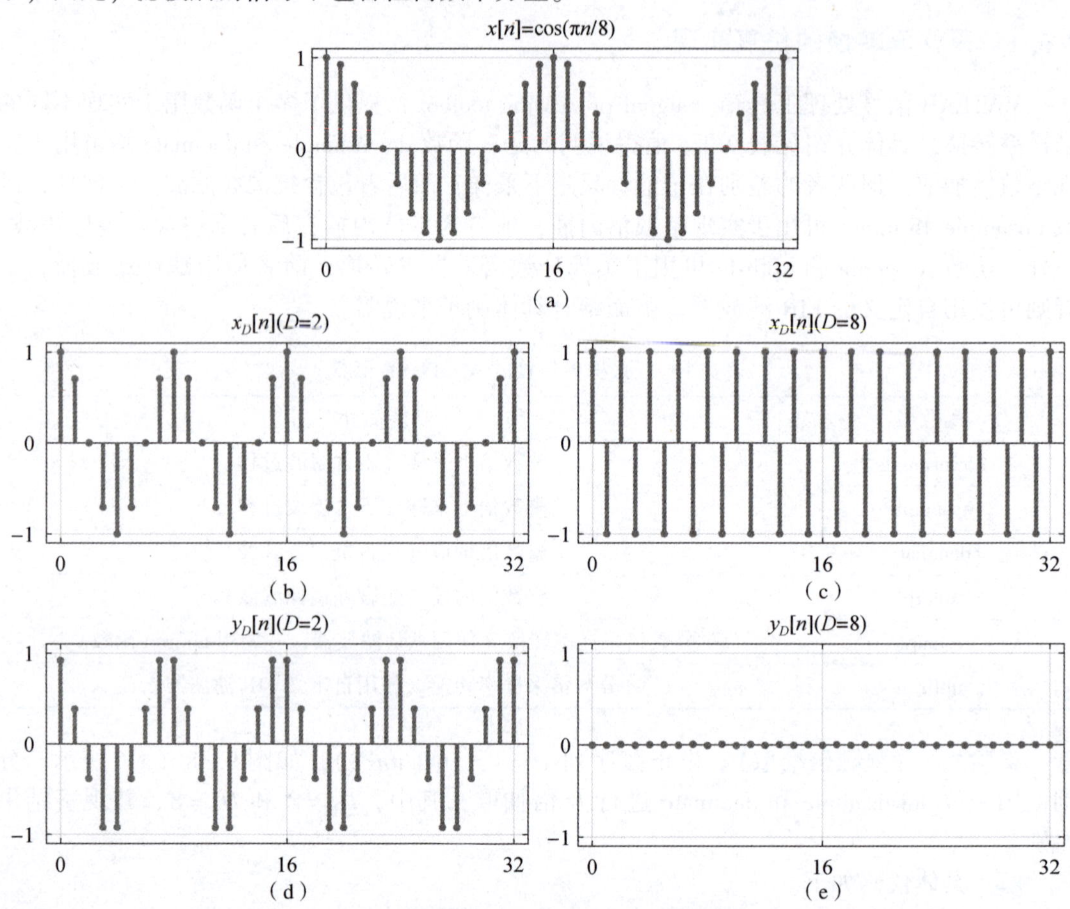

图9.38 downsample和decimate的抽取结果对比

（a）原正弦序列；（b）使用downsample进行2倍抽取；（c）使用downsample进行8倍抽取；（d）使用decimate进行2倍抽取；（e）使用decimate进行8倍抽取

实验9.2（整数倍内插） 设正弦序列$x[n]=\cos(\pi n/2)$，如图9.39（a）所示，分别使用upsample和interp进行I倍内插，其中，$I_1=2$和$I_2=8$，并观察结果差别。

解：具体代码如下。

```
N = 512; % 信号长度
n = 0:N-1;
f = 1/4; % 正弦序列归一化频率
x = cos(2*pi*f*n); 生成正弦序列
```

```
I1 = 2;  % 内插因子1
I2 = 8;  % 内插因子2

x1 = upsample(x,I1);  % 2 倍上采样
x2 = upsample(x,I2);  % 8 倍上采样
y1 = interp(x,I1);  % 含有滤波的 2 倍内插
y2 = interp(x,I2);  % 含有滤波的 8 倍内插
```

图 9.39（b）~图 9.39（e）展示了两种方法的内插结果。可以看出两者有明显差异，upsample 只是单纯地在原信号中插入 $I-1$ 个零值，而 interp 包含除镜像滤波，故在插值位置上取值并非为零。特别是当 $I=8$ 时，interp 所得结果更接近正弦序列。

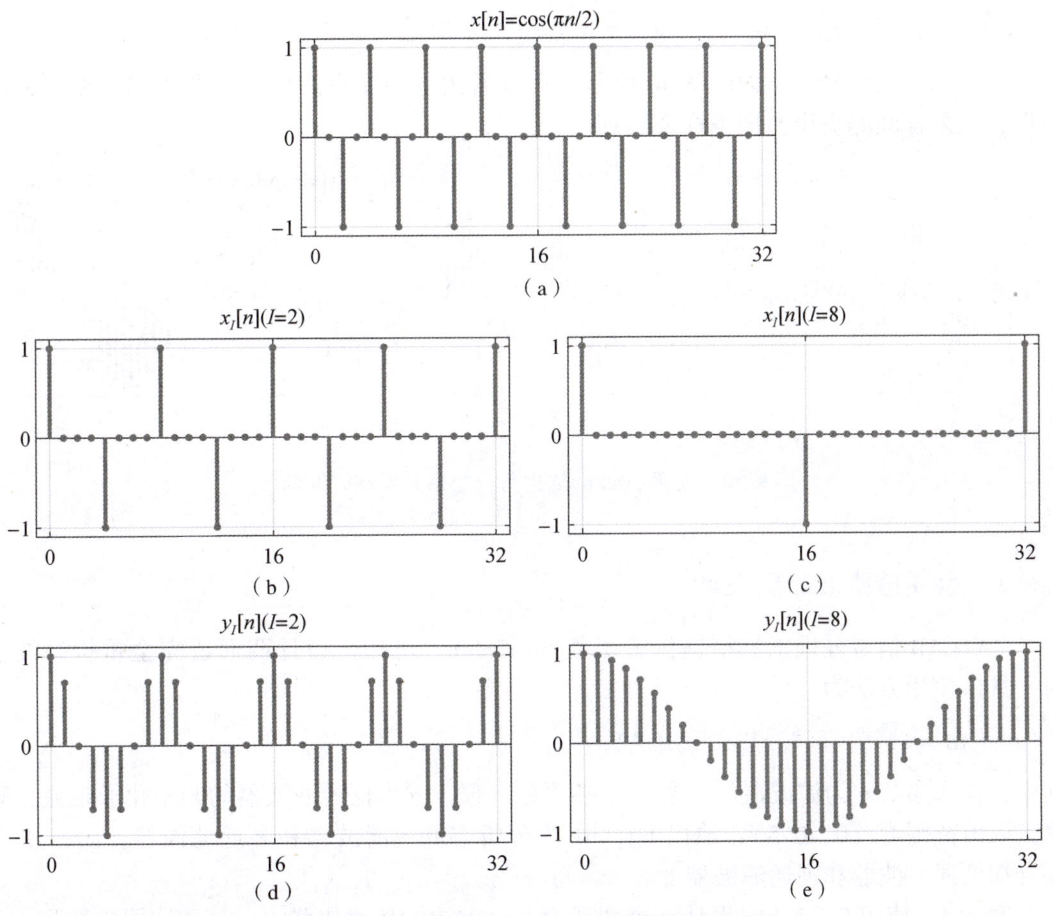

图 9.39　upsample 和 interp 的内插结果对比

（a）原正弦序列；（b）使用 upsample 进行 2 倍内插；（c）使用 upsample 进行 8 倍内插；（d）使用 interp 进行 2 倍内插；（e）使用 interp 进行 8 倍内插

实验 9.3（分数倍采样率转换）　设正弦序列 $x[n]=\cos(2\pi f_0 n/F_1)$，其中，$f_0=5$ Hz，初始采样率为 $F_1=60$ Hz，现利用 resample 将其采样率转换为 $F_2=150$ Hz，绘制转换前后的信号波形。

由于初始采样率为 $F_1=60$ Hz，目标采样率为 $F_2=150$ Hz，故

$$\frac{D}{I}=\frac{F_1}{F_2}=\frac{60}{150}=\frac{2}{5} \tag{9.97}$$

因此可令抽取因子 $D=2$，内插因子 $I=5$，MATLAB 代码如下：

```
N = 512; % 信号长度
n = 0:N-1;
f0 = 5; % 正弦序列频率
Fs = 60; % 初始采样率
x = cos(2*pi*f0*n/Fs); 生成正弦序列
I = 5; % 内插因子
D = 2; % 抽取因子
y = resample(x,I,D); % 分数倍采样率转换
```

转换前后的信号波形如图 9.40 所示。可以看出，转换后的信号保留了原正弦序列的波形，但采样间隔更密，即采样率提高。

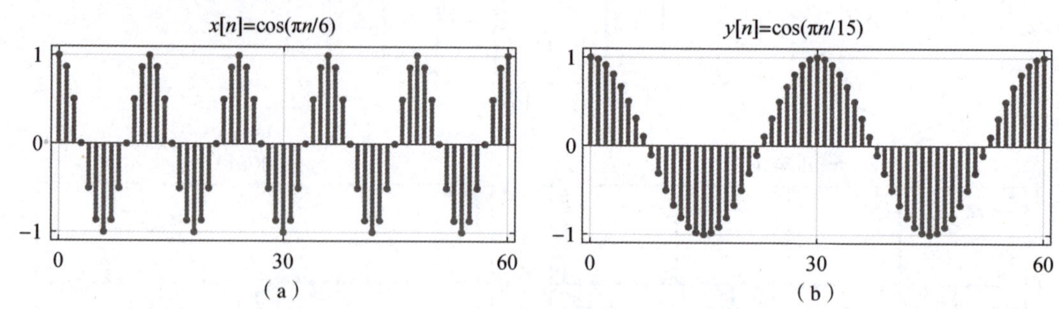

图 9.40 使用 resample 进行分数倍采样率转换结果

（a）原正弦序列；（b）转换后的正弦序列

9.6.2 两通道滤波器组设计

MATLAB 信号处理工具箱提供了函数 firpr2chfb，可用于设计两通道完全重构滤波器组，具体使用方法为：

```
[h0,h1,g0,g1] = firpr2chfb(n,fp)
```

其中，输入参数 n 为滤波器的阶数，且必须是奇数，fp 为低通滤波器的归一化通带截止频率，取值范围为（0，0.5）；输出 h0，h1 为分析端低通滤波器和高通滤波器，g0，g1 为综合端低通滤波器和高通滤波器。

例 9.4 使用 firpr2chfb 设计一个两通道完全重构 FIR 滤波器组，其滤波器阶数为 $N=21$，低通滤波器的归一化通带截止频率为 $f_p=0.4$。

MATLAB 代码如下：

```
N = 21; % 滤波器阶数
fp = 0.4; % 通带截止频率
[h0,h1,g0,g1] = firpr2chfb(N,fp);
```

图9.41给出了所设计的两通道滤波器组的滤波器系数和幅频响应。

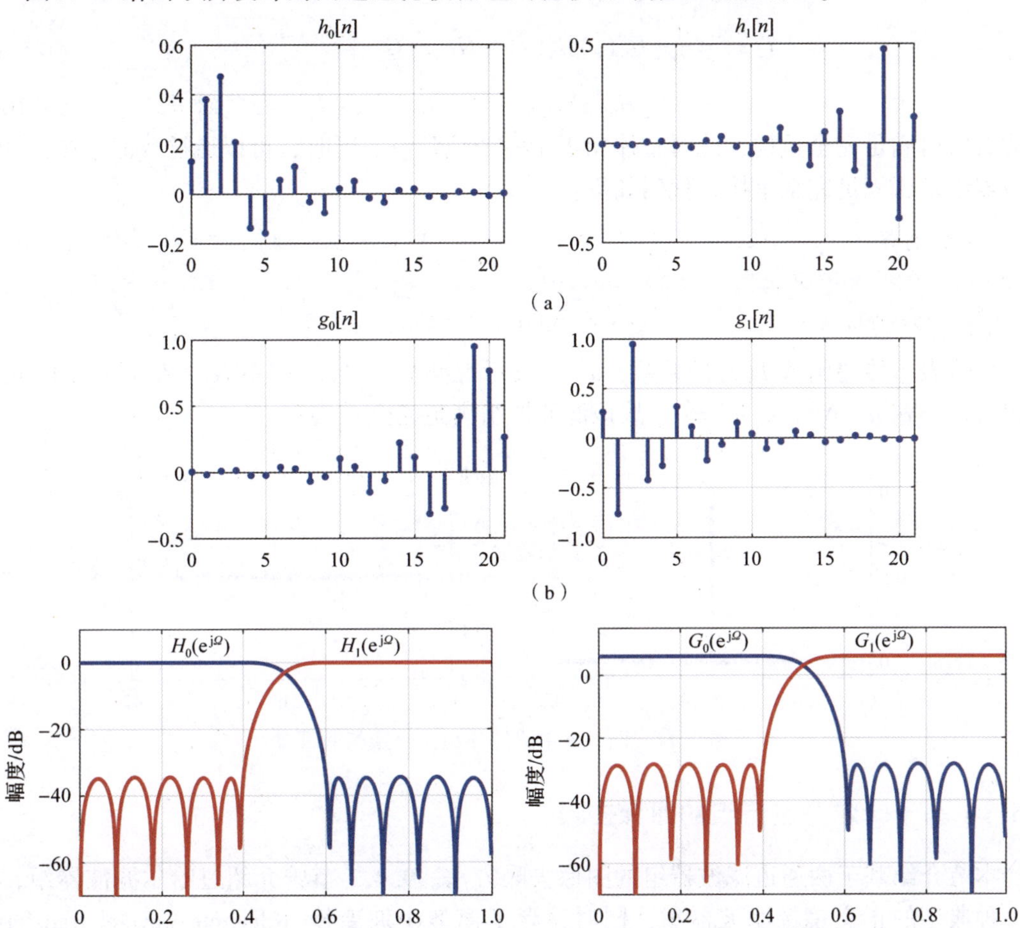

图9.41　例9.4中设计的两通道滤波器组

(a) 分析滤波器组的滤波器系数；(b) 综合滤波器组的滤波器系数；
(c) 分析滤波器组的幅频响应；(d) 综合滤波器组的幅频响应

由图9.41易知

$$\begin{cases} h_0[n]=h_0[n] \\ h_1[n]=(-1)^{n-1}h_0[N-n] \\ g_0[n]=2h_0[N-n] \\ g_1[n]=2h_1[N-n] \end{cases} \tag{9.98}$$

或用 z 变换表示为

$$\begin{cases} H_0(z)=H_0(z) \\ H_1(z)=-H_0(-z^{-1}) \\ G_0(z)=2z^{-N}H_0(z^{-1}) \\ G_1(z)=2z^{-N}H_1(z^{-1}) \end{cases} \tag{9.99}$$

容易验证

$$T(z)=\frac{1}{2}[H_0(z)G_0(z)+H_1(z)G_1(z)]$$
$$=z^{-N}[H_0(z)H_0(z^{-1})+H_0(-z)H_0(-z^{-1})]=z^{-N} \qquad (9.100)$$

即滤波器组满足完全重构，此时整体相当于一个纯延时。同时，可以通过数值方法验证该滤波器组是否满足完全重构，代码如下：

```
n = 0:N;
t = 1/2 * conv(g0,h0) +1/2 * conv(g1,h1);
a = conv(g0,((-1).^n. * h0)) + conv(g1,((-1).^n. * h1));
```

$t[n]$表示传递函数$T(z)$的系数，$a[n]$表示混叠分量$A(z)$的系数，结合图9.42可以看出$t[n]=\delta[n-N]$，$a[n]=0$，故该滤波器组满足完全重构。

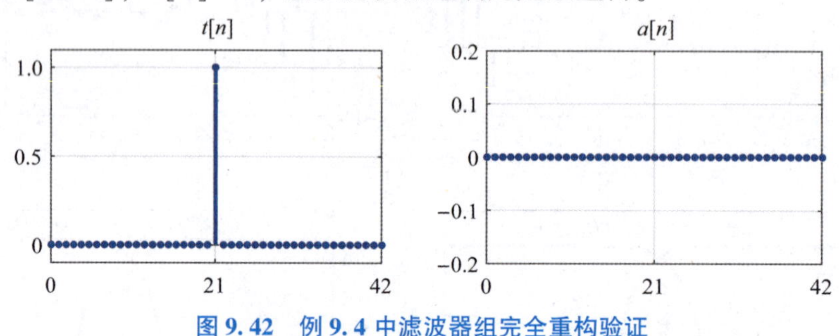

图9.42 例9.4中滤波器组完全重构验证

9.6.3 基于哈尔滤波器组的图像去噪

本节介绍基于两通道滤波器组的图像去噪方法。9.4.3节曾介绍过哈尔滤波器组，它是一种典型的正交镜像滤波器组，同时蕴含了**离散小波变换**（discrete wavelet transform，DWT）的思想，即通过局部均值和局部差值来表示信号的低频近似和高频细节。因此，哈尔滤波器组也称为哈尔小波变换（Haar wavelet transform）。事实上，所有离散小波变换都可以通过两通道滤波器组来实现。该结论是由法国数学家马勒特（S. Mallat）提出的，称为Mallat算法。关于离散小波变换与滤波器组的介绍，感兴趣的读者可参阅文献[8,18,32-34]。下面主要介绍二维哈尔滤波器组的实现过程。

由于图像是二维信号，而每一行和每一列都可视为一维信号，因此可以按照水平方向和竖直方向分别对图像作一维子带分解，由此得到二维滤波器组，结构如图9.43所示。其中，$H_0(z)$，$H_1(z)$分别表示低通滤波器和高通滤波器。对于哈尔滤波器组而言，有

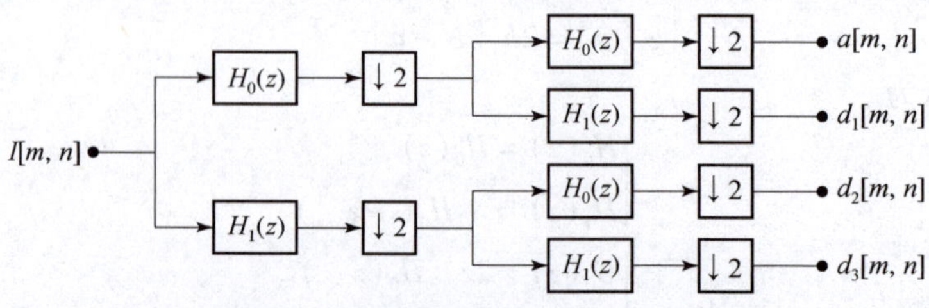

图9.43 二维滤波器组结构（分析端）

$$H_0(z)=\frac{1}{\sqrt{2}}(1+z^{-1}) \tag{9.101}$$

$$H_1(z)=\frac{1}{\sqrt{2}}(1-z^{-1}) \tag{9.102}$$

图像经二维滤波器组分解之后，得到四个子带信号，其中，$a[m,n]$表示图像的低频近似，而 $d_i[m,n], i=1,2,3$ 表示图像的高频细节。图 9.44 展示了某幅图像经哈尔滤波器组分解之后的子带图像。注意到近似子带是原图像的低分辨率版本，它包含了原图像的绝大部分信息；而三个细节子带具有明显的方向性，其中，$d_1[m,n]$表示水平方向的细节，$d_2[m,n]$表示竖直方向的细节。这是因为前者沿竖直方向作高通滤波，因而竖直方向的变化信息（即表现为水平方向的边缘、纹理等）被提取出来；而后者沿水平方向作高通滤波，因而水平方向的变化信息（即表现为竖直方向的边缘、纹理等）被提取出来。同理，$d_3[m,n]$表示对角方向的细节。

图 9.44　二维图像的子带分解

(a) 原始图像；(b) 低频近似子带；(c) 水平细节子带；(d) 竖直细节子带；(e) 对角细节子带

上述二维滤波器组是沿水平维度和竖直维度分别进行分解的，本质上依然是一维滤波器组。这种结构称为可分离的。此外，可以对低频子带作进一步分解，于是得到图像在不同分辨率下的表示。这种表示方法称为**多尺度表示**（multiscale representation）或**多分辨分析**（multiresolution analysis，MRA）。

下面介绍图像去噪的基本原理。本书考虑加性噪声模型，即

$$Y[m,n]=X[m,n]+N[m,n] \tag{9.103}$$

式中，$X[m,n]$为原始无噪图像；$N[m,n]$为噪声，同时假设噪声服从高斯分布①，并且与图像相互独立；$Y[m,n]$为含噪图像。

由于噪声通常表现为高频成分，因此可以利用滤波器组对含噪图像进行子带分解。经研究发现，噪声与图像的高频子带系数具有不同的分布规律。幅值较大的系数反映了图像的边缘、纹理等细节信息，而幅值较小的系数主要为噪声。因此，可以采用阈值方法对高频子带系数进行处理，这种方法称为阈值去噪法。常用的阈值函数包括硬阈值和软阈值。

硬阈值：
$$f_{\text{hard}}(x)=\begin{cases}x, & |x|\geqslant T\\ 0, & |x|<T\end{cases} \tag{9.104}$$

软阈值：
$$f_{\text{soft}}(x)=\begin{cases}x-\text{sgn}(x)T, & |x|\geqslant T\\ 0, & \text{其他}\end{cases} \tag{9.105}$$

式中，T为阈值。图9.45给出了两种阈值函数的映射示意图。

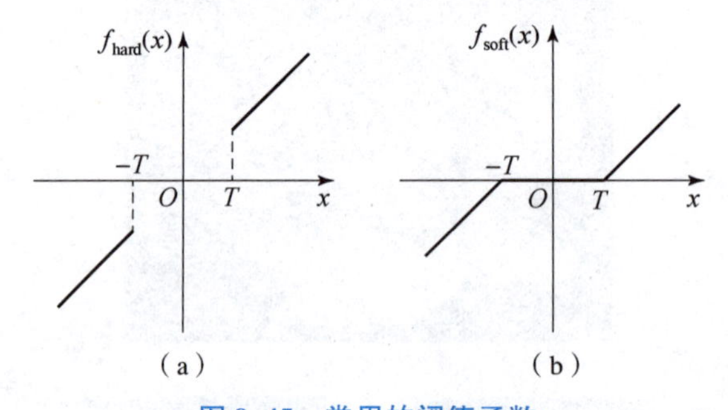

图9.45 常用的阈值函数

（a）硬阈值函数；（b）软阈值函数

阈值的选取对去噪结果至关重要。如果阈值较小，则去噪效果可能不明显；反之，如果阈值较大，则有可能损失图像的重要细节。本书选择一种具有代表性的阈值估计方法，称为贝叶斯方法，其表达式为

$$T=\frac{\sigma_N^2}{\sigma_X} \tag{9.106}$$

式中，σ_X，σ_N 分别为无噪图像和噪声的标准差。

综上，基于滤波器组的图像去噪方法的流程如下。

①子带分解：对含噪图像$Y[m,n]$进行子带分解，得到低频近似子带$a[m,n]$和高频细节子带$d_i[m,n],i=1,2,3$。实验将选择哈尔滤波器组进行2级子带分解。

②阈值处理：采用式（9.106）进行阈值估计，对高频细节子带$d_i[m,n],i=1,2,3$进行阈值处理，低频近似子带$a[m,n]$维持不变。实验将分别采用软、硬两种方法进行阈

① 关于噪声的统计特性介绍见第10章。

值处理，以便说明两种方法的差别。

③图像重建：对阈值处理后的子带系数进行重建，得到去噪图像。

上述过程可以利用 MATLAB 小波工具箱（wavelet toolbox）中的图像去噪函数 wdenoise2 来实现，该函数提供了丰富的可选参数，具体用法可参考下文代码及 MATLAB 帮助文档。图 9.46 展示了两种阈值函数的去噪结果，其中图像尺寸为 512 px×512 px，噪声方差为 0.01。不难看出，两种阈值方法都能够有效滤除噪声。不过从视觉上来看，硬阈值法在图像边缘处出现锯齿效应，这是因为硬阈值函数存在跳跃间断点；而软阈值法在边缘处更加平滑，但整体去噪结果略模糊。为了便于客观评价，两种方法的峰值信噪比也在图中列出。

图 9.46　基于哈尔滤波器组的图像去噪结果

(a) 无噪图像；(b) 含噪图像 (PSNR = 20.04 dB)；
(c) 硬阈值法 (PSNR = 27.90 dB)；(d) 软阈值法 (PSNR = 27.50 dB)

去噪具体代码如下：

```
im = 'flw_gray.png';
X = imread(im); % 读取图像
X = im2double(X); % 转换为 double 浮点型
var = 0.01; % 噪声方差
Y = imnoise(X,'gaussian',0,var); % 生成含噪图像
level = 2; % 滤波器组分解级数
wname = 'haar'; % 哈尔滤波器组
dmth = 'Bayes'; % 贝叶斯阈值估计
tmth = 'Hard'; % 硬阈值'Hard'/软阈值'Soft'
emth = 'LevelDependent'; % 阈值逐级估计
Z = wdenoise2(Y,level,'Wavelet',wname,'DenoisingMethod',dmth,
   'ThresholdRule',tmth,'NoiseEstimate',emth); % 生成去噪图像
```

本节介绍了哈尔滤波器组在图像去噪中的应用。阈值去噪法是图像去噪领域的热点问题，关于其他阈值估计模型，读者可参阅文献[41，42]。

本章小结

多抽样率信号处理的核心内容包括采样率转换和滤波器组两部分，本章围绕上述两部分展开了介绍。

整数倍抽取和整数倍内插是实现采样率转换的基本单元，前者用于降低采样率，后者用于提高采样率，两者级联则可以实现任意分数倍采样率转换。为了避免抽取之后信号频谱发生混叠，抽取前通常要对信号作滤波处理，该滤波器称为抗混叠滤波器。而内插之后信号频谱产生了镜像，因而同样需要作滤波处理来滤除镜像成分，该滤波器称为除镜像滤波器。

多抽样率系统的计算量由每秒乘法次数（MPS）来衡量。为了降低计算量，提高系统性能，在设计系统时，应尽可能将乘法运算安排在低采样率一侧进行。本章介绍了一些典型的等效结构。这些等效关系为设计多抽样率系统提供了指导依据。多相分解是多抽样率信号处理中的重要概念之一，它为多抽样率系统的高效实现提供了一种可行方案。

滤波器组是由一组滤波器构成的整体，它的作用是将信号分解为不同子带，从而便于提取信号不同频率成分或依频带单独进行处理。滤波器组在信号编码、压缩、去噪等应用问题中发挥着重要作用。完全重构是滤波器组分析和设计中的关键核心问题，本章详细讨论了两通道滤波器组的完全重构条件，并介绍了两类典型的两通道滤波器组，即正交镜像滤波器组和仿酉滤波器组。此外，滤波器组还可扩展至多通道。通信领域中的时分复用和频分复用技术即可通过多通道滤波器组来实现。关于滤波器组在通信领域的其他应用，感兴趣的读者可参阅文献[1，26，44]。本章以图像去噪问题为例，展示了哈尔滤波器组在图像去噪中的应用。滤波器组与离散小波变换联系紧密，感兴趣的读者可参阅文献[8，41－43]。

习　题

9.1 已知D倍抽取系统如图9.47（a）所示，其中，$H_D(e^{j\Omega})$为理想低通滤波器，增益为1，截止频率为$\Omega=\pi/D$。设信号$x[n]$的频谱如图9.47（b）所示，其中，B为信号的带宽，分别画出下列情况中$y[n]$的频谱。

（1）$D=2$，$B=\pi/3$；（2）$D=3$，$B=\pi/2$。

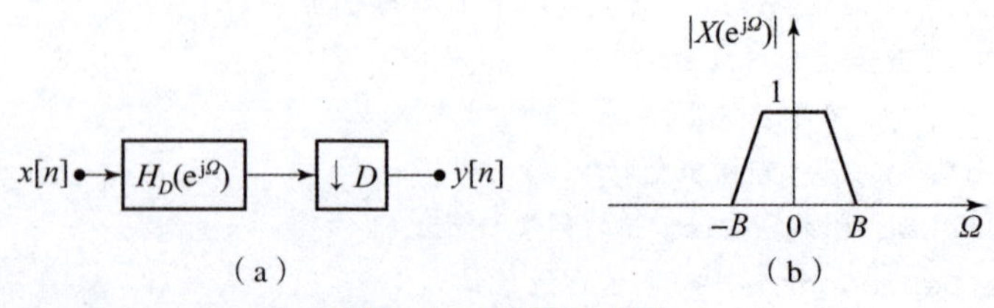

图9.47　习题9.1图

（a）D倍抽取系统；（b）$x[n]$的频谱

9.2　已知I倍内插系统如图9.48（a）所示，其中，$H_I(\mathrm{e}^{\mathrm{j}\Omega})$为理想低通滤波器，增益为$I$，截止频率为$\Omega=\pi/I$。设信号$x[n]$的频谱如图9.48（b）所示，其中，$B$为信号的带宽，分别画出下列情况中$y[n]$的频谱。

（1）$I=3$，$B=2\pi/3$；（2）$I=4$，$B=\pi$。

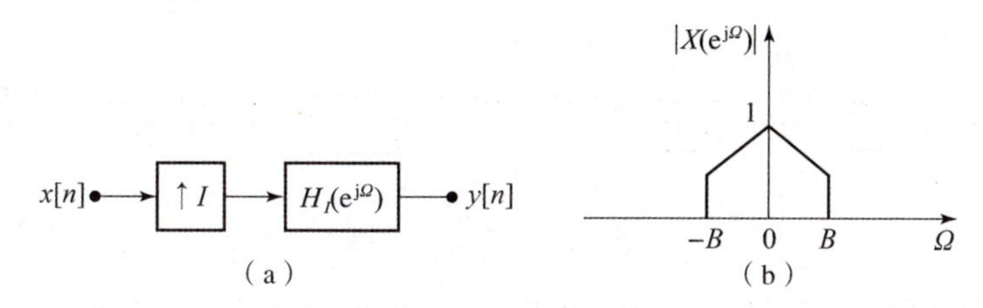

图9.48　习题9.2图

（a）I倍内插系统；（b）$x[n]$的频谱

9.3　设I倍内插系统中的除镜像滤波器为

$$H_I(\mathrm{e}^{\mathrm{j}\Omega})=\begin{cases}I, & |\Omega|\leqslant\pi/I\\ 0, & \text{其他}\end{cases}$$

证明：内插前后信号的幅值相等，即$y[n]=x[n/I], n=kI$。

9.4　已知D倍抽取系统如图9.49（a）所示，其中，$H_{\mathrm{BP}}(\mathrm{e}^{\mathrm{j}\Omega})$为理想带通滤波器，即

$$H_{\mathrm{BP}}(\mathrm{e}^{\mathrm{j}\Omega})=\begin{cases}1, & (k-1)\pi/D<|\omega|<k\pi/D\\ 0, & \text{其他}\end{cases}$$

设输入端$x[n]$为带通信号，频谱如图9.49（b）所示。分别画出下列情况中$y[n]$的频谱。

（1）$k=3$；（2）$k=4$。

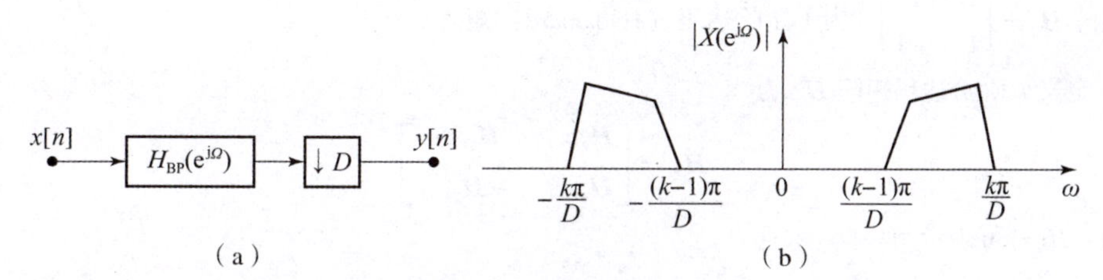

图9.49　习题9.4图

（a）D倍抽取系统；（b）带通信号$x[n]$的频谱

9.5　已知$x[n]$的带宽为$5\pi/8$，经过分数倍抽样率转换后，$y[n]$为满带信号，即$|\omega|<\pi$。试确定内插因子I和抽取因子D。

9.6　证明：抽取、内插与延迟具有如图9.50所示的等效关系。

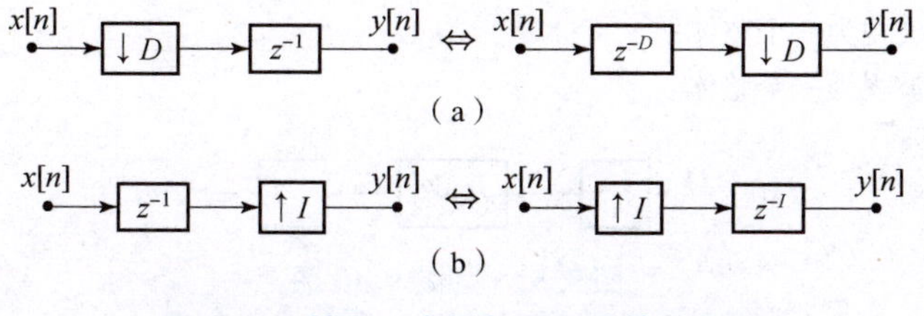

$x[n]$ → $\downarrow D$ → z^{-1} → $y[n]$　⇔　$x[n]$ → z^{-D} → $\downarrow D$ → $y[n]$

（a）

$x[n]$ → z^{-1} → $\uparrow I$ → $y[n]$　⇔　$x[n]$ → $\uparrow I$ → z^{-I} → $y[n]$

（b）

图9.50　抽取、内插与延迟的等效关系

（a）抽取与延迟的等效关系；（b）内插与延迟的等效关系

9.7 试判断图 9.51 所示网络是否等效。

提示：判断 $H(z_2^{1/D})$，$H(z_1^{1/I})$是否具有物理意义。

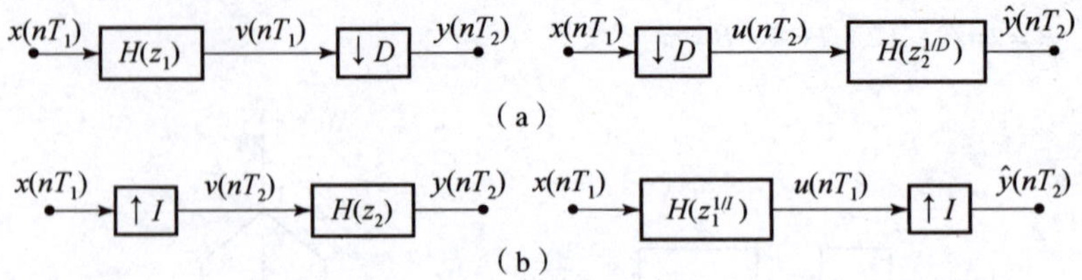

$x(nT_1)$ → $H(z_1)$ → $v(nT_1)$ → $\downarrow D$ → $y(nT_2)$　　$x(nT_1)$ → $\downarrow D$ → $u(nT_2)$ → $H(z_2^{1/D})$ → $\hat{y}(nT_2)$

（a）

$x(nT_1)$ → $\uparrow I$ → $v(nT_2)$ → $H(z_2)$ → $y(nT_2)$　　$x(nT_1)$ → $H(z_1^{1/I})$ → $u(nT_1)$ → $\uparrow I$ → $\hat{y}(nT_2)$

（b）

图 9.51　习题 9.7 图

9.8 已知多抽样率系统如图 9.52 所示，其中，I，D 互质，试写出 $y[n]$与 $x[n]$的关系。

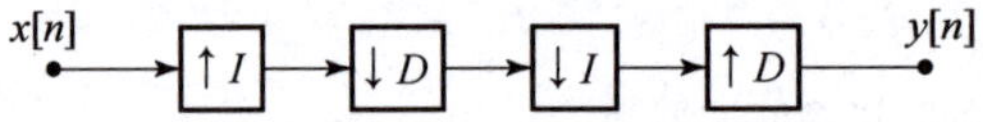

$x[n]$ → $\uparrow I$ → $\downarrow D$ → $\downarrow I$ → $\uparrow D$ → $y[n]$

图 9.52　习题 9.8 图

9.9 设 $H(z)$是一个 FIR 因果滤波器，长度为 N，即

$$H(z) = \sum_{n=0}^{N-1} h(n) z^{-n}$$

（1）证明 $H(z)$可表示为

$$H(z) = [1 \quad z^{-1}] \begin{bmatrix} 1 & 1 \\ 1 & -1 \end{bmatrix} \begin{bmatrix} H_0(z^2) \\ H_1(z^2) \end{bmatrix}$$

式中，矩阵 $\boldsymbol{H}_2 = \begin{bmatrix} 1 & 1 \\ 1 & -1 \end{bmatrix}$称为 1 阶哈达玛（Hadamard）矩阵。

（2）定义 k 阶哈达玛矩阵 $\boldsymbol{H}_{2k}$为

$$\boldsymbol{H}_{2k} = \begin{bmatrix} \boldsymbol{H}_{2k-1} & \boldsymbol{H}_{2k-1} \\ \boldsymbol{H}_{2k-1} & -\boldsymbol{H}_{2k-1} \end{bmatrix}$$

证明：$H(z)$可表示为

$$H(z) = [1 \quad z^{-1} \quad \cdots \quad z^{-(L-1)}] \boldsymbol{H}_L \begin{bmatrix} H_0(z^L) \\ H_1(z^L) \\ \vdots \\ H_{L-1}(z^L) \end{bmatrix}, L = 2^k$$

9.10 已知分数倍采样率转换系统如图 9.53 所示，设滤波器长度为 $N = 15$，试分别画出下列情况的多相高效结构。

（1）将内插与滤波视为一个整体；

（2）将抽取与滤波视为一个整体。

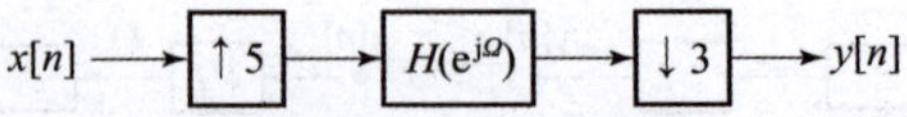

$x[n]$ → $\uparrow 5$ → $H(e^{j\Omega})$ → $\downarrow 3$ → $y[n]$

图 9.53　习题 9.10 图

9.11 证明：假设 QMFB 中的分析端 $H_0(z)$，$H_1(z)$为 FIR 且具有线性相位，为实现完全重构，滤波器长度 N 必须是偶数，且

$$|H_0(e^{j\Omega})|^2+|H_1(e^{j\Omega})|^2=c$$

式中，c 为非零常数。

9.12　已知两通道滤波器组分析端的多相矩阵为

$$\boldsymbol{E}(z)=\frac{\sqrt{2}}{2}\begin{bmatrix}1 & 1\\ -1 & 1\end{bmatrix}$$

（1）写出相应的分析端滤波器组 $H_0(z)$，$H_1(z)$；

（2）若要求滤波器组满足完全重构，试写出综合端的多相矩阵 $\boldsymbol{R}(z)$ 以及相应的滤波器组 $G_0(z)$，$G_1(z)$；

（3）依据分析端和综合端的滤波器组，写出相应的信号分解和信号重构表达式，并验证是否满足完全重构。

9.13　已知两通道滤波器组分析端的低通滤波器为

$$H_0(z)=\frac{1}{9}(1+2z^{-1}+3z^{-2}+2z^{-3}+z^{-4})$$

（1）若滤波器组为 QMFB，写出分析端的高通滤波器 $H_1(z)$；

（2）确定综合端的滤波器组 $G_0(z)$，$G_1(z)$，使两者为 FIR 因果滤波器且滤波器组无混叠；

（3）是否存在满足完全重构的仿酉滤波器组？若存在，写出 $H_1(z)$ 及 $G_0(z)$，$G_1(z)$；若不存在，说明理由。

9.14　已知两通道滤波器组分析端的低通滤波器为

$$H_0(z)=\frac{1}{5\sqrt{10}}(6+8z^{-1}+4z^{-2}-3z^{-3})$$

（1）证明 $H_0(z)$ 是功率对称滤波器，即

$$H_0(z)H_0(z^{-1})+H_0(-z)H_0(-z^{-1})=1$$

（2）确定 $H_1(z)$ 及 $G_0(z)$，$G_1(z)$，使滤波器组满足完全重构。

9.15　已知两通道滤波器组如图 9.54 所示，其中，$E_k(z),k=0,1$ 是稳定的传输函数。

（1）试确定分析端和综合端的多相矩阵 $\boldsymbol{E}(z)$，$\boldsymbol{R}(z)$；

（2）判断 $\boldsymbol{E}(z)$ 是否为仿酉矩阵；

（3）判断滤波器组是否满足完全重构。

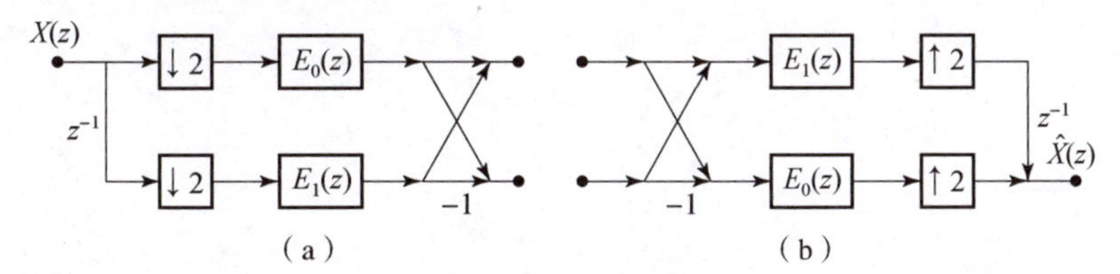

图 9.54　习题 9.15 图

（a）分析端；（b）综合端

9.16（编程练习）　已知信号：

$$x(t)=\sin(4\pi t)+5\cos(10\pi t+\pi/5)$$

设初始采样率为 $f_0=100$ Hz，信号时长为 10 s。

（1）设抽取因子为 $D=4$，分别使用 downsample 和 decimate 函数对该信号进行抽取，画出抽取前后信号的波形和频谱，分析两种抽取方法的区别；

（2）设抽取因子为 $D=10$，重做（1），并分析改变抽取因子对结果有何影响；

（3）设内插因子为 $I=3$，分别使用 upsample 和 interp 函数对该信号进行内插，画出内插前后信号的

波形和频谱；

（4）将信号的采样率转换为$f_1=70$ Hz，画出转换前后信号的波形和频谱。

提示：可利用 MATLAB 函数 resample 实现采样率转换。

9.17（编程练习） 已知滤波器$h[n]=[1,2,1]/4$，抽取与内插因子同为 2，编写程序验证 Noble 恒等式。

9.18（编程练习） 利用 firpr2chfb 函数设计一个两通道完全重构滤波器组，要求低通滤波器的通带截止频率为0.4π，阶数为$N=31$。

9.19（编程练习） 利用窗函数法设计一个 FIR 低通滤波器$H_0(z)$，要求通带截止频率为0.4π，阻带截止频率为0.6π，阻带衰减为 30 dB。基于$H_0(z)$设计一个两通道正交镜像滤波器组，画出分析端滤波器组的幅频响应，并验证滤波器组是否满足完全重构。

9.20（编程练习） 参考 9.6.3 节的图像去噪示例，使用图像去噪函数 wdenoise2 并选择其他小波函数进行图像去噪，同时观察不同小波函数的去噪效果。

第 10 章　随机信号时域和频域分析

本章阅读提示

- 随机信号的数学模型是什么？如何对随机信号进行分析？
- 什么是平稳随机过程？它有哪些特性？
- 随机信号的自相关函数与功率谱密度有何关系？
- 什么是信号的等效噪声带宽？它的物理意义是什么？
- 什么是高斯过程？它有哪些性质？
- 白噪声有哪些类型和性质？

10.1　随机信号的数学模型

前面几章研究的对象是确定性信号。一般而言，确定性信号可以通过函数来描述。然而，在现实世界中，并非所有的信号都拥有明确的函数表达式。例如，人体的心电图、某地的气温、电子元器件中的热噪声、语音信号等。这种具有不确定性的波形信号称为**随机信号**（random signal）。

虽然随机信号具有不确定性，但是也蕴含了一定的信息。我们希望从随机信号中挖掘出有价值的信息，以便更好地认识、掌握随机信号的规律，因此对随机信号的分析具有重要的意义。本章将先后介绍随机信号的时域和频域分析方法，其中，时域分析着重介绍随机信号的数学模型，即**随机过程**（random process）① 及其统计特性；频域分析将主要研究随机信号的功率谱密度。

10.1.1　随机过程的概念和类型

为了直观理解随机过程的概念，以电路中的噪声电压为例。热噪声是由电子的热扰动产生的，故噪声电压值具有随机性。考虑在一段时间内对电压进行持续观测，每次观测得到一个具体的电压波形，并且这些电压波形每次都不相同。为了充分地描述随机性，必须考虑所有“可能”的电压波形，这些波形的集合便构成了随机过程。

用数学语言来描述，随机过程可视为样本空间到函数空间的映射，如图 10.1 所示。样本空间中的任一点 $\zeta_0 \in S$ 对应于函数空间中的一个函数 $X(t,\zeta_0)$，$t \in \mathcal{T}$，称为**样本函数**

① 在本书中，“随机信号”与“随机过程”具有等价含义，两者经常交换使用。

(sample function)，其中，$\mathcal{T}$为时间索引集①。所有样本函数的“集合”即为随机过程，记作$\{X(t,\zeta)\mid t\in\mathcal{T},\ \zeta\in\mathcal{S}\}$。通常，时间索引集默认为实数集，同时，样本空间可以省略，因而随机过程可简记为$X(t)$。这种记法与确定性信号的函数表示类似②。此外，对于任意时刻t_0，$X(t_0)$是一个**随机变量**（random variable）。因此，随机过程也可视为以时间为参数的随机变量。

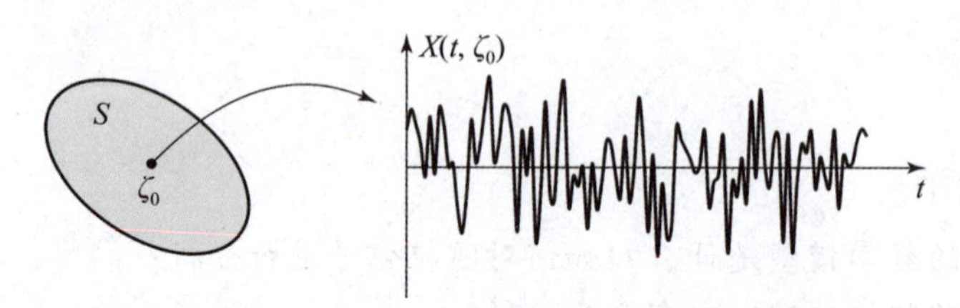

图 10.1　样本空间到函数空间的映射示意图

按照时间是否连续，随机过程可分为**连续时间随机过程**（continuous - time random process，简称为**随机过程**）与**离散时间随机过程**（discrete - time random process，简称为**随机序列**），分别记为$X(t)$与$X[n]$。由于两者的分析方式相似，故下文以连续时间随机过程为主进行介绍。但在一般情况下，“随机过程”也泛指两者。

随机过程的取值集合称为**状态空间**（state space）。如果状态空间是连续集，则称为**连续状态随机过程**（continuous - state random process，**连续型随机过程**）；如果状态空间是离散集，则称为**离散状态随机过程**（discrete - state random process，**离散型随机过程**）。

例 10.1（随机振幅信号）　已知正弦信号$X(t)=A\cos(\omega_0 t+\phi)$，其中，载频$\omega_0$和相位$\phi$均为常数，振幅$A$服从$[0,1]$上的均匀分布，记作$A\sim U(0,1)$。这类信号称为**随机振幅信号**。

显然，随机振幅信号的时间参数和状态都是连续的，因此是连续型随机过程。图 10.2 给出了随机振幅信号的三个样本函数。

例 10.2（伯努利过程）　如果随机实验是独立可重复的，且每次实验结果只有两个，则称为**伯努利试验**（Bernoulli experiment）。例如重复投掷一枚硬币，每次结果为“正面”或“反面”。**伯努利过程**（Bernoulli process）即是伯努利试验的数学描述。

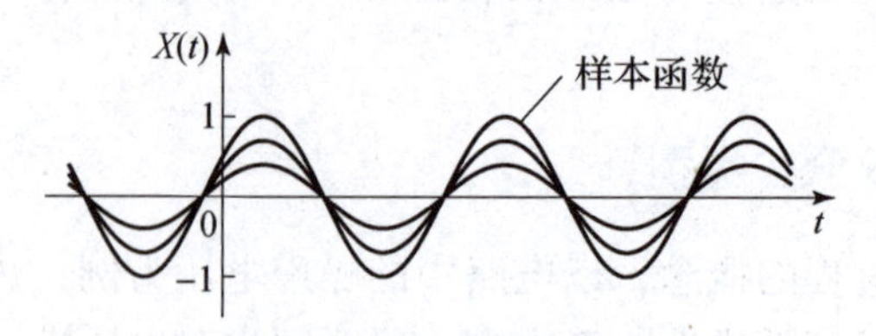

图 10.2　随机振幅信号

已知随机序列$X[n]$，并假设取值为“1”的概率为p，取值为“0”的概率为$1-p$，且不同时刻取值相互独立，即

① 时间索引集$\mathcal{T}$可以是连续时间集合，如实数集$\mathbb{R}$；也可以是离散时间集合，如整数集$\mathbb{Z}$。这种情况下又称为“随机序列”。

② 本章及下一章用大写字母表示随机信号，如$X(t)$，$Y(t)$；而用小写字母表示确定性信号，如$x(t)$，$y(t)$。

$$X[n]=\begin{cases}1, & P(X[n]=1)=p\\0, & P(X[n]=0)=1-p\end{cases} \tag{10.1}$$

式中，$P(\cdot)$表示随机事件“$X[n]=1$”或“$X[n]=0$”的概率。

容易判断，伯努利过程是离散状态随机序列。图 10.3 画出了伯努利过程的某一样本函数。

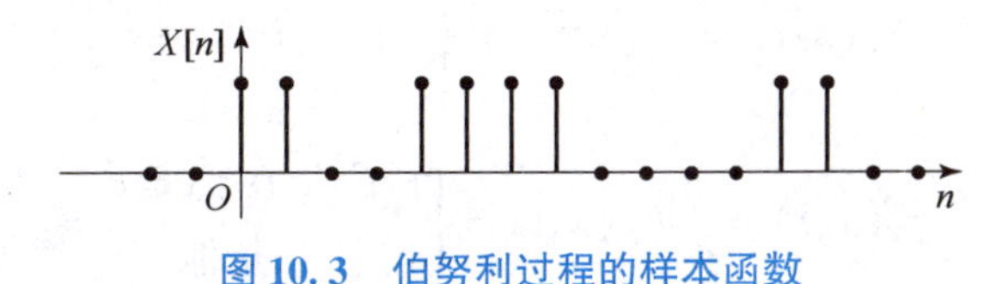

图 10.3　伯努利过程的样本函数

此外，根据状态空间是实数集还是复数集，随机过程可以分为**实随机过程与复随机过程**。事实上，复随机过程即为两个实随机过程的组合，即

$$Z(t)=X(t)+\mathrm{j}Y(t) \tag{10.2}$$

因此，关于$Z(t)$的统计特性可通过$X(t)$，$Y(t)$的联合统计特性来描述（见 10.1.3 节）。如无特别说明，本书默认随机过程是实随机过程。

10.1.2　随机过程的统计特性

随机过程是以时间为参数的随机变量，因此，其统计特性可以仿照随机变量的统计特性来描述。例如，随机过程$X(t)$在$t=t_0$时的概率分布就是指随机变量$X(t_0)$的概率分布。由于时刻是任意的，由此得到概率分布随时间变化的规律，即随机过程的一维概率分布。

定义 10.1　随机过程$X(t)$的**一维概率分布函数和概率密度函数**分别定义为

$$F_X(x;t)=P(X(t)\leqslant x) \tag{10.3}$$

$$f_X(x;t)=\frac{\partial F_X(x;t)}{\partial x} \tag{10.4}$$

例 10.3　已知随机过程$X(t)=At^2$，其中，A服从$[0,1]$上的均匀分布。求$X(t)$的一维概率分布函数和概率密度函数。

解：根据定义 10.1，有

$$F_X(x;t)=P(X(t)\leqslant x)=P(At^2\leqslant x)=\begin{cases}P(0\leqslant x), & t=0\\P(A\leqslant x/t^2), & t\neq 0\end{cases}$$

下面分$t=0$和$t\neq 0$两种情况讨论。当$t=0$时，可得

$$F_X(x;t)=P(0\leqslant x)=\begin{cases}1, & x\geqslant 0\\0, & x<0\end{cases}$$

$$f_X(x;t)=\frac{\partial}{\partial x}F_X(x;t)=\delta(x)$$

可以看出，此时分布函数为单位阶跃函数，而密度函数为单位冲激函数。

当$t\neq 0$时，$F_X(x;t)=P(A\leqslant x/t^2)=F_A(x/t^2)$。由于$A$服从［0，1］上的均匀分布，其分布函数为

$$F_A(a)=\begin{cases}0, & a<0\\ a, & 0\leqslant a\leqslant 1\\ 1, & a>1\end{cases}$$

因此可得

$$F_X(x;t)=F_A(x/t^2)=\begin{cases}0, & x<0\\ x/t^2, & 0\leqslant x\leqslant t^2\\ 1, & x>t^2\end{cases}$$

$$f_X(x;t)=\frac{\partial}{\partial x}F_X(x;t)=\begin{cases}1/t^2, & 0\leqslant x\leqslant t^2\\ 0, & 其他\end{cases}$$

即此时 $X(t)=At^2$ 服从 $[0,\ t^2]$ 上的均匀分布。

图 10.4（a）和图 10.4（b）分别画出了不同时刻 $X(t)$ 的一维概率分布函数与一维概率密度函数。

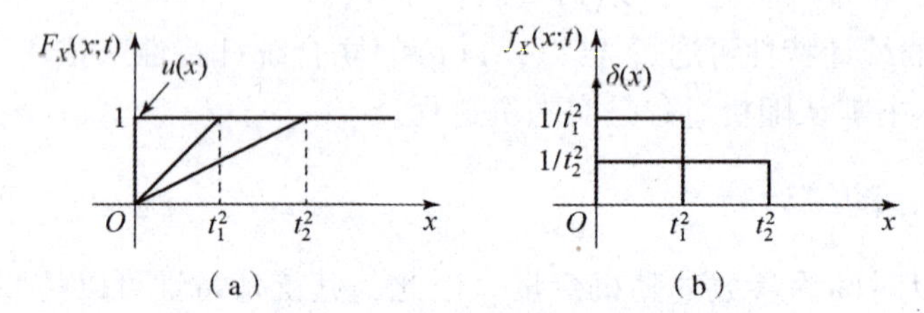

图 10.4　例 10.3 中随机过程的一维概率分布

（a）一维概率分布函数；（b）一维概率密度函数

随机过程的一维概率分布描述了随机过程在某个时刻的统计特性，但是这不足以完全刻画随机过程的统计特性。为此，还可以定义多个时刻上的联合概率分布，即随机过程的 n 维概率分布。

定义 10.2　随机过程 $X(t)$ 的 n 维**概率分布函数**和**概率密度函数**分别定义为

$$F_X(x_1,x_2,\cdots,x_n;t_1,t_2,\cdots,t_n)=P(X(t_1)\leqslant x_1,x_2,\cdots,X(t_n)\leqslant x_n) \tag{10.5}$$

$$f_X(x_1,x_2,\cdots,x_n;t_1,t_2,\cdots,t_n)=\frac{\partial^n F_X(x_1,x_2,\cdots,x_n;t_1,t_2,\cdots,t_n)}{\partial x_1\cdots\partial x_n} \tag{10.6}$$

式中，$t_1,t_2,\cdots,t_n$ 为任意 n 个时刻。

由于 n 维概率分布中的维度 n 以及时刻 $t_1,t_2,\cdots,t_n$ 是任取的，因此所有 n 维概率分布完整地刻画了随机过程的统计特性。但是，在实际应用中，完全确定随机过程的概率分布往往非常困难，甚至是不可行的。采用数字特征来描述分析随机过程则更为方便。例如，随机过程的**均值**（mean）和**方差**（variance）分别定义为

$$m_X(t)=E[X(t)]=\int_{-\infty}^{\infty}xf_X(x;t)\mathrm{d}x \tag{10.7}$$

$$\sigma_X^2(t)=\mathrm{Var}[X(t)]=E[(X(t)-m_X(t))^2]=\int_{-\infty}^{\infty}(x-m_X(t))^2f_X(x;t)\mathrm{d}x \tag{10.8}$$

式中，$E[\cdot]$为期望算子；$\mathrm{Var}[\cdot]$为方差算子。

均值是所有样本函数的平均值，反映了随机过程的整体趋势，故又称为**统计平均**

(statistical average) 或**集合平均** (ensemble average)。方差则描述了随机过程偏离中心(均值) 的程度。

根据期望的线性运算性质，方差还可以表示为

$$\sigma_X^2(t)=E[(X(t)-m_X(t))^2]=E[X^2(t)]-m_X^2(t) \tag{10.9}$$

式中，$E[X^2(t)]$为随机过程的**均方值** (mean - squared value)，即

$$E[X^2(t)]=\int_{-\infty}^{\infty}x^2 f_X(x;t)\,\mathrm{d}x \tag{10.10}$$

需要说明的是，虽然上述数字特征的定义式中涉及概率密度函数。但在实际中，可以采用统计方式进行估计，详见 10.5.2 节。

例 10.4　设电阻上的噪声电压为 $V(t)$，如图 10.5 所示，则电压的均值为 $m_V(t)=E[V(t)]$，瞬时功率为 $P(t)=V^2(t)/R$。单位电阻上的平均功率为 $P(t)=E[V^2(t)]$，即电压的均方值。

若电压源为交流电，则交流电压的平均功率为 $P_{AC}(t)=E[(V(t)-m_X(t))^2]$，直流电压的平均功率为 $P_{DC}(t)=E^2[V(t)]=m_X^2(t)$。易知

$$P(t)=P_{AC}(t)+P_{DC}(t) \tag{10.11}$$

上式即体现了式 (10.9) 的物理意义。

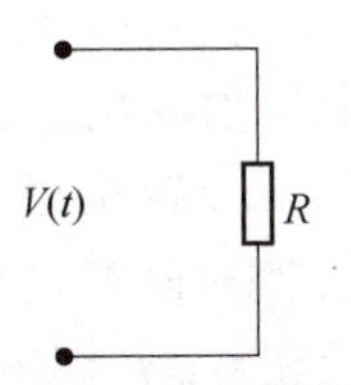

图 10.5　电阻两端的噪声电压

均值、方差及均方值反映了随机过程在某个时刻的数字特征，但不足以完全刻画随机过程的统计特性。以图 10.6 为例，可以看出两个随机过程具有相似的均值和方差，但波形明显不同。这种差异反映了随机过程在不同时刻的相关性。这种相关性可以通过**自相关函数** (correlation function) 和**协方差函数** (covariance function) 来描述。

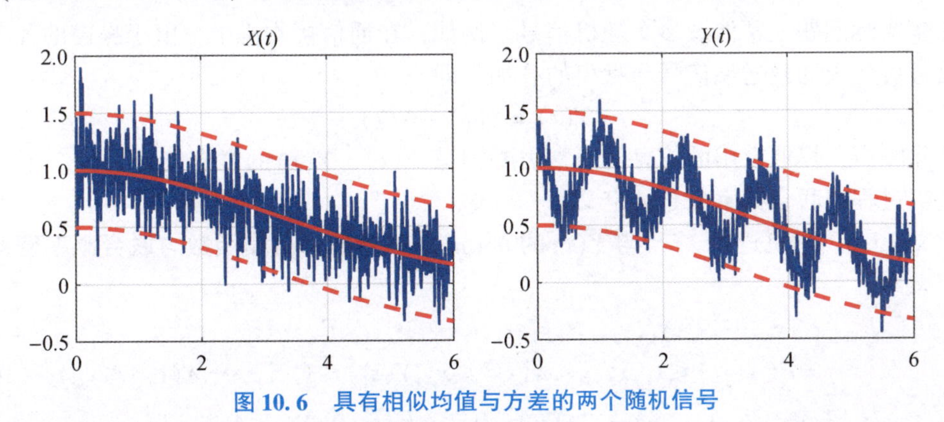

图 10.6　具有相似均值与方差的两个随机信号

定义 10.3　随机过程 $X(t)$的自相关函数定义为

$$R_X(t_1,t_2) = E[X(t_1)X(t_2)] = \int_{-\infty}^{\infty}\int_{-\infty}^{\infty} x_1x_2 f_X(x_1,x_2;t_1,t_2)\mathrm{d}x_1\mathrm{d}x_2 \tag{10.12}$$

协方差函数定义为

$$\begin{aligned} K_X(t_1,t_2) &= E[(X(t_1)-m_X(t_1))(X(t_2)-m_X(t_2))] \\ &= \int_{-\infty}^{\infty}\int_{-\infty}^{\infty}[x_1-m_X(t_1)][x_2-m_X(t_2)]f_X(x_1,x_2;t_1,t_2)\mathrm{d}x_1\mathrm{d}x_2 \end{aligned} \tag{10.13}$$

根据期望的线性运算性质，协方差函数、自相关函数与均值之间具有如下关系

$$K_X(t_1,t_2) = R_X(t_1,t_2) - m_X(t_1)m_X(t_2) \tag{10.14}$$

显然，$R_X(t_1,t_2)=R_X(t_2,t_1)$，$K_X(t_1,t_2)=K_X(t_2,t_1)$，因此随机过程的自相关函数和协方差函数关于 $t_1=t_2$ 对称。特别地，当 $t_1=t_2=t$ 时，$R_X(t,t)=E[X^2(t)]$，$K_X(t,t)=E[(X(t)-m_X(t))^2]=\sigma_X^2(t)$。

虽然自相关函数与协方差函数能够反映随机过程在不同时刻的相关程度，但其数值大小与随机过程的取值范围有关。为了定量地描述相关程度，可以定义归一化的协方差函数，即**相关系数**（correlation coefficient）。

定义 10.4 随机过程 $X(t)$ 的相关系数定义为

$$r_X(t_1,t_2) = \frac{K_X(t_1,t_2)}{\sigma_X(t_1)\sigma_X(t_2)} \tag{10.15}$$

相关系数是量纲为 1 的物理量，其取值满足 $|r_X(t_1,t_2)|\leqslant 1$。$r_X(t_1,t_2)$ 越接近 1，两个时刻的正相关性越强；反之，$r_X(t_1,t_2)$ 越接近 -1，两个时刻的负相关性越强。若 $r_X(t_1,t_2)=0$，或等价于 $K_X(t_1,t_2)=0$，则称随机过程在 t_1，t_2 时刻**不相关**（uncorrelated）。此外，若 $R_X(t_1,t_2)=0$，则称随机过程在 t_1，t_2 时刻**正交**（orthogonal）。

需要注意的是，虽然“不相关”与“正交”的定义条件相似，但两个概念截然不同。当然，如果随机过程的均值为零，根据式（10.14），协方差函数与自相关函数相等，此时不相关等价于正交。

10.1.3 两个随机过程的联合统计特性

许多实际问题经常涉及多个随机信号。例如，在通信接收机中，由于噪声的存在，接收端信号可建模为发送端信号与噪声的叠加，即

$$Y(t) = X(t) + N(t)$$

为了去除噪声，提取有用的信息，通常需要知道 $X(t)$，$Y(t)$ 的联合统计特性。下面给出两个随机过程的联合概率分布的定义。

定义 10.5 随机过程 $X(t)$ 与 $Y(t)$ 的 $n+m$ 维**联合概率分布函数与联合概率密度函数**分别定义为

$$\begin{aligned} &F_{XY}(x_1,x_2,\cdots,x_n,y_1,y_2,\cdots,y_m;t_1,t_2,\cdots,t_n,t_1',t_2',\cdots,t_m') \\ &\quad = P(X(t_1)\leqslant x_1,x_2,\cdots,X(t_n)\leqslant x_n,Y(t_1')\leqslant y_1,y_2,\cdots,Y(t_m')\leqslant y_m) \end{aligned} \tag{10.16}$$

$$\begin{aligned} &f_{XY}(x_1,x_2,\cdots,x_n,y_1,y_2,\cdots,y_m;t_1,t_2,\cdots,t_n,t_1',t_2',\cdots,t_m') \\ &\quad = \frac{\partial^{n+m}F_{XY}(x_1,x_2,\cdots,x_n,y_1,y_2,\cdots,y_m;t_1,t_2,\cdots,t_n,t_1',t_2',\cdots,t_m')}{\partial x_1\cdots\partial x_n\partial y_1\cdots\partial y_m} \end{aligned} \tag{10.17}$$

式中，$t_1,t_2,\cdots,t_n,t_1',t_2',\cdots,t_m'$ 为任意时刻。

如果 $X(t)$ 与 $Y(t)$ 的联合分布等于各自分布的乘积，即对于任意的 $t_1,t_2,\cdots,t_n,t_1',t_2',\cdots,t_m'$，有

$$\begin{aligned}&F_{XY}(x_1,x_2,\cdots,x_n,y_1,y_2,\cdots,y_m;t_1,t_2,\cdots,t_n,t_1',t_2',\cdots,t_m')\\&=F_X(x_1,x_2,\cdots,x_n;t_1,t_2,\cdots,t_n)F_Y(y_1,y_2,\cdots,y_m;t_1',t_2',\cdots,t_m')\end{aligned}\tag{10.18}$$

则称 $X(t)$ 与 $Y(t)$ **相互独立**（mutually independent）。上述关系也可通过密度函数等价表述。

联合分布刻画了两个随机过程的联合统计特性。但是，在实际应用中，完整的联合分布通常很难得到，而常用的是两个随机过程的**互相关函数**（cross－correlation function）与**互协方差函数**（cross－covariance function）。

定义 10.6　已知随机过程 $X(t)$ 与 $Y(t)$，其二维联合密度函数为 $f_{XY}(x,y;t_1,t_2)$，定义两者的互相关函数为

$$R_{XY}(t_1,t_2)=E[X(t_1)Y(t_2)]=\int_{-\infty}^{\infty}\int_{-\infty}^{\infty}xyf_{XY}(x,y;t_1,t_2)\mathrm{d}x\mathrm{d}y\tag{10.19}$$

互协方差函数为

$$\begin{aligned}K_{XY}(t_1,t_2)&=E[X(t_1)-m_X(t_1)][Y(t_2)-m_Y(t_2)]\\&=\int_{-\infty}^{\infty}\int_{-\infty}^{\infty}(x-m_X(t_1))(y-m_Y(t_2))f_{XY}(x,y;t_1,t_2)\mathrm{d}x\mathrm{d}y\end{aligned}\tag{10.20}$$

式中，$m_X(t_1)=E[X(t_1)]$；$m_Y(t_2)=E[Y(t_2)]$。

根据期望的线性运算性质，互相关函数与互协方差函数具有如下关系

$$K_{XY}(t_1,t_2)=R_{XY}(t_1,t_2)-m_X(t_1)m_Y(t_2)\tag{10.21}$$

互相关函数与互协方差函数刻画了两个随机过程的线性相关程度。如果对于任意时刻 t_1，t_2，$R_{XY}(t_1,t_2)=0$，则称随机过程 $X(t)$，$Y(t)$ **正交**；如果 $K_{XY}(t_1,t_2)=0$，则称随机过程 $X(t)$，$Y(t)$ **不相关**（uncorrelated）。结合式（10.21），这意味着互相关函数可以表示为各自均值的乘积，即

$$E[X(t_1)Y(t_2)]=E[X(t_1)]E[Y(t_2)]\tag{10.22}$$

显然，若两个随机过程是相互独立的，则二者也是不相关的，反之不一定成立。

事实上，类似于欧氏空间中两个向量的内积，互相关函数可以视为两个随机过程的内积，即

$$E[X(t_1)Y(t_2)]=\langle X(t_1),Y(t_2)\rangle\tag{10.23}$$

因此，如果 $X(t)$，$Y(t)$ 的内积为零，则两者正交。而互协方差函数可视为两个随机过程中心化之后（减去均值）的内积。这就是互相关函数与互协方差函数的几何意义。

10.2　平稳随机过程

10.2.1　平稳过程的概念

对于一般的随机过程，其统计特性随时刻而变化，显然这增加了信号分析的难度。试

想，如果随机过程的统计特性不随时间推移发生变化，即 $X(t)$ 与其任意时移 $X(t+\varepsilon)$ 具有相同的概率分布，则分析变得相对简单。具有上述特性的随机过程即为**平稳随机过程**（stationary random process）。

定义 10.7 已知随机过程 $X(t)$，若对任意时移 $\varepsilon \in \mathbb{R}$，$X(t)$ 与 $X(t+\varepsilon)$ 具有相同的概率分布，即

$$F_X(x_1,x_2,\cdots,x_n;t_1,t_2,\cdots,t_n)=F_X(x_1,x_2,\cdots,x_n;t_1+\varepsilon,t_2+\varepsilon,\cdots,t_n+\varepsilon) \quad (10.24)$$

或等价表示为

$$f_X(x_1,x_2,\cdots,x_n;t_1,t_2,\cdots,t_n)=f_X(x_1,x_2,\cdots,x_n;t_1+\varepsilon,t_2+\varepsilon,\cdots,t_n+\varepsilon) \quad (10.25)$$

则称 $X(t)$ 为**严格平稳**（strict - sense stationary，SSS）**随机过程**，简称**严平稳过程**。

由于时移因子是任意的，对于一维概率分布函数，若令 $\varepsilon=-t$，则

$$F_X(x;t)=F_X(x;t+\varepsilon)\xlongequal{\varepsilon=-t}F_X(x;0)=F_X(x) \quad (10.26)$$

上式说明，严平稳过程在任意时刻 t 的一维概率分布都相等。这意味着一维概率分布与时间无关。同理可得

$$f_X(x;t)=f_X(x) \quad (10.27)$$

进一步，可以推得均值和方差均为常数，即

$$E[X(t)]=\int_{-\infty}^{\infty}xf_X(x)\mathrm{d}x=m_X \quad (10.28)$$

$$\mathrm{Var}[X(t)]=\int_{-\infty}^{\infty}(x-m_X)^2f_X(x)\mathrm{d}x=\sigma_X^2 \quad (10.29)$$

作类似分析，严平稳过程的二维概率分布与时刻起点无关，只与两个时刻的间隔有关，即

$$\begin{aligned}F_X(x_1,x_2;t_1,t_2)&=F_X(x_1,x_2;t_1+\varepsilon,t_2+\varepsilon)\\&\xlongequal{\varepsilon=-t_1}F_X(x_1,x_2;0,t_2-t_1)\xlongequal{\tau=t_2-t_1}F_X(x_1,x_2;\tau)\end{aligned} \quad (10.30)$$

$$f_X(x_1,x_2;t_1,t_2)\xlongequal{\tau=t_2-t_1}f_X(x_1,x_2;\tau) \quad (10.31)$$

称 $\tau=t_2-t_1$ 为时间差。

根据上述关系，易知自相关函数、协方差函数只与时间差有关，即

$$R_X(t_1,t_2)=\int_{-\infty}^{\infty}\int_{-\infty}^{\infty}x_1x_2f_X(x_1,x_2;\tau)\mathrm{d}x_1\mathrm{d}x_2=R_X(\tau) \quad (10.32)$$

$$K_X(t_1,t_2)=R(t_1,t_2)-m_X(t_1)m_X(t_2)=R_X(\tau)-m_X^2=K_X(\tau) \quad (10.33)$$

在实际应用中，若要判定一个随机过程是严平稳的，需要判断任意维概率分布均不随时间推移发生变化。显然这个条件过于苛刻。为了便于分析，可以将条件适当弱化，由此引出**宽平稳过程**的概念。

定义 10.8 已知随机过程 $X(t)$，如果满足

①$E[X(t)]=m_X$；

②$R_X(t_1,t_2)=R_X(t_2-t_1)=R_X(\tau)$；

③$E[X^2(t)]<\infty$。

则称 $X(t)$ 为**宽平稳**（wide - sense stationary，WSS）**随机过程**，简称**宽平稳过程**。

不难看出，宽平稳过程的定义条件①②即为严平稳过程的性质。因此，对于一个严平稳过程，如果均方值有限，则必然是宽平稳过程；反之则不一定成立。当然，如果随机过程的统计特性完全由均值和自相关函数决定，则宽平稳过程与严平稳过程等价。例如，10.4.1 节将要介绍的高斯过程即属于这种情况。本书余下章节如无特别说明，“平稳过程”均指宽平稳过程。

例 10.5　已知随机相位信号 $X(t)=a\cos(\omega_0 t+\Phi)$，其中，$a$，$\omega_0$ 为常数，Φ 服从 $[0,2\pi]$ 上的均匀分布。试判断该信号是否为宽平稳过程。

解： 首先计算随机相位信号的均值

$$E[X(t)]=E[a\cos(\omega_0 t+\Phi)]=\int_0^{2\pi}a\cos(\omega_0 t+\varphi)\frac{1}{2\pi}\mathrm{d}\varphi=\frac{a}{2\pi}\sin(\omega_0 t+\varphi)\Big|_0^{2\pi}=0$$

可见，随机相位信号的均值为常数。

接下来计算随机相位信号的自相关函数

$$\begin{aligned}R_X(t_1,t_2)&=E[X(t_1)X(t_2)]=E[a^2\cos(\omega_0 t_1+\Phi)\cos(\omega_0 t_2+\Phi)]\\&=\frac{a^2}{2}E[\cos[\omega_0(t_1+t_2)+2\Phi]+\cos[\omega_0(t_1-t_2)]]\\&=\frac{a^2}{2}\int_0^{2\pi}a\cos[\omega_0(t_1+t_2)+2\varphi]\frac{1}{2\pi}\mathrm{d}\varphi+\frac{a^2}{2}\cos[\omega_0(t_1-t_2)]\\&=\frac{a^2}{2}\cos[\omega_0(t_1-t_2)]\end{aligned}$$

可见，自相关函数是关于时间差 $\tau=t_2-t_1$ 的函数。

最后，随机相位信号的均方值为

$$E[X^2(t)]=R_X(t,t)=\frac{a^2}{2}<\infty$$

综合上述分析，随机相位信号满足宽平稳定义的三个条件，因此是宽平稳过程。
图 10.7 画出了随机相位信号的部分样本函数。

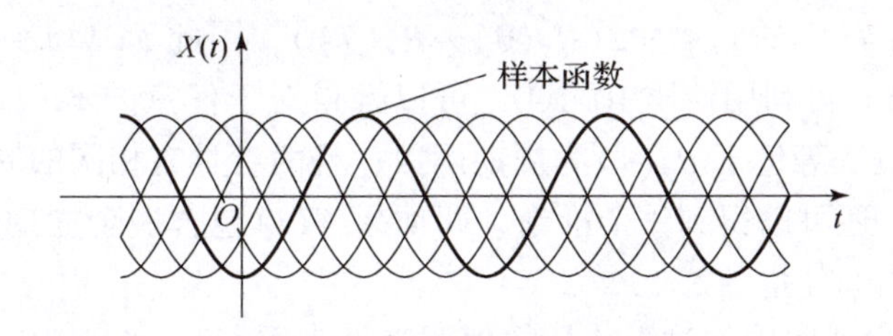

图 10.7　随机相位信号

10.2.2　平稳过程的自相关函数

自相关函数是刻画平稳过程统计特性的重要依据，本节介绍自相关函数的性质。以下讨论均假设平稳过程是实的。

性质 10.1　平稳过程的自相关函数具有如下性质：

①自相关函数是偶函数，即 $R_X(\tau)=R_X(-\tau)$。

②自相关函数在原点取值非负，且为绝对值最大值，即 $R_X(0)\geqslant|R_X(\tau)|\geqslant 0$。

③如果自相关函数在原点连续，则其在实轴上任意点都连续。

④如果存在 $T\neq 0$，使 $R_X(T)=R_X(0)$，则 $R_X(\tau)$ 是以 T 为周期的周期函数，即$R_X(\tau)=R_X(\tau+T)$。

⑤若 $X(t)$ 为周期过程，则 $R_X(\tau)$ 是周期函数，且两者具有相同的周期；反之亦然。

⑥若 $X(t)$ 不包含任何周期分量，则

$$R_X(\infty)=\lim_{|\tau|\to\infty}R_X(\tau)=m_X^2 \tag{10.34}$$

$$\sigma_X^2=R_X(0)-R_X(\infty) \tag{10.35}$$

证明：①根据定义，有

$$R_X(\tau)=E[X(t)X(t+\tau)]=E[X(t+\tau)X(t)]=R_X(-\tau)$$

②根据柯西-施瓦茨不等式

$$E^2[X(t)X(t+\tau)]\leqslant E[X^2(t)]E[X^2(t+\tau)]$$

即 $R_X^2(\tau)\leqslant R_X^2(0)$。同时，注意到，$R_X(0)=E[X^2(t)]\geqslant 0$，因此对上述不等式两端开方，即得 $0\leqslant|R_X(\tau)|\leqslant R_X(0)$。

③任取一点 τ，有

$$\begin{aligned}|R_X(\tau+\Delta\tau)-R_X(\tau)|^2&=|E[X(t)X(t+\tau+\Delta\tau)]-E[X(t)X(t+\tau)]|^2\\&=|E[X(t)(X(t+\tau+\Delta\tau)-X(t+\tau))]|^2\\&\leqslant E[X^2(t)]\cdot E[X(t+\tau+\Delta\tau)-X(t+\tau)]^2\\&=2R_X(0)\cdot(R_X(0)-R_X(\Delta\tau))\end{aligned}$$

若 $R_X(\tau)$ 在原点连续，则当 $\Delta\tau\to 0$ 时，上述不等式右端趋于零，进而不等式左端也趋于零，故 $R_X(\tau)$ 在 τ 点连续。由于 τ 是任取的，因此 $R_X(\tau)$ 在任意点都连续。

④根据③中不等式关系，令 $\Delta\tau=T$，得证。

⑤首先解释一下周期过程的概念。若存在 $T\neq 0$，使对于任意的 t，有$E[X(t+T)-X(t)]^2=0$，则称 $X(t)$ 为（均方意义上的）周期过程。

注意到 $E[X(t+T)-X(t)]^2=2(R_X(0)-R_X(T))$，因此 $E[X(t+T)-X(t)]^2=0$ 等价于 $R_X(T)=R_X(0)$。再利用性质 10.1④，可以推得对于任意的 τ，$R_X(\tau)=R_X(\tau+T)$。因此，$X(t)$ 为周期过程等价于 $R_X(\tau)$ 为周期函数，且两者具有相同的周期 T。

基于上述结论，还可以得到一个推论，即如果 $X(t)$ 包含一个周期过程，则 $R_X(\tau)$ 含有一个相同周期的周期分量。

⑥如果 $X(t)$ 不含任何周期过程，从物理意义上来看，$X(t)$ 与 $X(t+\tau)$ 的相关性会随着 $|\tau|$ 增大而减弱。当 $|\tau|\to\infty$ 时，可认为两者不相关。因此

$$R_X(\infty)=\lim_{|\tau|\to\infty}R_X(\tau)=\lim_{|\tau|\to\infty}E[X(t)X(t+\tau)]=\lim_{|\tau|\to\infty}E[X(t)]E[X(t+\tau)]=m_X^2$$

利用自相关与协方差的关系，可得 $\sigma_X^2=E[X^2(t)]-m_X^2=R_X(0)-R_X(\infty)$。

例 10.6 判断图 10.8 中所示函数能否作为自相关函数。

解：①图 10.8（a）中所示函数不是偶函数，故不能作为自相关函数。

②图 10.8（b）中所示函数在原点没有取得最大值，故不能作为自相关函数。

③图 10.8（c）中所示函数在原点连续，但存在间断点，不满足自相关函数的连续性

质，故不能作为自相关函数。

④图 10.8（d）中所示函数满足 $R_X(\pm T)=R_X(0)$，根据性质 10.1④，其应为以 T 为周期的周期函数，但实际并不是，故不能作为自相关函数。

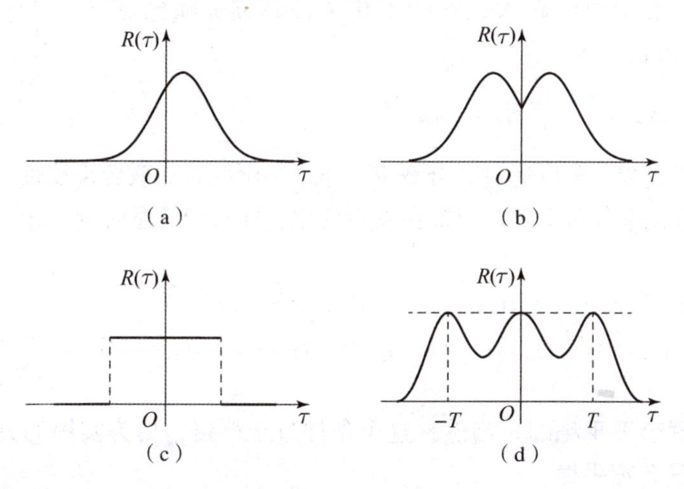

图 10.8　例 10.6 图

例 10.7　已知平稳随机过程 $X(t)$ 的自相关函数为

$$R_X(\tau)=\mathrm{e}^{-2|\tau|}+4$$

求 $X(t)$ 的均值和方差。

解： 注意到 $R_X(\tau)$ 不含周期分量，根据性质 10.1⑥，有

$$m_X^2=\lim_{\tau\to\infty}R_X(\tau)=4$$

因此均值 $m_X=\pm 2$，方差 $\sigma_X^2=R_X(0)-R_X(\infty)=1$。

通过性质 10.1⑥和例 10.7 可知，自相关函数蕴含了平稳过程均值和方差等数字特征信息，是刻画平稳过程统计特性的重要依据。通常，平稳过程的时域分析就是针对其自相关函数进行分析。这种把随机对象转化为确定性对象的思想方法在随机信号分析中经常使用。

为了定量地描述平稳过程相关性的强弱，可以采用**相关系数**（correlation coefficient）或**相关时间**（correlation time）。

定义 10.9　平稳过程的相关系数定义为

$$r_X(\tau)=\frac{K_X(\tau)}{K_X(0)}=\frac{R_X(\tau)-m_X^2}{\sigma_X^2} \tag{10.36}$$

相关时间定义为

$$\tau_c=\int_0^{\infty}r_X(\tau)\mathrm{d}\tau \tag{10.37}$$

平稳过程的相关系数是关于时间差的函数，满足 $-1\leqslant r_X(\tau)\leqslant 1$，且 $r_X(0)=1$，即在同一时刻相关性是最强的；而相关时间是从时间角度度量相关性的强弱。上文提到，若平稳过程不含有周期分量，则随着时间差的增大，两个时刻的相关性会减弱。因此，可以将相关系数与时间轴所围的面积等效于一个矩形函数①与时间轴所围的面积，如图 10.9 所示。相应地，矩形函数的宽度即为相关时间。相关时间越小，意味着相关性越弱，随机过程的波形变化越剧烈；反之，相关时间越大，意味着相关性越强，随机过程的波形变化越缓慢。

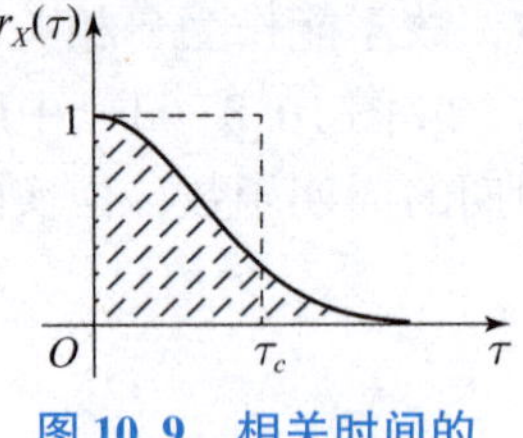

图 10.9 相关时间的几何化解释

10.2.3 联合平稳过程及互相关函数

对于两个随机过程，可以通过联合概率分布来刻画两者的**联合平稳性**。例如，如果两个过程的任意维联合概率分布不随时间推移发生变化，即对于任意时刻 $t_1,t_2,\cdots,t_n,t'_1,t'_2,\cdots,t'_m$ 及时移 $\varepsilon\in\mathbb{R}$，有

$$\begin{aligned}&F_{XY}(x_1,x_2,\cdots,x_n,y_1,y_2,\cdots,y_m;t_1,t_2,\cdots,t_n,t'_1,t'_2,\cdots,t'_m)\\&\quad=F_{XY}(x_1,x_2,\cdots,x_n,y_1,y_2,\cdots,y_m;t_1+\varepsilon,t_2+\varepsilon,\cdots,t_n+\varepsilon,t'_1+\varepsilon,t'_2+\varepsilon,\cdots,t'_m+\varepsilon)\end{aligned}\tag{10.38}$$

则称两个过程是**联合严平稳**的。当然，这个条件过于严格，更为实用的方法是通过互相关函数来判断，即**联合宽平稳**。

定义 10.10 如果随机过程 $X(t)$ 与 $Y(t)$ 各自宽平稳，且对于任意 t_1，t_2，互相关函数满足

$$R_{XY}(t_1,t_2)=R_{XY}(t_2-t_1)=R_{XY}(\tau)\tag{10.39}$$

则称 $X(t)$，$Y(t)$ 联合宽平稳。

性质 10.2 联合宽平稳过程的互相关函数具有如下性质：

① $R_{XY}(\tau)=R_{YX}(-\tau)$；

② $|R_{XY}(\tau)|^2\leqslant R_X(0)R_Y(0)$；

③ $|R_{XY}(\tau)|\leqslant\frac{1}{2}[R_X(0)+R_Y(0)]$。

读者可自行证明，见习题 10.9。

若 $X(t)$ 与 $Y(t)$ 联合宽平稳，易知互协方差函数与互相关函数具有如下关系

$$K_{XY}(\tau)=R_{XY}(\tau)-m_Xm_Y$$

此外，可以定义归一化的互协方差函数，即互相关系数，有

$$r_{XY}(\tau)=\frac{K_{XY}(\tau)}{\sigma_X\sigma_Y}$$

互相关系数满足 $|r_{XY}(\tau)|\leqslant1$。如果对任意的 τ，$r_{XY}(\tau)=0$，则称 $X(t)$，$Y(t)$ 不相关。

例 10.8 已知随机过程

$$X(t)=A\cos\omega_0t+B\sin\omega_0t$$
$$Y(t)=A\cos\omega_1t+B\sin\omega_1t$$

式中，A，B 为相互独立的随机变量，均值为零，方差为 $\sigma^2<\infty$，$\omega_0\neq\omega_1$。试判断 $X(t)$，$Y(t)$ 是否联合宽平稳。

① 注意，由于矩形函数存在跳跃间断点，故不能作为自相关函数或相关系数，这里仅说明相关时间的物理意义。

解：首先判断 $X(t)$ 与 $Y(t)$ 是否宽平稳。根据题目条件，$E[A]=E[B]=0$，可推得 $E[A^2]=E[B^2]=\sigma^2$，$E[AB]=E[A]E[B]=0$。

$$E[X(t)]=E[A]\cos\omega_0 t+E[B]\sin\omega_0 t=0$$

$$\begin{aligned}R_X(t_1,t_2)&=E[X(t_1)X(t_2)]\\&=E[(A\cos\omega_0 t_1+B\sin\omega_0 t_1)(A\cos\omega_0 t_2+B\sin\omega_0 t_2)]\\&=E[A^2]\cos\omega_0 t_1\cos\omega_0 t_2+E[B^2]\sin\omega_0 t_1\sin\omega_0 t_2\\&=\sigma^2\cos[\omega_0(t_1-t_2)]\end{aligned}$$

$$E[X^2(t)]=\sigma^2<\infty$$

因此 $X(t)$ 宽平稳。同理可知 $Y(t)$ 宽平稳。

下面判断 $X(t)$ 与 $Y(t)$ 的互相关函数是否为关于时间差的函数。

$$\begin{aligned}R_{XY}(t_1,t_2)&=E[X(t_1)Y(t_2)]\\&=E[(A\cos\omega_0 t_1+B\sin\omega_0 t_1)(A\cos\omega_1 t_2+B\sin\omega_1 t_2)]\\&=E[A^2]\cos\omega_0 t_1\cos\omega_1 t_2+E[B^2]\sin\omega_0 t_1\sin\omega_1 t_2\\&=\sigma^2\cos(\omega_0 t_1-\omega_1 t_2)\end{aligned}$$

显然，当 $\omega_0\neq\omega_1$ 时，互相关函数并不是关于时间差的函数，故 $X(t)$，$Y(t)$ 不是联合宽平稳过程。

10.3　随机信号的频域分析

前两节介绍了随机信号的时域分析方法，即将随机信号建模为随机过程，进而分析其统计特性。那么一个自然的问题是，随机信号是否存在相应的频域分析方法？随机信号在频域是如何表征的？本节将回答这些问题。

10.3.1　随机信号的功率谱密度

信号的频域特性通常通过谱来刻画，下面不妨回顾一下确定性信号的相关概念。以连续时间信号为例，傅里叶变换（即频谱）定义为

$$X(\mathrm{j}\omega)=\int_{-\infty}^{\infty}x(t)\mathrm{e}^{-\mathrm{j}\omega t}\mathrm{d}t \tag{10.40}$$

进而可以求得幅度谱 $|X(\mathrm{j}\omega)|$ 与相位谱 $\angle X(\mathrm{j}\omega)$。

此外，对于能量信号和功率信号，还可以定义相应的能量谱和功率谱。能量谱即为幅度谱的平方 $|X(\omega)|^2$，而功率谱定义为

$$S(\omega)=\lim_{T\to\infty}\frac{|X_T(\omega)|^2}{2T} \tag{10.41}$$

式中，$X_T(\mathrm{j}\omega)$ 为截断信号 $x_T(t)=x(t)\mathrm{rect}[t/(2T)]$ 的傅里叶变换

$$X_T(\mathrm{j}\omega)=\int_{-\infty}^{\infty}x_T(t)\mathrm{e}^{-\mathrm{j}\omega t}\mathrm{d}t=\int_{-T}^{T}x(t)\mathrm{e}^{-\mathrm{j}\omega t}\mathrm{d}t \tag{10.42}$$

由于随机信号通常是无限长的，因此并非能量信号，故一般不考虑随机信号的能量谱及频谱。但是随机信号可以是功率信号，因此可以定义随机信号的功率谱。为了便于理解功率谱的物理意义，下面首先引出随机信号的平均功率。

已知随机信号 $X(t)$ 的某一样本函数，记为 $X(t,\zeta)$。取 $X(t,\zeta)$ 在 $[-T,T]$ 上的截断 $X_T(t,\zeta)=X(t,\zeta)\mathrm{rect}[t/(2T)]$，如图 10.10 所示。由于样本函数是确定性信号，因此其平均功率为

$$P(\zeta)=\lim_{T\to\infty}\frac{1}{2T}\int_{-T}^{T}|X(t,\zeta)|^2\mathrm{d}t=\frac{1}{2\pi}\int_{-\infty}^{\infty}\lim_{T\to\infty}\frac{|\hat{X}_T(\omega,\zeta)|^2}{2T}\mathrm{d}\omega \tag{10.43}$$

式中，$\hat{X}_T(\omega,\zeta)$ 为截断样本函数 $\hat{X}_T(t,\zeta)$ 的傅里叶变换①，有

$$\hat{X}_T(\omega,\zeta)=\int_{-\infty}^{\infty}X_T(t,\zeta)\mathrm{e}^{-\mathrm{j}\omega t}\mathrm{d}t \tag{10.44}$$

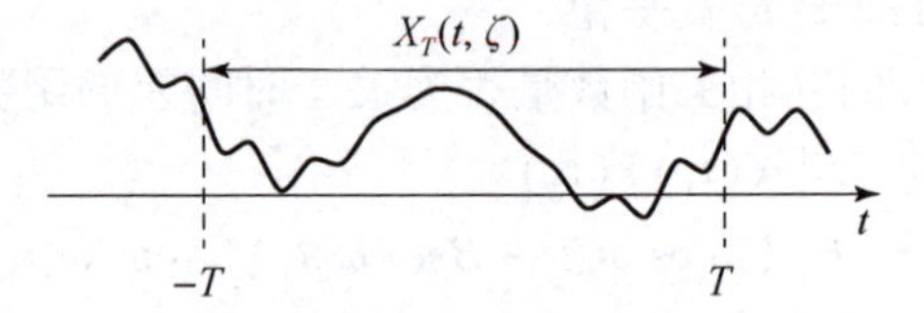

图 10.10 随机信号某个样本函数 $X(t,\zeta)$

注意到 $P(\zeta)$ 是关于样本点 ζ 的函数，因而是一个随机变量。对 $P(\zeta)$ 取统计平均，于是得到随机信号 $X(t)$ 的平均功率

$$Q=E[P(\zeta)]=E\left[\lim_{T\to\infty}\frac{1}{2T}\int_{-T}^{T}|X(t,\zeta)|^2\mathrm{d}t\right] \tag{10.45}$$

简而言之，随机信号的平均功率是所有样本函数平均功率的统计平均。

利用期望与极限、积分可交换顺序的性质，式（10.45）还可以写作

$$Q=\lim_{T\to\infty}\frac{1}{2T}\int_{-T}^{T}E[X^2(t,\zeta)]\mathrm{d}t=\lim_{T\to\infty}\frac{1}{2T}\int_{-T}^{T}E[X^2(t)]\mathrm{d}t \tag{10.46}$$

上式第二个等式将样本点 ζ 省略。该式说明，随机信号的平均功率是均方值 $E[X^2(t)]$ 的时间平均。特别地，若 $X(t)$ 是平稳过程，则

$$Q=\lim_{T\to\infty}\frac{1}{2T}\int_{-T}^{T}E[X^2(t)]\mathrm{d}t=E[X^2(t)]=R_X(0) \tag{10.47}$$

另外，结合式（10.43）与式（10.45），可以得到平均功率在频域上的表示

$$Q=\frac{1}{2\pi}\int_{-\infty}^{\infty}\lim_{T\to\infty}\frac{E[|\hat{X}_T(\omega,\zeta)|^2]}{2T}\mathrm{d}\omega=\frac{1}{2\pi}\int_{-\infty}^{\infty}\lim_{T\to\infty}\frac{E[|\hat{X}_T(\omega)|^2]}{2T}\mathrm{d}\omega \tag{10.48}$$

同样，为了便于书写，上式第二个等式将样本点 ζ 省略。积分式中的表达式即为随机信号的**功率谱密度**。

定义 10.11 随机信号 $X(t)$ 的功率谱密度定义为

$$S_X(\omega)=\lim_{T\to\infty}\frac{E[|\hat{X}_T(\omega,\zeta)|^2]}{2T}=\lim_{T\to\infty}\frac{E[|\hat{X}_T(\omega)|^2]}{2T} \tag{10.49}$$

式中，$\hat{X}_T(\omega,\zeta)$（或简记为 $\hat{X}_T(\omega)$）为截断信号 $X_T(t)$ 的傅里叶变换；$E[\cdot]$ 为期望算子。

---

① 为了区分样本函数及其傅里叶变换，本书用 $X_T(t,\zeta)$ 表示随机信号的样本函数，用 $\hat{X}_T(\omega,\zeta)$ 表示样本函数的傅里叶变换。

与确定性信号的功率谱定义（见式（10.41））相比较，随机信号的功率谱定义式中多了一个期望运算。这也反映出随机信号的功率谱密度是建立在统计意义上的。

例 10.9　已知随机相位信号 $X(t)=a\cos(\omega_0 t+\theta)$，其中，$a$ 为常数，$\theta \sim U(0,2\pi)$，求 $X(t)$ 的平均功率。

解： 方法一：采用式（10.45）计算。首先求样本函数的平均功率，有

$$\begin{aligned}P(\theta) &= \lim_{T\to\infty}\frac{1}{2T}\int_{-T}^{T}a^2\cos^2(\omega_0 t+\theta)\mathrm{d}t\\ &= \frac{a^2}{2}\lim_{T\to\infty}\frac{1}{2T}\int_{-T}^{T}[\cos(2\omega_0 t+2\theta)+1]\mathrm{d}t\\ &= \frac{a^2}{2}\left(\lim_{T\to\infty}\frac{1}{2T}\frac{1}{2\omega_0}\sin(2\omega_0 t+2\theta)\bigg|_{-T}^{T}+1\right)=\frac{a^2}{2}\end{aligned}$$

注意到样本函数的平均功率为常数。对该结果求统计平均，得

$$Q=E[P(\theta)]=\frac{a^2}{2}$$

方法二：采用式（10.46）计算。由于 $X(t)$ 是宽平稳过程，因此平均功率即为均方值，有

$$Q=E[X^2(t)]=R_X(0)=\frac{a^2}{2}\cos\omega_0\tau\bigg|_{\tau=0}=\frac{a^2}{2}$$

相对第一种方法，这种计算方法更为简便。

方法三：采用式（10.48）计算。这涉及功率谱密度的计算。但是，通过定义式（10.49）计算功率谱密度过于烦琐，在此从略。10.3.2 节将会看到，可以利用维纳－辛钦定理计算功率谱密度，这种方法更加方便。

性质 10.3　随机信号的功率谱密度具有如下性质：

①$S_X(\omega)$ 非负；

②$S_X(\omega)$ 是实的；

③若 $X(t)$ 是实的，则 $S_X(\omega)$ 是偶函数。

上述性质可根据功率谱密度的定义来证明，读者可自行完成，见习题 10.14。

10.3.2　维纳－辛钦定理

随机信号的功率谱密度与自相关函数具有密切联系。**维纳－辛钦定理**（Wiener－Khinchine theorem）表明，两者构成傅里叶变换对。

定理 10.1（维纳－辛钦定理）　平稳随机信号的自相关函数和功率谱密度具有如下关系

$$S_X(\omega)=\int_{-\infty}^{\infty}R_X(\tau)\mathrm{e}^{-\mathrm{j}\omega\tau}\mathrm{d}\tau \tag{10.50}$$

$$R_X(\tau)=\frac{1}{2\pi}\int_{-\infty}^{\infty}S_X(\omega)\mathrm{e}^{\mathrm{j}\omega\tau}\mathrm{d}\omega \tag{10.51}$$

维纳－辛钦定理是以美国数学家诺伯特－维纳（N. Wiener）和苏联数学家亚历山大－辛钦（A. Khinchine）的姓氏联合命名的。事实上，维纳在 1930 年发表的论文《广义调和分析》中率先给出了确定性信号的结论；四年后，辛钦证明了平稳随机过程的有关结论。

维纳－辛钦定理的证明过程较复杂，感兴趣的读者可参阅原著或文献［35］。维纳－辛钦定理为随机信号的频域分析奠定了重要基础，是随机信号分析中最重要的结论之一。

根据维纳－辛钦定理，容易验证平稳过程的平均功率具有如下关系

$$Q=\frac{1}{2\pi}\int_{-\infty}^{\infty}S_X(\omega)\mathrm{d}\omega=R_X(0)=E[X^2(t)] \tag{10.52}$$

这与上一节平均功率的计算式是一致的。

例 10.10 已知随机相位信号 $X(t)=a\cos(\omega_0 t+\theta)$，其中，$a$ 为常数，$\theta\sim U(0,2\pi)$，采用频域计算法求 $X(t)$ 的平均功率。

解： 首先易知随机相位信号是宽平稳的，其自相关函数为

$$R_X(\tau)=\frac{a^2}{2}\cos\omega_0\tau$$

因而功率谱密度为

$$S_X(\omega)=\int_{-\infty}^{\infty}R_X(\tau)\mathrm{e}^{-\mathrm{j}\omega\tau}\mathrm{d}\tau=\frac{a^2\pi}{2}[\delta(\omega-\omega_0)+\delta(\omega+\omega_0)]$$

图 10.11 给出了随机相位信号的自相关函数与功率谱密度示意图。

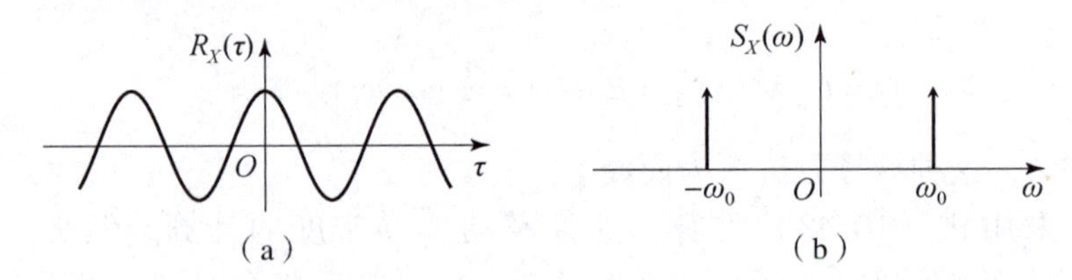

图 10.11 随机相位信号的自相关函数与功率谱密度

(a) $R_X(\tau)=\frac{a^2}{2}\cos\omega_0\tau$；(b) $S_X(\omega)=\frac{a^2\pi}{2}[\delta(\omega+\omega_0)+\delta(\omega-\omega_0)]$

因此平均功率为

$$Q=\frac{1}{2\pi}\int_{-\infty}^{\infty}S_X(\omega)\mathrm{d}\omega=\frac{a^2}{4}\int_{-\infty}^{\infty}[\delta(\omega-\omega_0)+\delta(\omega+\omega_0)]\mathrm{d}\omega=\frac{a^2}{2}$$

对比例 10.9 中的时域计算法，可见结果是一致的。

根据维纳－辛钦定理，可以通过对随机信号的自相关函数作傅里叶变换，得到随机信号的功率谱密度。图 10.12 给出了一些常见的自相关函数与功率谱密度之间的对应关系。值得说明的是，图 10.12（b）中的自相关函数为冲激函数，相应的功率谱密度为常数，这种信号称为**理想白噪声**，具体内容将在 10.4.2 节介绍。

对于两个随机信号，可以仿照维纳－辛钦定理定义**互功率谱密度**（cross power spectral density），即互相关函数在频域上的表征。

定义 10.12 已知随机信号 $X(t)$，$Y(t)$ 为联合平稳过程，则互功率谱密度定义为

$$S_{XY}(\omega)=\int_{-\infty}^{\infty}R_{XY}(\tau)\mathrm{e}^{-\mathrm{j}\omega\tau}\mathrm{d}\tau \tag{10.53}$$

性质 10.4 已知 $X(t)$，$Y(t)$ 为联合平稳随机过程，则互功率谱密度具有如下性质：

①$S_{XY}(\omega)=S_{YX}^{*}(\omega)=S_{YX}(-\omega)$；

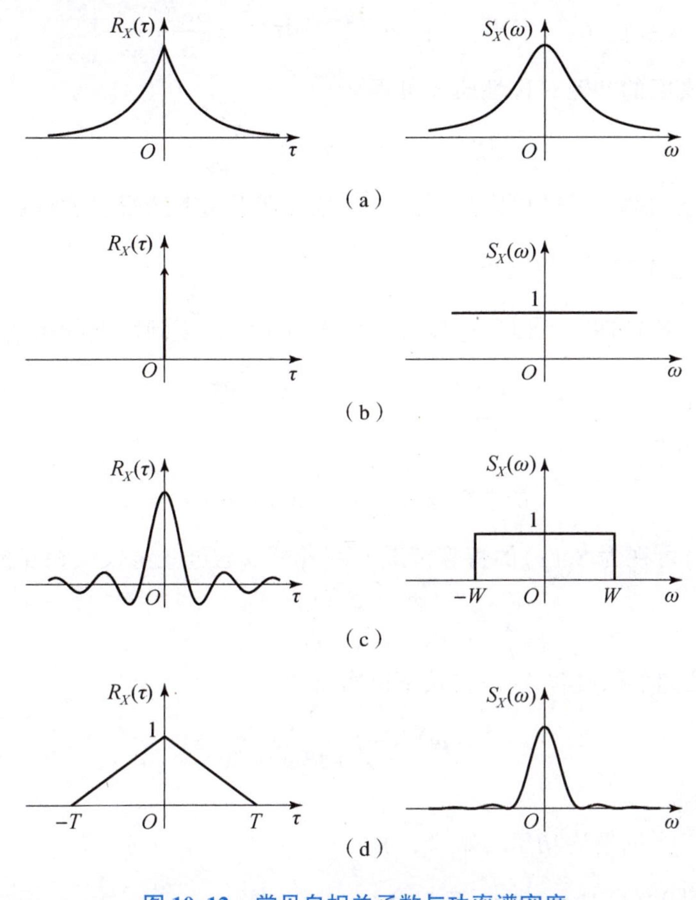

图 10.12　常见自相关函数与功率谱密度

(a) $R_X(\tau)=\exp(-\beta|\tau|)\overset{\mathcal{F}}{\leftrightarrow}S_X(\omega)=\dfrac{2\beta}{\beta^2+\omega^2}$;

(b) $R_X(\tau)=\delta(\tau)\overset{\mathcal{F}}{\leftrightarrow}S_X(\omega)=1$;

(c) $R_X(\tau)=\dfrac{W}{\pi}\mathrm{sinc}\left(\dfrac{Wt}{\pi}\right)\overset{\mathcal{F}}{\leftrightarrow}S_X(\omega)=\mathrm{rect}\left(\dfrac{\omega}{2W}\right)$;

(d) $R_X(\tau)=\left(1-\dfrac{|\tau|}{T}\right)\mathrm{rect}\left(\dfrac{\tau}{2T}\right)\overset{\mathcal{F}}{\leftrightarrow}S_X(\omega)=T\mathrm{sinc}^2\left(\dfrac{T\omega}{2\pi}\right)$

②$\mathrm{Re}[S_{XY}(\omega)]=\mathrm{Re}[S_{XY}(-\omega)]$, $\mathrm{Im}[S_{XY}(\omega)]=-\mathrm{Im}[S_{XY}(-\omega)]$;

③若 $X(t)$, $Y(t)$ 正交，则 $S_{XY}(\omega)=0$;

④若 $X(t)$, $Y(t)$ 不相关，则 $S_{XY}(\omega)=S_{YX}(\omega)=2\pi m_X m_Y\delta(\omega)$。

上述性质可结合式（10.53）证明，请读者自行完成，见习题 10.9。

例 10.11　已知 $X(t)$, $Y(t)$ 为平稳随机过程，互相关函数为

$$R_{XY}(\tau)=\begin{cases}a\mathrm{e}^{-\beta\tau}, & \tau\geqslant 0\\ 0, & \tau<0\end{cases}\tag{10.54}$$

式中，$a>0$, $\beta>0$ 均为常数。求 $S_{XY}(\omega)$, $S_{YX}(\omega)$。

解： 根据互功率谱密度与互相关函数的关系，可得

$$S_{XY}(\omega) = \int_{-\infty}^{\infty} R_{XY}(\tau)\mathrm{d}\tau = \int_{0}^{\infty} a\mathrm{e}^{-(\beta+\mathrm{j}\omega)\tau}\mathrm{d}\tau = -\left.\frac{a\mathrm{e}^{-(\beta+\mathrm{j}\omega)\tau}}{\beta+\mathrm{j}\omega}\right|_{0}^{\infty} = \frac{a}{\beta+\mathrm{j}\omega} \tag{10.55}$$

再根据互功率谱密度的共轭对称性质，可得

$$S_{YX}(\omega) = S_{XY}^{*}(\omega) = \frac{a}{\beta-\mathrm{j}\omega}$$

本例说明，互功率谱密度可以是复的，这是区别于功率谱密度的特点之一。

10.3.3 复频域上的功率谱密度

根据维纳－辛钦定理，可以通过拉普拉斯变换来定义复频域上的功率谱密度

$$S_X(s) = \int_{-\infty}^{\infty} R_X(\tau)\mathrm{e}^{-s\tau}\mathrm{d}\tau \tag{10.56}$$

相应地，有

$$R_X(\tau) = \frac{1}{2\pi\mathrm{j}}\int_{\sigma-\mathrm{j}\infty}^{\sigma+\mathrm{j}\infty} S_X(s)\mathrm{e}^{st}\mathrm{d}s \tag{10.57}$$

显然，$S_X(\omega)$可视为$S_X(s)$的特殊情况。两者可以通过变量代换相互推导，即

$$S_X(\omega) = S_X(s)\big|_{s=\mathrm{j}\omega} \tag{10.58}$$

$$S_X(s) = S_X(\omega)\big|_{\omega=-\mathrm{j}s} \tag{10.59}$$

例 10.12 已知平稳过程$X(t)$的功率谱密度为

$$S_X(\omega) = \frac{\omega^2+1}{\omega^4+13\omega^2+36}$$

求$X(t)$的平均功率。

解： 方法一：根据平均功率的定义，有

$$E[X^2(t)] = \frac{1}{2\pi}\int_{-\infty}^{\infty} S_X(\omega)\mathrm{d}\omega = \frac{1}{2\pi}\int_{-\infty}^{\infty} \frac{\omega^2+1}{\omega^4+13\omega^2+36}\mathrm{d}\omega \tag{10.60}$$

注意到功率谱密度具有有理函数的形式，显然直接在频域上计算上述积分并不容易。现将功率谱密度转化到复频域上，有

$$S_X(s) = S_X(\omega)\big|_{\omega=-\mathrm{j}s} = \frac{1-s^2}{s^4-13s^2+36} = \frac{8/5}{9-s^2} - \frac{3/5}{4-s^2} \tag{10.61}$$

利用拉普拉斯变换对，有

$$\beta\mathrm{e}^{-a|\tau|} \xleftrightarrow{\mathcal{L}} \frac{2\beta a}{a^2-s^2} \tag{10.62}$$

可得

$$\frac{4}{15}\mathrm{e}^{-3|\tau|} \xleftrightarrow{\mathcal{L}} \frac{8/5}{9-s^2},\quad \frac{3}{20}\mathrm{e}^{-2|\tau|} \xleftrightarrow{\mathcal{L}} \frac{3/5}{4-s^2} \tag{10.63}$$

因此，平均功率为

$$E[X^2(t)] = R_X(0) = \left.\frac{4}{15}\mathrm{e}^{-3|\tau|} - \frac{3}{20}\mathrm{e}^{-2|\tau|}\right|_{\tau=0} = \frac{7}{60} \tag{10.64}$$

上述计算方法利用了拉普拉斯变换对的关系。此外，也可以采用傅里叶变换对的关系，计算过程类似。

方法二：根据式（10.57），有

$$E[X^2(t)] = R_X(0) = \frac{1}{2\pi j}\int_{\sigma-j\infty}^{\sigma+j\infty} S_X(s)\,ds \xlongequal{令\sigma=0} \frac{1}{2\pi j}\int_{-j\infty}^{j\infty} S_X(s)\,ds \tag{10.65}$$

于是问题转化为计算 $S_X(s)$ 沿虚轴上的积分。

对 $S_X(s)$ 的分子、分母作因式分解，有

$$S_X(s) = \frac{(1+s)(1-s)}{(3+s)(3-s)(2+s)(2-s)} \tag{10.66}$$

可见 $s=\pm 2$，$s=\pm 3$ 为 $S_X(s)$ 的极点，$s=\pm 1$ 为 $S_X(s)$ 的零点。取 s 平面上虚轴与左半平面的半圆围成的封闭曲线 C，如图 10.13 所示，根据留数定理，有

$$\frac{1}{2\pi j}\oint_C S_X(s)\,ds = \sum_{s_i\in C内部} \mathrm{Res}(S_X, s_i) \tag{10.67}$$

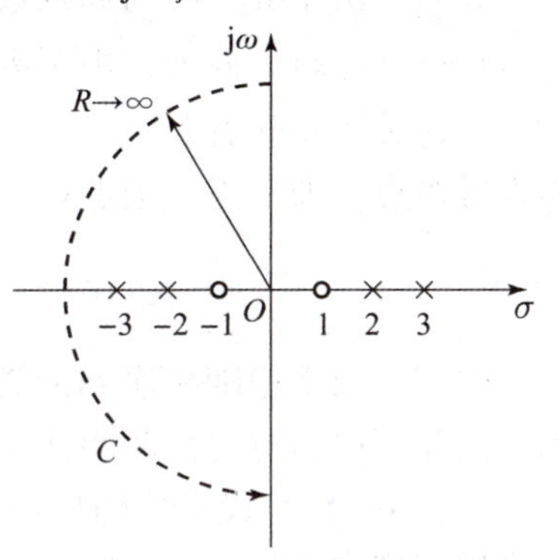

图 10.13　利用留数定理计算复积分

式中，s_i 是 C 内部的奇点（即极点）。结合式（10.66）与图 10.13 易知，$s_1=-2$，$s_2=-3$。当半径 $R\to\infty$ 时，沿半圆的复积分为零，因此

$$\frac{1}{2\pi j}\oint_C S_X(s)\,ds = \frac{1}{2\pi j}\int_{-j\infty}^{j\infty} S_X(s)\,ds = \sum_{s_i\in C内部} \mathrm{Res}(S_X, s_i) \tag{10.68}$$

式中，留数为

$$\mathrm{Res}(S_X, -2) = (s+2)S_X(s)\big|_{s=-2} = -\frac{3}{20} \tag{10.69}$$

$$\mathrm{Res}(S_X, -3) = (s+3)S_X(s)\big|_{s=-3} = \frac{4}{15} \tag{10.70}$$

因此

$$E[X^2(t)] = \frac{1}{2\pi j}\int_{-j\infty}^{j\infty} S_X(s)\,ds = -\frac{3}{20}+\frac{4}{15} = \frac{7}{60} \tag{10.71}$$

可见两种计算方法一致。第二种方法将有理函数的复积分转化为留数计算，相对于第一种方法更为简便。

例 10.12 中的功率谱密度具有有理函数的形式，简称为有理谱。不难发现，其零点、极点在 s 平面上呈左右对称分布。事实上，这种分布规律对于任意有理谱都成立。

定理 10.2（谱分解定理）　已知功率谱密度 $S_X(s)$ 具有有理函数的形式①

$$S_X(s) = \frac{b_{2M}s^{2M} + b_{2M-2}s^{2M-2} + \cdots + b_2 s^2 + b_0}{a_{2N}s^{2N} + a_{2N-2}s^{2N-2} + \cdots + a_2 s^2 + a_0} \tag{10.72}$$

式中，$M \leqslant N$，则 $S_X(s)$ 可分解为如下形式

$$S_X(s) = c\,\frac{(z_1-s)(z_2-s)\cdots(z_M-s)}{(p_1-s)(p_2-s)\cdots(p_N-s)} \cdot c\,\frac{(z_1+s)(z_2+s)\cdots(z_M+s)}{(p_1+s)(p_2+s)\cdots(p_N+s)} = S_X^-(s)S_X^+(s) \tag{10.73}$$

式中，$c=\sqrt{b_{2M}/a_{2N}}$，$\pm z_1, \pm z_2, \cdots, \pm z_M$ 和 $\pm p_1, \pm p_2, \cdots, \pm p_N$ 分别为 $S_X(s)$ 的零点和极点；$S_X^-(s)$，$S_X^+(s)$ 的零点、极点分别位于左、右半平面上，且

---

① 因为功率谱是偶函数，因此，式（10.72）中只含有偶次项。

$$S_X^+(s) = S_X^-(-s) \tag{10.74}$$

证明： 由于 $R_X(\tau)$ 为偶函数，根据积分式（10.56），易于验证 $S_X(s)$ 也是偶函数，即 $S_X(s) = S_X(-s)$。此外，由于 $R_X(\tau)$ 是实的，还可以推得 $S_X^*(s) = S_X(s^*)$。

上述关系意味着若 $s = s_0$ 为 $S_X(s)$ 的零点或极点，则 $s = -s_0$，s_0^*，$-s_0^*$ 也是 $S_X(s)$ 的零点或极点，即零点、极点在 s 平面上呈左右对称分布，由此得证。

10.3.4 随机序列的功率谱密度

本节介绍平稳随机序列的功率谱密度。由于平稳随机序列的自相关函数也是离散序列，因此可以通过离散时间傅里叶变换（DTFT）定义功率谱密度。

定义 10.13 设平稳随机序列 $X[n]$ 的自相关函数为 $R_X[m] = E[X[n]X[n+m]]$，其功率谱密度定义为

$$S_X(\mathrm{e}^{\mathrm{j}\Omega}) = \sum_{m=-\infty}^{\infty} R_X[m]\mathrm{e}^{-\mathrm{j}m\Omega} \tag{10.75}$$

式中，$\Omega \in [-\pi, \pi]$ 为归一化角频率。根据离散时间逆傅里叶变换，有

$$R_X[m] = \frac{1}{2\pi}\int_{-\pi}^{\pi} S_X(\mathrm{e}^{\mathrm{j}\Omega})\mathrm{e}^{\mathrm{j}m\Omega}\mathrm{d}\Omega \tag{10.76}$$

此外，还可以定义 z 变换域上的功率谱密度。

定义 10.14 平稳随机序列 $X[n]$ 在 z 变换域上的功率谱密度定义为

$$S_X(z) = \sum_{m=-\infty}^{\infty} R_X[m]z^{-m} \tag{10.77}$$

根据逆 z 变换，有

$$R_X(m) = \frac{1}{2\pi\mathrm{j}}\oint_C S_X(z)z^{m-1}\mathrm{d}z \tag{10.78}$$

式中，C 为收敛域内任意封闭曲线。

例 10.13 已知平稳随机序列的自相关函数为 $R_X(m) = a^{|m|}$，$|a| < 1$，求该随机序列的功率谱密度。

解： 根据式（10.77），有

$$\begin{aligned} S_X(z) &= \sum_{m=-\infty}^{\infty} R_X(m)z^{-m} = \sum_{m=-\infty}^{-1} a^{-m}z^{-m} + \sum_{m=0}^{\infty} a^m z^{-m} \\ &= \frac{az}{1-az} + \frac{1}{1-az^{-1}} = \frac{1-a^2}{(1-az)(1-az^{-1})}, |a| < |z| < 1/|a| \end{aligned} \tag{10.79}$$

令 $z = \mathrm{e}^{\mathrm{j}\Omega}$，便得到频域上的功率谱密度，有

$$S_X(\mathrm{e}^{\mathrm{j}\Omega}) = S_X(z)\big|_{z=\mathrm{e}^{\mathrm{j}\Omega}} = \frac{1-a^2}{(1-a\mathrm{e}^{\mathrm{j}\Omega})(1-a\mathrm{e}^{-\mathrm{j}\Omega})} = \frac{1-a^2}{1+a^2-2a\cos\Omega} \tag{10.80}$$

注意到例 10.13 中 $S_X(z)$ 有两个极点，其中，$z_1 = a$ 是单位圆内的极点，$z_2 = 1/a$ 是单位圆外的极点，即极点关于单位圆呈对称分布。事实上，这种分布规律可以推广至任意有理谱，由此得到随机序列的谱分解定理。

定理 10.3（谱分解定理） 设 $S_X(z)$ 具有有理函数的形式，则 $S_X(z)$ 可分解为如下形式

$$S_X(z)=S_X^-(z)S_X^+(z) \tag{10.81}$$

式中，$S_X^-(z)$，$S_X^+(z)$ 的零点、极点分别位于单位圆内和单位圆外，且

$$S_X^+(z)=S_X^-(z^{-1}) \tag{10.82}$$

上述结论可以利用自相关函数的偶函数性质证明，见习题 10.22。

两个随机序列的互功率谱密度即为互相关函数的离散时间傅里叶变换。

定义 10.15 设平稳随机序列 $X[n]$，$Y[n]$ 的互相关函数为 $R_{XY}[m]=E[X[n]Y[n+m]]$，则两者的互功率谱密度定义为

$$S_{XY}(\mathrm{e}^{\mathrm{j}\Omega})=\sum_{m=-\infty}^{\infty}R_{XY}[m]\mathrm{e}^{-\mathrm{j}m\Omega} \tag{10.83}$$

10.3.5 随机信号的采样定理

随机序列可以视为对连续时间随机过程（以下简称随机过程或随机信号）进行采样的结果，读者可能不禁要问：两者的功率谱密度具有怎样的关系？随机序列能否重建随机过程？本节将围绕这些问题进行讨论。

已知平稳随机序列 $X[n]$，假设其是通过对平稳随机过程 $X(t)$ 采样得到的，即

$$X[n]=X(t)\big|_{t=nT} \tag{10.84}$$

式中，T 为采样间隔。相应地，$X[n]$ 的自相关函数可视为 $X(t)$ 的自相关函数的采样序列，即

$$R_X[m]=E[X[n]X[n+m]]=E[X(nT)X(nT+mT)]=R_X(mT)=R_X(\tau)\big|_{\tau=mT} \tag{10.85}$$

由于自相关函数是确定性函数，而功率谱密度是自相关函数在频域上的表征。根据奈奎斯特－香农采样定理，不难得到 $X[n]$ 与 $X(t)$ 的功率谱密度之间具有如下关系

$$S_X(\mathrm{e}^{\mathrm{j}\omega T})=\frac{1}{T}\sum_{k=-\infty}^{\infty}S_X(\omega-k\omega_s) \tag{10.86}$$

即 $X[n]$ 的功率谱密度是 $X(t)$ 的功率谱密度经周期延拓而得到的，并且在幅度上乘以系数 $1/T$。图 10.14 展示了两者之间的关系。这意味着在一定条件下，可以通过 $R_X[m]$ 重建 $R_X(\tau)$。于是得到关于随机信号自相关函数的采样定理。

定理 10.4 设 $X[n]$ 是平稳过程 $X(t)$ 经均匀采样后得到的随机序列，则 $X[n]$ 与 $X(t)$ 的功率谱密度具有如式（10.86）所示的关系。若 $S_X(\omega)$ 的最高频率为 ω_M，则当采样率满足 $\omega_s\geqslant 2\omega_M$ 时，可由 $R_X[m]$ 重建 $R_X(\tau)$，有

$$R_X(\tau)=\sum_{m=-\infty}^{\infty}R_X[m]\frac{T\sin[\omega_c(t-mT)]}{\pi(t-mT)} \tag{10.87}$$

式中，$\omega_M<\omega_c<\omega_s-\omega_M$。特别地，当 $\omega_c=\omega_s/2=\pi/T$ 时，有

$$R_X(\tau)=\sum_{m=-\infty}^{\infty}R_X[m]\frac{\sin[\pi(t-mT)/T]}{\pi(t-mT)/T}=\sum_{m=-\infty}^{\infty}R_X[m]\mathrm{sinc}\left(\frac{t-mT}{T}\right) \tag{10.88}$$

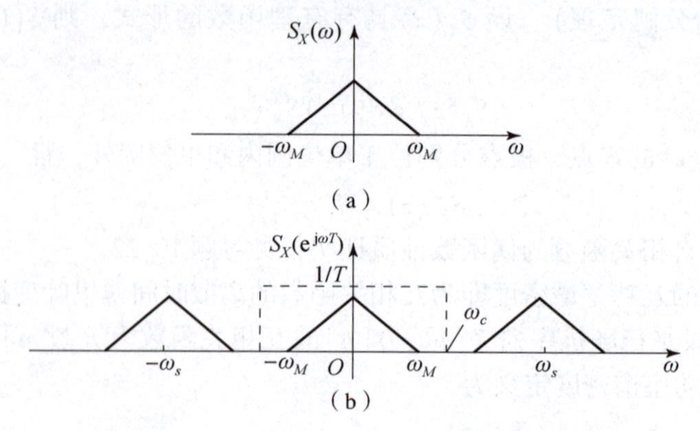

图 10.14　随机过程与其采样序列的功率谱关系

(a) 连续时间随机过程的功率谱；(b) 随机序列的功率谱

定理（10.4）给出了随机序列与随机信号自相关函数之间的重建关系。下面考虑另一个问题，即随机序列 $X[n]$ 能否重建随机信号 $X(t)$。直观来看，由于随机信号具有不确定性，因而不可能通过某个采样序列精确重建，否则就失去了随机的属性。因此，所谓的重建，是建立在统计意义上的。具体来讲，如果 $X[n]$ 经过 sinc 插值之后，能够在均方意义上等于 $X(t)$，就称 $X[n]$ 可以重建 $X(t)$。下面给出平稳随机信号的采样定理。

定理 10.5（平稳随机信号的采样定理）　已知 $X(t)$ 是平稳随机过程，其功率谱密度的最高频率为 ω_M。设 $X[n]=X(nT)$ 为 $X(t)$ 经过均匀采样得到的随机序列，则当采样率 $\omega_s \geqslant 2\omega_M$ 时，有①

$$X(t) = \lim_{N\to\infty}\sum_{n=-N}^{N} X(nT)\,\mathrm{sinc}\left(\frac{t-nT}{T}\right) \tag{10.90}$$

定理 10.5 的证明过程较复杂，感兴趣的读者可参阅文献［35］。

10.4　常见的随机信号模型

10.4.1　高斯过程

高斯过程（Gaussian process）是实际中使用最广泛的一类随机信号模型。一方面，许多随机现象的机理都与高斯分布有关，例如电子元器件内部的热噪声、观测对象的测量误差等；另一方面，高斯过程有许多良好的数学性质，便于分析与处理。

定义 10.16（高斯过程）　如果随机过程 $X(t)$ 的任意维概率分布都服从高斯分布，则称 $X(t)$ 为高斯过程，其 n 维概率密度函数具有如下形式

---

① 式（10.90）中的 lim 表示均方极限或均方收敛（mean-square convergence），即

$$\lim_{N\to\infty} E\left[\sum_{n=-N}^{N} X(nT)\,\mathrm{sinc}\left(\frac{t-nT}{T}\right) - X(t)\right]^2 = 0 \tag{10.89}$$

均方极限是一种建立在统计意义上的极限。本书凡是涉及随机过程的极限，均指均方极限。

$$f_X(\boldsymbol{x};\boldsymbol{t})=\frac{1}{(2\pi)^{n/2}|\boldsymbol{K}_X(\boldsymbol{t})|^{1/2}}\exp\left[-\frac{(\boldsymbol{x}-\boldsymbol{m}_X(\boldsymbol{t}))^{\mathrm{T}}\boldsymbol{K}_X^{-1}(\boldsymbol{t})(\boldsymbol{x}-\boldsymbol{m}_X(\boldsymbol{t}))}{2}\right] \tag{10.91}$$

式中，$\boldsymbol{x}=(x_1,x_2,\cdots,x_n)^{\mathrm{T}}$；$\boldsymbol{t}=(t_1,t_2,\cdots,t_n)^{\mathrm{T}}$；$\boldsymbol{X}$ 是由 n 个时刻构成的随机向量，即 $\boldsymbol{X}=[X(t_1),X(t_2),\cdots,X(t_n)]^{\mathrm{T}}$；$\boldsymbol{m}_X(\boldsymbol{t})$ 与 $\boldsymbol{K}_X(\boldsymbol{t})$ 分别为 $\boldsymbol{X}$ 的均值和协方差矩阵，即 $\boldsymbol{m}_X(\boldsymbol{t})=E[\boldsymbol{X}]$，$\boldsymbol{K}_X(\boldsymbol{t})=E[(\boldsymbol{X}-\boldsymbol{m}_X(\boldsymbol{t}))(\boldsymbol{X}-\boldsymbol{m}_X(\boldsymbol{t}))^{\mathrm{T}}]$，两者均与时间有关。

如果高斯过程是宽平稳的，则称之为平稳高斯过程。根据平稳过程的性质，此时一维概率密度函数与时间无关，即

$$f_X(x)=\frac{1}{\sqrt{2\pi}\sigma_X}\exp\left[-\frac{(x-m_X)^2}{2\sigma_X^2}\right] \tag{10.92}$$

式中，m_X，σ_X^2 分别为平稳过程的均值和方差，两者均为常数。

此外，协方差函数仅与时间差有关，即

$$K_X(t_i,t_j)=K_X(t_j-t_i)=K_X(\tau_{i,j}) \tag{10.93}$$

因此，n 维概率密度函数也仅与 n 个时刻的时间差有关，即

$$f_X(\boldsymbol{x};\boldsymbol{\tau})=\frac{1}{(2\pi)^{n/2}|\boldsymbol{K}_X(\boldsymbol{\tau})|^{1/2}}\exp\left[-\frac{(\boldsymbol{x}-\boldsymbol{m}_X)^{\mathrm{T}}\boldsymbol{K}_X^{-1}(\boldsymbol{\tau})(\boldsymbol{x}-\boldsymbol{m}_X)}{2}\right] \tag{10.94}$$

式中，$\boldsymbol{\tau}$ 是由所有 $\tau_{i,j}$，$1\leqslant i$，$j\leqslant n$ 组成的向量。

高斯过程的统计特性由均值和协方差矩阵完全刻画。因此，对于高斯过程而言，宽平稳和严平稳是等价的。这是区别于一般随机过程的特点之一。此外，高斯过程还有一些其他性质。

性质 10.5　①已知 $X(t)$ 是高斯过程，$s(t)$ 是确定性信号，则 $Y(t)=X(t)+s(t)$ 仍为高斯过程。

②已知 $X(t)$ 是高斯过程，$Y(t)$ 是 $X(t)$ 的导数过程①

$$Y(t)=\frac{\mathrm{d}}{\mathrm{d}t}X(t)=\lim_{\Delta t\to 0}\frac{X(t+\Delta t)-X(t)}{\Delta t} \tag{10.95}$$

则 $Y(t)$ 也是高斯过程。

③已知 $X(t)$ 是高斯过程，则积分过程②

$$Y_1(t)=\int_a^t X(\tau)\mathrm{d}\tau \tag{10.96}$$

与

$$Y_2(t)=\int_a^b X(\tau)h(\tau,t)\mathrm{d}\tau \tag{10.97}$$

都是高斯过程。

---

①　式（10.95）表示均方意义上的极限，即

$$\lim_{\Delta t\to 0}E\left[\frac{X(t+\Delta t)-X(t)}{\Delta t}-\frac{\mathrm{d}}{\mathrm{d}t}X(t)\right]^2=0$$

式中，$\frac{\mathrm{d}}{\mathrm{d}t}X(t)$ 称为均方导数。

②　随机过程的积分也是指均方意义上的积分。

上述性质的证明可参见文献［44］。

微分和积分是线性系统的基本运算单元，根据性质 10.5 可以得到一条推论，即高斯过程经过线性系统之后依然是高斯过程。这条性质在系统分析中经常使用。

10.4.2 白噪声

如果随机信号的功率谱密度为常数，则称为**白噪声**（white noise），这里所谓的白是借鉴了光学中的“白光”概念，即包含所有光谱范围内的频率成分。与之相对，非白噪声统称为色噪声（color noise）。

白噪声在理论分析和实际应用中占有重要地位。依据带宽范围，可划分为几种不同的类型。下面进行详细介绍。

定义 10.17 如果随机信号 $X(t)$ 的功率谱密度具有如下形式

$$S_X(\omega)=\frac{N_0}{2}>0,\ -\infty<\omega<\infty \tag{10.98}$$

式中，N_0 为常数，则称 $X(t)$ 为**理想白噪声**。

根据傅里叶变换对的关系，易知理想白噪声的自相关函数为

$$R_X(\tau)=\frac{N_0}{2}\delta(\tau) \tag{10.99}$$

此外，可以证明理想白噪声的均值为零（见习题 10.24）。因而，相关系数为

$$r_X(\tau)=\frac{K_X(\tau)}{K_X(0)}=\frac{R_X(\tau)}{R_X(0)}=\begin{cases}1, & \tau=0\\0, & \tau\neq 0\end{cases} \tag{10.100}$$

这意味着理想白噪声在任意两个不同时刻都不相关，因此相关性极弱，波形呈现剧烈的变化。

注意到理想白噪声的平均功率为无穷大，而实际中并不存在这种功率无穷大的信号。因此理想白噪声是一种理想的数学模型。在实际中，如果信号的功率谱密度在系统通带范围内近似为常数，就可以把它视为白噪声。由此引出“带限白噪声”的概念。

定义 10.18 如果随机信号 $X(t)$ 的功率谱密度具有如下形式

$$S_X(\omega)=\begin{cases}S_0, & |\omega\pm\omega_0|\leqslant W\\0, & \text{其他}\end{cases} \tag{10.101}$$

式中，S_0 为常数，则称 $X(t)$ 为带限白噪声。特别地，当 $\omega_0=0$ 时，称为低通型带限白噪声；当 $\omega_0>W$ 时，称为带通型带限白噪声。

根据傅里叶变换对的关系，易知低通型带限白噪声的自相关函数为

$$R_X(\tau)=\frac{WS_0}{\pi}\frac{\sin W\tau}{W\tau} \tag{10.102}$$

注意到当 $\tau=k\pi/W$ 时，$R_X(\tau)=0$。这意味着仅当时间间隔为 π/W 的整数倍时，信号是不相关的。相比于理想白噪声，带限白噪声拥有更强的相关性。图 10.15（a）展示了低通型带限白噪声的功率谱密度与自相关函数。

带通型带限白噪声的自相关函数为

$$R_X(\tau)=\frac{2WS_0}{\pi}\frac{\sin W\tau}{W\tau}\cos\omega_0\tau=a(\tau)\cos\omega_0\tau \tag{10.103}$$

式中，$a(\tau)$称为包络。当 $W \ll \omega_0$ 时，称为**窄带信号**。此时 $a(\tau)$要比 $\cos\omega_0\tau$ 变化缓慢许多。因此 $a(\tau)$称为慢变化部分，$\cos\omega_0\tau$ 称为快变化部分。图 10.15（b）展示了带通型带限白噪声的功率谱密度与自相关函数。

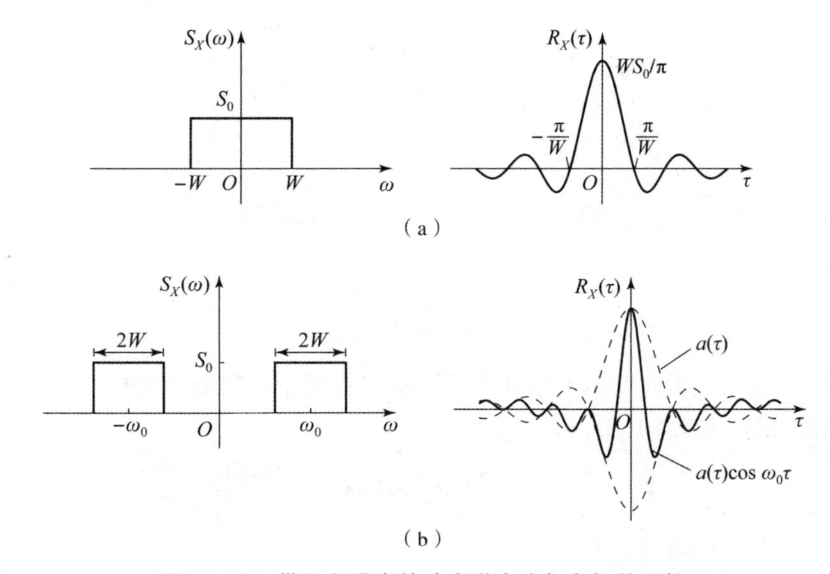

图 10.15　带限白噪声的功率谱密度与自相关函数

（a）低通型；（b）带通型

无论是低通型还是带通型的带限白噪声，都有明确的截止频率。然而，实际中的信号并非都如此。为了刻画一般的随机信号的带宽，可以采用如下方式。

定义 10.19（3 dB 带宽）　随机信号的 3 dB 带宽（或半功率带宽）是指功率谱峰值减半时对应的频率点，即

$$S_X(W_{3\text{ dB}}) = S_X(\omega_0)/2 \tag{10.104}$$

式中，ω_0 为功率谱峰值点。

如果随机信号的平均功率等效于某一带限白噪声，则可以利用带限白噪声的带宽作为该随机信号的带宽，即**等效噪声带宽**。

定义 10.20（等效噪声带宽）　随机信号的等效噪声带宽定义为

$$W_e = \frac{1}{2S_X(\omega_0)}\int_{-\infty}^{\infty} S_X(\omega)\,\mathrm{d}\omega \tag{10.105}$$

式中，ω_0 为功率谱峰值点。

例 10.14　已知平稳随机信号 $X(t)$的自相关函数为

$$R_X(\tau) = \mathrm{e}^{-\beta|\tau|}$$

求该信号的 3 dB 带宽与等效噪声带宽。

解：$X(t)$的功率谱密度为

$$S_X(\omega) = \frac{2\beta}{\beta^2 + \omega^2}$$

根据定义 10.19 与定义 10.20，分别求得

$$W_{3\,\mathrm{dB}}=\beta,\ W_{\mathrm{e}}=\frac{1}{2S_X(0)}\int_{-\infty}^{\infty}S_X(\omega)\mathrm{d}\omega=\frac{\pi}{2}\beta$$

图 10.16 展示了该信号的功率谱密度及相应的带宽。

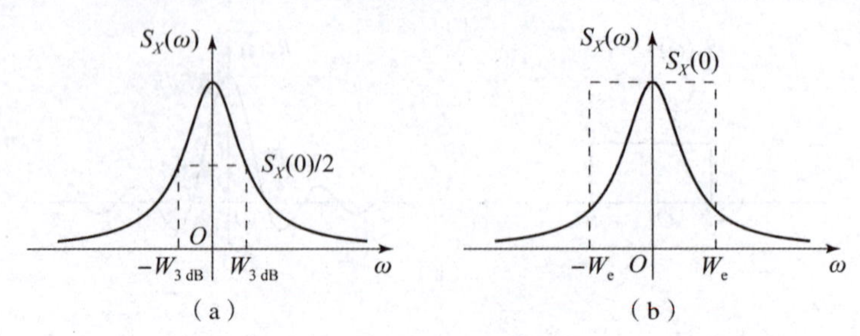

图 10.16 两种带宽比较

(a) 3 dB 带宽;(b) 等效噪声带宽

等效噪声带宽与相关时间具有密切关系。假设随机信号具有零均值,且功率谱在 $\omega=0$ 点取最大值。根据定义 10.20,有

$$W_{\mathrm{e}}=\frac{1}{2S_X(0)}\int_{-\infty}^{\infty}S_X(\omega)\mathrm{d}\omega=\frac{\pi R_X(0)}{S_X(0)} \tag{10.106}$$

另外,根据相关时间的定义,有

$$\tau_{\mathrm{c}}=\int_0^{\infty}r_X(\tau)\mathrm{d}\tau=\frac{1}{R_X(0)}\int_0^{\infty}R(\tau)\mathrm{d}\tau=\frac{1}{2}\frac{S_X(0)}{R_X(0)} \tag{10.107}$$

因此

$$W_{\mathrm{e}}\tau_{\mathrm{c}}=\frac{\pi}{2} \tag{10.108}$$

由此可见,等效噪声带宽与相关时间具有反比例关系。结合物理意义来看,等效噪声带宽越大,则信号包含的高频成分越多,因而时域波形变化越剧烈,不同时刻的相关性就越弱;反之,等效噪声带宽越小,则信号包含的高频成分越少,因而时域波形变化越缓慢,不同时刻的相关性就越强。由此可见,相关时间与等效噪声带宽分别从时域与频域描述了随机信号的相关性。

以上介绍的白噪声均为连续时间随机过程。而对于随机序列,如果功率谱密度恒为常数,即

$$S_X(\mathrm{e}^{\mathrm{j}\Omega})=\sigma_X^2,\quad -\pi\leqslant\Omega\leqslant\pi \tag{10.109}$$

则称 $X[n]$ 为白噪声序列。需要说明的是,随机序列的功率谱是以 2π 为周期的周期函数,因此通常只需考虑一个完整周期即可。相应地,易知白噪声序列的自相关函数为 $R_X[m]=\sigma_X^2\delta[m]$。

本节最后简要说明高斯过程与白噪声之间的关系。事实上,两者是两类不同的随机信号模型,彼此之间没有必然联系。一个随机信号可以是高斯过程,即统计特性具有高斯分布,但不一定是白噪声;反之,也可以是白噪声,即功率谱密度为常数,但不一定是高斯过程。当然,如果同时具有这两种特性,则称为“高斯白噪声”。实际中,经常把噪声建模为高斯白噪声,这是为了便于分析和处理,但切记,“高斯”与“白”并非是等价的关系。

10.5　编程仿真实验

本节介绍随机信号分析的仿真实验。首先需要指出的是，由于计算机处理的对象是离散数据，因此数值仿真中的随机信号实际上都是随机序列。更严格地讲，是随机序列的某个观测样本。关于随机序列的统计特性，可类比于随机信号（即连续时间随机过程）而得到，因此不再赘述。

10.5.1　随机信号的仿真生成

在 MATLAB 中，利用函数 randn(1, L) 可生成长度为 L，相互独立地服从标准高斯分布的随机序列。由于随机序列在任意两个不同时刻相互独立①，即自相关函数满足 $R_X[m]=\sigma_X^2\delta[m]$，因此也具有“白噪声”的特性。类似地，rand(1, L) 可生成长度为 L，相互独立地服从（0，1）上均匀分布的随机序列。

实验 10.1　仿真生成如下波形

$$X(t)=\cos(2\pi f_0 t)+0.5\sin(2\pi f_1 t+\pi/3)+N(t) \tag{10.110}$$

式中，$f_0=5$ Hz；$f_1=10$ Hz；$N(t)$ 为均值为零、方差为 $\sigma^2=0.5$ 的高斯白噪声。

解： $X(t)$ 由两个频率分量组成，为保证采样信号无混叠，实验中设采样率为 $F_s=$ 1 000 Hz。同时，为确保随机结果可复现，可以利用函数 rng 将随机数生成器初始化。具体代码如下：

```
rng('default') % 初始化随机数生成器
T = 1; % 信号时长(s)
Fs = 1000; % 采样率(Hz)
t = 0:1/Fs:T-1/Fs; % 采样点
f0 = 5; % 正弦频率1
f1 = 10; % 正弦频率2
sigma = sqrt(0.5); % 噪声标准差
x = cos(2*pi*f0*t) + 0.5*sin(2*pi*f1*t+pi/3)
     + sigma*randn(size(t));    % 生成含噪信号
```

结果如图 10.17 所示。

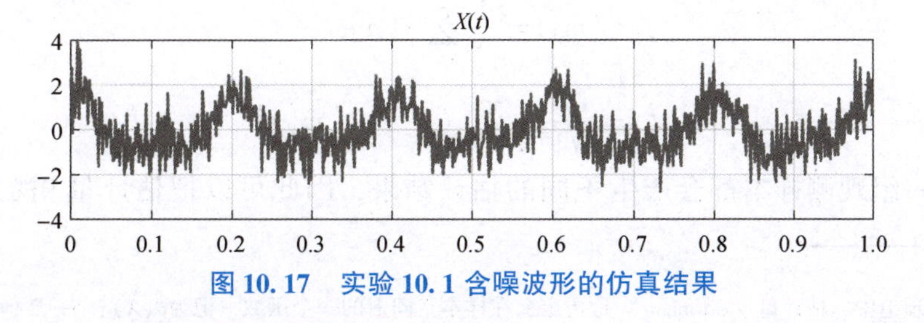

图 10.17　实验 10.1 含噪波形的仿真结果

---

① 计算机中的随机数由确定算法生成，严格来讲并不是统计独立的，因此也称为“伪随机数”。但对于实际使用并无太大影响，故可近似认为相互独立。

实验 10.2 仿真生成等概率取 ±1 的伯努利序列。

解： 可以采用多种方式生成伯努利序列。例如，可以先利用 rand 生成（0，1）上均匀分布的随机序列，然后利用阈值方法将该序列映射为取值 ±1 的伯努利序列。本实验中取序列长度为 $L=50$，具体代码如下：

```
rng('default') % 初始化随机数生成器
L = 50; % 序列长度
x = rand(1,L); % 均匀分布随机序列
x(x>=0.5)=1; % x>=0.5 映射为 1
x(x<0.5)=-1; % x<0.5 映射为 -1
```

结果如图 10.18 所示。

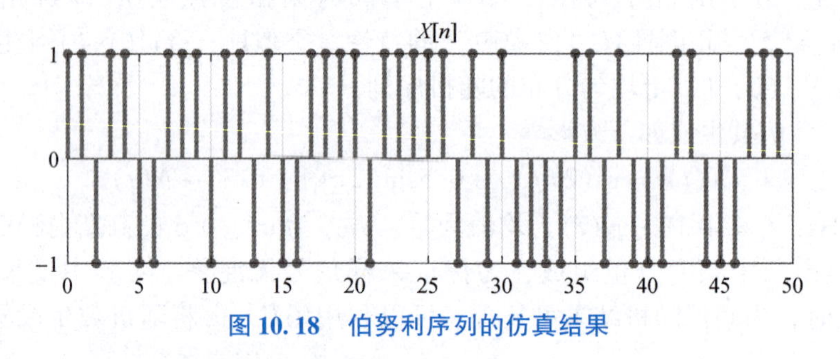

图 10.18 伯努利序列的仿真结果

10.5.2 随机信号的数字特征估计

在实际应用中，为准确得到随机过程的统计特性，通常需要重复多次实验，从而获得大量的样本函数。然而，这种方法的成本较高，以至于在一些特定情况下不可行。如果能够通过一次观测的样本函数估计出随机信号的统计特性，不失为一种简便而有效的方法。事实上，这种方式蕴含了**“遍历性”**（ergodicity）的假设。所谓遍历性，是指在一定条件下，随机过程的某一样本函数的**时间平均**（time average），从概率意义上趋向于该过程的**统计平均**（statistic average）。该性质由苏联数学家辛钦（A. Khinchine）进行了系统研究。关于遍历性的更多介绍，感兴趣的读者可参阅文献[44，45]。

设 $\{x[n]\}_{n=0}^{N-1}$ 为随机序列 $X[n]$ 的一组观测样本，则均值和方差可按如下方式估计

$$\hat{m}_X = \frac{1}{N}\sum_{n=0}^{N-1} x[n] \tag{10.111}$$

$$\hat{\sigma}_X^2 = \frac{1}{N-1}\sum_{n=0}^{N-1} (x[n] - \hat{m}_X)^2 \tag{10.112}$$

由于每一组观测样本都会产生不同的估计结果，因此可以把估计量①视为随机变量。

① 在估计理论中，估计量（estimator）是指定义在样本空间上的一个函数，记为 $\hat{\theta}(X)$：$S\to\mathbb{R}$，其中，X 为随机变量（或随机向量）。X 每取一个样本，便得到一个具体值 $\hat{\theta}(x)$，称为估计值（estimate）。虽然估计量和估计值含义有细微区别，但有时为了便于书写，统一用 $\hat{\theta}(x)$ 表示两者，例如，正文中的均值估计式（10.111）和方差估计式（10.112）等。

对估计量求期望、方差，可以判断出估计量的性能。根据式（10.111），容易验证

$$E[\hat{m}_X] = \frac{1}{N}\sum_{n=0}^{N-1} E[x[n]] = m_X \tag{10.113}$$

$$\mathrm{Var}[\hat{m}_X] = E[\hat{m}_X^2] - E^2[\hat{m}_X] = \frac{1}{N}\sigma_X^2 \tag{10.114}$$

式（10.113）说明，$\hat{m}_X$ 是无偏估计（unbiased estimate）[①]；而式（10.114）意味着当 $N\to\infty$ 时，$\mathrm{Var}[\hat{m}_X]\to 0$，因此 $\hat{m}_X$ 也是一致估计（consistent estimate）[②]。

类似地，可以对方差估计量进行分析。根据式（10.112），容易验证 $E[\hat{\sigma}_X^2]=\sigma_X^2$，故该估计是无偏的。而如果把归一化系数由 $1/(N-1)$ 改为 $1/N$，则

$$E[\hat{\sigma}_X^2] = \frac{N-1}{N}\sigma_X^2 \tag{10.115}$$

此时估计是有偏估计（biased estimate）。不过当 $N\to\infty$ 时，$E[\hat{\sigma}_X^2]\to\sigma_X^2$。具有这种性质的估计称为渐进无偏估计（asymptotically unbiased estimate）。此外，可以证明，$\hat{\sigma}_X^2$ 也是一致估计（见习题 10.26）。

接下来考虑两个随机序列的数字特征。设 $\{x[n]\}_{n=0}^{N-1}$，$\{y[n]\}_{n=0}^{N-1}$ 分别为随机序列 $X[n]$，$Y[n]$ 的样本序列，则两者的协方差和相关系数可以按如下方式估计

$$\hat{\sigma}_{XY}^2 = \frac{1}{N-1}\sum_{n=0}^{N-1}(x[n]-\hat{m}_X)(y[n]-\hat{m}_Y) \tag{10.116}$$

$$\hat{r}_{XY} = \frac{\hat{\sigma}_{XY}^2}{\hat{\sigma}_X\hat{\sigma}_Y} \tag{10.117}$$

互相关函数估计式为

$$\hat{R}_{XY}[m] = \begin{cases} \alpha\displaystyle\sum_{n=0}^{N-m-1} x[n+m]y[n], & m \geqslant 0 \\ \hat{R}_{YX}[-m], & m < 0 \end{cases} \tag{10.118}$$

式中，α 为归一化系数。特别地，当 $x[n]=y[n]$ 时，式（10.118）转化为自相关函数的估计。

需要说明的是，式（10.118）所定义的互相关是 MATLAB 所采用的形式，但与前文定义的互相关函数（序列）稍有区别，即求和式中第一个样本的索引为 $n+m$，第二个样本的索引为 n。在实际应用中需要注意。

令 $\alpha=1/N$，对式（10.118）求期望可得

$$E[\hat{R}_{XY}[m]] = \frac{N-|m|}{N}R_{XY}[m] \tag{10.119}$$

此时估计是渐进无偏的（但不是无偏的）。而若令 $\alpha=1/(N-|m|)$，则估计是无偏的。

---

① 若估计量 $\hat{\theta}(X)$ 满足 $E[\hat{\theta}(X)]=E[\theta]$，则称为无偏估计；否则，称为有偏估计。

② 若随着样本数的增长，估计量 $\hat{\theta}(X)$ 依概率收敛于 θ，即 $\lim\limits_{N\to\infty}P(|\hat{\theta}(X)-\theta|>\varepsilon)=0$，则称 $\hat{\theta}(X)$ 是一致估计。可以证明，一致估计的充分条件是 $\hat{\theta}(X)$ 是无偏估计且 $\mathrm{Var}[\hat{\theta}(X)]\to 0\ (N\to\infty)$。关于估计量性能的详细介绍，读者可参阅文献［46］。

MATLAB 提供相应的函数可用于计算上述数字特征，见表 10.1。

表 10.1 用于计算数字特征的 MATLAB 函数

MATLAB 函数	估计量	MATLAB 函数	估计量
mean	均值	corrcoef	相关系数矩阵
var	方差	xcorr	互相关函数（序列）
std	标准差	xcov	互协方差函数（序列）
cov	协方差矩阵		

实验 10.3 已知随机相位信号 $X(t)=\cos(2\pi f_0 t+\Phi)$，其中，$f_0=5$ Hz，$\Phi\sim U(0,2\pi)$，并估计该信号的均值、方差和自相关函数。

解： 根据理论分析可知，随机相位信号的均值为零，自相关函数为

$$R_X(\tau)=\frac{1}{2}\cos(2\pi f_0\tau) \tag{10.120}$$

在遍历性的假设条件下，可以利用其任一样本函数估计相应的数字特征，具体代码如下：

```
T = 1; % 信号时长(s)
Fs = 1000; % 采样率(Hz)
t = 0:1/Fs:T-1/Fs; % 采样点
f0 = 5; % 正弦频率(Hz)
phi = 2*pi*rand; % 随机相位
x = cos(2*pi*f0*t+phi); % 生成随机相位信号
m = mean(x); % 均值
v = var(x); % 方差
r = xcorr(x,'biased'); % 自相关函数(有偏估计)
```

均值与方差结果如下：

```
>> m
m =
   -7.2053e-17
>> v
v =
   0.5005
```

可见估计结果接近理论值。

自相关函数的估计结果如图 10.19（a）所示。根据理论分析，随机相位信号的自相关函数为 $R_X(\tau)=\cos(2\pi f_0\tau)/2$。显然，该估计结果与理论表达式并不一致。事实上，根据代码最后一行，自相关估计为有偏估计。根据式（10.119）可知，估计结果（的期望）是对理论值加了一个三角窗。如果采用无偏估计，即将代码改为

```
r = xcorr(x,'unbiased');  % 自相关函数(无偏估计)
```

相应的结果如图 10.19（b）所示，此时与理论结果一致。

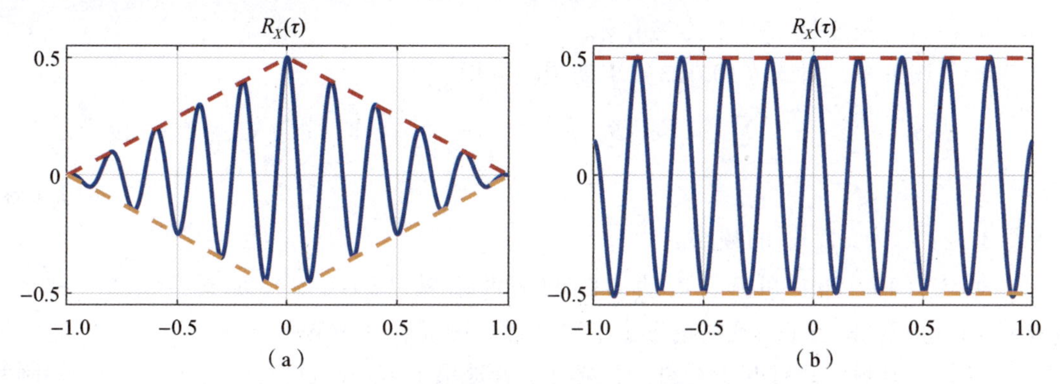

图 10.19　随机相位信号的自相关函数估计结果

（a）有偏估计；（b）无偏估计

10.5.3　随机信号的功率谱估计

在实际应用中，为了掌握随机信号的频域特性，可以利用观测样本对功率谱密度进行估计，这类问题称为功率谱估计，简称为谱估计。谱估计最早可追溯到 19 世纪末，英国物理学家舒斯特尔（A. Schuster）于 1898 年提出了一种用于检测信号潜在周期的方法，称为**周期图法**（periodogram），该方法是谱估计中最具代表性的方法。基于周期图法，后续又出现了一些改进方法，这类方法统称为经典法谱估计。下面简要介绍周期图法的计算过程。

设$\{x[n]\}_{n=0}^{N-1}$为平稳随机序列 $X[n]$ 的样本，周期图法的估计式为

$$\hat{S}_X(\mathrm{e}^{\mathrm{j}\Omega})=\frac{1}{N}|X(\mathrm{e}^{\mathrm{j}\Omega})|^2 \tag{10.121}$$

式中，$X(\mathrm{e}^{\mathrm{j}\Omega})$为$\{x[n]\}_{n=0}^{N-1}$的离散时间傅里叶变换，有

$$X(\mathrm{e}^{\mathrm{j}\Omega})=\sum_{n=0}^{N-1}x[n]\mathrm{e}^{-\mathrm{j}n\Omega} \tag{10.122}$$

另外，根据维纳 - 辛钦定理，功率谱也可以通过对自相关函数作傅里叶变换来计算

$$\hat{S}_X(\mathrm{e}^{\mathrm{j}\Omega})=\sum_{m=-N+1}^{N-1}\hat{R}_X[m]\mathrm{e}^{-\mathrm{j}m\Omega} \tag{10.123}$$

式中，$\hat{R}_X[m]$为自相关函数的估计，即

$$\hat{R}_X[m]=\frac{1}{N}\sum_{n=0}^{N-1-|m|}x[n]x[n+|m|] \tag{10.124}$$

上述方法由 Blackman 和 Tukey 于 1958 年提出，称为**相关图法**。事实上，对式（10.124）作傅里叶变换，并利用傅里叶变换的卷积定理，便可以得到式（10.121）。因此，从原理上来讲，两种方法具有等价关系。

下面分析周期图法的估计性能。首先，注意到式（10.124）是自相关函数的渐进无

偏估计，即

$$E[\hat{R}_X[m]]=\frac{N-|m|}{N}R_X[m]=w_N[m]R_X[m] \tag{10.125}$$

式中，$w_N[m]$为长度是$2N-1$的三角窗。

基于上述关系，对式（10.123）求期望，可得

$$E[\hat{S}_X(\mathrm{e}^{\mathrm{j}\Omega})]=\sum_{m=-N+1}^{N-1}w_N[m]R_X[m]\mathrm{e}^{-\mathrm{j}m\Omega}=\frac{1}{2\pi}\int_{-\pi}^{\pi}W_N(\mathrm{e}^{\mathrm{j}u})S_X(\mathrm{e}^{\mathrm{j}(\Omega-u)})\mathrm{d}u \tag{10.126}$$

式中，$W_N(\mathrm{e}^{\mathrm{j}\Omega})$为$w_N[m]$的频谱。

根据式（10.126）可知，周期图法的估计结果（的期望）是真实谱$S_X(\mathrm{e}^{\mathrm{j}\Omega})$与$W_N(\mathrm{e}^{\mathrm{j}\Omega})$的卷积，相当于对真实谱做了平滑处理，因而会造成频率分辨率下降。同时，加窗还会引起谱泄漏。针对上述问题，后续有学者提出了多种改进方法。例如，为了抑制旁瓣，减少谱泄漏，可以先对信号加窗再计算周期图，这种方法称为**改进周期图法**（modified periodogram）；或者直接对自相关函数加窗，这种方法称为**平滑周期图法**（smoothing periodogram）。此外，还有一种策略是将信号分段，计算每段信号的周期图后再取平均。这类方法称为**平均周期图法**（averaging periodogram）。限于篇幅，本书不再作详细介绍，感兴趣的读者可参阅文献［23，26］。

MATLAB 信号处理工具箱中提供了函数 periodogram，可用于计算周期图以及改进周期图。下面结合一道例题进行说明。

实验 10.4 已知信号

$$X(t)=\cos(2\pi f_0t)+0.5\sin(2\pi f_1t+\pi/3)+N(t) \tag{10.127}$$

式中，$f_0=50$ Hz；$f_1=100$ Hz；$N(t)$为均值为零、方差为$\sigma^2=0.5$的高斯白噪声。分别采用矩形窗和 Hamming 窗估计$X(t)$的功率谱密度。

解： 本实验中设采样率为$F_s=1\ 000$ Hz，信号时长为$T=1$ s，窗函数的长度与观测信号长度一致。具体代码如下：

```
rng('default') % 初始化随机数生成器
T = 1; % 采样率(Hz)
Fs = 1000; % 采样率(Hz)
t = 0:1/Fs:T-1/Fs; % 采样点
f0 = 50; % 正弦频率1
f1 = 100; % 正弦频率2
sigma = sqrt(0.5); % 噪声标准差
x = cos(2*pi*f0*t) + 0.5*sin(2*pi*f1*t+pi/3)
    + sigma*randn(size(t)); % 生成含噪信号
% 使用矩形窗计算并绘制 x 的周期图
subplot(1,2,1)
periodogram(x,rectwin(length(x)));
title('周期图(矩形窗)');
```

```
% 使用 Hamming 窗计算并绘制 x 的周期图
subplot(1,2,2)
periodogram(x,hamming(length(x)));
title('改进周期图(Hamming 窗)');
```

估计结果如图 10.20 所示。结合图形来看，估计谱在 $\Omega_0=0.1\pi$ 和 $\Omega_1=0.2\pi$ 处出现了峰值，这两点恰好对应于信号的频率点。两种窗函数的结果较为接近，但细致观察会发现，Hamming 窗在谱峰附近的估计值更低，这说明 Hamming 窗有效抑制了旁瓣的影响。

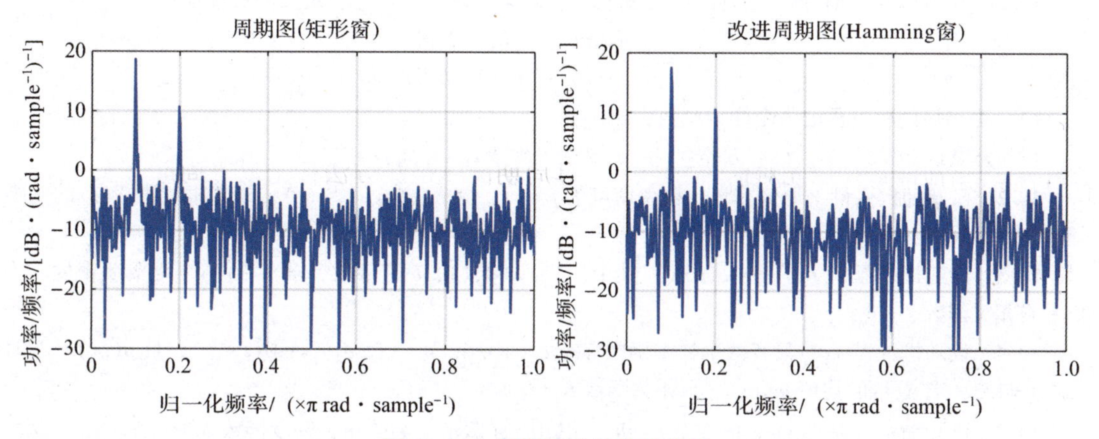

图 10.20　周期图法的估计结果

本章小结

本章介绍了随机信号的分析方法，包括时域分析和频域分析。随机信号可以通过随机过程来描述，因而随机信号的时域分析主要是对其统计特性进行分析。一般而言，随机信号的统计特性与时间有关。如果统计特性不随时间推移而发生变化，则称为平稳过程，具体又可分为严平稳过程和宽平稳过程。本章主要围绕宽平稳过程（或简称为平稳过程）展开介绍。

平稳过程的自相关函数是关于时间差的一元函数，它刻画了平稳过程的二阶统计特性，同时具有诸多重要的性质。因而，自相关函数在平稳过程分析中发挥着重要作用。这种将不确定性对象转化为确定性对象的研究思路，是随机信号分析经常采用的方法之一。

随机信号的功率谱密度反映了平均功率在频域上的分布形式。根据维纳－辛钦定理，平稳过程的自相关函数与功率谱密度构成傅里叶变换对。这就为平稳过程的频域分析奠定了重要基础。此外，基于复频域上功率谱密度的性质，还可以得到谱分解定理。该定理可用于系统设计，详见第 11 章。

本章最后介绍了两类重要的随机信号，即高斯过程和白噪声。这两类信号在理论分析和实际应用中具有重要作用。但需要注意的是，高斯过程是通过时域上的概率分布来刻画随机信号的统计特性的，而白噪声是通过频域上的功率谱密度来刻画随机信号的统计特性的，因而两者并非具有等价关系。

值得说明的是，本章主要的研究对象是平稳过程。但在实际应用中，许多信号并非平稳过程，这些信号统称为非平稳过程（non - stationary process）。对于非平稳过程，可以定义多种形式的谱，例如时变功率谱、高阶功率谱、循环功率谱等。关于这方面的研究工作，读者可参阅文献[47 -50]。

习 题

10.1 若从 $t=0$ 时刻开始，每隔 0.5 s 抛掷一枚均匀的硬币做实验，定义随机过程：

$$X(t)=\begin{cases}\cos(\pi t), & t\text{ 时刻抛得正面}\\ t, & t\text{ 时刻抛得反面}\end{cases}$$

（1）画出该随机过程的一个样本函数；

（2）求 $X(t)$ 的均值 $m_X(t)$、方差 $\sigma_X^2(t)$、自相关函数 $R_X(t_1,t_2)$。

10.2 已知随机变量 Y 取值非负，概率密度为 $f_Y(y)$，令 $X(t)=\mathrm{e}^{-Yt}u(t)$，求随机过程 $X(t)$ 的一维概率密度、均值和自相关函数。

10.3 设随机过程 $X(t)=At+b, t>0$，其中，$A\sim\mathcal{N}(0,1)$，b 为常数，求 $X(t)$ 的一维概率密度、均值和自相关函数。

10.4 设随机过程 $X(t)$ 只有两个样本函数 $X(t,\zeta_1)=\cos(t)$，$X(t,\zeta_2)=\cos(t+\pi)$，且 $p(\zeta_1)=2/3$，$p(\zeta_2)=1/3$，求 $X(t)$ 的均值 $m_X(t)$、自相关函数 $R_X(t_1,t_2)$。

10.5 已知随机过程 $X(t)=A\cos(\omega_0 t+\Phi)$，其中，$A$ 服从瑞利分布，密度函数为 $f_A(a)=a\mathrm{e}^{a^2/2}, a\geqslant 0$，$\Phi\sim U(0,2\pi)$，且 A，Φ 相互独立，ω_0 为常数。

（1）求 $X(t)$ 的一维概率密度；

（2）判断 $X(t)$ 是否为宽平稳过程。

10.6 已知平稳随机过程 $X(t)$ 的自相关函数为 $R_X(\tau)=25+\dfrac{4}{1+5\tau}$，求 $X(t)$ 的均值、方差和平均功率。

10.7 已知平稳随机过程 $X(t)$ 的自相关函数为 $R_X(\tau)=5\mathrm{e}^{-0.5\tau^2}$，求该随机信号的相关系数和相关时间。

10.8 已知平稳随机过程 $X(t)$ 和 $Y(t)$ 的协方差函数分别为 $K_X(\tau)=\dfrac{1}{4}\mathrm{e}^{-2\lambda|\tau|}$ 和 $K_Y(\tau)=\dfrac{\sin(\lambda\tau)}{\lambda\tau}$，试比较 $X(t)$ 和 $Y(t)$ 的波形变化剧烈程度。

10.9 已知 $X(t)$，$Y(t)$ 为联合平稳随机过程，证明性质 10.2 和性质 10.4。

10.10 已知 $Y(t)=X(t)\cos(\omega_c t+\Phi)$，其中，$X(t)$ 为宽平稳随机信号，ω_c 为常数，$\Phi\sim U(0,2\pi)$，且 Φ 与 $X(t)$ 独立。判断 $Y(t)$ 的宽平稳性及 $X(t)$ 与 $Y(t)$ 的联合平稳性。

10.11 设随机过程 $X(t)$ 和 $Y(t)$ 是联合宽平稳的，试求：

（1）$Z(t)=X(t)+Y(t)$ 的自相关函数；

（2）当 $X(t)$ 和 $Y(t)$ 独立时，$Z(t)=X(t)+Y(t)$ 的自相关函数；

（3）当 $X(t)$ 和 $Y(t)$ 独立且具有零均值时，$Z(t)=X(t)+Y(t)$ 的自相关函数。

10.12 已知平稳正态过程 $X(t)$ 的均值为零，自相关函数为 $R_X(\tau)=\dfrac{\sin(\pi\tau)}{\pi\tau}$，求其在 $t_1=0$，$t_2=1/2$，$t_3=1$ 时的三维概率密度函数。

10.13　已知平稳高斯过程 $X(t)$ 的自相关函数为 $R_X(\tau)=\mathrm{e}^{-|\tau|}$，求 $Y(t)=\int_0^1 X(u)\mathrm{d}u$ 的一维概率密度函数。

提示：$Y(t)$ 为高斯过程。

10.14　证明性质 10.3。

10.15　已知平稳信号 $X(t)=a\cos(\omega_0 t+\Phi)+b$，其中，$a$，$b$，$\omega_0$ 为常数，$\Phi\sim U(0,2\pi)$，求 $X(t)$ 的功率谱密度。

10.16　已知平稳随机信号 $X(t)$ 的功率谱密度为 $S_X(\omega)=\dfrac{\omega^2}{\omega^4+3\omega^2+2}$，试求 $X(t)$ 的平均功率 $E[X^2(t)]$。

10.17　判断下列函数能否作为某随机信号的功率谱密度，并请说明理由。

（1）$\dfrac{\mathrm{j}\omega}{\omega^2+3\omega+2}$；　（2）$\dfrac{|\omega|}{\omega^2+2\omega+1}$；　（3）$\dfrac{\sin^2\omega}{\omega^2}$；　（4）$\dfrac{\cos\omega}{1+\omega^2}$

10.18　已知平稳随机信号 $X(t)$ 的自相关函数为 $R_X(\tau)=4\mathrm{e}^{-|\tau|}\cos(\pi\tau)+\sin(3\pi\tau)$，试求该信号的功率谱密度 $S_X(\omega)$。

10.19　已知平稳随机信号 $X(t)$ 的功率谱密度 $S_X(\omega)=\dfrac{\omega^2+c^2}{\omega^4+(a^2+b^2)+a^2b^2}$，其中，$a$，$b$，$c$ 均为常数，求 $X(t)$ 的平均功率。

10.20　设已调信号 $Y(t)=X(t)\cos(\omega_0 t+\Phi)$，其中，$X(t)$ 是实平稳随机信号，其自相关函数为 $R_X(\tau)=\mathrm{e}^{-|\tau|}$，$\Phi\sim U(0,2\pi)$，且 Φ 与 $X(t)$ 独立，求信号 $Y(t)$ 的功率谱密度，并给出其谱分解的形式。

10.21　已知某随机信号的功率谱密度为 $S_X(\omega)=\dfrac{1}{1+\omega^2}$，求该随机信号的等效噪声带宽。

10.22　证明随机序列的谱分解定理，即定理 10.3。

提示：利用自相关函数 $R_X[m]$ 的对称性，即 $R_X[m]=R_X[-m]$。

10.23　已知平稳随机序列 $X[n]$ 的自相关函数为 $R_X[m]=4\mathrm{e}^{-2|m|}$，令 $Y[n]=X[n+1]$，求 $Y[n]$ 的功率谱密度以及 $X[n]$，$Y[n]$ 的互谱密度 $S_{XY}(\mathrm{e}^{\mathrm{j}\Omega})$。

10.24　证明理想白噪声的均值必然为零。

10.25　试判断白噪声序列是否是理想白噪声的采样序列，给出判断依据。

10.26　设 $\{x[n]\}_{n=0}^{N-1}$ 为随机序列 $X[n]$ 的一组观测样本，均值和方差的估计式为

$$\hat{m}_X=\frac{1}{N}\sum_{n=0}^{N-1}x[n]$$

$$\hat{\sigma}_X^2=\frac{1}{N-1}\sum_{n=0}^{N-1}(x[n]-\hat{m}_X)^2$$

证明：（1）$\hat{\sigma}_X^2$ 是无偏估计，即 $E[\hat{\sigma}_X{}^2]=\sigma_X{}^2$；

（2）当 $N\to\infty$ 时，$\mathrm{Var}[\hat{\sigma}_X^2]\to 0$，因而 $\hat{\sigma}_X^2$ 也是一致估计。

编程练习

10.27　已知随机序列 $X[n]=A\cos(3\pi n/5+\Phi)$，其中，$A\sim U(0,1)$，$\Phi\sim U(0,2\pi)$。编程完成下列任务：

（1）生成长度为 200 的观测样本序列 $x[n]$，并绘制波形；

（2）利用样本序列估计 $X[n]$ 的均值和自相关函数。

10.28　已知随机序列 $X[n]=\sum_{k=1}^{3}a_k\cos(\omega_k n+\Phi/k)+W[n]$，其中，$a_1=a_2=1$，$a_3=0.2$，$\omega_1=0.4\pi$，$\omega_2=0.5$，$\omega_3=0.7\pi$，$\Phi_k(k=1,2,3)$ 是相互独立地服从 $(0,2\pi)$ 上均匀分布的随机变量，$W[n]$ 是均值为零、

方差为 $\sigma_W^2=1$ 的高斯白噪声，$W[n]$ 与 $\Phi_k(k=1,2,3)$ 是统计独立的。编程完成下列任务：

（1）生成长度为 500 的观测样本序列 $x[n]$，并绘制其波形；

（2）利用样本序列估计 $X[n]$ 的均值、方差和自相关函数。

10.29 已知随机序列 $X[n]=\cos(2\pi Zn)$ 和 $Y[n]=\sin(2\pi Zn)$，其中，$Z\sim U(0,1)$，编程完成下列任务：

（1）分别生成长度为 100 的观测样本 $x[n]$，$y[n]$，绘制它们的波形；

（2）利用观测样本估计 $X[n]$，$Y[n]$ 的互相关，并与理论值进行比较。

10.30 编程实现周期图法和相关图法，并验证两种估计方法是否等价。

10.31 假设随机序列 $X[n]$ 满足如下方程

$$X[n]=aX[n-1]+N[n]$$

式中，$N[n]$ 为 $\sigma_N^2=1$ 的高斯白噪声。编程完成下列任务：

（1）设 $a=0.9$，生成长度为 500 的观测样本 $x[n]$，并估计其均值；

（2）重复上述实验 100 次，观察每次的估计结果有何规律；

（3）设 $a=0.1$，重做（1）和（2）。

10.32 已知随机序列 $X[n]=5\sin(7\pi n/8)+2\sin(2\pi n/3)+N[n]$，其中，$N[n]$ 是方差为 $\sigma_N^2=1$ 的高斯白噪声。采用矩形窗、三角窗、Hamming 窗等不同窗函数估计 $X(t)$ 的功率谱密度，并比较不同窗函数的估计性能。

第 11 章　随机信号通过系统的分析

扫码见实验代码

本章阅读提示

- 随机信号通过线性时不变系统，输入输出具有怎样的关系及统计特性？
- 白噪声通过线性时不变系统，输出具有怎样的统计特性？
- 什么是系统的等效噪声带宽？它的物理意义是什么？
- 时间序列模型包括哪几种类型？各自有哪些特点？
- 如何利用白噪声产生指定的色噪声？如何将色噪声转化为白噪声？
- 匹配滤波器的设计原理是什么？它有什么作用？
- 维纳滤波器的设计准则是什么？包括哪些类型？

11.1　随机信号通过连续时间系统的分析

本节介绍随机信号通过连续时间线性时不变（LTI）系统的分析方法，重点关注在随机信号激励下系统的零状态响应及相应的统计特性。对于随机信号，有两种分析方法，即时域分析法与频域分析法。下面进行详细介绍。

11.1.1　时域分析法

已知 LTI 连续时间系统的冲激响应为 $h(t)$，设输入信号和输出信号分别为 $X(t)$，$Y(t)$。若 $X(t)$ 为随机信号，根据定义，它是由大量样本函数构成的集合，因此每个样本函数$X(t,\zeta)$都对应于一个特定的输出

$$Y(t,\zeta) = X(t,\zeta) * h(t) = \int_{-\infty}^{\infty} X(\tau,\zeta)h(t-\tau)\mathrm{d}\tau = \int_{-\infty}^{\infty} h(\tau)X(t-\tau,\zeta)\mathrm{d}\tau \tag{11.1}$$

由此可见，$Y(t)$ 也是随机信号。上式对每个样本都成立，但实际上，由于输入输出都是随机信号，只需要满足统计意义上的等式成立即可，即

$$Y(t) = X(t) * h(t) = \int_{-\infty}^{\infty} X(\tau)h(t-\tau)\mathrm{d}\tau = \int_{-\infty}^{\infty} h(\tau)X(t-\tau)\mathrm{d}\tau \tag{11.2}$$

式中，积分表示均方意义上的积分。因此，输入输出关系依然可以用卷积运算来描述。

下面重点讨论输入、输出之间的统计特性，有如下结论。

命题 11.1　已知 LTI 系统的冲激响应为 $h(t)$，并且 $X(t)$，$Y(t)$ 分别为输入随机信号、输出随机信号，则如下关系成立：

①$E[Y(t)]=E[X(t)]*h(t)$

②$R_{XY}(t_1,t_2)=R_X(t_1,t_2)*h(t_2)$, $R_{YX}(t_1,t_2)=R_X(t_1,t_2)*h(t_1)$

③$R_Y(t_1,t_2)=R_X(t_1,t_2)*h(t_1)*h(t_2)=R_{XY}(t_1,t_2)*h(t_1)=R_{YX}(t_1,t_2)*h(t_2)$

证明：①对式（11.2）求期望，并利用期望与积分可交换顺序的性质，可得

$$E[Y(t)]=\int_{-\infty}^{\infty}E[X(\tau)]h(t-\tau)\mathrm{d}\tau=E[X(t)]*h(t) \tag{11.3}$$

②利用期望与积分可交换顺序的性质，可得

$$\begin{aligned}R_{XY}(t_1,t_2)&=E[X(t_1)Y(t_2)]=E\left[X(t_1)\int_{-\infty}^{\infty}h(\tau)X(t_2-\tau)\mathrm{d}\tau\right]\\&=\int_{-\infty}^{\infty}h(\tau)E[X(t_1)X(t_2-\tau)]\mathrm{d}\tau=\int_{-\infty}^{\infty}h(\tau)R_X(t_1,t_2-\tau)\mathrm{d}\tau\\&=R_X(t_1,t_2)*h(t_2)\end{aligned} \tag{11.4}$$

上式说明，$X(t)$与$Y(t)$的互相关函数等于$R_X(t_1,t_2)$中的第二个变量与系统冲激响应$h(t)$做卷积运算。同理，可得

$$R_{YX}(t_1,t_2)=R_X(t_1,t_2)*h(t_1) \tag{11.5}$$

即$Y(t)$与$X(t)$的互相关函数等于$R_X(t_1,t_2)$中的第一个变量与系统冲激响应$h(t)$做卷积运算。

③与②证明思路相似，利用期望与积分可交换顺序的性质，可得

$$\begin{aligned}R_Y(t_1,t_2)&=E[Y(t_1)Y(t_2)]=E\left[\int_{-\infty}^{\infty}h(u)X(t_1-u)\mathrm{d}u\int_{-\infty}^{\infty}h(v)X(t_2-v)\mathrm{d}v\right]\\&=\int_{-\infty}^{\infty}\int_{-\infty}^{\infty}h(u)h(v)E[X(t_1-u)X(t_2-v)]\mathrm{d}u\mathrm{d}v\\&=\int_{-\infty}^{\infty}\int_{-\infty}^{\infty}h(u)h(v)R_X(t_1-u,t_2-v)\mathrm{d}u\mathrm{d}v\\&=R_X(t_1,t_2)*h(t_1)*h(t_2)\end{aligned} \tag{11.6}$$

即$Y(t)$的自相关函数等于$R_X(t_1,t_2)$中的两个变量分别与系统冲激响应$h(t)$做卷积运算。

结合②，并利用卷积的交换律与结合律，有

$$R_Y(t_1,t_2)=R_{XY}(t_1,t_2)*h(t_1)=R_{YX}(t_1,t_2)*h(t_2) \tag{11.7}$$

命题11.1说明，输入输出的统计特性具有确定性关系。为了便于记忆，相关结论也可以用系统框图的形式来表示，如图11.1所示。

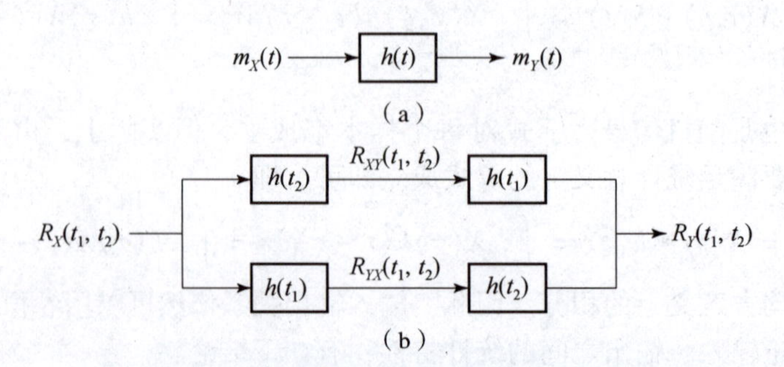

图11.1 随机信号经过线性系统的统计特性

(a) 输入输出的均值关系；(b) 输入输出的相关函数关系

平稳过程是随机信号中的一类重要对象。下述命题说明，平稳过程经过 LTI 稳定系统之后依然是平稳过程。

命题 11.2　已知 LTI 稳定系统的冲激响应为 $h(t)$，若输入 $X(t)$ 为宽平稳过程，则输出 $Y(t)$ 也是宽平稳过程，且两者联合宽平稳。相应的均值、相关函数具有如下关系：

① $m_Y = m_X \int_{-\infty}^{\infty} h(\tau)\mathrm{d}\tau$

② $R_{XY}(\tau) = R_X(\tau) * h(\tau), R_{YX}(\tau) = R_X(\tau) * h(-\tau)$

③ $R_Y(\tau) = R_X(\tau) * h(\tau) * h(-\tau)$

证明：①由于 $X(t)$ 是宽平稳的，故 $E[X(t)] = m_X$。将该关系式代入式（11.3），有

$$E[Y(t)] = \int_{-\infty}^{\infty} E[X(\tau)]h(t-\tau)\mathrm{d}\tau = m_X \int_{-\infty}^{\infty} h(t-\tau)\mathrm{d}\tau \tag{11.8}$$

②根据式（11.4），有

$$\begin{aligned} R_{XY}(t_1,t_2) &= E[X(t_1)Y(t_2)] = \int_{-\infty}^{\infty} h(u)E[X(t_1)X(t_2-u)]\mathrm{d}u \\ &= \int_{-\infty}^{\infty} h(u)R_X(t_2-t_1-u)\mathrm{d}u \\ &\xlongequal{令\tau = t_2-t_1} \int_{-\infty}^{\infty} h(u)R_X(\tau-u)\mathrm{d}u = R_X(\tau) * h(\tau) \end{aligned} \tag{11.9}$$

同理可证 $R_{YX}(\tau) = R_X(\tau) * h(-\tau)$。

③证明留给读者自行完成。

注意到 $h(\tau) * h(-\tau)$ 可视为系统冲激响应的“自相关”，因此命题 11.2③可解释为：输出信号的自相关函数等于输入信号的自相关函数与系统冲激响应的自相关函数作卷积。

输入输出的平稳性还可以推广至严平稳，即若输入信号是严平稳过程，则输出信号也是严平稳过程（见习题 11.3）此外，在实际应用中，系统通常是因果的，此时输入输出关系为

$$Y(t) = \int_{-\infty}^{t} X(\tau)h(t-\tau)\mathrm{d}\tau = \int_{0}^{\infty} h(\tau)X(t-\tau)\mathrm{d}\tau \tag{11.10}$$

可以证明，此时输入输出的平稳性依然成立，推导过程与命题 11.2 类似。

例 11.1　已知 RC 电路如图 11.2 所示，设输入端电压 $X(t)$ 为理想白噪声，即 $R_X(\tau) = \frac{N_0}{2}\delta(\tau)$。求输出端电压 $Y(t)$ 的均值、自相关函数、平均功率以及输入输出的互相关函数。

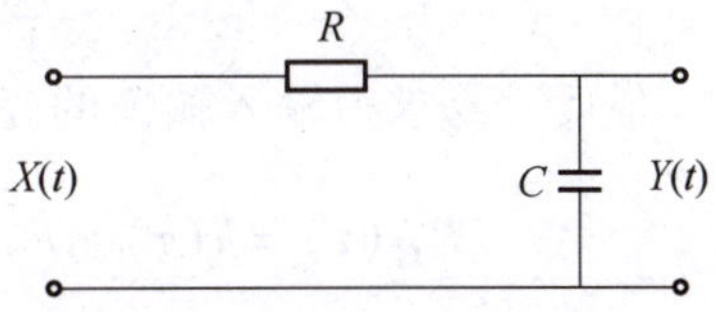

R　X(t)　C　Y(t)

图 11.2　RC 电路

解：首先求该 RC 电路的冲激响应。易知 RC 电路的系统函数为

$$H(s) = \frac{Y(s)}{X(s)} = \frac{1/(Cs)}{R+1/(Cs)} = \frac{1}{1+RCs} \tag{11.11}$$

记 $b = 1/(RC)$，根据拉普拉斯变换对的关系，可得

$$h(t) = b\mathrm{e}^{-bt}u(t) \xleftrightarrow{\mathcal{L}} H(s) = \frac{b}{b+s} \tag{11.12}$$

由于输入端 $X(t)$ 是理想白噪声，其均值为零，故

$$m_Y = m_X \int_{-\infty}^{\infty} h(\tau)\mathrm{d}\tau = 0 \tag{11.13}$$

下面求输出端 $Y(t)$ 的自相关函数。根据命题 11.2③，有

$$R_Y(\tau) = R_X(\tau) * h(\tau) * h(-\tau) = \frac{N_0}{2}\delta(\tau) * h(\tau) * h(-\tau) = \frac{N_0}{2}h(\tau) * h(-\tau) \tag{11.14}$$

当 $\tau > 0$ 时，有

$$\begin{aligned} R_Y(\tau) &= \frac{N_0}{2}h(\tau) * h(-\tau) = \frac{N_0}{2}\int_0^{\infty} b\mathrm{e}^{-bu} \cdot b\mathrm{e}^{-b(\tau+u)}\mathrm{d}u \\ &= \frac{N_0 b^2}{2}\mathrm{e}^{-b\tau}\int_0^{\infty}\mathrm{e}^{-2bu}\mathrm{d}u = \frac{N_0 b}{4}\mathrm{e}^{-b\tau} \end{aligned} \tag{11.15}$$

由于自相关函数为偶函数，故当 $\tau < 0$ 时，可得

$$R_Y(\tau) = \frac{N_0 b}{4}\mathrm{e}^{b\tau} \tag{11.16}$$

因此输出信号的自相关函数为

$$R_Y(\tau) = \frac{N_0 b}{4}\mathrm{e}^{-b|\tau|}, -\infty < \tau < \infty \tag{11.17}$$

令 $\tau = 0$，可得 $Y(t)$ 的平均功率为

$$E[Y^2(t)] = R_Y(0) = \frac{N_0 b}{4} \tag{11.18}$$

注意到 RC 电路的幅率响应为

$$|H(\omega)| = \frac{1}{\sqrt{1 + (RC\omega)^2}} \tag{11.19}$$

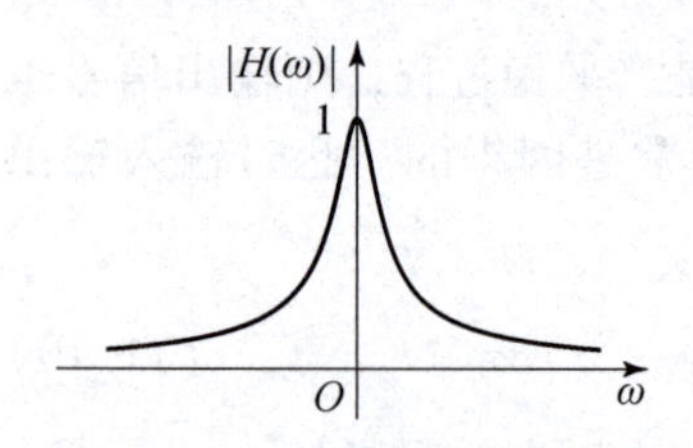

图 11.3　RC 电路的幅频响应

如图 11.3 所示。可以求得系统的半功率带宽为

$$\omega_{3\ \mathrm{dB}} = b = \frac{1}{RC} \tag{11.20}$$

结合 $Y(t)$ 的平均功率，可以发现输出端的平均功率与系统的半功率带宽成正比。这是符合物理意义的。

最后，易求得输入输出的互相关函数为

$$R_{XY}(\tau) = h(\tau) * R_X(\tau) = h(\tau) * \frac{N_0}{2}\delta(\tau) = \frac{N_0}{2}h(\tau) = \frac{N_0 b}{2}\mathrm{e}^{-b\tau}u(\tau) \tag{11.21}$$

$$R_{YX}(\tau) = R_{XY}(-\tau) = \frac{N_0 b}{2}\mathrm{e}^{b\tau}u(-\tau) \tag{11.22}$$

以上讨论都是基于双边输入信号的假设，即信号在 $t = -\infty$ 开始作用于系统。如果信号不是双边的，即信号在某个时刻（例如 $t = 0$）作用于系统，则此时输入输出的关系为

$$Y(t) = X(t) * h(t) = \int_0^{\infty} X(\tau)h(t-\tau)\mathrm{d}\tau = \int_{-\infty}^{t} h(\tau)X(t-\tau)\mathrm{d}\tau \tag{11.23}$$

注意，上式虽然也用卷积符号表示，但相较于式（11.2），实际上积分限发生了变化。此时即使输入端是平稳的，输出端也不再满足平稳性。下文如无特别说明，默认随机信号是双边的。

11.1.2 频域分析法

本节介绍随机信号通过 LTI 系统的频域分析法，并假设输入信号是宽平稳的。根据维纳－辛钦定理，平稳过程的自相关函数与功率谱密度构成傅里叶变换对，这为频域分析法奠定了重要的理论基础。下述命题给出了系统输入输出的统计特性在频域上的关系。

命题 11.3 已知 LTI 稳定系统的频率响应为 $H(\omega)$，设输入信号 $X(t)$ 为宽平稳过程，且于 $t=-\infty$ 作用于该系统，则输入输出具有如下关系：

①$m_Y=m_XH(0)$

②$S_{XY}(\omega)=H(\omega)S_X(\omega),S_{YX}(\omega)=H(-\omega)S_X(\omega)$

③$S_Y(\omega)=H(\omega)H(-\omega)S_X(\omega)=|H(\omega)|^2S_X(\omega)$

命题 11.3 即为命题 11.2 相关结论在频域上的表述，读者可以利用维纳－辛钦定理及傅里叶变换的卷积定理自行证明。此外，拉普拉斯变换也是连续系统分析中常用的工具，故命题 11.3 可推广至拉普拉斯变换域（即复频域）。

命题 11.4 已知 LTI 稳定系统的系统函数为 $H(s)$，设输入信号 $X(t)$ 为宽平稳过程，且于 $t=-\infty$ 作用于该系统，则输入输出具有如下关系：

①$m_Y=m_XH(0)$

②$S_{XY}(s)=H(s)S_X(s),S_{YX}(s)=H(-s)S_X(s)$

③$S_Y(s)=H(s)H(-s)S_X(s)$

频域分析法将时域上的卷积运算转化为乘积运算，通常来讲，计算复杂度更低，且分析更加简便。下面结合一道例题进行说明。

例 11.2 已知 RC 电路同例 11.1，设输入端电压 $X(t)$ 为宽平稳过程，其自相关函数为

$$R_X(\tau)=\frac{N_0\beta}{4}e^{-\beta|\tau|},\ \beta\neq\frac{1}{RC} \tag{11.24}$$

求输出端电压 $Y(t)$ 的自相关函数。

解： 根据例 11.1，易知该 RC 电路的冲激响应和系统函数分别为

$$h(t)=be^{-bt}u(t)\overset{\mathcal{L}}{\longleftrightarrow}H(s)=\frac{b}{b+s},\ b=\frac{1}{RC} \tag{11.25}$$

若采用时域分析法，则

$$R_Y(\tau)=R_X(\tau)*h(\tau)*h(-\tau) \tag{11.26}$$

显然，上式涉及两次卷积运算，计算过程将十分烦琐。

下面采用频域法进行分析。注意到 $R_X(\tau)$ 具有双边指数函数的形式，根据拉普拉斯变换对的关系

$$e^{-\beta|\tau|}\overset{\mathcal{L}}{\longleftrightarrow}\frac{2\beta}{\beta^2-s^2} \tag{11.27}$$

故输入端 $X(t)$ 的功率谱为

$$S_X(s)=\frac{N_0\beta}{4}\frac{2\beta}{\beta^2-s^2} \tag{11.28}$$

于是，输出端 $Y(t)$ 的功率谱为

$$\begin{aligned}S_Y(s)=H(s)H(-s)S_X(s)&=\frac{N_0\beta}{4}\frac{2\beta}{\beta^2-s^2}\frac{b^2}{b^2-s^2}\\&=\frac{N_0\beta^2b^2}{2}\frac{1}{\beta^2-s^2}\frac{1}{b^2-s^2}\\&=\frac{N_0}{2}\frac{b^2\beta^2}{b^2-\beta^2}\left(\frac{1}{\beta^2-s^2}-\frac{1}{b^2-s^2}\right)\end{aligned} \tag{11.29}$$

对上式作拉普拉斯逆变换，可得

$$R_Y(\tau)=\frac{N_0}{2}\frac{b^2\beta^2}{b^2-\beta^2}\left(\frac{1}{2\beta}e^{-\beta|\tau|}-\frac{1}{2b}e^{-b|\tau|}\right)=\frac{N_0}{4}\frac{b^2\beta^2}{b^2-\beta^2}\left(\frac{1}{\beta}e^{-\beta|\tau|}-\frac{1}{b}e^{-b|\tau|}\right) \tag{11.30}$$

注意到，本例中输入端电压的自相关函数与例 11.1 中的输出端电压的自相关函数均具有双边指数函数的形式。事实上，本例中的 $X(t)$ 可以视为理想白噪声通过某 RC 电路的输出，其中，β 为该 RC 电路的 3 dB 带宽（同时也是 $X(t)$ 的 3 dB 带宽）。在随机信号分析中，经常将信号视为在理想白噪声激励下某系统的响应，这样就将信号的统计特性与系统特性联系起来。关于这部分内容，还将在下一节详细介绍。

此外，若将式（11.30）稍作变形

$$R_Y(\tau)=\frac{N_0b}{4}e^{-b|\tau|}\left[\frac{1}{1-b^2/\beta^2}\left(1-\frac{b}{\beta}e^{-(\beta-b)|\tau|}\right)\right] \tag{11.31}$$

可知

$$\lim_{\beta\to\infty}R_Y(\tau)=\frac{N_0b}{4}e^{-b|\tau|} \tag{11.32}$$

这意味着当输入信号带宽 β 充分大时，输出信号将与理想白噪声激励下的响应一致。这并不难理解。因为当 $\beta\gg b$，即输入信号带宽远大于系统带宽时，输入信号可近似为白噪声，这时系统输出就可视为白噪声激励下的响应。

11.1.3 白噪声通过连续时间系统的分析

已知 $X(t)$ 为理想白噪声，功率谱密度为 $S_X(\omega)=N_0/2$。根据上一节的内容可知，$X(t)$ 通过某 LTI 系统输出的功率谱密度为

$$S_Y(\omega)=\frac{N_0}{2}|H(\omega)|^2 \tag{11.33}$$

可见，输出信号的功率谱密度完全由系统的幅频响应决定（常数 N_0 没有实质影响）。

基于上述事实，可以将具有有理谱的随机信号看作在理想白噪声激励下系统的输出，这样就将信号的统计特性与系统特性联系起来。这种分析思路在随机信号分析中经常使用。

根据系统的类型，白噪声通过系统的分析，大致可分为如下三种情况：

①理想白噪声通过理想低通系统；

②理想白噪声通过理想带通系统；

③理想白噪声通过一般线性系统。

其中，前两种情况的输出分别对应于低通带限白噪声和带通带限白噪声。关于这两类白噪声的性质，已在 10.4.2 节中介绍，在此不再赘述。下面主要讨论第三种情况。

对于一般的线性系统，注意到输出信号的统计特性完全由系统特性决定。然而，当系统比较复杂时，统计特性的计算可能非常困难。为了简化分析过程和降低计算复杂度，通常可以采用等效原则，即用一个理想的带限系统替代实际系统。具体来讲，设实际系统的频率响应为 $H(\omega)$，假设存在一个理想的带限系统 $H_I(\omega)$，满足如下两个条件：

①在同一白噪声激励下，理想系统与实际系统输出的平均功率相等；

②理想系统的增益等于实际系统的最大增益。

根据上述等效原则，可以计算出实际系统的“等效带宽”。以低通系统为例，如图 11.4 所示，系统的最大增益为 $|H(0)|$。在单位功率谱（即功率谱密度为 1）的白噪声激励下，实际系统输出的平均功率为

$$E[Y^2(t)] = \frac{1}{2\pi}\int_{-\infty}^{\infty} S_Y(\omega)\mathrm{d}\omega = \frac{1}{2\pi}\int_{-\infty}^{\infty} |H(\omega)|^2\mathrm{d}\omega = \frac{1}{\pi}\int_{0}^{\infty} |H(\omega)|^2\mathrm{d}\omega \tag{11.34}$$

在相同的白噪声激励下，理想低通带限系统输出的平均功率为

$$E[Y_I^2(t)] = \frac{1}{2\pi}\int_{-\Delta\omega_e}^{\Delta\omega_e} G^2\mathrm{d}\omega = \frac{1}{\pi}G^2\Delta\omega_e \tag{11.35}$$

根据等效原则，$E[Y^2(t)] = E[Y_I^2(t)]$，且 $G = |H(0)|$，因此

$$\Delta\omega_e = \frac{1}{|H(0)|^2}\int_0^{\infty} |H(\omega)|^2\mathrm{d}\omega \tag{11.36}$$

$\Delta\omega_e$ 即为实际系统的**等效噪声带宽**。对于带通系统，依然可以按照上述方式进行分析。下面给出等效噪声带宽的定义。

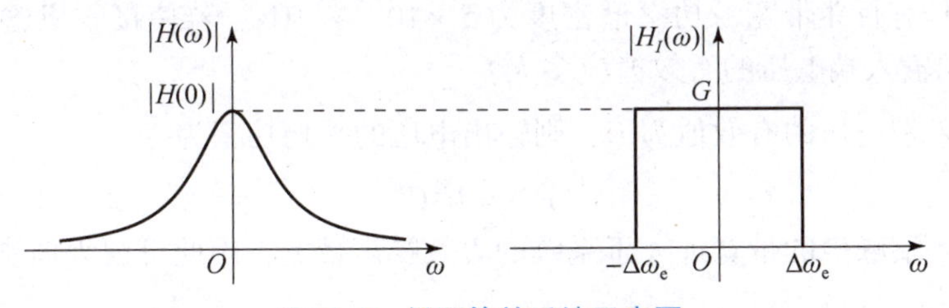

图 11.4　低通等效系统示意图

定义 11.1　已知系统的频率响应为 $H(\omega)$，系统的等效噪声带宽定义为

$$\Delta\omega_e = \frac{1}{\max|H(\omega)|^2}\int_0^{\infty} |H(\omega)|^2\mathrm{d}\omega \tag{11.37}$$

需要指出的是，系统带宽并非只有一种定义方式。除了上述介绍的等效噪声带宽外，常用的还有 3 dB 带宽，即系统的平方幅频响应衰减为峰值一半时所对应的频率，为

$$\omega_{3\,\mathrm{dB}} = \operatorname{argmax} \frac{1}{2}|H(\omega)|^2 \tag{11.38}$$

例 11.3　已知 RC 电路如图 11.5 所示，求系统的等效噪声带宽和 3 dB 带宽。

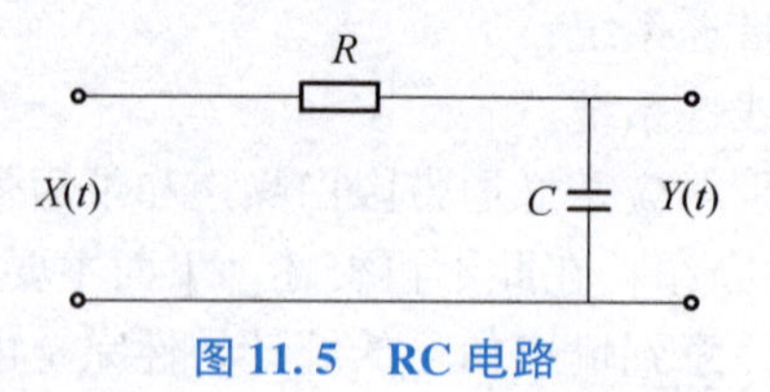

图 11.5 RC 电路

解： RC 电路的频率响应为

$$H(\omega)=\frac{1}{1+\mathrm{j}\omega RC}=\frac{b}{b+\mathrm{j}\omega},\quad b=\frac{1}{RC} \tag{11.39}$$

易知，系统的最大增益为 $\max|H(\omega)|=1$。

因此，等效噪声带宽为

$$\Delta\omega_{\mathrm{e}} = \int_0^{\infty}|H(\omega)|^2\mathrm{d}\omega = \int_0^{\infty}\frac{b^2}{b^2+\omega^2}\mathrm{d}\omega = \frac{\pi}{2}b \tag{11.40}$$

3 dB 带宽为

$$\omega_{3\ \mathrm{dB}}=\operatorname{argmax}|H(\omega)|^2/2=b \tag{11.41}$$

等效噪声带宽与 3 dB 带宽均为系统的固定参数，两者在一般情况下并不相等。然而，实际中两者经常交换使用。事实上，可以证明，对于常见的线性滤波器（如高斯滤波器、巴特沃斯滤波器、切比雪夫滤波器等），随着滤波器阶数的增加，两者逐渐接近。在雷达接收机中，检波器之前通常包含多级中、高频谐振电路，因此，在计算和测量噪声时，通常可以用系统的 3 dB 带宽替换等效噪声带宽，这样的近似误差一般在工程可接受范围之内。

利用等效噪声带宽可以方便地计算系统的输出噪声功率，其优点在于仅需要系统带宽和增益两个参数，而无须相对复杂的系统函数。这种方法在比较系统性能（如信噪比）时十分有用。下面通过一道例题进行说明。

例 11.4 已知某通信接收机的电压增益为 G，等效噪声带宽为 $\Delta f_e=10$ kHz。该接收机输入端噪声具有百兆带宽，功率谱密度为 $5\times10^{-9}\ \mathrm{V^2/Hz}$。若使接收机输出端的信噪比为 40 dB，试问输入端电压的有效值应多大？

解： 设输入端电压的有效值为 $\hat{U}$，则输出电压的平均功率为

$$P_S^{\mathrm{out}}=\hat{U}^2G^2 \tag{11.42}$$

注意到输入端噪声的带宽远大于系统的等效噪声带宽，因此可视为白噪声。输出端噪声的平均功率为

$$P_N^{\mathrm{out}}=\frac{N_0}{2}\times2\Delta f_e\times G^2=N_0\Delta f_e G^2 \tag{11.43}$$

式中，$N_0/2$ 为输入白噪声的功率谱密度，根据题目条件，$N_0=10^{-8}\ \mathrm{V^2/Hz}$。

若要求输出端的信噪比为 40 dB，即

$$\mathrm{SNR}=20\log_{10}\frac{P_S^{\mathrm{out}}}{P_N^{\mathrm{out}}}=40 \tag{11.44}$$

等价于

$$\frac{P_S^{\mathrm{out}}}{P_N^{\mathrm{out}}}=\frac{\hat{U}^2G^2}{N_0\Delta f_e G^2}=100 \tag{11.45}$$

因此电压有效值应为

$$\hat{U} = \sqrt{100N_0\Delta f_e} = \sqrt{100\times 10^{-8}\times 10^4} = 0.1(\mathrm{V}) \tag{11.46}$$

11.2　随机序列通过离散时间系统的分析

本节介绍随机序列通过离散时间 LTI 系统的分析方法。与连续时间系统类似，离散时间系统也可以采用时域或频域方法进行分析，相关的结论可类比连续时间系统而得到。

11.2.1　离散时间系统输入输出的统计特性

已知 LTI 离散时间系统的冲激响应为 $h[n]$，设输入和输出随机序列分别为 $X[n]$，$Y[n]$，则两者在时域上的关系为

$$Y[n] = X[n]*h[n] = \sum_{m=-\infty}^{\infty} X[m]h[n-m] \tag{11.47}$$

注意，由于随机性，上式假设在均方意义上成立即可。

类似于连续时间系统的分析结论，可以得到如下命题。

命题 11.5　已知 LTI 系统的冲激响应为 $h[n]$，并且 $X[n]$，$Y[n]$ 分别为输入随机序列、输出随机序列，则如下关系成立：

①$E[Y[n]] = E[X[n]]*h[n]$

②$R_{XY}[n_1,n_2] = R_X[n_1,n_2]*h[n_2], R_{YX}[n_1,n_2] = R_X[n_1,n_2]*h[n_1]$

③$R_Y[n_1,n_2] = R_X[n_1,n_2]*h[n_1]*h[n_2] = R_{XY}[n_1,n_2]*h[n_1] = R_{YX}[n_1,n_2]*h[n_2]$

对于双边平稳随机序列，可以证明其通过 LTI 系统之后依然是平稳的。

命题 11.6　已知 LTI 稳定系统的冲激响应为 $h[n]$，若输入序列 $X[n]$ 是宽平稳的，则输出序列 $Y[n]$ 也是宽平稳的，且两者联合宽平稳。相应的均值、相关函数具有如下关系：

① $m_Y = m_X\sum_{k=-\infty}^{\infty} h[k]$

②$R_{XY}[m] = R_X[m]*h[m], R_{YX}[m] = R_X[m]*h[-m]$

③$R_Y[m] = R_X[m]*h[m]*h[-m]$

相应地，根据维纳 - 辛钦定理，可以得到输入输出在频域及 z 变换域（复频域）上的关系。

命题 11.7　已知 LTI 稳定系统的系统函数为 $H(z)$，设输入序列 $X[n]$ 为宽平稳过程，则输入输出具有如下关系：

①$m_Y = m_XH(z)|_{z=1} = m_XH(1)$

②$S_{XY}(z) = H(z)S_X(z), S_{YX}(z) = H(z^{-1})S_X(z)$

③$S_Y(z) = H(z)H(z^{-1})S_X(z)$

当 $z = \mathrm{e}^{\mathrm{j}\Omega}$ 时，便得到频域上的输入输出关系。

11.2.2　白噪声序列通过离散时间系统的分析

白噪声序列（以下简称为白噪声）在系统分析中发挥着重要作用。由于其功率谱密

度为常数，因此，在白噪声激励下，系统输出的统计特性完全由系统决定。换言之，可以通过输出的统计特性来分析判别系统特性。

已知由差分方程来描述的离散时间系统

$$Y[n] - \sum_{k=1}^{N} a_k Y[n-k] = \sum_{l=0}^{M} b_l X[n-l] \tag{11.48}$$

式中，$X[n]$，$Y[n]$分别为系统的输入和输出。易知系统函数为

$$H(z) = \frac{\sum_{l=0}^{M} b_l z^{-l}}{1 - \sum_{k=1}^{N} a_k z^{-k}} = \frac{B(z)}{1 - A(z)} \tag{11.49}$$

将方程（11.48）改写为

$$Y[n] = \sum_{k=1}^{N} a_k Y[n-k] + \sum_{l=0}^{M} b_l X[n-l] \tag{11.50}$$

可见由上述方程刻画的系统是因果的。事实上，方程（11.50）可视为前向预测（forward prediction）过程，即通过前 $M+1$ 个时刻（含当前时刻）的输入和前 N 个时刻的输出来预测当前时刻的输出。上述模型在时间序列分析中经常使用，故又称为时间序列模型。

根据输入输出关系，时间序列模型具体可以分为三种类型。当 $A(z)=0$ 时，当前时刻的输出只由前 $M+1$ 个时刻（含当前时刻）的输入决定，即

$$Y[n] = \sum_{l=0}^{M} b_l X[n-l] \tag{11.51}$$

上述模型称为**滑动平均**（moving average，MA）**模型**。从系统观点来看，MA 模型是有限冲激响应（FIR）因果滤波器，系统结构如图 11.6（a）所示。

当 $B(z)=1$ 时，当前时刻的输出由当前时刻的输入以及前 N 个时刻的输出决定，即

$$Y[n] = \sum_{k=1}^{N} a_k Y[n-k] + X[n] \tag{11.52}$$

上述模型称为**自回归**（auto-regression，AR）**模型**。它具有递归结构，如图 11.6（b）所示，因而是无限冲激响应（IIR）因果滤波器。

更一般地，具有式（11.50）形式的称为**自回归-滑动平均**（ARMA）**模型**。它可视为 MA 模型与 AR 模型的级联，系统结构如图 11.6（c）所示。

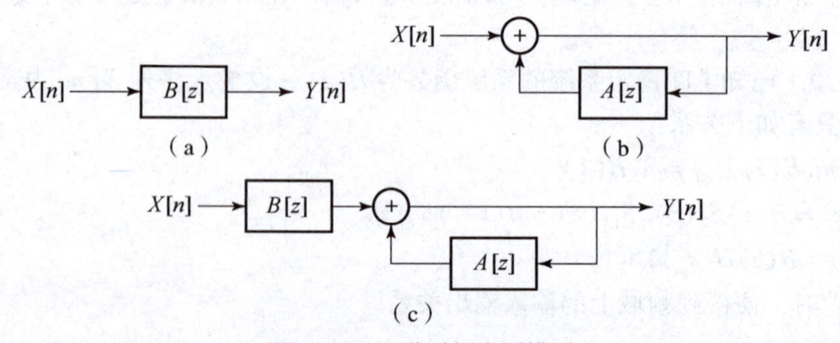

图 11.6 三种时间序列模型

（a）滑动平均（MA）模型；（b）自回归（AR）模型；（c）自回归-滑动平均（ARMA）模型

例 11.5　已知 M 阶滑动平均（moving average，MA）模型

$$Y[n] = \sum_{l=0}^{M} b_l X[n-l] \tag{11.53}$$

设输入端 $X[n]$ 为白噪声，功率谱密度为 $S_X(e^{j\Omega}) = \sigma_X^2$。求输出端 $Y[n]$ 的自相关函数和功率谱密度。

解：根据方程（11.51），易知 MA 模型的系统函数为

$$H(z) = \sum_{l=0}^{M} b_l z^{-l} = B(z) \tag{11.54}$$

由于输入端为白噪声，功率谱密度为常数，即 $S_X(z) = \sigma_X^2$，因此输出序列的功率谱密度为

$$S_Y(z) = \sigma_X^2 H(z) H(z^{-1}) = \sigma_X^2 B(z) B(z^{-1}) \tag{11.55}$$

相应地，输出序列的自相关函数为

$$R_Y[m] = \sigma_X^2 \sum_{i=0}^{M-|m|} b_i b_{i+|m|} \tag{11.56}$$

由此可见，在白噪声激励下，输出序列的自相关函数等于模型参数 b_i 的自相关函数乘以白噪声的方差（平均功率）。

图 11.7 展示了当 $M=4$，$\sigma_X^2=1$，参数 b 取不同值时的自相关函数和功率谱密度。注意到自相关函数呈对称分布，且在 $m=0$ 处取得最大值，这恰是自相关函数性质的体现。同时，当 $|m|>4$ 时，$R_Y[m]=0$，这意味着当时滞大于 4 时，两个时刻的输出不相关（均值为零）。此外，根据功率谱密度分布形式可知，模型 1 具有低通滤波的作用，而模型 2 具有高通滤波的作用。

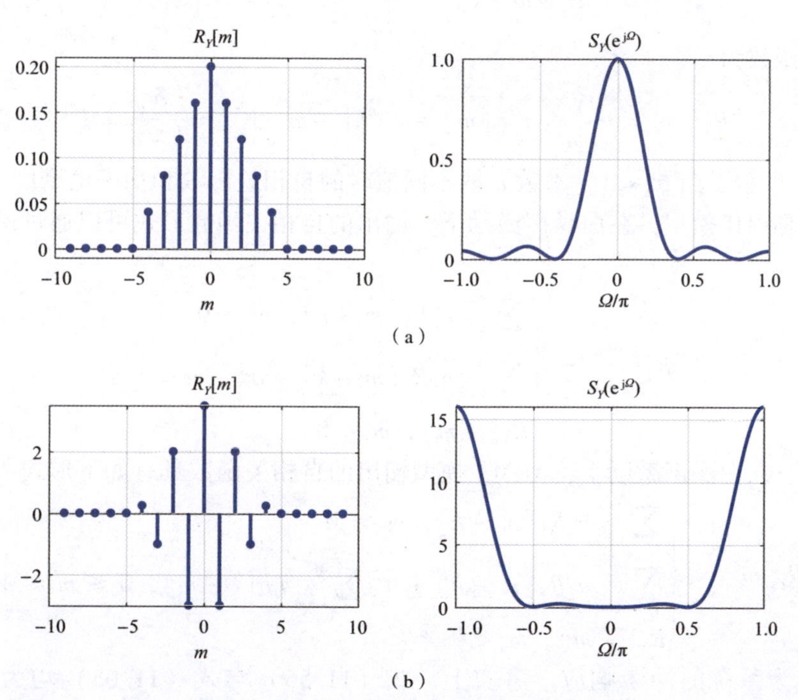

图 11.7　MA 模型在白噪声激励下的自相关函数与功率谱密度（$\sigma_X^2=1$）

（a）模型 1：$b=[1,1,1,1,1]/5$；（b）模型 2：$b=[0.5,-1,1,-1,0.5]$

例 11.6 已知 1 阶自回归（auto - regression，AR）模型

$$Y[n]=aY[n-1]+X[n],\quad |a|<1 \tag{11.57}$$

设输入端 $X[n]$ 为白噪声，功率谱密度为 $S_X(\mathrm{e}^{\mathrm{j}\Omega})=\sigma_X^2$。求输出端 $Y[n]$ 的自相关函数和功率谱密度。

解： 首先易知 1 阶 AR 模型的系统函数为

$$H(z)=\frac{1}{1-az^{-1}},\quad |z|>|a| \tag{11.58}$$

在白噪声激励下，输出的功率谱密度为

$$S_Y(z)=\sigma_X^2H(z)H(z^{-1})=\frac{\sigma_X^2}{(1-az^{-1})(1-az)},\quad |a|<|z|<1/|a| \tag{11.59}$$

在频域上表示为

$$S_Y(\mathrm{e}^{\mathrm{j}\Omega})=\frac{\sigma_X^2}{1+a^2-2a\cos\Omega},\quad -\pi\leqslant\Omega\leqslant\pi \tag{11.60}$$

对 $S_Y(z)$ 作部分分式展开，有

$$S_Y(z)=\frac{\sigma_X^2}{(1-az^{-1})(1-az)}=\frac{\sigma_X^2}{1-a^2}\left(\frac{1}{1-az^{-1}}+\frac{az}{1-az}\right) \tag{11.61}$$

根据 z 变换对关系，有

$$a^m u[m]\xleftrightarrow{Z}\frac{1}{1-az^{-1}},\quad |z|>|a| \tag{11.62}$$

$$a^{-m}u[-m-1]\xleftrightarrow{Z}\frac{az}{1-az},\quad |z|<1/|a| \tag{11.63}$$

因此自相关函数为

$$R_Y[m]=\frac{\sigma_X^2}{1-a^2}(a^m u[m]+a^{-m}u[-m-1])=\frac{\sigma_X^2}{1-a^2}a^{|m|} \tag{11.64}$$

图 11.8 展示了当 $\sigma_X^2=1$，参数 a 取不同值时的自相关函数和功率谱密度。

对于 N 阶 AR 模型，在白噪声激励下，输出的自相关函数形式可以通过递归表达式来表示

$$R_Y[m]=\begin{cases}\sum_{k=1}^{N}a_kR_Y[m-k],\ m>0\\ \sum_{k=1}^{N}a_kR_Y[m-k]+\sigma_X^2,\ m=0\\ R_Y[-m],\ m<0\end{cases} \tag{11.65}$$

类似地，在白噪声激励下，ARMA 模型输出的自相关函数具有如下形式

$$R_Y[m]=\begin{cases}\sum_{k=1}^{N}a_kR_Y[m-k],\ m>M\\ \sum_{k=1}^{N}a_kR_Y[m-k]+\sigma_X^2\sum_{l=m}^{M}b_lh[l-m],\ 0\leqslant m\leqslant M\\ R_Y[-m],\ m<0\end{cases} \tag{11.66}$$

式中，$h[n]$ 为系统的冲激响应。事实上，式（11.56）与式（11.65）均为式（11.66）的特例。上述结论的推导过程留给读者，见习题 11.11 和习题 11.12。

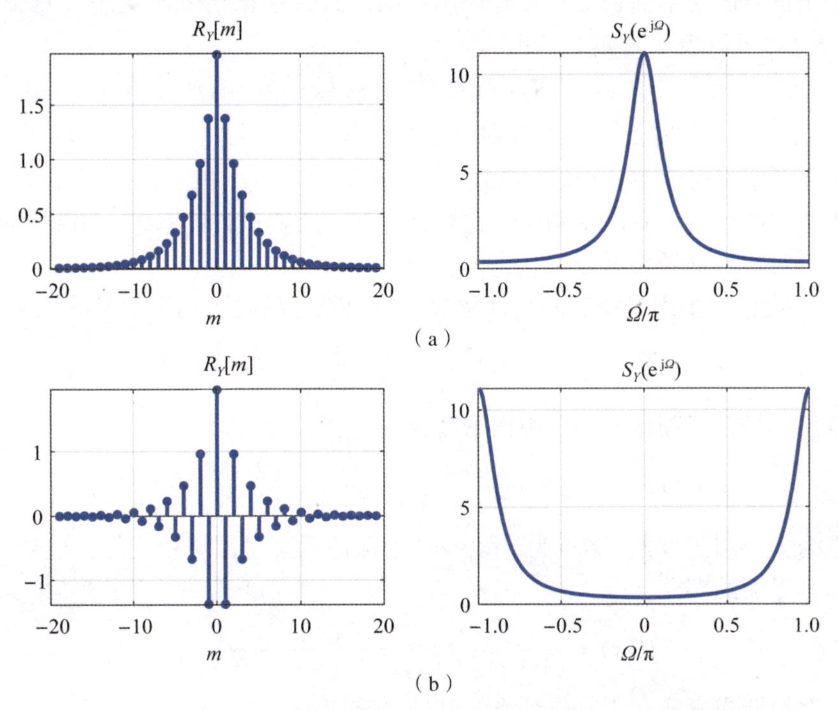

图 11.8　1 阶 AR 模型在白噪声激励下的自相关函数与功率谱密度（$\sigma_X^2=1$）

（a）模型 1：$a=0.7$；（b）模型 2：$a=-0.7$

11.3　常见线性系统的设计

系统设计的目的是使系统具有所期望的特性，从而满足特定的应用需求。本节将介绍几种常见的线性系统的设计方法。这些系统虽然功能有所不同，但在设计过程中均利用了输入输出之间的统计特性。

11.3.1　色噪声的生成与白化滤波器

在实际应用中，经常会遇到两类典型的问题：一类是如何设计一个线性系统，使在白噪声激励下，输出具有指定的功率谱密度。由于非白噪声统称为色噪声，这类问题可概括为色噪声的生成；另一类可视为上述问题的逆过程，即如何设计一个线性系统，使在已知色噪声的激励下，输出为白噪声。这个过程称为**白化**（whitening），相应的系统称为**白化滤波器**（whitening filter）。这两类问题所涉及的原理方法是相似的。下面以连续时间系统为例，主要介绍色噪声的生成方法。

根据前文的分析，平稳随机信号通过 LTI 系统，输入输出的功率谱密度具有如下关系

$$S_Y(s)=H(s)H(-s)S_X(s) \tag{11.67}$$

不妨假设输入信号为单位功率的白噪声，即 $S_X(s)=1$，则上式可化简为

$$S_Y(s)=H(s)H(-s) \tag{11.68}$$

假设输出信号的功率谱密度具有有理函数的形式，根据谱分解定理（见 10.3.1 节定理 10.2），$S_Y(s)$可以表示为如下形式

$$S_Y(s)=S_Y^-(s)S_Y^+(s)=S_Y^-(s)S_Y^-(-s) \tag{11.69}$$

式中，$S_Y^-(s)$，$S_Y^+(s)$的零点、极点分别位于左、右半平面上。

基于上述关系，可令 $H(s)=S_Y^-(s)$，此时系统的零点、极点也位于左半平面，因而系统是因果稳定的，且具有最小相位，这样就得到了所要设计的系统。由此可见，系统设计的关键在于对输入信号作谱分解。

例 11.7 设计一个因果稳定的线性系统，使白噪声激励下输出信号的功率谱密度为

$$S_Y(\omega)=\frac{\omega^2+4}{\omega^4+10\omega^2+9} \tag{11.70}$$

解： 输出信号在复频域上的功率谱密度为

$$S_X(s)=S_X(\omega)\big|_{\omega=-\mathrm{j}s}=\frac{-s^2+4}{s^4-10s^2+9}=\frac{(2+s)(2-s)}{(1+s)(1-s)(3+s)(3-s)} \tag{11.71}$$

注意到极点为 $s=\pm1$，±3，零点为 $s=\pm2$。为保证系统是因果稳定的，应选择零点、极点均位于左半平面的部分，令

$$H(s)=\frac{(2+s)}{(1+s)(3+s)}=\frac{1}{2}\left(\frac{1}{1+s}+\frac{1}{3+s}\right) \tag{11.72}$$

对上式作拉普拉斯逆变换，于是得到系统的冲激响应为

$$h(t)=\frac{1}{2}(\mathrm{e}^{-t}+\mathrm{e}^{-3t})u(t) \tag{11.73}$$

第二类问题的计算过程与第一类问题恰好相反，即已知某输入色噪声的功率谱为 $S_X(s)$，要求输出功率谱为

$$S_Y(s)=H(s)H(-s)S_X(s)=1 \tag{11.74}$$

设 $S_X(s)$具有有理函数的形式，且可以分解为

$$S_X(s)=S_X^-(s)S_X^+(s) \tag{11.75}$$

为保证系统是因果稳定的，可令 $H(s)=\dfrac{1}{S_X^-(s)}$，则

$$S_Y(s)=H(s)H(-s)S_X^-(s)S_X^+(s)=1 \tag{11.76}$$

这样就得到了满足要求的白化滤波器。

11.3.2 匹配滤波器

信噪比（signal-to-noise ratio，SNR）是雷达、声呐等探测系统的关键技术指标。在雷达发展初期，一般采用信噪比作为衡量雷达接收机抗干扰性能的重要依据。对于含噪观测信号，接收机的首要任务是提高信噪比。1943 年，D. North 提出了一种基于最大信噪比准则的线性最优滤波器，称为**匹配滤波器**（matched filter）。下面以连续时间系统为例，介绍匹配滤波器的基本原理。

已知观测信号为 $X(t)=x(t)+N(t)$，其中，$x(t)$为确定性信号，并假设其波形已知，$N(t)$为理想白噪声，功率谱密度为 $N_0/2$。令 $X(t)$通过某 LTI 系统 $h(t)$，得到输出信号

$Y(t)$，如图 11.9 所示。根据系统的线性性质，输出信号可以表示为

$$Y(t)=y(t)+V(t) \tag{11.77}$$

式中，$y(t)$，$V(t)$分别为$x(t)$，$N(t)$所对应的输出。易知

$$y(t)=x(t)*h(t)=\int_{-\infty}^{\infty}h(u)x(t-u)\mathrm{d}u \tag{11.78}$$

$$R_V(\tau)=R_N(\tau)*h(\tau)*h(-\tau)=\frac{N_0}{2}\int_{-\infty}^{\infty}h(u)h(u+\tau)\mathrm{d}u \tag{11.79}$$

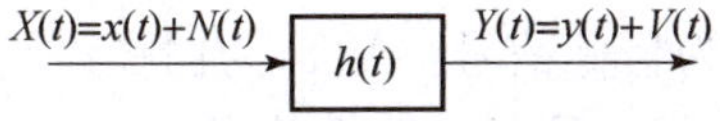

$X(t)=x(t)+N(t)$ → $h(t)$ → $Y(t)=y(t)+V(t)$

图 11.9　匹配滤波器的结构示意图

任取时刻 t_0，相应地，在该时刻输出端的信噪比，即信号瞬时功率与噪声平均功率之比为

$$\mathrm{SNR}=\frac{y^2(t_0)}{E[V^2(t)]}=\frac{\left[\int_{-\infty}^{\infty}h(u)x(t_0-u)\mathrm{d}u\right]^2}{\frac{N_0}{2}\int_{-\infty}^{\infty}h^2(u)\mathrm{d}u} \tag{11.80}$$

根据柯西－施瓦茨不等式①，有

$$\left[\int_{-\infty}^{\infty}h(u)x(t_0-u)\mathrm{d}u\right]^2\leqslant\int_{-\infty}^{\infty}h^2(u)\mathrm{d}u\int_{-\infty}^{\infty}x^2(t_0-u)\mathrm{d}u \tag{11.81}$$

当且仅当$h(u)=cx(t_0-u)$时，其中，c 为非零常数（一般可令 $c=1$），上述不等式取等号。

将不等式（11.81）代入式（11.80），化简可得

$$\mathrm{SNR}=\frac{y^2(t_0)}{E[V^2(t)]}\leqslant\frac{2}{N_0}\int_{-\infty}^{\infty}x^2(t_0-u)\mathrm{d}u=2E/N_0 \tag{11.82}$$

式中，$E=\int_{-\infty}^{\infty}x^2(u)\mathrm{d}u$ 为信号 $x(t)$的能量。

根据柯西－施瓦茨不等式，当$h(t)=x(t_0-t)$时，信噪比达到最大值，此时$h(t)$即为匹配滤波器。换言之，匹配滤波器是以输出端信噪比最大化为准则的线性最优滤波器。根据时域关系式，易知匹配滤波器的频率响应应为

$$H(\mathrm{j}\omega)=X^*(\mathrm{j}\omega)\mathrm{e}^{-\mathrm{j}\omega t_0} \tag{11.83}$$

匹配滤波器本质上即为输入信号的“自相关”运算。不难验证，当$h(t)=x(t_0-t)$时，有

$$y(t)=x(t)*h(t)=\int_{-\infty}^{\infty}x(u)x(t_0-t+u)\mathrm{d}u=r_x(t-t_0) \tag{11.84}$$

由此可见，输出信号 $y(t)$即为输入信号自相关函数的时移。显然，当 $t=t_0$ 时，输出取得

---

① 柯西－施瓦茨不等式的一般形式为

$$\left|\int_{-\infty}^{\infty}f(t)g^*(t)\mathrm{d}t\right|^2\leqslant\int_{-\infty}^{\infty}|f(t)|^2\mathrm{d}t\int_{-\infty}^{\infty}|g(t)|^2\mathrm{d}t$$

或用内积表示为

$$|\langle f(t),g(t)\rangle|^2\leqslant\langle f(t),f(t)\rangle\langle g(t),g(t)\rangle$$

式中，$f(t)$，$g(t)$为复信号。当且仅当$f(t)=cg^*(t)$时，其中 c 为非零常数，不等式取等号。

最大值，因而此时信噪比最大。

匹配滤波器是信号检测中一项重要技术，可用于雷达或通信系统中的二元检测问题。下面通过一道例题进行说明。

例 11.8［二元信号检测］ 在雷达系统中，接收机接收的信号可能包含目标回波，也可能是单纯的白噪声，即存在两种情况[①]

$$\mathrm{H}_0: X(t)=N(t)\text{，无目标回波} \tag{11.85}$$

$$\mathrm{H}_1: X(t)=s(t)+N(t)\text{，有目标回波} \tag{11.86}$$

式中，$X(t)$为接收信号；$s(t)$为目标信号；$N(t)$为白噪声。

现需要根据接收信号 $X(t)$判定是否有目标信号。

解： 假设观测时间为$0\leqslant t\leqslant T$，令 $h(t)=s(T-t)$，对接收信号 $X(t)$作匹配滤波，并以 $t=T$ 时刻作为观测采样点，得到观测值

$$Z=Y(t)\big|_{t=T}=X(t)*h(t)\big|_{t=T} \tag{11.87}$$

注意，Z 是一个随机变量。当目标信号未出现时，$Y(t)=N(t)*h(t)$，因此

$$E[Z]=E[Y(t)\big|_{t=T}]=E[N(t)*h(t)\big|_{t=T}]=0 \tag{11.88}$$

而当目标信号出现时，有

$$Y(t)=s(t)*h(t)+N(t)*h(t)=y(t)+V(t) \tag{11.89}$$

因此

$$\begin{aligned}E[Z]=E[Y(t)\big|_{t=T}]=y(T)&=\mathcal{F}^{-1}[Y(\mathrm{j}\omega)]\big|_{t=T}\\&=\frac{1}{2\pi}\int_{-\infty}^{\infty}S(\mathrm{j}\omega)[S^*(\mathrm{j}\omega)\mathrm{e}^{-\mathrm{j}\omega T}]\mathrm{e}^{\mathrm{j}\omega t}\mathrm{d}\omega\bigg|_{t=T}\\&=\frac{1}{2\pi}\int_{-\infty}^{\infty}|S(\mathrm{j}\omega)|^2\mathrm{d}\omega=E_s\end{aligned} \tag{11.90}$$

基于 Z 的统计特性，可以通过设置一个门限来判定目标信号是否存在。例如，假设噪声服从高斯分布，这时 Z 也服从高斯分布，若采用最大后验概率准则并且目标信号有无是等概率的，可设 $T_s=E_s/2$，当 $Z>T_s$ 时，目标信号存在；反之，则不存在。

11.3.3 维纳滤波器

在实际应用中，受到外界的干扰，观测信号通常会伴有一定的噪声。由于噪声主要反映为高频成分，因此可以选择一个低通滤波器来滤除噪声。然而这种方式可能会同时将信号的成分滤除，导致滤波效果不佳。试想，如果能在滤除噪声的同时，尽可能保留原有的信号成分，或者使滤波结果与所期望的目标信号充分接近，则不失为一种更合理的解决方法。针对上述问题，美国数学家诺伯特 - 维纳（N. Wiener）在 20 世纪 40 年代提出了一种基于最小均方误差（minimum mean - squared error，MMSE）准则的最优滤波方法，称为**维纳滤波**（Wiener filtering）。下面以离散时间系统为例，说明维纳滤波的基本原理。

假设观测信号 $X[n]$为平稳随机序列，经过某 LTI 系统得到的输出记为 $Y[n]$。现要求

---

① 在信号检测理论中，H_0 通常称为零假设（null hypothesis），H_1 称为备选假设（alternative hypothesis）。信号检测即是基于观测数据，采用某种判决规则在两种假设中做出判决。

输出 $Y[n]$ 与目标信号 $S[n]$ 尽可能接近，这可以通过两者的均方误差（mean - squared error，MSE）来衡量，即 $E[(S[n]-Y[n])^2]$。因此，核心问题就是设计一个滤波器 $h[n]$，使上述均方误差最小。

$$\hat{h}=\arg\min_h E[(S[n]-Y[n])^2]=\arg\min_h E\left[\left(S[n]-\sum_{k=-\infty}^{\infty}h[k]X[n-k]\right)^2\right] \tag{11.91}$$

所求的结果即为**维纳滤波器**（Wiener filter）。

求解优化问题（11.91）需要借助线性最小均方误差估计中的一条重要结论，即正交原理。

定理 11.1［正交原理］　已知 $X_j, j=1,2,\cdots,N$ 为一组观测量，Y 为待估计量，同时假设所有随机变量均为零均值。设估计量 $\hat{Y}$ 为观测量的线性组合，即

$$\hat{Y}=\sum_{j=1}^{N}\alpha_j X_j \tag{11.92}$$

为使 $\hat{Y}$ 与 Y 的均方误差最小，即

$$\min_\alpha E[(Y-\hat{Y})^2]=\min_\alpha E\left[\left(Y-\sum_{j=1}^{N}\alpha_j X_j\right)^2\right] \tag{11.93}$$

最优组合系数 $\hat{\alpha}_j$，$j=1,2,\cdots,N$ 应满足如下方程

$$E\left[\left(Y-\sum_{j=1}^{N}\alpha_j X_j\right)X_i\right]=0, i=1,2,\cdots,N \tag{11.94}$$

式（11.94）说明，当估计误差 $\varepsilon=Y-\hat{Y}$ 与所有观测量 $X_j, j=1,2,\cdots,N$ 都正交时，误差的长度最小。图 11.10 给出了正交原理的几何解释。

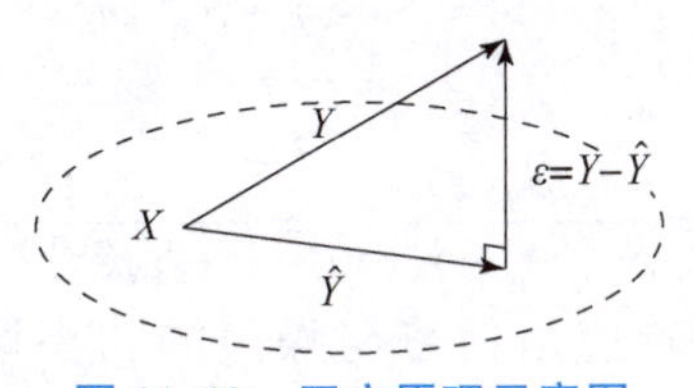

图 11.10　正交原理示意图

根据正交原理，对于问题（11.91），有

$$E[(S[n]-Y[n])X[n-k]]=E\left[\left(S[n]-\sum_{j=-\infty}^{\infty}h[j]X[n-j]\right)X[n-k]\right]=0 \tag{11.95}$$

式中，k 为任意整数。

假设 $X[n]$ 宽平稳，且 $X[n]$，$S[n]$ 联合宽平稳，式（11.95）可进一步化简为

$$\sum_{j=-\infty}^{\infty}h[j]R_X[k-j]=R_{XS}[k] \tag{11.96}$$

若 h 是 FIR 因果滤波器，长度为 N，则根据式（11.96）可以得到 N 个等式

$$\sum_{j=0}^{N-1}h[j]R_X[k-j]=R_{XS}[k], k=0,1,2,\cdots,N-1 \tag{11.97}$$

或写成矩阵的形式

$$\begin{bmatrix} R_X[0] & R_X[-1] & \cdots & R_X[-N+1] \\ R_X[1] & R_X[0] & \cdots & R_X[-N+2] \\ \vdots & \vdots & \ddots & \vdots \\ R_X[N-1] & R_X[N-2] & \cdots & R_X[0] \end{bmatrix} \begin{bmatrix} h[0] \\ h[1] \\ \vdots \\ h[N-1] \end{bmatrix} = \begin{bmatrix} R_{XS}[0] \\ R_{XS}[1] \\ \vdots \\ R_{XS}[N-1] \end{bmatrix} \tag{11.98}$$

上式称为维纳－霍夫（Wiener－Hopf）方程，对该方程求解便可得到最优滤波器系数。

若 h 是 IIR 非因果滤波器，对式（11.96）作 z 变换，可得

$$H(z)S_X(z) = S_{XS}(z) \tag{11.99}$$

因此

$$H(z) = \frac{S_{XS}(z)}{S_X(z)} \tag{11.100}$$

式（11.100）即为 IIR 非因果维纳滤波器的一般形式。

下面以去噪问题为例说明式（11.100）的物理意义。假设观测信号 $X[n]$ 为无噪信号 $S[n]$ 叠加高斯白噪声 $N[n]$，且 $S[n]$ 和 $N[n]$ 不相关，有

$$X[n] = S[n] + N[n] \tag{11.101}$$

因此

$$R_{XS}[m] = E[(S[n] + N[n])\, S[n+m]] = R_S[m] \tag{11.102}$$

$$R_X[m] = E[(S[n] + N[n])(S[n+m] + N[n+m])] = R_S[m] + R_N[m] \tag{11.103}$$

相应地，功率谱密度的关系为

$$S_{XS}(z) = S_S(z) \tag{11.104}$$

$$S_X(z) = S_S(z) + S_N(z) \tag{11.105}$$

因此 IIR 非因果维纳滤波器为

$$H(z) = \frac{S_S(z)}{S_S(z) + S_N(z)} = \frac{1}{1 + S_N(z)/S_S(z)} \tag{11.106}$$

上式表明，维纳滤波器的频率响应由信号与噪声的功率谱密度联合决定。特别地，当 $S_S(z) \gg S_N(z)$，即信噪比较高时，$H(z) \approx 1$，此时滤波器倾向于保留信号成分；反之，当 $S_S(z) \ll S_N(z)$，即信噪比较低时，$H(z) \approx 0$，此时滤波器倾向于滤除信号以及噪声成分。由此可见，维纳滤波器的系统函数可依据信噪比自适应地调整。

对于 IIR 因果维纳滤波器，理论分析表明，其一般形式为

$$H(z) = \frac{1}{F(z)} \left[\frac{S_{XS}(z)}{F(z^{-1})} \right]_+ \tag{11.107}$$

式中，$F(z)$ 为 $S_X(z)$ 经谱分解之后的因果部分，即 $S_X(z) = F(z)F(z^{-1})$ 且 $F(z)$ 的零点、极点均在单位圆内；$[\cdot]_+$ 表示单边 z 变换（即取序列 $n \geqslant 0$ 的部分作 z 变换）。式（11.107）推导过程相对复杂，感兴趣的读者可参阅文献［35］。

维纳滤波是基于最小均方误差准则的最优滤波方法，在信号处理领域具有里程碑式的意义。在此基础上，后续又发展出自适应滤波、卡尔曼滤波等理论和方法，相关内容可参阅文献［22，38－40］。

11.4　编程仿真实验

11.4.1　基于时间序列模型的线性滤波

本节介绍基于时间序列模型（即 MA/AR/ARMA）的线性滤波。若已知模型的系统函数，则可以利用 MATLAB 函数 filter 来实现相应的滤波功能，基本用法为

```
y = filter(b,a,x); % 线性滤波
```

其中，b，a 分别为系统函数中分子和分母多项式的系数；x 为输入信号。

实验 11.1　已知含噪信号

$$X(t)=15\sin(8\pi t)+\cos(3\pi t+\pi/3)+N(t) \tag{11.108}$$

式中，$N(t)$为方差为$\sigma^2=0.5$的高斯白噪声。分别利用 MA/AR/ARMA 模型对该信号进行滤波，并分析比较滤波结果。

解：为了滤除噪声，三类模型应具有低通滤波的功能。本实验中，设 MA 模型参数为 $b=[\underbrace{1,1,\cdots,1}_{10}]/10$，AR 模型参数为 $a=0.9$，ARMA 模型则为前二者的级联。三类模型的幅频响应如图 11.11 所示。

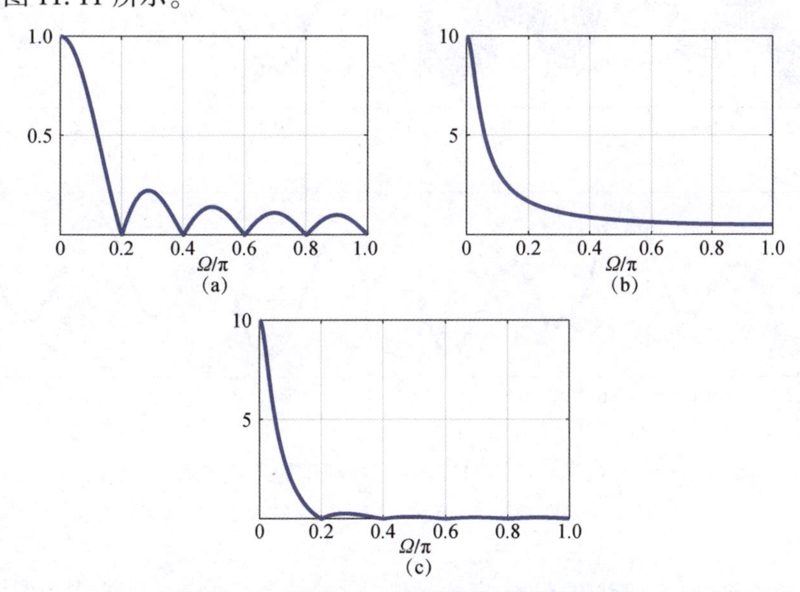

图 11.11　实验 11.1 中三类模型的幅频响应

（a）MA 模型幅频响应；（b）AR 模型幅频响应；（c）ARMA 模型幅频响应

具体代码如下：

```
rng('default') % 初始化随机数生成器
T = 1; % 信号时长
Fs = 1000; % 采样率
t = 0:1/Fs:T-1/Fs; % 采样点
```

```
sigma = sqrt(0.5); % 噪声标准差
x = 1.5 * sin(8 * pi * t) + cos(3 * pi * t + pi /3)
    + sigma * randn(1,length(t)); % 生成含噪信号
b = ones(1,10) /10; % MA 参数
a = 0.9; % AR 参数
y1 = filter(b,1,x); % MA 滤波结果
y2 = filter(1,[1 -a],x); % AR 滤波结果
y3 = filter(b,[1 -a],x); % ARMA 滤波结果
```

图 11.12 展示了三类模型的滤波结果。显然，三类模型均起到了滤除噪声的作用，但是滤波结果有明显差异（排除幅值尺度差异）。直观上来看，ARMA 模型的滤波结果最好，波形最平滑，AR 次之，而 MA 模型依然存在明显的局部振荡。这是因为 MA 模型只用了输入的信息，而 AR/ARMA 模型则综合利用输入与输出的信息。结合图 11.11 的幅频响应曲线来看，相较于 MA/AR 模型，ARMA 模型具有更大的阻带衰减，因此，滤波结果较好，是合理的。

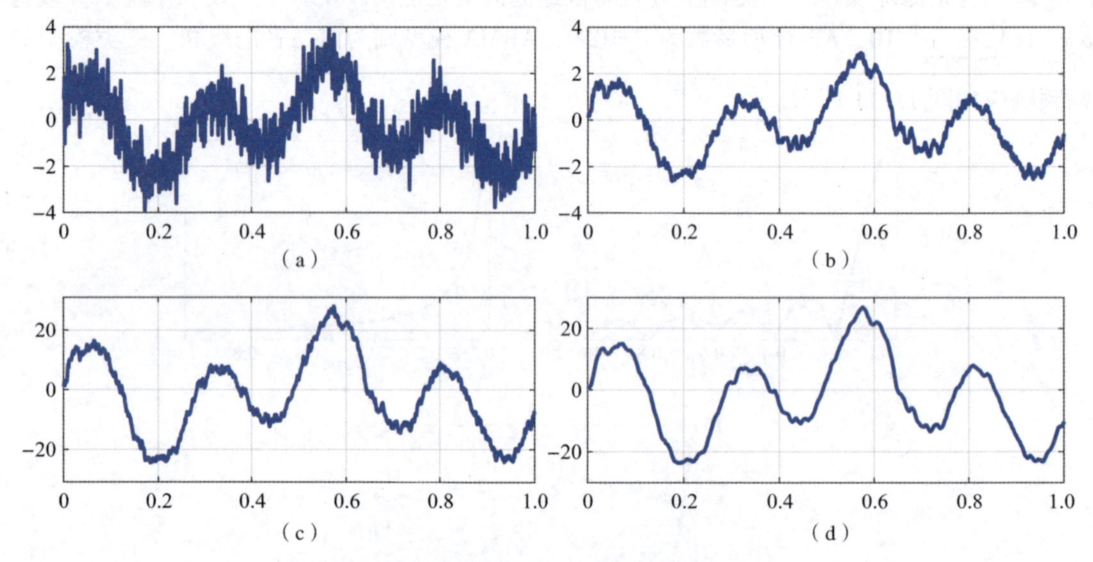

图 11.12 实验 11.1 中三类模型的滤波结果

(a) 含噪信号；(b) MA 模型滤波结果；(c) AR 模型滤波结果；(d) ARMA 模型滤波结果

11.4.2 利用白噪声生成指定的色噪声

由 11.3 节可知，若要生成具有某种特定功率谱密度的色噪声，可以利用谱分解定理来构造相应的滤波器，并以白噪声作为系统激励，利用 MATLAB 函数 filter 求得系统的输出。

实验 11.2 仿真生成一个色噪声，使其自相关函数具有如下形式

$$R_X[m] = a^{|m|},\ 0 < a < 1 \tag{11.109}$$

解： 根据例 11.6，本例中的色噪声可视为 1 阶 AR 模型在白噪声激励下的输出，即

$$R_X[m]=\frac{\sigma_N^2}{1-a^2}a^{|m|} \tag{11.110}$$

式中，a 为 AR 模型参数；σ_N^2 为白噪声的平均功率。为满足题目要求，应取 $\sigma_N^2=1-a^2$。

色噪声的功率谱密度为

$$S_X(z)=\sigma_N^2 H(z)H(z^{-1})=\frac{\sigma_N^2}{(1-az^{-1})(1-az)},\quad |a|<|z|<1/|a| \tag{11.111}$$

为保证系统为因果稳定的，应选取

$$H(z)=\frac{1}{1-az^{-1}} \tag{11.112}$$

本实验中设 $a=0.7$，具体代码如下：

```
rng('default') % 初始化随机数生成器
N = 1000; % 序列长度
a = 0.7; % AR 模型参数
sigma = sqrt(1 - a^2); % 噪声标准差
n = sigma * randn(1,N); % 生成高斯白噪声
x = filter(1,[1 -a],n); % 生成指定色噪声
r = xcorr(x,'biased'); % 估计自相关函数
[pxx,w] = periodogram(x,'centered'); % 估计功率谱密度
```

图 11.13 给出了所生成的色噪声的自相关函数和功率谱密度，其中，实线为估计值，虚线为理论值。可以看出两者基本吻合，说明所设计的滤波器能够生成正确的结果。

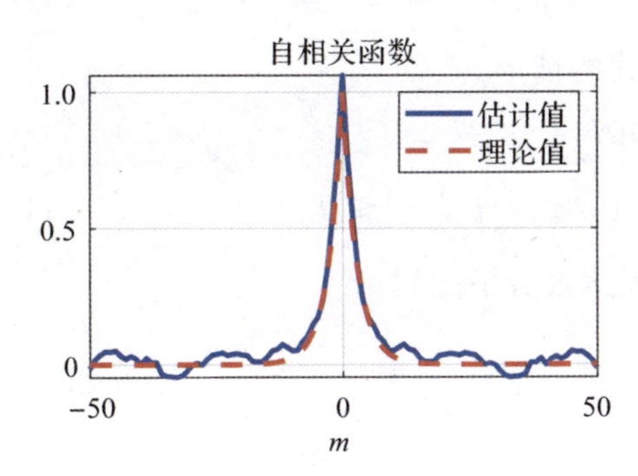

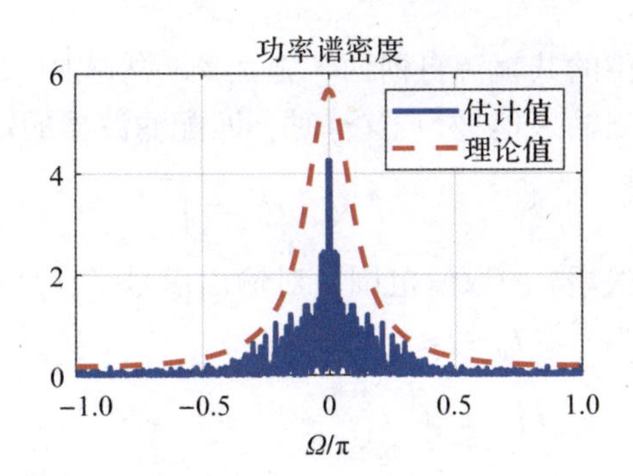

图 11.13　实验 11.2 中生成的色噪声

11.4.3　基于匹配滤波器的雷达脉冲压缩

对于雷达系统，探测距离和距离分辨率是两个重要的指标。发射宽的脉冲信号可以提升探测距离，然而对距离相近的目标区分能力差。一种解决方法是在雷达发送端发射宽脉冲信号来提高发送平均功率，以保证足够大的探测距离，而在接收端采用脉冲压缩（pulse compression）技术获得窄脉冲，以得到更好的距离分辨率。这样就有效解决了探测距离和距离分辨率之间的矛盾。

为实现脉冲压缩，要求信号具有大的时宽带宽积。一般的单载频信号（如矩形脉冲）

不具备这个特性，而线性调频（linear frequency modulation，LFM）信号在相同的时宽下有着更大的带宽，常用于脉冲压缩。下面以 LFM 脉冲信号为例，介绍基于匹配滤波器的脉冲压缩原理，并进行仿真实现。

已知雷达发射的 LFM 脉冲信号为

$$s(t)=\mathrm{rect}\left(\frac{t}{T_0}\right)\mathrm{e}^{\mathrm{j}\pi Kt^2} \tag{11.113}$$

式中，K 为调频斜率；T_0 为脉宽。为简化分析，假设一个静止的点目标与雷达的距离为 R_d，则回波信号将延迟时间 $t_d=2R_d/c$ 到达雷达接收机，得到如下接收信号

$$r(t)=s_d(t)+N(t)=\mathrm{rect}\left(\frac{t-t_d}{T_0}\right)\mathrm{e}^{\mathrm{j}\pi K(t-t_d)^2}+N(t) \tag{11.114}$$

式中，$s_d(t)$ 为延时信号；$N(t)$ 为高斯白噪声。

对于 LFM 脉冲信号，其瞬时频率可以通过对其相位进行微分得到

$$f_{\mathrm{ins}}(t)=\frac{1}{2\pi}\frac{\mathrm{d}}{\mathrm{d}t}(\pi Kt^2)=Kt \tag{11.115}$$

即瞬时频率在 $-KT_0/2$ 和 $KT_0/2$ 之间变化，因此，LFM 脉冲信号的带宽近似为

$$B=KT_0 \tag{11.116}$$

LFM 脉冲信号的时宽、带宽积为

$$D=T_0B=KT_0^2 \tag{11.117}$$

由于基带 LFM 脉冲信号为复信号，相应的匹配滤波器的冲激响应为

$$h(t)=s^*(-t)=\mathrm{rect}\left(\frac{t}{T_0}\right)\mathrm{e}^{-\mathrm{j}\pi Kt^2} \tag{11.118}$$

上式中的共轭源自柯西－施瓦茨不等式中取等式的情形。

当输入信号为 $s_d(t)$ 时，匹配滤波器的输出为

$$s_{\mathrm{out}}(t)=\int_{-\infty}^{\infty}s_d(t-\tau)h(\tau)\mathrm{d}\tau,\quad |t-t_d|\leqslant T_0 \tag{11.119}$$

下面根据 t 的取值范围，对输出信号 $s_{\mathrm{out}}(t)$ 的表达式分情况讨论。

当 $t_d-T_0\leqslant t\leqslant t_d$ 时，有

$$\begin{aligned}s_{\mathrm{out}}(t)&=\int_{-T_0/2}^{T_0/2+t-t_d}\mathrm{e}^{\mathrm{j}\pi K(t-\tau-t_d)^2}\mathrm{e}^{-\mathrm{j}\pi K\tau^2}\mathrm{d}\tau\\&=\mathrm{e}^{\mathrm{j}\pi K(t-t_d)^2}\int_{-T_0/2}^{T_0/2+t-t_d}\mathrm{e}^{-\mathrm{j}2\pi K(t-t_d)\tau}\mathrm{d}\tau=\frac{\sin[\pi K(t-t_d)(T_0+t-t_d)]}{\pi K(t-t_d)}\end{aligned} \tag{11.120}$$

类似地，当 $t_d\leqslant t\leqslant t_d+T_0$ 时，有

$$s_{\mathrm{out}}(t)=\int_{-T_0/2+t-t_d}^{T_0/2}\mathrm{e}^{\mathrm{j}\pi K(t-\tau-t_d)^2}\mathrm{e}^{-\mathrm{j}\pi K\tau^2}\mathrm{d}\tau=\frac{\sin[\pi K(t-t_d)(T_0-t+t_d)]}{\pi K(t-t_d)} \tag{11.121}$$

由此可得输出信号 $s_{\mathrm{out}}(t)$ 为

$$s_{\mathrm{out}}(t)=(T_0-|t-t_d|)\mathrm{sinc}[K(t-t_d)(T_0-|t-t_d|)],\quad |t-t_d|\leqslant T_0 \tag{11.122}$$

由式（11.122）可以看出，输出信号的幅值可近似为

$$|s_{\mathrm{out}}(t)|\approx T_0|\mathrm{sinc}[KT_0(t-t_d)]|=T_0|\mathrm{sinc}[B(t-t_d)]| \tag{11.123}$$

图 11.14 画出了输出信号的幅值 $|s_{\mathrm{out}}(t)|$，其近似为 sinc 函数，在时刻 t_d 具有最大

值，并在时间上出现旁瓣衰减。可以看出，sinc 函数的第一个零点距离信号中心点 t_d 为 $1/B$。这意味着，如果两个散射点在时间上相距 $\Delta t=1/B$，则可以分辨出这两个散射点。因此，脉冲压缩的时域分辨率为 $\Delta t=1/B$，相应的距离分辨率为

$$\Delta r=\Delta t\cdot\frac{c}{2}=\frac{c}{2B} \tag{11.124}$$

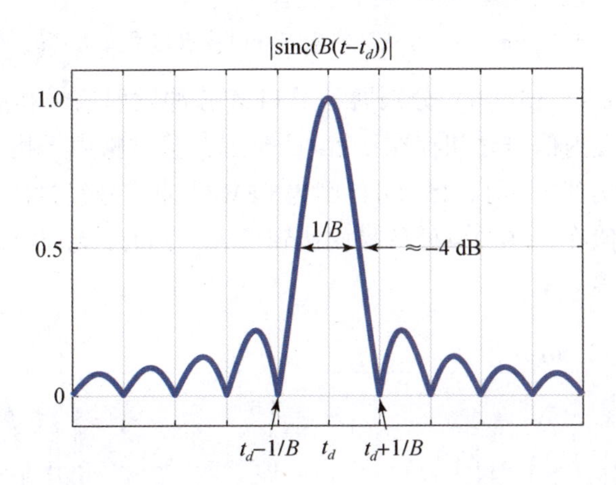

图 11.14　LFM 脉冲信号经过脉冲压缩后的输出信号的幅值

这里需要指出的是，脉冲压缩中的“压缩”主要是描述输入信号与输出信号脉宽的变化，发射信号的脉宽与压缩后信号主瓣脉宽的比值称为脉冲压缩比（compression ratio，CR）。若发射信号的脉宽为 T_0，输出信号的幅值近似为 sinc 函数，不难验证，有

$$20\log_{10}\text{sinc}(Bt)\big|_{t=1/(2B)}\approx-4\text{ dB} \tag{11.125}$$

因此，通常将 $1/B$ 称为 sinc 函数的 4 dB（双边）带宽。此时，脉冲压缩比为

$$\text{CR}=\frac{\text{输入信号脉宽}}{\text{输出信号脉宽}}=\frac{T_0}{1/B}=\frac{T_0}{1/(KT_0)}=KT_0^2\triangleq D \tag{11.126}$$

由式（11.126）可以看出，脉冲压缩比与时宽、带宽积是相等的。因此，增大时宽、带宽积时，脉冲压缩比也将同步增大。

实验 11.3　已知雷达发射的 LFM 脉冲信号和回波信号分别如式（11.113）、式（11.114）所示。假设信噪比为 20 dB，试设计一个匹配滤波器来实现脉冲压缩，并绘制匹配滤波前后的信号波形。

解： 基于上文分析，下面给出脉冲压缩的仿真实现，具体代码如下：

```
T0 = 2; % 脉宽
T = 5; % 观测时间
K = 5; % 调频斜率
Fs = 100; % 采样率
Ts = 1/Fs; % 采样间隔
N = ceil(T/Ts); % 采样点数
t = linspace( -T/2,T/2,N); % 采样点
```

```
td = 0.2;% 延迟时间
s = rectpuls(t,T0).*exp(1i*pi*K*t.^2); % 发射信号
sd = rectpuls(t-td,T0).*exp(1i*pi*K*(t-td).^2);
r = awgn(sd,20); % 接收信号(SNR=20)
h_filter = conj(fliplr(s)); % 匹配滤波器
r_out = conv(r,h_filter); % 时域脉冲压缩后的输出信号
```

图 11.15（a）和图 11.15（b）分别展示了 LFM 脉冲发射信号和接收信号的实部波形。注意到，接收信号与发射信号之间存在 0.2 s 的延迟，且被噪声干扰。图 11.15（c）为所设计的匹配滤波器的实部。图 11.15（d）则为 LFM 脉冲信号经过匹配滤波之后的信号幅度波形。注意到，幅值在 $t=0.2$ s 处信噪比达到最大，同时，输出的波形变窄，有效实现了脉冲压缩。

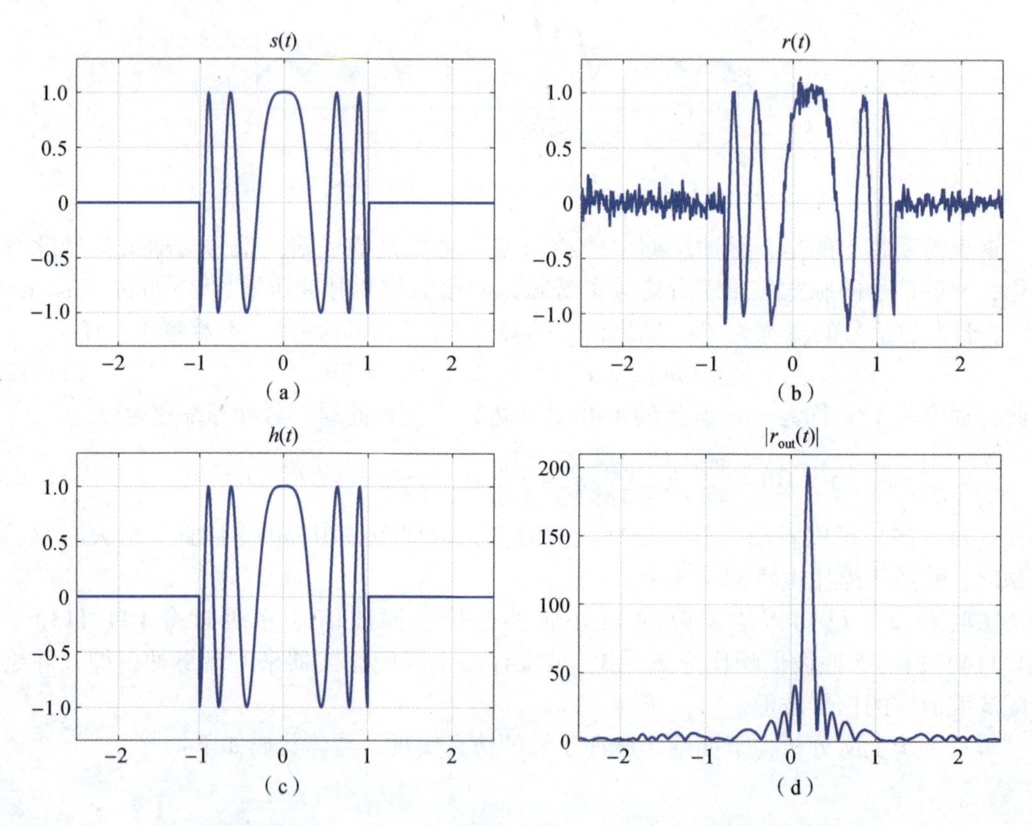

图 11.15 LFM 脉冲信号进行匹配滤波的仿真结果

(a) 发射信号的实部波形；(b) 接收信号的实部波形；(c) 匹配滤波器的实部；(d) 匹配滤波之后的信号幅值

若令调频斜率 $K=0$，此时发射信号变为矩形脉冲信号。图 11.16 给出了矩形脉冲信号经过相应匹配滤波之后的结果。注意到，此时输出波形为三角脉冲，且在 $t=0.2$ s 处达到信噪比最大，但输出波形变宽，无法实现脉冲压缩。这说明脉冲压缩依赖于发射信号的波形。

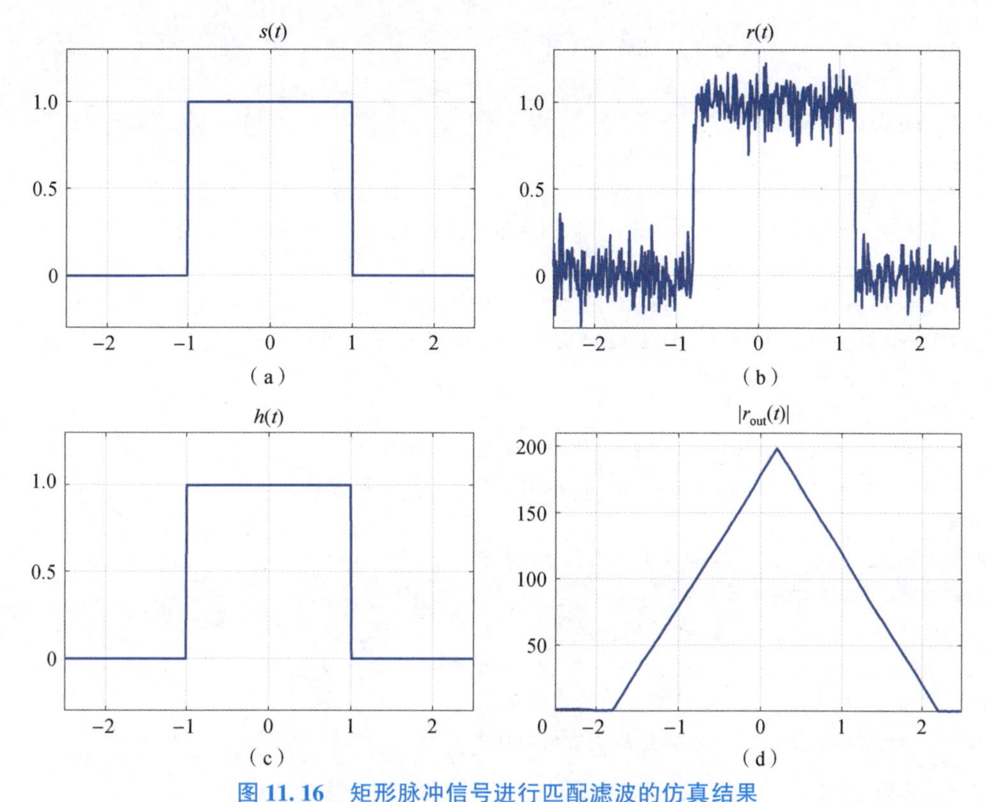

图 11.16　矩形脉冲信号进行匹配滤波的仿真结果

(a) 发射信号的实部波形；(b) 接收信号的实部波形；(c) 匹配滤波器的实部；(d) 匹配滤波之后的信号幅值

11.4.4　基于维纳滤波器的信号去噪

根据 11.3.3 节的介绍，维纳滤波器是基于最小均方误差准则的最优线性滤波器。本节以 FIR 因果维纳滤波器为例，介绍具体的设计和实现方法，并用于信号去噪。

实验 11.4　已知含噪信号

$$X(t)=1.5\sin(8\pi t)+\cos(3\pi t+\pi/3)+N(t) \tag{11.127}$$

式中，$N(t)$为方差为 $\sigma^2=0.5$ 的高斯白噪声。编程设计一个 FIR 因果维纳滤波器，对该信号进行滤波，并分析滤波结果。

解： FIR 因果维纳滤波器的设计关键在于维纳 - 霍夫方程，即

$$\begin{bmatrix} R_X[0] & R_X[-1] & \cdots & R_X[-N+1] \\ R_X[1] & R_X[0] & \cdots & R_X[-N+2] \\ \vdots & \vdots & \ddots & \vdots \\ R_X[N-1] & R_X[N-2] & \cdots & R_X[0] \end{bmatrix} \begin{bmatrix} h[0] \\ h[1] \\ \vdots \\ h[N-1] \end{bmatrix} = \begin{bmatrix} R_{XS}[0] \\ R_{XS}[1] \\ \vdots \\ R_{XS}[N-1] \end{bmatrix} \tag{11.128}$$

式中，$R_X[m]$，$R_{XS}[m]$需要根据观测值进行估计。在 MATLAB 中，可以采用函数 xcorr 进行估计。

本例中的信号与例 11.1 相同。实验中设维纳滤波器的长度为 $L=20$。为说明维纳滤波的作用，同时将 MA 模型的滤波结果作为对比（两者同为 FIR 滤波器）。具体代码如下：

```
rng('default') % 初始化随机数生成器
T = 1; % 信号时长
Fs = 1000; % 采样率
t = 0:1/Fs:T-1/Fs; % 采样点
sigma = sqrt(0.5); % 噪声标准差
s = 1.5*sin(8*pi*t) + cos(3*pi*t+pi/3); % 生成无噪信号
x = s + sigma*randn(1,length(t)); % 生成含噪信号
[rxx,txx] = xcorr(x,'biased'); % x的自相关估计
[rxs,txs] = xcorr(s,x,'biased'); % x,s的互相关估计
L = 20; % 因果滤波器长度
for i = 1:L
    r(i) = rxx(txx==i-1); % 维纳-霍夫方程系数
    b(i,1) = rxs(txs==i-1); % 维纳-霍夫方程常数向量
end
R = toeplitz(r); % 维纳-霍夫方程系数矩阵
h = R\b; % 维纳滤波器系数
y1 = filter(h,1,x); % 维纳滤波结果
y2 = filter(ones(1,L)/L,1,x); % MA模型滤波结果
e1 = immse(y1,s); % 维纳滤波的均方误差
e2 = immse(y2,s); % MA模型滤波的均方误差
```

滤波结果如图11.17所示。两种方法滤波结果的均方误差为

```
>> e1
e1 =
    0.0487
>> e2
e2 =
    0.0763
```

可见维纳滤波结果的均方误差更小。

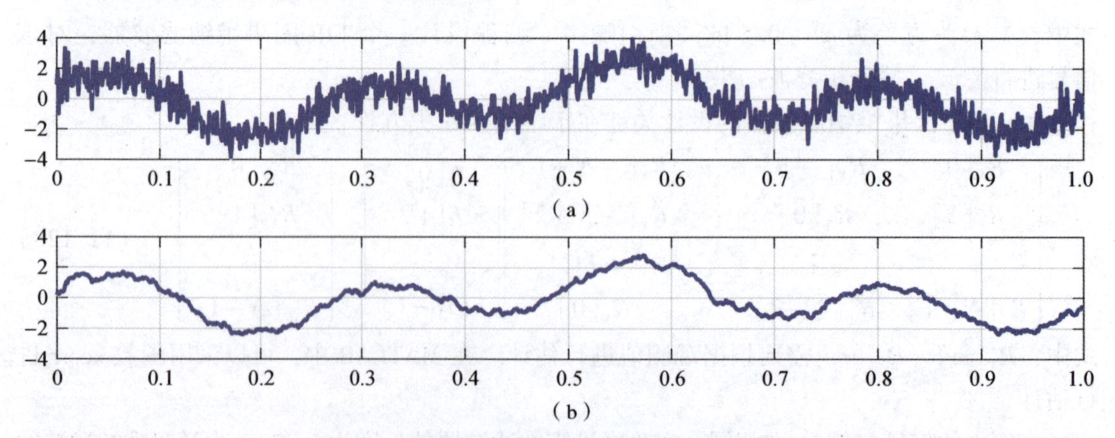

图11.17 维纳滤波与MA模型滤波结果对比

(a) 含噪信号；(b) 维纳滤波结果

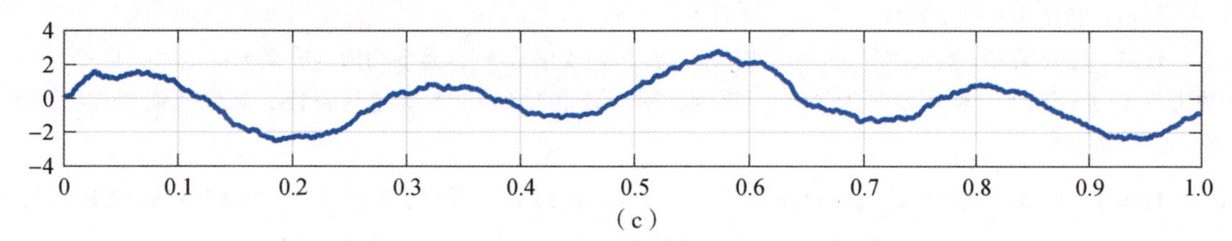

图 11.17　维纳滤波与 MA 模型滤波结果对比（续）

（c）MA 模型滤波结果

本章小结

本章介绍了随机信号通过线性系统的分析方法，包括时域分析法和频域分析法，重点讨论了输入输出之间的统计特性。类似于确定性信号，随机信号通过系统的输入输出关系也可以使用卷积来描述。进一步地，可以得到输入输出的统计特性，包括均值、相关函数以及功率谱密度等。

对于连续时间系统，在理想白噪声激励下，输出的统计特性完全由系统函数来决定。因此，可以将具有有理谱的随机信号视为白噪声激励下的系统输出。该结论可用于生成指定的色噪声或设计白化滤波器。

离散时间系统包括 MA/AR/ARMA 三类典型模型，这三类模型在时间序列分析中广泛使用。关于时间序列分析的系统性介绍，读者可参阅文献［59］。

本章还介绍了一些常见系统的设计准则和方法。匹配滤波器是基于输出端信噪比最大化准则的最优滤波器，通常用于信号检测。维纳滤波器是基于最小均方误差准则的最优滤波器。关于这部分内容的更多介绍，涉及信号检测与估计、统计信号处理、自适应信号处理等课程知识，感兴趣的读者可参阅文献[44,46,51,52]。

习　题

11.1　已知连续时间系统的冲激响应为

$$h(t)=\begin{cases}e^{-at}, & t\geqslant 0\\ 0, & 其他\end{cases}$$

式中，$a>0$。设输入信号 $X(t)$ 为平稳随机信号，自相关函数为 $R_X(\tau)=1+2e^{-|\tau|}$，求输出信号 $Y(t)$ 的均值、自相关函数以及输入信号和输出信号的互相关函数。

11.2　已知离散时间系统的冲激响应为 $h[n]=u[n]-u[n-4]$，设输入序列 $X[n]$ 为平稳随机序列，均值为 4，自相关函数为

$$R_X[n]=\begin{cases}4-|n|, & |n|\leqslant 3\\ 0, & 其他\end{cases}$$

求输出序列 $Y[n]$ 的均值、自相关函数以及输入信号和输出信号的互相关函数。

11.3　已知 LTI 稳定系统，证明：若输入信号是严平稳过程，则输出信号也是严平稳过程。

11.4　对于 LTI 系统，若输入信号带宽远大于系统带宽（即可视为带限白噪声），则输出信号可近似为高斯过程。

提示：利用中心极限定理。

11.5　已知某 LTI 系统的单位冲激响应为 $h(t)$，输入信号 $X(t)$ 是零均值的高斯平稳信号，自相关函数为 $R_X(\tau)=\delta(\tau)$，输出信号为 $Y(t)$。试问，对于任意时刻 t，系统应具备什么条件才能使 $X(t)$ 和 $Y(t)$ 相互独立？

11.6　已知积分电路的输入输出满足：$Y(t)=\int_{t-T}^{t}X(\tau)\mathrm{d}\tau$，其中，$T>0$ 且为常数，$X(t)$ 和 $Y(t)$ 均为平稳随机信号，$X(t)$ 的功率谱密度为 $S_X(\omega)$，求 $Y(t)$ 的自相关函数、功率谱密度和平均功率。

11.7　已知 RC 电路、RL 电路分别如图 11.18（a）和图 11.18（b）所示，设输入端电压 $X(t)$ 为理想白噪声，其自相关函数为 $R_X(\tau)=\frac{N_0}{2}\delta(\tau)$。求：

（1）$Y(t)$ 的均值、自相关函数和功率谱密度；

（2）$X(t)$，$Y(t)$ 的互相关函数和功率谱密度。

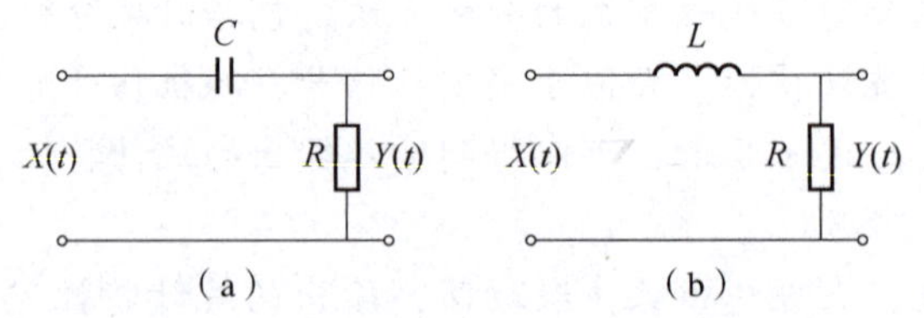

图 11.18　习题 11.7 的电路系统框图

（a）RC 电路；（b）RL 电路

11.8　某 LTI 系统的冲激响应为 $h(t)=\mathrm{e}^{-bt}u(t)$，$b>0$，输入 $X(t)$ 为零均值平稳高斯信号，自相关函数为 $R_X(\tau)=\sigma^2\mathrm{e}^{-\alpha|\tau|}$，$\alpha>0$，求输出 $Y(t)$ 的自相关函数、功率谱以及一维概率密度。

11.9　同步检波器结构如图 11.19 所示，设输入端 $X(t)$ 为平稳随机信号，自相关函数为

$$R_X(\tau)=\mathrm{e}^{-\beta|\tau|}\cos(\omega_0\tau)，\beta\ll\omega_0$$

另一端输入为 $C(t)=\cos(\omega_0 t+\Phi)$，其中，$\Phi\sim U(0,2\pi)$，且与 $X(t)$ 相互独立。求输出信号 $Z(t)$ 的平均功率。

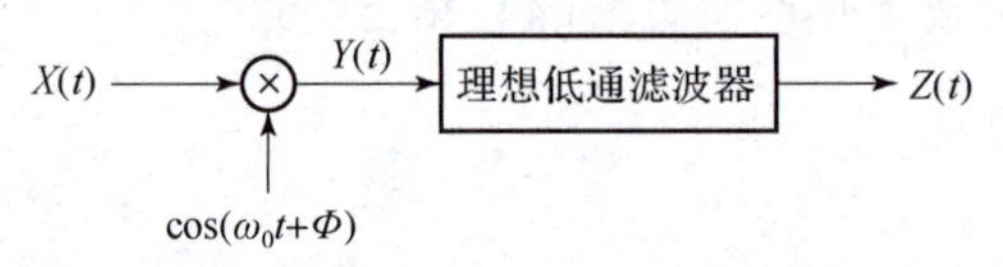

图 11.19　习题 11.9 的同步检波器

11.10　已知某 LTI 系统如图 11.20 所示，设输入 $X(t)$ 为平稳随机信号，证明输出 $Y_1(t)$ 和 $Y_2(t)$ 的互谱密度满足如下关系

$$S_{Y_1Y_2}(\omega)=H_1^*(\omega)H_2(\omega)S_X(\omega)$$

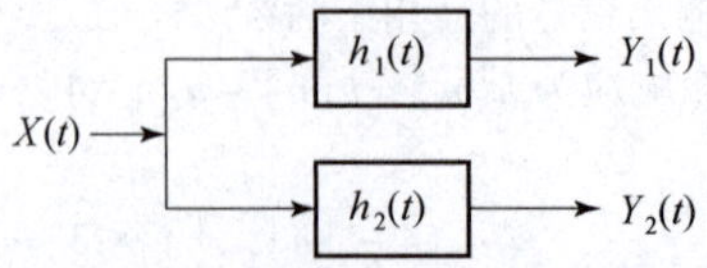

图 11.20　习题 11.10 的系统框图

11.11　已知 N 阶 AR 模型

$$Y[n]=\sum_{k=1}^{N}a_kY[n-k]+X[n]$$

证明：在方差为 σ_X^2 的白噪声激励下，输出的自相关函数满足

$$R_Y[m]=\begin{cases}\sum_{k=1}^{N}a_kR_Y[m-k],\ m>0\\ \sum_{k=1}^{N}a_kR_Y[m-k]+\sigma_X^2,\ m=0\\ R_Y[-m],\ m<0\end{cases}$$

或表示为矩阵形式

$$\begin{bmatrix}R_Y[0] & R_Y[-1] & R_Y[-2] & \cdots & R_Y[-N]\\ R_Y[1] & R_Y[0] & R_Y[-1] & \cdots & R_Y[1-N]\\ R_Y[2] & R_Y[1] & R_Y[0] & \cdots & R_Y[2-N]\\ \vdots & \vdots & \vdots & \ddots & \vdots\\ R_Y[N] & R_Y[N-1] & R_Y[N-2] & \cdots & R_Y[0]\end{bmatrix}\begin{bmatrix}1\\ -a_1\\ -a_2\\ \vdots\\ -a_N\end{bmatrix}=\begin{bmatrix}\sigma_X^2\\ 0\\ 0\\ \vdots\\ 0\end{bmatrix}$$

上式称为尤尔－沃克方程（Yule－Walker equation）。

11.12　已知 ARMA 模型

$$Y[n]=\sum_{k=1}^{N}a_kY[n-k]+\sum_{l=0}^{M}b_lX[n-l]$$

证明：在方差为 σ_X^2 的白噪声激励下，输出的自相关函数满足

$$R_Y[m]=\begin{cases}\sum_{k=1}^{N}a_kR_Y[m-k],\ m>M\\ \sum_{k=1}^{N}a_kR_Y[m-k]+\sigma_X^2\sum_{l=m}^{M}b_lh[l-m],\ 0\leqslant m\leqslant M\\ R_Y[-m],\ m<0\end{cases}$$

式中，$h[n]$为系统的冲激响应。

11.13　已知某 LTI 系统如图 11.21 所示，其中

$$H_1(e^{j\Omega})=\begin{cases}1,\ |\Omega|\leqslant\pi/2\\ 0,\ 其他\end{cases},\quad H_2(e^{j\Omega})=\begin{cases}1,\ |\Omega|\geqslant\pi/2\\ 0,\ 其他\end{cases}$$

设输入端 $X[n]$和 $Y[n]$为联合平稳的白噪声序列，自相关函数分别为 $R_X[n]=2\delta[n]$，$R_Y[n]=3\delta[n]$，互相关函数为 $R_{XY}[n]=4\delta[n]$。求输出 $Z[n]$的功率谱密度 $S_Z(e^{j\Omega})$。

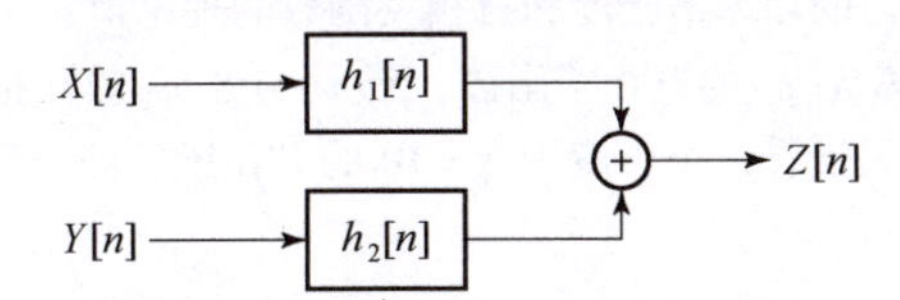

图 11.21　习题 11.13 的系统框图

11.14　已知某因果稳定的线性系统，在单位功率的白噪声激励下，输出信号的功率谱为 $S_Y(\omega)=\dfrac{\omega^2+1}{\omega^4+13\omega^2+36}$，求该系统的频率响应 $H(j\omega)$和冲激响应 $h(t)$。

11.15　已知某随机信号的功率谱密度为 $S_X(\omega)=\dfrac{\omega^2+3}{\omega^2+9}$，试设计一个因果稳定的白化滤波器。

11.16　已知二阶 AR 模型

$$X[n]=0.8\,X[n-1]+0.2\,X[n-2]+N[n]$$

式中，$N[n]$为高斯白噪声，$\sigma_N^2=1$。利用 MATLAB 完成以下任务：

（1）生成长度为 500 的观测样本序列 $x[n]$，并估计 $X[n]$的自相关函数；

（2）采用周期图法估计 $X[n]$ 的功率谱密度。

11.17（MATLAB 练习） 已知随机信号

$$X(t)=2\cos(3\pi n+\pi/4)+\sin(5\pi t)+N(t)$$

式中，$N(t)$ 为高斯白噪声，$\sigma_N^2=1$。以采样率 $f_s=100$ Hz 仿真生成该信号，分别利用 MA/AR/ARMA 模型对该信号进行滤波处理并比较结果，参数设置如下：

（1）MA：$b=[1,2,3,2,1]/9$；

（2）AR：$a=0.8$；

（3）ARMA：$b=[1,2,3,2,1]/9$，$a=0.8$。

11.18（MATLAB 练习） 已知含噪正弦信号 $X(t)=s(t)+N(t)$，其中

$$s(t)=\begin{cases}\sin(\pi t),\ 0\leqslant t\leqslant 1\\ 0,\ 1\leqslant t\leqslant 2\end{cases}$$

$N(t)$ 为 $\sigma_N^2=0.5$ 的高斯白噪声。令采样率 $f_s=100$ Hz，观测时间为 $0\leqslant t\leqslant 2$ s，设计一个匹配滤波器，画出输入信号和输出信号的波形，并计算最大输出信噪比。

11.19（MATLAB 练习） 已知两个具有单位能量的矩形脉冲信号

$$s_1(t)=\begin{cases}1,\ 0\leqslant t\leqslant 1\\ 0,\ 其他\end{cases},\quad s_2(t)=\begin{cases}1/2,\ 0\leqslant t\leqslant 4\\ 0,\ 其他\end{cases}$$

假设观测信号被噪声淹没，即 $X_i(t)=s_i(t)+V_i(t)$，$i=1,2$，其中，$V_i(t)$ 为 $\sigma_V^2=1$ 的高斯白噪声，观测时长为 $0\leqslant t\leqslant 5$ s。利用 MATLAB 完成下列任务：

（1）设采样率 $f_s=100$ Hz，仿真生成观测信号 $x_1(t)$ 和 $x_2(t)$，并设计相应的匹配滤波器，画出滤波前后的信号波形，并说明何时匹配滤波器的输出最大；

（2）根据两个信号的匹配滤波的结果，试分析匹配滤波器的性能与哪些因素有关。

11.20（MATLAB 练习） 已知 $S[n]$ 是由如下 AR 模型生成的色噪声

$$S[n]=a\,S[n-1]+W[n]$$

式中，$a=0.8$；$W[n]$ 为 $\sigma_W^2=0.5$ 的高斯白噪声。

现考虑观测信号

$$X[n]=S[n]+N[n]$$

式中，$N[n]$ 为 $\sigma_N^2=1$ 的高斯白噪声，且 $S[n]$ 与 $N[n]$ 相互独立。

（1）根据 AR 模型计算 $S[n]$ 的功率谱密度和自相关函数的理论值；

（2）根据观测信号模型计算 $X[n]$ 的自相关函数、$X[n]$ 与 $S[n]$ 的互相关函数的理论值；

（3）根据（1）、（2）的结果设计一个长度为 $N=10$ 的 FIR 维纳滤波器，并对 $X[n]$ 进行滤波，观察滤波结果。

第 12 章　信号时频分析

扫码见实验代码

本章阅读提示

- 为什么要研究信号的时频分析？傅里叶变换存在哪些局限性？
- 时间分辨率和频率分辨率分别指什么？两者具有怎样的关系？
- 常用的时频分析工具有哪些？它们各自具有怎样的时频特性？
- 分数阶傅里叶变换与傅里叶变换、短时傅里叶变换以及 Wigner - Ville 分布具有怎样的关系？

12.1　时频分析概述

时域和频域为信号表示及分析提供了两种不同的视角。然而，自然界中有些事物需要时间和频率联合来描述。例如，乐谱是一种时间 - 频率联合表示，演奏者只有在恰当的时间弹奏正确的音符，才能形成优美动听的旋律。又如，人们讲话时的声调通常会随时间变化，从而形成丰富的语义。再如，晚霞也可视为一种时间 - 频率联合表示，它反映了云层色彩（即光的波长）随时间的变化过程。由此可见，单纯依靠时域或频域不足以描述这些现象，有必要研究频谱随时间变化的规律，这就是**时频分析**（time - frequency analysis）的主要内容。

12.1.1　傅里叶变换的局限性

在时频分析中，具有时变频谱的信号称为**非平稳信号**（non - stationary signal）；反之，则称为**平稳信号**①（stationary signal）。傅里叶变换是联系信号时域和频域的桥梁，它奠定了平稳信号分析与处理的基础。但是对于非平稳信号，傅里叶变换存在一定局限性，主要体现在以下三个方面。

（1）傅里叶变换缺乏时频定位功能

为了方便阐述，首先给出函数空间的内积概念。令 $L^2(\mathbb{R})$ 表示平方可积空间，即

$$L^2(\mathbb{R}) = \left\{ f(t) \,\middle|\, \int_{-\infty}^{\infty} |f(t)|^2 \mathrm{d}t < \infty \right\} \tag{12.1}$$

---

① 注意，本章中的“平稳信号”和“非平稳信号”与随机信号分析中的“平稳过程”和“非平稳过程”含义不同。

从物理意义上来讲，$L^2(\mathbb{R})$是所有能量信号的集合。

设$f(t)$，$g(t)\in L^2(\mathbb{R})$，定义两个函数的内积为

$$\langle f(t),g(t)\rangle_t=\int_{-\infty}^{+\infty}f(t)g^*(t)\mathrm{d}t \tag{12.2}$$

式中，$\langle\cdot,\cdot\rangle_t$表示以$t$为自变量的函数的内积①。

根据式（12.2），可将傅里叶变换定义改写成内积形式，即对任意$f(t)\in L^2(\mathbb{R})$，有

$$F(\omega)=\left\langle f(t),\frac{1}{\sqrt{2\pi}}\mathrm{e}^{\mathrm{j}\omega t}\right\rangle_t=\frac{1}{\sqrt{2\pi}}\int_{-\infty}^{+\infty}f(t)\mathrm{e}^{-\mathrm{j}\omega t}\mathrm{d}t \tag{12.3}$$

类似地，傅里叶逆变换可以表示为频域函数的内积，即

$$f(t)=\left\langle F(\omega),\frac{1}{\sqrt{2\pi}}\mathrm{e}^{-\mathrm{j}\omega t}\right\rangle_\omega=\frac{1}{\sqrt{2\pi}}\int_{-\infty}^{+\infty}F(\omega)\mathrm{e}^{\mathrm{j}\omega t}\mathrm{d}\omega \tag{12.4}$$

值得说明的是，式（12.3）和式（12.4）与前面章节所定义的傅里叶变换有所不同，差别在于上面两式的尺度系数均为$1/\sqrt{2\pi}$。这种归一化处理使正反变换具有统一对称的形式，但不会影响傅里叶变换的性质。本章均采用上述定义形式。

傅里叶变换是将信号从时域变换到频域，而频域上不包含任何时域信息。同理，傅里叶逆变换是将信号从频域变换到时域，而时域上不包含任何频域信息。这意味着，对于某一时刻，无法确定信号所包含的频率成分；反之，对于某一频率，也无法确定其发生的时刻。因此，傅里叶变换缺乏时间与频率的联合定位功能。下面举例说明这一点。

设某信号$x(t)$由以下三个不同频率的分段正弦信号组成

$$x(t)=\begin{cases}\sin(2\pi f_1 t),\ 0\leqslant t<1\\ \sin(2\pi f_2 t),\ 1\leqslant t<2\\ \sin(2\pi f_3 t),\ 2\leqslant t\leqslant 3\end{cases} \tag{12.5}$$

式中，$f_1=10$ Hz；$f_2=25$ Hz；$f_3=40$ Hz。图12.1（a）和图12.1（b）给出了$x(t)$的时域波形和频谱（幅度谱）②。

现考虑另外一个分段正弦信号

$$y(t)=\begin{cases}\sin(2\pi f_3 t),\ 0\leqslant t<1\\ \sin(2\pi f_1 t),\ 1\leqslant t<2\\ \sin(2\pi f_2 t),\ 2\leqslant t\leqslant 3\end{cases} \tag{12.6}$$

式中，f_1，f_2，f_3与$x(t)$中的频率相同。图12.1（c）和图12.1（d）给出了$y(t)$的时域波形和频谱。显然，虽然$x(t)$与$y(t)$的波形不同，但两者的频谱均在f_1，f_2，f_3处出现了峰值。这说明，无法通过频谱来确定f_1，f_2，f_3对应于哪个时间段，自然也就无法区分$x(t)$和$y(t)$。因此，傅里叶变换缺乏时频定位功能。

（2）傅里叶变换无法描述时变频谱

从傅里叶变换定义可以看出，信号$f(t)$及其傅里叶变换$F(\omega)$分别是关于时间t和频率ω的函数。因此，傅里叶变换仅适用于频谱不随时间变化的平稳信号。然而，现实世

---

① 在不引起歧义的情况下，也可将自变量省略，简记为$\langle f,g\rangle$。

② 采用FFT计算，并对幅值进行了归一化。

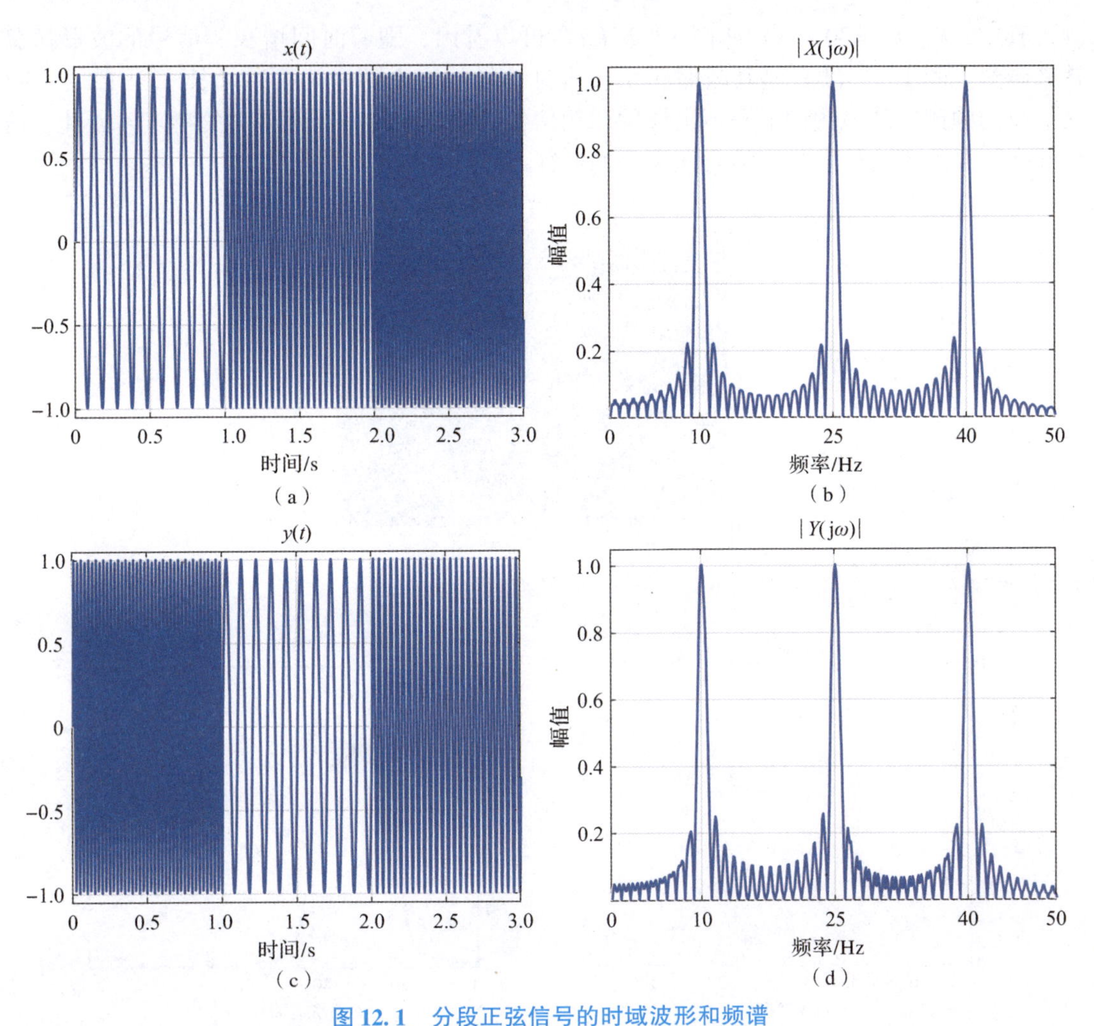

图 12.1　分段正弦信号的时域波形和频谱

(a) $x(t)$的时域波形；(b) $x(t)$的频谱；(c) $y(t)$的时域波形；(d) $y(t)$的频谱

界中绝大部分信号是频谱随时间变化的非平稳信号，譬如雷达、声呐、语音、音乐、生物信号等都具有时变频谱特征。

设信号可以表示成极坐标的形式，即

$$f(t)=A(t)\mathrm{e}^{\mathrm{j}\phi(t)} \tag{12.7}$$

式中，$A(t)$和$\phi(t)$分别表示信号的幅度和相位。信号$f(t)$的瞬时频率（instantaneous frequency）定义为

$$f_{\mathrm{ins}}(t)=\frac{1}{2\pi}\frac{\mathrm{d}\phi(t)}{\mathrm{d}t} \tag{12.8}$$

由于平稳信号的频率不随时间变化，故瞬时频率为常数，而非平稳信号的瞬时频率是关于时间 t 的函数。以广泛应用于雷达系统的线性调频（linear frequency modulation, LFM）信号为例，设$x(t)=\mathrm{e}^{\mathrm{j}2\pi(f_0t+kt^2/2)}$，由式（12.8）可知，该线性调频信号的瞬时频率为$f_{\mathrm{ins}}(t)=f_0+kt$，即正比于时间，因此其频率是时变的。图 12.2 给出了一个 LFM 信号示

例，其中，$f_{\text{ins}}(t)=20+8t$。从图 12.2（a）可以看出，随着时间增长，信号的波形振荡越来越快。图 12.2（b）是其瞬时频率，可见信号的频率随时间线性增长。图 12.2（c）是信号的频谱，从该频谱上看不出线性调频信号的频率随时间线性变化的特点。因此，傅里叶变换反映不出信号频率随时间变化的特征。

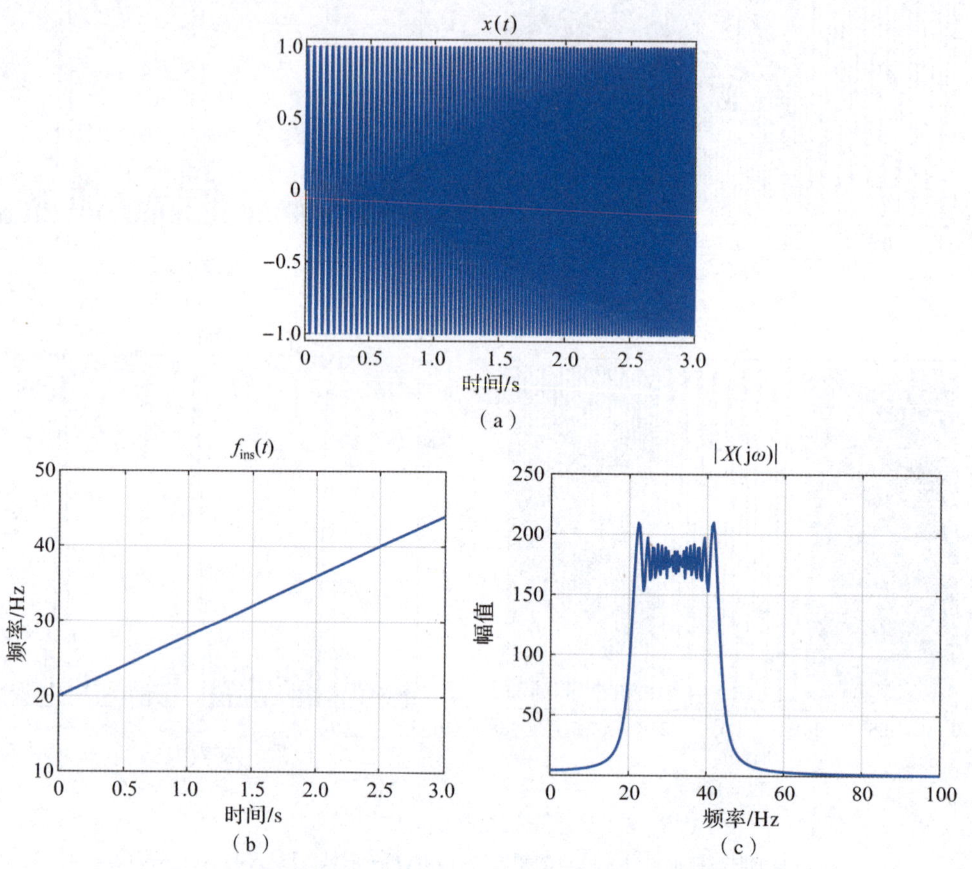

图 12.2　线性调频信号的时域波形、瞬时频率和频谱

（a）时域波形；（b）瞬时频率；（c）频谱

需要指出的是，信号的瞬时频率与频谱中的频率是两个不同的概念。从时频平面上来看，信号可以分为单时频脊信号和多时频脊信号两大类。其中，时频脊反映了信号能量在时频平面上局部极大值的分布情况。单时频脊信号在任意时刻都只有一个频率，该频率称为信号的瞬时频率。多时频脊信号则在某些时刻具有各自的瞬时频率。而在信号频谱中，频率反映的是信号整体中包含的频率成分的平均值。

（3）傅里叶变换不能兼顾时频分辨率

下面从时间分辨率和频率分辨率的角度来讨论傅里叶变换的局限性。所谓时间（或频率）分辨率，是指在时域（或频域）能分辨的最小间隔。具体来说，时间分辨率是指通过一个时域窗函数来观察信号时域波形时，所能看到的时间宽度。而频率分辨率则是指通过一个频域窗函数来观察信号频谱时，所能看到的频率宽度。

在实际应用中，希望同时得到较高的时间分辨率和频率分辨率。然而，时频不确定性原理（uncertainty principle）指出，时间分辨率和频率分辨率不可能同时达到最高。因此，在实际应用中，可以根据信号特点及任务要求，选取不同的时间分辨率和频率分辨率。例如，对于具有瞬时突变特性的信号，时间分辨率应足够高，以保证观察到信号的瞬时变化形态及变化时刻。此时，频率分辨率可以适当降低。反之，对于时域慢变的信号，不必要求较高的时间分辨率，而频率分辨率应足够高，以便分析提取不同的频率成分。一个好的信号分析工具，应具有根据信号的特性来自适应调节时间分辨率和频率分辨率的能力。

为了考察时间和频率的分辨率，根据傅里叶变换的帕塞瓦尔定理①，可得

$$F(\omega) = \left\langle f(t), \frac{1}{\sqrt{2\pi}} e^{j\omega t} \right\rangle_t = \langle F(v), \delta(v-\omega) \rangle_v \tag{12.9}$$

式（12.9）表明，从时域来看，傅里叶变换相当于用时域窗函数$\frac{1}{\sqrt{2\pi}} e^{j\omega t}$去观察信号$f(t)$。由于$\frac{1}{\sqrt{2\pi}} e^{j\omega t}$是复正弦函数，其在时域的持续时间是从$-\infty$到$+\infty$，因此，傅里叶变换具有最差的时间分辨率。从频域来看，傅里叶变换相当于用频域窗函数$\delta(v-\omega)$去观察信号频谱$F(v)$，由于$\delta(v-\omega)$是频域上的冲激函数，因此，傅里叶变换具有最好的频率分辨率。对于傅里叶逆变换，可作类似分析，见习题 12.1。

12.1.2　时频分析的发展历程

傅里叶变换的局限性限制了其在一些特定场合的应用，但也成为推动发展新的信号分析和处理工具的动力。在傅里叶变换的基础上，后续衍生出一系列时频分析方法，不但扩展了信号分析的范围，而且丰富了信号处理的内涵。

为了实现时频局部化分析，一种最直接的方法是先对信号进行加窗，然后对加窗信号作傅里叶变换，这样就可以得到信号的局部频谱特征。这种方法为**短时傅里叶变换**（short－time Fourier transform，STFT）或加窗傅里叶变换（windowed Fourier transform）。短时傅里叶变换的思想可以追溯到 1946 年英国物理学家加博（D. Gabor）提出的时频展开，即 Gabor 展开。但其直接基础源于美国计算机科学家法诺（R. Fano）、德国物理学家施罗德（M. R. Schroeder）和印度物理学家阿塔尔（B. S. Atal）等关于声谱仪工作原理的研究[55]。该仪器起源于美国贝尔实验室 1941 年启动的一项军工研究——可视语音（visible speech），该研究于 1946 年解密[56]。声谱仪可以将声音信号转换成可视化的**谱图**（spectrogram），即短时傅里叶变换的模平方。理论研究表明，Gabor 展开可以视为窗函数

---

① 帕塞瓦尔定理的一般形式为

$$\int_{-\infty}^{\infty} f(t) g^*(t) \mathrm{d}t = \int_{-\infty}^{\infty} F(\omega) G^*(\omega) \mathrm{d}\omega$$

或用内积表示为

$$\langle f(t), g(t) \rangle_t = \langle F(\omega), G(\omega) \rangle_\omega$$

式中，$F(\omega)$，$G(\omega)$分别为$f(t)$，$g(t)$的傅里叶变换，定义见式（12.3）。特别地，若$f=g$，则有

$$\int_{-\infty}^{\infty} |f(t)|^2 \mathrm{d}t = \int_{-\infty}^{\infty} |F(\omega)|^2 \mathrm{d}\omega$$

即信号能量在时域和频域是守恒的。上述结论在有些文献中也称为 Plancherel 定理。

为高斯函数的短时傅里叶变换的离散形式[9]。

1948 年，法国数学家维尔（J. Ville）提出一种信号能量时频分布，以克服傅里叶变换的局限性。实际上，该分布早在 1932 年就由匈牙利裔美国物理学家魏格纳（E. Wigner）提出，并用于量子力学研究，后称之为 **Wigner – Ville 分布**（Wigner – Ville distribution，WVD）。在此基础上，衍生出一系列时频联合分布。1966 年，美国理论物理学家科恩（L. Cohen）提出了时频分布的一般形式，称为 Cohen 类时频分布，Wigner – Ville 分布及其衍生形式都可视为 Cohen 类时频分布的特例[57]。

在 20 世纪 70 年代末，法国地球物理学家莫莱（J. Morlet）在从事地震信号分析时发现，短时傅里叶变换无法自适应地震信号中瞬间剧烈的波动，于是提出了**小波变换**（wavelet transform，WT）的概念。小波变换的提出不仅扩展了时频联合分析的内涵，而且其分辨率能够自适应信号的变化。在小波变换基础上，又催生出小波包变换的概念，丰富和完善了小波分析理论体系。小波分析已成为信号处理的又一强大工具[58]。

1980 年，美国学者纳米亚斯（V. Namias）提出了**分数阶傅里叶变换**（fractional Fourier transform，FrFT）的概念。1987 年，英国学者麦克布莱德（A. C. McBride）和克尔（F. H. Kerr）给出了 FrFT 严格的数学定义，并对其基本性质进行了完善。1994 年，葡萄牙学者阿尔梅达（L. Almeida）将其引入信号处理领域，并揭示其本质相当于时频平面上逆时针旋转的物理意义。1996 年，土耳其学者奥扎克茨（H. M. Ozaktas）等提出了一种计算量与快速傅里叶变换相当的 FrFT 离散算法，为 FrFT 数字信号处理奠定了理论基础。由于分数阶傅里叶变换继承了傅里叶变换的基本性质，同时还具有自身独有特性，近年来在信号处理领域备受关注，尤其是在信号采样、滤波、参数估计等方面涌现出一系列新的研究成果[59]。

本章余下部分将详细介绍上述变换工具。

12.2 短时傅里叶变换

短时傅里叶变换是最为典型的时域局部化分析工具，其基本思想是对信号乘上一个时间有限的窗函数后再作傅里叶变换。假定信号在窗函数内是平稳的，通过窗函数在时间轴上的移动对信号进行逐段分析，便可以得到信号的一组局部频谱，从而分析信号的时频特性。

12.2.1 短时傅里叶变换的定义

已知信号 $f(\tau) \in L^2(\mathbb{R})$，短时傅里叶变换定义为

$$V_f(t,\omega) = \int_{-\infty}^{+\infty} f(\tau) g^*(\tau - t) \mathrm{e}^{-\mathrm{j}\omega\tau} \mathrm{d}\tau \tag{12.10}$$

式中，$g(\tau)$ 为窗函数。特别地，当窗函数 $g(\tau) \equiv 1/\sqrt{2\pi}$ 时，短时傅里叶变换即退化为傅里叶变换（即定义式（12.3））。

式（12.10）可以理解为对加窗信号 $f(\tau)g^*(\tau - t)$ 作傅里叶变换，其中，t 为中心时刻。随着窗函数在时间轴上滑动，可以得到信号 $f(\tau)$ 在时间 t 附近的“局部频谱”。因此

短时傅里叶变换是一种时间-频率联合表示，具有时频定位功能，能够刻画信号频谱的时变特征。短时傅里叶变换的计算过程如图 12.3 所示。图 12.4 给出了式（12.5）中分段正弦信号的短时傅里叶变换①。可以看出，相较于傅里叶变换，短时傅里叶变换能够展示出频谱随时间变化的情况。

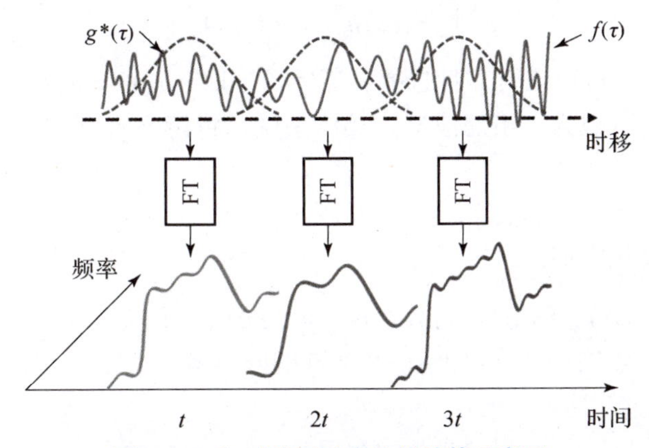

图 12.3　短时傅里叶变换的计算示意图

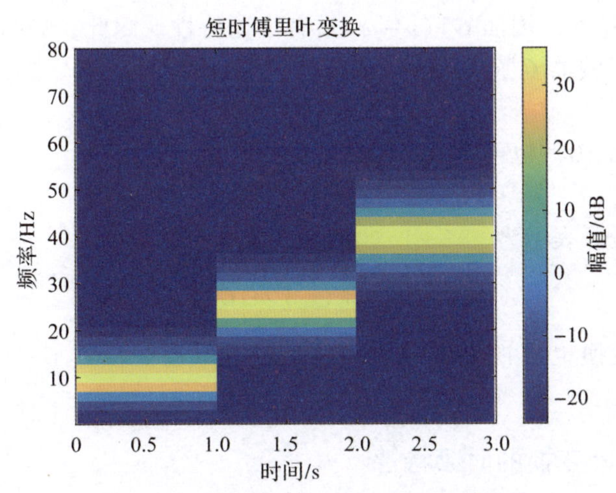

图 12.4　分段正弦信号的短时傅里叶变换

短时傅里叶变换也可以从基函数加窗的角度来理解，即

$$V_f(t,\omega)=\langle f(\tau),g(\tau-t)\mathrm{e}^{\mathrm{j}\omega\tau}\rangle_\tau \tag{12.11}$$

上式表明，短时傅里叶变换可以看成信号 $f(\tau)$ 与加窗复指数函数 $g(\tau-t)\mathrm{e}^{\mathrm{j}\omega\tau}$ 的内积。

如同傅里叶变换一样，短时傅里叶变换也存在逆变换，其具有一维和二维两种形式。一维表达式为

$$f(t)=\frac{1}{2\pi g^*(0)}\int_{-\infty}^{+\infty}V_f(t,\omega)\mathrm{e}^{\mathrm{j}\omega t}\mathrm{d}\omega \tag{12.12}$$

式中，窗函数满足 $g^*(0)\neq 0$。

① 采用 MATLAB 函数 stft 绘制，具体使用方法参见 MATLAB 帮助文档。

二维表达形式为

$$f(\tau)=\frac{1}{2\pi}\int_{-\infty}^{+\infty}\int_{-\infty}^{+\infty}V_f(t,\omega)h(\tau-t)\mathrm{e}^{\mathrm{j}\omega\tau}\mathrm{d}t\mathrm{d}\omega \tag{12.13}$$

式中，$h(t)$是对偶窗函数，且满足

$$\int_{-\infty}^{+\infty}g(t)h^*(t)\mathrm{d}t=1 \tag{12.14}$$

满足式（12.14）的$h(t)$可以有多种选择，通常可选取[①] $h(t)=g(t)$。

短时傅里叶变换可视为一组滤波器。具体来说，将定义式（12.10）改写为卷积的形式，即

$$V_f(t,\omega)=\mathrm{e}^{-\mathrm{j}\omega t}[f(t)*(g^*(-t)\mathrm{e}^{\mathrm{j}\omega t})] \tag{12.15}$$

根据傅里叶变换的卷积定理[②]，有

$$f(t)*(g^*(-t)\mathrm{e}^{\mathrm{j}\omega t})\overset{\mathcal{F}}{\longleftrightarrow}\sqrt{2\pi}F(v)G^*(v-\omega) \tag{12.16}$$

式中，$F(v)$和$G(v)$分别为$f(t)$和$g(t)$的傅里叶变换。因此，式（12.15）还可以表示为[③]

$$V_f(t,\omega)=\mathrm{e}^{-\mathrm{j}\omega t}\int_{-\infty}^{+\infty}F(v)G^*(v-\omega)\mathrm{e}^{\mathrm{j}vt}\mathrm{d}v \tag{12.17}$$

通常$G(v)$具有低通特性，因而$G^*(v-\omega)$具有带通特性。因此，短时傅里叶变换可视为信号$f(t)$通过带通滤波器$G^*(v-\omega)$（即与$g^*(-t)\mathrm{e}^{\mathrm{j}\omega t}$作卷积）之后，再乘以$\mathrm{e}^{-\mathrm{j}\omega t}$，如图12.5（a）所示。

类似地，式（12.10）也可以改写为如下卷积形式

$$V_f(t,\omega)=[f(t)\mathrm{e}^{-\mathrm{j}\omega t}]*g^*(-t) \tag{12.18}$$

相应地，用频域变量可表示为

$$V_f(t,\omega)=\int_{-\infty}^{+\infty}F(v+\omega)G^*(v)\mathrm{e}^{\mathrm{j}vt}\mathrm{d}v \tag{12.19}$$

因此，短时傅里叶变换也可视为信号$f(t)\mathrm{e}^{-\mathrm{j}\omega t}$经过低通滤波器$G^*(v)$后的输出，如图12.5（b）所示。

12.2.2 短时傅里叶变换的时频特性

本节分析短时傅里叶变换的时间和频率分辨率。根据傅里叶变换的帕塞瓦尔定理可得

$$V_f(t,\omega)=\langle f(\tau),g(\tau-t)\mathrm{e}^{\mathrm{j}\omega\tau}\rangle_\tau=\langle F(v),G(v-\omega)\mathrm{e}^{-\mathrm{j}(v-\omega)t}\rangle_v \tag{12.20}$$

式中，$F(v)$和$G(v)$分别表示$f(\tau)$和$g(\tau)$的傅里叶变换。

---

① 注意到式（12.14）即为$\langle g(t),h(t)\rangle=1$，如果$h(t)=g(t)$不满足该式，可令$h(t)=g(t)/\|g(t)\|^2$，其中，$\|g(t)\|^2=\langle g(t),g(t)\rangle$，此时即满足$\langle g(t),h(t)\rangle=1$。这意味着总可以找到对偶窗函数满足式（12.14）。

② 由于本章所定义的傅里叶变换为式（12.3），相应地，卷积定理应表示为

$$f(t)*g(t)\overset{\mathcal{F}}{\longleftrightarrow}\sqrt{2\pi}F(\omega)G(\omega)$$

即频域上多了一个尺度系数$\sqrt{2\pi}$。

③ 事实上，式（12.17）也可以通过帕塞瓦尔定理得到，即

$$V_f(t,\omega)=\langle f(\tau),g(\tau-t)\mathrm{e}^{\mathrm{j}\omega\tau}\rangle_\tau=\langle F(v),G(v-\omega)\mathrm{e}^{-\mathrm{j}(v-\omega)t}\rangle_v$$

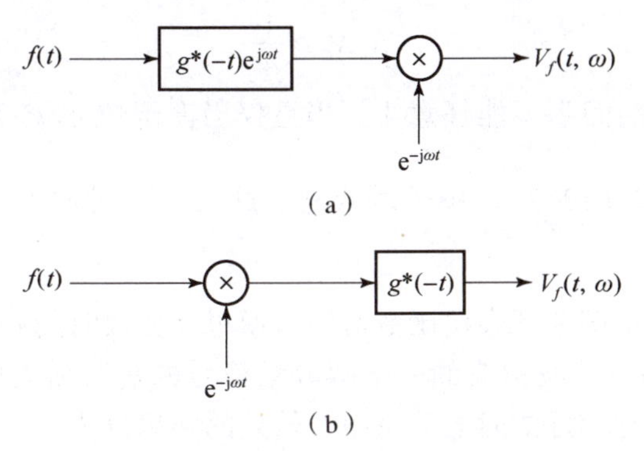

图 12.5 短时傅里叶变换的滤波器实现

(a) 带通滤波器实现；(b) 低通滤波器实现

式（12.20）表明，短时傅里叶变换的时间分辨率取决于 $g(\tau-t)$ 所确定的时窗宽度，而频率分辨率则依赖于 $G(v-\omega)$ 所确定的频窗宽度。窗函数 $g(\tau)$ 的时间中心 E_g 和时宽 Δ_g 分别定义为

$$E_g=\frac{1}{\|g\|^2}\int_{-\infty}^{+\infty}\tau|g(\tau)|^2\mathrm{d}\tau \tag{12.21}$$

$$\Delta_g=\frac{1}{\|g\|}\left(\int_{-\infty}^{+\infty}(\tau-E_g)^2|g(\tau)|^2\mathrm{d}\tau\right)^{\frac{1}{2}} \tag{12.22}$$

式中，$\|g\|^2=\langle g,g\rangle=\int_{-\infty}^{+\infty}|g(\tau)|^2\mathrm{d}\tau$。

类似地，$G(\omega)$ 的频率中心 E_G 和频宽 Δ_G 分别定义为

$$E_G=\frac{1}{\|G\|^2}\int_{-\infty}^{+\infty}v|G(v)|^2\mathrm{d}v \tag{12.23}$$

$$\Delta_G=\frac{1}{\|G\|}\left(\int_{-\infty}^{+\infty}(v-E_G)^2|G(v)|^2\mathrm{d}v\right)^{\frac{1}{2}} \tag{12.24}$$

式中，$\|G\|^2=\langle G,G\rangle=\int_{-\infty}^{+\infty}|G(v)|^2\mathrm{d}v$。

容易计算，$g(\tau-t)$ 的时间中心和时宽分别为 E_g+t 和 Δ_g，而 $G(v-\omega)$ 的频率中心和频宽分别为 $E_G+\omega$ 和 Δ_G。于是，短时傅里叶变换在时频面上确定了一个时频分析窗，即

$$[E_g+t-\Delta_g,E_g+t+\Delta_g]\times[E_G+\omega-\Delta_G,E_G+\omega+\Delta_G] \tag{12.25}$$

选定窗函数 $g(\tau)$ 之后，这个时频分析窗是一个与时频坐标轴平行，且与时间 t 及频率 ω 无关的矩形，具有固定的面积 $4\Delta_g\Delta_G$，如图 12.6 所示。

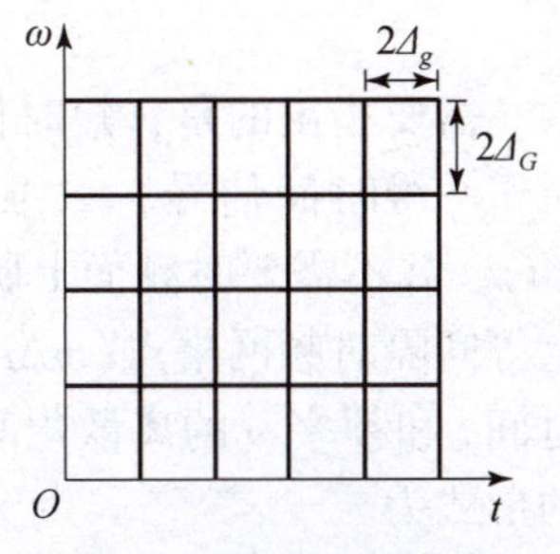

图 12.6 短时傅里叶变换的时频分析窗

短时傅里叶变换的时频分析能力可以用时频分析窗的形状和面积来度量。在时频分析窗的形状固定不变时，窗口面积越小，说明短时傅里叶变换时频局部化描述能力越强；反之，说明短时傅里叶变换时频局部化描述能力越差。由时频不确定性原理可知，时频分析窗的面积应满足

$$\Delta_g^2\Delta_G^2 \geqslant \frac{1}{4} \tag{12.26}$$

由此可见，时频分析窗的面积不能任意小。当且仅当窗函数 $g(t)$ 为高斯函数，即 $g(t) = \left(\frac{1}{\pi\sigma^2}\right)^{\frac{1}{4}} \mathrm{e}^{-\frac{t^2}{2\sigma^2}}$ 时，不等式（12.26）中等号成立。此时，短时傅里叶变换具有最高的时频分辨率。

下面结合一个仿真示例来考察窗函数对短时傅里叶变换时间和频率分辨率的影响。图12.7给出了由高斯调幅正弦波构成的一个两分量信号的短时傅里叶变换。可以看出，窄窗的短时傅里叶变换具有较好的时间分辨率、较差的频率分辨率。宽窗的短时傅里叶变换则具有较好的频率分辨率、较差的时间频率。

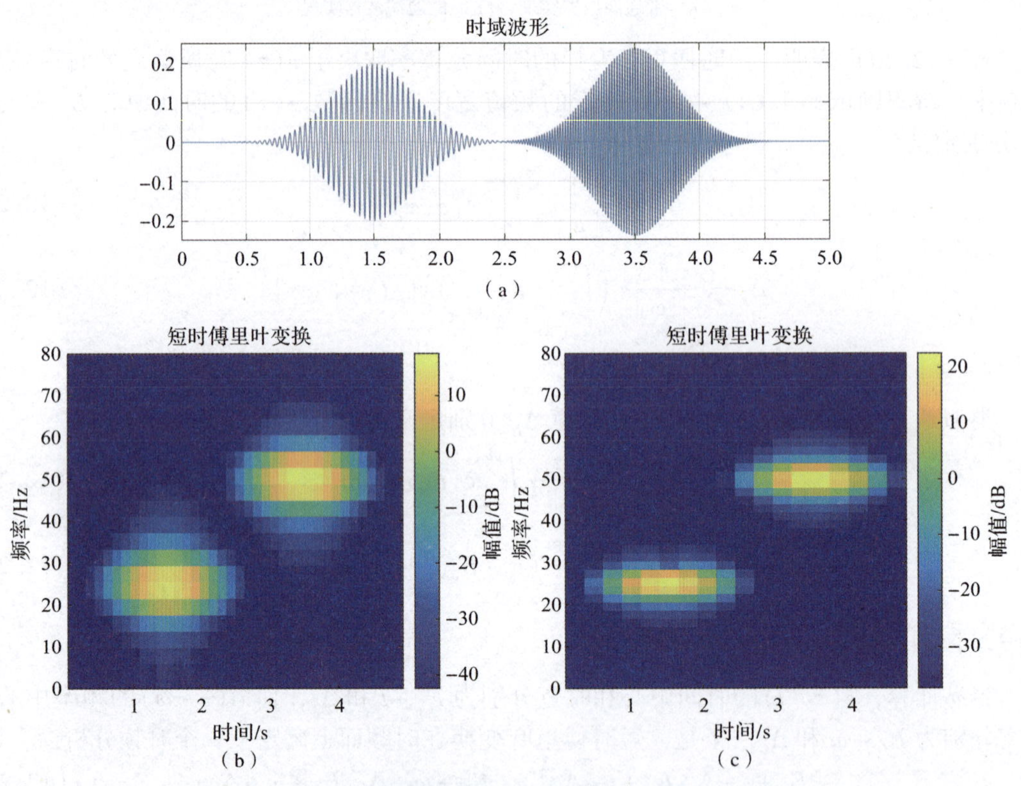

图 12.7 两分量高斯调幅正弦信号的短时傅里叶变换

(a) 时域波形；(b) 窄窗；(c) 宽窗

需要指出的是，短时傅里叶变换 $V_f(t,\omega)$ 是一个联合时间 t 和频率 ω 的二维函数。相对于一维时间信号，二维短时傅里叶变换是冗余的。实际上，为了恢复原始一维信号 $f(t)$，并不需要时频面上所有时间 t 和频率 ω 处的短时傅里叶变换值，通常考虑在时频面上等间隔时频网格点 $(m\Delta t, n\Delta\omega)$ 处的短时傅里叶变换值，其中，$\Delta t > 0$ 和 $\Delta\omega > 0$ 分别是时间 t 和频率 ω 的离散化间隔，而 m 和 n 为整数。于是，短时傅里叶变换在时频网格点处的形式为

$$V_f(m\Delta t, n\Delta\omega) = \int_{-\infty}^{+\infty} f(\tau) g^*(\tau - m\Delta t) \mathrm{e}^{-\mathrm{j}n\Delta\omega\tau} \mathrm{d}\tau \tag{12.27}$$

相应地，短时傅里叶逆变换在时频网格点处的形式为

$$f(\tau) = \sum_{m \in \mathbf{Z}} \sum_{n \in \mathbf{Z}} V_f(m\Delta t, n\Delta\omega) h(\tau - m\Delta t) \mathrm{e}^{\mathrm{j}n\Delta\omega\tau} \tag{12.28}$$

实际上，式（12.28）与信号$f(\tau)$的 Gabor 展开是一致的，$V_f(m\Delta t, n\Delta\omega)$为 Gabor 展开系数，$h(\tau - m\Delta t)\mathrm{e}^{\mathrm{j}n\Delta\omega\tau}$为 Gabor 基函数。

理论研究表明，根据$\Delta\tau\Delta\omega$与2π之间关系，Gabor 展开有下述三种形式。

- 欠采样 Gabor 展开：$\Delta\tau\Delta\omega > 2\pi$；
- 临界采样 Gabor 展开：$\Delta\tau\Delta\omega = 2\pi$；
- 过采样 Gabor 展开：$\Delta\tau\Delta\omega < 2\pi$。

已证明，欠采样 Gabor 展开会导致数值上的不稳定，所以其不是一种具有实际意义的信号表示方法。有关 Gabor 展开的研究主要集中在 Gabor 展开系数的求解方面，这包括临界采样和过采样 Gabor 展开以及对应的离散 Gabor 展开，具体论述详见文献［44］。

12.2.3　短时傅里叶变换的性质

（1）线性特性

已知信号$x(t)$和$y(t)$的短时傅里叶变换分别为$V_x(t,\omega)$和$V_y(t,\omega)$，设信号$z(t) = k_1 x(t) + k_2 y(t)$，其中，$k_1$和$k_1$为任意常数，则有

$$V_z(t,\omega) = k_1 V_x(t,\omega) + k_2 V_y(t,\omega) \tag{12.29}$$

该性质表明，短时傅里叶变换满足线性叠加性，适合分析多分量信号。

（2）时移特性

已知信号$x(t)$的短时傅里叶变换为$V_x(t,\omega)$，若$y(t) = x(t - t_0)$，则有

$$V_y(t,\omega) = V_x(t - t_0, \omega)\mathrm{e}^{-\mathrm{j}\omega t_0} \tag{12.30}$$

该性质表明，信号经过时移t_0，对应的短时傅里叶变换发生时移t_0，同时乘以$\mathrm{e}^{-\mathrm{j}\omega t_0}$。

（3）调制特性

已知信号$x(t)$的短时傅里叶变换为$V_x(t,\omega)$，若$z(t) = x(t)\mathrm{e}^{\mathrm{j}\omega_0 t}$，则有

$$V_z(t,\omega) = V_x(t, \omega - \omega_0) \tag{12.31}$$

该性质表明，信号与复指数信号$\mathrm{e}^{\mathrm{j}\omega_0 t}$相乘，对应的短时傅里叶变换发生频移$\omega_0$。这与傅里叶变换的频移性质是一致的。

（4）帕塞瓦尔定理（能量守恒定理）

已知信号$x(t)$和$y(t)$的短时傅里叶变换分别为$V_x(t,\omega)$和$V_y(t,\omega)$，则有

$$\langle x(t), y(t) \rangle_t = \frac{1}{2\pi}\int_{-\infty}^{+\infty}\int_{-\infty}^{+\infty} V_x(t,\omega) V_y^*(t,\omega)\,\mathrm{d}t\mathrm{d}\omega \tag{12.32}$$

特别地，若$x(t) = y(t)$，则

$$\int_{-\infty}^{+\infty} |x(t)|^2 \mathrm{d}t = \frac{1}{2\pi}\int_{-\infty}^{+\infty}\int_{-\infty}^{+\infty} |V_x(t,\omega)|^2 \mathrm{d}t\mathrm{d}\omega \tag{12.33}$$

该性质表明，信号在时域和时频平面上具有能量守恒关系，其中，$|V_x(t,\omega)|^2$描述了信号能量在时频平面上的分布情况，通常称为谱图（spectrogram）。

12.3 Wigner – Ville 分布

上一节介绍了短时傅里叶变换的基本原理，短时傅里叶变换的窗函数是固定的，这意味着其时间和频率分辨率都是固定的，无法根据信号的频率高低动态调整。同时，时频不确定性原理表明，选择一个合适的窗函数十分困难，在时间和频率分辨率上需要做出折中选择。理论研究表明，Wigner – Ville 分布可以看成窗函数为信号自身的短时傅里叶变换，其时间和频率分辨率能够完全自适应信号的变化。

12.3.1 Wigner – Ville 分布的定义

对于任意信号 $f(t) \in L^2(\mathbb{R})$，Wigner – Ville 分布定义为

$$\mathrm{WVD}_f(t,\omega) = \int_{-\infty}^{+\infty} f\left(t + \frac{\tau}{2}\right) f^*\left(t - \frac{\tau}{2}\right) \mathrm{e}^{-\mathrm{j}\omega\tau} \mathrm{d}\tau \tag{12.34}$$

根据帕塞瓦尔定理，Wigner – Ville 分布也可表示为

$$\mathrm{WVD}_f(t,\omega) = \int_{-\infty}^{+\infty} F\left(\omega + \frac{v}{2}\right) F^*\left(\omega - \frac{v}{2}\right) \mathrm{e}^{\mathrm{j}tv} \mathrm{d}v \tag{12.35}$$

式中，$F(\omega)$ 为 $f(t)$ 的傅里叶变换。由此可见，Wigner – Ville 分布在时域和频域具有对称形式。

为了阐明 Wigner – Ville 分布的物理意义，首先回顾一下相关函数的定义。对于任意信号 $f(t) \in L^2(\mathbb{R})$，其自相关函数定义为

$$R_f(\tau) = \int_{-\infty}^{+\infty} f(t) f^*(t - \tau) \mathrm{d}t \tag{12.36}$$

令 $t = t' + \frac{\tau}{2}$，经过变量代换可得

$$R_f(\tau) = \int_{-\infty}^{+\infty} f\left(t' + \frac{\tau}{2}\right) f^*\left(t' - \frac{\tau}{2}\right) \mathrm{d}t' \tag{12.37}$$

由式（12.37）可以看出，信号 $f(t)$ 的自相关函数对时间从 $-\infty$ 到 $+\infty$ 进行了积分，无法体现信号时域的局部特性。鉴于此，受短时傅里叶变换的启发，为了描述信号的局部特性，可以进行加窗处理，并沿着时间 τ 进行加权，从而得到时变自相关函数，即

$$R_f(t,\tau) = \int_{-\infty}^{+\infty} \phi(u - t, \tau) f\left(u + \frac{\tau}{2}\right) f^*\left(u - \frac{\tau}{2}\right) \mathrm{d}u \tag{12.38}$$

可以发现，若取不同的窗函数 $\phi(u - t, \tau)$，就能得到不同的时变自相关函数。例如，取 $\phi(u - t, \tau) = \delta(u - t)$，则有

$$R_f(t,\tau) = f\left(t + \frac{\tau}{2}\right) f^*\left(t - \frac{\tau}{2}\right) \tag{12.39}$$

此即为信号 $f(t)$ 的瞬时自相关函数。比较式（12.34）和式（12.39）可知，Wigner – Ville 分布可以看成信号瞬时自相关函数的傅里叶变换，即

$$\mathrm{WVD}_f(t,\omega) = \int_{-\infty}^{+\infty} R_f(t,\tau) \mathrm{e}^{-\mathrm{j}\omega\tau} \mathrm{d}\tau \tag{12.40}$$

12.3.2 Wigner – Ville 分布的时频特性

与短时傅里叶变换相比，Wigner – Ville 分布具有更高的时频分辨率。下面通过一个例子来说明。设 LFM 信号 $x(t) = e^{j2\pi(200t+50t^2)}$，图 12.8 给出了该信号的 Wigner – Ville 分布①和短时傅里叶变换（谱图）。可以发现，Wigner – Ville 分布的峰脊更细，几乎与瞬时频率 $f_{ins} = 200 + 100t$ 重合，而短时傅里叶变换的峰脊明显更宽。

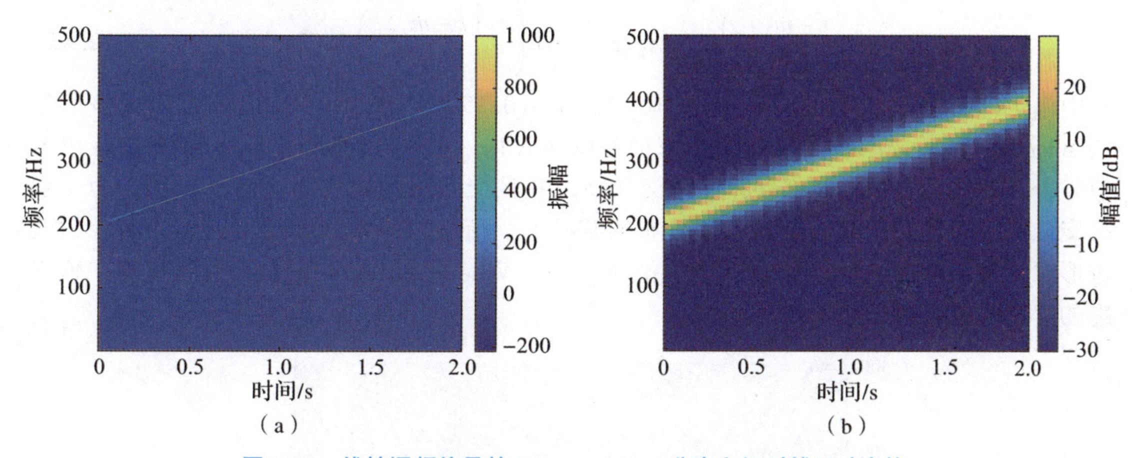

图 12.8　线性调频信号的 Wigner – Ville 分布和短时傅里叶变换

（a）Wigner – Ville 分布；（b）短时傅里叶变换

对于两个信号 $f(t)$，$g(t) \in L^2(\mathbb{R})$，Wigner – Ville 分布定义为

$$\mathrm{WVD}_{f,g}(t,\omega) = \int_{-\infty}^{+\infty} f\left(t + \frac{\tau}{2}\right) g^*\left(t - \frac{\tau}{2}\right) e^{-j\omega\tau} d\tau \tag{12.41}$$

其频域形式为

$$\mathrm{WVD}_{f,g}(t,\omega) = \int_{-\infty}^{+\infty} F\left(\omega + \frac{v}{2}\right) G^*\left(\omega - \frac{v}{2}\right) e^{jtv} dv \tag{12.42}$$

式中，$F(\omega)$，$G(\omega)$ 分别为信号 $f(t)$，$g(t)$ 的傅里叶变换。

需要指出的是，与短时傅里叶变换不同，Wigner – Ville 分布不满足线性叠加性。因而，对于多分量信号，其 Wigner – Ville 分布会出现交叉项。设多分量信号 $f(t)$ 可以分解成两个信号之和的形式，即

$$f(t) = x(t) + y(t) \tag{12.43}$$

由此并结合式（12.34）可得

$$\begin{aligned}\mathrm{WVD}_f(t,\omega) &= \mathrm{WVD}_x(t,\omega) + \mathrm{WVD}_{x,y}(t,\omega) + \mathrm{WVD}_{y,x}(t,\omega) + \mathrm{WVD}_y(t,\omega) \\ &= \mathrm{WVD}_x(t,\omega) + \mathrm{WVD}_y(t,\omega) + 2\mathrm{Re}\{\mathrm{WVD}_{x,y}(t,\omega)\}\end{aligned} \tag{12.44}$$

式中，$\mathrm{Re}\{\cdot\}$ 表示取实部。

该结果表明，Wigner – Ville 分布不满足线性叠加性，即两个信号和的 Wigner – Ville 分布并不是每一个信号 Wigner – Ville 分布之和，除两个自项 $\mathrm{WVD}_x(t,\omega)$ 和 $\mathrm{WVD}_y(t,\omega)$ 以

① 采用 MATLAB 函数 wvd 绘制，具体使用方法参见 MATLAB 帮助文档。

外，还有一个附加项 $2\mathrm{Re}\{\mathrm{WVD}_{x,y}(t,\omega)\}$，这个附加项称为交叉项。很显然，交叉项是实的，其幅度是自项的两倍。另外，交叉项混杂于自项之间，相对于自项通常是高频振荡的。

举例来讲，设信号 $f(t)$ 由四个高斯调幅正弦波组成，即

$$f(t)=\exp\left(-\frac{(t-m_1)^2}{2\sigma^2}\right)\sin(2\pi f_1 t)+\exp\left(-\frac{(t-m_2)^2}{2\sigma^2}\right)\sin(2\pi f_1 t)+\exp\left(-\frac{(t-m_1)^2}{2\sigma^2}\right)\sin(2\pi f_2 t)+\exp\left(-\frac{(t-m_2)^2}{2\sigma^2}\right)\sin(2\pi f_2 t) \tag{12.45}$$

式中，$f_1=100$ Hz，$f_2=400$ Hz，$m_1=0.15$，$m_2=0.35$，$\sigma=0.01$。图 12.9 给出了该信号的 Wigner－Ville 分布。可以看出，该信号的 Wigner－Ville 分布除了四个自项（蓝色取值）外，每两个自项之间都存在一个交叉项，并且交叉项的幅度明显高于自项。为了解决交叉项的问题，在 Wigner－Ville 分布的基础上，衍生出一系列满足不同实际需求的改进形式，如伪 Wigner－Ville 分布、平滑 Wigner－Ville 分布、Cohen 类时频分布等，感兴趣的读者可以查阅文献［45］。

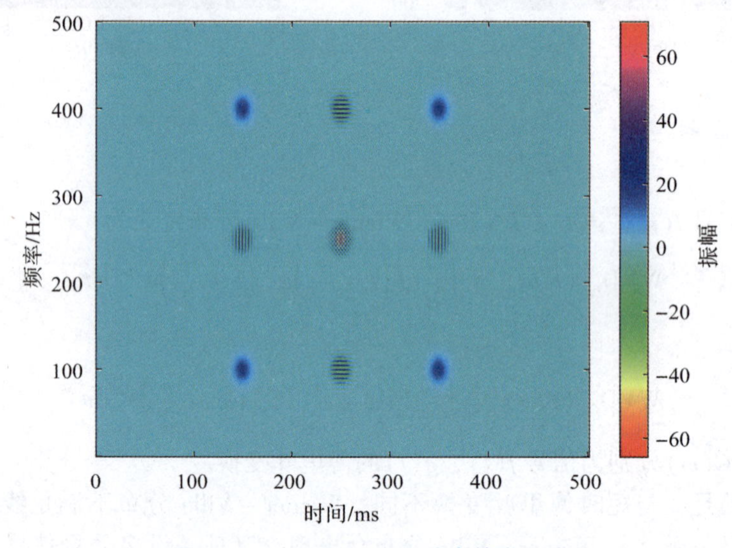

图 12.9　Wigner－Ville 分布的交叉项

12.3.3　Wigner－Ville 分布的性质

（1）实值性

记信号 $f(t)$ 的 Wigner－Ville 分布为 $\mathrm{WVD}_f(t,\omega)$，则 $\mathrm{WVD}_f(t,\omega)$ 是实函数，即

$$\mathrm{WVD}_f^*(t,\omega)=\mathrm{WVD}_f(t,\omega) \tag{12.46}$$

（2）对称性

记信号 $f(t)$ 的 Wigner－Ville 分布为 $\mathrm{WVD}_f(t,\omega)$，则 $\mathrm{WVD}_f(t,\omega)$ 是关于时间 t 和频率 ω 的偶函数，即

$$\mathrm{WVD}_f(t,\omega)=\mathrm{WVD}_f(t,-\omega) \tag{12.47}$$

$$\mathrm{WVD}_f(t,\omega)=\mathrm{WVD}_f(-t,\omega) \tag{12.48}$$

(3) 时移特性

记信号 $f(t)$ 的 Wigner－Ville 分布为 $\mathrm{WVD}_f(t,\omega)$，若信号 $g(t)=f(t-t_0)$，则有

$$\mathrm{WVD}_g(t,\omega)=\mathrm{WVD}_f(t-t_0,\omega) \tag{12.49}$$

(4) 调制特性

记信号 $f(t)$ 的 Wigner－Ville 分布为 $\mathrm{WVD}_f(t,\omega)$，若信号 $g(t)=f(t)\mathrm{e}^{\mathrm{j}\omega_0 t}$，则有

$$\mathrm{WVD}_g(t,\omega)=\mathrm{WVD}_f(t,\omega-\omega_0) \tag{12.50}$$

(5) 尺度伸缩特性

记信号 $f(t)$ 的 Wigner－Ville 分布为 $\mathrm{WVD}_f(t,\omega)$，若信号 $g(t)=\sqrt{c}f(ct)$，$c>0$，则有

$$\mathrm{WVD}_g(t,\omega)=\mathrm{WVD}_f(ct,\omega/c) \tag{12.51}$$

(6) Moyal 公式

记信号 $f(t)$ 和 $g(t)$ 的 Wigner－Ville 分布分别为 $\mathrm{WVD}_f(t,\omega)$ 和 $\mathrm{WVD}_g(t,\omega)$，则有

$$|\langle f(t),g(t)\rangle|^2=\frac{1}{2\pi}\int_{-\infty}^{\infty}\int_{-\infty}^{\infty}\mathrm{WVD}_f(t,\omega)\mathrm{WVD}_g(t,\omega)\,\mathrm{d}t\mathrm{d}\omega \tag{12.52}$$

(7) 能量守恒定理

记信号 $f(t)$ 的 Wigner－Ville 分布为 $\mathrm{WVD}_f(t,\omega)$，则有

$$\int_{-\infty}^{\infty}\int_{-\infty}^{\infty}\mathrm{WVD}_f(t,\omega)\,\mathrm{d}t\mathrm{d}\omega=\int_{-\infty}^{\infty}|f(t)|^2\mathrm{d}t=\int_{-\infty}^{\infty}|F(\omega)|^2\mathrm{d}\omega \tag{12.53}$$

由此可见，$\mathrm{WVD}_f(t,\omega)$ 反映了信号能量在时频平面上的分布。

12.4　小波变换

短时傅里叶变换以固定的滑动窗对信号进行分析，从而可描述信号的局部特性。但这种固定时间和频率分辨率的分析方法并不适用于所有信号。Wigner－Ville 分布虽然具有较好的时间和频率分辨率，但是由于存在交叉项，在一定程度上限制了其实际应用。本节将介绍一种新的时频分析方法——小波变换。

12.4.1　小波变换的定义

对于任意信号 $f(t)\in L^2(\mathbb{R})$，小波变换定义为

$$W_f(a,b)=\int_{-\infty}^{+\infty}f(t)\psi_{a,b}^*(t)\,\mathrm{d}t \tag{12.54}$$

式中

$$\psi_{a,b}(t)=\frac{1}{\sqrt{a}}\psi\left(\frac{t-b}{a}\right) \tag{12.55}$$

$\psi(t)$ 称为小波函数；$a\in\mathbb{R}^+$ 和 $b\in\mathbb{R}$ 分别表示尺度和平移参数。

小波函数应满足如下条件[48,33]：

①$|\psi(t)|\leqslant C(1+|t|^{-\alpha})$，其中，$C>0$，$\alpha>1$；

② $\int_{-\infty}^{\infty}\psi(t)\,\mathrm{d}t=0$。

条件①说明，小波应具有衰减特性；条件②说明，小波不含有直流成分，即$\Psi(0)=0$，其中，$\Psi(\omega)$是$\psi(t)$的傅里叶变换。因此，从时域上来看，小波函数具有振荡衰减的特性，而从频域上来看，小波函数可视为一个带通滤波器（因为频率响应在$\omega=0$处为零）。一个典型的小波函数是 Morlet 小波[①]：$\psi(t)=\mathrm{e}^{-t^2/2}\mathrm{e}^{\mathrm{j}\omega_0 t}$，图 12.10 给出了正弦波和 Morlet 小波实部的波形对比图。

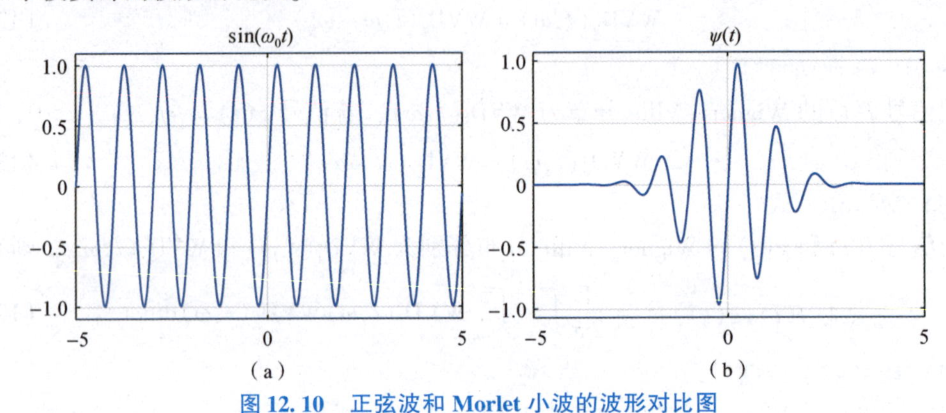

图 12.10　正弦波和 Morlet 小波的波形对比图

(a) 正弦波（$\omega_0=2\pi$）；(b) Morlet 小波（实部）

相应地，小波变换的逆变换表达式为

$$f(t)=\frac{1}{C_\psi}\int_0^{+\infty}\int_{-\infty}^{+\infty}W_f(a,b)\psi_{a,b}(t)\frac{\mathrm{d}a}{a^2}\mathrm{d}b \tag{12.56}$$

式中

$$C_\psi=\int_{-\infty}^{+\infty}\frac{|\Psi(\omega)|^2}{|\omega|}\mathrm{d}\omega<+\infty \tag{12.57}$$

式（12.57）称为小波的容许性条件。可以证明（见习题 12.7），该式成立的必要性条件是$\Psi(0)=0$。

与短时傅里叶变换类似，小波变换相当于一组多尺度滤波器。具体来说，可以将式（12.54）所定义的小波变换改写为卷积的形式，即

$$W_f(a,b)=f(b)*\left[\frac{1}{\sqrt{a}}\psi^*\left(-\frac{b}{a}\right)\right] \tag{12.58}$$

式中，b表示时间变量。对式（12.58）作傅里叶变换，并利用傅里叶变换的卷积定理可得

$$\mathcal{F}[W_f(a,b)]=\sqrt{2\pi a}F(\omega)\Psi^*(a\omega)\mathrm{e}^{\mathrm{j}\omega b} \tag{12.59}$$

相应地，对式（12.59）作傅里叶逆变换，即可得到小波变换的频域表示形式

$$W_f(a,b)=\int_{-\infty}^{+\infty}\sqrt{a}F(\omega)\Psi^*(a\omega)\mathrm{e}^{\mathrm{j}\omega b}\mathrm{d}\omega \tag{12.60}$$

这表明，小波变换本质上相当于一组多尺度滤波器。图 12.11 给出了小波变换的滤波器实现示意图。

---

① Morlet 小波是以法国地球物理学家 J. Morlet 的姓氏命名的。事实上，“小波”的概念恰是由 Morlet 提出的。

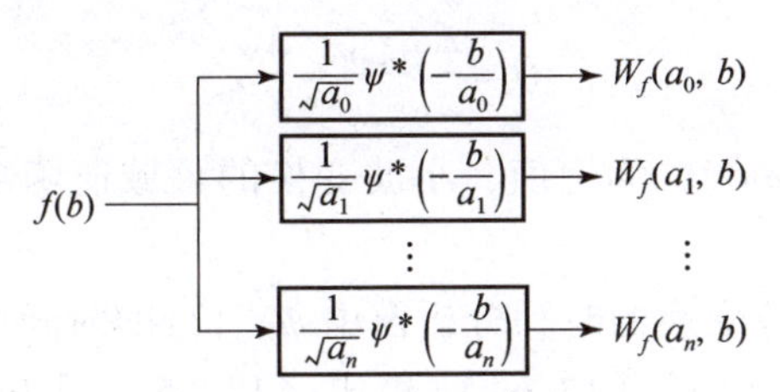

图 12.11　小波变换的滤波器组实现形式

12.4.2　小波变换的时频特性

本节分析小波变换的时频特性。根据傅里叶变换的帕塞瓦尔定理，将式（12.54）改写成内积的形式，即

$$W_f(a,b)=\langle f(t),\psi_{a,b}(t)\rangle_t=\langle F(\omega),\sqrt{a}\Psi(a\omega)\mathrm{e}^{-\mathrm{j}\omega b}\rangle_\omega \tag{12.61}$$

式中，$\Psi(\omega)$是$\psi(t)$的傅里叶变换。

由式（12.61）可以看出，若小波基函数$\psi_{a,b}(t)$在时域是有限支撑的，那么它与$f(t)$作内积后，将保证$W_f(a,b)$在时域也是有限支撑的，从而赋予小波变换时间定位功能，即$W_f(a,b)$反映的是$f(t)$在b附近的特征。同样，若$\Psi(a\omega)$具有频域带通特性，即$\Psi(a\omega)$围绕其频率中心是有限支撑的，那么$\sqrt{a}\Psi(a\omega)\mathrm{e}^{-\mathrm{j}\omega b}$和$F(\omega)$作内积后，也将反映$F(\omega)$在其频率中心处的局部特性，从而赋予小波变换频率定位功能。

类比式（12.21）和式（12.22），定义$\psi(t)$的时间中心和时宽分别为

$$E_\psi=\frac{1}{\|\psi\|^2}\int_{-\infty}^{+\infty}t|\psi(t)|^2\mathrm{d}t \tag{12.62}$$

$$\Delta_\psi=\frac{1}{\|\psi\|}\left(\int_{-\infty}^{+\infty}(t-E_\psi)^2|\psi(t)|^2\mathrm{d}t\right)^{\frac{1}{2}} \tag{12.63}$$

式中，$\|\psi\|=\int_{-\infty}^{+\infty}|\psi(t)|^2\mathrm{d}t$。

容易验证，$\psi_{a,b}(t)$的时间中心和时宽分别为

$$E_{\psi_{a,b}}=\frac{1}{\|\psi_{a,b}\|^2}\int_{-\infty}^{+\infty}t|\psi_{a,b}(t)|^2\mathrm{d}t=b+aE_\psi \tag{12.64}$$

$$\Delta_{\psi_{a,b}}=\frac{1}{\|\psi_{a,b}\|}\left(\int_{-\infty}^{+\infty}(t-E_{\psi_{a,b}})^2|\psi_{a,b}(t)|^2\mathrm{d}t\right)^{\frac{1}{2}}=a\Delta_\psi \tag{12.65}$$

式中，$\|\psi_{a,b}\|^2=\int_{-\infty}^{+\infty}|\psi_{a,b}(t)|^2\mathrm{d}t$。

类似地，记E_Ψ和Δ_Ψ分别为$\Psi(\omega)$的频率中心和频宽。容易验证，$\Psi(a\omega)$的频率中心和频宽分别为

$$E_{\Psi(a\omega)}=\frac{E_\Psi}{a} \tag{12.66}$$

$$\Delta_{\Psi(a\omega)}=\frac{\Delta_\Psi}{a} \tag{12.67}$$

定义品质因数为窗宽与窗中心之比，即

$$Q=\frac{E_{\Psi(a\omega)}}{\Delta_{\Psi(a\omega)}}=\frac{\Delta_{\Psi}}{E_{\Psi}} \tag{12.68}$$

可以看出，无论尺度参数 $a\in\mathbb{R}^+$ 为何值，小波变换的频域窗函数 $\Psi(a\omega)$ 始终具有相同的品质因数。

从时频平面上看，小波变换的时频分析窗由 $\psi_{a,b}(t)$ 的时间中心和时宽以及 $\Psi(a\omega)$ 的频率中心和频宽所确定。由式（12.64）和式（12.65）可知，信号 $f(t)$ 的小波变换 $W_f(a,b)$ 把信号限制在时窗的范围内，即

$$[b+aE_{\psi}-a\Delta_{\psi},b+aE_{\psi}+a\Delta_{\psi}] \tag{12.69}$$

体现了时间局部化的特点。

同时，根据式（12.66）与式（12.67）可知，$W_f(a,b)$ 还给出了频域窗

$$\left[\frac{E_{\Psi}}{a}-\frac{\Delta_{\Psi}}{a},\frac{E_{\Psi}}{a}+\frac{\Delta_{\Psi}}{a}\right] \tag{12.70}$$

内信号 $f(t)$ 频谱的局部信息，即体现了频率局部化的特点。因此，由式（12.54）计算得到的 $W_f(a,b)$ 提供了信号 $f(t)$ 的联合时间和频率分析，并在时频平面上确定了一个可变的矩形分析窗

$$[b+aE_{\psi}-a\Delta_{\psi},b+aE_{\psi}+a\Delta_{\psi}]\times\left[\frac{E_{\Psi}}{a}-\frac{\Delta_{\Psi}}{a},\frac{E_{\Psi}}{a}+\frac{\Delta_{\Psi}}{a}\right] \tag{12.71}$$

且面积为

$$2a\Delta_{\psi}\times 2\frac{\Delta_{\Psi}}{a}=4\Delta_{\psi}\Delta_{\Psi} \tag{12.72}$$

可以看出，小波变换时频分析窗的面积只与小波函数 $\psi(t)$ 有关，而与参数 a 和 b 无关。但时频分析窗的形状随着尺度参数 a 而变化。图 12.12 直观展示了小波变换的时频分析窗。

具体来说，对于较小的 a 值，时窗宽度 $a\Delta_{\psi}$ 随着 a 一起变小，时窗变窄（为了方便起见，假定 $E_{\psi}=0$），主频（即中心频率）E_{Ψ}/a 变高，检测到的主要是信号中较高频率成分。由于高频成分在时域具有变化迅速的特点，因此，为了准确检测到某时刻的高频成分，只能利用该时刻附近很短时间范围内的观察数据，这必然要求使用较小的时窗，小波变换正好具备这样的自适应性；反之，对于较大的 a 值，时窗宽度 $a\Delta_{\psi}$ 随着 a 一起变大，时窗变宽，主频 E_{Ψ}/a 变低，检测到的主要是信号中较低频率成分，由于低频成分在时域具有变化缓慢的特点，为了准确检测到某时刻的低频成分，只能利用该时刻附近较大时间范围内的观察数据，这必然要求使用较大的时窗，小波变换也恰好具备这种自适应性。

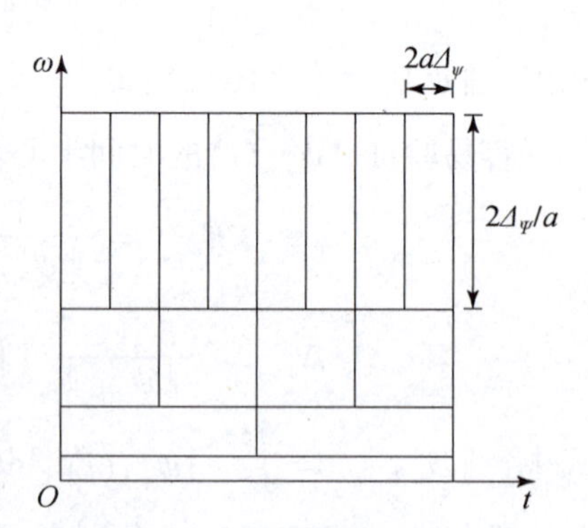

图 12.12　小波变换的时频分析窗

因此，小波变换的时间和频率局部化分析性能取决于其基函数在时频平面上构成的时频分析窗，窗的面积越小，说明它的时间和频率局部化能力越强；反之，其时间和频率局部化能力越差。为了得到信号精确的时频特征局部化描述，自然希望选择使时频分析窗面

积尽量小的小波函数。

为了直观展示小波变换的作用，图 12.13 给出了分段正弦信号（见式（12.5））的小波变换尺度图①。可以看出，小波变换能够清晰展示出分段正弦信号频谱随时间的变化情况。同时注意到，对于频率较高的区域，尺度图的线条更粗，这说明频率分辨率有所下降。

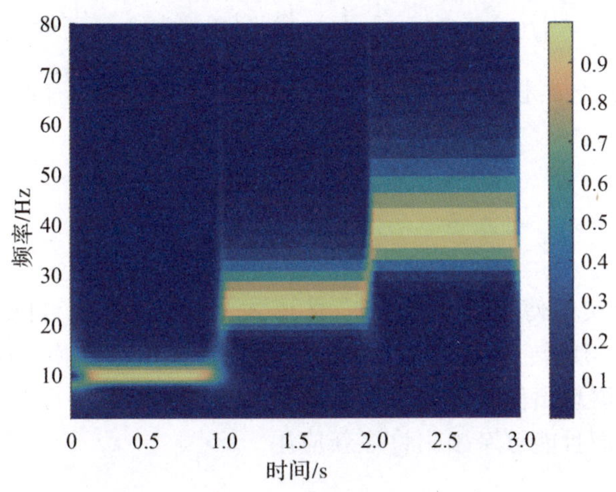

图 12.13 分段正弦信号的小波变换

12.4.3 小波变换的性质

（1）线性特性

对于任意信号 $f(t)$，$g(t)\in L^2(\mathbb{R})$，相应的小波变换分别为 $W_f(a,b)$ 和 $W_g(a,b)$，则 $y(t)=k_1f(t)+k_2g(t)$ 的小波变换为

$$W_y(a,b)=k_1W_f(a,b)+k_2W_g(a,b) \tag{12.73}$$

式中，k_1，k_2 为任意常数。

（2）时移特性

已知 $f(t)$ 的小波变换为 $W_f(a,b)$，则 $g(t)=f(t-t_0)$ 的小波变换为

$$W_g(a,b)=W_f(a,b-t_0) \tag{12.74}$$

该性质说明，时移信号的小波系数是将原信号的小波系数在参数 b 上进行移位。

（3）尺度伸缩特性

已知 $f(t)$ 的小波变换为 $W_f(a,b)$，则 $g(t)=f(t/c)$（其中，$c>0$）的小波变换为

$$W_g(a,b)=\sqrt{c}W_f\left(\frac{a}{c},\frac{b}{c}\right) \tag{12.75}$$

该性质说明，当信号在时域做尺度伸缩时，其小波系数在参数 a，b 上也做同一倍数尺度伸缩，且幅度乘以 $\sqrt{c}$。

（4）帕塞瓦尔定理（能量守恒定理）

对于任意信号 $f(t)$，$g(t)\in L^2(\mathbb{R})$，相应的小波变换分别为 $W_f(a,b)$ 和 $W_g(a,b)$，则

---

① 采用 MATLAB 函数 cwt 绘制，具体使用方法参见 MATLAB 帮助文档。

有

$$\langle f(t),g(t)\rangle_t = \frac{1}{C_\psi}\int_0^{+\infty}\int_{-\infty}^{+\infty} W_f(a,b)W_g^*(a,b)\,\frac{\mathrm{d}a}{a^2}\mathrm{d}b \tag{12.76}$$

特别地，若$f(t)=g(t)$，则有

$$\int_{-\infty}^{+\infty}|f(t)|^2\mathrm{d}t = \frac{1}{C_\psi}\int_0^{+\infty}\int_{-\infty}^{+\infty}|W_f(a,b)|^2\frac{\mathrm{d}a}{a^2}\mathrm{d}b \tag{12.77}$$

由此可见，$|W_f(a,b)|^2$ 描述了信号能量在时频平面上的分布。$|W_f(a,b)|^2$ 称为尺度图(scalogram)。

12.5 分数阶傅里叶变换

分数阶傅里叶变换是傅里叶变换的广义形式，其具有一个自由参数，即旋转角度(或阶次)。特别地，当旋转角度为 π/2 时，便退化为傅里叶变换。随着角度的变化，分数阶傅里叶变换能够展现出信号从时域逐渐变化到频域的所有特征，不但为解决问题提供了新思路、新方法，而且能够牵引出许多新应用。

12.5.1 分数阶傅里叶变换的定义

对于任意信号$f(t)\in L^2(\mathbb{R})$，分数阶傅里叶变换（fractional Fourier transform，FrFT）定义为

$$F_\alpha(u) = \mathcal{F}^\alpha[f(t)](u) = \int_{-\infty}^{+\infty} f(t)\mathcal{K}_\alpha(u,t)\,\mathrm{d}t \tag{12.78}$$

式中，$\mathcal{F}^\alpha$表示分数阶傅里叶变换算子；$\alpha=p\pi/2$ 为旋转角度；p 为变换阶次；基函数$\mathcal{K}_\alpha(u,t)$的具体表达式为

$$\mathcal{K}_\alpha(u,t)=\begin{cases}A_\alpha \mathrm{e}^{\mathrm{j}\frac{u^2+t^2}{2}\cot\alpha-\mathrm{j}tu\csc\alpha}, & \alpha\neq k\pi\\ \delta(t-u), & \alpha=2k\pi\\ \delta(t+u), & \alpha=(2k\pm1)\pi\end{cases} \tag{12.79}$$

式中，$A_\alpha=\sqrt{(1-\mathrm{j}\cot\alpha)/(2\pi)}$，$k\in\mathbb{Z}$。

相应地，分数阶傅里叶逆变换（inverse fractional Fourier transform，IFrFT）的表达式为

$$f(t) = \mathcal{F}^{-\alpha}[F_\alpha(u)](t) = \int_{-\infty}^{+\infty} F_\alpha(u)\mathcal{K}_\alpha^*(u,t)\,\mathrm{d}u \tag{12.80}$$

式中，u 轴称为分数阶傅里叶变换域，通常简称为分数域（fractional domain），变量 u 称为分数阶频率（fractional frequency）。

为了直观认识分数阶傅里叶变换，图 12.14（a）给出了矩形脉冲信号的分数阶傅里叶变换的幅度谱①。图 12.14（b）展示了 $\alpha=0$，π/8，π/4，π/2 时的分数阶幅度谱。可

① 分数阶傅里叶变换的离散化算法可参考文献［61］。本书采用 MATLAB 第三方函数 frft 计算，具体代码可从下列网站下载：https://nalag.cs.kuleuven.be/research/software/FRFT/#calc。

以看出，分数阶傅里叶变换能够展示出信号在不同角度（或阶次）下的变换域特征。特别地，当 $\alpha=\pi/2$ 时，图形为频域的 sinc 函数的模，即傅里叶变换的幅度谱。

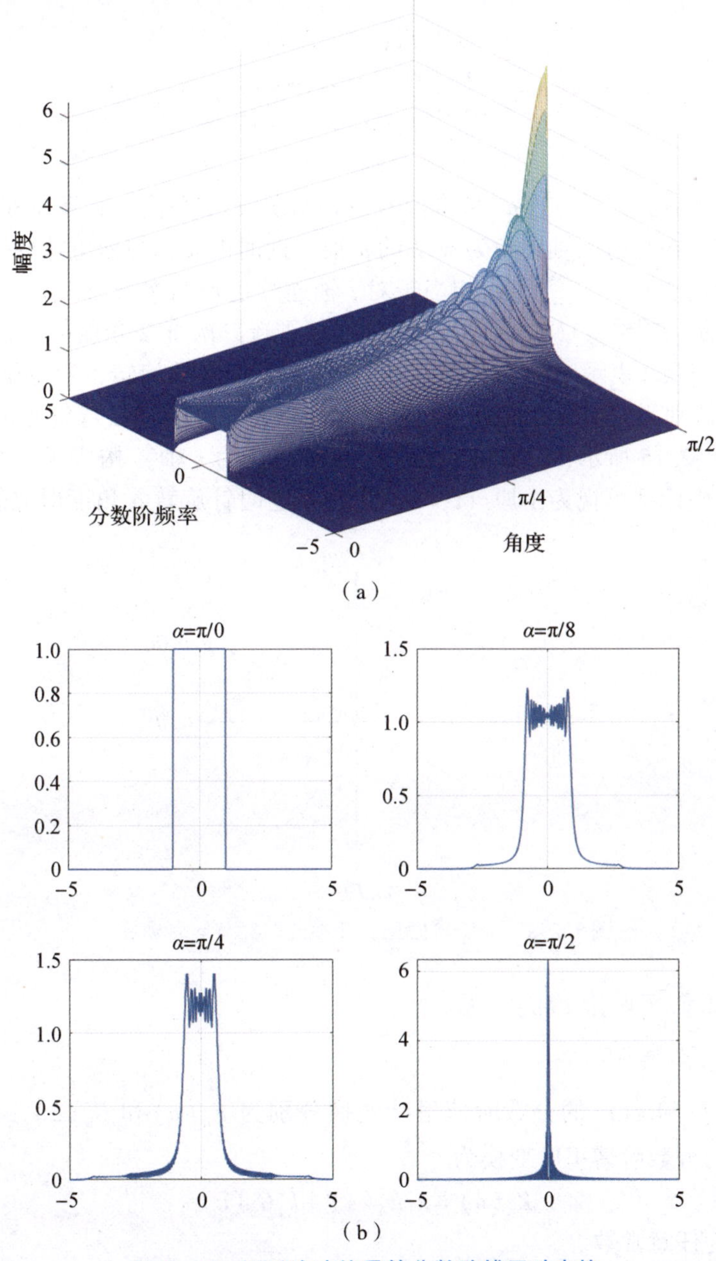

图 12.14　矩形脉冲信号的分数阶傅里叶变换

（a）分数阶幅度谱的三维显示；（b）不同旋转角度下的分数阶幅度谱

不难看出，当 $\alpha=\pi/2$ 时，分数阶傅里叶变换即为傅里叶变换，有

$$F(u)=\mathcal{F}^{\pi/2}[f(t)](u)=\frac{1}{\sqrt{2\pi}}\int_{-\infty}^{+\infty}f(t)\mathrm{e}^{-\mathrm{j}ut}\mathrm{d}t \tag{12.81}$$

$$f(t) = \mathcal{F}^{-\pi/2}[F(u)](t) = \frac{1}{\sqrt{2\pi}}\int_{-\infty}^{+\infty} F(u)\mathrm{e}^{\mathrm{j}ut}\mathrm{d}u \tag{12.82}$$

此外，容易验证

$$\mathcal{F}^{0}[f](u) = f(u) \tag{12.83}$$

$$\mathcal{F}^{\pi}[f](u) = f(-u) \tag{12.84}$$

$$\mathcal{F}^{3\pi/2}[f](u) = F(-u) \tag{12.85}$$

$$\mathcal{F}^{2\pi}[f](u) = f(u) \tag{12.86}$$

从时频面上来看，$\mathcal{F}^{\pi/2}[f](u)$是将信号$f(t)$旋转$\pi/2$角度，得到的是信号的傅里叶变换，即一个信号在与时间轴夹角为$\pi/2$的u轴（此时的u轴与傅里叶变换确定的频率ω轴是一致的）上的表示；$\mathcal{F}^{\pi}[f](u)$相当于对t轴连续进行两次$\pi/2$角度的旋转，因此得到一个为$-t$的轴；$\mathcal{F}^{3\pi/2}[f](u)$可视为对$t$轴连续进行三次$\pi/2$角度的旋转，得到一个为$-u$的轴；$\mathcal{F}^{2\pi}[f](u)$表示对$f(t)$连续进行四次$\pi/2$角度的旋转，所得结果与原信号相同；而$\mathcal{F}^{\alpha}[f](u)$则为对信号在时频面上围绕时间轴逆时针旋转任意角度$\alpha$到$u$轴上的表示。于是，如图 12.15 所示，$u$轴和与之垂直的轴（记为$v$轴）构成了一个新的（$u$，$v$）坐标系，这个新坐标系可视为由原（$t$，$\omega$）坐标系逆时针旋转$\alpha$角度形成的。

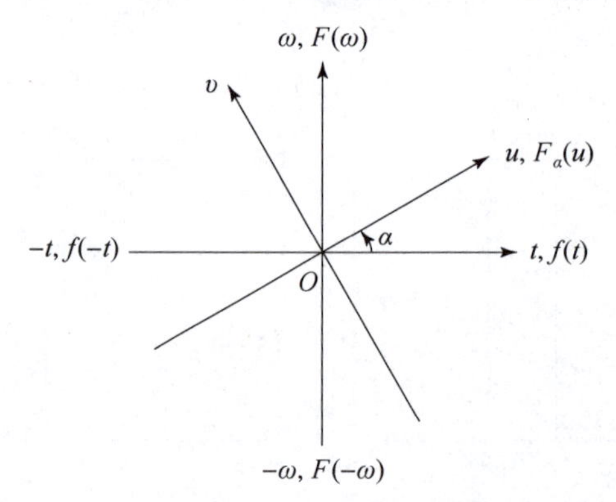

图 12.15　分数阶傅里叶变换的时频旋转示意图

12.5.2　分数阶傅里叶变换的性质

（1）线性特性

已知信号$f(t)$和$g(t)$的分数阶傅里叶变换分别为$F_\alpha(u)$和$G_\alpha(u)$，则信号$z(t) = k_1 f(t) + k_2 g(t)$的分数阶傅里叶变换为

$$Z_\alpha(u) = k_1 F_\alpha(u) + k_2 G_\alpha(u) \tag{12.87}$$

式中，k_1和k_2为任意常数。

（2）共轭特性

已知信号$f(t)$的分数阶傅里叶变换为$F_\alpha(u)$，若$g(t) = f^*(t)$，则有

$$G_\alpha(u) = F^*_{-\alpha}(u) \tag{12.88}$$

（3）时间反褶特性

已知信号$f(t)$的分数阶傅里叶变换为$F_\alpha(u)$，若$g(t) = f(-t)$，则有

$$G_\alpha(u)=F_\alpha(-u) \tag{12.89}$$

(4) 尺度伸缩特性

已知信号$f(t)$的分数阶傅里叶变换为$F_\alpha(u)$，若$g(t)=f(ct)$，其中，$c\in\mathbb{R}^+$，则有

$$G_\alpha(u)=\sqrt{\frac{1-\mathrm{j}\cot\alpha}{c^2-\mathrm{j}\cot\alpha}}\mathrm{e}^{\mathrm{j}\frac{u^2}{2}\cot\alpha\left(1-\frac{\cos 2\beta}{\cos 2\alpha}\right)}F_\alpha\left(\frac{u\sin\beta}{c\sin\alpha}\right),\quad \tan\beta=c^2\tan\alpha \tag{12.90}$$

(5) 时移特性

已知信号$f(t)$的分数阶傅里叶变换为$F_\alpha(u)$，若$g(t)=f(t-\tau)$，其中，$\tau\in\mathbb{R}$，则有

$$G_\alpha(u)=\mathrm{e}^{\mathrm{j}\frac{\tau^2}{2}\sin\alpha\cos\alpha-\mathrm{j}u\tau\sin\alpha}F_\alpha(u-\tau\cos\alpha) \tag{12.91}$$

(6) 频移特性

已知信号$f(t)$的分数阶傅里叶变换为$F_\alpha(u)$，若$g(t)=f(t)\mathrm{e}^{\mathrm{j}vt}$，其中，$v\in\mathbb{R}$，则有

$$G_\alpha(u)=\mathrm{e}^{-\mathrm{j}\frac{v^2}{2}\sin\alpha\cos\alpha+\mathrm{j}uv\cos\alpha}F_\alpha(u-v\sin\alpha) \tag{12.92}$$

(7) 微分特性

已知信号$f(t)$的分数阶傅里叶变换为$F_\alpha(u)$，若$g(t)=f'(t)$，则有

$$G_\alpha(u)=\mathrm{j}uF_\alpha(u)\sin\alpha+F'_\alpha(u)\cos\alpha \tag{12.93}$$

(8) 积分特性

已知信号$f(t)$的分数阶傅里叶变换为$F_\alpha(u)$，若$g(t)=\int_\xi^t f(\tau)\mathrm{d}\tau$，则有

$$G_\alpha(u)=\frac{1}{\cos\alpha}\mathrm{e}^{-\mathrm{j}\frac{u^2}{2}\tan\alpha}\int_\xi^u F_\alpha(\nu)\mathrm{e}^{\mathrm{j}\frac{\nu^2}{2}\tan\alpha}\mathrm{d}\nu \tag{12.94}$$

(9) 帕塞瓦尔定理（能量守恒定理）

已知信号$f(t)$和$g(t)$的分数阶傅里叶变换分别为$F_\alpha(u)$和$G_\alpha(u)$，则有

$$\langle f(t),g(t)\rangle_t=\langle F_\alpha(u),G_\alpha(u)\rangle_u \tag{12.95}$$

特别地，若$f(t)=g(t)$，则有

$$\int_{-\infty}^{+\infty}|f(t)|^2\mathrm{d}t=\int_{-\infty}^{+\infty}|F_\alpha(u)|^2\mathrm{d}u \tag{12.96}$$

除了上述介绍的性质之外，分数阶傅里叶变换还有一些其他性质，见习题 12.10。

12.5.3　分数阶傅里叶变换与其他变换的关系

分数阶傅里叶变换相当于时频平面上的逆时针旋转。下面通过分数阶傅里叶变换与其他常用的时频分析方法之间的内在联系来阐明其物理意义。

(1) 与短时傅里叶变换的关系

短时傅里叶变换是一种重要的时频分析工具，而且谱图对应于短时傅里叶变换的模平方。由于短时傅里叶变换和谱图都是信号的二维平面表示，所以人们很自然地对分数阶傅里叶变换与短时傅里叶变换、谱图的关系感兴趣。

根据傅里叶变换的帕塞瓦尔定理，式（12.10）中短时傅里叶变换定义也可以写成频域的表达形式，即

$$V_f(t,\omega)=\mathrm{e}^{-\mathrm{j}\omega t}\int_{-\infty}^{+\infty}F(\nu)G^*(\nu-\omega)\mathrm{e}^{\mathrm{j}\nu t}\mathrm{d}\nu \tag{12.97}$$

式中，$F(\nu)$和$G(\nu)$分别表示$f(t)$和$g(t)$的傅里叶变换。

由式（12.10）和式（12.97）可以看出，短时傅里叶变换定义的时域和频域形式类似，但不对称，即频域定义在结构上多了一个指数因子$\mathrm{e}^{-\mathrm{j}\omega t}$。在处理时频面的旋转问题时，这种时间和频率之间的不对称性是需要避免的。为此，对式（12.10）所示定义进行修正，得到修正的短时傅里叶变换的时域形式为

$$M_f(t,\omega)=\mathrm{e}^{\mathrm{j}\frac{1}{2}\omega t}\int_{-\infty}^{+\infty}f(\tau)g^*(\tau-t)\mathrm{e}^{-\mathrm{j}\omega\tau}\mathrm{d}\tau \tag{12.98}$$

基于此，则有

$$M_f(t,\omega)=M_{F_\alpha}(u,v)=\mathrm{e}^{\mathrm{j}\frac{1}{2}uv}\int_{-\infty}^{+\infty}F_\alpha(z)G_\alpha^*(z-u)\mathrm{e}^{-\mathrm{j}zv}\mathrm{d}z \tag{12.99}$$

式中，$F_\alpha(u)$和$G_\alpha(u)$分别表示信号$f(t)$和窗函数$g(t)$的分数阶傅里叶变换。下面给出式（12.99）的推导，并阐述其蕴含的分数阶傅里叶变换的物理意义。

首先，根据式（12.98）和分数阶傅里叶变换的逆变换，可得

$$\begin{aligned}M_f(t,\omega)&=\mathrm{e}^{\mathrm{j}\frac{1}{2}\omega t}\int_{-\infty}^{+\infty}\left[\int_{-\infty}^{+\infty}F_\alpha(u')K_\alpha^*(u',\tau)\mathrm{d}u'\right]g^*(\tau-t)\mathrm{e}^{-\mathrm{j}\omega\tau}\mathrm{d}\tau\\&=\mathrm{e}^{\mathrm{j}\frac{1}{2}\omega t}\int_{-\infty}^{+\infty}F_\alpha(u')\left[\int_{-\infty}^{+\infty}K_\alpha(u',\tau)g(\tau-t)\mathrm{e}^{\mathrm{j}\omega\tau}\mathrm{d}\tau\right]^*\mathrm{d}u'\end{aligned} \tag{12.100}$$

利用分数阶傅里叶变换的时移和频移特性，式（12.100）第二个等号中方括号内的积分为

$$G_\alpha(u'-t\cos\alpha-\omega\sin\alpha)\mathrm{e}^{-\mathrm{j}\frac{1}{2}(\omega^2-t^2)\sin\alpha\cos\alpha-\mathrm{j}u'(t\sin\alpha-\omega\cos\alpha)+\mathrm{j}\omega t\sin^2\alpha} \tag{12.101}$$

进一步，将式（12.101）代入式（12.100），可得

$$\begin{aligned}M_f(t,\omega)=\mathrm{e}^{\mathrm{j}\frac{1}{2}\omega t}\int_{-\infty}^{+\infty}&F_\alpha(u')G_\alpha^*(u'-t\cos\alpha-\omega\sin\alpha)\times\\&\mathrm{e}^{\mathrm{j}\frac{1}{2}(\omega^2-t^2)\sin\alpha\cos\alpha+\mathrm{j}u'(t\sin\alpha-\omega\cos\alpha)-\mathrm{j}\omega t\sin^2\alpha}\mathrm{d}u'\end{aligned} \tag{12.102}$$

由于分数阶傅里叶变换相当于信号在时频面上围绕时间轴逆时针旋转角度α到u轴上的表示，u轴和与之垂直的v轴构成了一个新的（u，v）坐标系，该坐标系可视为由原（t，ω）坐标系逆时针旋转α角度形成，即

$$\begin{bmatrix}u\\v\end{bmatrix}=\begin{bmatrix}\cos\alpha&\sin\alpha\\-\sin\alpha&\cos\alpha\end{bmatrix}\begin{bmatrix}t\\\omega\end{bmatrix} \tag{12.103}$$

根据式（12.103）对式（12.102）进行坐标系变换，并经过化简得到

$$M_f(t,\omega)=\mathrm{e}^{\mathrm{j}\frac{1}{2}uv}\int_{-\infty}^{+\infty}F_\alpha(u')G_\alpha^*(u'-u)\mathrm{e}^{-\mathrm{j}u'v}\mathrm{d}u' \tag{12.104}$$

可以看出，式（12.104）右端是在（u，v）坐标系下用分数域窗函数$G_\alpha(u)$计算得到的$F_\alpha(u)$的修正短时傅里叶变换；左端是在（t，ω）坐标系下用时域窗函数$g(t)$计算得到的$f(t)$的修正短时傅里叶变换。该结果表明，信号的分数阶傅里叶变换的修正短时傅里叶变换就是原信号修正短时傅里叶变换在时频面的旋转形式，从而进一步验证了分数阶傅里叶变换是时频面上的一个旋转算子。

（2）与 Wigner – Ville 分布的关系

有别于短时傅里叶变换，Wigner – Ville 分布是一种二次型时频分布，其本质是反映

信号能量在时频面内的分布。分数阶傅里叶变换与 Wigner – Ville 分布存在密切的联系，即一个信号分数阶傅里叶变换的 Wigner – Ville 分布是原信号 Wigner – Ville 分布的坐标旋转形式。也就是说，若 $F_\alpha(u)$ 是 $f(t)$ 的分数阶傅里叶变换，则有

$$WVD_{F_\alpha}(u,v) = WVD_f(u\cos\alpha - v\sin\alpha, u\sin\alpha + v\cos\alpha) \tag{12.105}$$

下面给出式（12.105）的推导，并阐述其蕴含的分数阶傅里叶变换的物理意义。

首先，对式（12.34）中积分作变量代换 $x = t + \frac{\tau}{2}$，得到

$$WVD_f(t,\omega) = 2e^{j2t\omega}\int_{-\infty}^{+\infty} f(x)f^*(2t - x)e^{-j2\omega x}dx \tag{12.106}$$

此外，利用分数阶傅里叶变换时移特性及其逆变换，可将 $f^*(2t - x)$ 表示为

$$f^*(2t - x) = \int_{-\infty}^{+\infty} F_\alpha^*(-\nu + 2t\cos\alpha)e^{-j2t^2\sin\alpha\cos\alpha + j2\nu t\sin\alpha}\mathcal{K}_\alpha(\nu,x)d\nu \tag{12.107}$$

将式（12.107）代入式（12.106），并整理得到

$$WVD_f(t,\omega) = 2e^{j2t\omega}\int_{-\infty}^{+\infty} F_\alpha(\nu + 2\omega\sin\alpha)F_\alpha^*(-\nu + 2t\cos\alpha) \times e^{-j2(t^2+\omega^2)\sin\alpha\cos\alpha + j2\nu t\sin\alpha - j2\nu\omega\cos\alpha}d\nu \tag{12.108}$$

进一步，对式（12.108）中积分作变量代换 $\xi = \nu + 2\omega\sin\alpha$，得到

$$WVD_f(t,\omega) = 2e^{j2t\omega}\int_{-\infty}^{+\infty} F_\alpha(\xi)F_\alpha^*(-\xi + 2t\cos\alpha + 2\omega\sin\alpha) \times e^{j2(\omega^2 - t^2)\sin\alpha\cos\alpha + j2\xi(t\sin\alpha - \omega\cos\alpha) - j4\omega t\sin^2\alpha}d\xi \tag{12.109}$$

利用式（12.103）给出的坐标关系，可得

$$WVD_f(t,\omega) = 2e^{j2uv}\int_{-\infty}^{+\infty} F_\alpha(\xi)F_\alpha^*(2u - \xi)e^{-j2v\xi}d\xi \tag{12.110}$$

这就建立了式（12.105）给出的信号分数阶傅里叶变换的 Wigner – Ville 分布与原信号 Wigner – Ville 分布的旋转关系式。

12.6　编程仿真实验

12.6.1　语音信号的时频分析

语音信号是一种典型的非平稳信号，其非平稳特性是由人的嘴唇、舌头、口腔、喉咙等器官的物理运动而产生的。关于语音信号的机理分析，读者可参阅文献［3］。本节简要利用短时傅里叶变换和小波变换来分析语音信号的频谱。

可以利用 MATLAB 函数 stft 实现短时傅里叶变换，基本用法如下：

```
s = stft(x,fs); % 短时傅里叶变换
```

其中，x 为输入信号；fs 为信号的采样率；输出 s 为短时傅里叶变换的计算结果。若没有输出参数，则程序将自动绘制短时傅里叶变换的谱图，即 $20\log_{10}|s|$。此外，stft 还提供其他可选参数用于调整短时傅里叶变换的窗函数、FFT 计算点数、重叠区域长度等，具体用法可参考帮助文档和本节示例。

可以利用 MATLAB 函数 cwt 实现连续小波变换，基本用法如下：

```
wt = cwt(x,wname,fs); % 连续小波变换
```

其中，x 为输入信号；wname 为小波基；fs 为信号的采样率；输出 wt 为小波变换的计算结果。

本实验选取一段中文语音信号，即“北京理工大学”的中文读音，波形如图 12.16（a）所示。图 12.16（b）和图 12.16（c）分别给出了短时傅里叶变换的谱图和小波变换的尺度图，其中，水平轴为时间轴，垂直轴为频率轴。可以看出，两种变换均可以刻画信号的非平稳特性。具体来讲，该段语音信号的能量主要集中在 0~1 kHz。从时间轴来看，频谱间的空隙反映出读音过程中的停顿。从频率轴来看，短时傅里叶变换的谱图具有明显的条纹状，且具有不同的方向。例如，“北”“理”“大”等字具有向下的走势，而“京”“工”“学”具有水平或向上的走势，这反映出汉字四声（即平声、上声、去声和入声）具有不同的频谱特征。小波尺度图与谱图具有相似的结果，区别在于在低频部分，小波尺度图的时间分辨率较低（即时宽较大），而随着频率增长，时间分辨率逐渐增大（即时宽减小），这反映了小波变换的多尺度特性。

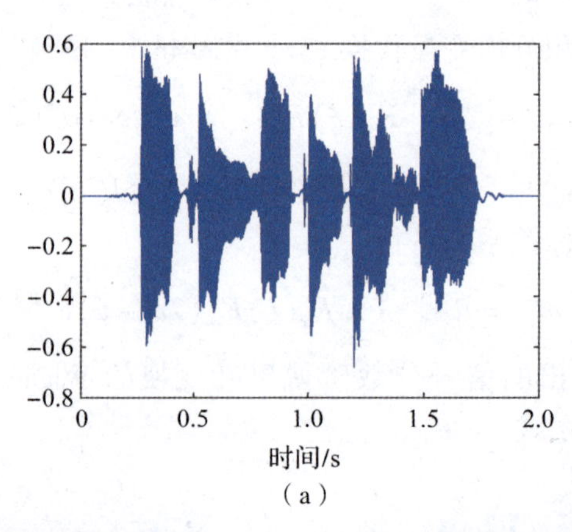

（a）

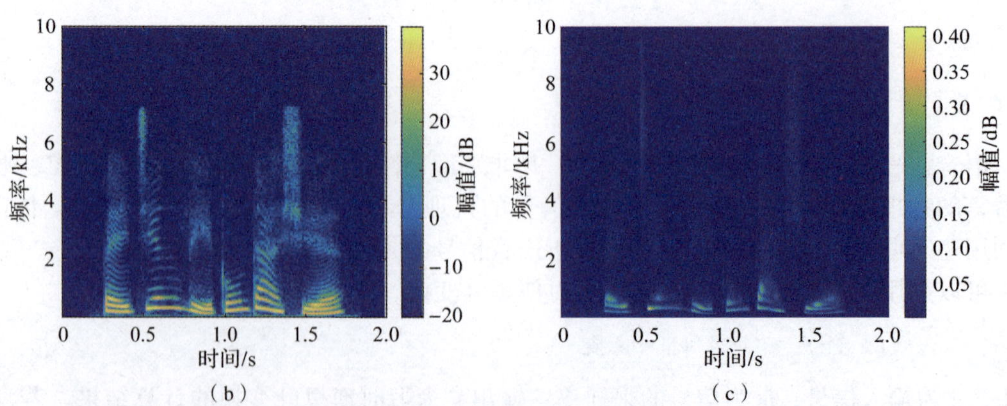

图 12.16 语音信号的时频分析

（a）语音信号的波形；（b）短时傅里叶变换谱图；（c）小波变换尺度图

具体实验代码如下：

```
load bit_speech % 读取语音信号
sound(x,fs); % 朗读

% 绘制时域波形
figure
t = 0:1/fs:2 -1/fs;
plot(t,x);
title('语音信号波形');

% 绘制短时傅里叶变换谱图
figure
L = 1024; % 窗函数长度
stft(x,fs,'Window',hann(L),'OverlapLength',L/2,...'FFTLength',L,'FrequencyR-
ange','onesided');
title('短时傅里叶变换谱图');

% 绘制小波变换尺度图
figure
wname = 'amor'; % Morlet 小波基
[wt,f] = cwt(x,wname,fs);
surface(t,f/1000,abs(wt));
title('小波变换尺度图');
```

12.6.2　基于分数阶傅里叶变换的光学衍射

当光传播到距离源孔径很远时，观察平面中的光场非常接近夫琅和费衍射积分，即

$$U_d(x_2,y_2) = \frac{e^{i2\pi d/\lambda}}{i\lambda d} e^{i\frac{2\pi}{\lambda}\frac{x_2^2+y_2^2}{2d}} \int_{-\infty}^{\infty}\int_{-\infty}^{\infty} U_0(x_1,y_1) e^{-i\frac{2\pi}{\lambda}\frac{x_1x_2+y_1y_2}{d}} dx_1 dy_1 \tag{12.111}$$

式中，U_0 表示样本平面光场；U_d 表示探测平面光场；d 是样本平面（圆形孔径）到探测平面（衍射图案）的距离；λ 是光的波长；$i=\sqrt{-1}$。

夫琅和费衍射积分可表示为二维傅里叶变换的形式，即

$$U_d(x_2,y_2) = \frac{e^{i2\pi d/\lambda}}{i\lambda d} e^{i\frac{2\pi}{\lambda}\frac{x_2^2+y_2^2}{2d}} \mathcal{F}\{U_0(x_1,y_1)\}\left(\frac{x_2}{\lambda d},\frac{y_2}{\lambda d}\right) \tag{12.112}$$

式中，$\mathcal{F}$ 为二维傅里叶变换算子，有

$$\mathcal{F}\{U(x,y)\}(u,v) = \int_{-\infty}^{\infty}\int_{-\infty}^{\infty} U(x,y) e^{-i2\pi(xu+yv)} dxdy \tag{12.113}$$

因此，可以利用二维傅里叶变换来计算夫琅和费衍射积分。

当光传播到距离源孔径足够远但没有到远场情况的平面时，观察平面中的光场非常接近菲涅尔衍射积分，即

$$U_d(x_2,y_2) = \frac{e^{i2\pi d/\lambda}}{i\lambda d} e^{i\frac{2\pi}{\lambda}\frac{x_2^2+y_2^2}{2d}} \int_{-\infty}^{\infty}\int_{-\infty}^{\infty} U_0(x_1,y_1) e^{i\frac{2\pi}{\lambda}\frac{x_1^2+y_1^2}{2d}} e^{-i\frac{2\pi}{\lambda}\frac{x_1x_2+y_1y_2}{d}} dx_1 dy_1 \tag{12.114}$$

菲涅尔衍射积分可表示为二维分数阶傅里叶变换的形式，即

$$U_d(x_2,y_2) = \frac{e^{i2\pi d/\lambda}}{i\tan\alpha + 1} e^{i\pi\sin\alpha\cos\alpha(x_2^2+y_2^2)} \mathcal{F}_\alpha\{U_0(x_1,y_1)\}\left(\frac{x_2}{\sqrt{1+(\lambda d)^2}}, \frac{y_2}{\sqrt{1+(\lambda d)^2}}\right) \tag{12.115}$$

式中，$\alpha = \arctan(\lambda d)$为分数阶旋转角度，而 $\mathcal{F}_\alpha$ 为二维分数阶傅里叶变换算子，有

$$\mathcal{F}_\alpha\{U(x,y)\}(u,v) = (1 - i\cot\alpha)\int_{-\infty}^{\infty}\int_{-\infty}^{\infty} U(x,y) e^{i\pi[\cot\alpha(u^2+x^2) - 2\csc\alpha(ux+vy) + \cot\alpha(v^2+y^2)]} dxdy \tag{12.116}$$

可以看到，随着传播距离 d 的增加，分数阶旋转角度 α 也随之增加，并且当满足远场条件 $d\to\infty$ 时，$\alpha = \pi/2$，此时式（12.114）退化为夫琅和费衍射，式（12.116）退化为二维傅里叶变换。

下面进行仿真实验。实验考虑圆形孔径，如图 12.17（a）所示。利用 MATLAB 函数 fft2 对该图形作二维傅里叶变换，可得到夫琅和费衍射，结果如图 12.17（b）所示。可以看到，当传播到 $d = 0.5$ m 处满足远场条件时，能量比较集中在中心区域。具体代码如下：

```
N = 512; % 离散点数
L = 100e-6; % 视场宽度(米)
lambda = 500e-9; % 光的波长(米)
dx = L/N; % 像素间隔
x = -L/2:dx:L/2-dx; % 像素点坐标
[X,Y] = meshgrid(x,x); % 网格点坐标
rad = 30e-6; % 孔径的半径长度(米)
R = sqrt(X.^2+Y.^2); % 径向坐标
Aperture = double(R<rad); % 圆形孔径

% 显示圆形孔径
figure
imagesc(x,x,Aperture);

% 夫琅和费衍射
d = 5e-1; % 传播距离(米)
dfx = 1/L;
fx = -1/(2*dx):dfx:1/(2*dx)-dfx;
propx = fx*lambda*d; % 探测平面的像素点坐标
propfield_fr = fftshift(fft2(fftshift(Aperture)))/N; % 二维 FFT
figure
imagesc(propx,propx,log(abs(propfield_fr))); % 显示夫琅和费衍射
```

利用分数阶傅里叶变换①可以得到菲涅尔衍射的强度图案，图 12.17（c）展示了传播距离为 $d=0.1$ mm 的菲涅尔衍射的强度。

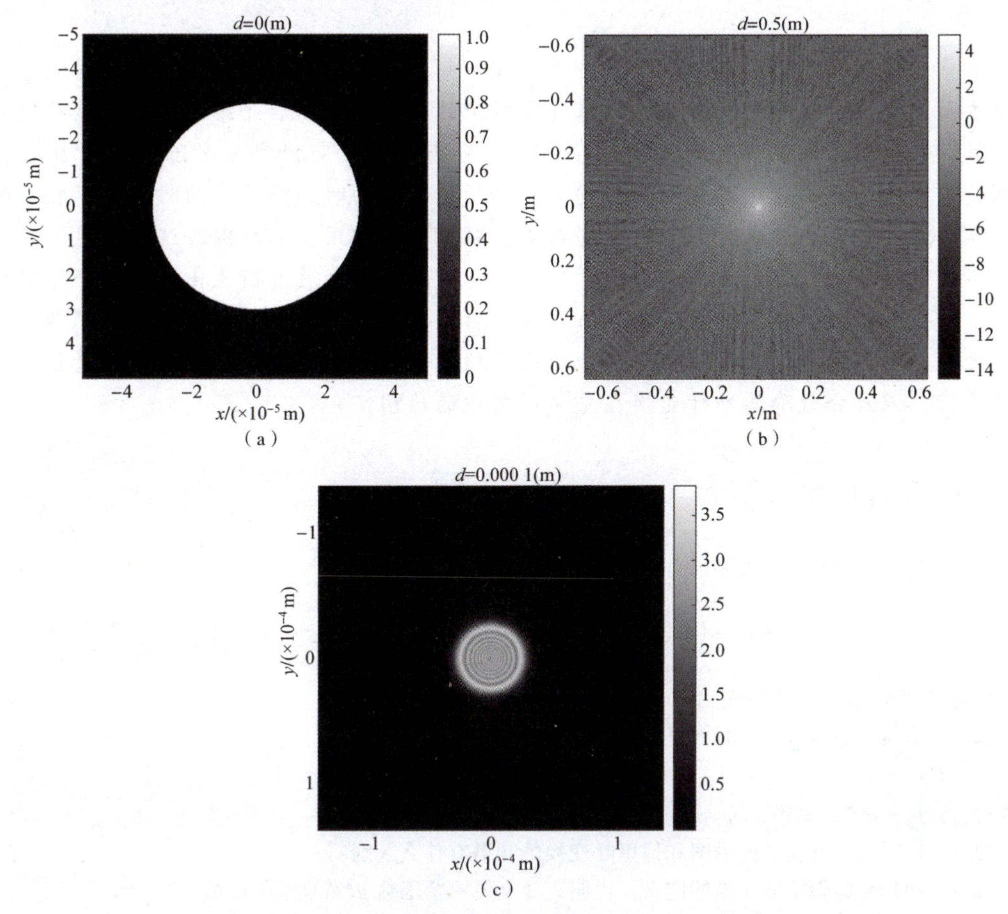

图 12.17　基于分数阶傅里叶变换的圆形孔径衍射仿真

（a）圆形孔径；（b）夫琅和费衍射；（c）菲涅尔衍射

具体代码如下：

```
% 菲涅尔衍射
d = 1e-4; % 传播距离(米)
Sx = sqrt(L*dx); % 量纲归一化
zm = d/Sx^2; % 量纲归一化
p = 2/pi*atan(lambda*zm); % 分数阶次
s2 = sqrt(1+(lambda*zm)^2); % 缩放因子
x2 = x*s2; % 探测平面的像素点坐标
propfield_frft = frft2dI(Aperture,p); % 二维分数阶傅里叶变换
figure
imagesc(x2,x2,abs(propfield_frft)) % 显示菲涅尔衍射
```

① frft2dI 的代码可以从 https://github.com/Yixiao-Yang/SFrFPR 下载。

本章小结

本章介绍了信号的时频分析方法。首先从时频定位功能、时变频谱特征和时频分辨率三个方面阐述了傅里叶变换在非平稳信号分析中的局限性。然后介绍了几种常见的时频分析工具，包括短时傅里叶变换、Wigner - Ville 分布、小波变换和分数阶傅里叶变换。重点阐述了这些工具的数学定义和物理意义，分析了它们的时频特性，同时介绍了相关的基本性质。这些常见工具在时频分析中发挥着基础性核心作用，后续围绕这些常见工具的缺点或不足进行改进，甚至是变革，使时频分析不断演进与发展，衍生出一系列新型时频分析方法，譬如时频重排变换、同步挤压变换、自适应时频分析等，极大地丰富了非平稳信号处理的内涵和外延。此外，本节最后给出了短时傅里叶变换和小波变换在语音信号分析中的应用，以及分数阶傅里叶变换在光学衍射中的应用。

习　题

12.1　傅里叶逆变换可以表示为如下内积形式

$$f(t)=\left\langle F(\omega),\frac{1}{\sqrt{2\pi}}\mathrm{e}^{-\mathrm{j}\omega t}\right\rangle_{\omega}=\langle f(\tau),\delta(\tau-t)\rangle_{\tau}$$

试分析傅里叶逆变换的时间分辨率、频率分辨率以及局限性。

12.2　求解下述信号的短时傅里叶变换：

（1）$f(t)=\delta(t-\tau_0)$，其中，$\tau_0\in\mathbb{R}$；

（2）$f(t)=\mathrm{e}^{\mathrm{j}\omega_0 t}$，其中，$\omega_0\in\mathbb{R}$。

12.3　短时傅里叶变换的谱图和傅里叶变换的频谱有什么区别？

12.4　根据短时傅里叶变换的定义，说明为什么要求窗函数 $g(t)$ 是窄带函数。

12.5　求解下述信号的 Wigner - Ville 分布：

（1）$f(t)=\mathrm{e}^{\mathrm{j}\omega_0 t}$，其中，$\omega_0\in\mathbb{R}$；

（2）$f(t)=\mathrm{e}^{\mathrm{j}\omega_0 t+\mathrm{j}\frac{k}{2}t^2}$，其中，$\omega_0$，$k\in\mathbb{R}$。

12.6　如何理解 Wigner - Ville 分布的有限支撑特性？

12.7　证明：小波函数容许性条件（见式（12.57））成立的必要条件是 $\Psi(0)=0$。

12.8　证明小波变换的能量守恒定理。

12.9　证明分数阶傅里叶变换的时移特性，并阐明其与傅里叶变换的时移特性有何不同。

12.10　证明分数阶傅里叶变换具有如下性质：

（1）恒等变换：$\mathcal{F}^{2\pi}=I$；

（2）周期性：$\mathcal{F}^{\alpha+2\pi}f=\mathcal{F}^{\alpha}f$；

（3）可逆性：$(\mathcal{F}^{\alpha})^{-1}=\mathcal{F}^{-\alpha}$；

（4）旋转相加性：$\mathcal{F}^{\alpha}\mathcal{F}^{\beta}=\mathcal{F}^{\alpha+\beta}$；

（5）结合性：$(\mathcal{F}^{\alpha}\mathcal{F}^{\beta})\mathcal{F}^{\gamma}=\mathcal{F}^{\alpha}(\mathcal{F}^{\beta}\mathcal{F}^{\gamma})$。

编程练习

12.11　已知信号

$$x(t)=\mathrm{e}^{\mathrm{j}2\pi(10t+20t^2)}+0.8\mathrm{e}^{\mathrm{j}2\pi(50t-10t^2)}$$

利用编程完成如下任务：

（1）设采样率 $F_s=500$ Hz，观测时长 $0\leqslant t\leqslant 2$ s，仿真生成该信号的时域波形；

（2）分别采用短时傅里叶变换、Wigner－Ville 分布以及小波变换对该信号进行时频分析，绘制相应的时频图并对结果进行对比分析。

12.12　已知线性调频信号 $x(t)=\mathrm{e}^{\mathrm{j}2\pi(50t+10t^2)}$，编程完成如下任务：

（1）设采样率 $F_s=500$ Hz，观测时长 $0\leqslant t\leqslant 2$ s，仿真生成线性调频信号的时域波形；

（2）分别采用短时傅里叶变换、Wigner－Ville 分布以及小波变换对该信号进行时频分析，绘制相应的时频图并对结果进行对比分析；

（3）设分数阶次取值范围为 $p\in[0,2]$，步长为 $\Delta p=0.01$，对该信号进行不同阶次的分数阶傅里叶变换，并绘制三维幅度谱；判断幅度谱的能量在哪个阶次下更聚集，试解释说明。

提示：分数阶傅里叶变换离散化算法可以采用第三方函数 frft，详见 https://nalag.cs.kuleuven.be/research/software/FRFT/#calc。

12.13　采用短时傅里叶变换分析 12.6.1 节所提供的语音信号，要求：

（1）采用高斯窗、Hann 窗、Hamming 窗等不同窗函数；

（2）窗函数的长度选取 $L=256$，512，1 024，2 048；

（3）重叠区域比例选取 $L/4$，$L/2$，$3L/4$。

观察不同参数下短时傅里叶变换的谱图有何区别，并分析原因。

附录 A　常见信号的变换对

表 A. 1　常见连续时间信号的傅里叶变换

非周期信号		周期信号	
$x(t)$	$X(j\omega)$	$x(t)$	$X(j\omega)$
$\delta(t)$	1	1	$2\pi\delta(\omega)$
$\delta(t-t_0)$	$e^{j\omega t_0}$	$e^{j\omega_0 t}$	$2\pi\delta(\omega-\omega_0)$
$u(t)$	$\frac{1}{j\omega}+\pi\delta(\omega)$	$\cos\omega_0 t$	$\pi[\delta(\omega+\omega_0)+\delta(\omega-\omega_0)]$
$e^{-at}u(t),a>0$	$\frac{1}{a+j\omega}$	$\sin\omega_0 t$	$j\pi[\delta(\omega+\omega_0)-\delta(\omega-\omega_0)]$
$t^n e^{-at}u(t),a>0$	$\frac{n!}{(a+j\omega)^{n+1}}$	$\sum_{n=-\infty}^{\infty}\delta(t-nT)$	$\frac{2\pi}{T}\sum_{k=-\infty}^{\infty}\delta\left(\omega-\frac{2\pi}{T}k\right)$
$e^{-a\|t\|},a>0$	$\frac{2a}{a^2+\omega^2}$	$\sum_{k=-\infty}^{\infty}c_k e^{jk\omega_0 t}$	$2\pi\sum_{k=-\infty}^{\infty}c_k\delta(\omega-k\omega_0)$
$\mathrm{rect}(t/2T)$	$\frac{2\sin\omega T}{\omega}$		
$\frac{\sin Wt}{\pi t}$	$\mathrm{rect}[\omega/(2W)]$		
$\frac{1}{\sqrt{2\pi}}e^{-t^2/2}$	$e^{-\omega^2/2}$		

表 A. 2　常见连续时间信号的双边拉普拉斯变换

$x(t)$	$X(s)$	收敛域
$\delta(t)$	1	s 平面
$\delta^{(n)}(t)$	s^n	s 平面
$\delta(t-t_0)$	e^{-st_0}	s 平面
$u(t)$	$\frac{1}{s}$	$\mathrm{Re}(s)>0$

续表

$x(t)$	$X(s)$	收敛域
$t^n u(t)$	$\frac{n!}{s^{n+1}}$	$\mathrm{Re}(s)>0$
$\mathrm{e}^{-at}u(t)$	$\frac{1}{s+a}$	$\mathrm{Re}(s)>-a$
$-\mathrm{e}^{-at}u(-t)$	$\frac{1}{s+a}$	$\mathrm{Re}(s)<-a$
$t^n\mathrm{e}^{-at}u(t)$	$\frac{n!}{(s+a)^{n+1}}$	$\mathrm{Re}(s)>-a$
$\sin(\omega t)u(t)$	$\frac{\omega}{s^2+\omega^2}$	$\mathrm{Re}(s)>0$
$\cos(\omega t)u(t)$	$\frac{s}{s^2+\omega^2}$	$\mathrm{Re}(s)>0$
$\mathrm{e}^{-at}\sin(\omega t)u(t)$	$\frac{\omega}{(s+a)^2+\omega^2}$	$\mathrm{Re}(s)>-a$
$\mathrm{e}^{-at}\cos(\omega t)u(t)$	$\frac{s+a}{(s+a)^2+\omega^2}$	$\mathrm{Re}(s)>-a$
$\mathrm{e}^{-a\|t\|}$	$\frac{2a}{a^2-s^2}$	$-a<\mathrm{Re}(s)<a$

表 A.3　常见离散时间信号的傅里叶变换（DTFT）

$x[n]$	$X(\mathrm{e}^{\mathrm{j}\Omega})$（以 2π 为周期）
$\delta[n]$	1
$\delta[n-k]$	$\mathrm{e}^{-\mathrm{j}\Omega k}$
$u[n]$	$\frac{1}{1-\mathrm{e}^{\mathrm{j}\Omega}}+\pi\sum_{k=-\infty}^{\infty}\delta(\Omega-2\pi k)$
$a^n u[n]$, $\|a\|<1$	$\frac{1}{1-a\mathrm{e}^{\mathrm{j}\Omega}}$
$a^{\|n\|}$, $\|a\|<1$	$\frac{1-a^2}{1-2a\cos\Omega+a^2}$
$\begin{cases}1, & \|n\|\leqslant M\\ 0, & 其他\end{cases}$	$\frac{\sin[\Omega(M+1/2)]}{\sin(\Omega/2)}$
$\frac{\sin Wn}{\pi n}$	$\begin{cases}1, & \|\Omega\|\leqslant W\\ 0, & W<\|\Omega\|\leqslant\pi\end{cases}$

续表

$x[n]$	$X(e^{j\Omega})$（以 2π 为周期）
$e^{j\Omega_0 n}$	$2\pi\sum_{k=-\infty}^{\infty}\delta(\Omega-\Omega_0-2\pi k)$
$\cos\Omega_0 n$	$\pi\sum_{k=-\infty}^{\infty}[\delta(\Omega+\Omega_0-2\pi k)+\delta(\Omega-\Omega_0-2\pi k)]$
$\sin\Omega_0 n$	$j\pi\sum_{k=-\infty}^{\infty}[\delta(\Omega+\Omega_0-2\pi k)-\delta(\Omega-\Omega_0-2\pi k)]$
$\sum_{m=-\infty}^{\infty}\delta[n-mN]$	$\frac{2\pi}{N}\sum_{k=-\infty}^{\infty}\delta\left(\Omega-\frac{2\pi}{N}k\right)$
$1=\sum_{m=-\infty}^{\infty}\delta[n-m]$	$2\pi\sum_{k=-\infty}^{\infty}\delta(\Omega-2\pi k)$

表 A.4 常见离散时间信号的双边 z 变换

$x[n]$	$X(z)$	收敛域
$\delta[n]$	1	z 平面
$\delta[n-k]$	z^{-k}	z 平面①
$u[n]$	$\frac{1}{1-z^{-1}}$	$\lvert z\rvert>1$
$-u[-n-1]$	$\frac{1}{1-z^{-1}}$	$\lvert z\rvert<1$
$a^n u[n]$	$\frac{1}{1-az^{-1}}$	$\lvert z\rvert>\lvert a\rvert$
$-a^n u[-n-1]$	$\frac{1}{1-az^{-1}}$	$\lvert z\rvert<\lvert a\rvert$
$na^n u[n]$	$\frac{az^{-1}}{(1-az^{-1})^2}$	$\lvert z\rvert>\lvert a\rvert$
$-na^n u[-n-1]$	$\frac{az^{-1}}{(1-az^{-1})^2}$	$\lvert z\rvert<\lvert a\rvert$
$(n+1)a^n u[n]$	$\frac{1}{(1-az^{-1})^2}$	$\lvert z\rvert>\lvert a\rvert$
$-(n+1)a^n u[-n-1]$	$\frac{1}{(1-az^{-1})^2}$	$\lvert z\rvert<\lvert a\rvert$

① 须排除原点(若 $k>0$)和无穷远点(若 $k<0$)。

续表

$x[n]$	$X(z)$	收敛域
$\frac{(n+m-1)!}{n!(m-1)!}a^n u[n], m\geqslant 1$	$\frac{1}{(1-az^{-1})^m}$	$\lvert z\rvert > \lvert a\rvert$
$-\frac{(n+m-1)!}{n!(m-1)!}a^n u[-n-1], m\geqslant 1$	$\frac{1}{(1-az^{-1})^m}$	$\lvert z\rvert < \lvert a\rvert$
$\cos(\Omega n)u[n]$	$\frac{1-z^{-1}\cos\Omega}{1-2z^{-1}\cos\Omega+z^{-2}}$	$\lvert z\rvert > 1$
$\sin(\Omega n)u[n]$	$\frac{z^{-1}\sin\Omega}{1-2z^{-1}\cos\Omega+z^{-2}}$	$\lvert z\rvert > 1$
$a^n\cos(\Omega n)u[n]$	$\frac{1-az^{-1}\cos\Omega}{1-2az^{-1}\cos\Omega+a^2z^{-2}}$	$\lvert z\rvert > \lvert a\rvert$
$a^n\sin(\Omega n)u[n]$	$\frac{az^{-1}\sin\Omega}{1-2az^{-1}\cos\Omega+a^2z^{-2}}$	$\lvert z\rvert > \lvert a\rvert$

附录 B　各章思维导图

扫码见思维导图

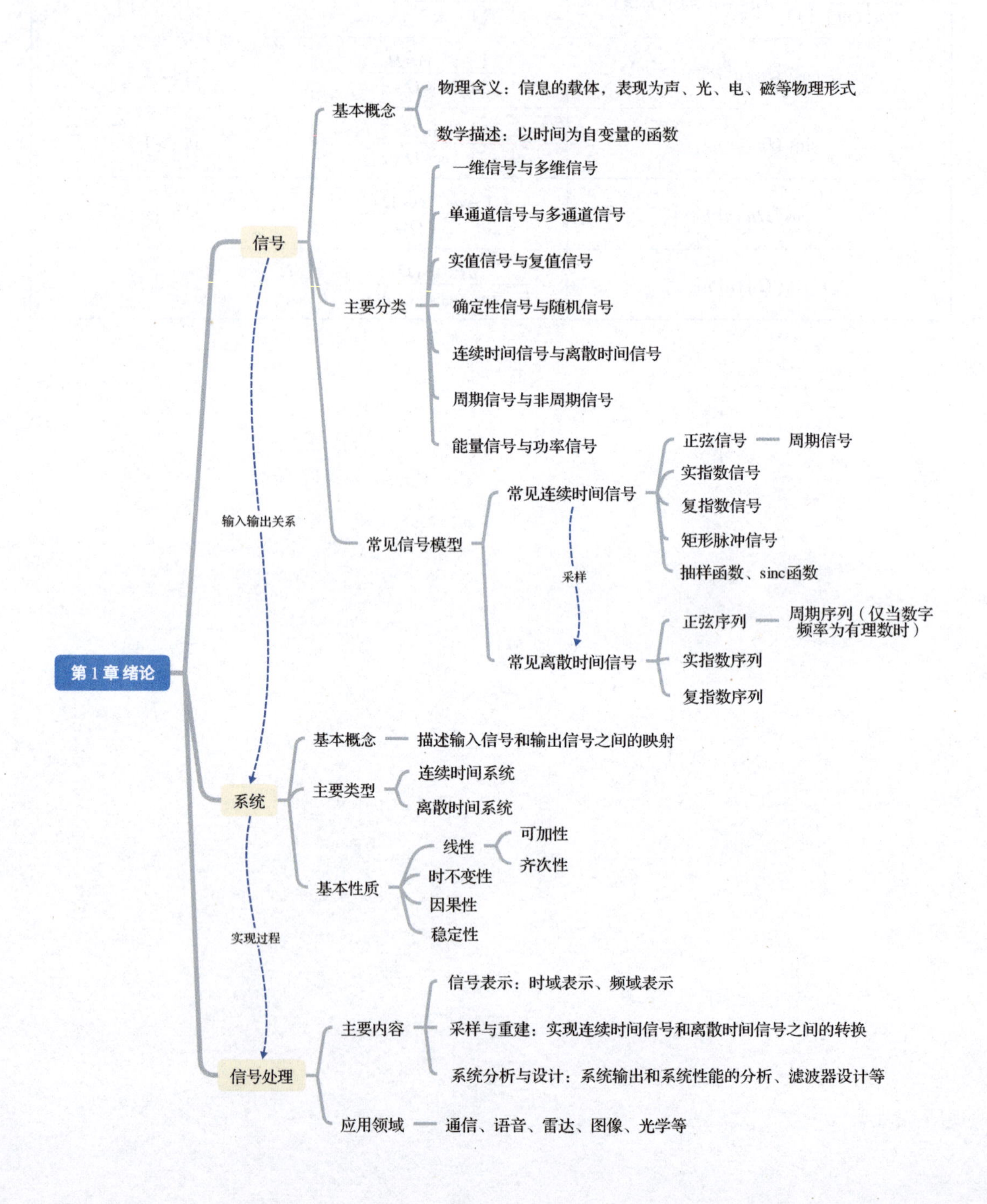
第 1 章 绪论
信号
基本概念
物理含义：信息的载体，表现为声、光、电、磁等物理形式
数学描述：以时间为自变量的函数
主要分类
一维信号与多维信号
单通道信号与多通道信号
实值信号与复值信号
确定性信号与随机信号
连续时间信号与离散时间信号
周期信号与非周期信号
能量信号与功率信号
常见信号模型
常见连续时间信号
正弦信号
周期信号
实指数信号
复指数信号
矩形脉冲信号
抽样函数、sinc函数
采样
常见离散时间信号
正弦序列
周期序列（仅当数字频率为有理数时）
实指数序列
复指数序列
输入输出关系
系统
基本概念
描述输入信号和输出信号之间的映射
主要类型
连续时间系统
离散时间系统
基本性质
线性
可加性
齐次性
时不变性
因果性
稳定性
实现过程
信号处理
主要内容
信号表示：时域表示、频域表示
采样与重建：实现连续时间信号和离散时间信号之间的转换
系统分析与设计：系统输出和系统性能的分析、滤波器设计等
应用领域
通信、语音、雷达、图像、光学等

扫码见思维导图

- 第2章 连续时间信号分析
  - 时域分析
    - 基本运算
      - 时移、反褶、尺度变换
      - 相加、相乘、微分、积分
    - 奇异函数
      - 阶跃函数 —（微分）→ 冲激函数
      - 冲激函数 —（积分）→ 阶跃函数
      - 冲激函数 — 性质：偶函数、尺度性质、筛选性质
    - 时域分解：冲激函数的加权积分
      - （信号与冲激函数的卷积积分）→ 卷积积分
    - 卷积积分
      - 计算方法：定义法、图形法
      - 性质 — 交换律、结合律、分配律、微分、积分、时移
  - 频域分析
    - 傅里叶级数（周期信号）
      - 复指数形式
        - 基本概念：傅里叶系数（离散频谱）、幅度谱、相位谱
        - 性质 — 线性、时移、反褶、奇偶、共轭、帕塞瓦尔定理等
        - 收敛性条件：狄利克雷条件、均方收敛条件 — 吉布斯现象
      - 三角形式：实信号
      - 物理意义：分解为谐波分量的加权和（频域分解）
      - （周期趋于无穷大）→ 傅里叶变换
    - 傅里叶变换
      - 基本概念：傅里叶正反变换、连续频谱、幅度谱、相位谱
      - 物理意义：分解为复指数信号$e^{j\omega t}$的加权积分（频域分解）
      - 常见信号的傅里叶变换
        - 矩形脉冲、单边指数、双边指数
        - 单位冲激、单位直流、复指数信号、正弦信号
      - 周期信号的傅里叶变换 — 用冲激函数表示的离散频谱
        - （冲激强度为傅里叶系数的2π倍）→ 傅里叶系数（离散频谱）
      - 性质 — 线性、尺度变换、反褶、共轭、奇偶、时移、频移、对偶、微分、积分、卷积定理、乘积定理、帕塞瓦尔定理等
      - （推广至s平面）→ 拉普拉斯变换
  - 复频域分析
    - 拉普拉斯变换
      - （在虚轴上）→ 傅里叶变换
      - 定义：双边、单边
      - 物理意义：分解为复指数信号e^{st}的加权积分（复频域分解）
      - 收敛域：s平面，边界与虚轴平行
        - 右边信号：右边平面
        - 左边信号：左边平面
        - 有限长信号：s平面
      - 性质 — 线性、时移、频移、尺度变换、共轭、微分、积分、卷积定理、初值定理与终值定理（单边）等
      - 逆变换的计算
        - 围线积分法（留数法）
        - 部分分式展开法（适用于有理函数）

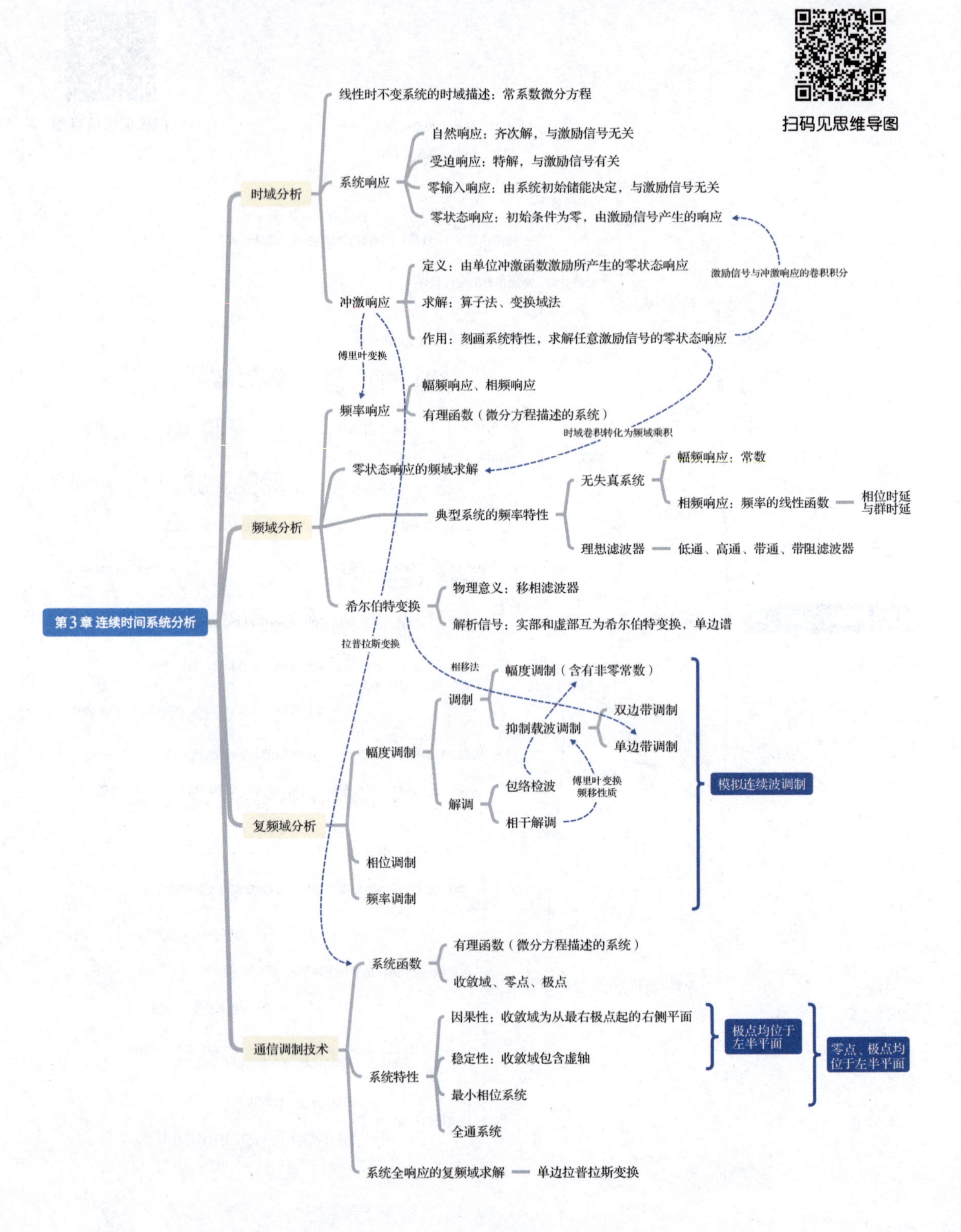
扫码见思维导图
第3章 连续时间系统分析
时域分析
线性时不变系统的时域描述：常系数微分方程
系统响应
自然响应：齐次解，与激励信号无关
受迫响应：特解，与激励信号有关
零输入响应：由系统初始储能决定，与激励信号无关
零状态响应：初始条件为零，由激励信号产生的响应
冲激响应
定义：由单位冲激函数激励所产生的零状态响应
求解：算子法、变换域法
作用：刻画系统特性，求解任意激励信号的零状态响应
激励信号与冲激响应的卷积积分
傅里叶变换
时域卷积转化为频域乘积
频域分析
频率响应
幅频响应、相频响应
有理函数（微分方程描述的系统）
零状态响应的频域求解
典型系统的频率特性
无失真系统
幅频响应：常数
相频响应：频率的线性函数
相位时延与群时延
理想滤波器
低通、高通、带通、带阻滤波器
希尔伯特变换
物理意义：移相滤波器
解析信号：实部和虚部互为希尔伯特变换，单边谱
拉普拉斯变换
复频域分析
幅度调制
调制
相移法
幅度调制（含有非零常数）
抑制载波调制
双边带调制
单边带调制
解调
包络检波
相干解调
傅里叶变换频移性质
相位调制
频率调制
模拟连续波调制
通信调制技术
系统函数
有理函数（微分方程描述的系统）
收敛域、零点、极点
系统特性
因果性：收敛域为从最右极点起的右侧平面
稳定性：收敛域包含虚轴
最小相位系统
全通系统
极点均位于左半平面
零点、极点均位于左半平面
系统全响应的复频域求解
单边拉普拉斯变换

扫码见思维导图

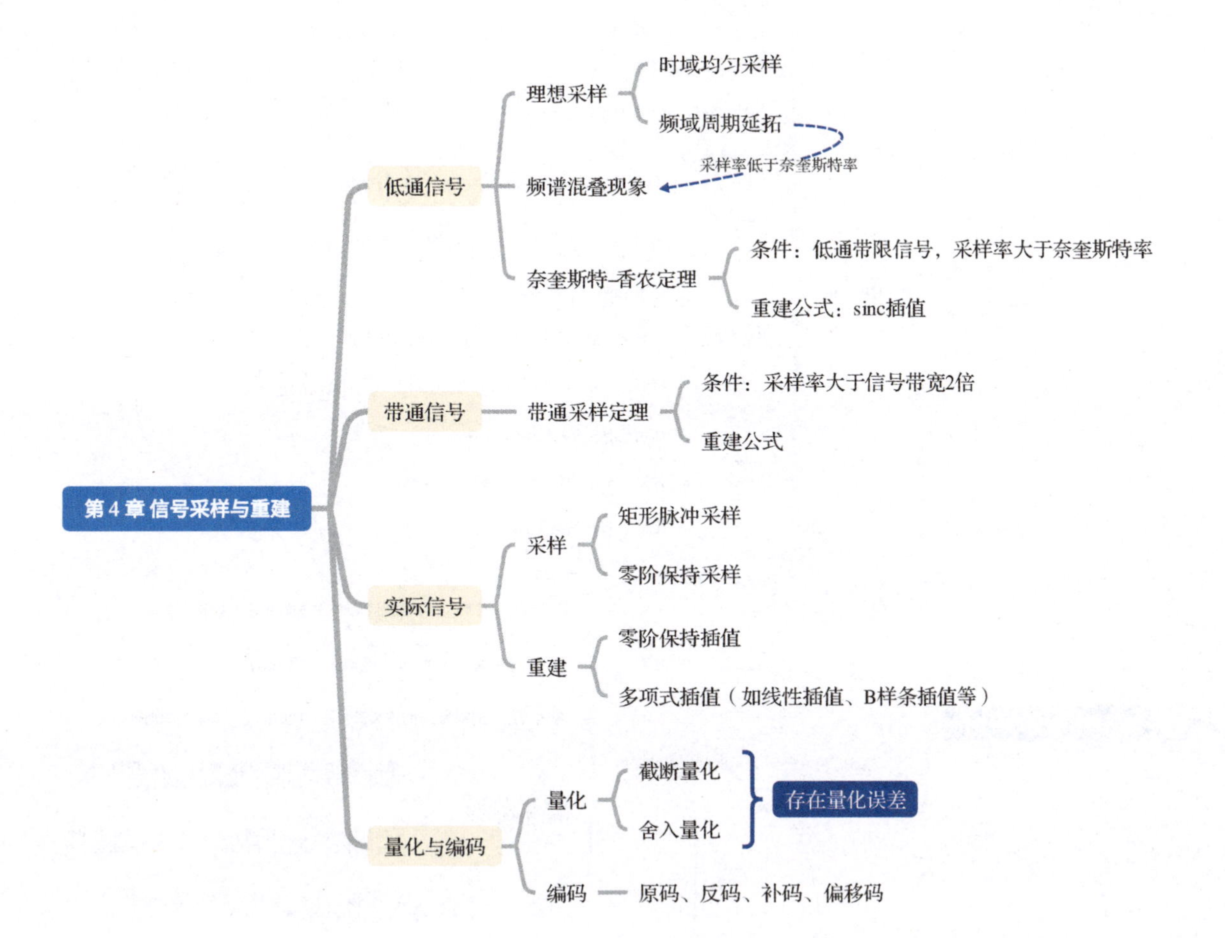
第 4 章 信号采样与重建
低通信号
理想采样
时域均匀采样
频域周期延拓
采样率低于奈奎斯特率
频谱混叠现象
奈奎斯特-香农定理
条件：低通带限信号，采样率大于奈奎斯特率
重建公式：sinc插值
带通信号
带通采样定理
条件：采样率大于信号带宽2倍
重建公式
实际信号
采样
矩形脉冲采样
零阶保持采样
重建
零阶保持插值
多项式插值（如线性插值、B样条插值等）
量化与编码
量化
截断量化
舍入量化
存在量化误差
编码
原码、反码、补码、偏移码

扫码见思维导图

- 第5章 离散时间信号分析
  - 时域分析
    - 基本运算
      - 时移、反褶
      - 相加、相乘、差分、累加和
    - 冲激序列与阶跃序列
    - 时域分解：单位冲激序列的加权和
      - （与冲激序列的卷积和 → 线性卷积）
    - 线性卷积
      - 计算：定义法、图解法、阵列法（适用于有限长序列）
      - 性质 — 交换律、结合律、分配律、移位性质、差分性质、累加和性质等
      - （周期延拓 → 周期卷积）
    - 周期卷积
      - 适用范围：周期序列
      - 计算：反褶、移位、相乘、主值区间累加求和
      - 特点：计算结果为同周期的周期序列
      - （取主值序列 → 循环卷积）
    - 循环卷积
      - 适用范围：有限长序列（循环卷积点数与线性卷积长度相等时两者相等）
      - 计算：循环反褶、循环移位、累加求和
      - 特点：计算结果为有限长序列，与点数有关
    - 相关（$x[n]$与$y[n]$的相关等于$x[n]$与$y[-n]$的线性卷积）
  - 频域分析
    - 离散时间傅里叶变换
      - 物理意义：分解为复指数序列$e^{j\Omega n}$的加权积分（频域分解）
      - 模拟频率与数字频率（归一化频率）：$\Omega=\omega T$
      - 频谱特点：周期为2π的连续谱，是连续时间信号频谱的周期延拓
      - 常见信号的离散时间傅里叶变换
        - 单位冲激序列、单位指数序列、双边指数序列、矩形脉冲序列、离散时间抽样函数
        - 复指数序列（正弦序列）、单位冲激串序列、周期冲激序列 — 频谱包含冲激函数
      - 性质 — 线性、反褶、共轭、时移、频移、差分、卷积定理、乘积定理、帕塞瓦尔定理等
      - （推广至z平面 → z变换）
  - 复频域分析
    - z变换（在单位圆上 → 离散时间傅里叶变换）
      - 定义：双边、单边
      - 收敛域：z平面，边界为圆
        - 右边序列：圆外区域
        - 左边序列：圆内区域
        - 双边序列：圆环区域
      - 性质 — 线性、移位、z域尺度变换、反褶、共轭、z域微分、卷积定理、初值定理和终值定理（单边）等
      - 逆z变换的计算
        - 围线积分法（留数法）
        - 部分分式展开法（适用于有理函数）

扫码见思维导图

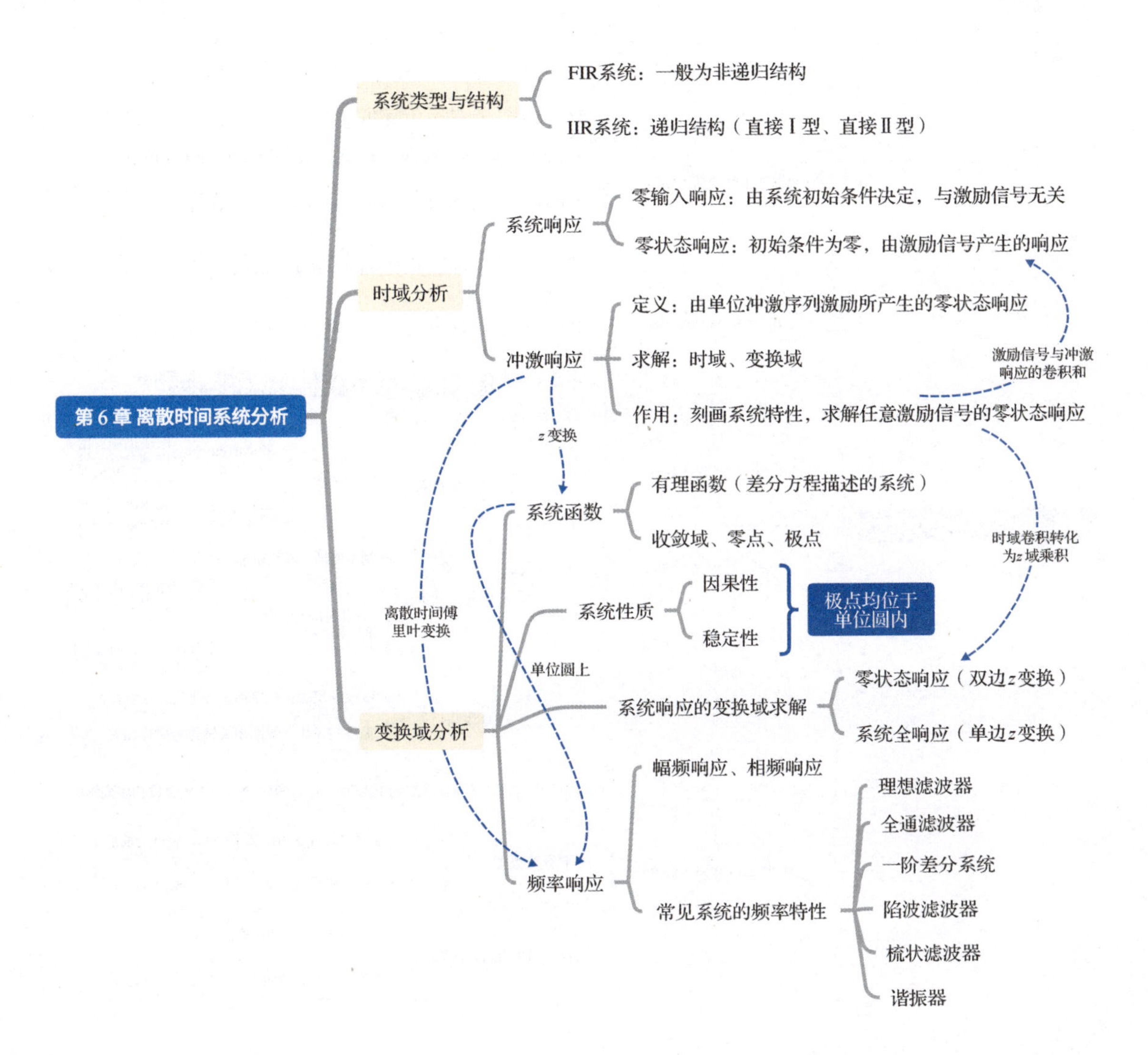

第 6 章 离散时间系统分析
系统类型与结构
FIR系统：一般为非递归结构
IIR系统：递归结构（直接Ⅰ型、直接Ⅱ型）
时域分析
系统响应
零输入响应：由系统初始条件决定，与激励信号无关
零状态响应：初始条件为零，由激励信号产生的响应
冲激响应
定义：由单位冲激序列激励所产生的零状态响应
求解：时域、变换域
作用：刻画系统特性，求解任意激励信号的零状态响应
激励信号与冲激响应的卷积和
z 变换
离散时间傅里叶变换
时域卷积转化为z域乘积
变换域分析
系统函数
有理函数（差分方程描述的系统）
收敛域、零点、极点
系统性质
因果性
稳定性
极点均位于单位圆内
单位圆上
系统响应的变换域求解
零状态响应（双边z变换）
系统全响应（单边z变换）
频率响应
幅频响应、相频响应
常见系统的频率特性
理想滤波器
全通滤波器
一阶差分系统
陷波滤波器
梳状滤波器
谐振器

扫码见思维导图

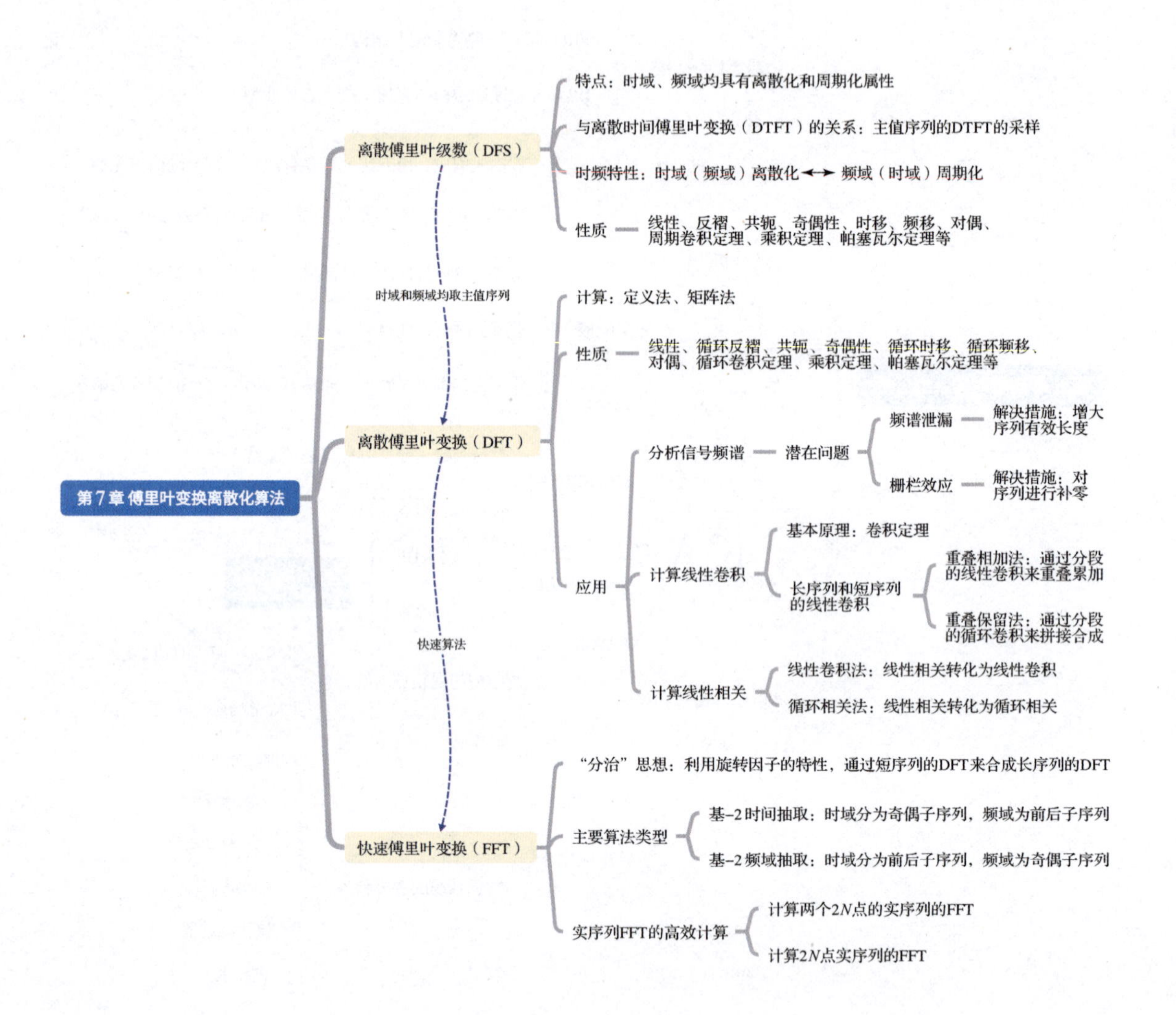
第7章 傅里叶变换离散化算法
离散傅里叶级数（DFS）
特点：时域、频域均具有离散化和周期化属性
与离散时间傅里叶变换（DTFT）的关系：主值序列的DTFT的采样
时频特性：时域（频域）离散化 ←→ 频域（时域）周期化
性质
线性、反褶、共轭、奇偶性、时移、频移、对偶、周期卷积定理、乘积定理、帕塞瓦尔定理等
时域和频域均取主值序列
离散傅里叶变换（DFT）
计算：定义法、矩阵法
性质
线性、循环反褶、共轭、奇偶性、循环时移、循环频移、对偶、循环卷积定理、乘积定理、帕塞瓦尔定理等
应用
分析信号频谱
潜在问题
频谱泄漏
解决措施：增大序列有效长度
栅栏效应
解决措施：对序列进行补零
计算线性卷积
基本原理：卷积定理
长序列和短序列的线性卷积
重叠相加法：通过分段的线性卷积来重叠累加
重叠保留法：通过分段的循环卷积来拼接合成
计算线性相关
线性卷积法：线性相关转化为线性卷积
循环相关法：线性相关转化为循环相关
快速算法
快速傅里叶变换（FFT）
“分治”思想：利用旋转因子的特性，通过短序列的DFT来合成长序列的DFT
主要算法类型
基-2时间抽取：时域分为奇偶子序列，频域为前后子序列
基-2频域抽取：时域分为前后子序列，频域为奇偶子序列
实序列FFT的高效计算
计算两个2N点的实序列的FFT
计算2N点实序列的FFT

扫码见思维导图

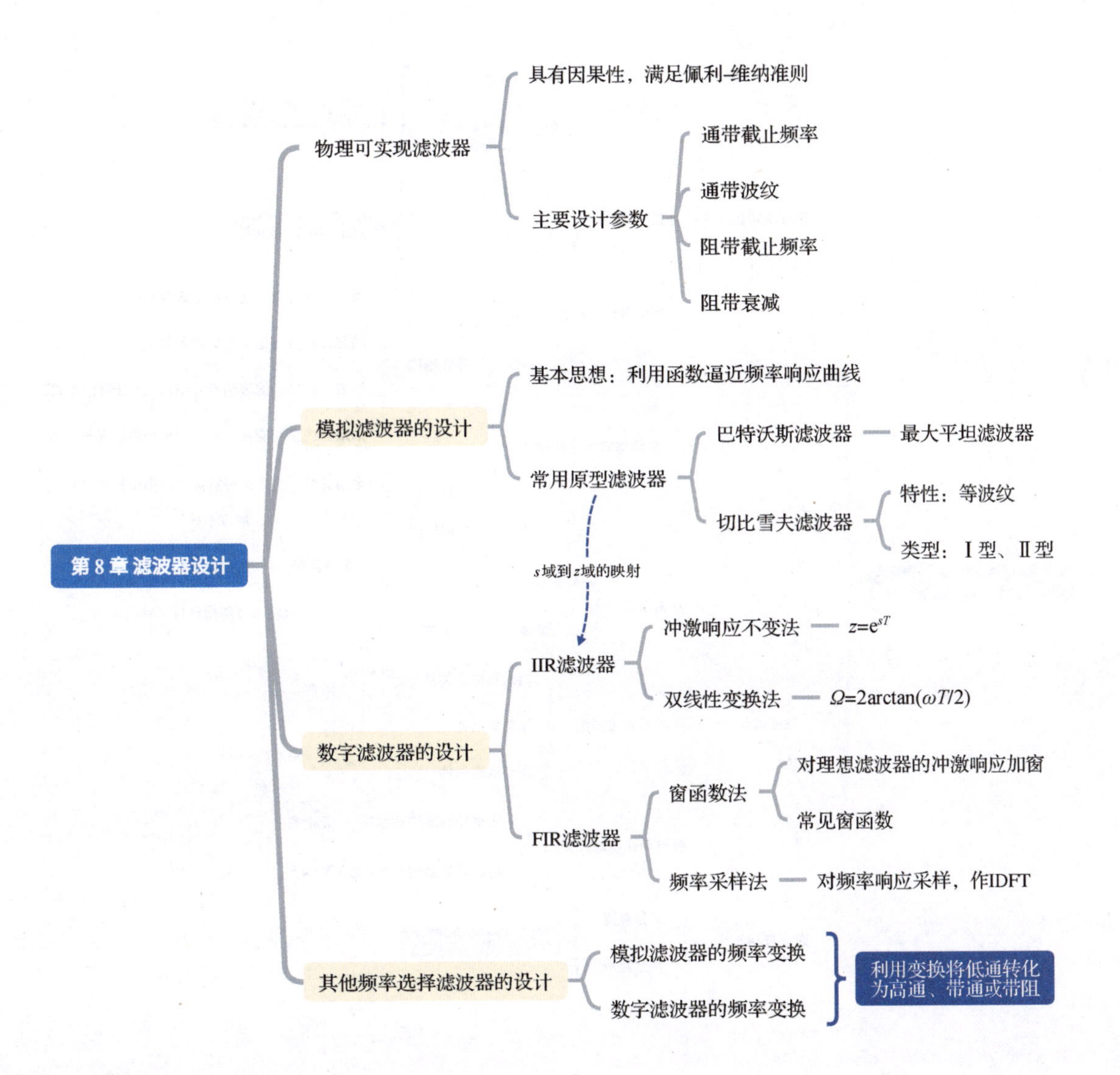
第 8 章 滤波器设计
物理可实现滤波器
具有因果性，满足佩利-维纳准则
主要设计参数
通带截止频率
通带波纹
阻带截止频率
阻带衰减
模拟滤波器的设计
基本思想：利用函数逼近频率响应曲线
常用原型滤波器
巴特沃斯滤波器
最大平坦滤波器
切比雪夫滤波器
特性：等波纹
类型：Ⅰ型、Ⅱ型
s 域到 z 域的映射
数字滤波器的设计
IIR滤波器
冲激响应不变法
$z=e^{sT}$
双线性变换法
$\Omega=2\arctan(\omega T/2)$
FIR滤波器
窗函数法
对理想滤波器的冲激响应加窗
常见窗函数
频率采样法
对频率响应采样，作IDFT
其他频率选择滤波器的设计
模拟滤波器的频率变换
数字滤波器的频率变换
利用变换将低通转化为高通、带通或带阻

扫码见思维导图

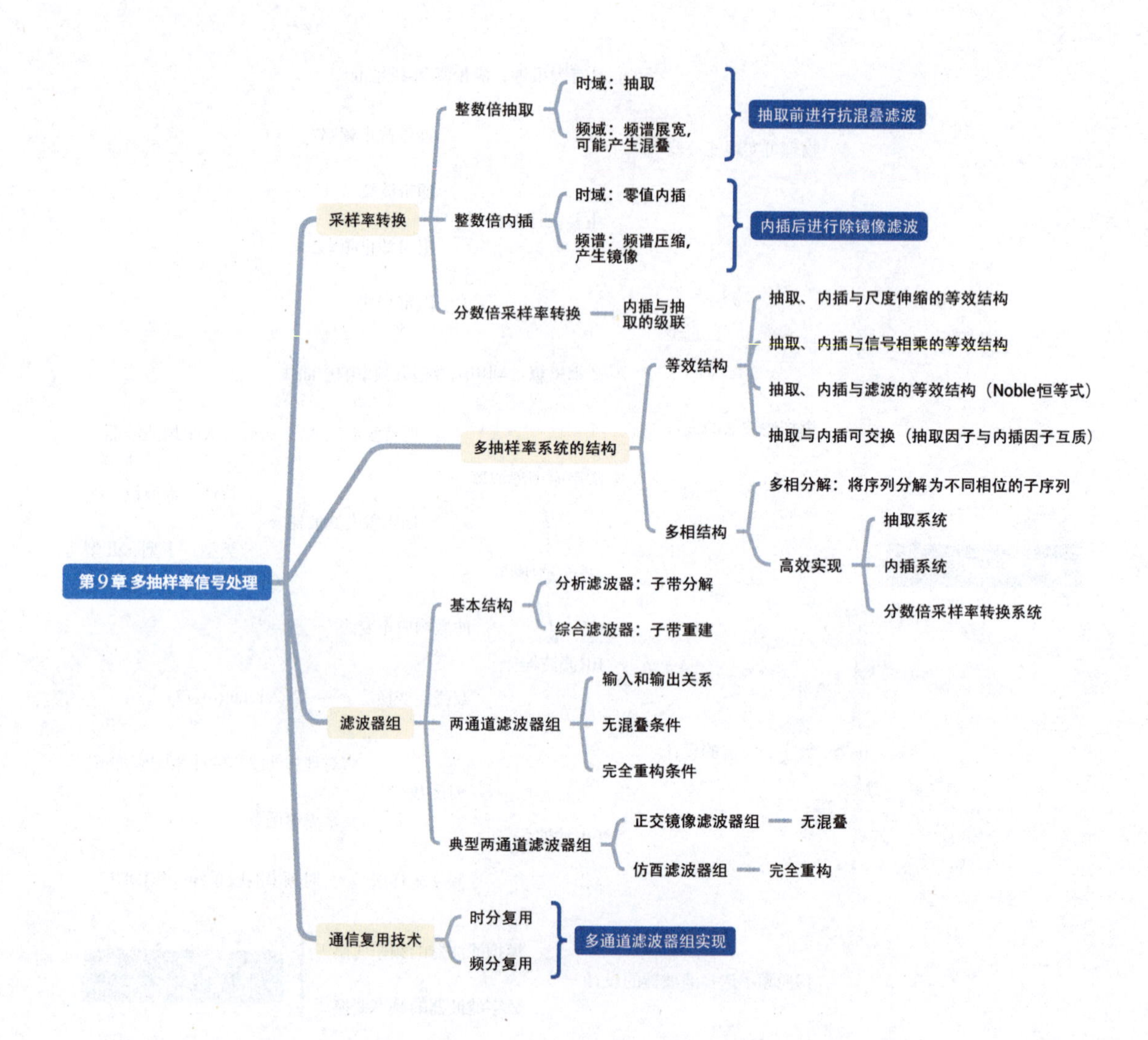
第9章 多抽样率信号处理
采样率转换
整数倍抽取
时域：抽取
频域：频谱展宽，可能产生混叠
抽取前进行抗混叠滤波
整数倍内插
时域：零值内插
频谱：频谱压缩，产生镜像
内插后进行除镜像滤波
分数倍采样率转换
内插与抽取的级联
多抽样率系统的结构
等效结构
抽取、内插与尺度伸缩的等效结构
抽取、内插与信号相乘的等效结构
抽取、内插与滤波的等效结构（Noble恒等式）
抽取与内插可交换（抽取因子与内插因子互质）
多相结构
多相分解：将序列分解为不同相位的子序列
高效实现
抽取系统
内插系统
分数倍采样率转换系统
滤波器组
基本结构
分析滤波器：子带分解
综合滤波器：子带重建
两通道滤波器组
输入和输出关系
无混叠条件
完全重构条件
典型两通道滤波器组
正交镜像滤波器组
无混叠
仿酉滤波器组
完全重构
通信复用技术
时分复用
频分复用
多通道滤波器组实现

扫码见思维导图

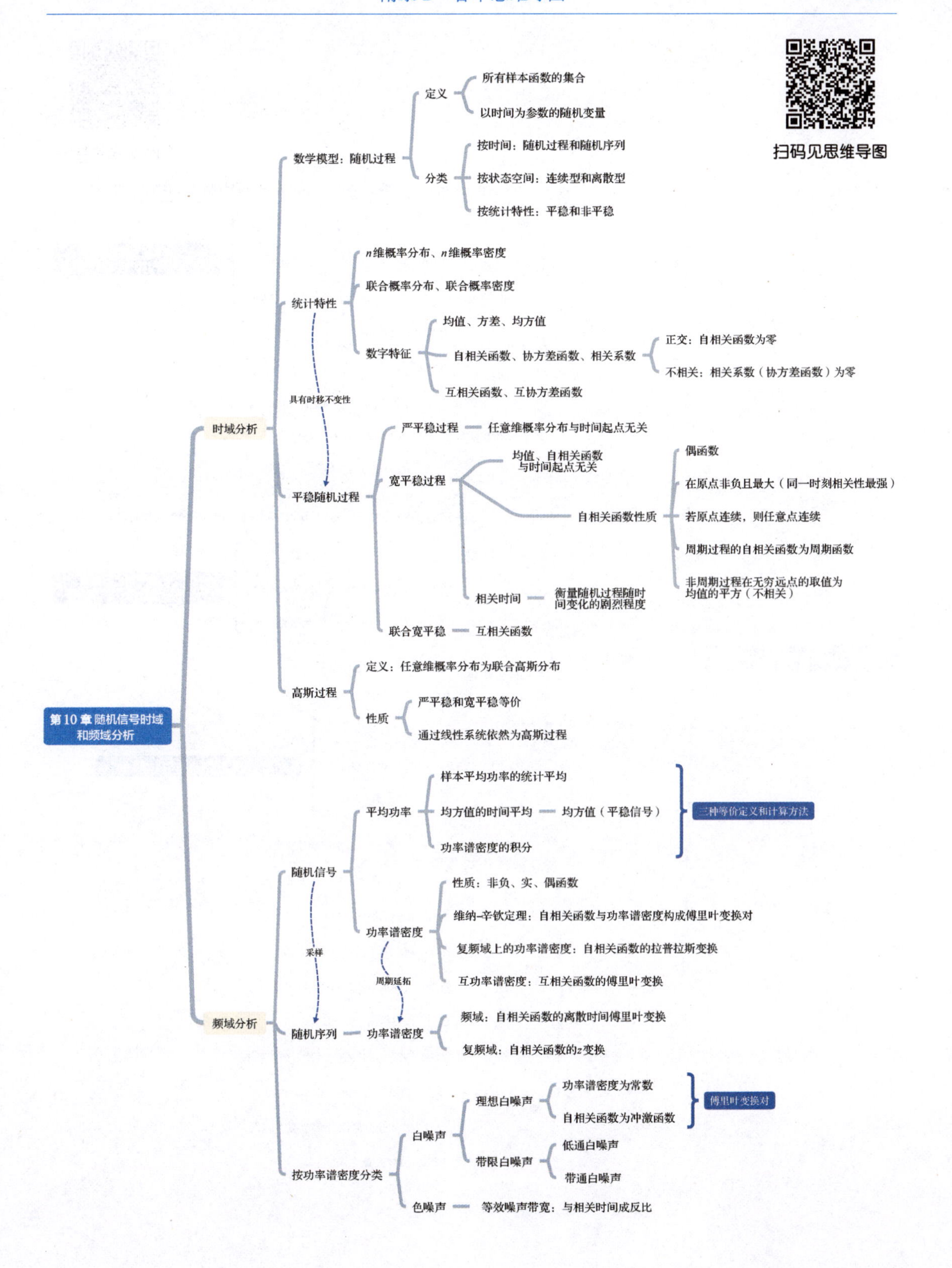

第10章 随机信号时域和频域分析
时域分析
数学模型：随机过程
定义
所有样本函数的集合
以时间为参数的随机变量
分类
按时间：随机过程和随机序列
按状态空间：连续型和离散型
按统计特性：平稳和非平稳
统计特性
n维概率分布、n维概率密度
联合概率分布、联合概率密度
数字特征
均值、方差、均方值
自相关函数、协方差函数、相关系数
正交：自相关函数为零
不相关：相关系数（协方差函数）为零
互相关函数、互协方差函数
具有时移不变性
平稳随机过程
严平稳过程
任意维概率分布与时间起点无关
宽平稳过程
均值、自相关函数与时间起点无关
自相关函数性质
偶函数
在原点非负且最大（同一时刻相关性最强）
若原点连续，则任意点连续
周期过程的自相关函数为周期函数
非周期过程在无穷远点的取值为均值的平方（不相关）
相关时间
衡量随机过程随时间变化的剧烈程度
联合宽平稳
互相关函数
高斯过程
定义：任意维概率分布为联合高斯分布
性质
严平稳和宽平稳等价
通过线性系统依然为高斯过程
频域分析
随机信号
平均功率
样本平均功率的统计平均
均方值的时间平均
均方值（平稳信号）
功率谱密度的积分
三种等价定义和计算方法
功率谱密度
性质：非负、实、偶函数
维纳-辛钦定理：自相关函数与功率谱密度构成傅里叶变换对
复频域上的功率谱密度：自相关函数的拉普拉斯变换
互功率谱密度：互相关函数的傅里叶变换
采样
周期延拓
随机序列
功率谱密度
频域：自相关函数的离散时间傅里叶变换
复频域：自相关函数的z变换
按功率谱密度分类
白噪声
理想白噪声
功率谱密度为常数
自相关函数为冲激函数
傅里叶变换对
带限白噪声
低通白噪声
带通白噪声
色噪声
等效噪声带宽：与相关时间成反比

扫码见思维导图

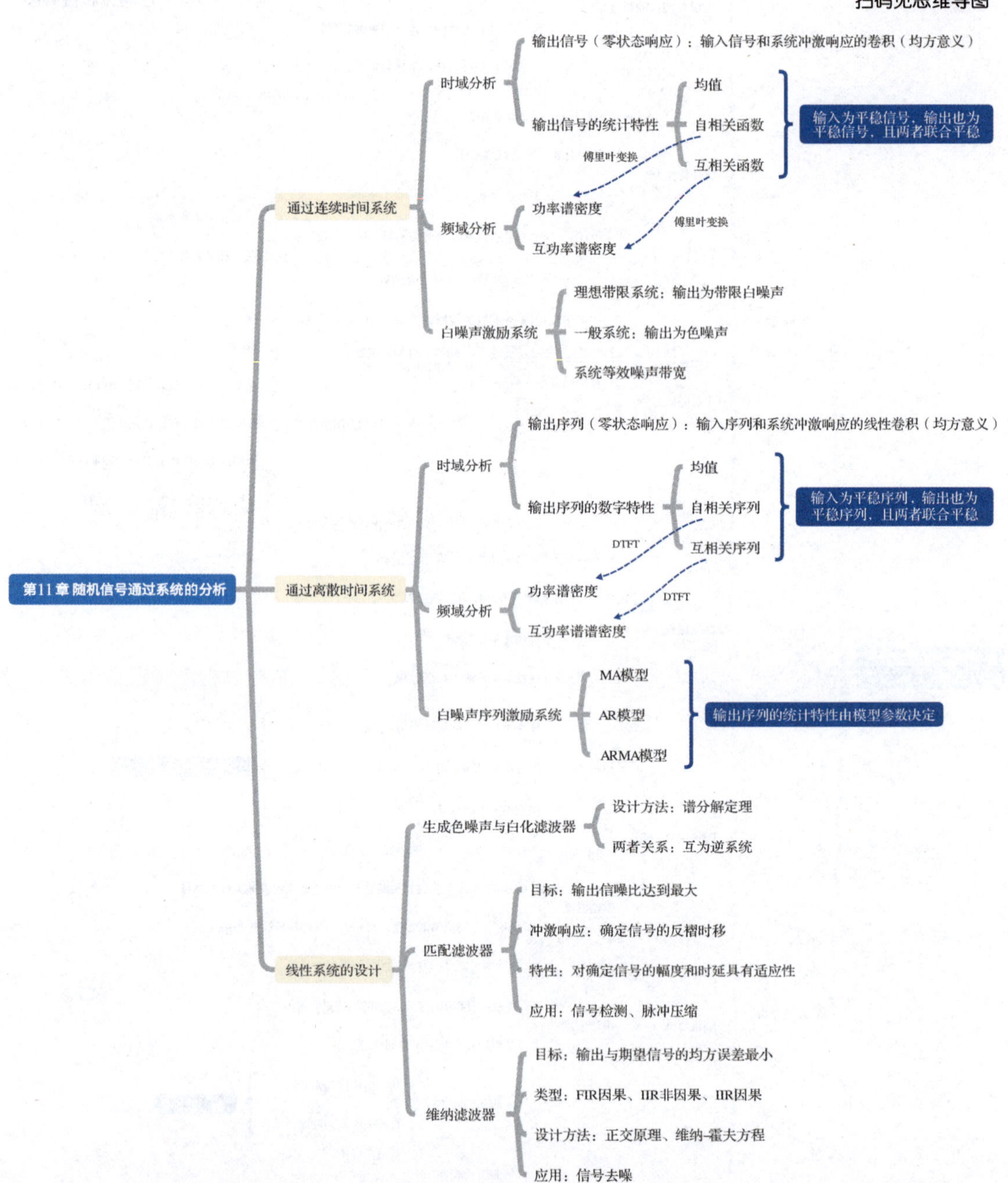
第11章 随机信号通过系统的分析
通过连续时间系统
时域分析
输出信号（零状态响应）：输入信号和系统冲激响应的卷积（均方意义）
输出信号的统计特性
均值
自相关函数
互相关函数
输入为平稳信号，输出也为平稳信号，且两者联合平稳
傅里叶变换
频域分析
功率谱密度
互功率谱密度
傅里叶变换
白噪声激励系统
理想带限系统：输出为带限白噪声
一般系统：输出为色噪声
系统等效噪声带宽
通过离散时间系统
时域分析
输出序列（零状态响应）：输入序列和系统冲激响应的线性卷积（均方意义）
输出序列的数字特性
均值
自相关序列
互相关序列
输入为平稳序列，输出也为平稳序列，且两者联合平稳
DTFT
频域分析
功率谱密度
互功率谱谱密度
DTFT
白噪声序列激励系统
MA模型
AR模型
ARMA模型
输出序列的统计特性由模型参数决定
线性系统的设计
生成色噪声与白化滤波器
设计方法：谱分解定理
两者关系：互为逆系统
匹配滤波器
目标：输出信噪比达到最大
冲激响应：确定信号的反褶时移
特性：对确定信号的幅度和时延具有适应性
应用：信号检测、脉冲压缩
维纳滤波器
目标：输出与期望信号的均方误差最小
类型：FIR因果、IIR非因果、IIR因果
设计方法：正交原理、维纳-霍夫方程
应用：信号去噪

扫码见思维导图

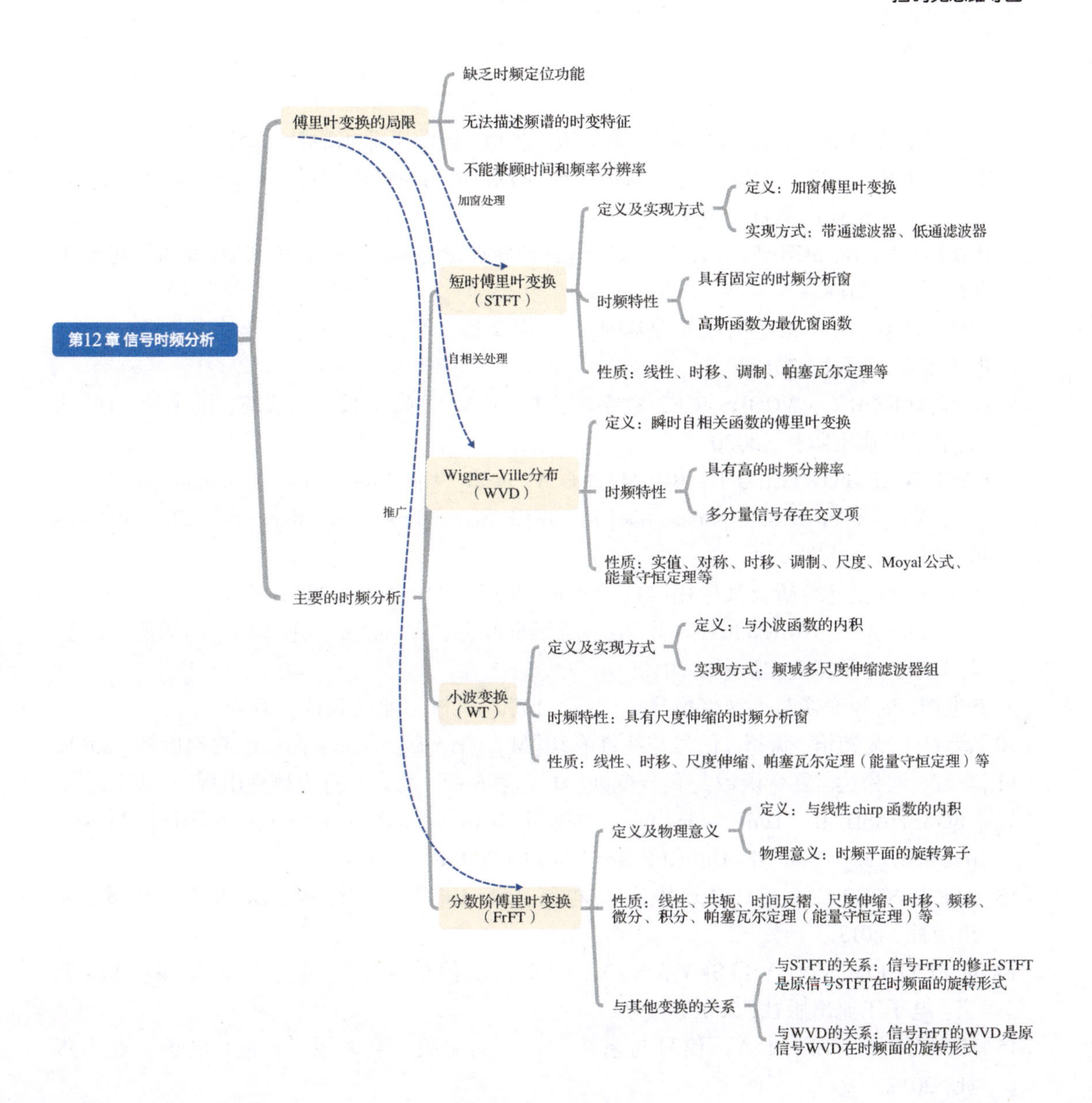
第12章 信号时频分析
傅里叶变换的局限
缺乏时频定位功能
无法描述频谱的时变特征
不能兼顾时间和频率分辨率
加窗处理
自相关处理
推广
主要的时频分析
短时傅里叶变换（STFT）
定义及实现方式
定义：加窗傅里叶变换
实现方式：带通滤波器、低通滤波器
时频特性
具有固定的时频分析窗
高斯函数为最优窗函数
性质：线性、时移、调制、帕塞瓦尔定理等
Wigner-Ville分布（WVD）
定义：瞬时自相关函数的傅里叶变换
时频特性
具有高的时频分辨率
多分量信号存在交叉项
性质：实值、对称、时移、调制、尺度、Moyal公式、能量守恒定理等
小波变换（WT）
定义及实现方式
定义：与小波函数的内积
实现方式：频域多尺度伸缩滤波器组
时频特性：具有尺度伸缩的时频分析窗
性质：线性、时移、尺度伸缩、帕塞瓦尔定理（能量守恒定理）等
分数阶傅里叶变换（FrFT）
定义及物理意义
定义：与线性chirp函数的内积
物理意义：时频平面的旋转算子
性质：线性、共轭、时间反褶、尺度伸缩、时移、频移、微分、积分、帕塞瓦尔定理（能量守恒定理）等
与其他变换的关系
与STFT的关系：信号FrFT的修正STFT是原信号STFT在时频面的旋转形式
与WVD的关系：信号FrFT的WVD是原信号WVD在时频面的旋转形式

参 考 文 献

[1]樊昌信，曹丽娜．通信原理[M]．第7版．北京：国防工业出版社，2013．

[2]ZIEMER R E，TRANTER W H．通信原理：调制、编码与噪声[M]．第7版．谭明新，译．北京：电子工业出版社，2018．

[3]RABINER L R，SCHAFER R W．数字语音处理理论与应用[M]．英文版．北京：电子工业出版社，2011．

[4]RICHARDS M A．雷达信号处理基础[M]．第2版．邢孟道，王彤，李真芳，译．北京：电子工业出版社，2017．

[5]GONZALEZ R C，WOODS R E．数字图像处理[M]．第4版．阮秋琦，阮宇智，译．北京：电子工业出版社，2020．

[6]KARL W C，FOWLER J E，BOUMAN C A，et al．The foundations of computational imaging：A signal processing perspective[J]．IEEE Signal Processing Magazine，2023，40(5)：40 – 53．

[7]潘文杰．傅里叶分析及其应用[M]．北京：北京大学出版社，2000．

[8]BOGGESS A，NARCOWICH F J．小波与傅里叶分析基础[M]．第2版．芮国胜，康健，译．北京：电子工业出版社，2010．

[9]钱世锷．时频变换与小波变换导论[M]．北京：机械工业出版社，2004．

[10]管致中，夏恭恪，孟桥．信号与线性系统[M]．第5版．北京：高等教育出版社，2011．

[11]李红，谢松法．复变函数与积分变换[M]．第5版．北京：高等教育出版社，2018．

[12]BOASHASH B．Time – frequency signal analysis and processing：A comprehensive reference[M]．2nd ed．United States：Academic Press，2015．

[13]ALEXANDER C K，SADIKU M N O．电路基础[M]．英文版，第6版．北京：机械工业出版社，2017．

[14]OPPENHEIM A V，VILLSKY A S，NAWAB S H．信号与系统[M]．英文版，第2版．北京：电子工业出版社，2009．

[15]HAYKIN S，VEEN B V．信号与系统[M]．英文版，第2版．北京：电子工业出版社，2012．

[16]HLAWATSCH F，MATZ G．Wireless communications over rapidly time – varying channels[M]．United States：Academic Press，2011．

[17]HONG Y，THAJ T，VITERBO E．Delay – doppler communications：Principles and applications[M]．United States：Academic Press，2022．

[18]KAMEN E W，HECK B S．信号与系统基础：应用 Web 和 MATLAB[M]．英文版，第3

版. 北京：科学出版社, 2011.
[19] OPPENHEIM A V, SCHAFER R W. 离散时间信号处理[M]. 英文版, 第3版. 北京：电子工业出版社, 2011.
[20] MANOLAKIS D G, INGLE V K. 实用数字信号处理[M]. 艾渤, 程翔, 刘翼如, 译. 北京：电子工业出版社, 2018.
[21] MITRA S K. 数字信号处理:基于计算机的方法[M]. 英文版, 第4版. 北京：电子工业出版社, 2018.
[22] 陶然, 石岩, 王越. 多抽样率数字信号处理理论及其应用[M]. 第2版. 北京：清华大学出版社, 2022.
[23] 胡广书. 数字信号处理:理论、算法与实现[M]. 第3版. 北京：清华大学出版社, 2012.
[24] UNSER M. Splines: a perfect fit for signal and image processing[J]. IEEE Signal Processing Magazine, 1999, 16(6): 22-38.
[25] LYONS R G. 数字信号处理[M]. 英文版, 第3版. 北京：电子工业出版社, 2012.
[26] PROAKIS J G, MANOLAKIS D G. 数字信号处理:原理、算法与应用[M]. 英文版, 第5版. 北京：电子工业出版社, 2022.
[27] JENQ Y C. Digital spectra of nonuniformly sampled signals: Fundamentals and highspeed waveform digitizers[J]. IEEE Transactions on Instrumentation and Measurement, 1988, 37(2): 245-251.
[28] JENQ Y C. Perfect reconstruction of digital spectrum from nonuniformly sampled signals[J]. IEEE Transactions on Instrumentation and Measurement, 1997, 46(3): 649-652.
[29] ELDAR Y C. Sampling theory: Beyond bandlimited systems[M]. New York, United States: Cambridge University Press, 2015.
[30] COOLEY J W, TUKEY J W. Mathematics of computation[J]. An Algorithm for the Machine Calculation of Complex Fourier Series, 1965(19): 297-301.
[31] 程佩青. 数字信号处理教程[M]. 第5版. 北京：清华大学出版社, 2017.
[32] COOLEY J W, LEWIS P A W, WELCH P D. Historical notes on the fast fourier transform[J]. Proceedings of the IEEE, 1967, 55(10): 1675-1677.
[33] HEIDEMAN M, JOHNSON D, BURRUS C. Gauss and the history of the fast fourier transform[J]. IEEE ASSP Magazine, 1984, 1(4): 14-21.
[34] HASSANIEH H. The sparse fourier transform: Theory and practice[M]. Association for Computing Machinery and Morgan & Claypool Publishers, 2018.
[35] ORCHARD H J, WILLSON A N. Elliptic functions for filter design[J]. IEEE Transactions on Circuits and Systems Ⅰ: Fundamental Theory and Applications, 1997, 44(4): 273-287.
[36] BLACKMAN R B, TUKEY J W. The measurement of power spectra, from the point of view of communications engineering[M]. New York: Dover, 1959.
[37] KAISER J F. Nonrecursive digital filter design using the I0-sinh window function[C]. Pro-

ceedings of the 1974 IEEE International Symposium on Circuits and Systems,1974:20 - 23.

[38] MANOLAKIS D G, INGLE V K. 实用数字信号处理[M]. 第2版. 北京：电子工业出版社, 2018.

[39] RABINER L R, MCCLELLAN J H, PARKS T W. FIR digital filter design techniques using weighted chebyshev approximation[J]. Proceedings of the IEEE, 1975, 63(4):595 - 610.

[40] 崔锦泰, 陈关荣. 卡尔曼滤波及其实时应用[M]. 第5版. 北京：清华大学出版社, 2018.

[41] 彭思龙, 李保滨, 胡晰远. 小波与滤波器组设计:理论及其应用[M]. 北京：清华大学出版社, 2017.

[42] 成礼智, 王红霞, 罗永. 小波的理论与应用[M]. 北京：科学出版社, 2004.

[43] BURRUS C S, GOPINATH R A, GUO H. 小波与小波变换导论[M]. 芮国胜, 程正兴, 王文, 译. 北京：电子工业出版社, 2013.

[44] 石岩, 赵娟, 陶然, 等. 随机信号分析与处理[M]. 北京：清华大学出版社, 2021.

[45] PAPOULIS A, PILLAI S U. 随机变量与随机过程(英文改编版)[M]. 第4版. 北京:机械工业出版社, 2013.

[46] KAY S M. 统计信号处理基础:估计与检测理论[M]. 罗鹏飞, 张文明, 刘忠, 等译. 北京：电子工业出版社, 2014.

[47] HANSSEN A, SCHARF L L. A theory of polyspectra for nonstationary stochastic processes [J/OL]. IEEE Transactions on Signal Processing, 2003, 51(5): 1243 - 1252. DOI: 10.1109/TSP.2003.810298.

[48] GARDNER W A. Statistical spectral analysis: A non - probabilistic theory[M]. Prentice Hall, 1988.

[49] GARDNER W A, NAPOLITANO A, PAURA L. Cyclostationarity: Half a century of research[J]. Signal Process, 2006(86): 639 - 697.

[50] NAPOLITANO A. Generalizations of cyclostationary signal processing: Spectral analysis and applications[M/OL]. John Wiley & Sons, 2012. DOI: 10.1002/9781118437926.

[51] WIDROW B, STEARNS S D. 自适应信号处理(英文版)[M]. 北京：机械工业出版社, 2008.

[52] OPPENHEIM A V, VERGHESE G C. 信号、系统及推理(英文版)[M]. 北京：机械工业出版社, 2017.

[53] GREWAL M S, ANDREWS A P. 卡尔曼滤波理论与实践(MATLAB 版)[M]. 第4版. 北京：电子工业出版社, 2017.

[54] CRYER J D, CHAN K S. 时间序列分析及应用:R 语言[M]. 第2版. 潘红宇, 译. 北京：机械工业出版社, 2011.

[55] LIM J S, OPPENHEIM A V. Advanced topics in signal processing[M]. New Jersey:Prentice Hall, 1988.

[56] R. K. POTTER G A K, GREEN H C. Visible speech[M]. New York: D. Van Nostrand Company, 1947.

[57]COHEN L. Time - frequency ananlysis[M]. New Jersey: Prentice Hall, 1995.
[58]MALLAT S. A wavelet tour of signal processing[M]. New York: Academic Press, 2009.
[59]陶然, 邓兵, 王越. 分数阶傅里叶变换及其应用[M]. 北京: 清华大学出版社,2009.
[60]孙延奎. 小波变换与图像、图形处理技术[M]. 第2版. 北京: 清华大学出版社, 2018.
[61]OZAKTAS H M, ARIKAN O, KUTAY M A, et al. Digital computation of the fractional fourier transform[J]. IEEE Transactions on Signal Processing, 1996, 44(9): 2141 -2150.